PRÉPAS SCIENCES

collection dirigée par Bertrand Hauchecorne

MPSI

Physique Chimie

nouveau programme

ouvrage coordonné par
Thierry FINOT
Professeur au lycée Janson de Sailly (Paris)

Camille BONOMELLI
Chercheuse à l'université d'Oxford

Elsa CHOUBERT
Professeure au lycée Stanislas (Cannes)

Laura DAUDIER
Professeure au lycée François Rabelais (Paris)

Sébastien FAYOLLE
Professeur au lycée Gustave Eiffel (Bordeaux)

Vincent FRATICELLI
Professeur au lycée Pothier (Orléans)

David LEGRAND
Professeur au lycée Sainte Marie (Caen)

Vincent PARMENTIER
Professeur au lycée Pothier (Orléans)

Nicolas TANCREZ
Professeur au lycée Saint Louis (Paris)

ellipses

Un étudiant n'est pas un sac que l'on remplit mais une bougie que l'on enflamme.
Vladimir Arnold

ISBN 978-2-7298-81788

32, rue Bargue 75740 Paris cedex 15

www.editions-ellipses.fr

Avant-propos

Réussir en classes préparatoires nécessite d'assimiler rapidement un grand nombre de connaissances, mais surtout de savoir les utiliser, à bon escient, et les rendre opérationnelles au moment opportun. Bien sûr, l'apprentissage du cours de votre professeur jour après jour est indispensable. Cependant, on constate que pour beaucoup, c'est loin d'être suffisant. Combien d'entre vous ont bien appris leur cours et pourtant se trouvent démunis lors d'un devoir surveillé, et plus grave, le jour du concours.

Cette collection a été conçue pour répondre à cette difficulté. Suivant scrupuleusement le programme, chaque ouvrage est scindé en chapitres, dont chacun correspond, en gros, à une semaine de cours. Leur structure est identique pour chaque niveau, en mathématiques comme en physique ou chimie.

Le résumé de cours est là pour vous remettre en mémoire tous les résultats à connaître. Sa relecture est indispensable avant un devoir surveillé, le passage d'une colle relative au thème traité et lors des révisions précédant les concours. Ils sont énoncés sans démonstration.

La partie « méthode » vous initie aux techniques utiles pour résoudre les exercices classiques. Compléments indispensables du cours, elles l'éclairent et l'illustrent.

La partie « vrai/faux » vous permet de tester votre recul par rapport au programme, vous révéler les mauvais réflexes à corriger. Son corrigé est l'occasion de mettre en garde contre des **erreurs classiques**.

Les exercices sont incontournables pour assimiler le programme et pour répondre aux exigences du concours. Des **indications**, que les meilleurs pourront ignorer, permettront de répondre aux besoins de chacun, selon son niveau. Les **corrigés** sont rédigés avec soin et de manière exhaustive.

Ainsi l'ouvrage de physique comme ceux de chimie et de mathématiques vous accompagneront tout au long de l'année et vous guideront dans votre cheminement **vers la réussite aux concours**.

Bertrand Hauchecorne

Sommaire

Premier semestre

1. Oscillateur harmonique 1
2. Ondes 23
3. Bases de l'optique géométrique 51
4. Lentilles minces 81
5. Introduction au monde quantique 119
6. Lois de l'électrocinétique. Régime continu 141
7. Régime transitoire électrique ou mécanique 173
8. Régime sinusoïdal forcé électrique ou mécanique 213
9. Filtrage linéaire 245
10. Cinématique du point et du solide 285
11. Principes de la dynamique 317
12. Énergie, puissance et travail mécaniques 355
13. Mouvement dans un champ électrique ou magnétique 387
14. État et évolution d'un système chimique 411
15. Cinétique chimique 439
16. Structure électronique et classification périodique 471
17. Molécules et solvants 497

Deuxième semestre

18. Moment cinétique 525
19. Mouvement à force centrale 553
20. Description des systèmes thermodynamiques 587
21. Premier principe de la thermodynamique 611
22. Deuxième principe de la thermodynamique 637
23. Machines thermiques 659
24. Champ magnétique 687

25. Induction électromagnétique 715
26. Cristallographie 753
27. Réactions acido-basiques 781
28. Réactions de précipitation 807
29. Réactions d'oxydo-réduction 837
30. Diagrammes potentiel-pH 873

Chapitre 1
Oscillateur harmonique

Pour Pierre Simon de **Laplace**, la nature est le fondement de la découverte scientifique, les mathématiques n'en étant qu'un instrument. Philosophiquement, il est l'un des initiateurs du déterminisme selon lequel tout est réglé par les lois de la nature. Dans son *Essai philosophique sur les probabilités* publié en 1814, il explique :

Une intelligence qui, pour un instant donné, connaîtrait toutes les forces dont la nature est animée et la situation respective des êtres qui la composent, si d'ailleurs elle était assez vaste pour soumettre ces données à l'analyse, embrasserait dans la même formule les mouvements des plus grands corps de l'univers et ceux du plus léger des atomes ; rien ne serait incertain pour elle, et l'avenir, comme le passé, serait présent à ses yeux.

Pierre Simon de Laplace
1749-1827

Laplace avait aussi compris que cet esprit idéal ne pouvait exister ; c'est pourquoi il s'attacha tant à développer le calcul des probabilités.

■■ Objectifs

■ Ce qu'il faut connaître

- ▷ L'équation différentielle canonique d'un oscillateur harmonique
- ▷ La définition et la caractérisation pratique d'une position d'équilibre
- ▷ Les expressions de l'énergie potentielle élastique, de l'énergie cinétique et de l'énergie mécanique

■ Ce qu'il faut savoir faire

- ▷ Établir et reconnaître l'équation différentielle qui caractérise un oscillateur harmonique
- ▷ Résoudre l'équation différentielle à partir de conditions initiales données
- ▷ Caractériser le mouvement en utilisant les notions d'amplitude, de phase, de période, de fréquence et de pulsation
- ▷ Contrôler la cohérence de la solution obtenue avec la conservation de l'énergie mécanique

■■ Résumé de cours

■ Équation différentielle modèle de l'oscillateur harmonique

❑ Définition

On appelle **oscillateur harmonique** à un degré de liberté tout système dont l'évolution au cours du temps est décrite par une grandeur $u(t)$ solution de l'équation différentielle :

$$\boxed{\ddot{u} + \omega_0^2 u = 0}$$

avec ω_0 une constante appelée **pulsation propre** de l'oscillateur.

❑ Exemple du mobile accroché à un ressort horizontal

Considérons un objet mobile M de masse m, fixé à un ressort de raideur k, de longueur à vide ℓ_0 et de masse négligeable. On suppose que cet objet peut glisser sur un support horizontal, sans frottements (ni du support, ni de l'air). On repère sa position par l'abscisse x.

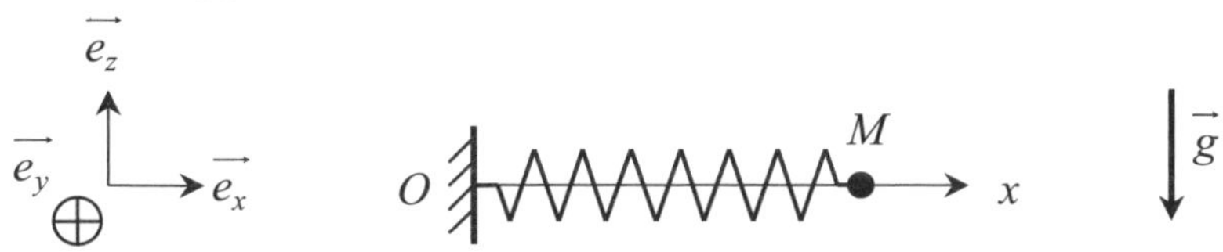

– La **position d'équilibre** est une position $x_{éq}$ où M peut rester immobile : alors $\dot{x} = 0$ et $\ddot{x} = 0$ (caractérisation cinématique).

Pour déterminer $x_{éq}$, on applique le principe fondamental de la dynamique (PFD) à M à l'équilibre, dans le référentiel terrestre $\mathfrak{R}$ supposé galiléen, soit $\sum \vec{F} = \vec{0}$.

(Nous reviendrons plus en détails sur ces notions au chapitre 11.)

– Si on étire ou comprime initialement le ressort, ou bien si on donne à la masse une vitesse initiale, et qu'on laisse alors le système évoluer, on constate que la masse oscille périodiquement autour d'une position donnée.

Ces oscillations obéissent à l'équation différentielle : $\ddot{x} + \dfrac{k}{m} x = \dfrac{k}{m} x_{éq}$

que l'on obtient en appliquant le PFD à M en mouvement, soit $\sum \vec{F} = m\vec{a}(M)_{\mathfrak{R}}$.

Cette équation différentielle linéaire relie x et ses dérivées temporelles en ne faisant intervenir que des constantes du problème (k, m, ℓ_0) : c'est l'**équation du mouvement**. Elle peut encore s'écrire $\boxed{\ddot{u} + \omega_0^2 u = 0}$ avec $\boxed{\omega_0 = \sqrt{\dfrac{k}{m}}}$ et $\boxed{u = x - x_{éq}}$ (écart à la position d'équilibre).

➪ **Méthode 1.1. Établir l'équation du mouvement d'une masse accrochée à un ressort**

Nous verrons au chapitre 12 que cette équation différentielle décrit plus généralement toutes les situations où un point matériel se trouve au voisinage d'une position d'équilibre stable.

■ Équation horaire de l'oscillateur harmonique

❑ Solutions de l'équation de l'oscillateur harmonique

Les solutions de l'équation différentielle peuvent s'écrire sous l'une des deux formes équivalentes :

$$\boxed{u(t) = A\cos(\omega_0 t) + B\sin(\omega_0 t)} \quad \text{ou bien} \quad \boxed{u(t) = X_m \cos(\omega_0 t + \varphi)} \text{ (avec } X_m > 0 \text{)}.$$

Les deux **constantes d'intégration** (A et B ou bien X_m et φ) s'obtiennent à l'aide des **conditions initiales**.

⇨ **Méthode 1.2. Résoudre l'équation différentielle du mouvement**
⇨ **Méthode 1.3. Passer d'une expression des solutions à une autre**

La représentation graphique de la fonction $u(t) = X_m \cos(\omega_0 t + \varphi)$ est donnée ci-dessous :

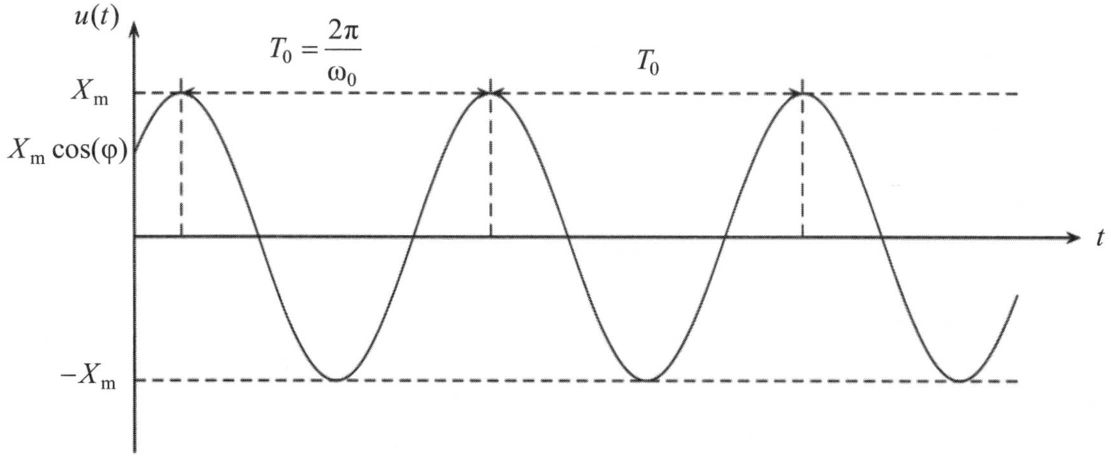

❑ Grandeurs caractéristiques des oscillations

$X_m (> 0)$ est l'**amplitude** des oscillations ; elle correspond à la valeur maximale de $u(t)$.

$(\omega_0 t + \varphi)$ est la **phase** à un instant t, et φ est la **phase à l'origine**, qui n'a pas d'interprétation physique autre que d'imposer la valeur de $u(t)$ à l'instant initial : $u(0) = X_m \cos(\varphi)$.

$T_0 = \dfrac{2\pi}{\omega_0}$ est la **période propre** des oscillations ; elle correspond à la plus petite durée au bout de laquelle la fonction $u(t)$ se répète identiquement à elle-même. Comme la pulsation propre ω_0 et la **fréquence propre** $f_0 = \dfrac{1}{T_0} = \dfrac{\omega_0}{2\pi}$, la période propre T_0 est indépendante des conditions initiales : on parle d'**isochronisme** des oscillations.

ω_0 et f_0 ont les dimensions de l'inverse d'un temps, mais ω s'exprime en rad/s et f en hertz (Hz).

Remarque

L'indice 0 utilisé pour la pulsation propre, la période propre et la fréquence propre ne fait pas référence à un état initial. Il signale simplement que ces grandeurs sont caractéristiques de l'évolution libre de l'oscillateur harmonique (sans amortissement ni excitation extérieure).

Conservation de l'énergie mécanique

Notion générale d'énergie

La grandeur **énergie** a été introduite en physique avec l'idée que, quels que soient les phénomènes, on peut toujours trouver une certaine quantité totale qui se conserve : chaque phénomène nouveau conduit à ajouter un terme d'énergie supplémentaire, de manière à obtenir une somme constante.
Cette démarche générale sera mise en forme plus précisément au chapitre 21.

Conservation de l'énergie mécanique pour un oscillateur harmonique

– L'**énergie cinétique** E_c d'un point matériel de masse m se déplaçant à une vitesse v est définie par $\boxed{E_c = \frac{1}{2}mv^2}$.

Elle se conserve pour un point se déplaçant à vitesse constante, ou bien à l'équilibre (où elle est nulle). Mais dans le cas étudié précédemment, elle ne se conserve pas.

– En revanche, si on lui ajoute le terme $\boxed{E_{pe} = \frac{1}{2}k(\ell - \ell_0)^2}$, appelé **énergie potentielle élastique**, on constate que la somme $\boxed{E_m = E_c + E_{pe}}$, appelée **énergie mécanique**, se conserve.

⇨ **Méthode 1.4. Établir la conservation de l'énergie mécanique**

– Dans des problèmes où l'altitude z du point M varie, il sera nécessaire d'ajouter dans l'énergie potentielle un autre terme, l'énergie potentielle de pesanteur $E_{pp} = \pm mgz\ (+\text{cte})$, pour obtenir une énergie mécanique $E_m = E_c + E_{p\ \text{totale}}$ constante.
D'autres cas d'énergies potentielles seront vus à partir du chapitre 12.

Méthodes

Comment obtenir l'équation différentielle de l'oscillateur ?

Méthode 1.1. Établir l'équation du mouvement d'une masse accrochée à un ressort

L'équation différentielle du mouvement de l'oscillateur horizontal peut s'obtenir par projection du principe fondamental de la dynamique sur le vecteur unitaire caractérisant la direction du mouvement. On doit préalablement faire l'inventaire des forces qui s'exercent sur la masse, et écrire leurs composantes précisément en fonction des notations de l'énoncé.

⇨ **Exercices 1.4, 1.5, 1.6**

Considérons un objet mobile M de masse m, fixé à un ressort de raideur k, de longueur à vide ℓ_0 et de masse négligeable. On suppose que cet objet peut glisser sur un support horizontal, sans frottements (ni du support, ni de l'air). On repère sa position par l'abscisse x dans un repère $(Oxyz)$, lié au référentiel terrestre supposé galiléen.

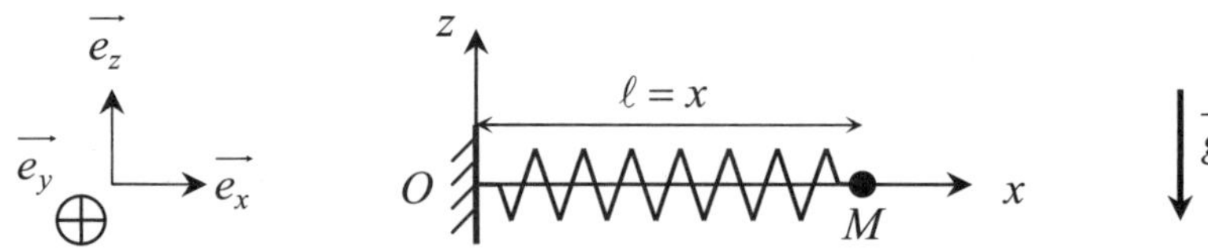

Établissons l'équation différentielle vérifiée par l'abscisse x repérant la masse m (qui peut être indifféremment l'abscisse de son centre, de l'un de ses bords, ou son abscisse tout court s'il peut être lui-même assimilé à un point).

– Les forces appliquées sur M sont : la force de rappel élastique $\vec{T} = -k(\ell - \ell_0)\overrightarrow{e_x}$ soit ici $\vec{T} = -k(x - \ell_0)\overrightarrow{e_x}$; le poids $\vec{P} = -mg\overrightarrow{e_z}$; la réaction du support, qui en l'absence de frottement est normale (c'est-à-dire orthogonale au support, qui est l'axe (Ox)), soit $\vec{R} = R_y\overrightarrow{e_y} + R_z\overrightarrow{e_z}$.

– La position de M étant repérée par le vecteur $\overrightarrow{OM} = x\overrightarrow{e_x}$, il a pour vecteur vitesse $\vec{v} = \dot{x}\overrightarrow{e_x}$ et pour vecteur accélération $\vec{a} = \ddot{x}\overrightarrow{e_x}$.

– Le principe fondamental de la dynamique (PFD), dans le référentiel terrestre supposé galiléen, s'écrit $m\vec{a}(M) = \vec{T} + \vec{P} + \vec{R}$.

En projection sur $\overrightarrow{e_x}$, $\overrightarrow{e_y}$ et $\overrightarrow{e_z}$, on obtient :
$$\begin{cases} m\ddot{x} = -k(x - \ell_0) & (1) \\ 0 = R_y & (2) \\ 0 = R_z - mg & (3) \end{cases}$$

Les équations (2) et (3), équivalentes à $\vec{R} = +mg\vec{e_z}$, indiquent que dans ce cas, la réaction du support compense exactement le poids, empêchant ainsi l'objet de tomber.

> ✐ *Cette dernière constatation n'est pas du tout une propriété générale ! Elle concerne seulement un objet glissant sans frottements sur un support horizontal immobile, en l'absence d'autre force verticale, dans un référentiel galiléen… ce qui fait beaucoup de conditions !*

L'équation (1) peut se réécrire $\boxed{\ddot{x} + \frac{k}{m}x = \frac{k}{m}\ell_0}$. Cette équation différentielle linéaire à coefficients constants relie x et ses dérivées temporelles en ne faisant intervenir que des constantes du problème : c'est l'équation du mouvement.

– À l'équilibre, on a $x = x_{éq}$ et $\ddot{x} = 0$. L'équation (1) conduit ainsi à $\boxed{x_{éq} = \ell_0}$. En posant $u = x - x_{éq}$, l'équation du mouvement se réécrit $\boxed{\ddot{u} + \omega_0^2 u = 0}$ avec $\boxed{\omega_0 = \sqrt{\frac{k}{m}}}$.

■ Comment obtenir l'équation horaire de l'oscillateur ?

❑ Méthode 1.2. Résoudre l'équation différentielle du mouvement

> L'équation horaire d'un oscillateur libre s'obtient en résolvant l'équation différentielle du mouvement. Pour cela, on choisit l'un des deux formes générales des solutions, puis on détermine les deux constantes d'intégration à l'aide des conditions initiales.

⇨ **Exercices 1.5, 1.6**

Considérons que l'oscillateur étudié dans la méthode 1.1 est initialement étiré d'une longueur a (> 0) par rapport à sa position d'équilibre (c'est-à-dire que M est à une abscisse $x = x_{éq} + a$), et lâché sans vitesse initiale. Pour obtenir l'équation horaire, il faut donc résoudre l'équation $\ddot{u} + \omega_0^2 u = 0$ avec les conditions initiales $u(0) = a$ et $\dot{u}(0) = 0$.

– En choisissant les solutions sous la forme $u(t) = A\cos(\omega_0 t) + B\sin(\omega_0 t)$, on obtient en dérivant $\dot{u}(t) = -A\omega_0 \sin(\omega_0 t) + B\omega_0 \cos(\omega_0 t)$. Les conditions initiales donnent donc : $u(0) = A$ et $\dot{u}(0) = B\omega_0$. Par identification, on en déduit $A = a$ et $B = 0$ d'où $\boxed{u(t) = a\cos(\omega_0 t)}$ soit $\boxed{x(t) = \ell_0 + a\cos(\omega_0 t)}$.

– Si on choisit la seconde forme $u(t) = X_m \cos(\omega_0 t + \varphi)$, alors $\dot{u}(t) = -\omega_0 X_m \sin(\omega_0 t + \varphi)$. Les conditions initiales donnent donc : $u(0) = X_m \cos\varphi$ et $\dot{u}(0) = -\omega_0 X_m \sin\varphi$. Par identification : $\sin\varphi = 0$, donc on peut prendre a priori $\varphi = 0$ ou $\varphi = \pm\pi$. Mais le deuxième choix, donnant $\cos\varphi = -1$, conduirait à $X_m = -a < 0$. On prend donc $\varphi = 0$ et $X_m = a$, d'où $\boxed{u(t) = a\cos(\omega_0 t)}$ qui est bien la solution trouvée avec l'autre méthode.

❑ Méthode 1.3. Passer d'une expression des solutions à une autre

> Pour passer de l'expression $x(t) = X_m \cos(\omega_0 t + \varphi)$ des solutions de l'oscillateur à l'expression $x(t) = A\cos(\omega_0 t) + B\sin(\omega_0 t)$, et réciproquement, on utilise :
>
> $$\begin{cases} A = X_m \cos\varphi \\ B = -X_m \sin\varphi \end{cases} \quad \text{et} \quad \begin{cases} \tan\varphi = -\dfrac{B}{A} \text{ avec } \cos\varphi \text{ de même signe que } A \\ X_m = \sqrt{A^2 + B^2} \end{cases}$$

⇨ **Exercices 1.2, 1.3**

– En utilisant la relation trigonométrique $\cos(a+b) = \cos a \cos b - \sin a \sin b$, on peut développer $x(t) = X_m \cos(\omega_0 t + \varphi)$ en $x(t) = X_m \cos\varphi \cos(\omega_0 t) - X_m \sin\varphi \sin(\omega_0 t)$. Par identification, on aboutit à $A = X_m \cos\varphi$ et $B = -X_m \sin\varphi$.

– Inversement, si on élève ces deux formules au carré et qu'on additionne, sachant que $\cos^2\varphi + \sin^2\varphi = 1$, on trouve $X_m^2 = A^2 + B^2$, donc $X_m = \sqrt{A^2 + B^2}$ puisqu'on peut toujours choisir X_m positive.

Et le rapport des deux formules précédentes donne $\tan\varphi = -\dfrac{B}{A}$. Dans un intervalle de largeur 2π, il y a deux angles ayant cette même tangente. On doit prendre celui tel que $\cos\varphi$ ait le même signe que A, puisque $A = X_m \cos\varphi$ avec $X_m > 0$.

■ Comment faire apparaître la conservation de l'énergie ?

❑ Méthode 1.4. Établir la conservation de l'énergie mécanique

> Pour vérifier la conservation de l'énergie mécanique de l'oscillateur harmonique, on utilise les solutions de l'équation du mouvement pour expliciter l'énergie cinétique E_c et l'énergie potentielle E_p. On en déduit l'énergie mécanique $E_m = E_c + E_p$ et on vérifie qu'elle est bien indépendante du temps.

⇨ **Exercices 1.5, 1.6**

Avec l'oscillateur horizontal de la méthode 1.1 dont les solutions ont été établies dans la méthode 1.2, on commence par calculer l'énergie cinétique $E_c = \dfrac{1}{2}mv^2 = \dfrac{1}{2}m\dot{x}^2$ en fonction du temps, soit $\boxed{E_c = \dfrac{1}{2}ma^2\omega_0^2 \sin^2(\omega_0 t)}$. D'autre part on calcule l'énergie potentielle élastique du point M : $E_p = \dfrac{1}{2}k(\ell - \ell_0)^2 = \dfrac{1}{2}k(x - \ell_0)^2$ d'où $\boxed{E_p = \dfrac{1}{2}k\,a^2 \cos^2(\omega_0 t)}$.

L'énergie mécanique s'écrit ainsi $E_{\mathrm{m}} = E_{\mathrm{c}} + E_{\mathrm{p}} = \frac{1}{2} m a^2 \omega_0^2 \sin^2(\omega_0 t) + \frac{1}{2} k\, a^2 \cos^2(\omega_0 t)$. En exploitant la relation $\omega_0 = \sqrt{\frac{k}{m}}$, on obtient $E_{\mathrm{m}} = \frac{1}{2} k\, a^2 \left(\cos^2(\omega_0 t) + \sin^2(\omega_0 t)\right)$ soit $\boxed{E_{\mathrm{m}} = \frac{1}{2} k\, a^2 = \mathrm{cte}}$: cette dernière de dépend pas du temps mais uniquement des conditions initiales (élongation a) et de l'un des paramètres définissant le système (raideur k).

Méthodes

Vrai/Faux

		Vrai	Faux
1.	La période d'un oscillateur harmonique dépend des conditions initiales.	☐	☑
2.	L'amplitude du mouvement d'un oscillateur harmonique dépend des conditions initiales.	☑	☐
3.	La longueur à l'équilibre d'une masse au bout d'un ressort est toujours égale à sa longueur à vide.	☐	☑
4.	Il suffit d'une condition initiale pour résoudre entièrement l'équation du mouvement d'un oscillateur harmonique.	☐	☑
5.	Un oscillateur harmonique lâché sans vitesse initiale reste toujours à la même position.	☐	☑
6.	Si l'énergie mécanique d'un oscillateur harmonique ne dépend pas du temps, c'est parce que ni l'énergie cinétique ni l'énergie potentielle n'en dépendent.	☐	☑
7.	La vitesse d'un oscillateur harmonique est maximale quand celui-ci passe par une position d'équilibre.	☑	☐
8.	La pulsation propre des oscillations d'un mobile accroché à un ressort horizontal dépend de sa masse.	✓	

Énoncé des exercices

❑ Exercice 1.1. Traitement de données expérimentales

En mesurant l'abscisse $x(t)$ d'une masse au bout d'un ressort linéaire horizontal, repérée par rapport à la position d'équilibre, on obtient le graphe expérimental suivant :

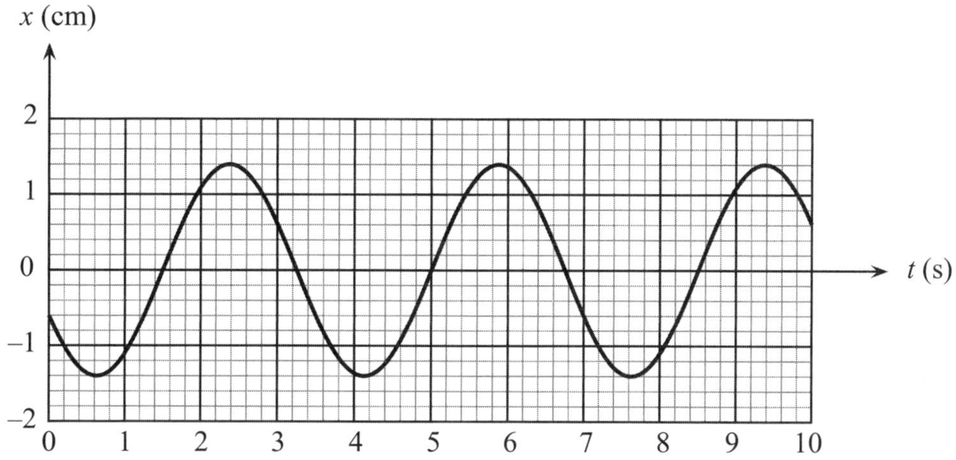

1. Déterminer les caractéristiques de l'oscillation (amplitude, pulsation propre, phase à l'origine).

2. L'objet au bout du ressort possède une masse $m = 50$ g. En déduire la valeur de la constante de raideur k du ressort.

3. Pourrait-on modifier l'amplitude des oscillations en changeant uniquement la valeur de m ? Justifier votre réponse.

❑ Exercice 1.2. Modèle et équivalence des différentes formes de solutions

L'abscisse $x(t)$ d'une masse au bout d'un ressort linéaire horizontal, repérée par rapport à la position d'équilibre, constitue un oscillateur.

1. Dans le cas du système étudié, quelle hypothèse sur les frottements doit-on formuler pour que les oscillations soient harmoniques ? Préciser alors, sans démonstration, une propriété remarquable vérifiée par l'énergie mécanique.

2. a) Vérifier que les fonctions $x_1(t) = X_m \cos(\omega_0 t + \varphi)$ et $x_2(t) = A\cos(\omega_0 t) + B\sin(\omega_0 t)$ sont solutions de l'oscillateur harmonique de pulsation propre ω_0.

b) À quelle(s) condition(s) sur X_m, φ, A et B, les solutions $x_1(t)$ et $x_2(t)$ correspondent-elles à deux évolutions identiques de mêmes conditions initiales ? On donne la relation trigonométrique : $\cos(a+b) = \cos a \cos b - \sin a \sin b$.

❑ Exercice 1.3. Expression et représentation d'une solution numérique

Un oscillateur harmonique de pulsation propre $\omega_0 = 1{,}0\ \text{rad} \cdot \text{s}^{-1}$ a pour solution $x(t) = a\cos(\omega_0 t) - a\sin(\omega_0 t)$ avec $a = 1{,}0\ \text{cm}$. Mettre cette solution sous la forme correspondant à $x(t) = X_\text{m}\cos(\omega_0 t + \varphi)$, en déterminant les valeurs des constantes X_m et φ. Tracer le graphe de $x(t)$ sur l'intervalle $[\![0\ \text{s}, 12\ \text{s}]\!]$.

❑ Exercice 1.4. Caractérisation du mouvement d'un anneau

Un anneau au bout d'un ressort oscille de manière sinusoïdale le long d'une tige horizontale à la fréquence de 2,0 Hz. La longueur totale parcourue par la masse entre ses deux positions extrêmes est de 20 cm. À l'instant $t = 0$, la masse est à la position $x(0) = 5{,}0\ \text{cm}$.

1. Les frottements étant négligés, on choisir de repérer la position de l'anneau par rapport à sa position d'équilibre par la fonction $x(t) = X_\text{m}\cos(\omega_0 t + \varphi)$. Calculer X_m, ω_0 et φ. En déduire la position de l'anneau à l'instant $t_1 = 1{,}5\ \text{cm}$.

2. Exprimer la vitesse de l'anneau en fonction X_m, ω_0, φ et *t*. Calculer sa vitesse maximale.

3. Établir l'expression de l'accélération de l'anneau en fonction de X_m, ω_0, φ et *t*, puis en fonction de ω_0 et *x*. Commenter le résultat obtenu.

❑ Exercice 1.5. Masse au bout d'un ressort vertical*

Considérons un objet *M* masse *m*, accrochée à un ressort de raideur *k* et de longueur à vide ℓ_0, se déplaçant sans frottements le long de l'axe vertical (*Oz*). On note $\vec{g} = g\vec{e_z}$ l'accélération de la pesanteur.

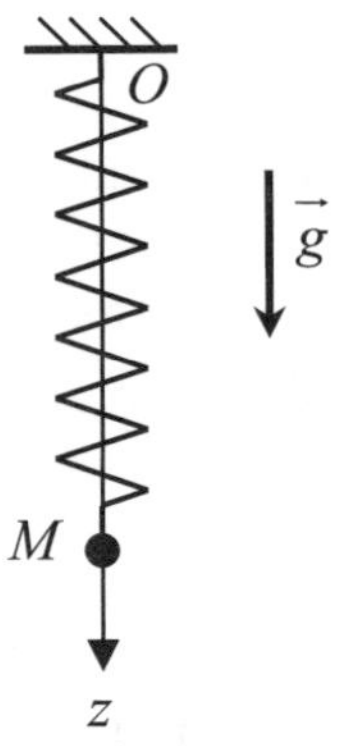

1. Équation du mouvement et équilibre

a) Établir l'équation différentielle vérifiée par la cote verticale $z(t)$ de la masse M.

b) En déduire sa position d'équilibre $z_\text{éq}$.

c) Posons $u(t) = z(t) - z_\text{éq}$. Quelle est l'équation différentielle dont $u(t)$ est solution ? Commenter le résultat obtenu.

d) L'objet est lâché à $t = 0$ depuis sa position d'équilibre avec une vitesse initiale $\vec{v}(0) = v_0\vec{e_z}$. Déterminer l'expression de $u(t)$ à chaque instant.

2. Énergie

Le mouvement de la masse étant vertical, son énergie potentielle comporte non seulement le terme d'énergie potentielle élastique, mais aussi une énergie potentielle de pesanteur $E_\text{pp} = -mgz$.

a) Montrer que l'énergie potentielle totale peut être mise sous la forme $E_\text{p} = \dfrac{1}{2}ku^2 + \text{cte}$.

b) En déduire l'expression de l'énergie mécanique E_m en fonction de *m*, v_0, ω_0 et d'une éventuelle constante additive. Commenter le résultat obtenu.

❑ Exercice 1.6. Oscillateur à deux ressorts

Un petit anneau assimilé à un point matériel M de masse m est astreint à glisser sans frottements le long d'une tige horizontale de direction (Ox). Cet anneau est relié par deux ressorts linéaires à deux points fixes A et B distants de D.

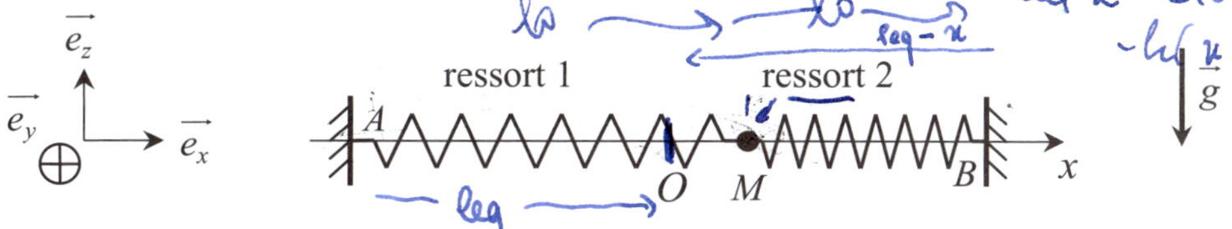

Les deux ressorts sont identiques : même constante de raideur k et même longueur à vide ℓ_0. Dans la position d'équilibre du système, les longueurs des ressorts sont identiques et valent $\ell_{\text{éq}}$, et l'anneau se trouve à l'origine O de l'axe. On se place dans le référentiel terrestre, considéré comme galiléen. À $t = 0$, le mobile est abandonné sans vitesse initiale d'une position $x_0 \neq 0$.

1. Établir l'équation différentielle vérifiée par l'abscisse $x(t)$ de l'anneau M.

2. Montrer que le système constitue un oscillateur harmonique dont on précisera la pulsation ω_0 et la période T_0 en fonction de k et m.

3. Donner l'expression de $x(t)$ en tenant compte des conditions initiales.

4. Donner les expressions de l'énergie potentielle E_p, de l'énergie cinétique E_c et de l'énergie mécanique E_m de l'anneau en fonction de tout ou partie des grandeurs k, x_0, ω_0, t. Par convention, l'origine de l'énergie potentielle élastique correspondra à la position d'équilibre : $E_p = 0$ pour $x = 0$. Représenter l'allure de ces énergies en fonction du temps sur un même graphe.

D'après Concours commun polytechnique

❑ Exercice 1.7. Modes propres d'un oscillateur à deux ressorts**

Considérons deux mobiles M_1 et M_2, de même masse m, supposés ponctuels, et astreints à glisser sur un plan horizontal dans la direction (Ox). Le mobile M_1 est accroche à un point fixe O, par l'intermédiaire d'un ressort de raideur k et de longueur à vide ℓ_0. Le mobile M_2 est accroché au mobile M_1 par l'intermédiaire d'un ressort identique au précédent. Tous les frottements son négligés.

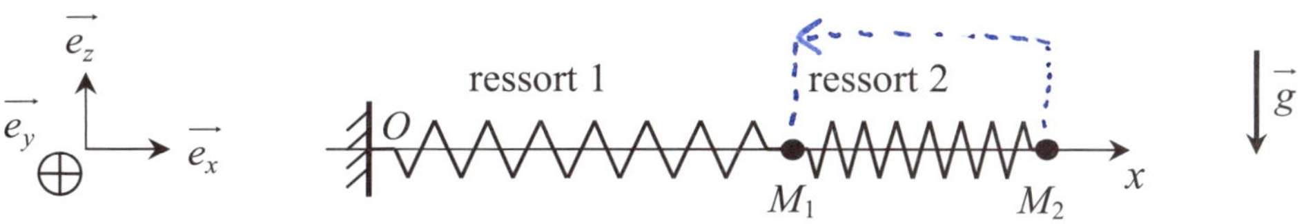

1. Établir les équations différentielles du mouvement vérifiées par les positions $x_1(t)$ et $x_2(t)$ des mobiles M_1 et M_2 par rapport à O. On notera que ces équations différentielles sont couplées, c'est-à-dire qu'elles contiennent toutes les deux à la fois des termes en $x_1(t)$ et des termes en $x_2(t)$.

2. On pose $X_1(t) = x_1(t) - \ell_0$ et $X_2(t) = x_2(t) - 2\ell_0$.

a) Justifier le choix des grandeurs $X_1(t)$ et $X_2(t)$ en donnant leur interprétation physique.

b) On étudie les mouvements oscillatoires harmoniques possibles des deux mobiles à la même pulsation ω en l'absence de frottements (appelés *modes propres*). En choisissant $X_1(t) = X_{m1}\cos(\omega t + \varphi_1)$ et $X_2(t) = X_{m2}\cos(\omega t + \varphi_2)$, montrer qu'on obtient dans ce cas le système :

$$\begin{cases} (2\omega_0^2 - \omega^2)X_1 - \omega_0^2 X_2 = 0 \\ -\omega_0^2 X_1 + (\omega_0^2 - \omega^2)X_2 = 0 \end{cases}$$

où ω_0 est une grandeur qu'on explicitera en fonction de k et m.

c) En déduire les solutions ω_1 et ω_2 correspondant aux valeurs de ω recherchées.

■ Pour vous aider à démarrer

Exercice 1.2. Les positions $x_1(t)$ et $x_2(t)$ sont des fonctions composée du temps qu'il convient de dériver avec le plus grand soin.
Exercice 1.4. Faire un ou plusieurs schémas du système et y représenter X_m et la longueur totale parcourue.
Exercice 1.5. Écrire les forces appliquées sur l'objet ponctuel ainsi que son accélération en fonction de la variable z et de ses dérivées uniquement (ne pas introduire plus de variables que nécessaire).
Exercice 1.6. Exprimer avec précaution les allongements des deux ressorts : ils font tous les deux intervenir $\ell_{éq}$, ℓ_0 et x.
Exercices 1.7 Le mobile M_2 n'est relié qu'au ressort de droite : il ne subit donc qu'une seule force de tension (même si cette dernière dépend de $x_1(t)$ et donc indirectement de l'allongement du ressort de gauche).

Corrigé des vrai/faux

1.	2.	3.	4.	5.	6.	7.	8.
faux	vrai	faux	faux	faux	faux	vrai	vrai

1. La période ne dépend que des paramètres définissant le système (masse, caractéristiques des forces...). C'est l'isochronisme des oscillations.

3. La longueur du ressort à l'équilibre n'est égale à sa longueur à vide dans le cas particulier d'une masse au bout d'un ressort horizontal.

4. L'équation du mouvement de l'oscillateur harmonique est une équation différentielle d'ordre 2 : il faut donc *deux* conditions initiales (position et vitesse initiales) pour la résoudre entièrement.

5. Même sans vitesse initiale, un oscillateur harmonique lâché d'une position différente de sa position d'équilibre va se mettre à osciller à cause de l'allongement initial.

6. L'énergie cinétique et l'énergie potentielle dépendent bien du temps mais leur somme, correspondant à l'énergie mécanique, n'en dépend pas.

❑ Les erreurs classiques

– Il faut faire très attention à l'expression de l'allongement du ressort, pour l'expression de la tension et de l'énergie potentielle élastique : ne pas écrire aveuglément $\vec{T} = -kx\vec{e_x}$ ou $E_p = \frac{1}{2}kx^2$! L'expression exacte dépend des notations employées dans chaque cas.

– Quand on dérive la coordonnée de position par rapport au temps pour trouver l'expression de la vitesse, ne pas oublier le facteur ω_0 (pour un sinus) ou $-\omega_0$ (pour un cosinus).

– Si on a fait un changement de variable $u = x - x_{éq}$ pour obtenir l'équation différentielle d'un oscillateur harmonique, ne pas oublier de tenir compte de cette constante $x_{éq}$ dans la recherche de la solution. Si par exemple la position initiale est $x(0) = b$, alors la condition initiale pour u est $u(0) = b - x_{éq}$.

Corrigé

Corrigé des exercices

Exercice 1.1

1. On lit sur le graphique : amplitude $\boxed{X_m = 1{,}4 \text{ cm}}$ et période propre telle que $2T_0 = 7{,}0\text{ s}$, soit $\boxed{T_0 = 3{,}5\text{ s}}$. On en déduit la pulsation propre $\omega_0 = \dfrac{2\pi}{T_0}$. AN $\boxed{\omega_0 = 1{,}8 \text{ rad}\cdot\text{s}^{-1}}$. L'ordonnée à l'origine est obtenue en évaluant $x(t) = X_m \cos(\omega_0 t + \varphi)$ à l'instant $t = 0$: $\cos(\varphi) = \dfrac{x(0)}{X_m}$. Avec $x(0) = -0{,}60\text{ cm}$, on calcule $\boxed{\varphi = 2{,}0 \text{ rad}}$.

2. Pour un oscillateur à ressort, $\omega_0 = \sqrt{\dfrac{k}{m}}$ d'où $\boxed{k = m\omega_0^2}$. AN $\boxed{k = 0{,}16 \text{ N}\cdot\text{m}^{-1}}$.

3. En modifiant la valeur de *m*, on modifie la pulsation propre de l'oscillateur mais pas l'amplitude des oscillations. En effet, ce sont uniquement les conditions initiales (position, vitesse) qui fixent l'amplitude, et non la valeur des paramètres intrinsèques à l'oscillateur (masse, raideur du ressort).

Exercice 1.2

1. L'oscillateur considéré est harmonique à condition de négliger les frottements. Dans ce cas, l'énergie mécanique est une constante du temps.

2. a) La fonction $x_1(t)$ peut être mise sous la forme $x_1(t) = X_m \cos(f(t))$ avec $f(t) = \omega_0 t + \varphi$. On en déduit la vitesse $\dot{x}_1(t) = \dfrac{\mathrm{d}x_1}{\mathrm{d}f}\dfrac{\mathrm{d}f}{\mathrm{d}t}$; avec $\dfrac{\mathrm{d}x_1}{\mathrm{d}f} = -X_m \cos(f)$ et $\dfrac{\mathrm{d}f}{\mathrm{d}t} = \omega_0$, on obtient $\dot{x}_1(t) = -\omega_0 X_m \sin(\omega_0 t + \varphi)$. De même, l'accélération est obtenue en dérivant la vitesse par rapport au temps : $\ddot{x}_1(t) = \dfrac{\mathrm{d}\dot{x}_1}{\mathrm{d}f}\dfrac{\mathrm{d}f}{\mathrm{d}t}$ d'où $\ddot{x}_1(t) = -\omega_0{}^2 X_m \cos(\omega_0 t + \varphi)$. Ainsi, $x_1(t)$ est solution de $\ddot{x}_1 = -\omega_0{}^2 x_1$, soit $\boxed{\ddot{x}_1 + \omega_0{}^2 x_1 = 0}$: c'est l'équation de l'oscillateur harmonique de pulsation propre ω_0.

> *$x_1(t)$ est une fonction composée du temps; en effet, x_1 est une fonction de f qui est elle-même une fonction du temps. Attention à dériver convenablement x_1 par rapport à t (on pourra vérifier le résultat obtenu par analyse dimensionnelle).*

Reprenons les calculs avec la fonction $x_2(t)$: $\dot{x}_2(t) = -\omega_0 A \sin(\omega_0 t) + \omega_0 B \cos(\omega_0 t)$ et $\ddot{x}_2(t) = -\omega_0^2 A \cos(\omega_0 t) - \omega_0^2 B \sin(\omega_0 t) = -\omega_0^2 x_2(t)$, soit $\boxed{\ddot{x}_2 + \omega_0{}^2 x_2 = 0}$: on obtient une nouvelle fois l'équation de l'oscillateur harmonique de pulsation propre ω_0.

b) Pour que les évolutions définies par $x_1(t)$ et $x_2(t)$ soient identiques, il faut qu'à chaque instant $x_1(t) = x_2(t)$. En utilisant le relation trigonométrique fournie, on peut développer le cosinus de $x_1(t)$; on obtient alors $x_1(t) = X_m \cos\varphi \cos(\omega_0 t) - X_m \sin\varphi \sin(\omega_0 t)$. Par indentification avec l'expression de $x_2(t)$, on aboutit à $\boxed{A = X_m \cos\varphi}$ et $\boxed{B = -X_m \sin\varphi}$.

⇨ *Méthode 1.1*

Exercice 1.3

La solution numérique correspond à $x(t) = A\cos(t) + B\sin(t)$ avec $A = a = 1\text{ cm}$ et $B = -a = -1\text{ cm}$. En utilisant les relations $\tan\varphi = -\dfrac{B}{A}$ et $X_m = \sqrt{A^2 + B^2}$, on obtient $\boxed{\varphi = \dfrac{\pi}{4}\text{ (rad)}}$ et $\boxed{X_m = 1{,}4\text{ cm}}$.

⇨ *Méthode 1.1*

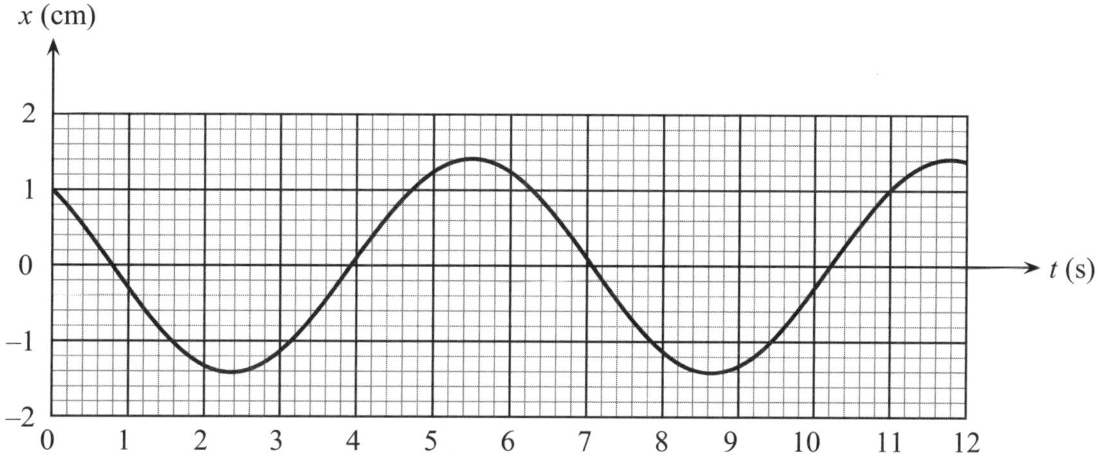

Exercice 1.4

1. La fonction cosinus variant de –1 à +1, la coordonnée $x(t)$ est comprise entre $-X_m$ et $+X_m$: l'anneau parcourt donc une distance égale à $2X_m$, d'où $\boxed{X_m = 10\text{ cm}}$. La pulsation propre ω_0 est obtenue à partir de la fréquence propre $f_0 = 2{,}0\text{ Hz}$ par la relation $\boxed{\omega_0 = 2\pi f_0}$.
AN : $\boxed{\omega_0 = 4\pi\text{ rad}\cdot\text{s}^{-1} = 13\text{ rad}\cdot\text{s}^{-1}}$. À l'instant initial, $x(0) = X_m \cos(\varphi)$ d'où $\cos(\varphi) = x(0)/X_m$. AN : $\boxed{\varphi = \pi/3\text{ rad} = 60°}$. Finalement, on en déduit $\boxed{x(t_1) = 9{,}5\text{ cm}}$.
propre ω_0.

Toutes les valeurs numériques de l'énoncé sont données avec deux chiffres significatifs. Les applications numériques doivent respecter la même contrainte.

Corrigé

2. En dérivant la position $x(t) = X_m \cos(\omega_0 t + \varphi)$ par rapport aux temps, on obtient $\boxed{\dot{x}(t) = -\omega_0 X_m \sin(\omega_0 t + \varphi)}$. La vitesse maximale est alors donnée par $\boxed{\dot{x}_{max} = \omega_0 X_m}$. AN : $\boxed{\dot{x}_{max} = 1{,}3 \text{ m}\cdot\text{s}^{-1}}$.

3. L'accélération est obtenue en dérivant la vitesse par rapport au temps : $\boxed{\ddot{x}(t) = -\omega_0{}^2 X_m \cos(\omega_0 t + \varphi)}$. On remarque que $\boxed{\ddot{x} = -\omega_0{}^2 x}$, soit $\ddot{x} + \omega_0{}^2 x = 0$: c'est l'équation de l'oscillateur harmonique, cohérente avec la solution $x(t) = X_m \cos(\omega_0 t + \varphi)$ proposée.

Exercice 1.5

1. a) Les forces appliquées sur M sont : la force de rappel élastique $\vec{T} = -k(z - \ell_0)\vec{e_z}$ et le poids $\vec{P} = mg\vec{e_z}$. La position de M étant repérée par le vecteur $\overrightarrow{OM} = z\vec{e_z}$, il a pour vecteur vitesse $\vec{v} = \dot{z}\vec{e_x}$ et pour vecteur accélération $\vec{a} = \ddot{z}\vec{e_x}$. Le principe fondamental de la dynamique (PFD) dans le référentiel terrestre supposé galiléen s'écrit : $m\vec{a}(M) = \vec{T} + \vec{P}$. En projection sur $\vec{e_z}$, on obtient l'équation du mouvement : $m\ddot{z} = -k(z - \ell_0) + mg$ soit $\boxed{\ddot{z} + \frac{k}{m}z = \frac{k}{m}\ell_0 + g}$.

b) À l'équilibre, on a $z = z_{éq}$ et $\ddot{z} = 0$, d'où $\boxed{z_{éq} = \ell_0 + \frac{mg}{k}}$.

✎ *On trouve $z_{éq} > \ell_0$: la longueur à l'équilibre avec une masse accrochée au bout du ressort est supérieure à la longueur du ressort à vide (sans la masse). Le résultat obtenu est conforme à l'intuition.*

c) Si $u(t) = z(t) - z_{éq}$ alors on a $z(t) = u(t) + z_{éq}$ et $\ddot{z} = \ddot{u}$. L'équation du mouvement est ainsi équivalente à $\ddot{u} + \frac{k}{m}\left(u + \ell_0 + \frac{mg}{k}\right) = \frac{k}{m}\ell_0 + g$ soit, après simplifications, $\boxed{\ddot{u} + \omega_0^2 u = 0}$ avec $\boxed{\omega_0 = \sqrt{\frac{k}{m}}}$. Contrairement à l'équation différentielle du mouvement vérifiée par la position $z(t)$, celle vérifiée par l'écart à la position d'équilibre $u(t)$ n'a pas de second membre.

d) Les solutions de l'équation du mouvement s'écrivent $u(t) = A\cos(\omega_0 t) + B\sin(\omega_0 t)$. Pour déterminer les constantes d'intégration A et B, utilisons les conditions initiales : l'objet est lâché à $t = 0$ depuis sa position d'équilibre d'où $u(0) = 0 = A$; il possède en outre une vitesse initiale d'où $\dot{u}(0) = \dot{z}(0) = v_0 = \omega_0 B$. On trouve ainsi l'expression demandée : $\boxed{u(t) = \frac{v_0}{\omega_0}\sin(\omega_0 t)}$.

⇨ *Méthode 1.3*

2. a) L'énergie potentielle totale est la somme de l'énergie potentielle élastique et de l'énergie potentielle de pesanteur : $E_p = \frac{1}{2}k(z - \ell_0)^2 - mgz$. En introduisant l'écart à la position d'équilibre $z(t) = u(t) + z_{éq}$, on obtient $E_p = \frac{1}{2}k(u + z_{éq} - \ell_0)^2 - mg\left(u + z_{éq}\right)$, soit $E_p = \frac{1}{2}ku^2 + ku\left(z_{éq} - \ell_0\right) + \frac{1}{2}k\left(z_{éq} - \ell_0\right)^2 - mgu - mgz_{éq}$. Or $ku\left(z_{éq} - \ell_0\right) = ku\frac{mg}{k} = mgu$ d'où $E_p = \frac{1}{2}ku^2 + \frac{1}{2}k\left(z_{éq} - \ell_0\right)^2 - mgz_{éq}$. Les deux derniers termes sont des constantes : $\boxed{E_p = \frac{1}{2}ku^2 + \text{cte}}$ avec $\boxed{\text{cte} = \frac{1}{2}k\left(z_{éq} - \ell_0\right)^2 - mgz_{éq}}$.

b) L'énergie cinétique est donnée par $E_c = \frac{1}{2}mv^2 = \frac{1}{2}m\dot{x}^2 = \frac{1}{2}m\dot{u}^2$ soit $\boxed{E_c = \frac{1}{2}mv_0^2\cos^2(\omega_0 t)}$.

D'après la question précédente, l'énergie potentielle s'écrit $E_p = \frac{1}{2}k\frac{v_0}{\omega_0^2}\sin^2(\omega_0 t) + \text{cte}$; elle se simplifie, compte tenu de la relation $\omega_0 = \sqrt{\frac{k}{m}}$, en $\boxed{E_p = \frac{1}{2}mv_0^2\sin^2(\omega_0 t) + \text{cte}}$. On en déduit l'énergie mécanique $E_m = E_c + E_p = \frac{1}{2}mv_0^2\left(\cos^2(\omega_0 t) + \sin^2(\omega_0 t)\right) + \text{cte}$ soit $\boxed{E_m = \frac{1}{2}mv_0^2 + \text{cte}}$.
C'est une constante au cours du mouvement ; elle ne dépend que des conditions initiales (vitesse v_0) et de l'un des paramètres définissant le système (masse m).

⇨ *Méthode 1.3*

Exercice 1.6

1. Forces appliquées à l'anneau M de masse m : poids $\vec{P} = -mg\vec{e_z}$; tensions des ressorts $\vec{T_1} = -k(AM - \ell_0)\vec{e_x} = -k(\ell_{éq} + x - \ell_0)\vec{e_x}$ et $\vec{T_2} = +k(BM - \ell_0)\vec{e_x} = +k(\ell_{éq} - x - \ell_0)\vec{e_x}$; réaction normale de la tige $\vec{R} = R_y\vec{e_y} + R_z\vec{e_z}$. Position et accélération de l'anneau : $\overrightarrow{OM} = x\vec{e_x}$ et $\vec{a} = \ddot{x}\vec{e_x}$. Principe fondamental de la dynamique (PFD) appliqué à l'anneau dans le référentiel terrestre supposé galiléen : $m\vec{a}(M) = \vec{P} + \vec{T_1} + \vec{T_2} + \vec{R}$. Projection du PFD sur $\vec{e_x}$: $m\ddot{x} = 0 - k(\ell_{éq} + x - \ell_0) + k(\ell_{éq} - x - \ell_0) + 0$ soit $\boxed{\ddot{x} + \frac{2k}{m}x = 0}$.

✎ *Ici x est l'écart à la position d'équilibre, donc on trouve directement une équation différentielle sans second membre, sans avoir à changer de fonction.*

2. On reconnaît l'équation d'un oscillateur harmonique de pulsation $\boxed{\omega_0 = \sqrt{\frac{2k}{m}}}$, de période $\boxed{T_0 = \frac{2\pi}{\omega_0} = 2\pi\sqrt{\frac{m}{2k}}}$.

3. Solution générale : $x(t) = A\cos\omega_0 t + B\sin\omega_0 t$. À $t = 0$: $x(0) = x_0 = A$ et $\dot{x}(0) = 0 = \omega_0 B$.
Finalement : $\boxed{x(t) = x_0\cos\omega_0 t}$.

Corrigé

4. $E_p(x)=\frac{1}{2}k(\ell_{éq}+x-\ell_0)^2+\frac{1}{2}k(\ell_{éq}-x-\ell_0)^2+C$. $E_p(0)=0$ donc $C=-k(\ell_{éq}-\ell_0)^2$, ce qui donne après simplification : $E_p(x)=kx^2$. Alors en fonction de t : $\boxed{E_p(t)=kx_0^2\cos^2\omega_0 t}$.

$E_c=\frac{1}{2}m\dot{x}^2=\frac{1}{2}m\omega_0^2x_0^2\sin^2\omega_0 t$ soit $\boxed{E_c(t)=kx_0^2\sin^2\omega_0 t}$, d'où $\boxed{E_m(t)=E_p(t)+E_c(t)=kx_0^2=\text{cte}}$.

⇨ *Méthode 1.4*

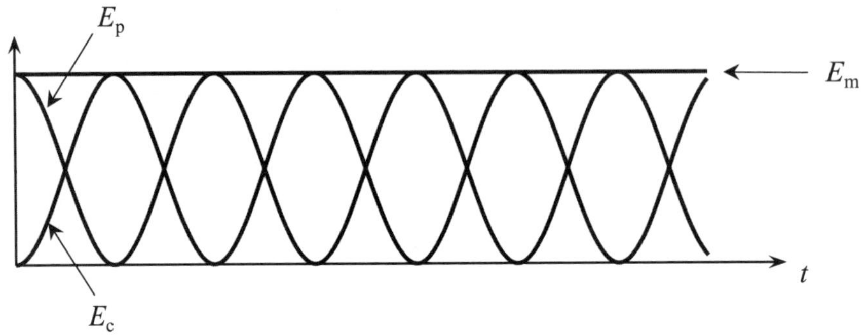

Exercice 1.7

1. Étudions tour à tour les deux mobiles.

– Mobile M_1 de masse m

Forces appliquées : poids $\vec{P_1}=-mg\vec{e_z}$; tension du ressort de gauche $\vec{T_{1g}}=-k(OM_1-\ell_0)\vec{e_x}=-k(x_1-\ell_0)\vec{e_x}$; tension du ressort de droite $\vec{T_{1d}}=+k(M_1M_2-\ell_0)\vec{e_x}=+k(x_2-x_1-\ell_0)\vec{e_x}$; réaction normale du support $\vec{R_1}=R_1\vec{e_z}$. Position et accélération : $\vec{OM_1}=x_1\vec{e_x}$ et $\vec{a_1}=\ddot{x}_1\vec{e_x}$. Principe fondamental de la dynamique (PFD) appliqué au mobile M_1 dans le référentiel terrestre supposé galiléen : $m\vec{a_1}=\vec{P_1}+\vec{T_{1g}}+\vec{T_{1d}}+\vec{R_1}$.

Projection sur $\vec{e_x}$: $m\ddot{x}_1=0-k(x_1-\ell_0)+k(x_2-x_1-\ell_0)+0$ soit $\boxed{\ddot{x}_1+\frac{2k}{m}x_1=\frac{k}{m}x_2}$ (1).

– Mobile M_2 de masse m

Forces appliquées : poids $\vec{P_2}=-mg\vec{e_z}$; tension du ressort de gauche $\vec{T_{2g}}=-k(M_1M_2-\ell_0)\vec{e_x}=-k(x_2-x_1-\ell_0)\vec{e_x}$; réaction normale du support $\vec{R_2}=R_2\vec{e_z}$. Position et accélération : $\vec{OM_2}=x_2\vec{e_x}$ et $\vec{a_2}=\ddot{x}_2\vec{e_x}$. PFD appliqué au mobile M_2 dans le référentiel terrestre supposé galiléen : $m\vec{a_2}=\vec{P_2}+\vec{T_{2g}}+\vec{R_2}$. Projection sur $\vec{e_x}$: $m\ddot{x}_2=0-k(x_2-x_1-\ell_0)+0$ soit $\boxed{\ddot{x}_2+\frac{k}{m}x_2=\frac{k}{m}x_1+\frac{k}{m}\ell_0}$ (2).

2. a) L'équilibre des deux masses est caractérisé par $\ddot{x}_1=\ddot{x}_2=0$, $x_1=x_{1,éq}$ et $x_2=x_{2,éq}$. Les équations (1) et (2) fournissent alors le système :

$$\begin{cases} 2x_{1,éq} = x_{2,éq} \\ x_{2,éq} = x_{1,éq} + \ell_0 \end{cases}$$

Sa résolution conduit à $\boxed{x_{1,éq} = \ell_0}$ et $\boxed{x_{2,éq} = 2\ell_0}$; ainsi $\boxed{X_1(t) = x_1(t) - \ell_0}$ et $\boxed{X_2(t) = x_2(t) - 2\ell_0}$ représentent les écarts aux positions d'équilibre des mobiles M_1 et M_2.

b) Réécrivons les équations (1) et (2) en injectant X_1 et X_2 et en posant $\boxed{\omega_0 = \sqrt{\frac{k}{m}}}$:

$$\begin{cases} \ddot{X}_1 + 2\omega_0^2\left(X_1 + \ell_0\right) = \omega_0^2\left(X_2 + 2\ell_0\right) \\ \ddot{X}_2 + \omega_0^2\left(X_2 + 2\ell_0\right) = \omega_0^2\left(X_1 + \ell_0\right) + \omega_0^2\ell_0 \end{cases} \Leftrightarrow \begin{cases} \ddot{X}_1 + 2\omega_0^2 X_1 = \omega_0^2 X_2 \\ \ddot{X}_2 + \omega_0^2 X_2 = \omega_0^2 X_1 \end{cases}$$

Comme $\ddot{X}_1 = -\omega^2 X_{m1}\cos(\omega t + \varphi_1) = -\omega^2 X_1$ et $\ddot{X}_2 = -\omega^2 X_{m2}\cos(\omega t + \varphi_2) = -\omega^2 X_2$, on obtient finalement le système demandé :

$$\boxed{\begin{cases} \left(2\omega_0^2 - \omega^2\right)X_1 - \omega_0^2 X_2 = 0 \\ -\omega_0^2 X_1 + \left(\omega_0^2 - \omega^2\right)X_2 = 0 \end{cases}}$$

c) La deuxième équation permet d'exprimer $X_1 = \frac{\omega_0^2 - \omega^2}{\omega_0^2} X_2$ qu'on réinjecte dans la première équation : $\left[\frac{\left(2\omega_0^2 - \omega^2\right)\left(\omega_0^2 - \omega^2\right)}{\omega_0^2} - \omega_0^2\right] X_2 = 0$. Cette égalité devant être vérifiée pour toute valeur de X_2, il vient $\frac{\left(2\omega_0^2 - \omega^2\right)\left(\omega_0^2 - \omega^2\right)}{\omega_0^2} - \omega_0^2 = 0$ soit $\left(2\omega_0^2 - \omega^2\right)\left(\omega_0^2 - \omega^2\right) - \omega_0^2 = 0$. En posant $\Omega = \omega^2$, on obtient l'équation du second degré $\Omega^2 - 3\omega_0^2\Omega + \omega_0^4 = 0$. Le discriminant vaut $\Delta = 9\omega_0^4 - 4\omega_0^4 = 5\omega_0^4$, ce qui conduit à $\Omega = \omega^2 = \frac{3\omega_0^2 \pm \sqrt{5}\omega_0^2}{2}$. En ne gardant que les solutions positives, on obtient les deux pulsations propres recherchées : $\boxed{\omega_1 = \omega_0\sqrt{\frac{3+\sqrt{5}}{2}}}$ et $\boxed{\omega_2 = \omega_0\sqrt{\frac{3-\sqrt{5}}{2}}}$.

Corrigé

Chapitre 2
Ondes

Savant d'exception, Christiaan **Huygens** est aussi un inventeur de talent. Dans chaque domaine qu'il aborde, il est capable d'élaborer une théorie physique, de développer les éléments mathématiques pour l'étudier et de concevoir des instruments pour étayer ses hypothèses. Il se passionne ainsi pour la théorie du pendule et conçoit des horloges d'une grande précision. S'intéressant à l'optique, il élabore des constructions géométriques pour expliquer les lois de la réflexion et de la réfraction. Il émet l'hypothèse de la nature ondulatoire de la lumière, idée qui ne sera reprise qu'au XIXe siècle. Il imagine un nouveau type d'oculaire, avec double lentille, pour améliorer les lunettes astronomiques, ce qui lui permet de découvrir un satellite de Saturne en 1655.

Christiaan Huygens
1629-1695

■■ Objectifs

■ Ce qu'il faut connaître

- ▷ Les différents types d'ondes
- ▷ La forme mathématique d'une onde progressive (cas général et cas sinusoïdal)
- ▷ La notion de spectre et des ordres de grandeur de fréquences
- ▷ Les phénomènes d'interférences, de diffraction, de battements
- ▷ La polarisation de la lumière et la loi de Malus

■ Ce qu'il faut savoir faire

- ▷ Déterminer l'évolution temporelle ou la forme spatiale d'une onde progressive
- ▷ Établir et utiliser la relation entre fréquence, longueur d'onde et célérité pour une onde progressive sinusoïdale
- ▷ Déterminer l'amplitude résultant d'une interférence entre deux ondes
- ▷ Déterminer les caractéristiques d'une onde stationnaire (nœuds et ventres, modes propres)

■■ Résumé de cours

■ Propagation d'un signal

❑ Signaux et ondes

Un **signal** est une fonction $s(t)$ décrivant les variations d'une grandeur physique au cours du temps. Un signal existant en tout point M d'une région de l'espace constitue une **onde**, décrite par une fonction $s(M,t)$.

– Un signal acoustique est constitué de variations de la pression d'un milieu matériel, de sa masse volumique et de la vitesse des particules.

– Un signal électrique est constitué de variations de l'intensité et de la tension dans un circuit.

– Un signal électromagnétique est constitué de variations des champs électrique et magnétique dans le milieu de propagation (qui peut être le vide) ; cela inclut la lumière, les infrarouges, les ultraviolets, les rayons X et gamma, les ondes de radio et de télévision, les micro-ondes…

❑ Onde progressive unidimensionnelle

Une onde **unidimensionnelle** dépend d'une seule coordonnée spatiale le long d'un axe, souvent (Ox). Il s'agit, soit d'une onde dans un milieu à une dimension (onde électrique dans un câble, onde mécanique sur une corde…), soit d'un type particulier d'onde, l'**onde plane**, dans un milieu à deux ou trois dimensions.

Une **onde** (plane) **progressive** (OP) est la propagation d'un signal dans une certaine direction de l'espace, avec une certaine vitesse de propagation dont la norme c est appelée **célérité**.

Une OP se propageant sans déformation selon l'axe (Ox) peut s'écrire sous la forme générale :

$s(M,t)=F(t-x/c)$ ou $s(M,t)=F(x-ct)$ si elle se propage dans le sens des x croissants ;

$s(M,t)=G(t+x/c)$ ou $s(M,t)=G(x+ct)$ si elle se propage dans le sens des x décroissants.

En un point M d'abscisse x, le signal prend les mêmes valeurs qu'à l'abscisse 0 mais avec un **retard** (algébrique) de x/c dans le premier cas, ou une **avance** de x/c dans le second cas.

⇨ **Méthode 2.1. Déterminer l'évolution temporelle ou la forme spatiale d'une onde progressive**

■ Onde progressive sinusoïdale

❑ Caractéristiques

Forme mathématique

Une onde (plane) progressive sinusoïdale (ou harmonique) est de la forme :

$s(M,t)=A\cos(\omega t-kx+\varphi)$ si elle se propage dans le sens des x croissants ;

$s(M,t)=A\cos(\omega t+kx+\varphi)$ si elle se propage dans le sens des x décroissants.

C'est un cas particulier de la forme générale indiquée précédemment, à condition que la **pulsation temporelle** ω et la **pulsation spatiale** k vérifient : $\omega=kc$.

On appelle **vecteur d'onde** le vecteur $\vec{k}=k\,\overrightarrow{e_x}$ (premier cas) ou $\vec{k}=-k\,\overrightarrow{e_x}$ (second cas).

Double périodicité

Une onde progressive sinusoïdale possède une double périodicité, temporelle et spatiale :

– la **période temporelle** $\boxed{T = \dfrac{2\pi}{\omega}}$ est l'intervalle de temps minimal séparant deux valeurs identiques de l'onde en un point donné ;

– la période spatiale ou **longueur d'onde** $\boxed{\lambda = \dfrac{2\pi}{k}}$ est, à un instant donné, la distance minimale séparant deux points où la valeur de l'onde est la même.

Ces deux périodes vérifient la relation $\boxed{\lambda = cT}$ qui montre que la longueur d'onde est la distance parcourue par l'onde en une période. Autre expression : $\boxed{\lambda = \dfrac{c}{f}}$ où f est la fréquence temporelle.

Déphasage

En un point d'abscisse x, le terme $\pm kx$ est le déphasage entre l'onde en ce point et l'onde au point d'abscisse 0 (où se trouve par exemple la source).

Entre deux point d'abscisses x_1 et x_2, le déphasage est $\pm k(x_2 - x_1)$.

❑ Interférences

Lorsque deux ondes se propagent dans la même région de l'espace, les fonctions correspondantes s'additionnent. Pour deux ondes progressives sinusoïdales de même fréquence, on obtient ainsi le phénomène d'interférences : l'amplitude de l'onde résultante en un point donné dépend du déphasage φ entre les deux ondes initiales en ce point. En particulier :

– pour deux ondes arrivant *en phase* ($\varphi = 0$) en ce point, l'amplitude résultante est *maximale*, les interférences sont *constructives* ;

– pour deux ondes *en opposition de phase* ($\varphi = \pi$), l'amplitude résultante est *minimale* (et même nulle si ces deux ondes ont même amplitude), les interférences sont *destructives*.

⇨ **Méthode 2.2. Déterminer l'amplitude résultant d'une interférence entre deux ondes**

❑ Diffraction

Lorsqu'une onde (plane) progressive sinusoïdale traverse une ouverture de largeur a, elle ressort en divergeant. La zone où l'amplitude diffractée est importante est un secteur de demi-angle θ tel que : $\sin\theta \approx \dfrac{\lambda}{a}$.

Le phénomène n'est donc pas perceptible pour une ouverture trop large, telle que $a \gg \lambda$.

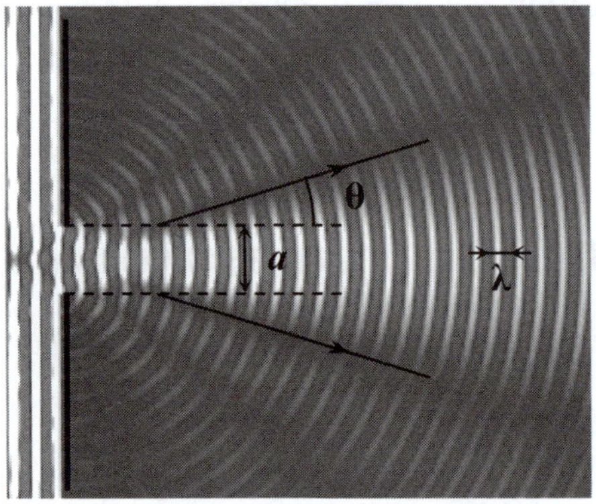

■ Onde progressive quelconque

❑ Spectre

Une onde progressive quelconque peut être considérée comme une somme d'ondes progressives sinusoïdales de fréquences différentes : elles constituent le **spectre** de l'onde.

❑ Cas des ondes acoustiques

– Les sons audibles correspondent aux ondes acoustiques dans l'intervalle de fréquences $20\,\text{Hz} < f < 20\,\text{kHz}$ environ. La fréquence correspond à la hauteur du son (grave pour les faibles fréquences, aigu pour les fréquences élevées).
– Une note de musique est généralement une superposition de signaux appelés **harmoniques**, dont les fréquences sont multiples de la fréquence **fondamentale** définissant cette note.
– Les ultrasons correspondent à $f > 20\,\text{kHz}$, les infrasons à $f < 20\,\text{Hz}$.

❑ Cas des ondes électromagnétiques

– La lumière visible correspond aux ondes électromagnétiques dans l'intervalle de fréquences $4 \cdot 10^{14}\,\text{Hz} < f < 8 \cdot 10^{14}\,\text{Hz}$ environ ; dans le vide où la célérité est $c = 3{,}00 \cdot 10^{8}\,\text{m} \cdot \text{s}^{-1}$, cela correspond à l'intervalle de longueurs d'onde $800\text{ nm} > \lambda > 400\text{ nm}$ environ.
La fréquence correspond à la couleur de la lumière (du rouge au violet, voir chapitre 3).
– Certaines lumières sont **monochromatiques** (une seule fréquence), mais la plupart sont polychromatiques, avec un spectre **discret** (constitué seulement de quelques fréquences) ou **continu** (constitué de toutes les fréquences dans l'intervalle du visible, et même au-delà).
– Certains dispositifs, tels que le prisme ou le réseau de diffraction, permettent de séparer les différentes composantes d'une lumière polychromatique.
– Spectre électromagnétique :

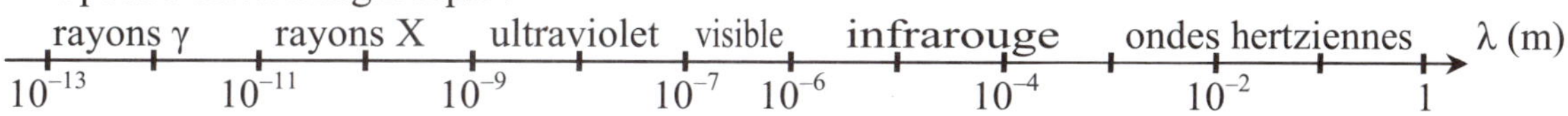

■ Onde stationnaire

❑ Caractéristiques

Lorsque le milieu de propagation d'une onde est limité, la réflexion des ondes aux extrémités peut engendrer une **onde stationnaire**, qui ne se propage pas.
Dans le cas de la vibration d'une corde fixée à ses deux extrémités, la forme la plus simple du signal (élongation d'un point) est un produit de deux fonctions sinusoïdales, l'une temporelle et l'autre spatiale : $s(M,t) = A\cos(kx+\psi)\cos(\omega t+\varphi)$.

En un point d'abscisse x, la corde oscille au cours du temps avec une amplitude $A\left|\cos(kx+\psi)\right|$.
Si x est tel que $\cos(kx+\psi) = \pm 1$, l'amplitude est maximale : c'est un **ventre** de vibration.
Si x est tel que $\cos(kx+\psi) = 0$, l'amplitude est nulle : c'est un **nœud** de vibration.
Deux nœuds successifs, ou deux ventres successifs, sont distants de $\dfrac{\lambda}{2}$.

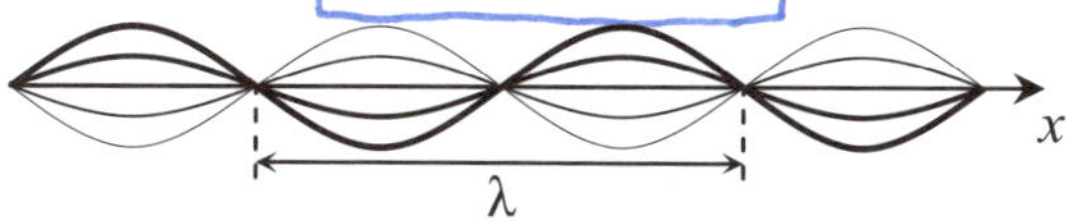

❑ Modes propres et spectre

Les **conditions aux limites** (corde fixée à ses deux extrémités $x = 0$ et $x = L$) imposent que la pulsation est **quantifiée** : elle ne peut prendre que les valeurs $\omega_n = \frac{n\pi c}{L}$ où c est la célérité des ondes et n un entier positif. Chacune de ces pulsations définit un **mode propre** de la corde.

Les fréquences correspondantes sont de la forme $f_n = \frac{nc}{2L}$, les pulsations spatiales $k_n = \frac{n\pi}{L}$.

Une onde stationnaire quelconque est une superposition de modes propres : son spectre est discret (constitué des fréquences f_n). Ainsi une note de musique émise par une corde vibrante contient une fréquence fondamentale f_1 (correspondant à la note jouée) et ses multiples (les harmoniques) : le timbre d'un instrument à cordes dépend des amplitudes de ces harmoniques.

⇨ **Méthode 2.3. Déterminer les caractéristiques d'une onde stationnaire**

■ Comment étudier des ondes progressives ?

❑ Méthode 2.1. Déterminer l'évolution temporelle ou la forme spatiale d'une onde progressive

Supposons qu'on connaisse l'évolution temporelle d'un signal en un point donné, ainsi que la célérité de l'onde considérée.

– On peut en déduire l'évolution temporelle du signal en un autre point où passe l'onde, en déterminant simplement le retard entre les deux points.

– On peut également en déduire la forme globale du signal, sur l'ensemble du milieu considéré, à un instant donné. Pour cela, on repère les abscisses où apparaissent à cet instant certaines valeurs particulières du signal ; l'allure de la courbe est alors analogue à la précédente (variation temporelle), mais à l'envers.

Inversement, si on connaît à un instant donné la forme du signal dans l'espace, on peut en déduire sa forme à un autre instant, ou l'évolution temporelle en un point donné.

⇨ Exercices 2.1, 2.2

Considérons une onde de déformation se propageant le long d'une corde, selon l'axe (Ox), dans le sens des x croissants à partir du point d'abscisse 0, à une célérité $c = 50\ \text{m}\cdot\text{s}^{-1}$.

La variation de l'élongation y en $x_0 = 0$ au cours du temps est représentée sur le schéma ci-contre ; elle est nulle pour $t < 0$ et pour $t > 30$ ms.

On cherche à en déduire, d'une part la variation temporelle de l'élongation en $x_1 = 1{,}0$ m, d'autre part l'aspect de la corde aux instants $t_1 = 20$ ms, $t_2 = 40$ ms et $t_3 = 60$ ms.

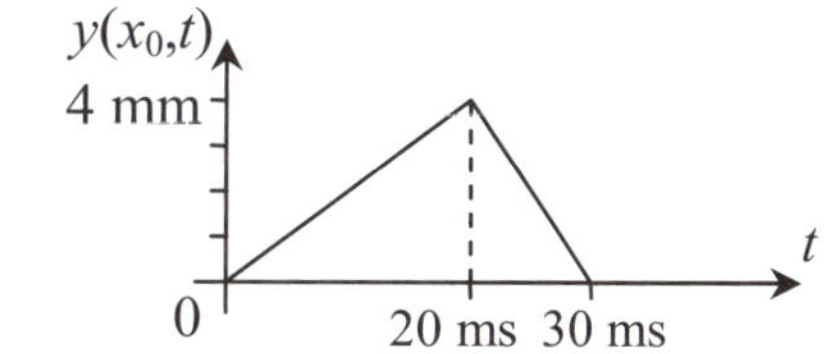

– L'onde progressive est une fonction de la forme $y(M,t) = f(t - x/c)$. Tout se qui se passe en x_0 se reproduit en x quelconque avec un retard $(x - x_0)/c$.

À l'abscisse x_1, le retard de l'onde par rapport au point d'abscisse 0 vaut $x_1/c = 20$ ms. L'évolution temporelle de y en ce point reproduit donc celle à l'abscisse $x_0 = 0$ avec un retard de 20 ms.

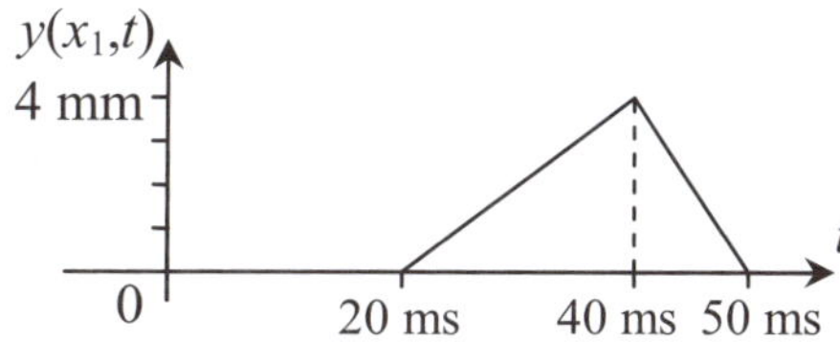

Méthodes

– Déterminons maintenant l'aspect global de la corde à différents instants.

Tout se qui se passe en x_0 à instant t_0 se reproduit ensuite, à un instant $t > t_0$, à l'abscisse $x_0 + c(t - t_0)$.

Le « front » du signal, c'est-à-dire le point où une élongation non nulle apparaît à cet instant, se trouve à l'abscisse ct_i, soit $ct_1 = 1{,}0$ m à t_1 puis $ct_2 = 2{,}0$ m et $ct_3 = 3{,}0$ m.

Le maximum d'élongation, qui se produit en 0 à l'instant $t_{\max 0} = t_1 = 20$ ms, se trouve à un instant ultérieur $t_i > t_{\max 0}$ à une abscisse $c(t_i - t_{\max 0})$, soit $c(t_2 - t_{\max 0}) = 1{,}0$ m à t_2 puis $c(t_3 - t_{\max 0}) = 2{,}0$ m à t_3.

Enfin la « queue » du signal, où se trouve la dernière élongation non nulle, n'apparaît sur la corde qu'à partir de l'instant $t_{q0} = 30$ ms où l'excitation se termine. Elle se trouve à un instant ultérieur $t_i > t_{q0}$ à une abscisse $c(t_i - t_{q0})$, soit à l'abscisse $c(t_2 - t_{q0}) = 0{,}5$ m à t_2 puis $c(t_3 - t_{q0}) = 1{,}5$ m à t_3.

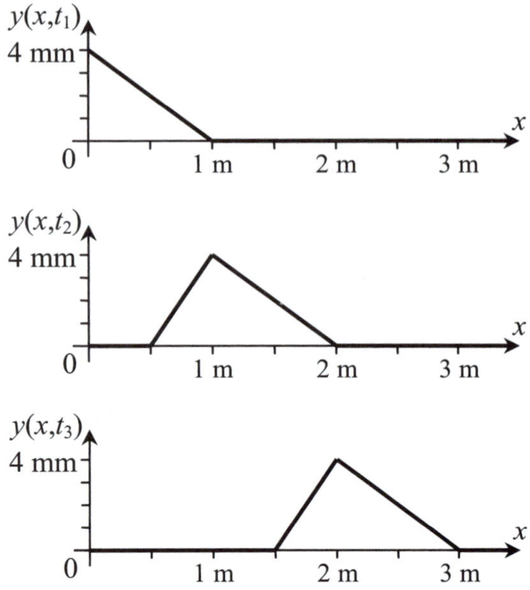

– On peut finalement vérifier la cohérence entre le premier graphe et les deux autres : en $x_0 = 0$, à l'instant $t_1 = 20$ ms l'ordonnée est à son maximum de 4 mm, puis à $t_2 = 40$ ms et à $t_3 = 70$ ms elle est redevenue nulle ;

le point d'abscisse $x_1 = 1{,}0$ m a bien une ordonnée nulle (mais qui va juste commencer à augmenter) à $t_1 = 20$ ms, une ordonnée de 4 mm à $t_2 = 40$ ms, et de nouveau nulle à $t_3 = 60$ ms.

❑ Méthode 2.2. Déterminer l'amplitude résultant d'une interférence entre deux ondes

> Lorsque deux ondes déphasées s'additionnent au même point, l'amplitude de l'onde résultante peut être obtenue avec une construction de Fresnel, dans laquelle une fonction sinusoïdale $A\cos(\omega t + \varphi)$ est représentée par un vecteur de norme A et faisant un angle φ avec l'axe (Ox). L'addition des deux ondes correspond à l'addition graphique des deux vecteurs, et on peut alors déterminer l'amplitude de l'onde résultante par calcul géométrique.

Supposons que les deux ondes $s(M,t) = A\cos(\omega t + \varphi_M)$ et $s'(M,t) = A'\cos(\omega t + \varphi'_M)$, de même pulsation ω, interfèrent en un point M ; leurs phases φ_M et φ'_M au point M dépendent de la position de celui-ci et des phases de ces ondes à la source.

– Calcul général

Dans le plan de Fresnel, on représente les deux ondes par deux vecteurs mis bout à bout. La norme A_r de leur somme, c'est-à-dire l'amplitude de l'onde résultante, correspond à la longueur du côté OP de ce triangle.

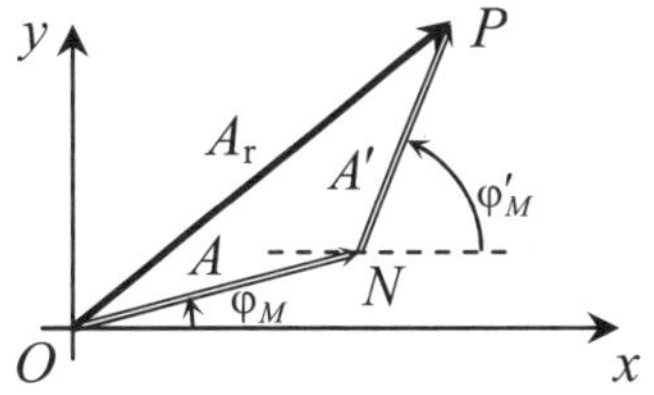

Elle s'obtient avec le théorème d'Al-Kashi (ou formule du cosinus) : $A_r^2 = A^2 + A'^2 - 2AA'\cos\widehat{ONP}$. L'angle $\widehat{ONP}$ vaut $(\pi - \varphi'_M + \varphi_M)$, donc $\cos\widehat{ONP} = -\cos(\varphi'_M - \varphi_M)$ soit $\boxed{A_r = \sqrt{A^2 + A'^2 + 2AA'\cos\varphi}}$ où $\varphi = \varphi'_M - \varphi_M$ est le déphasage entre les deux ondes incidentes au point M.

– Cas particuliers

Si $\varphi'_M = \varphi_M$, soit $\varphi = 0$ (ondes *en phase* au point M) : l'amplitude de l'onde résultante est maximale et vaut $A_r = A + A'$.

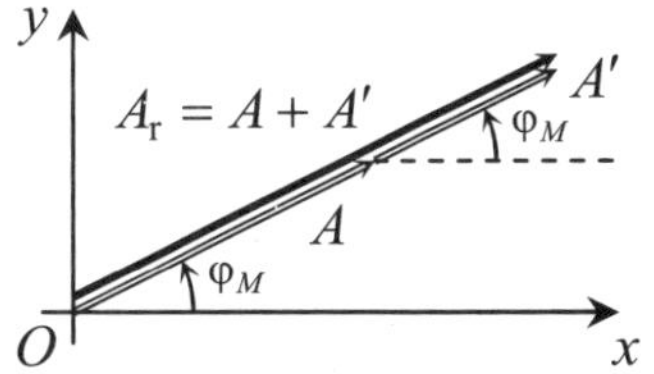

Si $\varphi'_M = \varphi_M \pm \pi$, soit $\varphi = \pm\pi$ (ondes *en opposition de phase* au point M) : l'amplitude de l'onde résultante est minimale et vaut $A_r = |A - A'|$. Dans le cas où les deux ondes incidentes ont la même amplitude A, l'onde résultante est nulle en M.

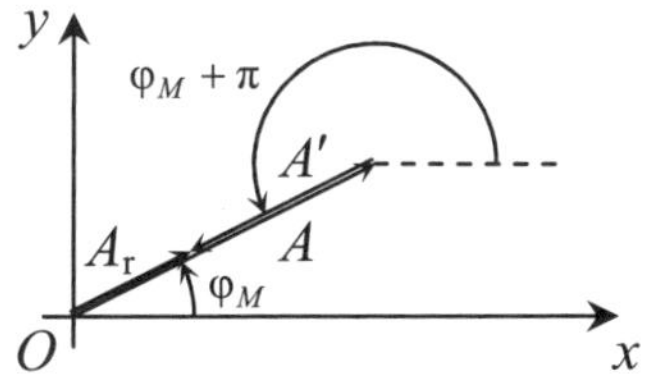

■ Comment étudier des ondes stationnaires ?

❑ Méthode 2.3. Déterminer les caractéristiques d'une onde stationnaire

> – On peut tout d'abord établir la forme mathématique de l'onde stationnaire par addition de deux ondes progressives sinusoïdales.
> – On en déduit l'existence et les positions des nœuds et des ventres de vibration, en étudiant les extrema de l'amplitude.
> – Enfin les conditions aux limites permettent de déterminer les valeurs possibles de la pulsation (modes propres).

⇨ **Exercices 2.6, 2.7, 2.8**

– On considère une corde fixée aux points $x = 0$ et $x = L$, sur laquelle circulent une onde incidente $y_1(M,t) = A\cos(\omega t - kx)$ et une onde réfléchie $y_2(M,t) = A\cos(\omega t + kx + \varphi)$ de même amplitude. L'onde résultante est donc :

$$y(M,t) = A\cos(\omega t - kx) + A\cos(\omega t + kx + \varphi) = 2A\cos\left(kx + \frac{\varphi}{2}\right)\cos\left(\omega t + \frac{\varphi}{2}\right).$$

Les variables x et t sont découplées, ce qui est caractéristique d'une onde stationnaire.

C'est le produit d'un cosinus temporel, traduisant les vibrations, et d'un cosinus spatial qui correspond à une amplitude de vibration différente selon l'abscisse.

– En $x = 0$, la corde est fixée donc l'amplitude est forcément nulle, soit $\cos\frac{\varphi}{2} = 0$ d'où $\varphi = \pi$: on réécrit alors $y(M,t) = 2A\sin(kx)\sin(\omega t)$.

En x tel que $kx = n\pi$, soit $\boxed{x_n = n\frac{\pi}{k}}$ (avec n entier), l'amplitude est nulle (<u>nœuds</u> de vibration).

En x tel que $kx = n\pi + \frac{\pi}{2}$, soit $\boxed{x'_n = \left(n + \frac{1}{2}\right)\frac{\pi}{k}}$, elle est maximale (<u>ventres</u> de vibration).

Deux nœuds consécutifs ou deux ventres consécutifs sont séparés d'une distance $\frac{\pi}{k} = \frac{\lambda}{2}$.

– La corde étant également fixée en $x = L$, il y a un nœud à cette abscisse, ce qui impose qu'il existe un entier m tel que $L = m\frac{\pi}{k}$, autrement dit k est nécessairement de la forme $k_m = m\frac{\pi}{L}$. Et sachant que $\omega = k \times c$, la pulsation est nécessairement de la forme $\boxed{\omega_m = m\frac{\pi c}{L}}$: seuls les multiples d'une pulsation fondamentale $\omega_1 = \frac{\pi c}{L}$ peuvent donner lieu à une onde stationnaire. Ces pulsations sont celles des <u>modes propres</u> de la corde.

■■ Vrai/Faux

		Vrai	Faux
1.	Une onde progressive possède une célérité qui dépend du milieu de propagation.	☐	☐
2.	Dans une onde plane progressive sinusoïdale, tous les points de l'espace oscillent avec la même amplitude.	☐	☐
3.	Dans une onde stationnaire, tous les points de l'espace oscillent avec la même amplitude.	☐	☐
4.	La période temporelle et la période spatiale d'une onde sinusoïdale sont deux grandeurs indépendantes l'une de l'autre.	☐	☐
5.	Les rayons X sont des ondes électromagnétiques.	☐	☐
6.	Le phénomène d'interférences peut se produire entre deux ondes de fréquences différentes.	☐	☐
7.	Le phénomène de diffraction se produit lorsque la taille d'une ouverture est du même ordre de grandeur que la longueur d'onde.	☐	☐
8.	Une onde progressive quelconque peut être considérée comme une somme d'ondes sinusoïdales de fréquences différentes.	☐	☐
9.	Les battements se produisent entre deux ondes de fréquences différentes.	☐	☐
10.	Une onde lumineuse polarisée est nécessairement monochromatique.	☐	☐

■■ Énoncé des exercices

■ Ondes de forme quelconque

❑ Exercice 2.1. Mascaret

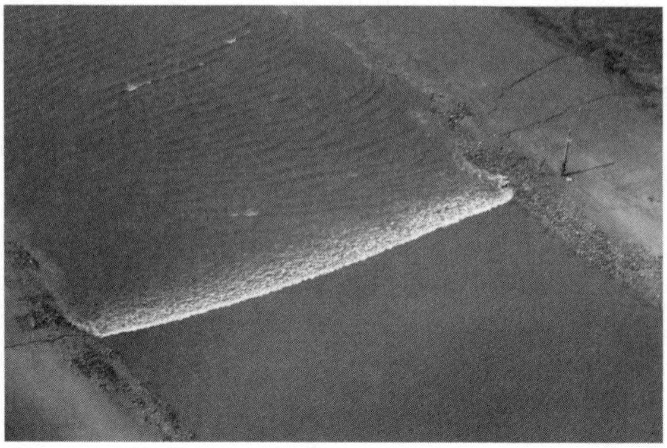

Un mascaret est une vague solitaire remontant un fleuve au voisinage de son estuaire, et provoquée par une interaction entre son écoulement et la marée montante.

On considère ici un mascaret se déplaçant à la vitesse $c = 20\,\text{km}\cdot\text{h}^{-1}$ le long d'un fleuve rectiligne, et on définit un axe (Ox) dans la direction et le sens de sa propagation.

À un instant $t_0 = 0$, le profil de niveau de l'eau du fleuve a l'allure suivante :

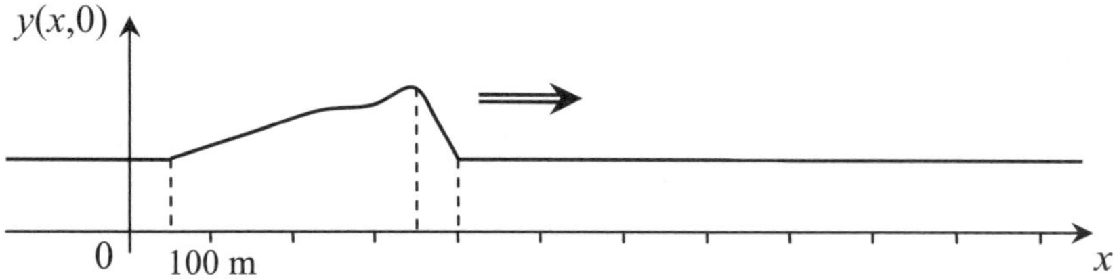

1. Faire un schéma du profil de niveau du fleuve à t = 1,0 minute, en supposant que l'onde se propage sans déformation.

2. Toto attend avec sa planche de surf à l'abscisse x_T = 2,0 km. À quel instant va-t-il recevoir la vague ?

3. Un détecteur fixe, enregistrant la hauteur du fleuve en fonction du temps, est placé à l'abscisse x_d = 1,4 km. Dessiner l'allure des variations $y(x,t)$ en fonction de t.

4. En réalité, l'onde se déforme petit à petit car la vitesse de propagation augmente avec la profondeur. Comment évolue alors le profil de la vague ?

❑ Exercice 2.2. Mesure de distance et de vitesse par radar*

Un radar (mot provenant de l'acronyme anglais pour *radio detection and ranging*) est un appareil utilisant des ondes radio (ondes électromagnétiques de fréquences comprises entre 3 MHz et 110 GHz) pour détecter la présence d'objets mobiles, et pouvant également déterminer leur distance et leur vitesse. On présente ici le principe de ces deux mesures.
Le radar comporte une antenne qui émet, avec une période T, des impulsions, c'est-à-dire des signaux sinusoïdaux de durée limitée τ. Deux de ces impulsions successives sont représentées sur le schéma ci-dessous (attention, il y a une rupture d'échelle due au fait que les durées sont très différentes).

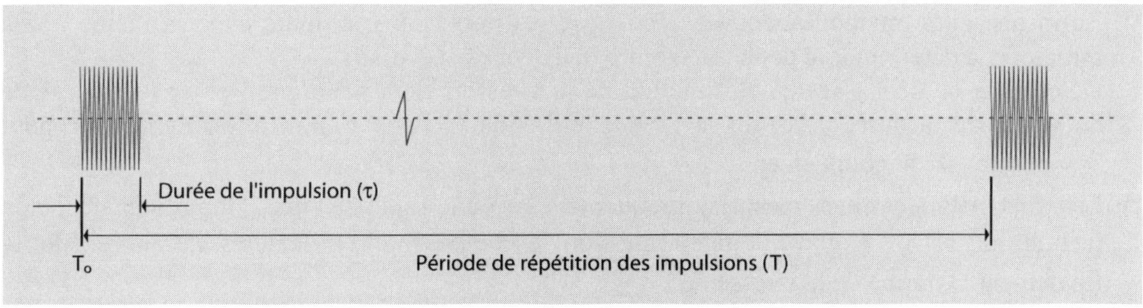

Ces impulsions sont envoyées dans toutes les directions de l'espace. Lorsque l'une d'elles rencontre un objet réfléchissant, elle est renvoyée vers l'antenne, qui devient réceptrice entre deux impulsions (mais elle ne peut pas détecter de signal reçu tant qu'elle émet une impulsion). Cela fait alors apparaître un point lumineux sue un écran, indiquant la direction de la cible, et l'analyse du signal reçu permet d'effectuer les mesures souhaitées.

1. Un radar émettant des impulsions de fréquence $f = 2{,}90$ GHz et de durée $\tau = 1{,}0$ µs, avec une période $T = 100{,}0$ µs. L'enregistrement ci-dessous montre deux impulsions émises par le radar, commençant aux instants $t_0 = 0{,}0$ µs et $t_1 = 100{,}0$ µs, et trois échos renvoyés par des objets, commençant aux instants $t_A = 3{,}0$ µs, $t_B = 80{,}0$ µs et $t_C = 90{,}0$ µs.

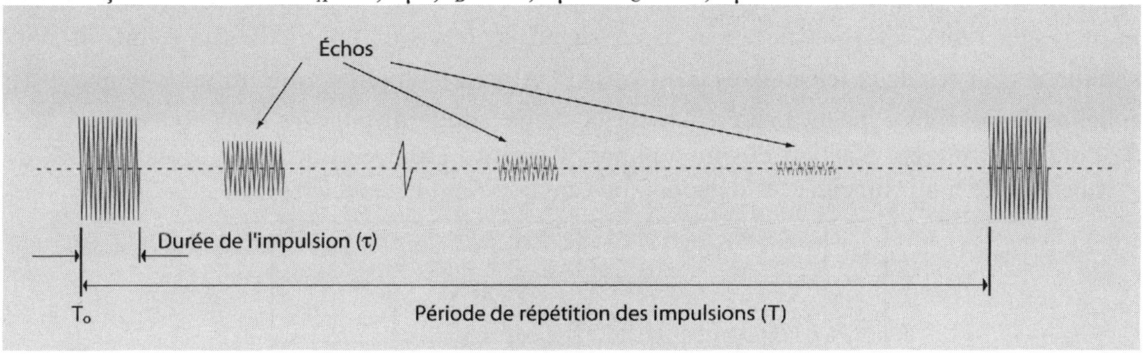

a) Calculer la longueur d'onde λ des ondes émises pendant une impulsion, et le nombre N d'oscillations dans chaque impulsion. On prendra pour l'air la célérité $c = 3{,}00 \cdot 10^8 \text{ m}\cdot\text{s}^{-1}$.

b) Déterminer la distance à laquelle se trouvent les différents objets détectés, en supposant que les ondes se propagent à la même célérité que dans le vide. Comment expliquer la différence d'amplitude entre les impulsions initiales et les échos ?

c) Montrer qu'il existe une distance minimale en dessous de laquelle on ne peut pas détecter un objet, et calculer sa valeur numérique.

2. Pour déterminer la vitesse, une première possibilité consite à utiliser l'effet Doppler : si par exemple l'objet s'éloigne du radar à une vitesse v, l'onde réfléchie aura une fréquence légèrement inférieure à f : $f' = f\left(1 - \dfrac{v}{c}\right)$.

Déterminer la variation relative de fréquence pour un avion s'éloignant à la vitesse $v = 150 \text{ m}\cdot\text{s}^{-1}$, et conclure sur la précision de cette méthode.

3. On peut également comparer des échos successifs reçus du même objet, en mesurant simplement le décalage temporel entre ces échos. Calculer le décalage temporel entre les deux échos successifs reçus de l'avion ci-dessus, et commenter.

4. Enfin une autre méthode consiste à envoyer les impulsions toujours avec la même phase initiale, et à déterminer le déphasage entre deux échos successifs.
Déterminer ce déphasage φ, en fonction de la vitesse v dont s'éloigne l'objet selon la ligne de visée, de la durée T, et de la longueur d'onde λ. Faire l'application numérique pour $v_1 = 300 \text{ m}\cdot\text{s}^{-1}$ et commenter.

5. Les trois méthodes citées mesurent uniquement la composante de vitesse longitudinale (selon la ligne de visée). Comment détermine-t-on la composante v_2 de vitesse transversale, et finalement la norme de la vitesse de l'objet ?

■ Ondes progressives sinusoïdales

❑ Exercice 2.3. Mesure de la célérité du son

Un haut-parleur est mis en vibration à l'aide d'un générateur de tension sinusoïdale fournissant une tension $u(t) = U_\text{m}\cos(2\pi f t)$ avec f = 1500 Hz. Il émet ainsi émet une note pure, constituée d'une onde acoustique sinusoïdale de même fréquence, se propageant avec une célérité c. Un microphone est placé à une distance d du haut-parleur, et convertit le signal sonore reçu en une tension électrique $u'(t)$ en phase avec ce signal sonore. Sur un oscilloscope, on visualise simultanément les deux tensions $u(t)$ et $u'(t)$. On règle l'amplification du microphone et les échelles de l'oscilloscope de manière à avoir la même amplitude pour les deux courbes.

1. Pour une certaine position du microphone, l'écran a l'allure ci-dessous. Montrer qu'il est possible de faire coïncider les deux courbes en modifiant la distance d.

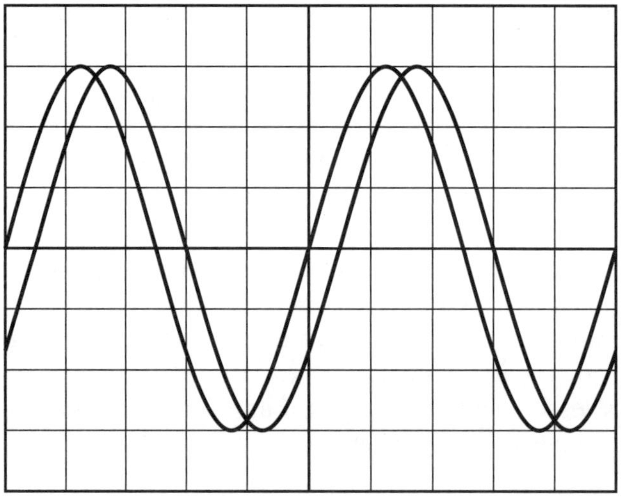

2. En augmentant progressivement d, on trouve cette coïncidence pour deux valeurs successives d_1 et d_2. Montrer qu'on peut en déduire la célérité du son. Faire l'application numérique pour $d_1 = 35$ cm et $d_2 = 57$ cm.

❑ Exercice 2.4. Corde excitée de façon sinusoïdale

L'extrémité S d'une corde élastique est reliée à un vibreur qui lui impose un mouvement oscillatoire vertical, sinusoïdal, de fréquence $f = 100$ Hz et d'amplitude Y_m. Chaque point de la corde est repéré par son abscisse x et son élongation verticale y dans le repère $(Oxyz)$, O désignant la position d'équilibre de S. Le mouvement de S début à l'instant $t = 0$. Un dispositif amortisseur placé à l'autre extrémité de la corde empêche la réflexion de l'onde issue de S.

1. À l'instant $t = 0$, S passe par sa position d'équilibre avec une vitesse $\overrightarrow{v_0}$ verticale ascendante de norme $v_0 = 2{,}5\,\text{m}\cdot\text{s}^{-1}$. Donner l'équation horaire du mouvement de S, notée $y_S(t)$, en précisant les valeurs numériques de tous les paramètres.

2. La plus petite distance entre deux points vibrant en opposition de phase étant $d = 6{,}0$ cm, en déduire la longueur d'onde λ et la célérité c des ondes le long de la corde.

3. On considère maintenant un point M de la corde, d'abscisse $x_M = 21$ cm.

a) Quelle est son équation horaire $y_M(t)$? Calculer la valeur numérique de son retard par rapport à S.

b) Comparer les mouvemens des points O et M.

c) Calculer les élongations des points O et M à l'instant de date $t_1 = 40$ ms.

4. On étudie maintenant la corde globalement à l'instant $t_1 = 40$ ms.

a) Déterminer la fonction $y_{t_1}(x)$ décrivant l'élongation le long de la corde à cet instant. Quelle est sa période spatiale ?

b) Représenter précisément l'aspect de la corde à cet instant.

❑ Exercice 2.5. Ondes électromagnétiques

Les antennes qui émettent des ondes électromagnétiques dans l'espace, ou qui les reçoivent, doivent avoir une longueur de l'ordre de grandeur de la longueur d'onde λ des ondes émises : on choisit généralement un sous-multiple comme $\dfrac{\lambda}{4}, \dfrac{\lambda}{8}\ldots$

1. Pour transmettre la radio, on pourrait envisager d'émettre des signaux électromagnétiques ayant les mêmes fréquences que les sons audibles (audiofréquences), entre 20 Hz et 20 kHz. Calculer les longueurs d'onde dans l'air (assimilable au vide) de telles ondes électromagnétiques, et montrer que la taille des antennes serait irréalisable.

2. On transforme alors ces signaux par un procédé appelé modulation de fréquence (FM), qui leur donne des fréquences beaucoup plus élevées, entre 87,5 MHz et 108 MHz. Calculer les longueurs d'onde dans l'air des ondes de radio FM, et en déduire l'ordre de grandeur de la taille des antennes nécessaires.

3. Voyez-vous une autre raison pour laquelle les stations de radio ne pourraient pas émettre dans le domaine des audiofréquences ?

Donnée : célérité des ondes électromagnétiques dans le vide $c = 3{,}00\cdot10^8\ \text{m}\cdot\text{s}^{-1}$.

■ Ondes stationnaires

❑ Exercice 2.6. Réflexion sur l'extrémité d'une corde

Une corde AB a son extrémité B fixe et son extrémité A actionnée transversalement par un vibreur de fréquence N = 100 Hz. La célérité des ondes transversales le long de la corde est $c = 25\,\text{m}\cdot\text{s}^{-1}$.

1. L'onde progressive sinusoïdale se propage de A vers B, dans le sens des x croissants. Dans le repère ($Oxyz$), d'origine O choisie en un point quelconque de la corde, l'équation horaire de O est $y_O(t) = a\cos\omega t$, a étant l'amplitude, supposée constante tout le long de la corde.

a) Donner l'équation horaire $y_M(t)$ d'un point M de la corde, d'abscisse x.

b) Déterminer la pulsation temporelle k et la longueur d'onde λ.

2. L'onde se réfléchit en B en subissant un déphasage φ. Pour simplifier, on prendra maintenant l'origine du repère en B.

a) Exprimer les élongations $y_{Bi}(t)$ due à l'onde incidente et $y_{Br}(t)$ due à l'onde réfléchie, et montrer que $\varphi = \pi$.

b) Pour un point M d'abscisse x (négative), exprimer $y_{Mi}(t)$ et $y_{Mr}(t)$, puis l'élongation $y_M(t)$ résultant de la superposition des deux ondes.

c) En déduire les positions des nœuds et des ventres de vibration.

❑ Exercice 2.7. Onde stationnaire sur une corde de guitare

Une corde de guitare de longueur L est fixée à ses deux extrémités. La corde est considérée comme étant sans épaisseur, inextensible et sans raideur, et on note μ sa masse linéique (masse par unité de longueur). Les frottements ainsi que le poids sont négligés devant la force de tension T, qui est supposée être la même tout au long de la corde.

1. La célérité des ondes de déformation sur la corde est $c = \sqrt{\dfrac{T}{\mu}}$.

Vérifier les dimensions de cette grandeur par analyse dimensionnelle.

Initialement la corde est horizontale et au repos. On l'écarte localement de cette position en la grattant avec un doigt, puis on la laisse évoluer librement : une onde stationnaire apparaît alors, pour laquelle on cherche une expression de la forme $z(x,t) = Z_0\cos(\omega t + \varphi)\cos(kx + \psi)$, avec $\omega = kc$.

2. a) Monter que ω ne peut prendre qu'une série de valeurs discrètes ω_n, dites pulsations propres, avec n entier positif. Exprimer ω_n en fonction de L, n et c.

b) À chaque valeur de n correspond un mode propre de vibration. Le mode $n = 1$ est appelé mode fondamental. Les modes correspondant à n supérieur à 1 sont les harmoniques de rang n. Exprimer l'élongation $z(x,t)$ correspondant à l'harmonique de rang n, en fonction de son amplitude A_n, de la phase à l'origine du cosinus à variation temporelle φ_n, de la pulsation ω_1 du fondamental, ainsi que de x, L, n et t. Quelle est alors la relation entre la longueur L de la corde et la longueur d'onde λ_n dans ce mode ?

c) Donner les positions des ventres et des nœuds de vibration dans le mode de rang n. Combien de nœuds et de ventres comporte ce mode de vibration ?

d) Donner l'allure des positions extrêmes de la corde dans les modes de vibration correspondant au fondamental et aux deux premiers harmoniques. Donner leur longueur d'onde respective et préciser la position des nœuds et des ventres.

3. Une guitare électrique comporte six cordes en acier. Le tableau ci-dessous fournit pour chaque corde la valeur de sa fréquence fondamentale, lorsque la guitare est accordée, ainsi que son diamètre.

Corde n°	1	2	3	4	5	6
Fréquence du fondamentale (Hz)	82,5	110	147	196	247	330
Diamètre (mm)	1,12	0,89	0,70	0,55	0,35	0,25

Toutes les cordes ont une longueur $L = 0{,}63$ m et une masse volumique $\rho = 7800\ \text{kg}\cdot\text{m}^{-3}$.

Déterminer la norme de la tension d'une corde T en fonction de ρ, π, d, L et de la fréquence du mode fondamental. Calculer numériquement les tensions nécessaires pour que la guitare soit accordée. Comparer à la tension usuelle d'un cordage de raquette de tennis, qui est de « 25 kg » (c'est-à-dire égale au poids d'une masse de 25 kg).

D'après banque PT

❑ Exercice 2.8. Deux haut-parleurs

Deux haut-parleurs identiques S_1 et S_2, de même axe, orientés l'un vers l'autre, sont alimentés par le même générateur. Ils émettent des vibrations en phase, de même amplitude. Les ondes acoustiques ainsi engendrées se propagent dans l'air à la célérité $c = 330\ \text{m}\cdot\text{s}^{-1}$.

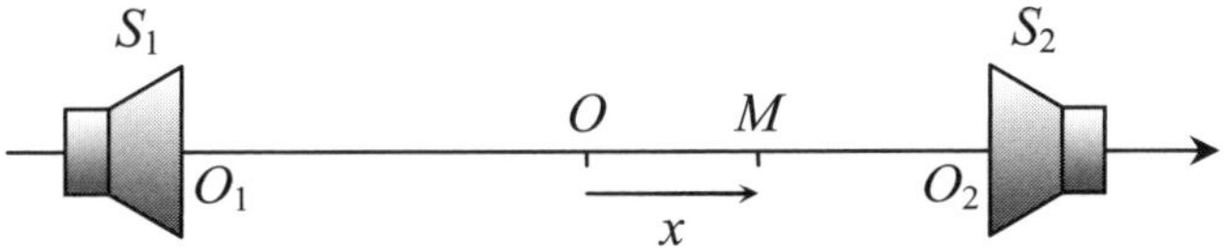

Au point O, milieu de $[O_1O_2]$, chacune des vibrations crée des variations de pression de l'air identiques $p_{1,O} = p_{2,O} = P_m \cos(2\pi f t)$ avec $f = 25$ kHz.

1. À quel domaine d'ondes acoustiques correspond cette fréquence ?

2. Exprimer en un point M quelconque de l'axe (O_1O_2), d'abscisse x, la variation de pression due à la superposition des ondes progressives émises par S_1 et S_2. On fera apparaître une pulsation spatiale k, dont on calculera la valeur numérique.

3. Donner les positions des quatre nœuds de variation de pression les plus proches de O.

■ Diffraction

❑ Exercice 2.9. Ordres de grandeur

Une porte ouverte laisse passer à la fois le son et la lumière, mais ces deux types d'ondes ne se comportent pas de la même manière en la traversant.

Considérons une embrasure de porte de largeur $L = 60$ cm. Une onde plane, soit sonore, soit lumineuse, arrive perpendiculairement au plan de cette ouverture.

On donne les célérités : $c = 3{,}00 \cdot 10^8 \text{ m} \cdot \text{s}^{-1}$ pour la lumière dans l'air, et $c' = 340 \text{ m} \cdot \text{s}^{-1}$ pour le son dans l'air à la température considérée. D'autre part, les fréquences des sons audibles sont dans l'intervalle [20 Hz ; 20 kHz] tandis que celles de la lumière visible sont dans l'intervalle $[4 \cdot 10^{14} \text{ Hz} ; 8 \cdot 10^{14} \text{ Hz}]$.

1. Expliquer pourquoi il faut se placer bien en face de la porte pour voir la lumière.

2. Dans le cas du son, peut-on se placer n'importe où, dans la pièce derrière la porte, pour bien entendre ?

❑ Exercice 2.10. Le laser au quotidien

Si vous regardez aujourd'hui des DVD, naviguez sur le Web, scannez les codes barres, et si certain(e)s peuvent se passer de leurs lunettes, c'est grâce à l'invention du laser, il y a 50 ans.

Intéressons-nous aux lecteurs CD et DVD qui ont envahi notre quotidien. La nouvelle génération de lecteurs comporte un laser bleu (le Blu-ray) dont la technologie utilise une diode laser fonctionnant à une longueur d'onde $\lambda_B = 405$ nm dans le vide, d'une couleur bleue (en fait violacée) pour lire et écrire les données. Les CD et les DVD conventionnels utilisent respectivement des lasers infrarouges et rouges.

Les disques Blu-ray fonctionnent d'une manière similaire à celle des CD et des DVD, mais la longueur d'onde différente du laser d'un lecteur Blu-ray permet de stocker plus de données sur un disque de même taille (12 cm de diamètre), la taille minimale du point sur lequel le laser grave l'information étant limitée par la diffraction.

Pour stocker davantage encore d'informations sur un disque, les laboratoires de recherche travaillent sur la mise au point d'un laser ultraviolet.

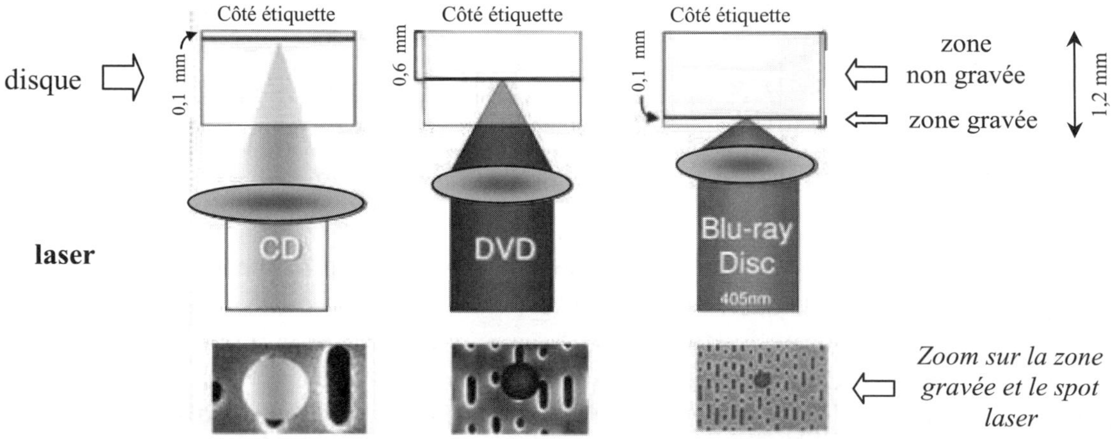

	CD	DVD	Blu-ray	
Simple face ⟹	700 MB	4,7 GB	25 GB	*Capacité de stockage*
Double face ⟹		8,5 GB	50 GB	

Donnée : on prendra pour la célérité de la lumière dans le vide et dans l'air $c = 3{,}00 \cdot 10^8 \text{ m} \cdot \text{s}^{-1}$.

1. a) Quel est le nom du phénomène physique responsable de l'irisation d'un CD ou d'un DVD éclairé en lumière blanche ?

b) Calculer la valeur de la fréquence ν de la radiation utilisée dans la technologie Blu-ray.

c) Comparer, d'après les indications du texte, la longueur d'onde du laser Blu-ray à celles des systèmes CD et DVD.

2. On veut déterminer expérimentalement la longueur d'onde λ_D de la radiation monochromatique d'un lecteur DVD. On utilise pour cela le montage ci-dessous, dans lequel un faisceau laser est envoyé sur une fente fine de largeur a. On note θ le demi-écart angulaire correspondant à la tache centrale de diffraction obtenue sur l'écran.

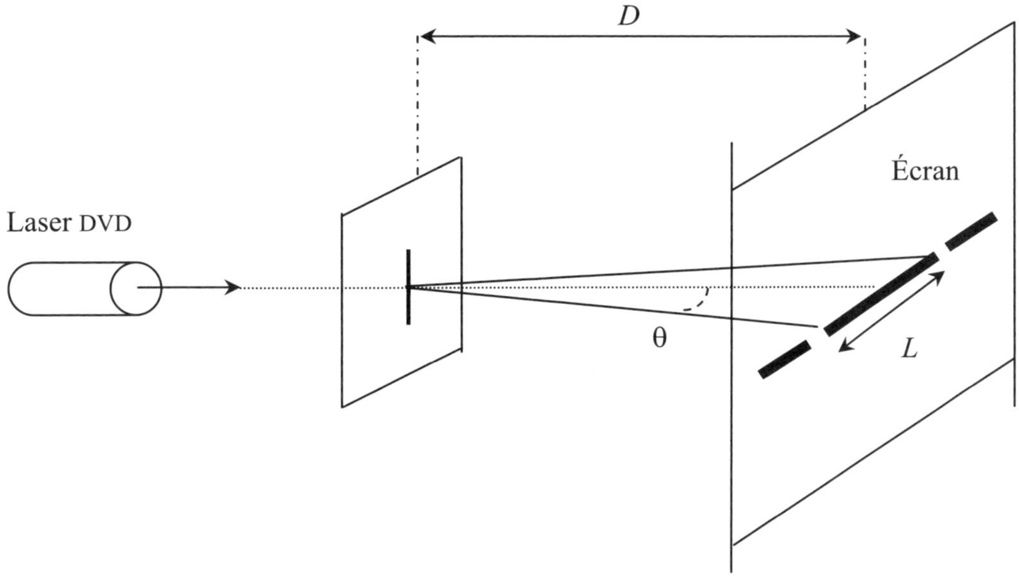

a) Établir la relation entre θ, L (largeur de la tache centrale de diffraction) et D (distance entre le fil et l'écran).
On supposera θ suffisamment petit pour considérer $\tan\theta \approx \theta$ (avec θ en radians).

b) Donner la relation entre θ, λ_D et a.

c) En déduire l'expression de λ_D en fonction de L, a et D.

d) Pour la figure de diffraction obtenue avec un laser « DVD », on mesure $L = 4{,}8$ cm.
On remplace alors le laser « DVD » par le laser utilisé dans le lecteur Blu-ray sans modifier le reste du montage, on obtient une tache de diffraction de largeur $L' = 3{,}0$ cm.
À partir de ces deux expériences, calculer la valeur de la longueur d'onde λ_D de la radiation monochromatique d'un lecteur DVD et la comparer au résultat de la question 1.c.

■ Pour vous aider à démarrer

Exercice 2.2. La longueur d'onde λ est liée à la fréquence f de ces ondes, et non à la période T de répétition des impulsions.
Exercice 2.3. Écrire la forme du signal au niveau du microphone, et en déduire pour quelles positions le déphasage est nul.
Exercice 2.7. Question 1 : les dimensions de la tension T s'obtiennent avec le PFD.
Exercice 2.9. Question 1 : montrer que l'angle de diffraction est très faible.

Corrigé des vrai/faux

1.	2.	3.	4.	5.	6.	7.	8.	9.	10.
vrai	vrai	faux	faux	vrai	faux	vrai	vrai	vrai	faux

3. L'amplitude est nulle au niceau des nœuds, maximale au niveau des ventres.

4. Elles sont liées par la relation $\lambda = cT$.

6. Seules des ondes de même fréquence donnent lieu au phénomène d'interférences.

10. Une lumière polarisée peut être multicolore, c'est-à-dire avoir un spectre quelconque.

❑ Les erreurs classiques

– Dans l'étude du profil d'une onde quelconque, non périodique, ne pas confondre les variations en fonction de *x*, à *t* donné (aspect global instantané du sytème) et les variations en fonction de *t*, à *x* donné (vibrations locales au cours du temps).
– Ne pas confondre les différentes grandeurs caractéristiques d'une onde sinusoïdales ni leurs dimensions (T est un temps, f et ω sont les inverses d'un temps, λ est une longueur, k est l'inverse d'une longueur).

■■ Corrigé des exercices

Exercice 2.1

1. À l'instant t, l'onde s'est déplacée d'une distance $ct = 660$ m, d'où le profil suivant, avec le front de l'onde aux alentours de $x = 1060$ m et une queue autour de $x = 710$ m :

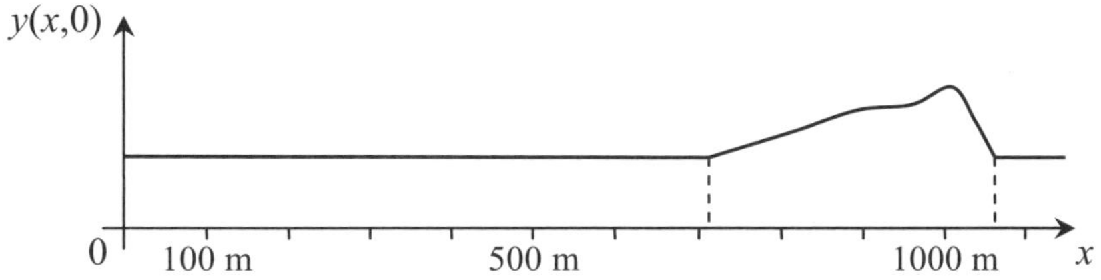

⇨ *Méthode 2.1*

2. Le front de l'onde, qui est en $x_f = 400$ m à l'instant $t_0 = 0$, atteint l'abscisse x_T avec un retard $\boxed{t = \dfrac{x_T - x_f}{c}}$. Application numérique : $t = \dfrac{2000 - 400}{20} \times 3{,}6$ soit $\boxed{t = 290 \text{ s} = 4 \text{ min } 50 \text{ s}}$.

✎ *Le facteur 3,6 correspond à la conversion des kilomètres par heure en mètres par seconde. D'autre part, la précision des données ne permet pas de donner plus deux chiffres significatifs dans le résultat.*

3. Déterminons les instants particuliers pour l'onde à l'abscisse x_d. Le front d'onde arrive avec un retard $t_f = \dfrac{x_d - x_f}{c} = 180 \text{ s} = 3 \text{ min}$. Le sommet, qui était en $x_s = 350$ m à l'instant $t_0 = 0$, arrive en $t_s = \dfrac{x_d - x_s}{c} = 170 \text{ s} = 3 \text{ min } 10 \text{ s}$. Enfin la queue de la vague, qui était en $x_q = 50$ m à l'instant $t_0 = 0$, arrive en $t_s = \dfrac{x_d - x_q}{c} = 240 \text{ s} = 4 \text{ min}$.

L'évolution temporelle à l'abscisse x_d a donc l'allure suivante :

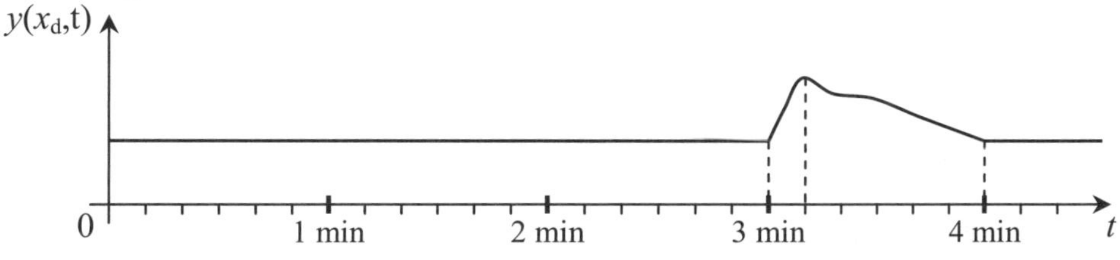

✎ *L'onde apparaît toujours « à l'envers » quand on compare le graphe temporel à x donné et le graphe spatial à t donné : ici le point considéré monte d'abord très vite, lorsqu'il est atteint par le front de la vague, puis redescend lentement au fur et à mesure que le « dos » passe.*

4. La vitesse est plus grande là où la hauteur d'eau est plus grande, donc vers le haut de la vague : ainsi le profil à l'avant va s'accentuer petit à petit jusqu'au déferlement de la vague :

Exercice 2.2

1. a) $\boxed{\lambda = \frac{c}{f}}$. AN $\boxed{\lambda = 10{,}3 \text{ cm}}$.

L'oscillation à l'intérieur de chaque impulsion a une fréquence f, donc une période $T_{\text{imp}} = 1/f$, à ne pas confondre avec la période T séparant deux émissions d'impulsions. Le nombre d'oscillations pendant la durée τ d'une impulsion est donc : $\boxed{N = \frac{\tau}{T_{\text{imp}}} = \tau f}$. AN $\boxed{N = 2900}$.

b) Le temps que met l'onde pour faire un aller-retour entre le radar et un objet détecté à une distance d est : $t = \frac{2d}{c}$, d'où $\boxed{d = \frac{ct}{2}}$. AN $d_A = \frac{ct_A}{2} = \frac{3{,}00 \cdot 10^8 \times 6 \cdot 10^{-6}}{2}$ soit $\boxed{d_A = 450 \text{ m}}$, et de même $\boxed{d_B = 12{,}0 \text{ km}}$ et $\boxed{d_C = 13{,}5 \text{ km}}$.

La diminution progressive des amplitudes des échos est due à <u>l'absorption partielle des ondes</u> par l'air : plus la distance parcourue dans l'air est grande, plus l'onde est atténuée.

c) Le radar ne peut pas détecter les échos tant qu'il émet, donc la détection de ne peut avoir lieu qu'à des instants $t > \tau = 2{,}0$ µs. Cela correspond à des distances d telles que $\boxed{d > \frac{c\tau}{2} = d_{\min}}$. AN $\boxed{d_{\min} = 150 \text{ m}}$.

2. La variation relative de fréquence est $\boxed{\frac{\Delta f}{f} = \frac{f' - f}{f} = -\frac{v_1}{c}}$. AN avec $c = 3{,}00 \cdot 10^8 \text{ m} \cdot \text{s}^{-1}$: $\boxed{\frac{\Delta f}{f} = -5 \cdot 10^{-7} = -0{,}00005\ \%}$.

Pour pouvoir détecter l'effet Doppler, avec ce véhicule pourtant très rapide, il faut donc des appareils pouvant mesurer la fréquence avec au moins <u>7 chiffres significatifs</u> (et même plus si on veut de la précision sur la vitesse), ce qui n'est pas toujours le cas avec les circuits électroniques utilisés.

3. Deux impulsions successives sont séparées d'une durée T. Si l'objet est immobile, les échos sont aussi séparés de $T = 100{,}0$ µs. En revanche, s'il se déplace :

– la première impulsion émise à $t_0 = 0$ revient à $t = \frac{2d}{c}$;

– la suivante, émise à $t'_0 = T$, parcourt une distance $d + v_1 T$ en aller-retour, donc revient à l'instant $t' = t'_0 + \frac{2(d + v_1 T)}{c} = T + \frac{2(d + v_1 T)}{c}$.

Donc l'écart temporel entre les deux est $\boxed{\Delta t = T\left(1+\frac{2v_1}{c}\right)}$. An $\boxed{\Delta t = 100{,}0\ \mu s}$ avec la précision permise par les données. Pour pouvoir distinguer cette valeur Δt de la valeur T pour un objet immobile, cette méthode nécessiterait également une précision extrêmement grande : $\frac{2v_1}{c} = 1\cdot 10^{-6} = 0{,}0001\ \%$, juste deux fois plus grand que dans la méthode précédente.

4. Entre deux impulsions successives, c'est-à-dire sur une durée T, la distance d a augmenté de $v_1 T$, donc la phase a augmenté de $\boxed{\varphi = k\times 2v_1 T = \frac{4\pi v_1 T}{\lambda}}$. AN $\boxed{\varphi = 1{,}83\ \text{rad}}$ $\left(\text{un peu plus de } \frac{\pi}{2}\right)$, valeur tout à fait mesurable.

5. Mesurer la vitesse transversale v_2 est beaucoup plus facile : il suffit de repérer sur l'écran différentes positions successives de la cible, et de diviser la distance parcourue par la durée.

La norme de la vitesse est alors $\boxed{v = \sqrt{v_1^2 + v_2^2}}$.

Exercice 2.3

1. Notons (Ox) l'axe allant du haut-parleur vers le microphone.

L'onde émise par le haut-parleur se propage vers les x croissants donc elle est de la forme $s(x,t) = S_m \cos(2\pi f t - kx + \varphi)$, avec $\omega = 2\pi f = kc$.

> ✎ *A priori il y a un déphasage φ, inconnu, entre la tension qui alimente le heut-perleur et l'onde sonore qu'il émet. Ceci n'aura aucune influence sur la suite.*

Lorsqu'elle arrive sur le microphone, elle vaut donc $s(d,t) = S_m \cos(2\pi f t - kd + \varphi)$, ce qui correspond à la tension observée $u'(t) = U_m \cos(2\pi f t - kd + \varphi)$. Les deux courbes coïncident si leur déphasage est un multiple de 2π, soit $kd - \varphi = n\times 2\pi$, d'où $\boxed{d = n\times\frac{2\pi}{k} + \frac{\varphi}{k} = n\times\frac{c}{f} + \frac{\varphi}{k}}$.

2. L'écart entre d_1 et d_2 vaut donc $\frac{c}{f}$, d'où $\boxed{c = f(d_2 - d_1)}$. AN $\boxed{c = 330\ \text{m}\cdot\text{s}^{-1}}$.

Exercice 2.4

1. S a un mouvement rectiligne sinusoïdal vertical, de la forme $\boxed{y_S(t) = Y_m \cos(\omega t + \varphi)}$. La pulsation est $\boxed{\omega = 2\pi f = 630\ \text{rad}\cdot\text{s}^{-1}}$. Sa vitesse est $\vec{v} = \dot{y}_S(t)\vec{e_y} = -Y_m\omega\sin(\omega t + \varphi)\vec{e_y}$. À $t = 0$, $y_S(0) = 0 = Y_m\cos\varphi$ (position d'équilibre) donc $\varphi = \pm\frac{\pi}{2}$; et $v_0 = -Y_m\omega\sin\varphi > 0$ donc $\sin\varphi < 0$ d'où $\boxed{\varphi = -\frac{\pi}{2}}$, ce qui permet de réécrire l'élongation sous la forme $\boxed{y_S(t) = Y_m \sin(\omega t)}$.

Enfin $v_0 = Y_m\omega$ d'où $\boxed{Y_m = \frac{v_0}{2\pi f} = 4{,}0\ \text{mm}}$.

Corrigé

2. Entre deux points en opposition de phase, la distance est $(2n+1)\dfrac{\lambda}{2}$, donc ici $d=\dfrac{\lambda}{2}$. Or $\lambda = cT = \dfrac{c}{f}$, donc $\boxed{c = 2fd}$. AN $\boxed{c = 12\ \text{m}\cdot\text{s}^{-1}}$.

3. a) M reçoit l'onde avec un retard $\Delta t = \dfrac{x_M}{c}$. AN $\boxed{\Delta t = 18\ \text{ms}}$. Son équation horaire est alors $\boxed{y_M(t) = Y_\text{m}\sin\left(\omega\left(t - \dfrac{x_M}{c}\right)\right)}$ pour $t > 18$ ms.

b) La position de M est telle que $SM = \dfrac{7}{2}d = \dfrac{7}{2}\times\dfrac{\lambda}{2}$, sachant que la distance d correspond à un déphasage de π, donc M est en retard de $\dfrac{7\pi}{2}$, c'est-à-dire $\boxed{\text{en avance de } \dfrac{\pi}{2}}$ par rapport à S.

c) AN à $t_1 = 40\ \text{ms} = \dfrac{4}{f} = 4T$: $\boxed{y_S(t_1) = y_S(0) = 0}$ et $y_M(t_1) = Y_\text{m}\sin\left(4\omega T + \dfrac{\pi}{2}\right) = Y_\text{m}\sin\left(\dfrac{\pi}{2}\right)$ soit $\boxed{y_M(t_1) = Y_\text{m} = 4{,}0\ \text{mm}}$.

4. a) Cette fois on fixe $t = t_1$ dans l'expression de y, et chaque point d'abscisse x a un retard de $\dfrac{x}{c}$ par rapport à S : $y_{t_1}(x) = Y_\text{m}\sin\left(\omega\left(t_1 - \dfrac{x}{c}\right)\right)$ soit $\boxed{y_{t_1}(x) = -Y_\text{m}\sin\left(\dfrac{\omega x}{c}\right) = -Y_\text{m}\sin(kx)}$ avec $\boxed{k = 52\ \text{rad}\cdot\text{m}^{-1}}$. Période spatiale (longueur d'onde) : $\lambda = \dfrac{2\pi}{k} = \dfrac{2\pi c}{\omega} = \dfrac{c}{f}$. AN $\boxed{\lambda = 12\ \text{cm}}$.

b) Une photographie de la corde à cette instant donnerait donc l'allure suivante :

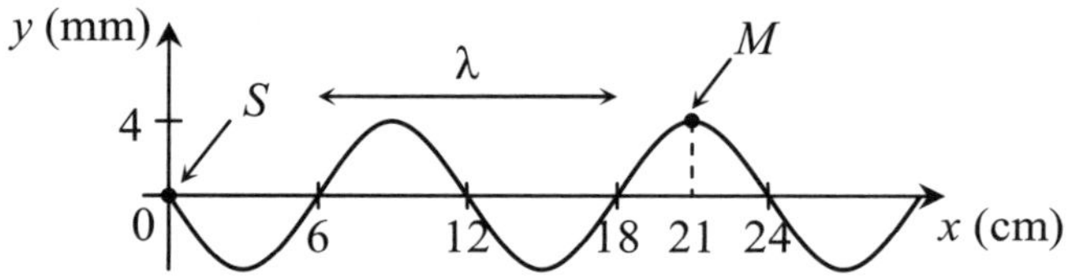

Exercice 2.5

1. $\boxed{\lambda = \dfrac{c}{f}}$. AN $\boxed{15\ \text{km} < \lambda < 15000\ \text{km}}$. Il faudrait donc des antennes de plusieurs kilomètres !

2. Cette fois on trouve $\boxed{2{,}8\ \text{m} < \lambda < 3{,}4\ \text{m}}$. Les antennes peuvent donc cette fois avoir une taille de l'ordre du mètre ou de quelques dizaines de centimètres.

3. Si les stations de radio émettaient toutes dans le domaine des audiofréquences, leurs émissions se mélangeraient et il n'y aurait aucun moyen pour le récepteur de les séparer. Tandis que l'émission de chaque station dans son propre domaine de fréquences permet de la séparer des autres par filtrage (voir chapitre 9).

Exercice 2.6

1. a) L'onde se propage vers les x croissants donc elle arrive au point M avec un retard x/c par rapport au point O : alors $\boxed{y_M(t) = a\cos\left(\omega\left(t - \frac{x}{c}\right)\right)}$.

b) Cette équation horaire peut encore s'écrire $y_M(t) = a\cos(\omega t - kx)$ en posant $\boxed{k = \frac{\omega}{c} = \frac{2\pi N}{c}}$.

AN $\boxed{k = 25 \text{ rad}\cdot\text{m}^{-1}}$. La longueur d'onde est $\boxed{\lambda = \frac{2\pi}{k} = \frac{c}{N}}$. AN $\boxed{\lambda = 25 \text{ cm}}$.

2. a) L'onde incidente est l'onde précédente, valant $\boxed{y_{B\text{i}}(t) = a\cos(\omega t)}$ à l'origine B. L'onde réfléchie en B est déphasée de φ, soit $\boxed{y_{B\text{r}}(t) = a\cos(\omega t + \varphi)}$. Or B est fixé, donc son élongation résultant des deux ondes est toujours nulle : $y_B(t) = a\cos(\omega t) + a\cos(\omega t + \varphi) = 0, \forall t$.
Cela impose donc $\boxed{\varphi = \pi}$ puisque $\cos(\theta + \pi) = -\cos\theta$, soit $\boxed{y_{B\text{r}}(t) = -a\cos(\omega t)}$.

b) L'onde incidente est toujours $\boxed{y_{M\text{i}}(t) = a\cos\left(\omega\left(t - \frac{x}{c}\right)\right)}$. L'onde réfléchie se propage vers les x décroissants donc $\boxed{y_{M\text{r}}(t) = -a\cos\left(\omega\left(t + \frac{x}{c}\right)\right)}$. L'élongation résultante est alors :

$y_M(t) = a\cos\left(\omega\left(t - \frac{x}{c}\right)\right) - a\cos\left(\omega\left(t + \frac{x}{c}\right)\right)$ soit $\boxed{y_M(t) = 2a\sin(kx)\sin(\omega t)}$.

✎ *On reconnaît l'expression d'une onde stationnaire, produit d'une fonction sinusoïdale du temps et d'une fonction sinusoidale de la position.*

c) Les nœuds sont les points où l'amplitude $2a\sin(kx)$ est nulle : $kx = n\pi$ soit $\boxed{x_{\text{nœuds}} = n\frac{\pi}{k} = n\frac{\lambda}{2}}$ avec n entier. AN $\boxed{x_{\text{nœuds}} = n \times 12{,}5 \text{ cm}}$.

Les ventres sont les points où elle est maximale : $kx = \left(n + \frac{1}{2}\right)\pi$ soit $\boxed{x_{\text{ventres}} = \left(n + \frac{1}{2}\right)\frac{\pi}{k} = \left(n + \frac{1}{2}\right)\frac{\lambda}{2}}$. AN $\boxed{x_{\text{ventres}} = \left(n + \frac{1}{2}\right) \times 12{,}5 \text{ cm}}$.

⇨ *Méthode 2.3*

Exercice 2.7

1. La dimension est une force, qui d'après les rappels du chapitre 1 a les dimensions d'une masse multipliée par une accélération, soit $[T] = [m \cdot l \cdot t^{-2}]$ en notant m la masse, l la longueur et t le temps. La masse linéique a pour dimensions $[\mu] = [m \cdot l^{-1}]$. Donc $[c] = \left[\sqrt{\frac{T}{\mu}}\right] = \left[\sqrt{\frac{m \cdot l \cdot t^{-2}}{m \cdot l^{-1}}}\right] = \left[\sqrt{l^2 \cdot t^{-2}}\right]$ soit $\boxed{[c] = [l \cdot t^{-1}]}$ qui correspond bien à une <u>vitesse</u>.

Corrigé

2. a) En $x = 0$, la corde est fixée donc l'amplitude est forcément nulle, soit $\cos\psi = 0$ d'où $\psi = \pm\frac{\pi}{2}$: on prend $\psi = -\frac{\pi}{2}$, et l'onde s'écrit alors $z(x,t) = z_0 \cos(\omega t + \varphi)\sin(kx)$.
De plus la corde est également fixée en $x = L$, donc $\sin(kL) = 0$, ce qui impose que k ne peut prendre que les valeurs $k_n = n\frac{\pi}{L}$. Puisque $\omega = kc$, on obtient de même $\boxed{\omega_n = n\frac{\pi c}{L}}$.

b) Pour l'harmonique de rang n : $\boxed{z(x,t) = A_n \cos(n\omega_1 t + \varphi_n)\sin\left(\frac{n\pi x}{L}\right)}$.

Longueur d'onde : $\lambda_n = \frac{2\pi}{k_n}$ soit $\boxed{\lambda_n = \frac{2L}{n}}$.

c) Un nœud est défini par $z(x,t) = 0, \forall t$, soit $\sin\left(\frac{n\pi x}{L}\right) = 0$, ce qui impose que x soit l'une des valeurs $\boxed{x_p = p\frac{L}{n} = p\frac{\lambda_n}{2}}$, avec p un entier allant de 0 à n (pour avoir x entre 0 et L) : il y a donc <u>$(n + 1)$ nœuds</u> (dont les deux extrémités de la corde).
Un ventre est défini par $z(x,t) = \pm A_n \cos(n\omega_1 t + \varphi_n)$, d'amplitude maximale A_n, soit $\sin\left(\frac{n\pi x}{L}\right) = \pm 1$, ce qui impose que x soit l'une des valeurs $\boxed{x_p = \left(p + \frac{1}{2}\right)\frac{L}{n} = \left(p + \frac{1}{2}\right)\frac{\lambda_n}{2}}$, avec p un entier allant de 0 à $n - 1$: il y a <u>n ventres</u> de positions alternées avec les nœuds.

⇨ *Méthode 2.3*

d) Ci-dessous les allures des trois premiers modes propres et leurs longueurs d'onde.

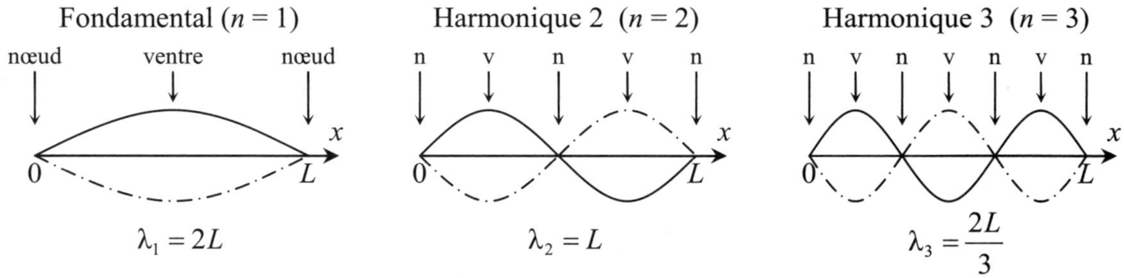

3. $c = \sqrt{\frac{T}{\mu}}$ soit $T = \mu c^2$, avec $\mu = \frac{m_{\text{tot}}}{L} = \frac{\rho}{L} \times \pi L \frac{d^2}{4} = \frac{\rho\pi d^2}{4}$ et $c = \frac{L\omega_n}{n\pi} = \frac{L\omega_1}{\pi} = 2f_1L$, donc $\boxed{T = \rho\pi L^2 d^2 f_1^2}$. AN pour les six cordes :

Corde n°	1	2	3	4	5	6
Tension (N)	83	93	103	113	73	66

Par comparaison, une tension de l'ordre de « 25 kg » correspond à 250 N : <u>les cordes d'une raquette de tennis sont deux à quatre fois plus tendues</u> que celles d'une guitare… d'ailleurs il est difficile d'en tirer de la musique !

Exercice 2.8

1. La fréquence 25 kHz est supérieure à celles des sons audibles : ce sont des ultrasons.

2. Les deux ondes progressives ont pour expressions : $p_{1,M}(t) = P_m \cos\left(2\pi f\left(t - x/c\right)\right)$ et $p_{2,M}(t) = P_m \cos\left(2\pi f\left(t + x/c\right)\right)$ puisqu'elles ont, en x, respectivement un retard et une avance de x/c par rapport à l'origine. La surpression totale est donc :

$p_M(t) = P_m \cos\left(2\pi f\left(t - x/c\right)\right) + P_m \cos\left(2\pi f\left(t + x/c\right)\right) = 2P_m \cos\left(2\pi f t\right)\cos\left(2\pi f x/c\right)$ soit

$\boxed{p_M(t) = 2P_m \cos(2\pi f t)\cos(kx)}$ avec $\boxed{k = \dfrac{2\pi f}{c}}$. AN $\boxed{k = 480 \text{ rad} \cdot \text{m}^{-1}}$.

✎ *On reconnaît l'expression d'une onde stationnaire, produit d'un cosinus temporel (oscillations) et d'un cosinus spatial (variations de l'amplitude).*

3. Les nœuds sont définis par une amplitude nulle des oscillations, soit $\cos(kx) = 0$, ce qui équivaut à $kx = \left(n + \dfrac{1}{2}\right)\pi$ où n est un entier relatif, soit $x = \left(n + \dfrac{1}{2}\right)\dfrac{\pi}{k} = \left(n + \dfrac{1}{2}\right)\dfrac{c}{2f}$.

Les quatres nœuds les plus proches de O correspondent aux valeurs – 2, – 1, 0 et 1 de l'entier n, soit $\boxed{x = \pm\dfrac{c}{4f} \text{ et } x = \pm\dfrac{3c}{4f}}$. AN $\boxed{x = \pm\ 3{,}3 \text{ mm et } x = \pm\ 9{,}9 \text{ mm}}$.

Exercice 2.9

1. Au passage à travers une ouverture de largeur L, une onde subit le phénomène de diffraction qui la fait diverger. La largeur angulaire θ de la zone d'intensité importante vérifie $\sin\theta = \dfrac{\lambda}{L}$, où $\lambda = \dfrac{c}{f}$ est la longueur d'onde, soit $\boxed{\sin\theta = \dfrac{c}{Lf}}$. Faisons l'application numérique pour des ondes lumineuses : $6{,}1 \cdot 10^{-7} < \sin\theta < 1{,}2 \cdot 10^{-6}$ soit le même encadrement pour θ (en radians). La diffraction de la lumière est donc quasi nulle, et toute l'onde continue dans la direction incidente : il faut donc se placer en face de la porte pour être éclairé(e).

2. Faisons l'application numérique pour des ondes sonores. Pour les sons les plus aigus (20 kHz) on trouve $\sin\theta = 0{,}028$, soit $\theta = 1{,}6°$: les sons très aigus sont donc très peu diffractés. En revanche l'angle augmente lorsque la fréquence diminue, et on trouve par exemple $\sin\theta = 0{,}5$, soit $\theta = 60°$, pour une fréquence de l'ordre de 1 kHz, correspondant à la voix humaine : ce type de son est donc très largement diffracté par la porte, et on peut donc bien entendre en n'étant pas en face de la porte. Quant aux fréquences les plus basses, la formule précédente n'est plus valable puisqu'elle donne $\sin\theta > 1$: l'onde est donc diffractée uniformément dans tout l'espace, et on peut se placer n'importe où dans la pièce suivante pour entendre distinctement les sons graves.

Exercice 2.10

1. a) L'irisation de la lumière à la surface d'un CD ou d'un DVD est due à la diffraction de la lumière par les fines rainures de la surface, qui consituent ce qu'on apelle un *réseau*.

b) $\lambda = \frac{c}{\nu}$ d'où $\boxed{\nu = \frac{c}{\lambda_B}}$. AN $\boxed{\nu = 7{,}41 \cdot 10^{14}\ \text{Hz} = 741\ \text{THz}}$.

c) On ne dispose pas de valeur numériques, mais les CD et DVD utilisant des lasers infrarouges et rouges, leurs longueurs d'onde sont supérieures à celle du Blu-ray.

2. a) On voit un triangle rectangle dans lequel on peut écrire : $\tan\theta = \frac{L/2}{D}$, soit $\boxed{\theta = \frac{L}{2D}}$ compte tenu de l'approximation indiquée.

b) Dans une figure de diffraction, la largeur angulaire de la tache centrale vérifie $\sin\theta = \frac{\lambda}{a}$, soit ici $\boxed{\theta = \frac{\lambda_D}{a}}$.

c) En combinant les deux on obtient $\boxed{\lambda_D = \frac{aL}{2D}}$.

d) $\lambda_B = \frac{aL'}{2D}$ donc en faisant le rapport on obtient $\boxed{\lambda_D = \lambda_B \frac{L}{L'}}$. AN $\boxed{\lambda_D = 648\ \text{nm}}$.

Comme prévu à la question 1.c, c'est bien une valeur supérieure à celle du Blu-ray, et qui correspond à une couleur rouge.

Chapitre 3
Bases de l'optique géométrique

Carl Friedrich **Gauss** est tout d'abord connu comme mathématicien, son nom étant attaché à de multiples lois, méthodes et objets mathématiques. C'est aussi un astronome : en 1801, il prédit par le calcul la position de la petite planète Cérès, dont l'orbite se trouve entre celles de Mars et de Jupiter. La même année, il publie un ouvrage fondamental sur l'arithmétique. Il se tourne tardivement vers la physique dans les années 1830, grâce à sa rencontre avec Wilhelm **Weber**, et les deux hommes établissent ensemble des résultats fondamentaux en électromagnétisme. En 1841, Gauss élabore une théorie sur les systèmes optiques centrés, suite à laquelle une condition d'approximation porte son nom.

Carl Friedrich Gauss
1777-1857

Objectifs

Ce qu'il faut connaître

- Les définitions concernant la lumière et ses sources
- Le modèle de l'optique géométrique et ses limites
- Les lois de Snell-Descartes pour la réflexion et la réfraction
- Les définitions concernant les systèmes optiques et la formation d'images
- Les conditions et l'approximation de Gauss

Ce qu'il faut savoir faire

- Relier la longueur d'onde dans le vide, celle dans un autre milieu et la couleur
- Utiliser les lois de Snell-Descartes pour déterminer des rayons réfléchis ou réfractés
- Étudier les cas de réfraction limite et réflexion totale
- Calculer des angles et des distances avec des formules géométriques
- Construire l'image d'un objet par un miroir plan et identifier sa nature réelle ou virtuelle

Résumé de cours

Les sources de lumière

Émission de lumière

Un objet est visible s'il émet de la lumière : cette émission peut être intrinsèque, et on parle alors de source **primaire**, ou bien l'objet peut diffuser la lumière émise par d'autres sources, c'est alors une source **secondaire**. Parmi les sources primaires, on peut distinguer :

– les **lampes à incandescence**, ou sources de lumière blanche, dont le spectre est continu (constitué de toutes les fréquences dans l'intervalle du visible, et même au-delà) ;

– les **lampes spectrales** (à vapeur métallique…), dont le spectre est **discret** (constitué seulement de quelques fréquences distinctes) et caractéristique de l'élément chimique ;

– les **lasers**, émettant une lumière sensiblement **monochromatique** (une seule fréquence).

Modèle de la source ponctuelle monochromatique

Une source de lumière est en général étendue (ellc présente une certaine surface). Mais elle peut être *modélisée* comme un ensemble de **sources ponctuelles**.

De plus on se limitera, si nécessaire, à des sources ponctuelles monochromatiques.

Propagation de la lumière

Indice et longueur d'onde

– La célérité de la lumière dans le vide est $c = 299\,792\,458\ \text{m}\cdot\text{s}^{-1}$.

Sa célérité dans un milieu transparent quelconque est $\boxed{v = \dfrac{c}{n}}$ où n est l'**indice de réfraction** ($n \geq 1$), caractéristique du milieu et dépendant de la fréquence (donc de la longueur d'onde).

– Une lumière monochromatique a une fréquence f (déterminée par l'émetteur) et une longueur d'onde λ telle que $\lambda = \dfrac{v}{f}$. La longueur d'onde dans le vide est $\lambda_0 = \dfrac{c}{f}$, donc $\boxed{\lambda = \dfrac{\lambda_0}{n}}$.

– Échelle des couleurs :

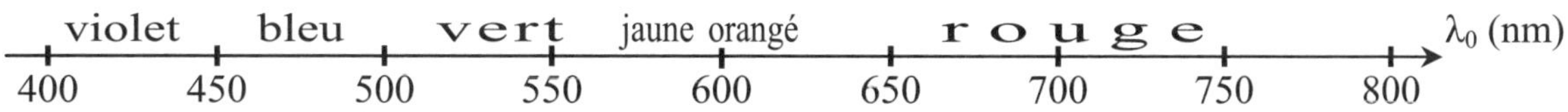

Approximation de l'optique géométrique

L'optique géométrique modélise la lumière comme un ensemble de **rayons lumineux** : chaque rayon est une courbe décrite par la lumière pour aller d'un point à un autre. Les rayons lumineux sont *indépendants* les uns des autres ; ceci suppose qu'il n'y a pas d'interférences (toujours vrai en pratique). Dans un milieu transparent homogène et isotrope (seul cas envisagé ici), ils sont *rectilignes* ; ceci suppose qu'on évite la diffraction, tous les systèmes étant suffisamment larges.

■ Réflexion et réfraction

❑ Description

Lorsqu'un rayon lumineux, dit **incident**, arrive sur un **dioptre** (interface de deux milieux d'indices différents), il donne naissance en général à un rayon **réfléchi** et à un rayon **réfracté**.
À partir du point d'intersection entre le rayon incident et le dioptre, on définit la normale, droite orthogonale au dioptre. Cette normale et le rayon incident définissent le **plan d'incidence**.

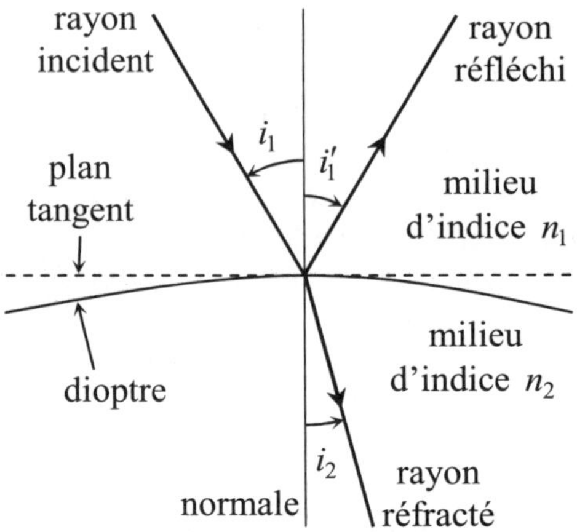

❑ Lois de Snell-Descartes

1. Les rayons réfléchi et réfracté sont dans le plan d'incidence.
2. L'angle i_1' de réflexion est : $i_1' = -i_1$ (ou bien $i_1' = i_1$ avec des angles non orientés).
3. L'angle i_2 de réfraction est lié à l'angle i_1 d'incidence par : $n_1 \sin i_1 = n_2 \sin i_2$.

Les expressions avec des angles orientés montrent que le rayon réfléchi et le rayon réfracté sont de l'autre côté de la normale, par rapport au rayon incident.

Ces lois ont pour conséquence la **loi de retour inverse de la lumière** : le trajet suivi par la lumière pour aller d'un point A à un point B est le même que celui suivi pour aller de B à A.

Remarques
- Lorsque le rayon réfracté est présent, on néglige souvent le rayon réfléchi.
- Si la surface est un miroir, il n'y a pas de rayon réfracté.

❑ Réfraction limite et réflexion totale

- Si $n_2 > n_1$, il y a toujours un rayon réfracté (en plus du rayon réfléchi).
- Si $n_2 < n_1$, le rayon réfracté n'existe que lorsque l'angle i_1 est inférieur à une valeur limite, notée i_{lim} : celle-ci correspond au cas où $i_2 = \frac{\pi}{2}$, soit $\boxed{i_{\text{lim}} = \arcsin\left(\frac{n_2}{n_1}\right)}$.

Lorsque $i_1 > i_{\text{lim}}$, il n'y a pas de réfraction, il y a donc **réflexion totale**.

⇨ Méthode 3.1. Déterminer un rayon réfracté et étudier la réfraction limite
⇨ Méthode 3.2. Déterminer une déviation par rotations successives

■ Formation d'images par un système optique

❑ Système optique

Un **système optique** est un ensemble de dioptres et/ou de miroirs, qui modifie la trajectoire des rayons lumineux. Son rôle est de donner une image d'un objet.

❑ Stigmatisme, objets et images

L'intersection de tous les rayons incidents dont les supports sont concourants est appelée **point objet**. Ce point objet est **réel** si les rayons sont vraiment issus de ce point, et **virtuel** si les prolongements des rayons convergent vers ce point. Des rayons incidents parallèles entre eux définissent un objet **à l'infini** (cas limite d'un objet réel ou virtuel).

Après la traversée du système optique, on peut envisager deux cas :

– soit les rayons émergents correspondant aux rayons issus de chaque point objet A convergent vers un point A' ou semblent provenir d'un point A', on dit alors que le système est **stigmatique** et A' est appelé **point image** de A ;

– soit ces rayons émergent de façon désordonnée, et le système n'est pas stigmatique.

Pour un système stigmatique, l'image est **réelle** si les rayons convergent vraiment vers A', et **virtuelle** s'ils semblent provenir de A' (leurs prolongements se coupant en A'). Enfin l'image est **à l'infini** si les rayons émergents sont parallèles entre eux (cas limite d'une image réelle ou virtuelle).

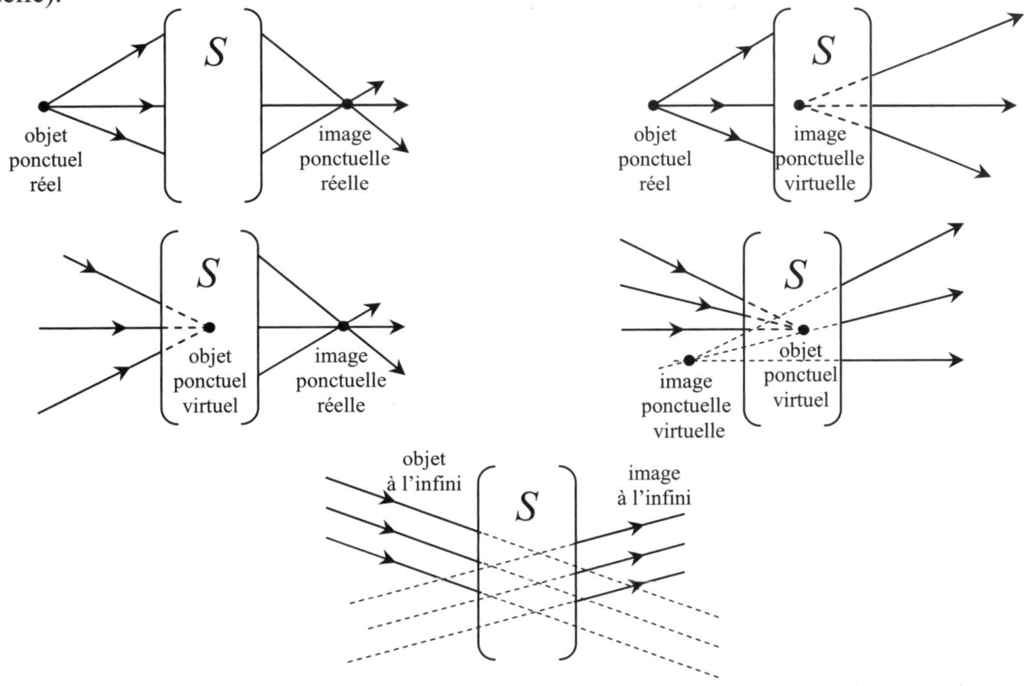

Un objet réel se trouve donc du côté de la lumière incidente, avant la face d'entrée du système, contrairement à un objet virtuel.

Une image réelle se trouve du côté de la lumière émergente, après la face de sortie du système, contrairement à une image virtuelle.

⇨ **Méthode 3.3. Calculer des distances à partir des angles**

❑ Exemple du miroir plan

Le miroir plan est un exemple simple de système optique.
L'image d'un point objet A par un miroir plan est un point image A' symétrique de A par rapport au miroir. Si A est réel, A' est virtuelle ; si A est virtuel, A' est réelle.

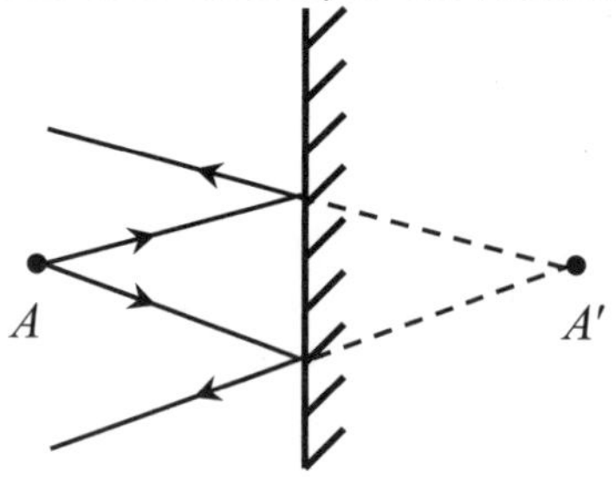

objet réel, image virtuelle

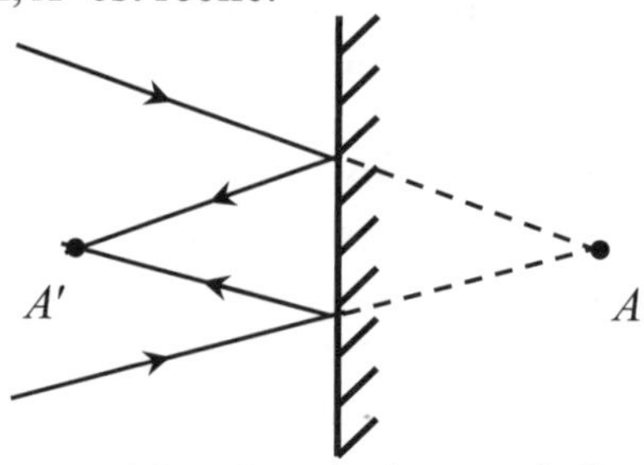

objet virtuel, image réelle

⇨ **Méthode 3.4. Déterminer l'image d'un objet par un miroir plan**

❑ Les systèmes centrés

Définition

Un système optique est **centré** s'il possède un axe de symétrie de révolution, appelé **axe optique**. Un rayon incident confondu avec cet axe ne sera donc pas dévié par le système.
De plus, d'après la première loi de Snell-Descartes, un rayon incident contenu dans un plan méridien (contenant l'axe) sera ensuite réfracté et/ou réfléchi dans ce plan.

Aplanétisme

Un système centré sera utilisable comme instrument s'il possède la propriété d'**aplanétisme** : l'image d'un objet plan orthogonal à l'axe optique est également plane et orthogonale à l'axe.

Conditions de Gauss

Aucun système optique, excepté le miroir plan, n'est rigoureusement stigmatique ; cependant, les grains d'un détecteur (cellules de la rétine, d'une plaque numérique…) ne sont pas ponctuels mais ont eux-même une certaine largeur, donc un stigmatisme approché est suffisant.
Pour les systèmes optiques centrés, on peut obtenir un stigmatisme approché en ne laissant pénétrer dans le système que les rayons **paraxiaux**, c'est-à-dire rencontrant le système près de l'axe optique et peu inclinés par rapport à celui-ci. Ce sont les **conditions de Gauss**, qui se réalisent pratiquement à l'aide d'un diaphragme et en observant des objets petits et/ou éloignés.

Foyers et plans focaux

Les systèmes optiques centrés, dans les conditions de Gauss, possèdent deux points particuliers :
- le **foyer principal objet** F dont l'image par le système est à l'infini sur l'axe ;
- le **foyer principal image** F', image d'un point objet situé sur l'axe et à l'infini.

Si ces deux points sont à l'infini, le système est dit **afocal** (c'est le cas du miroir plan).

Le plan passant par F (resp. F') et orthogonal à l'axe est le **plan focal objet** (resp. **image**).

– D'après la propriété d'aplanétisme, en dehors de F', tout point du plan focal image, appelé **foyer image secondaire**, est l'image d'un point objet situé à l'infini mais hors de l'axe.
– De même, en dehors de F, tout point du plan focal objet, appelé **foyer objet secondaire**, a son image à l'infini mais hors de l'axe.

■ Comment utiliser les lois de Snell-Descartes ?

❑ Méthode 3.1. Déterminer un rayon réfracté et étudier la réfraction limite

– La loi de la réfraction donne $\sin i_2 = \dfrac{n_1}{n_2}\sin i_1$, d'où $i_2 = \arcsin\left(\dfrac{n_1}{n_2}\sin i_1\right)$.

– Le rayon réfracté n'existe que si on trouve $\sin i_2 \leq 1$, donc si $\dfrac{n_1}{n_2}\sin i_1 \leq 1$ ou encore $\sin i_1 \leq \dfrac{n_2}{n_1}$. Cette condition est toujours vérifiée si $n_2 > n_1$; mais si $n_2 < n_1$ alors l'angle incident i_1 ne doit pas dépasser la valeur limite $i_{\text{lim}} = \arcsin\left(\dfrac{n_2}{n_1}\right)$ pour que le rayon réfracté existe.

⇨ **Exercices 3.4, 3.5, 3.7, 3.8**

Exemple : un rayon lumineux passe de l'eau ($n_1 = 1{,}3$) vers l'air ($n_2 = 1{,}0$). Le rayon incident forme un angle $i_1 = 30°$ avec la normale au dioptre au point d'intersection avec le dioptre. Le rayon réfracté formera avec cette même normale un angle $i_2 = \arcsin\left(\dfrac{n_1}{n_2}\sin i_1\right) = 40{,}6°$.

L'angle limite vaut $i_{\text{lim}} = \arcsin\left(\dfrac{n_2}{n_1}\right) = 50{,}3°$.

Les rayons ayant un angle incident supérieur à cette valeur ne donnent pas naissance à un rayon réfracté.
Dans ce cas, il y a seulement un rayon réfléchi et le dioptre se comporte comme un miroir plan.

■ Comment obtenir les relations géométriques cherchées ?

❑ Méthode 3.2. Déterminer une déviation par rotations successives

Les prismes ou systèmes analogues dévient les rayons lumineux : on note D l'angle de déviation entre la direction du rayon qui pénètre dans le système optique (rayon incident) et celle du rayon correspondant qui en sort (rayon émergent). Elle est déterminée de la façon suivante.
– Il faut tout d'abord définir un sens positif de rotation et s'y tenir pour la suite.
– Ensuite on part du rayon incident et on essaie d'obtenir le rayon émergent par rotations successives.
– D sera égale à la somme algébrique des angles des rotations utilisées, en comptant positivement les angles correspondants à des rotations dans le sens positif choisi, et négativement les autres.

⇨ **Exercices 3.8, 3.13, 3.14, 3.15**

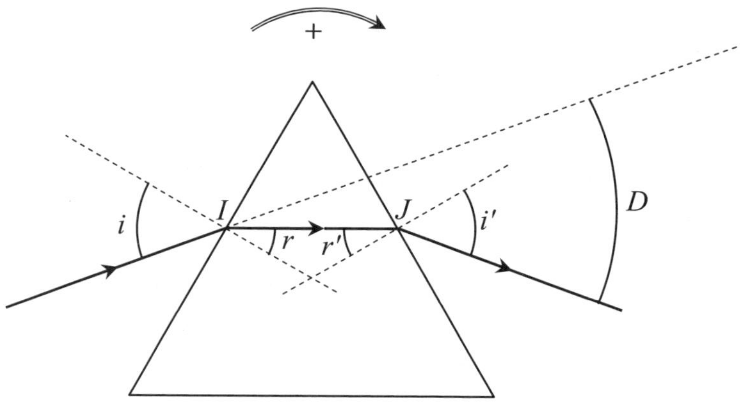

Considérons par exemple la déviation d'un rayon par un prisme.
– En I, le rayon entre dans le prisme en tournant de $+i-r$: on peut considérer par exemple qu'il tourne de $+i$ (pour se retrouver sur la normale) puis de $-r$ (en s'éloignant de la normale dans le sens négatif).
– En J, il tourne de $-r'+i'$: on peut considérer d'abord $-r'$ (pour aller du rayon vers la normale) puis $+i'$.
On en déduit donc l'expression de la déviation globale : $D = i + i' - r - r'$.

❑ Méthode 3.3. Calculer des distances à partir des angles

Les lois de Snell-Descartes ne donnent que des relations entre des angles. Pour déterminer des distances ou des mesures algébriques, on combine ces lois avec des relations de trigonométrie, notamment dans des triangles rectangles.

⇨ **Exercices 3.6, 3.10, 3.11**

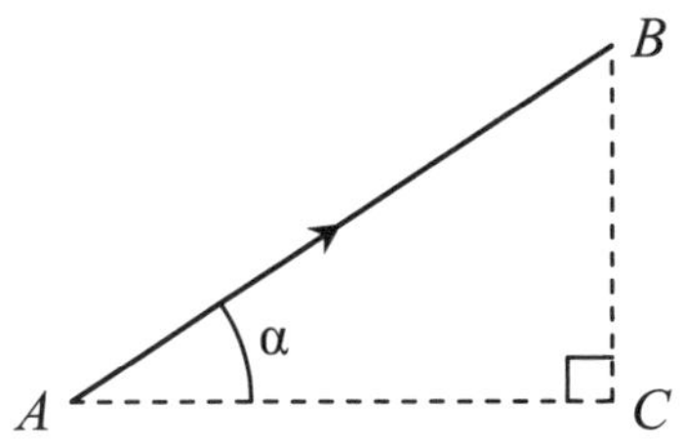

Dans ce triangle rectangle on peut écrire :

$$\cos\alpha = \frac{AC}{AB},\ \sin\alpha = \frac{BC}{AB},\ \tan\alpha = \frac{BC}{AC}.$$

La formule de la tangente peut aussi s'écrire avec un angle orienté et des mesures algébriques :

$$\tan\alpha = \frac{\overline{CB}}{\overline{AC}}.$$

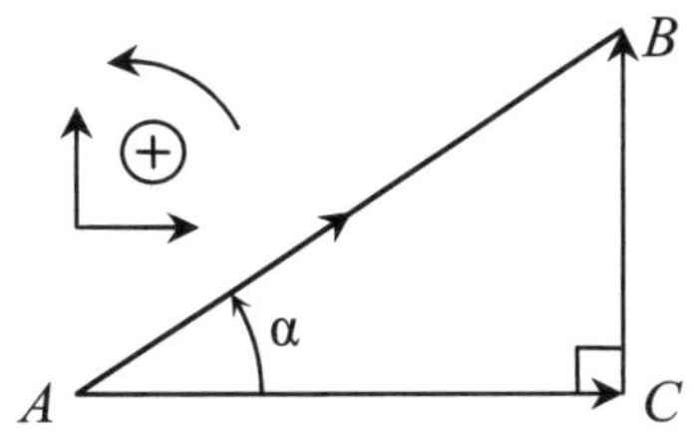

Enfin on peut écrire la formule des sinus pour un triangle quelconque :

$$\frac{BC}{\sin\alpha} = \frac{CA}{\sin\beta} = \frac{AB}{\sin\gamma}.$$

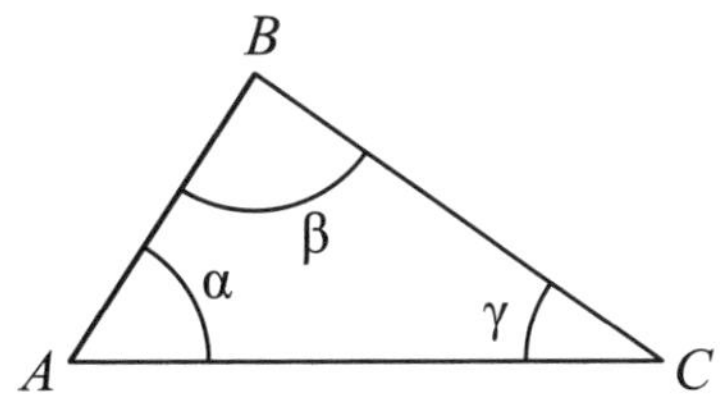

■ Comment déterminer l'image d'un objet ponctuel par un système optique ?

❑ Méthode 3.4. Déterminer l'image d'un objet par un miroir plan

Tracer au moins trois rayons incidents se coupant en un même point A, réel ou virtuel. Construire les rayons réfléchis selon les lois de Snell-Descartes. On constate que ces rayons, ou leurs prolongements, se coupent en un même point A', qui est donc l'image de A. Et les différents triangles symétriques montrent que A' est le symétrique de A par rapport au plan du miroir.

⇨ Exercice 3.12

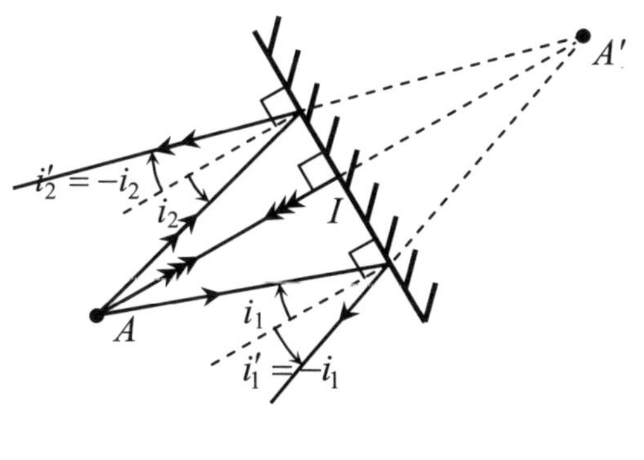

■■ Vrai/Faux

		Vrai	Faux
1.	La lumière se propage plus vite dans l'eau ($n_{\text{eau}} = 1{,}3$) que dans l'air ($n_{\text{air}} = 1{,}0$).	☐	☒
2.	L'indice d'un milieu homogène transparent et isotrope dépend de la fréquence de la lumière qui le traverse.	☒	☐
3.	Une lumière monochromatique de longueur d'onde dans le vide $\lambda = 5$ mm est visible par l'œil humain.	☐	☒
4.	Le Soleil est une source primaire de lumière.	☒	☐
5.	La lumière solaire peut être considérée comme monochromatique.	☐	☒
6.	La lumière d'un laser peut être considérée comme monochromatique.	☒	☐
7.	Lors du passage d'un milieu d'indice faible à un milieu d'indice plus élevé, le rayon se rapproche de la normale.	☒	☐
8.	On peut observer un phénomène de réflexion totale lorsqu'un rayon lumineux passe d'un milieu peu réfringent à un milieu plus réfringent.	☐	☒
9.	Lors du phénomène de réflexion, la direction du rayon réfléchi dépend de la longueur d'onde de la lumière.	☐	☒
10.	Lors du phénomène de réfraction, la direction du rayon réfracté dépend de la longueur d'onde de la lumière.	☒	☐
11.	Un système optique centré ne dévie pas les rayons incidents parallèles à son axe optique.	☐	☐
12.	Le foyer principal image F' d'un système optique centré est l'image par ce système du foyer principal objet F.	☐	☒

■■ Énoncé des exercices

■ Indice et longueur d'onde

❑ Exercice 3.1. Fréquence et longueur d'onde

La lumière visible possède des longueurs d'onde dans le vide comprises entre 0,40 et 0,80 µm.

1. À quel intervalle de fréquences cela correspond-il ?

2. Que deviennent ces longueurs d'onde :

a) dans l'eau, d'indice $n = 1{,}3$? **b)** dans un verre, d'indice $n' = 1{,}5$?

Donnée : $c = 3{,}00 \cdot 10^8 \text{ m} \cdot \text{s}^{-1}$.

❑ Exercice 3.2. Longueur d'onde et couleur

Un laser émet une radiation lumineuse quasi monochromatique de fréquence $f = 4{,}73 \cdot 10^{14}$ Hz.

On donne $c = 3{,}00 \cdot 10^8 \text{ m} \cdot \text{s}^{-1}$ (vitesse de la lumière dans le vide).

1. Pourquoi qualifie-t-on cette radiation de « quasi monochromatique » ?

2. Quelle est la longueur d'onde dans le vide de cette radiation ? Quelle est sa couleur ?

3. On considère maintenant que cette radiation se propage dans un milieu d'indice 1,66.
Quelle est la vitesse de propagation de la lumière dans ce milieu ?
Quelle est alors la longueur d'onde de la radiation du laser ? Quelle est sa couleur ?

❑ Exercice 3.3. Loi de Cauchy

La formule de Cauchy, donnant l'indice d'un verre pour une radiation monochromatique de longueur d'onde λ_0 dans le vide, est : $n = A + \dfrac{B}{\lambda_0^2}$ où A et B sont des constantes.

1. Donner les dimensions de A et B, et leurs unités dans le Système international.

2. Des mesures effectuées avec un même verre ont donné :

$n_r = 1{,}618$ pour une radiation rouge de longueur d'onde dans le vide $\lambda_{0r} = 768$ nm ;

$n_v = 1{,}652$ pour une radiation violette de longueur d'onde dans le vide $\lambda_{0v} = 434$ nm.

a) Calculer les valeurs de A et B.

b) En déduire la valeur de l'indice pour une radiation jaune telle que $\lambda_{0j} = 589$ nm.

■ Réflexion et réfraction

❑ Exercice 3.4. Réfraction et dispersion

Un rayon lumineux, se propageant dans l'air, arrive avec une incidence $i = 40°$ sur un dioptre air-verre plan. Si on considère que ce rayon est constitué de lumière blanche, calculer l'écart angulaire entre les rayons réfractés extrêmes.

Données : l'indice du verre est donné par la formule de Cauchy : $n = A + \frac{B}{\lambda_0^2}$, avec $A = 1{,}504$ et $B = 4{,}188 \cdot 10^{-15}$ unité SI ; l'indice de l'air sera pris égal à 1,000.

❑ Exercice 3.5. Condition d'émergence

1. Quelle est la condition pour qu'un rayon passant de l'eau (indice n_{eau} = 1,33) à l'air (indice n_{air} = 1,00) soit réfracté ?

2. On place une source de lumière (supposée ponctuelle) au fond d'une piscine remplie d'eau, de profondeur d = 2,50 m. Donner les dimensions de la zone de la surface qui sera traversée par des rayons lumineux.

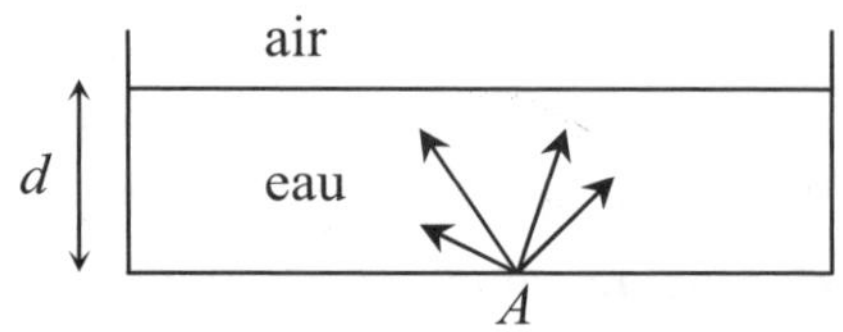

❑ Exercice 3.6. Lame à faces parallèles*

On considère une lame de verre à faces parallèles, d'épaisseur e, d'indice n, plongée dans l'air d'indice 1. Un rayon incident arrive avec un angle d'incidence i.

1. Déterminer l'écart d entre le rayon incident et le rayon émergent en fonction de n et $\sin i$.

2. Faire l'application numérique pour e = 4 mm, n = 1,5 et i = 50°.

3. Cette lame est-elle stigmatique ? Quel est son effet sur la vision d'un objet ?

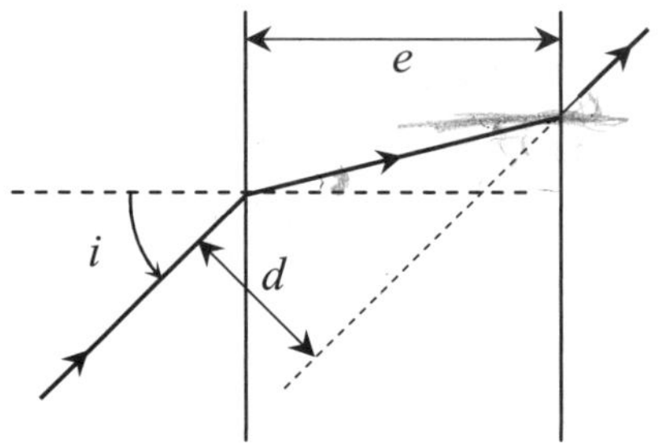

❑ Exercice 3.7. Fibre optique*

Les câbles à fibres optiques permettent la transmission à haut débit de tous types de signaux électromagnétiques, sur de longues distances avec très peu d'atténuation ; ceux-ci se propagent comme la lumière. Chaque câble comporte un grand nombre de fibres très fines.

Une fibre optique à saut d'indice peut être assimilée à un cylindre de révolution d'axe Oz, constitué d'un cœur, de rayon a (de l'ordre de 8 à 50 µm) et d'indice n_1, entouré d'une couche cylindrique, la gaine, d'épaisseur $b - a$ et d'indice $n_2 < n_1$.

Un rayon pénètre dans la fibre en O, par sa base, en faisant un angle θ avec l'axe Oz. Déterminer la condition sur θ pour que le rayon se propage dans le cœur de la fibre.

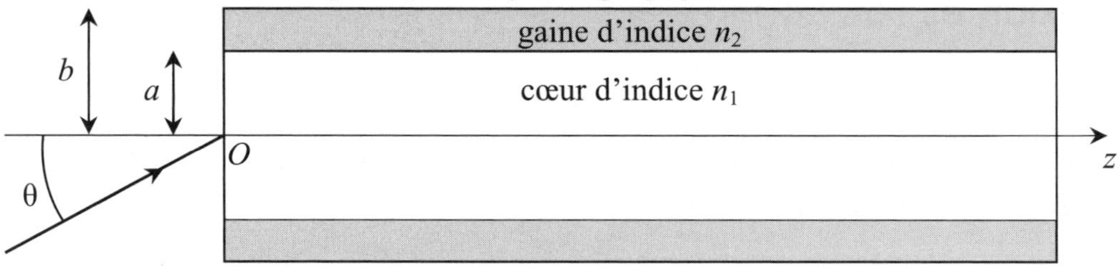

❑ Exercice 3.8 Construction de Descartes*

On considère un rayon lumineux passant d'un milieu d'indice $n_1 = 1{,}5$ (verre) à un milieu d'indice $n_2 = 1{,}0$ (air).

1.a) Faire un schéma du plan d'incidence, avec le milieu 1 en haut, et tracer le rayon incident. On note I le point d'intersection de ce rayon avec le dioptre.

b) Construire dans le milieu 2 deux demi-cercles de même centre I, l'un (C_1) de rayon proportionnel à n_1 et l'autre (C_2) de rayon proportionnel à n_2 (échelle au choix).

Soit J le point d'intersection du prolongement du rayon incident avec C_1 : à partir de J, on trace une droite Δ parallèle à la normale. On note alors K le point d'intersection de Δ avec C_2 : la droite (IK) obtenue donne la direction du rayon réfracté.

c) Construire le rayon réfracté selon cette méthode.

2. Démontrer, par des considérations géométriques, qu'on retrouve la loi de Snell-Descartes de la réfraction en utilisant cette construction.

3. Monter, à partir de cette construction, qu'il existe une valeur limite de i au-delà de laquelle il n'y a plus de rayon réfracté. Faire la construction de Descartes correspondante. Calculer cet angle et vérifier qu'on retrouve le résultat donné par les formules.

❑ Exercice 3.9. Thermomètre*

On considère un thermomètre à colonne de mercure, dont l'enveloppe est un cylindre en verre de rayon extérieur R et de rayon intérieur r.

Montrer qu'à partir d'une certaine valeur de $\frac{r}{R}$, un observateur voit le mercure comme s'il remplissait entièrement un cylindre de rayon R, c'est-à-dire que l'épaisseur du verre n'est plus visible. On pourra utiliser les points O, M, H et l'angle α. L'indice du verre est $n = 1{,}5$.

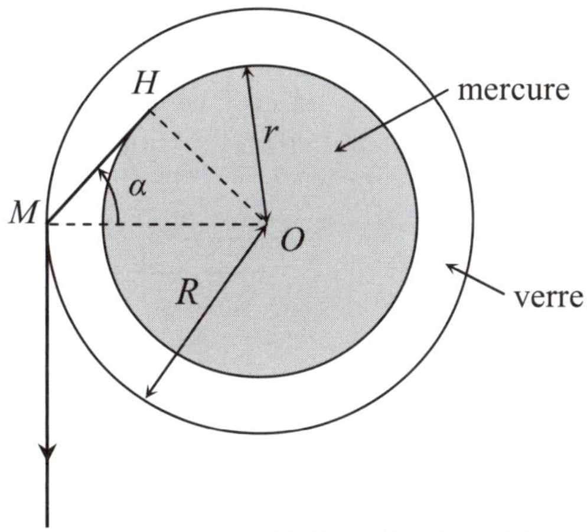

D'après Mines d'Albi, Alès, Douai, Nantes

■ Formation d'images par un système optique

❑ Exercice 3.10. Stigmatisme du dioptre plan*

Un dioptre plan sépare un milieu d'indice n_1 d'un milieu d'indice n_2. On considère rayon issu d'un point A, situé dans le milieu d'indice n_1, et d'angle d'incidence orienté i_1. On note A' l'intersection du rayon réfracté avec l'axe perpendiculaire au dioptre et passant par A.

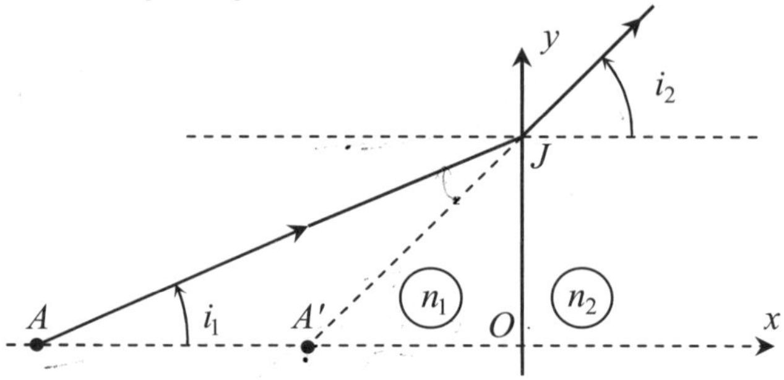

1. Exprimer $\overline{OA'}$ en fonction de $\overline{OA}$, $\sin i_1$, n_1 et n_2.

2. Le système est-il rigoureusement stigmatique ?

3. En utilisant une approximation, déterminer l'image du point objet A, puis d'un objet AB parallèle au dioptre.

❑ Exercice 3.11. Lentille demi-boule*

On considère une lentille en forme de demi-boule de rayon R et d'indice n, plongée dans l'air d'indice 1. Un faisceau lumineux cylindrique, de rayon a, arrive sous incidence normale sur la face plane de la lentille.

1. Un rayon donné de ce faisceau émerge en coupant l'axe optique en un point A'. Établir la relation donnant CA' en fonction de $R = CS$ et des angles i et r.

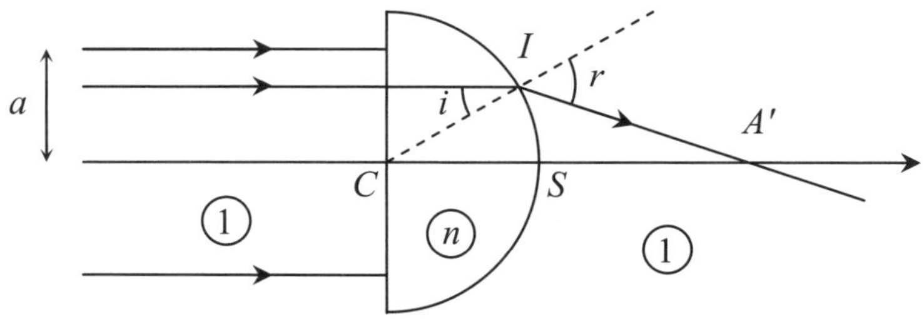

2. En déduire la limite CF' de CA' lorsqu'on se place dans l'approximation de Gauss (à définir). Quelle propriété de la lentille obtient-on ? Que représente le point F' ?

3. Quelle est la valeur limite a_0 du rayon du faisceau incident si l'on veut que tous les rayons ressortent de la lentille ? Faire l'application numérique pour $n = 1{,}5$ et $R = 5{,}0$ cm.

❑ Exercice 3.12. Jeux avec un ou deux miroirs**

On considère un miroir plan contenu dans le plan xOz et un objet ponctuel A placé sur l'axe Oy ($OA = a$). On cherche à déterminer l'image A' de A par le miroir.

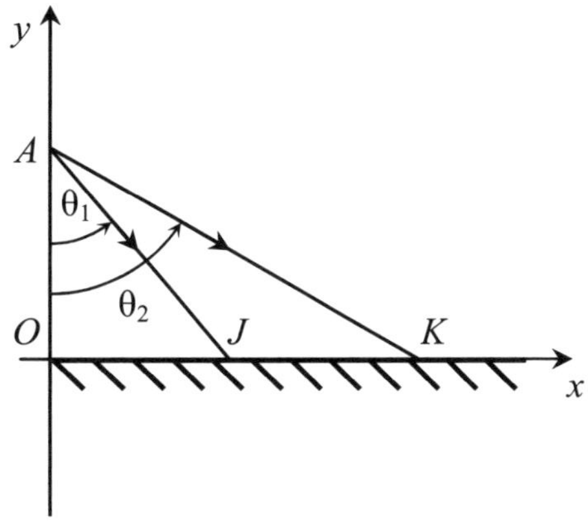

1. Construire les rayons réfléchis correspondant aux rayons incidents AJ et AK.

2. Établir les équations des droites des rayons réfléchis en fonction des tangentes des angles θ_1 et θ_2.

3. Déterminer les coordonnées du point d'intersection C de ces deux droites.

4. Quelle est l'image de A par le miroir ? En déduire une propriété caractéristique du miroir plan.

On place maintenant deux miroirs plans identiques, parallèles et distants de d. Un objet ponctuel A est placé entre les deux miroirs à la distance x de (m_1).
On note A_1 l'image de A par (m_1), puis A_2 l'image de A_1 par (m_2), etc.

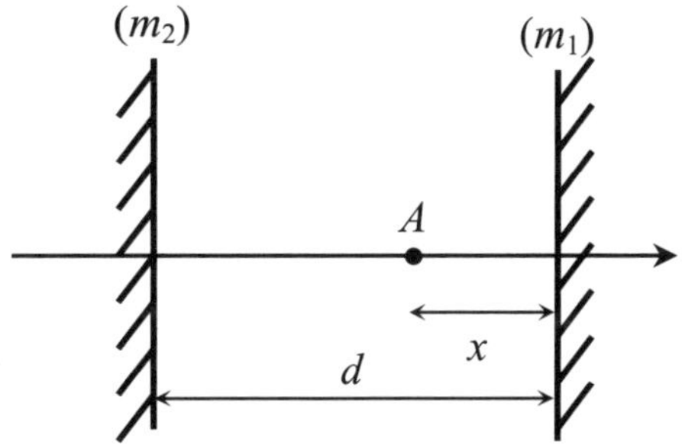

5. Déterminer, en fonction de x et d, les mesures algébriques $\overline{AA_1}$, $\overline{AA_2}$, $\overline{AA_3}$ et $\overline{AA_4}$.

6. En déduire $\overline{AA_n}$. Combien d'images peut-on observer ?

On place à présent les deux miroirs comme indiqué sur le schéma de telle façon qu'ils forment entre eux un angle $\alpha = 60°$.
On place un objet ponctuel A entre eux. On note A_1 l'image de A par (m_1), puis A_2 l'image de A_1 par (m_2), etc.

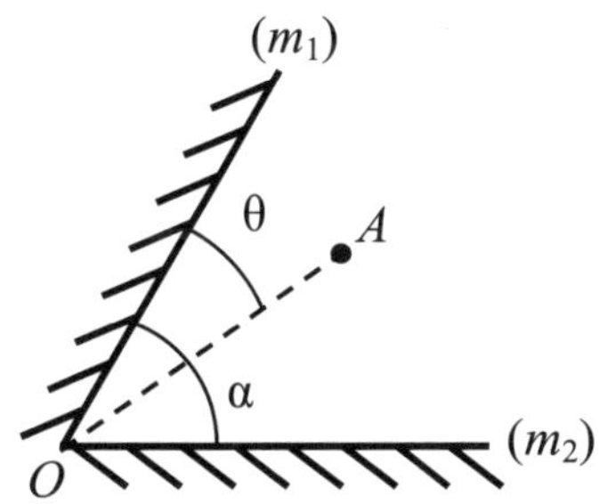

7. Construire les images A_1, A_2, A_3, A_4 et A_5.

8. Combien d'images peut-on observer ?

D'après Concours commun polytechnique

■ Prismes et systèmes équivalents

❑ Exercice 3.13. Conditions d'émergence*

Soit un rayon parvenant au point I sur la face d'entrée d'un prisme, d'angle A et d'indice n.

Il émerge par la face de sortie avec un angle i'. On note D l'angle mesurant la déviation entre le rayon incident et le rayon émergent. Le milieu extérieur est l'air d'indice 1.

On utilisera les notations du schéma ci-dessous.

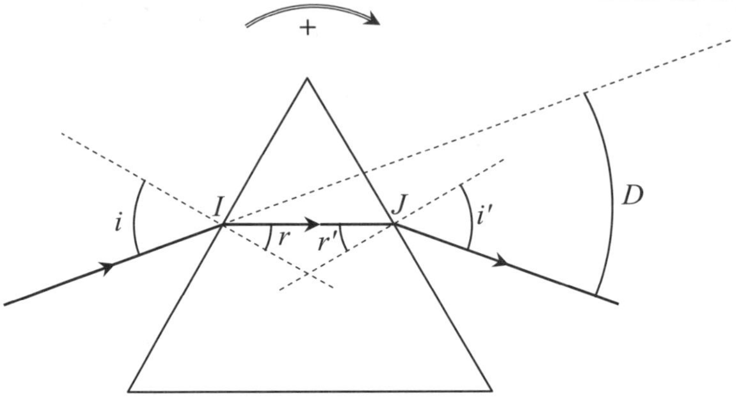

1. Montrer que l'existence du rayon émergent dépend d'une condition sur i.

2. Montrer que l'existence d'un rayon émergent impose aussi une condition sur A.

3. Pour un prisme d'indice $n = 1{,}5$, vérifier que l'angle $A = 60°$ convient. Déterminer alors numériquement l'encadrement de i.

❑ Exercice 3.14. Mesure de l'indice d'un prisme*

On reprend le prisme avec les notations de l'exercice précédent.

1. Établir une relation entre A, r et r', et exprimer D en fonction de i, i' et A.

2. On montre expérimentalement que D passe par un minimum unique D_{m}.

a) Justifier que ce minimum correspond à $i = i'$.

b) Exprimer D_{m} en fonction de i et A, puis en déduire l'indice n en fonction de D_{m} et A.

❑ Exercice 3.15. Arc-en-ciel* *

Lorsque le Soleil illumine un rideau de pluie, on peut admettre que chaque goutte d'eau se comporte comme une sphère réceptionnant un faisceau de rayons parallèles entre eux.

On recherche les conditions pour que la lumière émergente, issue d'une goutte d'eau, se présente sous forme d'un faisceau de lumière parallèle (c'est à cette condition que l'intensité lumineuse sera maximale, donc observable pour l'œil). Pour cela on fait intervenir l'angle de déviation D de la lumière à travers la goutte d'eau, mesuré entre le rayon émergent et le rayon incident. Cet angle de déviation D est une fonction de l'angle d'incidence i. On admettra que la condition de parallélisme des rayons émergents se traduit mathématiquement par $\dfrac{\mathrm{d}D}{\mathrm{d}i} = 0$.

1. Rappeler les lois de Descartes pour la réfraction d'un rayon lumineux passant de l'air (milieu d'indice unité) vers un milieu d'indice n. Exprimer la dérivée $\frac{\mathrm{d}r}{\mathrm{d}i}$ exclusivement en fonction de l'indice n et du sinus de l'angle d'incidence.

2. Une goutte d'eau quelconque, représentée par une sphère de centre O et de rayon R, est atteinte par la lumière solaire sous des incidences variables, comprises entre 0° et 90°. Son indice, pour une radiation donnée, sera noté n tandis que celui de l'air sera pris égal à l'unité.

Répondre aux questions a, b, c ci-après pour chacun des trois cas suivants :

– lumière directement transmise (figure 1) ;
– lumière transmise après une réflexion partielle à l'intérieur de la goutte (figure 2) ;
– lumière transmise après deux réflexions à l'intérieur de la goutte (figure 3).

a) Exprimer en fonction de l'angle d'incidence i ou de l'angle de réfraction r, tous les angles marqués de lettres grecques.

b) En déduire l'angle de déviation D propre à chaque cas, en fonction de i et de r.

c) Rechercher ensuite, si elle existe, une condition d'émergence d'un faisceau parallèle, exprimée par une relation entre le sinus de l'angle d'incidence et l'indice n de l'eau.

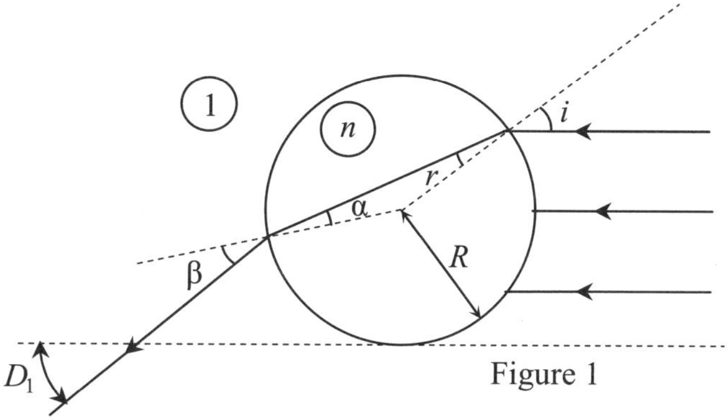

Figure 1

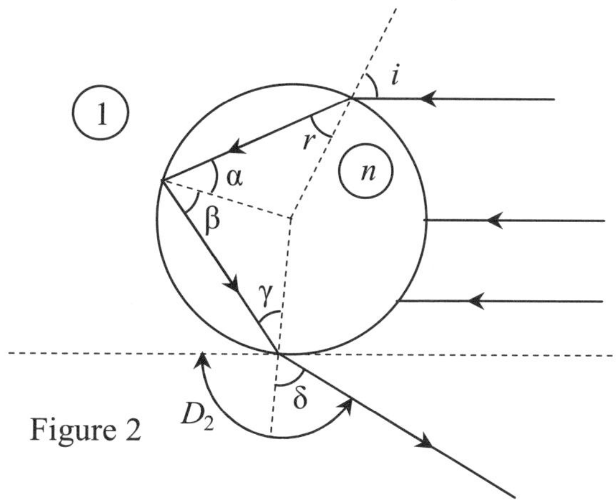

Figure 2

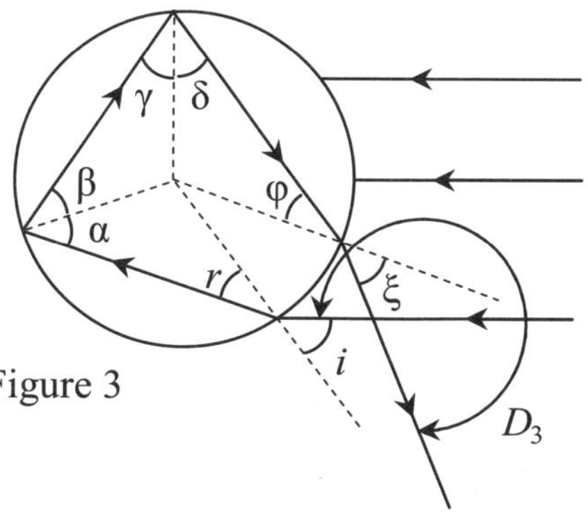

Figure 3

3. Le Soleil étant supposé très bas sur l'horizon, normal au dos d'un observateur, montrer que celui-ci ne pourra observer la lumière transmise que si la goutte d'eau se trouve sur deux cônes d'axes confondus avec la direction solaire et de demi-angles au sommet θ_2 et θ_3. Exprimer ces deux angles en fonction de D_2 et D_3.

4. Les angles θ_2 et θ_3 dépendant de l'indice n de l'eau, on observe un phénomène d'irisation dû au fait que cet indice évolue en fonction de la longueur d'onde. Calculer ces angles pour le rouge et le violet, sachant que pour le rouge l'indice vaut 1,3317 tandis que pour le violet il est égal à 1,3448.

5. En admettant que l'observateur se trouve face à un rideau de pluie, dessiner la figure qui apparaît dans son plan d'observation en notant la position respective des rouges et des violets.

■ Pour vous aider à démarrer

Exercice 3.3. Tous les termes d'une somme ont la même dimension, qui est aussi celle de la somme elle-même.
Exercice 3.6. Pour savoir si le système est rigoureusement stigmatique, il faut vérifier si tous les rayons issus d'un point A semblent venir d'un même point A' après avoir traversé la lame. Penser à utiliser le rayon non dévié.
Exercice 3.7. Pour que le rayon demeure dans la fibre, il faut qu'il y ait toujours réflexion totale au niveau du dioptre cœur-gaine.
Exercice 3.11. Faire apparaître le projeté H de I sur l'axe, et calculer séparément CH (facile) et HA' (plus difficile) pour en déduire $CA' = CH + HA'$.
Exercice 3.12. Utiliser les relations dans les triangles CAI et $CA'I$.
Exercice 3.13. La somme des trois angles d'un triangle vaut π.

Corrigé des vrai/faux

1.	2.	3.	4.	5.	6.	7.	8.	9.	10.	11.	12.
faux	vrai	faux	vrai	faux	vrai	vrai	faux	faux	vrai	faux	faux

1. La vitesse de la lumière est $v = \dfrac{c}{n}$ donc $v_{\text{eau}} < v_{\text{air}}$.

3. Cette longueur d'onde est bien supérieure à celles du visible (0,4 µm à 0,8 µm).

5. La lumière solaire peut être décomposée (à l'aide d'un prisme, par exemple) en une infinité de radiations de longueurs d'ondes différentes.

8. Une condition nécessaire (mais pas suffisante) pour observer une réflexion totale est que l'indice du premier milieu soit supérieur à celui du deuxième.

11. Seul le rayon confondu avec l'axe optique n'est pas dévié ; les autres sont déviés vers le foyer image principal.

❑ Les erreurs classiques

– Faire attention à l'unité d'angle utilisée dans les calculs (degrés ou radians).
– Les angles d'incidence, de réflexion et de réfraction sont mesurés à partir de la *normale* au dioptre, et non par rapport au dioptre lui-même.
– Bien vérifier l'homogénéité des formules ! Par exemple, une longueur ne peut être égale qu'à une autre longueur, mais en aucun cas à l'inverse d'une longueur, ou à un produit de deux longueurs…

Corrigé

Corrigé des exercices

Exercice 3.1

1. On applique la relation $f = \dfrac{c}{\lambda_0}$, ce qui donne pour $\lambda_0 = 0{,}40\ \mu\text{m}$, $\boxed{f = 7{,}5\times10^{14}\ \text{Hz}}$ et pour $\lambda_0 = 0{,}80\ \mu\text{m}$, $\boxed{f = 3{,}8\times10^{14}\ \text{Hz}}$.

2. La longueur d'onde est modifiée lorsque le rayon change de milieu.

a) $\lambda = \dfrac{\lambda_0}{n}$. Application numérique : $\boxed{0{,}31\ \mu\text{m}}$ et $\boxed{0{,}62\ \mu\text{m}}$.

b) $\lambda' = \dfrac{\lambda_0}{n'}$. Application numérique : $\boxed{0{,}27\ \mu\text{m}}$ et $\boxed{0{,}54\ \mu\text{m}}$.

Exercice 3.2

1. Cette lumière n'est pas rigoureusement monochromatique (ce qui n'est qu'un cas idéal), mais elle en est très proche, c'est-à-dire que l'intervalle de fréquences est extrêmement étroit autour de la valeur f donnée. (Et en tous cas, la lumière laser possède une monochromaticité beaucoup plus grande que n'importe quel autre type de lumière.)

2. On utilise la formule $\lambda_0 = \dfrac{c}{f}$. AN $\boxed{\lambda_0 = 0{,}63\ \mu\text{m}}$. La couleur perçue par l'œil humain est rouge (car le rouge couvre l'intervalle approximatif de 0,62 à 0,80 μm dans le vide).

3. La vitesse est $v = \dfrac{c}{n}$. AN $\boxed{v = 1{,}81\cdot10^{8}\ \text{m}\cdot\text{s}^{-1}}$. La longueur d'onde devient $\lambda = \dfrac{v}{f} = \dfrac{\lambda_0}{n}$.

AN $\boxed{\lambda_0 = 0{,}38\ \mu\text{m}}$. En revanche, la couleur, qui dépend de la fréquence, reste rouge.

Exercice 3.3

1. A est sans dimension, donc sans unité (comme n) et B a la dimension d'une longueur au carré ; il s'exprime donc en mètres carrés (m^2) dans le SI.

2. a) Il faut donc résoudre le système : $n_\text{r} = A + \dfrac{B}{\lambda_{0\,\text{r}}^2}\ (1)$ et $n_\text{v} = A + \dfrac{B}{\lambda_{0\,\text{v}}^2}\ (2)$.

On élimine A en effectuant la soustraction $(2)-(1)$, ce qui permet d'obtenir $\boxed{B = \dfrac{n_\text{v} - n_\text{r}}{1/\lambda_{0\,\text{v}}^2 - 1/\lambda_{0\,\text{v}}^2}}$.

AN $B = \dfrac{1{,}652 - 1{,}618}{\left(4{,}34\times10^{-7}\right)^{-2} - \left(7{,}68\times10^{-7}\right)^{-2}}$ soit $\boxed{B = 9{,}41\times10^{-15}\ \text{m}^2}$. On en déduit $\boxed{A = 1{,}602}$.

b) $n_\text{j} = 1{,}602 + \dfrac{9{,}41\times10^{-15}}{\left(5{,}89\times10^{-7}\right)^2}$ soit $\boxed{n_\text{j} = 1{,}629}$.

Exercice 3.4

Le rayon lumineux réfracté dans le verre aura un angle de réfraction r tel que $\sin i = n \sin r$, soit $r = \arcsin\left(\frac{\sin i}{n}\right)$. Or l'indice n dépend de la longueur d'onde dans le vide de la lumière incidente. Pour la lumière blanche, les valeurs extrêmes sont $\lambda_{0\text{v}} = 400$ nm (violet) et $\lambda_{0\text{r}} = 800$ nm (rouge). On a donc pour les indices correspondants $n_\text{v} = 1{,}530$ et $n_\text{r} = 1{,}511$.

Les angles de réfraction sont $r_\text{v} = \arcsin\left(\frac{\sin 40°}{1{,}530}\right) = 24{,}84°$ et $r_\text{r} = \arcsin\left(\frac{\sin 40°}{1{,}511}\right) = 25{,}17°$, ce qui représente un écart angulaire $\boxed{\Delta r = r_\text{r} - r_\text{v} = 0{,}33° = 20'}$.

➪ *Méthode 3.1*

Exercice 3.5

1. Il faut que l'angle i d'incidence du rayon soit inférieur à l'angle limite, soit $i \leq i_\text{lim} = \arcsin\left(\frac{1}{1{,}33}\right) = 48{,}8°$.

➪ *Méthode 3.1*

2. Un rayon pourra traverser le dioptre eau-air si son angle d'incidence est inférieur à l'angle limite calculé précédemment.
La zone cherchée sera donc un <u>disque</u> de rayon $\boxed{IH = d \tan i_\text{lim} = 2{,}85 \text{ m}}$.

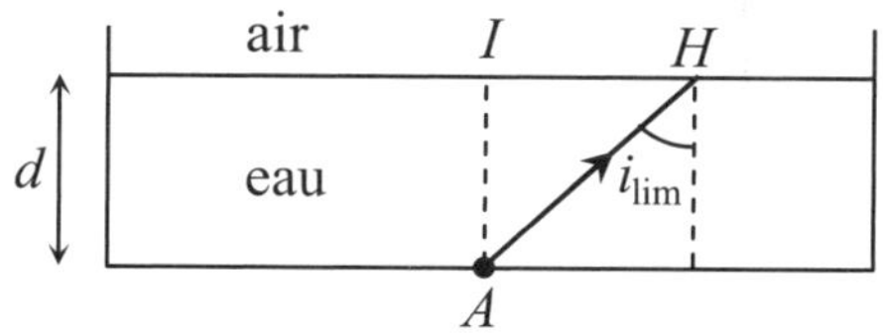

Exercice 3.6

1. Un peu de trigonométrie permet de résoudre ce problème. Il est conseillé de faire un schéma très clair et de nommer les points remarquables : O, I, J et K.

$$d = JK \cos i = (IK - IJ)\cos i = e(\tan i - \tan r)\cos i$$

$$= e\left[\frac{\sin i}{\sqrt{1-\sin^2 i}} - \frac{\sin r}{\sqrt{1-\sin^2 r}}\right]\sqrt{1-\sin^2 i}\,.$$

On utilise alors la loi de la réfraction : $\sin i = n \sin r$ d'où

$$\boxed{d = e \sin i\left[1 - \frac{\sqrt{1-\sin^2 i}}{\sqrt{n^2 - \sin^2 i}}\right]}.$$

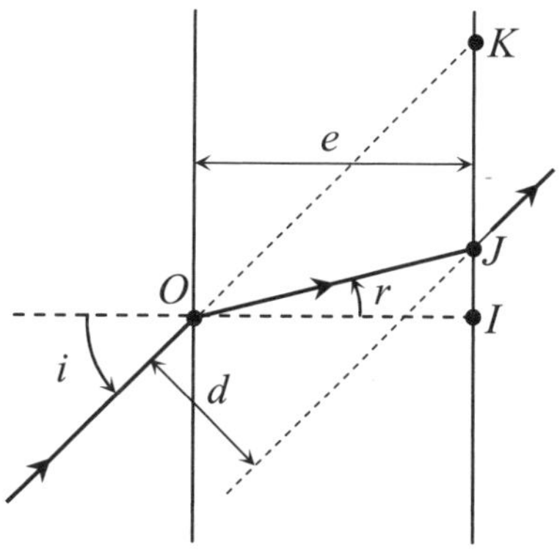

➪ *Méthode 3.3*

2. AN $\boxed{d = 1{,}54 \text{ mm}}$.

3. Cherchons l'image donnée par la lame d'un point A. Pour cela, on construit le trajet de deux rayons issus de A (on choisit l'un des deux orthogonal à la lame par commodité).
Tout d'abord, il faut vérifier le stigmatisme de la lame, c'est-à-dire vérifier que la position de A' ne dépend pas de l'inclinaison des rayons issus de A.
Ce n'est pas vrai de façon exacte, car la formule précédente dépend de i.

Corrigé

Mais pour i très faible : $\sin i \approx i << 1$ donc $d \approx ei\left[1-\frac{1}{n}\right]$. De plus $\sin i = \frac{d}{AA'} \approx i$ donc on trouve $AA' \approx \frac{d}{i} \approx e\left[1-\frac{1}{n}\right]$, qui est indépendant de i : la lame à face parallèle est stigmatique pour les angles faibles.
On constate alors que l'image A' est plus proche de la lame que A. La lame donne donc l'impression de rapprocher les objets.

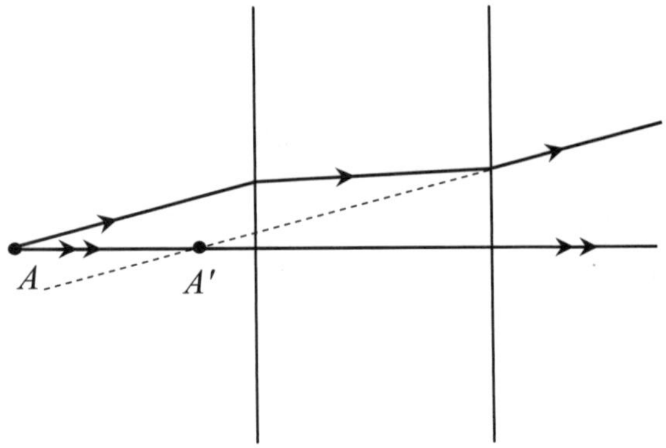

Exercice 3.7

Cette résolution nécessite de bien identifier ce qui se passe en chaque point utile. Pour que le rayon se propage dans le cœur de la fibre, il doit y avoir tout d'abord une réfraction en O (le rayon entrant dans le cœur) puis une réflexion totale en I et en tous les points analogues successifs : ainsi le rayon suivra une ligne brisée sans sortir du cœur.

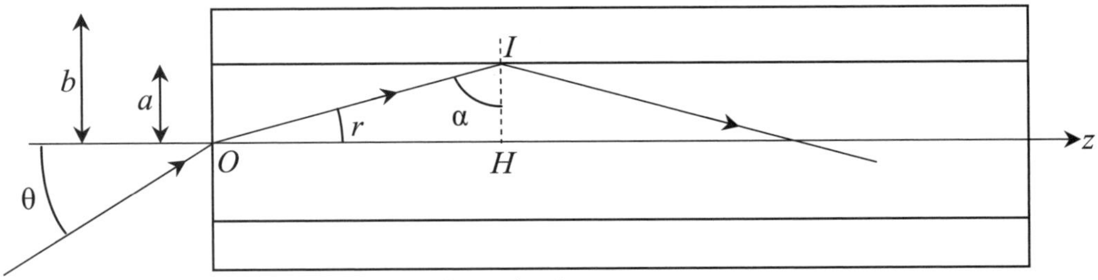

Donc $\sin\theta = n_1 \sin r$ (1) et $\alpha \geq \alpha_\ell = \arcsin\left(\frac{n_2}{n_1}\right)$ ou $\sin\alpha \geq \frac{n_2}{n_1}$ (2). D'autre part, la somme des angles dans le triangle OHI est égale à π : $\alpha + r + \frac{\pi}{2} = \pi$ donc $\alpha = \frac{\pi}{2} - r$ (3).

D'après (3), $\sin\alpha = \cos r$ et (2) peut donc s'écrire $\cos r \geq \frac{n_2}{n_1}$ ou $1-\sin^2 r \geq \left(\frac{n_2}{n_1}\right)^2$.

On utilise alors (1) et on obtient $1-\frac{\sin^2\theta}{n_1^2} \geq \left(\frac{n_2}{n_1}\right)^2$, soit $\boxed{\theta \leq \arcsin\left(\sqrt{n_1^2 - n_2^2}\right)}$.

Si l'angle θ vérifie cette condition, le rayon restera dans la fibre et sera guidé par elle.

⇨ *Méthode 3.1*

Exercice 3.8

1. a) b) c) Voir schéma.

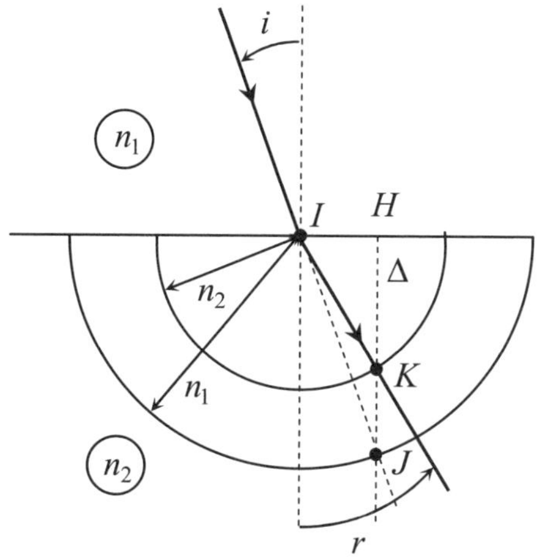

2. En notant H le projeté orthogonal de J (ou K) sur le dioptre, on peut écrire les relations trigonométriques :

$$\sin(i) = \frac{HI}{IJ} = \frac{HI}{n_1} \text{ et } \sin(r) = \frac{HI}{IK} = \frac{HI}{n_2}.$$

On en déduit donc que $HI = n_1 \sin(i) = n_2 \sin(r)$.

On retrouve bien la loi de la réfraction :

$$\boxed{n_1 \sin(i) = n_2 \sin(r)}.$$

➪ *Méthode 3.3*

3. L'angle limite d'incidence i_{lim} s'obtient pour $i_2 = \frac{\pi}{2}$ (ou 90°), on peut donc le déterminer graphiquement. Pour une valeur de i_1 supérieure à i_{lim}, il n'y a plus de point K donc on ne peut plus construire de rayon réfracté.

Dans le cas où un rayon lumineux passe du verre ($n_1 = 1{,}5$) à l'air ($n_2 = 1$), l'angle limite vaut $i_\ell = \arcsin\left(\frac{1}{1{,}5}\right) = 41{,}8°$. Pour $i_1 > 41{,}8°$ il y aura réflexion totale.

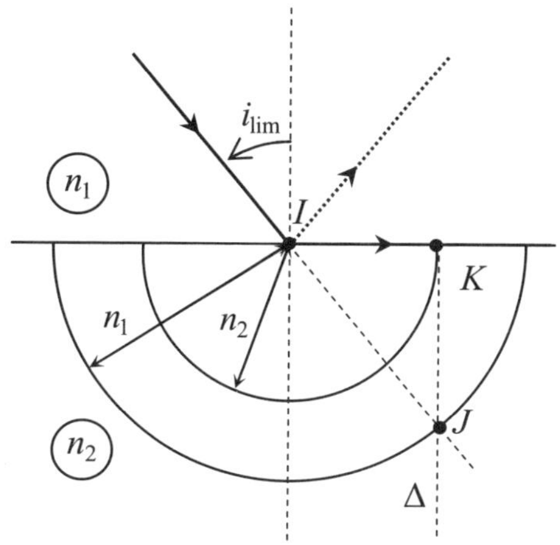

Exercice 3.9

Pour qu'on obtienne l'effet indiqué, un rayon issu de H (sur le bord du mercure) doit émerger en M à la limite de la réflexion totale, ce qui revient à dire $\sin\alpha \geq \sin\alpha_{\text{lim}} = \frac{1}{n}$.

Or $\sin\alpha = \frac{r}{R}$ (dans le triangle rectangle OHM), donc la condition s'écrit : $\boxed{\frac{r}{R} \geq \frac{1}{n} = 0{,}67}$.

Exercice 3.10

1. $\tan i_1 = \frac{\overline{OJ}}{\overline{AO}}$, $\tan i_2 = \frac{\overline{OJ}}{\overline{A'O}}$ et la loi de la réfraction en J s'écrit $n_1 \sin i_1 = n_2 \sin i_2$.

➪ *Méthode 3.3*

✎ *Ici on travaille avec des angles orientés, ce qui permet d'obtenir des mesures algébriques et pas seulement des distances. Mais il faut les orienter correctement !*

Corrigé

Ces trois relations entraînent que $\overline{OA'} = \overline{OA}\dfrac{\tan i_1}{\tan i_2} = \overline{OA} \times \dfrac{\sin i_1}{\cos i_1} \times \dfrac{\cos i_2}{\sin i_2}$.

Or $\cos i_1 = \sqrt{1-\sin^2 i_1}$, $n_1 \sin i_1 = n_2 \sin i_2$ et $\cos i_2 = \sqrt{1-\sin^2 i_2} = \sqrt{1-\left(\dfrac{n_1}{n_2}\right)^2 \sin^2 i_1}$, ce qui permet, après simplification, d'obtenir $\boxed{\overline{OA'} = \overline{OA}\,\dfrac{\sqrt{n_2^2 - n_1^2 \sin^2(i)}}{\sqrt{n_1^2 - n_1^2 \sin^2(i)}}}$.

2. La position de A' dépend de l'angle i_1, donc du rayon étudié. On ne peut donc pas dire que tous les rayons issus de A sembleront venir de A' après réflexion : le dioptre n'est pas un système rigoureusement stigmatique et A' n'est pas l'image de A.

3. Si i_1 est faible, c'est-à-dire si on ne considère que les rayons faiblement inclinés par rapport à (Ox), alors $\sin i_1 << 1$ d'où $\boxed{\overline{OA'} \approx \dfrac{n_2}{n_1}\overline{OA}}$. Cette relation ne dépend plus de i_1 donc A' est bien l'image de A dans ces conditions.

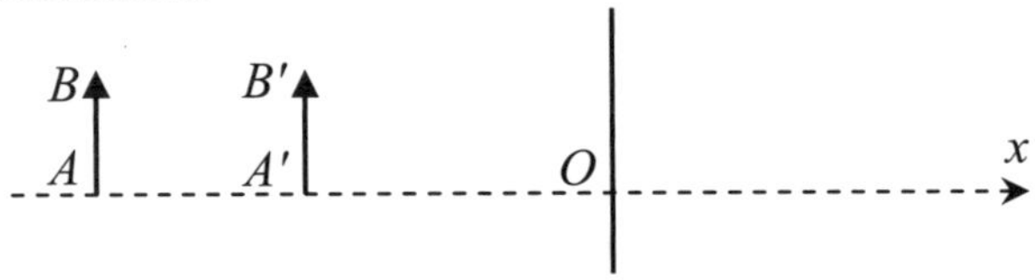

Cette relation étant valable pour tout point de l'objet AB, on en déduit que $A'B'$, image de AB par le dioptre, est également parallèle au dioptre et plus proche de ce dernier si $n_2 < n_1$ (mais plus éloignée si $n_2 > n_1$).

Exercice 3.11

1. On définit le point I, intersection entre le rayon incident et le dioptre sphérique, et le point H, projeté orthogonal de I sur l'axe, ce qui définit deux triangles rectangles.

Le rayon n'étant pas dévié par la face plane de la lentille (car il arrive selon la normale), on peut se contenter de considérer la réfraction au niveau de la face sphérique : $n \sin i = \sin r$.

$\overline{CA'} = \overline{CH} + \overline{HA'} = \dfrac{HI}{\tan i} + \dfrac{HI}{\tan(r-i)}$ et $HI = R \sin i$, donc $\boxed{\overline{CA'} = R\cos i + \dfrac{R \sin i}{\tan(r-i)}}$.

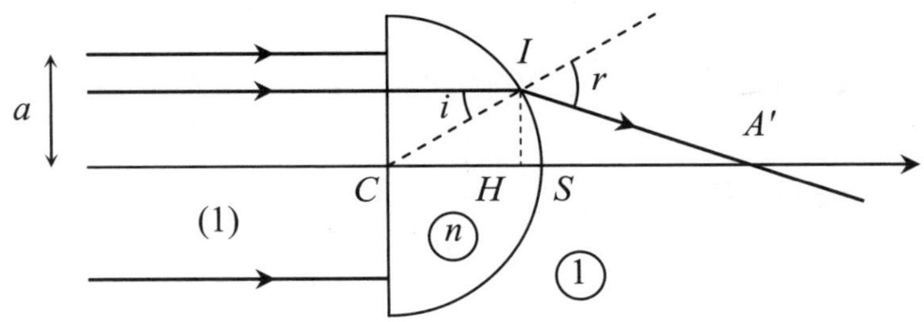

⇨ *Méthode 3.3*

2. L'approximation de Gauss consiste à se limiter à des <u>rayons paraxiaux</u>, ce qui permet d'écrire $\boxed{i << 1}$, d'où également $r << 1$. Alors $\sin i \approx \tan i \approx i$, donc la loi de Snell-Descartes devient $n\,i \approx r$; et $\cos i \approx 1$ d'où $\overline{CA'} \approx R + \dfrac{Ri}{r-i} \approx R + \dfrac{Ri}{ni-i}$ soit $\overline{CA'} \approx \boxed{\dfrac{nR}{n-1} = \overline{CF'}}$.

On a, dans ces conditions, une lentille <u>stigmatique</u> dont F' est le <u>foyer principal image</u>.

3. Pour qu'un rayon émergent existe, il faut que la loi de Snell-Descartes donne $\sin r \leq 1$ donc $\sin i \leq \dfrac{1}{n}$. Or $\sin i = \dfrac{a_0}{R}$, la condition est donc $\boxed{a_0 \leq \dfrac{R}{n} = 3{,}3 \text{ cm}}$.

Exercice 3.12

1. Voir schéma.

➪ *Méthode 3.5*

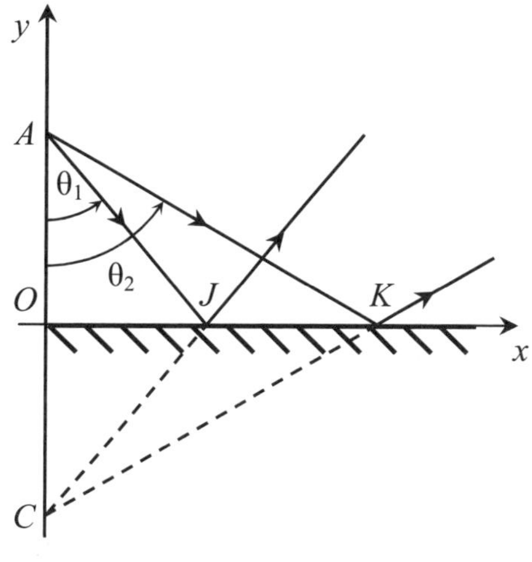

2. Le rayon (1) a pour pente $\dfrac{1}{\tan\theta_1}$. L'équation cherchée est donc de la forme $y_1 = \dfrac{x}{\tan\theta_1} + k$. On détermine la constante k en imposant que le point J appartienne à cette droite, soit $0 = \dfrac{OJ}{\tan\theta_1} + k$ et donc $k = -\dfrac{OJ}{\tan\theta_1} = -a$. L'équation de la droite du rayon réfléchi (1) est donc : $\boxed{y_1 = \dfrac{x}{\tan\theta_1} - a}$.

Pour le rayon (2), on utilise la même méthode en notant que sa pente est $\dfrac{1}{\tan\theta_2}$ et en utilisant le point K pour déterminer la constante. L'équation recherchée est alors $\boxed{y_2 = \dfrac{x}{\tan\theta_2} - a}$.

➪ *Méthode 3.3*

3. Pour déterminer le point d'intersection C, on cherche à résoudre l'équation $y_1 = y_2$.

Donc $\dfrac{x_C}{\tan\theta_1} - a = \dfrac{x_C}{\tan\theta_2} - a$ et , vu que $\tan\theta_1 \neq \tan\theta_2$, alors $\boxed{x_C = 0}$ et $\boxed{y_C = -a}$.

4. Les angles θ_1 et θ_2 étant quelconques, on peut en déduire que tous les rayons issus de A semblent venir de C après réflexion. C est donc l'image de A par le miroir.

Ceci n'est pas une approximation mais un résultat exact. Il y a donc <u>stigmatisme rigoureux du miroir</u>.

✎ *Le miroir plan est le seul système optique rigoureusement stigmatique.*

Corrigé

5.

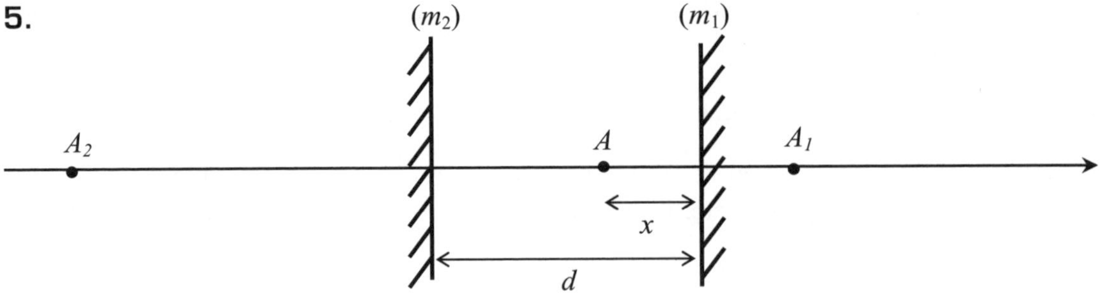

$\overline{AA_1} = 2x$; $\overline{AA_2} = \overline{AA_1} + \overline{A_1A_2} = 2x - 2(d+x) = -2d$;

$\overline{AA_3} = \overline{AA_2} + \overline{A_2A_3} = -2d + 2(2d+x) = 2d + 2x$;

$\overline{AA_4} = \overline{AA_3} + \overline{A_3A_4} = 2d + 2x - 2(3d+x) = -4d$.

⇨ *Méthode 3.5*

6. En continuant la suite, et par extrapolation, on obtient :

– si n est pair, $\overline{AA_n} = -nd$;

– si n est impair, $\overline{AA_n} = (n-1)d + 2x$.

On peut donc (en théorie) observer une infinité d'images.

7. Les images sont toutes situées sur un cercle de centre O et de rayon OA.
Voir schéma.

8. On constate que A_6 est confondue avec A.
On pourra donc observer six images distinctes.

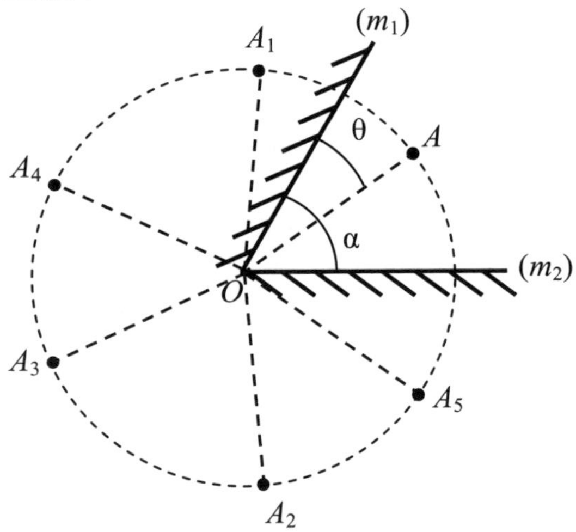

Exercice 3.13

1. On établit d'abord les quatre formules du prisme :

(1) $\sin i = n \sin r$ (réfraction en I) (2) $\sin i' = n \sin r'$ (réfraction en J)

(3) $A = r + r'$ (triangle IJK) (4) $D = i + i' - A$.

⇨ *Méthode 3.2*

La réfraction en I (air-verre) existe pour toute valeur de i. En revanche, en J elle est conditionnée à la valeur de r' : il faut que $r' \le r'_{\text{lim}} = \arcsin\left(\frac{1}{n}\right)$ pour que le rayon émerge en J et ne subisse pas de réflexion totale.

La relation (3) impose alors que $r \geq A - \arcsin\left(\frac{1}{n}\right)$ et la relation (1) donne alors : $\boxed{i \geq \arcsin\left[n\sin\left(A - \arcsin\left(\frac{1}{n}\right)\right)\right] = i_{\min}}$.

✎ *Les fonctions sinus et arcsinus sont croissantes entre* 0 *et* $\frac{\pi}{2}$, *donc une valeur minimale pour un angle correspond à une valeur minimale pour son sinus.*

2. D'après (1), $\sin r = \frac{\sin i}{n} \leq \frac{1}{n}$ donc $r \leq \arcsin\left(\frac{1}{n}\right)$.

Si on considère la condition sur r' : $r' \leq \arcsin\left(\frac{1}{n}\right)$ ainsi que la relation (3), on en déduit qu'il est impératif d'avoir $\boxed{A \leq 2\arcsin\left(\frac{1}{n}\right) = A_{\max}}$ pour que la lumière puisse émerger du prisme.

3. Pour $n = 1{,}5$, $\boxed{A_{\max} = 83{,}6°}$ donc la valeur $A = 60°$ convient.
La condition sur i est alors : $\boxed{27{,}9° \leq i \leq 90°}$.

Exercice 3.14

1. $A = r + r'$ et $D = i + i' - A$ (voir exercice précédent).

2. a) D'après la loi de retour inverse de la lumière, si on obtient une déviation minimale dans un sens pour un angle incident i, la déviation est aussi minimale dans l'autre sens, c'est-à-dire en inversant les rôles des rayons incident et émergent (donc des angles i et i'). Le minimum étant unique, on trouve nécessairement $i' = i$.

b) Les deux autres lois du prisme sont : $\sin i = n\sin r$ et $\sin i' = n\sin r'$. Si $i' = i$, alors $r' = r$.

Alors $D_{\mathrm{m}} = 2i - A$ d'où $i = \frac{A + D_{\mathrm{m}}}{2}$, et $r = \frac{A}{2}$. Or $n = \frac{\sin i}{\sin r}$, soit $\boxed{n = \frac{\sin\left(\frac{A + D_{\mathrm{m}}}{2}\right)}{\sin\left(\frac{A}{2}\right)}}$.

Exercice 3.15

1. Le rayon réfracté est dans le plan d'incidence et $\sin i = n\sin r$. Différentions cette expression :

$\cos i\,\mathrm{d}i = n\cos r\,\mathrm{d}r$, soit $\frac{\mathrm{d}r}{\mathrm{d}i} = \frac{\cos i}{n\cos r}$.

En utilisant la loi de la réfraction et la relation $\cos i = \sqrt{1 - \sin^2 i}$, on obtient : $\boxed{\frac{\mathrm{d}r}{\mathrm{d}i} = \sqrt{\frac{1 - \sin^2 i}{n^2 - \sin^2 i}}}$.

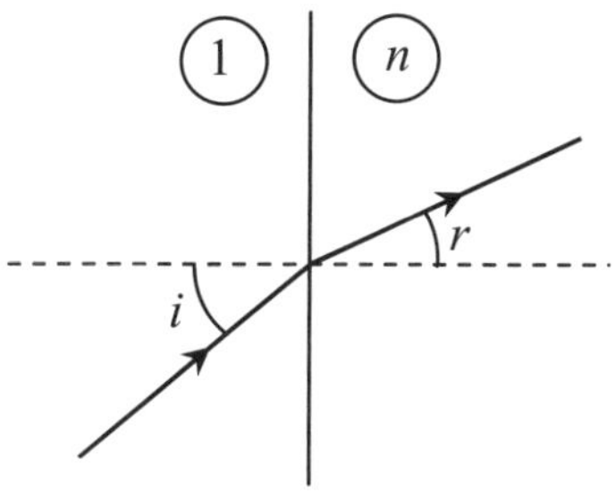

2. *Figure 1*

a) $\alpha = r$ et $\beta = i$.

b) $D_1 = 2(i - r)$.

⇨ *Méthode 3.2*

c) $\mathrm{d}D_1 = 2\mathrm{d}i - 2\mathrm{d}r$ et $\dfrac{\mathrm{d}D_1}{\mathrm{d}i} = 2\left(1 - \dfrac{\mathrm{d}r}{\mathrm{d}i}\right)$. La condition d'émergence d'un faisceau parallèle est $\dfrac{\mathrm{d}D_1}{\mathrm{d}i} = 0$, soit $\dfrac{\mathrm{d}r}{\mathrm{d}i} = 1$. Or, d'après le résultat de la question 1, $\dfrac{\mathrm{d}r}{\mathrm{d}i} = \sqrt{\dfrac{1 - \sin^2 i}{n^2 - \sin^2 i}}$, ce qui impose que $n^2 - \sin^2 i = 1 - \sin^2 i$, donc que $n = 1$. Cette solution triviale n'a pas d'intérêt (il faudrait que l'indice de l'eau soit le même que celui de l'air !). Il n'est donc pas possible d'observer le faisceau parallèle recherché dans ces conditions.

Figure 2

a) $\alpha = \beta = \gamma = r$ et $\delta = i$.

b) $D_2 = 2(i - r) + \pi - 2r$.

c) $\mathrm{d}D_2 = 2(\mathrm{d}i - \mathrm{d}r) - 2\mathrm{d}r = 2\mathrm{d}i - 4\mathrm{d}r$. La condition d'émergence du faisceau parallèle s'écrit $\dfrac{\mathrm{d}r}{\mathrm{d}i} = \dfrac{1}{2}$ et le résultat de la question 1 conduit à $n^2 - \sin^2 i = 4(1 - \sin^2 i)$, soit $\boxed{\sin^2 i = \dfrac{4 - n^2}{3}}$.

Figure 3

a) $\varphi = \delta = \gamma = \beta = \alpha = r$ et $\xi = i$.

b) $D_3 = 2(i - r) + 2(\pi - 2r)$.

c) $\mathrm{d}D_3 = 2(\mathrm{d}i - \mathrm{d}r) - 4\mathrm{d}r = 2\mathrm{d}i - 6\mathrm{d}r$ donc la condition recherchée s'écrit $\dfrac{\mathrm{d}r}{\mathrm{d}i} = \dfrac{1}{3}$, ce qui donne, en utilisant le résultat de la question 1 : $\boxed{\sin^2 i = \dfrac{9 - n^2}{8}}$.

3. D'après l'énoncé, l'observateur ne verra la lumière émergente que si la condition d'émergence d'un faisceau parallèle est vérifiée, ce qui correspond au schéma ci-contre.

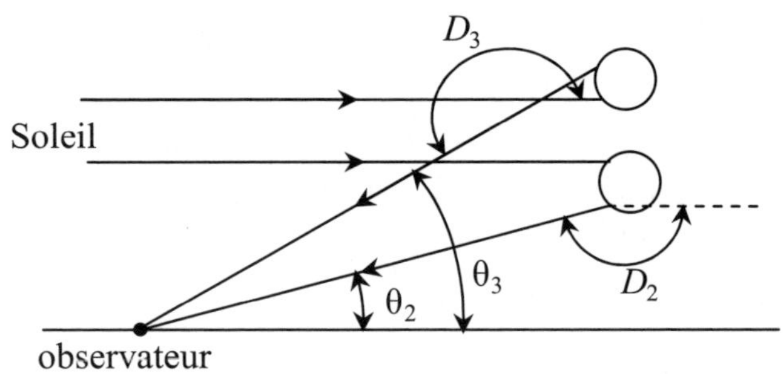

On constate les relations $\theta_2 = \pi - D_2$ et $\theta_3 = D_3 - \pi$.

Les gouttes devront donc être sur un cône centré sur l'observateur et d'axe parallèle aux rayons incidents.

On observera deux arcs : l'un dû à la simple réflexion de la lumière dans une goutte (cas de la figure 2) et l'autre dû à la double réflexion (cas de la figure 3).

4. Pour la simple réflexion : $\theta_2 = \pi - D_2$, avec $D_2 = 2(i-r) + \pi - 2r$, et $i = \arcsin\sqrt{\dfrac{4-n^2}{3}}$; quant à r, il se calcule par la relation $r = \arcsin\left(\dfrac{\sin i}{n}\right)$. Pour la double réflexion : $\theta_3 = D_3 - \pi$, avec $D_3 = 2(i-r) + 2(\pi - 2r)$, $i = \arcsin\sqrt{\dfrac{9-n^2}{8}}$ et toujours $r = \arcsin\left(\dfrac{\sin i}{n}\right)$.

Angle (en degrés)	i_2	r_2	D_2	θ_2	i_3	r_3	D_3	θ_3
Violet ($n = 1{,}3448$)	58,75	39,48	139,58	40,41	71,50	44,85	233,87	53,87
Rouge ($n = 1{,}3317$)	59,51	40,33	137,71	42,29	71,92	45,56	230,48	50,48

5. On constate que l'arc secondaire (obtenu par double réflexion) est au-dessus de l'arc primaire (obtenu par simple réflexion) et que les couleurs des deux arcs sont inversées.

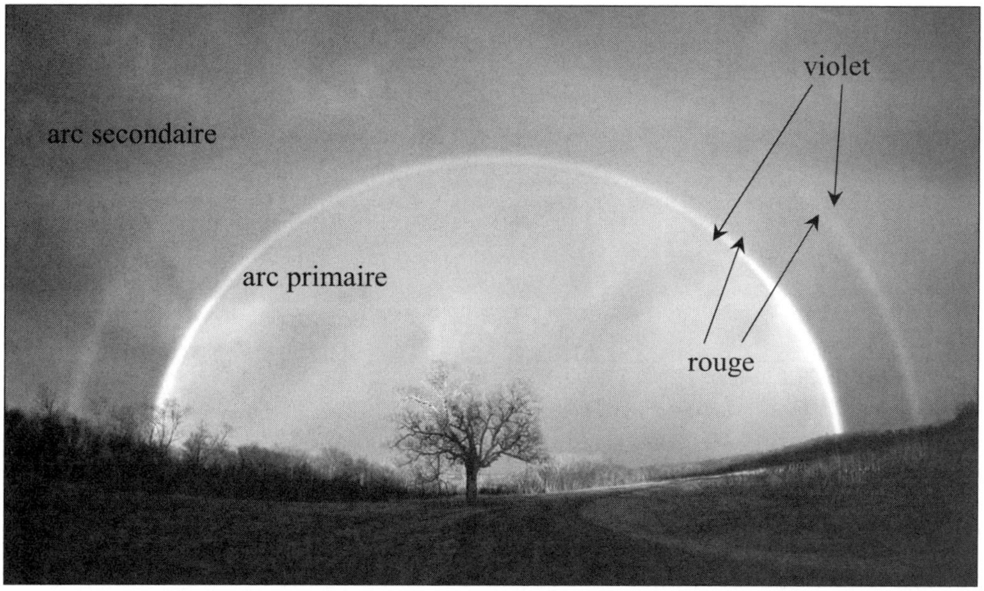

Chapitre 4
Lentilles minces

Qui a découvert la loi de réfraction de la lumière ? En 984, le mathématicien arabe **Ibn Sahl** explique, dans un ouvrage sur les miroirs ardents et les lentilles, schémas à l'appui, le lien entre l'angle d'incidence et celui de réfraction d'un rayon lumineux. Ses travaux restent totalement inconnus en Europe. Thomas **Harriot** découvre cette loi en 1602 mais il ne fait aucune publication. Cette loi est à nouveau énoncée en 1621 par le mathématicien hollandais Willebrord **Snell** qui, lui non plus, n'en fait pas état publiquement. En 1637, René **Descartes** publie son célèbre ouvrage *Discours de la méthode*, dans lequel il énonce les principes de la rationalité scientifique. On sait moins que cette œuvre est suivie de trois appendices, la *Dioptrique*, les *Météores* et la *Géométrie*. Dans le premier d'entre eux, un manuel d'optique, il énonce la loi de réfraction, sans connaître les travaux de ses prédécesseurs. Quelques années plus tard, Pierre de **Fermat** justifie cette loi par le principe du temps minimum de parcours.

René Descartes
1596-1650

■■ Objectifs

■ Ce qu'il faut connaître

- ▷ Les propriétés des lentilles convergentes et divergentes
- ▷ Les définitions de la distance focale et de la vergence d'une lentille
- ▷ La distance minimale pour former l'image d'un objet réel sur un écran
- ▷ Le modèle de l'œil et ses propriétés

■ Ce qu'il faut savoir faire

- ▷ Construire des rayons lumineux traversant une lentille
- ▷ Faire la construction géométrique d'une image
- ▷ Utiliser les formules de conjugaison et de grandissement de Descartes et de Newton
- ▷ Modéliser un instrument d'optique avec plusieurs lentilles
- ▷ En TP, former une image de bonne qualité et utiliser un viseur à frontale fixe ou une lunette autocollimatrice

Résumé de cours

Propriétés d'une lentille

Définition et classification

Une lentille est système optique centré constitué d'un milieu transparent homogène et isotrope, délimité par deux dioptres sphériques (ou un dioptre plan et un dioptre sphérique).
Les lentilles à bords minces sont **convergentes** ; celles à bords épais sont **divergentes**.
On se limitera aux lentilles minces (dont l'épaisseur est négligeable) utilisées dans les conditions de Gauss.

Lentilles convergentes — Lentilles divergentes

lentille biconvexe — lentille plan-convexe — ménisque convergent — lentille biconcave — lentille plan-concave — ménisque divergent

Caractéristiques d'une lentille mince

Une lentille mince possède :
- un centre optique O et un axe optique passant par O ;
- un foyer objet F sur l'axe optique, et un foyer image F' symétrique de F par rapport à O.

On note $f = \overline{OF}$ la **distance focale objet** et $f' = \overline{OF'}$ la **distance focale image** (appelée aussi simplement focale).

La **vergence** d'une lentille est $\boxed{V = \dfrac{1}{f'} = -\dfrac{1}{f}}$ et s'exprime en m^{-1} ou dioptries (δ).

V et f' sont positives pour une lentille convergente, négatives pour une lentille divergente.

Schématisation

Lentilles convergentes

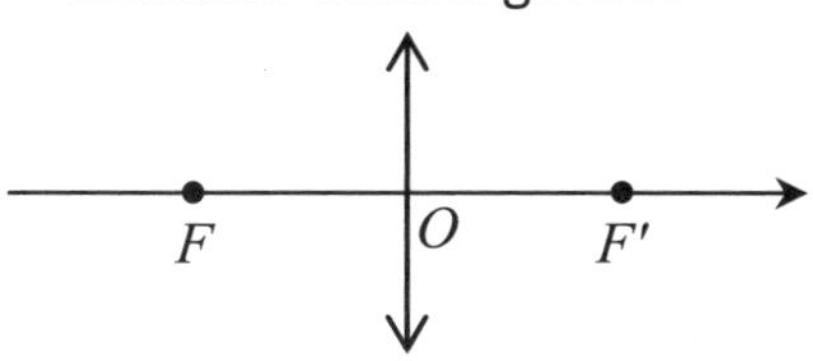

Lentilles divergentes

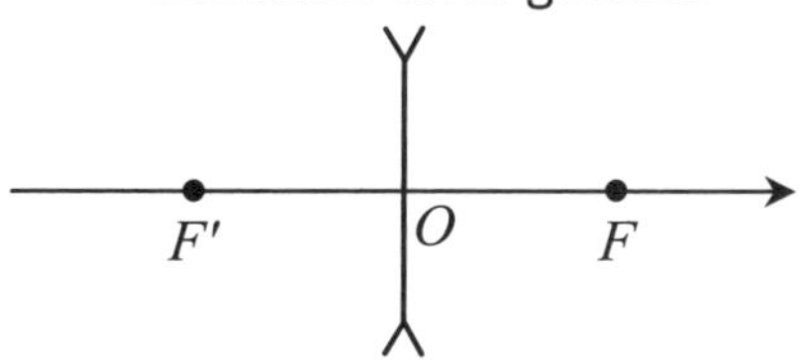

Par convention, la lumière se propage de la gauche vers la droite sur les schémas.

⇨ **Méthode 4.1. Construction d'un rayon particulier**
⇨ **Méthode 4.2. Construction d'un rayon quelconque**

■ Image donnée par une lentille

❑ Construction graphique

On représente un objet par un segment AB, orthogonal à l'axe, avec A sur l'axe et B au-dessus. On peut déterminer graphiquement les positions des images B' puis A' en traçant au moins deux rayons issus de B. Inversement, on peut aussi déterminer l'objet AB à partir de l'image $A'B'$.

⇨ **Méthode 4.3. Construction graphique d'une image ou d'un objet**

❑ Formules de conjugaison et de grandissement

L'image peut également être déterminée à partir de l'objet (ou inversement) par le calcul, à l'aide des formules de conjugaison (qui relient les positions de A et de A') et de grandissement (qui relient les tailles de AB et de $A'B'$).

Formules de Descartes

$$\boxed{\frac{1}{\overline{OA'}}-\frac{1}{\overline{OA}}=\frac{1}{\overline{OF'}} \quad \text{et} \quad \gamma=\frac{\overline{A'B'}}{\overline{AB}}=\frac{\overline{OA'}}{\overline{OA}}}.$$

Formules de Newton

$$\boxed{\overline{FA}\cdot\overline{F'A'}=-\overline{OF'}^2 \quad \text{et} \quad \gamma=\frac{\overline{A'B'}}{\overline{AB}}=\frac{\overline{FO}}{\overline{FA}}=\frac{\overline{F'A'}}{\overline{F'O}}}.$$

⇨ **Méthode 4.4. Détermination d'une image ou d'un objet avec les formules**

❑ Formation d'une image sur un écran

Pour former une image réelle sur un écran, à partir d'un objet réel :

- seule une lentille convergente peut convenir ;
- la distance D entre l'objet et l'écran doit vérifier $\boxed{D \geq 4f'}$.

⇨ **Méthode 4.5. Détermination de la distance minimale de projection**

❑ L'appareil photographique

L'objectif d'un appareil photographique peut être modélisé par une lentille mince convergente. L'image est recueillie sur un capteur situé derrière la lentille, à une distance régable.

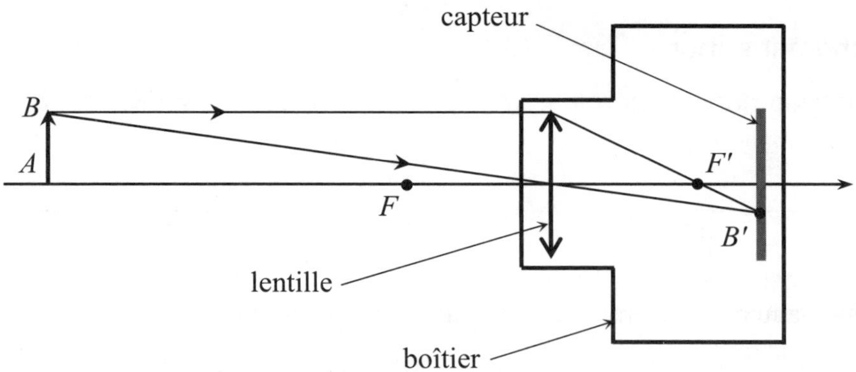

■ L'œil

❑ Description

Un œil humain, vu en coupe, a la structure ci-dessous.

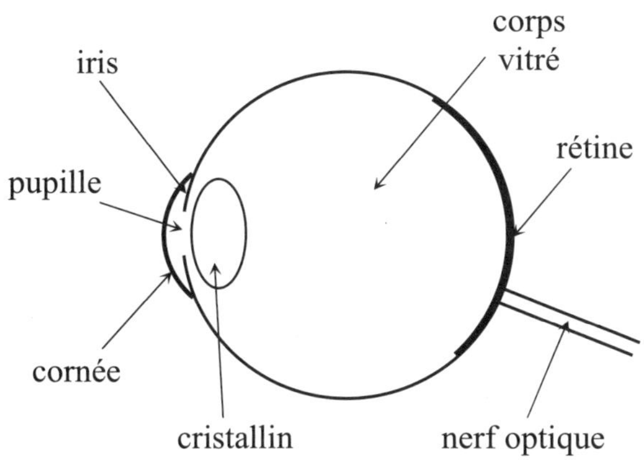

– L'iris (partie colorée), percé de la pupille de diamètre variable, permet de contrôler le flux lumineux pénétrant dans l'œil.

– Le cristallin constitue (avec la cornée) une lentille biconvexe dont la forme peut être modifiée par des muscles, ce qui fait varier sa focale.

– Le corps vitré est une substance fluide transparente.

– La rétine est tapissée de cellules réceptrices : c'est là que doit se former l'image (réelle). Ces cellules communiquent alors les informations au cerveau.

Deux points peuvent être vus distinctement si leur écart angulaire est supérieur à $\alpha_{min} = 3 \cdot 10^{-4}$ rad : leurs images se forment alors sur deux cellules distinctes de la rétine.

❑ Modélisation

On peut modéliser l'œil par une lentille convergente (cristallin) de distance focale réglable, et un écran (rétine), situés à une distance fixe l'un de l'autre (profondeur de l'œil).

❑ Fonctionnement de l'œil emmétrope

Œil au repos

Un œil **emmétrope** (sans défaut) est réglé, au repos, pour voir des objets à l'infini. L'image se forme sur la rétine et la profondeur de l'œil est alors égale à la focale du cristallin.

Le point que voit un œil au repos est le plus éloigné de l'œil, appelé **punctum remotum** (PR) : il est à l'infini pour un œil emmétrope.

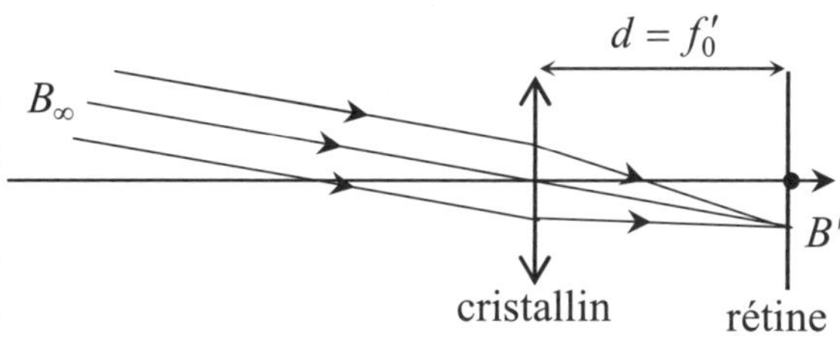

Accommodation

La distance cristallin-rétine est fixe, donc pour voir un objet proche l'œil doit diminuer sa focale, en utilisant les muscles associés au cristallin : ce processus est l'**accommodation**.

Lorsque l'œil est en accommodation maximale, le point visible est le plus proche de l'œil, appelé **punctum proximum** (PP).

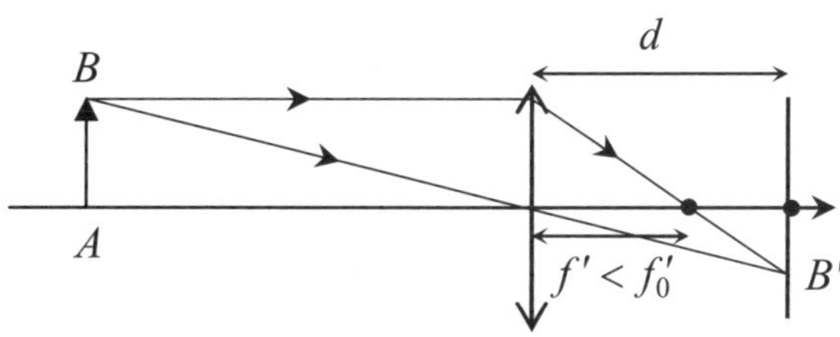

La distance entre un œil emmétrope et son PP est notée d_m et vaut conventionnellement 0,25 m.

L'intervalle entre le PP et le PR est appelé **plage d'accommodation**.

Associations de lentilles

Théorème des vergences

Dans le cas ou on associe deux lentilles de vergences V_1 et V_2 en les accolant, on obtient un système équivalent à une seule lentille de vergence V telle que $\boxed{V = V_1 + V_2}$.

⇨ **Méthode 4.6. Détermination de l'image donnée par une association**

Constitution et réglage d'un instrument d'observation

Les instruments d'optique dans lesquels l'œil observe directement (lunette, microscope…), sont généralement constitués :

– d'un **objectif**, que l'on peut modéliser comme une lentille convergente de grande focale, et dont le rôle est de donner de l'objet une image intermédiaire agrandie ;

– d'un **oculaire**, que l'on peut modéliser comme une lentille de courte focale, et qui permet de donner de l'image intermédiaire une image finale virtuelle et si possible à l'infini ;

– parfois d'un **réticule**, plaque transparente munie d'une croix ou de graduations, sur laquelle se forme l'image intermédiaire.

L'image finale doit être située entre le PP et le PR de l'œil qui observe ; pour une observation confortable, le réglage optimal consiste à placer l'image finale au PR (donc à l'infini pour un œil emmétrope) ; ce réglage se fait avec une vis faisant varier la distance oculaire-réticule.

Si la distance objectif-réticule est également réglable, on peut chosir d'observer des objets plus ou moins lointains.

Exemples d'instruments d'optique

Loupe

C'est l'instrument d'optique le plus simple : une lentille convergente pour laquelle on place l'objet entre son centre et son foyer objet. Un œil placé de l'autre côté observe donc une image virtuelle, droite et agrandie.

Si l'objet est placé sur le foyer objet de la loupe, l'image finale est à l'infini (cas idéal).

Oculaire

C'est une loupe perfectionnée constituée d'un doublet de lentilles convergentes coaxiales et séparées par une distance d. L'ensemble se comporte comme une unique lentille convergente.

L'intérêt est d'obtenir une loupe plus puissante et une image de meilleure qualité.

Lunette astronomique

La lunette astronomique est destinée à observer des objets lointains (à l'infini).

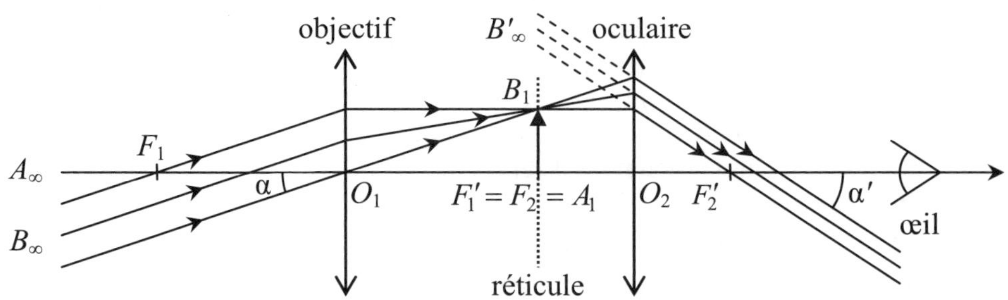

L'objectif donne de l'objet AB une image intermédiaire A_1B_1, qui doit se former sur le réticule : celui-ci doit donc se trouver en F_1'. En pratique, on règle l'objectif de façon à voir l'image et le réticule nets simultanément.
L'oculaire donne ensuite de A_1B_1 une image finale $A'B'$, qui doit être à l'infini : l'image intermédiaire est alors en F_2. En pratique, on règle l'oculaire de façon à observer sans fatigue, ce qui correspond à une image à l'infini pour un œil normal.
Donc F_2 coïncide avec F_1' et la lunette est *afocale*.

Lunette terrestre

Dans le cas de la lunette terrestre, l'oculaire est une lentille divergente. Cela a pour conséquence de diminuer son encombrement et d'obtenir une image finale droite.

Viseur à frontale fixe

Il s'agit d'une lunette réglée pour observer des objets à distance finie (notamment des images virtuelles données par un autre instrument). La distance objectif-réticule, plus grande que dans le cas de la lunette afocale, est fixe, donc la distance objet-objectif est également fixe.
Sur un banc optique, viser un objet consiste à déplacer le viseur sur le banc jusqu'à observer une image nette sur le réticule. On peut alors en déduire la position de l'objet.

■■ Méthodes

■ Comment construire graphiquement des rayons lumineux ?

❑ Méthode 4.1. Construction d'un rayon particulier

Il existe trois rayons particuliers : les règles suivantes permettent de construire immédiatement le rayon émergent à partir du rayon incident, ou l'inverse.
1) Un rayon incident passant par le centre optique O n'est pas dévié.
2) Si le rayon incident est parallèle à l'axe optique, le support du rayon émergent passe par le foyer image F'.
3) Si le support du rayon incident passe par le foyer objet F, le rayon émergent est parallèle à l'axe.

⇨ **Exercices 4.1, 4.2, 4.3, 4.8, 4.9, 4.11**

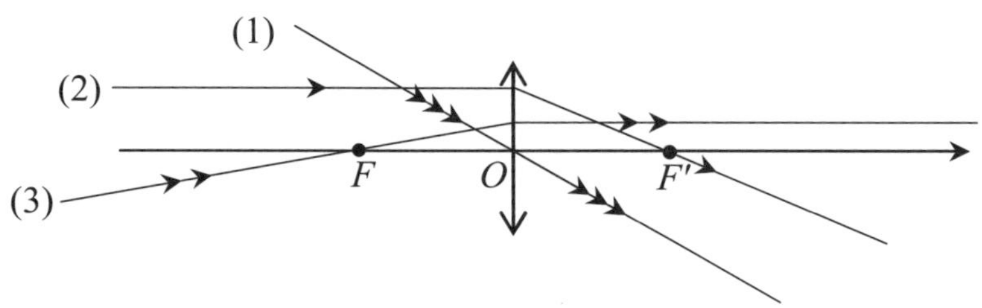

❑ Méthode 4.2. Construction d'un rayon quelconque

Dans le cas d'un rayon quelconque, on peut procéder de deux façons symétriques.
– On choisit l'un des rayons incidents particuliers, parallèle au rayon incident étudié (deux possibilités : celui passant par O ou celui passant par F), et on trace son rayon émergent. Alors ce rayon émergent et celui que l'on cherche se coupent dans le plan focal image.
– On peut aussi choisir l'un des rayons incidents particuliers coupant le rayon incident étudié dans le plan focal objet (deux possibilités également : celui passant par O ou celui parallèle à l'axe), et tracer son rayon émergent. Alors ce rayon émergent et celui que l'on cherche sont parallèles entre eux.

⇨ **Exercice 4.1, 4.8, 4.9, 4.17, 4.19**

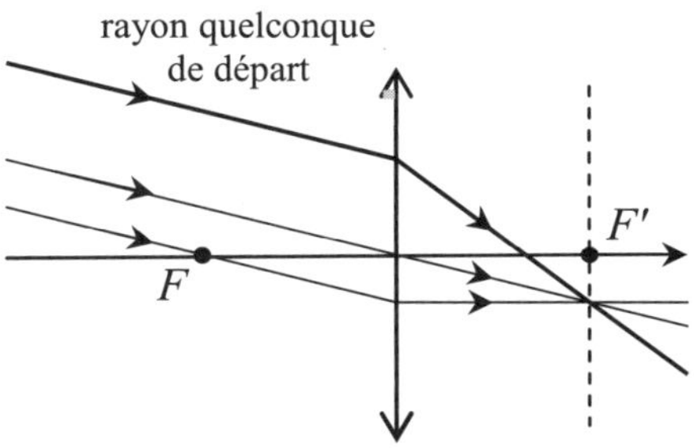

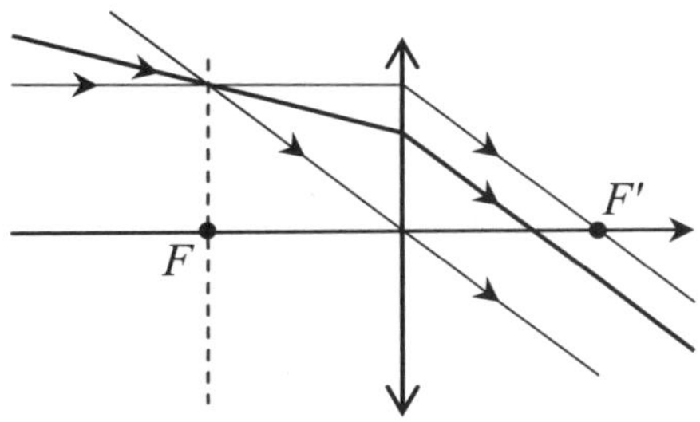

■ Comment déterminer l'image d'un objet par une lentille ?

❑ Méthode 4.3. Construction graphique d'une image ou d'un objet

L'objet AB est orthogonal à l'axe, A étant sur l'axe. On cherche l'image $A'B'$. Celle-ci est également orthogonale à l'axe (par aplanétisme de la lentille) et A' est sur l'axe (puisque celui-ci correspond à un rayon particulier).

– On choisit au moins deux rayons incidents particuliers dont les supports passent par B, et on trace les rayons émergents correspondants.

– L'intersection des supports de ces rayons émergents donne B'.

– On projette alors B' orthogonalement sur l'axe pour obtenir A'.

De façon inverse, on peut ainsi obtenir l'objet AB à partir de l'image $A'B'$.

⇨ Exercices 4.2, 4.3, 4.8, 4.11, 4.13, 4.17, 4.19

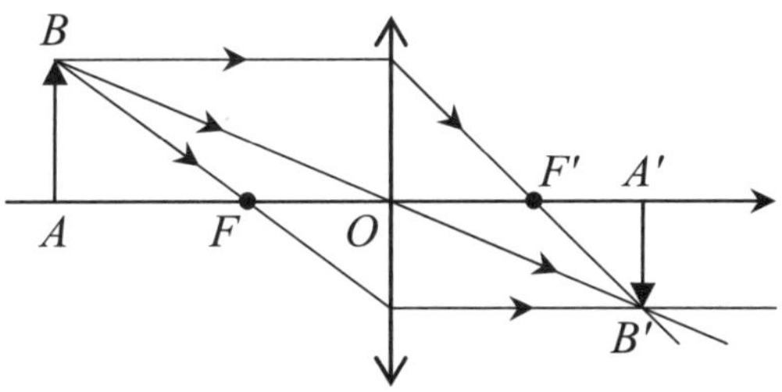

Lentille convergente,
objet réel (avant F), image réelle

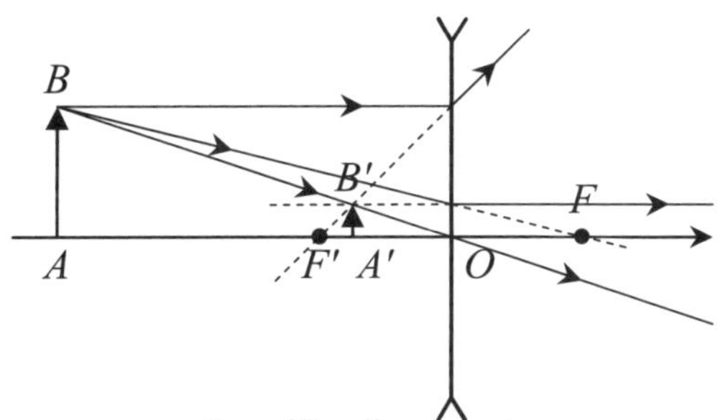

Lentille divergente,
objet réel, image virtuelle

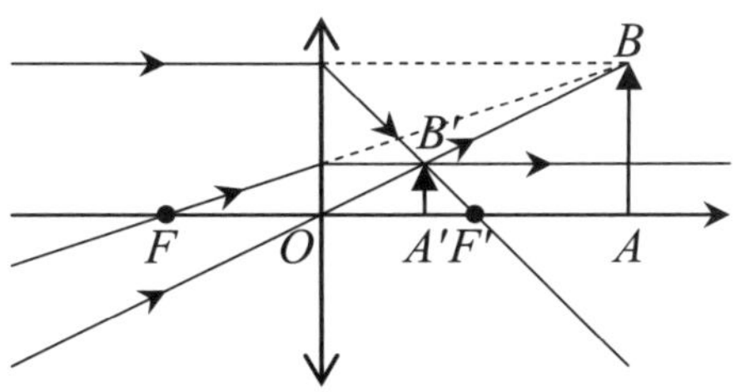

Lentille convergente,
objet virtuel, image réelle

Méthodes

❑ Méthode 4.4. Détermination d'une image ou d'un objet avec les formules

> On peut déterminer la position et la taille de l'image en utilisant les formules de Newton ou de Descartes :
> – une formule de conjugaison donne la position de A' (sur l'axe) ;
> – une formule de grandissement donne la taille de $A'B'$ à partir de sa position.
> Il faut cependant faire attention :
> – à l'origine utilisée pour les positions (centre optique dans les formules de Descartes, foyers dans les formules de Newton) ;
> – à bien utiliser des *mesures algébriques* et non des distances.

⇨ **Exercices 4.3, 4.4, 4.6, 4.11 à 4.17, 4.19**

Exemple : quelle est l'image d'un objet AB haut de 2,0 cm, placé 80 cm avant une lentille mince convergente, de focale $f' = 20$ cm ?

Les données sont, en mesures algébriques : $\overline{OA} = -80$ cm (objet réel), $\overline{OF'} = +20$ cm et $\overline{AB} = +2{,}0$ cm (si toutes les longueurs sont en centimètres, il n'est pas nécessaire de les convertir en mètres).

Formule de Descartes : $\dfrac{1}{\overline{OA'}} - \dfrac{1}{\overline{OA}} = \dfrac{1}{\overline{OF'}}$ d'où $\dfrac{1}{\overline{OA'}} = \dfrac{1}{\overline{OA}} + \dfrac{1}{\overline{OF'}} = \dfrac{\overline{OA} + \overline{OF'}}{\overline{OA} \cdot \overline{OF'}}$ soit $\overline{OA'} = \dfrac{\overline{OA} \cdot \overline{OF'}}{\overline{OA} + \overline{OF'}}$. Application numérique : $\boxed{\overline{OA'} = +27 \text{ cm}}$ (image réelle).

La formule de grandissement donne alors la taille de l'image : $\overline{A'B'} = \dfrac{\overline{OA'}}{\overline{OA}} \cdot \overline{AB}$.

AN $\boxed{\overline{A'B'} = -0{,}67 \text{ cm}}$ (image renversée et rétrécie).

❑ Méthode 4.5. Détermination de la distance minimale de projection

> La distance D entre un objet réel et l'écran où on veut former son image étant fixée, utiliser l'un des formules de conjugaison pour déterminer l'endroit où il faut placer la lentille (convergente). Le calcul montre alors que la condition pour qu'il y ait des solutions est $D \geq 4f'$.

⇨ **Exercice 4.6**

A et A' sont fixés, tels que $\overline{AA'} = D$, et on cherche où placer la lentille, donc le point O : on peut donc prendre comme inconnue $x = \overline{OA}$.

Formule de Descartes : $\dfrac{1}{x'} - \dfrac{1}{x} = \dfrac{1}{f'}$ avec $x' = \overline{OA'} = \overline{OA} + \overline{AA'} = x + D$, donc $\dfrac{1}{x+D} - \dfrac{1}{x} = \dfrac{1}{f'}$ d'où l'équation du second degré $x^2 + Dx + Df' = 0$. Discriminant : $\Delta = D^2 - 4Df'$.

Si $\Delta > 0$, soit $\boxed{D > 4f'}$, il y a deux solutions distinctes (soit deux positions possibles de la lentille) : $x = \dfrac{-D \pm \sqrt{D^2 - 4Df'}}{2}$.

Le cas limite théorique $\Delta = 0$, soit $D = 4f'$, est celui où les deux positions sont confondues.

Si $D < 4f'$, il n'y a aucune solution : <u>il est impossible de former une image réelle d'un objet réel si la distance objet - écran est trop petite (moins de 4 fois la focale)</u>.

■ Comment traiter l'association de deux lentilles ?

❑ Méthode 4.6. Détermination de l'image donnée par une association

Considérons l'association coaxiale de deux lentilles L_1 (O_1, f_1') et L_2 (O_2, f_2').

– Si les lentilles sont séparées, la lentille L_1 donne d'un objet AB une image intermédiaire A_1B_1, qui sert alors d'objet à la lentille L_2 qui en donne une image finale $A'B'$. Le grandissement global est alors $\dfrac{\overline{A'B'}}{\overline{AB}} = \dfrac{\overline{A'B'}}{\overline{A_1B_1}} \times \dfrac{\overline{A_1B_1}}{\overline{AB}}$ soit $\gamma = \gamma_1 \times \gamma_2$.

Le choix d'utiliser les formules de Newton ou celles de Descartes se fera en fonction de la situation particulière et des notations de l'énoncé : si par exemple des positions sont définies par rapport aux foyers, ou encore si F_1' est confondu avec F_2, il faudra plutôt utiliser les formules de Newton.

– Si les lentilles sont *accolées*, alors $O_1 \approx O_2$ et l'association est équivalente à une lentille *unique* de centre $O = O_1 = O_2$ et de focale f' telle que $\dfrac{1}{f'} = \dfrac{1}{f_1'} + \dfrac{1}{f_2'}$. Cela revient à dire que la lentille équivalente a une vergence $V = V_1 + V_2$.

➪ **Exercices 4.8, 4.15, 4.17, 4.19**

– Considérons un système optique *afocal* constitué d'un objectif L_1 convergent, de centre O_1 et de focale $f_1' = 20$ cm, et d'un oculaire divergent L_2 de centre O_2 et de focale f_2', avec $O_1O_2 = 15$ cm. On pointe un objet AB de 2 cm situé à 30 cm devant l'objectif. On cherche à calculer $\overline{O_2A'}$ puis $\overline{A'B'}$, position et taille de son image finale.

Nommons les images successives : $AB \xrightarrow{L_1} A_1B_1 \xrightarrow{L_2} A'B'$

On applique deux fois la formule de Newton : $\overline{F_1A} \cdot \overline{F_1'A_1} = -f_1'^2$ et $\overline{F_2A_1} \cdot \overline{F_2'A'} = -f_2'^2$.

Le système étant afocal, l'image d'un point à l'infini sur l'axe par ce système est à l'infini sur l'axe. Or l'image d'un point à l'infini sur l'axe par L_1 est F_1' et le point dont L_2 donne une image à l'infini sur l'axe est F_2. Il en résulte que $F_1' = F_2$.

On peut alors éliminer $\overline{F_1'A_1} = \overline{F_2A_1}$ entre ces deux formules, d'où $\overline{F_2'A'} = \dfrac{f_2'^2}{f_1'^2}\overline{F_1A}$ et finalement

$\boxed{\overline{O_2A'} = f_2' + \dfrac{f_2'^2}{f_1'^2}\left(f_1' + \overline{O_1A}\right)}$. AN $\boxed{\overline{O_2A'} = -5{,}6\text{ cm}}$.

Le fait que l'on demande de calculer $\overline{O_2A'}$ pourrait inciter au départ à utiliser plutôt la formule de conjugaison de Descartes, mais le calcul littéral est alors très lourd. Le bon choix est celui de la formule de Newton : les calculs se simplifient immédiatement du fait que $F_1' = F_2$.

On utilise ensuite la formule de grandissement : $\gamma_1 = \dfrac{\overline{F_1'A_1}}{\overline{F_1'O}}$ et $\gamma_2 = \dfrac{\overline{F_2O}}{\overline{F_2A_1}}$ donc $\gamma = \dfrac{\overline{F_1'A_1}}{\overline{F_1'O}} \cdot \dfrac{\overline{F_2O}}{\overline{F_2A_1}}$

avec $F_1' = F_2$, soit $\boxed{\gamma = \dfrac{\overline{F_2O}}{\overline{F_1'O}} = -\dfrac{f_2'}{f_1'} = 0{,}25}$ (qui se trouve être le même pour toute position de l'objet). On obtient donc $\boxed{\overline{A'B'} = 0{,}5\text{ cm}}$.

– Supposons maintenant qu'on accole une lentille mince convergente de focale $f_1' = 50$ cm (soit $V_1 = +2{,}0\ \delta$) et une lentille mince divergente de focale $f_2' = -25$ cm (soit $V_2 = -4{,}0\ \delta$).

Gardons les mêmes notations : $AB \xrightarrow{L_1} A_1B_1 \xrightarrow{L_2} A'B'$

On applique deux fois la formule de Descartes : $\dfrac{1}{\overline{O_1A_1}} - \dfrac{1}{\overline{O_1A}} = \dfrac{1}{\overline{O_1F_1'}} = V_1$ et $\dfrac{1}{\overline{O_2A'}} - \dfrac{1}{\overline{O_2A_1}} = V_2$.

Or $O_1 \approx O_2$, noté O, donc en additionnant membre à membre on obtient : $\dfrac{1}{\overline{OA'}} - \dfrac{1}{\overline{OA}} = V_1 + V_2$.

Cette association est donc équivalente à une lentille unique de vergence $V = V_1 + V_2 = -2{,}0\ \delta$ donc de focale $f' = -50$ cm : elle est divergente.

L'image qu'elle donne d'un objet peut alors être déterminée par une construction ou par le calcul en considérant cette lentille unique, avec les méthodes vues précédemment.

Vrai/Faux

		Vrai	Faux
1.	Le foyer principal image d'une lentille mince est l'image par cette lentille d'un objet situé à l'infini.	☐	☐
2.	L'image du foyer principal objet d'une lentille mince est le foyer principal image.	☐	☐
3.	Le foyer principal image F' d'une lentille divergente est situé avant la lentille.	☐	☐
4.	Une lentille biconcave est convergente.	☐	☐
5.	Une lentille divergente a une vergence négative.	☐	☐
6.	L'image d'un objet réel par une lentille divergente est toujours virtuelle.	☐	☐
7.	Un grandissement négatif indique que l'image est plus grande que l'objet.	☐	☐
8.	Deux lentilles minces accolées, de focales f_1' et f_2', sont équivalentes à une seule lentille mince de focale $f' = f_1' + f_2'$.	☐	☐
9.	Le *punctum remotum* d'un œil emmétrope est situé à l'infini.	☐	☐
10.	Une lunette astronomique afocale donne une image à l'infini d'un objet à l'infini.	☐	☐
11.	Un viseur à frontale fixe est équivalent à une lunette afocale.	☐	☐
12.	Pour utiliser une lunette astronomique, on place son œil du côté de l'objectif.	☐	☐

■■ Énoncé des exercices

■ Constructions graphiques élémentaires

❑ Exercice 4.1. Lentilles minces

Représenter les rayons émergents correspondants aux rayons incidents dans les six cas suivants.

1.

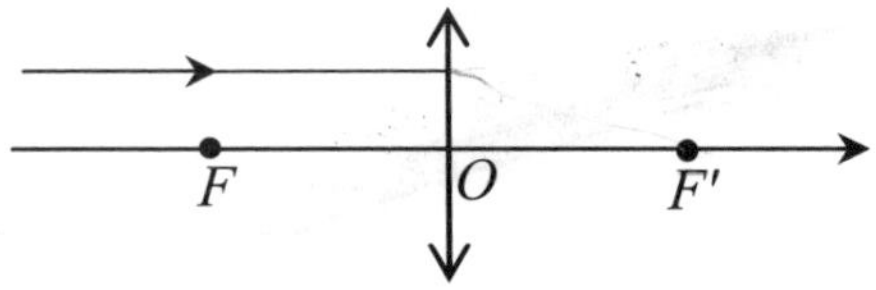

2.

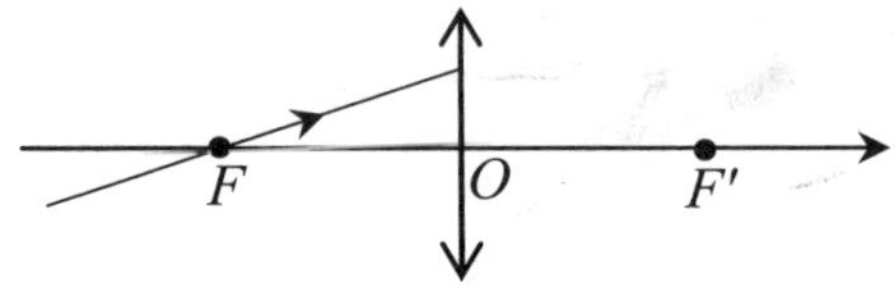

3.

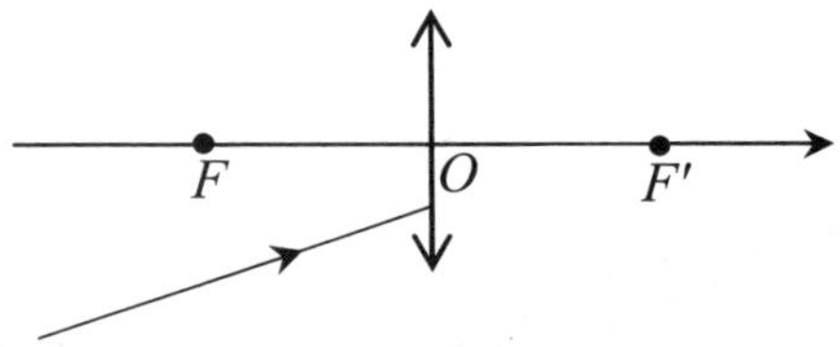

4.

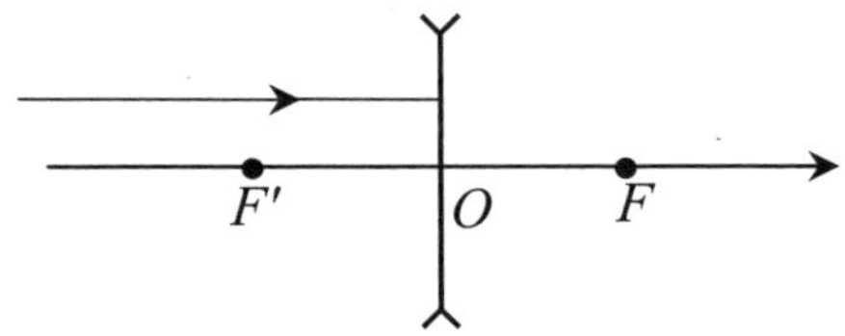

5.

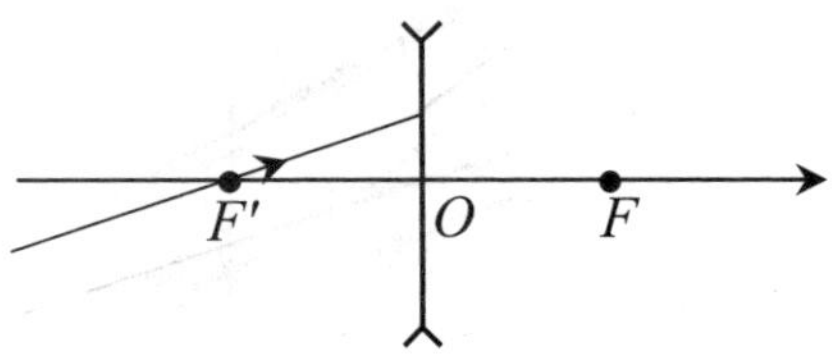

6.

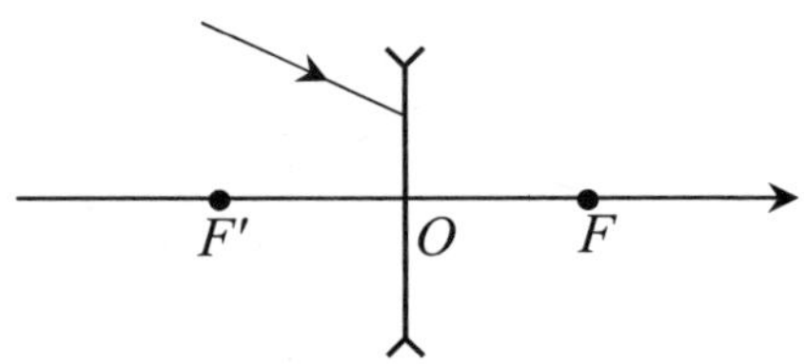

❑ Exercice 4.2. Constructions d'images

Sur les deux figures ci-dessous, construire l'image de l'objet *AB*. Attention, dans les deux cas la lumière se propage *de gauche à droite*, selon la convention habituelle.

1.

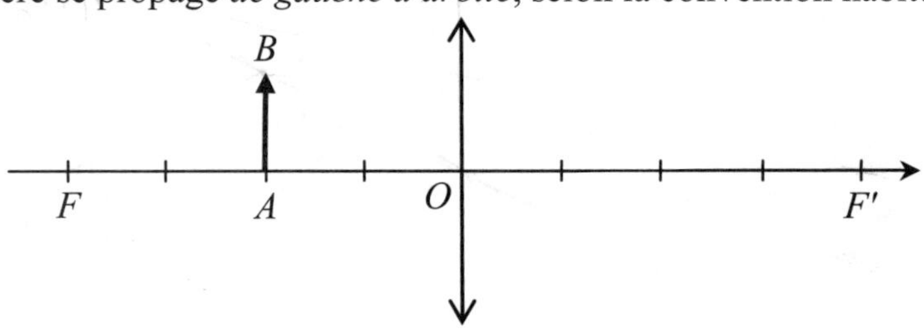

2.

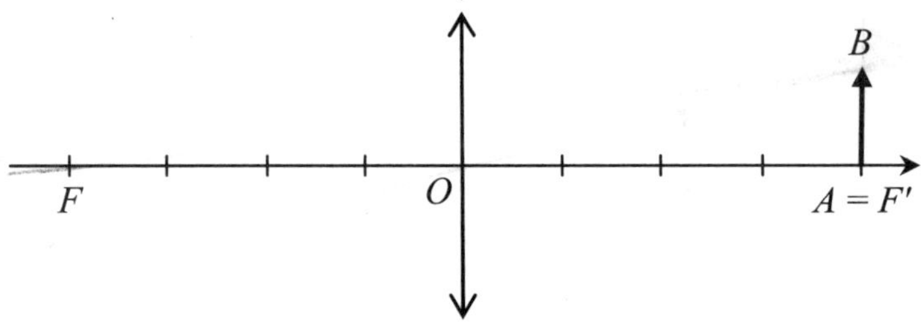

Application directe des formules

Exercice 4.3. Lentille convergente

1. Un objet AB de 0,5 cm est placé à 30 cm devant une lentille convergente de focale $f' = 20$ cm, perpendiculairement à son axe. Déterminer la position, la taille et la nature de l'image en utilisant les formules de Descartes.
2. Retrouver les résultats précédents en utilisant les formules de Newton.
3. Retrouver ces résultats par une construction graphique.
4. Quelle image cette lentille donnerait-elle d'un objet virtuel de même taille placé 30 cm après son centre ? Vérifier graphiquement.

Exercice 4.4. Lentille divergente*

Étudier, à partir des formules de conjugaison et de grandissement de Descartes, les différents types d'images que peut donner une lentille divergente en fonction de la position de l'objet (envisager un objet réel ou virtuel).

Focométrie

Dans cette partie, on utilise un banc optique gradué sur lequel peuvent coulisser des supports, munis d'un repère permettant de déterminer leur position sur le banc. Ces supports peuvent recevoir les différents éléments utilisés en optique au laboratoire : objet, lentille, miroir, écran.

Exercice 4.5. Vérification expérimentale des formules

On place un objet à la graduation « 0 » du banc (l'objet, constitué par une lettre imprimée sur un papier calque, est éclairé, de façon à pouvoir observer une image). On place alors une lentille convergente sur un deuxième support et un écran sur un troisième. Les trois supports étant sur le banc (la lentille entre l'objet et l'écran), on déplace l'écran de façon à observer une image nette. On note alors la graduation x_1 de la lentille et celle x_2 de l'écran et on reporte dans un tableau les différentes valeurs obtenues (en cm) :

x_1	9,0	10,0	11,0	12,0	13,0	15,0	20,0	25,0	30,0	40,0	50,0
x_2	79,2	51,1	41,0	37,3	33,0	32,1	33,2	36,9	41,1	50,3	59,8

1. On note A la position de l'objet, O celle de la lentille et A' celle de l'écran. Représenter graphiquement $\dfrac{1}{\overline{OA'}}$ en fonction de $\dfrac{1}{\overline{OA}}$ et vérifier la formule de conjugaison.
2. Déterminer la vergence de la lentille utilisée.
3. On peut associer un diaphragme à la lentille sur son support. Quel est son effet ? Est-ce judicieux pour ces mesures expérimentales ?

❑ Exercice 4.6. Méthode de Bessel*

On place l'objet sur la graduation « 0 » et on fixe l'écran à une distance $D = 60{,}0$ cm de lui. On déplace ensuite la lentille entre ces deux positions à la recherche d'une image nette sur l'écran.

1. Montrer qu'il existe deux positions de la lentille donnant une image nette, à condition que D soit supérieure à une certaine valeur (à préciser).
2. On note d la distance entre ces deux positions. Montrer qu'on peut exprimer la focale f' de la lentille en fonction de D et d.
3. On a mesuré $d = 41{,}0$ cm . Calculer la focale de la lentille.

❑ Exercice 4.7. Méthode de Silbermann

On place l'objet, la lentille et l'écran dans cet ordre sur le banc de façon à observer sur l'écran une image renversée et de même taille que l'objet. On note D la distance entre l'objet et l'écran.

1. Montrer qu'il existe alors une relation simple entre D et la focale f' de la lentille.
2. Vérifier qu'il s'agit d'un cas particulier de la situation de l'exercice précédent.

❑ Exercice 4.8. Méthode d'autocollimation*

On place sur un même support une lentille mince convergente de focale f' et un miroir plan. On déplace alors l'ensemble de façon à former sur le support de l'objet une image renversée et de même taille que l'objet.

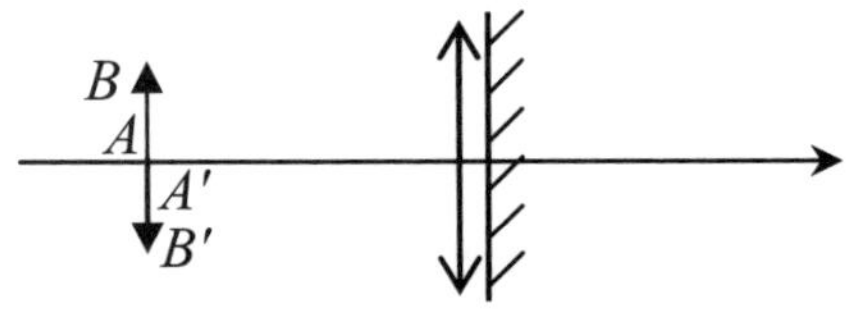

1. Montrer que, dans ce cas, la distance entre le système {lentille + miroir} et l'objet correspond à la focale de la lentille.
2. Justifier par une représentation graphique modélisant le trajet des rayons lumineux.

❑ Exercice 4.9. Mesure de la focale d'une lentille divergente*

1. Pourquoi les méthodes de Bessel et de Silbermann ne sont-elles pas utilisables pour des lentilles divergentes ?
2. Pour mesurer la focale d'une lentille divergente, on peut utiliser l'additivité des vergences pour des lentilles accolées. On place par exemple sur un même support une lentille convergente de focale $f_1' = 8{,}0$ cm et une lentille divergente de focale inconnue f_2'. L'association de ces deux lentilles donne d'un objet placé à 70 cm du support une image réelle située 25,5 cm après. Déterminer f_2'.
3. On peut aussi utiliser la méthode de Badal. Pour cela on utilise deux lentilles convergentes $L_1(O_1, f_1')$ et $L_2(O_2, f_2')$ séparées par une distance O_1O_2 supérieure à f_2'. On place alors l'objet dans le plan focal objet de L_1 de façon à obtenir une image réelle dans le plan focal image de L_2. On note la position de l'image. On place ensuite la lentille divergente de focale f' inconnue dans le plan focal objet de L_2. L'image définitive $A'B'$ se forme alors au-delà de F_2' : on note δ le déplacement de cette image provoqué par la lentille divergente. Exprimer f' en fonction de f_2' et δ.

L'œil et la loupe

Exercice 4.10. Pouvoir séparateur de l'œil

Le pouvoir séparateur d'un œil emmétrope est $\alpha_{min} = 3{,}0 \cdot 10^{-4}$ rad, c'est-à-dire que deux points peuvent être vus distinctement si leur écart angulaire est supérieur à cette valeur.

1. Jusqu'à quelle distance cet œil peut-il distinguer deux traits parallèles séparés de $d = 2{,}0$ mm ?

2. Quelle doit être la taille d'une lettre d'un panneau autoroutier pour être lue à 250 m ? (Faire l'étude avec la lettre E.)

3. Si on assimile l'œil à une lentille convergente associée à un écran (rétine) placé à une distance fixe $L = 20$ mm derrière, quelle est la taille moyenne d'un récepteur de la rétine ?

Exercice 4.11. Loupe et oculaire

1. Toto utilise une lentille mince convergente de focale $f' = 3{,}0$ cm comme loupe. Son œil, emmétrope (PP à la distance $d_m = 25$ cm), est au foyer image de la lentille. Dans ces conditions, il observe un objet AB de hauteur 5,0 mm, placé au foyer objet.

Déterminer le *grossissement commercial* de cette loupe, défini comme le rapport entre l'angle α' sous lequel on voit l'image à l'infini de l'objet à travers la loupe, et l'angle α sous lequel on verrait ce même objet à l'œil nu à la distance minimale de vision distincte d_m.

2. Un oculaire est constitué de deux lentilles L_1 et L_2 identiques à la lentille précédente, et séparées par une distance $\overline{O_1O_2} = 2{,}0$ cm.

a) Déterminer les foyers principaux F et F' de ce système.

b) Toto observe l'objet précédent, placé à 0,75 cm devant O_1, son œil étant placé en F'. Déterminer le grossissement commercial de ce système.

Projecteurs et appareils photographiques

Exercice 4.12. Projection

1. On veut projeter sur un mur l'image d'une diapositive de taille 24 mm × 36 mm à l'aide d'une lentille de focale $f' = 8{,}0$ cm. Le mur étant à 5,0 m derrière la lentille, préciser la position de la diapositive et les dimensions de l'image nette obtenue sur le mur.

2. On souhaite à présent obtenir une image 40 fois plus grande que l'objet. Ce dernier restant fixe, indiquer dans quel sens et de quelle distance il faut déplacer la lentille et l'écran.

Exercice 4.13. Conception d'un projecteur de diapositives**

1. On cherche à concevoir un projecteur de diapositives (24 mm × 36 mm) permettant d'obtenir une image de 1,20 m de large sur un écran situé en E à $L = 3{,}0$ m du centre optique de la lentille (L_1) pour une diapositive horizontale. On note $e = \overline{IF}$ et $m = \overline{F'E}$. On considère la source lumineuse S comme ponctuelle. La diapositive est centrée en I sur l'axe optique.

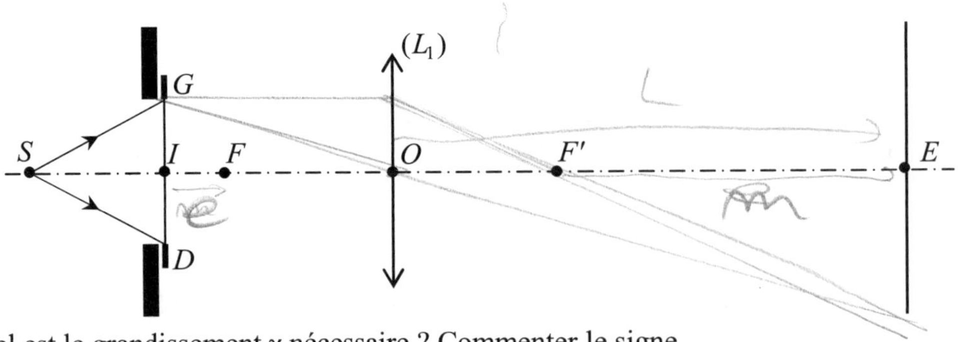

a) Quel est le grandissement γ nécessaire ? Commenter le signe.

b) Déterminer graphiquement les images G' et D' des points G et D représentant respectivement les bords gauche et droit de la diapositive. Dans quel sens faut-il placer la diapositive ?

c) Déterminer les expressions de m, e et f' en fonction du grandissement γ et de L. Faire l'application numérique pour le grandissement souhaité.

d) On souhaite pouvoir obtenir une image nette par déplacement de l'objectif pour des valeurs de L comprises entre 2,0 m et 5,0 m. Déterminer la course $\overline{O_{\text{min}}O_{\text{max}}}$ de l'objectif pour satisfaire à cette condition.

2. Pour réaliser un projecteur de meilleure qualité, on interpose une lentille (L_0) convergente de centre O' entre la source et la diapositive. On la place de sorte que le pinceau lumineux issu de S englobe toute la largeur de la diapositive et se focalise en O, centre optique de la lentille (L_1).

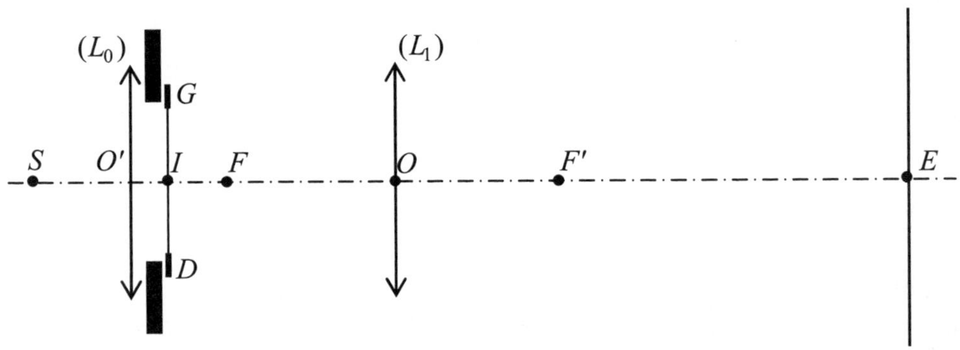

a) Tracer l'enveloppe « utile » du pinceau lumineux entre S et E (définie par les rayons limites) et déterminer graphiquement les foyers de (L_0).

b) La focale de (L_0) est $f_0' = 1{,}8$ cm et la distance SI est fixée à 5,0 cm. Déterminer la position O'_{min} de (L_0) correspondant à la position O_{min} de (L_1).

c) Déterminer la position O'_{max} de (L_0) correspondant à la position O_{max} de (L_1). Commenter.

d) Quel est l'intérêt du placement de (L_0) ?

D'après Concours commun polytechnique

❑ Exercice 4.14. Appareil photographique

Madame Michu utilise encore son vieil appareil photographique argentique, avec une pellicule de taille $24\ \text{mm} \times 36\ \text{mm}$.

L'objectif de l'appareil est assimilable à une lentille convergente de focale $f' = 5{,}0\ \text{cm}$, et la pellicule est située derrière la lentille, à une distance d, réglable, de son centre O. d peut varier entre 50 mm et 55 mm.

1. Madame Michu veut photographier un arbre de 10 m de haut, situé à une distance de 50 m. Quelle sera la hauteur de l'image de l'arbre sur la pellicule ?

2. Jusqu'à quelle distance peut-elle s'approcher pour avoir toujours l'arbre en entier sur la pellicule ?

3. Montrer qu'il existe une distance minimale en deçà de laquelle il n'y aura pas d'image.

❑ Exercice 4.15. Macrophotographie*

Le petit Toto souhaite photographier son grillon Gaspard et obtenir des images de grande taille. Pour cela il doit s'approcher très près de l'insecte, mais le problème est alors d'obtenir une image nette. L'objectif de son appareil photographique est constitué d'une lentille convergente L_1 de focale $f_1' = 75\ \text{mm}$ et de centre O_1. Le capteur numérique (équivalent de la pellicule dans les anciens appareils) est à une distance d de O_1 derrière la lentille : d est une distance réglable entre f_1' et $f_1' + \tau$ (où $\tau = 8{,}0\ \text{mm}$ est le tirage de l'objectif).

1. Le grillon est assimilé à un objet AB de taille 1,5 cm, et Toto approche son objectif jusqu'à 20 cm de l'animal. Peut-il le photographier en ayant une image nette sur le capteur ?

2. Toto fixe devant l'objectif une lentille additionnelle L_2 (appelée *bonnette* en français, *close-up lens* en anglais), convergente, de centre O_2, de vergence $V_2 = +4{,}0\ \delta$; la distance $D = O_2O_1$ est constante et égale à 2,0 cm.

a) Le tirage étant inchangé, déterminer l'ensemble des points A de l'axe qui peuvent, après mise au point, être photographiés (c'est-à-dire donnant une image nette sur le capteur) ; on indiquera leurs positions par rapport à la bonnette (c'est-à-dire $\overline{O_2A}$).

b) Toto photographie son grillon en s'approchant toujours à 20 cm (soit $\overline{O_2A} = -20\ \text{cm}$). La mise au point étant faite, calculer la taille de l'image $A'B'$ sur le capteur.

■ Instruments d'observation

❑ Exercice 4.16. Viseur à frontale fixe*

Un viseur à frontale fixe est constitué : d'un objectif, lentille mince L_1 convergente de focale $f_1' = 7{,}0\ \text{cm}$ et de centre O_1 ; d'un réticule distant de $D = 14\ \text{cm}$ de l'objectif ; et d'un oculaire, lentille mince L_2 convergente de centre O_2 et de focale $f_2' = 3{,}0\ \text{cm}$, placé à la distance d du réticule.

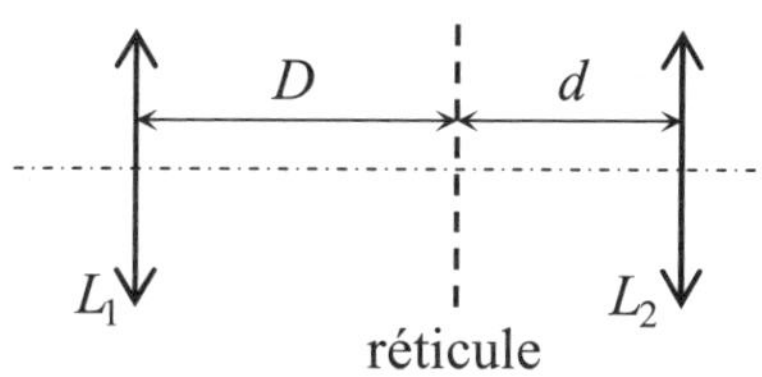

1. Un œil « normal » voit sans accommodation à l'infini. En déduire la distance d pour que l'œil puisse voir le réticule sans accommoder.

2. On cherche à voir simultanément l'objet visé et le réticule.

a) Où doit-on placer un objet pour pouvoir le voir à travers le viseur ? On demande l'expression littérale de $\overline{O_1A}$ et l'application numérique.

b) Cette position dépend-elle de la nature de l'œil (« normal » ou myope) ?

c) Justifier le nom de « viseur à frontale fixe».

3. Le viseur est utilisé pour mesurer la distance focale f' d'une lentille inconnue. Tout d'abord, on vise l'objet AB et on note la position du viseur (étape 1).

Ensuite, on place la lentille après l'objet et on vise son centre O à l'aide d'une marque faite sur le verre de la lentille (étape 2) ; pour cela, on doit reculer le viseur de $x_1 = 20$ cm. Enfin, pour la visée de $A'B'$ à travers la lentille, on doit avancer le viseur de $x_2 = 10$ cm (étape 3).

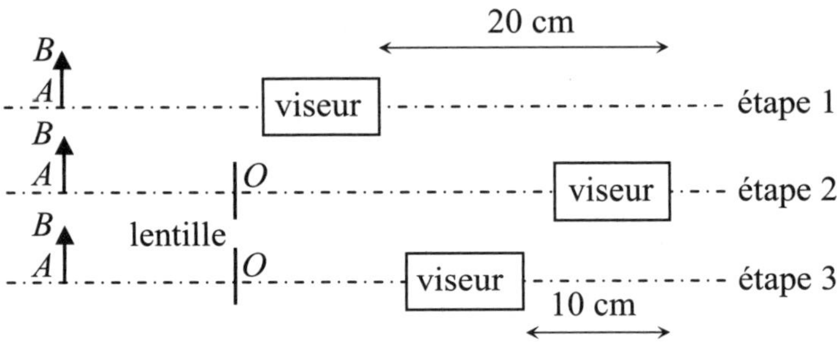

a) Préciser les valeurs de $\overline{OA}$ et $\overline{OA'}$.

b) En déduire la valeur de f'.

D'après Mines d'Albi, Alès, Douai, Nantes

❑ Exercice 4.17. Lunette astronomique**

On considère une lunette astronomique, comportant un objectif constitué d'une lentille mince convergente de centre O_1 et de focale $f_1' = \overline{O_1F_1'} > 0$ et un oculaire constitué d'une lentille mince convergente de centre O_2 et de focale $f_2' = \overline{O_2F_2'} > 0$. Ces deux lentilles ont même axe.

1. On souhaite observer la planète Mars à travers la lunette, en formant un système afocal.

a) Quelle est la conséquence sur la position des lentilles ?

b) Faire un schéma en prenant $f_1' = 5f_2'$ et représenter l'image intermédiaire notée $A'B'$.

c) On veut photographier la planète. Où faut-il placer la pellicule ?

2. On note α' le diamètre angulaire de la planète vue à travers la lunette (c'est-à-dire l'angle entre les rayons extrêmes de l'image) et α le diamètre angulaire de la planète vue à l'œil nu.

a) L'image finale est-elle droite ou renversée ?

b) Exprimer le grossissement de la lunette, rapport entre α' et α.

3. On veut augmenter le grossissement et redresser l'image. Pour cela, on intercale entre l'objectif et l'oculaire une lentille mince convergente L_3 de centre O_3 et de focale $f_3' = \overline{O_3F_3'} > 0$, qu'on place de telle sorte que l'image finale à travers l'ensemble soit à l'infini.

a) Quel couple de points doit conjuguer L_3 pour qu'il en soit ainsi ?

b) Faire un schéma. On notera $A'B'$ la première image intermédiaire et $A''B''$ la deuxième.

c) On appelle γ_3 le grandissement de la lentille L_3. Exprimer $\overline{O_3F_1'}$ en fonction de γ_3 et f_3'.

d) Déterminer le nouveau grossissement G' de l'ensemble en fonction de G et γ_3.

D'après Mines d'Albi, Alès, Douai, Nantes

❑ Exercice 4.18. Lunette de Galilée**

Une lunette de Galilée comprend un objectif, assimilable à une lentille mince L_1 de centre O_1 et de vergence $V_1 = +5{,}0\ \delta$, et un oculaire, assimilable à une lentille mince L_2 de centre O_2 et de vergence $V_2 = -20\ \delta$.

1. Déterminer la nature des deux lentilles et les valeurs de leurs distances focales images.

2. La lunette est du type « afocal ».

a) Déterminer la distance $d = \overline{O_1O_2}$.

b) Calculer le grossissement en fonction des distance focales f_1' et f_2'.

3. Un astronome amateur utilise cette lunette, normalement adaptée à la vision d'objets terrestres, pour observer deux cratères lunaires : Copernic (de diamètre 96 km) et Clavius (de diamètre 240 km).

a) L'astronome voit-il ces cratères à l'œil nu ? à l'aide de la lunette ?

Données numériques : distance Terre-Lune $d_{\text{TL}} = 3{,}8 \cdot 10^5$ km ; acuité visuelle $3 \cdot 10^{-4}$ rad.

b) La planète Vénus occultera Jupiter le 22 novembre 2065. Notre astronome amateur (qui sera certainement confirmé) pourra-t-il observer à l'œil nu ou à l'aide de sa lunette le disque jovien occulté par Vénus ?

Données supplémentaires : diamètre de Vénus $D_{\text{V}} = 12150$ km ; distance Terre-Vénus dans cette configuration $d_{\text{TV}} = 4{,}5 \cdot 10^7$ km ; diamètre de Jupiter $D_{\text{J}} = 145800$ km ; distance Terre-Jupiter $d_{\text{TJ}} = 6{,}3 \cdot 10^8$ km.

D'après Concours commun polytechnique

❑ Exercice 4.19. Microscope optique*

Un microscope optique porte les indications suivantes : ×40 sur son objectif ; ×10 sur l'oculaire. La notice constructeur précise : intervalle optique $\Delta = 16$ cm. *La signification de ces indications sera précisée dans la suite.* Le microscope sera modélisé par deux lentilles minces convergentes, l'objectif L_1 (de diamètre d = 7,0 mm) et l'oculaire L_2. Il est réglé pour donner une image à l'infini d'un objet réel AB, perpendiculaire à l'axe optique, A étant placé sur l'axe, légèrement en avant du foyer objet de l'objectif. Cette image est observée par un œil emmétrope placé au voisinage du foyer image F_2' de l'oculaire. L'œil nu voit nettement des objets situés entre la distance δ = 25 cm et l'infini.

1. Faire un schéma du dispositif (sans respecter l'échelle), et tracer soigneusement la marche de deux rayons lumineux issus du point B de l'objet AB, l'un émis parallèlement à l'axe optique, l'autre passant par F_1 (foyer objet de L_1, de centre optique O_1).

2. L'indication portée sur l'oculaire (×10) est le *grossissement commercial*, c'est-à-dire le rapport de l'angle sous lequel on voit l'image à l'infini d'un objet à travers l'oculaire seul et de l'angle sous lequel on voit ce même objet à l'œil nu lorsqu'il est situé à la distance minimale de vision distincte ; on notera ce grossissement G_2 = 10. Déterminer f_2', distance focale image de l'oculaire.

3. L'intervalle optique est la distance $F_1'F_2$. La valeur absolue du *grandissement* de l'objet AB par l'objectif est : G_1 = 40 (c'est l'indication ×40). Calculer f_1', distance focale image de la lentille équivalente à l'objectif. Calculer la distance O_1A permettant de positionner l'objet.

4. Calculer le grossissement commercial G du microscope.

5. On appelle cercle oculaire l'image de la monture de l'objectif à travers l'oculaire. Déterminer sa position par rapport à F_2' et son diamètre. Quel est l'intérêt de placer l'œil dans le plan du cercle oculaire ? Commenter la valeur trouvée pour son diamètre.

D'après Centrale-Supélec

■ Pour vous aider à démarrer

Exercice 4.5. Attention à bien utiliser des mesures *algébriques*.
Exercice 4.6. Noter x la distance entre l'objet et la lentille et appliquer la formule de conjugaison en utilisant x.
Exercice 4.10. Faire un schéma pour chaque cas et appliquer une relation trigonométrique.
Exercice 4.11. Pour la question 2.a, repartir de la définition de chaque foyer pour un système optique centré quelconque.
Exercice 4.16. Question 3 : la distance entre le viseur et l'objet visé est toujours la même (une fois le réglage effectué).
Exercice 4.19. À la question 5, partir de la définition du cercle oculaire pour lui appliquer les formules de conjugaison et de grandissement ; pour son utilité, réfléchir aux rayons qui le traversent.

Corrigé des vrai/faux

1.	2.	3.	4.	5.	6.	7.	8.	9.	10.	11.	12.
vrai	faux	vrai	faux	vrai	vrai	faux	faux	vrai	vrai	faux	faux

2. L'image du foyer principal objet est un point à l'infini sur l'axe optique.

6. On peut le montrer avec la formule de conjugaison : $\frac{1}{\overline{OA'}} = \frac{1}{\overline{OF'}} + \frac{1}{\overline{OA}}$. Or $\overline{OF'} < 0$ puisque la lentille est divergente, et $\overline{OA} < 0$ car l'objet est réel, donc $\overline{OA'} < 0$ et l'image est virtuelle.

7. Un grandissement négatif indique que l'image est *renversée* par rapport à l'objet.

8. Ce sont les *vergences* qui s'ajoutent.

11. Le viseur à frontale fixe est réglé pour observer des objets à *distance finie* (généralement quelques dizaines de centimètres) : il a donc un foyer objet, où on place l'objet à observer.

12. On regarde dans l'*oculaire*… comme son nom l'indique !

❑ Les erreurs classiques

– Il faut bien connaître les définitions pour éviter des confusions (par exemple, le foyer image F' d'une lentille n'est pas l'image de son foyer objet F).
– Pour les constructions, commencer toujours par placer les points caractéristiques de chaque lentille, en veillant à ne pas confondre les lentilles convergentes et divergentes.
– Il faut toujours construire les rayons en respectant scrupuleusement les méthodes, sans chercher à se fier à une « intuition »…
– La difficulté la plus fréquente concerne l'objet virtuel (c'est-à-dire à droite de la lentille). Ne pas oublier qu'il est l'intersection de supports de rayons *incidents* : ces rayons se trouvent donc *à gauche* de la lentille, mais leurs supports (prolongements) se coupent à droite. Ne pas tracer des rayons allant dans l'autre sens !
– Pour les calculs, ne pas confondre distances et mesures algébriques, et bien faire attention à tous les signes.
– Dans les formules de Newton, le point image A' est repéré par rapport au foyer image F' : mesure algébrique $\overline{F'A'}$ et non $\overline{FA'}$.

Corrigé

Corrigé des exercices

Exercice 4.1

1.

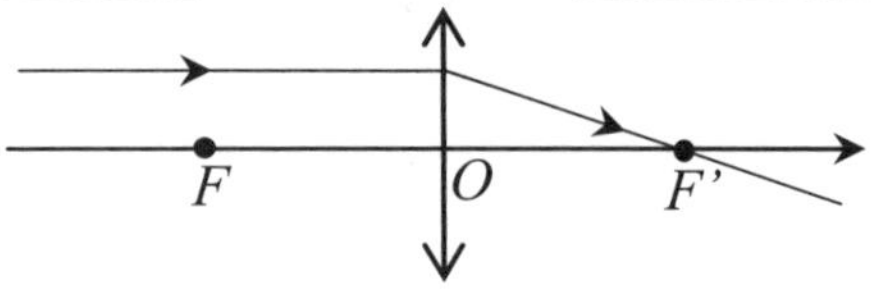

2.

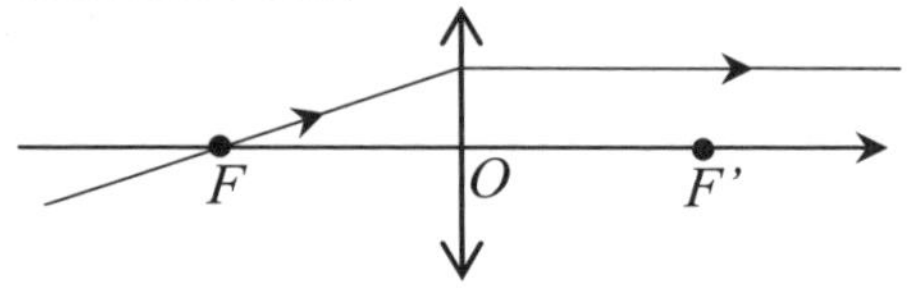

3.

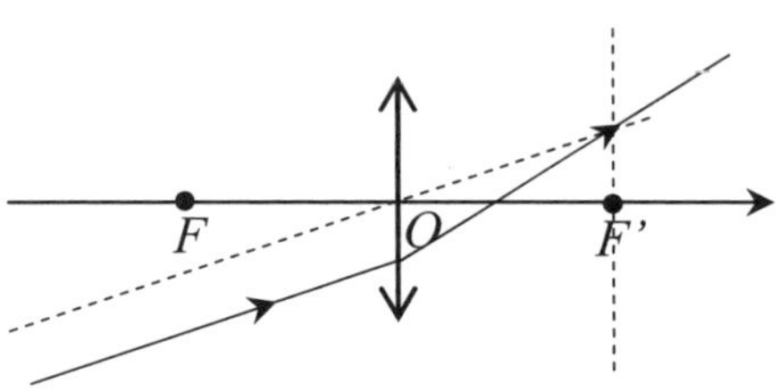

4.

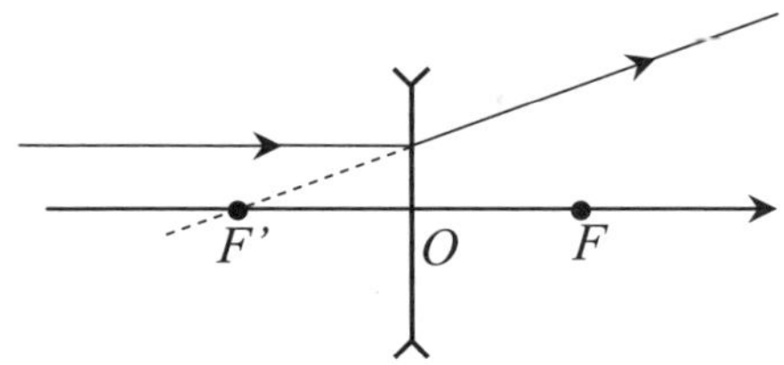

5.

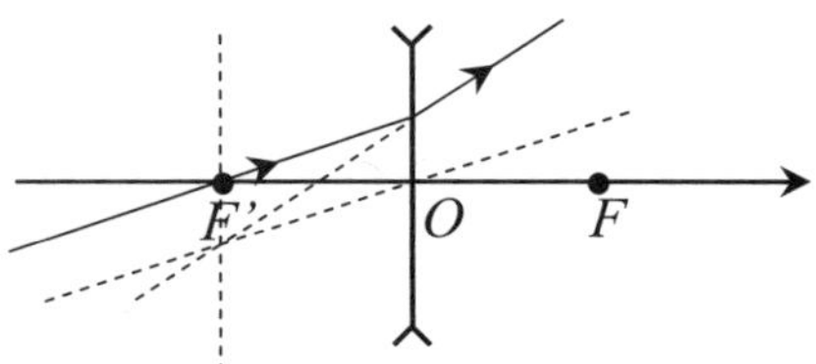

6.

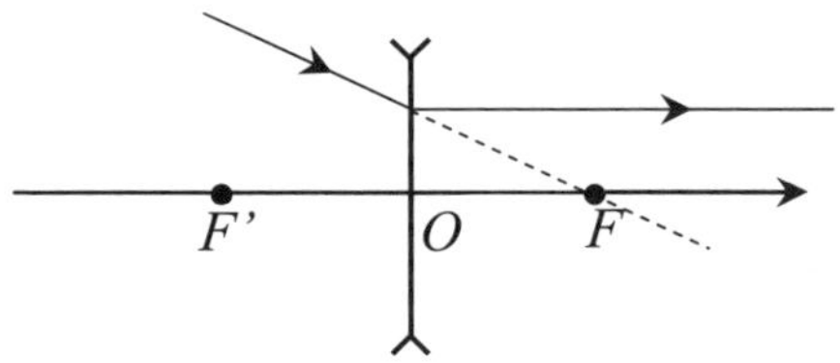

⇨ *Méthodes 4.1 et 4.2*

Exercice 4.2

1.

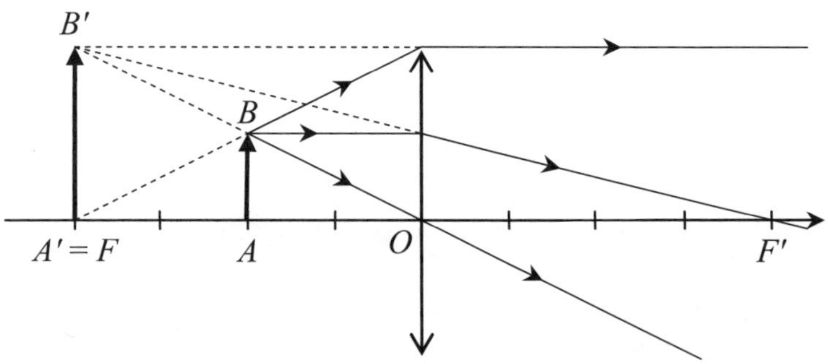

2.

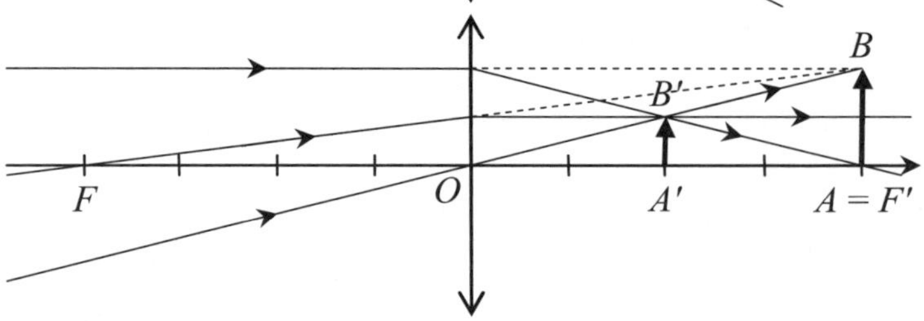

⇨ *Méthodes 4.1 et 4.3*

Exercice 4.3

1. Les données sont : $\overline{AB}=+0{,}5\text{ cm}$, $\overline{OF'}=+20\text{ cm}$ et $\overline{OA}=-30\text{ cm}$. Formule de Descartes :

$\frac{1}{\overline{OA'}}-\frac{1}{\overline{OA}}=\frac{1}{\overline{OF'}}$ d'où $\boxed{\overline{OA'}=\frac{\overline{OA}\cdot\overline{OF'}}{\overline{OA}+\overline{OF'}}}$. AN $\boxed{\overline{OA'}=+60\text{ cm}}$: l'image est donc réelle.

La formule de grandissement donne $\boxed{\overline{A'B'}=\frac{\overline{OA'}}{\overline{OA}}\cdot\overline{AB}}$. AN $\boxed{\overline{A'B'}=-1{,}0\text{ cm}}$.

➪ *Méthode 4.4*

2. On utilise $\overline{FA}=\overline{FO}+\overline{OA}=-10\text{ cm}$, et la formule de conjugaison conduit à $\boxed{\overline{F'A'}=-\frac{\overline{OF'}^2}{\overline{FA}}}$.

AN $\boxed{\overline{F'A'}=+40\text{ cm}}$, ce qui est cohérent avec le résultat précédent, puisque $\overline{OA'}=\overline{OF'}+\overline{F'A'}=+60\text{ cm}$. Ensuite on applique la formule de grandissement :

$\boxed{\overline{A'B'}=\frac{\overline{F'A'}}{\overline{F'O}}\cdot\overline{AB}}$. AN $\boxed{\overline{A'B'}=-1{,}0\text{ cm}}$.

3.

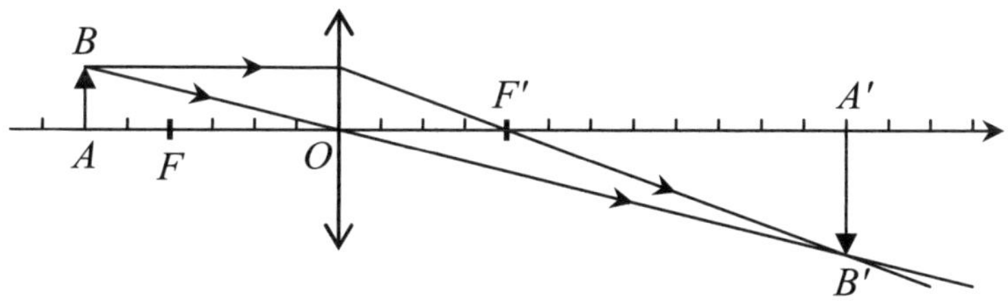

➪ *Méthode 4.3*

4. $\overline{OA}=+30\text{ cm}$ donc, avec les formules littérales précédentes, on trouve cette fois $\boxed{\overline{OA'}=+12\text{ cm}}$ et $\boxed{\overline{A'B'}=+0{,}2\text{ cm}}$.
L'image est donc réelle, droite et plus petite que l'objet.

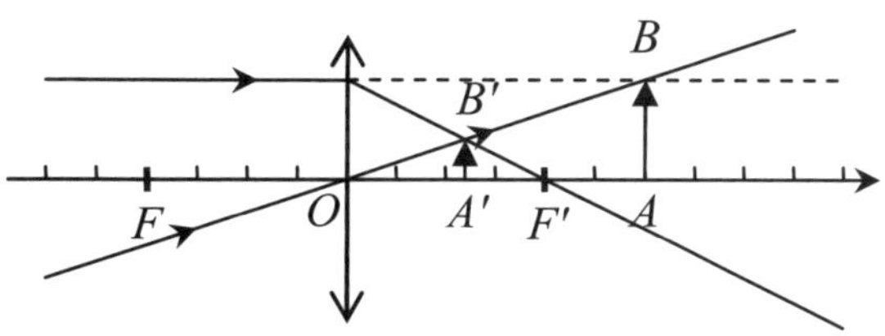

Exercice 4.4

Pour une lentille divergente, $\overline{OF'}<0$.

– Si l'objet est réel, $\overline{OA}<0$ et d'après la formule de Descartes, $\frac{1}{\overline{OA'}}=\frac{1}{\overline{OA}}+\frac{1}{\overline{OF'}}$ donc $\overline{OA'}<0$ également : l'image est donc virtuelle.

De plus, la formule de grandissement $\gamma=\frac{\overline{A'B'}}{\overline{AB}}=\frac{\overline{F'A'}}{\overline{F'O}}=\frac{\overline{FO}}{\overline{FA}}$ montre que celui-ci est positif et inférieur à 1 (en effet, $\overline{OF}<\overline{AF}$). L'image sera donc virtuelle, droite et plus petite que l'objet.

Ne pas oublier que pour une lentille divergente, F' est avant la lentille et F après.

– Si l'objet est virtuel ($\overline{OA} > 0$), il faut distinguer deux cas.

Si A est entre O et F, alors $0 < \overline{OA} < \overline{OF}$ donc d'après la formule de conjugaison, $\dfrac{1}{\overline{OA'}} = \dfrac{1}{\overline{OA}} + \dfrac{1}{\overline{OF'}} = \dfrac{1}{\overline{OA}} - \dfrac{1}{\overline{OF}} > 0$ d'où $\overline{OA'} > 0$: l'image est réelle. D'autre part, la formule de grandissement $\gamma = \dfrac{\overline{A'B'}}{\overline{AB}} = \dfrac{\overline{FO}}{\overline{FA}} = \dfrac{\overline{OF}}{\overline{AF}}$ montre qu'il est positif et supérieur à 1. L'image est donc réelle, droite et plus grande que l'objet.

Si A est après F, alors $\overline{FA} > 0$ donc avec la formule de Newton $\overline{FA} \cdot \overline{F'A'} = -\overline{OF'}^2$ on trouve $\overline{F'A'} < 0$ et l'image est virtuelle. La formule de grandissement montre que ce dernier est négatif (image renversée). On peut alors envisager deux cas : si $\overline{OF} < \overline{OA} < 2\overline{OF}$ l'image est plus grande quc l'objet, et si $\overline{OA} > 2\overline{OF}$ l'image est plus petite.

On peut rassembler ces résultats dans un tableau :

Position de l'objet AB	Caractéristiques de l'image $A'B'$
$\overline{OA} < 0$	virtuelle, droite et plus petite
$0 < \overline{OA} < \overline{OF}$	réelle, droite et plus grande
$\overline{OF} < \overline{OA} < 2\overline{OF}$	virtuelle, renversée et plus grande
$\overline{OA} > 2\overline{OF}$	virtuelle, renversée et plus petite

Il reste bien sûr le cas particulier (théorique) $\overline{OA} = \overline{OF}$, c'est-à-dire l'objet au foyer principal objet, qui donne une image à l'infini (donc de taille infinie).

Exercice 4.5

1. $\dfrac{1}{\overline{OA}} = -\dfrac{1}{x_1}$ et $\dfrac{1}{\overline{OA'}} = \dfrac{1}{x_2 - x_1}$.

On trace le graphe demandé et en utilisant les fonctions du grapheur, on obtient une équation :

$\dfrac{1}{\overline{OA'}} = 0{,}97 \cdot \dfrac{1}{\overline{OA}} + 12{,}26$.

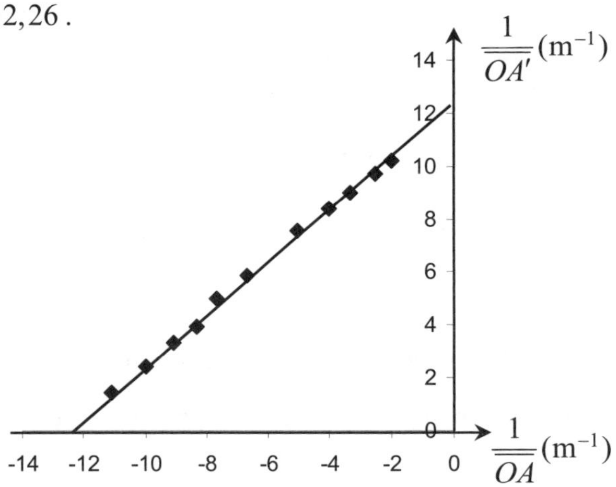

Si on admet que $0{,}97 \approx 1$, on retrouve la formule de conjugaison : $\boxed{\dfrac{1}{\overline{OA'}} - \dfrac{1}{\overline{OA}} = \text{constante}}$.

2. La constante correspond à la vergence de la lentille exprimée en dioptries : $V = +12{,}26\ \delta$, soit une focale $\boxed{f' = +8{,}1 \text{ cm}}$.

3. Le diaphragme permet de se placer dans les conditions de Gauss et donc d'améliorer la netteté de l'image, mais dans ce cas précis, cela risque d'étendre la zone des positions de l'écran donnant une image à peu près nette. Ce n'est donc pas conseillé si on veut déterminer précisément la position de l'écran.

Exercice 4.6

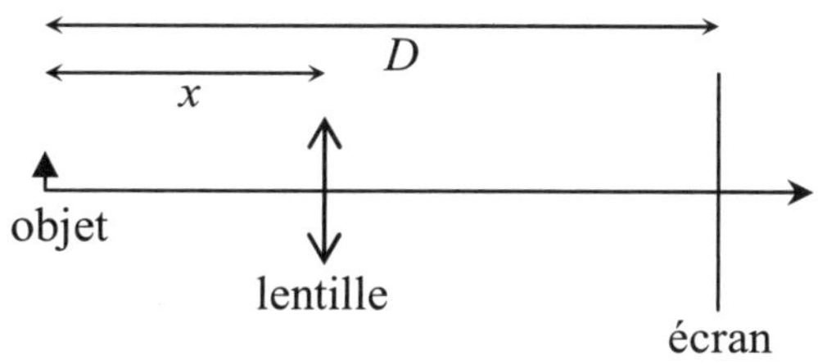

1. Si on note x la *distance* entre l'objet et la lentille pour laquelle on a une image nette sur l'écran, la formule de conjugaison s'écrit $\dfrac{1}{D-x} - \dfrac{1}{-x} = \dfrac{1}{f'}$ d'où $x^2 - Dx + Df' = 0$. Le discriminant $\Delta = D^2 - 4Df'$ est positif si $\boxed{D > 4f'}$.

Cette condition étant remplie, l'équation admet deux solutions :

$\boxed{x_1 = \dfrac{D - \sqrt{D^2 - 4Df'}}{2}}$ et $\boxed{x_2 = \dfrac{D + \sqrt{D^2 - 4Df'}}{2}}$.

2. $d = x_2 - x_1 = \sqrt{D^2 - 4Df'}$ et on en tire $\boxed{f' = \dfrac{D^2 - d^2}{4D}}$.

3. AN $\boxed{f' = 8{,}0 \text{ cm}}$.

Exercice 4.7

1. L'objet et l'image ayant la même taille, $\gamma = \dfrac{\overline{A'B'}}{\overline{AB}} = \dfrac{\overline{OA'}}{\overline{OA}} = -1$ et donc $\overline{OA'} = -\overline{OA}$. Objet et image sont donc symétriques par rapport à la lentille. Alors la formule de conjugaison entraîne que $\dfrac{1}{\overline{OA'}} + \dfrac{1}{\overline{OA'}} = \dfrac{1}{\overline{OF'}}$, soit $\overline{OA'} = -\overline{OA} = 2\overline{OF'}$. On en déduit donc $\boxed{D = \overline{AA'} = 4f'}$.

2. On reconnaît un cas particulier des calculs précédents, pour lequel $\boxed{d = 0}$ (c'est-à-dire que l'équation du second degré $x^2 - Dx + Df' = 0$ a une racine double).

Exercice 4.8

1. On peut résumer le problème de la façon suivante : $AB \xrightarrow{L} A_1B_1 \xrightarrow{M} A_2B_2 \xrightarrow{L} A'B'$.

La lentille donne de AB une image A_1B_1, servant d'objet pour le miroir qui en donne une image A_2B_2 ; enfin, la lentille donne de A_2B_2 l'image finale $A'B'$.

Si la distance entre l'objet et le système est égale à f', alors A_1B_1 et A_2B_2 sont à l'infini et symétriques par rapport au plan du miroir, et $A'B'$ est alors dans le plan focal de la lentille.

2. On construit le trajet de deux rayons issus de B :

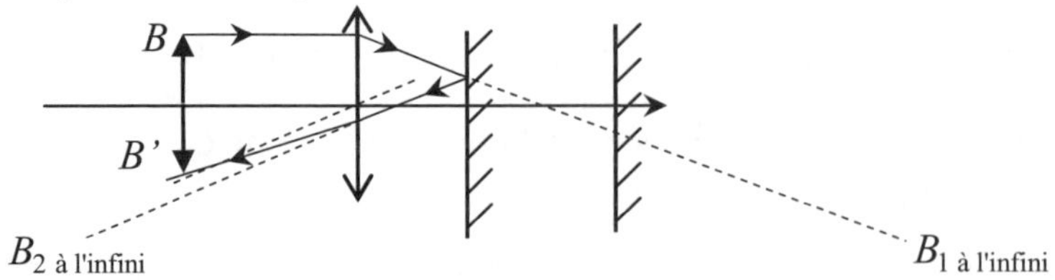

➪ *Méthodes 4.2 et 4.3*

✎ *La position du miroir n'a pas d'influence sur le résultat.*

Exercice 4.9

1. Les méthodes précédentes utilisent toutes un objet virtuel et son image réelle sur un écran. Or une lentille divergente donne d'un objet réel une <u>image virtuelle non observable sur un écran</u>.

2. On applique la formule de conjugaison au système des deux lentilles, pour trouver sa focale : $\frac{1}{f'} = \frac{1}{\overline{OA'}} - \frac{1}{\overline{OA}}$, d'où $f' = \frac{\overline{OA} \cdot \overline{OA'}}{\overline{OA} - \overline{OA'}}$. AN $f' = 40{,}1 \text{ cm}$. Ensuite, on utilise l'additivité des vergences : $\frac{1}{f'} = \frac{1}{f_1'} + \frac{1}{f_2'}$ d'où $\boxed{f_2' = \frac{f_1' f'}{f_1' - f'}}$. AN $\boxed{f_2' = -10{,}0 \text{ cm}}$.

➪ *Méthode 4.5*

3. Avant de placer la lentille divergente, on a la situation suivante :

$$A = F_1 \xrightarrow{L_1} \text{image intermédiaire à l'infini} \xrightarrow{L_2} A' = F_2'.$$

Avec la lentille divergente, la situation devient :

$$A = F_1 \xrightarrow{L_1} \text{image intermédiaire à l'infini} \xrightarrow{L} F' \xrightarrow{L_2} A'.$$

A' est donc l'image du foyer image F' de la lentille divergente par L_2.

On peut donc appliquer la formule de Newton à ce couple de points : $\overline{F_2'A'} \cdot \overline{F_2F'} = -f_2'^2$, soit $\delta \cdot f' = -f_2'^2$. On en déduit donc facilement $\boxed{f' = -\frac{f_2'^2}{\delta}}$.

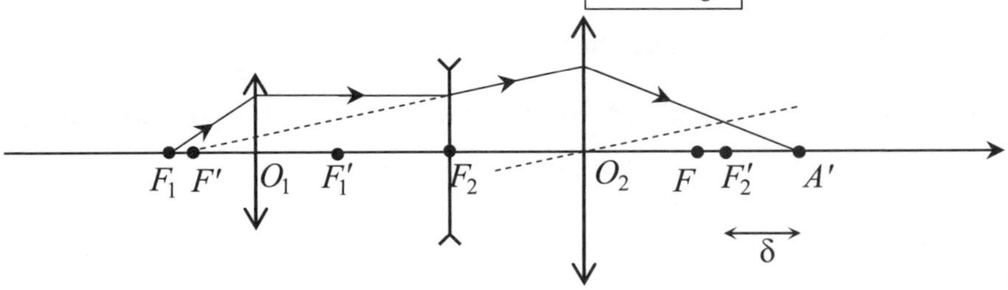

➪ *Méthodes 4.1, 4.2*

Exercice 4.10

1. L'œil pourra distinguer ces lignes s'il les voit sous un angle α supérieur à $\alpha_{\min}$. L'œil doit donc être placé à une distance x telle que :

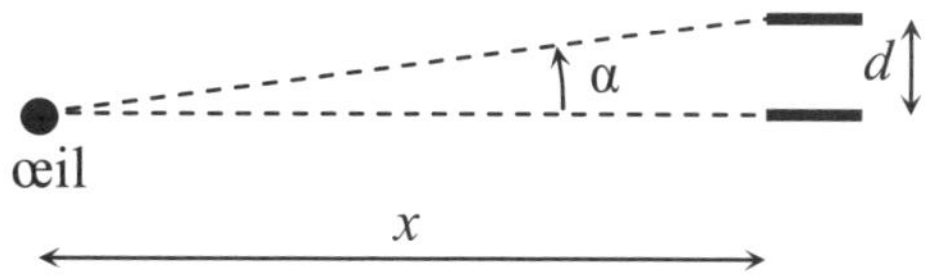

$\alpha \approx \tan\alpha = \dfrac{d}{x} \geq \alpha_{\min}$, soit $\boxed{x \leq \dfrac{d}{\alpha_{\min}}}$. AN $\boxed{x \leq 6{,}7\ \text{m}}$.

2. On retrouve le même problème que pour la question précédente.
Soit D la distance entre l'œil et le panneau, et $5d$ la hauteur d'une lettre. Celle-ci sera distinguée s'il n'y a pas confusion entre les images des « branches » du E. Il faut donc que $\dfrac{d}{D} \geq \alpha_{\min}$, soit $d \geq D \cdot \alpha_{\min}$. La taille d'une lettre devra donc être de $\boxed{5d \geq 5D \cdot \alpha_{\min}}$. AN $\boxed{5d \geq 45\ \text{cm}}$.

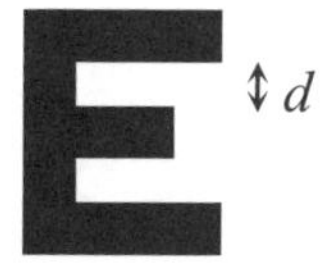

3. Deux points seront vus distinctement si leurs images se forment sur deux récepteurs différents. L'angle $\alpha_{\min}$ est donc déterminé par la profondeur L de l'œil et la taille ε d'un récepteur : $\alpha_{\min} \approx \tan\alpha_{\min} = \dfrac{\varepsilon}{L}$, d'où $\boxed{\varepsilon = L \cdot \alpha_{\min}}$. AN $\boxed{\varepsilon = 6\ \mu\text{m}}$.

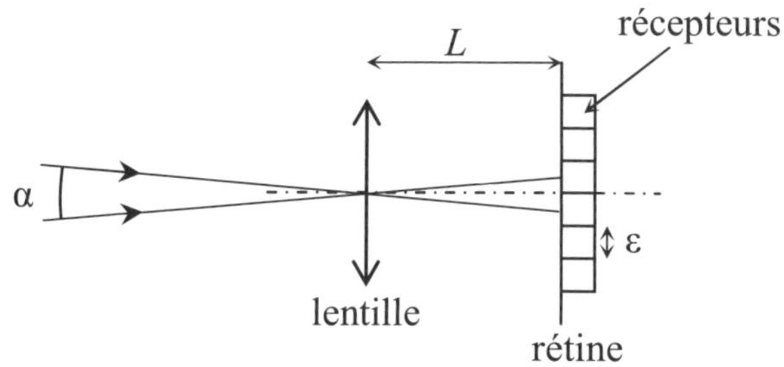

Exercice 4.11

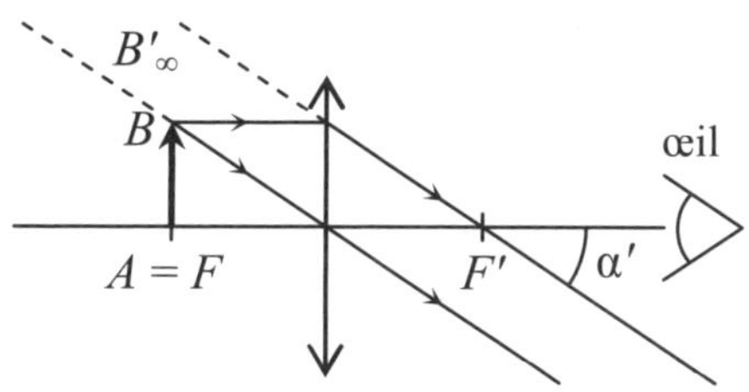

1. L'objet étant placé au foyer objet de la lentille, l'image finale est à l'infini : elle est alors vue sous un angle $\alpha' \approx \tan\alpha' = \dfrac{AB}{f'}$.

L'objet serait vu à l'œil nu, au PP, sous l'angle $\alpha \approx \tan\alpha = \dfrac{AB}{d_m}$. Donc $\boxed{G = \dfrac{d_m}{f'}}$. AN $\boxed{G = 8{,}3}$.

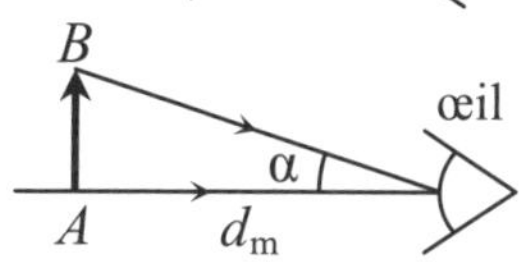

✎ *La donnée de la taille de l'objet n'est pas nécessaire pour déterminer le grossissement, qui est le même pour tout objet assez petit.*

2. a) Le foyer image du système est l'image par le système d'un objet à l'infini et sur l'axe : $A_\infty \xrightarrow{L_1} A_i \xrightarrow{L_2} F'$ donc $A_i = F_1'$ et F' est l'image de F_1' par L_2.

Alors $\dfrac{1}{\overline{O_2F'}} - \dfrac{1}{\overline{O_2F_1'}} = \dfrac{1}{f_2'}$ d'où $\overline{O_2F'} = \dfrac{\overline{O_2F_1'} \times f_2'}{\overline{O_2F_1'} + f_2'}$. AN $\boxed{\overline{O_2F'} = 0{,}75\ \text{cm}}$.

<u>Le foyer image du système est donc situé 0,75 cm derrière</u> O_2 et pour des raisons de symétrie, <u>le foyer objet est situé 0,75 cm devant</u> O_1.

b) Schéma de fonctionnement (proportions non respectées) :

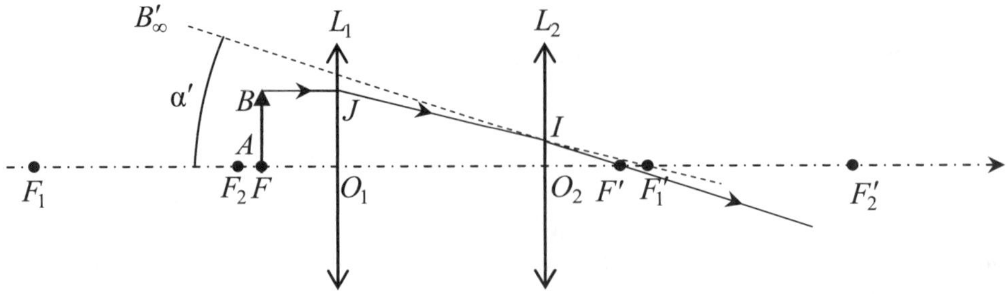

$\alpha' \approx \tan\alpha' = \dfrac{O_2I}{O_2F'}$. Or les triangles IO_2F_1' et JO_1F_1' sont semblables donc $\dfrac{O_2I}{O_2F_1'} = \dfrac{O_1J}{O_1F_1'} = \dfrac{AB}{O_1F_1'}$ d'où $\alpha' \approx \dfrac{AB \cdot O_2F_1'}{O_2F' \cdot O_1F_1'}$. Pour un œil emmétrope, $\alpha \approx \tan\alpha = \dfrac{AB}{d_m}$ avec $d_m = 25$ cm donc $\boxed{G = \dfrac{\alpha'}{\alpha} = \dfrac{d_m \cdot O_2F_1'}{O_2F' \cdot O_1F_1'}}$. AN $\boxed{G = 11}$. L'oculaire a donc un meilleur grossissement que la loupe.

Exercice 4.12

1. La formule de conjugaison de Descartes fournit la position de l'objet : $\dfrac{1}{\overline{OA'}} - \dfrac{1}{\overline{OA}} = \dfrac{1}{\overline{OF'}}$ d'où $\boxed{\overline{OA} = \dfrac{\overline{OA'} \cdot \overline{OF'}}{\overline{OF'} - \overline{OA'}}}$. AN $\boxed{\overline{OA} = -8{,}1 \text{ cm}}$: la diapositive doit être positionnée 8,1 cm avant la lentille, c'est-à-dire juste avant le foyer objet (l'image étant pratiquement à l'infini).

Le grandissement est alors $\gamma = \dfrac{\overline{OA'}}{\overline{OA}} = 1 - \dfrac{\overline{OA'}}{\overline{OF'}}$. AN $\gamma = -61$. Les dimensions de l'image seront donc celles de la diapositive multipliées par 61 : $\boxed{1{,}5 \text{ m} \times 2{,}2 \text{ m}}$.

⇨ *Méthode 4.4*

2. La condition est $\gamma = \dfrac{\overline{FO}}{\overline{FA}} = \dfrac{\overline{F'A'}}{\overline{F'O}} = -40$ (forcément négatif).

Cela donne d'une part $\overline{F'A'} = -\gamma f'$ d'où $\overline{OA'} = (1-\gamma)f'$. AN $\overline{OA'} = 3{,}28$ m : il faut rapprocher l'écran de la lentille de 1,72 m.

D'autre part, $\overline{FA} = \dfrac{f'}{\gamma}$ d'où $\overline{OA} = f'\left(\dfrac{1}{\gamma} - 1\right)$. AN $\overline{OA} = -8{,}2$ cm : la position de la lentille reste pratiquement la même par rapport à l'objet (le calcul donne un éloignement de moins de 1 mm, qu'on obtient en pratique en recherchant la netteté de l'image sur l'écran déjà positionné).

Exercice 4.13

1. a) En valeur absolue, $|\gamma| = \dfrac{1,20}{24\cdot 10^{-3}} = 50$ si on interprète la « largeur » comme étant la plus petite dimension (24 mm sur la diapositive) ; si on l'interprète plutôt comme la dimension horizontale (36 mm) on obtient $|\gamma| = 33$. De plus $\gamma = \dfrac{\overline{OE}}{\overline{OI}} < 0$ donc $\boxed{\gamma = -50}$ (ou $\gamma = -33$).

Le signe négatif indique que l'image est renversée.

b)

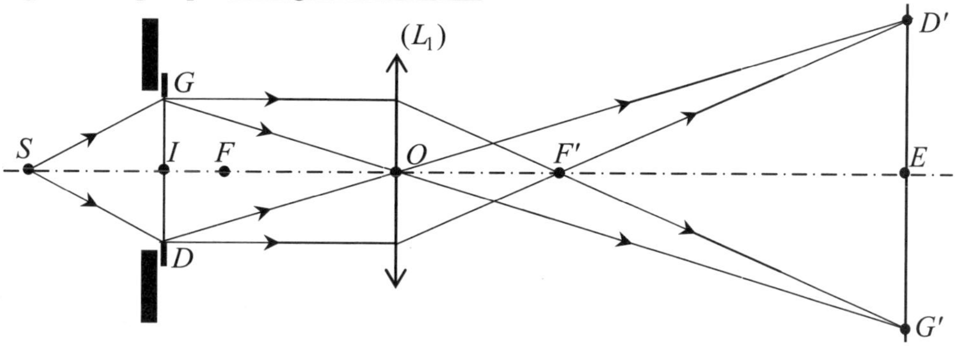

La construction confirme la question précédente : la diapositive doit être montée à l'envers pour obtenir une image à l'endroit.

c) $\gamma = \dfrac{\overline{OE}}{\overline{OI}} = \dfrac{L}{\overline{OI}}$ et $\dfrac{1}{\overline{OE}} - \dfrac{1}{\overline{OI}} = \dfrac{1}{f'}$ d'où $\boxed{f' = \dfrac{L}{1-\gamma}}$. $m = L - f'$ soit $\boxed{m = \dfrac{\gamma L}{\gamma - 1}}$. Enfin $\overline{OI} = -f' - e = \dfrac{L}{\gamma}$ d'où $\boxed{e = \dfrac{L}{\gamma(\gamma-1)}}$. AN $f' = 5,9$ cm ; $m = 2,9$ m ; $e = 1,2$ mm pour $\gamma = -50$.

d) $f' = \dfrac{L}{1-\gamma}$ donc $\gamma = 1 - \dfrac{L}{f'}$. Alors $\overline{OI} = \dfrac{L}{\gamma} = \dfrac{L}{1 - L/f'} = \dfrac{1}{1/L - 1/f'}$ soit $\overline{OI} = \dfrac{f'L}{f'-L}$.

Finalement, $\boxed{\overline{O_{\min}O_{\max}} = \dfrac{f'L_{\max}}{f'-L_{\max}} - \dfrac{f'L_{\min}}{f'-L_{\min}}}$. AN $\boxed{\overline{O_{\min}O_{\max}} = 1,1 \text{ mm}}$.

2. a) La taille de l'objet étant inchangée ainsi que les positions de l'écran et de l'objet par rapport à la lentille, G' et D' n'ont pas changé de position. D'autre part, les rayons issus de (L_0) doivent passer par G et O d'après les indications données.

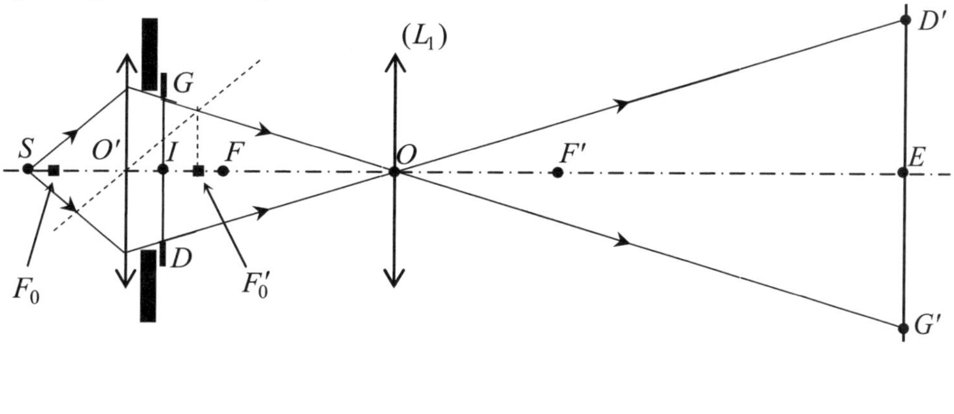

Pour déterminer la position des foyers de (L_0), on trace une droite parallèle au rayon incident et passant par O' ; l'intersection de cette droite avec la droite (GO) est un foyer secondaire image de (L_0) : sa projection sur l'axe donne donc le foyer principale image F_0'. Enfin le foyer objet est symétrique par rapport à O'.

b) O_{min} est l'image de S par (L_0) donc $\dfrac{1}{\overline{O'_{\text{min}}O_{\text{min}}}} - \dfrac{1}{\overline{O'_{\text{min}}S}} = \dfrac{1}{f_0'}$.

D'autre part, $\overline{SO'_{\text{min}}} + \overline{O'_{\text{min}}O_{\text{min}}} = \overline{SO_{\text{min}}} = SI + \dfrac{f'\,L_{\text{min}}}{L_{\text{min}} - f'}$, que nous noterons $k = 11{,}06\text{ cm}$.

La formule de conjugaison s'écrit donc $\dfrac{k}{\left(k - \overline{SO'_{\text{min}}}\right)\cdot \overline{SO'_{\text{min}}}} = \dfrac{1}{f_0'}$, soit, en posant $x = \overline{SO'_{\text{min}}}$,

$x^2 - k\,x + k\,f_0' = 0$. La seule solution acceptable est $\boxed{x = \overline{SO'_{\text{min}}} = 2{,}26\text{ cm}}$.

c) L'équation est la même ; seule la valeur de k change : $k = 10{,}95\text{ cm}$. On obtient donc de la même façon la solution $\boxed{x = \overline{SO'_{\text{max}}} = 2{,}27\text{ cm}}$.

Ces deux valeurs sont pratiquement identiques : la lentille (L_0) peut être placée à 2,3 cm de S.

d) La lentille (L_0) concentre les rayons provenant de la source au voisinage du centre optique de la lentille (L_1) : les conditions de Gauss sont alors mieux respectées, ce qui permet d'avoir des images plus nettes sur l'écran (meilleur stigmatisme).

Exercice 4.14

1. $\overline{OA} = -50\text{ m}$, $\overline{OF'} = +0{,}050\text{ m}$ et $\overline{AB} = +10\text{ m}$. Déterminons d'abord la position de l'image. La formule de Descartes donne $\overline{OA'} = \dfrac{\overline{OA}\cdot\overline{OF'}}{\overline{OA} + \overline{OF'}} \approx \overline{OF'} = 5{,}0\text{ cm}$ car $\left|\overline{OA}\right| >> \left|\overline{OF'}\right|$.

> ✎ *L'objet est assez éloigné pour pouvoir être considéré à l'infini, d'où le fait que son image soit au foyer image.*

> 💣 *Un calcul « exact » semble donner* $\overline{OA'} = +5{,}005\text{ cm}$, *mais il serait absurde d'écrire ce résultat car la précision des données n'est que de deux chiffres significatifs.*

Alors d'après la formule de grandissement : $\overline{A'B'} = \dfrac{\overline{OA'}}{\overline{OA}}\cdot\overline{AB}$. AN $\boxed{\overline{A'B'} = -1{,}0\text{ cm}}$: l'image de l'arbre sur la pellicule est renversée et mesure 10 mm (elle tient donc sur la pellicule).

2. Il faut que la taille de l'image de l'arbre sur la pellicule soit inférieure à $L = 36$ mm.

Cela se traduit par $\overline{A'B'} > -L$ ou encore $\gamma = \dfrac{\overline{A'B'}}{\overline{AB}} = \dfrac{\overline{OA'}}{\overline{OA}} > -\dfrac{L}{\overline{AB}}$, soit $\dfrac{\overline{OA}}{\overline{OA'}} < -\dfrac{\overline{AB}}{L}$. Or, d'après la formule de conjugaison, $\dfrac{\overline{OA}}{\overline{OA'}} - 1 = \dfrac{\overline{OA}}{\overline{OF'}}$. La condition devient donc $\dfrac{\overline{OA}}{\overline{OF'}} < -\dfrac{\overline{AB}}{L} - 1$ soit $\boxed{\overline{OA} < -\overline{OF'}\left(\dfrac{\overline{AB}}{L} + 1\right)}$. AN $\boxed{\overline{OA} < -14 \text{ m}}$.

Il faut donc que l'arbre soit au moins à 14 m de l'appareil pour être entièrement sur la photo.

Attention aux signes des mesures algébriques dans la résolution des inégalités.

3. L'image ne peut pas, d'après les caractéristiques de l'appareil, se situer à plus de 55 mm de la lentille, ce qui se traduit par $\overline{OA'} < d_{\max} = 55$ mm. On en tire $\dfrac{1}{\overline{OA'}} - \dfrac{1}{\overline{OF'}} > \dfrac{1}{d_{\max}} - \dfrac{1}{\overline{OF'}}$. Or $\dfrac{1}{\overline{OA'}} - \dfrac{1}{\overline{OF'}} = \dfrac{1}{\overline{OA}}$, la condition devient donc $\boxed{\overline{OA} < \dfrac{f' \cdot d_{\max}}{f' - d_{\max}}}$. AN $\boxed{\overline{OA} < -0{,}55 \text{ m}}$. Il ne sera donc pas possible de photographier un objet situé à moins de 55 cm de l'appareil.

⇨ *Méthode 4.4*

Exercice 4.15

1. On détermine la position de l'image : $\overline{F_1'A'} = -\dfrac{f_1'^2}{\overline{F_1A}} = -\dfrac{f_1'^2}{f_1' + \overline{O_1A}}$. AN $\overline{F_1'A'} = +45$ mm.

Or, pour être sur la pellicule, l'image doit être telle que $0 \leq \overline{F_1'A'} \leq \tau = 8{,}0$ mm, ce qui n'est pas le cas ici. <u>On ne peut donc pas photographier le grillon à cette distance</u> (il est trop proche).

2. a) La lentille L_2 donne de AB une image intermédiaire A_iB_i dont la lentille L_1 donne une image finale $A'B'$: $AB \xrightarrow{L_2} A_iB_i \xrightarrow{L_1} A'B'$. Pour qu'un point A puisse être photographié, il faut que son image A' par le système vérifie $0 \leq \overline{F_1'A'} \leq \tau$.

Les formules de conjugaison donnent : $\overline{F_2'A_i} \cdot \overline{F_2A} = -f_2'^2$ et $\overline{F_1'A'} \cdot \overline{F_1A_i} = -f_1'^2$.

– Soit A_0 le point dont l'image finale A_0' est en F_1' (soit $\overline{F_1'A_0'} = 0$). L'image intermédiaire est donc à l'infini et A_0 coïncide alors avec F_2, soit $\boxed{\overline{O_2A_0} = -f_2' = -\dfrac{1}{V_2} = -25{,}0 \text{ cm}}$.

– Soit A_1 le point dont l'image finale A_1' est telle que $\overline{F_1'A_0'} = \tau$. Alors $\overline{F_1A_i} = -\dfrac{f_1'^2}{\tau}$ et $\overline{F_2'A_i} = \overline{F_2'O_2} + \overline{O_2O_1} + \overline{O_1F_1} + \overline{F_1A_i} = -f_2' + D - f_1' - \dfrac{f_1'^2}{\tau}$, d'où $\overline{F_2A_1} = -\dfrac{f_2'^2}{D - f_1' - f_2' - \dfrac{f_1'^2}{\tau}}$ et

finalement $\overline{O_2A_1} = -f_2' - \dfrac{f_2'^2}{D - f_1' - f_2' - \dfrac{f_1'^2}{\tau}}$. AN $\boxed{\overline{O_2A_1} = -18{,}8 \text{ cm}}$.

Les points photographiables sont donc situés <u>entre 18,8 cm et 25,0 cm devant la bonnette</u> (donc entre 20,8 cm et 27,0 cm devant l'objectif initial).

➪ *Méthode 4.6*

💣 *Attention à ne pas confondre les origines dans les formules, puis prendre bien garde aux signes et aux unités dans les applications numériques. L'utilisation d'un brouillon et une double vérification des calculs sont recommandées.*

b) Le grillon est donc bien photographiable à la distance de 20 cm devant la bonnette.
Les formules précédentes donnent maintenant pour l'image intermédiaire :

$\overline{F_2'A_i} = \dfrac{-f_2'^2}{\overline{F_2A}} = \dfrac{-f_2'^2}{f_2' + \overline{O_2A}}$. AN $\overline{F_2'A_i} = -125$ cm. Ensuite pour l'image finale :

$\overline{F_1'A'} = -\dfrac{f_1'^2}{\overline{F_1A_i}} = -\dfrac{f_1'^2}{f_1' - D + f_2' + \overline{F_2'A_i}}$. AN $\overline{F_1'A'} = 6{,}0$ mm (qui est bien compris entre 0 et τ).

On utilise alors les formules de grandissement : $\gamma = \dfrac{\overline{A'B'}}{\overline{AB}} = \dfrac{\overline{A'B'}}{\overline{A_iB_i}} \cdot \dfrac{\overline{A_iB_i}}{\overline{AB}} = \dfrac{\overline{F_1'A'}}{\overline{F_1'O_1}} \cdot \dfrac{\overline{F_2'A_i}}{\overline{F_2'O_2}}$ donc

$\overline{A'B'} = \overline{AB}\dfrac{\overline{F_1'A'} \cdot \overline{F_2'A_i}}{f_1' \cdot f_2'}$. AN $\boxed{\overline{A'B'} = -6{,}0 \text{ mm}}$, ce qui est assez important.

En effet la taille d'une pellicule argentique était de $24 \text{ mm} \times 36 \text{ mm}$, mais celle d'un capteur numérique est de l'ordre de $6 \text{ mm} \times 8 \text{ mm}$: le grillon occupe donc une grande partie de l'image sur une photographie numérique.

Exercice 4.16

1. L'œil observe l'image du réticule à l'infini à travers l'oculaire, donc le réticule est dans le plan focal objet de l'oculaire : $\boxed{d = f_2' = 3{,}0 \text{ cm}}$.

2. a) L'objet doit être dans le plan conjugué du réticule par rapport à L_1 : $\dfrac{1}{D} - \dfrac{1}{\overline{O_1A}} = \dfrac{1}{f_1'}$ d'où

$\boxed{\overline{O_1A} = \dfrac{f_1' \times D}{f_1' - D}}$. AN $\boxed{\overline{O_1A} = -14 \text{ cm}}$.

b) Cette position est <u>indépendante de l'œil</u> qui observe, dont les propriétés ne sont pas intervenues dans le calcul précédent. En revanche, la modification de la position de l'*oculaire* par rapport au réticule permettrait de s'adapter à un œil myope.

c) L'expression « viseur à frontale fixe » signifie que cette lunette vise des objets situés à une <u>distance fixe</u> (14 cm) devant l'objectif.

3. a) A est à une distance x_1 devant la lentille, soit $\boxed{\overline{OA} = -x_1 = -20 \text{ cm}}$. A' est à une distance x_2 et également devant la lentille, soit $\boxed{\overline{OA'} = -x_2 = -10 \text{ cm}}$.

b) Formule de Descartes : $\dfrac{1}{-x_2} - \dfrac{1}{-x_1} = \dfrac{1}{f'}$ d'où $\boxed{f' = \dfrac{x_1 x_2}{x_2 - x_1}}$. AN $\boxed{f' = -20 \text{cm}}$. La lentille est donc divergente.

Exercice 4.17

1. a) Un système afocal n'a pas de foyer : il donne d'un objet à l'infini une image à l'infini. Pour cela, le foyer image F_1' de l'objectif doit être confondu avec le foyer objet F_2 de l'oculaire, selon le schéma : $A_\infty \xrightarrow{L_1} A' = F_1' = F_2 \xrightarrow{L_2} A''_\infty$. La distance entre les lentilles est donc $\boxed{\overline{O_1O_2} = f_1' + f_2'}$.

b)

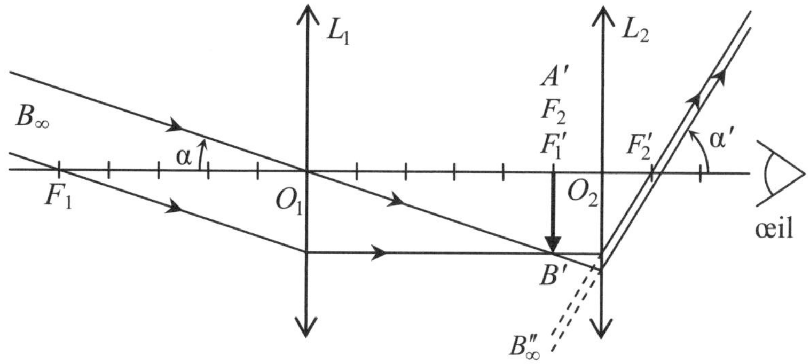

⇨ *Méthode 4.3*

✐ *Les angles ont été orientés, car on parle du signe du grossissement par la suite.*

c) L'image <u>réelle</u> de l'objet (à l'infini) doit se former sur la pellicule, donc on doit placer celle-ci dans le <u>plan focal image</u> d'une lentille convergente : soit l'objectif, soit une autre lentille placée après l'oculaire (si on veut une image agrandie).

2. a) L'image est <u>renversée</u>, car un rayon venant initialement du haut (depuis B_∞) vient ensuite du bas lorsqu'il arrive à l'œil (et les angles α et α′ sont de signes contraires).

b) $\alpha \approx \tan\alpha = \dfrac{\overline{A'B'}}{\overline{O_1F_1'}} = \dfrac{\overline{A'B'}}{f_1'}$ et $\alpha' \approx \tan\alpha' = \dfrac{\overline{A'B'}}{\overline{F_2'O_2}} = -\dfrac{\overline{A'B'}}{f_2'}$ donc $\boxed{G = \dfrac{\alpha'}{\alpha} = -\dfrac{f_1'}{f_2'}}$.

⇨ *Méthode 4.6*

3. a) On doit avoir cette fois : $A_\infty \xrightarrow{L_1} A' = F_1' \xrightarrow{L_3} A'' = F_2 \xrightarrow{L_2} A'''_\infty$. <u>Le foyer objet F_2 de l'oculaire doit être le conjugué du foyer image F_1' de l'objectif</u> par la lentille intermédiaire L_3.

b)

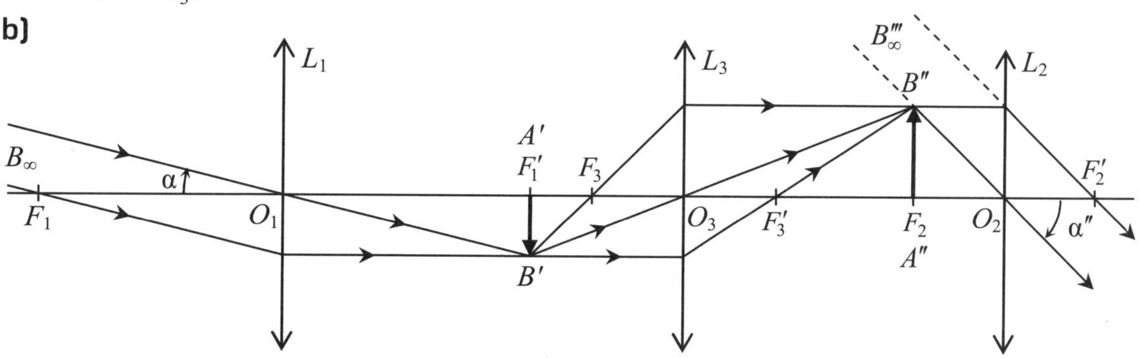

⇨ *Méthode 4.3*

c) $\dfrac{1}{\overline{O_3F_2}} - \dfrac{1}{\overline{O_3F_1'}} = \dfrac{1}{f_3'}$ d'où $\overline{O_3F_2} = \dfrac{\overline{O_3F_1'}\cdot f_3'}{\overline{O_3F_1'} + f_3'}$.

De plus $\gamma_3 = \dfrac{\overline{O_3F_2}}{\overline{O_3F_1'}} = \dfrac{f_3'}{\overline{O_3F_1'} + f_3'}$ donc $\boxed{\overline{O_3F_1'} = f_3'\left(\dfrac{1}{\gamma_3} - 1\right)}$.

d) $\alpha'' \approx \tan\alpha'' = \dfrac{\overline{A''B''}}{\overline{O_2F_2}} = -\dfrac{\overline{A''B''}}{f_2'}$ et toujours $\alpha \approx \dfrac{\overline{A'B'}}{f_1'}$, donc $\dfrac{\alpha''}{\alpha} = -\dfrac{\overline{A''B''}}{\overline{A'B'}}\dfrac{f_1'}{f_2'}$ soit $\boxed{G' = \gamma_3 G}$.

$\gamma_3 < 0$ (objet réel et image réelle) donc cette fois $\boxed{G' > 0}$: l'image finale est <u>droite</u>. De plus, si L_3 est bien placée (assez près de $A'B'$) on obtient $|\gamma_3| > 1$ (image intermédiaire agrandie) donc $\boxed{|G'| > |G|}$: on a donc bien aussi <u>augmenté le grossissement</u>.

Exercice 4.18

1. $\boxed{f_1' = \dfrac{1}{V_1} = +20 \text{ cm}}$: lentille <u>convergente</u> ; $\boxed{f_2' = \dfrac{1}{V_2} = -5{,}0 \text{ cm}}$: lentille <u>divergente</u>.

2. a) La lunette étant afocale, elle donne d'un objet à l'infini une image à l'infini, donc $A_\infty \xrightarrow{L_1} A_i = F_1' = F_2 \xrightarrow{L_2} A_\infty''$. Alors $\overline{O_1O_2} = \overline{O_1F_1'} + \overline{F_2O_2}$ soit $\boxed{d = f_1' + f_2'}$. AN $\boxed{d = 15 \text{ cm}}$.

b) $G = \dfrac{\alpha'}{\alpha}$ avec $\alpha \approx \tan\alpha = \dfrac{A_iB_i}{f_1'}$ et $\alpha' \approx \tan\alpha' = \dfrac{A_iB_i}{-f_2'}$ donc $\boxed{G = -\dfrac{f_1'}{f_2'}}$. AN $\boxed{G = 4}$.

⇨ *Méthode 4.6*

3. a) Le diamètre apparent de Copernic à l'œil nu est de $\dfrac{96}{3{,}8\cdot 10^5} = 2{,}5\cdot 10^{-4}$ rad, ce qui est inférieur à $3\cdot 10^{-4}$ rad : Copernic n'est donc <u>pas discernable à l'œil nu</u>. En revanche, vu à travers la lunette, son diamètre apparent est 4 fois plus grand, soit $1{,}0\cdot 10^{-3}$ rad : <u>il est donc visible à la lunette</u>.

Pour Clavius, son diamètre apparent à l'œil nu est de $\dfrac{240}{3{,}8\cdot 10^5} = 6{,}3\cdot 10^{-4}$ rad et il est donc <u>discernable à l'œil nu</u>. C'est, bien entendu, <u>également le cas à travers la lunette</u>.

b) Diamètres apparents des deux planètes vues de la Terre :

	à l'œil nu	à travers la lunette
Vénus	$\dfrac{12150}{4{,}5\cdot 10^7} = 2{,}7\cdot 10^{-4}$ rad	$4\times 2{,}7\cdot 10^{-4} = 1{,}1\cdot 10^{-3}$ rad
Jupiter	$\dfrac{145800}{6{,}3\cdot 10^8} = 2{,}3\cdot 10^{-4}$ rad	$4\times 2{,}3\cdot 10^{-4} = 9{,}3\cdot 10^{-4}$ rad

<u>À l'œil nu</u>, Vénus et Jupiter sont vues comme des points et <u>l'occultation ne sera pas discernable</u>. <u>À travers la lunette</u>, elles sont vues comme des disques, mais celui de Vénus apparaît plus grand que celui de Jupiter : au moment de la conjonction, <u>l'astronome verra, à travers la lunette, un disque passant devant un autre disque plus petit</u>.

Exercice 4.19

1.

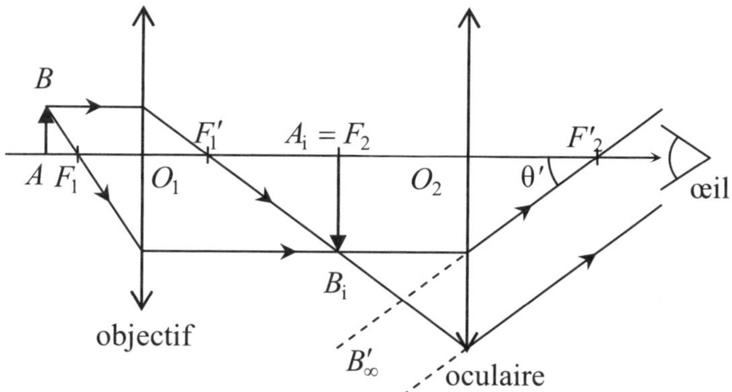

2. L'objet pour l'oculaire est A_iB_i. Le grossissement commercial G_2 est le rapport entre l'angle θ' indiqué sur la figure ci-dessus, et l'angle θ_i sous lequel serait vu A_iB_i à l'œil nu à la distance δ.

$\theta' \approx \tan\theta' = \dfrac{A_iB_i}{f_2'}$ et $\theta_i \approx \tan\theta_i = \dfrac{A_iB_i}{\delta}$ donc $G_2 = \dfrac{\delta}{f_2'}$ d'où $\boxed{f_2' = \dfrac{\delta}{G_2}}$. AN $\boxed{f_2' = 2{,}5\,\text{cm}}$.

3. Formule de grandissement de Newton : $\gamma_1 = \dfrac{\overline{A_iB_i}}{\overline{AB}} = \dfrac{\overline{F_1'F_2}}{\overline{F_1'O_1}} = \dfrac{\Delta}{-f_1'}$.

Donc $G_1 = |\gamma_1| = \dfrac{\Delta}{f_1'}$ d'où $\boxed{f_1' = \dfrac{\Delta}{G_1}}$. AN $\boxed{f_1' = 0{,}40\,\text{cm}}$.

Attention à bien lire l'énoncé : G_1 n'est pas un grossissement, donc le calcul n'est pas le même qu'à la question précédente !

$\gamma_1 = \dfrac{\overline{O_1A_i}}{\overline{O_1A}} = \dfrac{f_1' + \Delta}{\overline{O_1A}}$ d'où $\overline{O_1A} = \dfrac{f_1' + \Delta}{\gamma_1} (< 0)$ et $\boxed{O_1A = \dfrac{f_1' + \Delta}{G_1} = \dfrac{f_1'(f_1' + \Delta)}{\Delta}}$. AN $\boxed{O_1A = 0{,}41\,\text{cm}}$.

4. Grossissement global : $G = \dfrac{\theta'}{\theta}$ avec $\theta \approx \tan\theta = \dfrac{AB}{\delta}$ (objet AB vu à l'œil nu au PP), donc

$G = \dfrac{A_iB_i}{f_2'}\dfrac{\delta}{AB}$ soit $\boxed{G = G_1G_2}$. AN $\boxed{G = 400}$.

Le grossissement d'un microscope est le produit du *grossissement* de l'oculaire par le *grandissement* (en valeur absolue) de l'objectif.

5. Notons $O_1 \xrightarrow{L_2} C$. Formule de Newton : $\overline{F_2O_1} \cdot \overline{F_2'C} = -f_2'^2$ avec $\overline{F_2O_1} = -\Delta - f_1'$ donc

$\overline{F_2'C} = \dfrac{f_2'^2}{\Delta + f_1'}$. AN $\boxed{\overline{F_2'C} = 3{,}8\ \text{mm}}$. Le rapport des diamètres est la valeur absolue du grandissement : $\dfrac{d_{co}}{d} = \dfrac{F_2'C}{f_2'}$ d'où $\boxed{d_{co} = d\dfrac{f_2'}{\Delta + f_1'}}$. AN $\boxed{d_{co} = 1{,}1\,\text{mm}}$.

Tous les rayons ayant traversé l'objectif passent ensuite à l'intérieur du cercle oculaire (son image) : pour voir une image <u>bien lumineuse</u> et <u>complète</u> (pas de perte des bords) on a donc intérêt à placer l'œil à cet endroit. Le diamètre du cercle oculaire est <u>inférieur à celui de la pupille de l'œil</u>, ce qui permet bien de capter toute la lumière issue du microscope.

Chapitre 5
Introduction au monde quantique

Louis de Broglie
1892-1987

Historien de formation, Louis **de Broglie** se tourne vers la physique au début des années 1910, sous l'impulsion de son frère Maurice qui dirige à Paris un laboratoire de rayons X.

En 1965, il retraçait ainsi la genèse de ses travaux :

C'est en 1905 que, faisant ainsi une synthèse des anciennes théories corpusculaires de la lumière alors abandonnées et des théories ondulatoires de Fresnel et de Maxwell unanimement adoptées, Albert Einstein a affirmé que dans la lumière il y a à la fois des ondes et des corpuscules, nos photons d'aujourd'hui, et en a tiré l'interprétation jusque là impossible de l'effet photoélectrique. Plus de vingt ans plus tard, en 1923, j'ai eu la hardiesse d'étendre la coexistence des ondes et des particules en supposant que non seulement les photons de la lumière, mais toutes les autres particules de la matière, comme les électrons, sont accompagnées d'une onde. Pour moi, comme cela avait été aussi l'idée d'Einstein, il s'agissait non pas d'une vague et peu compréhensible « dualité » mais d'une véritable coexistence de l'onde et de la particule, toutes deux présentes dans l'espace physique et intimement liées l'une à l'autre.

En 1929 et à 37 ans seulement, il reçoit le prix Nobel de physique pour ces travaux.

■■ Objectifs

■ Ce qu'il faut connaître

- ▷ Les relations de Planck-Einstein et de Louis de Broglie exprimant la dualité onde-corpuscule pour la lumière et la matière
- ▷ L'interprétation probabiliste associée à la fonction d'onde
- ▷ Le lien qualitatif entre confinement spatial et quantification de l'énergie
- ▷ L'inégalité de Heisenberg spatiale

■ Ce qu'il faut savoir faire

- ▷ Évaluer des ordres de grandeur typiques dans des phénomènes quantiques
- ▷ Interpréter une expérience d'interférences (matière ou lumière) « particule par particule » en termes probabilistes
- ▷ Obtenir les niveaux d'énergie d'une particule libre confinée en une dimension par analogie avec les modes propres d'une corde vibrante
- ▷ Établir l'inégalité de Heisenberg spatiale en ordre de grandeur par analogie avec la diffraction des ondes lumineuses
- ▷ Déterminer l'énergie minimale d'un système quantique confiné

Résumé de cours

Dualité onde-corpuscule de la lumière et de la matière

Dualité du comportement de la lumière : relations de Planck-Einstein

Einstein a mis en évidence que lors de l'interaction de la lumière avec la matière, un rayonnement de fréquence ν, de longueur d'onde $\lambda = \frac{c}{\nu}$, se comporte comme s'il était constitué de « grains d'énergie » appelés **photons** et possédant les propriétés suivantes :

– ce sont des particules de masse nulle, de charge nulle, se déplaçant dans la vide à la vitesse $c = 3 \cdot 10^8 \text{ m} \cdot \text{s}^{-1}$;

– ils possèdent une **énergie** $\boxed{E = h\nu = \frac{hc}{\lambda}}$ et une **quantité de mouvement** $\boxed{\vec{p} = \frac{h\nu}{c}\vec{e} = \frac{h}{\lambda}\vec{e}}$

avec $\vec{e}$ un vecteur unitaire donnant le sens de propagation de la lumière et $h = 6{,}63 \cdot 10^{-34}$ J·s la **constante de Planck**.

Dualité du comportement de la matière : relation de Louis de Broglie

Louis de Broglie a postulé qu'à toute particule matérielle de masse m, de vitesse v et de quantité de mouvement $\vec{p} = m\vec{v}$, on peut associer une **onde de matière** de longueur d'onde $\boxed{\lambda = \frac{h}{p}}$.

⇨ **Méthode 5.1. Évaluer des ordres de grandeur des longueurs d'ondes associées à des particules matérielles**

La fonction d'onde et son interprétation probabiliste

Fonction d'onde

La description complète de l'état d'une particule dans l'espace à l'instant t se fait à l'aide d'une **fonction d'onde** complexe $\psi(x,y,z,t)$, continue par rapport aux variables d'espace.

Interprétation probabiliste de la fonction d'onde

La fonction d'onde $\psi(x,y,z,t)$ correspond à une amplitude de probabilité de présence. Plus précisément, la **probabilité** de trouver la particule dans un volume élémentaire $\mathrm{d}^3\tau = \mathrm{d}x\,\mathrm{d}y\,\mathrm{d}z$ autour d'un point M de coordonnées (x,y,z) est donnée par $\boxed{\mathrm{d}^3P = |\psi|^2\,\mathrm{d}^3\tau}$. La particule étant avec certitude dans tout l'espace, on a donc $\iiint |\psi|^2\,\mathrm{d}^3\tau = 1$ (fonction d'onde « normée »).

La fonction d'onde contenant toute l'information disponible, le caractère probabiliste et aléatoire ne résulte pas d'une mauvaise connaissance initiale du système, mais fait partie intégrante du formalisme quantique.

⇨ **Méthode 5.2. Interpréter une expérience d'interférences « particule par particule » en termes probabilistes**

■ Lien entre confinement spatial et quantification de l'énergie

Dans le cadre de la mécanique quantique, on montre que le **confinement spatial** d'une particule entraîne une **quantification de son énergie**. Qualitativement, cette quantification est associée à un phénomène d'ondes stationnaires apparaissant sous l'effet de conditions aux limites particulières (annulation, périodicité…) sur la densité de probabilité de présence $|\psi|^2$.

⇨ **Méthode 5.3. Obtenir les niveaux d'énergie d'une particule libre confinée 1D par analogie avec les modes propres d'une corde vibrante**

Comment obtenir des ordres de grandeurs des longueurs d'ondes associées à des particules matérielles ?

Méthode 5.1. Évaluer des ordres de grandeur des longueurs d'ondes associées à des particules matérielles

On relie tout d'abord la quantité de mouvement p aux données du problème :
– pour une particule non relativiste (c'est-à-dire de vitesse v telle que $(v/c)^2 \ll 1$, voir chapitre 13), $p = mv = \sqrt{2mE_c}$ où E_c est son énergie cinétique ;
– pour une particule libre relativiste d'énergie totale E et de masse au repos m, $E = \sqrt{p^2c^2 + m^2c^4} = E_c + mc^2$.

Puis on utilise la relation de Louis de Broglie $\lambda = \dfrac{h}{p}$.

⇨ **Exercices 5.2, 5.3, 5.4, 5.6**

– Déterminer la longueur d'onde d'une personne de 50 kilogrammes se déplaçant à la vitesse de 1,0 mètre par seconde. Observera-t-on un phénomène d'interférences avec un flot d'individus se précipitant vers les deux portes d'entrée (situées sur la même façade) d'un grand magasin un jour de soldes ?

La longueur d'onde est donnée par $\lambda = \dfrac{h}{p} = \dfrac{h}{mv}$. AN $\boxed{\lambda = 1{,}3 \cdot 10^{-35}\ \text{m}}$. Cette longueur d'onde est infiniment plus petite que toutes les dimensions des objets macroscopiques de notre quotidien : <u>le caractère ondulatoire d'un individu n'est en pratique jamais observé</u>.

– Déterminer de même la longueur d'onde d'un neutron de masse $m = 1{,}67 \cdot 10^{-27}$ kg, d'énergie cinétique égale à 0,00843 eV. Justifier que l'on peut observer le comportement ondulatoire de ces neutrons en les envoyant sur un cristal dont les atomes sont distants de $a = 398$ pm.

La longueur d'onde est : $\lambda = \dfrac{h}{p} = \dfrac{h}{\sqrt{2mE_c}}$. AN $\boxed{\lambda = 3{,}12 \cdot 10^{-10}\ \text{m} = 312\ \text{pm}}$, sachant que $1\ \text{eV} = 1{,}60 \cdot 10^{-19}$ J.

La longueur d'onde λ du neutron et les distances interatomiques a dans le cristal sont <u>du même ordre de grandeur</u> avec $\lambda \leq a$. <u>Le comportement ondulatoire peut donc se manifester à travers le phénomène de diffraction</u> des neutrons par le cristal.

■ Comment interpréter une expérience d'interférences « particule par particule » ?

❑ Méthode 5.2. Interpréter une expérience d'interférences « particule par particule » en termes probabilistes

L'analyse d'une expérience d'interférences quantiques se fait au moyen de l'interprétation probabiliste de la fonction d'onde $\psi(x, y, z, t)$.

⇨ **Exercice 5.6**

Supposons que des particules (photons ou particules matérielles), toutes préparées dans le même état quantique, sont envoyées une par une sur un dispositif interférentiel de type fentes de Young. Après les fentes, on place un détecteur de particules (figure ci-dessous). Les résultats obtenus pour différentes expériences sont résumés dans le tableau page suivante.

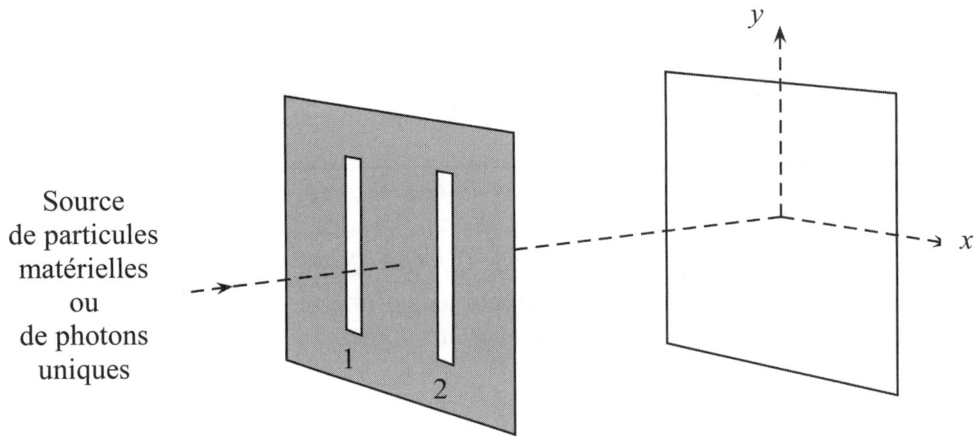

– Dualité onde-corpuscule

Chaque particule individuelle allume un seul pixel de l'écran : *elle se comporte donc comme un corpuscule* (expériences *a*, *b* et *c*). Quand on répète l'expérience avec un grand nombre de particules, toutes préparées dans le même état, le *comportement ondulatoire* se révèle avec la présence de franges d'interférences (expérience *b*). On retrouve le fait que la particule est à la fois une onde et un corpuscule.

> ✎ *Le comportement ondulatoire est ici indiscutable dans la mesure où la figure d'interférences obtenue sur l'écran quand les deux fentes sont ouvertes ne se réduit pas à la superposition des deux figures obtenues quand une seule des deux fentes est successivement ouverte (expérience b pour les interférences et expérience c pour les figures de diffraction, centrées respectivement sur les fentes 1 et 2).*

Deux fentes ouvertes et $N \approx$ quelques unités	Deux fentes ouvertes et $N \gg 1$	Une seule fente ouverte et $N \gg 1$
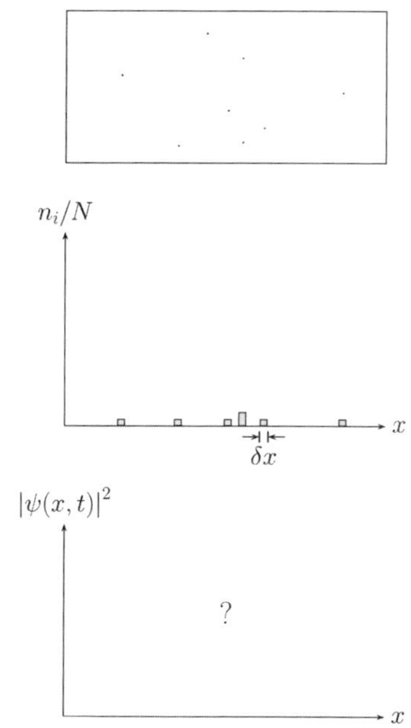	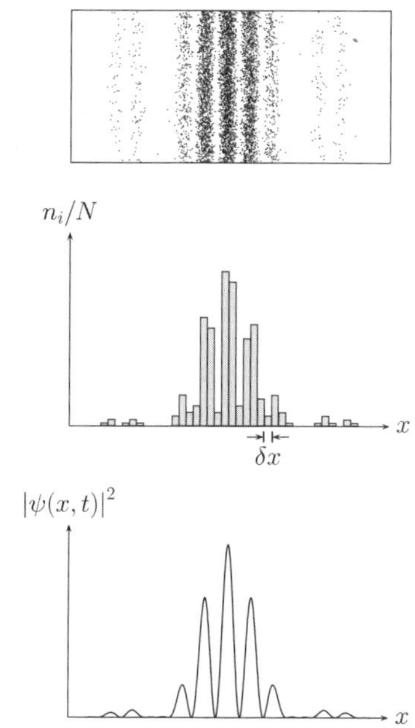	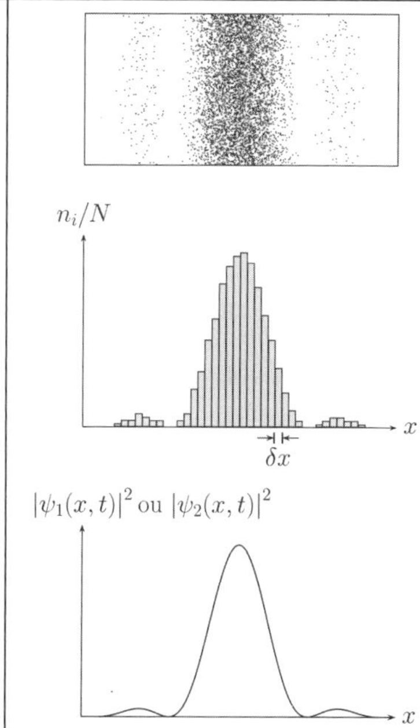
Expérience *a*	Expérience *b*	Expérience *c*

– Analyse en termes probabilistes

Le point d'impact est *aléatoire*, c'est-à-dire que pour des particules préparées toutes dans le même état, on ne peut pas prévoir à l'avance la position du pixel qui sera allumé sur le détecteur.

Mais si on fait une mesure de la position de chaque particule avec un détecteur de résolution spatiale δx (largeur d'un canal), à condition de répéter l'expérience un grand nombre de fois, l'histogramme des résultats représentant le nombre n_i de particules (sur un total de N) détectées dans chaque canal i présente une forme caractéristique, qui n'est autre que celle de la *densité de probabilité de présence* $|\psi(x,t)|^2$ (expériences b et c).

Si $\psi_1(x,t)$ et $\psi_2(x,t)$ sont les fonctions d'ondes correspondant aux particules dans les configurations où respectivement seules les fentes 1 et 2 sont ouvertes, la mécanique quantique prévoit que pour les deux fentes ouvertes simultanément $\psi(x,t) \propto \psi_1(x,t) + \psi_2(x,t)$ (principe de superposition); on en déduit la relation entre les densités de probabilité de présence :

$$|\psi(x,t)|^2 \propto |\psi_1(x,t)|^2 + |\psi_2(x,t)|^2 + \textit{terme d'interférences.}$$

Méthodes

■ Comment obtenir les niveaux d'énergie d'une particule libre confinée ?

❑ Méthode 5.3. Obtenir les niveaux d'énergie d'une particule libre confinée 1D par analogie avec les modes propres d'une corde vibrante

L'énergie totale E d'une particule libre (non soumise à un potentiel) se réduit à son énergie cinétique $E = E_c = \frac{p^2}{2m}$. En utilisant la relation de Louis de Broglie $p = \frac{h}{\lambda}$, on obtient $E = \frac{h^2}{2m\lambda^2}$. Les niveaux d'énergie d'une particule libre confinée sont alors obtenus, par analogie avec les modes propres d'une corde vibrante, en supposant que les conditions aux limites imposées par le confinement sur une largeur L sont à l'origine de l'apparition d'ondes stationnaires de longueurs d'onde λ telles que $L = n\frac{\lambda}{2}$ $(n \in \mathbb{N}^*)$.

⇨ **Exercice 5.7, 5.8**

Un électron de conduction est confiné dans une couche de GaAs (arséniure de gallium) de largeur L entourée de deux couches de AlGaAs (arséniure d'aluminium et de gallium) . On suppose qu'il « ressent » une énergie potentielle nulle tant qu'il reste dans la couche de GaAs, et une énergie potentielle qui tend vers l'infini sinon (modèle du puits quantique infini). Donner les niveaux d'énergie de cet électron libre.

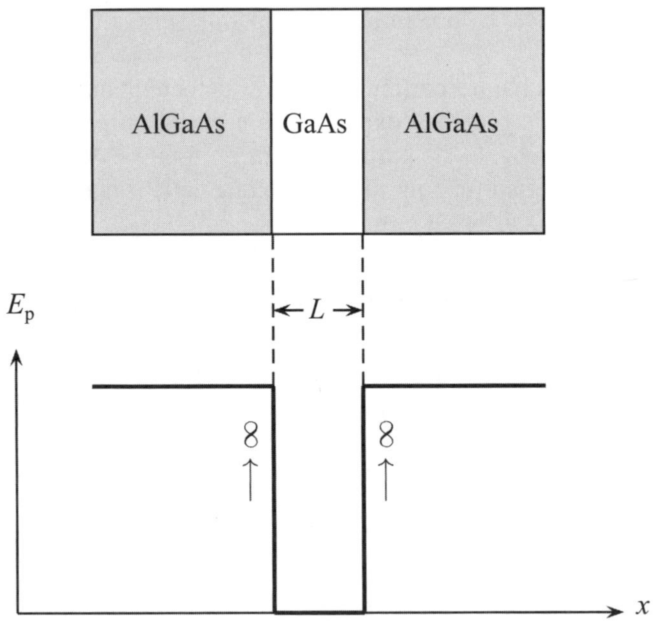

L'énergie totale E de l'électron libre confiné est égale à son énergie cinétique ($E_p = 0$) d'où

$$E = E_c = \frac{p^2}{2m} = \frac{h^2}{2m\lambda^2}$$

En supposant la présence d'ondes stationnaires à l'intérieur du puits, on a $L = n\frac{\lambda}{2}$ $(n \in \mathbb{N}^*)$, d'où

$$\boxed{E = \frac{n^2h^2}{8mL^2}} \quad (n \in \mathbb{N}^*)$$

On constate que le confinement spatial a conduit à une quantification des énergies.

Vrai/Faux

		Vrai	Faux
1.	Plus la longueur d'onde d'un photon diminue, plus l'énergie qu'il transporte augmente.	☐	☐
2.	La masse d'un photon étant nulle, sa quantité de mouvement l'est également.	☐	☐
3.	Si on multiplie par deux la vitesse d'un électron non relativiste, on divise par deux sa longueur d'onde.	☐	☐
4.	La dimension du produit d'une quantité de mouvement par une longueur est la même que la dimension du produit d'une énergie par un temps.	☐	☐
5.	La fonction d'onde $\psi(x,y,z,t)$ représente la probabilité de trouver la particule en (x,y,z).	☐	☐
6.	Dans une expérience d'interférences quantiques, des particules préparées de manière rigoureusement identiques ne seront pas forcément détectées en un même point de l'écran après passage dans le dispositif interférentiel.	☐	☐
7.	Le caractère ondulatoire d'une particule ne peut être révélé dans une expérience d'interférences quantiques que si le nombre de particules envoyées sur le dispositif interférentiel est suffisamment grand.	☐	☐
8.	On peut choisir arbitrairement l'énergie totale d'une particule libre confinée à une dimension.	☐	☐
9.	En mécanique quantique, plus on confine une particule dans un espace de petite dimension, plus on augmente son énergie cinétique.	☐	☐

Énoncé des exercices

Dualité onde-corpuscule

Exercice 5.1. Flux de photons d'une étoile

Une étoile émet un flux lumineux constant reçu sur Terre $\varphi = 1 \cdot 10^{-10}\ \text{W} \cdot \text{m}^{-2}$ à une longueur d'onde moyenne de $\lambda = 5 \cdot 10^{-7}\ \text{m}$.

1. Calculer le nombre de photons traversant chaque seconde la pupille de l'œil de rayon $r = 4\ \text{mm}$.

2. Calculer la pression de radiation $P = \frac{1}{S}\frac{N}{\Delta t}p$ exercée par ce flux constant issu de l'étoile sur la surface S de la pupille (supposée totalement absorbante), où p représente la quantité de mouvement d'un photon et N le nombre de photons arrivant sur la pupille durant l'intervalle de temps Δt.

Calculer de même la pression de radiation $P_{\odot}$ du Soleil, de flux sur Terre $\varphi_{\odot} = 1 \cdot 10^{4}\ \text{W} \cdot \text{m}^{-2}$. Comparer ces résultats à la pression atmosphérique $P_{\text{atm}} = 1 \cdot 10^{5}\ \text{Pa}$.

Exercice 5.2. Des neutrons pour la recherche

Le réacteur haut flux de l'institut Laue-Langevin de Grenoble produit un flux de neutrons très intense grâce à la fission d'uranium enrichi. À proximité du cœur du réacteur, ces neutrons sont ralentis par refroidissement dans différents dispositifs. En particulier, une sphère de graphite maintenue à $T_{\text{c}} = 2{,}00 \cdot 10^{3}\ \text{K}$ produit des neutrons « chauds » et une sphère de deutérium à $T_{\text{f}} = 20{,}0\ \text{K}$ constitue une source de neutrons « froids ». La relation thermodynamique définissant la température T à partir de l'énergie cinétique de translation est $\frac{1}{2}mv^2 = \frac{3}{2}k_{\text{B}}T$, avec $k_{\text{B}} = 1{,}38 \cdot 10^{-23}\ \text{J} \cdot \text{K}^{-1}$ la constante de Boltzmann et $m = 1{,}67 \cdot 10^{-27}\ \text{kg}$ la masse des neutrons en mouvement à la vitesse v.

1. Déterminer les vitesses des neutrons « chauds » et « froids », notées respectivement v_{c} et v_{f}. Justifier que ces derniers peuvent être considérés comme non relativistes.

2. Calculer les longueurs d'ondes de ces neutrons. Laquelle des deux sources est la mieux adaptée pour étudier la formation de gouttelettes micrométrique d'athénole (huile essentielle issue de l'anis étoilé) en suspension dans un mélange eau-alcool ?

Exercice 5.3. Expérience de G. P. Thomson

En 1927, les physiciens américains Davisson et Germer fournissaient la preuve expérimentale de l'hypothèse de Louis de Broglie en mettant en évidence le phénomène de diffraction d'électrons sur un échantillon monocristallin de nickel. Quelques mois plus tard, le Britannique

G. P. Thomson confirmait ce résultat en faisant passer un faisceau d'électrons monocinétique à travers une mince feuille de métal. Avec des électrons accélérés par une différence de potentiel (tension) de l'ordre du kilovolt (kV), il obtint sur une plaque photographique placée derrière la cible une figure de diffraction identique à celle observée avec des rayons X de même énergie.

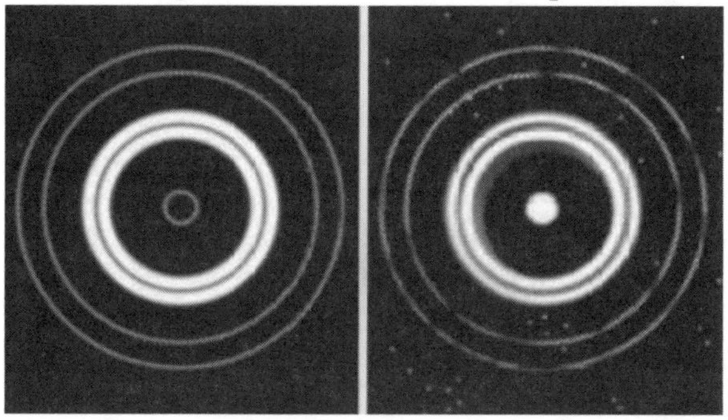

La figure ci-contre représente les anneaux concentriques obtenus par diffraction sur un mince feuillet métallique :
– de rayons X (à gauche);
– d'électrons (à droite).

1. En quoi l'expérience de G. P. Thomson confirma-t-elle la nature ondulatoire des électrons ?

2. Donner l'ordre de grandeur de la longueur d'onde des rayons X. L'utilisation de ces derniers vous semble-t-elle adaptée pour mener une étude cristallographique par diffraction ?

3. Soumis à une différence de potentiel $U > 0$, un électron de charge $q = -e = -1{,}60 \cdot 10^{-19}$ C et de masse $m_e = 9{,}11 \cdot 10^{-31}$ kg, initialement au repos acquiert une énergie cinétique égale à eU. Établir la relation numérique approchée $\lambda \approx \frac{1{,}23}{\sqrt{U}}$ nm où U est la tension accélératrice en volts (V). En déduire la longueur d'onde des électrons utilisés par Thomson. Commenter.

❑ Exercice 5.4. Microscope électronique à balayage

Le pouvoir de résolution d'un microscope, c'est-à-dire la taille caractéristique des plus petits détails qu'il permet d'observer, est de l'ordre de grandeur de la longueur d'onde utilisée.

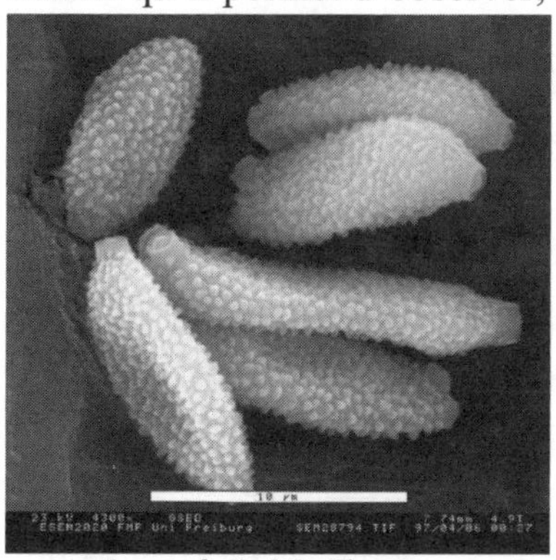

Image de Y. & R. Thomann

1. Quel est le phénomène qui limite le pouvoir de résolution d'un microscope ?

2. Rappeler les valeurs des longueurs d'ondes extrêmes (dans le vide) du spectre visible et déterminer les énergies en eV des photons correspondants.

3. La taille des grains de pollen d'orchidée dont l'image est fournie ci-contre est de l'ordre de 10 µm.

a) Expliquer pourquoi cette image ne peut pas provenir d'un microscope optique, sachant qu'en grossissant l'image ci-contre, on peut observer des détails 100 fois plus petits que la taille des grains de pollen.

b) Cette image a été obtenue à l'aide d'un microscope électronique à balayage (MEB), dans lequel un faisceau d'électrons est envoyé sur l'échantillon à analyser. Après interaction avec la matière, ces électrons sont récupérés par des capteurs dont les informations permettent de reconstruire l'image. Évaluer l'ordre de grandeur de l'énergie cinétique minimale des électrons qui ont été utilisés pour obtenir ce « cliché ». On donne la masse de l'électron $m_e = 9{,}1 \cdot 10^{-31}$ kg.

❑ Exercice 5.5. Effet Compton*

La nature corpusculaire des rayonnements électromagnétiques, et en particulier l'existence d'un quantum d'énergie, le photon, doté d'une énergie et d'une quantité de mouvement bien définies, a été mise en évidence expérimentalement en 1922 par le physicien américain A. H. Compton. Dans son expérience de diffusion schématisée ci-dessous, il bombarde une mince feuille de graphite avec des rayons X. Derrière cette cible, il place un détecteur de rayons X qu'il peut faire tourner d'un angle θ par rapport à la direction des rayons incidents. Il constate alors que des électrons sont arrachés de la cible. De plus, il observe que les rayons X incidents sont diffusés dans toutes les directions avec une longueur d'onde λ′, fonction de l'angle θ, différente de leur longueur d'onde incidente λ. Il justifie plus tard ses observations dans le cadre d'un modèle théorique de collision relativiste entre un photon incident et un électron « libre », supposé initialement immobile et faiblement lié aux atomes de carbone dans la cible graphite. Il obtient ainsi la relation, conforme aux données expérimentales :

$$\lambda' - \lambda = \frac{h}{m_e c}(1 - \cos\theta)$$

avec h la constante de Planck, m_e la masse de l'électron, c la vitesse de la lumière dans le vide.

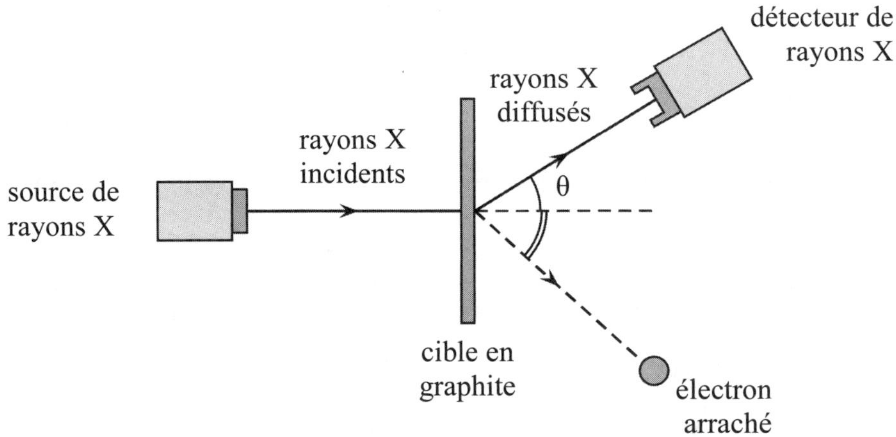

Pour démontrer l'expression précédente, on note $\vec{p}$ la quantité de mouvement du photon avant le choc, $\vec{p'}$ la quantité de mouvement du photon après le choc et $\vec{p_e}$ la quantité de mouvement de l'électron après le choc. L'électron est supposé initialement immobile dans le référentiel de la cible. De plus, ce dernier étant considéré relativiste dans l'expérience, son énergie totale est donnée par $E = \sqrt{p^2c^2 + m_e^2 c^4}$.

1. Exprimer la conservation de la quantité de mouvement du système {photon + électron} entre avant et après le choc.

2. Exprimer de même la conservation de l'énergie totale du système {photon + électron} entre avant et après le choc.

3. Déduire des deux lois de conservation précédentes l'expression de la variation de longueur d'onde $\lambda' - \lambda$ du photon X telle qu'obtenue par Compton, en fonction de h, c, m_e et θ. Calculer $\lambda' - \lambda$ pour un angle $\theta = 30°$. On donne la masse de l'électron $m_e = 9{,}1 \cdot 10^{-31}$ kg .

❑ Exercice 5.6. Expérience de Shimizu et Takuma

En 1992, les physiciens japonais Shimizu et Takuma réalisaient une expérience d'interférences atomiques : un nuage d'atomes de néon est lâché sans vitesse initiale à 3,5 cm au dessus d'un écran percé de deux fentes parallèles, de largeur égale à $2{,}0\ \mu\text{m}$ et distantes de $d = 6{,}0\ \mu\text{m}$. Les atomes sont alors détectés sur une plaque située à une distance $D = 85\ \text{cm}$ à l'aplomb du plan des fentes. Chaque point noir sur la plaque réceptrice représente l'impact d'un atome (cf figure ci-dessous, à droite).

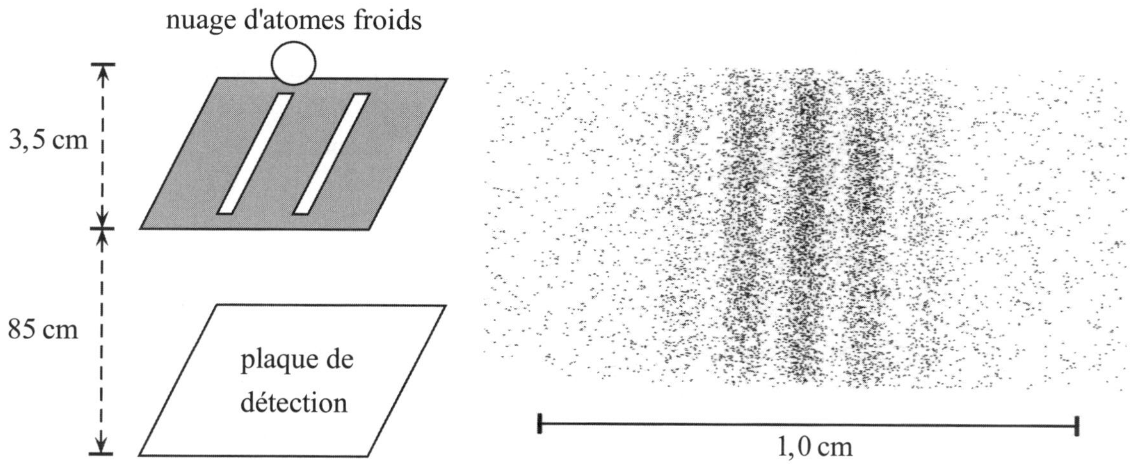

1. Comment se manifestent respectivement les caractères corpusculaire et ondulatoire des atomes de néon dans cette expérience ?

2. Déterminer l'ordre de grandeur de la longueur d'onde λ des atomes de néon dans ce dispositif interférentiel. On donne l'expression de l'interfrange i dans une expérience de type fentes de Young avec écran à grande distance : $i = \dfrac{\lambda D}{d}$.

3. En déduire un ordre de grandeur de la vitesse v des atomes de néon au cours de leur chute. On donne le nombre d'Avogadro $\mathcal{N}_A = 6{,}0 \cdot 10^{23}\ \text{mol}^{-1}$ et la masse molaire du néon $M = 20\ \text{g} \cdot \text{mol}^{-1}$.

■ Particule confinée

❑ Exercice 5.7. Absorption de photons par un puits quantique

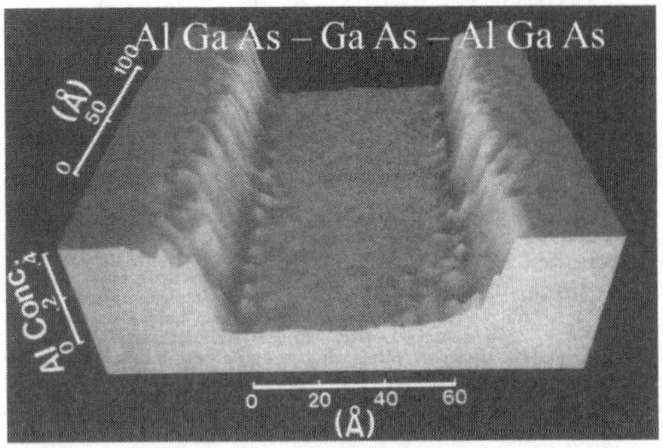

1. En utilisant une analogie avec les modes propres d'une corde vibrante, déterminer l'expression des énergies totales E_n d'une particule libre de masse m confinée dans un puits quantique de largeur L. On exprimera le résultat en fonction de m, L, de la constante de Planck h et d'un entier n non nul.

2. Ce puits quantique peut émettre ou absorber un photon de fréquence ν_{nk} si l'écart $E_n - E_k$ entre deux niveaux d'énergie du puits vérifie la relation $E_n - E_k = h\nu_{nk}$ $(n > k)$.

a) Quelle est l'interprétation physique de la relation précédente ?

b) Déterminer les fréquences ν_{21} et ν_{31}, ainsi que les longueurs d'ondes correspondantes λ_{21} et λ_{31} pour un puits à semi-conducteurs à base d'arséniure de gallium (AsGa), d'épaisseur $L = 60$ Å (on précise que l'angström est défini par $1\,\text{Å} = 10^{-10}\,\text{m}$), et tel que $m = 0{,}067\, m_e$ avec $m_e = 9{,}1 \cdot 10^{-31}$ kg la masse de l'électron.

c) À quel domaine du spectre appartiennent les longueurs d'ondes des photons obtenues dans la question précédente ? Proposer des applications pratiques de tels puits quantiques.

❑ Exercice 5.8. Énergie et fonction d'onde d'un électron confiné*

Certaines molécules ayant une longue chaîne linéaire, comme le β-carotène, contiennent des électrons qui ne sont pas attachés à un noyau particulier, mais peuvent au contraire se déplacer sur toute la longueur de la molécule.

On modélise un tel électron, de masse $m = 9{,}11 \cdot 10^{-31}$ kg, comme une particule qui se déplace librement sur un segment de droite, entre les abscisses $x = 0$ et $x = L$; l'énergie potentielle E_p est nulle sur le segment et infiniment grande partout ailleurs (particule dans une « boîte »). Sa fonction d'onde $\psi(x)$ est alors liée à son énergie totale E par l'équation différentielle : $-\dfrac{h^2}{8\pi^2 m}\left(\dfrac{d^2\psi}{dx^2}\right) = E\psi$ (équation de Schrödinger stationnaire), où h est la constante de Planck.

1. On cherche tout d'abord à déterminer la fonction d'onde $\psi(x)$.

a) Justifier que $\psi(x)$ est nulle en dehors de l'intervalle $[0\,;L]$.

b) $\psi(x)$ étant une fonction continue, elle est donc nulle aux deux extrémités de la molécule : $\psi(0) = \psi(L) = 0$. Montrer que la solution de l'équation différentielle est de la forme $\psi(x) = A\sin\left(\dfrac{n\pi x}{L}\right)$ où n est un entier et A une constante d'intégration qu'on ne cherchera pas à déterminer.

2. Donner l'expression des niveaux d'énergie E_n en fonction de m, L, h et n.

3. Dans le β-carotène (formule ci-dessous), ce sont les électrons des onze liaisons doubles qui se comportent comme des particules libres confinées, sur une longueur L = 1,83 nm. Dans l'état fondamental, ces électrons occupent les onze niveaux d'énergie les plus bas.

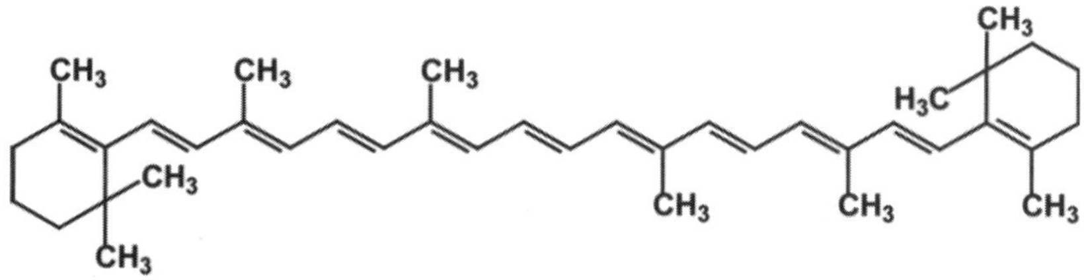

a) Calculer les niveaux d'énergie E_{11} et E_{12}. On donne $h = 6{,}63 \cdot 10^{-34}$ J·s.

b) En déduire l'énergie, puis la longueur d'onde λ dans le vide, d'un photon absorbé par la molécule lorsqu'un électron passe du niveau 11 au niveau 12. On donne $c = 3{,}00 \cdot 10^{8}$ m·s^{-1}.

c) Expliquer alors la couleur orangée des organismes contenant une grande quantité de cette molécule (carottes, citrouilles…).

■ Pour vous aider à démarrer

Exercice 5.1. Écrire de deux façons l'énergie reçue par la pupille pendant Δt et identifier les expressions obtenues.

Exercice 5.5. Pour commencer la résolution, exprimer $\overrightarrow{p_e} \cdot \overrightarrow{p_e}$ et utiliser la définition du produit scalaire $\vec{p} \cdot \vec{p'} = pp' \cos\theta$.

Exercice 5.7. L'énergie totale d'une particule libre non relativiste se réduit à son énergie cinétique.

Exercice 5.8. Question 1.b : l'équation différentielle est analogue à celle d'un oscillateur harmonique, avec simplement la variable x au lieu de t.

Corrigé des vrai/faux

1.	2.	3.	4.	5.	6.	7.	8.	9.
vrai	faux	vrai	vrai	faux	vrai	vrai	faux	vrai

2. Un photon de masse nulle transporte une quantité de mouvement $\vec{p} = \frac{h\nu}{c}\vec{e} = \frac{h}{\lambda}\vec{e}$ avec $\vec{e}$ un vecteur unitaire donnant le sens de propagation de la lumière. La formule $\vec{p} = m\vec{v}$ ne concerne que des particules matérielles non relativistes.

5. La fonction d'onde $\psi(x, y, z, t)$ ne donne qu'une *amplitude* de probabilité de présence. La probabilité de trouver la particule dans un volume élémentaire $\mathrm{d}^3\tau = \mathrm{d}x\,\mathrm{d}y\,\mathrm{d}z$ autour d'un point M de coordonnées (x, y, z) est donnée par $\mathrm{d}^3P = |\psi|^2\,\mathrm{d}^3\tau$.

8. L'énergie totale d'une particule libre confinée à une dimension est quantifiée. Autrement dit, elle ne peut prendre qu'un ensemble de valeurs discrètes.

❑ Les erreurs classiques

– La relation $\lambda = \frac{c}{\nu}$ n'est vraie que pour le photon : elle n'est pas valable pour une particule matérielle de masse m.
– La mécanique quantique est probabiliste par nature, contrairement à la mécanique classique qui est déterministe. La connaissance complète de l'état quantique d'une particule donné par sa fonction d'onde ne donnera ainsi accès qu'à des probabilités de présence.
– Lorsqu'on doit exprimer la quantité de mouvement d'une particule, ne pas oublier de vérifier s'il faut se placer dans le cadre relativiste ou non relativiste (pour ce dernier il faut vérifier $(v/c)^2 \ll 1$, voir au chapitre 13 pour plus de précisions).

Corrigé des exercices

Exercice 5.1

1. L'énergie reçue par l'œil pendant un intervalle de temps Δt est égale à $E = \varphi S \Delta t = \pi r^2 \varphi \Delta t$. Si N photons arrivent sur la pupille pendant Δt, on a également $E = N\dfrac{hc}{\lambda}$. En identifiant ces deux formules, on en déduit la quantité recherchée $\boxed{\dfrac{N}{\Delta t} = \dfrac{\pi r^2 \varphi \lambda}{hc}}$. AN $\boxed{\dfrac{N}{\Delta t} = 1 \cdot 10^4\ \mathrm{s^{-1}}}$.

La quantité recherchée correspond à un nombre de photons par seconde : elle s'exprime en $\mathrm{s^{-1}}$.

2. Un photon transporte une quantité de mouvement $p = \dfrac{h}{\lambda}$. En utilisant le résultat de la question précédente, on en déduit $P = \dfrac{1}{S}\dfrac{N}{\Delta t}p = \dfrac{1}{S}\dfrac{S\varphi\lambda}{hc}\dfrac{h}{\lambda}$ soit $\boxed{P = \dfrac{\varphi}{c}}$. AN $\boxed{P = 3 \cdot 10^{-19}\ \mathrm{Pa}}$.
Pour le Soleil, on trouve une pression de radiation $P_{\odot} = 3 \cdot 10^{-5}\ \mathrm{Pa}$. Ces deux pressions sont comme prévues négligeables devant la pression atmosphérique : le fameux « coup » de Soleil ne résulte pas d'un transfert de quantité de mouvement mais plutôt d'un transfert énergétique.

Exercice 5.2

1. En utilisant la relation fournie $\boxed{v = \sqrt{\dfrac{3k_B T}{m}}}$, on obtient $\boxed{v_c = 7{,}04\ \mathrm{km \cdot s^{-1}}}$ et $\boxed{v_f = 704\ \mathrm{m \cdot s^{-1}}}$.
Ces vitesses étant très petites devant $c = 3 \cdot 10^8\ \mathrm{m \cdot s^{-1}}$, les neutrons sont considérés comme des particules non relativistes dans cette expérience.

2. La longueur d'onde est donnée par la relation de Louis de Broglie : $\boxed{\lambda = \dfrac{h}{p} = \dfrac{h}{mv}}$.
AN $\boxed{\lambda_f = 5{,}64 \cdot 10^{-10}\ \mathrm{m}}$ et $\boxed{\lambda_c = 5{,}64 \cdot 10^{-11}\ \mathrm{m}}$. La longueur d'onde des neutrons « froids » est inférieure à la taille caractéristique des gouttelettes tout en étant plus proche de celle-ci en ordre de grandeur que la longueur d'onde des neutrons « chauds ». Les neutrons « froids » sont donc mieux adaptés à l'étude de la dynamique de formation de gouttelettes micrométriques. Ce sont d'ailleurs ces microgoutelettes d'athénole, huile essentielle peu soluble dans l'eau, qui troublent une célèbre boisson anisée alcoolisée quand on y ajoute de l'eau.

⇨ *Méthode 5.1*

Exercice 5.3

1. L'expérience de G. P. Thomson montra que la figure de diffraction obtenue avec un faisceau d'électrons avait les mêmes caractéristiques que celle obtenue avec des rayons X dont le caractère ondulatoire était bien connu à l'époque : les électrons avaient donc eux aussi une nature ondulatoire.

2. Les rayons X ont une longueur d'onde λ comprise entre 10^{-11} et 10^{-8} m. Les distances caractéristiques a entre les atomes dans un cristal étant de l'ordre de quelques 10^{-10} m, la condition $\lambda \leq a$ tout en ayant λ et a du même ordre de grandeur, permettant une étude cristallographique par diffraction, peut être vérifiée.

3. La relation de Louis de Broglie $\lambda = \dfrac{h}{p}$ fournit, compte tenu de la relation $E_c = \dfrac{p^2}{2m} = eU$, l'égalité $\lambda = \dfrac{h}{\sqrt{2meU}}$. Évaluation numérique : $\lambda = \dfrac{6,63 \cdot 10^{-34}}{\sqrt{2 \times 9,11 \cdot 10^{-31} \times 1,60 \cdot 10^{-19} \times U}} \times 10^9$ nm soit $\boxed{\lambda \approx \dfrac{1,23}{\sqrt{U}} \text{ nm}}$. Avec $U = 1,00 \cdot 10^4$ V, on trouve $\boxed{\lambda = 0,0123 \text{ nm} = 12,3 \text{ pm}}$: cette longueur d'onde se situe dans le domaine des rayons X.

➪ *Méthode 5.1*

Exercice 5.4

1. La diffraction limite le pouvoir de résolution d'un microscope. En effet, à cause de la diffraction, l'image d'un point n'est plus un point mais une tache d'extension spatiale inversement proportionnelle à la taille de l'objet diffractant. Si deux détails d'un objet sont trop proches, leurs images se chevauchent et il devient alors impossible de les distinguer.

2. Le spectre de la lumière visible est compris entre $\lambda_V = 400$ nm pour l'extrémité violette et $\lambda_R = 800$ nm pour l'extrémité rouge. Les énergies correspondantes s'obtiennent par la relation $\boxed{E = \dfrac{hc}{\lambda}}$. AN $\boxed{E_V = 4,97 \cdot 10^{-19} \text{ J} = 3,11 \text{ eV}}$ et $\boxed{E_R = 2,49 \cdot 10^{-19} \text{ J} = 1,55 \text{ eV}}$.

3. a) D'après l'énoncé, la taille des détails que l'on peut distinguer sur les grains de pollen est de l'ordre de $d = 100$ nm. Cette longueur étant plus petite que les longueurs d'ondes du spectre visible, cette image ne peut pas provenir d'un microscope optique.

b) En posant $\lambda = d$ dans la relation de Louis de Broglie, on obtient $p = \dfrac{h}{d} \Leftrightarrow \dfrac{p^2}{2m} = \dfrac{h^2}{2md^2}$ soit $\boxed{E_c = \dfrac{h^2}{2md^2}}$. AN $\boxed{E_c = 1,51 \cdot 10^{-4} \text{ eV}}$. Notons que les MEB actuels permettent en fait de détecter des détails de l'ordre de 0,1 nm, ce qui correspond à une énergie cinétique de 150 eV.

➪ *Méthode 5.1*

Exercice 5.5

1. Conservation de la quantité de mouvement du système {photon + électron} entre avant et après le choc : $\boxed{\vec{p} = \vec{p'} + \vec{p_e}}$ (1).

2. Conservation de l'énergie totale du système {photon + électron} entre avant et après le choc :

$$\boxed{\frac{hc}{\lambda}+m_\mathrm{e}c^2=\frac{hc}{\lambda'}+\sqrt{p_\mathrm{e}{}^2c^2+m_\mathrm{e}{}^2c^4}}\ (2).$$

L'électron libre au repos possède quand même une énergie de masse $m_\mathrm{e}c^2$.

3. La relation (1) se réécrit :

$$\vec{p}-\vec{p'}=\vec{p_\mathrm{e}}$$

$$\left(\vec{p}-\vec{p'}\right)^2=p_e{}^2$$

$$p^2+p'^2-2pp'\cos\theta=p_e{}^2$$

$$\left(\frac{h}{\lambda}\right)^2+\left(\frac{h}{\lambda'}\right)^2-2\frac{h^2}{\lambda\lambda'}\cos\theta=p_e{}^2$$

$$\left(\frac{hc}{\lambda}\right)^2+\left(\frac{hc}{\lambda'}\right)^2-2\frac{h^2c^2}{\lambda\lambda'}\cos\theta=p_e{}^2c^2\ (3)$$

La relation (2) fournit :

$$\frac{hc}{\lambda}-\frac{hc}{\lambda'}+m_\mathrm{e}c^2=\sqrt{p_\mathrm{e}{}^2c^2+m_\mathrm{e}{}^2c^4}$$

$$\left(\frac{hc}{\lambda}-\frac{hc}{\lambda'}\right)^2+m_\mathrm{e}{}^2c^4+2m_\mathrm{e}c^2\left(\frac{hc}{\lambda}-\frac{hc}{\lambda'}\right)=p_\mathrm{e}{}^2c^2+m_\mathrm{e}{}^2c^4$$

$$\left(\frac{hc}{\lambda}\right)^2+\left(\frac{hc}{\lambda'}\right)^2-2\frac{h^2c^2}{\lambda\lambda'}+2m_\mathrm{e}c^2\left(\frac{hc}{\lambda}-\frac{hc}{\lambda'}\right)=p_\mathrm{e}{}^2c^2\ (4)$$

En identifiant les relations (3) et (4), on obtient $-\frac{h^2c^2}{\lambda\lambda'}\cos\theta=-\frac{h^2c^2}{\lambda\lambda'}+m_\mathrm{e}c^2\left(\frac{hc}{\lambda}-\frac{hc}{\lambda'}\right)$

d'où finalement : $\boxed{\lambda'-\lambda=\frac{h}{m_\mathrm{e}c}(1-\cos\theta)}$. AN pour $\theta=30°$: $\boxed{\lambda'-\lambda=0{,}32\ \mathrm{pm}}$.

Exercice 5.6

1. La présence d'impacts de faible extension spatiale sur la plaque de détection prouve le caractère corpusculaire des particules. L'apparition de franges d'interférences pour un nombre suffisant de particules envoyées vers les fentes est quant à elle une manifestation de la nature ondulatoire des particules.

⇨ *Méthode 5.2*

2. En utilisant la figure d'interférences, on trouve une interfrange de l'ordre de $\boxed{i=1{,}2\ \mathrm{mm}}$. En utilisant la formule $\boxed{\lambda=\frac{id}{D}}$, on obtient la valeur demandée : $\boxed{\lambda=8{,}5\cdot10^{-9}\ \mathrm{m}}$.

Corrigé

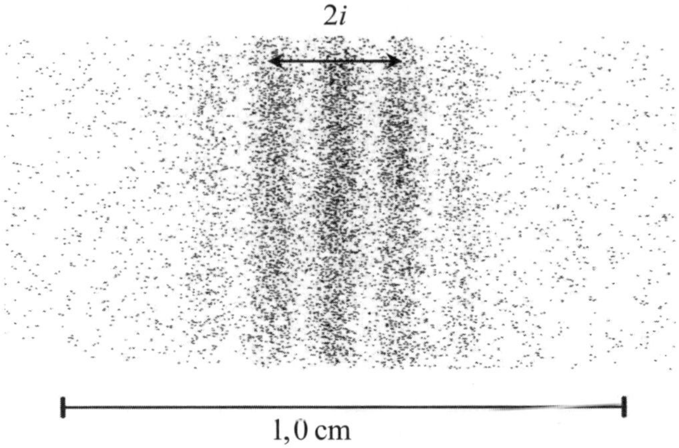

3. La formule de L. de Broglie s'écrit $p = \frac{h}{\lambda}$. Avec $p = mv = \frac{M}{\mathcal{N}_A} v$, on en déduit $\boxed{v = \frac{h\mathcal{N}_A}{M\lambda}}$.

AN $\boxed{v = 2{,}4 \text{ m} \cdot \text{s}^{-1}}$. Cette valeur n'est qu'une moyenne : atomes sont lâchés sans vitesse initiale et accélèrent au cours de leur chute sous l'effet du champ de pesanteur.

⇨ *Méthode 5.1*

Exercice 5.7

1. L'énergie totale de l'électron libre confiné est égale à son énergie cinétique ($E_p = 0$) d'où $E = E_c = \frac{p^2}{2m} = \frac{h^2}{2m\lambda^2}$. Si l'intérieur du puits est le siège d'ondes stationnaires, on a $L = n\frac{\lambda}{2}$ $(n \in \mathbb{N}^*)$, d'où $\boxed{E = \frac{n^2 h^2}{8mL^2}}$ $(n \in \mathbb{N}^*)$.

⇨ *Méthode 5.3*

2. a) Cette relation traduit la conservation de l'énergie totale au cours de l'absorption ou l'émission d'un photon par une particule du puits : $E_n = E_k + h\nu_{nk}$ $(n > k)$.

b) Compte tenu de la question 1, la conservation de l'énergie s'écrit $\frac{h^2}{8mL^2}\left(n^2 - k^2\right) = h\nu_{nk}$ soit $\nu_{nk} = \frac{h}{8mL^2}\left(n^2 - k^2\right)$. Les fréquences demandées s'écrivent donc $\boxed{\nu_{21} = \frac{3h}{8mL^2}}$ et $\boxed{\nu_{31} = \frac{h}{mL^2}}$.
Les longueurs d'ondes des photons correspondants s'obtiennent en utilisant la relation de dispersion $\lambda = \frac{c}{\nu}$: $\boxed{\lambda_{21} = \frac{8mcL^2}{3h}}$ et $\boxed{\lambda_{31} = \frac{mcL^2}{h}}$. AN $\boxed{\nu_{21} = 1{,}1 \cdot 10^{14} \text{ Hz}}$, $\boxed{\nu_{31} = 3{,}0 \cdot 10^{14} \text{ Hz}}$, $\boxed{\lambda_{21} = 2{,}6 \cdot 10^{-6} \text{ m}}$ et $\boxed{\lambda_{31} = 9{,}9 \cdot 10^{-7} \text{ m}}$.

c) Les longueurs d'ondes précédentes sont situées dans l'infrarouge. Les cellules photovoltaïques actuelles n'absorbant pas dans ce domaine du spectre, y ajouter de tels puits quantiques pourrait augmenter leur rendement. On pourrait aussi envisager d'utiliser ces puits quantiques pour réaliser des caméras infrarouges.

Exercice 5.8

1. a) La fonction d'onde est la densité de probabilité de présence de l'électron : en dehors du segment de longueur L (molécule), la probabilité de présence de l'électron est nulle.

b) On résout l'équation différentielle $\dfrac{d^2\psi}{dx^2}+\dfrac{8\pi^2 mE}{h^2}\psi=0$, qui est analogue à celle d'un oscillateur harmonique. Forme des solutions : $\psi(x)=A\cos(kx+\varphi)$ en posant $k=\sqrt{\dfrac{8\pi^2 mE}{h^2}}$.

Comme $\psi(0)=0=A\cos\varphi$, on prend $\varphi=-\dfrac{\pi}{2}$, ce qui donne $\psi(x)=A\sin(kx)$.

Enfin $\psi(L)=0=A\sin(kL)$, donc $kL=n\pi$, d'où finalement $\boxed{\psi(x)=A\sin\left(\dfrac{n\pi x}{L}\right)}$.

2. D'après les calculs précédents : $k_n=\sqrt{\dfrac{8\pi^2 mE_n}{h^2}}=\dfrac{n\pi}{L}$ d'où $\boxed{E_n=\dfrac{n^2h^2}{8mL^2}}$.

⇨ *Méthode 5.3*

3. a) AN $\boxed{E_{11}=2{,}18\cdot10^{-18}\ \text{J}=13{,}6\ \text{eV}}$ et $\boxed{E_{12}=2{,}59\cdot10^{-18}\ \text{J}=16{,}2\ \text{eV}}$.

b) Un photon absorbé a alors une énergie $E=E_{12}-E_{11}=(144-121)\dfrac{h^2}{8mL^2}$, soit $\boxed{E=\dfrac{23h^2}{8mL^2}}$.

AN $\boxed{E=4{,}14\cdot10^{-19}\ \text{J}=2{,}6\ \text{eV}}$. Longueur d'onde : $\boxed{\lambda=\dfrac{hc}{E}}$. AN $\boxed{\lambda=480\ \text{pm}}$.

Cette longueur d'onde correspond à du violet. Lorsque la molécule reçoit de la lumière blanche, elle absorbe donc beaucoup dans le violet, mais restitue les autres couleurs, ce qui explique la couleur orangée des organismes contenant une grande quantité de cette molécule.

Chapitre 6
Lois de l'électrocinétique Régime continu

Dans la famille **Ohm**, on était serrurier de père en fils. Aussi Johann Ohm n'imagine-t-il pas d'autre métier pour ses deux fils, Georg et Martin. Cependant, leur professeur de mathématiques, décelant des aptitudes exceptionnelles chez les deux garçons, les encourage à poursuivre leurs études. Ils deviendront, l'un comme l'autre, des savants de renommée mondiale, l'un en physique et l'autre en mathématiques. Georg Ohm reste célèbre pour la loi qu'il établit en 1827 dans son ouvrage *Le Circuit galvanique étudié mathématiquement*. Son nom a été choisi pour désigner l'unité de résistance dans le Système international.

Georg Simon Ohm
1789-1854

■■ Objectifs

■ Ce qu'il faut connaître

▷ Les définitions relatives aux circuits et aux grandeurs électriques

▷ Les lois de Kirchhoff (loi des nœuds, loi des mailles)

▷ La puissance et sa signification en fonction de la convention utilisée

▷ La loi d'Ohm et les lois d'associations des résistances

▷ Le modèle de Thévenin (et celui de Norton)

▷ Les ordres de grandeur des courants et tensions

■ Ce qu'il faut savoir faire

▷ Calculer une intensité ou une tension par application directe des lois des nœuds et des mailles

▷ Calculer une intensité ou une tension en utilisant la loi des nœuds en termes de potentiels ou le théorème de Millman

▷ Calculer des résistances équivalentes

▷ Utiliser les ponts diviseurs de courant et de tension

▷ Simplifier le schéma d'un circuit par associations de résistances et de générateurs

▷ Expliquer les branchements des appareils de mesure, et les réaliser en TP

■■ Résumé de cours

■ Définitions relatives aux circuits

On appelle **nœud** le point commun d'au moins trois dipôles.

Une **branche** est une portion de circuit qui relie deux nœuds consécutifs.

Une **maille** est un parcours fermé, constitué de branches successives, qui ne passe qu'une seule fois par les nœuds rencontrés.

Des dipôles sont **en série** lorsqu'ils appartiennent à une même branche.

Des dipôles sont **en parallèle** (ou **en dérivation**) s'ils sont reliés aux deux mêmes nœuds.

Le circuit est en **régime continu** si les grandeurs électriques ne varient pas au cours du temps.

■ Courant électrique et intensité

❑ Définitions

Le **courant électrique** est un déplacement ordonné de porteurs de charges électriques dans un conducteur. Le sens conventionnel du courant est celui du déplacement de charges positives (s'il y en a), les charges négatives (électrons notamment) allant en sens contraire.

L'**intensité** du courant est le débit de charges à travers une section du conducteur ; elle est représentée par une flèche sur un fil. Si le sens conventionnel du courant est celui de la flèche, alors l'intensité est positive ; elle est négative dans l'autre cas.

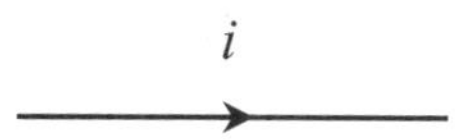

L'intensité du courant électrique est par définition : $\boxed{i = \dfrac{\mathrm{d}q}{\mathrm{d}t}}$

où $\mathrm{d}q$ est la quantité de charge traversant la section du conducteur, dans le sens de la flèche, pendant le temps $\mathrm{d}t$.

Dans les unités SI, l'intensité du courant i s'exprime en ampères (A), la charge $\mathrm{d}q$ en coulombs (C) et le temps $\mathrm{d}t$ en secondes (s).

❑ Mesure

La mesure de l'intensité du courant traversant un dipôle s'effectue avec un ampèremètre branché en série. La mesure indiquée par l'ampèremètre correspond à une flèche de courant qui entre par la borne A et sort par la borne COM.

L'intensité du courant est la même pour des dipôles en série.

❑ Loi des nœuds (première loi de Kirchhoff)

La somme algébrique des courants entourant un nœud est nulle :

$$\boxed{\sum_k \varepsilon_k i_k = 0}$$

avec $\varepsilon_k = +1$ si le courant i_k est orienté vers le nœud, et -1 dans le cas contraire.

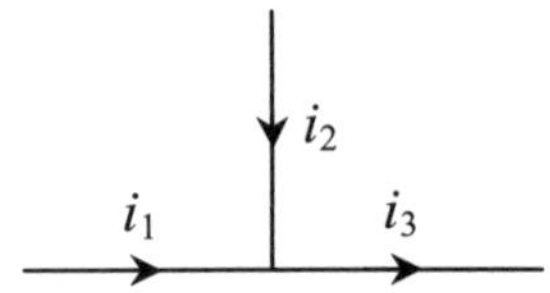

$i_1 + i_2 - i_3 = 0$

■ Tension ou différence de potentiel

❑ Définitions

La **tension** u_{AB}, représentée par une flèche, représente la différence de potentiel entre les points A et B : $\boxed{u_{AB} = v_A - v_B}$.
L'unité SI de la tension et du potentiel est le volt (V).

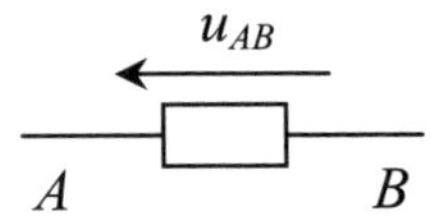

On définit la **masse** comme le point du circuit dont le potentiel est fixé (arbitrairement) à zéro. En pratique, tous les appareils branchés sur le secteur (générateur basse fréquence, oscilloscope…) ont une borne commune, reliée à la terre pour des raisons de sécurité ; dans les circuits utilisant ces appareils, on choisira donc toujours ce point comme masse du circuit.

❑ Mesure

La tension aux bornes d'un dipôle se mesure avec un voltmètre branché en parallèle. Pour mesurer la tension u_{AB}, il faut connecter la borne V au point A et la borne COM au point B.
La tension est la même pour des dipôles en parallèle.

La tension peut se mesurer aussi avec un oscilloscope, branché également en parallèle. Pour mesurer la tension u_{AB}, il faut connecter la borne de masse au point B et l'autre au point A.
Attention, si l'on ne veut pas fausser les mesures faites avec un oscilloscope, sa masse doit bien être branchée au même endroit que celle du générateur (et des autres appareils éventuels).

❑ Loi des mailles (seconde loi de Kirchhoff)

Dans une maille orientée, la somme algébrique des tensions est nulle :

$$\boxed{\sum_k \varepsilon_k u_k = 0}$$

avec $\varepsilon_k = +1$ si la tension u_k est orientée dans le sens de parcours de la maille, et -1 dans le cas contraire.

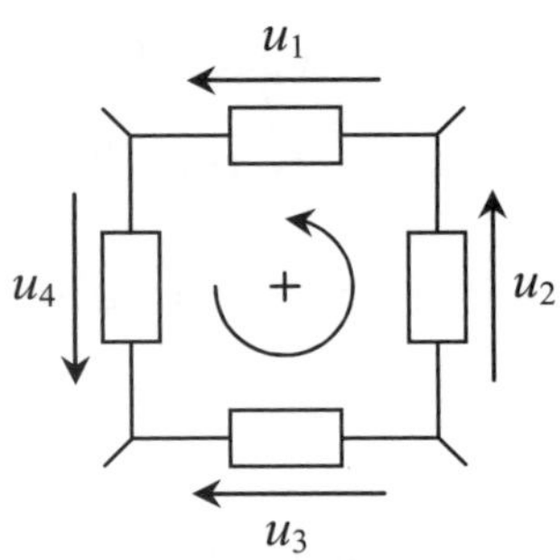

$u_1 + u_4 - u_3 + u_2 = 0$

⇨ **Méthode 6.1. Application directe des lois de Kirchhoff**

■ Puissance électrique

La puissance électrique est le produit du courant par la tension : $\boxed{p = ui}$.
L'unité SI de la puissance est le watt (W).

❑ Convention récepteur

Si les flèches de courant et de tension sont de sens opposés, la puissance $p = ui$ est la **puissance reçue** par le dipôle.

Si cette puissance est positive, le dipôle fonctionne en récepteur (il reçoit effectivement de l'énergie), sinon il se comporte en générateur.

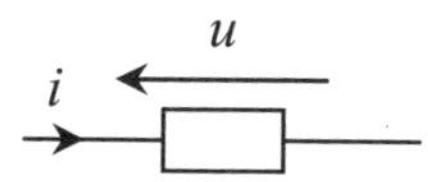

❑ Convention générateur

Si les flèches de courant et de tension sont dans le même sens, la puissance $p = ui$ est la **puissance fournie** par le dipôle.

Si cette puissance est positive, le dipôle fonctionne en générateur (il fournit effectivement de l'énergie), sinon il se comporte en récepteur.

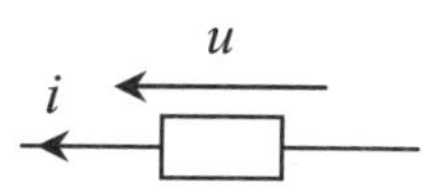

■ Résistances et associations

❑ Loi d'Ohm

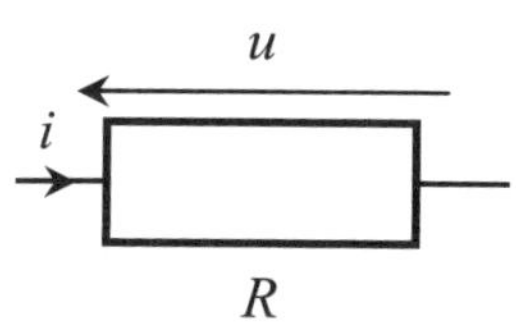

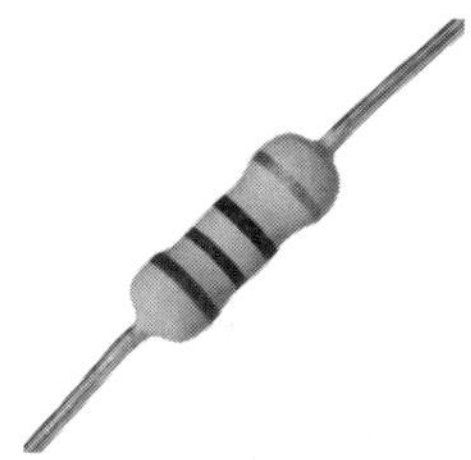

En *convention récepteur*, un dipôle ohmique vérifie la **loi d'Ohm** :

$$\boxed{u = Ri} \quad \text{ou} \quad \boxed{i = Gu}.$$

En convention générateur, la loi d'Ohm s'écrit $u = -Ri$ ou $i = -Gu$.
L'unité SI de la **résistance** R est l'ohm (Ω), celle de la **conductance** $G = 1/R$ est le siemens (S).

Conséquence

La puissance reçue par une résistance est : $\boxed{\mathcal{P} = Ri^2 = \dfrac{u^2}{R}}$.

Cette puissance est *dissipée* par effet Joule.

❑ Association série

La résistance équivalente à une association série s'obtient en ajoutant les résistances : $\boxed{R_{éq} = \sum_k R_k}$.

La tension aux bornes de l'une d'entre elles s'obtient par la formule du **(pont) diviseur de tension** : $\boxed{u_j = \dfrac{R_j}{\sum_k R_k} u_{\text{ensemble}}}$.

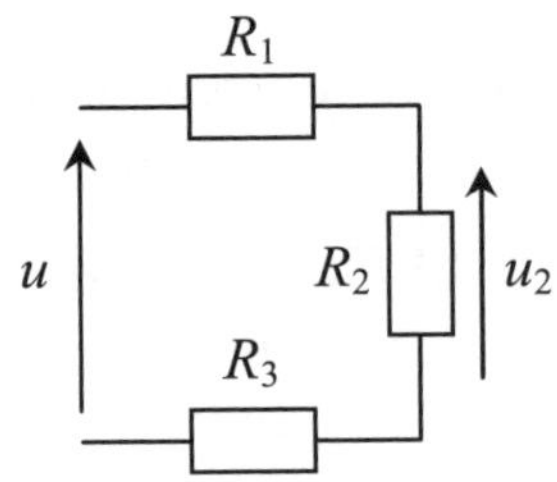

$$u_2 = \frac{R_2}{R_1 + R_2 + R_3} u$$

❑ Association parallèle

La conductance équivalente s'obtient en ajoutant les conductances :

$$\boxed{G_{éq} = \sum_k G_k} \quad \text{soit} \quad \boxed{\frac{1}{R_{éq}} = \sum_k \frac{1}{R_k}}.$$

Le courant traversant l'une d'entre elles s'obtient avec la formule du **(pont) diviseur de courant** : $\boxed{i_j = \dfrac{G_j}{\sum_k G_k} i_{\text{ensemble}}}$.

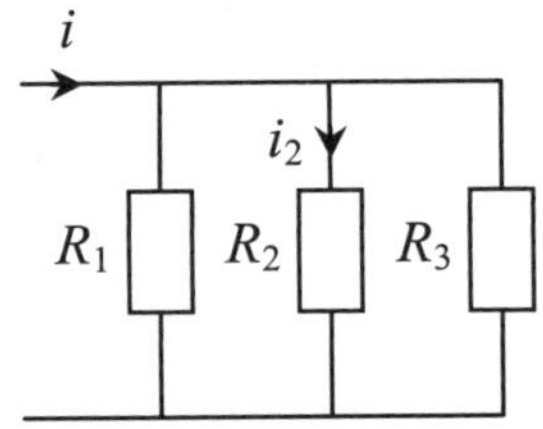

$$i_2 = \frac{G_2}{G_1 + G_2 + G_3} i$$

Pour deux résistances : $R_{éq} = \dfrac{R_1 R_2}{R_1 + R_2}$. Pour n résistances identiques : $R_{éq} = \dfrac{R}{n}$.

■ Sources de tension et de courant

❑ Sources idéales

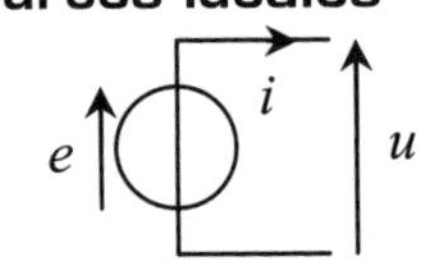

Une source de tension idéale délivre la tension $u = e$ quel que soit le courant i.
e est la **force électromotrice** (FÉM).

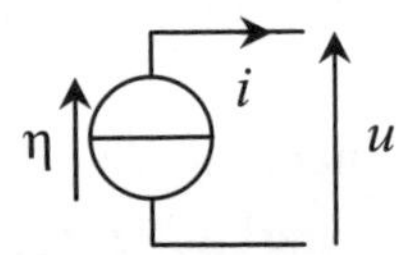

Une source de courant idéale délivre le courant $i = \eta$ quelle que soit la tension u.
η est le **courant électromoteur** (CÉM).

❑ Source réelle (ou générateur)

Il existe deux modèles équivalents pour décrire une source réelle entre les points A et B.

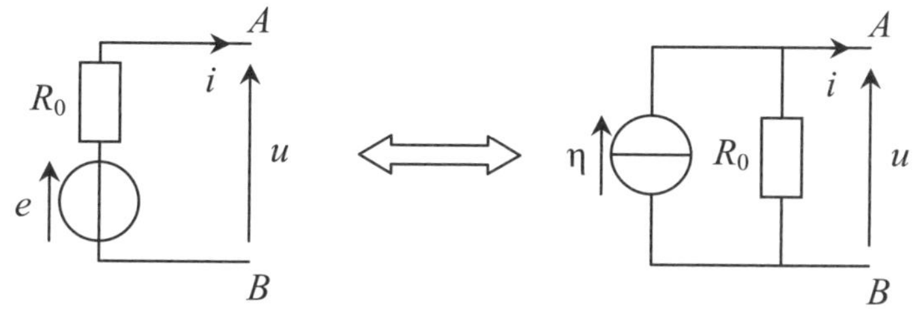

Modèle de Thévenin
(en convention générateur)

$$u = e - R_0 i$$

Modèle de Norton
(en convention générateur)

$$i = \eta - \frac{u}{R_0}$$

Les sources sont liées par la formule $e = R_0 \eta$. R_0 est la résistance interne du générateur.

⇨ **Méthode 6.2. Transformation de schémas**

■ Théorème de Millman

C'est une conséquence de la loi des nœuds, dans laquelle on a remplacé les intensités par leurs expressions en fonction des potentiels et des résistances.
Le potentiel d'un nœud A, entouré uniquement de résistances R_k, est la moyenne des potentiels de tous les points voisins, avec des coefficients qui sont les conductances $G_k = 1/R_k$ séparant A de ces points :

$$v_A = \frac{\sum_k \frac{v_k}{R_k}}{\sum_k \frac{1}{R_k}} \quad \text{ou} \quad v_A = \frac{\sum_k G_k v_k}{\sum_k G_k}.$$

⇨ **Méthode 6.3. Application du théorème de Millman**

■■ Méthodes

■ Comment calculer le courant traversant un dipôle ou la tension à ses bornes ?

On se propose par exemple de calculer le courant i dans la résistance R du circuit ci-dessous.

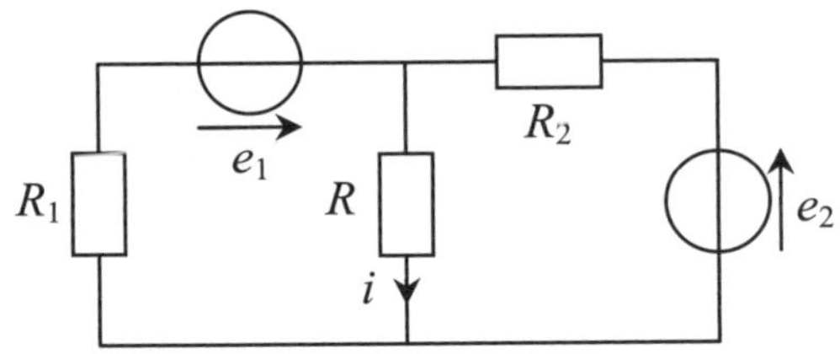

❑ Méthode 6.1. Application directe des lois de Kirchhoff

> Si le circuit n'est pas trop complexe, on introduit les inconnues supplémentaires nécessaires (intensités dans toutes les branches *ou bien* tensions entre tous les couples de points du circuit). On écrit alors les lois des nœuds et des mailles pour les éliminer une à une, et obtenir finalement la grandeur demandée.

⇨ **Exercices 6.5, 6.13**

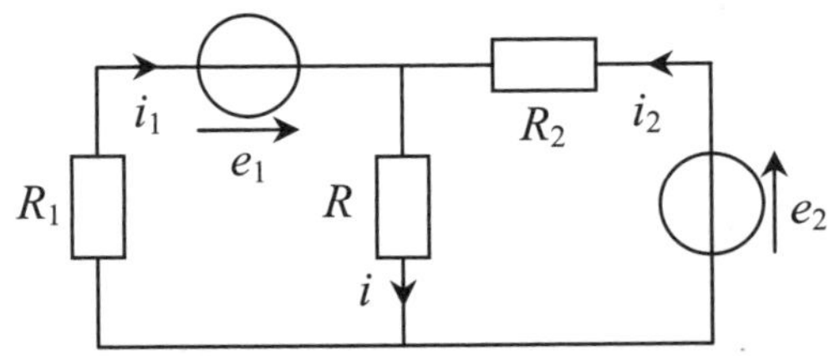

On introduit deux intensités supplémentaires (dans un sens *arbitraire*), que l'on peut relier à i avec la loi des nœuds : $i_1 + i_2 - i = 0$ d'où $i_1 = i - i_2$ (ce qui permet d'éliminer i_1 dans la suite).

Loi des mailles dans la maille de gauche (dans le sens trigonométrique) : $Ri + R_1(i - i_2) - e_1 = 0$

d'où $i_2 = \dfrac{(R + R_1)i - e_1}{R_1}$ (cela permet maintenant d'éliminer i_2).

Finalement la loi des mailles dans celle de droite (dans le sens trigonométrique) donne : $e_2 - R_2\left(\dfrac{(R+R_1)i - e_1}{R_1}\right) - Ri = 0$ d'où $e_2 + \dfrac{R_2}{R_1}e_1 = Ri + R_2\dfrac{(R+R_1)}{R_1}i$ et finalement $\boxed{i = \dfrac{R_1 e_2 + R_2 e_1}{R_1 R + R_2 R + R_2 R_1}}$.

❑ Méthode 6.2. Transformation de schémas

> Transformer tous les générateurs du circuit qui sont en série en modèle de Thévenin, et tous ceux qui sont en parallèle en modèle de Norton, *sans modifier la branche dans laquelle se trouve l'intensité ou la tension cherchée.* Puis faire les associations de sources et de résistances, et simplifier le schéma jusqu'à ce qu'il ne reste plus qu'une seule source. On peut alors conclure avec une seule formule (loi des mailles, diviseur de tension ou de courant…).

⇨ **Exercices 6.7, 6.13**

Dans l'exemple étudié, on a trois branches en parallèle, on va donc refaire le schéma uniquement avec des sources de courant :

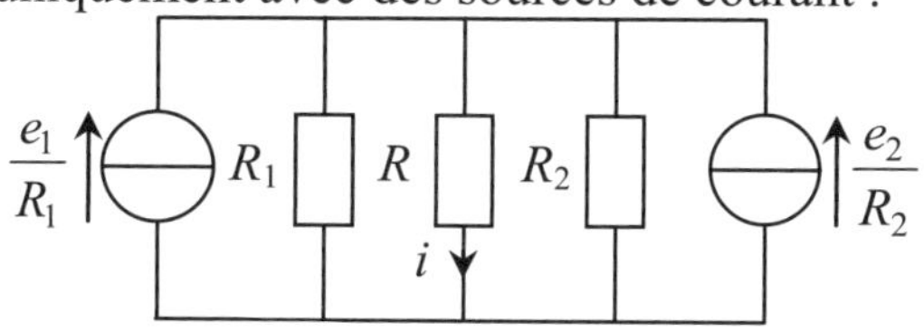

ou encore

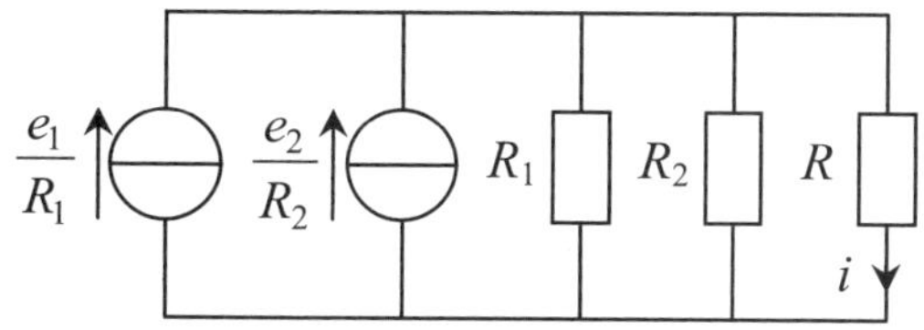

(l'ordre dans lequel on place les branches en parallèle n'ayant pas d'importance).

On associe ensuite les sources de courant en parallèle (dans le même sens), et les résistances R_1 et R_2 en parallèle (mais on laisse la résistance R, qui est celle qui nous intéresse).

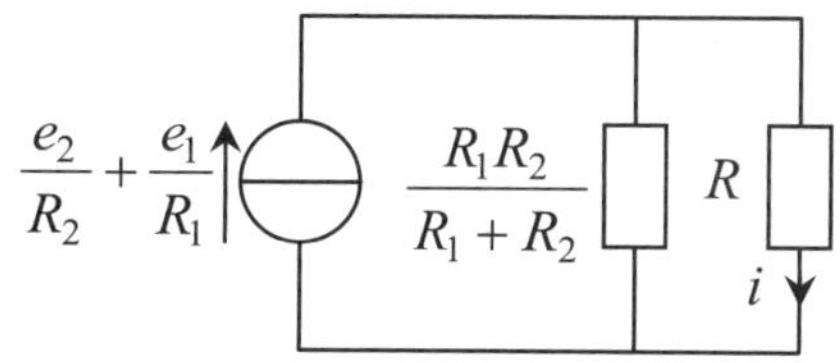

On reconnaît un diviseur de courant : $i=\dfrac{\frac{1}{R}}{\frac{1}{R}+\frac{R_1+R_2}{R_1R_2}}\left(\dfrac{e_2}{R_2}+\dfrac{e_1}{R_1}\right)$, soit $\boxed{i=\dfrac{R_1e_2+R_2e_1}{R_1R+R_2R+R_2R_1}}$.

– On peut aussi transformer une dernière fois le circuit, en revenant à un modèle de Thévenin.

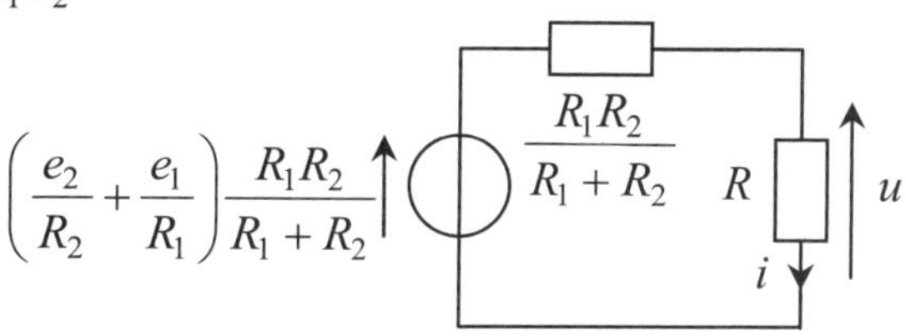

On obtient alors la tension u avec la formule du diviseur de tension :

$$u=\frac{R}{R+\frac{R_1R_2}{R_1+R_2}}\left(\frac{e_2}{R_2}+\frac{e_1}{R_1}\right)\frac{R_1R_2}{R_1+R_2}=\frac{RR_1e_2+RR_2e_1}{R_1R+R_2R+R_2R_1}$$

. Puis on utilise la loi d'Ohm aux bornes de la résistance R : $i=\dfrac{u}{R}$, ce qui donne $\boxed{i=\dfrac{R_1e_2+R_2e_1}{R_1R+R_2R+R_2R_1}}$.

– Enfin on peut aussi utiliser la loi des mailles sur le dernier schéma :

$\left(\dfrac{e_2}{R_2}+\dfrac{e_1}{R_1}\right)\dfrac{R_1R_2}{R_1+R_2}-\left(\dfrac{R_1R_2}{R_1+R_2}+R\right)i=0$ qui donne le même résultat.

❑ Méthode 6.3. Application du théorème de Millman

– Choisir un point du circuit comme masse, c'est-à-dire un point de potentiel 0 par convention : on a intérêt à choisir un point dont le potentiel reviendra plusieurs fois dans les calculs, donc un point d'où partent plusieurs branches.
– Déterminer un autre point A auquel on pourra appliquer le théorème. Si nécessaire, modifier légèrement le circuit pour que A ne soit entouré que de résistances.
– Appliquer le théorème de Millman en considérant toutes les branches arrivant au point A. Le potentiel de A permet alors de calculer la tension ou l'intensité cherchée.
– Dans un circuit à plusieurs mailles, il peut être nécessaire d'appliquer le théorème de Millman en plusieurs points, ce qui donne un ensemble d'équations linéaires à plusieurs inconnues.

⇨ **Exercices 6.10, 6.11, 6.13**

On ajoute au schéma une masse : nous choisissons ici le point du bas.
On appliquera ensuite le théorème de Millman au seul autre nœud, le point A.

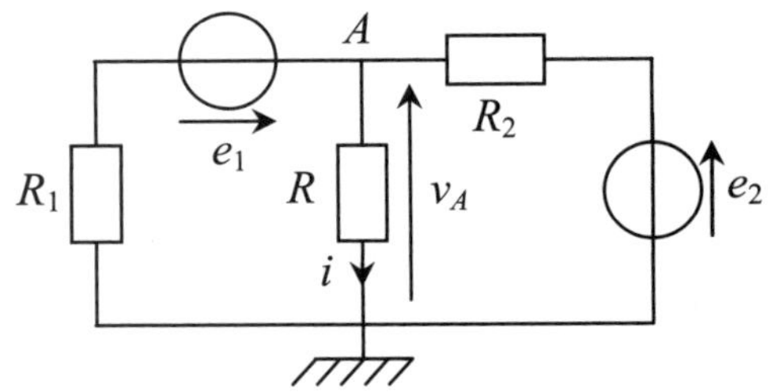

Pour que A ne soit entouré que de résistances, on échange simplement les positions de e_1 et de R_1 (en série).
On obtient les potentiels des points B et C à partir de la définition de la tension :
$e_1 = v_B - 0 = v_B$ et $e_2 = v_C - 0 = v_C$.

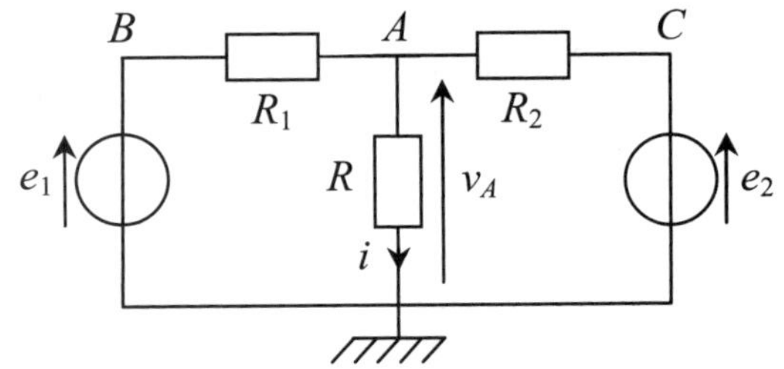

Le théorème de Millman en A s'écrit alors : $v_A = \dfrac{\dfrac{e_1}{R_1} + \dfrac{0}{R} + \dfrac{e_2}{R_2}}{\dfrac{1}{R_1} + \dfrac{1}{R} + \dfrac{1}{R_2}}$ soit $v_A = \dfrac{RR_1e_2 + RR_2e_1}{R_1R + R_2R + R_2R_1}$.

Finalement on applique la loi d'Ohm à la résistance R, la tension à ses bornes étant $v_A - 0 = v_A$:

$i = \dfrac{v_A}{R}$, soit $\boxed{i = \dfrac{R_1e_2 + R_2e_1}{R_1R + R_2R + R_2R_1}}$.

■■ Vrai/Faux

		Vrai	Faux
1.	En convention récepteur, les flèches de courant et de tension sont dans le même sens.	☐	☐
2.	La loi d'Ohm s'écrit $u = -Ri$ en convention générateur.	☐	☐
3.	Idéalement la résistance interne d'un ampèremètre tend vers zéro.	☐	☐
4.	Idéalement la résistance interne d'un voltmètre tend vers zéro.	☐	☐
5.	La résistance équivalente d'une association série est la somme des résistances.	☐	☐
6.	La conductance équivalente d'une association parallèle de résistances est la somme des conductances.	☐	☐
7.	Si la puissance d'un dipôle mesurée en convention récepteur est négative, alors celui-ci est en fonctionnement récepteur.	☐	☐
8.	La formule définissant la puissance change en fonction de la convention.	☐	☐
9.	Lorsque l'on applique la loi des mailles, le sens de parcours choisi modifie le résultat final.	☐	☐
10.	Un dipôle de résistance $R = 10\,\Omega$ et un autre de conductance $G = 100\text{ mS}$ sont identiques.	☐	☐
11.	Une source idéale de courant a une tension imposée à ses bornes par le reste du circuit.	☐	☐
12.	Il est possible de mettre une source idéale de tension en court-circuit.	☐	☐
13.	Il est possible de mettre une source idéale de courant en court-circuit.	☐	☐

■■ Énoncé des exercices

■ Bases et lois de Kirchhoff

❑ Exercice 6.1. Nœuds, branches, mailles et associations

On considère le circuit ci-contre.

1. Quels sont les nœuds de ce schéma ?
2. Nommer toutes les branches de ce circuit.
3. Nommer toutes les mailles passant par le point A.
4. Quelles sont les résistances en série ? Quelles sont les résistances en parallèle ?

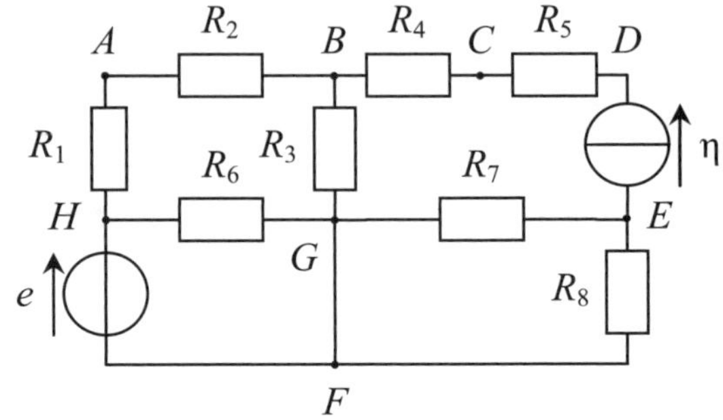

❑ Exercice 6.2. Loi des nœuds

1. Déterminer l'expression de l'intensité du courant I en fonction des autres intensités, puis donner sa valeur numérique. On donne $I_1 = I_4 = 1\text{ A}$; $I_2 = 4\text{ A}$; $I_3 = 2\text{ A}$.
2. Que signifie le signe négatif de l'intensité I ?

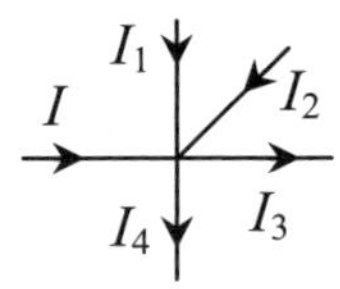

❑ Exercice 6.3. Loi des mailles

Les rectangles représentés sur le schéma sont des dipôles quelconques dont nous ne préciserons pas la nature.

On donne les tensions suivantes :

$U_1 = 1$ V, $U_2 = 2$ V, $U_3 = 3$ V, $U_5 = 5$ V, $U_6 = 6$ V, $U_8 = 8$ V, $U_9 = 20$ V.

Déterminer les tensions U_4, U_7, U_{10} et U_{11} en utilisant la loi des mailles.

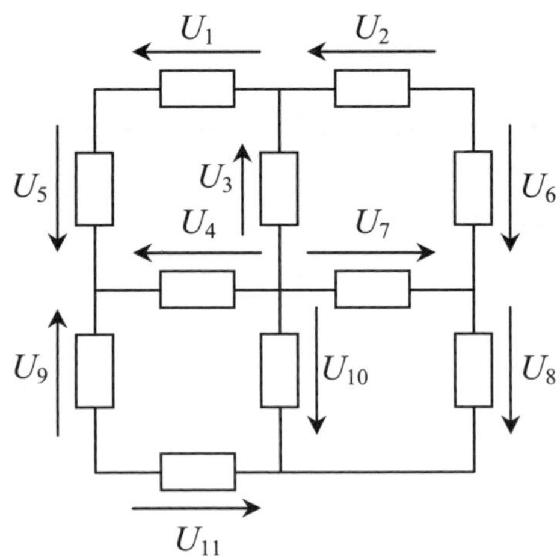

■ Associations de résistances et de générateurs

❑ Exercice 6.4. Résistance équivalente

Toutes les résistances sont identiques de valeur R. Déterminer la résistance équivalente vue entre les bornes A et B pour les schémas ci-dessous.

1.

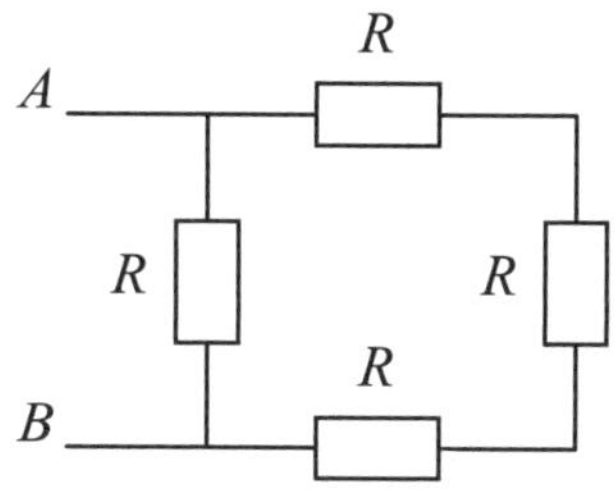

2.

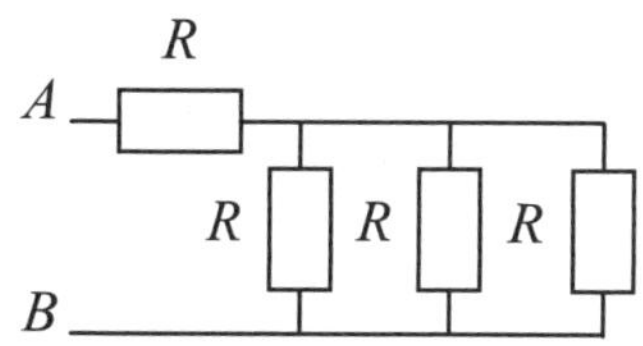

3.

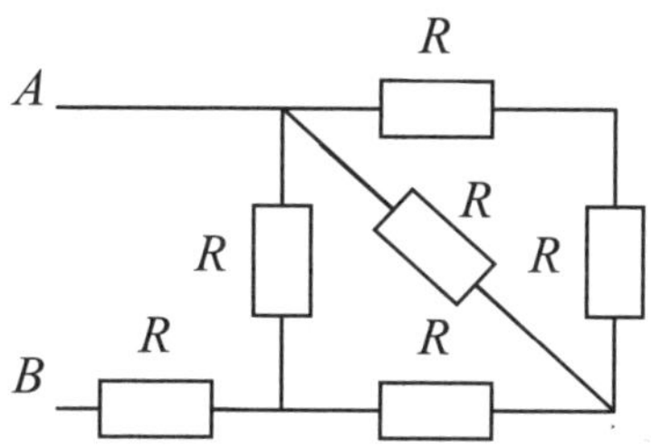

4.

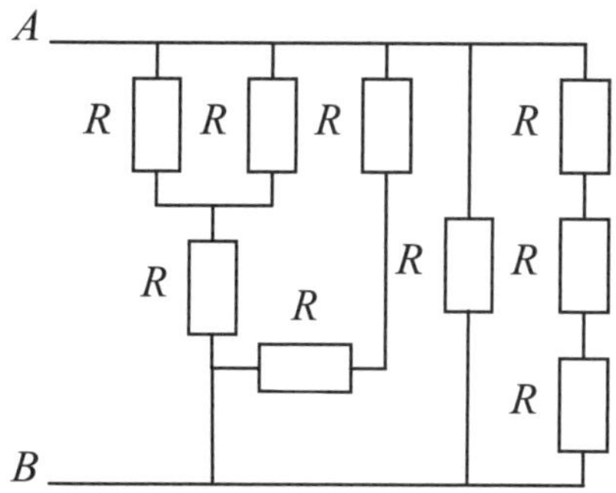

❑ Exercice 6.5. Résistance équivalente, méthode indirecte*

On considère le dipôle AB ci-contre, dont on désire déterminer la résistance équivalente, définie par $R_{\text{éq}} = \dfrac{u_{AB}}{i_{AB}} = \dfrac{u}{i}$.

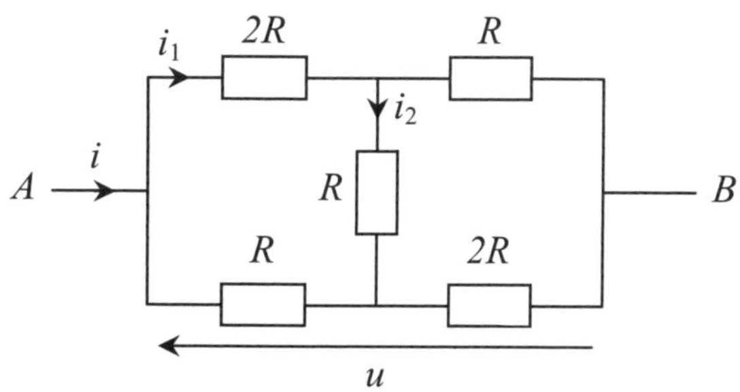

1. En utilisant les lois des mailles et des nœuds, déterminer deux relations indépendantes entre les grandeurs R, i_1, i_2 et i.

2. En déduire l'expression de $R_{\text{éq}}$ en fonction de R uniquement.

❑ Exercice 6.6. Équivalence étoile-triangle**

On considère une portion de circuit constituée par trois résistances r_1, r_2, r_3 montées en « triangle » et qui comporte trois pôles A, B et C. On veut déterminer les expressions de R_1, R_2, R_3 (en fonction de r_1, r_2, r_3) qu'il faut placer en « étoile » pour que les deux circuits soient équivalents d'un point de vue électrique.

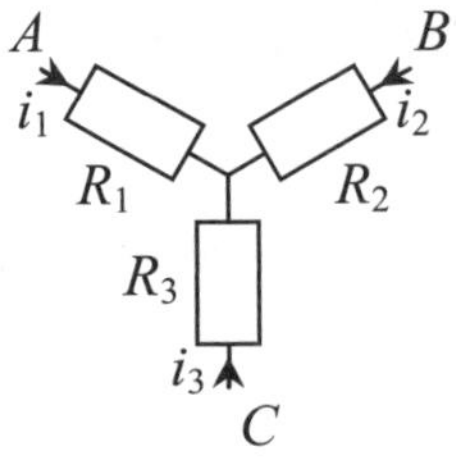

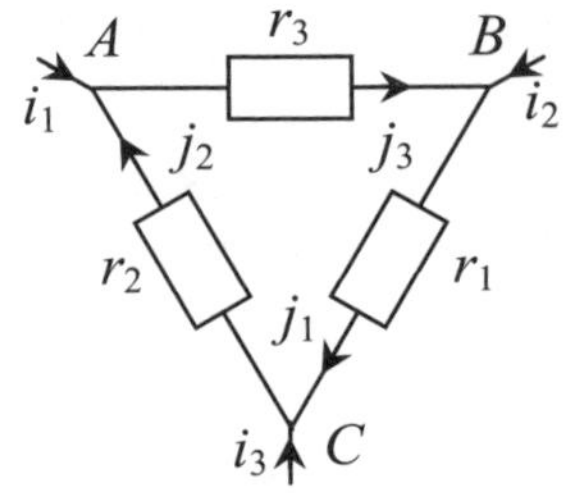

1. Exprimer la différence de potentiel $V_A - V_B$ pour les deux montages, en fonction des courants i_1 et i_2 pour l'un et de j_3 pour l'autre.
2. Exprimer j_3 en fonction des courants i_1 et i_2. Remplacer dans l'expression de la question 1 et en déduire les valeurs de R_1 et R_2. Donner aussi R_3 de façon analogue.

❑ Exercice 6.7. Modèles de Thévenin et de Norton*

Pour chaque dipôle *AB*, déterminer les générateurs équivalents de Thévenin et de Norton.

1.

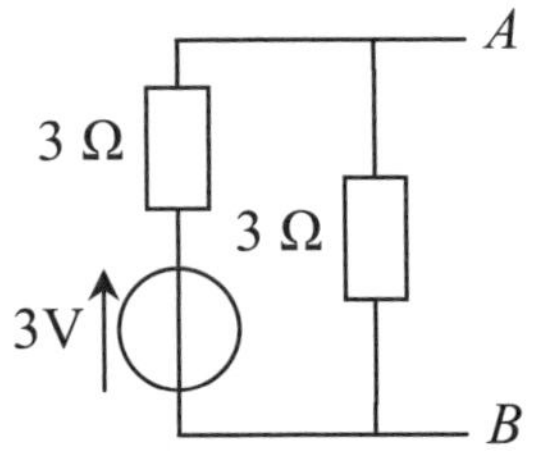

2.

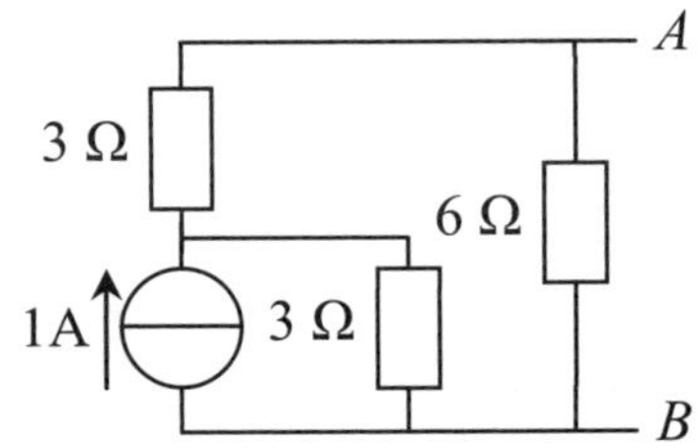

3.

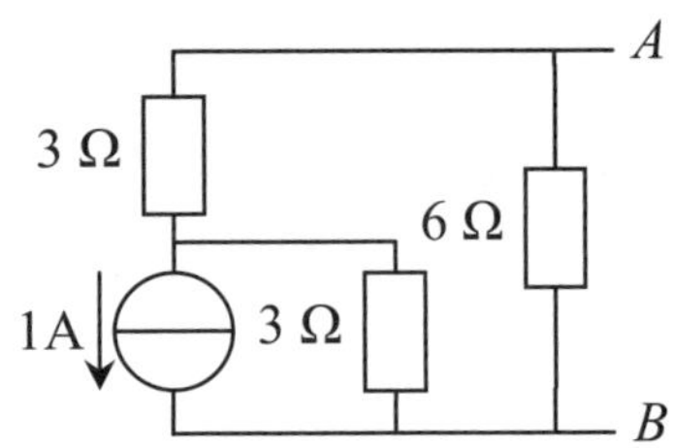

4.

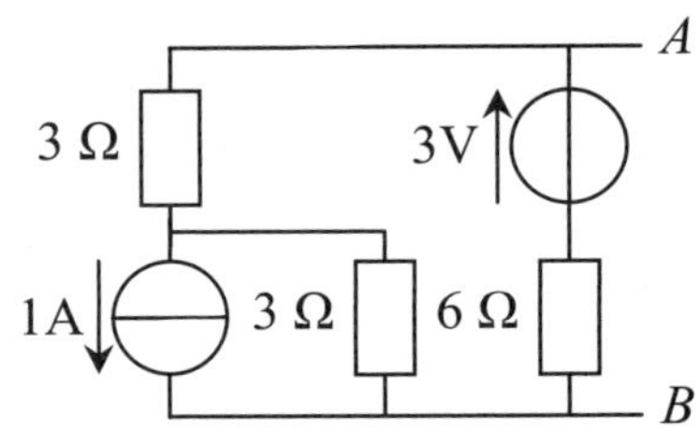

■ Calculs de tensions et d'intensités

❑ Exercice 6.8. Calcul de courant dans une branche*

On a pour le circuit représenté $E = 10$ V, $R = 5\ \Omega$, $R_1 = 15\ \Omega$, $R_2 = 10\ \Omega$, $R_3 = 15\ \Omega$, $R_4 = 9\ \Omega$.

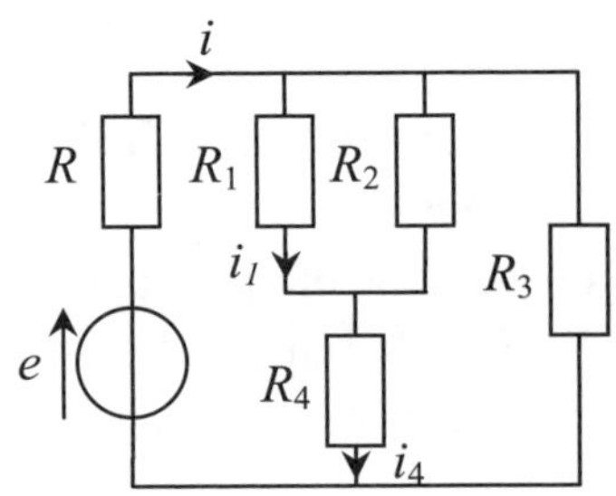

1. Calculer la résistance $R_{éq}$ qui est équivalente à l'association de R_1 à R_4 et est alimentée par la source de Thévenin (e, R). En déduire la valeur numérique de l'intensité *i* débitée par la source de tension.
2. Calculer l'intensité i_1 traversant le conducteur ohmique de résistance R_1.

❑ Exercice 6.9. Mesure faussée par un voltmètre !

Une source de tension continue $U = 24$ V est branchée aux bornes de deux résistances en série, toutes deux égales à $R = 10$ MΩ.

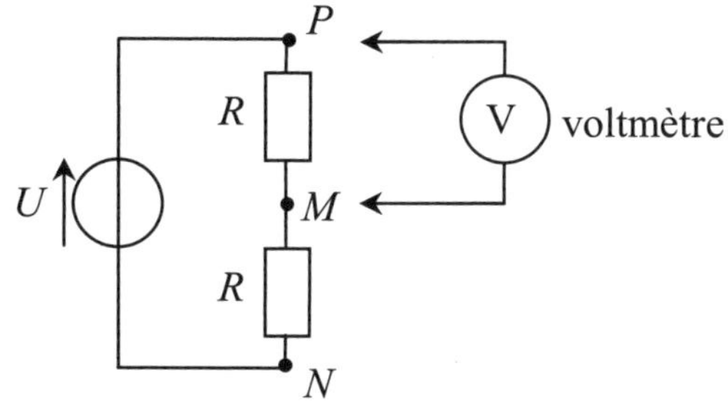

1. Calculer la valeur des tensions V_{MN} et V_{PM} entre les points nommés, en l'absence de voltmètre.

2. Pour effectuer la mesure de ces tensions, on utilise un voltmètre de résistance interne égale à $r = 10$ MΩ. Indiquer la tension lue sur le voltmètre lorsqu'on le branche successivement entre P et M, entre M et N, puis entre P et N.

D'après Concours commun polytechnique

❑ Exercice 6.10. Ponts diviseurs et théorème de Millman

Pour les trois circuits suivants, on donne $E = 10$ V, $I_0 = 10$ mA, $R_1 = R_2 = 1$ kΩ, $R_3 = 3$ kΩ, $R_4 = 4$ kΩ.

Déterminer les expressions littérales et numériques des grandeurs représentées en utilisant des ponts diviseurs.

1.

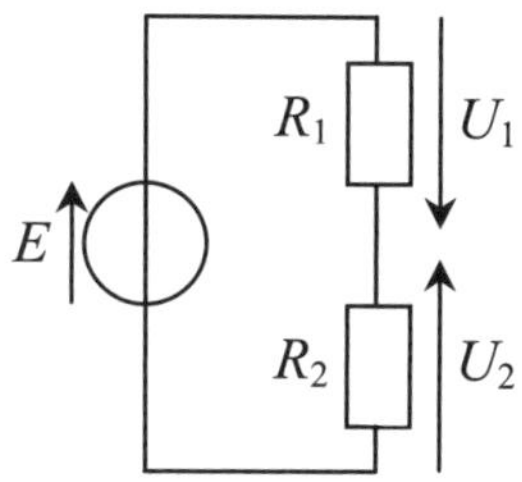

2.

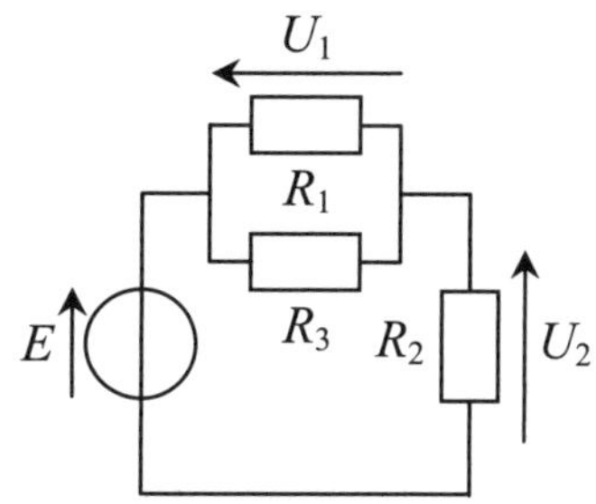

3.

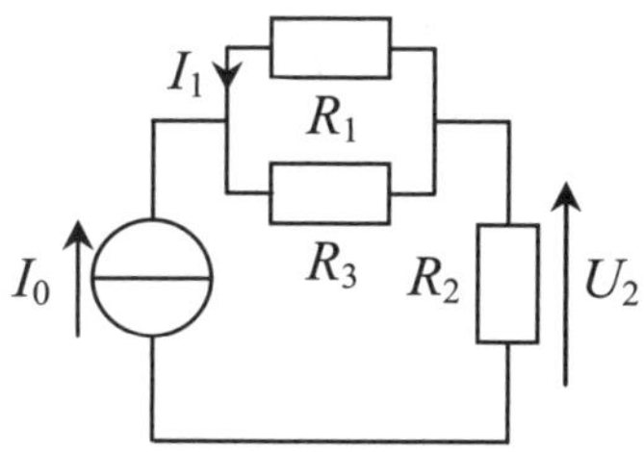

4.

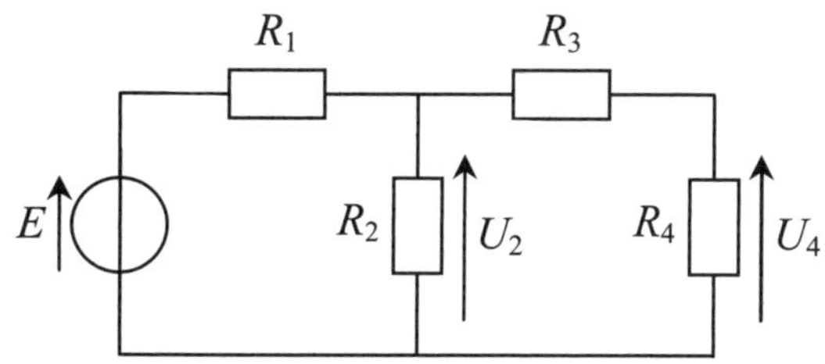

5. Dans le quatrième circuit, retrouver la valeur de la tension U_2 en utilisant le théorème de Millman. Faire ensuite de même pour U_4.

❑ Exercice 6.11. Pont de Wheatstone*

Un pont de Wheatstone est constitué de quatre résistances selon le montage ci-contre.

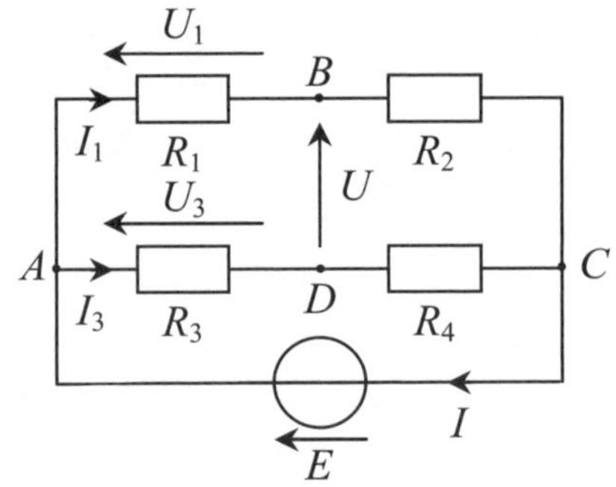

1. Déterminer la valeur des courants I_1, I_3 et I en fonction de E et des résistances du circuit. En déduire les tensions U_1 et U_3.

2. Retrouver la valeur des tensions U_1 et U_3 en utilisant la formule du diviseur de tension. En déduire la valeur de la tension U. Quelle doit être la relation entre les résistances pour que U soit nulle ? (On dit alors que « le pont est équilibré ».)

3. On branche maintenant entre les bornes B et D un ampèremètre de précision, que l'on modélise par un conducteur de résistance r.

a) À quelle condition sur les potentiels V_B et V_D l'ampèremètre indique-t-il zéro ?

b) Appliquer le théorème de Millman en B et en D. En déduire que l'ampèremètre indique zéro quand les quatre résistances vérifient la relation trouvée à la question 2.

4. Les valeurs des résistances R_1, R_4 étant connues très précisément et la résistance R_2 variable mais dont on peut lire la valeur, quel est l'intérêt d'un tel montage ?

❑ Exercice 6.12. Un problème de masse...

Une source de tension $E = 12$ V alimente trois résistances égales R disposées en série.

1. Calculer la tension entre les bornes A et B dessinées sur le schéma.

2. Pour mesurer cette tension on utilise l'oscilloscope dessiné sur la même figure, borne A' reliée à la borne A et borne B' reliée à la borne B. Cet oscilloscope a une impédance interne très supérieure à la résistance R et pourtant la tension qu'il mesure n'est pas celle qui a été calculée. Expliquer pourquoi et donner la valeur de la tension mesurée.

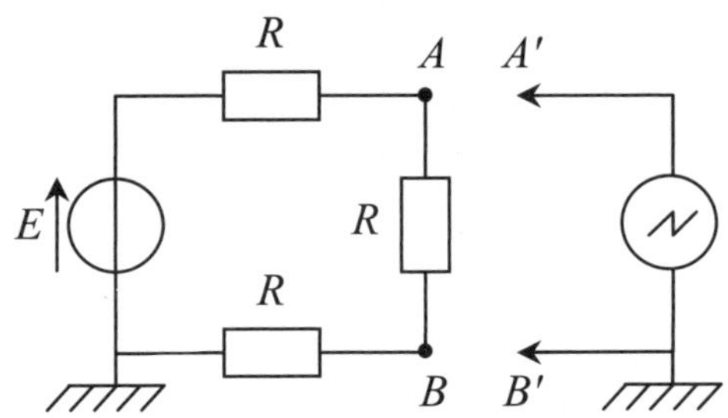

D'après Concours commun polytechnique

■ Puissance

❑ Exercice 6.13. Intensités et puissances*

On considère le circuit ci-contre, où un curseur mobile permet de fractionner la résistance R ($0 < x < 1$).

1. Déterminer les intensités I, I_1 et I_2.

2. Calculer littéralement le rapport $\eta = \dfrac{\mathcal{P}_{AC}}{\mathcal{P}_{CB}}$ des puissances dissipées dans AC et CB.

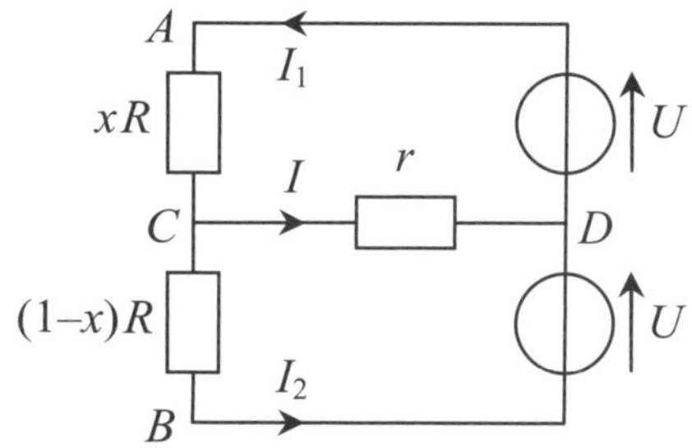

D'après oraux Agro-Véto

❑ Exercice 6.14. Charge d'une batterie d'accumulateurs*

La batterie de voiture de Madame Michu est déchargée. Pour recharger cette batterie, modélisée par une FÉM $e = 12$ V en série avec une résistance $r = 0{,}2\ \Omega$, elle la branche sur un chargeur de FÉM $E = 13$ V et de résistance interne $R = 0{,}3\ \Omega$.
On lit sur la batterie qu'elle a une « capacité » de 50 A·h (ampères-heures).

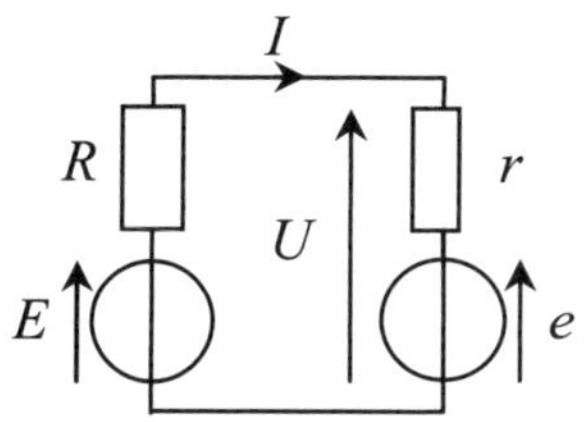

1. Déterminer le courant I circulant dans la batterie et la tension U à ses bornes lors de la charge. Quelle est la convention utilisée ?

2. Calculer la puissance délivrée par la source E, la puissance dissipée par effet Joule et la puissance reçue par la batterie (stockée sous forme chimique). Déterminer le rendement.

3. On suppose qu'au cours de la charge, la tension de la FÉM $e = 12$ V reste constante.

a) À quelle grandeur physique la capacité de 50 A·h est-elle homogène ?

b) Initialement la batterie est déchargée, avec seulement 10 % de sa capacité. Déterminer le temps de charge pour la recharger complètement.

c) Que vaut l'énergie dissipée par effet Joule pendant la charge ?

❑ Exercice 6.15. Adaptation de puissance*

On considère une résistance variable R alimentée par un générateur de tension, caractérisé par sa représentation de Thévenin de force électromotrice E et de résistance interne r. On cherche à rendre maximale la puissance dissipée par effet Joule dans ce conducteur (il s'agit par exemple d'un radiateur électrique).

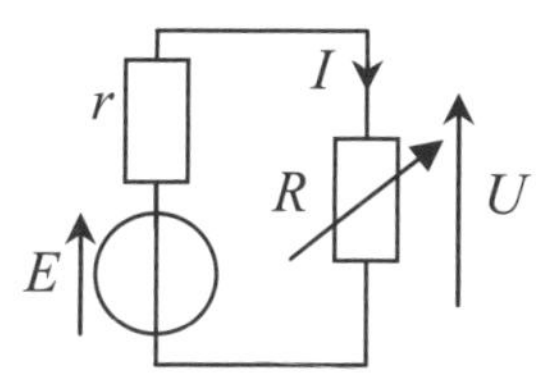

1. Déterminer l'expression de la puissance P reçue par le conducteur ohmique en fonction de E, R et r.

2. Montrer que P (fonction dépendant de la variable R) est maximale pour une valeur particulière de R. On dit que le montage est alors adapté.

3. On définit le rendement du transfert par $\eta = \dfrac{P}{P_{\text{géné}}}$ où $P_{\text{géné}}$ représente la puissance fournie par la force électromotrice E du dipôle. Représenter graphiquement $\eta(R)$. Que vaut le rendement quand le montage est adapté ?

■ Dipôle non linéaire

❑ Exercice 6.16. Utilisation d'une lampe

On a relevé quelques valeurs de tension et d'intensité pour une lampe, en convention récepteur :

U (V)	0	1,0	2,3	4,0	6,0	6,25	9,0
I (A)	0	0,20	0,30	0,40	0,49	0,50	0,60

On dispose d'une source parfaite de tension $E = 6$ V.

1. On désire que le courant dans la lampe soit de 0,4 A. Quelle valeur de résistance doit-on mettre en série avec la lampe pour que cette condition soit réalisée ?

2. Quelle est la puissance absorbée par la lampe ?

❑ Exercice 6.17. Point de fonctionnement d'une diode Zener**

On a relevé la caractéristique statique d'un dipôle appelé diode Zener, en convention récepteur.

U (V)	0	2,0	4,0	6,0	6,2	6,4	6,6	6,8	7,0	7,2
I (mA)	0	0	0	0	50	100	150	200	250	300

1. Tracer la caractéristique $I = f(U)$. Échelles : 1 V/cm ; 50 mA/cm.

2. Comment se comporte ce dipôle pour U entre 0 et 6,0 V ? Pour U entre 6,0 V et 7,2 V, déterminer l'équation de la courbe $I = f(U)$ du dipôle, puis en déduire $U = f(I)$. En déduire le modèle de Thévenin de ce dipôle.

3. On associe à cette diode une pile de FÉM E = 12 V et de résistance interne r = 40 Ω. Déterminer le point de fonctionnement (valeur du courant I et de la tension U pour la diode lorsqu'elle est connectée à la pile), graphiquement et analytiquement.

■ Pour vous aider à démarrer

Exercice 6.5. Commencer par représenter et nommer les courants dans toutes les branches.
Exercice 6.11. À la question 3, placer d'abord la masse en un point du circuit, par exemple en C ; le potentiel de A est alors immédiat.
Exercice 6.17. Question 3, pour la méthode graphique, il faut superposer la caractéristique de la pile (en convention générateur) et celle de la diode (en convention récepteur).

Corrigé des vrai/faux

1.	2.	3.	4.	5.	6.	7.	8.	9.	10.	11.	12.	13.
faux	vrai	vrai	faux	vrai	vrai	faux	faux	faux	vrai	vrai	faux	vrai

1. En convention récepteur, les flèches de courant et de tension sont de sens opposés.

3. L'ampèremètre idéal se comporte, vis-à-vis du circuit, comme un simple fil.

4. Le voltmètre se branche en dérivation, et pour ne pas modifier le fonctionnement du circuit, il ne doit pas prélever de courant : sa résistance interne doit donc idéalement tendre vers l'infini.

7. En convention récepteur, la puissance $p = u\,i$ est la puissance *reçue* par un dipôle ; s'il reçoit une puissance négative, c'est qu'en fait il fournit de la puissance au reste du circuit et fonctionne donc en générateur.

8. La formule de la puissance $p = u\,i$ est identique quelle que soit la convention, seule la signification précise (puissance reçue ou fournie) change.

12. La source de tension impose la tension e (sa FÉM) entre ses bornes ; si elles sont reliées par un fil de court-circuit, la tension est nulle, ce qui est incompatible avec la valeur e.

❑ Les erreurs classiques

– Dans toutes les relations, il faut toujours faire très attention aux *signes* ! Par exemple, lorsqu'une résistance est représentée en convention générateur, il faut mettre un signe moins dans la loi d'Ohm.
– Faire attention comme toujours à l'*homogénéité* des formules. En particulier, une résistance ne peut pas être égale à l'inverse d'une résistance (donc attention avec les associations en parallèle !).
– Lorsqu'on transforme un schéma de circuit, certains points et certaines branches disparaissent, donc les tensions et intensités correspondantes disparaissent aussi : l'erreur fréquente consiste à les « conserver » en les replaçant au mauvais endroit.
– Dans l'application du théorème de Millman, ce sont des *potentiels* qu'il faut utiliser et non des *tensions* (différences de potentiels).
– Quelle que soit la convention, la formule de la puissance $p = u\,i$ reste la même, mais sa signification qualitative change (puissance reçue ou fournie).

Corrigé des exercices

Exercice 6.1

1. Les points correspondant à des nœuds sont : *B*, *E*, *F* = *G* (identiques car reliés par un fil), *H*.

Les points A, C et D ne sont pas des nœuds, car seuls deux fils y concourent.

2. Le circuit comporte sept branches : *BCDE*, *BAH*, *GE*, *GFE*, *GH*, *GFH*, *GB*.

Le segment GF semble être une branche mais n'en est pas vraiment une, puisque G et F représentent le même nœud.

3. Les mailles passant par le point *A* sont : *ABGHA*, *ABGFHA*, *ABGEFHA*, *ABCDEGHA*, *ABCDEFHA*, *ABCDEFGHA*, *ABCDEGFHA*.

4. Les résistances en série sont : R_1 avec R_2 d'une part ; et R_4 avec R_5 d'autre part.
Les résistances R_7 et R_8 sont en parallèle.

Dans le cas général, deux résistances quelconques d'un circuit ne sont ni en série, ni en parallèle. C'est le cas de toutes celles qui ne sont pas citées ci-dessus.

Exercice 6.2

1. On applique la loi des nœuds qui donne $I + I_1 + I_2 - I_3 - I_4 = 0$, d'où l'on tire $\boxed{I = I_3 + I_4 - I_1 - I_2 = -2 \text{ A}}$.

2. Le signe négatif du courant *I* indique que, physiquement, un courant de 2 A circule dans le sens contraire à celui de la flèche.

Exercice 6.3

On choisit arbitrairement pour chaque maille un sens de parcours horaire. La loi des mailles appliquée à la maille en haut à gauche du circuit donne $-U_1 - U_3 + U_4 - U_5 = 0$, d'où l'on tire $\boxed{U_4 = U_1 + U_3 + U_5 = 9 \text{ V}}$.

La maille en haut à droite donne $-U_2 + U_6 - U_7 + U_3 = 0$, d'où l'on tire $\boxed{U_7 = 7 \text{ V}}$.

En procédant de même avec d'autres mailles (il y a plusieurs possibilités), on obtient $\boxed{U_{10} = 15 \text{ V}}$ et $\boxed{U_{11} = 26 \text{ V}}$.

Le sens de parcours choisi n'a aucune influence sur le résultat.

Corrigé

Exercice 6.4

Il faut refaire des schémas pour éviter de se tromper et commencer par les associations évidentes.

1. On commence par l'association évidente des trois résistances en série.

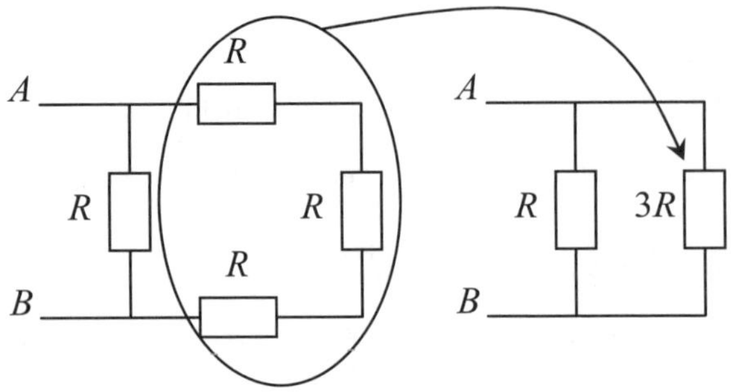

La résistance équivalente globale est constituée par des résistances en parallèle, soit $\frac{1}{R_{\text{éq}}}=\frac{1}{R}+\frac{1}{3R}$ dont on déduit $\boxed{R_{\text{éq}}=\frac{3}{4}R}$.

2.

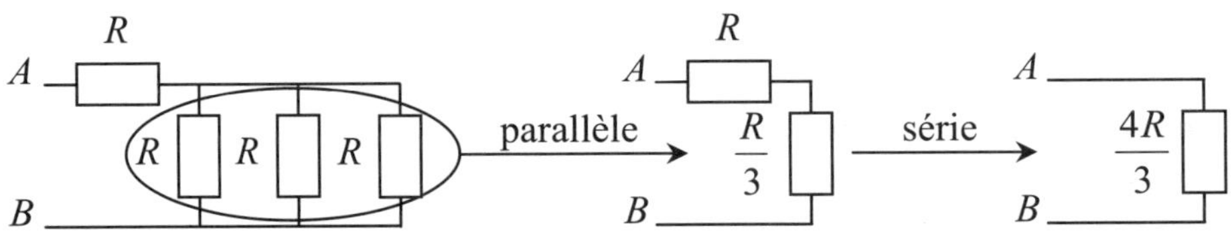

Donc $\boxed{R_{\text{éq}}=\frac{4}{3}R}$.

3.

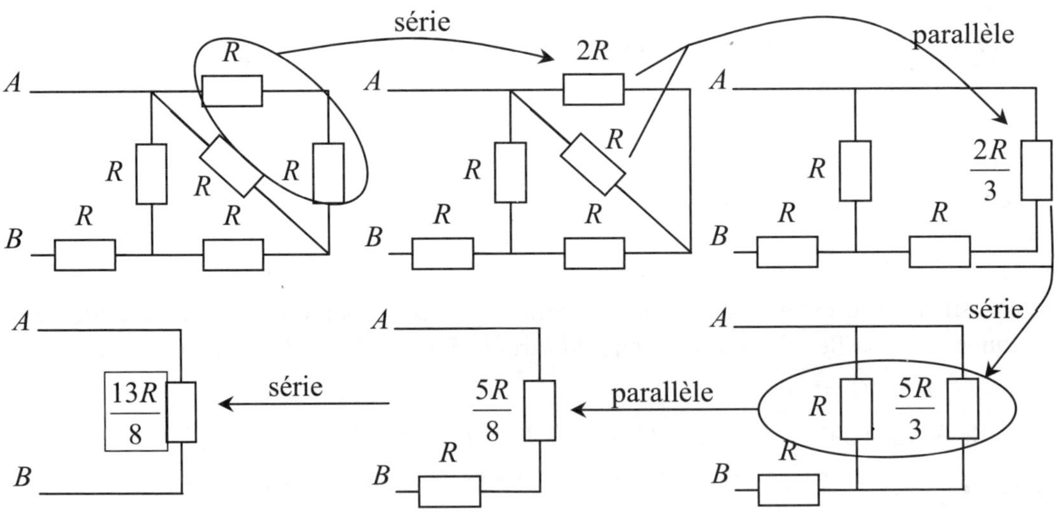

4.

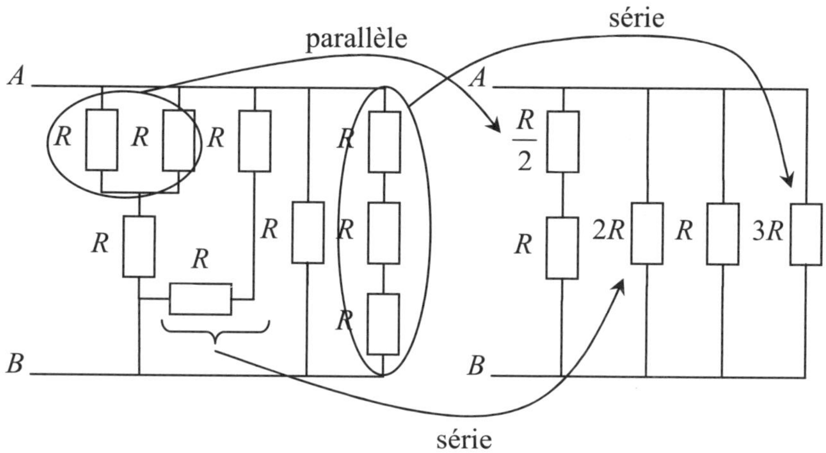

On note que la branche de gauche (association série) peut être remplacée par une résistance $\dfrac{3R}{2}$.

Donc la résistance équivalente à cette association parallèle de quatre résistances est $\boxed{R_{éq} = \dfrac{2R}{5}}$.

Exercice 6.5

1. On redessine le schéma en fléchant tous les courants.

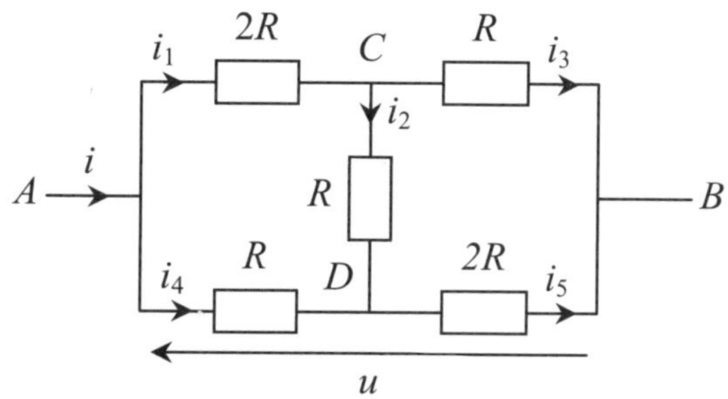

On applique la loi des nœuds en A : $i_4 = i - i_1$;

en C : $i_3 = i_1 - i_2$; en D : $i_5 = i - i_1 + i_2$.

Puis on applique la loi des mailles dans :

$ACBA$: $u = 2Ri_1 + Ri_3 = 3Ri_1 - Ri_2$ (1)

$ADBA$: $u = Ri_4 + 2Ri_5 = 3Ri - 3Ri_1 + 2Ri_2$ (2)

$ACDBA$: $u = 2Ri_1 + Ri_2 + 2Ri_5 = 2Ri + 3Ri_2$ (3).

On en déduit $\boxed{(1)-(2) : 6Ri_1 - 3Ri_2 = 3Ri \ (4)}$ et $\boxed{(1)-(3) : 2Ri = 3Ri_1 - 4Ri_2 \ (5)}$.

⇨ *Méthode 6.1*

2. On exprime les courants en fonction de i en faisant $(4) - 2\times(5) \Leftrightarrow i_2 = -\dfrac{i}{5}$. En utilisant (3), on obtient $u = \dfrac{7}{5}Ri$. Donc d'après la définition de la résistance équivalente : $\boxed{R_{éq} = \dfrac{7}{5}R}$.

✎ *Il n'est pas possible de déterminer la résistance équivalente de ce schéma par des associations séries et parallèles : aucune des cinq résistances n'est en série ou en parallèle avec l'une des autres.*

Exercice 6.6

1. La différence de potentiel entre deux points doit être identique dans les deux montages pour que les circuits soient équivalents.

Pour le montage « étoile », entre les points A et B : $V_A - V_B = R_1 i_1 - R_2 i_2$ (1).

Pour le montage « triangle » : $V_A - V_B = r_3 j_3$ (2).

Corrigé

2. Il faut maintenant trouver une relation sur les courants pour lier le courant j_3 au courant i_1 et i_2. On cherche à ne conserver que ces trois inconnues. La loi des nœuds permet d'écrire $j_1 = i_2 + j_3$ et $j_2 = j_3 - i_1$.

On écrit la loi des mailles $r_3 j_3 + r_2 j_2 + r_1 j_1 = 0$, soit $r_3 j_3 + r_2(j_3 - i_1) + r_1(i_2 + j_3) = 0$. On en déduit $j_3 = \dfrac{r_2 i_1 - r_1 i_2}{r_1 + r_2 + r_3}$ que l'on remplace dans l'équation (2) et qui doit être égale à (1), soit $\dfrac{r_2 r_3 i_1 - r_1 r_3 i_2}{r_1 + r_2 + r_3} = R_1 i_1 - R_2 i_2$. On identifie les facteurs se trouvant devant chaque intensité, et l'on obtient $\boxed{R_1 = \dfrac{r_2 r_3}{r_1 + r_2 + r_3}}$ et $\boxed{R_2 = \dfrac{r_1 r_3}{r_1 + r_2 + r_3}}$. On obtiendrait de même $\boxed{R_3 = \dfrac{r_1 r_2}{r_1 + r_2 + r_3}}$.

Exercice 6.7

On rappelle que les deux sources sont liées par la relation $e = R\eta$.

1.

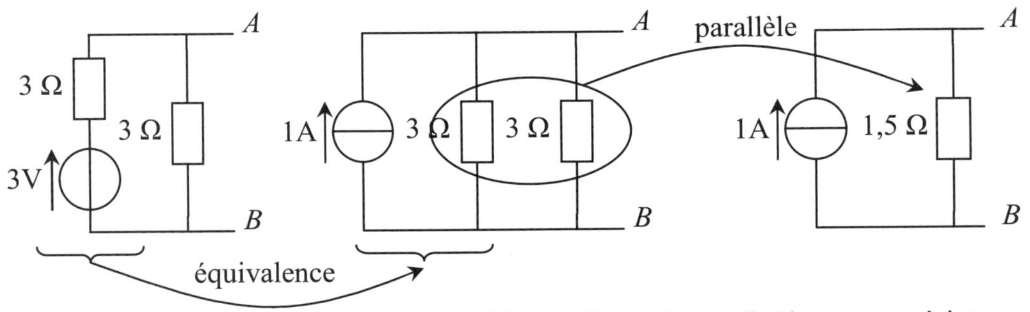

Par équivalence entre les deux modèles, le modèle de Thévenin du dipôle est une <u>résistance de 1,5 Ω</u> en série avec une source de tension (vers le haut) de FÉM $\boxed{e = 1{,}5 \times 1 = 1{,}5\ \text{V}}$.

⇨ *Méthode 6.2*

2.

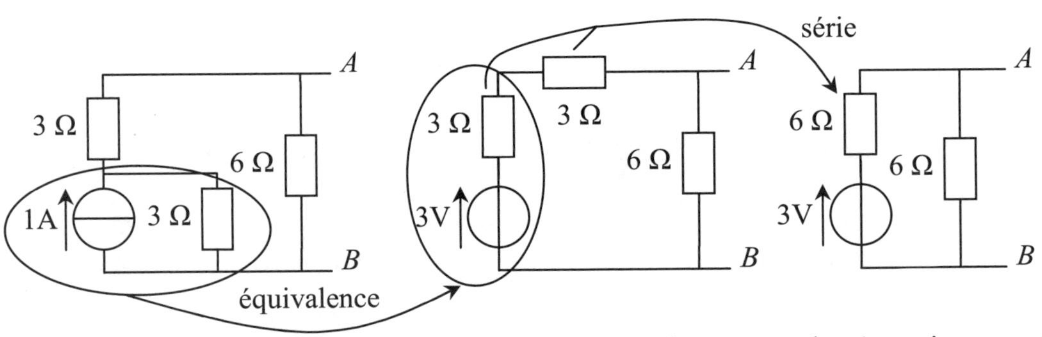

La fin de la résolution est maintenant similaire au cas du paragraphe 1, mais avec des résistances de 6 Ω. La résistance des modèles de Norton et Thévenin vaut <u>3 Ω</u>, la source de courant délivre un courant $\boxed{\dfrac{3}{6} = 0{,}5\ \text{A}}$ (vers le haut) et la source de tension délivre $\boxed{0{,}5 \times 3 = 1{,}5\ \text{V}}$ (vers le haut).

3. Les résultats sont identiques au paragraphe précédent, sauf que toutes les flèches des sources sont dirigées vers le bas.

4.

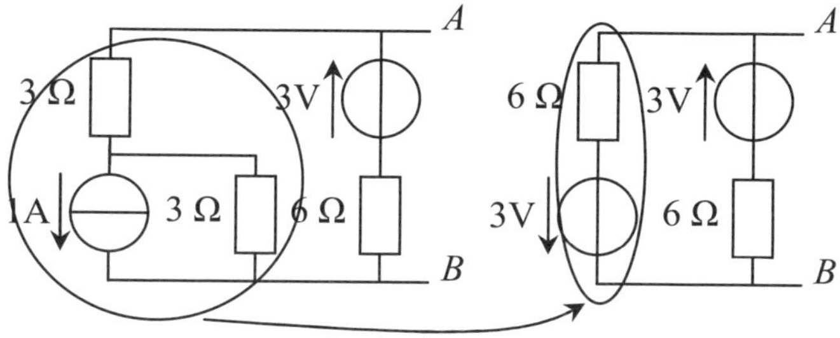

Le passage au modèle de Norton donne deux sources de courant en parallèle, mais l'une vers le haut et l'autre vers le bas. Par conséquent les sources s'annulent et il ne reste plus que deux résistances de 6 Ω en parallèle. Donc le dipôle est équivalent à une <u>résistance de 3 Ω</u>.

Exercice 6.8

1. On note $R' = \dfrac{R_1 R_2}{R_1 + R_2} = 6\ \Omega$ la résistance équivalente à l'association parallèle de R_1 et R_2.

La transformation du schéma permet d'obtenir directement la résistance équivalente à l'association parallèle, soit $\dfrac{1}{R_{éq}} = \dfrac{1}{R' + R_4} + \dfrac{1}{R_3}$, d'où $\boxed{R_{éq} = 7{,}5\ \Omega}$. On en déduit, en utilisant la loi des mailles, le courant dans les résistances en série R et $R_{éq}$, soit $\boxed{i = \dfrac{E}{R + R_{éq}} = 0{,}8\ \text{A}}$.

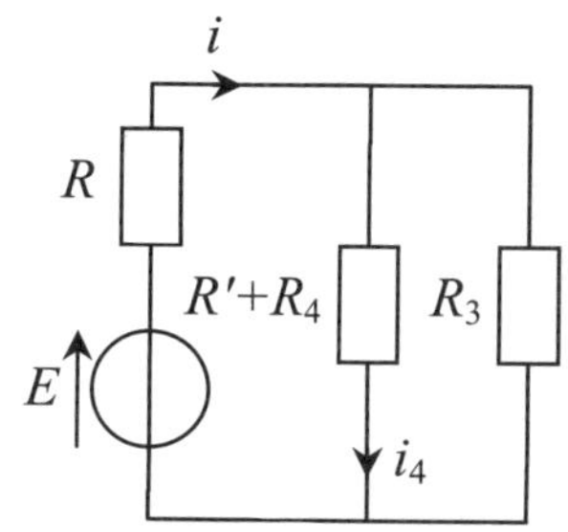

2. D'après le schéma précédent, on utilise la formule du pont diviseur de courant, donc $i_4 = \dfrac{R_3}{R' + R_4 + R_3} i = 0{,}4\ \text{A}$. Or ce courant est celui qui traverse le diviseur de courant formé par R_1 et R_2. On a donc $\boxed{i_1 = \dfrac{R_2}{R_1 + R_2} i_4 = 0{,}16\ \text{A}}$.

Exercice 6.9

1. Les deux résistances sont en série, on utilise donc la formule du diviseur de tension, ce qui donne $V_{MN} = V_{PM} = \dfrac{R}{R+R} U$ soit $\boxed{V_{MN} = V_{PM} = \dfrac{U}{2} = 12\ \text{V}}$.

2. Le schéma avec le voltmètre branché entre P et M devient :

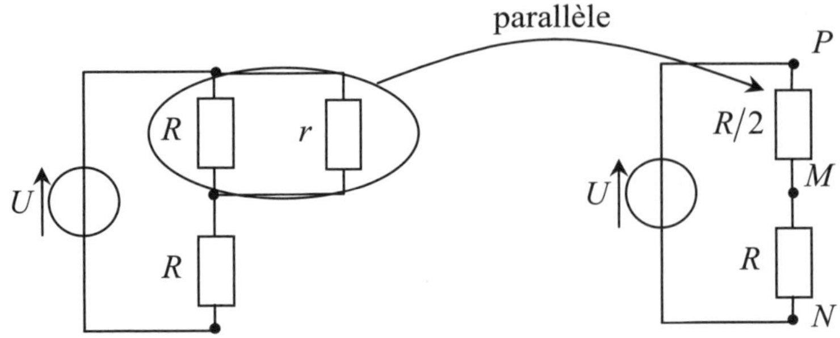

La résistance équivalente vaut $R/2$ car $r = R$. On en déduit avec la formule du diviseur de tension, la valeur lue : $V_{\text{lue}} = V_{PM} = \dfrac{R/2}{R+R/2}U$ soit $\boxed{V_{\text{lue}} = V_{PM} = \dfrac{U}{3} = 8\text{ V}}$. Si le voltmètre est entre M et N, on obtient de même : $V_{\text{lue}} = V_{MN} = \dfrac{R/2}{R+R/2}U$ soit $\boxed{V_{\text{lue}} = V_{MN} = \dfrac{U}{3} = 8\text{ V}}$.

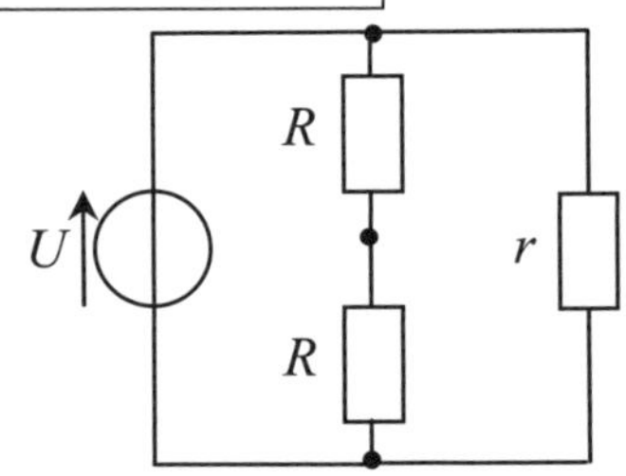

Si le voltmètre est entre P et N, d'après le schéma, la tension aux bornes du voltmètre vaut $\boxed{U = 24\text{ V}}$.

Exercice 6.10

1. On applique directement la formule du pont diviseur de tension pour des résistances en série et l'on obtient : $\boxed{U_2 = \dfrac{R_2}{R_1+R_2}E = 5\text{ V}}$ et $\boxed{U_1 = -\dfrac{R_1}{R_1+R_2}E = -5\text{ V}}$.

La tension aux bornes de la résistance R_1 et celle aux bornes de l'ensemble sont de sens opposés, il faut donc un signe négatif dans la seconde formule.

2. Les résistances R_1 et R_3, qui sont en parallèle, peuvent être remplacées par une résistance équivalente $R_{\text{éq}} = \dfrac{R_1R_3}{R_1+R_3} = 750\,\Omega$. On peut ainsi utiliser la formule du diviseur de tension et l'on obtient $\boxed{U_1 = \dfrac{R_{\text{éq}}}{R_{\text{éq}}+R_2}E = 4{,}3\text{ V}}$ et $\boxed{U_2 = \dfrac{R_2}{R_{\text{éq}}+R_2}E = 5{,}7\text{ V}}$.

3. Avec la formule du pont diviseur de courant : $\boxed{I_1 = -\dfrac{G_1}{G_1+G_3}I_0 = -\dfrac{R_3}{R_1+R_3}I_0 = -7{,}5\text{ mA}}$.

La résistance R_2 est traversée par I_0 (en convention récepteur), donc $\boxed{U_2 = R_2I_0 = 10\text{ V}}$.

4. On simplifie le schéma en remplaçant R_2 en parallèle avec l'association $R_3 + R_4$ par $R_{éq} = \dfrac{R_2(R_3 + R_4)}{R_2 + (R_3 + R_4)} = 875\ \Omega$.

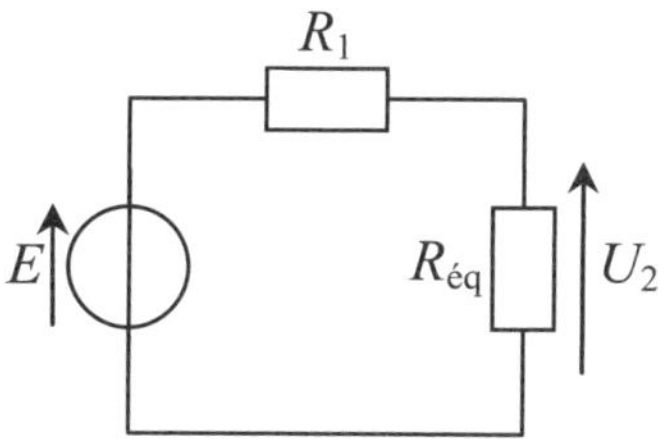

Le pont diviseur de tension donne $\boxed{U_2 = \dfrac{R_{éq}}{R_{éq} + R_1} E = 4{,}7\ \text{V}}$.

On retrouve la tension U_2 aux bornes du pont diviseur de tension formé par R_3 et R_4, soit $\boxed{U_4 = \dfrac{R_4}{R_4 + R_3} U_2 = 2{,}7\ \text{V}}$.

> *Les résistances R_1 et R_2 ne sont pas en série, car il y a un nœud entre les deux : elles ne constituent donc pas un diviseur de tension.*

5. On fixe la masse sur le nœud du bas (commun à E, R_2 et R_4) : alors les potentiels des trois points du haut sont, de gauche à droite, E, U_2 et U_4. Le théorème de Millman permet d'écrire :

$$U_2 = \frac{\dfrac{E}{R_1} + \dfrac{0}{R_2} + \dfrac{0}{R_3 + R_4}}{\dfrac{1}{R_1} + \dfrac{1}{R_2} + \dfrac{1}{R_3 + R_4}}$$

soit $\boxed{U_2 = \dfrac{E}{1 + \dfrac{R_1}{R_2} + \dfrac{R_1}{R_3 + R_4}} = 4{,}7\ \text{V}}$. De même $U_4 = \dfrac{\dfrac{U_2}{R_3} + \dfrac{0}{R_4}}{\dfrac{1}{R_3} + \dfrac{1}{R_4}}$ soit $\boxed{U_4 = \dfrac{R_4 U_2}{R_3 + R_4} = 2{,}7\ \text{V}}$.

Exercice 6.11

1. On remarque que $U_{AC} = E = (R_1 + R_2)I_1$, donc $\boxed{I_1 = \dfrac{E}{R_1 + R_2}}$, de même $\boxed{I_3 = \dfrac{E}{R_3 + R_4}}$. La loi des nœuds en A donne $\boxed{I = I_1 + I_3 = E\left(\dfrac{1}{R_1 + R_2} + \dfrac{1}{R_3 + R_4}\right)}$.

Alors $U_1 = R_1 I_1$ (convention récepteur) soit $\boxed{U_1 = \dfrac{R_1 E}{R_1 + R_2}}$ et de même $\boxed{U_3 = R_3 I_3 = \dfrac{R_3 E}{R_3 + R_4}}$.

2. Les expressions de U_1 et U_3 sont immédiates avec le pont diviseur de tension. Alors d'après l'additivité des tensions : $\boxed{U = U_3 - U_1 = \dfrac{(R_2 R_3 - R_1 R_4)E}{(R_3 + R_4)(R_1 + R_2)}}$. U est nulle lorsque $\boxed{R_1 R_4 = R_2 R_3}$.

3. a) L'intensité dans la résistance placée entre B et D est nulle si $U = 0$, soit $\boxed{V_D = V_B}$.

b) Plaçons la masse au point C : alors $V_C = 0$ et $V_A = E$. Théorème de Millman en B et en D : $V_B = \dfrac{E/R_1 + V_D/r + 0}{1/R_1 + 1/r + 1/R_2}$ et $V_D = \dfrac{E/R_3 + V_B/r + 0}{1/R_3 + 1/r + 1/R_4}$. Si le pont est équilibré, $V_B = V_D$ donc :

$V_B\left(\frac{1}{R_1}+\frac{1}{r}+\frac{1}{R_2}\right)=\frac{E}{R_1}+\frac{V_B}{r}$ soit $V_B\left(\frac{1}{R_1}+\frac{1}{R_2}\right)=\frac{E}{R_1}$ d'où $V_B=E\frac{R_2}{R_1+R_2}$; et de même $V_D\left(\frac{1}{R_3}+\frac{1}{r}+\frac{1}{R_4}\right)=\frac{E}{R_3}+\frac{V_D}{r}$ d'où $V_D=E\frac{R_4}{R_3+R_4}$. On identifie : $E\frac{R_2}{R_1+R_2}=E\frac{R_4}{R_3+R_4}$, ce qui redonne finalement $\boxed{R_1R_4=R_2R_3}$.

4. On règle la valeur de la résistance variable R_2 de manière à obtenir $U=0$ (contrôlé à l'aide d'un voltmètre ou d'un ampèremètre). On en déduit la valeur de la résistance inconnue R_3 : $R_3=\frac{R_1R_4}{R_2}$. Ce pont constitue donc un instrument de <u>mesure de résistance</u>.

Exercice 6.12

1. En utilisant la formule du diviseur de tension on obtient immédiatement :

$U_{AB}=\frac{R}{3R}E$ soit $\boxed{U_{AB}=\frac{E}{3}=4\text{ V}}$.

2. Les masses de l'oscilloscope et du générateur sont connectées par l'intermédiaire de la prise de terre, par conséquent, la tension aux bornes de la résistance se trouvant entre les deux masses vaut 0. Le courant qui la traverse d'après la loi d'Ohm est donc nul, cette résistance est court-circuitée. Lorsque l'oscilloscope est branché, il n'y a donc que deux résistances en série, et la formule du pont diviseur donne alors $U_{AB}=\frac{R}{2R}E$ soit $\boxed{U_{AB}=\frac{E}{2}=6\text{ V}}$.

Exercice 6.13

1. Plaçons la masse au point D : on en déduit immédiatement les potentiels $V_D=0$, $V_A=U$, $V_B=-U$. On applique alors le théorème de Millman en C :

$$V_C=\frac{\frac{U}{xR}+\frac{-U}{(1-x)R}+\frac{0}{r}}{\frac{1}{xR}+\frac{1}{(1-x)R}+\frac{1}{r}} \text{ soit } \boxed{V_C=\frac{r(1-2x)U}{r+x(1-x)R}}.$$

⇨ *Méthode 6.3*

La loi d'Ohm donne alors :

– pour la résistance r, $I=\frac{V_C-0}{r}$ soit $\boxed{I=\frac{(1-2x)U}{r+x(1-x)R}}$;

– pour xR, $I_1=\frac{U-V_C}{xR}=\frac{1}{xR}\times\frac{[r+x(1-x)R]U-r(1-2x)U}{r+x(1-x)R}$ soit $\boxed{I_1=\frac{U}{R}\times\frac{(1-x)R+2r}{r+x(1-x)R}}$;

– pour $(1–x)R$, $I_2=\frac{V_C-(-U)}{(1-x)R}=\frac{V_C+U}{(1-x)R}=\frac{1}{(1-x)R}\times\frac{r(1-2x)U+[r+x(1-x)R]U}{r+x(1-x)R}$

soit $\boxed{I_2 = \frac{U}{R} \times \frac{xR + 2r}{r + x(1-x)R}}$.

– Autre méthode : application directe des lois de Kirchhoff

On obtient les trois équations suivantes : $I - I_1 + I_2 = 0$ (nœud C ou D) ; $U - xRI_1 - rI = 0$ (maille du haut) ; $U + rI - (1-x)RI_2 = 0$ (maille du bas). La résolution de ce système de trois équations à trois inconnues donne les solutions précédentes.

➪ *Méthode 6.1*

2. $\mathcal{P}_{AC} = xRI_1^2$ et $\mathcal{P}_{CB} = (1-x)RI_2^2$ donc $\eta = \frac{\mathcal{P}_{AC}}{\mathcal{P}_{CB}} = \frac{x}{1-x}\left(\frac{I_1}{I_2}\right)^2$ soit $\boxed{\eta = \frac{x}{1-x}\left(\frac{(1-x)R + 2r}{xR + 2r}\right)^2}$.

Exercice 6.14

1. On applique la loi des mailles $E - RI - rI - e = 0$, ce qui donne $\boxed{I = \frac{E-e}{R+r} = 2\text{ A}}$. On en déduit donc la tension $\boxed{U = e + rI = 12{,}4\text{ V}}$. L'intensité et la tension sont définies en convention récepteur.

2. La puissance délivrée par la source vaut $\boxed{P_{\text{géné}} = EI = 26\text{ W}}$, la puissance dissipée par effet Joule $\boxed{P_{\text{Joule}} = (r+R)I^2 = 2\text{ W}}$ et la puissance « stockée » dans la FÉM de la batterie $\boxed{P_{\text{stock}} = eI = 24\text{ W}}$. Le rendement est alors : $\eta = \frac{P_{\text{utile}}}{P_{\text{fournie}}} = \frac{P_{\text{stock}}}{P_{\text{géné}}}$ soit $\boxed{\eta = \frac{e}{E} = 92\ \%}$.

3. a) La capacité en ampères-heures est homogène à une charge électrique Q car le courant (en ampères) est une charge divisée un temps $\left(i = \frac{\mathrm{d}q}{\mathrm{d}t}\right)$.

b) Au départ la batterie n'est qu'à 10 % de sa capacité, sa charge est donc $Q_0 = 5\text{ A}\cdot\text{h}$. Il faut donc lui apporter une charge $Q = 45\text{ A}\cdot\text{h} = I\cdot t$ avec t exprimé en heures, soit $\boxed{t = \frac{Q}{i} = 22{,}5\text{ h}}$.

c) Énergie dissipée par effet Joule : $W_{\text{Joule}} = P_{\text{Joule}} \times t = 2 \times 22{,}5 \times 3600$ soit $\boxed{W_{\text{Joule}} = 160\text{ kJ}}$.

Exercice 6.15

1. La résistance R reçoit la puissance $P = RI^2 = \frac{U^2}{R}$. Or d'après la formule du diviseur de tension : $U = \frac{R}{R+r}E$. On en déduit $\boxed{P = \frac{R}{(R+r)^2}E^2}$.

2. On calcule la dérivée de la fonction, soit $\dfrac{\mathrm{d}P}{\mathrm{d}R}=\dfrac{-E^2(R-r)}{(R+r)^3}$: P est extrémale lorsque sa dérivée s'annule, donc pour $\boxed{R=r}$. On a alors $\boxed{P=\dfrac{E^2}{2R}}$ qui correspond bien à un maximum car pour $R=0$, $P=0$.

3. $P_{\text{géné}}=EI$, et d'après la loi des mailles $E=(r+R)I$, d'où l'on tire $I=\dfrac{E}{R+r}$ et finalement $P_{\text{géné}}=\dfrac{E^2}{R+r}$.

Le rendement est donc : $\boxed{\eta=\dfrac{R}{R+r}}$.

Lorsque le montage est adapté, on obtient $\boxed{\eta=0,5}$: la moitié de la puissance fournie par la FÉM est reçue par la résistance R (l'autre moitié étant « perdue » dans la résistance interne r du générateur).

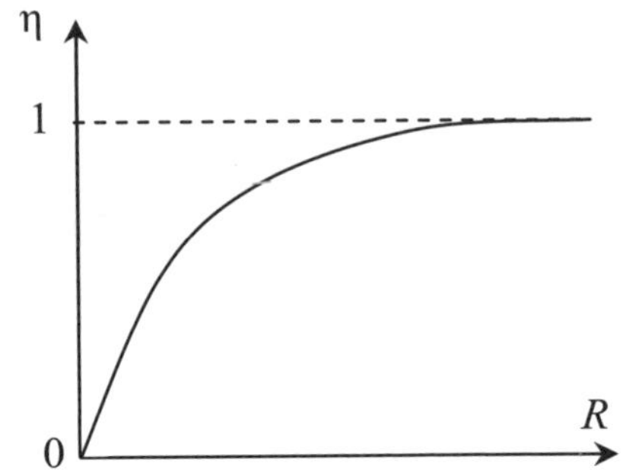

✎ *Plus la résistance est grande et plus le rendement de transfert est important, mais si on prend le cas limite* $R\to\infty$*, le rendement est de 1 mais le courant est nul donc* $P_{\text{géné}}=EI=0$*, le générateur ne fournit plus de puissance.*

Exercice 6.16

1. Pour avoir un courant de 0,4 A, la tension aux bornes de la lampe doit être de 4 V. D'après la loi des mailles, on en déduit que la tension aux bornes de la résistance doit être de 2 V. La loi d'Ohm aux bornes de la résistance donne $\boxed{R=\dfrac{U}{I}=\dfrac{2}{0,4}=5\ \Omega}$. On aurait aussi pu répondre à la question en traçant sur un même graphe, la courbe (en convention récepteur) de la lampe et celle du générateur de Thévenin (source en série avec la résistance, en convention générateur). L'ordonnée à l'origine du générateur vaut 6 V et la pente (donc la valeur de R) permet de passer par le point de fonctionnement désiré.

2. La puissance absorbée par la lampe est donnée par le produit du courant par la tension en convention générateur, soit $\boxed{P=UI=4\times0,4=1,6\ \text{W}}$.

Exercice 6.17

1.

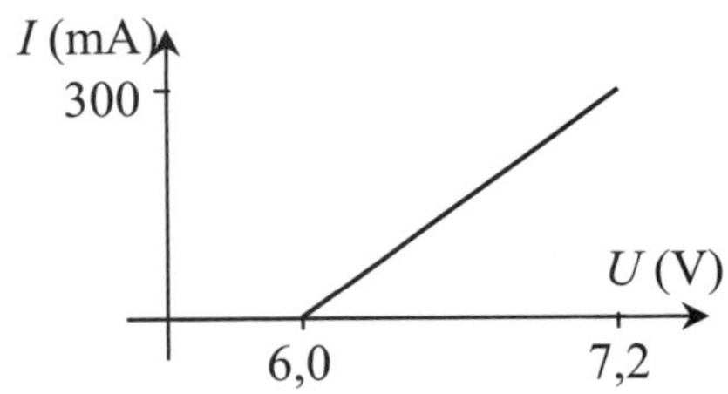

2. On note sur la caractéristique précédente que le dipôle se comporte comme un <u>interrupteur ouvert</u> entre 0 et 6,0 V, et possède un modèle linéaire entre 6,0 V et 7,2 V : la courbe est alors une droite d'équation $\boxed{I=0,25U-1,5}$, soit aussi $\boxed{U=4,0I+6,0}$.

On peut représenter le modèle de Thévenin équivalent en convention récepteur (voir ci-dessous) : FÉM $E_Z = 6{,}0$ V et résistance interne $r_Z = 4{,}0\ \Omega$.

3. Le point de fonctionnement correspond aux valeurs de U et I lorsque le dipôle est alimenté par un générateur. L'association de la diode avec le générateur de Thévenin (correspondant à la pile) permet d'écrire une loi des mailles : $E - rI = r_Z I + E_Z$ d'où $\boxed{I = \dfrac{E - E_Z}{r + r_Z}}$. AN $\boxed{I = 140 \text{ mA}}$. Alors $U = E - rI = r_Z I + E_Z$ soit $\boxed{U = 6{,}5 \text{ V}}$ (avec deux chiffres significatifs).

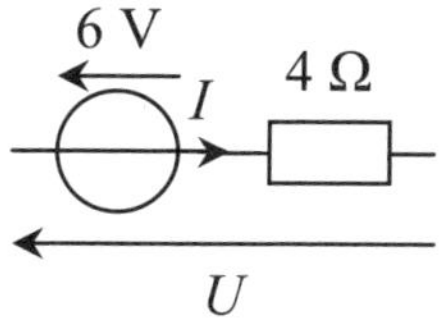

– On trouve le même résultat graphiquement en traçant la caractéristique de la pile $E - rI$ (en convention générateur) sur le même graphique que la diode (une courbe similaire à la question 1 mais dont l'axe des abscisses varie de 0 à 12 V) et en considérant le point d'intersection de la courbe de la pile et de la diode. La courbe de la pile relie les points $\left(0, \dfrac{E}{r} = 300 \text{ mA}\right)$ et $(E, 0)$.

Attention, sur le graphique de la question 1 du corrigé, l'axe des ordonnées n'est pas placé à la position 0 volt. Vous ne pouvez donc pas répondre pour la méthode graphique en traçant la caractéristique de la pile sur cette représentation (du livre). Il faut un graphique dans lequel la tension varie de 0 à 12 volts.

Chapitre 7
Régime transitoire électrique ou mécanique

Issue d'une famille modeste de la région de New York, Joseph **Henry** débute comme apprenti horloger. Poursuivant parallèlement ses études, il obtient un poste d'assistant ingénieur, puis devient enseignant en 1826. Il commence alors ses expériences dans le domaine en plein essor de l'électromagnétisme : c'est ainsi qu'il conçoit un des premiers moteurs électriques, des électroaimants de grande puissance, puis des relais électromécaniques ouvrant la voie à la télégraphie électrique. Ces travaux le conduisent à découvrir en 1832, en même temps que Michael **Faraday**, le phénomène d'induction, puis celui d'auto-induction. Son nom est désormais attaché à l'unité d'inductance électrique.

Joseph Henry
1797-1878

Objectifs

Ce qu'il faut connaître

- ▷ Les relations entre intensité et tension pour une bobine et pour un condensateur
- ▷ L'énergie stockée dans une bobine ou un condensateur
- ▷ Les propriétés de continuité de l'intensité pour une bobine, de la tension pour un condensateur
- ▷ Les notions de régimes transitoire et permanent
- ▷ Les équations différentielles canoniques du premier et du deuxième ordre
- ▷ Des exemples de circuits du premier et du deuxième ordre

Ce qu'il faut savoir faire

- ▷ Établir une équation différentielle pour un circuit ou un point matériel oscillant et la mettre sous forme canonique
- ▷ Déterminer les conditions initiales dans un circuit
- ▷ Résoudre une équation différentielle linéaire en utilisant les conditions initiales
- ▷ Exploiter un relevé expérimental pour un système du premier ou du second ordre
- ▷ Prévoir l'évolution du système en utilisant un portrait de phase

Résumé de cours

ARQS et conséquences

Dans le cadre de l'approximation des régimes quasi stationnaires (ARQS), tous les effets liés à la propagation des signaux sont négligés. De ce fait, l'intensité est la même en tout point d'une même branche. De plus, les lois vues dans le cas du régime continu restent valables avec les grandeurs instantanées (loi des nœuds, loi des mailles, loi d'Ohm et ses conséquences).

Condensateur

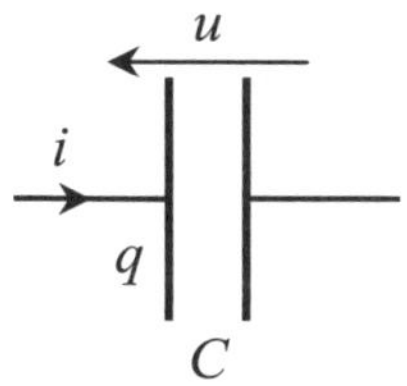

En convention récepteur : $\boxed{i = C\dfrac{\mathrm{d}u}{\mathrm{d}t}}$. En convention générateur : $i = -C\dfrac{\mathrm{d}u}{\mathrm{d}t}$.

C est la **capacité** du condensateur, son unité SI est le farad (F).

La charge portée par l'une des armatures (celle vers laquelle pointe la flèche de tension u), est liée à cette tension par la relation : $\boxed{q = Cu}$. L'autre armature porte la charge $-q$.

La tension aux bornes d'un condensateur ne peut pas subir de discontinuité.

L'énergie stockée dans un condensateur vaut : $\boxed{E_C = \dfrac{1}{2}Cu^2}$.

Bobine (idéale)

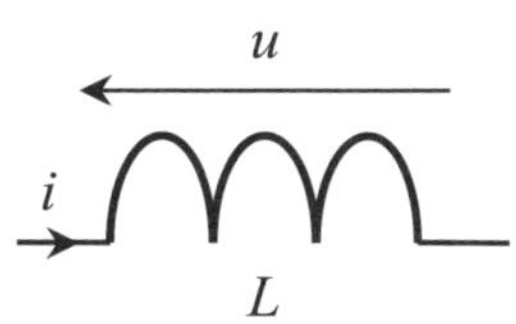

En convention récepteur : $\boxed{u = L\dfrac{\mathrm{d}i}{\mathrm{d}t}}$. En convention générateur : $u = -L\dfrac{\mathrm{d}i}{\mathrm{d}t}$.

L est l'**inductance** de la bobine, son unité SI est le henry (H).

L'intensité du courant traversant une bobine ne peut pas subir de discontinuité.

L'énergie stockée dans une bobine vaut : $\boxed{E_L = \frac{1}{2}Li^2}$.

Remarque

Pour décrire une bobine réelle, il est nécessaire de prendre en compte la résistance des fils : la bobine réelle est alors modélisée par un dipôle ohmique en série avec une bobine idéale.

La tension aux bornes de la bobine réelle et l'intensité qui la traverse sont donc liées par la relation : $\boxed{u = ri + L\frac{\mathrm{d}i}{\mathrm{d}t}}$.

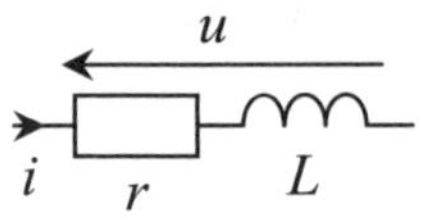

■ Régime libre et échelon de tension

– Un circuit est en **régime libre** s'il ne comporte aucun générateur ; ses grandeurs électriques évoluent néanmoins au cours du temps si, à un instant initial, un condensateur est chargé (ou plus rarement, une bobine est parcourue par un courant).

– Un circuit est soumis à un **échelon de tension** s'il comporte une source dont la FÉM est nulle jusqu'à l'instant initial choisi, puis constante à partir de cet instant. Cela correspond en pratique à l'allumage d'un générateur de tension constante, ou à la fermeture d'un interrupteur.

– Dans ce chapitre, on étudie l'évolution temporelle des grandeurs électriques d'un circuit linéaire, en régime libre ou en réponse à un échelon de tension : c'est un **régime transitoire** (de durée limitée), aboutissant finalement à un nouveau **régime permanent** (continu).

■ Régime transitoire d'un circuit du premier ordre

❑ Équation différentielle

Un système est dit du premier ordre lorsqu'il est régi par une équation différentielle qui lie une de ses variables avec sa dérivée première. Cette équation peut alors se mettre sous la forme canonique : $\boxed{\frac{\mathrm{d}x}{\mathrm{d}t} + \frac{1}{\tau}x = G}$ où τ est appelé constante de temps ou temps de relaxation.

❑ Exemples fondamentaux : circuits *RC* et *RL*

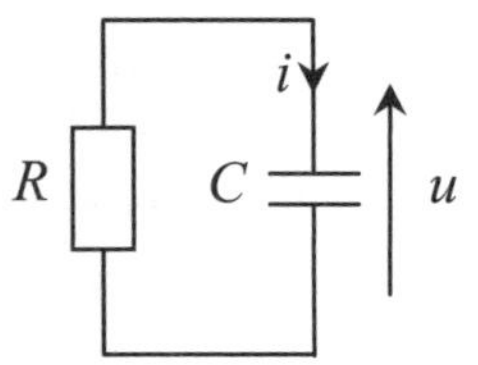

$$\frac{\mathrm{d}u}{\mathrm{d}t} + \frac{1}{\tau}u = 0 \text{ avec } \tau = RC$$

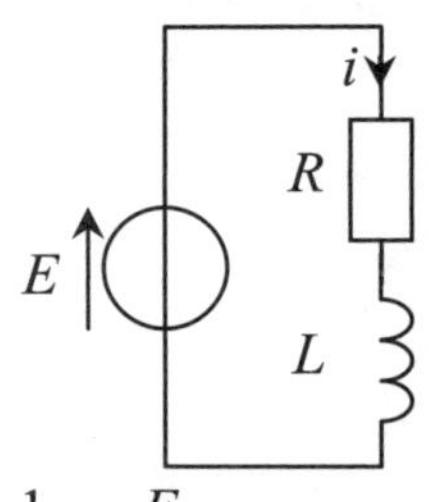

$$\frac{\mathrm{d}i}{\mathrm{d}t} + \frac{1}{\tau}i = \frac{E}{L} \text{ avec } \tau = \frac{L}{R}$$

⇨ **Méthode 7.1. Établissement de l'équation différentielle**
⇨ **Méthode 7.2. Identification des termes de l'équation canonique**

❑ Solution

– Si l'équation différentielle est sans second membre (c'est-à-dire avec 0 au second membre), la solution est de la forme : $\boxed{x(t) = Ae^{-t/\tau}}$.

– Si l'équation comporte un second membre constant non nul, la solution générale de l'équation est la somme de la *solution générale de l'équation sans second membre* et d'une *solution particulière* constante, soit : $\boxed{x(t) = x_{\text{sgs}} + x_{\text{sp}} = Ae^{-t/\tau} + x_{\text{sp}}}$.

– Dans les deux cas, la constante inconnue A se détermine en utilisant la valeur de x à $t = 0$ (**condition initiale**).

⇨ **Méthode 7.3. Détermination des conditions initiales d'un circuit**
⇨ **Méthode 7.4. Résolution de l'équation différentielle**

❑ Représentation graphique

Solution de l'équation $\dfrac{\mathrm{d}i}{\mathrm{d}t} + \dfrac{1}{\tau}i = \dfrac{E}{L}$ avec comme condition initiale $i(0) = 0$.

L'intersection entre la tangente à l'origine et l'asymptote finale donne la valeur de la constante de temps τ.

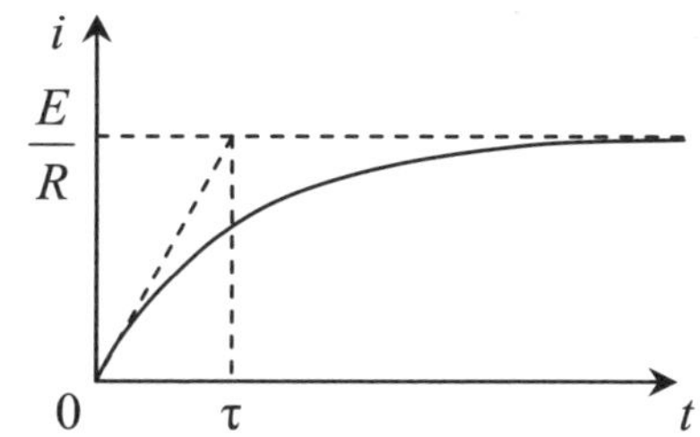

■ Régime transitoire d'un circuit du second ordre

❑ Équation différentielle

Un système est dit du second ordre lorsqu'il est régi par une équation différentielle qui lie une de ses variables avec sa dérivée seconde (et généralement sa dérivée première). Cette équation peut alors se mettre sous la forme canonique : $\boxed{\dfrac{\mathrm{d}^2x}{\mathrm{d}t^2} + \dfrac{\omega_0}{Q}\dfrac{\mathrm{d}x}{\mathrm{d}t} + \omega_0^2 x = G}$

avec Q le **facteur de qualité** (sans dimension).

❑ Exemple fondamental : circuit *RLC* série

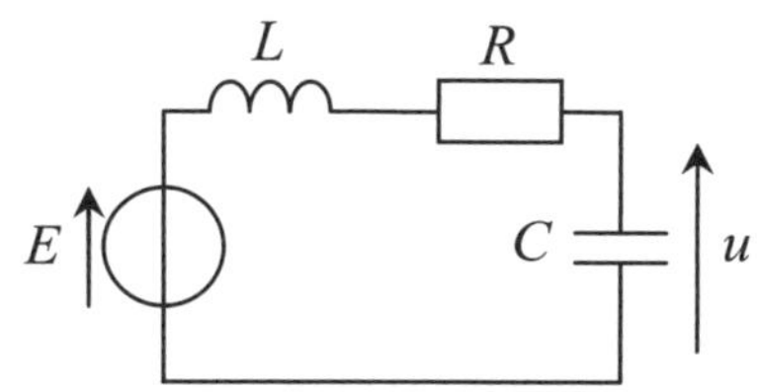

On a l'équation $\dfrac{\mathrm{d}^2u}{\mathrm{d}t^2} + \dfrac{R}{L}\dfrac{\mathrm{d}u}{\mathrm{d}t} + \dfrac{u}{LC} = \dfrac{E}{LC}$ pour laquelle on identifie $\omega_0 = \dfrac{1}{\sqrt{LC}}$ et $Q = \dfrac{1}{R}\sqrt{\dfrac{L}{C}}$.

⇨ **Méthode 7.1. Établissement de l'équation différentielle**
⇨ **Méthode 7.2. Identification des termes de l'équation canonique**

❑ Solution

Comme précédemment, la solution d'une telle équation est la somme de la solution générale de l'équation sans second membre et d'une solution particulière constante : $\boxed{x(t) = x_{sgs} + x_{sp}}$.
Cette solution comporte toujours deux constantes d'intégration, que l'on détermine en utilisant deux conditions initiales : la valeur de x et celle de sa dérivée $\frac{dx}{dt}$ à $t = 0$.

⇨ **Méthode 7.3. Détermination des conditions initiales**
⇨ **Méthode 7.4. Résolution de l'équation différentielle**

❑ Représentation graphique

Réponse à un échelon avec $u(0) = 0$ et $\frac{du}{dt}(0) = 0$

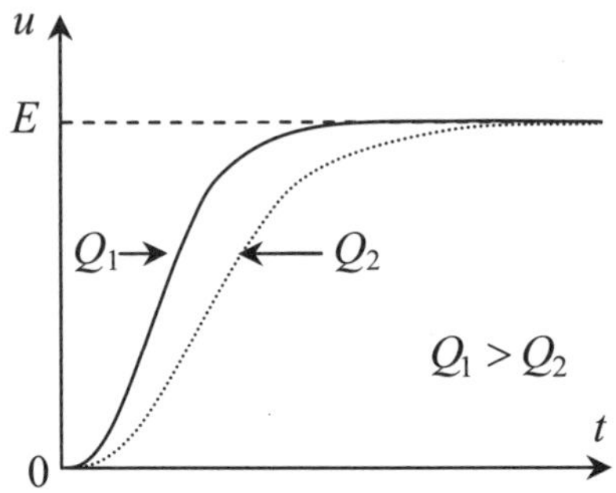

Régime **apériodique** $\left(Q < \frac{1}{2}\right)$

$u(t) = A_1\,e^{-t/\tau_1} + A_2\,e^{-t/\tau_2} + E$

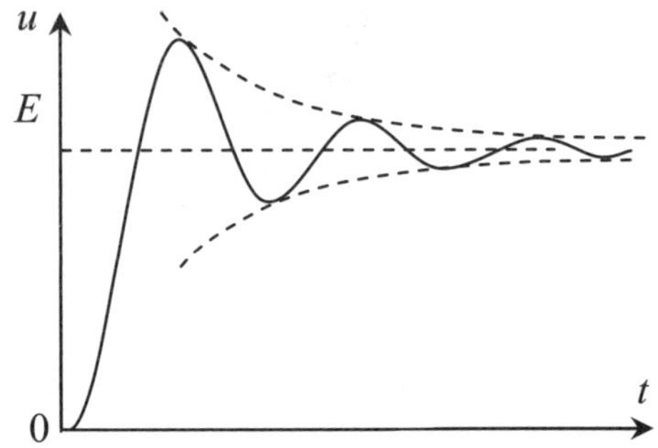

Régime **pseudo-périodique** $\left(Q > \frac{1}{2}\right)$

$u(t) = X_m e^{-t/\tau}\cos(\omega t + \varphi) + E$

Le cas limite théorique $\left(Q = \frac{1}{2},\ u(t) = [At + B]e^{-\omega_0 t} + E\right)$ est le régime **critique**. Il correspond à *l'établissement le plus rapide du régime permanent*, car le temps de relaxation $\tau_{\text{critique}} = \frac{1}{\omega_0}$ est le plus court. L'allure de la courbe est alors analogue à celle du cas apériodique.

■ Oscillateur mécanique amorti par frottement visqueux

❑ Situation physique

On envisage, comme au chapitre 1, un point matériel M de masse m, fixé à un ressort et pouvant glisser sur un support horizontal. On suppose maintenant qu'il existe, en plus des forces déjà évoquées (poids, tension du ressort et réaction normale du support), des frottements visqueux, qui peuvent être dus au fluide environnant (généralement l'air), ou bien volontairement introduits à l'aide d'un amortisseur ; on les modélise par une force $\vec{F} = -h\vec{v}(M)$, où $\vec{v}(M)$ est la vitesse de M par rapport au fluide exerçant ces frottements.

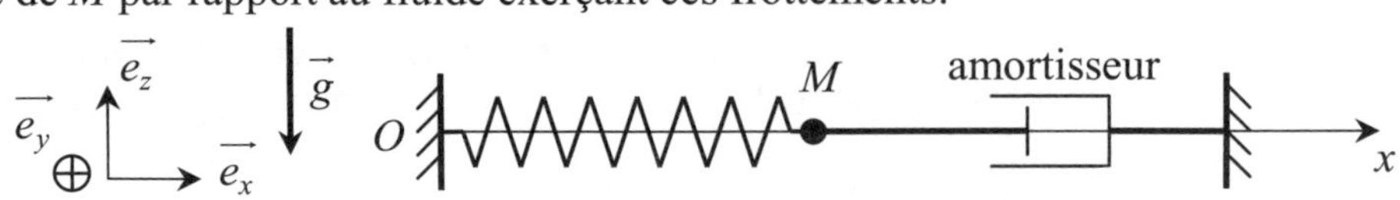

❑ Équation différentielle

L'équation différentielle du mouvement est alors de la forme :

$$\frac{\mathrm{d}^2 x}{\mathrm{d}t^2}+\frac{\omega_0}{Q}\frac{\mathrm{d}x}{\mathrm{d}t}+\omega_0^2\,x=\omega_0^2\,x_{\text{éq}} \quad \text{ou encore} \quad \frac{\mathrm{d}^2 u}{\mathrm{d}t^2}+\frac{\omega_0}{Q}\frac{\mathrm{d}u}{\mathrm{d}t}+\omega_0^2\,u=0 \quad \text{en posant} \quad u=x-x_{\text{éq}}$$

(écart à la position d'équilibre). Paramètres canoniques : $\omega_0=\sqrt{\dfrac{k}{m}}$ et $Q=\dfrac{\sqrt{mk}}{h}$.

⇨ **Méthode 7.5. Établir l'équation différentielle d'un oscillateur amorti**

❑ Solution

Selon les valeurs des trois paramètres du problème (m, k et h), la résolution de l'équation différentielle donne les différents régimes étudiés dans le cas des circuits.

On trouve $Q<\dfrac{1}{2}$ (régime apériodique) lorsque les frottements sont relativement forts, $Q>\dfrac{1}{2}$ (régime pseudo-périodique) lorsqu'ils sont plutôt faibles.

Dans tous les cas, le mouvement d'un oscillateur mécanique amorti constitue un régime transitoire tendant asymptotiquement vers l'équilibre ($u=0$, soit $x=x_{\text{éq}}$).

■ Portrait de phase

❑ Définition

Un système dont l'évolution au cours du temps est décrit par une fonction $x(t)$ peut être étudié dans le **plan de phase**, plan mathématique où l'on porte, à chaque instant, en abscisse la valeur de x et en ordonnée sa dérivée première $\dot{x}$. La courbe obtenue est une **trajectoire de phase** ; elle dépend des conditions initiales. L'ensemble de toutes les trajectoires de phase (chacune correspondant à des conditions initiales données), constitue le **portrait de phase** du système.

❑ Propriétés

– Deux trajectoires de phase différentes ne peuvent se couper.

– Les trajectoires de phase sont parcourues de gauche à droite dans le demi-plan supérieur ($\dot{x}>0$) et de droite à gauche dans le demi-plan inférieur ($\dot{x}<0$).

❑ Trajectoires de phase d'un système en régime transitoire

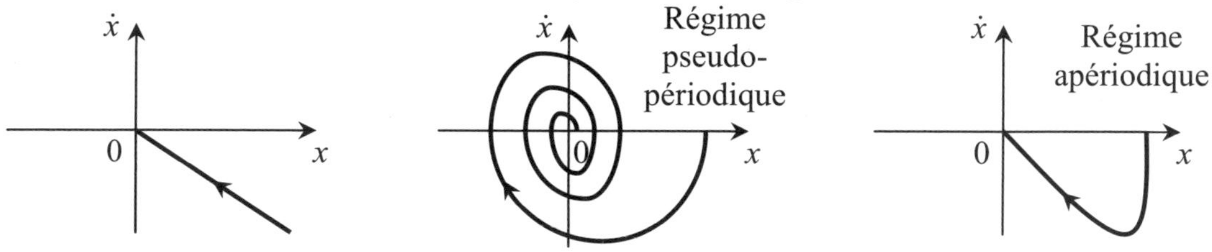

Ordre 1 : $\dot{x}+\dfrac{1}{\tau}x=0$ Ordre 2 : $\ddot{x}+\dfrac{\omega_0}{Q}\dot{x}+\omega_0^2\,x=0$

Toutes ces trajectoires de phase tendent un point **attracteur** du portrait de phase (ici O).

■■ Méthodes

■ Comment déterminer l'équation différentielle sous forme canonique ?

❑ Méthode 7.1. Établissement de l'équation différentielle

> Écrire les équations relatives à chaque dipôle, puis utiliser les lois des nœuds et des mailles de manière à ne garder qu'une seule inconnue. Dans l'hypothèse où on ne peut pas éliminer une variable car seules les informations sur sa dérivée sont disponibles, il faut dériver toute l'équation.

⇨ **Exercices 7.3 à 7.12**

Exemple de circuit du premier ordre

À $t=0$, on ferme l'interrupteur K et on cherche à déterminer l'équation différentielle vérifiée par le courant i traversant le circuit, le condensateur étant initialement déchargé.

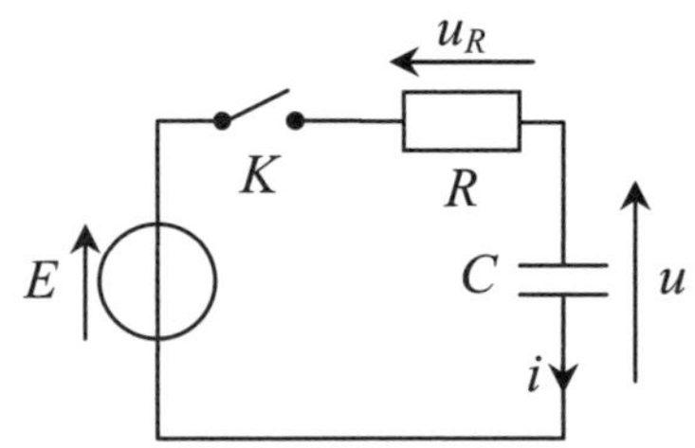

Les équations relatives aux différents dipôles du schéma sont : $i = C\dfrac{du}{dt}$ pour le condensateur ; $u_R = Ri$ pour la résistance.

Pour $t > 0$, la loi des mailles donne $E = u_R + u$. On utilise les formules de chaque dipôle de manière à éliminer les variables que l'on ne souhaite pas garder, ce qui permet d'obtenir :

$$E = Ri + u\,.$$

Or l'équation du condensateur contient la dérivée de u, nous dérivons donc l'équation qui devient $\dfrac{dE}{dt} = 0 = R\dfrac{di}{dt} + \dfrac{du}{dt}$ (car E est constant). On remplace le terme $\dfrac{du}{dt}$ que l'on ne souhaite pas garder et l'on obtient l'équation différentielle sur i :

$$0 = R\frac{di}{dt} + \frac{i}{C}\,.$$

Exemple de circuit du second ordre

À $t=0$, on ferme l'interrupteur et on cherche à déterminer l'équation différentielle vérifiée par la tension u.

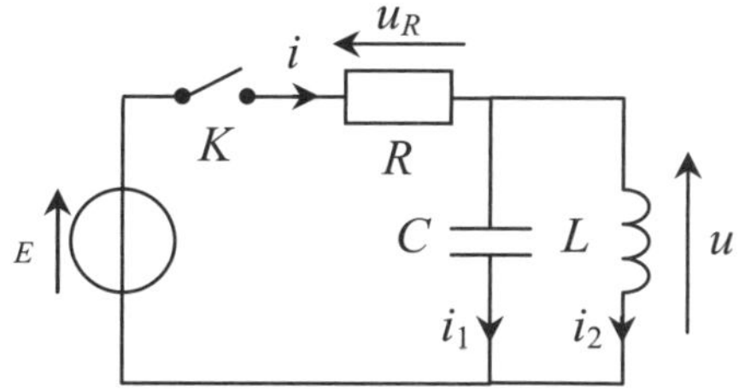

Les équations relatives aux différents dipôles du schéma sont : $i_1 = C\dfrac{\mathrm{d}u}{\mathrm{d}t}$ pour le condensateur ; $u = L\dfrac{\mathrm{d}i_2}{\mathrm{d}t}$ pour la bobine; $u_R = Ri$ pour la résistance. (La tension u est la même aux bornes de L et de C, il est donc inutile d'employer deux notations différentes du genre u_L et u_C.)

Pour $t > 0$, la loi des mailles donne $E = u_R + u$. On utilise les formules de chaque dipôle de manière à éliminer les variables que l'on ne souhaite pas garder. Tout d'abord on peut écrire : $E = Ri + u$. Comme nous n'avons pas d'autres données sur le courant i, on utilise la loi des nœuds $i = i_1 + i_2$ et on remplace l'expression de i_1 en utilisant la relation du condensateur, soit $E = RC\dfrac{\mathrm{d}u}{\mathrm{d}t} + Ri_2 + u$. Enfin la seule donnée sur le courant i_2 porte sur sa dérivée, on dérive donc toute l'équation et on remplace par la relation de la bobine. On obtient :

$$\frac{\mathrm{d}E}{\mathrm{d}t} = 0 = RC\frac{\mathrm{d}^2u}{\mathrm{d}t^2} + \frac{R}{L}u + \frac{\mathrm{d}u}{\mathrm{d}t}.$$

❑ Méthode 7.2. Identification des termes de l'équation canonique

Écrire l'équation différentielle sans coefficient devant la dérivée d'ordre le plus élevé. Il suffit ensuite d'égaler le ou les autres coefficients avec celui ou ceux de l'équation canonique.

⇨ **Exercices 7.3, 7.4, 7.8, 7.9**

– Dans l'exemple précédent de circuit du premier ordre, il faut écrire l'équation différentielle sans coefficient devant la dérivée d'ordre 1, soit $\dfrac{\mathrm{d}i}{\mathrm{d}t} + \dfrac{1}{RC}i = 0$. On identifie avec l'équation d'un système du premier ordre $\dfrac{\mathrm{d}x}{\mathrm{d}t} + \dfrac{1}{\tau}x = 0$: le second coefficient est $\dfrac{1}{\tau} = \dfrac{1}{RC}$ d'où $\tau = RC$.

– Dans l'exemple de circuit du second ordre, on écrit : $\dfrac{\mathrm{d}^2u}{\mathrm{d}t^2} + \dfrac{1}{RC}\dfrac{\mathrm{d}u}{\mathrm{d}t} + \dfrac{1}{LC}u = 0$.

Par identification avec $\dfrac{\mathrm{d}^2x}{\mathrm{d}t^2} + \dfrac{\omega_0}{Q}\dfrac{\mathrm{d}x}{\mathrm{d}t} + \omega_0^2 x = 0$ on trouve $\omega_0 = \dfrac{1}{\sqrt{LC}}$ et $Q = RC\omega_0 = R\sqrt{\dfrac{C}{L}}$.

Comment résoudre une équation différentielle ?

Méthode 7.3. Détermination des conditions initiales d'un circuit

Il faut déterminer la valeur de la variable (et de sa dérivée première dans le cas d'un système du second ordre) à $t = 0$. On utilise la continuité de la tension aux bornes d'un condensateur et du courant traversant une bobine entre les instants $t = 0^-$ et $t = 0^+$, puis éventuellement les lois des mailles et des nœuds.

⇨ **Exercices 7.1 à 7.12**

Dans l'exemple du premier ordre, nous allons déterminer la valeur initiale du courant, puisque l'équation différentielle porte sur *i*.
Le condensateur est initialement déchargé, donc $u(0^-) = 0$, et d'après la continuité de la tension aux bornes d'un condensateur, on en déduit que $u(0^+) = 0$.

La loi des mailles permet d'obtenir à $t = 0^+$: $E = Ri(0^+) + u(0^+)$ d'où l'on tire $i(0^+) = \dfrac{E}{R}$.

Attention, $i(0^+) \neq i(0^-)$ puisque $i(0^-) = 0$ (pas de courant quand l'interrupteur était ouvert) : le courant est discontinu, ce qui est fréquent dans un condensateur ou une résistance.

Méthode 7.4. Résolution de l'équation différentielle

La résolution se fait en deux ou trois étapes.
– La première étape consiste à déterminer la forme de la *solution générale de l'équation sans second membre* (toujours la même pour un système du premier ordre, mais dépendant de l'équation caractéristique dans le cas d'un second ordre).
– Si l'équation à résoudre comporte un second membre (terme non nul), la seconde étape est la détermination de la *solution particulière* qui a la même forme que le second membre (donc constante dans ce chapitre).
– La solution cherchée est la somme des deux résultats précédents, et on détermine les constantes inconnues avec les conditions initiales sur la variable (et sur sa dérivée dans le cas d'un second ordre), en écrivant leurs expressions à l'instant initial.

⇨ **Exercices 7.3 à 7.14**

Cas d'une équation d'ordre 1

– L'équation trouvée précédemment $\dfrac{\mathrm{d}i}{\mathrm{d}t} + \dfrac{1}{\tau} i = 0$ était sans second membre, donc on obtient directement $i(t) = Ae^{-t/\tau}$. La condition initiale sur le courant permet de déterminer la valeur de A. En effet $i(0^+) = A$ selon la solution que l'on vient de déterminer, et $i(0^+) = \dfrac{E}{R}$ d'après les conditions initiales.

On en déduit donc $A = \dfrac{E}{R}$, soit finalement $\boxed{i(t) = \dfrac{E}{R} e^{-t/\tau}}$.

– Pour une équation différentielle avec second membre, par exemple $\dfrac{\mathrm{d}u}{\mathrm{d}t} + \dfrac{1}{RC} u = \dfrac{E}{RC}$, on obtiendrait de même $u_{\text{sgs}}(t) = Ae^{-t/\tau}$ en posant $\tau = RC$. La solution particulière constante est donnée par $\dfrac{\mathrm{d}u_{\text{sp}}}{\mathrm{d}t} + \dfrac{1}{RC} u_{\text{sp}} = \dfrac{E}{RC}$, soit $u_{\text{sp}} = E$. La solution complète est donc $u(t) = u_{\text{sgs}}(t) + u_{\text{sp}} = Ae^{-t/\tau} + E$. Si la condition initiale est par exemple $u(0^+) = 0$, on trouve $A = -E$ d'où finalement $\boxed{u(t) = E(1 - e^{-t/\tau})}$.

Cas d'une équation d'ordre 2

$$\frac{\mathrm{d}^2 x}{\mathrm{d}t^2} + \frac{\omega_0}{Q}\frac{\mathrm{d}x}{\mathrm{d}t} + \omega_0^2 x = G.$$

– Solution générale de l'équation sans second membre

Aussi appelée solution du régime libre, c'est la solution de l'équation :

$$\frac{\mathrm{d}^2 x_{\text{sgs}}}{\mathrm{d}t^2} + \frac{\omega_0}{Q}\frac{\mathrm{d}x_{\text{sgs}}}{\mathrm{d}t} + \omega_0^2 x_{\text{sgs}} = 0.$$

L'allure de cette solution dépend du discriminant de l'*équation caractéristique* :

$$r^2 + \frac{\omega_0}{Q} r + \omega_0^2 = 0 \qquad \text{donc} \qquad \Delta = \omega_0^2\left(\frac{1}{Q^2} - 4\right).$$

On cherche les racines, réelles ou complexes, de cette équation du second degré, et on en déduit la forme générale de la solution de l'équation sans second membre.

Régime apériodique	*Régime critique*	*Régime pseudo-périodique*
$\Delta > 0$ ou $Q < \dfrac{1}{2}$	$\Delta = 0$ ou $Q = \dfrac{1}{2}$	$\Delta < 0$ ou $Q > \dfrac{1}{2}$
$r_{1,2} = -\dfrac{\omega_0}{2Q} \pm \omega_0\sqrt{\dfrac{1}{4Q^2} - 1} = -\dfrac{1}{\tau_{1,2}}$	$r_{1,2} = -\omega_0 = -\dfrac{1}{\tau}$	$r_{1,2} = -\dfrac{\omega_0}{2Q} \pm j\omega_0\sqrt{1 - \dfrac{1}{4Q^2}} = -\dfrac{1}{\tau} \pm j\omega$
$\boxed{x_{\text{sgs}}(t) = A_1\,\mathrm{e}^{-t/\tau_1} + A_2\,\mathrm{e}^{-t/\tau_2}}$	$\boxed{x_{\text{sgs}}(t) = [At + B]e^{-\omega_0 t}}$	$\boxed{x_{\text{sgs}}(t) = e^{-t/\tau}[A\cos\omega t + B\sin\omega t]}$ qui peut aussi se mettre sous la forme $\boxed{x_{\text{sgs}}(t) = X_{\text{m}} e^{-t/\tau}\cos(\omega t + \varphi)}$, avec $\omega = \omega_0\sqrt{1 - \dfrac{1}{4Q^2}}$ (pseudo-pulsation)

Il s'agit toujours d'une fonction tendant vers zéro avec un certain temps caractéristique τ.

– Solution particulière

Elle a la même forme que le second membre : dans ce chapitre, c'est toujours une constante. On peut donc écrire : $\dfrac{d^2x_{sp}}{dt^2}+\dfrac{\omega_0}{Q}\dfrac{dx_{sp}}{dt}+\omega_0^2 x_{sp}=G$, ce qui donne immédiatement $\boxed{x_{sp}=\dfrac{G}{\omega_0^2}}$.

On l'appelle aussi solution du régime permanent ou établi, car $x(t)\to x_{sp}$ lorsque $t\to\infty$.

(Si le second membre est nul, ce terme est nul.)

– Solution (complète) de l'équation

La solution de l'équation s'écrit comme la somme de ces deux termes, soit $\boxed{x(t)=x_{sgs}(t)+x_{sp}}$.

Enfin on trouve les deux constantes (A_1 et A_2, A et B, ou X_m et φ) avec les conditions initiales.

■ Comment étudier un oscillateur mécanique amorti ?

❑ Méthode 7.5. Établir l'équation différentielle d'un oscillateur amorti

L'équation différentielle du mouvement de l'oscillateur horizontal ou vertical peut s'obtenir par projection du principe fondamental de la dynamique sur le vecteur unitaire caractérisant la direction du mouvement.

⇨ **Exercices 7.13, 7.14**

On considère le système décrit dans le résumé de cours.

– Forces appliquées à M : la force de rappel élastique $\vec{T}=-k(x-\ell_0)\vec{e_x}$, le poids $\vec{P}=-mg\vec{e_z}$, la réaction normale du support $\vec{R}=R_y\vec{e_y}+R_z\vec{e_z}$ et la force de frottement visqueux $\vec{F}=-h\vec{v}(M)$. Principe fondamental de la dynamique (PFD) dans le référentiel terrestre supposé galiléen : $m\vec{a}(M)=\vec{T}+\vec{P}+\vec{R}+\vec{F}$. En projection sur $\vec{e_x}$, $\vec{e_y}$ et $\vec{e_z}$, on obtient :

$$\begin{cases} m\ddot{x}=-k(x-\ell_0)-h\dot{x} \\ 0=R_y \\ 0=R_z-mg \end{cases}$$

la première projection constitue l'équation du mouvement, qui peut encore s'écrire :

$$\ddot{x}+\frac{h}{m}\dot{x}+\frac{k}{m}x=\frac{k}{m}\ell_0 \quad (1).$$

– À l'équilibre, $x=x_{éq}$, $\dot{x}=0$ et $\ddot{x}=0$. L'équation (1) conduit ainsi à $x_{éq}=\ell_0$. En posant $u=x-x_{éq}$, l'équation du mouvement se réécrit :

$$\boxed{\frac{d^2u}{dt^2}+\frac{\omega_0}{Q}\frac{du}{dt}+\omega_0^2u=0} \text{ avec } \boxed{\omega_0=\sqrt{\frac{k}{m}}} \text{ et } \boxed{Q=\frac{\sqrt{mk}}{h}}.$$

Vrai/Faux

		Vrai	Faux
1.	La solution de l'équation sans second membre d'un système du premier ordre a toujours la même forme.	☐	☐
2.	La solution de l'équation sans second membre d'un système du second ordre a toujours la même forme.	☐	☐
3.	La solution particulière d'un système du premier ou du second ordre est aussi la solution du régime permanent.	☐	☐
4.	L'intensité du courant traversant une inductance ne peut pas subir de discontinuité.	☐	☐
5.	La tension aux bornes d'un condensateur ne peut pas subir de discontinuité.	☐	☐
6.	La charge d'un condensateur peut subir une discontinuité.	☐	☐
7.	L'intensité du courant traversant une inductance peut subir une discontinuité.	☐	☐
8.	Dans un système du second ordre, le régime critique est celui qui permet l'établissement le plus rapide du régime permanent.	☐	☐
9.	Si le discriminant de l'équation caractéristique d'un système du second ordre est négatif, alors le régime est apériodique.	☐	☐
10.	Plus le facteur de qualité est grand et plus la décroissance de l'amplitude des oscillations est rapide.	☐	☐

■■ Énoncé des exercices

■ Détermination des conditions initiales

❑ Exercice 7.1. Détermination de conditions initiales

Dans les circuits suivants, avant la fermeture des interrupteurs, tous les courants traversant les bobines sont nuls et tous les condensateurs sont déchargés. À $t = 0$, on ferme l'interrupteur K. Déterminer la valeur de chaque intensité et de chaque tension représentée, juste après la fermeture de K. Dans le montage 3, donner également $\frac{\mathrm{d}u}{\mathrm{d}t}(0^+)$ et $\frac{\mathrm{d}i''}{\mathrm{d}t}(0^+)$.

1.

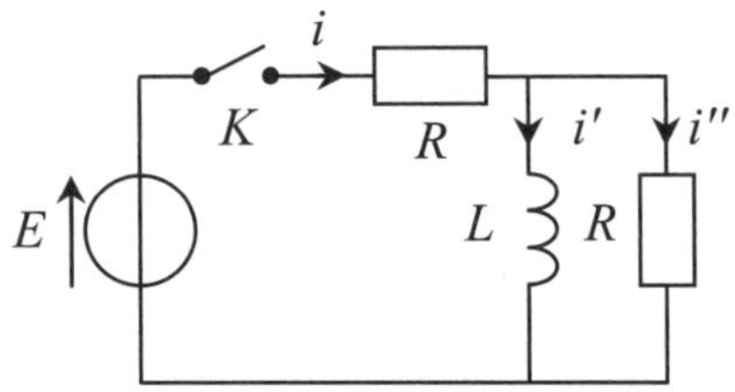

2.

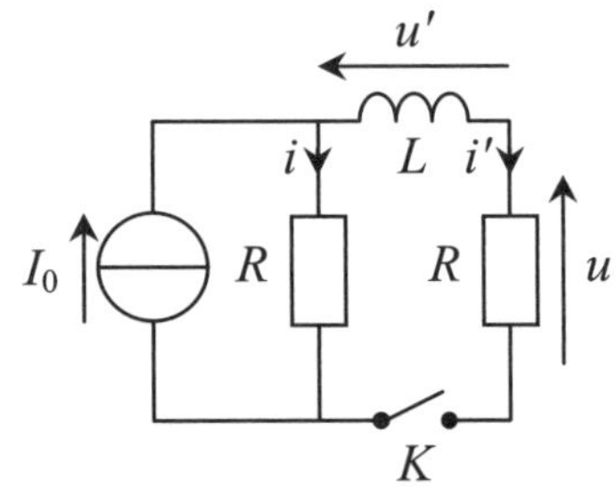

3.

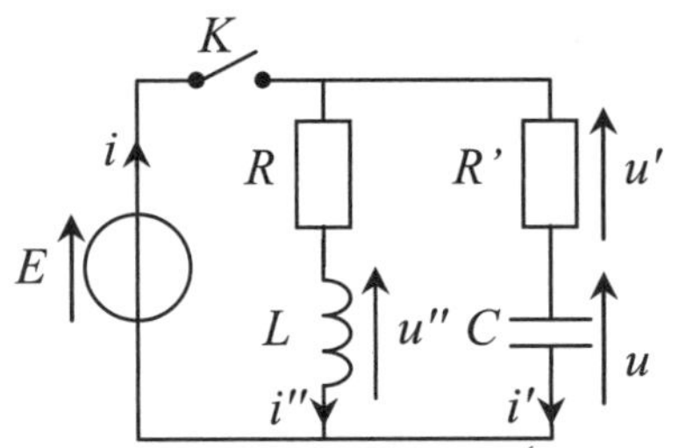

4.

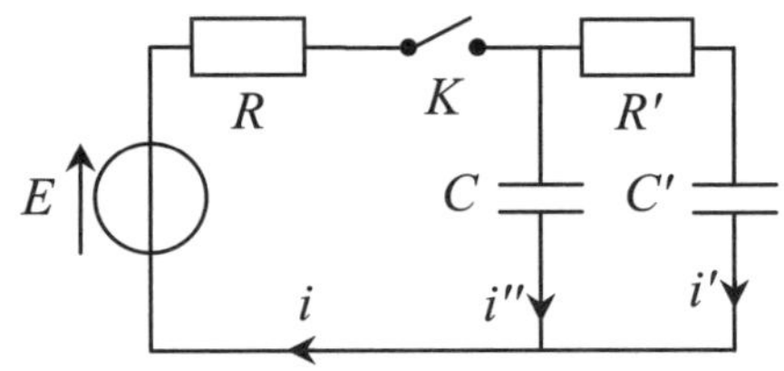

❑ Exercice 7.2. Conditions initiales et finales après un régime établi*

Dans le montage de la figure ci-contre, le générateur de tension continue a une force électromotrice E. L'interrupteur K est ouvert depuis très longtemps. On ferme l'interrupteur à l'instant $t = 0$.

1. Déterminer u et les courants i_1, i_2, i_3, i_4 et i à $t = 0^+$ (juste après la fermeture de K).

2. Déterminer u et les courants i_1, i_2, i_3, i_4 et i quand t tend vers l'infini.

D'après Agro-Véto

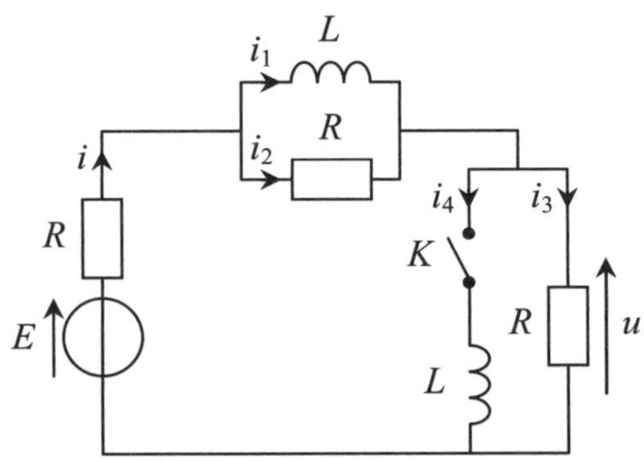

■ Circuits du premier ordre

❑ Exercice 7.3. Charge et décharge d'un condensateur

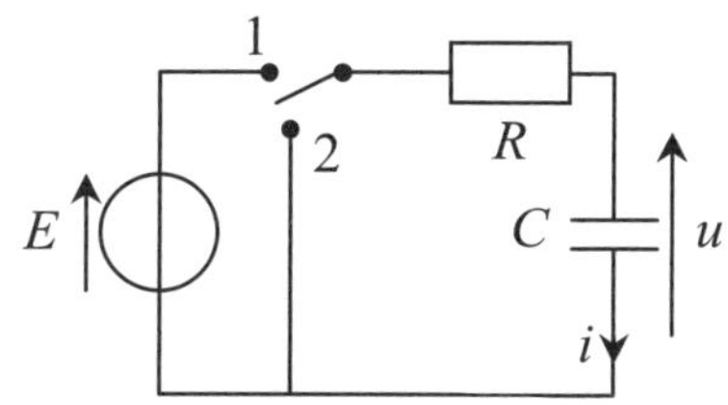

On considère le circuit RC série représenté sur le schéma.

1. L'évolution de la position de l'interrupteur K est : pour $t < 0$ en position 2 ; pour $t > 0$ en position 1.
On suppose le condensateur initialement déchargé.

a) Déterminer l'équation différentielle (sous forme canonique) vérifiée par la tension u aux bornes du condensateur. Que vaut la constante de temps ?

b) Déterminer l'expression de $u(t)$ pour $t > 0$ et représenter son allure.

c) En déduire l'expression du courant $i(t)$ qui parcourt le circuit et tracer son allure.

d) Faire un bilan de puissance pour identifier ce que devient la puissance fournie par le générateur.

2. On suppose que le circuit est en régime établi. On considère alors une nouvelle évolution de la position de l'interrupteur K : $\begin{cases} t < 0 \text{ en position 1 ;} \\ t > 0 \text{ en position 2.} \end{cases}$

a) En se servant du résultat précédent, donner l'équation différentielle sous forme canonique vérifiée par la tension u aux bornes du condensateur.

b) Déterminer l'expression de $u(t)$ et représenter son allure.

c) En déduire l'expression du courant $i(t)$ qui parcourt le circuit.

d) Faire un bilan d'énergie et déterminer la valeur de l'énergie dissipée par effet Joule.

D'après Mines d'Albi, Alès, Douai, Nantes

❑ Exercice 7.4. Charge d'un condensateur

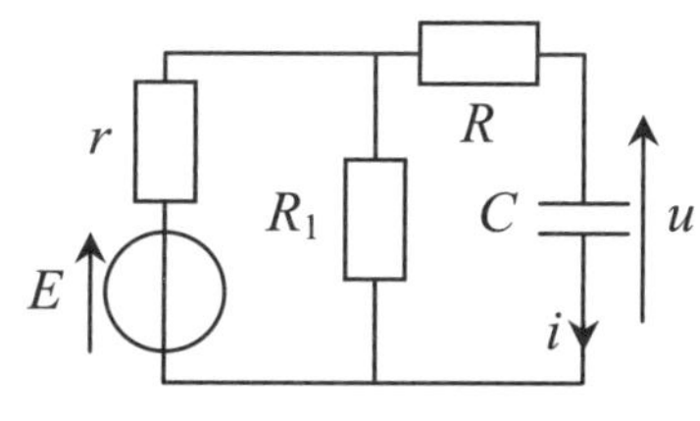

À $t = 0$, on met le circuit sous tension par l'intermédiaire du générateur antérieurement éteint.

1. Déterminer $i(0^+)$ et $i(\infty)$ par des considérations simples.

2. Déterminer $i(t)$.

3. Calculer la constante de temps τ pour $C = 10\,\mu\text{F}$, $R_1 = 6\text{ k}\Omega$, $r = 100\,\Omega$ et $R = 4\text{ k}\Omega$.
La comparer à la valeur qu'elle aurait si R_1 était infinie et r nulle.

❑ Exercice 7.5. Charge d'un circuit *RL* *

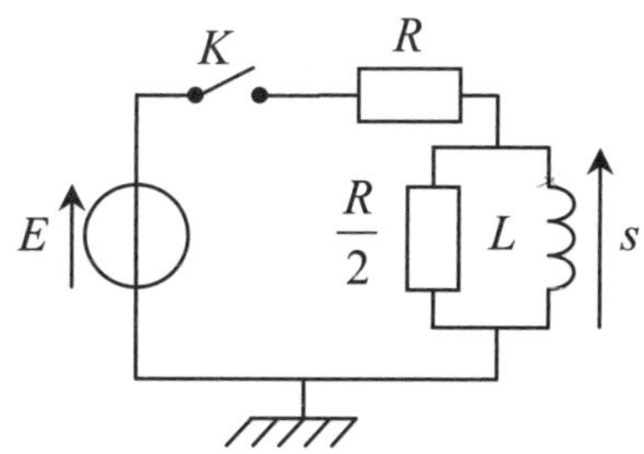

Le circuit ci-contre est alimenté par un générateur idéal de tension continue, de force électromotrice E.
À l'instant $t = 0$, on ferme l'interrupteur K.

1. Y a-t-il continuité de la tension $s(t)$ en $t = 0$?
Y a-t-il continuité du courant dans la résistance R en $t = 0$? Commenter physiquement les réponses. En déduire le comportement de $s(t)$ au voisinage de $t = 0^+$.

2. Déterminer également le comportement asymptotique de $s(t)$ lorsque $t \to \infty$.
3. Établir l'équation différentielle vérifiée par $s(t)$.
4. En déduire $s(t)$.
5. Tracer l'allure de $s(t)$.
6. Exprimer en fonction de L et R le temps t_0 au bout duquel $s(t_0) = \dfrac{s(t=0^+)}{10}$.
7. En déduire une méthode expérimentale pour déterminer t_0 à l'oscilloscope. On précisera le montage électrique à réaliser et la mesure à effectuer concrètement.
8. On mesure expérimentalement $t_0 = 3{,}0$ µs. On donne $R = 1000\ \Omega$, en déduire L.
9. On remplace le générateur continu par un générateur délivrant un signal périodique en créneaux. Quel doit être l'ordre de grandeur de la fréquence du générateur pour qu'on puisse effectivement mesurer t_0 à l'oscilloscope, en utilisant la méthode indiquée à la question 7 ?

D'après Agro-Véto

❑ Exercice 7.6. Branches en parallèle*

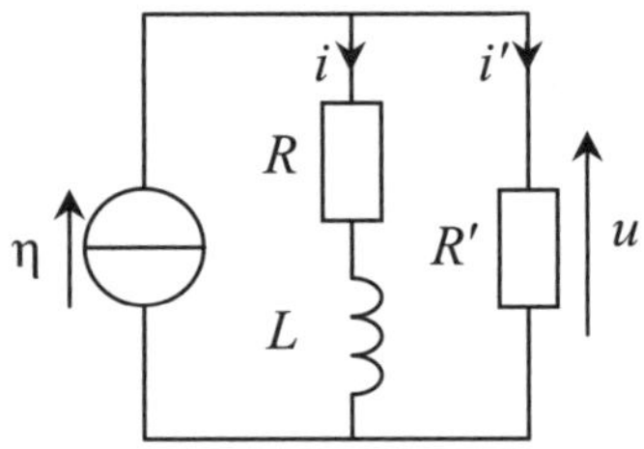

Le circuit que l'on considère est soumis à un échelon de courant délivré par un générateur idéal de courant tel que $\eta = 0$ pour $t < 0$; $\eta = I_0$ pour $t > 0$.

1. Déterminer $i(0^+)$ et $i'(0^+)$.
2. Déterminer l'intensité instantanée $i(t)$ du courant qui traverse la bobine.
3. En déduire les expressions de l'intensité $i'(t)$ dans la résistance R' et de la tension $u(t)$.
4. Tracer les courbes de réponses $i(t)$ et $u(t)$.

❑ Exercice 7.7. Fermeture d'interrupteur*

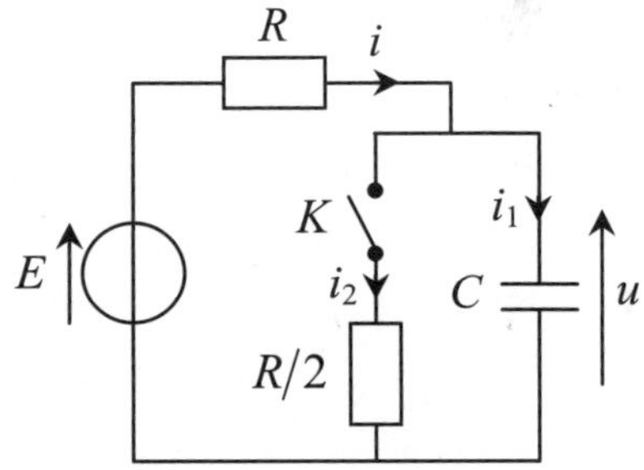

Nous considérons le circuit ci-contre. Nous noterons i l'intensité dans le résistor de résistance R, i_1 l'intensité dans le condensateur de capacité C, i_2 l'intensité dans le résistor de résistance $R/2$ et $u(t)$ la tension aux bornes du condensateur. L'interrupteur est ouvert depuis très longtemps.
À l'instant $t = 0$, pris pour origine des temps, nous fermons l'interrupteur K.

1. Préciser i, i_1, i_2 et u à l'instant $t = 0^-$, juste avant la fermeture de l'interrupteur.
2. En déduire i, i_1, i_2 et u à l'instant $t = 0^+$.
3. Même question quand t tend vers l'infini.
4. Montrer, en transformant le circuit, qu'il est équivalent à un simple circuit RC en charge, dont on précisera les caractéristiques.
5. En déduire l'équation différentielle vérifiée par $u(t)$, ainsi que la solution.
6. Tracer l'allure de $u(t)$.

D'après Mines d'Albi, Alès, Douai, Nantes

❑ Exercice 7.8. Détermination graphique**

Un dipôle comporte entre ses bornes un résistor de résistance R et un condensateur de capacité C placés en série. On le relie aux bornes d'un générateur de force électromotrice E et de résistance interne R_g en série avec un interrupteur K.

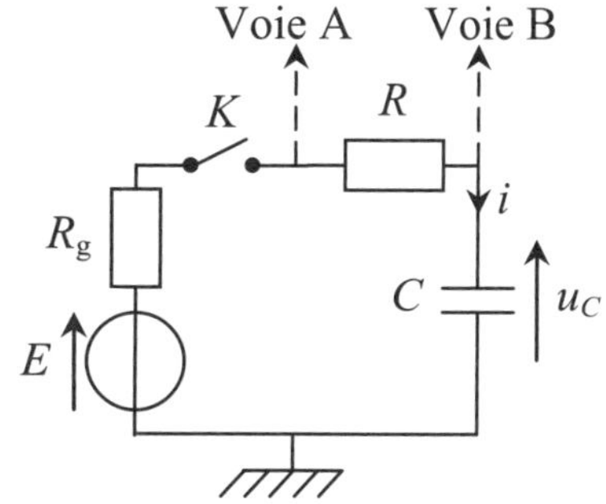

Initialement, le circuit est ouvert et le condensateur déchargé. Soit u_C la tension aux bornes du condensateur.

À l'instant $t = 0$, on ferme l'interrupteur K.

1. Déterminer $u_C(0^+)$ et $i(0^+)$ en les justifiant.

2. Établir l'équation différentielle à laquelle obéit $u_C(t)$.

3. Déterminer la constante de temps τ du circuit, et donner son interprétation physique.

4. Établir l'expression de $u_C(t)$.

5. Déterminer l'expression de t_1 pour que $u_C(t_1) = 0{,}9E$.

Dans l'étude expérimentale du circuit RC, on observe l'oscillogramme de la page suivante, en utilisant un générateur délivrant des signaux en créneaux.

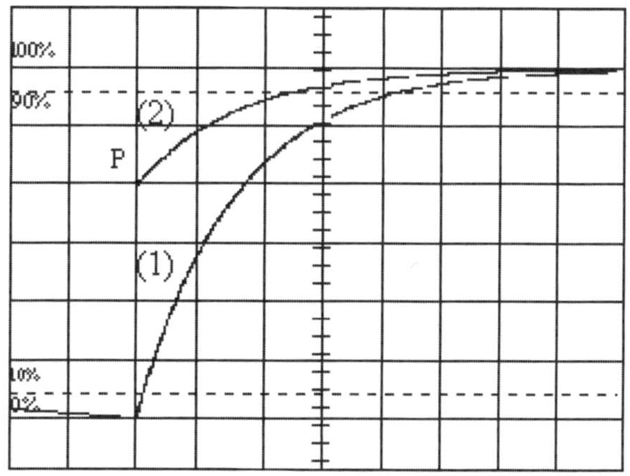

Les sensibilités sont :

1 V/carreau vertical ;

0,1 ms/carreau horizontal.

On néglige les caractéristiques de l'oscilloscope.

6. Identifier les courbes (1) et (2) aux voies A et B en justifiant votre choix.

7. Doit-on être sur le couplage alternatif AC ou le couplage continu DC ?

8. Préciser l'expression de la tension au point P. Sachant que $R = 100\ \Omega$, déterminer R_g.

9. En déduire les valeurs de C et E.

10. Estimer une majoration de la fréquence du signal carré utilisé.

11. Comment pourrait-on observer l'intensité ?

D'après Mines d'Albi, Alès, Douai, Nantes

■ Circuits du second ordre

❑ Exercice 7.9. Circuit *RLC* parallèle

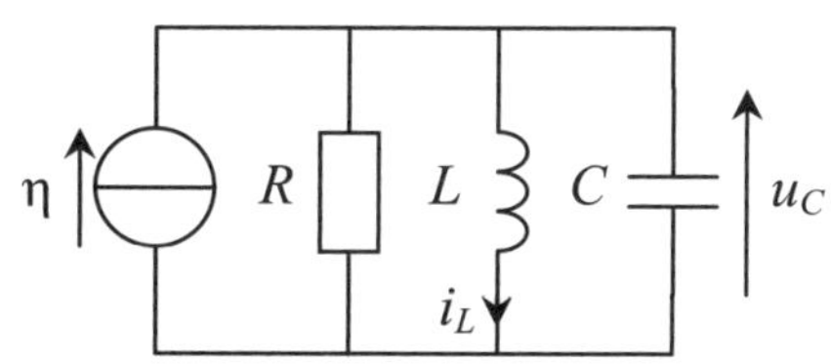

1. Déterminer l'équation différentielle satisfaite par $u_C(t)$ dans ce circuit (avec $\eta = \text{cte}$), et mettre cette équation sous forme canonique.

2. En déduire l'expression de la pulsation propre ω_0 et du facteur de qualité Q en fonction de R, L, C.

3. À $t = 0$, le générateur de courant passe de 0 (valeur ayant duré longtemps) à $\eta = 0{,}01\ \text{A}$.

On a $R = 50\,\Omega$, $C = 10$ nF et $L = 100$ mH . Quel est le régime d'évolution de $u_C(t)$?

4. À $t = 0$, $i_L = 0$ et $u_C = 0$. Donner l'expression numérique de $u_C(t)$ pour $t > 0$. Représenter l'allure de $u_C(t)$.

❑ Exercice 7.10. Décrément logarithmique*

On étudie la réponse $u(t)$ à un échelon de tension $e(t)$ dans le circuit ci-contre.

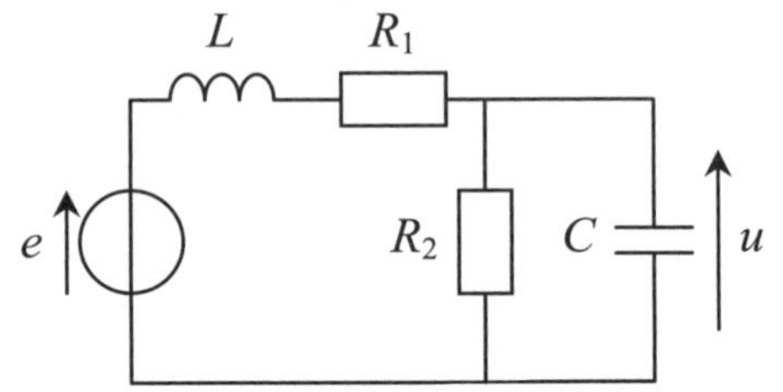

1. Déterminer la valeur $u(\infty)$ vers laquelle tend $u(t)$ lorsque la valeur de $e(t)$ est E, en dessinant un schéma en régime permanent.

2. Démonter que $\dfrac{\mathrm{d}^2u(t)}{\mathrm{d}t^2} + 2\lambda\dfrac{\mathrm{d}u(t)}{\mathrm{d}t} + \omega_0{}^2u(t) = \omega_0{}^2u(\infty)$ et exprimer λ et ω_0 en fonction de L, C, R_1 et R_2.

3. Définir et tracer un échelon de tension. Expliquer comment on le réalise expérimentalement.

4. On observe sur un oscilloscope la courbe $u(t)$ qui suit.

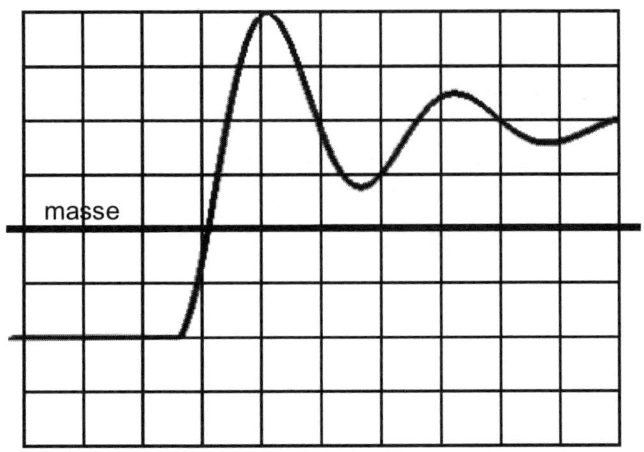

1 div = 200 µs

a) Déterminer la valeur numérique de la pseudo-période T.

b) Déterminer la valeur numérique du décrément logarithmique

$$\delta = \frac{1}{n}\ln\left(\frac{u(t) - u(\infty)}{u(t + nT) - u(\infty)}\right).$$

5. Exprimer la forme mathématique de $u(t)$ en fonction de λ, ω_0, $u(\infty)$ et t. On ne cherchera pas à déterminer les constantes d'intégration.

6. Déterminer la relation entre δ, λ et T. En déduire la valeur numérique de λ.

7. Sachant que $R_1 = 200\,\Omega$, $R_2 = 5\text{ k}\Omega$, $L = 100$ mH , déterminer la valeur numérique de C.

❑ Exercice 7.11. Régime pseudo-périodique*

Un circuit électrique est composé d'une résistance R, d'une bobine d'inductance pure L et d'un condensateur de capacité C. Ces dipôles sont disposés en série et on soumet le circuit à un échelon de tension tel que :

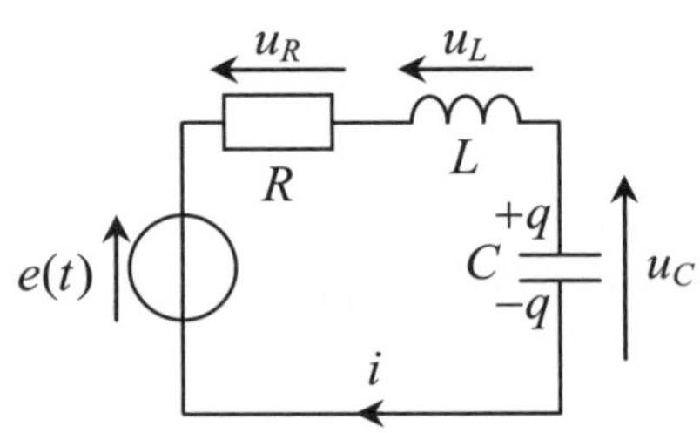

$$\begin{cases} \text{pour } t < 0, \text{ on a } e(t) = 0\ ; \\ \text{pour } t > 0, \text{ on a } e(t) = E. \end{cases}$$

On pose $\gamma = \dfrac{R}{2L}$ et $\omega_0 = \dfrac{1}{\sqrt{LC}}$.

1. Expliquer simplement pourquoi à $t = 0^-$ la charge q et le courant i sont nuls.

2. Établir l'équation différentielle vérifiée par la charge $q(t)$ du condensateur pour $t > 0$.

Préciser, en les justifiant, les valeurs initiales de la charge $q(0^+)$ et de sa dérivée $\frac{\mathrm{d}q}{\mathrm{d}t}(0^+)$.

Le circuit présente différents régimes suivant les valeurs de R, L et C. On suppose dans la suite la condition $\omega_0 > \gamma$ réalisée.

3. Montrer que l'expression de la charge pour $t > 0$ peut se mettre sous la forme

$$q(t) = \left(A\cos(\omega t) + B\sin(\omega t)\right)e^{-\gamma t} + D$$

où on déterminera ω, A, B et D en fonction de C, E, ω_0 et γ.

4. Exprimer le courant $i(t)$ dans le circuit pour $t > 0$ en fonction de C, E, ω_0 et γ.

5. Donner l'allure des courbes $q(t)$ et $i(t)$.

Quelles sont leurs valeurs à la fin du régime transitoire ? Justifier par des considérations simples ces valeurs atteintes.

6. Déterminer l'énergie totale E_G fournie par le générateur ainsi que l'énergie E_{LC} emmagasinée dans la bobine et le condensateur à la fin du régime transitoire en fonction de C et E. En déduire l'énergie dissipée par effet Joule dans la résistance. Ces résultats dépendent-ils du régime particulier dans lequel se trouve le circuit ? Interpréter le résultat paradoxal qui apparaît dans le cas limite $R \to 0$.

D'après Mines d'Albi, Alès, Douai, Nantes

❑ Exercice 7.12. Oscillateur**

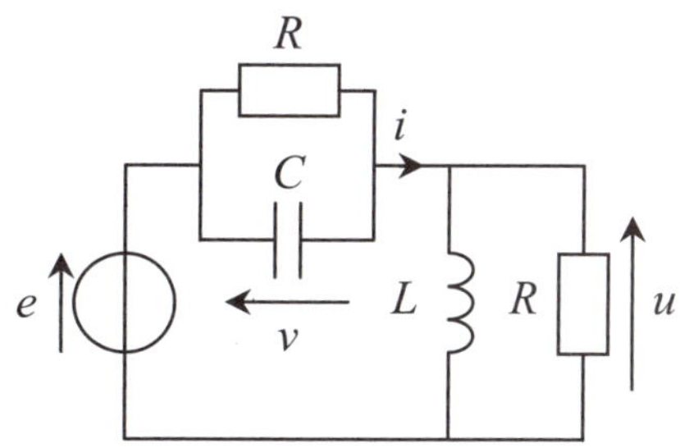

Pour $t < 0$, $e = 0$, $v = 0$, $u = 0$. Pour $t > 0$, $e = E$.

1. Déterminer les équations différentielles vérifiées par $u(t)$ et $v(t)$ et donner les expressions des grandeurs ω_0 et Q associées au système.

2. Préciser les conditions initiales pour $u(t)$, $v(t)$ et leurs dérivées.

On se place dans le cas où $Q >> 1$.

3. Déterminer l'expression de la tension $v(t)$ en fonction de ω_0, Q et E. En déduire une valeur approchée de la tension maximale atteinte par $v(t)$.

■ Oscillateur mécanique amorti

❑ Exercice 7.13. Oscillateur à ressort vertical

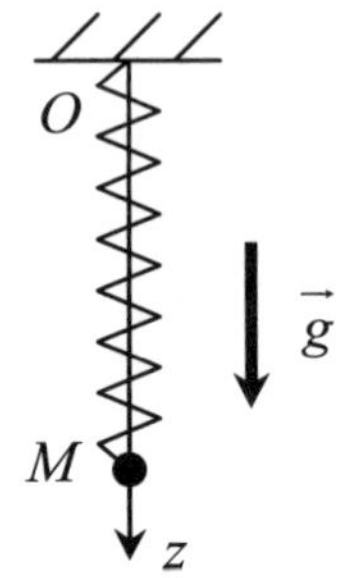

Une petite masse m, modélisée comme un point matériel M, est accrochée à l'extrémité d'un ressort linéaire de raideur k et de longueur à vide ℓ_0, dont l'autre extrémité est fixée en O. On suppose que le mouvement de M a toujours lieu suivant l'axe (Oz), vertical descendant : on note z la cote du point M. Le point O et le plafond sont liés au référentiel terrestre, supposé galiléen. Le champ de pesanteur $\vec{g}$ est uniforme.

On donne $k = 22\,\text{N}\cdot\text{m}^{-1}$; $m = 120\,\text{g}$; $g = 9{,}8\,\text{m}\cdot\text{s}^{-2}$; $\ell_0 = 15\,\text{cm}$.

1. On néglige tout frottement dans un premier temps.

a) Établir, à l'aide du principe fondamental de la dynamique, l'équation différentielle vérifiée par $z(t)$.

b) Déterminer la cote z_e de la position d'équilibre de M.

c) Déterminer $z(t)$ dans le cas où le point M est initialement abandonné sans vitesse initiale à la cote $z_0 = \ell_0 + \dfrac{mg}{k} + a$. Quelle est la pulsation propre ω_0 de ce système ?

d) Application numérique : calculer la période T_0 des oscillations.

2. L'expérience montre que l'amplitude des oscillations diminue au cours du temps. Pour l'interpréter, on considère maintenant qu'il existe des frottements qu'on modélise par une force supplémentaire, proportionnelle à la vitesse de M : $\vec{F} = -h\vec{v}(M)$, avec $h = 8{,}0\cdot 10^{-3}\,\text{kg}\cdot\text{s}^{-1}$.

a) Établir la nouvelle équation différentielle vérifiée par $z(t)$, et la mettre sous la forme :

$$\frac{\mathrm{d}^2 z}{\mathrm{d}t^2} + \frac{\omega_0}{Q}\frac{\mathrm{d}z}{\mathrm{d}t} + \omega_0^2 z = \omega_0^2 z_e$$

en précisant l'expression de Q en fonction des données.

b) Déterminer la solution $z(t)$ avec les mêmes conditions initiales que précédemment.
Préciser les expressions de la pseudo-période T et du temps de relaxation τ.

c) Application numérique : calculer T et τ. Quel est *l'ordre de grandeur* du nombre d'oscillations qu'on peut observer à l'œil nu ?

❑ Exercice 7.14. Oscillateur à deux ressorts

Un mobile supposé ponctuel de masse m est astreint à glisser le long d'une tige horizontale de direction (Ox). Ce mobile est relié par deux ressorts linéaires à deux points fixes A et B.

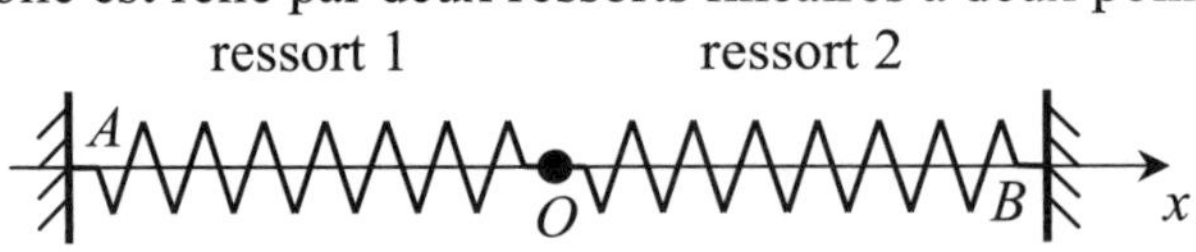

Les deux ressorts sont identiques : même constante de raideur k et même longueur au repos ℓ_0. Dans la position d'équilibre du système, les longueurs des ressorts sont identiques et valent $\ell_{\text{éq}}$, et le mobile se trouve à l'origine O de l'axe. On se place dans le référentiel terrestre, considéré comme galiléen. À $t = 0$, le mobile est abandonné sans vitesse initiale d'une position $x_0 \neq 0$.

1. Dans un premier temps on néglige tout frottement.

a) Établir l'équation différentielle dont $x(t)$ est solution.

b) Montrer que le système constitue un oscillateur harmonique dont on précisera la pulsation ω_0 et la période T_0 en fonction de k et m.

c) Donner l'expression de $x(t)$ en tenant compte des conditions initiales.

2. En fait il existe entre le mobile et la tige un frottement de type visqueux linéaire, la force étant de la forme $\vec{F} = -\mu \vec{v}$ (où μ est une constante positive).

a) Établir l'équation différentielle dont $x(t)$ est solution. On posera $h = \dfrac{\mu}{m}$.

b) Montrer que lorsque $\mu < 2^{3/2}\sqrt{km}$, le mouvement est oscillatoire amorti. Donner l'expression de $x(t)$ en tenant compte des conditions initiales, et exprimer la pseudo-période en fonction de ω_0 et h.

4. Tracer l'allure de la trajectoire de phase suivie par cet oscillateur, dans le plan de phase $(x, \dot{x})$. Ajouter sur le même graphe la trajectoire de phase qu'on aurait obtenue en l'absence de frottements.

D'après Concours commun polytechnique

■ Pour vous aider à démarrer

Exercice 7.1. Il faut commencer par écrire les grandeurs que l'on connaît en $t = 0^+$ par continuité (pour chaque condensateur et chaque inductance).

Exercice 7.3. Question 1.d : multiplier l'équation de la loi des mailles (qui comporte toutes les tensions) par l'intensité pour faire apparaître des puissances.

Exercice 7.4. La question 2 est brève, mais il s'agit comme toujours d'établir l'équation différentielle vérifiée par $i(t)$, puis de la résoudre.

Exercice 7.7. Question 3 : pour $t \to +\infty$, le circuit est en régime établi, on peut alors le redessiner en remplaçant le condensateur par son équivalent.

■■ Corrigé des vrai/faux

1.	2.	3.	4.	5.	6.	7.	8.	9.	10.
vrai	faux	vrai	vrai	vrai	faux	vrai	vrai	faux	faux

2. Elle dépend de la valeur du discriminant de l'équation caractéristique, donc du facteur de qualité Q.

6. La tension ne peut pas subir de discontinuité aux bornes d'un condensateur, et comme elle est liée à la charge du condensateur par la relation de proportionnalité $q = Cu$, la charge ne peut pas non plus subir de discontinuité.

9. Dans le cas d'un discriminant négatif, les racines sont complexes et le régime est alors pseudo-périodique.

10. Plus le facteur de qualité est grand et plus on tend vers un « bon oscillateur » : la décroissance de l'amplitude des oscillations est alors plus lente.

❑ Les erreurs classiques

– Lorsqu'un dipôle est représenté en convention générateur sur un schéma, il ne faut pas oublier d'adapter la formule à cette convention. Par exemple pour un condensateur en convention générateur : $i = -C\dfrac{\mathrm{d}u}{\mathrm{d}t}$.

– Un condensateur n'est pas forcément déchargé avant que le régime transitoire ne commence : cela sera soit indiqué explicitement dans l'énoncé, soit à déterminer soi-même d'après la description du circuit avant l'instant $t = 0$.

– La continuité d'une fonction n'implique pas la continuité de sa dérivée ! Donc si $u(0^+) = u(0^-)$ on ne peut pas en déduire $\dfrac{\mathrm{d}u}{\mathrm{d}t}(0^+) = \dfrac{\mathrm{d}u}{\mathrm{d}t}(0^-)$. La valeur de $\dfrac{\mathrm{d}u}{\mathrm{d}t}(0^+)$ devra être déduite des valeurs d'autres grandeurs du circuit.

– Dans le cas d'une équation différentielle avec second membre, pour trouver la ou les constantes apparaissant dans la solution, ne jamais appliquer les conditions initiales à la solution de l'équation *sans* second membre. Il faut les appliquer à la solution *complète*, comportant la solution particulière constante.

Corrigé des exercices

Exercice 7.1

1. On part de la continuité du courant dans la bobine : $\boxed{i'(0^+) = i'(0^-) = 0}$ d'après l'énoncé.
Par conséquent, en appliquant la loi des nœuds, on obtient $i(0^+) = i''(0^+)$. On applique la loi des mailles à la maille extérieure du circuit : $E = Ri(0^+) + Ri''(0^+)$, soit $\boxed{i(0^+) = \dfrac{E}{2R} = i''(0^+)}$.

➪ *Méthode 7.3*

2. On part de la continuité du courant dans la bobine $\boxed{i'(0^+) = i'(0^-) = 0}$, d'où on en déduit $\boxed{u(0^+) = Ri'(0^+) = 0}$. On applique la loi des nœuds : $I_0 = i(0^+) + i'(0^+)$ soit $\boxed{I_0 = i(0^+)}$.
On applique finalement la loi des mailles à la maille de droite du circuit : $Ri(0^+) = u'(0^+) + u(0^+)$, soit d'après ce qui précède $\boxed{u'(0^+) = RI_0}$.

3. On part de la continuité du courant dans la bobine $\boxed{i''(0^+) = i''(0^-) = 0}$ et de celle de la tension aux bornes du condensateur $\boxed{u(0^+) = u(0^-) = 0}$.
La loi des nœuds $i = i' + i''$ permet d'affirmer $i'(0^+) = i(0^+)$. La maille extérieure du circuit donne $\boxed{E = u'(0^+) + u(0^+) = u'(0^+)}$, donc d'après la loi d'Ohm $\boxed{i'(0^+) = \dfrac{u'(0^+)}{R'} = \dfrac{E}{R'} = i(0^+)}$.
La maille de droite du circuit donne $u''(0^+) + Ri''(0^+) = u'(0^+) + u(0^+)$, soit $\boxed{u''(0^+) = E}$.
Enfin $i'(0^+) = C\dfrac{\mathrm{d}u}{\mathrm{d}t}(0^+)$ donc $\boxed{\dfrac{\mathrm{d}u}{\mathrm{d}t}(0^+) = \dfrac{E}{R'C}}$; et $u''(0^+) = L\dfrac{\mathrm{d}i''}{\mathrm{d}t}(0^+)$ donc $\boxed{\dfrac{\mathrm{d}i''}{\mathrm{d}t}(0^+) = \dfrac{E}{L}}$.

On a trouvé $u(0^+) = 0$ mais $\dfrac{\mathrm{d}u}{\mathrm{d}t}(0^+) \neq 0$, et de même pour i''. Cette situation, ou l'inverse $\left(u(0^+) \neq 0 \text{ et } \dfrac{\mathrm{d}u}{\mathrm{d}t}(0^+) = 0\right)$, est très fréquente.

4. On part de la continuité de la tension aux bornes des condensateurs : $u_C(0^+) = u_C(0^-) = 0$ et $u_{C'}(0^+) = u_{C'}(0^-) = 0$ (tension en convention récepteur par rapport à la flèche de courant). Dans la maille de droite, on a $u_C(0^+) = R'i'(0^+) + u_{C'}(0^+) = 0$, soit $\boxed{i'(0^+) = 0}$. La maille de gauche donne $E = Ri(0^+) + u_C(0^+)$, soit $\boxed{i(0^+) = \dfrac{E}{R}}$.

En utilisant la loi des nœuds, on trouve enfin $\boxed{i''(0^+) = i(0^+) = \dfrac{E}{R}}$.

Corrigé

Exercice 7.2

1. Par continuité du courant dans une bobine : $\boxed{i_4(0^+) = i_4(0^-) = 0}$ (car l'interrupteur était initialement ouvert).

De plus, pour $t < 0$, l'interrupteur étant ouvert depuis longtemps, le circuit est en régime permanent (continu) et la bobine horizontale est équivalente à un fil et court-circuite la résistance R. Par conséquent la loi des mailles permet d'obtenir $i_1(0^-) = i_3(0^-) = \dfrac{E}{2R}$; par continuité du courant dans une bobine, on en déduit $\boxed{i_1(0^+) = i_1(0^-) = \dfrac{E}{2R}}$.

Avec des lois des nœuds, on a $i = i_1 + i_2 = i_3 + i_4$ (1), soit $i(0^+) = i_3(0^+)$ (2). La loi des mailles donne $E = Ri + Ri_2 + Ri_3$ donc en $t = 0^+$, en utilisant (2) et en remplaçant i, $E = R(i_1 + i_2) + Ri_2 + R(i_1 + i_2) = 2Ri_1(0^+) + 3Ri_2(0^+)$, d'où on déduit $\boxed{i_2(0^+) = 0}$.

La loi des nœuds donne $\boxed{i(0^+) = i_1(0^+) = \dfrac{E}{2R} = i_3(0^+)}$. La tension vaut $\boxed{u(0^+) = Ri_3(0^+) = \dfrac{E}{2}}$.

⇨ *Méthode 7.3*

2. Quand t tend vers l'infini, le régime établi est atteint et les bobines sont équivalentes à des fils. Alors deux des résistances sont court-circuitées : $\boxed{i_2(\infty) = i_3(\infty) = 0}$ et $\boxed{u(\infty) = Ri_3(\infty) = 0}$.

La loi des mailles permet d'obtenir $\boxed{i(\infty) = \dfrac{E}{R}}$, et la loi des noeuds permet de conclure par $\boxed{i_1(\infty) = i_4(\infty) = i(\infty) = \dfrac{E}{R}}$.

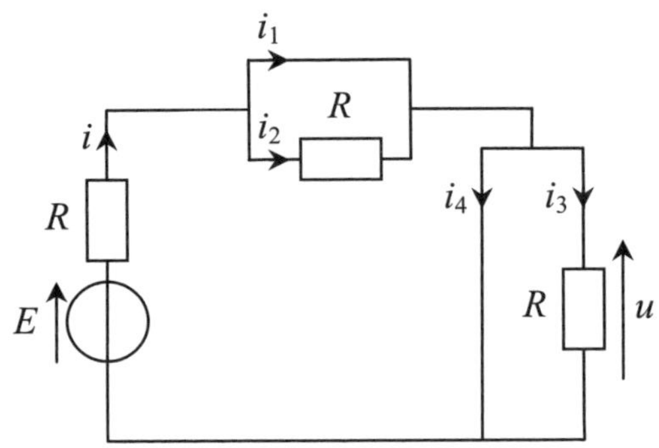

Exercice 7.3

1. a) Pour $t > 0$, l'interrupteur est en position 1 et les relations élémentaires sur les dipôles sont, en convention récepteur, $u_R = Ri$ et $i = C\dfrac{\mathrm{d}u}{\mathrm{d}t}$. Loi des mailles : $E = u_R + u = Ri + u = RC\dfrac{\mathrm{d}u}{\mathrm{d}t} + u$. Cela donne sous forme canonique : $\boxed{\dfrac{\mathrm{d}u}{\mathrm{d}t} + \dfrac{u}{RC} = \dfrac{E}{RC}}$. On identifie alors la constante de temps : $\boxed{\tau = RC}$.

⇨ *Méthodes 7.1, 7.2*

b) La solution de l'équation sans second membre $\dfrac{\mathrm{d}u_{\text{sg}}}{\mathrm{d}t} + \dfrac{u_{\text{sg}}}{\tau} = 0$ est de la forme $u_{\text{sg}} = Ke^{-t/\tau}$.

La solution particulière est de la même forme que le générateur, donc constante :

$\dfrac{\mathrm{d}u_{sp}}{\mathrm{d}t}+\dfrac{u_{sp}}{\tau}=\dfrac{E}{\tau}$, d'où $u_{sp}=E$, qui correspond au régime établi. Donc $u(t)=Ke^{-t/\tau}+E$.

La condition initiale s'obtient par continuité de la tension aux bornes du condensateur initialement déchargé : $u(0^-)=u(0^+)=0$, soit $Ke^0+E=0$ d'où $K=-E$. La solution est donc : $\boxed{u(t)=E\left(1-e^{-t/\tau}\right)}$.

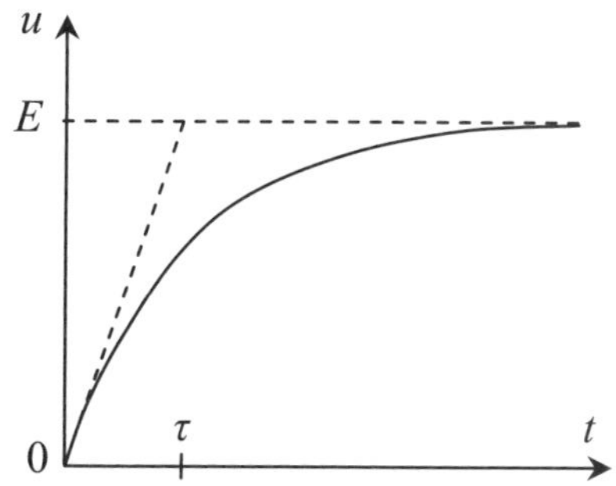

➪ *Méthodes 7.3, 7.4*

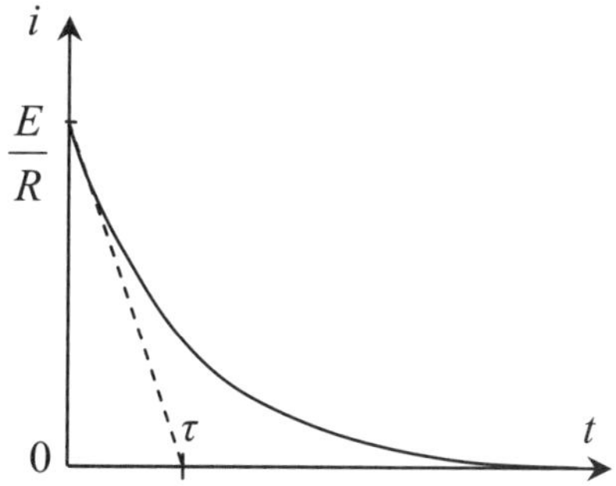

c) Le courant se déduit de l'équation aux bornes du condensateur : $i(t)=C\dfrac{\mathrm{d}u}{\mathrm{d}t}$ soit $\boxed{i(t)=\dfrac{E}{R}e^{-t/\tau}}$.

d) Le bilan de puissance s'obtient en multipliant la loi des mailles par le courant $i=C\dfrac{\mathrm{d}u}{\mathrm{d}t}$.

On obtient : $Ei=Ri^2+Cu\dfrac{\mathrm{d}u}{\mathrm{d}t}=Ri^2+\dfrac{\mathrm{d}}{\mathrm{d}t}\left(\dfrac{1}{2}Cu^2\right)$ soit $\boxed{\mathcal{P}_{\text{géné}}=\mathcal{P}_{\text{Joule}}+\dfrac{\mathrm{d}E_{\text{stockée}}}{\mathrm{d}t}}$.

Une partie de la puissance fournie par le générateur sert à faire varier l'énergie stockée dans le condensateur, l'autre partie est dissipée par effet Joule.

2. a) Pour $t>0$, l'interrupteur est en position 2. La mise en équation est identique au cas précédent, sauf que la tension qui valait E vaut maintenant 0, soit $\boxed{\dfrac{\mathrm{d}u}{\mathrm{d}t}+\dfrac{u}{\tau}=0}$.

b) Cette équation est sans second membre donc $\boxed{u(t)=Ke^{-t/\tau}}$.

Avant la décharge, le circuit était en régime établi donc $u(0^-)=E$ (le condensateur est un interrupteur ouvert). On en déduit par continuité de la tension aux bornes d'un condensateur $u(0^-)=u(0^+)=E$, ce qui donne $u(0)=E=Ke^0+0$, d'où $\boxed{u(t)=Ee^{-t/\tau}}$.

L'allure de la courbe est identique à celle du cas précédent, la décroissance se faisant de E à 0.

c) On en déduit le courant $\boxed{i(t)=C\dfrac{\mathrm{d}u}{\mathrm{d}t}=-\dfrac{E}{R}e^{-t/\tau}}$. L'allure de la courbe est une croissance exponentielle de $-\dfrac{E}{R}$ à 0.

d) On reprend le bilan de puissance précédent mais en annulant le terme en E, donc $0=Ri^2+\dfrac{\mathrm{d}}{\mathrm{d}t}\left(\dfrac{1}{2}Cu^2\right)$ soit $\mathcal{P}_{\text{Joule}}+\dfrac{\mathrm{d}E_{\text{stockée}}}{\mathrm{d}t}=0$. En intégrant entre 0 et ∞ on obtient

Corrigé

$W_{\text{Joule}} + \Delta E_{\text{stockée}} = 0$. Or $\Delta E_{\text{stockée}} = E_{\text{stockée}}(\infty) - E_{\text{stockée}}(0) = \frac{1}{2}Cu(\infty)^2 - \frac{1}{2}Cu(0)^2 = 0 - \frac{1}{2}CE^2$

d'où $\boxed{W_{\text{Joule}} = -\Delta E_{\text{stockée}} = \frac{1}{2}CE^2}$. On peut le retrouver en intégrant directement :

$$W_{\text{Joule}} = \int_0^\infty \mathcal{P}_{\text{Joule}}\,\mathrm{d}t = \int_0^\infty Ri(t)^2\,\mathrm{d}t = \int_0^\infty \frac{E^2}{R}e^{-2t/\tau}\,\mathrm{d}t = \frac{E^2}{R}\left[-\frac{RC}{2}e^{-2t/\tau}\right]_0^\infty = \frac{1}{2}CE^2.$$

Exercice 7.4

1. Le cas le plus simple est celui du régime établi, dans ces conditions le condensateur est équivalent à un interrupteur ouvert, donc $\boxed{i(\infty) = 0}$.

Pour déterminer le courant à l'instant $t = 0^+$, nous allons redessiner le circuit en utilisant les équivalences.

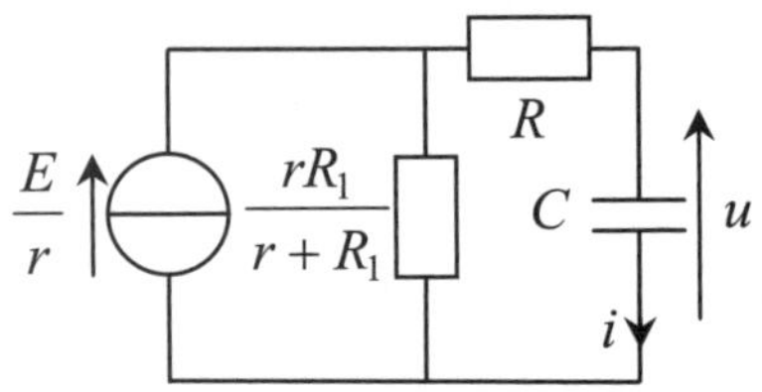

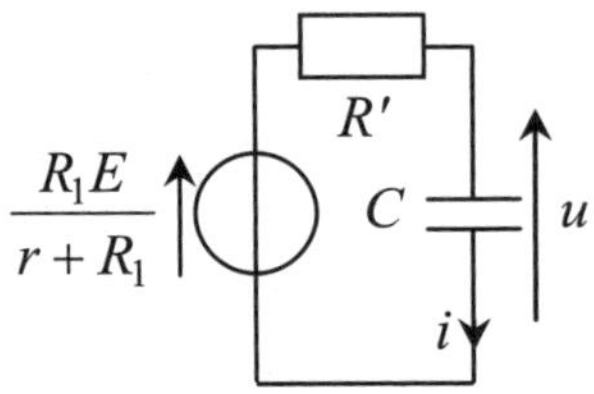

Le schéma équivalent est représenté ci-contre avec $R' = \frac{rR_1}{r+R_1} + R$.

Or initialement le condensateur est déchargé car le circuit, en régime permanent avant l'instant initial, ne comportait pas de générateur. Donc $u(0^-) = 0$ et par continuité de la tension aux bornes d'un condensateur, $u(0^+) = u(0^-) = 0$. La loi des mailles appliquée au circuit équivalent à l'instant $t = 0^+$ permet d'obtenir $\frac{R_1E}{r+R_1} = R'i(0^+) + u(0^+)$, soit $\boxed{i(0^+) = \frac{ER_1}{r(R+R_1)+RR_1}}$.

➪ *Méthode 7.3*

2. On commence par écrire les relations élémentaires pour les dipôles : $i = C\frac{\mathrm{d}u}{\mathrm{d}t}$ et $u_R = R'i$.

La loi des mailles donne $\frac{R_1E}{r+R_1} = R'i + u$. Or nous voulons conserver une équation sur le courant, et on ne connaît rien sur *u* mais seulement une relation pour sa dérivée. On dérive donc l'équation précédente et l'on obtient $0 = R'\frac{\mathrm{d}i}{\mathrm{d}t} + \frac{\mathrm{d}u}{\mathrm{d}t}$. On utilise $\frac{\mathrm{d}u}{\mathrm{d}t} = \frac{i}{C}$ et l'on obtient $\boxed{0 = R'C\frac{\mathrm{d}i}{\mathrm{d}t} + i}$. On pose $\tau = R'C$, la constante de temps du circuit.

➪ *Méthodes 7.1, 7.2*

Cette équation est sans second membre, donc sa solution est de la forme $\boxed{i(t) = Ke^{-t/\tau}}$.

Condition initiale : $i(0^+) = \frac{ER_1}{r(R+R_1)+RR_1} = Ke^0 = K$ d'où $\boxed{i(t) = \frac{ER_1}{r(R+R_1)+RR_1}e^{-t/\tau}}$.

➪ *Méthode 7.4*

3. Avec les valeurs de l'énoncé, on trouve $\boxed{\tau = 41 \text{ ms}}$. Pour R_1 est infinie et r nulle, alors $R' = R$ et l'on a $\boxed{\tau' = RC = 40 \text{ ms}}$, valeur très proche de la précédente.

Exercice 7.5

1. Il n'y a pas continuité du courant dans la résistance R car il n'y a pas d'inductance en série avec cette résistance. Il y a pour les mêmes raisons discontinuité du courant qui passe dans $R/2$, ce qui implique que la tension $s(t)$ est discontinue.

Avant la fermeture de l'interrupteur K, aucun courant ne circule dans la bobine car le régime permanent est atteint. À $t = 0^+$, on en déduit par continuité du courant dans l'inductance que le courant dans cette dernière est nul : elle se comporte donc en $t = 0^+$ comme un interrupteur ouvert (avec une tension non nulle à ses bornes). En redessinant le circuit, on reconnaît un diviseur de tension qui permet d'écrire $\boxed{s(0^+) = \frac{E}{3}}$.

➪ *Méthode 7.3*

2. Lorsque $t \to \infty$, le circuit est en régime permanent (la phase transitoire est terminée). Par conséquent, la bobine se comporte comme un fil, on a donc la tension aux bornes d'un fil $\boxed{s(\infty) = 0}$.

3. Les relations élémentaires sur les dipôles en convention récepteur sont : $s = \frac{R}{2} i_R = L \frac{\mathrm{d}i_L}{\mathrm{d}t}$ et $u_1 = Ri$.

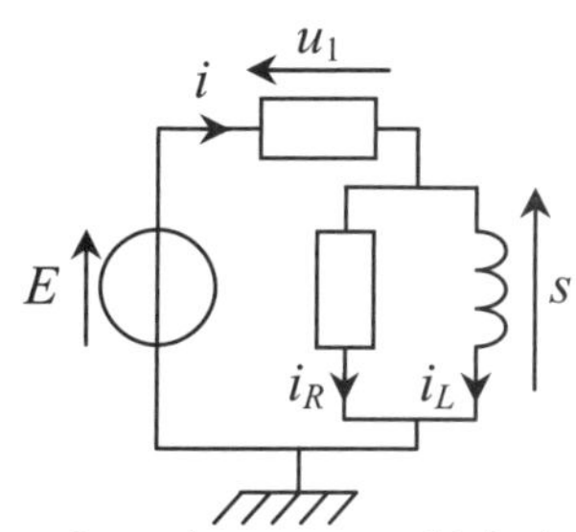

Loi des mailles : $E = u_1 + s = Ri + s$. On ne veut pas conserver i, on se sert alors de la loi des nœuds : $i = i_R + i_L$. On obtient alors $E = Ri_R + Ri_L + s = Ri_L + 3s$, d'après la première relation élémentaire.

Or on ne connaît rien sur le courant dans la bobine mais nous avons une équation sur sa dérivée. On dérive donc l'équation et on remplace : $0 = R\frac{\mathrm{d}i_L}{\mathrm{d}t} + 3\frac{\mathrm{d}s}{\mathrm{d}t} = 3\frac{\mathrm{d}s}{\mathrm{d}t} + \frac{R}{L}s$. Cela donne sous forme canonique $\boxed{\frac{\mathrm{d}s}{\mathrm{d}t} + \frac{R}{3L}s = 0}$. On pose donc $\boxed{\tau = \frac{3L}{R}}$, le temps de relaxation du circuit.

➪ *Méthodes 7.1, 7.2*

4. L'équation est sans second membre donc la solution est de la forme $\boxed{s(t) = Ke^{-t/\tau}}$.

Attention, il n'est pas judicieux de poser $\tau' = \frac{L}{R}$, *car la solution de l'équation sans second membre s'écrirait alors* $s_{sg} = Ke^{-t/3\tau'}$, *ce qui n'est pas une forme canonique (donc* τ' *n'a pas la signification habituelle de la constante de temps).*

Corrigé

Condition initiale : $s(0)=\dfrac{E}{3}=Ke^{0}+0$. La solution est donc finalement : $\boxed{s(t)=\dfrac{E}{3}e^{-t/\tau}}$.

⇨ *Méthode 7.4*

5.

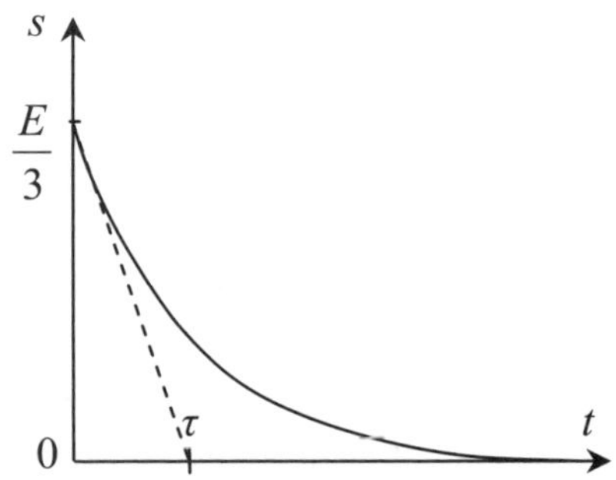

6. On cherche le temps t_0 qui vérifie $s(t_0)=\dfrac{s(0^+)}{10}=\dfrac{E}{30}=\dfrac{E}{3}e^{-t_0/\tau}$, d'où l'on tire après calculs $\boxed{t_0=\tau\ln(10)=\dfrac{3L}{R}\ln(10)}$.

7. On déclenche le début de courbe de l'oscilloscope sur un front montant de la tension s. On mesure avec les curseurs le temps au bout duquel la tension vaut 10 % de sa valeur finale.

La voie 1 de l'oscilloscope est donc branchée entre la masse et le point commun aux deux résistances.

8. En utilisant le résultat de la question 6, on a $\boxed{L=\dfrac{Rt_0}{3\ln(10)}=430\ \mu\text{H}}$.

✎ *Les données de l'énoncé ont deux chiffres significatifs, le résultat ne contient par conséquent que deux chiffres significatifs.*

9. Il faut pouvoir observer une partie du régime transitoire plus longue que t_0 (soit environ $2{,}3\tau$) : on peut prendre par exemple 3τ comme valeur minimale. Par conséquent, la durée de la demi-période (temps passé avec une tension *E*) aux bornes du circuit doit au moins être de $3\tau=3\times1{,}3\ \mu\text{s}$: $\dfrac{T}{2}>3\tau$, ce qui implique $\boxed{f<\dfrac{1}{6\tau}=130\ \text{kHz}}$.

Exercice 7.6

1. Pour $t<0$, le circuit est en régime permanent sans générateur, on a donc $i(0^-)=0$. Par continuité du courant dans une inductance, on en déduit $\boxed{i(0^+)=i(0^-)=0}$.

On utilise ensuite la loi des nœuds en $t=0^+$, ce qui donne $\boxed{I_0=i(0^+)+i'(0^+)=i'(0^+)}$.

⇨ *Méthode 7.3*

2. Par transformation de schéma, sans modifier la branche contenant l'inductance *L* et la résistance *R*, pour ne pas perdre le courant *i* circulant dans cette branche, on obtient le schéma ci-contre.

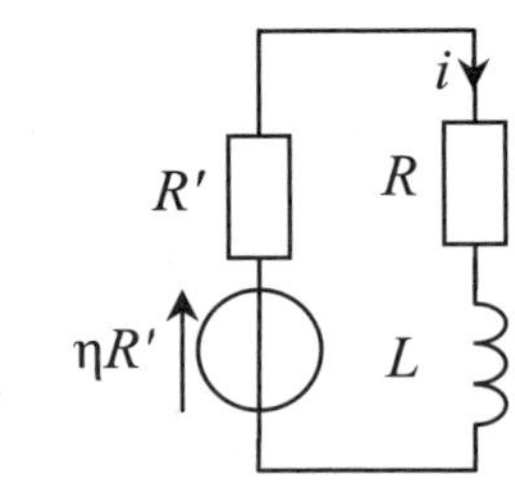

On obtient immédiatement l'équation différentielle pour $t>0$ en utilisant la loi des mailles et les relations élémentaires sur les dipôles : $R'I_0=(R'+R)i+L\dfrac{\mathrm{d}i}{\mathrm{d}t}$, soit sous forme canonique $\dfrac{\mathrm{d}i}{\mathrm{d}t}+\dfrac{R'+R}{L}i=\dfrac{R'I_0}{L}$.

Le temps de relaxation du circuit est donc $\tau = \dfrac{L}{R+R'}$.

La solution de l'équation sans second membre est de la forme $i_{sg} = Ke^{-t/\tau}$. La solution particulière est constante et vérifie l'équation $\dfrac{R'I_0}{L} = \dfrac{\mathrm{d}i_{sp}}{\mathrm{d}t} + \dfrac{i_{sp}}{\tau}$, soit $i_{sp} = \dfrac{R'I_0}{R'+R}$.

Donc $i(t) = Ke^{-t/\tau} + \dfrac{R'I_0}{R'+R}$. Condition initiale : $i(0^+) = 0 = Ke^0 + \dfrac{R'I_0}{R'+R}$ d'où $K = -\dfrac{R'I_0}{R'+R}$.

La solution est donc finalement : $\boxed{i(t) = \dfrac{R'I_0}{R'+R}(1 - e^{-t/\tau})}$.

➪ *Méthodes 7.1, 7.2, 7.4*

3. L'expression du courant i' se déduit de la loi des nœuds : $\boxed{i'(t) = I_0 - i(t) = I_0 \dfrac{R + R'e^{-t/\tau}}{R'+R}}$.

L'expression de la tension est alors : $\boxed{u(t) = R'i' = R'I_0 \dfrac{R + R'e^{-t/\tau}}{R'+R}}$.

4.

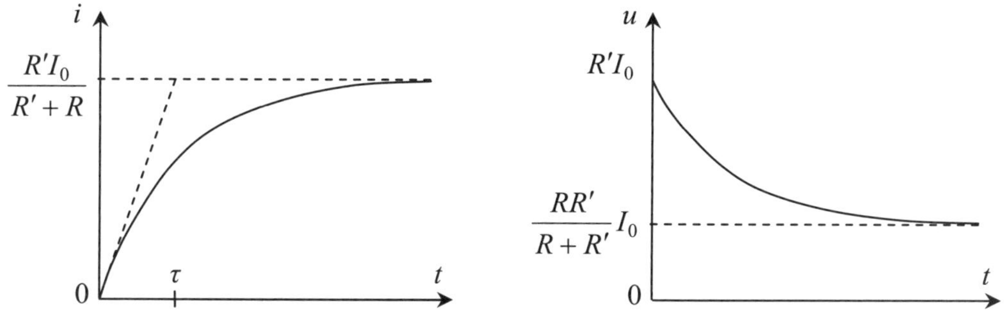

Exercice 7.7

1. Le condensateur est chargé, $\boxed{u(0^-) = E}$. En continu, le condensateur est équivalent à un interrupteur ouvert, donc $\boxed{i_1(0^-) = 0}$. On a aussi $\boxed{i_2(0^-) = 0}$ (interrupteur ouvert). Et d'après la loi des nœuds, on obtient $\boxed{i(0^-) = 0}$.

2. Il y a continuité de la tension aux bornes du condensateur donc $\boxed{u(0^+) = u(0^-) = E}$. Alors en appliquant la loi des mailles sur la maille extérieure $E = Ri(0^+) + u(0^+)$, dont on déduit $\boxed{i(0^+) = 0}$. Et d'après la loi des nœuds : $\boxed{i_2(0^+) = -i_1(0^+) = \dfrac{2u(0^+)}{R} = \dfrac{2E}{R}}$.

3. Lorsque t tend vers l'infini, le circuit atteint un régime permanent (les grandeurs sont constantes), le condensateur se comporte alors comme un interrupteur ouvert : $\boxed{i_1(\infty) = 0}$. Par conséquent nous reconnaissons un diviseur de tension : $\boxed{u(\infty)=\dfrac{R/2}{R+R/2}E=\dfrac{E}{3}}$. Cela permet alors de calculer $\boxed{i_2(\infty)=\dfrac{2u(\infty)}{R}=i(\infty)=\dfrac{2E}{3R}}$.

4. On utilise les équivalences Thévenin-Norton :

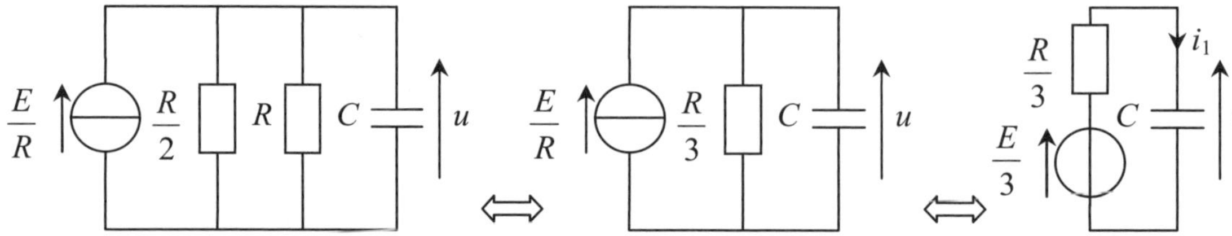

Nous obtenons un simple circuit $R'C'$, avec $C'=C$ et $R'=\dfrac{R}{3}$, soumis à $\dfrac{E}{3}$.

5. On utilise les relations élémentaires des deux dipôles : $u_R=\dfrac{R}{3}i_1$ et $i_1=C\dfrac{\mathrm{d}u}{\mathrm{d}t}$.

La loi des mailles donne $\dfrac{E}{3}=u_R+u$, d'où en utilisant les relations précédentes :

$\dfrac{E}{3}=\dfrac{RC}{3}\dfrac{\mathrm{d}u}{\mathrm{d}t}+u$ soit $\boxed{\dfrac{\mathrm{d}u}{\mathrm{d}t}+\dfrac{1}{\tau}u=\dfrac{E}{RC}}$ en posant $\boxed{\tau=\dfrac{RC}{3}}$.

La solution générale de l'équation sans second membre est de la forme $u_{\text{sgs}}=Ke^{-t/\tau}$.

La solution particulière est constante et vérifie l'équation $\dfrac{E}{3}=\dfrac{RC}{3}\dfrac{\mathrm{d}u_{\text{sp}}}{\mathrm{d}t}+u_{\text{sp}}$, d'où $u_{\text{sp}}=\dfrac{E}{3}$.

Donc la solution s'écrit $u(t)=Ke^{-t/\tau}+\dfrac{E}{3}$.

On utilise la condition initiale pour déterminer K :

$u(0)=Ke^0+\dfrac{E}{3}=E$, donc $K=\dfrac{2E}{3}$.

La solution est donc $\boxed{u(t)=\dfrac{E}{3}\left(1+2e^{-t/\tau}\right)}$.

⇨ *Méthodes 7.1, 7.2, 7.4*

6.

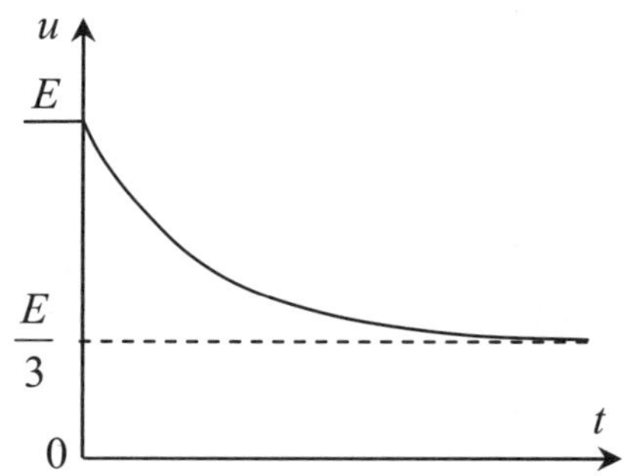

Exercice 7.8

1. Par continuité de la tension aux bornes d'un condensateur, qui est ici initialement déchargé, $\boxed{u_C(0^+)=u_C(0^-)=0}$. Alors en appliquant la loi des mailles immédiatement après la fermeture de K, on obtient $\boxed{i(0^+)=\dfrac{E}{R+R_g}}$.

2. Les relations élémentaires sur les dipôles du schéma donnent $i = C\dfrac{\mathrm{d}u_C}{\mathrm{d}t}$ et deux lois d'Ohm.

La loi des mailles permet alors d'écrire : $\boxed{u_C + (R+R_g)C\dfrac{\mathrm{d}u_C}{\mathrm{d}t} = E}$.

➪ *Méthode 7.1*

3. La constante de temps est $\boxed{\tau = (R+R_g)C}$; c'est l'ordre de grandeur du temps d'évolution du circuit (au bout de quelques τ, le régime transitoire est terminé).

➪ *Méthode 7.2*

4. La solution de l'équation différentielle sans second membre est $u_{Csg} = Ae^{-t/\tau}$. La solution particulière, qui est continue comme le second membre, est $u_{Csp} = E$. Donc $u_C = Ae^{-t/\tau} + E$. Condition initiale : $u_C(0^+) = 0$, d'où $A + E = 0$. Par conséquent : $\boxed{u_C(t) = E(1-e^{-t/\tau})}$.

➪ *Méthode 7.4*

5. On cherche $u_C(t_1) = 0{,}9E = E(1-e^{-t_1/\tau})$, d'où l'on tire $\boxed{t_1 = -\tau\ln 0{,}1 = \tau\ln 10}$

6. La tension u_C (voie B) doit avoir une courbe <u>sans discontinuité</u>, on en déduit donc que <u>(1) représente la voie B</u> qui est continue (au sens mathématique).

7. En couplage AC, le signal affiché n'est pas exactement le signal réel : sa valeur moyenne est ramenée à zéro, ce qui n'a aucun intérêt ici. Il vaut donc mieux mettre les entrées en <u>couplage continu DC</u>, et régler le zéro sur la ligne du bas marquée 0 %.

> ✎ *Sur un oscilloscope on utilise toujours le couplage DC, sauf si on a une raison précise d'utiliser AC (supprimer une composante continue trop grande, pour pouvoir étudier la composante alternative beaucoup plus faible).*

8. Le point *P* de l'oscillogramme correspond au début du régime transitoire, soit $t = 0^+$, la loi des mailles donne $\boxed{u(P) = Ri(0^+) = \dfrac{RE}{R+R_g} = \dfrac{2}{3}E}$ (pont diviseur car on a $u_C(0^+) = 0$). On en déduit $\boxed{R = 2R_g}$, soit $\boxed{R_g = 50\ \Omega}$.

9. $E = 6$ carreaux × 1 V/carreau soit $\boxed{E = 6\ \text{V}}$. On mesure le temps de montée (jusqu'à 90 %) : $t_1 = 4{,}5 \times 0{,}1 = 0{,}45$ ms. Alors $\tau = \dfrac{t_1}{\ln 10}$, d'où $\boxed{C = \dfrac{t_1}{(R+R_g)\ln 10} = 1{,}3\ \mu\text{F}}$.

10. On voit que la demi-période est plus grande que 0,8 ms (8 carreaux), donc la fréquence est inférieure à $\dfrac{1}{1{,}6.10^{-3}}$, soit $\boxed{f < 600\,\text{Hz}}$.

11. Il faut pouvoir observer la tension aux bornes d'une résistance. On peut effectivement observer celle aux bornes de *R*, en utilisant les touches – CH1 et ADD de l'oscilloscope, ce qui donne $u_A - u_B = Ri$. (Si on veut obtenir directement, sur l'une des voies, la tension aux bornes de *R*, il faut d'abord permuter *R* et *C* pour que *R* ait une borne reliée à la masse.)

Exercice 7.9

1. La tension est la même aux bornes de tous les dipôles, il est donc *inutile* d'introduire d'autres notations de tension (du genre u_R ou u_L). En revanche on ajoute les courants manquants en convention récepteur, et l'on écrit alors les relations élémentaires pour les trois dipôles : $u_C = Ri_R$, $u_C = L\dfrac{\mathrm{d}i_L}{\mathrm{d}t}$ et $i_C = C\dfrac{\mathrm{d}u_C}{\mathrm{d}t}$.

On écrit la loi des nœuds $\eta = i_R + i_L + i_C$ et l'on remplace avec les relations élémentaires, soit $\eta = \dfrac{u_C}{R} + i_L + C\dfrac{\mathrm{d}u_C}{\mathrm{d}t}$. Pour remplacer le courant dans l'inductance, nous devons dériver cette équation, ce qui donne $0 = \dfrac{1}{R}\dfrac{\mathrm{d}u_C}{\mathrm{d}t} + \dfrac{u_C}{L} + C\dfrac{\mathrm{d}^2u_C}{\mathrm{d}t^2}$. On met finalement l'équation sous forme canonique : $\boxed{\dfrac{\mathrm{d}^2u_C}{\mathrm{d}t^2} + \dfrac{1}{RC}\dfrac{\mathrm{d}u_C}{\mathrm{d}t} + \dfrac{u_C}{LC} = 0}$.

➪ *Méthode 7.1*

2. On identifie chaque terme avec l'équation générale de la forme $\dfrac{\mathrm{d}^2 u_C}{\mathrm{d}t^2} + \dfrac{\omega_0}{Q}\dfrac{\mathrm{d}u_C}{\mathrm{d}t} + \omega_0^2 u_C = 0$, en commençant par celui qui a le moins d'inconnues : $\omega_0^2 = \dfrac{1}{LC}$ d'où $\boxed{\omega_0 = \dfrac{1}{\sqrt{LC}}}$; puis $\dfrac{\omega_0}{Q} = \dfrac{1}{RC}$ d'où $\boxed{Q = RC\omega_0 = R\sqrt{\dfrac{C}{L}}}$.

✎ *Il est généralement préférable de ne remplacer ω_0 par sa valeur qu'à la fin du calcul.*

➪ *Méthode 7.2*

3. Le type de régime dépend de la valeur du facteur de qualité, qui vaut ici $Q = 0{,}016 < \dfrac{1}{2}$: on en déduit donc que le régime est <u>apériodique</u>.

4. On résout l'équation caractéristique $r^2 + \dfrac{\omega_0}{Q}r + \omega_0^2 = 0$ avec $Q = 0{,}016$ et $\omega_0 = \dfrac{1}{\sqrt{LC}} = 3{,}2\cdot10^4\,\text{rad/s}$. On obtient deux racines réelles : $r_1 = -500\,\text{s}^{-1}$ et $r_2 = -2{,}0\cdot10^6\,\text{s}^{-1}$.

L'équation est *sans second membre* donc sa solution s'écrit $u_C = Ae^{r_1t} + Be^{r_2t}$.

Initialement le condensateur est déchargé, car il était court-circuité par la bobine (équivalente à un fil en régime permanent). On en déduit donc, par continuité de la tension aux bornes d'un condensateur, $u_C(0^+) = u_C(0^-) = 0$, soit $u_C(0^+) = 0 = Ae^0 + Be^0$, d'où $A = -B$.

La seconde condition initiale est déterminée à partir de la continuité du courant dans la bobine : $i_L(0^-) = i_L(0^+) = 0$. Loi des nœuds : $I_0 = \frac{u_C(0^+)}{R} + i_L(0^+) + C\frac{\mathrm{d}u_C}{\mathrm{d}t}(0^+) = C\frac{\mathrm{d}u_C}{\mathrm{d}t}(0^+)$ d'où $\frac{\mathrm{d}u_C}{\mathrm{d}t}(0^+) = \frac{I_0}{C}$. Donc $\frac{I_0}{C} = Ar_1e^0 + Br_2e^0$, d'où $A = -B = \frac{I_0}{C(r_1 - r_2)} = 0{,}5$. Finalement la solution numérique est : $\boxed{u_C(t) = 0{,}5(e^{-500t} - e^{-2\cdot 10^6 t})}$ avec t en s et u_C en V.

On constate que l'une des exponentielles tend beaucoup plus rapidement vers 0, ce qui permet de dire que rapidement l'équation de la tension devient $u_C(t) \approx 0{,}5e^{-500t}$. On connaît aussi la valeur $u_C(0) = 0$, ainsi que sa pente à l'origine très grande $\frac{\mathrm{d}u_C}{\mathrm{d}t}(0) = 10^6\,\mathrm{V/s}$, ce qui permet d'en déduire l'allure de la courbe.

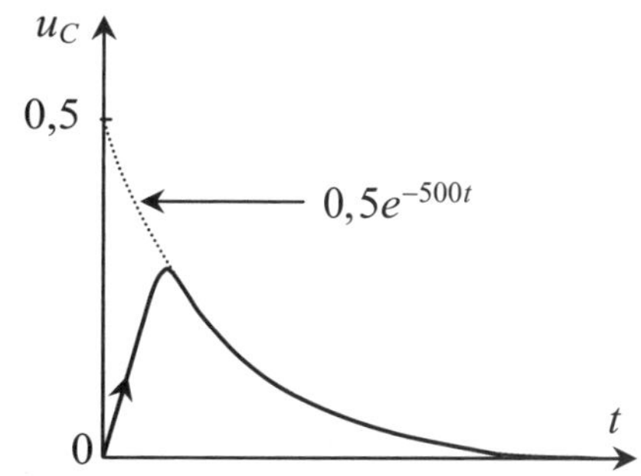

➪ *Méthodes 7.3, 7.4*

Exercice 7.10

1. Lorsque $t \to \infty$, le circuit est en régime établi continu, et l'on peut remplacer le condensateur par un interrupteur ouvert et la bobine par un fil. On reconnaît un pont diviseur de tension : $\boxed{u(\infty) = \frac{R_2}{R_1 + R_2}E}$.

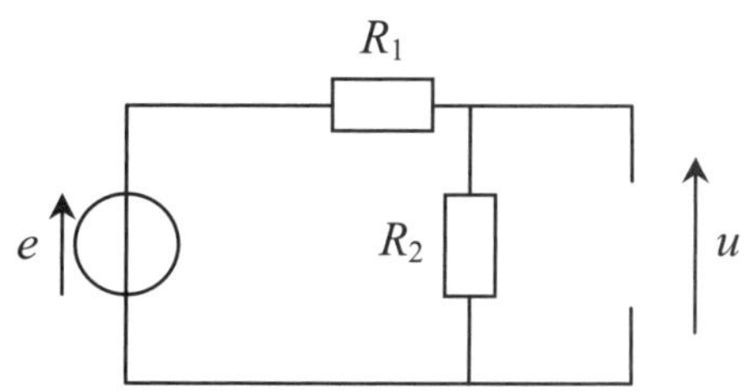

2. Les formules élémentaires des dipôles sont :

$i_C = C\frac{\mathrm{d}u}{\mathrm{d}t}$, $u = R_2i_2$ (avec i_2 le courant dans R_2 et vers le bas). Si on nomme i le courant sortant du générateur, alors en convention récepteur, on a $u_L = L\frac{\mathrm{d}i}{\mathrm{d}t}$ et $u_{R_1} = R_1i$.

La loi des mailles donne $e = L\frac{\mathrm{d}i}{\mathrm{d}t} + R_1i + u$ et la loi des nœuds $i = i_2 + i_C = \frac{u}{R_2} + C\frac{\mathrm{d}u}{\mathrm{d}t}$.

On remplace i par son expression dans la loi des mailles et l'on obtient $LC\frac{\mathrm{d}^2u}{\mathrm{d}t^2} + \left(\frac{L}{R_2} + R_1C\right)\frac{\mathrm{d}u}{\mathrm{d}t} + \left(\frac{R_1}{R_2} + 1\right)u = e$. On la met finalement sous forme canonique :

$$\boxed{\frac{\mathrm{d}^2u}{\mathrm{d}t^2} + \left(\frac{1}{R_2C} + \frac{R_1}{L}\right)\frac{\mathrm{d}u}{\mathrm{d}t} + \frac{R_1 + R_2}{R_2LC}u = \frac{R_1 + R_2}{R_2LC}\left(\frac{R_2}{R_1 + R_2}e\right)}.$$

On identifie alors les termes $\boxed{\omega_0 = \sqrt{\frac{R_1 + R_2}{R_2LC}}}$, $\boxed{\lambda = \frac{1}{2}\left(\frac{1}{R_2C} + \frac{R_1}{L}\right)}$ et $u(\infty) = \frac{R_2}{R_1 + R_2}e$.

➪ *Méthodes 7.1, 7.2*

3. 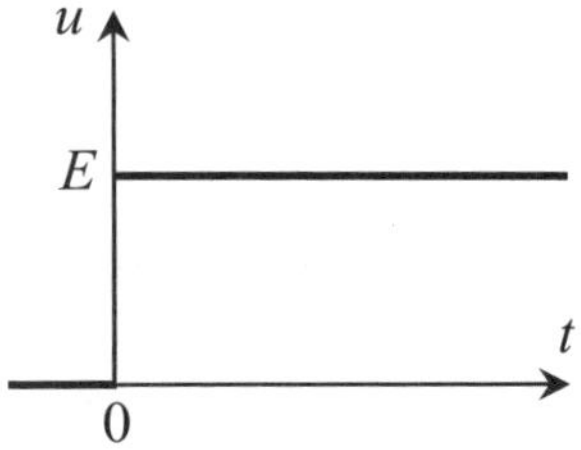

Un échelon de tension est une tension $e(t)$ passant, de façon discontinue (à $t = 0$), d'une certaine valeur constante (ici 0) à une autre valeur constante (ici E).
On peut le réaliser avec une source de tension continue en série avec un interrupteur.
On peut aussi réaliser une succession périodique d'échelons avec un signal en créneaux de basse fréquence.

4. a) On mesure sur la courbe la pseudo-période : $T = 3{,}1 \times 200\ \mu\text{s}$ soit $\boxed{T = 620\ \mu\text{s}}$.
b) En mesurant l'écart à la valeur finale pour deux maxima successifs, on obtient le décrément logarithmique $\delta = \frac{1}{1}\ln\left(\frac{4-2}{2{,}5-2}\right)$ soit $\boxed{\delta = 1{,}4}$.

5. Déterminons la forme de la *solution générale de l'équation sans second membre* $\frac{\mathrm{d}^2u}{\mathrm{d}t^2} + 2\lambda\frac{\mathrm{d}u}{\mathrm{d}t} + \omega_0{}^2 = 0$. Son équation caractéristique est $r^2 + 2\lambda r + \omega_0{}^2 = 0$, de discriminant $\Delta = 4\left(\lambda^2 - \omega_0{}^2\right) < 0$ car régime pseudo-périodique (d'après l'oscillogramme). Les racines sont donc $r_{1,2} = -\lambda \pm j\sqrt{\omega_0{}^2 - \lambda^2}$. On en déduit l'allure de la solution de l'équation sans second membre : $u_{\text{sg}} = Ke^{-\lambda t}\cos\left(\sqrt{\omega_0{}^2 - \lambda^2}\, t + \varphi\right)$.
La *solution particulière constante* (comme le générateur) est solution de l'équation : $\frac{\mathrm{d}^2u_{\text{sp}}}{\mathrm{d}t^2} + 2\lambda\frac{\mathrm{d}u_{\text{sp}}}{\mathrm{d}t} + \omega_0{}^2u_{\text{sp}} = \omega_0{}^2u(\infty)$, d'où $\boxed{u_{\text{sp}} = u(\infty)}$. On obtient donc finalement la *solution générale complète* : $\boxed{u(t) = Ke^{-\lambda t}\cos\left(\sqrt{\omega_0{}^2 - \lambda^2}\, t + \varphi\right) + u(\infty)}$.

➪ *Méthode 7.4*

6. On a $\delta = \frac{1}{n}\ln\left(\frac{u(t) - u(\infty)}{u(t+nT) - u(\infty)}\right) = \frac{1}{n}\ln\left(\frac{Ke^{-\lambda t}\cos\left(\sqrt{\omega_0{}^2 - \lambda^2}\, t + \varphi\right)}{Ke^{-\lambda(t+nT)}\cos\left(\sqrt{\omega_0{}^2 - \lambda^2}\,(t+nT) + \varphi\right)}\right)$.

Or $Ke^{-\lambda(t+nT)}\cos\left(\sqrt{\omega_0{}^2 - \lambda^2}\,(t+nT) + \varphi\right) = e^{-\lambda nT}Ke^{-\lambda t}\cos\left(\sqrt{\omega_0{}^2 - \lambda^2}\, t + \varphi\right)$

donc $\delta = \frac{1}{n}\ln\left(e^{\lambda nT}\right)$ soit $\boxed{\delta = \lambda T}$. On en tire $\boxed{\lambda = \frac{\delta}{T}}$. AN $\boxed{\lambda = 2{,}2 \cdot 10^3\,\text{s}^{-1}}$.

✐ *La précision des mesures à l'oscilloscope ne permet pas d'envisager de donner plus de deux chiffres significatifs.*

7. D'après la formule de la question 2 : $\boxed{C = \frac{1}{R_2\left(2\lambda - \frac{R_1}{L}\right)} = 100\ \text{nF}}$.

Exercice 7.11

1. À $t = 0^-$, le circuit est depuis longtemps sous la tension $e = 0$; il a donc atteint son régime permanent. Le condensateur se comporte alors comme un interrupteur ouvert, $\boxed{i(0^-) = 0}$, et la bobine comme un interrupteur fermé. Le courant étant nul dans la résistance, la tension aux bornes du condensateur est donc nulle et $\boxed{q(0^-) = Cu(0^-) = 0}$.

2. Les relations élémentaires sur les dipôles sont $u_R = Ri$, $u_L = L\dfrac{\mathrm{d}i}{\mathrm{d}t}$ et pour le condensateur $i = \dfrac{\mathrm{d}q}{\mathrm{d}t}$, $q = Cu$. Pour $t > 0$, la loi des mailles donne $E = u_R + u_L + u_C = Ri + L\dfrac{\mathrm{d}i}{\mathrm{d}t} + \dfrac{q'}{C}$ en remplaçant le courant, on en déduit l'équation différentielle $\boxed{\dfrac{\mathrm{d}^2q}{\mathrm{d}t^2} + 2\gamma\dfrac{\mathrm{d}q}{\mathrm{d}t} + \omega_0^2 q = \dfrac{E}{L}}$.

La tension aux bornes d'un condensateur est continue, donc sa charge aussi : $\boxed{q(0^+) = q(0^-) = 0}$.

D'après la continuité du courant dans une inductance : $i(0^+) = i(0^-) = 0$. Cette intensité est la même que pour le condensateur : $i = \dfrac{\mathrm{d}q}{\mathrm{d}t}$ donc $\boxed{\dfrac{\mathrm{d}q}{\mathrm{d}t}(0^+) = 0}$.

⇨ *Méthodes 7.1, 7.3*

3. L'équation caractéristique de l'équation sans second membre est $r^2 + 2\gamma r + \omega_0^2 = 0$ et admet un discriminant $\Delta = 4(\gamma^2 - \omega_0^2)$. D'après la condition de l'énoncé $\omega_0 > \gamma$, le discriminant est négatif, le régime correspondant est le régime pseudo-périodique. Les racines complexes conjuguées de l'équation caractéristique sont alors $r_{1,2} = -\gamma \pm j\omega$ où $\omega = \sqrt{\omega_0^2 - \gamma^2}$.

Il en découle une solution de l'équation sans second membre du type

$q_{\mathrm{sg}}(t) = \left(A\cos(\omega t) + B\sin(\omega t)\right)\mathrm{e}^{-\gamma t}$ avec A et B deux constantes d'intégration.

La solution particulière a même forme que le second membre, elle est donc constante : on trouve $q_{\mathrm{sp}} = \dfrac{E}{L\omega_0^2}$ soit $\boxed{q_{\mathrm{sp}} = CE}$. La solution de l'équation est donc

$\boxed{q(t) = \left(A\cos(\omega t) + B\sin(\omega t)\right)\mathrm{e}^{-\gamma t} + CE}$.

Il ne reste qu'à déterminer A et B à partir des conditions initiales $q(0^+) = 0 = A\cos(0)e^0 + CE$, soit $\boxed{A = -CE}$ et $\dfrac{\mathrm{d}q}{\mathrm{d}t}(0^+) = -\gamma A + B\omega = 0$, d'où $\boxed{B = -CE\dfrac{\gamma}{\sqrt{\omega_0^2 - \gamma^2}}}$.

⇨ *Méthode 7.4*

4. Le courant s'obtient en dérivant la charge $q(t)$: $\boxed{i(t) = CE\dfrac{\omega_0^2}{\omega}e^{-\gamma t}\sin(\omega t)}$.

5. La charge finale atteinte est CE et le courant final est nul. Ces valeurs se retrouvent facilement en remarquant qu'en régime permanent le condensateur se comporte comme un interrupteur ouvert et la bobine comme un interrupteur fermé. Le courant est alors nul ainsi que les tensions aux bornes de L et R. La tension du condensateur devient E et sa charge CE.

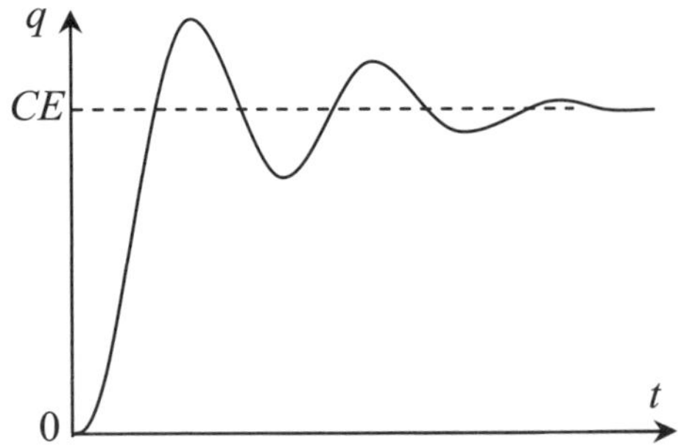

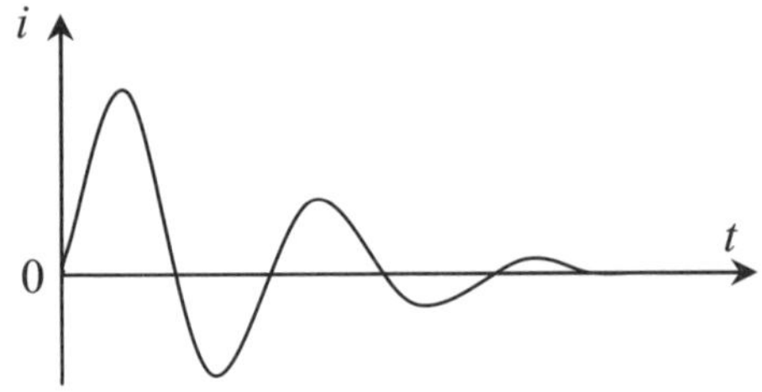

6. L'énergie fournie par le générateur s'obtient en intégrant la puissance fournie Ei par le générateur entre $t = 0$ et $t \to \infty$. En se rappelant que $i = \dfrac{\mathrm{d}q}{\mathrm{d}t}$, cette intégrale se ramène à une simple intégration sur q : $E_G = \displaystyle\int_0^{\infty} Ei\,\mathrm{d}t = \int_0^{CE} E\,\mathrm{d}q$ d'où $\boxed{E_G = CE^2}$.

Pour l'énergie emmagasinée par l'inductance et la capacité, il suffit de faire les différences des énergies stockées dans ces dipôles entre l'instant final et l'instant initial. Or initialement aucune énergie n'est stockée, et à la fin rien n'est stocké dans l'inductance, donc $\boxed{E_{LC} = \Delta\left(\dfrac{1}{2}Li^2 + \dfrac{1}{2}\dfrac{q^2}{C}\right) = \dfrac{1}{2}CE^2}$. L'énergie dissipée par effet Joule est la différence $\boxed{W_{\text{Joule}} = E_G - E_{LC} = \dfrac{1}{2}CE^2}$.

Ces calculs sont indépendants du régime dans lequel se trouve le circuit. L'énergie fournie par le générateur est deux fois plus grande que celle stockée par la bobine et le condensateur, indépendamment de la valeur de la résistance du circuit.

Extrapolé à $R \to 0$, ce résultat semble contredire le principe de conservation de l'énergie, puisque la seconde moitié d'énergie ne peut plus être dissipée par effet Joule. En fait, pour $R \to 0$, le circuit oscille de façon sinusoïdale : on n'atteint jamais de régime permanent continu, et la bobine et le condensateur stockent et restituent alternativement de l'énergie.

Exercice 7.12

1. Les équations élémentaires des dipôles pour lesquels on représente le courant en convention récepteur sont $\begin{cases} v = Ri_R \\ i_C = C\dfrac{\mathrm{d}v}{\mathrm{d}t} \end{cases}$ pour la partie RC parallèle et $\begin{cases} u = Ri'_R \\ u = L\dfrac{\mathrm{d}i_L}{\mathrm{d}t} \end{cases}$ pour la partie RL parallèle.

La loi des nœuds permet d'obtenir $i = i_C + i_R = i_L + i'_R$ et la loi des mailles $e = v + u$.

Utilisons la loi des nœuds et remplaçons avec les expressions des dipôles élémentaires $C\dfrac{\mathrm{d}v}{\mathrm{d}t} + \dfrac{v}{R} = i_L + \dfrac{u}{R}$.

Or nous n'avons de relation que sur la dérivée de i_L, par conséquent, nous dérivons l'équation et on remplace $C\frac{d^2v}{dt^2}+\frac{1}{R}\frac{dv}{dt}=\frac{u}{L}+\frac{1}{R}\frac{du}{dt}$.

Pour avoir une relation que sur u par exemple, on utilise la relation provenant de la loi des mailles pour $t>0$ $v=E-u$ et l'on obtient $-C\frac{d^2u}{dt^2}-\frac{1}{R}\frac{du}{dt}=\frac{u}{L}+\frac{1}{R}\frac{du}{dt}$, soit $\boxed{\frac{d^2u}{dt^2}+\frac{2}{RC}\frac{du}{dt}+\frac{u}{LC}=0}$. En remplaçant $u=E-v$, on obtient $\boxed{\frac{d^2v}{dt^2}+\frac{2}{RC}\frac{dv}{dt}+\frac{v}{LC}=\frac{E}{LC}}$.

On identifie avec les coefficients de la forme canonique d'un système du second ordre en commençant par le terme qui contient le moins d'inconnues :

$\omega_0^2=\frac{1}{LC}$ d'où $\boxed{\omega_0=\frac{1}{\sqrt{LC}}}$, puis $\frac{\omega_0}{Q}=\frac{2}{RC}$ d'où $\boxed{Q=\frac{R}{2}\sqrt{\frac{L}{C}}}$.

⇨ *Méthodes 7.1, 7.2*

2. La condition de continuité de la tension aux bornes d'un condensateur donne $\boxed{v(0^+)=v(0^-)=0}$.

De plus d'après la loi des nœuds (la tension v étant nulle donc constante pour $t<0$) : $i(0^-)=i_R(0^-)+i_C(0^-)=\frac{v(0^-)}{R}+C\frac{dv}{dt}(0^-)=0$, d'où on peut déduire par une autre loi des nœuds $i_L(0^-)=i(0^-)-\frac{u(0^-)}{R}=0$. Par continuité du courant traversant une inductance, on en déduit $i_L(0^+)=i_L(0^-)=0$.

La loi des mailles en $t=0^+$ donne $\boxed{E=v(0^+)+u(0^+)=u(0^+)}$, d'où on peut aussi tirer $i(0^+)=\frac{u(0^+)}{R}=\frac{E}{R}$. Enfin d'après la loi des nœuds en $t=0^+$: $i(0^+)=C\frac{dv}{dt}(0^+)+\frac{v(0^+)}{R}$, d'où $\boxed{\frac{dv}{dt}(0^+)=\frac{E}{RC}}$ et comme $v+u=E=\text{cte}$, $\frac{dv}{dt}(0^+)=-\frac{du}{dt}(0^+)$ donc $\boxed{\frac{du}{dt}(0^+)=-\frac{E}{RC}}$.

⇨ *Méthode 7.3*

3. On résout l'équation caractéristique $r^2+\frac{\omega_0}{Q}r+\omega_0^2=0$ de l'équation sans second membre.

Le discriminant de cette équation est $\Delta=\frac{\omega_0^2}{Q^2}-4\omega_0^2=-4\omega_0^2\left(1-\frac{1}{4Q^2}\right)<0$, les racines sont donc

$r_{1,2}=-\frac{\omega_0}{2Q}\pm j\omega_0\sqrt{1-\frac{1}{4Q^2}}=-\frac{\omega_0}{2Q}\pm j\omega$ avec $\omega=\omega_0\sqrt{1-\frac{1}{4Q^2}}$.

La solution de l'équation sans second membre est donc de la forme $v_{sg}(t)=\exp\left(-\frac{\omega_0}{2Q}t\right)[A\cos\omega t+B\sin\omega t]$. Solution particulière constante : $v_{sp}=E$.

Corrigé

La solution s'écrit donc $v(t)=\exp(-\frac{\omega_0}{2Q}t)[A\cos\omega t+B\sin\omega t]+E$.

Première condition initiale : $v(0^+)=0=e^0[A\cos 0+B\sin 0]+E$, d'où $A=-E$. Pour la seconde condition initiale, on commence par calculer l'expression de la dérivée de la tension v :

$$\frac{\mathrm{d}v}{\mathrm{d}t}=-\frac{\omega_0}{2Q}\exp\left(-\frac{\omega_0}{2Q}t\right)[A\cos\omega t+B\sin\omega t]+\exp\left(-\frac{\omega_0}{2Q}t\right)[-A\omega\sin\omega t+B\omega\cos\omega t].$$

Alors $\frac{\mathrm{d}v}{\mathrm{d}t}(0^+)=\frac{E}{RC}=-A\frac{\omega_0}{2Q}+B\omega$, avec $\frac{1}{RC}=\frac{\omega_0}{2Q}$, d'où $B=0$.

On peut donc écrire $\boxed{v(t)=E\left(1-\cos(\omega t)\exp\left(-\frac{\omega_0}{2Q}t\right)\right)}$, avec $\omega=\omega_0\sqrt{1-\frac{1}{4Q^2}}$.

Or on se place dans le cas $Q>>1$, ce qui implique $\omega=\omega_0\sqrt{1-\frac{1}{4Q^2}}\approx\omega_0$ (par conséquent la pseudo-période des oscillations vaut environ T_0), et la constante de temps contenue dans l'exponentielle $\tau=\frac{2Q}{\omega_0}=\frac{2Q}{2\pi f_0}=\frac{Q}{\pi}T_0>>T_0$: la constante de temps de décroissance exponentielle est beaucoup plus longue que la pseudo-période d'oscillation. On en déduit que les premières périodes ne sont pratiquement pas amorties, d'où $\boxed{v(t)\approx E(1-\cos\omega_0 t)}$ pour les premières oscillations. Alors $\boxed{v_{max}\approx 2E}$ (obtenu lorsque le cosinus vaut –1).

⇨ *Méthode 7.4*

Exercice 7.13

1.a) On étudie le point matériel M (m) dans le référentiel terrestre supposé galiléen.
Forces appliquées : poids $\vec{P}=+mg\vec{e_z}$; tension du ressort $\vec{T}=-k(z-\ell_0)\vec{e_z}$ (l'énoncé n'évoque pas la présence d'un support).

PFD : $m\vec{a}(M)=\vec{P}+\vec{T}$. Projection sur $\vec{e_z}$: $m\ddot{z}=+mg-k(z-\ell_0)$ soit $\boxed{\ddot{z}+\frac{k}{m}z=g+\frac{k}{m}\ell_0}$.

b) La position d'équilibre est la solution particulière constante de cette équation : $\boxed{z_e=\ell_0+\frac{mg}{k}}$. AN $\boxed{z_e=20\,\text{cm}}$.

c) Solution générale : $z(t)=z_e+\lambda\cos(\omega_0 t)+\mu\sin(\omega_0 t)$ en posant $\omega_0=\sqrt{\frac{k}{m}}$ (pulsation propre). Conditions initiales : $z(0)=z_e+\lambda+0=z_e+a$ donc $\lambda=a$; $\dot{z}(0)=0+\mu\omega_0=0$ donc $\mu=0$. Finalement $\boxed{z(t)=z_e+a\cos(\omega_0 t)}$.

d) AN $\boxed{T_0=2\pi\sqrt{\frac{m}{k}}}$ soit $\boxed{T_0=0{,}46\,\text{s}}$.

2. a) On ajoute au PFD la force $\vec{F} = -h\vec{v}(M) = -h\dot{z}\vec{e_z}$: alors $m\ddot{z} = +mg - k(z-\ell_0) - h\dot{z}$ soit $\boxed{\ddot{z} + \frac{h}{m}\dot{z} + \frac{k}{m}z = g + \frac{k}{m}\ell_0}$. Ceci correspond à la forme demandée en posant $\boxed{Q = \frac{m\omega_0}{h} = \frac{\sqrt{mk}}{h}}$.

b) Équation caractéristique (associée à l'équation différentielle homogène) : $r^2 + \frac{h}{m}r + \frac{k}{m} = 0$.

$\Delta = \frac{h^2}{m^2} - 4\frac{k}{m} = -730\,\text{s}^{-2} < 0$ donc les racines sont $r = -\frac{h}{2m}r \pm i\sqrt{\frac{k}{m} - \frac{h^2}{4m^2}}$ qu'on peut noter $-\frac{1}{\tau} \pm i\omega$, d'où une solution de l'équation différentielle homogène de la forme $\exp\left(-\frac{t}{\tau}\right)[\beta\cos(\omega t) + \gamma\sin(\omega t)]$. D'autre part, $z_e = \ell_0 + \frac{mg}{k}$ est toujours une solution particulière de l'équation différentielle complète. Donc la solution générale de notre équation différentielle est : $z(t) = z_e + \exp\left(-\frac{t}{\tau}\right)[\beta\cos(\omega t) + \gamma\sin(\omega t)]$

$$\left(\text{d'où } \dot{z}(t) = \exp\left(-\frac{t}{\tau}\right)\left[-\frac{\beta}{\tau}\cos(\omega t) - \frac{\gamma}{\tau}\sin(\omega t) - \beta\omega\sin(\omega t) + \gamma\omega\cos(\omega t)\right]\right).$$

CI : $z(0) = z_e + \beta + 0 = z_e + a$ donc $\beta = a$; $\dot{z}(0) = -\frac{\beta}{\tau} - 0 - 0 + \gamma\omega = 0$ donc $\gamma = \frac{a}{\omega\tau}$.

Finalement on obtient : $\boxed{z(t) = z_e + a\exp\left(-\frac{t}{\tau}\right)\left[\cos(\omega t) + \frac{1}{\omega\tau}\sin(\omega t)\right]}$. On a trouvé $\boxed{T = \frac{2\pi}{\omega} = 2\pi\left(\frac{k}{m} - \frac{h^2}{4m^2}\right)^{-1/2} = \frac{2\pi}{\omega_0}\left(1 - \frac{1}{4Q^2}\right)^{-1/2}}$ et $\boxed{\tau = \frac{2m}{h} = \frac{2Q}{\omega_0}}$.

c) AN $\boxed{T = 0{,}46\,\text{s} \approx T_0}$ et $\boxed{\tau = 30\,\text{s}}$. Les oscillations s'arrêtent (ou deviennent imperceptibles) au bout d'une durée de l'ordre de τ (par exemple 5τ ou 7τ si la précision est de 1 % ou 0,1 %), soit ici quelques minutes. Or il y a 130 oscillations par minute, donc on pourra observer au total quelques centaines d'oscillations (entre 300 et 500 avec les critères précédents).

Exercice 7.14

1. a) Forces appliquées au mobile M de masse m : poids $\vec{P} = -mg\vec{e_z}$; tensions des ressorts $\vec{T_1} = -k(AM - \ell_0)\vec{e_x} = -k(\ell_{\text{éq}} + x - \ell_0)\vec{e_x}$ et $\vec{T_2} = +k(BM - \ell_0)\vec{e_x} = +k(\ell_{\text{éq}} - x - \ell_0)\vec{e_x}$; réaction normale de la tige $\vec{R} = R_y\vec{e_y} + R_z\vec{e_z}$. PFD : $m\vec{a}(M) = \vec{P} + \vec{T_1} + \vec{T_2} + \vec{R}$. Projection sur $\vec{e_x}$: $m\ddot{x} = 0 - k(\ell_{\text{éq}} + x - \ell_0) + k(\ell_{\text{éq}} - x - \ell_0) + 0$ soit $\boxed{\ddot{x} + \frac{2k}{m}x = 0}$.

✎ *Ici x est l'écart à la position d'équilibre, donc on trouve directement une équation différentielle sans second membre, sans avoir à changer de fonction.*

Corrigé

b) On reconnaît l'équation d'un oscillateur harmonique de pulsation $\boxed{\omega_0 = \sqrt{\dfrac{2k}{m}}}$, de période $\boxed{T_0 = \dfrac{2\pi}{\omega_0} = 2\pi\sqrt{\dfrac{m}{2k}}}$.

c) Solution générale : $x(t) = A\cos\omega_0 t + B\sin\omega_0 t$. À $t = 0$: $x(0) = x_0 = A$ et $\dot{x}(0) = 0 = \omega_0 B$. Donc finalement : $\boxed{x(t) = x_0\cos\omega_0 t}$.

2. a) On ajoute dans le PFD la force $\vec{F} = -\mu\dot{x}\vec{e_x}$: l'équation différentielle devient $m\ddot{x} = -2kx - \mu\dot{x}$ soit $\boxed{\ddot{x} + h\dot{x} + \omega_0^2 x = 0}$.

b) Discriminant de l'équation caractéristique $r^2 + hr + \omega_0^2 = 0$: $\Delta = h^2 - 4\omega_0^2$. Le mouvement est oscillatoire amorti (régime pseudo-périodique) si $\Delta < 0$, soit $h < 2\omega_0$ ou encore $\boxed{\mu < 2^{3/2}\sqrt{km}}$. Alors $r = -\dfrac{h}{2} \pm j\sqrt{\omega_0^2 - \dfrac{h^2}{4}} = -\dfrac{h}{2} \pm j\omega$ donc $x(t) = e^{-ht/2}[D\cos\omega t + E\sin\omega t]$.

À $t = 0$: $x(0) = x_0 = D$ et $\dot{x}(0) = 0 = -\dfrac{h}{2}x_0 + \omega E$ d'où $E = \dfrac{h}{2\omega}x_0$. Donc finalement : $\boxed{x(t) = x_0 e^{-ht/2}\left[\cos\omega t + \dfrac{h}{2\omega}\sin\omega t\right]}$. Pseudo-période : $\boxed{T = \dfrac{2\pi}{\omega} = \dfrac{2\pi}{\sqrt{\omega_0^2 - h^2/4}}}$.

⇨ *Méthode 7.4*

4.

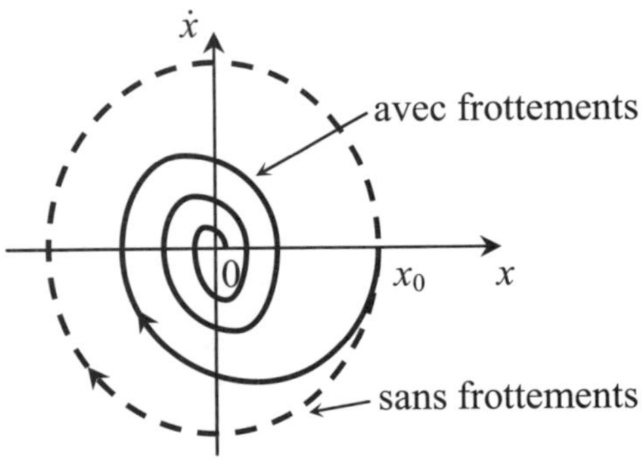

La trajectoire de phase part du point $(x = x_0 ; \dot{x} = 0)$ correspondant aux conditions initiales, et elle a une allure de spirale, tendant asymptotiquement vers le point O caractérisant l'équilibre.

En l'absence de frottement, on obtiendrait une ellipse de centre O et d'équation $x^2 + \left(\dfrac{\dot{x}}{\omega_0}\right)^2 = x_0^2$. Ce serait un cercle de rayon x_0 si on se plaçait en coordonnées $\left(x, \dfrac{\dot{x}}{\omega_0}\right)$.

Chapitre 8
Régime sinusoïdal forcé électrique ou mécanique

Le verbe latin *impedire* signifiait *empêcher de marcher*. On y retrouve le mot *pes*, *pied*, comme dans *pédestre*. Le physicien Oliver **Heaviside** utilise son héritier anglais *impede*, mot qui signifie *entraver*, pour créer *impedance* en 1886. Quelques années plus tard, la langue française l'adopte, agrémenté d'un accent. Le mot *tension* est lui aussi d'origine latine. Issu du participe passé du verbe *tendere*, *tendre*, il entre en 1802 dans le vocabulaire de la physique lorsque le savant italien Alessandro **Volta** parle de *tensione ellettrica* pour désigner une différence de potentiel. Juste retour des choses, son nom est choisi en 1874 pour désigner l'unité physique afférente et de nombreux mots en sont dérivés, même dans le langage courant, comme le verbe *survolter*.

Alessandro Volta
1745-1827

Objectifs

Ce qu'il faut connaître

- ▷ La définition de l'amplitude complexe d'une grandeur sinusoïdale
- ▷ La définition de la valeur efficace, et son expression pour une grandeur sinusoïdale
- ▷ Les notions d'impédance et d'admittance
- ▷ Les impédances et admittances des dipôles linéaires simples

Ce qu'il faut savoir faire

- ▷ Passer d'une équation différentielle linéaire à une équation complexe, et inversement
- ▷ Utiliser toutes les lois des circuits en notation complexe
- ▷ Calculer une impédance ou une admittance équivalente à une association
- ▷ Déterminer l'amplitude et la phase d'une grandeur réelle à partir de son amplitude complexe ou avec une construction de Fresnel
- ▷ Étudier la réponse fréquentielle d'un circuit en intensité ou en tension, et celle d'un oscillateur mécanique en élongation ou en vitesse

Résumé de cours

Réponse d'un circuit à une excitation périodique

Si on relie, à un certain instant, un circuit linéaire à un générateur fournissant un signal périodique, chaque grandeur obéit alors à une équation différentielle avec second membre périodique. La solution est alors, comme précédemment, la somme de deux termes :
– la solution de l'équation sans second membre, tendant toujours vers zéro avec un temps caractéristique τ ;
– une solution particulière, de même période que le second membre, et indépendante des conditions initiales.
Au bout de quelques τ, il ne reste que le terme périodique. Dans le cas d'un générateur de signal sinusoïdal, toutes les grandeurs du circuit sont alors sinusoïdales de même période : c'est le **régime sinusoïdal forcé**.

Grandeurs en régime sinusoïdal forcé

Forme générale

En régime sinusoïdal forcé, toutes les grandeurs sont de la forme : $\boxed{x(t) = X_m \cos(\omega t + \varphi)}$.

ω est la pulsation imposée par le générateur, liée à sa fréquence f par la relation $\boxed{\omega = 2\pi f}$.

La période T des signaux est $\boxed{T = \dfrac{1}{f} = \dfrac{2\pi}{\omega}}$.

Le déphasage d'une grandeur $x_1(t)$ par rapport à $x_2(t)$ est $\boxed{\varphi_{1/2} = \varphi_1 - \varphi_2}$.

Valeur efficace

On définit la valeur efficace d'un signal périodique par $\boxed{X_{eff} = \sqrt{\langle x(t)^2 \rangle} = \sqrt{\dfrac{1}{T}\displaystyle\int_0^T x(t)^2 \, dt}}$.

Elle correspond (dans le cas d'une tension ou d'un courant) à la valeur continue qui produirait le même effet Joule que la grandeur variable, dans une résistance, pendant le même temps.

Dans le cas d'un signal sinusoïdal on trouve $\boxed{X_{eff} = \dfrac{X_m}{\sqrt{2}}}$.

Les intensités et tensions efficaces se mesurent avec un multimètre en mode AC.

Expression complexe

On associe au signal réel un signal complexe :

$$\boxed{\underline{x}(t) = X_m e^{j(\omega t + \varphi)}} \text{ tel que } x(t) = \mathrm{Re}[\underline{X} e^{j\omega t}].$$

Le signal complexe peut se décomposer en un facteur variable et une amplitude complexe :

$$\boxed{\underline{x}(t) = \underline{X}\, e^{j\omega t} \text{ avec } \underline{X} = X_{\mathrm{m}}\, e^{j\varphi}}.$$

On identifie alors les éléments nécessaires à la détermination complète de la grandeur x :

$$\boxed{X_{\mathrm{m}} = |\underline{X}|} \quad \text{et} \quad \boxed{\varphi = \arg(\underline{X})}.$$

Opérations sur les complexes

Pour les grandeurs complexes : $\boxed{\dfrac{\mathrm{d}\underline{x}(t)}{\mathrm{d}t} = j\omega\, \underline{x}(t)}$ et $\boxed{\displaystyle\int \underline{x}(t)\,\mathrm{d}t = \frac{\underline{x}(t)}{j\omega}}$.

Ainsi une équation différentielle pour des grandeurs sinusoïdales peut être transformée en équation algébrique pour les grandeurs complexes correspondantes, puis pour les amplitudes complexes (après simplification par $e^{j\omega t}$ dans tous les termes).

⇨ **Méthode 8.1. Passage d'une équation différentielle à une équation complexe**
⇨ **Méthode 8.2. Passage d'une équation complexe à une équation différentielle**

❑ Représentation de Fresnel

À chaque grandeur sinusoïdale $x(t) = X_{\mathrm{m}} \cos(\omega t + \varphi)$, on associe un vecteur $\overrightarrow{X}$, de norme X_{m}, tournant à la vitesse angulaire ω. La référence des phases est l'axe (Ox). La représentation de Fresnel dessine le vecteur $\overrightarrow{X}$ à l'origine des temps : il fait alors un angle φ avec (Ox).

Cette représentation est identique à la représentation de l'amplitude complexe dans le plan complexe.

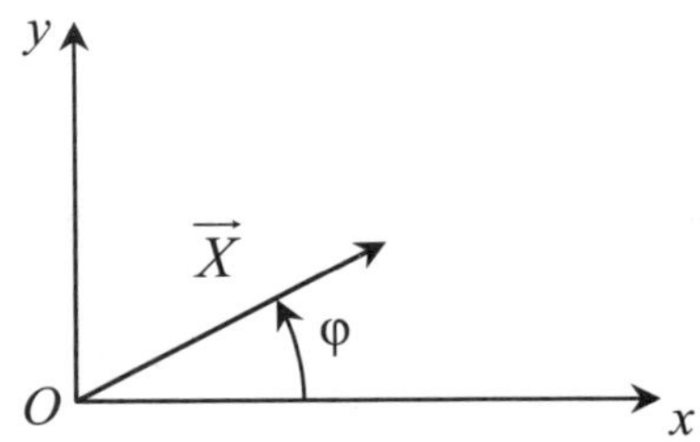

⇨ **Méthode 8.4. Utilisation des vecteurs de Fresnel**

■ Loi d'Ohm et impédance complexe

❑ Loi d'Ohm complexe

Pour tout dipôle passif linéaire, en convention récepteur : $\boxed{\underline{U} = \underline{Z}\,\underline{I}}$

où $\underline{Z}$ est l'**impédance** complexe du dipôle.

En convention générateur, l'expression devient $\underline{U} = -\underline{Z}\,\underline{I}$.

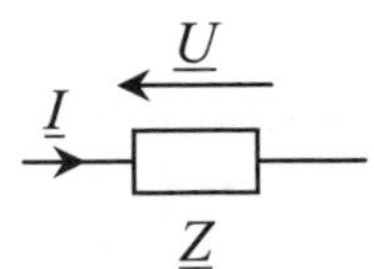

L'impédance complexe peut se mettre sous la forme $\boxed{\underline{Z} = Z\, e^{j\varphi}}$.

$\underline{Z} = \dfrac{\underline{U}}{\underline{I}}$ donc $\boxed{Z = |\underline{Z}| = \dfrac{U_{\mathrm{m}}}{I_{\mathrm{m}}} = \dfrac{U_{\mathrm{eff}}}{I_{\mathrm{eff}}}}$ et $\boxed{\varphi = \arg(\underline{Z}) = \arg(\underline{U}) - \arg(\underline{I}) = \varphi_u - \varphi_i}$ (déphasage de la tension par rapport au courant).

On définit aussi l'**admittance** complexe : $\boxed{\underline{Y} = \dfrac{1}{\underline{Z}} = \dfrac{\underline{I}}{\underline{U}}}$.

Unités SI

Le module de l'impédance s'exprime en ohms (Ω), et celui de l'admittance en siemens (S).

❑ Impédances des dipôles simples

	R	L	C
Relation temporelle	$u = Ri$	$u = L\dfrac{\mathrm{d}i}{\mathrm{d}t}$	$i = C\dfrac{\mathrm{d}u}{\mathrm{d}t}$
Relation complexe	$\underline{U} = \underline{R}\,\underline{I}$	$\underline{U} = jL\omega\,\underline{I}$	$\underline{I} = jC\omega\,\underline{U}$
Impédance et admittance	$\underline{Z}_R = R$, $\underline{Y}_R = \dfrac{1}{R}$	$\underline{Z}_L = jL\omega$, $\underline{Y}_L = \dfrac{1}{jL\omega}$	$\underline{Z}_C = \dfrac{1}{jC\omega}$, $\underline{Y}_C = jC\omega$

Comportement asymptotique

	L	C
$\omega \to 0$	$\lvert\underline{Z}_L\rvert \to 0 \quad \Leftrightarrow \quad$ fil	$\lvert\underline{Z}_C\rvert \to \infty \quad \Leftrightarrow \quad$ interrupteur ouvert
$\omega \to \infty$	$\lvert\underline{Z}_L\rvert \to \infty \quad \Leftrightarrow \quad$ interrupteur ouvert	$\lvert\underline{Z}_C\rvert \to 0 \quad \Leftrightarrow \quad$ fil

■ Lois des circuits

❑ Lois de Kirchhoff

Les lois des nœuds et des mailles s'écrivent de la même façon qu'en régime continu, avec les grandeurs complexes ou avec les amplitudes complexes : $\boxed{\sum \varepsilon_k \underline{I}_k = 0}$ et $\boxed{\sum \varepsilon_k \underline{U}_k = 0}$.

❑ Associations

Les lois d'associations des dipôles ohmiques sont valables en remplaçant R par $\underline{Z}$ et G par $\underline{Y}$.

– En série : $\underline{Z}_{\text{éq}} = \sum \underline{Z}_k$. Pont diviseur de tension : $\underline{U}_j = \dfrac{\underline{Z}_j}{\sum \underline{Z}_k}\underline{U}_{\text{ensemble}}$.

– En parallèle : $\underline{Y}_{\text{éq}} = \sum \underline{Y}_k$. Pont diviseur de courant : $\underline{I}_j = \dfrac{\underline{Y}_j}{\sum \underline{Y}_k}\underline{I}_{\text{ensemble}}$.

❑ Modèles de Thévenin et de Norton

Un dipôle actif peut être modélisé de deux manières équivalentes, avec $\underline{E}_{\text{Th}} = \underline{Z}_0 \underline{I}_{\text{N}}$:

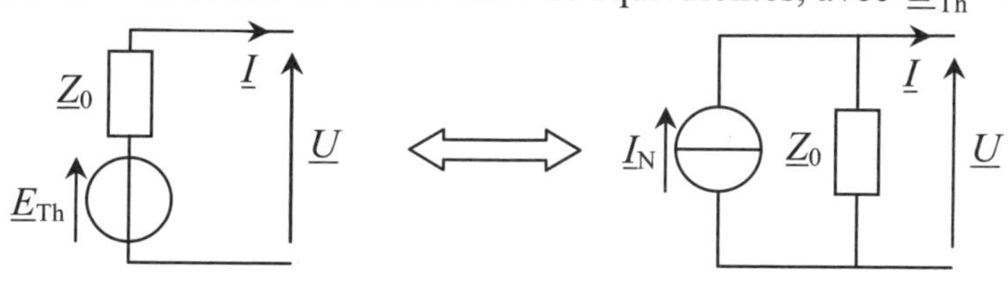

❑ Théorème de Millman

Le potentiel d'un nœud A, entouré de dipôles R, L et C, est la moyenne des potentiels des points voisins, avec des coefficients qui sont les admittances entourant ce nœud : $\underline{V}_A = \dfrac{\sum \underline{Y}_k \underline{V}_k}{\sum \underline{Y}_k}$.

⇨ **Méthode 8.3. Utilisation des lois en complexes puis retour aux réels**

■ Étude du circuit *RLC* série

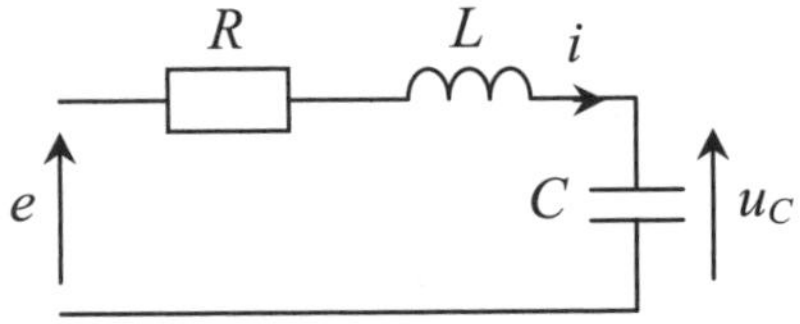

On suppose $e(t) = E_m \cos(\omega t)$ et on se place en régime sinusoïdal forcé.

❑ Réponse en intensité

$$\underline{I} = \frac{E_m}{R + j\left(L\omega - \frac{1}{C\omega}\right)} = \frac{E_m}{R} \times \frac{1}{1 + jQ\left(\frac{\omega}{\omega_0} - \frac{\omega_0}{\omega}\right)}$$ en posant $\omega_0 = \frac{1}{\sqrt{LC}}$ et $Q = \frac{1}{R}\sqrt{\frac{L}{C}}$.

Amplitude : $I_m = \frac{E_m}{R} \frac{1}{\sqrt{1 + Q^2\left(\frac{\omega}{\omega_0} - \frac{\omega_0}{\omega}\right)^2}}$

Déphasage : $\varphi_i = -\arctan\left[Q\left(\frac{\omega}{\omega_0} - \frac{\omega_0}{\omega}\right)\right]$

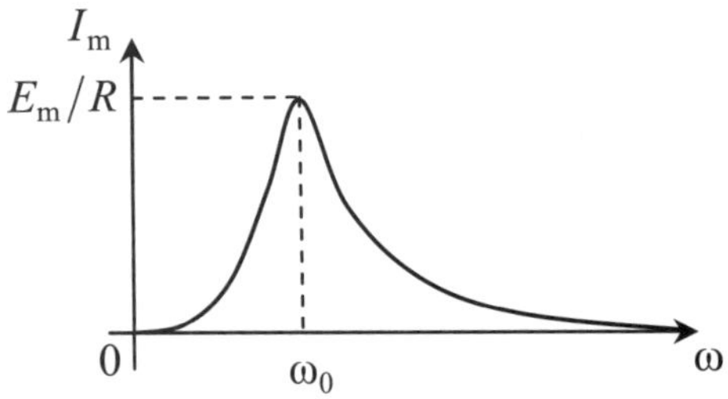

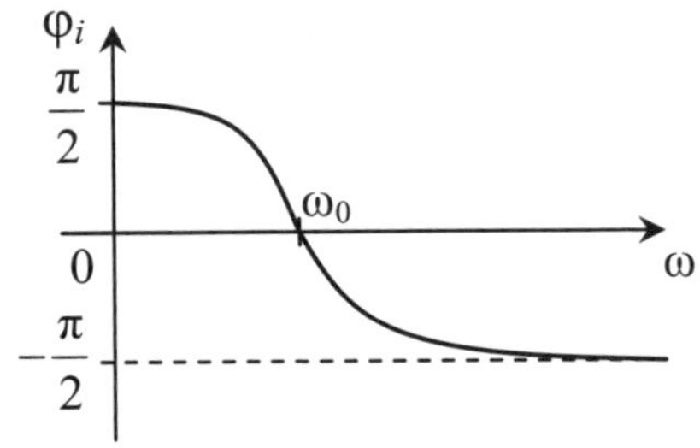

Quel que soit le facteur de qualité, il y a toujours **résonance en intensité**, à la pulsation ω_0.

❑ Réponse en charge (ou en tension) du condensateur

$$\underline{U}_C = \frac{E_m}{1 + jRC\omega - LC\omega^2} = \frac{E_m}{1 + j\frac{\omega}{Q\omega_0} - \frac{\omega^2}{\omega_0^2}}$$ et $\underline{Q} = C\underline{U}_C$.

Amplitude : $U_{Cm} = \frac{E_m}{\sqrt{\left(1 - \frac{\omega^2}{\omega_0^2}\right)^2 + \left(\frac{1}{Q}\frac{\omega}{\omega_0}\right)^2}}$

Déphasage : $\varphi_q = -\arctan\left[Q\left(\frac{\omega}{\omega_0} - \frac{\omega_0}{\omega}\right)\right] - \frac{\pi}{2}$

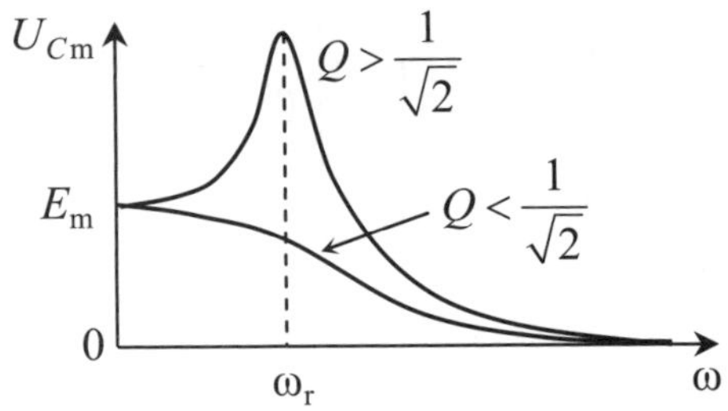

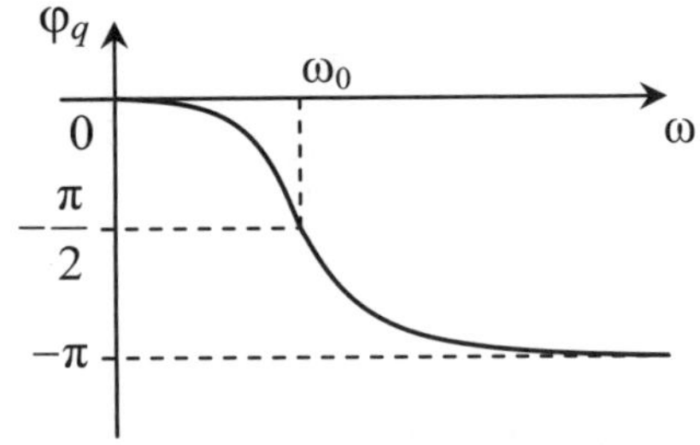

Si $Q > \frac{1}{\sqrt{2}}$ il y a un phénomène de **résonance en charge**, à la pulsation $\omega_r = \omega_0\sqrt{1 - \frac{1}{2Q^2}}$.

⇨ **Méthode 8.5. Étude de la réponse fréquentielle et résonance**

Oscillateur mécanique en régime sinusoïdal forcé

Équation différentielle et solution

– Différentes situations peuvent contraindre un point matériel à osciller autour de sa position d'équilibre : déplacement périodique du point d'attache du ressort, force supplémentaire périodique... On obtient alors pour la variable $u = x - x_{\text{éq}}$ une équation différentielle avec un second membre sinusoïdal : $\boxed{\dfrac{d^2u}{dt^2} + \dfrac{\omega_0}{Q}\dfrac{du}{dt} + \omega_0^2 u = \omega_0^2 A_m \cos(\omega t + \varphi)}$.

– La solution de cette équation différentielle est analogue à celle des circuits életriques : après un régime transitoire d'établissement des oscillations (mouvement pouvant être assez compliqué), on atteint un régime sinusoïdal forcé de la forme $u(t) = U_m \cos(\omega t + \varphi_u)$, que l'on peut déterminer avec la méthode complexe en posant $u(t) = \text{Re}\left[\underline{U} e^{j\omega t}\right]$ avec $\underline{U} = U_m e^{j\varphi_u}$.

Comportement fréquentiel

– La **réponse en élongation** est l'évolution, en fonction de la pulsation imposée ω, de l'amplitude U_m et du déphasage $\Delta\varphi_u = \varphi_u - \varphi$ par rapport à l'excitation.

Elle est identique à la *réponse en charge du condensateur* du circuit *RLC* série :

si $Q > \dfrac{1}{\sqrt{2}}$ il y a un phénomène de **résonance en élongation**, à la pulsation $\omega_r = \omega_0\sqrt{1 - \dfrac{1}{2Q^2}}$.

– La **réponse en vitesse** est l'évolution, en fonction de ω, de l'amplitude et du déphasage de la fonction $v(t) = \dot{x}(t) = \dot{u}(t) = \text{Re}\left[j\omega \underline{U} e^{j\omega t}\right]$, soit $V_m = \omega U_m$ et $\Delta\varphi_v = \dfrac{\pi}{2} + \Delta\varphi_u$.

Elle est identique à la *réponse en intensité* du circuit *RLC* série :
quel que soit le facteur de qualité, il y a toujours **résonance en vitesse**, à la pulsation ω_0.

Portrait de phase

Les trajectoires de phase, représentant l'évolution de l'oscillateur en régime transitoire puis permanent, ont l'allure suivante :

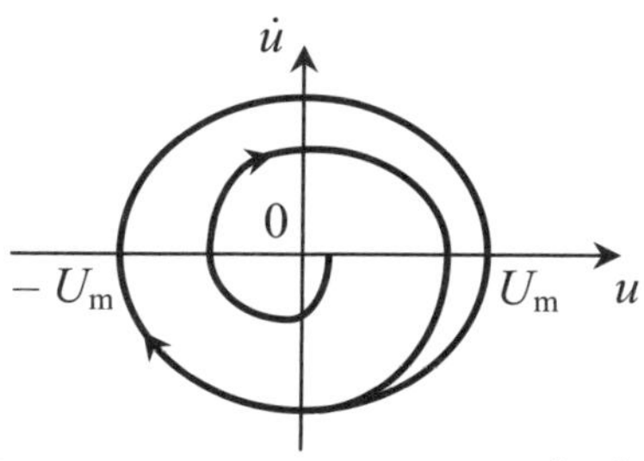

Elles tendent asymptotiquement vers un attracteur constitué par une ellipse centrée sur la position d'équilibre : cette ellipse correspond au régime permanent sinusoïdal.

Méthodes

Comment passer d'une équation différentielle à une équation complexe et inversement ?

Méthode 8.1. Passage d'une équation différentielle à une équation complexe

On remplace les grandeurs temporelles par les grandeurs complexes associées. Dans ces conditions, dériver revient à multiplier par $j\omega$ (et intégrer à diviser par $j\omega$) : on obtient alors une simple équation algébrique avec les grandeurs complexes, puis uniquement avec les amplitudes complexes après simplification par $e^{j\omega t}$ dans tous les termes.

⇨ Exercice 8.9

Soit l'équation $\frac{\mathrm{d}^2u}{\mathrm{d}t^2}+\frac{\omega_0}{Q}\frac{\mathrm{d}u}{\mathrm{d}t}+\omega_0^2u(t)=E_\mathrm{m}\cos(\omega t)$. On passe en écriture complexe, soit :

$$-\omega^2\underline{u}(t)++j\omega\frac{\omega_0}{Q}\underline{u}(t)+\omega_0^2\underline{u}(t)=E_\mathrm{m}e^{j\omega t}.$$

On décompose $\underline{u}(t)=\underline{U}e^{j\omega t}$, d'où $-\omega^2\underline{U}e^{j\omega t}+j\omega\frac{\omega_0}{Q}\underline{U}e^{j\omega t}+\omega_0^2\underline{U}e^{j\omega t}=E_\mathrm{m}e^{j\omega t}$ et on simplifie tous les termes par $e^{j\omega t}$: $-\omega^2\underline{U}+j\omega\frac{\omega_0}{Q}\underline{U}+\omega_0^2\underline{U}=E_\mathrm{m}$.

On en tire immédiatement $\underline{U}$, d'où la fonction $u(t)$ qui est la solution particulière sinusoïdale de l'équation différentielle. Rappelons que cette solution particulière correspond au régime sinusoïdal forcé, obtenu après la fin du régime transitoire initial (celui-ci étant toujours extrêmement court, on ne le considère pratiquement jamais).

Méthode 8.2. Passage d'une équation complexe à une équation différentielle

Lorsque l'on dispose d'une équation complexe liant deux grandeurs, si cette dernière comporte une fraction, il faut effectuer le produit en croix.
Ensuite on remplace toute grandeur complexe multipliée par $j\omega$ par sa dérivée, et toute grandeur divisée par $j\omega$ par son intégrale temporelle.

Supposons par exemple qu'on ait trouvé $\underline{U} = \dfrac{jL\omega}{R + jL\omega}\underline{E}$.

On effectue le produit en croix pour supprimer les fractions : $(R + jL\omega)\underline{U} = jL\omega\underline{E}$.

On repasse alors en écriture temporelle : $Ru + L\dfrac{\mathrm{d}u}{\mathrm{d}t} = L\dfrac{\mathrm{d}e}{\mathrm{d}t}$, soit $\dfrac{\mathrm{d}u}{\mathrm{d}t} + \dfrac{R}{L}u = \dfrac{\mathrm{d}e}{\mathrm{d}t}$.

■ Comment déterminer l'expression d'un courant ou d'une tension en régime sinusoïdal ?

❑ Méthode 8.3. Utilisation des lois en complexes puis retour aux réels

> On applique les mêmes lois et méthodes qu'en régime continu, mais en écrivant toutes les équations avec les impédances complexes et les amplitudes complexes.
> Une fois que la grandeur complexe $\underline{X}$ est déterminée, on peut revenir à son expression temporelle $x(t)$ en identifiant son module X_m et son argument φ.

⇨ **Exercices 8.6, 8.7, 8.8, 8.9**

On cherche à déterminer l'expression de la tension $u(t)$ aux bornes de l'inductance, en régime sinusoïdal forcé, en supposant $e(t) = E_0\cos(\omega t)$. On cherche donc la tension sous la forme $u(t) = U_\mathrm{m}\cos(\omega t + \varphi)$ avec un cosinus comme pour l'expression de $e(t)$.

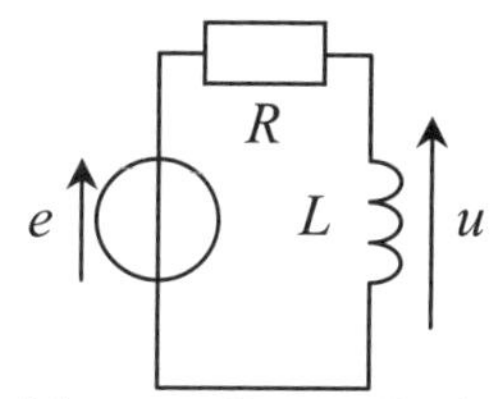

On reconnaît un pont diviseur de tension formé par les deux dipôles (impédances R et $jL\omega$), ainsi la tension complexe s'écrit : $\underline{U} = \dfrac{jL\omega}{R + jL\omega}E_0$.

Alors l'amplitude (réelle) est $U_\mathrm{m} = |\underline{U}| = \dfrac{L\omega}{\sqrt{R^2 + (L\omega)^2}}E_0$.

Et la phase est $\varphi = \arg(\underline{U}) = \arg(\underline{\text{numérateur}}) - \arg(\underline{\text{dénominateur}}) = \arg(jL\omega E_0) - \arg(R + jL\omega)$ soit $\varphi = \dfrac{\pi}{2} - \arctan\left(\dfrac{L\omega}{R}\right)$. On a ainsi complètement déterminé $u(t) = U_\mathrm{m}\cos(\omega t + \varphi)$.

On rappelle que pour un nombre complexe $\underline{X} = a + jb$, son module est $|\underline{X}| = \sqrt{a^2 + b^2}$ et son argument $\begin{cases} \arg(\underline{X}) = \arctan\left(\dfrac{b}{a}\right) \text{ si } a > 0 \,; \\ \arg(\underline{X}) = \arctan\left(\dfrac{b}{a}\right) \pm \pi \text{ si } a < 0. \end{cases}$

On a donc intérêt à avoir un seul terme, de préférence positif, dans la partie réelle.

❑ Méthode 8.4. Utilisation des vecteurs de Fresnel

On écrit, soit une loi des mailles, soit une loi des nœuds, sous forme complexe.
On représente les vecteurs associés aux nombres complexes. (Dans une loi des mailles, le courant sert de référence, il est donc placé sur l'axe (Ox), dans une loi des nœuds, c'est la tension qui sert de référence.)
Avec les relations dans un triangle rectangle, on obtient l'amplitude et la phase de la grandeur Si le triangle entre les grandeurs n'est pas rectangle, il faut utiliser la norme des vecteurs (en fait leur carré qui correspond au théorème d'Al-Kashi).

⇨ **Exercices 8.6, 8.7, 8.10, 8.11**

– Cas d'un triangle rectangle

On cherche à déterminer l'expression de la tension $u(t)$ aux bornes de l'inductance, en régime sinusoïdal forcé, en supposant $e(t) = E_0 \cos(\omega t)$. On cherche donc la tension sous la forme $u(t) = U_m \cos(\omega t + \varphi)$ avec un cosinus comme pour l'expression de $e(t)$.

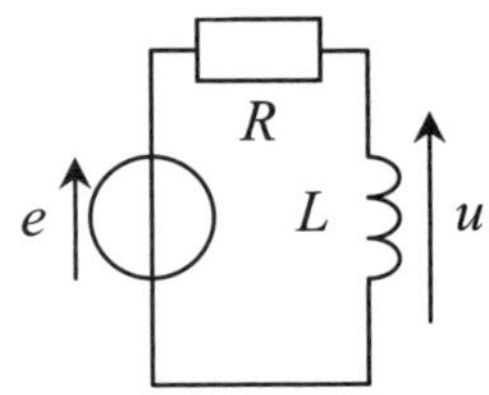

La loi des mailles donne $\underline{E} = R\underline{I} + jL\omega\underline{I}$, avec $\underline{U} = jL\omega\underline{I}$. Le courant sert de référence pour le diagramme de Fresnel.

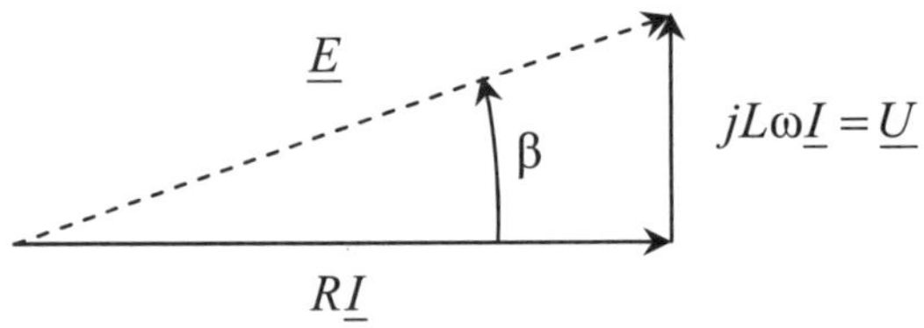

Avec les relations dans le triangle rectangle, on en déduit $\sin\beta = \dfrac{U_m}{E_0} = \dfrac{L\omega}{\sqrt{R^2 + (L\omega)^2}}$. Soit $U_m = \dfrac{L\omega}{\sqrt{R^2 + (L\omega)^2}} E_0$. La tension $e(t)$ est en avance de $\beta = \arctan\left(\dfrac{L\omega}{R}\right)$ sur le courant. On constate aussi que la tension $u(t)$ est en avance de $\dfrac{\pi}{2} - \beta$ sur la tension $e(t)$, soit $\varphi = \dfrac{\pi}{2} - \arctan\left(\dfrac{L\omega}{R}\right)$. On a ainsi complètement déterminé $u(t) = U_m \cos(\omega t + \varphi)$.

– Cas d'un triangle non rectangle

On a relevé les valeurs efficaces des tensions $U = 12$ V, $U_C = 5$ V et un déphasage entre $u_C(t)$ et $u(t)$ de $\beta = 110°$. En s'aidant de la représentation de Fresnel, retrouver la valeur efficace de la tension $e(t)$.

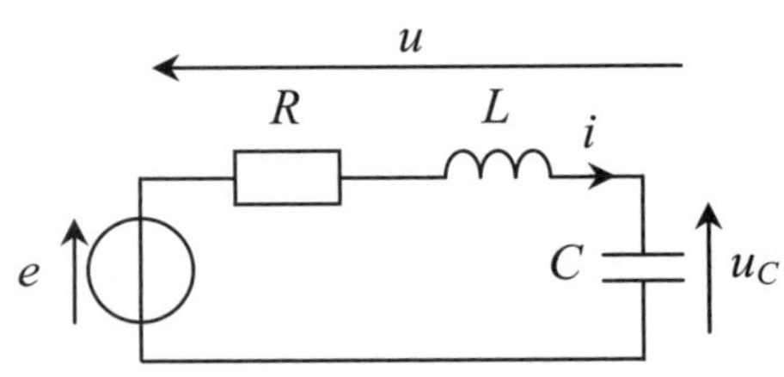

La loi des mailles (association série) donne $\underline{E} = \underline{U} + \underline{U}_C$, avec pour chaque tension $\underline{U} = (R + jL\omega)\underline{I}$ et $\underline{U}_C = \dfrac{\underline{I}}{jC\omega}$. Le courant sert de référence pour le diagramme de Fresnel.

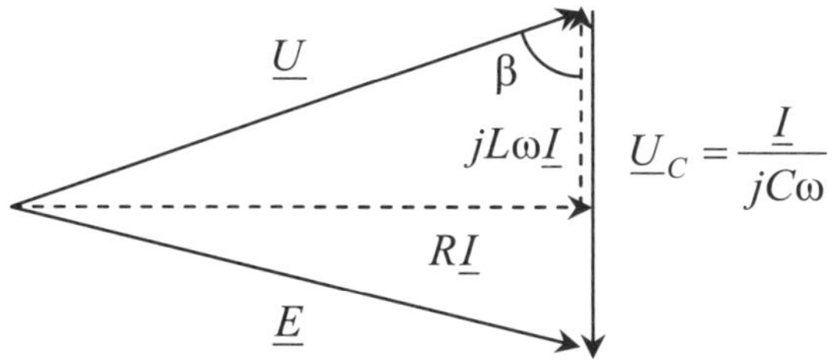

On calcule $E^2 = \vec{E}^2 = \left(\vec{U} + \vec{U_C}\right)^2 = U^2 + U_C^2 + 2\vec{U} \cdot \vec{U}_C = U^2 + U_C^2 + 2UU_C \cos\beta$ (même si la représentation est faite avec les amplitudes, le résultat demeure identique en valeur efficace, il suffit de diviser toute l'équation par 2).

On en déduit $\boxed{E = \sqrt{U^2 + U_C^2 + 2UU_C \cos\beta} = 11{,}3 \text{ V}}$.

❑ Méthode 8.5. Étude de la réponse fréquentielle et résonance

> Pour une grandeur donnée $x(t)$ du circuit, la réponse fréquentielle consiste à étudier les variations de son amplitude X_m (et éventuellement de sa phase φ) en fonction de la pulsation ω. Pour cela on calcule le module de l'amplitude complexe $\underline{X}$, puis on cherche ses limites pour $\omega \to 0$ et $\omega \to \infty$ et enfin un éventuel maximum (résonance).

⇨ **Exercice 8.6**

– Amplitude de l'intensité du circuit *RLC* série : $I_\text{m} = \dfrac{E_\text{m}}{\sqrt{R^2 + \left(L\omega - \dfrac{1}{C\omega}\right)^2}}$.

Pour $\omega \to 0$ et pour $\omega \to \infty$, $I_\text{m} \to 0$.

La seule partie variable est la parenthèse au carré au dénominateur. Ce terme est nul, donc minimal, pour $\omega = \dfrac{1}{\sqrt{LC}} = \omega_0$: I_m est alors maximale (résonance en intensité).

– Amplitude de la tension aux bornes du condensateur dans le circuit *RLC* série :

$$U_\text{m} = \frac{E_\text{m}}{\sqrt{(1 - LC\omega^2)^2 + (RC\omega)^2}}.$$

Pour $\omega \to 0$, $U_\text{m} \to E_\text{m}$ et pour $\omega \to \infty$, $U_\text{m} \to 0$.

Pour trouver les variations, on doit dériver U_m par rapport à ω :

$$\frac{\mathrm{d}U_\text{m}}{\mathrm{d}\omega} = -\frac{1}{2}E_\text{m}\frac{2(1 - LC\omega^2)(-2LC\omega) + 2(RC\omega)(RC)}{\left[(1 - LC\omega^2)^2 + (RC\omega)^2\right]^{3/2}} = E_\text{m}\frac{\omega(2LC - 2L^2C^2\omega^2 - R^2C^2)}{\left[(1 - LC\omega^2)^2 + (RC\omega)^2\right]^{3/2}}.$$

Méthodes

Cette dérivée s'annule pour $\omega = 0$ et pour $2LC - 2L^2C^2\omega_r^2 - R^2C^2 = 0$ soit $\omega_r = \sqrt{\frac{1}{LC} - \frac{R^2}{2L^2}} = \frac{1}{\sqrt{LC}}\sqrt{1 - \frac{R^2C}{2L}} = \omega_0\sqrt{1 - \frac{1}{2Q^2}}$. Cette seconde valeur n'existe que si $Q > \frac{1}{\sqrt{2}}$: elle correspond alors à un maximum (résonance en tension) et $\omega = 0$ correspond à un minimum local.

Si $Q < \frac{1}{\sqrt{2}}$, le seul extremum est $\omega = 0$ et c'est un maximum : ensuite la dérivée est toujours négative donc U_m décroît jusqu'à la valeur limite 0.

■■ Vrai/Faux

		Vrai	Faux
1.	Dans un circuit ne comportant que des composants linéaires et une source sinusoïdale, toutes les grandeurs mesurables sont sinusoïdales.	☐	☐
2.	Pour effectuer des calculs dans le cas d'un régime sinusoïdal, il faut passer en écriture complexe.	☐	☐
3.	Les lois du continu (lois des nœuds et des mailles, équivalence de Thévenin-Norton...) ne sont plus valables en régime sinusoïdal.	☐	☐
4.	Lorsque la pulsation tend vers zéro (ce qui correspond au régime continu), un condensateur se comporte comme un fil.	☐	☐
5.	Lorsque la pulsation tend vers zéro (ce qui correspond au régime continu), une inductance se comporte comme un fil.	☐	☐
6.	Lorsque la pulsation tend vers l'infini, un condensateur se comporte comme un fil.	☐	☐
7.	Lorsque la pulsation tend vers l'infini, une inductance se comporte comme un fil.	☐	☐
8.	Le courant traversant une inductance est en retard sur la tension à ses bornes.	☐	☐
9.	L'amplitude et la phase d'un régime sinusoïdal forcé dépendent des conditions initiales.	☐	☐
10.	Le facteur de qualité Q permet de distinguer différents cas pour un oscillateur forcé (régime permanent).	☐	☐

Énoncé des exercices

Dipôles en régime sinusoïdal

Exercice 8.1. Détermination des modèles de Thévenin et de Norton

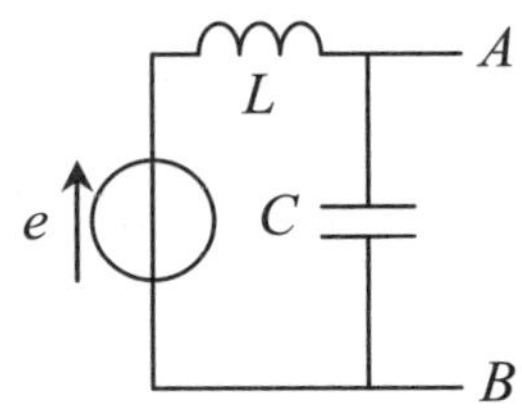

Déterminer le modèle de Thévenin et le modèle de Norton du dipôle représenté entre A et B, la tension $e(t)$ étant sinusoïdale.

Exercice 8.2. Équivalence entre deux diplôles

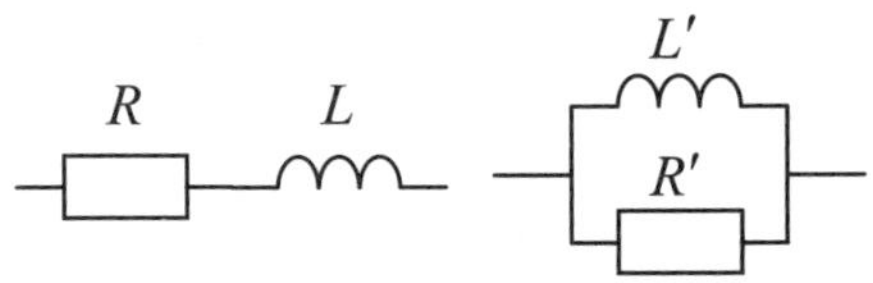

On se place en régime sinusoïdal forcé de pulsation ω et on considère les deux dipôles ci-contre.

1. Quelles doivent être les expressions de L' et R' (en fonction de L, R et ω) pour que les deux dipôles soient équivalents ?

2. Pour quelle pulsation a-t-on $\dfrac{L}{R} = \dfrac{L'}{R'}$?

Exercice 8.3. Détermination des caractéristiques d'une bobine*

Pour étudier une bobine réelle B, on effectue le montage indiqué sur le schéma. C'est ainsi que l'on obtient l'oscillogramme (ou copie d'écran de l'oscilloscope) reproduit ci-dessous.

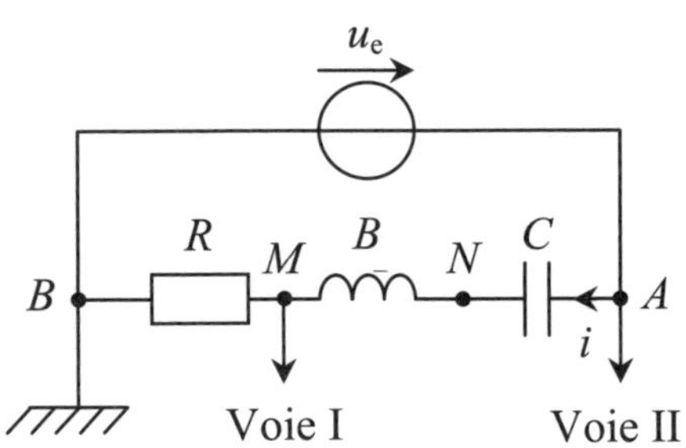

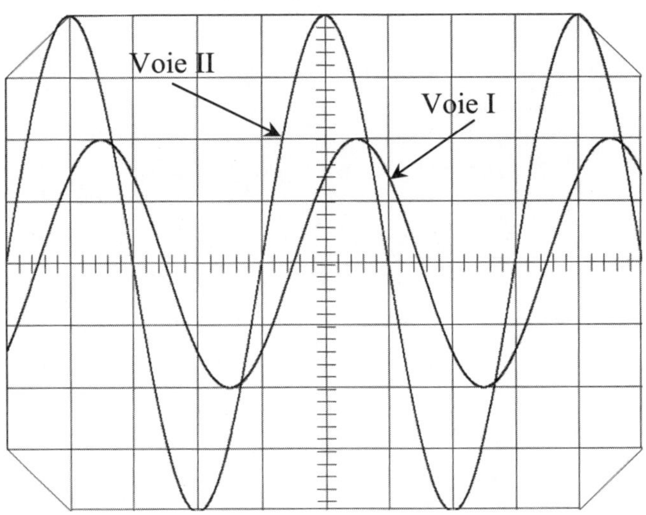

Le générateur délivre une tension $u_e(t) = U_m \cos(\omega t)$.

Données : $R = 20\ \Omega$, $C = 10\ \mu F$.

Les calibres sont identiques pour les deux voies : 2 V/div et 1 ms/div.

1. L'oscillogramme permet de calculer les valeurs de la période T, de la pulsation ω, des amplitudes U_m et I_m, et de l'impédance réelle Z_{AB}. Déterminer ces valeurs numériques et recopier, en le complétant, le tableau qui suit.

Grandeur	T (s)	ω (rad/s)	I_m (A)	U_m (V)	Z_{AB} (Ω)
Valeur numérique					

2. Des deux tensions u_I et u_{II}, laquelle est en avance de phase sur l'autre ?

3. Calculer le déphasage φ entre la tension $u_e(t) = U_m \cos(\omega t)$ et l'intensité du courant $i(t) = I_m \cos(\omega t - \varphi)$.

4. Montrer que, dans l'hypothèse d'une bobine idéale B de résistance r nulle, les valeurs numériques de Z_{AB}, φ et R (donnée de l'énoncé) sont incohérentes.

5. Il est donc nécessaire de prendre en compte la résistance r de la bobine. Calculer r.

6. En déduire la valeur numérique de l'inductance L.

D'après Concours commun polytechnique

❑ Exercice 8.4. Dipôle inconnu*

Dans le montage suivant, le GBF délivre une tension $e(t)$ sinusoïdale de pulsation ω, R est une résistance et D un dipôle inconnu. On note $u(t) = U_m \cos(\omega t)$ et $v(t) = V_m \cos(\omega t + \varphi)$ les tensions aux bornes respectivement de R et D.

On visualise à l'oscilloscope $v(t)$, $u(t)$ et on obtient le graphe suivant.

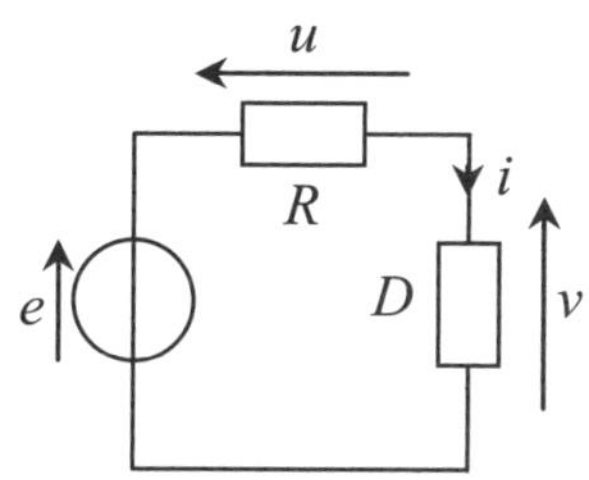

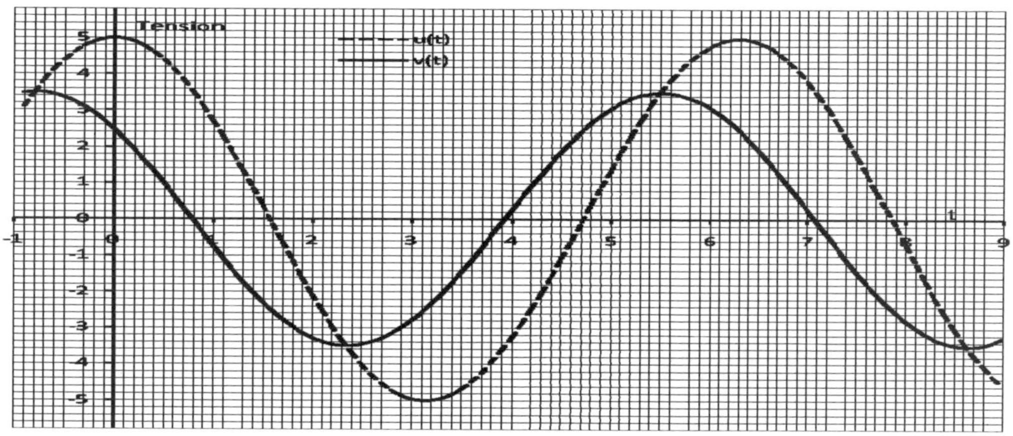

L'unité de l'axe des temps est 10^{-2} s et celle de l'axe des tensions est 1 V. On utilise ces résultats graphiques pour déterminer les caractéristiques de D, sachant que $R = 100\ \Omega$.

1. Déterminer V_m, U_m ainsi que la pulsation ω des signaux utilisés.

2. La tension v est-elle en avance ou en retard sur la tension u ? En déduire le signe de φ. Déterminer la valeur de φ à partir du graphe.

3. On note $\underline{Z} = X + jY$ l'impédance du dipôle D.

a) Déterminer à partir des résultats précédents les valeurs de X et Y.

b) Par quel dipôle (condensateur, bobine...) peut-on modéliser D ? Donner ses caractéristiques.

❑ Exercice 8.5. Quartz piézoélectrique**

Un quartz piézoélectrique, destiné à servir d'étalon de fréquence dans une horloge, est modélisé par un dipôle AB composé de deux branches en parallèle : dans l'une se trouve une bobine d'inductance L, en série avec un condensateur de capacité C ; dans l'autre, un condensateur de capacité C_0. On posera $\dfrac{C}{C_0} = a$, et on gardera les variables L, C_0, ω et a.

1. Le dipôle AB étant alimenté par une tension sinusoïdale de pulsation ω, calculer son impédance complexe $\underline{Z}_{AB} = \underline{Z}$.

2. Calculer son module $|\underline{Z}| = Z$.

3. Déterminer son argument φ (sans chercher à déterminer son signe).

4. On étudie maintenant en fonction de la pulsation l'impédance Z ; pour cela, on appellera ω_1 et ω_2, les valcurs finies non nulles de la pulsation pour lesquelles Z est respectivement nulle et infinie. Donner $Z = f\left(C_0, \omega, \omega_1, \omega_2\right)$.

5. Donner l'allure du graphe $Z(\omega)$. On précisera tout particulièrement les limites de Z quand ω tend vers zéro ou l'infini.

6. Quel est le comportement électrique simple de AB pour $\omega = \omega_1$ et $\omega = \omega_2$?

D'après Concours commun polytechnique

❑ Exercice 8.6. Antirésonance en tension d'un *RLC* série*

On considère un dipôle RLC série, dont l'impédance est notée $\underline{Z}$, parcouru par le courant $i(t) = I_{\mathrm{m}}\cos(\omega t)$ et on appelle $u(t)$ la tension aux bornes de l'ensemble en régime sinusoïdal.

1. a) Déterminer l'expression de $u(t)$.

b) Représenter les variations de son amplitude par rapport à celle du courant $(U_{\mathrm{m}}/I_{\mathrm{m}})$ et de son déphasage par rapport à $i(t)$ en fonction de la pulsation ω.

2. Déterminer la pulsation ω_0 pour laquelle $|\underline{Z}|$ est minimum. Déterminer les pulsations ω_1 et ω_2 telles que $|\underline{Z}(\omega_1)| = |\underline{Z}(\omega_2)| = \sqrt{2}\,|\underline{Z}(\omega_0)|$. En déduire $Q = \dfrac{\omega_0}{|\omega_1 - \omega_2|}$.

■ Utilisation des lois des circuits

❑ Exercice 8.7. Branches en parallèle**

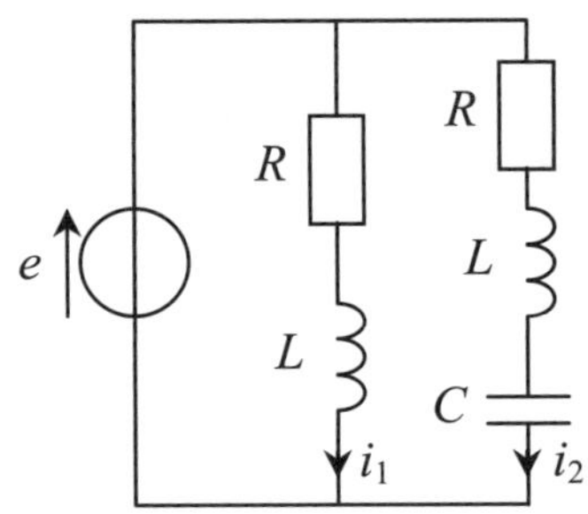

Un générateur de tension idéal de FÉM sinusoïdale $e(t) = E_{\mathrm{m}}\cos\left(\omega t + \dfrac{\pi}{4}\right)$ alimente un dipôle RL et un dipôle RLC en parallèle.

1. Déterminer les intensités $i_1(t)$ et $i_2(t)$ sous la forme $i_1(t) = I_{1\mathrm{m}}\cos(\omega t + \varphi_1)$, $i_2(t) = I_{2\mathrm{m}}\cos(\omega t + \varphi_2)$.

2. Quelles conditions doivent satisfaire L, C et ω pour que les déphasages respectifs ψ et ψ' des courants i_1 et i_2 avec la tension e soient opposés ?

3. Quelles conditions doivent satisfaire L, C et ω pour que le déphasage entre i_1 et i_2 soit $\frac{\pi}{2}$?

$\left(\text{On donne } \tan(\alpha_1 - \alpha_2) = \dfrac{\tan\alpha_1 - \tan\alpha_2}{1 + \tan\alpha_1 \tan\alpha_2}.\right)$

4. Les deux dernières conditions étant respectées, donner l'expression simplifiée des intensités i_1 et i_2 en fonction de R.

❑ Exercice 8.8. Tensions en quadrature

On impose aux bornes du dipôle AB la tension $u_{AB}(t) = U_m \cos(\omega t)$. En régime permanent, la tension u_{DE} est alors de la forme $u_{DE}(t) = V_m \cos(\omega t + \varphi)$.

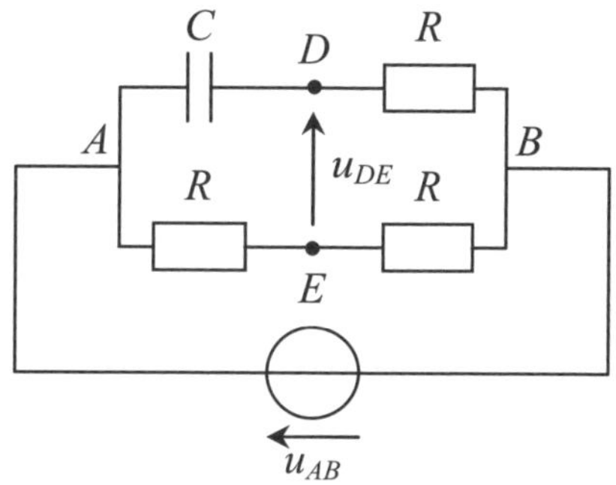

1. Déterminer l'expression de V_m et de φ en fonction de R, C, ω et U_m.

2. Pour quelle valeur de ω les tensions u_{AB} et u_{DE} sont-elles en quadrature de phase ?

❑ Exercice 8.9. Équation différentielle et régime sinusoïdal forcé*

On considère le circuit ci-contre dans lequel le générateur impose la tension $e(t) = E_m \cos(\omega t)$.

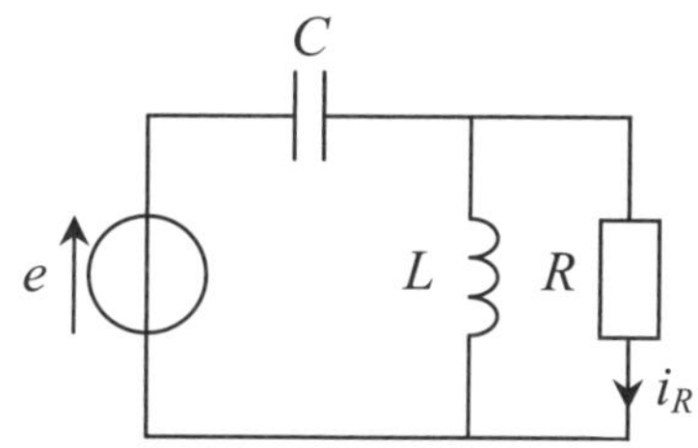

1. Déterminer directement l'équation différentielle vérifiée par i_R en utilisant loi des mailles et loi des nœuds.

2. Déterminer la solution de cette équation en régime permanent, en utilisant la méthode complexe. Préciser les expressions de l'amplitude I_{Rm} et de la phase φ de i_R.
Pour quelle valeur de la pulsation i_R est-elle indépendante de R ? Que valent alors I_{Rm} et φ ?

3. Retrouver ce même résultat en utilisant les équivalences Thévenin-Norton en complexes.

❑ Exercice 8.10. Une étourderie de Toto...*

Une source de tension sinusoïdale $e(t) = E_m \cos(\omega t)$ alimente trois dipôles R, L et C montés en parallèle. Toto a relevé pendant le TP les valeurs efficaces $I_R = 25$ mA dans la résistance, $I_C = 33$ mA dans le condensateur, et pour le générateur $I = 64$ mA, mais il a oublié de relever la valeur efficace du courant qui traverse la bobine. Le soir en rédigeant son compte-rendu, il s'aperçoit de sa boulette et téléphone à son ami Lulu. Peut-il l'aider ?

❑ Exercice 8.11. Méthode des trois voltmètres**

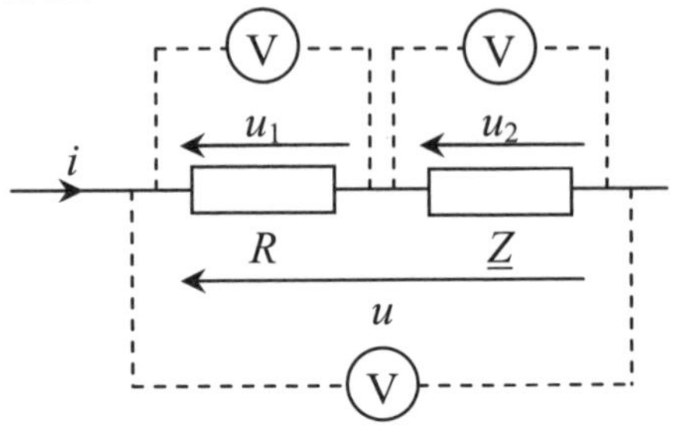

On cherche à déterminer les caractéristiques d'un dipôle inconnu, d'impédance notée $\underline{Z} = A + jB = Z\,e^{j\varphi}$. Pour cela, on place une résistance R (de valeur connue) en série avec lui et on dispose trois voltmètres de la façon ci-contre.

1. Les voltmètres sont supposés idéaux : que peut-on en déduire ? Quelle indication donne un voltmètre en mode AC ?

2. Écrire trois relations concernant les grandeurs $\underline{U}$, $\underline{U}_1$, $\underline{U}_2$, $\underline{I}$ (amplitudes complexes), R et $\underline{Z}$. En déduire U_m^2 en fonction de $U_{\mathrm{m}1}$, $U_{\mathrm{m}2}$ (amplitudes réelles) et $\cos\varphi$; écire la relation analogue avec les grandeurs U, U_1 et U_2 indiquées par les voltmètres.

3. Retrouver la formule précédente à l'aide de la représentation de Fresnel.

4. Déterminer alors, en fonction de R et des indications U, U_1 et U_2 des trois voltmètres, le module Z puis les parties réelle A et imaginaire B de l'impédance du dipôle. Quelle indétermination subsiste, et comment la lever ?

■ Oscillateur mécanique en régime sinusoïdal forcé

❑ Exercice 8.12. Ressort à attache mobile

On considère une bille M de masse m, attachée à une extrémité d'un ressort horizontal (k, ℓ_0) selon l'axe (Ox). Elle subit également une force de frottement visqueux linéaire $\vec{F} = -h\vec{v}(M)$.

On communique à l'autre extrémité A du ressort, à partir de l'instant $t = 0$, un mouvement oscillatoire : $x_A(t) = A_\mathrm{m}\cos(\omega t)$.

1. Établir l'équation différentielle vérifiée par l'abscisse $x(t) = \overline{OM}(t)$ du point M.

2. Déterminer $x(t)$ en régime permanent.

3. Donner la forme de la solution complète $x(t)$ à partir de $t = 0$ (sans chercher à déterminer les constantes d'intégration) ; on supposera que les frottements sont faibles.

❑ Pour vous aider à démarrer

Exercice 8.2. Pour que deux dipôles soient équivalents, il faut que leurs impédances (ou leurs admittances) soient identiques.

Exercice 8.4. À la question 3, il faut se servir du module et de l'argument de $\underline{Z}$.

Exercice 8.7. Écrire d'abord les déphasages définis dans l'énoncé, puis les relier pour résoudre les questions.

Exercice 8.8. Il faut décomposer la tension $\underline{U}_{DE}$.

Exercice 8.10. Il faut appliquer la loi des nœuds puis utiliser un diagramme de Fresnel en prenant la tension comme référence des phases.

Corrigé des vrai/faux

1.	2.	3.	4.	5.	6.	7.	8.	9.	10.
vrai	vrai	faux	faux	vrai	vrai	faux	vrai	faux	vrai

1. Attention, ceci n'est vrai qu'en régime permanent, c'est-à-dire après la fin du régime transitoire (mais celui-ci, très bref, n'est jamais observé en pratique).

3. Les lois de Kirchhoff sont inchangées ; celles concernant les dipôles linéaires sont valables mais uniquement avec les grandeurs complexes, et non avec les grandeurs réelles.

4. L'impédance du condensateur s'écrit $1/jC\omega$, donc lorsque la pulsation tend vers zéro, son module tend vers l'infini : le condensateur se comporte alors comme un interrupteur ouvert.

7. L'impédance d'une bobine s'écrit $jL\omega$, donc lorsque la pulsation tend vers l'infini, son module tend aussi vers l'infini : la bobine se comporte alors comme un interrupteur ouvert.

9. Ces deux grandeurs ne dépendent que des paramètres du système et de l'excitation.

❑ Les erreurs classiques

– Lorsque le nombre complexe j passe du numérateur au dénominateur et inversement, il ne faut pas oublier de changer le signe : $j = \frac{1}{-j}$ ou $\frac{1}{j} = -j$.

– Lors de l'écriture de l'argument d'un nombre complexe avec la fonction arctangente, il ne faut pas oublier que si la partie réelle du nombre complexe est négative, il est nécessaire d'ajouter (ou d'enlever) π.

– Ne pas mélanger les réels et les complexes ! Dans une équation complexe, il ne doit plus y avoir de cosinus, il est transformé en exponentielle complexe.

– Avant tout calcul, il faut regarder s'il est plus simple de travailler avec les impédances $\underline{Z}$ ou avec les admittances $\underline{Y}$. Sinon les équations peuvent devenir énormes…

– Dans les calculs, ne pas garder des fractions à étages multiples, mais éliminer les fractions le plus tôt possible, notamment en faisant des produits en croix.

– Ne pas multiplier un dénominateur par la quantité complexe conjuguée si on cherche ensuite le module et l'argument de la fraction. On ne le fera que si on doit séparer les parties réelle et imaginaire de la fraction (ce qui est assez rare).

Corrigé des exercices

Exercice 8.1

Il suffit de passer toutes les grandeurs en écriture complexe (générateur et impédances) et de faire des équivalences Thévenin-Norton.

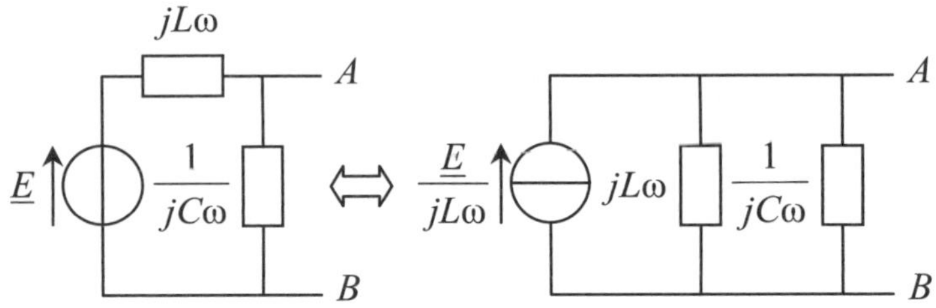

On calcule l'admittance équivalente aux deux dipôles en parallèle, $\underline{Y}_{\text{éq}} = j\left(C\omega - \frac{1}{L\omega}\right)$.

Donc $\boxed{\underline{Z}_{\text{éq}} = \frac{jL\omega}{1 - LC\omega^2}}$.

Le modèle de Thévenin comporte alors une source de tension $\boxed{\frac{\underline{E}}{1 - LC\omega^2}}$ en série avec $\underline{Z}_{\text{éq}}$.

Exercice 8.2

1. Pour que deux dipôles soient équivalents, il faut que leurs impédances soient identiques (donc leurs admittances aussi). Pour le dipôle série, on a $\underline{Z} = R + jL\omega$ et pour le dipôle avec les éléments en parallèle $\underline{Y'} = \frac{1}{R'} + \frac{1}{jL'\omega} = \frac{1}{R'} - j\frac{1}{L'\omega}$.

✎ *Comme nous voulons exprimer R' en fonction d'autres données, il apparaît qu'il sera plus rapide de travailler avec les admittances où R' se trouve déjà isolé alors que si on travaille avec les impédances, R' se trouvera « mélangé » avec L' lors de la mise au même dénominateur.*

On écrit $\underline{Y} = \frac{1}{\underline{Z}} = \frac{1}{R + jL\omega} = \frac{R - jL\omega}{R^2 + (L\omega)^2}$. La condition $\underline{Y'} = \underline{Y}$ permet de déterminer, en identifiant les parties réelles et imaginaires, $\boxed{R' = \frac{R^2 + (L\omega)^2}{R}}$ et $\boxed{L' = \frac{R^2 + (L\omega)^2}{L\omega^2}}$.

2. D'après le résultat précédent, on peut écrire $\frac{L'\omega}{R'} = \frac{R}{L\omega}$ quelle que soit ω, soit encore $\frac{L'\omega^2}{R'} = \frac{R}{L}$. On veut $\frac{L}{R} = \frac{L'}{R'}$ que l'on remplace dans le résultat précédent : $\frac{L\omega^2}{R} = \frac{R}{L}$, ce qui permet d'obtenir $\omega^2 = \left(\frac{R}{L}\right)^2$ soit $\boxed{\omega = \frac{R}{L}}$.

✎ *La pulsation est toujours positive.*

Exercice 8.3

1. On complète le tableau à l'aide des grandeurs mesurées sur les courbes.

Grandeur	T (s)	ω (rad/s)	I_m (A)	U_m (V)	Z_{AB} (Ω)
Valeur numérique	$4{,}0\cdot 10^{-3}$	$\dfrac{2\pi}{T}=1{,}6\cdot 10^3$	$\dfrac{u_{\text{Imax}}}{R}=0{,}20$	$u_{\text{IImax}}=8{,}0$	$\dfrac{U_m}{I_m}=40$

2. La tension <u>II est en avance sur la tension I</u> car elle passe en premier par son maximum.

3. Le déphasage entre la tension et le courant est $\varphi_u-\varphi_i=0-(-\varphi)=\varphi$. D'après les données des courbes, on peut en déduire le module du déphasage entre les deux $\begin{cases} 4 \text{ ms} \leftrightarrow 2\pi \\ \dfrac{1}{2}\text{ ms} \leftrightarrow |\varphi|=\dfrac{\pi}{4} \end{cases}$.

Or d'après la question 2, on sait que la tension est en avance sur le courant, donc $\varphi_u-\varphi_i=\varphi>0$. Le déphasage vaut $\boxed{\varphi=+\dfrac{\pi}{4}}$.

✎ *La tension aux bornes d'une résistance est une image du courant. La voie I est en fait le courant à un facteur R près.*

4. Nous allons déterminer une valeur de R avec nos mesures et voir si elle est compatible avec les données de l'énoncé.

On sait que $\underline{U}=\underline{Z}\,\underline{I}$, soit $\arg(\underline{Z})=\arg\left(\dfrac{\underline{U}}{\underline{I}}\right)=\varphi_u-\varphi_i=\varphi$ et $|\underline{Z}|=\left|\dfrac{\underline{U}}{\underline{I}}\right|=Z_{AB}=Z$. On peut toujours écrire $\underline{Z}=Ze^{j\varphi}$. On sait aussi que la résistance du dipôle AB est $R'=\text{Re}(\underline{Z})=Z\cos\varphi$, donc avec nos mesures on trouve $R'=28{,}3\ \Omega$.

Avec les données de l'énoncé, si on considère la bobine comme idéale, on a $\underline{Z}=R+j\left(L\omega-\dfrac{1}{C\omega}\right)$. <u>La résistance du dipôle AB devrait être de 20 Ω si la bobine était parfaite</u>.

Cette valeur ne correspond pas avec la mesure donc on en déduit que la bobine n'est pas idéale.

5. Si on tient compte de la résistance de la bobine, on a $\underline{Z}=R+r+j\left(L\omega-\dfrac{1}{C\omega}\right)$, on en déduit que la résistance du dipôle AB vaut $R'=\text{Re}(\underline{Z})=R+r$, d'ou on tire $\boxed{r=8{,}3\ \Omega}$.

6. $\underline{Z}=R+r+j\left(L\omega-\dfrac{1}{C\omega}\right)=Ze^{j\varphi}$ donc $\text{Im}(\underline{Z})=L\omega-\dfrac{1}{C\omega}=Z\sin\varphi$.

On en déduit $\boxed{L=\dfrac{Z\sin\varphi}{\omega}+\dfrac{1}{C\omega^2}=59\text{ mH}}$.

Exercice 8.4

1. On lit graphiquement $\boxed{V_m=3{,}5\text{ V}}$, $\boxed{U_m=5\text{ V}}$.

La période des signaux vaut $T=6{,}3\cdot 10^{-2}\text{s}$, d'où la pulsation $\boxed{\omega=\dfrac{2\pi}{T}=100\text{ rad}\cdot\text{s}^{-1}}$.

Corrigé

2. La tension v est en avance sur la tension u. En effet, à $t=0$, la tension u est à son maximum, alors que la tension v est déjà passée par son maximum et redescend. Le déphasage de v par rapport à u est donc positif $\varphi_{v/u} > 0$. Or $\varphi_{v/u} = \arg(\underline{V}) - \arg(\underline{U}) = \varphi - 0$, on en déduit que $\boxed{\varphi = \arg(\underline{V}) > 0}$. On mesure un écart $\Delta t = 0{,}75 \cdot 10^{-2}\,\text{s}$ pour le passage par zéro des deux courbes. On en déduit le déphasage par un produit en croix (une période en temps correspond à un angle de 2π) : $\boxed{\varphi = 2\pi \frac{\Delta t}{T} = 0{,}75 \text{ rad} \approx \frac{\pi}{4}}$.

3. a) On se concentre sur l'équation élémentaire pour le dipôle D : $\underline{V} = \underline{Z}\,\underline{I}$. Pour déterminer l'impédance, il faut trouver son module et son argument.

– Le module est $Z = \left|\frac{\underline{V}}{\underline{I}}\right| = \sqrt{X^2+Y^2}$. Or $\underline{I} = \frac{\underline{U}}{R}$, d'où $Z = \left|\frac{\underline{V}}{\underline{U}/R}\right| = R\left|\frac{\underline{V}}{\underline{U}}\right| = \sqrt{X^2+Y^2}$.

Ceci donne la première équation $R^2 \frac{V_\text{m}^2}{U_\text{m}^2} = X^2 + Y^2 = 4900$.

– L'argument $\arg(\underline{Z}) = \arg(\underline{V}) - \arg(\underline{I}) = \arg(\underline{V}) - \arg\left(\frac{\underline{U}}{R}\right) = \varphi - 0 = \arctan\left(\frac{Y}{X}\right)$.

La résolution de ce système permet d'obtenir $\boxed{X = 51\,\Omega}$ et $\boxed{Y = 48\,\Omega}$.

b) Comme la partie imaginaire de l'impédance est positive $Y > 0$, on a affaire à un dipôle inductif constitué d'une résistance $\boxed{r = 51\,\Omega}$, en série avec une inductance telle que $L\omega = 48\,\Omega$, soit $\boxed{L = 0{,}48 \text{ H}}$.

✎ *Il est impossible de donner plus de deux chiffres significatifs sur cet exercice car les données de départ sont lues sur un graphe.*

Exercice 8.5

1. L'impédance de la branche LC série est $j\left(L\omega - \frac{1}{C\omega}\right)$. Pour l'ensemble, on calcule l'admittance $\underline{Y} = jC_0\omega + \frac{1}{j\left(L\omega - \frac{1}{C\omega}\right)} = j\left(C_0\omega - \frac{1}{L\omega - \frac{1}{C\omega}}\right) = j\left(\frac{C_0\omega(LC\omega^2-1) - C\omega}{LC\omega^2 - 1}\right)$.

On obtient pour l'impédance, en remplaçant $C = aC_0$: $\boxed{\underline{Z} = j\frac{1 - aLC_0\omega^2}{aLC_0^2\omega^3 - C_0\omega(1+a)}}$.

2. C'est un imaginaire pur, de module $\boxed{Z = |\underline{Z}| = \frac{|1 - aLC_0\omega^2|}{|aLC_0^2\omega^3 - C_0\omega(1+a)|}}$.

3. L'argument de cet imaginaire pur est $\boxed{\varphi = \arg(\underline{Z}) = \pm\frac{\pi}{2}}$, suivant la valeur de la pulsation ω.

4. D'après les définitions de l'énoncé : $1-aLC_0\omega_1^2=0$ soit $\omega_1=\dfrac{1}{\sqrt{aLC_0}}$ (1), et $aLC_0^2\omega_2^3-C_0\omega_2(1+a)=0$, soit $\omega_2=\sqrt{\dfrac{1+a}{aLC_0}}$ (2).

✎ On note que $\omega_1<\omega_2$, car les dénominateurs sont identiques et le numérateur de ω_2 est plus grand que l'unité car a est nécessairement positif.

On peut réécrire avec ces notations le numérateur $1-aLC_0\omega^2=1-\dfrac{\omega^2}{\omega_1^2}$. Pour le dénominateur on utilise $aLC_0=\dfrac{1}{\omega_1^2}$ (1) et $1+a=aLC_0\omega_2^2$ (2) soit aussi $1+a=\dfrac{\omega_2^2}{\omega_1^2}$ (2). Ce qui donne

$$aLC_0^2\omega^3-C_0\omega(1+a)=C_0\frac{\omega^3}{\omega_1^2}-C_0\omega\frac{\omega_2^2}{\omega_1^2}=C_0\omega\left(\frac{\omega^2-\omega_2^2}{\omega_1^2}\right).$$

On obtient donc : $\boxed{Z=\dfrac{\left|1-\dfrac{\omega^2}{\omega_1^2}\right|}{\left|C_0\omega\left(\dfrac{\omega^2-\omega_2^2}{\omega_1^2}\right)\right|}=\dfrac{\left|\omega_1^2-\omega^2\right|}{C_0\omega\left|\omega^2-\omega_2^2\right|}}$.

5. On précise les limites demandées dans l'énoncé $\boxed{\lim\limits_{\omega\to 0}Z=+\infty}$ et $\boxed{\lim\limits_{\omega\to+\infty}Z=0}$. On peut aussi définir $\boxed{Z(\omega_1)=0}$ et $\boxed{\lim\limits_{\omega\to\omega_2}Z=+\infty}$. On en déduit la représentation ci-contre.

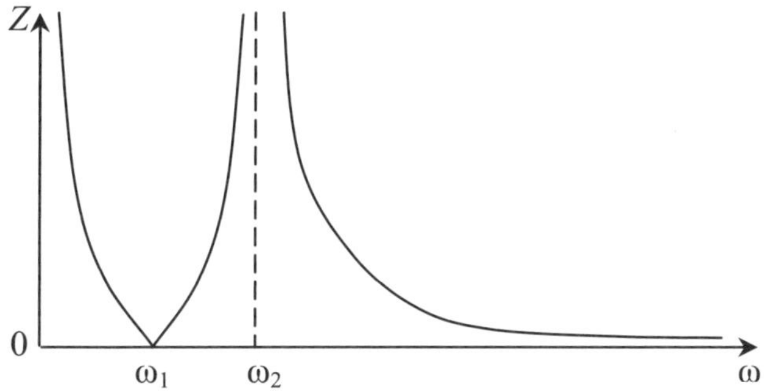

6. Lorsque $\omega=\omega_1$, le dipôle AB a une impédance nulle, il se comporte comme un <u>fil</u>, et lorsque $\omega=\omega_2$, son impédance est infinie, il se comporte comme un <u>interrupteur ouvert</u>.

Exercice 8.6

1. a) – *Résolution à l'aide de la méthode complexe*

L'impédance du dipôle *RLC* série est donnée par la somme des impédances, soit $\underline{Z}=R+j\left(L\omega-\dfrac{1}{C\omega}\right)$. La loi d'Ohm complexe permet d'obtenir $\underline{U}=\underline{Z}\,\underline{I}$ avec $\underline{I}=I_m$, soit

$$\underline{U}=\left[R+j\left(L\omega-\frac{1}{C\omega}\right)\right]I_m.$$

On en déduit l'amplitude $\boxed{U_{\text{m}} = |\underline{U}| = I_{\text{m}}\sqrt{R^2 + \left(L\omega - \frac{1}{C\omega}\right)^2}}$ et l'argument $\varphi = \arg(\underline{U}) = \arg\left(R + j\left(L\omega - \frac{1}{C\omega}\right)\right) + 0$ soit $\boxed{\varphi = \arctan\left(\frac{L\omega}{R} - \frac{1}{RC\omega}\right)}$.

Finalement : $\boxed{u(t) = \text{Re}(\underline{U}e^{j\omega t}) = U_{\text{m}}\cos(\omega t + \varphi)}$.

⇨ *Méthode 8.3*

– Résolution avec la représentation de Fresnel

Comme dans la méthode précédente, on obtient $\underline{U} = \left[R + j\left(L\omega - \frac{1}{C\omega}\right)\right]\underline{I}$, soit $\underline{U} = R\underline{I} + jL\omega\underline{I} + -j\frac{1}{C\omega}\underline{I}$. La représentation de Fresnel donne en prenant le courant $\underline{I}$ comme référence de représentation :

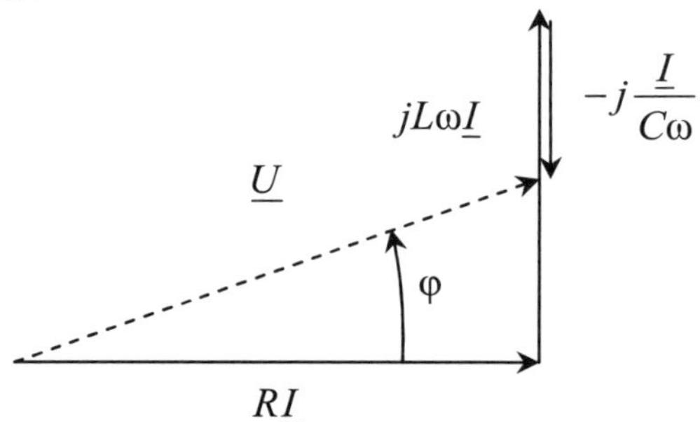

$\underline{U}$ étant l'hypoténuse du triangle rectangle, on en déduit graphiquement $\boxed{U_{\text{m}} = |\underline{U}| = I_{\text{m}}\sqrt{R^2 + \left(L\omega - \frac{1}{C\omega}\right)^2}}$ et l'avance de phase de la tension $\boxed{\varphi = \arctan\left(\frac{L\omega}{R} - \frac{1}{RC\omega}\right)}$.

Finalement : $\boxed{u(t) = U_{\text{m}}\cos(\omega t + \varphi)}$. Comme le courant qui sert de référence est un cosinus, la tension s'exprime alors elle aussi avec un cosinus.

⇨ *Méthode 8.4*

b) $\frac{U_{\text{m}}}{I_{\text{m}}} = |\underline{Z}| = \sqrt{R^2 + \left(L\omega - \frac{1}{C\omega}\right)^2}$. Pour $\omega = \omega_0$, $|\underline{Z}| = R$. Pour $\omega \to 0$, $\frac{U_{\text{m}}}{I_{\text{m}}} = |\underline{Z}| \approx \frac{1}{C\omega}$. Et pour $\omega \to +\infty$, $\frac{U_{\text{m}}}{I_{\text{m}}} = |\underline{Z}| \approx L\omega$.

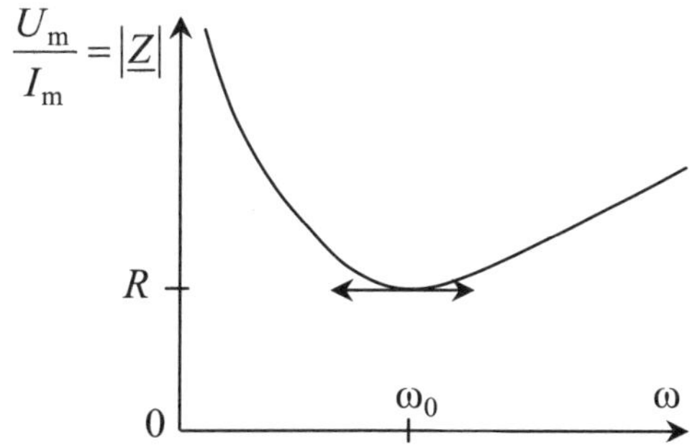

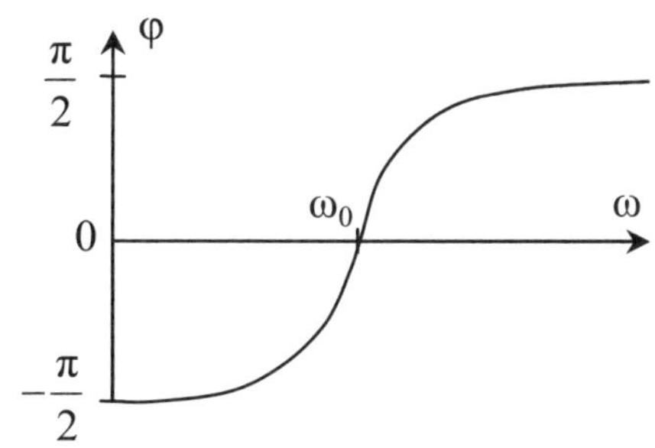

Pour $\omega \to 0$, $\underline{U} = \underline{Z}\,\underline{I} \approx -j\dfrac{1}{C\omega}I_m$, d'où $\varphi = \arg(\underline{U}) - \arg(\underline{I}) = \arg(\underline{U}) \approx -\dfrac{\pi}{2}$. Pour $\omega = \omega_0$, $\varphi = \arg(RI_m) = 0$. Et pour $\omega \to +\infty$, $\underline{U} \approx jL\omega I_m$, d'où $\varphi = \arg(\underline{U}) \approx -\dfrac{\pi}{2}$.

➪ *Méthode 8.5*

2. Il est évident que $|\underline{Z}| = \sqrt{R^2 + \left(L\omega - \dfrac{1}{C\omega}\right)^2}$ (qui est composé sous la racine carrée de deux termes positifs) est minimum si le terme variable $\left(L\omega - \dfrac{1}{C\omega}\right)^2$ s'annule. Ceci se produit pour une pulsation ω_0 telle que $L\omega_0 - \dfrac{1}{C\omega_0} = 0$, soit $\boxed{\omega_0 = \dfrac{1}{\sqrt{LC}}}$. Dans ces conditions, le module de l'impédance est minimum et l'on a $|\underline{Z}| = R$. L'amplitude de la tension est alors aussi minimum et vaut $U_m = RI_m$: on peut alors parler d'*antirésonance*.

✎ *On parle de résonance pour une valeur maximale de grandeur. En fait, c'est généralement la tension imposée au circuit qui a une amplitude fixe. Dans ces conditions, si le module de l'impédance est minimum, alors le courant est maximum et l'on parle de résonance en courant.*

On cherche $|\underline{Z}(\omega_1)| = |\underline{Z}(\omega_2)| = \sqrt{2}\,|\underline{Z}(\omega_0)|$, soit $\sqrt{R^2 + \left(L\omega_i - \dfrac{1}{C\omega_i}\right)^2} = \sqrt{2}R = \sqrt{2R^2}$. On élève l'expression au carré, ce qui permet d'écrire $R^2 = \left(L\omega_i - \dfrac{1}{C\omega_i}\right)^2$ soit $L\omega_i - \dfrac{1}{C\omega_i} = \pm R$.

✎ *La résistance est bien sûr positive, mais l'autre membre peut être positif ou négatif. Il est plus pratique de mettre le signe moins devant la résistance.*

On peut réécrire cette double équation sous la forme $LC\omega_i^2 \pm RC\omega_i^2 - 1 = 0$, soit $\omega_i^2 \pm \frac{R}{L}\omega_i^2 - \frac{1}{LC} = 0$. Le discriminant est $\Delta = \left(\frac{R}{L}\right)^2 + \frac{4}{LC}$, ce qui donne au total quatre solutions possibles : $\omega_i = \pm\frac{R}{2L} \pm \frac{\sqrt{\Delta}}{2}$. Or une pulsation est toujours une grandeur positive, on en déduit comme $\sqrt{\Delta} > \frac{R}{L}$, les deux valeurs physiquement possibles $\boxed{\omega_1 = -\frac{R}{2L} + \frac{\sqrt{\Delta}}{2}}$ et $\boxed{\omega_2 = +\frac{R}{2L} + \frac{\sqrt{\Delta}}{2}}$. $\Delta\omega = \omega_2 - \omega_1 = \frac{R}{L} > 0$, d'où on déduit $\boxed{Q = \frac{\omega_0}{\Delta\omega} = \frac{1}{R}\sqrt{\frac{L}{C}}}$.

Exercice 8.7

1. L'écriture de la loi des mailles en écriture complexe avec les équations élémentaires des dipôles donne $\underline{e} = (R + jL\omega)\underline{i}_1$, soit avec les amplitudes complexes $\underline{I}_1 = \frac{\underline{E}}{R + jL\omega}$, avec $\underline{E} = E_{\text{m}}e^{j\pi/4}$. On en déduit $i_1(t) = I_{1\text{m}}\cos(\omega t + \varphi_1)$ avec $\boxed{I_{1\text{m}} = |\underline{I}_1| = \frac{E_{\text{m}}}{\sqrt{R^2 + (L\omega)^2}}}$ et $\boxed{\varphi_1 = \arg(\underline{I}_1) = \arg(\underline{E}) - \arg(R + jL\omega) = \frac{\pi}{4} - \arctan\left(\frac{L\omega}{R}\right)}$. De la même manière : $\underline{I}_2 = \frac{\underline{E}}{R + j\left(L\omega - \frac{1}{C\omega}\right)}$, d'où $\boxed{I_{2\text{m}} = |\underline{I}_2| = \frac{E_{\text{m}}}{\sqrt{R^2 + \left(L\omega - \frac{1}{C\omega}\right)^2}}}$ et $\boxed{\varphi_2 = \frac{\pi}{4} - \arctan\left(\frac{L\omega}{R} - \frac{1}{RC\omega}\right)}$ qui s'insèrent dans l'expression $i_2(t) = I_{2\text{m}}\cos(\omega t + \varphi_2)$.

⇨ *Méthode 8.3*

En utilisant la représentation de Fresnel, on a d'après la loi des mailles $\underline{E} = R\underline{I}_1 + jL\omega\underline{I}_1$. On choisit le courant comme référence.

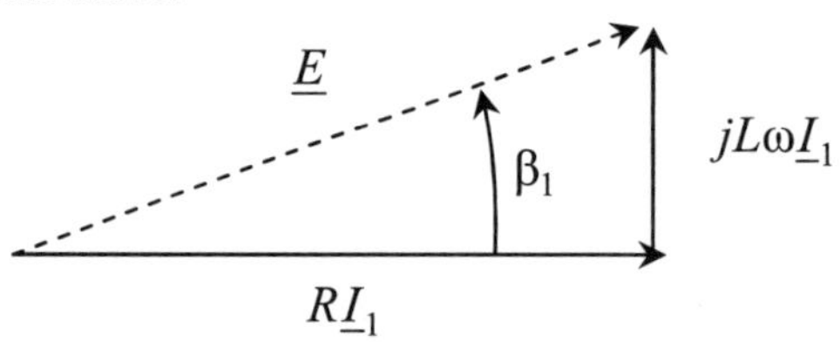

Dans le triangle rectangle, la longueur de l'hypoténuse donne $E_{\text{m}} = \sqrt{R^2 + (L\omega)^2}\,I_{1\text{m}}$, soit $\boxed{I_{1\text{m}} = \frac{E_{\text{m}}}{\sqrt{R^2 + (L\omega)^2}}}$, la tension est en avance de $\boxed{\beta_1 = \arctan\left(\frac{L\omega}{R}\right) > 0}$ sur le courant. Comme $e(t) = E_{\text{m}}\cos\left(\omega t + \frac{\pi}{4}\right)$, on en déduit $\boxed{i_1(t) = I_{1\text{m}}\cos\left(\omega t + \frac{\pi}{4} - \beta_1\right)}$.

⇨ *Méthode 8.4*

2. L'énoncé définit deux angles : $\psi = \arg(\underline{I}_1) - \arg(\underline{E}) = \varphi_1 - \dfrac{\pi}{4} = -\arctan\left(\dfrac{L\omega}{R}\right)$ et $\psi' = \arg(\underline{I}_2) - \arg(\underline{E}) = \varphi_2 - \dfrac{\pi}{4} = -\arctan\left(\dfrac{L\omega}{R} - \dfrac{1}{RC\omega}\right)$. On veut $\psi = -\psi'$, ce qui se traduit par $\arctan\left(\dfrac{L\omega}{R}\right) = -\arctan\left(\dfrac{L\omega}{R} - \dfrac{1}{RC\omega}\right) = \arctan\left(\dfrac{1}{RC\omega} - \dfrac{L\omega}{R}\right)$. Les angles appartenant tous deux à l'intervalle $\left[-\dfrac{\pi}{2}, \dfrac{\pi}{2}\right]$ (parties réelles positives des nombres complexes), on en déduit qu'ils sont égaux, soit $\dfrac{L\omega}{R} = \dfrac{1}{RC\omega} - \dfrac{L\omega}{R}$, donc $2L\omega = \dfrac{1}{C\omega}$ que l'on peut écrire $\boxed{2LC\omega^2 = 1}$.

3. On veut $\arg(\underline{I}_1) - \arg(\underline{I}_2) = \pm\dfrac{\pi}{2}$, soit $\dfrac{\pi}{4} - \arctan\left(\dfrac{L\omega}{R}\right) - \left(\dfrac{\pi}{4} - \arctan\left(\dfrac{L\omega}{R} - \dfrac{1}{RC\omega}\right)\right) = \pm\dfrac{\pi}{2}$.

On en déduit $-\arctan\left(\dfrac{L\omega}{R}\right) + \arctan\left(\dfrac{L\omega}{R} - \dfrac{1}{RC\omega}\right) = \alpha_2 - \alpha_1 = \pm\dfrac{\pi}{2}$, avec $\alpha_1 = \arctan\left(\dfrac{L\omega}{R}\right)$ et $\alpha_2 = \arctan\left(\dfrac{L\omega}{R} - \dfrac{1}{RC\omega}\right)$.

D'après la formule de l'énoncé, $\tan(\alpha_2 - \alpha_1) = \dfrac{\tan\alpha_2 - \tan\alpha_1}{1 + \tan\alpha_1 \tan\alpha_2} = \tan\left(\pm\dfrac{\pi}{2}\right) = \pm\infty$.

On en déduit donc $1 + \tan\alpha_1 \tan\alpha_2 = 0$, soit $\tan\alpha_1 = \dfrac{-1}{\tan\alpha_2}$, ce qui s'écrit en remplaçant par les valeurs des composants $\dfrac{L\omega}{R} = -\dfrac{R}{L\omega - \dfrac{1}{C\omega}}$, donc $\boxed{R^2 + (L\omega)^2 - \dfrac{L}{C} = 0}$.

4. On a établi $\begin{cases} R^2 + (L\omega)^2 - \dfrac{L}{C} = 0 & (1) \\ 2LC\omega^2 = 1 & (2) \end{cases}$. L'équation (2) s'écrit aussi $(L\omega)^2 = \dfrac{L}{2C}$ que l'on remplace dans l'équation (1) qui devient $R^2 + (L\omega)^2 - 2(L\omega)^2 = 0$, soit $R = L\omega$.

D'après ce qui a déjà été écrit pour la question 1, $\underline{I}_1 = \dfrac{\underline{E}}{R + jL\omega} = \dfrac{\underline{E}}{R(1+j)}$, soit $\boxed{I_{1\text{m}} = |\underline{I}_1| = \dfrac{E_\text{m}}{R\sqrt{2}}}$ et $\boxed{\varphi_1 = \dfrac{\pi}{4} - \arctan(1) = 0}$, éléments de la fonction $i_1(t) = I_{1\text{m}}\cos(\omega t + \varphi_1)$.

On écrit aussi $\underline{I}_2 = \dfrac{\underline{E}}{R + j\left(L\omega - \dfrac{1}{C\omega}\right)}$ avec l'équation (2) qui peut aussi se formuler $2L\omega = \dfrac{1}{C\omega}$.

Ceci donne $\underline{I}_2 = \dfrac{\underline{E}}{R - jL\omega} = \dfrac{\underline{E}}{R(1-j)}$, soit $\boxed{I_{2\text{m}} = |\underline{I}_2| = \dfrac{E_\text{m}}{R\sqrt{2}}}$ et $\boxed{\varphi_1 = \dfrac{\pi}{4} - \arctan(-1) = \dfrac{\pi}{2}}$, éléments de la fonction $i_2(t) = I_{2\text{m}}\cos(\omega t + \varphi_2)$.

Exercice 8.8

1. On décompose la tension $\underline{U}_{DE} = \underline{U}_{DB} + \underline{U}_{BE}$. On exprime ensuite chaque tension en remarquant que chaque branche constitue un diviseur de tension pour la tension $\underline{U}_{AB}$:

$\underline{U}_{DB} = \dfrac{R}{R + \dfrac{1}{jC\omega}} \underline{U}_{AB} = \dfrac{jRC\omega}{jRC\omega + 1} \underline{U}_{AB}$ et $\underline{U}_{EB} = \dfrac{R}{R+R} \underline{U}_{AB} = \dfrac{1}{2} \underline{U}_{AB}$. On calcule ensuite

$\underline{U}_{DE} = \underline{U}_{DB} - \underline{U}_{EB}$, qui donne $\underline{U}_{DE} = \dfrac{jRC\omega - 1}{2(jRC\omega + 1)} \underline{U}_{AB} = -\dfrac{1 - jRC\omega}{2(1 + jRC\omega)} \underline{U}_{AB}$. On peut ensuite calculer $\boxed{V_\mathrm{m} = |\underline{U}_{DE}| = \dfrac{1}{2} |\underline{U}_{AB}| = \dfrac{1}{2} U_\mathrm{m}}$ et $\varphi = \arg(\underline{U}_{DE}) = \pi + \arctan(-RC\omega) - \arctan(RC\omega)$ soit $\boxed{\varphi = \pi - 2\arctan(RC\omega)}$.

⇨ *Méthode 8.3*

Pour évaluer l'argument en utilisant la fonction arctangente, l'amplitude complexe doit être écrite comme un rapport de termes complexes avec des parties réelles positives, soit $\underline{U}_{DE} = -\dfrac{1 - jRC\omega}{2(1 + jRC\omega)} \underline{U}_{AB}$. *Le signe – devant la fraction entraîne l'ajout de π dans l'argument.*

2. Pour que les tensions soient en quadrature, comme $\arg(\underline{U}_{AB}) = 0$, il suffit que $\varphi = \pi - 2\arctan(RC\omega) = \dfrac{\pi}{2}$, ce qui correspond à $\arctan(RC\omega) = \dfrac{\pi}{4}$, donc $RC\omega = \tan\dfrac{\pi}{4} = 1$. La condition cherchée est donc : $\boxed{\omega = \dfrac{1}{RC}}$.

Exercice 8.9

1. Pour déterminer l'équation différentielle, on commence par écrire les équations élémentaires sur les dipôles : $u_R = Ri_R = L\dfrac{\mathrm{d}i_L}{\mathrm{d}t}$ et $i = C\dfrac{\mathrm{d}u_C}{\mathrm{d}t}$. Ensuite on écrit la loi des nœuds $i = i_R + i_L$ et la loi des mailles $e = u_C + u_R = u_C + Ri_R$. Pour éliminer u_C on dérive l'équation :

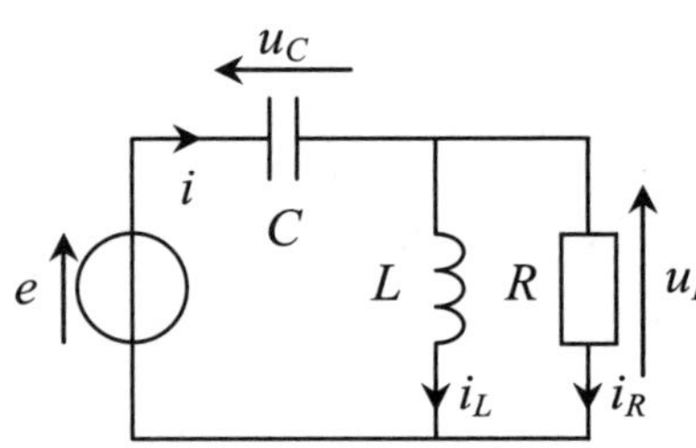

$\dfrac{\mathrm{d}e}{\mathrm{d}t} = \dfrac{\mathrm{d}u_C}{\mathrm{d}t} + R\dfrac{\mathrm{d}i_R}{\mathrm{d}t}$ puis on remplace $i = C\dfrac{\mathrm{d}u_C}{\mathrm{d}t}$ et on utilise la loi des nœuds, ce qui donne $\dfrac{\mathrm{d}e}{\mathrm{d}t} = \dfrac{i_R + i_L}{C} + R\dfrac{\mathrm{d}i_R}{\mathrm{d}t}$. On dérive une nouvelle fois pour pouvoir remplacer i_L et l'on obtient $\dfrac{\mathrm{d}^2e}{\mathrm{d}t^2} = \dfrac{1}{C}\dfrac{\mathrm{d}i_R}{\mathrm{d}t} + \dfrac{Ri_R}{LC} + R\dfrac{\mathrm{d}^2i_R}{\mathrm{d}t^2}$, soit sous forme canonique $\boxed{\dfrac{\mathrm{d}^2i_R}{\mathrm{d}t^2} + \dfrac{1}{RC}\dfrac{\mathrm{d}i_R}{\mathrm{d}t} + \dfrac{i_R}{LC} = \dfrac{1}{R}\dfrac{\mathrm{d}^2e}{\mathrm{d}t^2}}$.

2. La solution particulière de l'équation, donnant le régime permanent, a la même forme que le générateur et est donc sinusoïdale : $i_R(t) = I_{Rm}\cos(\omega t + \varphi) = \mathrm{Re}[\underline{I}_R e^{j\omega t}]$. De même $e(t) = \mathrm{Re}[\underline{e}(t)]$ avec $\underline{e}(t) = E_\mathrm{m} e^{j\omega t}$, d'amplitude complexe $\underline{E} = E_\mathrm{m}$. On transforme l'équation différentielle en équation algébrique complexe : $-\omega^2 \underline{I}_R + \dfrac{j\omega}{RC}\underline{I}_R + \dfrac{\underline{I}_R}{LC} = \dfrac{-\omega^2}{R}E_\mathrm{m}$, d'où on tire immédiatement $\boxed{\underline{I}_R = \dfrac{\dfrac{-\omega^2}{R}E_\mathrm{m}}{\left(\dfrac{1}{LC} - \omega^2\right) + \dfrac{j\omega}{RC}} = \dfrac{\dfrac{j\omega}{R}E_\mathrm{m}}{j\left(-\dfrac{1}{\omega LC} + \omega\right) + \dfrac{1}{RC}}}$.

⇨ *Méthode 8.1*

L'amplitude réelle du courant i_R est le module : $\boxed{I_{Rm} = \dfrac{\dfrac{\omega^2}{R}E_\mathrm{m}}{\sqrt{\left(\dfrac{1}{LC} - \omega^2\right)^2 + \left(\dfrac{\omega}{RC}\right)^2}}}$.

Pour la phase, on peut écrire $\varphi = \arg(\underline{I}_R) = \pi - \arg\left(\left(\dfrac{1}{LC} - \omega^2\right) + j\dfrac{\omega}{RC}\right)$.

✎ *La valeur de l'argument d'un nombre réel négatif est π ou $-\pi$, on peut choisir l'une des deux valeurs, cependant pour le reste de l'exercice il est alors impératif de donner la même valeur choisie précédemment pour tout nombre réel négatif.*

Mais l'expression du second terme, avec une arctangente, dépend du signe de la partie réelle et il faut alors distinguer deux cas. Il est beaucoup plus simple d'utiliser la seconde forme de $\underline{I}_R$ (où on a divisé tous les termes par $j\omega$), qui donne immédiatement :

$\boxed{\varphi = \dfrac{\pi}{2} - \arctan\left(RC\omega - \dfrac{R}{L\omega}\right)}$.

⇨ *Méthode 8.3*

Pour que le courant soit indépendant de *R*, I_{Rm} et φ ne doivent plus dépendre de *R*. Pour cela, simplifions l'équation de l'amplitude complexe, on obtient $\underline{I}_R = \dfrac{-\omega^2 E_\mathrm{m}}{R\left(\dfrac{1}{LC} - \omega^2\right) + \dfrac{j\omega}{C}}$. Il est évident que si le terme réel du dénominateur est nul, alors le courant ne dépend plus de la résistance. Ceci se produit pour $\omega_0^2 = \dfrac{1}{LC}$, soit $\boxed{\omega_0 = \dfrac{1}{\sqrt{LC}}}$, ce qui donne $\underline{I}_R = jC\omega_0 E_\mathrm{m} = j\sqrt{\dfrac{C}{L}}E_\mathrm{m}$. On a alors $\boxed{I_{Rm} = \sqrt{\dfrac{C}{L}}E_\mathrm{m}}$ et $\boxed{\varphi = \dfrac{\pi}{2}}$.

Corrigé

3. Les équivalences donnent le schéma ci-contre.

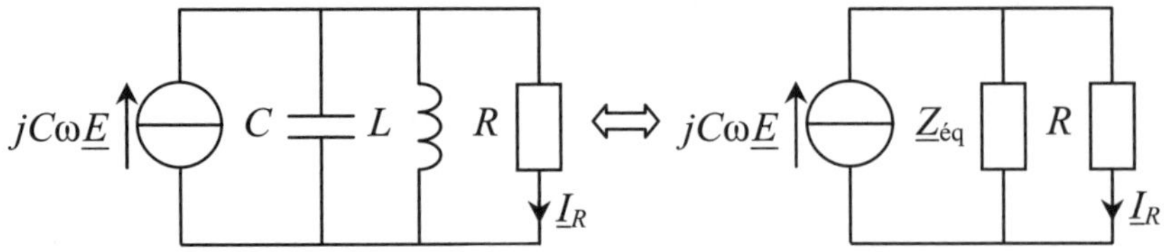

D'après le schéma précédent, on reconnaît un pont diviseur de courant $\underline{I}_R = \dfrac{1/R}{\underline{Y}_{éq} + 1/R} jC\omega\underline{E}$.

Pour que le courant traversant R soit indépendant de sa valeur, il faut que $\underline{Y}_{éq} = 0 = jC\omega_0 + \dfrac{1}{jL\omega_0}$, ce qui revient à une source de courant parfaite alimentant la résistance R. On en déduit $\boxed{\omega_0 = \dfrac{1}{\sqrt{LC}}}$ et $\boxed{\underline{I}_R = jC\omega_0 E_m = j\sqrt{\dfrac{C}{L}} E_m}$.

Exercice 8.10

La loi des nœuds donne (association parallèle) $\underline{I} = \underline{I}_R + \underline{I}_C + \underline{I}_L$. Pour chaque dipôle, on a $\underline{I}_R = \dfrac{\underline{E}}{R}$, $\underline{I}_C = jC\omega\underline{E}$ et $\underline{I}_L = \dfrac{\underline{E}}{jL\omega}$. On trace le diagramme de Fresnel en prenant la tension $\underline{E}$ comme référence. Le courant dans la résistance est donc en phase avec la tension $e(t)$, en avance de $\pi/2$ dans le condensateur et en retard de $\pi/2$ dans la bobine.

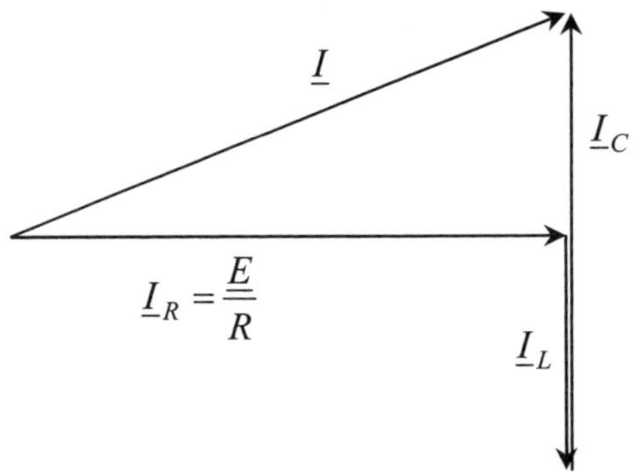

Avec les relations dans un triangle rectangle, on obtient $I^2 = I_R^2 + (I_C - I_L)^2$.

On en déduit $(I_C - I_L)^2 = I^2 - I_R^2$. On obtient donc $I_C - I_L = \pm\sqrt{I^2 - I_R^2}$, soit $I_L = I_C \pm \sqrt{I^2 - I_R^2}$. On ne conserve que la valeur positive car une valeur efficace est forcément positive, soit $\boxed{I_L = I_C + \sqrt{I^2 - I_R^2} = 91{,}9 \text{ mA}}$.

➪ *Méthode 8.4*

Exercice 8.11

1. Un voltmètre idéal a une résistance infinie : aucun courant ne le traverse. En mode AC, il donne la valeur efficace de la tension.

2. $\boxed{\underline{U}_1 = R\underline{I}}$; $\boxed{\underline{U}_2 = \underline{Z}\,\underline{I}}$; $\boxed{\underline{U} = \underline{U}_1 + \underline{U}_2}$. On calcule le carré du module : $U_{\text{m}}^2 = \underline{U}\,\underline{U}^* = (\underline{U}_1 + \underline{U}_2)(\underline{U}_1 + \underline{U}_2)^* = U_{\text{m1}}^2 + U_{\text{m2}}^2 + \underline{U}_2\underline{U}_1^* + \underline{U}_1\underline{U}_2^* = U_{\text{m1}}^2 + U_{\text{m2}}^2 + \underline{Z}RI_{\text{m}}^2 + R\underline{Z}^*I_{\text{m}}^2$.
On utilise $\underline{Z} + \underline{Z}^* = 2\,\text{Re}(\underline{Z}) = 2Z\cos\varphi$: $U_{\text{m}}^2 = U_{\text{m1}}^2 + U_{\text{m2}}^2 + 2RZ\cos\varphi\, I^2$.
soit . $\boxed{U_{\text{m}}^2 = U_{\text{m1}}^2 + U_{\text{m2}}^2 + 2U_{\text{m1}}U_{\text{m2}}\cos\varphi}$ (Il s'agit en fait du théorème d'Al-Kashi dans le plan complexe.)
Les voltmètres indiquent des valeurs efficaces. On divise tout par 2 pour avoir des valeurs efficaces car $U = \dfrac{U_{\text{m}}}{\sqrt{2}}$, soit $\boxed{U^2 = U_1^2 + U_2^2 + 2U_1U_2\cos\varphi}$.

3. Comme il s'agit d'une association série, on écrit la loi des mailles $\underline{U} = \underline{U}_1 + \underline{U}_2$, avec pour chaque dipôle $\underline{U}_1 = R\underline{I}$ et $\underline{U}_2 = \underline{Z}\,\underline{I} = (r + jX)\underline{I}$. On trace le diagramme de Fresnel en prenant le courant comme référence.

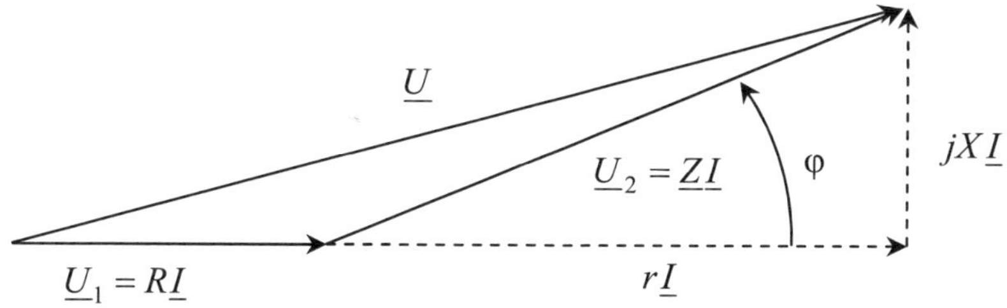

Avec la notation vectorielle, on a $\vec{U} = \vec{U_1} + \vec{U_2}$. La norme du U au carré s'écrit $U^2 = \vec{U}^2 = \left(\vec{U_1} + \vec{U_2}\right)^2 = U_{\text{m1}}^2 + U_{\text{m2}}^2 + 2\vec{U_1}\cdot\vec{U_2}$ soit $\boxed{U_{\text{m}}^2 = U_{\text{m1}}^2 + U_{\text{m2}}^2 + 2U_{\text{m1}}U_{\text{m2}}\cos\varphi}$.
Les voltmètres indiquent des valeurs efficaces. On divise tout par 2 pour avoir des valeurs efficaces car $U = \dfrac{U_{\text{m}}}{\sqrt{2}}$, soit $\boxed{U^2 = U_1^2 + U_2^2 + 2U_1U_2\cos\varphi}$.

⇨ *Méthode 8.4*

4. $\underline{U}_1 = R\underline{I}$ et $\underline{U}_2 = \underline{Z}\,\underline{I}$ donc avec les valeurs efficaces et le module Z : $U_1 = RI$ et $U_2 = ZI$.
On en déduit $\boxed{Z = R\dfrac{U_2}{U_1}}$. De plus $\underline{Z} = A + jB = Z\,e^{j\varphi} = Z(\cos\varphi + j\sin\varphi)$ donc $A = Z\cos\varphi$ et $B = Z\sin\varphi$. D'après les calculs précédents : $\cos\varphi = \dfrac{U^2 - U_1^2 - U_2^2}{2U_1U_2}$ d'où $\boxed{A = R\dfrac{U^2 - U_1^2 - U_2^2}{2U_1^2}}$.

Enfin $A^2 + B^2 = Z^2$ donc $B = \pm\sqrt{Z^2 - A^2}$ soit $\boxed{B = \pm R\sqrt{\dfrac{U_2^2}{U_1^2} - \left(\dfrac{U^2 - U_1^2 - U_2^2}{2U_1^2}\right)^2}}$.

Il reste une incertitude sur le signe de B, donc sur la nature inductive ($B > 0$) ou capacitive ($B < 0$) du dipôle.
Pour la lever, il faut observer les signaux u_1 et u_2 à l'oscilloscope, et voir simplement celui qui est en avance par rapport à l'autre : si u_2 est en avance, $\varphi > 0$ donc $\sin\varphi > 0$ et $B > 0$.

Exercice 8.12

1. 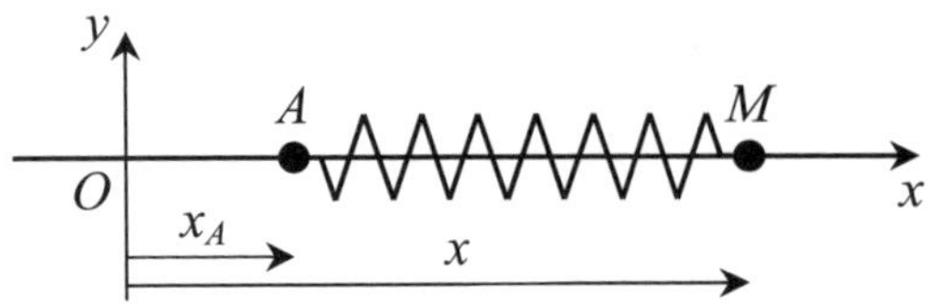

Forces appliquées à M : poids $\vec{P} = -mg\,\vec{e_y}$; réaction normale de la tige $\vec{R} = R_y\,\vec{e_y} + R_z\,\vec{e_z}$; tension du ressort $\vec{T} = -k(AM - \ell_0)\vec{e_x} = -k(x - x_A - \ell_0)\vec{e_x}$; force de frottement fluide $\vec{F} = -h\dot{x}\vec{e_x}$. PFD : $m\vec{a}(M) = \vec{P} + \vec{T} + \vec{R} + \vec{F}$. Projection sur $\vec{e_x}$: $m\ddot{x} = 0 - k(x - x_A - \ell_0) + 0 - h\dot{x}$ soit $\boxed{\ddot{x} + \frac{h}{m}\dot{x} + \frac{k}{m}x = \frac{k}{m}A_\text{m}\cos(\omega t) + \frac{k}{m}\ell_0}$. On pose alors $\omega_0 = \sqrt{\frac{k}{m}}$, $Q = \frac{m\omega_0}{h} = \frac{\sqrt{km}}{h}$ et $u = x - \ell_0$, d'où l'équation : $\boxed{\ddot{u} + \frac{\omega_0}{Q}\dot{u} + \omega_0^2 u = \omega_0^2 A_\text{m}\cos(\omega t)}$.

2. Pour déterminer le régime permanent, on ne cherche que la solution particulière sinusoïdale de cette équation différentielle, de la forme $u(t) = U_\text{m}\cos(\omega t + \varphi_u) = \text{Re}[\underline{U}\,e^{j\omega t}]$ en posant $\underline{U} = U_\text{m}e^{j\varphi_u}$. Alors l'équation devient : $-\omega^2\underline{U} + j\omega\frac{\omega_0}{Q}\underline{U} + \omega_0^2\underline{U} = \omega_0^2 A_\text{m}$ dont la solution immédiate est $\underline{U} = \frac{A_\text{m}}{1 - \frac{\omega^2}{\omega_0^2} + \frac{j}{Q}\frac{\omega}{\omega_0}} = \frac{-A_\text{m}jQ\frac{\omega_0}{\omega}}{1 + jQ\left(\frac{\omega}{\omega_0} - \frac{\omega_0}{\omega}\right)}$.

Finalement, $\boxed{x(t) = \ell_0 + U_\text{m}\cos(\omega t + \varphi_u)}$ avec $\boxed{U_\text{m} = \frac{A_\text{m}}{\sqrt{\left(1 - \frac{\omega^2}{\omega_0^2}\right)^2 + \left(\frac{1}{Q}\frac{\omega}{\omega_0}\right)^2}}}$ et

$$\boxed{\varphi_u = -\frac{\pi}{2} - \arctan\left[Q\left(\frac{\omega}{\omega_0} - \frac{\omega_0}{\omega}\right)\right]}.$$

➪ *Méthode 8.3*

3. On cherche maintenant la solution complète, donc il faut ajouter à la solution précédente celle de l'équation sans second membre : si les frottements sont faibles, elle est de la forme $X_\text{m}e^{-t/\tau}\cos(\omega' t + \varphi)$ avec $\tau = \frac{2Q}{\omega_0}$ et $\omega' = \omega_0\sqrt{1 - \frac{1}{4Q^2}}$.

➪ *Méthode 7.4*

La solution complète est alors : $\boxed{x(t) = \ell_0 + U_\text{m}\cos(\omega t + \varphi_u) + X_\text{m}e^{-t/\tau}\cos(\omega' t + \varphi)}$.
Les constantes X_m et φ seraient déterminées à partir de conditions initiales.

Ne pas confondre la pulsation ω du régime permanent, imposée par le terme excitateur (mouvement de A), et la pseudo-pulsation ω' apparaissant dans le régime transitoire (et qui ne dépend que de m, h et k) : il faut donc bien employer deux notations différentes.

Chapitre 9
Filtrage linéaire

Le diagramme de Bode doit son nom à un extraordinaire ingénieur américain, Hendrik **Bode**. Tout au long de sa vie, ce scientifique a su concevoir des théories en lien étroit avec les besoins de son pays. Durant la Seconde Guerre mondiale, il mit au point des systèmes de contrôles antiaériens automatiques qui ont facilité l'avancée des armées alliées, tant durant la campagne d'Italie que lors du débarquement en Normandie. Il fit partie du comité chargé de coordonner les différents organismes américains compétents pour permettre la conquête spatiale. Ironie de l'histoire, il y côtoya Werner von **Braun**, l'un des créateurs des V1 et V2, ces fusées de destruction élaborées par les Nazis, alors qu'il avait tant, quant à lui, travaillé pour concevoir le moyen de les intercepter.

Hendrik Bode
1905-1982

■■ Objectifs

■ Ce qu'il faut connaître

- ▷ La définition d'une fonction de transfert
- ▷ Le principe de l'analyse de Fourier
- ▷ La notion de filtrage et les différents types de filtres
- ▷ La définition du gain en décibels
- ▷ Les notions de pulsation de coupure et de bande passante
- ▷ Les courbes constituant un diagramme de Bode

■ Ce qu'il faut savoir faire

- ▷ Déterminer sans calcul le comportement asymptotique d'un quadripôle
- ▷ Calculer la fonction de transfert d'un quadripôle et la mettre sous une forme canonique donnée
- ▷ Déterminer la pulsation de coupure et la bande passante d'un filtre, connaissant le diagramme de Bode
- ▷ Justifier les asymptotes d'un diagramme de Bode
- ▷ Utiliser un diagramme de Bode pour déterminer un signal de sortie
- ▷ Établir le gabarit d'un filtre
- ▷ Indiquer les conditions d'utilisation d'un filtre comme moyenneur, intégrateur ou dérivateur

■■ Résumé de cours

■ Décomposition d'un signal

– Selon le principe de l'analyse de Fourier, un signal périodique quelconque $e(t)$, de fréquence f et de période T, peut se décomposer en une somme d'un terme continu et de termes sinusoïdaux de fréquences multiples de f :

$$\boxed{e(t) = E_0 + \sum_{n=1}^{\infty} E_n \sin(n\omega t + \varphi_n)} \text{ avec } \omega = \frac{2\pi}{T}.$$

Le terme constant E_0 est la **valeur moyenne** du signal.

Le terme sinusoïdal de pulsation $n\,\omega$ est l'**harmonique** de rang n ; l'harmonqiue de rang 1, donc de même fréquence que le signal, est le **fondamental**.

– Certains signaux non périodiques peuvent se mettre sous forme d'une somme, limitée, de termes sinusoïdaux : c'est le cas d'un produit de deux signaux sinusoïdaux indépendants.

■ Fonction de transfert

❑ Définition

– Pour un système physique linéaire fournissant un signal de sortie (ou réponse) $s(t)$ en fonction d'un signal d'entrée (ou excitation) $e(t)$, ces deux fonctions sont liées par une équation différentielle linéaire à coefficients constants. En régime sinusoïdal forcé, $e(t) = E_{\mathrm{m}} \cos(\omega t + \varphi_e) = \mathrm{Re}[\underline{E}\, e^{j\omega t}]$ et $s(t) = S_{\mathrm{m}} \cos(\omega t + \varphi_s) = \mathrm{Re}[\underline{S}\, e^{j\omega t}]$: la fonction de transfert $\underline{H}$ est alors définie comme le rapport des amplitudes complexes : $\boxed{\underline{H} = \dfrac{\underline{S}}{\underline{E}}} \left(= \dfrac{\underline{s}(t)}{\underline{e}(t)} \right)$.

$\underline{H}$ est un rapport de deux polynômes en $j\omega$. L'ordre de cette fonction de transfert (qui est aussi celui de l'équation differentielle) est donné par le polynôme de plus haut degré.

– En électrocinétique, on étudie des **quadripôles**, ayant deux bornes d'entrée et deux de sortie.

La plupart du temps, on s'intéresse à la fonction de transfert en tension : $\boxed{\underline{H} = \dfrac{\underline{U}_{\mathrm{s}}}{\underline{U}_{\mathrm{e}}}} \left(= \dfrac{\underline{u}_{\mathrm{s}}(t)}{\underline{u}_{\mathrm{e}}(t)} \right)$.

Pour cela on doit préciser ce qui est branché entre les deux bornes de sortie : si rien n'est branché, on dit qu'on est en sortie ouverte.

⇨ **Méthode 9.2. Méthode du pont diviseur de tension**
⇨ **Méthode 9.3. Utilisation du théorème de Millman**
⇨ **Méthode 9.4. Identification de la fonction de transfert avec une forme canonique**

❑ Gain et phase

La fonction de transfert peut être écrite sous la forme $\underline{H} = Ge^{j\varphi}$.

$G = \left|\dfrac{\underline{U}_s}{\underline{U}_e}\right| = \dfrac{U_{sm}}{U_{em}}$ (gain linéaire du filtre) caractérise l'amplification ou l'atténuation du signal.

$\varphi = \arg(\underline{U}_s) - \arg(\underline{U}_e) = \varphi_s - \varphi_e$ est le déphasage entre u_s et u_e.

Le **gain en décibels** est défini par : $G_{dB} = 20\log G = 20\log|\underline{H}|$.

❑ Effets d'un quadripôle

Filtre

Tout signal peut être décomposé en une somme de fonctions sinusoïdales de pulsations ω (ou fréquences $f = \omega/2\pi$) différentes.

Or G (ou G_{dB}) et φ dépendent de la pulsation : un quadripôle peut donc sélectionner ou éliminer, dans un signal, certains termes selon leur fréquence. Ce comportement est appelé **filtrage**.

⇨ **Méthode 9.1. Comportement asymptotique d'un quadripôle**

Dérivateur et intégrateur

Si on peut écrire $\underline{H} \approx k\,j\omega$ dans un certain domaine de fréquence, alors le quadripôle réalise une dérivation du signal d'entrée (à un facteur k près).

Si on peut écrire $\underline{H} \approx \dfrac{k}{j\omega}$ dans un certain domaine de fréquence, alors le quadripôle réalise une intégration du signal d'entrée (à un facteur k près).

Moyenneur

Un filtre passe-bas de fréquence de coupure très basse, par rapport à la fréquence du signal d'entrée, ne laisse passer que le terme de fréquence nulle, c'est-à-dire la valeur moyenne.

■ Diagramme de Bode

❑ Définition

C'est une représentation graphique de la fonction de transfert. Il se compose de deux courbes :

- la **courbe de gain** représente G_{dB} en fonction de $\log\omega$ ou $\log(\omega/\omega_0)$
- la **courbe de phase** représente φ en fonction de $\log\omega$ ou $\log(\omega/\omega_0)$

(ω_0 étant une pulsation de référence à déterminer pour chaque quadripôle).

❑ Diagramme de Bode asymptotique

Pour les pulsations ω très éloignées de la pulsation ω_0, on obtient des équations affines (asymptotes) en conservant le terme prépondérant pour chaque polynôme en $j\omega$. La courbe est alors complétée dans la zone proche de ω_0 par détermination de la valeur correspondant à ω_0.

⇨ **Méthode 9.5. Interprétation du diagramme de Bode d'un filtre**

Filtres du premier ordre

Les deux filtres principaux du premier ordre

En posant $x = \dfrac{\omega}{\omega_0}$ (pulsation réduite), on obtient les formes suivantes.

– Filtre **passe-bas** : $\underline{H}(x) = H_0 \dfrac{1}{1 + jx}$.

– Filtre **passe-haut** : $\underline{H}(x) = H_0 \dfrac{jx}{1 + jx}$.

Pulsation de coupure (à −3 dB)

C'est la pulsation ω_c pour laquelle : $G(\omega_c) = \dfrac{G_{max}}{\sqrt{2}}$.

Si on travaille avec la pulsation réduite : $\boxed{G(x_c) = \dfrac{G_{max}}{\sqrt{2}}}$ où $x_c = \dfrac{\omega_c}{\omega_0}$.

La définition écrite en décibels donne : $\boxed{G_{dB}(x_c) = G_{dB\,max} - 3\text{ dB}}$ (d'où le nom).

Dans le cas d'un filtre du premier ordre, on a toujours $\boxed{x_c = 1 \text{ soit } \omega_c = \omega_0}$.

La pulsation de coupure correspond à l'intersection des deux asymptotes.

Bande passante (à −3 dB)

C'est la gamme de fréquences (ou de pulsations) pour laquelle $\boxed{G(x) \geq \dfrac{G_{max}}{\sqrt{2}}}$.

Pour un filtre passe-bas, la bande passante est $[0, \omega_0]$ (il laisse passer les basses fréquences).

Pour un filtre passe-haut, la bande passante est $[\omega_0, \infty]$ (il laisse passer les hautes fréquences).

Filtres du second ordre

Les trois filtres principaux du second ordre

– Filtre **passe-bas** : $\underline{H}(x) = H_0 \dfrac{1}{1 + j\dfrac{x}{Q} - x^2}$ ou $\underline{H}(x) = H_0 \dfrac{-\dfrac{jQ}{x}}{1 + jQ\left(x - \dfrac{1}{x}\right)}$.

– Filtre **passe-haut** : $\underline{H}(x) = H_0 \dfrac{-x^2}{1 + j\dfrac{x}{Q} - x^2}$ ou $\underline{H}(x) = H_0 \dfrac{jQx}{1 + jQ\left(x - \dfrac{1}{x}\right)}$.

– Filtre **passe-bande** : $\underline{H}(x) = H_0 \dfrac{j\dfrac{x}{Q}}{1 + j\dfrac{x}{Q} - x^2}$ ou $\underline{H}(x) = H_0 \dfrac{1}{1 + jQ\left(x - \dfrac{1}{x}\right)}$.

Dans tous les cas, le dénominateur peut être mis sous l'une des deux formes canoniques (et on passe de l'une à l'autre en multipliant ou en divisant tout par jx/Q).

Q est le **facteur de qualité** du filtre.

❑ Pulsation(s) de coupure et bande passante

– La définition de la (ou des) pulsation(s) de coupure à – 3 dB reste la même, mais il faut faire le calcul pour chaque filtre.

– La bande passante peut également être définie et calculée comme pour le premier ordre.

Pour le passe-bande, on trouve un intervalle $[\omega_1, \omega_2]$ centré sur ω_0 et de largeur $\boxed{\Delta\omega = \dfrac{\omega_0}{Q} \text{ soit } \Delta x = \dfrac{1}{Q}}$. Pour le coupe-bande, ce même intervalle est la bande coupée.

■ Comment déterminer rapidement la nature d'un filtre ?

❑ Méthode 9.1. Comportement asymptotique d'un quadripôle

> Refaire le schéma pour $\omega \to 0$ et pour $\omega \to \infty$ en remplaçant les bobines et les condensateurs par leur équivalents suivant les conditions. Évaluer la valeur de la sortie, ce qui permet de savoir dans quel domaine le filtre laisse passer le signal.

⇨ **Exercices 9.1 à 9.3, 9.5 à 9.8**

Nous allons déterminer la nature de ce filtre à partir de son comportement asymptotique.

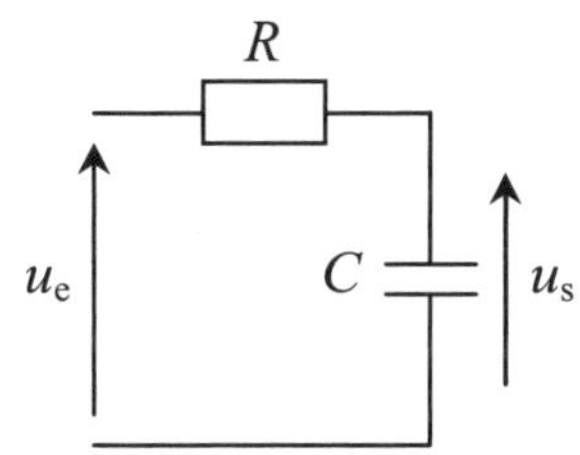

En basse fréquence ($\omega \to 0$), le condensateur se comporte comme un interrupteur ouvert (ou coupe-circuit).

Le schéma équivalent est alors :

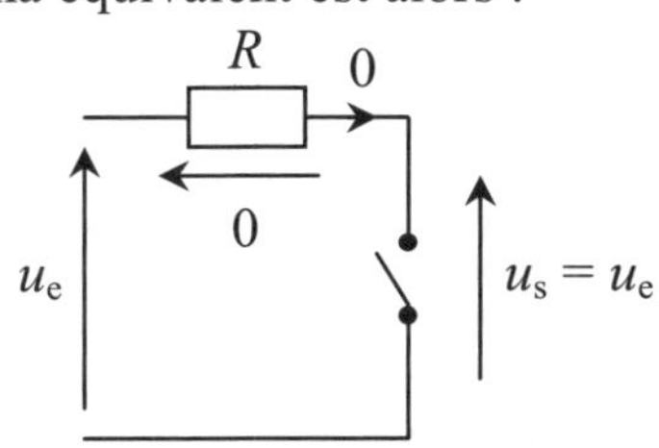

En haute fréquence ($\omega \to \infty$), le condensateur se comporte comme un fil (ou interrupteur fermé ou court-circuit).

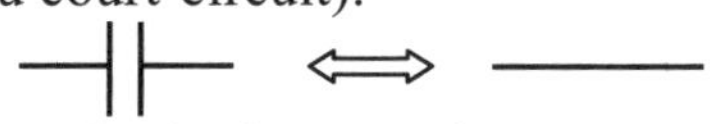

Le schéma équivalent est alors :

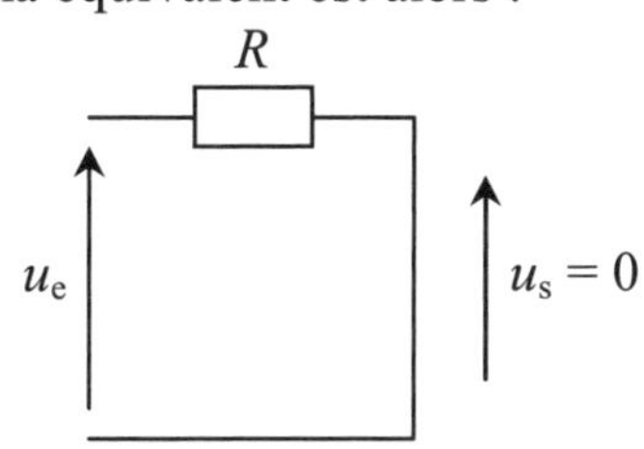

Le signal de sortie est négligeable en haute fréquence mais non nul pour les basses fréquences : il s'agit donc d'un filtre passe-bas.

■ Comment déterminer la fonction de transfert d'un quadripôle ?

❑ Méthode 9.2. Méthode du pont diviseur de tension

> On réalise les associations nécessaires pour obtenir un pont diviseur de tension, ou éventuellement deux successifs.
> Si on doit calculer l'admittance équivalente d'une association parallèle, il est conseillé de la laisser sous cette forme aussi longtemps que possible.

⇨ **Exercices 9.1 à 9.3, 9.5 à 9.9**

– Exemple d'ordre 1

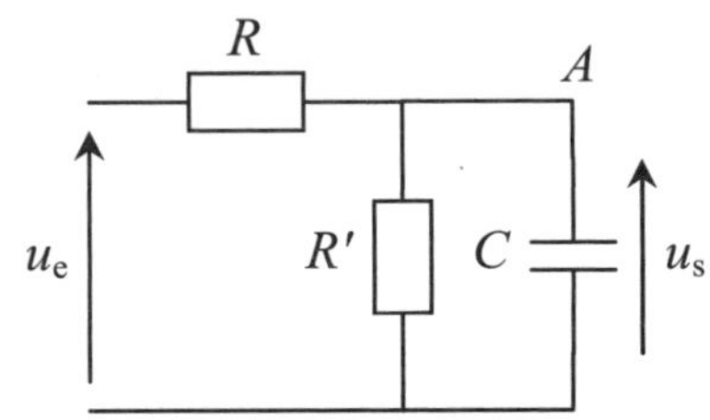

Nous allons identifier l'association $R'C$ parallèle comme un seul dipôle d'admittance équivalente $\underline{Y}_{éq}$. La formule du pont diviseur donne alors $\underline{U}_s = \dfrac{\underline{Z}_{éq}}{R+\underline{Z}_{éq}}\underline{U}_e$, d'où l'on déduit $\underline{H} = \dfrac{\underline{U}_s}{\underline{U}_e} = \dfrac{\underline{Z}_{éq}}{R+\underline{Z}_{éq}}$. Nous ne chercherons pas à calculer $\underline{Z}_{éq}$ (car nous avons affaire à une association parallèle), mais au contraire à faire apparaître l'admittance équivalente, ce qui donne

$$\underline{H} = \frac{1}{R\underline{Y}_{éq}+1}.$$

C'est seulement maintenant que nous allons remplacer l'admittance par son expression :

$$\underline{H} = \frac{1}{R\left(\dfrac{1}{R'}+jC\omega\right)+1} = \frac{1}{1+\dfrac{R}{R'}+jRC\omega}.$$

– Exemple d'ordre 2

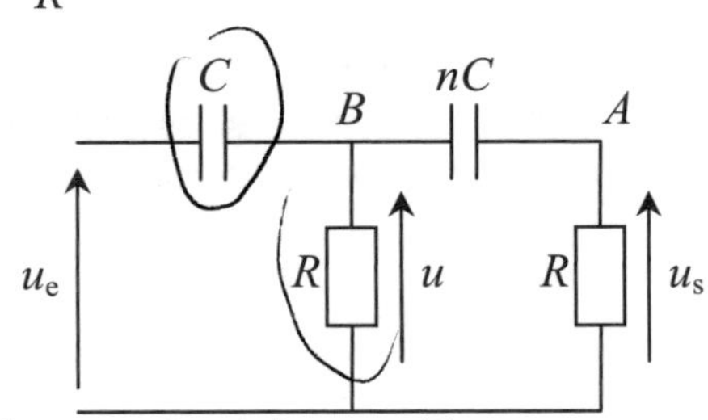

Dans cette structure classique à quatre dipôles, on ne peut pas considérer qu'il y a un seul diviseur de tension reliant u_e et u_s : on doit alors introduire une tension intermédiaire u, et écrire successivement deux diviseurs.
Premier diviseur de tension (capacité nC en série avec la seconde résistance R) :

$\dfrac{\underline{U}_s}{\underline{U}} = \dfrac{jnC\omega}{jnC\omega + \dfrac{1}{R}} = \dfrac{jnRC\omega}{jnRC\omega + 1}$. Second diviseur de tension (capacité C en série avec tout le reste) : $\dfrac{\underline{U}}{\underline{U}_e} = \dfrac{jC\omega}{jC\omega + \dfrac{1}{R} + \dfrac{1}{R + 1/jnC\omega}} = \dfrac{jRC\omega}{jRC\omega + 1 + \dfrac{jnRC\omega}{1 + jnRC\omega}}$. On multiplie les deux :

$\dfrac{\underline{U}_s}{\underline{U}_e} = \dfrac{\underline{U}_s}{\underline{U}}\dfrac{\underline{U}}{\underline{U}_e} = \dfrac{n(jRC\omega)^2}{(jRC\omega+1)(jnRC\omega+1) + jnRC\omega}$ soit $\underline{H} = \dfrac{\underline{U}_s}{\underline{U}_e} = \dfrac{-n(RC\omega)^2}{1 + (2+n)jRC\omega - n(RC\omega)^2}$.

Attention, R et C à gauche ne sont pas en série, et ne constituent donc pas à elles seules un diviseur de tension !

❑ Méthode 9.3. Utilisation du théorème de Millman

– Toutes les tensions étant définies à partir du même point, on le choisit comme masse du circuit.
– On applique alors le théorème de Millman en un point ou deux points, selon la structure du quadripôle.

⇨ **Exercices 9.8, 9.10**

On reprend les deux exemples précédents, en plaçant la masse au nœud du bas.

– Filtre d'ordre 1

Au point A : $\underline{V}_A = \underline{U}_s = \dfrac{\dfrac{\underline{U}_e}{R} + \dfrac{0}{R'} + jC\omega \times 0}{\dfrac{1}{R} + \dfrac{1}{R'} + jC\omega} = \dfrac{\underline{U}_e}{1 + \dfrac{R}{R'} + jRC\omega}$ d'où $\underline{H} = \dfrac{\underline{U}_s}{\underline{U}_e} == \dfrac{1}{1 + \dfrac{R}{R'} + jRC\omega}$.

– Filtre d'ordre 2

Théorème de Millman au point A : $\underline{V}_A = \underline{U}_s = \dfrac{jnC\omega\underline{U}}{\dfrac{1}{R} + jnC\omega} = \dfrac{jnRC\omega}{1 + jnRC\omega}\underline{U}$. Au point B :

$\underline{U} = \dfrac{jC\omega\underline{U}_e + jnC\omega\underline{U}_s}{\dfrac{1}{R} + jC\omega + jnC\omega} = \dfrac{jRC\omega\underline{U}_e + jnRC\omega\underline{U}_s}{1 + jRC\omega + jnRC\omega}$. Donc $\underline{U}_s = \dfrac{jnRC\omega}{1 + jnRC\omega}\dfrac{jRC\omega\underline{U}_e + jnRC\omega\underline{U}_s}{1 + j(n+1)RC\omega}$

$\Leftrightarrow \underline{U}_s\left[1 + j(2n+1)RC\omega - n(n+1)(RC\omega)^2\right] = -n(RC\omega)^2\underline{U}_e - (nRC\omega)^2\underline{U}_s$ soit finalement $\underline{H} = \dfrac{\underline{U}_s}{\underline{U}_e} = \dfrac{-n(RC\omega)^2}{1 + (2+n)jRC\omega - n(RC\omega)^2}$.

❑ Méthode 9.4. Identification de la fonction de transfert avec une forme canonique

Il faut se laisser guider par le *dénominateur* de la fonction de transfert.
– Pour un filtre d'ordre 1, on cherche à avoir un 1 pour la partie réelle du dénominateur (indépendante de ω).
– Pour un filtre d'ordre 2, il y a deux formes possibles pour le dénominateur mais il comporte toujours trois termes, dont un constant (indépendant de ω) : dans les deux cas, on fait en sorte que ce terme soit égal à 1.
– On identifie alors chaque terme avec l'élément de la forme canonique du filtre associé : on obtient ainsi l'expression de ω_0, et aussi de Q pour un filtre d'ordre 2.

⇨ **Exercices 9.1, 9.2, 9.5**

– Reprenons l'exemple 1 précédent.
La partie réelle du dénominateur vaut $\dfrac{R'+R}{R'}$ que nous mettons en facteur. La fonction de transfert s'écrit alors : $\underline{H} = \dfrac{R'}{R+R'} \dfrac{1}{1+j\dfrac{RR'}{R+R'}C\omega}$.

On reconnaît la forme d'un filtre passe-bas du premier ordre de la forme $\underline{H}(x) = H_0 \dfrac{1}{1+jx}$.

On identifie donc : $H_0 = \dfrac{R'}{R+R'}$ et $x = \dfrac{\omega}{\omega_0} = \dfrac{RR'}{R+R'}C\omega$ d'où l'on tire $\omega_0 = \dfrac{R+R'}{RR'C}$.

– Reprenons maintenant l'exemple 2 précédent.
Le terme constant du dénominateur vaut déjà 1 : on peut donc dès maintenant identifier cette fonction de transfert avec $\underline{H}(x) = H_0 \dfrac{-x^2}{1+j\dfrac{x}{Q}-x^2}$. On obtient $-x^2 = -\dfrac{\omega^2}{\omega_0^2} = -n(RC\omega)^2$ d'où

$\omega_0 = \dfrac{1}{RC\sqrt{n}}$; $j\dfrac{x}{Q} = (2+n)jRC\omega$ d'où $Q = \dfrac{\sqrt{n}}{2+n}$; enfin $H_0 = 1$.

■ Comment manipuler les diagrammes de Bode ?

❑ Méthode 9.5. Interprétation du diagramme de Bode d'un filtre

On se place sur les deux domaines $x \ll 1$ et $x \gg 1$ et on simplifie la fonction de transfert qui ne conserve que le terme prépondérant de la partie réelle *ou* imaginaire. Cette fonction de transfert simplifiée correspond alors aux asymptotes du diagramme de Bode. Pour un filtre du second ordre, il faut aussi regarder la valeur de la fonction de transfert en $x = 1$.

Les asymptotes du gain se coupent toujours en f_0, la fréquence définissant la pulsation réduite $x = \dfrac{f}{f_0}$.

⇨ **Exercices 9.3, 9.8, 9.9**

Le diagramme de Bode du filtre passe-bas d'ordre 1 déterminé précédemment $\underline{H}(x) = H_0 \dfrac{1}{1+jx}$ avec $H_0 = 1/2$ est le suivant :

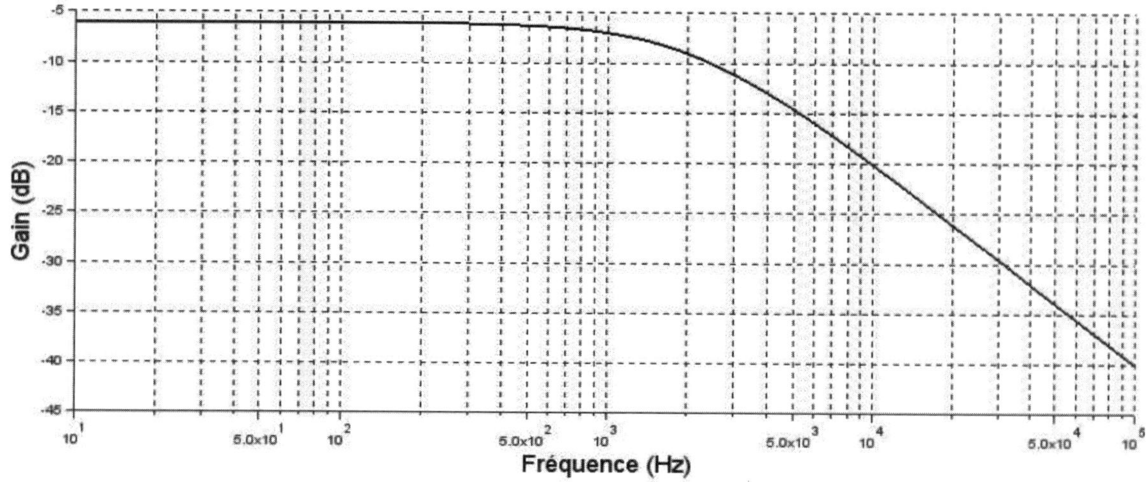

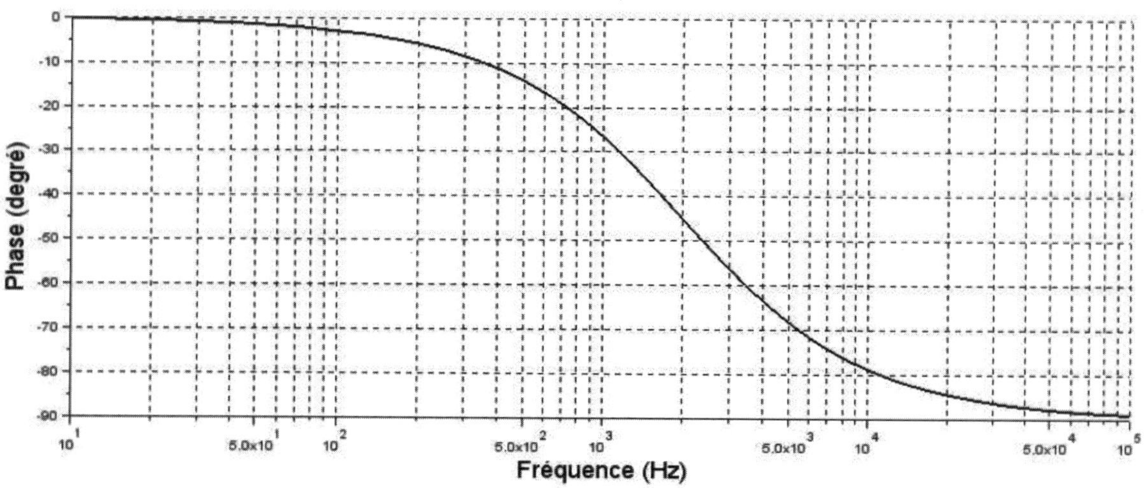

– Pour $x \ll 1$, la fonction de transfert devient $\underline{H}(x) \approx H_0 \dfrac{1}{1} = \dfrac{1}{2}$.

Soit $G_{dB} = 20\log(|\underline{H}|) = 20\log(H_0) = -6$ dB, il y a donc une asymptote horizontale à – 6 dB en basse fréquence , et $\varphi = \arg(\underline{H}) = \arg(H_0) = 0$ asymptote pour la phase en base fréquence.

– Pour $x \gg 1$, $\underline{H}(x) \approx H_0 \dfrac{1}{jx} = -\dfrac{j}{2x}$.

Soit $G_{dB} = 20\log(|\underline{H}|) = 20\log(H_0) - 20\log x$, le facteur -20 devant $\log x$ indique une pente de l'asymptote de -20 dB/décade et $\varphi = -\dfrac{\pi}{2}$ qui représente l'asymptote de la phase.

Les asymptotes du diagramme de gain se coupent en $f_0 = 2$ kHz.

Vrai/Faux

		Vrai	Faux
1.	La fonction de transfert permet de déterminer les équations qui régissent le régime transitoire du système.	☐	☐
2.	L'ordre du filtre est aussi l'ordre du système en régime transitoire.	☐	☐
3.	Un filtre passe-bande laisse passer les hautes fréquences.	☐	☐
4.	La pulsation de coupure à – 3 dB est la pulsation pour laquelle la valeur du gain est $\sqrt{2}$ fois plus petite que sa valeur maximale.	☐	☐
5.	La courbe de gain d'un filtre du premier ordre peut avoir une pente de 40 décibels par décade.	☐	☐
6.	Le filtre passe-haut $\underline{H}(x) = H_0 \dfrac{jx}{1+jx}$, se comporte comme un circuit dérivateur en basse fréquence.	☐	☐
7.	Le filtre passe-bas $\underline{H}(x) = H_0 \dfrac{1}{1+jx}$, se comporte comme un circuit dérivateur en haute fréquence.	☐	☐
8.	La pulsation de coupure réduite d'un filtre du premier ordre est $x_c = 1$.	☐	☐
9.	La pulsation de coupure réduite d'un filtre du second ordre est $x_c = 1$.	☐	☐
10.	La phase d'un filtre du premier ordre peut varier de $\dfrac{\pi}{2}$ au maximum.	☐	☐
11.	La phase d'un filtre du second ordre peut varier de $\dfrac{\pi}{2}$ au maximum.	☐	☐

Énoncé des exercices

Filtres du premier ordre

Exercice 9.1. Filtre *RL*

On considère le filtre ci-contre, en sortie ouverte.

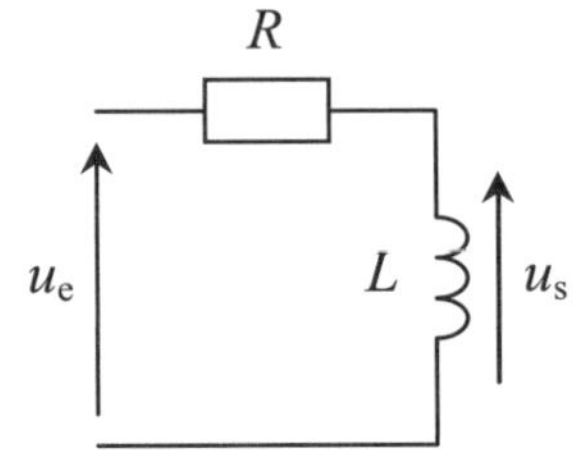

1. Déterminer la nature du filtre grâce à son comportement asymptotique.

2. Déterminer la fonction de transfert $\underline{H} = \dfrac{\underline{U}_s}{\underline{U}_e}$ de ce filtre.

Identifier sa pulsation caractéristique ω_0.

3. Tracer le diagramme de Bode asymptotique, avec $\log x = \log(\omega/\omega_0)$ en abscisse.

4. Définir sa pulsation de coupure à – 3 dB et tracer l'allure du diagramme de Bode réel.

5. À partir de la fonction de transfert, écrire l'équation différentielle liant $u_e(t)$ et $u_s(t)$.

6. Retrouver l'équation différentielle précédente avec une autre méthode.

Exercice 9.2. Filtre observé à l'oscilloscope

Lors de l'étude fréquentielle d'un filtre *RC* série, on visualise la tension aux bornes du condensateur à l'aide d'un oscilloscope, dont l'entrée DC peut être assimilée à une association en parallèle d'une capacité C_0 et d'une résistance R_0. On obtient donc le schéma ci-contre.

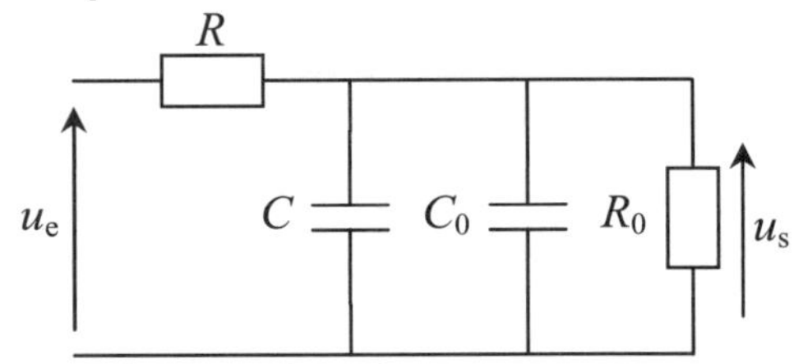

1. Déterminer la nature du filtre constitué par ces quatre dipôles, d'après son comportement asymptotique.

2. Montrer que sa fonction de transfert s'écrit $\underline{H} = \dfrac{\underline{u}_s}{\underline{u}_e} = \dfrac{R_0}{R+R_0} \dfrac{1}{j\dfrac{RR_0}{R+R_0}(C+C_0)\omega + 1}$.

3. Calculer la pulsation de coupure ω_c de ce circuit, et comparer ω_c avec la pulsation de coupure ω'_c du circuit *RC* seul. À quelles conditions l'étage d'entrée de l'oscilloscope ne perturbe-t-il pas l'étude du filtre ?

4. On donne $R = 4{,}7\ \text{k}\Omega$, $C = 6{,}8\ \text{nF}$, $R_0 = 1\ \text{M}\Omega$, $C_0 = 25\ \text{pF}$. Comparer ω_c et ω'_c et conclure.

❑ Exercice 9.3. Filtre *RC**

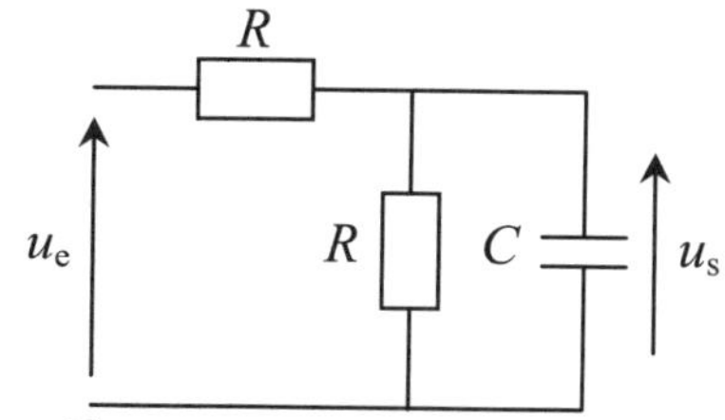

On étudie le filtre ci-contre.

1. En effectuant un schéma équivalent en BF (basse fréquence), puis un autre en HF (haute fréquence), déterminer sans calcul le type de ce filtre.

2. Déterminer la fonction de transfert $\underline{H}(x)$ de ce filtre en fonction de $x = RC\omega$.

3. Déterminer sa pulsation de coupure ω_c en fonction de R et C.

4. On a tracé ci-dessous le diagramme de Bode de ce filtre. Justifier les parties rectilignes du diagramme de Bode en gain. Déterminer un ordre de grandeur du produit RC.

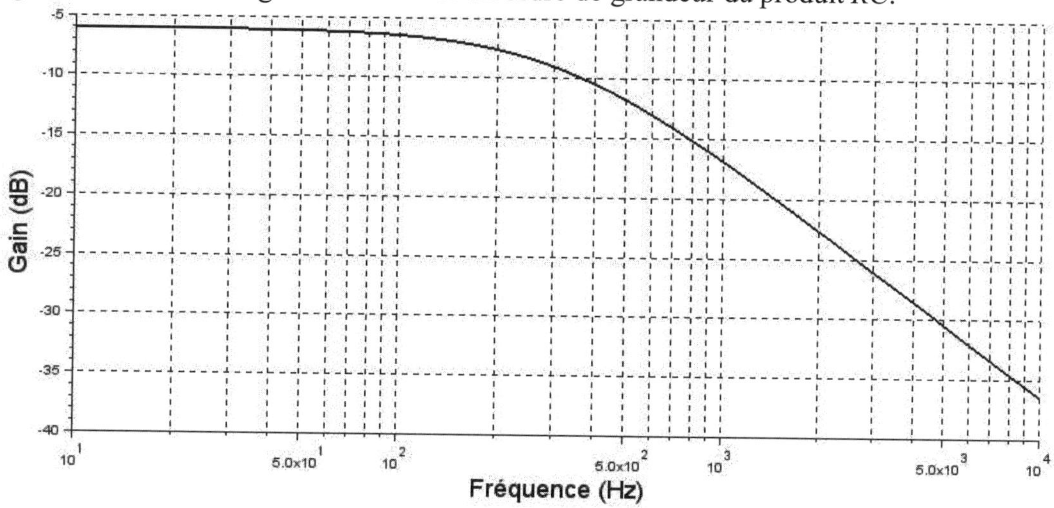

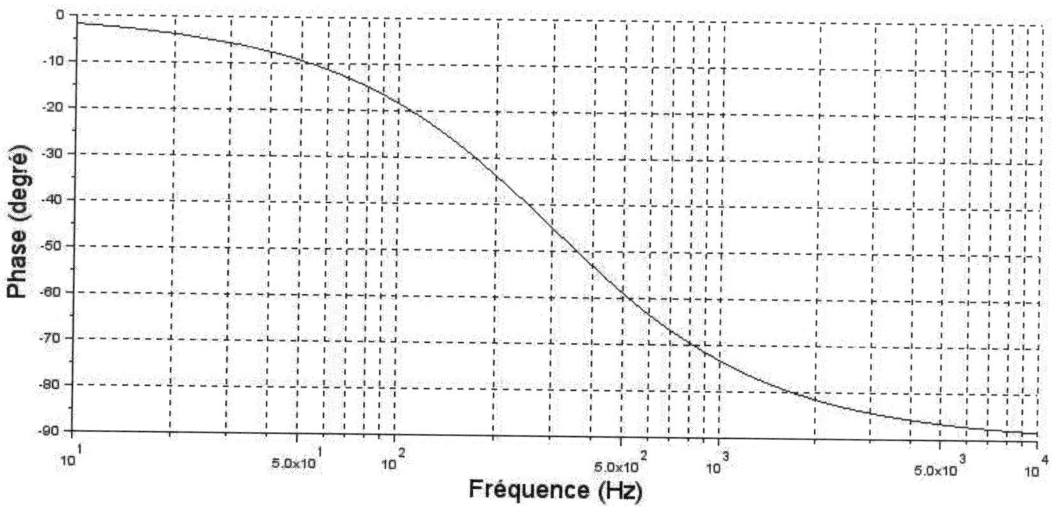

5. En haute fréquence, pourquoi parle-t-on d'une intégration ? Comment vérifie-t-on cette propriété sur le diagramme de Bode en gain ? Vers quelle valeur tend alors le déphasage de $u_s(t)$ par rapport à $u_e(t)$?

6. Déterminer l'amplitude du signal de sortie si l'entrée vaut $10\cos\left(2\pi\cdot 900t+\frac{\pi}{3}\right)$.

D'après Mines d'Albi, Alès, Douai, Nantes

❑ Exercice 9.4 Réalisation d'un filtre moyenneur**

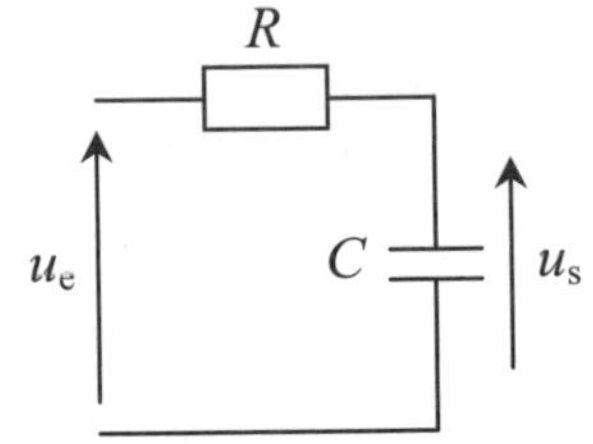

On désire réaliser filtre moyenneur avec un circuit *RC*, de fonction de transfert $\underline{H}=\frac{1}{1+jRC\omega}$. Pour cela, la composante continue du signal qui correspond à la valeur moyenne doit être transmise et les composantes alternatives « éliminées ».

1. Quelle est la nature de ce filtre ?
2. On considère que la condition d'élimination est réalisée si la composante alternative est atténuée de 40 dB en sortie du filtre. Sachant qu'en pratique, les signaux à traiter ont des fréquences supérieures à 1 kHz, déterminer la valeur de la fréquence de coupure. En déduire la valeur de *R*, sachant que l'on a déjà un condensateur $C = 1$ µF.
3. Le filtre précédent est maintenant réalisé, et fonctionne parfaitement. Pour le tester, on l'alimente avec le signal $u_e(t)=2+1.\cos\left(2\pi\cdot 1000t+\frac{\pi}{3}\right)+5\cos(2\pi\cdot 2000t)$ avec t en secondes et u_e en volts.
   Qu'observe-t-on en sortie (on ne demande pas un calcul complet, mais une approximation rapide) ? Conclure sur la fonction attendue de ce filtre.
4. À quelle condition ce filtre se comporte-t-il comme un intégrateur ?
5. Toujours dans l'optique de vérifier le bon fonctionnement du filtre, on l'alimente avec un signal créneau évoluant entre 0 et 4 V à la fréquence 1 kHz. Qu'observe-t-on à la sortie ?
6. Toto qui n'a pas écouté les consignes (comme d'habitude…) fait l'observation du signal de sortie avec un oscilloscope en mode AC. Il n'observe rien : expliquez. Il modifie alors le calibre de l'oscilloscope et observe un signal triangulaire de fréquence 1 kHz : expliquez sans faire de calcul.

❑ Exercice 9.5. Filtre à retard de phase**

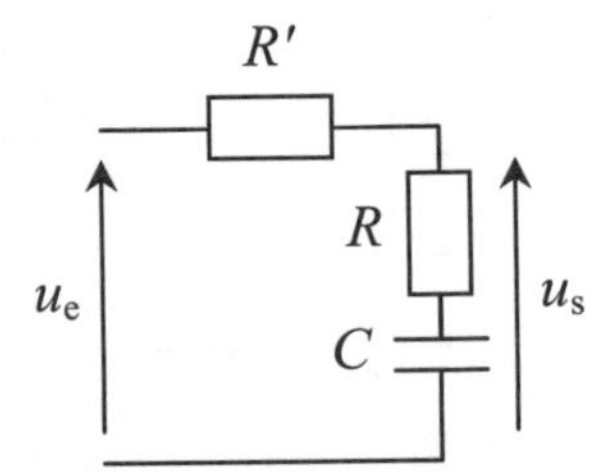

On considère le filtre ci-contre, en sortie ouverte. La tension d'entrée est sinusoïdale. On posera $\alpha=\frac{R'}{R}$ et $x=RC\omega$.

1. Faire une analyse qualitative de ce filtre pour les hautes et basses fréquences.
2. Déterminer sa fonction de transfert $\underline{H}=\frac{\underline{u_s}}{\underline{u_e}}$.
3. Tracer le diagramme de Bode asymptotique de ce filtre.

4. Montrer que $\varphi < 0$ quel que soit x, et justifier la dénomination « filtre à retard de phase » donnée à ce montage.

5. Calculer en fonction de α, le déphasage minimal ainsi que le gain G_0 correspondant.

Donnée : $\dfrac{\mathrm{d}}{\mathrm{d}x}(\arctan x) = \dfrac{1}{1+x^2}$.

Filtres du second ordre

Exercice 9.6. Filtre ADSL*

Le chien de Madame Michu a mangé son filtre ADSL ! Qu'à cela ne tienne, elle va en fabriquer un elle-même…

Les signaux transmis par une ligne téléphonique utilisent une très large gamme de fréquences, divisée en deux parties : les signaux téléphoniques (transmettant la voix) utilisent les fréquences de 0 à 4 kHz ; les signaux informatiques (Internet) utilisent les fréquences de 25 kHz à 2 MHz.

1. Quel type de filtre faut-il utiliser pour récupérer seulement les signaux téléphoniques ? les signaux informatiques ? Quelle fréquence de coupure peut-on choisir ?

Madame Michu réalise le filtre ci-contre.

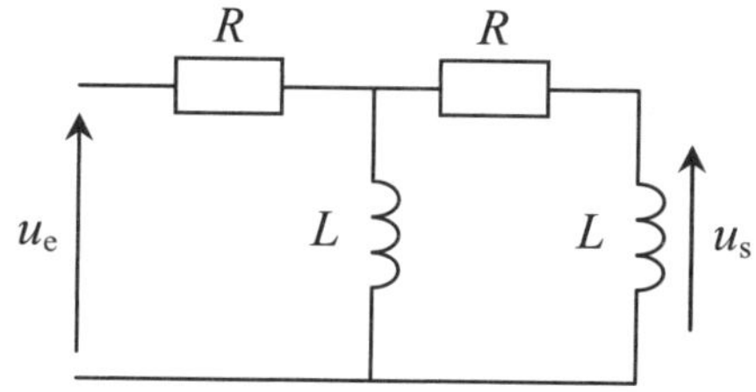

2. Déterminer la nature du filtre grâce à son comportement asymptotique. En déduire pour quels signaux il peut être utilisé.

3. Montrer que la fonction de transfert de ce filtre peut se mettre sous la forme :

$$\underline{H}(x) = \frac{-x^2}{1+3jx-x^2} \quad \text{avec } x = \frac{\omega}{\omega_0} \text{ et } \omega_0 \text{ à déterminer en fonction de } R \text{ et } L.$$

4. Tracer le diagramme de Bode asymptotique de ce filtre, puis esquisser l'allure de la courbe réelle de gain en la justifiant.

5. Madame Michu possède des résistances de 100 Ω. Quelle valeur d'inductance doit-elle choisir pour réaliser le filtre souhaité ?

Exercice 9.7. Utilisation d'un filtre de Wien*

On étudie le circuit ci-contre en régime sinusoïdal permanent, alimenté par une tension d'entrée $u_e(t) = E_m \cos(\omega t)$.

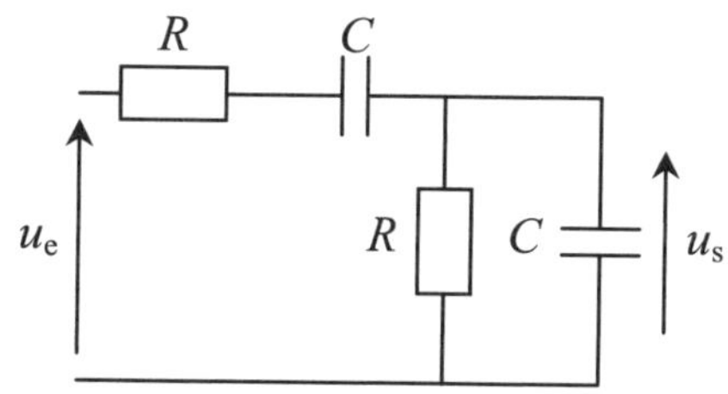

1. Déterminer qualitativement le comportement de ce filtre à haute et basse fréquence.

2. On pose $\omega_0 = \dfrac{1}{RC}$ et $x = \dfrac{\omega}{\omega_0}$. Exprimer la fonction de transfert $\underline{H} = \dfrac{\underline{U_s}}{\underline{U_e}}$ sous la forme :

$$\underline{H}(x) = H_0 \frac{1}{1+jQ\left(x - \dfrac{1}{x}\right)}.$$ Préciser le facteur de qualité Q du filtre et la valeur de H_0.

3. Calculer le gain maximum de ce filtre, ainsi que le déphasage correspondant et le gain en décibels. Calculer les pulsations de coupures ω_{c1}, ω_{c2} en fonction de Q et ω_0, et en déduire la largeur de la bande passante.

4. Représenter le diagramme de Bode de ce filtre, en précisant les asymptotes.

5. Calculer ω_0 pour $R = 1{,}0\ \text{k}\Omega$ et $C = 0{,}50\ \mu\text{F}$. Quel signal obtient-on en sortie si le signal d'entrée est $u_e(t) = E_m \cos(\omega t) + E_m \cos(10\,\omega t) + E_m \cos(100\,\omega t)$ avec $\omega = 2{,}0 \cdot 10^2\ \text{rad} \cdot \text{s}^{-1}$?

D'après Mines d'Albi, Alès, Douai, Nantes

❑ Exercice 9.8. Filtre de Colpitts

On considère le quadripôle suivant, où C est une capacité, R une résistance et L une inductance. Il est utilisé en régime sinusoïdal forcé, en sortie ouverte (rien n'est branché entre les bornes de sortie).

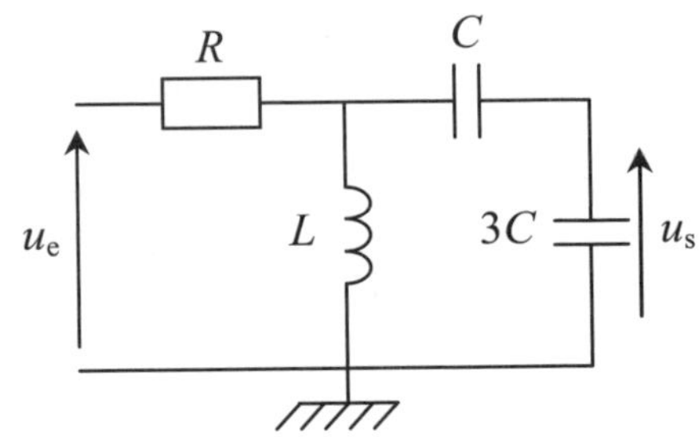

1. Étudier qualitativement le comportement de ce quadripôle en haute fréquence et en basse fréquence. De quel type de filtre s'agit-il ?

2. Déterminer la fonction de transfert $\underline{H} = \dfrac{\underline{u}_s}{\underline{u}_e}$ et la mettre sous l'une des deux formes

équivalentes : $\underline{H} = \dfrac{A}{1 + jQ\left(\dfrac{\omega}{\omega_0} - \dfrac{\omega_0}{\omega}\right)} = \dfrac{j\dfrac{A}{Q}\dfrac{\omega}{\omega_0}}{1 - \dfrac{\omega^2}{\omega_0^2} + \dfrac{j}{Q}\dfrac{\omega}{\omega_0}}$ en introduisant des constantes

A, ω_0 et Q dont on précisera les expressions en fonction de R, C et L.

3. Le diagramme de Bode de ce quadripôle a été relevé, et on sait que $Q = 10$. Justifier l'allure des parties rectilignes du diagramme de Bode. Déduire du diagramme la valeur de la fréquence d'accord f_0, ainsi que des fréquences de coupure.

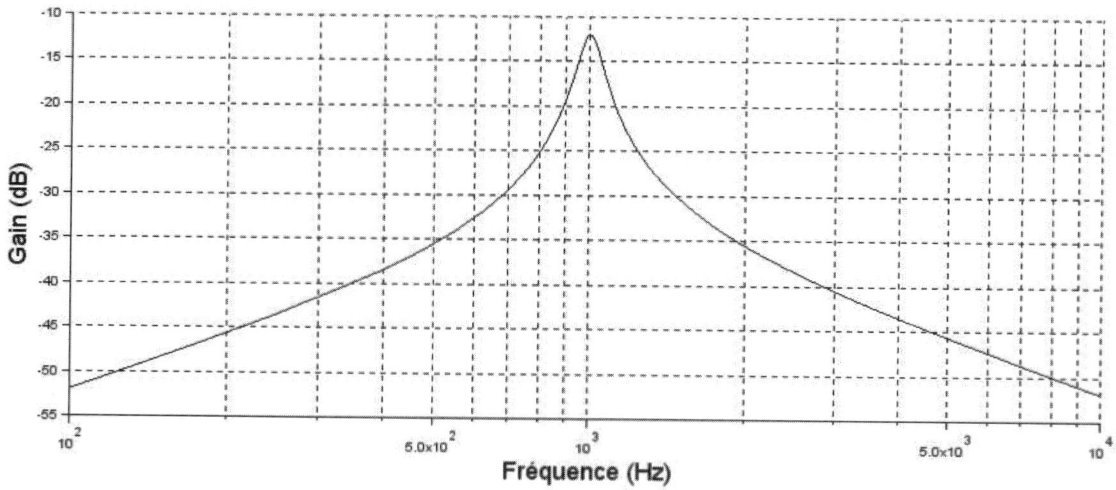

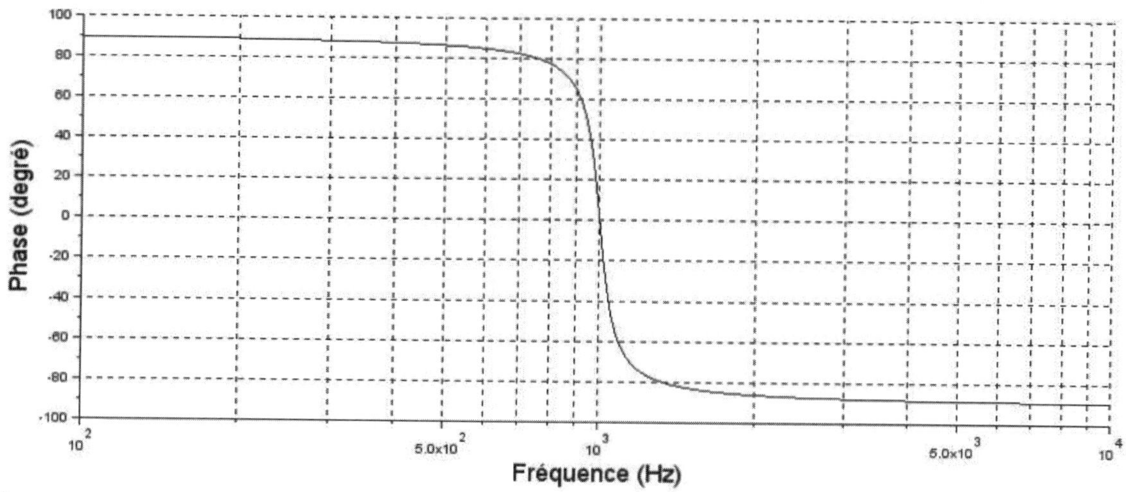

4. Un circuit multiplieur fournit le signal d'entrée $u_e(t) = 2B\cos(\omega_1 t)\cos(\omega_2 t)$ avec $\omega_1 = 100\omega_0$ et $\omega_2 = 101\omega_0$. Écrire $u_e(t)$ sous forme d'une somme de cosinus. En déduire le signal obtenu à la sortie de ce filtre.

❑ Exercice 9.9. Filtre *RLC* série * *

On étudie le circuit linéaire ci-contre.
Il est composé de trois dipôles en série : une résistance R, une inductance parfaite de coefficient d'induction L, et d'un condensateur de capacité C.
Il est soumis à une tension d'entrée sinusoïdale $e(t) = E_m \cos(\omega t + \varphi)$. On note $s(t)$ la tension de sortie.

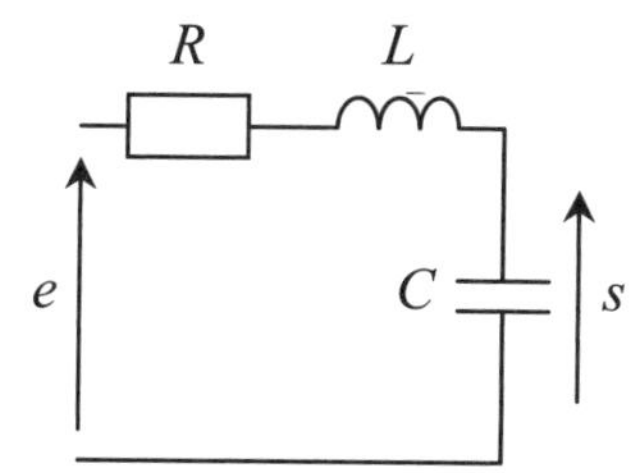

1. À l'aide de deux schémas équivalents du circuit, l'un en hautes fréquences, l'autre en basses fréquences, donner la nature de ce filtre.

2. Fonction de transfert

a) Établir la fonction de transfert de ce filtre sous la forme :

$$\underline{H}(\omega) = \frac{1}{1 + j\dfrac{1}{Q}\dfrac{\omega}{\omega_0} + \left(j\dfrac{\omega}{\omega_0}\right)^2}$$ en précisant ω_0 et Q. Donner l'ordre de ce filtre.

b) Si $e(t)$ est une fonction quelconque du temps (non nécessairement sinusoïdale), quelle est l'équation différentielle entre les fonctions $s(t)$ et $e(t)$?

Pour quelle raison peut-on affirmer la convergence du régime transitoire ?

3. Exprimer le module de la fonction de transfert $|\underline{H}(\omega)|$, en fonction de ω, ω_0 et Q.

4. Montrer que $|\underline{H}(\omega)|$ passe par un maximum pour $Q > \dfrac{1}{\sqrt{2}}$. Comment appelle-t-on ce phénomène ? Déterminer ω_r, la pulsation correspondant à ce phénomène, en fonction de ω_0 et Q.

5. On appelle gain la fonction $G_{dB}(\omega) = 20\log|\underline{H}(\omega)|$. Le tracé du diagramme de Bode est réalisé avec $Q = 1$. Déduire du diagramme la valeur de ω_0. Justifiez l'allure des asymptotes de G_{dB} aux basses fréquences et aux hautes fréquences. Exprimer $G_{dB}(\omega_0)$.

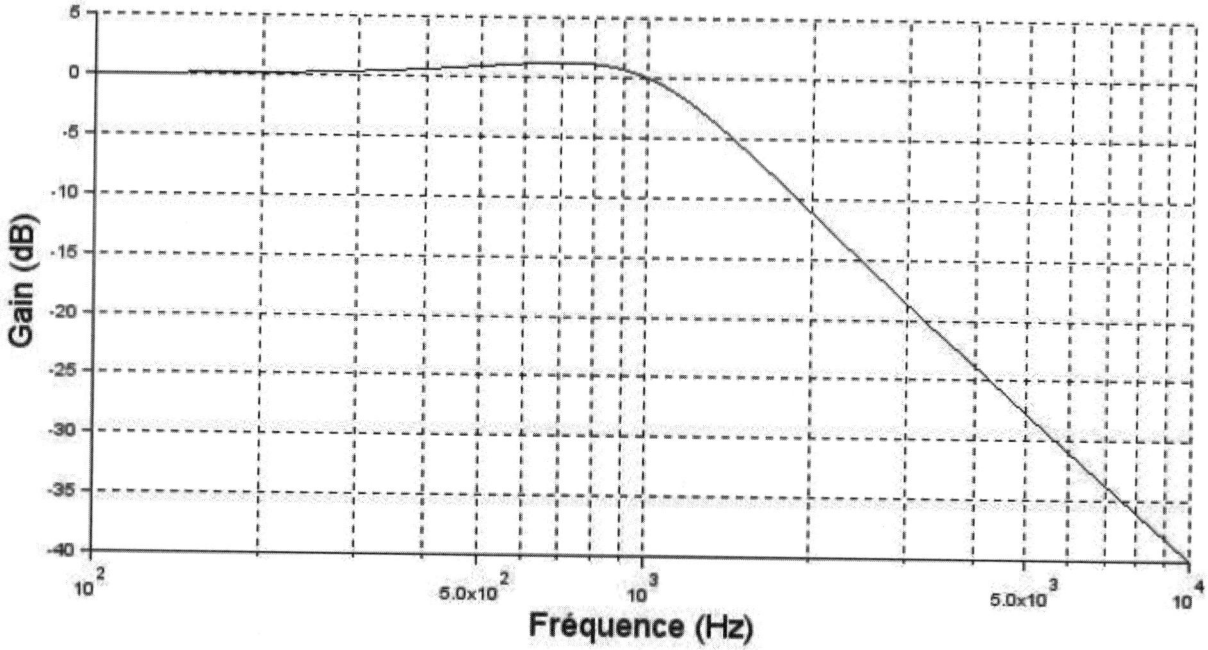

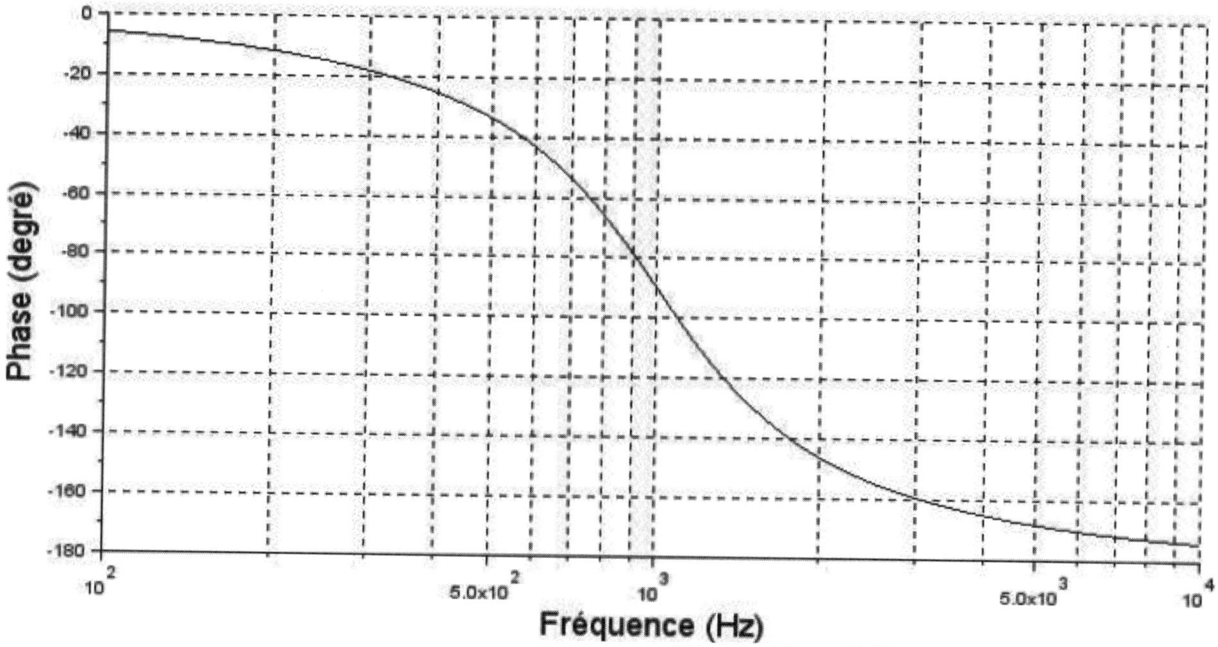

D'après Mines d'Albi, Alès, Douai, Nantes

❑ Exercice 9.10. Toto et son coupe-bande**

Toto réalise un enregistrement numérique de son groupe de rock, dans des fréquences comprises entre 20 Hz et 20 kHz. Mais il est gêné par un signal parasite à 50 Hz provenant de la tension du secteur : il cherche donc à éliminer ce signal au moyen d'un filtre réjecteur ou coupe-bande.

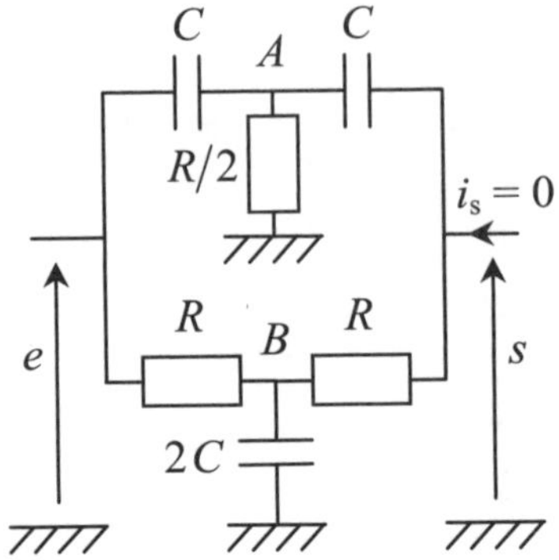

Il réalise pour cela le quadripôle ci-contre, qui est utilisé en sortie ouverte : l'impédance en sortie peut être considérée comme infinie, donc le courant de sortie est nul.

1. Étudier qualitativement le comportement de ce quadripôle en haute fréquence et en basse fréquence, et en déduire qu'il s'agit bien d'un coupe-bande.

2. Déterminer sa fonction de transfert en posant $x = RC\omega$, et la mettre sous la forme $\underline{H} = H_0 \dfrac{1-x^2}{1+j\dfrac{x}{Q}-x^2}$ avec des constantes H_0 et Q dont on donnera les valeurs.

3. Le diagramme de Bode de ce quadripôle est représenté ci-dessous.

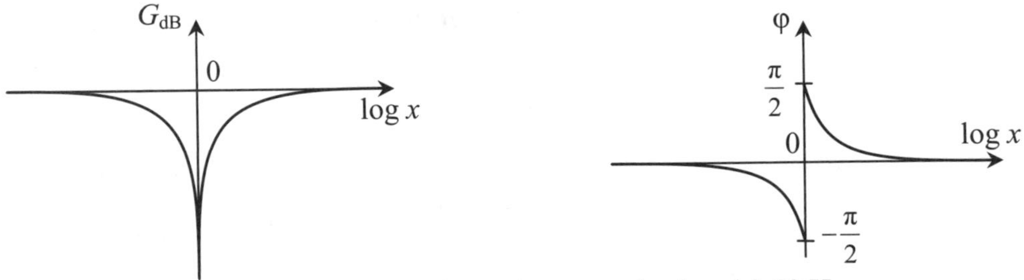

Proposer deux valeurs pour R et C permettant de couper le signal à 50 Hz.

■ Pour vous aider à démarrer

Exercice 9.3. À la question 4, il faut déterminer graphiquement la fréquence de coupure et en déduire la pulsation de coupure.

Exercice 9.5. À la question 3, il faut aussi étudier le domaine $\dfrac{1}{1+\alpha} << x << 1$. À la question 5, étudier la dérivée de la fonction argument pour avoir son extremum.

Exercice 9.9. À la question 4, calculer la dérivée du terme contenu dans la racine du dénominateur du gain, et chercher la condition d'existence d'un extremum.

Corrigé des vrai/faux

1.	2.	3.	4.	5.	6.	7.	8.	9.	10.	11.
vrai	vrai	faux	vrai	faux	vrai	faux	vrai	faux	vrai	faux

3. Il coupe les basses et les hautes fréquences, et laisse passer une bande de fréquences intermédiaires.

5. Il existe trois valeurs de pente pour un filtre du premier ordre : 0, + 20 dB/déc et –20dB/déc. Une pente de ± 40dB/déc correspond à un terme en ω^2 donc à un filtre du second ordre.

6. En basse fréquence, la fonction de transfert est équivalente à $\underline{H}(x) = H_0 jx = \dfrac{H_0}{\omega_0} j\omega$. Or une multiplication par $j\omega$ en complexes correspond à une dérivation temporelle.

7. En haute fréquence, la fonction de transfert est équivalente à $\underline{H}(x) = \dfrac{H_0}{jx} = \dfrac{H_0\omega_0}{j\omega}$. Or une division par $j\omega$ en complexes correspond à une *intégration* temporelle.

9. Il faut toujours calculer la ou les pulsation(s) de coupure d'un filtre du second ordre.

11. La phase d'un filtre du second ordre peut varier au maximum de π, car le terme prépondérant du dénominateur varie de 1 (argument 0) en BF à $-\omega^2$ (argument π) en HF.

❑ Les erreurs classiques

– Dans l'étude (sans calcul) du comportement asymptotique, la tension aux bornes d'un interrupteur ouvert est souvent non nulle.
– Attention à bien appliquer la formule du diviseur de tension uniquement à des dipôles (ou associations) *en série*, c'est-à-dire sans nœud entre eux.
– Ne pas poser systématiquement $x = RC\omega$ pour un filtre comportant des résistances R et des capacités C : la pulsation caractéristique peut être $\omega_0 = \dfrac{\alpha}{RC}$ avec α différent de 1 (voir les exemples des méthodes).
– Ne pas oublier les valeurs absolues dans l'expression du gain $G(\omega) = |\underline{H}(\omega)|$.

Corrigé

Corrigé des exercices

Exercice 9.1

1. En basse fréquence ($\omega \to 0$), la bobine se comporte comme un fil.

Le schéma équivalent est alors :

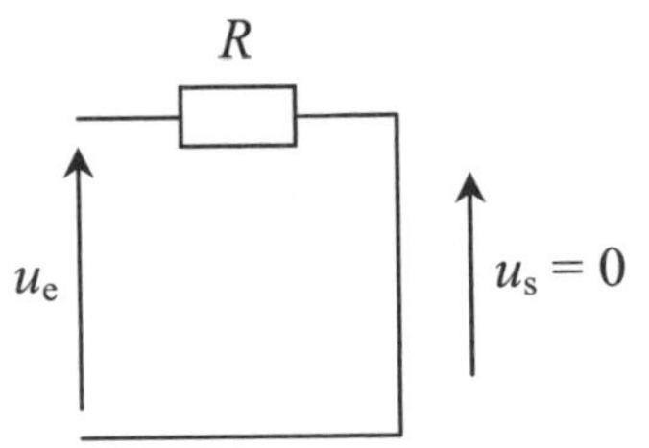

En haute fréquence ($\omega \to \infty$), la bobine se comporte comme un interrupteur ouvert.

Le schéma équivalent est alors :

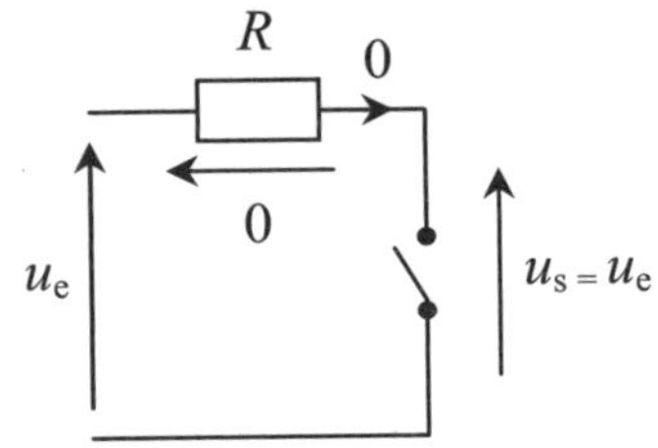

Le signal de sortie est non nul pour les hautes fréquences, négligeable aux basses fréquences : c'est un filtre passe-haut.

⇨ *Méthode 9.1*

2. En utilisant la formule du pont diviseur de tension, on obtient $\dfrac{\underline{U}_s}{\underline{U}_e} = \underline{H} = \dfrac{jL\omega}{R + jL\omega}$.

On la met sous forme canonique en divisant par R en haut et en bas, soit $\underline{H} = \dfrac{j\dfrac{L}{R}\omega}{1 + j\dfrac{L}{R}\omega}$, qui est

de la forme $\boxed{\underline{H} = H_0 \dfrac{jx}{1+jx}}$ avec par identification $\boxed{H_0 = 1}$ et $x = \dfrac{\omega}{\omega_0} = \dfrac{L}{R}\omega$ soit $\boxed{\omega_0 = \dfrac{R}{L}}$.

⇨ *Méthode 9.2, 9.4*

3. Pour $x << 1$ la fonction de transfert devient $\underline{H} \approx jx$, soit $\boxed{G_{dB} = 20\log(|\underline{H}|) = 20\log(x)}$ (asymptote de pente de +20 dB/décade) et $\boxed{\varphi = \arg(\underline{H}) = \dfrac{\pi}{2}}$.

Pour $x >> 1$ la fonction de transfert devient $\underline{H}(x) \approx \dfrac{jx}{jx} = 1$, soit $\boxed{G_{dB} = 20\log(|\underline{H}|) = 0}$ et $\boxed{\varphi = 0}$.

Les asymptotes se coupent pour $20\log(x) = 0$.

Autre rédaction possible : pour tout x, $G_{dB} = 20\log(|\underline{H}|) = 20\log H_0 \dfrac{x}{\sqrt{1+x^2}}$ et $\varphi = \arg(\underline{H}) = \dfrac{\pi}{2} - \arctan(x)$, et on peut en déduire les quatre limites précédentes $\left(\text{sachant que } \arctan(0) = 0 \text{ et } \arctan(+\infty) = +\dfrac{\pi}{2}\right)$.

On en déduit le diagramme de Bode asymptotique du filtre.

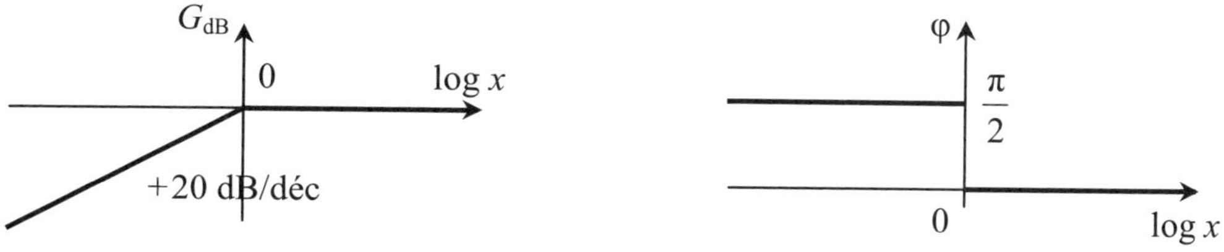

✐ *Cette fois le zéro est valable pour l'axe des ordonnées et aussi pour l'axe des abscisses, où* $\log x = 0$ *correspond à la valeur* $x = 1$*, soit* $\omega = \omega_0$.

4. La pulsation de coupure à – 3 dB correspond à la valeur $G_{dB} = -20\log\sqrt{2} = -3$ dB soit $G(x_c) = \dfrac{G_{max}}{\sqrt{2}} = \dfrac{1}{\sqrt{2}} = \dfrac{1}{\sqrt{1+x_c^2}}$: on en déduit immédiatement $x_c^2 = 1$, soit $x_c = 1$ et $\boxed{\omega_c = \omega_0}$.

D'autre part, $\varphi(1) = \arg(j) - \arg(1+j) = \dfrac{\pi}{2} - \dfrac{\pi}{4} = \dfrac{\pi}{4}$.

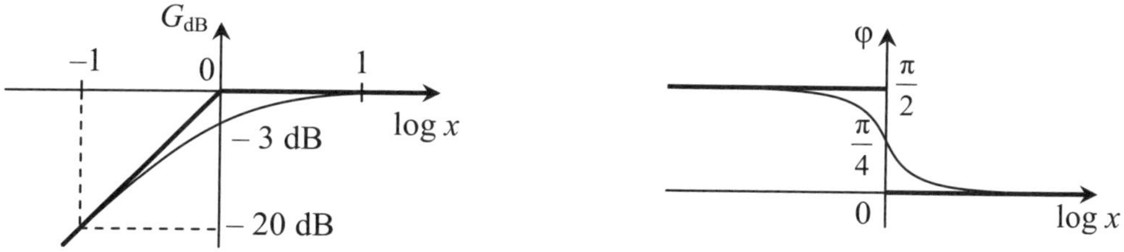

5. À partir de $\underline{H} = \dfrac{j\dfrac{L}{R}\omega}{1 + j\dfrac{L}{R}\omega} = \dfrac{\underline{U}_s}{\underline{U}_e} = \dfrac{\underline{u}_s(t)}{\underline{u}_e(t)}$ on effectue le produit en croix :

$j\dfrac{L}{R}\omega\underline{u}_e(t) = \underline{u}_s(t) + j\dfrac{L}{R}\omega\underline{u}_s(t)$. On repasse ensuite au domaine temporel, sachant que chaque facteur $j\omega$ correspond à une dérivation par rapport au temps : $\dfrac{L}{R}\dfrac{du_e}{dt} = u_s + \dfrac{L}{R}\dfrac{du_s}{dt}$ soit sous forme canonique $\boxed{\dfrac{du_e}{dt} = \dfrac{R}{L}u_s + \dfrac{du_s}{dt}}$.

6. Les relations élémentaires sont, en convention récepteur : $u_R = Ri$ et $u_s = L\dfrac{di}{dt}$. La loi des mailles donne $u_e = Ri + u_s$. Pour obtenir une relation liant les tensions d'entrée et de sortie, il faut alors dériver l'équation, ce qui donne $\boxed{\dfrac{du_e}{dt} = \dfrac{R}{L}u_s + \dfrac{du_s}{dt}}$.

Exercice 9.2

1. En basse fréquence ($\omega \to 0$), un condensateur se comporte comme un interrupteur ouvert.

Le schéma équivalent est alors :

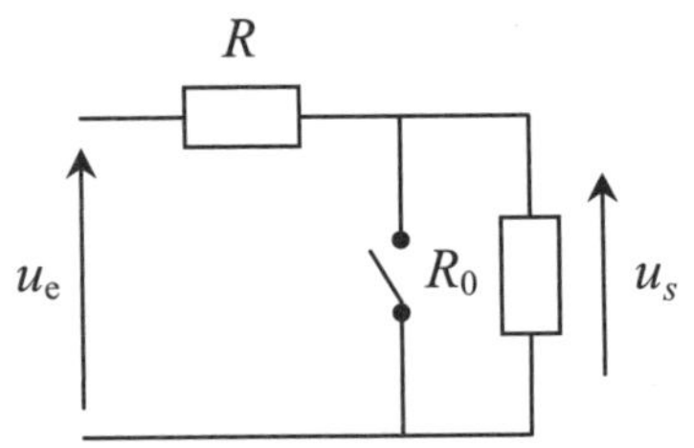

Pont diviseur de tension : $u_s = \dfrac{R_0}{R + R_0}u_e$.

En haute fréquence ($\omega \to \infty$), un condensateur se comporte comme un fil.

Le schéma équivalent est alors :

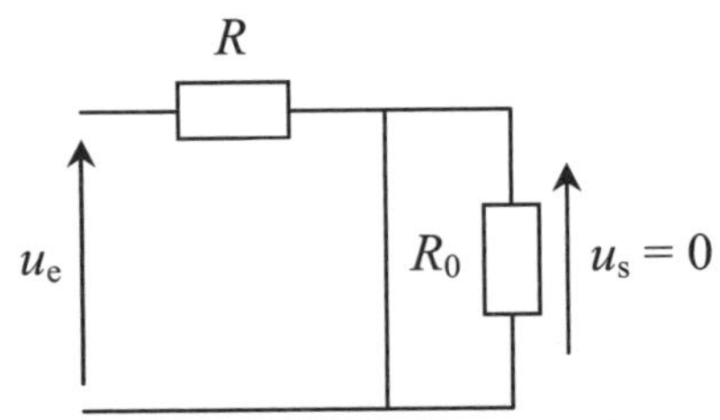

La tension u_s est la tension aux bornes d'un fil, elle est donc nulle.

Le signal de sortie est non nul pour les basses fréquences, négligeable pour les hautes fréquences : il s'agit d'un <u>filtre passe-bas</u>.

➪ *Méthode 9.1*

2. On considère l'association parallèle C, C_0 et R_0 que l'on considère comme un dipôle d'impédance $\underline{Z}_{éq}$ (dont l'admittance est obtenue immédiatement). D'après le formule du diviseur de tension, on peut écrire $\underline{H} = \dfrac{\underline{Z}_{éq}}{R + \underline{Z}_{éq}}$, soit en divisant par $\underline{Z}_{éq}$, $\underline{H} = \dfrac{1}{R\underline{Y}_{éq} + 1}$, avec $\underline{Y}_{éq} = j(C + C_0)\omega + \dfrac{1}{R_0}$. On obtient alors $\underline{H} = \dfrac{1}{jR(C + C_0)\omega + \dfrac{R + R_0}{R_0}}$. On cherche à obtenir une partie réelle unitaire pour le dénominateur soit $\boxed{\underline{H} = \dfrac{R_0}{R + R_0}\dfrac{1}{j\dfrac{RR_0}{R + R_0}(C + C_0)\omega + 1}}$. On a une forme $\boxed{\underline{H} = H_0 \dfrac{1}{1+jx}}$ en identifiant $\boxed{H_0 = \dfrac{R_0}{R+R_0}}$ et $x = \dfrac{\omega}{\omega_0} = \dfrac{RR_0}{R+R_0}(C+C_0)\omega$, soit $\boxed{\omega_0 = \dfrac{R+R_0}{RR_0(C+C_0)}}$.

⇨ *Méthodes 9.2, 9.4*

3. Par définition : $G(x_c) = \dfrac{G_{max}}{\sqrt{2}} = \dfrac{|H_0|}{\sqrt{2}} = \dfrac{|H_0|}{\sqrt{1+x_c^2}}$, d'où $x_c = 1$ soit $\boxed{\omega_c = \omega_0 = \dfrac{R+R_0}{RR_0(C+C_0)}}$.

✎ *Pour un filtre passe-bas du premier ordre, le gain maximum est obtenu lorsque x tend vers zéro.*

Dans le cas d'un simple circuit *RC*, la fonction de transfert est $\dfrac{\dfrac{1}{jC\omega}}{R+\dfrac{1}{jC\omega}} = \dfrac{1}{1+jRC\omega}$. On aurait par identification avec la forme canonique $H_0' \dfrac{1}{1+jx'}$, $H_0' = 1$ et $x' = RC\omega$. La pulsation réduite de coupure vaut $x_c' = 1 = RC\omega_c'$ donc $\omega_c' = \dfrac{1}{RC}$. On constate que <u>le fait de brancher le filtre *RC* sur un autre circuit modifie sa pulsation de coupure.</u>

Pour que le filtre ne soit pas perturbé par l'oscilloscope, il faut $\omega_c' \approx \omega_c$, il faut donc un rapport des deux pulsations unitaire : $\dfrac{\omega_c}{\omega_c'} = \dfrac{R+R_0}{R_0} \cdot \dfrac{C}{C+C_0} \approx 1$ soit $\boxed{R_0 >> R \text{ et } C_0 << C}$.

4. D'après les données de l'énoncé, on trouve $\omega_c' = 31,29\ \text{krad}\cdot\text{s}^{-1}$ et $\omega_c = 31,32\ \text{krad}\cdot\text{s}^{-1}$. On constate que ces deux pulsations sont très proches (il faut aller au quatrième chiffre significatif pour les distinguer) : l'oscilloscope ne perturbe pas le fonctionnement du filtre.

✎ *Heureusement que l'oscilloscope ne perturbe pas le fonctionnement des filtres car en* TP *on l'utilise pour caractériser les filtres !*

Exercice 9.3

1. En basse fréquence ($\omega \to 0$) le condensateur se comporte comme un interrupteur ouvert, d'où :

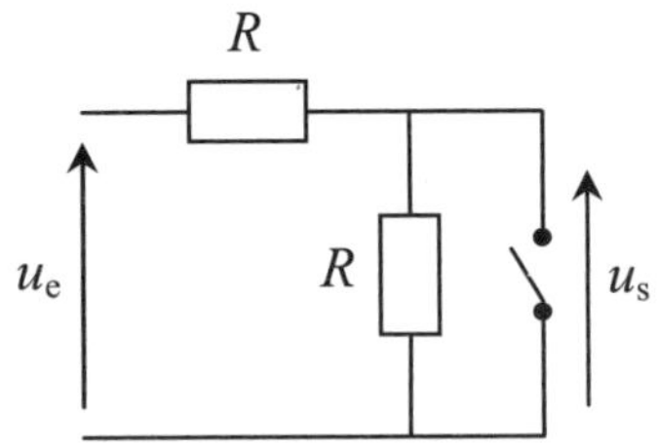

Pont diviseur de tension : $u_s = \dfrac{R_0}{R+R_0} u_e$.

En haute fréquence ($\omega \to \infty$) le condensateur se comporte comme un fil, d'où :

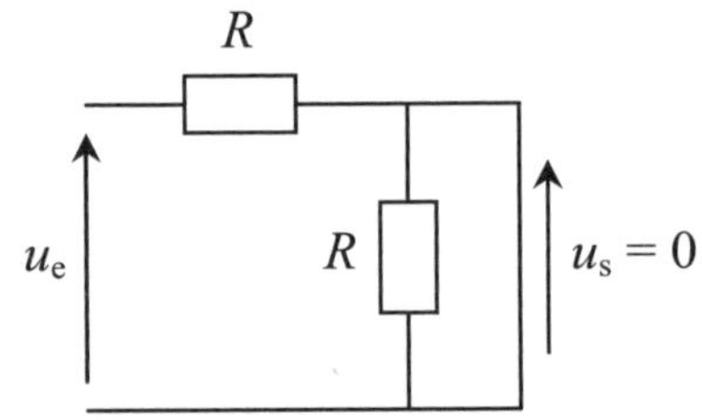

La tension u_s est la tension aux bornes d'un fil, elle est donc nulle.

Le signal de sortie est négligeable pour les hautes fréquences, non nul pour les basses fréquences : il s'agit d'un filtre passe-bas.

➪ *Méthode 9.1*

2. On considère l'association parallèle RC comme un dipôle d'impédance $\underline{Z}_{éq}$ (dont l'admittance est obtenue immédiatement). Diviseur de tension : $\underline{H} = \dfrac{\underline{Z}_{éq}}{R+\underline{Z}_{éq}} = \dfrac{1}{R\underline{Y}_{éq}+1}$, avec $\underline{Y}_{éq} = jC\omega + \dfrac{1}{R}$, soit $\underline{H} = \dfrac{1}{jRC\omega + 2}$. En posant $x = RC\omega$ on obtient $\boxed{\underline{H} = \dfrac{1}{2+jx}}$.

✐ *On peut mettre la fonction de transfert sous forme canonique avec une partie réelle unitaire pour le dénominateur soit* $\underline{H} = \dfrac{1}{2}\dfrac{1}{1+j\dfrac{x}{2}}$.

➪ *Méthode 9.2*

3. Le gain de la fonction de transfert s'écrit $G = \dfrac{1}{\sqrt{4+x^2}}$, il est alors évident que $G_{max} = \dfrac{1}{2}$, qui correspond à la valeur $|H_0|$ si on avait fait une identification avec la forme canonique.

Par définition, $G(x_c) = \dfrac{G_{max}}{\sqrt{2}} = \dfrac{1}{2\sqrt{2}} = \dfrac{1}{\sqrt{1+\dfrac{x_c^2}{4}}}$, donc $4 + x_c^2 = 8$ soit $x_c = 2$. On obtient la pulsation de coupure $\boxed{\omega_c = \dfrac{2}{RC}}$.

💣 *De façon inhabituelle, cet énoncé définit une pulsation réduite x qui n'est pas égale à ω/ω_c, on trouve donc une valeur de x_c différente de 1.*

4. – Pour $x \ll 1$, la fonction de transfert devient $\underline{H}(x) \approx \frac{1}{2}$.

Soit $G_{dB} = 20\log(|\underline{H}|) = 20\log(1/2) = -6$ dB, il y a donc une asymptote horizontale à – 6 dB en basse fréquence, et $\varphi = \arg(\underline{H}) = \arg(H_0) = 0$ asymptote pour la phase en base fréquence.

– Pour $x \gg 1$, $\underline{H}(x) \approx \frac{1}{jx} = -\frac{j}{x}$.

Soit $G_{dB} = 20\log(|\underline{H}|) = -20\log x$, le facteur -20 devant $\log x$ indique une pente de l'asymptote de -20 dB/décade et $\varphi = -\frac{\pi}{2}$ qui représente l'asymptote de la phase.

On détermine la fréquence de coupure par intersection des asymptotes : on lit $f_c = 150$ Hz. Or $\omega_c = 2\pi f_c = \frac{2}{RC}$ donc $RC = \frac{1}{\pi f_c}$. AN $\boxed{RC = 2{,}1 \text{ ms}}$.

> ✎ *On peut aussi déterminer la fréquence de coupure en déterminant la fréquence pour laquelle le gain est inférieur de 3 décibels à sa valeur maximale.*

⇨ *Méthode 9.5*

5. À haute fréquence, $\underline{H}(x) \approx \frac{1}{jx}$. On reconnaît l'opérateur intégration, caractérisé sur un diagramme de Bode par une pente de –20 dB/décade (division par ω) et un déphasage qui tend vers –90° (division par j).

6. Pour 900 Hz, on lit $G_{dB} = -9 \cdot 2{,}5 = -22{,}5 \text{ dB} = 20\log G$. On en déduit le gain $G = 10^{-22{,}5/20} = 0{,}075 = \frac{U_{sm}}{U_{em}}$. Donc $U_{sm} = G \cdot U_{em} = 0{,}075 \cdot 10$ soit $\boxed{U_{sm} = 0{,}75 \text{ V}}$.

Exercice 9.4

1. D'après la fonction de transfert, on reconnait un filtre passe-bas du premier ordre. En effet, si $\omega \to 0$, alors $\underline{H} \approx 1$, le signal est transmis. Si $\omega \to \infty$, alors $\underline{H} \approx 0$, le signal est coupé.

2. En haute fréquence, $H \approx \frac{1}{x} = \frac{\omega_0}{\omega} = \frac{f_0}{f}$ avec $\omega_0 = \frac{1}{RC}$, ce qui correspond à une pente de – 20 dB/décade dans la courbe de gain. En basse fréquence, $H \approx 1$. L'atténuation de 40 dB (au moins) équivaut à une division de l'amplitude par 100 (au moins) pour une fréquence f = 1 kHz, soit $\boxed{f_0 = \frac{f}{100} = 10 \text{ Hz}}$.

On en déduit $\omega_0 = 2\pi f_0 = \frac{1}{RC}$, d'où $\boxed{R = \frac{1}{2\pi f_0 C} = 16 \text{ k}\Omega}$. Il s'agit bien entendu de la valeur la plus faible que l'on peut prendre pour R. Si cette valeur est plus élevée, la pulsation de coupure sera plus basse et les composantes à partir de 1 kHz encore plus atténuées.

Corrigé

3. D'après l'énoncé, on considère que les composantes du signal au-delà de 1 kHz sont supprimées. Donc seule la composante continue du signal engendre une sortie. On obtient en sortie $\boxed{u_s(t)=2}$. Le filtre renvoie donc bien la valeur moyenne du signal.

4. Le filtre se comporte comme un intégrateur si sa fonction de transfert peut s'écrire sous la forme $\underline{H} \simeq \frac{1}{jRC\omega}$. Pour cela, il faut que on puisse négliger la partie réelle du dénominateur devant la partie imaginaire, soit $RC\omega \gg 1$, donc le filtre se comporte comme un intégrateur si le signal d'entrée a une pulsation $\omega \gg \frac{1}{RC}$, c'est-à-dire une fréquence grande devant 10 Hz.

5. D'après la décomposition en séries de Fourier, le signal créneau peut se décomposer en une composante continue de valeur 2 V et une somme de sinusoïdes de fréquence 1 kHz et ses multiples. Comme le filtre élimine toutcs les composantes à partir de 1 kHz, on observe uniquement la réponse au signal continu de 2 V qui donne comme le gain est de 1, $\boxed{u_s(t)=2}$.

6. L'entrée AC de l'oscilloscope ne laisse passer que la composante alternative du signal, donc comme d'après ce qui précède, il ne devrait y avoir en sortie du filtre que du continu, Toto voit 0 V continu sur l'oscilloscope.

En faisant une modification du calibre, il peut donc observer le traitement par le filtre de la composante alternative. D'après le diagramme de Bode, toutes les composantes sinusoïdales du développement en séries de Fourier correspondent au carré centré. Elles sont à des fréquences de 1 kHz, 2 kHz, 3 kHz, 4 kHz...Bref toutes ces fréquences sont dans la partie intégrateur du filtre. Or l'intégrale d'un carré est un triangle. On observe donc un triangle centré en sortie.

✐ *En mode DC, le signal triangulaire est aussi présent, mais son amplitude est très faible devant la valeur moyenne, c'est pour cela que l'on ne l'observe pas. Il est négligeable en comparaison de l'autre.*

Exercice 9.5

1. En basse fréquence ($\omega \to 0$) le condensateur se comporte comme un interrupteur ouvert, d'où :

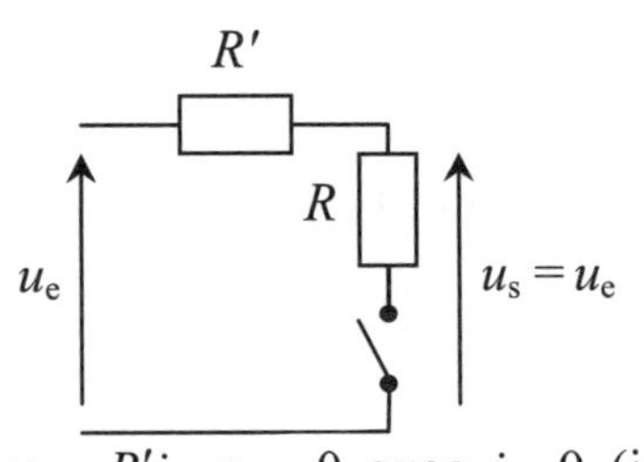

En effet $u_e - R'i - u_s = 0$ avec $i = 0$ (interrupteur ouvert) donc $u_s = u_e$.

En haute fréquence ($\omega \to \infty$) le condensateur se comporte comme un fil, d'où :

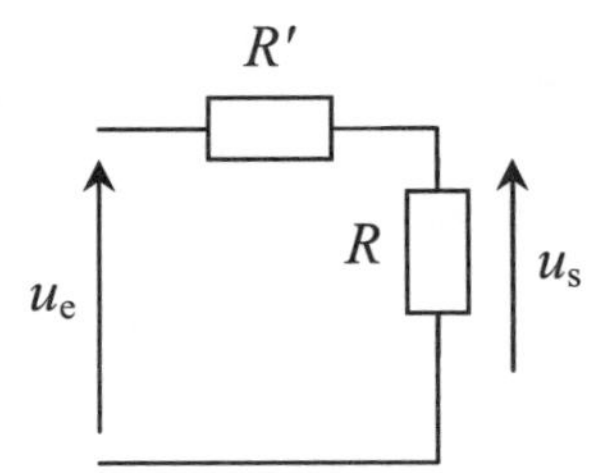

D'après la formule du pont diviseur on obtient $u_s = \frac{R}{R+R'} u_e$.

Ce filtre laisse passer les hautes et basses fréquences, mais avec des coefficients différents : on ne peut pas vraiment conclure à partir de cette étude préliminaire.

⇨ *Méthode 9.1*

2. On utilise la formule du diviseur de tension, soit $\underline{H} = \dfrac{R + \dfrac{1}{jC\omega}}{R' + R + \dfrac{1}{jC\omega}}$. On multiplie alors numérateur et dénominateur par $jC\omega$ pour avoir des parties réelles unitaires et des puissances croissantes de ω : $\boxed{\underline{H} = \dfrac{1 + jRC\omega}{1 + j(R+R')C\omega} = \dfrac{1 + jx}{1 + j(1+\alpha)x}}$.

⇨ *Méthodes 9.2, 9.4*

3. Pour $x \ll \dfrac{1}{1+\alpha}$: $\underline{H}(x) \approx 1$ soit $G_{\text{dB}} = 0$, $\varphi = 0$. Pour $\dfrac{1}{1+\alpha} \ll x \ll 1$ (si ce domaine existe) : $\underline{H}(x) \approx \dfrac{1}{j(1+\alpha)x}$ soit $G_{\text{dB}} = -20\log(1+\alpha) - 20\log x$, $\varphi = -\dfrac{\pi}{2}$.

Pour $x \gg 1$: $\underline{H}(x) \approx \dfrac{1}{1+\alpha}$ soit $G_{\text{dB}} = -20\log(1+\alpha)$, $\varphi = 0$.

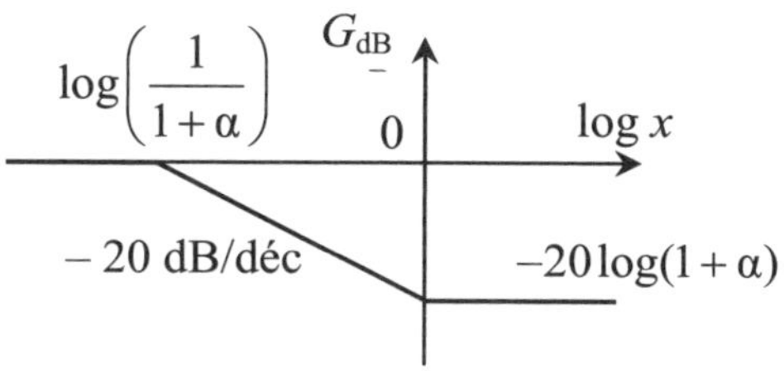

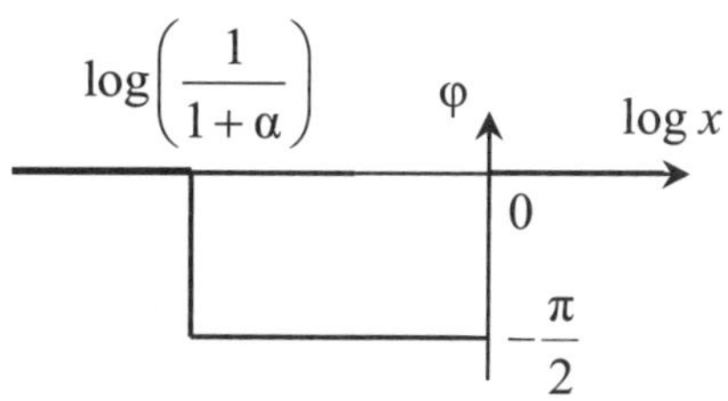

4. D'après le diagramme asymptotique de la phase, on voit immédiatement que l'argument de la fonction de transfert est toujours négatif, soit $\varphi = \arg(\underline{u}_{\text{s}}) - \arg(\underline{u}_{\text{e}}) < 0$: <u>la sortie est en retard sur l'entrée, d'où le nom filtre à retard de phase.</u>

5. On cherche le déphasage minimal, donc le minimum de la fonction $\arg(\underline{H})$ qui doit correspondre à son seul extremum d'après le diagramme asymptotique de la phase.

$\varphi = \arctan x - \arctan((1+\alpha)x)$ donc l'extremum correspond à $\dfrac{d\varphi}{dx} = \dfrac{1}{1+x^2} - \dfrac{1+\alpha}{1+((1+\alpha)x)^2} = 0$,

soit $\dfrac{1}{1+x^2} = \dfrac{1+\alpha}{1+((1+\alpha)x)^2} \Leftrightarrow 1-(1+\alpha) = (1-(1+\alpha))(1+\alpha)x^2 \Leftrightarrow \alpha = \alpha(1+\alpha)x^2$.

Les solutions sont $\boxed{x = \dfrac{1}{\sqrt{1+\alpha}} \text{ pour } \alpha \neq 0}$ ou $\boxed{\text{toutes les valeurs de } x \text{ si } \alpha = 0}$, mais dans ces conditions, la fonction de transfert est toujours unitaire, et le filtre ne sert absolument à rien !

– Pour $x = \dfrac{1}{\sqrt{1+\alpha}}$ avec $\alpha \neq 0$, la phase minimale vaut $\varphi = \arctan\dfrac{1}{\sqrt{1+\alpha}} - \arctan\sqrt{1+\alpha}$ soit $\boxed{\varphi = \dfrac{\pi}{2} - 2\arctan\sqrt{1+\alpha}}$ et le gain vaut alors $G_0 = \dfrac{\sqrt{1+\frac{1}{1+\alpha}}}{\sqrt{1+\left((1+\alpha)\frac{1}{\sqrt{1+\alpha}}\right)^2}}$ soit $\boxed{G_0 = \sqrt{\dfrac{1}{1+\alpha}}}$.

– Si $\alpha = 0$, le gain vaut $G_0 = 1$, quel que soit x car il n'y a plus de résistance R'.

Exercice 9.6

1. On isole les signaux téléphoniques (basses fréquences) avec un filtre passe-bas, et les signaux informatiques avec un filtre passe-haut.
La fréquence de coupure doit être nettement plus grande que les fréquences téléphoniques et nettement plus faible que les fréquences informatiques : le meilleur choix est $\boxed{f_0 = 10\text{ kHz}}$.

2. En basse fréquence ($\omega \to 0$), les bobines se comportent comme des fils, d'où :

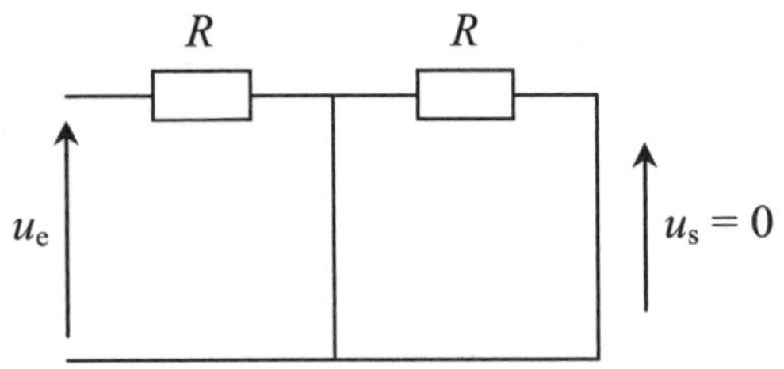

En haute fréquence ($\omega \to \infty$), les bobines se comportent comme des coupe-circuits, d'où :

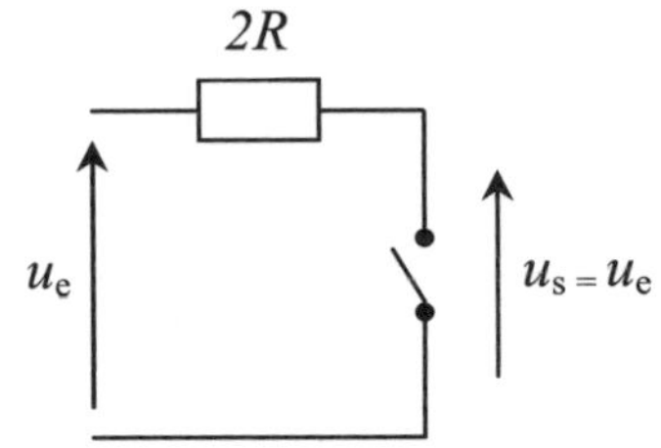

Le signal de sortie est non nul pour les hautes fréquences et négligeable pour les basses fréquences : c'est un filtre passe-haut. Il permettra d'obtenir les signaux informatiques.

⇨ *Méthode 9.1*

3. On considère deux ponts diviseurs successifs.

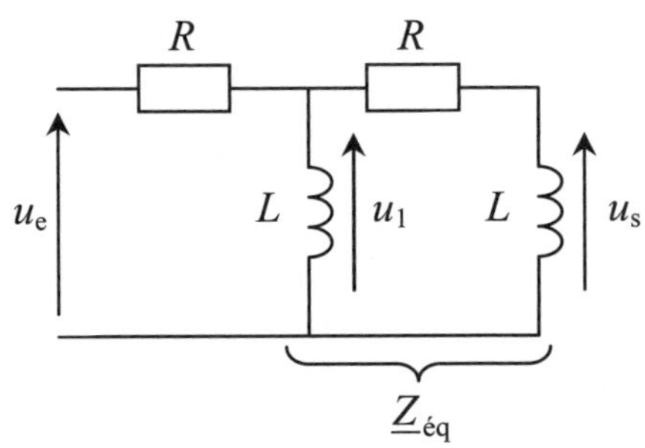

Soit $\underline{Y}_{\text{éq}} = \dfrac{1}{jL\omega} + \dfrac{1}{R + jL\omega}$ l'admittance de l'ensemble L en parallèle avec RL (ayant la tension u_1 à ses bornes).
Un premier pont diviseur donne :

$$\underline{U}_1 = \frac{\underline{Z}_{\text{éq}}}{\underline{Z}_{\text{éq}} + R} = \frac{1}{1 + R\underline{Y}_{\text{éq}}}\underline{U}_e .$$

La résistance et l'inductance de gauche ne sont pas en série, et ne constituent pas à elles seules un diviseur de tension. En revanche la résistance et l'inductance de droite, elles, sont bien en série.

Un second diviseur de tension donne : $\underline{U}_s = \dfrac{jL\omega}{R + jL\omega}\underline{U}_1$, soit $\underline{U}_s = \dfrac{jL\omega}{R + jL\omega} \cdot \dfrac{1}{1 + R\underline{Y}_{eq}}\underline{U}_e$.

On obtient en développant : $\underline{U}_s = \dfrac{jL\omega}{R + jL\omega + R\left(\dfrac{R + jL\omega}{jL\omega} + 1\right)}\underline{U}_e = \dfrac{-(L\omega)^2}{R^2 + j3RL\omega - (L\omega)^2}\underline{U}_e$.

On divise par R^2 pour avoir une partie réelle unitaire et des puissances croissantes de ω au dénominateur : $\underline{H} = \dfrac{-\left(\dfrac{L}{R}\omega\right)^2}{1 + j3\dfrac{L}{R}\omega - \left(\dfrac{L}{R}\omega\right)^2}$. En posant $\boxed{\omega_0 = \dfrac{R}{L}}$ et $x = \dfrac{\omega}{\omega_0}$: $\boxed{\underline{H}(x) = \dfrac{-x^2}{1 + 3jx - x^2}}$.

⇨ *Méthodes 9.2, 9.4*

4. Pour $x >> 1$, la fonction de transfert devient $\underline{H}(x) \approx 1$ donc $\boxed{G_{dB} = 0}$ et $\boxed{\varphi = 0}$ (réel positif).

Pour $x = 1$, $\underline{H}(1) = \dfrac{-1}{1+3j-1} = \dfrac{j}{3}$, donc $\boxed{G_{dB} = 20\log\left(\dfrac{1}{3}\right) = -9{,}5 \text{ dB}}$ et $\boxed{\varphi = \dfrac{\pi}{2}}$ (imaginaire pur positif).

Pour $x << 1$, $\underline{H} \approx -x^2$, donc $\boxed{G_{dB} = 40\log x}$ (pente de +40 dB/décade) et $\boxed{\varphi = \arg(-x^2) = \pi}$: on choisit π car le saut de phase ne peut être que de $\dfrac{\pi}{2}$ avec la valeur pour $x = 1$.

Pour un nombre réel négatif comme $-x^2$, on pourrait choisir aussi un argument de $-\pi$ au lieu de $+\pi$, les deux sont équivalents. Mais ici ce sont les autres valeurs qui nous imposent ce choix.

Autre rédaction : pour tout x, $G_{dB} = 20\log\dfrac{x^2}{\sqrt{(1-x^2)^2+9x^2}} = 40\log x - 10\log\left[(1-x^2)^2+9x^2\right]$

et $\varphi = \arg\dfrac{-x^2}{1+3jx-x^2} = \arg\dfrac{jx}{3+j\left(x-\dfrac{1}{x}\right)} = \dfrac{\pi}{2} - \arctan\left(x - \dfrac{1}{x}\right)$, d'où on peut déduire les limites et valeurs précédentes $\left(\text{avec } \arctan(0) = 0,\ \arctan(+\infty) = +\dfrac{\pi}{2} \text{ et } \arctan(-\infty) = -\dfrac{\pi}{2}\right)$.

On note que les asymptotes de gain se coupent pour $\log x = 0$.

On complète le diagramme avec les valeurs calculées précédemment en $x = 1$.

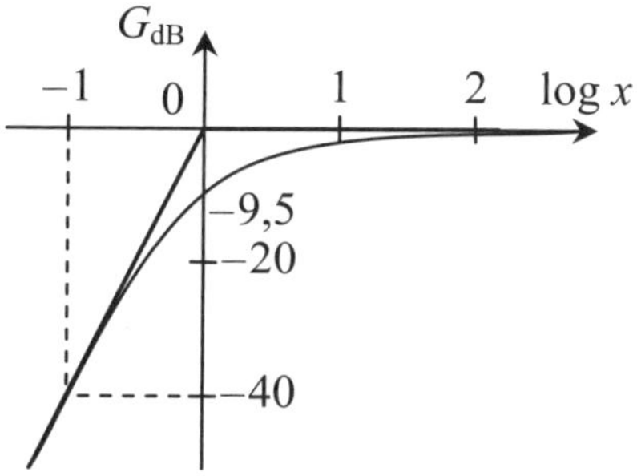

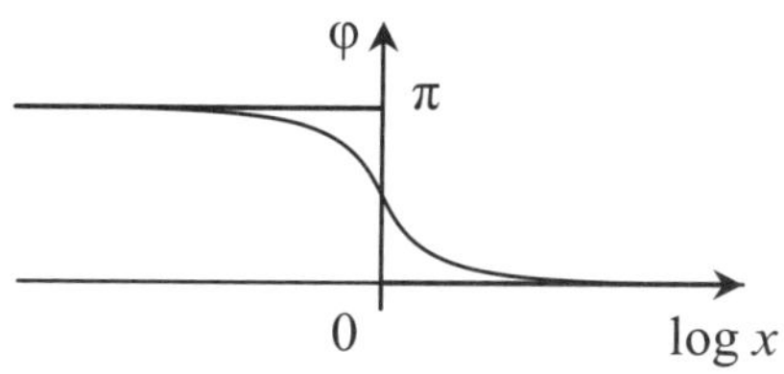

Le diagramme de Bode réel n'a pas de pic de résonance car le facteur de qualité du filtre vaut $Q = \dfrac{1}{3} < \dfrac{1}{\sqrt{2}}$ (voir exercice 9.9) ; de plus en $x = 1$ la courbe est nettement en dessous de la valeur maximale, il est donc impossible d'avoir un pic dans ces conditions.

5. La fréquence de coupure est $f_0 = \dfrac{\omega_0}{2\pi} = \dfrac{R}{2\pi L}$ donc $\boxed{L = \dfrac{R}{2\pi f_0}}$. AN $\boxed{L = 1{,}6 \text{ mH}}$ (ordre de grandeur des inductances effectivement utilisées dans les filtres ADSL).

Corrigé

Exercice 9.7

1. En BF ($\omega \to 0$) les condensateurs se comportent comme des coupe-circuits, d'où :

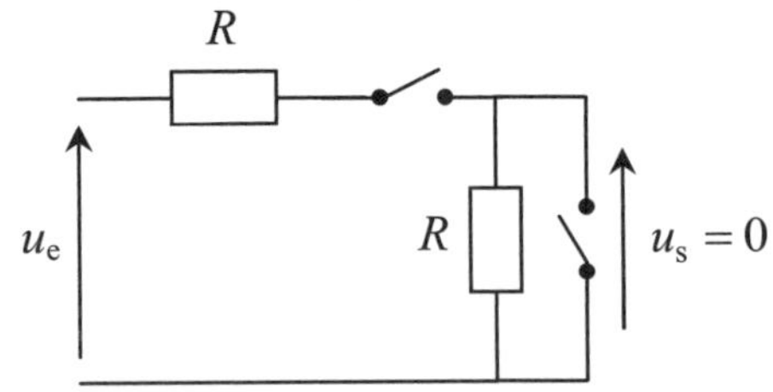

Aucun courant ne peut circuler donc $u_s = 0$.

En HF ($\omega \to \infty$) les condensateurs se comportent comme des fils, d'où :

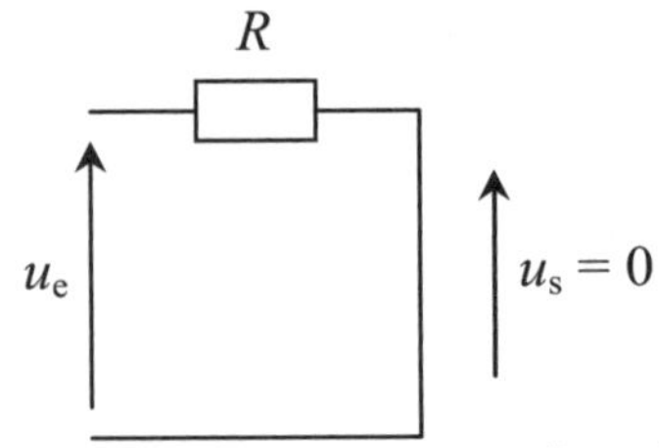

La tension est nulle aux bornes d'un fil.

Le signal de sortie est nul pour les hautes et basses fréquences, et n'est donc important que pour une bande de fréquences intermédiaires : il s'agit d'un filtre passe-bande.

⇨ *Méthode 9.1*

2. On applique la méthode du diviseur de tension, avec $\underline{Z}_{éq}$ l'impédance des branches R et C en parallèle : $\underline{H} = \frac{\underline{U}_s}{\underline{U}_e} = \frac{\underline{Z}_{éq}}{R + \frac{1}{jC\omega} + \underline{Z}_{éq}} = \frac{1}{1 + \left(R + \frac{1}{jC\omega}\right)\underline{Y}_{éq}} = \frac{1}{1 + \left(R + \frac{1}{jC\omega}\right)\left(\frac{1}{R} + jC\omega\right)}$

$= \frac{1}{1 + \left(1 + \frac{1}{jx}\right)(1 + jx)}$ soit $\boxed{\underline{H} = \frac{1}{3}\frac{1}{1 + \frac{j}{3}\left(x - \frac{1}{x}\right)}}$. Par identification, $\boxed{Q = \frac{1}{3}}$ et $\boxed{H_0 = \frac{1}{3}}$.

⇨ *Méthodes 9.2, 9.4*

3. Le gain s'écrit $G = |\underline{H}| = |H_0| \frac{1}{\sqrt{1 + Q^2\left(x - \frac{1}{x}\right)^2}}$. Sa valeur maximale correspond au minimum du dénominateur, obtenu pour $x = 1$ $\left(x - \frac{1}{x} = 0\right)$. Alors $\underline{H} = H_0$, soit $\boxed{G_{max} = |H_0| = H_0 = \frac{1}{3}}$,

$\boxed{G_{dB\,max} = 20\log\left(\frac{1}{3}\right) = -9{,}5 \text{ dB}}$ et $\boxed{\varphi = \arg\left(\frac{1}{3}\right) = 0}$.

Par définition de la pulsation de coupure réduite : $G(x_c) = \frac{G_{max}}{\sqrt{2}} = \frac{|H_0|}{\sqrt{2}} = \frac{|H_0|}{\sqrt{1 + Q^2\left(x_c - \frac{1}{x_c}\right)^2}}$

$\Leftrightarrow 1 + Q^2\left(x_c - \frac{1}{x_c}\right)^2 = 2 \Leftrightarrow Q\left(x_c - \frac{1}{x_c}\right) = \pm 1 \Leftrightarrow \left(x_c - \frac{1}{x_c}\right) = \pm\frac{1}{Q}$, ce qui s'écrit en multipliant par x_c : $x_c^2 \pm \dfrac{x_c}{Q} - 1 = 0$ (deux équations du second degré). Discriminant : $\Delta = \dfrac{1}{Q^2} + 4 > \dfrac{1}{Q^2}$ d'où les quatre solutions $x_c = \dfrac{1}{2}\left(\pm\dfrac{1}{Q} \pm \sqrt{\Delta}\right) = \dfrac{\omega_c}{\omega_0}$. Or seules les solutions positives sont possibles, donc $\boxed{\omega_{c1} = \dfrac{\omega_0}{2}\left(-\dfrac{1}{Q} + \sqrt{\dfrac{1}{Q^2} + 4}\right)}$ et $\boxed{\omega_{c2} = \dfrac{\omega_0}{2}\left(\dfrac{1}{Q} + \sqrt{\dfrac{1}{Q^2} + 4}\right)}$. La largeur de la bande passante est alors $\Delta\omega = \omega_{c2} - \omega_{c1}$ soit $\boxed{\Delta\omega = \dfrac{\omega_0}{Q}}$.

4. Pour $x << 1$ la fonction de transfert devient $\underline{H}(x) = \dfrac{H_0}{-\dfrac{jQ}{x}} = jx$, car $\dfrac{H_0}{Q} = 1$, donc

$G_{dB} = 20\log(x)$ (pente de $+20$ dB/décade) et $\varphi = \dfrac{\pi}{2}$ (imaginaire pur positif).

Pour $x >> 1$, $\underline{H}(x) \approx \dfrac{H_0}{jQx} = -\dfrac{j}{x}$ donc $G_{dB} = -20\log x$ (pente de -20 dB/décade) et $\varphi = -\dfrac{\pi}{2}$.

Les asymptotes de gain se coupent en $\log x = 0$, pour $G_{dB} = 0$.

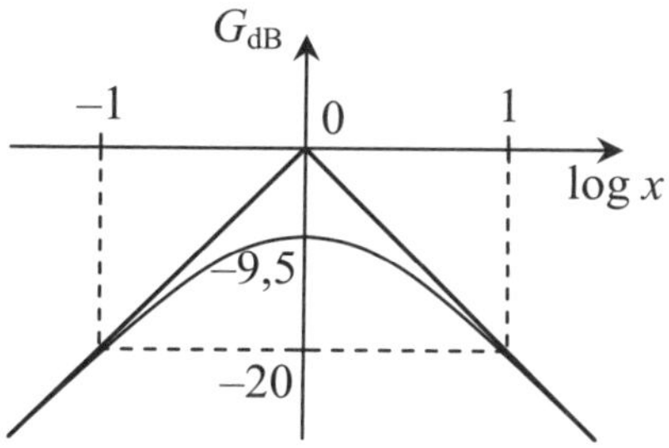

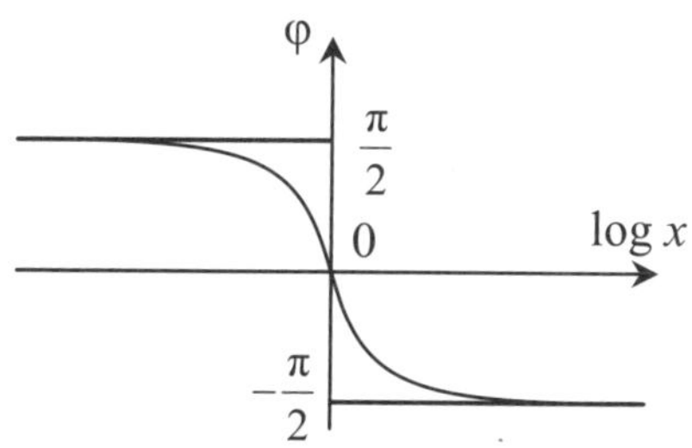

5. Les valeurs de R et C permettent de déterminer $\boxed{\omega_0 = 2{,}0 \cdot 10^3\ \text{rad}\cdot\text{s}^{-1} = 2{,}0\ \text{krad}\cdot\text{s}^{-1}}$.

Alors le premier terme de $u_e(t)$ est à la pulsation $\omega = \dfrac{\omega_0}{10}$ soit $x = \dfrac{1}{10}$ et $\log x = -1$; donc $G_{dB} \approx -20\ \text{dB} = 20\log\dfrac{1}{10}$ et $\varphi \approx +\dfrac{\pi}{2}$, ce qui donne en sortie $\dfrac{E_m}{10}\cos\left(\omega t + \dfrac{\pi}{2}\right) = -\dfrac{E_m}{10}\sin(\omega t)$.

Le deuxième terme est à la pulsation $\omega' = 10\,\omega = \omega_0$ soit $x' = 1$ et $\log x' = 0$; donc $G_{dB} = -9{,}5\ \text{dB} = 20\log\dfrac{1}{3}$ et $\varphi = 0$, ce qui donne en sortie $\dfrac{E_m}{3}\cos(10\,\omega t)$.

Enfin le troisième terme est à la pulsation $\omega'' = 100\,\omega = 10\,\omega_0$ soit $x'' = 10$ et $\log x = 1$; donc $G_{dB} \approx -20\ \text{dB} = 20\log\dfrac{1}{10}$ et $\varphi \approx -\dfrac{\pi}{2}$, ce qui donne $\dfrac{E_m}{10}\cos\left(100\,\omega t - \dfrac{\pi}{2}\right) = +\dfrac{E_m}{10}\sin(100\,\omega t)$.

Conclusion : $\boxed{u_s(t) = -\dfrac{E_m}{10}\sin(\omega t) + \dfrac{E_m}{3}\cos(10\,\omega t) + \dfrac{E_m}{10}\sin(100\,\omega t)}$.

Exercice 9.8

1. En BF ($\omega \to 0$), les condensateurs se comportent comme des coupe-circuits, la bobine comme un fil : S n'est relié à rien donc $u_s = 0$.

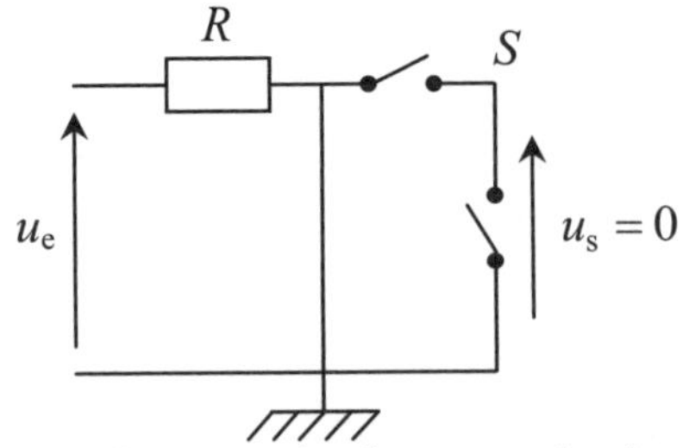

En HF ($\omega \to \infty$), les condensateurs se comportent comme des fils, la bobine comme un coupe-circuit : $u_s = 0$ (aux bornes d'un fil).

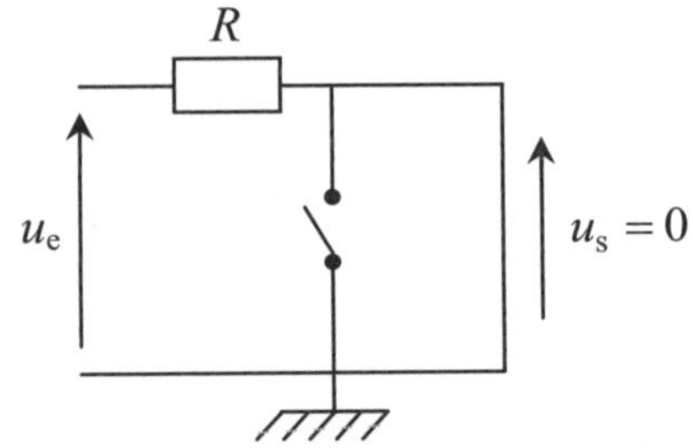

Ce quadripôle coupe les basses et les hautes fréquences : c'est donc un <u>filtre passe-bande</u>.

➪ *Méthode 9.1*

2. On note u la tension aux bornes de l'inductance L. On applique le théorème de Millman au point commun à R, L et C : $\underline{u} = \dfrac{\dfrac{\underline{u}_e}{R} + \underline{u}_s jC\omega + \dfrac{0}{jL\omega}}{\dfrac{1}{R} + jC\omega + \dfrac{1}{jL\omega}}$, et on utilise la formule du diviseur de tension à la sortie : $\underline{u}_s = \dfrac{jC\omega}{jC\omega + j3C\omega}\underline{u} = \dfrac{\underline{u}}{4}$. Alors $4\underline{u}_s = \dfrac{\dfrac{\underline{u}_e}{R} + \underline{u}_s jC\omega}{\dfrac{1}{R} + jC\omega + \dfrac{1}{jL\omega}}$.

On supprime les fractions en effectuant le produit en croix et en multipliant par $jRL\omega$:

$4\underline{u}_s(jL\omega - LC\omega^2 + R) = \underline{u}_e jL\omega - \underline{u}_s LC\omega^2$, soit $\underline{u}_s(4jL\omega - 3LC\omega^2 + 4R) = \underline{u}_e jL\omega$

d'où finalement $\boxed{\underline{H} = \dfrac{jL\omega}{4R + 4jL\omega - 3LC\omega^2} = \dfrac{\dfrac{jL\omega}{4R}}{1 + \dfrac{jL\omega}{R} - \dfrac{3}{4}LC\omega^2}}$. Par identification :

$\dfrac{\omega^2}{\omega_0^2} = \dfrac{3}{4}LC\omega^2$ d'où $\boxed{\omega_0 = \dfrac{2}{\sqrt{3LC}}}$; $\dfrac{1}{Q}\dfrac{\omega}{\omega_0} = \dfrac{L\omega}{R}$ d'où $\boxed{Q = \dfrac{R\sqrt{3C}}{2\sqrt{L}}}$; et $\dfrac{A}{Q}\dfrac{\omega}{\omega_0} = \dfrac{L\omega}{4R}$ d'où $\boxed{A = \dfrac{1}{4}}$.

➪ *Méthodes 9.3, 9.4*

3. – Pour $\boxed{\omega \ll \omega_0}$, $\underline{H} \approx j\dfrac{A}{Q}\dfrac{\omega}{\omega_0}$.

$G_{dB} = 20\log\dfrac{A}{Q} + 20\log\dfrac{\omega}{\omega_0}$, la courbe de gain présente une asymptote de pente $\boxed{+20 \text{ dB/décade}}$

et la phase une asymptote $\boxed{\varphi = \dfrac{\pi}{2}}$.

– Pour $\omega = \omega_0$, $\underline{H} = A$ donc $G_{\text{dB}} = 20\log\frac{1}{4} = -12\,\text{dB}$ et $\varphi = 0$.

– Pour $\boxed{\omega \gg \omega_0}$, $\underline{H} \approx -j\frac{A}{Q}\frac{\omega_0}{\omega}$

$G_{\text{dB}} = 20\log\frac{A}{Q} - 20\log\frac{\omega}{\omega_0}$ la courbe de gain présente une asymptote de pente $\boxed{-20\ \text{dB/décade}}$

et la phase une asymptote $\boxed{\varphi = -\frac{\pi}{2}}$.

On sait que l'intersection des asymptotes de gain d'un passe-bande se fait en f_0. On lit donc directement sur le diagramme $\boxed{f_0 = 1\,\text{kHz}}$.

On peut aussi remarquer que lorsque le signal d'entrée est à la pulsation ω_0, alors la fonction de transfert s'écrit $\underline{H} = A = \frac{1}{4}$. C'est donc la fréquence pour laquelle la phase de la fonction de transfert vaut 0, soit $f_0 = 1\,\text{kHz}$.

Par définition, la fréquence de coupure correspond à la valeur maximale du gain – 3 dB. On lit approximativement sur le diagramme $\boxed{f_1 = 950\ \text{Hz}}$ et $\boxed{f_0 = 1\,050\ \text{Hz}}$.

On vérifie bien pour un passe-bande : $\frac{\Delta f}{f_0} = \frac{1}{Q}$.

⇨ *Méthode 9.5*

4. $u_e(t) = 2B\cos(100\,\omega_0 t)\cos(101\,\omega_0 t) = B\left[\cos(\omega_0 t) + \cos(201\,\omega_0 t)\right]$.

La pulsation $201\omega_0$ est très éloignée de la résonance, donc le second terme est pratiquement éliminé. Pour le terme à ω_0, $G_{\text{dB}} = 20\log\frac{1}{4} = -12\ \text{dB}$ et $\varphi = 0$ donc on obtient

$\boxed{u_s(t) \approx \frac{B}{4}\cos(\omega_0 t)}$.

Exercice 9.9

1. À basse fréquence, l'inductance se comporte comme un fil, et le condensateur comme un interrupteur ouvert :

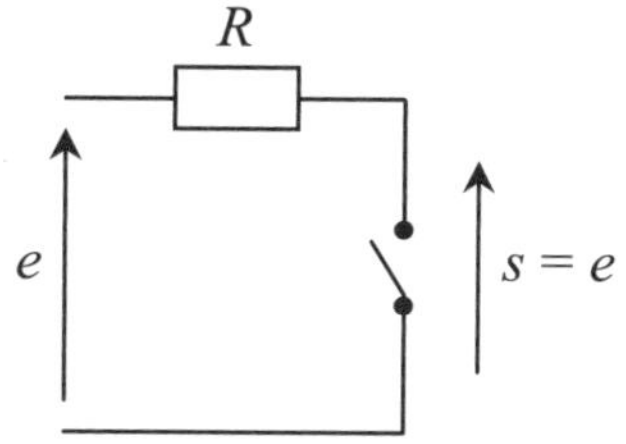

À haute fréquence, l'inductance se comporte comme un interrupteur ouvert, et le condensateur comme un fil :

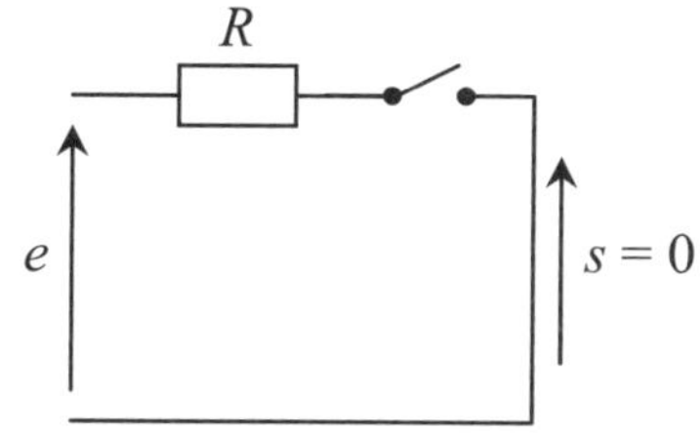

Ce quadripôle est un filtre passe-bas.

⇨ *Méthode 9.1*

Corrigé

2. a) Pour établir la fonction de transfert, il suffit d'appliquer la règle du diviseur de tension :

$$\underline{H}(\omega)=\frac{\dfrac{1}{jC\omega}}{R+jL\omega+\dfrac{1}{jC\omega}}=\frac{1}{RjC\omega-LC\omega^2+1}=\frac{1}{1+\dfrac{j}{Q}\dfrac{\omega}{\omega_0}+\left(j\dfrac{\omega}{\omega_0}\right)^2}$$ avec $\boxed{\omega_0=\dfrac{1}{\sqrt{LC}}}$ et

$\boxed{Q=\dfrac{L\omega_0}{R}=\dfrac{1}{RC\omega_0}=\dfrac{1}{R}\sqrt{\dfrac{L}{C}}}$. C'est un filtre d'ordre 2.

⇨ *Méthode 9.2*

b) On a les équivalences suivantes entre la notation complexe et la notation réelle :

$j\omega\leftrightarrow\dfrac{\mathrm{d}}{\mathrm{d}t}$ et $\dfrac{1}{j\omega}\leftrightarrow\int\mathrm{d}t$. On a $\underline{H}(\omega)=\dfrac{\underline{s}}{\underline{e}}$, soit $\underline{s}\times\left(1+\dfrac{j}{Q}\dfrac{\omega}{\omega_0}+\left(j\dfrac{\omega}{\omega_0}\right)^2\right)=\underline{e}$. Cette expression

devient en temporel : $\boxed{\dfrac{1}{\omega_0^2}\dfrac{\mathrm{d}^2s(t)}{\mathrm{d}t^2}+\dfrac{1}{Q\omega_0}\dfrac{\mathrm{d}s(t)}{\mathrm{d}t}+s(t)=e(t)}$.

Le régime transitoire correspond à la solution de l'équation sans second membre. Ici tous les coefficients de l'équation différentielle sont positifs, les racines de l'équation caractéristique ont une partie réelle négative : les solutions sont des exponentielles convergentes quand $t\to\infty$.

3. $\boxed{|\underline{H}(\omega)|=\dfrac{1}{\sqrt{\left(1-\dfrac{\omega^2}{\omega_0^2}\right)^2+\dfrac{\omega^2}{Q^2\omega_0^2}}}}$.

4. $|\underline{H}(\omega)|$ est maximal quand $\sqrt{\left(1-\dfrac{\omega^2}{\omega_0^2}\right)^2+\dfrac{\omega^2}{Q^2\omega_0^2}}$ est minimal, donc quand $\left(1-\dfrac{\omega^2}{\omega_0^2}\right)^2+\dfrac{\omega^2}{Q^2\omega_0^2}$ est minimal (car la fonction $x\to\sqrt{x}$ est croissante). Alors sa dérivée est nulle :

$2\times\left(-2\dfrac{\omega}{\omega_0^2}\right)\left(1-\dfrac{\omega^2}{\omega_0^2}\right)+2\dfrac{\omega}{Q^2\omega_0^2}=0$ et comme $\omega\neq0$, on obtient $\left(1-\dfrac{\omega^2}{\omega_0^2}\right)=\dfrac{1}{2Q^2}$ soit finalement $\dfrac{\omega^2}{\omega_0^2}=1-\dfrac{1}{2Q^2}$. La solution existe si $1-\dfrac{1}{2Q^2}>0$, soit $\boxed{Q>\dfrac{1}{\sqrt{2}}}$: alors le <u>maximum</u> de $|\underline{H}(j\omega)|$ se produit pour $\boxed{\omega_r=\omega_0\sqrt{1-\dfrac{1}{2Q^2}}}$. Ce phénomène s'appelle la <u>résonance.</u>

La solution n'existe pas si $1-\dfrac{1}{2Q^2}<0$, soit $\boxed{Q<\dfrac{1}{\sqrt{2}}}$: alors $|\underline{H}(j\omega)|$ n'a <u>pas de maximum</u>.

5. Pour $\omega\ll\omega_0$, $\underline{H}\approx1$ donc $G_{\mathrm{dB}}=0$, $\varphi=0$.

Pour $\omega=\omega_0$, $\underline{H}=-jQ$ donc $G_{\mathrm{dB}}=20\log(Q)$, $\varphi=-\dfrac{\pi}{2}$.

Pour $\omega \gg \omega_0$, $\underline{H} \approx -\dfrac{\omega_0^2}{\omega^2}$ donc $G_{dB} = 40\log(\omega_0) - 40\log(\omega)$, $\varphi = -\pi$.

On lit donc graphiquement la valeur de $\boxed{f_0 = 1 \text{ kHz}}$ lorsque $\varphi = -\dfrac{\pi}{2}$.

➪ *Méthode 9.5*

Exercice 9.10

1. En BF ($\omega \to 0$) les condensateurs se comportent comme des coupe-circuits, d'où :

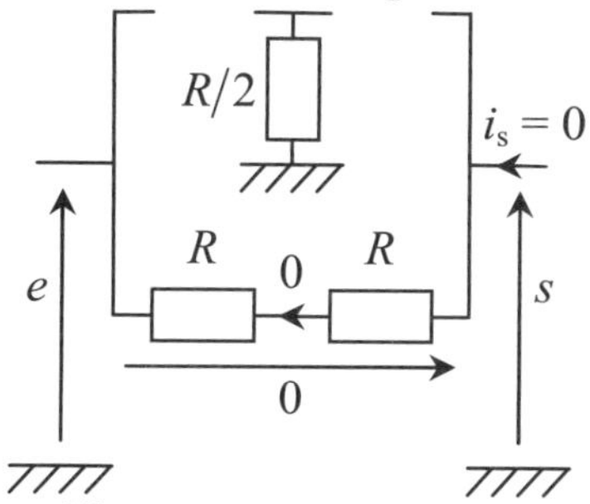

Loi des mailles : $s - 0 - e = 0$ soit $s = e$.

En HF ($\omega \to \infty$) les condensateurs se comportent comme des fils, d'où :

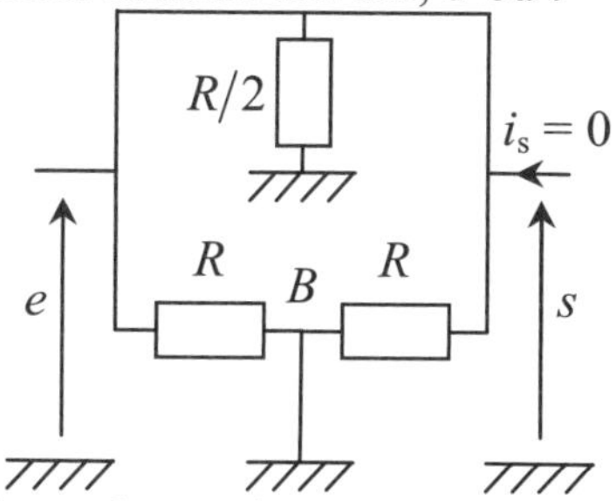

L'entrée et la sortie sont directement reliées par le fil du haut, donc $s = e$.

Ce quadripôle laisse passer les signaux de basses fréquences et de hautes fréquences, et ne supprime donc qu'une bande de fréquences intermédiaires : c'est bien un <u>filtre coupe-bande</u>.

➪ *Méthode 9.1*

2. On introduit comme intermédiaires de calculs les tensions u_A (aux bornes de $R/2$) et u_B (aux bornes de nC), qui sont égales aux potentiels des points A et B (car l'autre point est la masse). On applique alors trois fois le théorème de Millman.

En A : $\underline{u}_A = \dfrac{jC\omega\underline{e} + jC\omega\underline{s} + 0}{2jC\omega + \dfrac{2}{R}} \Leftrightarrow \underline{u}_A = \dfrac{jx\underline{e} + jx\underline{s}}{2jx + 2}$. En B : $\underline{u}_B = \dfrac{\dfrac{\underline{e}}{R} + \dfrac{\underline{s}}{R} + 0}{\dfrac{2}{R} + j2C\omega} \Leftrightarrow \underline{u}_B = \dfrac{\underline{e} + \underline{s}}{2 + j2x}$.

Enfin à la sortie : $\underline{s} = \dfrac{jC\omega\underline{u}_A + \dfrac{1}{R}\underline{u}_B}{jC\omega + \dfrac{1}{R}} \Leftrightarrow (jx+1)\underline{s} = jx\underline{u}_A + \underline{u}_B$.

Dans cette dernière égalité, on remplace $\underline{u}_A$ et $\underline{u}_B$ par les expressions trouvées avant :

$(jx+1)\underline{s} = jx\dfrac{jx\underline{e} + jx\underline{s}}{2jx+2} + \dfrac{\underline{e} + \underline{s}}{2 + j2x} \Leftrightarrow (2jx+2)(jx+1)\underline{s} = (1-x^2)\underline{e} + (1-x^2)\underline{s}$

$\Leftrightarrow (1 + 4jx - x^2)\underline{s} = (1-x^2)\underline{e}$ d'où finalement $\boxed{\underline{H} = \dfrac{1-x^2}{1+4jx-x^2}}$. Il s'agit de la forme cherchée avec $\boxed{H_0 = 1}$ et $\boxed{Q = \dfrac{1}{4}}$.

➪ *Méthode 9.3*

3. On veut éliminer la fréquence $f_0 = 50\text{ Hz}$ avec $f_0 = \dfrac{\omega_0}{2\pi} = \dfrac{1}{2\pi RC}$ donc on doit prendre $\boxed{RC = \dfrac{1}{2\pi f_0} = 3,2 \cdot 10^{-3}\text{ s}}$. On peut prendre par exemple $\boxed{R = 68\text{ k}\Omega \text{ et } C = 47\text{ nF}}$ (valeurs usuelles au laboratoire).

Chapitre 10
Cinématique du point et du solide

L'apport de **Galilée** dans l'étude des mouvements est fondamental. Il énonce le principe d'inertie selon lequel un mobile conserve sa vitesse acquise quand on supprime l'action de la force extérieure. En 1604, il découvre la loi de la chute des corps qui affirme que l'espace parcouru est proportionnel au carré de la distance. Il est aussi un inventeur de talent : la lunette qu'il met au point lui permet de découvrir en 1609 et 1610 des satellites de Jupiter et le relief de la Lune, contredisant la théorie d'**Aristote**. L'importance de Galilée est primordiale pour la découverte scientifique car il sait la débarrasser des arguments théologiques et lui donner des fondements mathématiques. Son soutien à la théorie copernicienne lui vaut une condamnation de l'Église et il doit se rétracter pour avoir la vie sauve.

Galileo Galilei
1564-1642

Objectifs

Ce qu'il faut connaître

- ▷ Les trois systèmes de coordonnées (cartésiennes, cylindriques, sphériques) et les bases correspondantes
- ▷ Les définitions relatives au mouvement
- ▷ Les composantes des vecteurs position et vitesse dans les trois bases, et celles du vecteur accélération dans les bases cartésienne et cylindrique
- ▷ Les propriétés de quelques mouvements simples d'un point
- ▷ Les mouvements simples d'un solide

Ce qu'il faut savoir faire

- ▷ Calculer les composantes d'une vitesse et d'une accélération à partir des équations horaires
- ▷ Déterminer des équations horaires à partir de l'accélération
- ▷ Identifier et dessiner une trajectoire à partir des équations horaires
- ▷ Passer d'un système de coordonnées à un autre
- ▷ Dériver un vecteur dans la base cylindrique

■■ Résumé de cours

■ Cadre de la mécanique classique

❑ Définitions

La mécanique est l'étude des systèmes matériels en mouvement.
La mécanique **classique**, ou newtonienne, est valable tant que :
- la vitesse des systèmes étudiés est très inférieure à celle de la lumière dans le vide (au-delà, on doit utiliser la relativité) ;
- la taille des systèmes étudiés est très supérieure à celle d'un atome (à l'échelle atomique, on doit utiliser la mécanique quantique).

La **cinématique** est l'étude descriptive des mouvements, indépendamment de leurs causes.
On se limite ici au mouvement d'un point, au sens mathématique du terme.

❑ Référentiel et repères

Le mouvement absolu n'existe pas : un objet est toujours en mouvement par rapport à quelque chose. Pour pouvoir étudier le mouvement d'un point, il est donc nécessaire de définir un **référentiel** : solide par rapport auquel on observe le mouvement.
On lui associe un **repère spatial** (origine et système d'axes orthogonaux, avec unité de mesure spatiale) et un **repère temporel** (origine des temps et unité de mesure temporelle).

■ Systèmes de coordonnées et bases

Un repère orthonormé $(Oxyz)$ étant choisi, un point M est repéré, à chaque instant, par trois coordonnées ; celles-ci sont des fonctions du temps appelées **équations horaires**.
On définit trois systèmes de coordonnées, auxquels on associe trois bases orthonormées.

❑ Coordonnées cartésiennes

x est l'abscisse de M : $x \in]-\infty, +\infty[$.

y est l'ordonnée de M : $y \in]-\infty, +\infty[$.

z est la cote de M : $z \in]-\infty, +\infty[$.

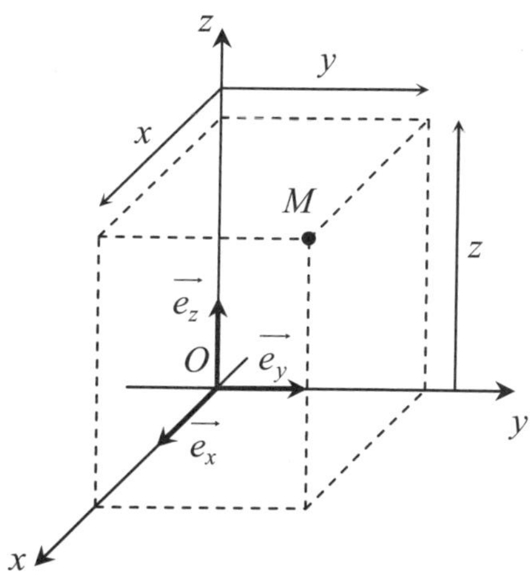

Base cartésienne

$\vec{e_x}$, $\vec{e_y}$ et $\vec{e_z}$ sont trois vecteurs unitaires dirigés selon les axes (Ox), (Oy) et (Oz).
La base cartésienne est une base fixe de $\mathcal{R}$.

❑ Coordonnées cylindriques

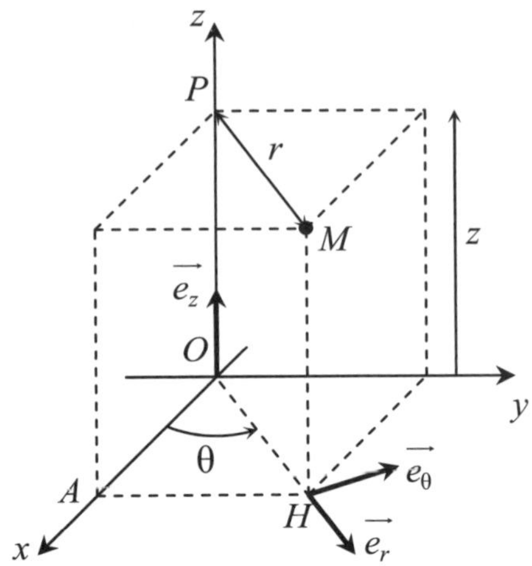

r est la distance entre M et l'axe (Oz) : $r \in [0,+\infty[$.

θ est l'angle entre (Ox) et $\overrightarrow{OH}$: tout l'espace peut être décrit avec $\theta \in [0,2\pi[$.

z est la cote de M : $z \in]-\infty,+\infty[$.

Base cylindrique

$\overrightarrow{e_r}$ est dirigé de O vers H, ou de P vers M

$\overrightarrow{e_\theta}$ est orthogonal à $\overrightarrow{e_r}$, dans le plan (Oxy) et dirigé dans le sens des θ croissants.

$\overrightarrow{e_z}$ est dirigé selon l'axe (Oz).

Dans le plan (Oxy), $\left(\overrightarrow{e_r},\overrightarrow{e_\theta}\right)$ est appelée **base polaire**.

La direction de $\overrightarrow{e_r}$ est dite **radiale**, celle de $\overrightarrow{e_\theta}$ est dite **orthoradiale**.

$\overrightarrow{e_r} = \cos\theta\,\overrightarrow{e_x} + \sin\theta\,\overrightarrow{e_y}$ et $\overrightarrow{e_\theta} = -\sin\theta\,\overrightarrow{e_x} + \cos\theta\,\overrightarrow{e_y}$ donc $\dfrac{\mathrm{d}\overrightarrow{e_r}}{\mathrm{d}\theta} = \overrightarrow{e_\theta}$ et $\dfrac{\mathrm{d}\overrightarrow{e_\theta}}{\mathrm{d}\theta} = -\overrightarrow{e_r}$.

❑ Coordonnées sphériques

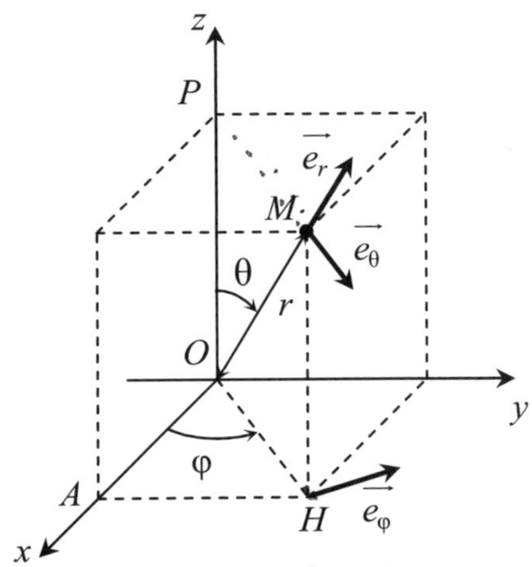

r est la distance entre O et M : $r \in [0,+\infty[$.

θ est l'angle entre (Oz) et $\overrightarrow{OM}$: $\theta \in [0,\pi]$.

φ est l'angle entre (Ox) et $\overrightarrow{OH}$: $\varphi \in [0,2\pi[$.

Base sphérique

$\overrightarrow{e_r}$ est dirigé de O vers M.

$\overrightarrow{e_\theta}$ est orthogonal à $\overrightarrow{e_r}$, dans le plan (OHM) et dirigé dans les sens des θ croissants.

$\overrightarrow{e_\varphi}$ est dans le plan (Oxy), dirigé vers les φ croissants et orthogonal aux deux autres.

Les bases cylindrique et sphérique, contrairement à la base cartésienne, sont des bases *locales*, c'est-à-dire qu'elles sont mobiles avec M.

⇨ **Méthode 10.1. Passage d'un système de coordonnées à un autre**

■ Éléments cinématiques

❑ Vecteur position

Le vecteur $\overrightarrow{OM}$ donne à chaque instant la position du point M (en mouvement ou non). L'ensemble des positions successives du point M définit sa **trajectoire**.

❑ Vecteur vitesse

Il donne les variations du vecteur position. Si le point passe de M en M' entre t et t', le vecteur vitesse à la date t est défini par : $\vec{v}(M)_{\mathfrak{R}} = \lim_{t' \to t} \left(\frac{\overrightarrow{MM'}}{t'-t} \right)_{\mathfrak{R}}$ soit $\boxed{\vec{v}(M)_{\mathfrak{R}} = \left(\frac{\mathrm{d}\overrightarrow{OM}}{\mathrm{d}t} \right)_{\mathfrak{R}}}$.

Le vecteur vitesse dépend du référentiel $\mathfrak{R}$ mais non du choix du point fixe O.
Il est tangent, en tout point, à la trajectoire et orienté dans le sens du mouvement.
S'il est constant en norme, le mouvement du point est **uniforme**.
S'il est constant en direction, le mouvement du point est **rectiligne**.

❑ Vecteur accélération

Il donne les variations du vecteur vitesse. Avec les mêmes notations que précédemment, on définit : $\vec{a}(M)_{\mathfrak{R}} = \lim_{t' \to t} \left(\frac{\vec{v}(M')_{\mathfrak{R}} - \vec{v}(M)_{\mathfrak{R}}}{t'-t} \right)$ soit $\boxed{\vec{a}(M)_{\mathfrak{R}} = \left(\frac{\mathrm{d}\vec{v}(M)_{\mathfrak{R}}}{\mathrm{d}t} \right)_{\mathfrak{R}} = \left(\frac{\mathrm{d}^2\overrightarrow{OM}}{\mathrm{d}t^2} \right)_{\mathfrak{R}}}$.

Le vecteur accélération dépend, lui aussi, du référentiel $\mathfrak{R}$ mais non du point O.
Si la trajectoire est courbée, il est toujours dirigé vers la concavité de la courbe.

Le vecteur accélération peut être décomposé en :
- une composante tangente à la trajectoire, traduisant la variation de la norme de la vitesse ;
- une composante orthogonale à la trajectoire (site accélération normale), traduisant la variation de la direction de la vitesse.

❑ Composantes dans les différentes bases

Dans la base cartésienne

$\boxed{\overrightarrow{OM} = x\overrightarrow{e_x} + y\overrightarrow{e_y} + z\overrightarrow{e_z}}$; $\boxed{\vec{v}(M)_{\mathfrak{R}} = \dot{x}\overrightarrow{e_x} + \dot{y}\overrightarrow{e_y} + \dot{z}\overrightarrow{e_z}}$; $\boxed{\vec{a}(M)_{\mathfrak{R}} = \ddot{x}\overrightarrow{e_x} + \ddot{y}\overrightarrow{e_y} + \ddot{z}\overrightarrow{e_z}}$.

Dans la base cylindrique

$\boxed{\overrightarrow{OM} = r\overrightarrow{e_r} + z\overrightarrow{e_z}}$; $\boxed{\vec{v}(M)_{\mathfrak{R}} = \dot{r}\overrightarrow{e_r} + r\dot{\theta}\overrightarrow{e_\theta} + \dot{z}\overrightarrow{e_z}}$; $\boxed{\vec{a}(M)_{\mathfrak{R}} = (\ddot{r} - r\dot{\theta}^2)\overrightarrow{e_r} + (r\ddot{\theta} + 2\dot{r}\dot{\theta})\overrightarrow{e_\theta} + \ddot{z}\overrightarrow{e_z}}$.

Dans la base sphérique

$\boxed{\overrightarrow{OM} = r\overrightarrow{e_r}}$; $\boxed{\vec{v}(M)_{\mathfrak{R}} = \dot{r}\overrightarrow{e_r} + r\dot{\theta}\overrightarrow{e_\theta} + r\sin\theta\,\dot{\varphi}\overrightarrow{e_\varphi}}$.

⇨ **Méthode 10.2. Dérivation en coordonnées cylindriques**
⇨ **Méthode 10.3. Calcul de la vitesse et de l'accélération à partir des équations horaires**

❑ Évolution de la norme de la vitesse

À un instant donné :
- si $\vec{a}(M)_{\mathfrak{R}} \cdot \vec{v}(M)_{\mathfrak{R}} > 0$, le mouvement est **accéléré** (la norme de la vitesse augmente) ;
- si $\vec{a}(M)_{\mathfrak{R}} \cdot \vec{v}(M)_{\mathfrak{R}} < 0$, le mouvement est **retardé** (la norme de la vitesse diminue) ;
- si $\vec{a}(M)_{\mathfrak{R}} \cdot \vec{v}(M)_{\mathfrak{R}} = 0$, la norme de la vitesse passe par un extremum.

Mais si $\vec{a}(M)_{\mathfrak{R}} \cdot \vec{v}(M)_{\mathfrak{R}} = 0$ *à tout instant*, alors le mouvement est uniforme.

Exemples de mouvements simples d'un point

Mouvement à vecteur accélération constant

On suppose que le vecteur accélération est une constante, par exemple $\vec{a}(M)_{\mathfrak{R}} = a\,\overrightarrow{e_y}$.

Mouvement rectiligne uniformément varié

Si le vecteur vitesse initial est colinéaire à l'accélération, soit $\overrightarrow{v_0} = v_0\,\overrightarrow{e_y}$, le mouvement est rectiligne, uniformément accéléré ou retardé.
Le mouvement rectiligne uniforme est un cas particulier obtenu pour $a = 0$.

Mouvement parabolique

Si le vecteur vitesse initial n'est pas colinéaire à l'accélération, on peut le prendre dans le plan (Oxy) et formant un angle α avec l'accélération.
La trajectoire est alors un arc de parabole, d'axe parallèle à (Oy) et d'équation cartésienne $y(x) = \frac{1}{2} a \frac{(x - x_0)^2}{v_0^2 \cos^2 \alpha} + (\tan\alpha)\,x + y_0$, dans le plan d'équation $z = z_0$ [parallèle à (Oxy)].

⇨ **Méthode 10.4. Détermination des équations horaires cartésiennes à partir de l'accélération**
⇨ **Méthode 10.5. Détermination des équations cartésiennes de la trajectoire**

Mouvement circulaire

Par définition, la trajectoire est un cercle ou un arc de cercle ; s'il s'agit d'un cercle de centre O, de rayon R, appartenant au plan (Oxy), alors la base polaire est idéale pour décrire ce mouvement. En notant $\omega = \dot{\theta}$ la vitesse angulaire :

$$\boxed{\overrightarrow{OM} = R\,\overrightarrow{e_r} \quad ; \quad \vec{v}(M)_{\mathfrak{R}} = R\omega\,\overrightarrow{e_\theta} \quad ; \quad \vec{a}(M)_{\mathfrak{R}} = -R\omega^2\,\overrightarrow{e_r} + R\dot{\omega}\,\overrightarrow{e_\theta}}.$$

Cas du mouvement circulaire uniforme

Si $\omega = \text{cte}$, le mouvement est circulaire uniforme.
Alors $\boxed{\vec{a}(M)_{\mathfrak{R}} = -R\omega^2\,\overrightarrow{e_r} = -\frac{v(M)_{\mathfrak{R}}^2}{R}\,\overrightarrow{e_r} = -\omega^2\,\overrightarrow{OM}}$: ce vecteur est dirigé vers O tout au long du mouvement, on parle d'**accélération centripète**.

Mouvement d'un solide

Généralités

Un **solide** est un ensemble de points matériels tels que la distance entre deux points quelconques de ce solide est invariante au cours du temps. On définit donc le solide comme étant **indéformable**, par opposition aux systèmes déformables (système élastique, système de solides articulés, fluide…).
Le mouvement d'un solide est plus complexe que celui d'un point matériel. On se limite à l'étude de deux mouvements particuliers.

❑ Mouvement de translation

Définition

Un solide (S) est en **translation** par rapport à un référentiel $\mathcal{R}$ si pour tout couple de points A et B de (S), le vecteur $\overrightarrow{AB}$ reste constant au cours du mouvement du solide.

Propriétés

Si le solide (S) est en translation, alors *tous ses points ont le même vecteur vitesse*, donc aussi le même vecteur accélération, à chaque instant.
Les trajectoires de tous les points de (S) sont superposables. On peut parler en particulier de **translation rectiligne** si ces trajectoires sont des segments de droites, de **translation circulaire** si ce sont des cercles, etc.

❑ Mouvement de rotation autour d'un axe fixe

Définition

Un solide (S) est en **rotation** autour d'un axe fixe Δ si tous les points de (S) ont une trajectoire circulaire centrée sur un point de Δ.
Si des points de (S) appartiennent à l'axe Δ, alors ils sont immobiles.

Vitesse et accélération angulaires

La **vitesse angulaire** du solide est la dérivée temporelle $\omega = \dot{\theta}$ de l'angle repérant sa position.

(On la définit aussi parfois comme la valeur absolue de cette dérivée, soit $\omega = |\dot{\theta}|$; dans ce cas on doit préciser le sens de rotation.)

L'**accélération angulaire** du solide est la dérivée temporelle $\dot{\omega} = \ddot{\theta}$.

Relation entre vitesse et vitesse angulaire

Soit un solide (S) en rotation autour de l'axe fixe Δ et M un point quelconque de (S) : M décrit une trajectoire circulaire dont le centre est son projeté orthogonal H sur Δ.
On peut donc lui appliquer les formules du mouvement circulaire, dans la base cylindrique d'axe (Oz) confondu avec Δ :

– sa vitesse est $\vec{v}(M)_{\mathcal{R}} = r\omega\overrightarrow{e_\theta}$ (avec $r = HM$), de norme $v(M)_{\mathcal{R}} = |\omega| \cdot HM$;
– son accélération est $\vec{a}(M)_{\mathcal{R}} = -R\omega^2\overrightarrow{e_r} + R\dot{\omega}\overrightarrow{e_\theta}$.

Tous les points du solide ont la même vitesse angulaire (et la même accélération angulaire), mais ils ont une vitesse de norme d'autant plus grande qu'ils sont plus éloignés de l'axe de rotation.

⇨ **Méthode 10.6. Identification du mouvement d'un solide**

Méthodes

Comment utiliser les différents systèmes de coordonnées ?

Méthode 10.1. Passage d'un système de coordonnées à un autre

On utilise les relations dans les triangles rectangles :

$$\text{cosinus} = \frac{\text{côté adjacent}}{\text{hypoténuse}} \; ; \; \text{sinus} = \frac{\text{côté opposé}}{\text{hypoténuse}} \; ; \; \text{tangente} = \frac{\text{côté opposé}}{\text{côté adjacent}}.$$

⇨ **Exercice 10.13**

– Passage des cylindriques aux cartésiennes ou inversement

Avec le triangle OAH (voir schéma du cours), on obtient les relations :

$$x = r\cos\theta \qquad \text{et} \qquad y = r\sin\theta$$

$$r = \sqrt{x^2+y^2} \qquad \text{et} \qquad \tan\theta = \frac{y}{x} \text{ avec } \cos\theta \text{ du signe de } x$$

$$\left(\text{donc } \theta = \arctan\frac{y}{x} \text{ si } x > 0, \text{ et } \theta = \arctan\frac{y}{x} \pm \pi \text{ si } x < 0\right).$$

La troisième coordonnée z est la même pour les deux systèmes.

– Passage des sphériques aux cartésiennes ou inversement

Avec les triangles OPM et OAH (voir schéma du cours), on obtient les relations :

$$x = r\sin\theta\cos\varphi \; ; \; y = r\sin\theta\sin\varphi \; ; \; z = r\cos\theta$$

$$r = \sqrt{x^2+y^2+z^2} \; ; \; \tan\theta = \frac{\sqrt{x^2+y^2}}{z} \text{ avec } \cos\theta \text{ du signe de } z \; ;$$

$$\tan\varphi = \frac{y}{x} \text{ avec } \cos\varphi \text{ du signe de } x.$$

Méthode 10.2. Dérivation en coordonnées cylindriques

On utilise les formules habituelles de dérivation d'une somme et d'un produit, et celle de la dérivée composée : $\frac{\mathrm{d}a}{\mathrm{d}t} = \frac{\mathrm{d}a}{\mathrm{d}b} \times \frac{\mathrm{d}b}{\mathrm{d}t}$ (valable pour une grandeur a scalaire ou vectorielle).

⇨ **Exercices 10.4, 10.5**

– Dérivation des vecteurs unitaires

On exprime d'abord les vecteurs unitaires de la base polaire dans la base cartésienne :

$\overrightarrow{e_r} = \cos\theta\,\overrightarrow{e_x} + \sin\theta\,\overrightarrow{e_y}$ et $\overrightarrow{e_\theta} = -\sin\theta\,\overrightarrow{e_x} + \cos\theta\,\overrightarrow{e_y}$.

De plus $\dfrac{d(\cos\theta)}{dt}=\dfrac{d(\cos\theta)}{d\theta}\times\dfrac{d\theta}{dt}=-\sin\theta\times\dot{\theta}$ et $\dfrac{d(\sin\theta)}{dt}=\dfrac{d(\sin\theta)}{d\theta}\times\dfrac{d\theta}{dt}=\cos\theta\times\dot{\theta}$.

Alors $\dfrac{d\overrightarrow{e_r}}{dt}=\dfrac{d(\cos\theta)}{dt}\overrightarrow{e_x}+\dfrac{d(\sin\theta)}{dt}\overrightarrow{e_y}=\dot{\theta}\left[-\sin\theta\,\overrightarrow{e_x}+\cos\theta\,\overrightarrow{e_y}\right]=\dot{\theta}\,\overrightarrow{e_\theta}$

et $\dfrac{d\overrightarrow{e_\theta}}{dt}=-\dfrac{d(\sin\theta)}{dt}\overrightarrow{e_x}+\dfrac{d(\cos\theta)}{dt}\overrightarrow{e_y}=-\dot{\theta}\left[\cos\theta\,\overrightarrow{e_x}+\sin\theta\,\overrightarrow{e_y}\right]=-\dot{\theta}\,\overrightarrow{e_r}$.

– Dérivation du vecteur position pour obtenir le vecteur vitesse :

$$\vec{v}(M)=\frac{d\overrightarrow{OM}}{dt}=\frac{dr}{dt}\overrightarrow{e_r}+r\frac{d\overrightarrow{e_r}}{dt}+\frac{dz}{dt}\overrightarrow{e_z}=\dot{r}\,\overrightarrow{e_r}+r\dot{\theta}\,\overrightarrow{e_\theta}+\dot{z}\,\overrightarrow{e_z}.$$

– Dérivation du vecteur vitesse pour obtenir le vecteur accélération :

$$\vec{a}(M)=\frac{d\vec{v}(M)}{dt}=\frac{d\dot{r}}{dt}\overrightarrow{e_r}+\dot{r}\frac{d\overrightarrow{e_r}}{dt}+\frac{dr}{dt}\dot{\theta}\,\overrightarrow{e_\theta}+r\frac{d\dot{\theta}}{dt}\overrightarrow{e_\theta}+r\dot{\theta}\frac{d\overrightarrow{e_\theta}}{dt}+\frac{d\dot{z}}{dt}\overrightarrow{e_z}$$

soit $\vec{a}(M)=(\ddot{r}-r\dot{\theta}^2)\overrightarrow{e_r}+(r\ddot{\theta}+2\dot{r}\dot{\theta})\overrightarrow{e_\theta}+\ddot{z}\,\overrightarrow{e_z}$.

■ Comment déterminer les caractéristiques du mouvement d'un point ?

❑ Méthode 10.3. Calcul de la vitesse et de l'accélération à partir des équations horaires

> À partir des équations horaires en cartésiennes ou en cylindriques on obtient les composantes du vecteur vitesse et du vecteur accélération par dérivations successives, suivant les formules du cours.

⇨ **Exercices 10.1, 10.2, 10.3**

Soit par exemple un point M en mouvement, repéré à chaque instant par ses coordonnées cartésiennes : $x(t)=\alpha t^2+\beta$; $y(t)=\gamma t$; $z(t)=\delta$, où α, β, γ et δ sont des constantes.

Les composantes du vecteur vitesse de M sont : $\dot{x}(t)=2\alpha t$; $\dot{y}(t)=\gamma$; $\dot{z}(t)=0$, soit $\boxed{\vec{v}(M)_{\mathcal{R}}=2\alpha t\,\overrightarrow{e_x}+\gamma\,\overrightarrow{e_y}}$.

Celles de son vecteur accélération sont : $\ddot{x}=2\alpha$; $\ddot{y}=0$; $\ddot{z}=0$, soit $\boxed{\vec{a}(M)_{\mathcal{R}}=2\alpha\,\overrightarrow{e_x}}$.

❑ Méthode 10.4. Détermination des équations horaires cartésiennes à partir de l'accélération

On considère un point en mouvement dont on connaît le vecteur accélération, ainsi que les conditions initiales : vecteurs vitesse et position du point à la date $t=0$. On cherche à déterminer ses équations horaires.

– On détermine les composantes, à chaque instant, du vecteur vitesse de M par intégration des composantes du vecteur accélération. Les constantes d'intégration sont déterminées à l'aide des conditions initiales sur la vitesse.

– On détermine les composantes, à chaque instant, du vecteur position de M par intégration des composantes du vecteur vitesse. Les constantes d'intégration sont déterminées à l'aide des conditions initiales sur la position.

– Cette méthode n'est pas utilisable dans les autres systèmes de coordonnées, car on utilise ici le fait que les vecteurs unitaires cartésiens sont des *constantes*.

⇨ **Exercice 10.6 à 10.9**

Un point M en mouvement a pour vecteur accélération constant : $\vec{a}=a\overrightarrow{e_x}$.

Les conditions initiales sont : $\vec{v}(0)=v_{0x}\overrightarrow{e_x}+v_{0y}\overrightarrow{e_y}+v_{0z}\overrightarrow{e_z}$ et $\overrightarrow{OM}(0)=x_0\overrightarrow{e_x}+y_0\overrightarrow{e_y}+z_0\overrightarrow{e_z}$.

On intègre les composantes du vecteur accélération, en tenant compte des conditions initiales sur la vitesse : $\vec{v}(t)=(at+v_{0x})\overrightarrow{e_x}+v_{0y}\overrightarrow{e_y}+v_{0z}\overrightarrow{e_z}$. Puis on intègre les composantes du vecteur vitesse obtenu, en tenant compte des conditions initiales sur la position, et on obtient le vecteur position : $\overrightarrow{OM}=\left(\frac{1}{2}at^2+v_{0x}t+x_0\right)\overrightarrow{e_x}+(v_{0y}t+y_0)\overrightarrow{e_y}+(v_{0z}t+z_0)\overrightarrow{e_z}$.

Les équations horaires sont donc : $\boxed{x(t)=\frac{1}{2}at^2+v_{0x}t+x_0}$; $\boxed{y(t)=v_{0y}t+y_0}$; $\boxed{z(t)=v_{0z}t+z_0}$.

❑ Méthode 10.5. Détermination des équations cartésiennes de la trajectoire à partir des équations horaires

Dans l'espace, il faut non pas une mais *deux* équations cartésiennes pour décrire une courbe.

– Pour les courbes planes auxquelles nous nous limiterons, l'une des équations est celle du plan contenant la trajectoire. Il s'agit souvent d'un plan simple à décrire, parallèle à l'un des trois plans de base du repère.

– Pour déterminer l'équation cartésienne de la courbe dans ce plan, il faut éliminer la variable temps entre les différentes équations horaires.

⇨ **Exercice 10.3, 10.9, 10.11**

– Reprenons l'exemple précédent en supposant que $v_{0y}=0$: les équations horaires deviennent $x(t)=\frac{1}{2}at^2+v_{0x}t+x_0$; $y(t)=y_0$; $z(t)=v_{0z}t+z_0$.

La deuxième équation, $\boxed{y=y_0}$, est l'équation cartésienne d'un plan parallèle à (*Oxz*), la trajectoire que l'on cherche est donc contenue dans ce plan.

Ensuite on peut exprimer t en fonction de z et reporter dans x : $t=\frac{z-z_0}{v_{0z}}$ d'où $\boxed{x=\frac{1}{2}a\left(\frac{z-z_0}{v_{0z}}\right)^2+\frac{v_{0x}}{v_{0z}}(z-z_0)+x_0}$. C'est l'équation d'une parabole d'axe parallèle à (*Ox*).

On aurait pu envisager d'exprimer d'abord t en fonction de x puis de reporter dans z, mais cela nécessiterait de résoudre une équation du second degré et poserait des problèmes de signes.

– Prenons maintenant un mouvement décrit par les équations horaires suivantes :
$x(t)=A\cos(\omega t+\varphi)$; $y(t)=A\sin(\omega t+\varphi)+B$; $z(t)=0$.

La troisième équation est celle du plan (*Oxy*).

Pour éliminer t, la méthode précédente ne marche plus, car l'utilisation de fonctions trigonométriques inverses (arcsin, arccos) nécessite de se limiter à certains intervalles.

En revanche on peut utiliser la formule : $\cos^2(\omega t+\varphi)+\sin^2(\omega t+\varphi)=1$, ce qui équivaut à $\left(\frac{x}{A}\right)^2+\left(\frac{y-B}{A}\right)^2=1$ ou encore $\boxed{x^2+(y-B)^2=A^2}$. On reconnaît l'équation cartésienne d'un cercle de centre Ω de coordonnées $(0,B,0)$.

■ Comment décrire le mouvement d'un solide ?

❑ Méthode 10.6. Identification du mouvement d'un solide

> En cinématique du solide, dans le cadre du programme, les deux types de mouvements simples à connaître sont la translation et la rotation autour d'un axe fixe. Il convient donc de savoir les identifier, et en particulier de ne pas confondre la rotation avec la translation circulaire.
>
> – Choisir deux points quelconques A et B du solide et étudier le comportement du vecteur $\overrightarrow{AB}$.
>
> – Si ce vecteur garde une direction constante au cours du mouvement du solide, alors ce dernier a un mouvement de translation.
>
> – Sinon, le solide n'a pas un mouvement de translation. Il faut alors vérifier qu'il est en mouvement de rotation autour d'un axe fixe : les trajectoires de A et B doivent être des cercles centrés sur un même axe.

⇨ **Exercices 10.16, 10.18**

Méthodes

– Premier exemple : mouvement d'une porte

Lorsqu'on ouvre une porte, effectue un mouvement de rotation autour de l'axe fixe de ses gonds.

Sur un schéma représentant la porte vue de dessus, le schéma étant dans un plan orthogonal à l'axe des gonds, on constate que chaque point de la porte effectue une trajectoire circulaire dont le centre est sur l'axe.

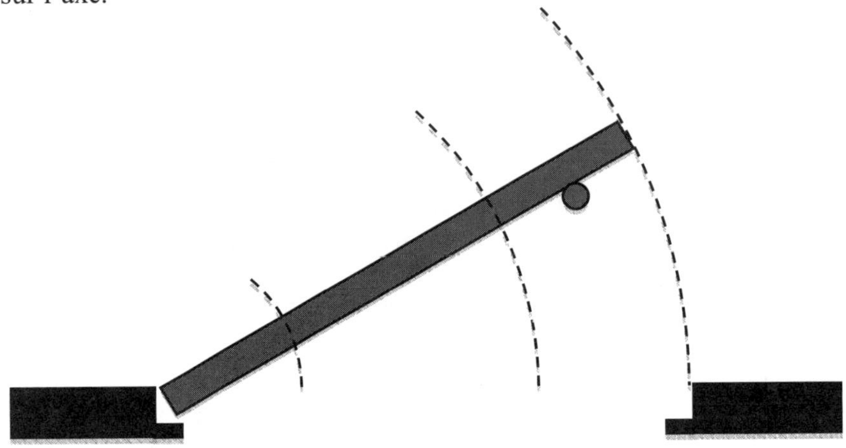

– Deuxième exemple : tyrolienne

Il s'agit d'une méthode pour franchir un espace vide en étant suspendu(e) à une corde.

Images www.osons.c.la

Dans les différentes positions successives, deux points quelconques de la personne gardent approximativement la même orientation l'un par rapport à l'autre : il s'agit donc d'une translation.

La trajectoire décrite par chaque point, quant à elle, n'est ni rectiligne, ni circulaire, c'est une courbe plus complexe : on peut juste parler de translation curviligne.

■■ Vrai/Faux

		Vrai	Faux
1.	La vitesse d'un point en mouvement dépend du référentiel par rapport auquel on l'étudie.		
2.	Le vecteur accélération est toujours orthogonal au vecteur vitesse.		
3.	Le vecteur vitesse d'un point en mouvement est toujours tangent à la trajectoire.		
4.	Les vecteurs unitaires de la base cartésienne sont tous fixes au cours du mouvement d'un point M.		
5.	Les vecteurs unitaires de la base cylindrique sont tous fixes au cours du mouvement d'un point M.		
6.	Si le vecteur accélération d'un point en mouvement est constant, le mouvement est uniforme.		
7.	Si le vecteur accélération d'un point en mouvement est nul, le mouvement est rectiligne et uniforme.		
8.	Si au cours d'un mouvement, le produit scalaire $\vec{a}(M)_{\mathcal{R}} \cdot \vec{v}(M)_{\mathcal{R}}$ est nul à chaque instant, alors le mouvement est uniforme.		
9.	Si le mouvement d'un point est uniforme, alors son vecteur vitesse est nul.		
10.	Si le mouvement d'un point est circulaire et uniforme, alors son vecteur accélération est constant.		
11.	Un solide est en mouvement de translation si tous ses points ont le même vecteur vitesse à chaque instant.		
12.	Si un solide est en rotation autour d'un axe fixe, alors tous les points du solide ont une trajectoire circulaire de même rayon.		

■■ Énoncé des exercices

■ Utilisation des différentes bases

❑ Exercice 10.1. Éléments cinématiques en cartésiennes

On considère un point M en mouvement dont les coordonnées cartésiennes sont, à chaque instant : $x(t) = a_0 t^2 + x_0$, $y(t) = -vt$ et $z(t) = z_0$, avec $x_0 = 1\ \text{m}$, $z_0 = -1\ \text{m}$, $a_0 = 2\ \text{m}\cdot\text{s}^{-2}$ et $v = 3\ \text{m}\cdot\text{s}^{-1}$.

1. Déterminer les composantes des vecteurs vitesse et accélération dans la base cartésienne.

2. Calculer la norme de la vitesse de M à la date $t = 2\ \text{s}$.

3. Calculer la norme de l'accélération de M à la date $t = 1\ \text{s}$.

❑ Exercice 10.2. Éléments cinématiques en cylindriques

On considère un point M en mouvement dont les coordonnées cylindriques sont, à chaque instant : $r(t) = a_0 t^2 + r_0$, $\theta(t) = \omega t - \theta_0$ et $z(t) = -vt$, avec $r_0 = 1\ \text{m}$, $a_0 = 1\ \text{m}\cdot\text{s}^{-2}$, $\omega = 3\ \text{rad}\cdot\text{s}^{-1}$, $\theta_0 = 2\ \text{rad}$ et $v = 2\ \text{m}\cdot\text{s}^{-1}$.

1. Déterminer les composantes des vecteurs vitesse et accélération dans la base cylindrique.

2. Calculer la norme de la vitesse de M à la date $t = 1\ \text{s}$.

3. Calculer la norme de l'accélération de M à l'instant initial ($t = 0$).

❑ Exercice 10.3. Analyse d'équations horaires

Voici différents mouvements dans le plan (Oxy) dont on donne les équations horaires, en coordonnées cartésiennes ou en coordonnées polaires (a, b, c, d et e étant des constantes). Indiquer, dans chaque cas, les caractéristiques du mouvement du point M étudié.

1. $x(t) = at^2 - bt + c$ et $y(t) = 2c$.

2. $r(t) = 2c$ et $\theta(t) = dt + e$.

3. $r(t) = bt + c$ et $\theta(t) = 2e$.

❑ Exercice 10.4. Éléments cinématiques dans la base cylindrique*

1. Donner l'expression du vecteur position d'un point M en mouvement dans sa base cylindrique.

2. Donner les expressions des vecteurs de la base cylindrique dans la base cartésienne.

3. Utiliser ces résultats pour retrouver les expressions des vecteurs vitesse et accélération dans la base cylindrique.

❑ Exercice 10.5. Éléments cinématiques dans la base sphérique**

1. Donner l'expression du vecteur position d'un point M en mouvement dans sa base sphérique.

2. Donner les expressions des vecteurs de la base sphérique dans la base cartésienne.

3. Utiliser ces résultats pour établir les expressions des vecteurs vitesse et accélération dans la base sphérique.

■ Mouvements rectilignes

❑ Exercice 10.6. Freinage d'urgence

Une voiture, animée d'une vitesse $v_0 = 90\ \text{km}\cdot\text{h}^{-1}$ sur une trajectoire rectiligne, freine avec une accélération constante de norme $a = 4,2\ \text{m}\cdot\text{s}^{-2}$. Calculer la durée et la distance de freinage.

❑ Exercice 10.7. Dépassement*

Une voiture A de longueur $d = 4\ \text{m}$ suit un camion de longueur $D = 10\ \text{m}$ à la vitesse constante $v_0 = 72\ \text{km}\cdot\text{h}^{-1}$ sur une route droite et horizontale. La distance entre l'avant de la voiture et l'arrière du camion est alors $L = 35\ \text{m}$. À un instant pris comme origine des dates, le conducteur de la voiture décide de doubler le camion et impose à son véhicule une accélération constante $a = 3,0\ \text{m}\cdot\text{s}^{-2}$.

On prendra comme origine du repère la position de l'avant de la voiture au début du dépassement.

1. Établir l'équation horaire $x_{\text{av}}(t)$ du mouvement de l'avant de la voiture ainsi que celle du mouvement de l'avant du camion, $X_{\text{av}}(t)$.

2. Si on considère que le dépassement est terminé quand l'arrière de la voiture est 20 m devant l'avant du camion, calculer la durée du dépassement ainsi que la distance parcourue par le camion pendant ce temps.

❑ Exercice 10.8. Attention au choc !*

Deux voitures se suivent sur une ligne droite à la vitesse $v = 30\ \text{m}\cdot\text{s}^{-1}$ à une distance $d = 80$ m l'une de l'autre. À la date $t = 0$, la première freine avec une décélération constante de $\ddot{x}_A = -2,0\ \text{m}\cdot\text{s}^{-2}$. Celle qui la suit commence à freiner seulement 2,0 secondes plus tard, avec une décélération constante de $\ddot{x}_B = -1,0\ \text{m}\cdot\text{s}^{-2}$.

1. En prenant pour origine du repère spatial la position de la seconde voiture à la date $t = 0$, établir les équations horaires du mouvement des deux véhicules.

2. Déterminer la position et la date du contact.

❑ Exercice 10.9. Jeu de plage*

Le jeune Toto, situé en O sur la plage, lance un frisbee avec un vecteur vitesse $\overrightarrow{V_0}$ horizontal, et faisant un angle α avec la direction (Ox) dans laquelle se trouve son camarade Lulu, à une distance D de lui. Le mouvement du frisbee est très complexe, aussi le modélise-t-on de façon simple : il a lieu dans le plan (xOy) et le frisbee, assimilable à un point M, subit tout au long de son mouvement, une accélération $\vec{a} = -a\overrightarrow{e_y}$. Le mouvement sera donc étudié dans le repère (O,x,y,z), muni de la base $\left(\overrightarrow{e_x},\overrightarrow{e_y},\overrightarrow{e_z}\right)$.

1. Déterminer les équations horaires du mouvement de M.

2. Établir les équations cartésiennes de la trajectoire de M.

3. Si $\alpha = 45°$, exprimer V_0 pour que Lulu puisse récupérer le frisbee sans avoir à bouger.

Mouvements circulaires

Exercice 10.10. Sortie d'autoroute

Madame Michu, au volant de son automobile (qu'on assimilera à un point matériel) se déplace sur l'autoroute à la vitesse $V_0 = 130 \text{ km} \cdot \text{h}^{-1}$. Elle souhaite sortir de l'autoroute en utilisant une bretelle de sortie assimilée à un arc de cercle plan horizontal de rayon $R = 50 \text{ m}$. Pour éviter de déraper dans la bretelle, la norme de l'accélération du véhicule ne peut excéder $10 \text{ m} \cdot \text{s}^{-2}$.

1. Montrer que la voiture ne peut pas prendre la bretelle à la vitesse V_0 au risque de quitter la route.

2. Expliquer pourquoi il ne faut pas freiner dans le virage au risque, encore, de quitter la route.

3. Quelle est la vitesse maximale V_{max} à laquelle la voiture peut décrire le virage ?

Exercice 10.11. Mouvement circulaire uniforme**

Une araignée assimilable à un point matériel M se déplace par rapport au repère $Oxyz$ selon les équations horaires cartésiennes :

$x(t) = a\sin(\omega t)$, $y(t) = a\sin\left(\omega t + \dfrac{\pi}{3}\right)$ et $z(t) = a\sin\left(\omega t + \dfrac{2\pi}{3}\right)$, a et ω étant deux constantes.

1. Montrer que la trajectoire de M est contenue dans un plan passant par O et donner son équation cartésienne.

2. Montrer que l'araignée se déplace sur un cercle de centre O, et donner son rayon.

3. Calculer la norme du vecteur vitesse de l'araignée à chaque instant. Comment peut-on qualifier le mouvement ?

4. Calculer la période T de ce mouvement.

D'après ENAC

Exercice 10.12. Stabilité d'une trajectoire circulaire*

Une particule M est soumise à une accélération constamment dirigée vers le point O du plan (Oxy) et de norme $a = k\left(\dfrac{b}{r}\right)^n$, où k, b et n sont des constantes positives.

1. Comment faut-il choisir la vitesse initiale $\overrightarrow{v_0}$ pour que M décrive dans le plan (Oxy) un cercle de centre O et de rayon b ?

2. Cette condition étant remplie, exprimer la fréquence associée à ce mouvement.

Études de mouvements en cordonnées cylindriques

Exercice 10.13. Toto sur un toboggan*

Le jeune Toto, assimilable à un point matériel M, est installé, prêt à partir, en haut d'un grand toboggan d'un parc aquatique.

À partir de l'instant $t = 0$, les équations horaires de M sont, en coordonnées cartésiennes ; $x = R\cos(\omega t)$, $y = R\sin(\omega t)$ et $z = -bt$, (R, ω et b sont des constantes positives).

1. Déterminer ses coordonnées cylindriques.

2. En déduire la nature et les caractéristiques de la trajectoire.
3. Déterminer le module de la vitesse de M.
4. Déterminer le module de l'accélération de M.

❑ Exercice 10.14. Toto sur un manège*

Dans le référentiel terrestre $\Re$, on définit un repère $Oxyz$ avec un axe (Oz) vertical ascendant. La figure ci-contre est une vue de dessus. Un manège est constitué de deux plateformes circulaires horizontales de même rayon R : l'une est immobile par rapport au référentiel terrestre, sa circonférence passe par l'origine O du repère et son centre est sur l'axe (Ox) ; l'autre peut rouler sans glisser autour de la première.

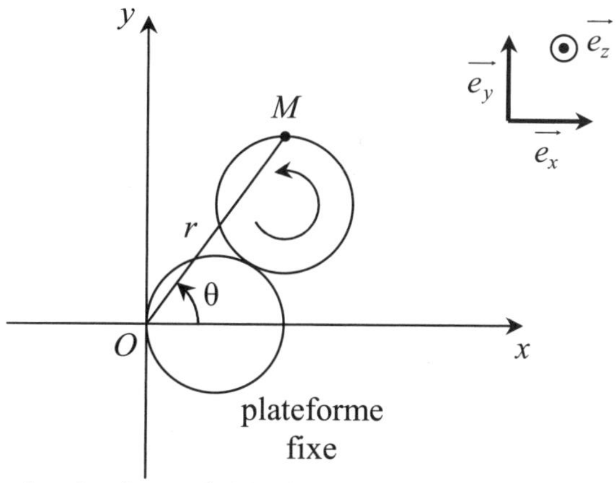

Le petit Toto, assimilé à un point M, a pris place sur le manège, en un point de la circonférence de la plateforme mobile.

M décrit alors une trajectoire contenue dans le plan horizontal (Oxy) et décrite par l'équation polaire : $r = 2R(1+\cos\theta)$ et on suppose de plus que la vitesse angulaire ω est maintenue constante, soit $\theta = \omega t$ à partir de l'instant initial $t = 0$.

1. Trajectoire

Reproduire sur un schéma les axes du plan et le cercle représentant la plateforme fixe. Placer sur ce schéma les quatre points de la trajectoire de M correspondant aux angles $\theta = 0$ (ce point sera noté A), $\theta = \frac{\pi}{2}$ (point B), $\theta = \pi$ (point C), $\theta = \frac{3\pi}{2}$ (point D), puis dessiner l'allure de la trajectoire complète (cette courbe s'appelle une cardioïde). Ajouter la base cylindrique $\left(\vec{e_r}, \vec{e_\theta}, \vec{e_z}\right)$ au point D.

2. Vitesse

a) Déterminer, en fonction du temps t et des deux constantes R et ω, les composantes du vecteur vitesse $\vec{v}(M)_{\Re}$ dans la base cylindrique. Dessiner ce vecteur au point D.

b) Calculer la norme de la vitesse.

c) En quel point Toto risque-t-il le plus d'être éjecté du manège (vitesse maximale), et dans quelle direction serait-il alors éjecté ?

d) En quel point Toto pourra-t-il essayer de descendre du manège (vitesse nulle) ?

3. Accélération

a) Déterminer les composantes du vecteur accélération $\vec{a}(M)_{\Re}$ dans la base cylindrique. Dessiner ce vecteur au point D.

b) Calculer la norme de l'accélération.

c) Il n'existe pas de sensation absolue de vitesse, en revanche ce qu'on ressent fortement est l'accélération que l'on subit. En quel point Toto risque-t-il le plus de se sentir mal (accélération maximale) ?

❑ Exercice 10.15. Trajectoire elliptique d'une comète**

Une comète, assimilée à un point M, se déplace dans le plan (xOy) sur une ellipse d'équation polaire : $r = \dfrac{p}{1+e\cos\theta}$ où e et p sont des constantes (avec $0 < e < 1$).

À $t = 0$ elle est au point P défini par $\theta = 0$, avec une vitesse $\overrightarrow{v_P} = v_P\,\overrightarrow{e_y}$ (avec $v_P > 0$).

1. Quelles sont les valeurs minimale et maximale de r ? Pour quelles valeurs de θ sont-elles obtenues ?
2. Faire un schéma de la trajectoire. Faire apparaître le point P, le point A le plus éloigné de O, et également le point H d'ordonnée maximale et le point B d'ordonnée minimale. En M quelconque de la trajectoire, faire apparaître la base locale cylindrique.
3. On suppose que l'accélération de M est toujours radiale. En déduire que $r^2\dot{\theta}$ est une constante (qu'on notera C). Déterminer C en fonction de p, e et v_P.
4. Déterminer la vitesse $\overrightarrow{v_A}$ de M au point A.

■ Mouvement d'un solide

❑ Exercice 10.16. Grande roue

La petite sœur de Toto, Gudule, préfère monter dans la grande roue de la fête foraine. Elle en profite pour faire le point quant à ses connaissances en cinématique des solides.

1. Quel est le mouvement de chaque rayon de la roue ?
2. Quel est le mouvement d'une nacelle ?
3. Ces résultats resteraient-ils vrais si soudain le moteur s'emballait et faisait tourner la roue dix ou vingt fois plus vite ?

❑ Exercice 10.17 Mouvement d'une scie circulaire

Une scie circulaire d'un diamètre 60 cm tourne à 640 tours par minute.

1. Calculer sa vitesse angulaire.
2. Calculer la vitesse d'une de ses dents, appelée vitesse de coupe. À quelle fréquence devrait tourner la scie pour que la vitesse de coupe soit de $30\ \text{m}\cdot\text{s}^{-1}$?
3. Lorsqu'on coupe le moteur, la scie ralentit uniformément et s'arrête en 6 s.
   Calculer la valeur absolue de l'accélération angulaire de la scie.
   On note $t = 0$ le moment où l'on coupe le moteur. Donner l'expression numérique de la vitesse angulaire de la scie entre $t = 0$ et $t = 6$ s.
4. Combien de tours aura effectué la scie durant cette phase d'arrêt ?

❑ Exercice 10.18 Mouvement d'un essuie-glace**

Toto et son camarade Lulu sont en voiture lorsque la pluie se met à tomber. Toto met donc en route les essuie-glaces. Lulu, scientifique dans l'âme, essaie d'analyser leur mouvement.

Il fait un schéma simplifié du problème, note que l'angle entre les deux positions extrêmes du balai unique est de 160° et que le balai effectue 10 allers-retours en 9,0 s. Les deux positions extrêmes sont par ailleurs symétriques par rapport à l'axe (Ox). Enfin, la longueur du balai est $OA = 60$ cm.

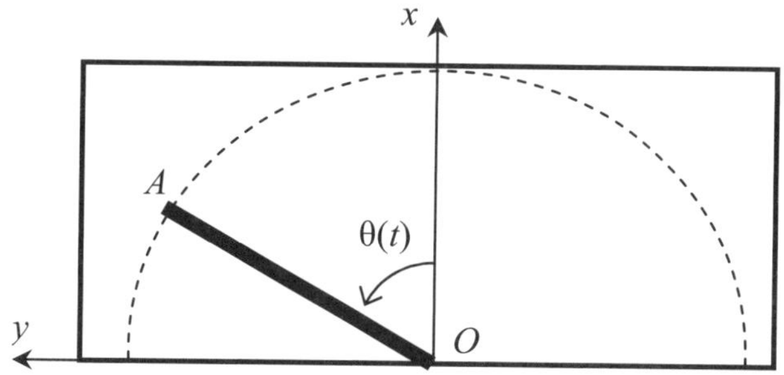

1. Quel est le mouvement du balai ?

2. On note $\theta(t)$ la position angulaire, et θ_0 la position initiale du balai, correspondant à la position extrême, à droite sur le schéma. Lulu fait l'hypothèse que $\theta(t)$ est une fonction sinusoïdale du temps et que le balai part de sa position θ_0 à la date $t = 0$ sans vitesse initiale. Donner l'expression numérique de $\theta(t)$.

3. Quelle est la vitesse maximale de l'extrémité A du balai ?

4. Il existe une deuxième « vitesse » pour les essuie-glace, pour laquelle le temps d'un aller-retour du balai est divisé par deux. Comment seraient affectées $\theta(t)$ et la vitesse maximale du point A si cette deuxième vitesse était enclenchée ?

5. Pour mesurer l'efficacité de l'essuie-glace, Lulu définit la vitesse aréolaire comme la surface balayée par unité de temps. Donner l'expression numérique de cette vitesse aréolaire à chaque instant. Quelle est la partie du pare-brise la mieux protégée de la pluie ?

■ Pour vous aider à démarrer

Exercice 10.3. Commencer dans chaque cas par examiner l'équation la plus simple, et en déduire une information sur la trajectoire.

Exercice 10.5. Faire deux schémas plans pour la question 2 : l'un dans le plan méridien (OMP), l'autre dans le plan (Oxy), et introduire comme intermédiaire un vecteur unitaire $\vec{u}$ selon (OMP).

Exercice 10.11. À la question 1, il faut relier x, y et z en éliminant le temps t : pour cela, développer les deux derniers sinus et soustraire. À la question 2, montrer que la distance OM est constante.

Exercice 10.12. Avec les expressions de la vitesse et de l'accélération en coordonnées cylindriques, déterminer la norme (constante) de la vitesse, puis préciser sa direction.

Exercice 10.13. La trajectoire est une courbe complexe car elle n'est pas plane : analyser les informations données par chacune des coordonnées cylindriques pour en déduire l'allure de la courbe.

Exercice 10.14. La trajectoire doit passer par les quatre points trouvés et aussi avoir une forme raisonnable : on peut utilement se demander ce que signifie son nom.

Exercice 10.15. Pour tracer la trajectoire, commencer par bien placer les deux points trouvés à la question 1, et en déduire la position de l'ellipse sans *a priori* …

Corrigé des vrai/faux

1.	2.	3.	4.	5.	6.	7.	8.	9.	10.	11.	12.
vrai	faux	vrai	vrai	faux	faux	vrai	vrai	faux	faux	vrai	faux

2. Il n'y a aucune relation générale entre leurs directions.

5. Seul le vecteur $\overrightarrow{e_z}$ est fixe.

7. Dans ce cas, le vecteur vitesse est constant (en norme et en direction).

9. La norme du vecteur vitesse est *constante*, mais non nulle.

10. Seule sa *norme* est constante, mais sa direction tourne avec le point.

12. Le rayon est plus grand pour les points plus éloignés de l'axe.

❑ Les erreurs classiques

– Les erreurs d'homogénéité sont fréquentes : bien vérifier par exemple que chaque terme d'accélération a les dimensions d'une longueur divisée par un temps au carré (chaque point de dérivation correspondant à une division par un temps).

– Attention, dans les bases cylindriques et sphériques, les *composantes* du vecteur position sont différentes des *coordonnées* du point : ne jamais écrire $\overrightarrow{OM} = r\overrightarrow{e_r} + \theta\overrightarrow{e_\theta} + z\overrightarrow{e_z}$ ou $\overrightarrow{OM} = r\overrightarrow{e_r} + \theta\overrightarrow{e_\theta} + \varphi\overrightarrow{e_\varphi}$! Ces formules ne sont d'ailleurs pas homogènes (car un angle est sans dimension).

– Il ne faut pas confondre un vecteur et sa norme. Pour qu'un vecteur soit constant, il faut que sa norme *et* sa direction restent constantes au cours du temps. Par exemple, si le vecteur vitesse est constant, alors le mouvement est rectiligne et uniforme, mais si seule la *norme* du vecteur vitesse est constante, le mouvement est uniforme mais non rectiligne.

– L'accélération étant la dérivée du vecteur vitesse, le *seul* cas où elle est *toujours nulle* est le mouvement rectiligne uniforme. Dans un mouvement circulaire uniforme par exemple, l'accélération est non nulle et dirigée vers le centre du cercle.

– Les vecteurs $\overrightarrow{e_r}$ et $\overrightarrow{e_\theta}$ de la base polaire son définis à partir du point O et non de la trajectoire : pour un mouvement quelconque, $\overrightarrow{e_r}$ *n'est pas orthogonal* à la trajectoire et $\overrightarrow{e_\theta}$ *n'est pas tangent* à la trajectoire.

Corrigé des exercices

Exercice 10.1

1. $\boxed{v_x(t)=\dot{x}(t)=2a_0t}$; $\boxed{v_y(t)=\dot{y}(t)=-v}$; $\boxed{v_z(t)=\dot{z}(t)=0}$ soit $\vec{v}(M)_{\mathcal{R}}=2a_0t\,\overrightarrow{e_x}-v\,\overrightarrow{e_y}$.
$\boxed{a_x(t)=\ddot{x}(t)=2a_0}$; $\boxed{a_y(t)=\ddot{y}(t)=0}$; $\boxed{a_z(t)=\ddot{z}(t)=0}$ soit $\vec{a}(M)_{\mathcal{R}}=2a_0\overrightarrow{e_x}$.

2. $v(t)=\sqrt{{v_x}^2+{v_y}^2+{v_z}^2}=\sqrt{4a_0^2t^2+v^2}$. AN à $t=2$ s : $\boxed{v(2\text{ s})=8{,}5\text{ m}\cdot\text{s}^{-1}}$.

3. $a(t)=\sqrt{{a_x}^2+{a_y}^2+{a_z}^2}=2a_0$ pour toute date t. AN $\boxed{a=4\text{ m}\cdot\text{s}^{-2}}$.

⇨ *Méthode 10.3*

Exercice 10.2

1. $\boxed{v_r(t)=\dot{r}=2a_0t}$; $\boxed{v_\theta(t)=r\dot{\theta}=(a_0t^2+r_0)\omega}$; $\boxed{v_z(t)=\dot{z}=-v}$
soit $\vec{v}(M)_{\mathcal{R}}=2a_0t\,\overrightarrow{e_r}+\omega(a_0t^2+r_0)\overrightarrow{e_\theta}-v\,\overrightarrow{e_z}$.
$\boxed{a_r(t)=\ddot{r}-r\dot{\theta}^2=2a_0-(a_0t^2+r_0)\omega^2}$; $\boxed{a_\theta(t)=r\ddot{\theta}+2\dot{r}\dot{\theta}=4a_0t\omega}$; $\boxed{a_z(t)=\ddot{z}=0}$
soit $\vec{a}(M)_{\mathcal{R}}=\left(2a_0-(a_0t^2+r_0)\omega^2\right)\overrightarrow{e_r}+4a_0t\omega\,\overrightarrow{e_\theta}$.

2. $v(t)=\sqrt{{v_r}^2+{v_\theta}^2+{v_z}^2}=\sqrt{4a_0^2t^2+(a_0t^2+r_0)^2\omega^2+v^2}$. AN à $t=1$ s : $\boxed{v(1\text{ s})=6{,}6\text{ m}\cdot\text{s}^{-1}}$.

3. $a(t)=\sqrt{{a_r}^2+{a_\theta}^2+{a_z}^2}=\sqrt{\left(2a_0-(a_0t^2+r_0)\omega^2\right)^2+(4a_0t\omega)^2}$. AN à $t=0$: $\boxed{a(0)=7\text{ m}\cdot\text{s}^{-2}}$.

⇨ *Méthode 10.3*

Exercice 10.3

1. La trajectoire appartient à la droite $y=2c$, donc le mouvement est rectiligne. D'autre part, le vecteur accélération est une constante ($\ddot{x}=2a$ et $\ddot{y}=0$). Le mouvement est donc rectiligne et uniformément accéléré.

2. On constate que r est constant, ce qui traduit un mouvement circulaire de centre O. De plus, la vitesse, qui se résume à la composante orthoradiale $v_\theta=r\dot{\theta}$, est constante. Le mouvement est donc circulaire et uniforme.

3. θ est constant, ce qui entraîne que le mouvement est rectiligne (selon une droite passant par O). Ensuite, le vecteur vitesse est une constante ($v_r=\dot{r}=b$ et $v_\theta=r\dot{\theta}=0$), donc le mouvement est rectiligne et uniforme.

⇨ *Méthode 10.5*

Corrigé

Exercice 10.4

1. $\boxed{\overrightarrow{OM} = r\,\overrightarrow{e_r} + z\,\overrightarrow{e_z}}$.

2. $\boxed{\overrightarrow{e_r} = \cos\theta\,\overrightarrow{e_x} + \sin\theta\,\overrightarrow{e_y}}$, $\boxed{\overrightarrow{e_\theta} = -\sin\theta\,\overrightarrow{e_x} + \cos\theta\,\overrightarrow{e_y}}$, et le vecteur $\overrightarrow{e_z}$ est commun aux deux bases.

3. $\vec{v}(M) = \dfrac{\mathrm{d}\overrightarrow{OM}}{\mathrm{d}t} = \dfrac{\mathrm{d}r}{\mathrm{d}t}\overrightarrow{e_r} + r\dfrac{\mathrm{d}\overrightarrow{e_r}}{\mathrm{d}t} + \dfrac{\mathrm{d}z}{\mathrm{d}t}\overrightarrow{e_z} + z\dfrac{\mathrm{d}\overrightarrow{e_z}}{\mathrm{d}t}$, avec $\dfrac{\mathrm{d}\overrightarrow{e_z}}{\mathrm{d}t} = \vec{0}$ (car $\overrightarrow{e_z}$ est constant) et

$\dfrac{\mathrm{d}\overrightarrow{e_r}}{\mathrm{d}t} = \dfrac{\mathrm{d}(\cos\theta)}{\mathrm{d}t}\overrightarrow{e_x} + \dfrac{\mathrm{d}(\sin\theta)}{\mathrm{d}t}\overrightarrow{e_y} = \dot{\theta}\left[-\sin\theta\,\overrightarrow{e_x} + \cos\theta\,\overrightarrow{e_y}\right] = \dot{\theta}\,\overrightarrow{e_\theta}$, donc $\boxed{\vec{v}(M)_{\mathfrak{R}} = \dot{r}\,\overrightarrow{e_r} + r\dot{\theta}\,\overrightarrow{e_\theta} + \dot{z}\,\overrightarrow{e_z}}$.

Ensuite on dérive le vecteur vitesse par rapport au temps.

$\vec{a}(M) = \dfrac{\mathrm{d}\vec{v}(M)}{\mathrm{d}t} = \dfrac{\mathrm{d}\dot{r}}{\mathrm{d}t}\overrightarrow{e_r} + \dot{r}\dfrac{\mathrm{d}\overrightarrow{e_r}}{\mathrm{d}t} + \dfrac{\mathrm{d}r}{\mathrm{d}t}\dot{\theta}\,\overrightarrow{e_\theta} + r\dfrac{\mathrm{d}\dot{\theta}}{\mathrm{d}t}\overrightarrow{e_\theta} + r\dot{\theta}\dfrac{\mathrm{d}\overrightarrow{e_\theta}}{\mathrm{d}t} + \dfrac{\mathrm{d}\dot{z}}{\mathrm{d}t}\overrightarrow{e_z} + \dot{z}\dfrac{\mathrm{d}\overrightarrow{e_z}}{\mathrm{d}t}$, donc avec

$\dfrac{\mathrm{d}\overrightarrow{e_\theta}}{\mathrm{d}t} = -\dfrac{\mathrm{d}(\sin\theta)}{\mathrm{d}t}\overrightarrow{e_x} + \dfrac{\mathrm{d}(\cos\theta)}{\mathrm{d}t}\overrightarrow{e_y} = -\dot{\theta}\left[\cos\theta\,\overrightarrow{e_x} + \sin\theta\,\overrightarrow{e_y}\right] = -\dot{\theta}\,\overrightarrow{e_r}$ et les deux dérivées précédentes on obtient $\boxed{\vec{a}(M)_{\mathfrak{R}} = (\ddot{r} - r\dot{\theta}^2)\overrightarrow{e_r} + (r\ddot{\theta} + 2\dot{r}\dot{\theta})\overrightarrow{e_\theta} + \ddot{z}\,\overrightarrow{e_z}}$.

⇨ *Méthode 10.2*

Exercice 10.5

1. $\boxed{\overrightarrow{OM} = r\,\overrightarrow{e_r}}$.

2. Pour y voir plus clair, utilisons deux plans particuliers : (Oxy) et le plan contenant O, M et H.

On utilisera le vecteur unitaire $\vec{u} = \dfrac{\overrightarrow{OH}}{\left\|\overrightarrow{OH}\right\|}$ comme intermédiaire de calcul.

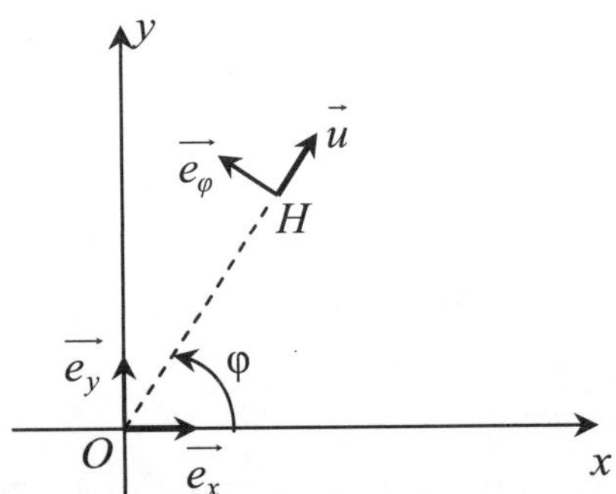

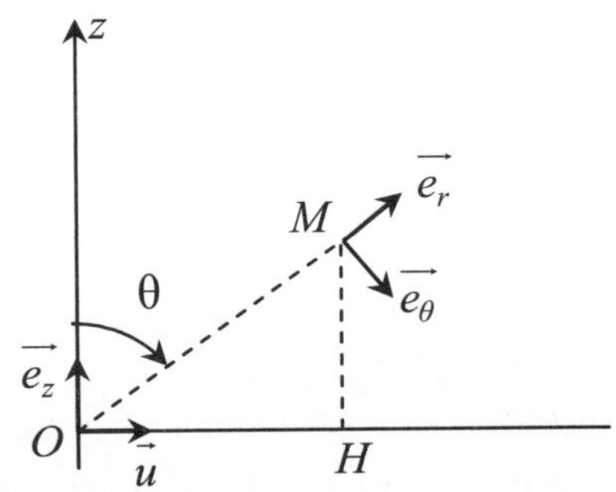

On exprime donc les vecteurs unitaires de la base sphérique dans la base cartésienne :

$\boxed{\overrightarrow{e_r} = \sin\theta\,\vec{u} + \cos\theta\,\overrightarrow{e_z} = \sin\theta\cdot\cos\varphi\,\overrightarrow{e_x} + \sin\theta\cdot\sin\varphi\,\overrightarrow{e_y} + \cos\theta\,\overrightarrow{e_z}}$;

$\boxed{\overrightarrow{e_\theta} = \cos\theta\,\vec{u} - \sin\theta\,\overrightarrow{e_z} = \cos\theta\cdot\cos\varphi\,\overrightarrow{e_x} + \cos\theta\cdot\sin\varphi\,\overrightarrow{e_y} - \sin\theta\,\overrightarrow{e_z}}$;

$\boxed{\overrightarrow{e_\varphi} = -\sin\varphi\,\overrightarrow{e_x} + \cos\varphi\,\overrightarrow{e_y}}$.

3. Le vecteur vitesse s'obtient en dérivant le vecteur position :

$$\vec{v}(M)=\frac{\mathrm{d}\overrightarrow{OM}}{\mathrm{d}t}=\frac{\mathrm{d}}{\mathrm{d}t}\left(r\overrightarrow{e_r}\right)=\frac{\mathrm{d}r}{\mathrm{d}t}\overrightarrow{e_r}+r\frac{\mathrm{d}\overrightarrow{e_r}}{\mathrm{d}t}$$

$$=\dot{r}\overrightarrow{e_r}+r\dot{\theta}\left[\cos\theta\cdot\cos\varphi\overrightarrow{e_x}+\cos\theta\cdot\sin\varphi\overrightarrow{e_y}-\sin\theta\overrightarrow{e_z}\right]+r\dot{\varphi}\left[-\sin\theta\cdot\sin\varphi\overrightarrow{e_x}+\sin\theta\cdot\cos\varphi\overrightarrow{e_y}\right]$$ soit

$$\boxed{\vec{v}(M)=\dot{r}\overrightarrow{e_r}+r\dot{\theta}\overrightarrow{e_\theta}+r\dot{\varphi}\sin\theta\overrightarrow{e_\varphi}}.$$

Pour obtenir le vecteur accélération, on dérive à nouveau cette expression.

$$\vec{a}(M)=\frac{\mathrm{d}\vec{v}(M)}{\mathrm{d}t}=\ddot{r}\overrightarrow{e_r}+\dot{r}\frac{\mathrm{d}\overrightarrow{e_r}}{\mathrm{d}t}+\left(\dot{r}\dot{\theta}+r\ddot{\theta}\right)\overrightarrow{e_\theta}+r\dot{\theta}\frac{\mathrm{d}\overrightarrow{e_\theta}}{\mathrm{d}t}+\left(\dot{r}\dot{\varphi}\sin\theta+r\ddot{\varphi}\sin\theta+r\dot{\varphi}\dot{\theta}\cos\theta\right)\overrightarrow{e_\varphi}$$

$$+r\dot{\varphi}\sin\theta\frac{\mathrm{d}\overrightarrow{e_\varphi}}{\mathrm{d}t}.$$

Or $\frac{\mathrm{d}\overrightarrow{e_r}}{\mathrm{d}t}=\dot{\theta}\overrightarrow{e_\theta}+\dot{\varphi}\sin\theta\overrightarrow{e_\varphi}$, $\frac{\mathrm{d}\overrightarrow{e_\theta}}{\mathrm{d}t}=-\dot{\theta}\overrightarrow{e_r}+\dot{\varphi}\cos\theta\overrightarrow{e_\varphi}$ et $\frac{\mathrm{d}\overrightarrow{e_\varphi}}{\mathrm{d}t}=-\dot{\varphi}\left[\sin\theta\overrightarrow{e_r}+\cos\theta\overrightarrow{e_\theta}\right]$,

En remplaçant ces résultats dans l'expression de $\vec{a}(M)$, on trouve la « simple » expression :

$$\boxed{\begin{aligned}\vec{a}(M)=&(\ddot{r}-r\dot{\theta}^2-r\sin^2\theta\dot{\varphi}^2)\overrightarrow{e_r}+(2\dot{r}\dot{\theta}+r\ddot{\theta}-r\sin\theta\cos\theta\dot{\varphi}^2)\overrightarrow{e_\theta}\\&+(2\dot{r}\sin\theta\dot{\varphi}+r\sin\theta\ddot{\varphi}+2r\cos\theta\dot{\varphi}\dot{\theta})\overrightarrow{e_\varphi}\end{aligned}}.$$

✎ *Cette expression n'est pas à connaître et ne sera jamais utilisée en dynamique.*

Exercice 10.6

Si on observe le mouvement rectiligne de la voiture sur un axe (*Ox*), en prenant pour origine des dates le début du freinage, sa vitesse est alors donnée par $v_x(t)=\dot{x}(t)=-at+v_0$ et son équation horaire par $x(t)=-a\frac{t^2}{2}+v_0t+x_0$. Elle s'arrête quand sa vitesse s'annule, soit pour une date t_a telle que $-at_a+v_0=0$ donc $\boxed{t_a=\frac{v_0}{a}}$. AN $\boxed{t_a=6{,}0\text{ s}}$.

💣 *Ne pas oublier de convertir la vitesse en mètres par seconde (unité SI).*

À cette date, son abscisse est donc $x(t_a)$ et la distance de freinage est

$d=x(t_a)-x_0=-a\frac{t_a^2}{2}+v_0t_a$, soit $\boxed{d=\frac{v_0^2}{2a}}$. AN $\boxed{d=74\text{ m}}$.

⇨ *Méthode 10.4*

Exercice 10.7

1. Un petit schéma de ce qui se passe à $t=0$ permettra d'y voir un peu plus clair.

Corrigé

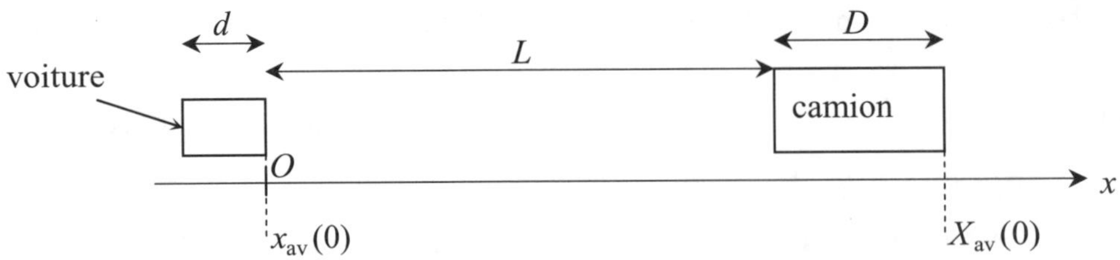

La voiture est animée, pour $t \geq 0$, d'un mouvement rectiligne uniformément retardé :

$\ddot{x}_{av} = +a$; $\dot{x}_{av}(t) = at + \dot{x}_{av}(0) = at + v_0$; $x_{av}(t) = \dfrac{a}{2}t^2 + v_0 t + x_{av}(0)$, soit $\boxed{x_{av}(t) = \dfrac{a}{2}t^2 + v_0 t}$.

Le camion est, quant à lui, animé d'un mouvement rectiligne uniforme. On obtient donc, en tenant compte des conditions initiales ($X_{av}(0) = L + D = 45$ m) : $\boxed{X_{av}(t) = v_0 t + L + D}$.

⇨ *Méthode 10.4*

2. On cherche donc une date t_1 telle que $x_{av}(t_1) - X_{av}(t_1) = \ell + d$ avec $\ell = 20$ m. Cela conduit à : $\dfrac{a}{2}t^2 + v_0 t - v_0 t - L - D = \ell + d$ d'où $\boxed{t = \sqrt{\dfrac{2(\ell + d + L + D)}{a}}}$. AN $\boxed{t_1 = 6{,}8 \text{ s}}$.

Alors la distance parcourue par le camion est $\boxed{C = X_{av}(t_1) - X_{av}(0) = v_0 t_1}$. AN $\boxed{C = 140 \text{ m}}$.

Exercice 10.8

1. À l'instant initial, les positions des deux véhicules sont les suivantes :

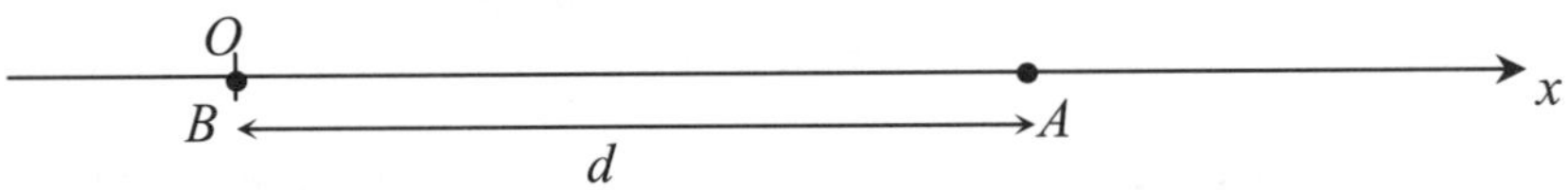

Pour la première voiture à partir de $t = 0$: $\ddot{x}_A = \text{cte}$ donc $\dot{x}_A(t) = \ddot{x}_A t + \text{cte}$, avec $\dot{x}_A(0) = v$ d'où $\dot{x}_A(t) = \ddot{x}_A t + v$; ensuite $\boxed{x_A(t) = \dfrac{\ddot{x}_A}{2}t^2 + vt + d}$ avec $x_A(0) = d$.

Pour la seconde à partir de $t_B = 2{,}0$ s : $\ddot{x}_B = \text{cte}$, $\dot{x}_B(t) = \ddot{x}_B t + \text{cte}$, avec $\dot{x}_B(t_B) = v$ d'où $\dot{x}_B(t) = \ddot{x}_B(t - t_B) + v$; ensuite $x_B(t) = \dfrac{\ddot{x}_B}{2}(t - t_B)^2 + vt + \text{cte}$, avec $x_B(t_B) = x_B(0) + vt_B = vt_B$ donc $\boxed{x_B(t) = \dfrac{\ddot{x}_B}{2}(t - t_B)^2 + vt}$.

Ces équations horaires ne sont valables que pendant la durée du freinage de chacune des voitures, donc avant leurs dates d'arrêt : $t'_A = -\dfrac{v}{\ddot{x}_A} = 15$ s pour la première, $t'_B = t_B - \dfrac{v}{\ddot{x}_B} = 32$ s pour l'autre.

⇨ *Méthode 10.4*

2. On cherche s'il existe une date t_c telle que $x_A(t_c) = x_B(t_c) \Leftrightarrow \dfrac{\ddot{x}_A}{2}t_c^2 + d = \dfrac{\ddot{x}_B}{2}(t_c - t_B)^2$ ce qui donne l'équation du second degré : $(\ddot{x}_A - \ddot{x}_B)t_c^2 + 2\ddot{x}_B t_B t_c + 2d - \ddot{x}_B t_B^2 = 0$. La résolution de cette

équation du second degré donne $\boxed{t_c = 11\text{ s}}$. Cette date se trouve bien dans le domaine de validité des équations horaires.
Pour trouver l'abscisse du contact, on utilise, au choix, une des deux équations horaires : $\boxed{x_c = x_A(t_c) = x_B(t_c) = 300\text{ m}}$.

Exercice 10.9

1. On connaît les composantes du vecteur accélération : $a_x = \ddot{x} = 0$; $a_y = \ddot{y} = -a$; $a_z = \ddot{z} = 0$.

On peut donc déterminer celles du vecteur vitesse, à chaque instant, par intégration, en déterminant les constantes à l'aide des conditions initiales :
$v_x = \dot{x} = V_0\cos(\alpha)$; $v_y = \dot{y} = -at + V_0\sin(\alpha)$; $v_z = \dot{z} = 0$.

Une nouvelle intégration, en tenant compte toujours des conditions initiales, permet d'obtenir les équations horaires : $\boxed{x(t) = V_0\cos(\alpha)t \ ;\ y(t) = -\frac{a}{2}t^2 + V_0\sin(\alpha)t \ ;\ z(t) = 0}$.

⇨ *Méthode 10.4*

2. L'une des équations cartésiennes est $\boxed{z = 0}$: le mouvement a lieu dans le plan (Oxy).
Il suffit d'éliminer le temps entre les deux premières équations pour obtenir l'équation de la trajectoire : $t = \frac{x}{V_0\cos(\alpha)}$ d'où $\boxed{y(x) = -\frac{a}{2V_0^2\cos^2(\alpha)}x^2 + \tan(\alpha)x}$.
La trajectoire est parabolique, d'axe parallèle à (Oy).

⇨ *Méthode 10.5*

3. Pour que Lulu attrape le frisbee, il faut que $y(D) = 0$, d'où $V_0 = \sqrt{\frac{aD}{2\cos^2(\alpha)\tan(\alpha)}}$ soit encore $\boxed{V_0 = \sqrt{\frac{aD}{\sin(2\alpha)}}}$. (Pour $\alpha = 45°$, l'expression se simplifie en $V_0 = \sqrt{aD}$.)

Exercice 10.10

1. La voiture est assimilée à un point matériel M décrivant une trajectoire circulaire ; les coordonnées polaires sont donc les plus simples.
Les éléments cinématiques sont $\vec{v}(M) = R\dot{\theta}\vec{e_\theta} = v\vec{e_\theta}$ et $\vec{a}(M) = -R\dot{\theta}^2\vec{e_r} = -\frac{v^2}{R}\vec{e_r}$.

La norme de l'accélération est $\boxed{a_0 = \frac{v^2}{R} = 26{,}1\text{ m}\cdot\text{s}^{-2}}$, valeur supérieure à la limite de sécurité.

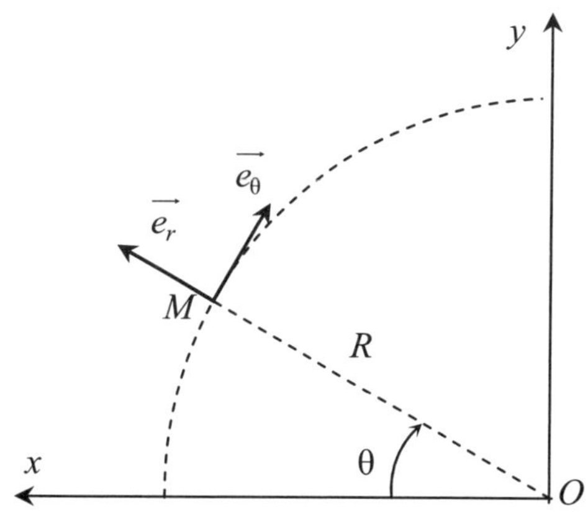

2. Si la voiture freine, ses éléments cinématiques deviennent $\vec{v}(M) = R\dot{\theta}\overrightarrow{e_\theta} = v\overrightarrow{e_\theta}$ et $\vec{a}(M) = -R\dot{\theta}^2\overrightarrow{e_r} + R\ddot{\theta}\overrightarrow{e_\theta} = -\dfrac{v^2}{R}\overrightarrow{e_r} + \dot{v}\overrightarrow{e_\theta}$.

Au moment où le véhicule commence à freiner, sa vitesse est V_0 et la norme de son accélération est $a = \sqrt{\left(-\dfrac{V_0{}^2}{R}\right)^2 + (\dot{v})^2} = \sqrt{a_0{}^2 + (\dot{v})^2}$. Le freinage va donc avoir pour première conséquence d'augmenter la norme de l'accélération.

3. En supposant que la bretelle est parcourue à vitesse constante, il faut que l'accélération ne dépasse pas la valeur maximale $a_{\text{max}} = \dfrac{V_{\text{maxx}}{}^2}{R}$. Donc $\boxed{V_{\text{max}} = \sqrt{Ra_{\text{max}}}}$.

AN $\boxed{V_{\text{max}} = 22{,}3 \text{ m}\cdot\text{s}^{-1} = 80{,}5 \text{ km}\cdot\text{h}^{-1}}$.

Exercice 10.11

1. On cherche à éliminer t entre les coordonnées. On développe les sinus :

$$y(t) = a\left[\sin(\omega t)\cdot\cos\left(\frac{\pi}{3}\right) + \cos(\omega t)\cdot\sin\left(\frac{\pi}{3}\right)\right] = a\left[\frac{\sin(\omega t) + \sqrt{3}\cos(\omega t)}{2}\right]$$

$$z(t) = a\left[\sin(\omega t)\cdot\cos\left(\frac{2\pi}{3}\right) + \cos(\omega t)\cdot\sin\left(\frac{2\pi}{3}\right)\right] = a\left[\frac{\sqrt{3}\cos(\omega t) - \sin(\omega t)}{2}\right]$$

et on fait la différence : $y(t) - z(t) = a\sin(\omega t) = x(t)$.

La trajectoire de M est donc contenue dans le plan d'équation $\boxed{x - y + z = 0}$ qui passe par O.

➪ *Méthode 10.5*

2. $$OM^2 = x^2 + y^2 + z^2 = a^2\left[\sin^2(\omega t) + \left(\frac{\sin(\omega t) + \sqrt{3}\cos(\omega t)}{2}\right)^2 + \left(\frac{\sqrt{3}\cos(\omega t) - \sin(\omega t)}{2}\right)^2\right]$$

$$= \frac{a^2}{4}\left[6\sin^2(\omega t) + 6\cos^2(\omega t)\right] = \frac{3a^2}{2}.$$

Le mouvement a donc lieu sur un cercle de centre O et de rayon $\boxed{R = a\sqrt{\dfrac{3}{2}}}$.

3. Le vecteur vitesse $\vec{v} = \dfrac{\mathrm{d}\overrightarrow{OM}}{\mathrm{d}t}$ a pour composantes : $v_x = \dot{x} = a\omega\cos(\omega t)$,

$v_y = \dot{y} = a\omega\cos\left(\omega t + \dfrac{\pi}{3}\right)$ et $v_z = \dot{z} = a\omega\cos\left(\omega t + \dfrac{2\pi}{3}\right)$. On en déduit :

$$v^2 = \dot{x}^2 + \dot{y}^2 + \dot{z}^2 = (a\omega)^2\left[\cos^2(\omega t) + \left(\frac{\cos(\omega t) - \sqrt{3}\sin(\omega t)}{2}\right)^2 + \left(\frac{-\cos(\omega t) - \sqrt{3}\sin(\omega t)}{2}\right)^2\right].$$

Le développement des carrés fait disparaître les doubles produits et on obtient :

$$v^2 = (a\omega)^2\left[\cos^2(\omega t) + \frac{\cos^2(\omega t) + 3\sin^2(\omega t)}{2}\right] = \frac{3}{2}(a\omega)^2 \quad \text{soit} \quad \boxed{v = \sqrt{\frac{3}{2}}a\omega} = \text{cte}.$$

Il s'agit donc d'un mouvement <u>circulaire uniforme</u>.

4. La période T est telle que $\overrightarrow{OM}(t+T) = \overrightarrow{OM}(t)$; les trois fonctions $x(t)$, $y(t)$ et $z(t)$ ayant la même période, c'est aussi la période T recherchée, donc $\boxed{T = \frac{2\pi}{\omega}}$.

Exercice 10.12

1. Si on utilise la base polaire, l'accélération s'écrit, en tenant compte des données de l'énoncé, $\vec{a}(M)_{\mathcal{R}} = (\ddot{r} - r\dot{\theta}^2)\overrightarrow{e_r} + (r\ddot{\theta} + 2\dot{r}\dot{\theta})\overrightarrow{e_\theta} = -k\left(\frac{b}{r}\right)^n \overrightarrow{e_r}$. Dans le cas d'une trajectoire circulaire de rayon $r = b = \text{cte}$, $\dot{r} = 0$ et $\ddot{r} = 0$ donc ces expressions entraînent $b\dot{\theta}^2 = k$ et $b\ddot{\theta} = 0$. On en déduit donc $\dot{\theta} = \pm\sqrt{\frac{k}{b}}$ et $v = r|\dot{\theta}| = \sqrt{kb} = \text{cte}$ (mouvement uniforme). La vitesse initiale doit donc avoir la valeur $\boxed{v_0 = \sqrt{kb}}$ pour norme, mais cette condition n'est pas suffisante : il faut également (propriété du mouvement circulaire) qu'elle soit <u>orthogonale au vecteur position initial $\overrightarrow{OM_0}$</u>.

2. La fréquence (inverse de la période) est définie par $f = \frac{v}{2\pi r} = \frac{v_0}{2\pi b}$ soit $\boxed{f = \frac{1}{2\pi}\sqrt{\frac{k}{b}}}$.

Exercice 10.13

1. $r = \sqrt{x^2 + y^2}$ donc $\boxed{r = R = \text{cte}}$. $\tan\theta = \frac{y}{x} = \tan(\omega t)$ avec $\cos\theta = \frac{x}{R} = \cos(\omega t)$, donc $\boxed{\theta = \omega t}$.

⇨ *Méthode 10.1*

2. $r = R = \text{cte}$ donc la trajectoire se trouve sur un cylindre d'axe (Oz) et de rayon R.
θ augmente régulièrement donc Toto tourne autour de l'axe, et z diminue régulièrement donc Toto descend aussi le long de l'axe.

Il s'agit donc globalement d'une <u>hélice circulaire</u> d'axe (Oz), de rayon R et de pas $h = \frac{2\pi b}{\omega}$ (le pas est la distance dont Toto descend à chaque tour).

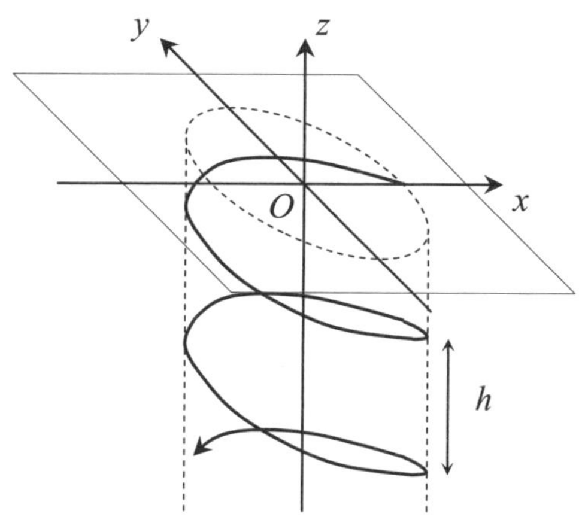

Corrigé

3. $v_x = \dot{x} = -\omega R \sin(\omega t)$, $v_y = \dot{y} = \omega R \cos(\omega t)$ et $v_z = \dot{z} = -b$ donc $\boxed{v = \sqrt{\omega^2 R^2 + b^2}}$. On constate que le mouvement est uniforme.

4. $a_x = \ddot{x} = -\omega^2 R \cos(\omega t)$, $a_y = \ddot{y} = \omega^2 R \sin(\omega t)$ et $a_z = \ddot{z} = 0$ donc $\boxed{a = \omega^2 R}$. Le module de l'accélération est également constant au cours du mouvement.

⇨ *Méthode 10.3*

Exercice 10.14

1.

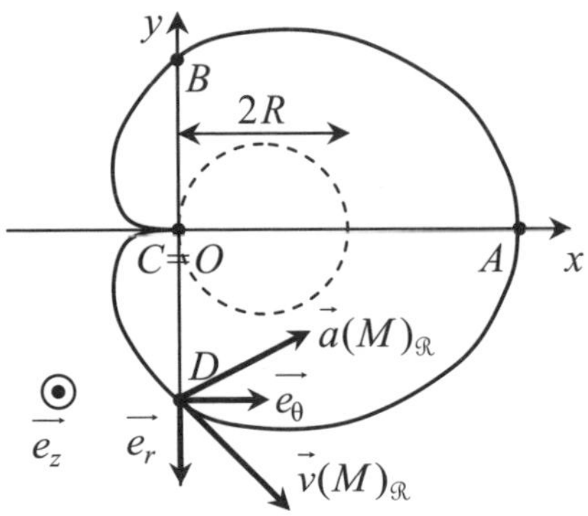

Point A : $\theta = 0$, $r = 4R$. Point B : $\theta = \dfrac{\pi}{2}$, $r = 2R$. Point C : $\theta = \pi$, $r = 0$ (donc c'est l'origine O). Point D : $\theta = \dfrac{3\pi}{2}$, $r = 2R$.

✐ *Pour chaque valeur de θ il y a une valeur unique de r, donc cette courbe ne peut pas comporter de « boucle »... D'autre part, r diminue quand θ varie de 0 à π, puis augmente quand θ varie de π à 2π.*

2. a) $\vec{v}(M)_{\mathcal{R}} = \dot{r}\,\overrightarrow{e_r} + r\dot{\theta}\,\overrightarrow{e_\theta} + \dot{z}\,\overrightarrow{e_z}$ avec $\dot{\theta} = \omega$ et $\dot{r} = \dfrac{\mathrm{d}r}{\mathrm{d}\theta}\dfrac{\mathrm{d}\theta}{\mathrm{d}t} = -2R\sin\theta\,\dot{\theta}$ donc

$\boxed{\vec{v}(M)_{\mathcal{R}} = -2R\sin(\omega t)\,\omega\,\overrightarrow{e_r} + 2R(1+\cos(\omega t))\,\omega\,\overrightarrow{e_\theta}}$.

En D la vitesse est donc $\vec{v}(M)_{\mathcal{R}} = 2R\omega\,\overrightarrow{e_r} + 2R\omega\,\overrightarrow{e_\theta}$.

b) $v(M)_{\mathcal{R}} = \sqrt{\dot{r}^2 + r^2\dot{\theta}^2} = \sqrt{4R^2\sin^2(\omega t)\,\omega^2 + 4R^2(1+\cos(\omega t))^2\,\omega^2}$

soit $\boxed{v(M)_{\mathcal{R}} = 2R\omega\sqrt{2+2\cos(\omega t)} = 4R\omega\left|\cos\left(\dfrac{\omega t}{2}\right)\right|}$.

c) Le maximum de $v(M)_{\mathcal{R}}$ est $v_{\max} = 4R\omega$ pour $\omega t = 0 + 2k\pi$, c'est-à-dire <u>au point A</u>. Le vecteur vitesse est alors $\overrightarrow{v_A} = 4R\omega\,\overrightarrow{e_y}$ donc Toto serait éjecté <u>dans la direction et le sens de (Oy)</u>.

d) $v(M)_{\mathcal{R}}$ s'annule pour $\omega t = \pi + 2k\pi$, c'est-à-dire <u>au point C</u> (point O).

3. a) $\vec{a}(M)_{\mathcal{R}} = (\ddot{r} - r\dot{\theta}^2)\,\overrightarrow{e_r} + (r\ddot{\theta} + 2\dot{r}\dot{\theta})\,\overrightarrow{e_\theta} + \ddot{z}\,\overrightarrow{e_z}$

avec $\ddot{r} - r\dot{\theta}^2 = -2R\omega^2\cos(\omega t) - 2R(1+\cos(\omega t))\,\omega^2 = -4R\omega^2\cos(\omega t) - 2R\omega^2$ et $\ddot{\theta} = 0$ donc

$\boxed{\vec{a}(M)_{\mathcal{R}} = -2R\omega^2[2\cos(\omega t)+1]\,\overrightarrow{e_r} - 4R\omega^2\sin(\omega t)\,\overrightarrow{e_\theta}}$.

En D l'accélération est donc $\vec{a}(M)_{\mathcal{R}} = -2R\omega^2\,\overrightarrow{e_r} + 4R\omega^2\,\overrightarrow{e_\theta}$.

b) $a(M)_{\mathcal{R}} = 2R\omega^2\sqrt{(2\cos(\omega t)+1)^2 + 4\sin^2(\omega t)}$ soit $\boxed{a(M)_{\mathcal{R}} = 2R\omega^2\sqrt{5+4\cos(\omega t)}}$.

c) Le maximum de $a(M)_{\mathcal{R}}$ est $a_{\max} = 6R\omega^2$ pour $\omega t = 0$, c'est-à-dire <u>au point A</u>.

Exercice 10.15

1. La valeur maximale de r est $\boxed{r_{\max} = \dfrac{p}{1-e}}$, obtenue pour $\boxed{\theta = \pi}$; la valeur minimale est $\boxed{r_{\min} = \dfrac{p}{1+e}}$, correspondant à $\boxed{\theta = 0}$ (c'est donc la valeur de r en P).

2.

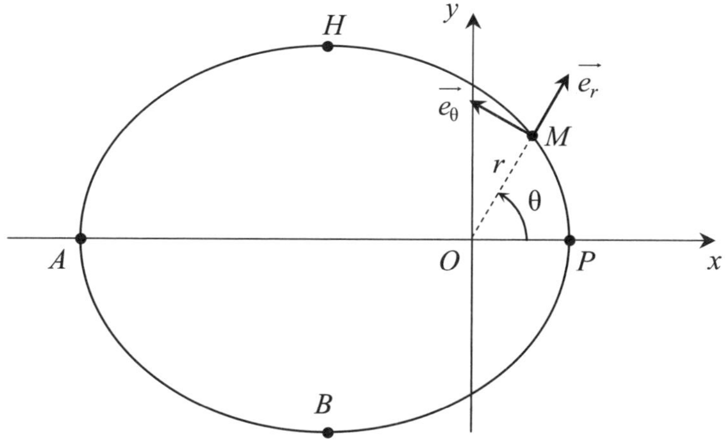

L'origine O n'est pas le centre de symétrie de l'ellipse ! Il ne faut donc pas essayer de mettre à tout prix les points B et H sur l'axe (Oy)... D'autre part, les vecteurs unitaires ne sont ni tangents, ni normaux à la trajectoire : c'est encore plus évident si on les fait apparaître au point H ou au point B.

3. Dans la base polaire, l'accélération s'écrit $\vec{a}(M)_{\mathcal{R}} = (\ddot{r} - r\dot{\theta}^2)\vec{e_r} + (r\ddot{\theta} + 2\dot{r}\dot{\theta})\vec{e_\theta}$. Le fait que cette accélération soit radiale entraîne qu'à chaque instant, $r\ddot{\theta} + 2\dot{r}\dot{\theta} = 0$.

Pour montrer que $r^2\dot{\theta}$ est une constante, calculons sa dérivée :

$$\frac{\mathrm{d}(r^2\dot{\theta})}{\mathrm{d}t} = r^2\ddot{\theta} + 2r\dot{r}\dot{\theta} = r(r\ddot{\theta} + 2\dot{r}\dot{\theta}) = 0 \text{ donc } \boxed{r^2\dot{\theta} = \text{cte}}.$$

Initialement : $r_0 = r_{\min} = \dfrac{p}{1+e}$ (donc $\dot{r} = 0$) ; alors $\vec{v}(M) = \dot{r}\vec{e_r} + r\dot{\theta}\vec{e_\theta} = \vec{0} + r_{\min}\dot{\theta}_0\vec{e_y} = v_P\vec{e_y}$ donc $\dot{\theta}_0 = \dfrac{v_P}{r_{\min}}$. On en déduit $\boxed{C = r_{\min}v_P = \dfrac{p}{1+e}v_P}$.

4. Aux points A et P, $\dot{r} = 0$ et donc $v_A = r_A\dot{\theta}_A$ et $v_P = r_P\dot{\theta}_P$, soit $\dfrac{\dot{\theta}_A}{\dot{\theta}_P} = \dfrac{r_P v_A}{r_A v_P}$. Par ailleurs, la loi démontrée dans la question précédente appliquée en A et P donne $\dfrac{\dot{\theta}_A}{\dot{\theta}_P} = \left(\dfrac{r_P}{r_A}\right)^2$. Par identification, on trouve donc que $r_A v_A = r_P v_P$, d'où $\boxed{v_A = \dfrac{1-e}{1+e}v_P}$.

Exercice 10.16

1. Chaque point d'un rayon de la roue décrit un cercle centré sur le même axe : les rayons sont en rotation autour d'un axe fixe.

2. Chaque nacelle garde la même orientation dans l'espace au cours du mouvement : elle est en translation circulaire.

3. Si la roue tourne beaucoup plus vite, les rayons sont toujours en rotation. En revanche les nacelles ne peuvent plus garder un mouvement de translation :

– dans un premier temps elles vont osciller fortement autour de leur axe de suspension (leur mouvement est donc complexe, composé de deux rotations) ;

– si la grande roue tourne vraiment très vite, on peut arriver à la situation où les nacelles ne tourneraient plus autour de leur propre axe de suspension mais auraient le même mouvement de rotation que l'ensemble de la roue (c'est-à-dire que Gudule se retrouverait la tête en bas chaque fois que sa nacelle est tout en haut de la grande roue).

⇨ *Méthode 10.6*

Exercice 10.17

1. $\boxed{\omega = \dfrac{640 \times 2\pi}{60} = 67 \text{ rad} \cdot \text{s}^{-1}}$.

2. $v = R\omega$. AN $\boxed{v = 20{,}1 \text{ m} \cdot \text{s}^{-1}}$.

Pour avoir une vitesse de coupe de $30 \text{ m} \cdot \text{s}^{-1}$, il faudrait une vitesse angulaire de $100 \text{ rad} \cdot \text{s}^{-1}$, soit une fréquence de $\dfrac{100 \times 60}{2\pi} = 954$ tours/min, soit $\boxed{15{,}9 \text{ Hz}}$.

3. Accélération angulaire : $\boxed{\left|\dfrac{d\omega}{dt}\right| = \alpha_0 = \dfrac{67}{6} = 11{,}2 \text{ rad} \cdot \text{s}^{-2}}$.

On intègre pour obtenir la vitesse angulaire : $\boxed{\omega(t) = \omega_0 - \alpha_0 t}$. AN $\omega(t) = 67 - 11{,}2t$ avec t en s.

4. On intègre une nouvelle fois pour obtenir l'équation horaire : $\boxed{\theta(t) = \omega_0 t - \dfrac{\alpha_0}{2} t^2}$. AN $\theta(t) = 67t - 5{,}6t^2$ avec t en s. À la date $t = 6$ s : $\boxed{\theta(6 \text{ s}) = 201 \text{ rad} = 32 \text{ tours}}$.

Exercice 10.18

1. Le balai est en rotation autour de l'axe fixe (Oz), puisque chaque point décrit un cercle de centre O dans le plan (Oxy).

⇨ *Méthode 10.6*

2. La fonction recherchée est du type $\theta(t) = A\cos(\omega t + B)$.

$\omega = \dfrac{2\pi}{T}$, T étant la période. Compte tenu des données, $T = 0{,}90$ s et $\omega = 7{,}0 \text{ rad} \cdot \text{s}^{-1}$.

Les constantes A et B sont déterminées par les conditions initiales :

$\theta(0) = A\cos(B) = -60\ ° = -\dfrac{\pi}{3}$ et $\dot{\theta}(0) = -A\omega\sin(B) = 0$, soit $B = 0$ et $A = -\dfrac{\pi}{3}$.

Donc $\boxed{\theta(t) = -\dfrac{\pi}{3}\cos(7{,}0t)}$ avec t en secondes.

3. La vitesse de l'extrémité A est donnée par la relation $\vec{v}(A) = R\dot{\theta}\,\overrightarrow{e_\theta}$, soit $v(A) = R\left|\dot{\theta}\right|$.

Or $\dot{\theta}(t) = \frac{7\pi}{3}\sin(7{,}0t)$, donc $v(A) = 1{,}4\pi\left|\sin(7{,}0t)\right|$. La valeur maximale correspond au moment où le balai passe par la position centrale, pour $\theta = 0$: $\boxed{v(A)_{\max} = 4{,}4\ \mathrm{m\cdot s^{-1}}}$.

4. Si Toto passe la deuxième vitesse, seule la période, et donc le terme ω, est changée.

On a $\omega = 14\ \mathrm{rad\cdot s^{-1}}$ et $\theta(t) = -\frac{\pi}{3}\cos(14t)$ et $v(A)_{\max} = 8{,}8\ \mathrm{m\cdot s^{-1}}$.

5. Pendant une durée $\mathrm{d}t$, la position angulaire du balai varie de $\mathrm{d}\theta$ et le balai passe sur une surface $\mathrm{d}S = \frac{R^2\,\mathrm{d}\theta}{2}$. La vitesse aréolaire est donc $\frac{\mathrm{d}S}{\mathrm{d}t} = \frac{R^2\,\mathrm{d}\theta}{2\,\mathrm{d}t}$ soit $\boxed{\frac{\mathrm{d}S}{\mathrm{d}t} = \frac{R^2\dot{\theta}}{2}}$.

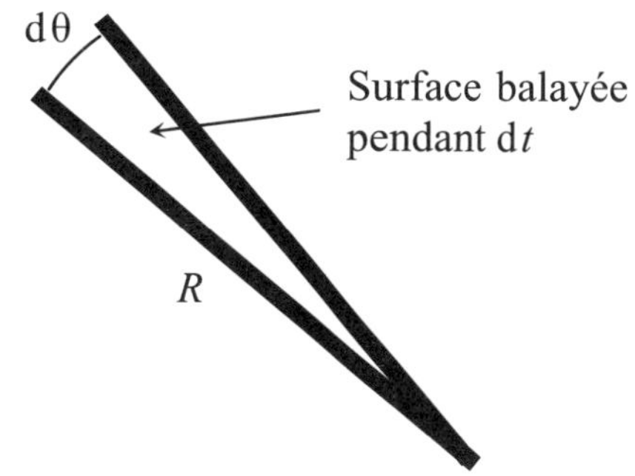

Numériquement, $\frac{\mathrm{d}S}{\mathrm{d}t} = 0{,}42\pi\sin(7{,}0t)$. Cette grandeur est maximale quand le balai passe par l'axe (Ox) et $\boxed{\left(\frac{\mathrm{d}S}{\mathrm{d}t}\right)_{\max} = 1{,}32\ \mathrm{m^2\cdot s^{-1}}}$.

On peut donc en déduire que la partie centrale du pare-brise est mieux protégée de la pluie.

Corrigé

Chapitre 11
Principes de la dynamique

Le début de l'année 1642 voit la mort de **Galilée** alors que le jour de Noël naît Isaac **Newton**. Dans un célèbre ouvrage publié en 1687, ce dernier énonce les lois du mouvement et celle de la gravitation universelle, englobant pour la première fois dans une même théorie les objets terrestres et les corps célestes : il peut ainsi justifier les lois énoncées par le savant italien, mais aussi celles de Johannes **Kepler** sur le mouvement des planètes.

En 1672, il découvre la nature de la lumière blanche, superposition de raies colorées, et défend cette théorie face à Robert **Hooke**, remarquable théoricien et expérimentateur. En mathématiques, Newton introduit, avant **Leibniz**, le calcul différentiel et intégral mais, ne publiant pas ses résultats, se voit contester la primauté de la découverte par le philosophe et mathématicien allemand.

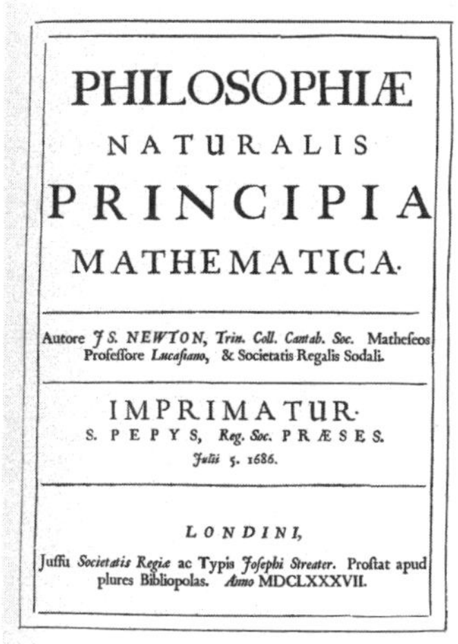
PHILOSOPHIÆ
NATURALIS
PRINCIPIA
MATHEMATICA.

Autore J S. NEWTON, *Trin. Coll. Cantab. Soc.* Matheseos Professore *Lucasiano*, & Societatis Regalis Sodali.

IMPRIMATUR.
S. PEPYS, *Reg. Soc.* PRÆSES.
Julii 5. 1686.

LONDINI,
Jussu *Societatis Regiæ* ac Typis *Josephi Streater*. Prostat apud plures Bibliopolas. *Anno* MDCLXXXVII.

■■ Objectifs

■ Ce qu'il faut connaître

- ▷ Les notions de point matériel, de masse, de force
- ▷ La quantité de mouvement d'un point matériel, d'un système de points
- ▷ Les caractéristiques des forces usuelles : poids, réaction d'un support, tension d'un ressort ou d'un fil inextensible, force de frottement fluide
- ▷ Les trois lois de Newton
- ▷ Le mouvement relatif de deux référentiels galiléens

■ Ce qu'il faut savoir faire

- ▷ Faire l'inventaire des forces s'exerçant sur un point matériel et donner des informations sur leurs composantes
- ▷ Faire l'inventaire des forces s'exerçant sur un système de points matériels en distinguant forces intérieures et forces extérieures
- ▷ Appliquer la deuxième loi de Newton (principe fondamental de la dynamique) pour obtenir les équations du mouvement
- ▷ Exploiter les équations du mouvement pour en déduire les équations horaires ou bien la valeur d'une force
- ▷ Formuler une hypothèse quant au glissement ou non d'un solide, et la valider en utilisant les lois de Coulomb du frottement

Résumé de cours

Notions fondamentales de la dynamique

Modèle du point matériel

Un **point matériel** est un objet physique pouvant être assimilé à un point mathématique, c'est-à-dire dont la position est entièrement repérée par trois coordonnées. C'est le cas notamment si ses dimensions sont négligeables à l'échelle d'observation, et si son orientation n'intervient pas. Le mouvement d'un solide en translation peut s'étudier comme celui d'un point matériel (tous ses points ayant la même vitesse et la même accélération à tout instant).

Masse

La masse (inertielle) est une grandeur scalaire positive, intrinsèque, extensive et conservative, qui caractérise l'**inertie** d'un corps, c'est-à-dire la difficulté à le mettre en mouvement ou à modifier son mouvement. L'unité SI de masse est le kilogramme (kg).

Quantité de mouvement

La quantité de mouvement d'un point matériel M de masse m, dans un référentiel $\mathfrak{R}$, est le vecteur : $\boxed{\vec{p}(M)_{\mathfrak{R}} = m\vec{v}(M)_{\mathfrak{R}}}$.

Action mécanique et force

Action mécanique

On appelle **action mécanique** toute action, exercée par un système extérieur et pouvant modifier, provoquer ou empêcher le mouvement d'un objet.

Force

Une action mécanique exercée sur un point matériel est modélisée par un **vecteur force** : sa norme correspond à l'intensité de la force, sa direction et son sens traduisent ceux de l'action. L'unité SI de force est le newton (N).

Propriétés

– Les forces ne dépendent pas du référentiel.

– Les forces sont additives : deux forces $\vec{F_1}$ et $\vec{F_2}$ exercées sur un point matériel sont équivalentes à une force unique $\vec{F} = \vec{F_1} + \vec{F_2}$.

– Un point matériel est **isolé** (mécaniquement) s'il n'est soumis à aucune force.
Il est **pseudo-isolé** s'il est soumis à des forces dont la somme vectorielle est nulle.

Troisième loi de Newton : principe des interactions

Si deux points matériels M_1 et M_2 sont en interaction :

$$\boxed{\vec{F}_{M_1 \to M_2} = -\vec{F}_{M_2 \to M_1} \text{ et ces forces sont colinéaires à la droite } (M_1M_2)}.$$

❑ Système de points matériels

On considère un système (noté S) de N points matériels M_i, de masses m_i , i étant un entier compris entre 1 et N. On note m_{tot} la masse totale du système : $m_{\text{tot}} = \sum_{i=1}^{N} m_i$.

Centre d'inertie du système

On appelle **centre d'inertie**, ou **barycentre**, du système S le point G tel que :

$$\boxed{\overrightarrow{OG} = \frac{1}{m_{\text{tot}}} \sum_{i=1}^{N} m_i \overrightarrow{OM_i}} \text{ ou encore } \boxed{\sum_{i=1}^{N} m_i \overrightarrow{GM_i} = \vec{0}}.$$

Pour un solide homogène simple (disque, boule, rectangle…), G est le centre de symétrie.

Quantité de mouvement du système

La quantité de mouvement du système S dans R est définie par $\vec{p}(S)_{\mathfrak{R}} = \sum_{i=1}^{N} m_i \vec{v}(M_i)_{\mathfrak{R}}$.

Elle peut également être exprimée en utilisant le centre d'inertie : $\boxed{\vec{p}(S)_{\mathfrak{R}} = m_{\text{tot}} \vec{v}(G)_{\mathfrak{R}}}$.

Forces intérieures et extérieures

Dans l'inventaire des forces qui s'exercent sur un système, on distingue :
- les forces intérieures, exercées par une partie du système sur une autre partie du système ;
- les forces extérieures, exercées sur tout ou une partie du système par des corps extérieurs.

Le principe des interactions permet d'écrire que $\sum \vec{F}_{\text{int}} = \vec{0}$.

Un système est isolé s'il n'est soumis à aucune force *extérieure*, et pseudo-isolé s'il est soumis à des forces extérieures dont la somme vectorielle est nulle : dans les deux cas, $\sum \vec{F}_{\text{ext}} = \vec{0}$.

■ Première et deuxième loi de Newton

❑ Première loi de Newton : principe de l'inertie

Énoncé

Il existe une classe de référentiels, appelés **galiléens** ou **inertiels**, par rapport auxquels le mouvement de tout point matériel isolé est rectiligne et uniforme.

Propriété

Tout référentiel en translation rectiligne uniforme par rapport à un référentiel galiléen est lui-même galiléen.

Exemple

– En pratique, le **référentiel terrestre** peut être considéré comme galiléen dans la majorité des expériences usuelles (à l'échelle du laboratoire).
– On utilise le **référentiel géocentrique** (ayant le centre de la Terre pour point fixe et des axes dirigés vers trois étoiles lointaines) pour étudier les mouvements de corps autour de la Terre.
– On utilise le **référentiel héliocentrique** (ayant le centre du Soleil pour point fixe et des axes dirigés vers trois étoiles lointaines) pour étudier les mouvements des astres du système solaire.

❑ Deuxième loi : principe fondamental de la dynamique (PFD)

Énoncé

Pour un point matériel M de masse m, soumis à des forces de résultante $\sum \vec{F}$, par rapport à un référentiel $\mathcal{R}$ galiléen : $\boxed{\sum \vec{F} = \frac{\mathrm{d}\vec{p}(M)_{\mathcal{R}}}{\mathrm{d}t}}$ ou encore $\boxed{\sum \vec{F} = m\vec{a}(M)_{\mathcal{R}}}$ (forme utile en pratique).

Conséquence : théorème de la quantité de mouvement pour un système

Pour un système S de points matériels, soumis à des forces extérieures de résultante $\sum \vec{F}_{\text{ext}}$, par rapport à un référentiel $\mathcal{R}$ galiléen : $\boxed{\sum \vec{F}_{\text{ext}} = \frac{\mathrm{d}\vec{p}(S)_{\mathcal{R}}}{\mathrm{d}t}}$.

On peut aussi l'écrire : $\boxed{\sum \vec{F}_{\text{ext}} = m_{\text{tot}}\vec{a}(G)_{\mathcal{R}}}$ (théorème du centre d'inertie).

■ Modélisation des forces usuelles

❑ Tension d'un fil inextensible

Un point matériel accroché à un fil inextensible subit une force de tension, selon la direction du fil et orientée du point vers le fil ; sa norme est une inconnue *a priori*.

Un fil idéal (sans masse) exerce des tensions opposées à ses deux extrémités.
Si le fil passe sur une poulie idéale (sans masse et sans frottements), la tension change de direction mais sa norme reste la même aux deux extrémités.

❑ Tension (ou force de rappel élastique) d'un ressort

Un ressort linéaire est caractérisé par sa longueur au repos ℓ_0 et son coefficient de raideur k. Dans le modèle idéal, il est de masse négligeable et toute variation de sa longueur produit sur chacune de ses extrémités la force :

$\boxed{\vec{T} = -k(\ell - \ell_0)\vec{e}_{r\to p}}$ (loi de Hooke)

où ℓ est sa longueur et $\vec{e}_{r\to p}$ le vecteur unitaire de la direction du ressort, orienté du ressort vers le point d'attache considéré.

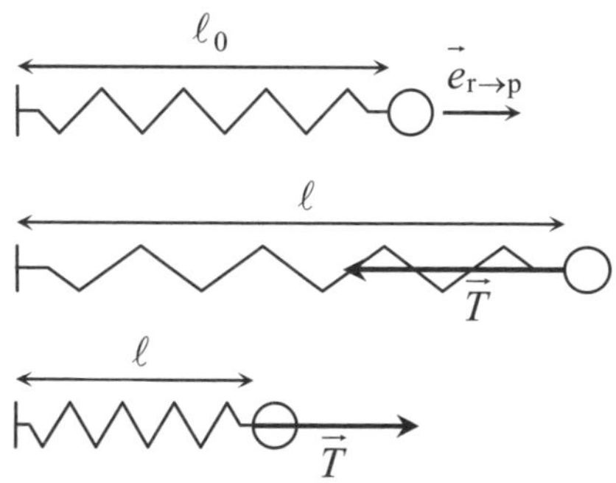

❑ Réaction d'un support solide

Lorsqu'un point matériel ou un solide en translation se déplace sur un support, celui-ci exerce sur lui une force de contact $\vec{R}$, appelée aussi **réaction** du support. On peut la décomposer en deux termes :

$$\boxed{\vec{R} = \vec{R_n} + \vec{R_t}}$$

avec $\vec{R_n}$ la réaction normale (orthogonale au support)

$\vec{R_t}$ la réaction tangentielle ou force de frottement solide.

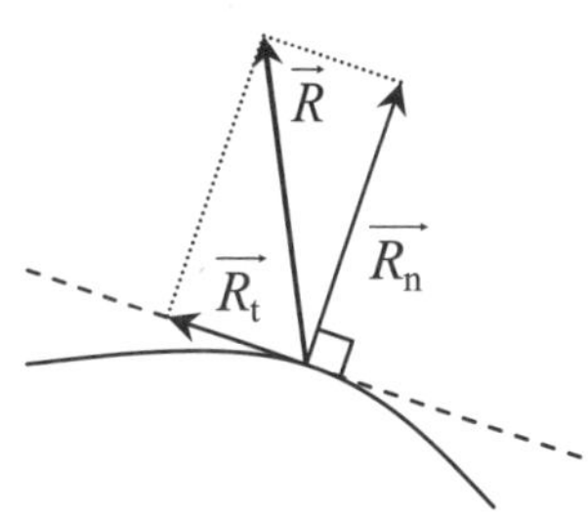

Lois de Coulomb du frottement solide

– Si le mobile *glisse* par rapport au support avec une vitesse $\vec{v}$, alors $\overrightarrow{R_t}$ est colinéaire et de sens contraire à $\vec{v}$, et $R_t = f \cdot R_n$ où *f* est le **coefficient de frottement**.

– S'il est *immobile* sur le support, $\overrightarrow{R_t}$ peut avoir une direction quelconque, et $R_t \leq f \cdot R_n$.

Lorsqu'un contact se fait *sans frottement*, $f = 0$ donc dans tous les cas $\overrightarrow{R_t} = \vec{0}$, soit $\vec{R} = \overrightarrow{R_n}$.

❑ Forces de pression

– La résultante des forces de pression exercées par un fluide sur une surface S plane d'un solide est $\boxed{\vec{F} = PS\vec{n}}$, où P est la pression du fluide et $\vec{n}$ un vecteur unitaire normal à la surface, orienté du fluide vers le solide.

– La résultante des forces de pression sur un corps totalement entouré par un fluide au repos est la **poussée d'Archimède**, égale à l'opposé du poids du « fluide déplacé ».

❑ Force de frottement fluide (ou visqueux)

Quand un solide est en mouvement dans un fluide, celui-ci exerce une force de frottement de direction opposée au vecteur vitesse.

– Pour une vitesse faible, la norme est proportionnelle à celle de la vitesse, soit $\boxed{\overrightarrow{F_f} = -h\vec{v}(M)}$.

– Pour une vitesse plus élevée, F_f est proportionnelle au carré de la norme de la vitesse.

❑ Force de gravitation

Deux corps quelconques exercent l'un sur l'autre une force de gravitation attractive, proportionnelle à leurs masses. Pour deux corps ponctuels A et B (ou deux sphères de centres A et B) :

$$\boxed{\overrightarrow{F_g}_{A\to B} = -\overrightarrow{F_g}_{B\to A} = -G\frac{m_A m_B}{AB^2}\vec{e}_{A\to B}}$$

où G est la constante de gravitation universelle et $\vec{e}_{A\to B}$ un vecteur unitaire orienté de A vers B.

❑ Poids

Au voisinage de la Terre, un corps subit une force appelée le poids, proportionnelle à sa masse :

$\boxed{\vec{P} = m\vec{g}}$ où le vecteur $\vec{g}$ est le **champ de pesanteur**.

$\vec{g}$ sera généralement considéré comme uniforme, de norme $g = 9{,}8 \text{ m}\cdot\text{s}^{-2}$.

Il a pour origine principale l'attraction gravitationnelle de la Terre.

❑ Force électrique (coulombienne)

Deux corps chargés exercent l'un sur l'autre une force électrique, attractive ou répulsive, proportionnelle à leurs charges. Pour deux corps ponctuels A et B (ou sphères de centres A et B) :

$$\boxed{\overrightarrow{F_{\text{él}}}_{A\to B} = -\overrightarrow{F_{\text{él}}}_{B\to A} = \frac{1}{4\pi\varepsilon_0}\frac{q_A q_B}{AB^2}\vec{e}_{A\to B}}$$ où ε_0 est la permittivité du vide.

⇨ **Méthode 11.1. Détermination des composantes des forces**
⇨ **Méthode 11.2. Inventaire des forces pour un point matériel ou un système**
⇨ **Méthode 11.5. Détermination de composantes de forces inconnues**

■ Exemples d'études de mouvements

❑ Chute libre dans le champ de pesanteur

C'est un problème dans lequel un point matériel M est mobile dans l'espace sans aucune liaison.

– Si on néglige les frottements de l'air, il n'est soumis qu'à son poids : il s'agit alors d'un mouvement à vecteur accélération constant, donnant une trajectoire parabolique.

– Si on tient compte de la résistance de l'air, sous forme d'une force de frottement visqueux, l'équation différentielle ne peut être résolue de façon analytique que dans le cas d'une force linéaire (proportionnelle à la vitesse). Mais quelle que soit l'expression de la force, la vitesse tend vers une limite indépendante des conditions initiales.

⇨ **Méthode 11.3. Obtention des équations du mouvement**
⇨ **Méthode 11.4. Résolution des équations du mouvement**

❑ Pendule simple

Un pendule simple est constitué d'un point matériel M, de masse m, lié à l'extrémité d'un fil de longueur L, l'autre extrémité étant fixe en un point O. Si on ne considère que le mouvement dans un plan vertical fixe, on repère la position de M avec l'angle θ que forme, à chaque instant, le vecteur $\overrightarrow{OM}$ avec la verticale descendante.

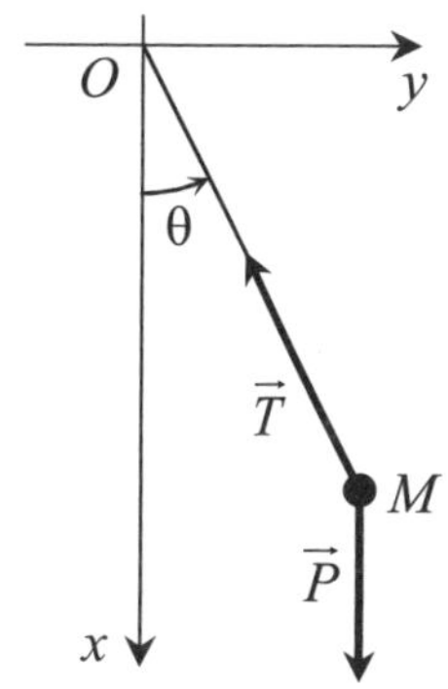

M étant soumis à son poids et à la tension du fil, le PFD permet d'établir l'équation différentielle du mouvement : $\ddot{\theta} + \frac{g}{L}\sin\theta = 0$.

On en déduit une intégrale première du mouvement (équation de conservation contenant uniquement les coordonnées de position et leurs dérivées premières) : $\dot{\theta}^2 - \frac{2g}{L}\cos\theta = \text{cte}$.

Elle correspond au portrait de phase ci-contre.

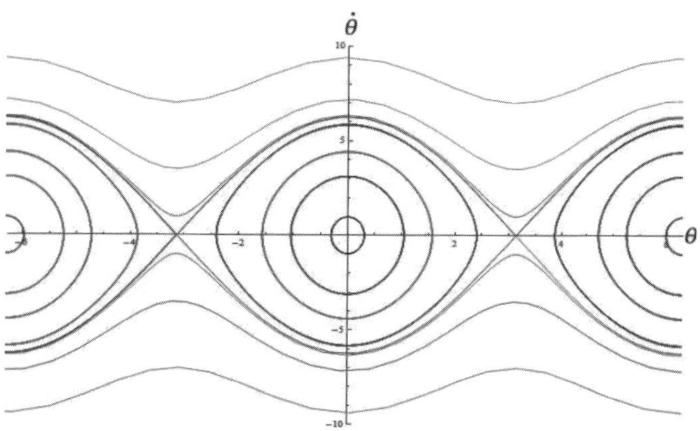

Selon les conditions initiales, on obtient :

– un mouvement *révolutif*, où M ne s'arrête jamais (trajectoires de phase du haut et du bas) ;

– un mouvement *oscillatoire* autour d'une position d'équilibre stable (courbes fermées).

– Si l'angle θ est petit ($\theta \ll 1$), alors $\sin\theta \approx \theta$ et on obtient l'équation différentielle d'un oscillateur harmonique : $\ddot{\theta} + \frac{g}{L}\theta = 0$. Les trajectoires de phase correspondantes sont les petites ellipses centrées sur les positions d'équilibre (0, 2π, 4π…).

■■ Méthodes

■ Comment écrire les informations initiales sur les forces appliquées au point matériel ou au système ?

❑ Méthode 11.1. Détermination des composantes des forces

– Pour certaines interactions il existe une formule déterminant complètement le vecteur force. Pour d'autres, il existe seulement une information sur leur direction et leur sens, mais leur norme est inconnue *a priori*.
– Dans les deux cas, l'application du PFD nécessite de projeter les différentes forces, c'est-à-dire de déterminer leurs composantes dans une certaine base, généralement $\left(\vec{e_x},\vec{e_y},\vec{e_z}\right)$ ou $\left(\vec{e_r},\vec{e_\theta},\vec{e_z}\right)$. Ces projections peuvent nécessiter l'utilisation de formules simples de trigonométrie.

⇨ **Exercices 11.1, 11.2, 11.5 à 11.17**

– Force de rappel d'un ressort
Appliquer rigoureusement la formule $\vec{T} = -k(\ell - \ell_0)\vec{e}_{\mathrm{r}\to\mathrm{p}}$, ce qui nécessite de bien identifier le vecteur unitaire $\vec{e}_{\mathrm{r}\to\mathrm{p}}$ et la longueur ℓ du ressort en fonction des notations de l'exercice (il s'agit généralement de l'un des vecteurs unitaires de la base utilisée).

Considérons par exemple un objet M quasi ponctuel pouvant se déplacer sur un axe horizontal (Ox), entre deux points A et B fixes tels que $\overrightarrow{AB} = 2\ell_0\vec{e_x}$. L'abscisse $x = 0$ (origine O) correspond au milieu de $[AB]$. M étant lié au point A par un ressort idéal n° 1 de constante de raideur k et de longueur à vide ℓ_0, et au point B par un ressort n° 2, de même raideur k mais de longueur à vide *nulle*, on cherche les forces $\vec{T_1}$ et $\vec{T_2}$ exercées par ces deux ressorts sur M.

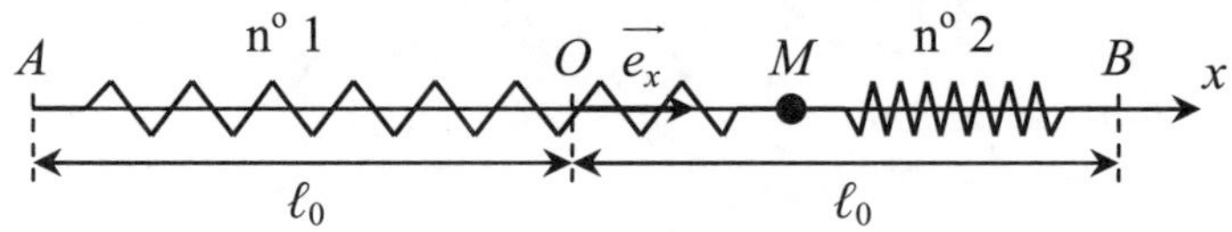

Pour le ressort n° 1 : $\vec{e}_{\mathrm{r1}\to\mathrm{p}} = \vec{e_x}$, $\ell_1 = \overline{AM} = \overline{AO} + \overline{OM} = \ell_0 + x$ et $\ell_{0,1} = \ell_0$ donc la formule donne $\vec{T_1} = -k(\ell_0 + x - \ell_0)\vec{e_x}$ soit $\vec{T_1} = -kx\vec{e_x}$.
Pour le ressort n° 2 : $\vec{e}_{\mathrm{r2}\to\mathrm{p}} = -\vec{e_x}$, $\ell_2 = \overline{MB} = \overline{OB} - \overline{OM} = \ell_0 - x$ et $\ell_{0,2} = 0$ donc $\vec{T_2} = -k(\ell_0 - x - 0)\left(-\vec{e_x}\right)$ soit $\vec{T_2} = +k(\ell_0 - x)\vec{e_x}$.
Ces deux formules sont valables quel que soit le signe de x.

– Réaction d'un support

A priori, la réaction d'un support quelconque s'écrit $\vec{R} = R_x\overrightarrow{e_x} + R_y\overrightarrow{e_y} + R_z\overrightarrow{e_z}$ avec trois composantes inconnues ; mais l'absence de frottement permet d'éliminer la ou les composante(s) tangentielle(s) au support.

Sur le schéma précédent, supposons que M est mobile sans frottement sur la tige AB. Parmi les trois vecteurs unitaires $\overrightarrow{e_x}$, $\overrightarrow{e_y}$ et $\overrightarrow{e_z}$, le premier est tangent à la tige et les deux autres sont normaux : la réaction normale de la tige s'écrit donc $\vec{R} = R_y\overrightarrow{e_y} + R_z\overrightarrow{e_z}$.

Si maintenant on considère un point M mobile librement sur un plan (Oxy), toujours sans frottement, cette fois les deux vecteurs $\overrightarrow{e_x}$ et $\overrightarrow{e_y}$ sont tangents au support et seul $\overrightarrow{e_z}$ est orthogonal : la réaction normale du plan s'écrit donc $\vec{R} = R_z\overrightarrow{e_z}$.

– Tension d'un fil inextensible

Lorsque le fil n'est pas parallèle à l'un des axes du repère, il faut projeter la tension sur deux (voire trois) directions.

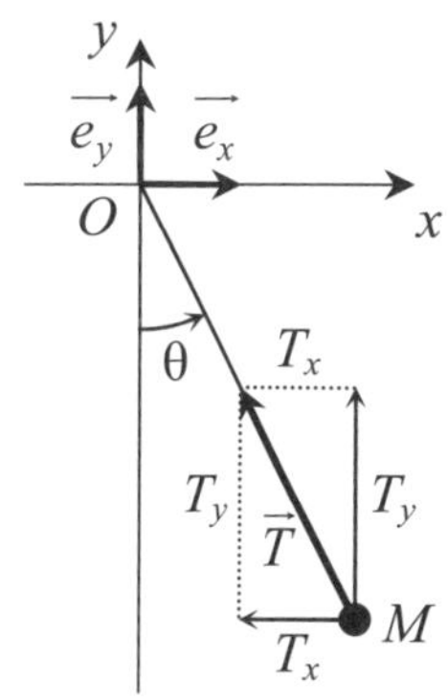

Dans le cas ci-contre d'un fil contenu dans le plan (Oxy), on cherche la tension sous la forme $\vec{T} = T_x\overrightarrow{e_x} + T_y\overrightarrow{e_y}$ (la composante sur $\overrightarrow{e_z}$, orthogonal au plan de figure, est nulle).

On commence par dessiner le vecteur $\vec{T}$ dont on connaît la direction et le sens, seule sa norme T étant inconnue. On voit alors que la composante T_x est négative (car orientée en sens contraire du vecteur $\overrightarrow{e_x}$) et que T_y est positive (dans le même sens que $\overrightarrow{e_y}$).

Les valeurs de ces deux composantes sont données par les formules de trigonométrie :

$$\sin\theta = \frac{\text{côté opposé}}{\text{hypoténuse}} = \frac{|T_x|}{T} \text{ d'où } T_x = -T\sin\theta \text{ ; } \cos\theta = \frac{\text{côté adjacent}}{\text{hypoténuse}} = \frac{|T_y|}{T} \text{ d'où } T_y = +T\cos\theta .$$

❑ Méthode 11.2. Inventaire des forces pour un point matériel ou un système

> C'est une étape capitale en mécanique, c'est pourquoi il faut la traiter avec beaucoup de rigueur.
>
> – Il faut d'abord définir le système dont on veut étudier le mouvement et vérifier qu'il est assimilable à un point matériel ou à un système de points matériels.
>
> – Ensuite faire la liste des interactions entre le système et l'extérieur. On peut, pour s'aider, se poser les questions suivantes :
>
> - le mouvement a-t-il lieu à la surface terrestre ?
> - le point matériel est-il lié (fil, ressort) ?
> - le point matériel est-il sur un support ?
> - le point matériel a-t-il une charge ou est-il neutre ?

– Dans le cas d'un point matériel, il faut prendre en compte les forces exercées par l'extérieur sur le point et pas les forces exercées par le point sur l'extérieur !
– Dans le cas d'un système de points matériels, il faut prendre en compte toutes les forces exercées par l'extérieur sur les points du système. Les forces intérieures (entre deux points du système) ne sont pas prises en compte.
– Il faut ensuite identifier (quand c'est possible) les caractéristiques de ces forces et les exprimer dans la base choisie, afin de pouvoir appliquer la deuxième loi de Newton (méthode suivante).

⇨ **Exercices 11.3 à 11.17**

– Inventaire des forces sur un point matériel

Un skieur, assimilable à un point matériel M, descend une piste de ski selon un mouvement rectiligne. Les frottements entre le skieur et la piste sont négligés.

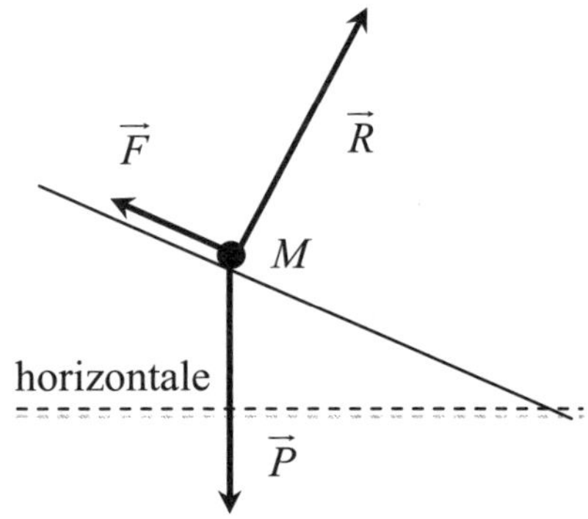

– La piste de ski étant située a priori sur Terre, le skieur est soumis à son poids $\vec{P}$.
– L'action de la piste sur le skieur est modélisée par une force $\vec{R}$ orthogonale à la piste puisque les frottements solides sont négligés.
– Rien n'étant dit sur les frottements de l'air, on peut supposer l'existence d'une force $\vec{F}$ opposée au vecteur vitesse et proportionnelle à sa norme.

Le bilan des forces sur le skieur est $\{\vec{P}, \vec{R}, \vec{F}\}$.

– Inventaire des forces sur un système (déformable)

Deux palets autoporteurs de masses m_1 et m_2 liés par un ressort de masse négligeable se déplacent sur une table horizontale à coussin d'air, dans le référentiel terrestre $\mathfrak{R}$ supposé galiléen. On étudie mécaniquement le système {palets + ressort}.

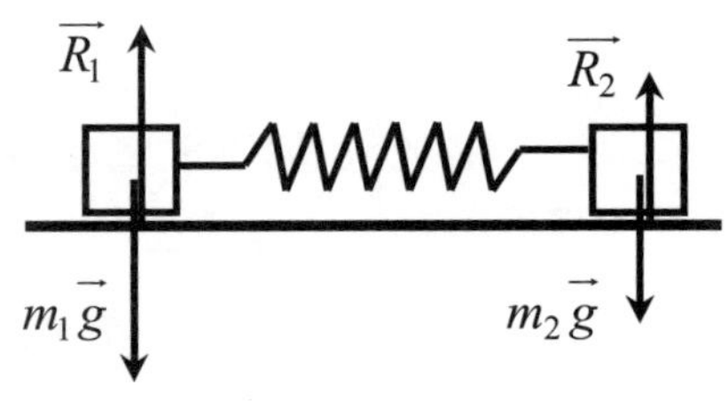

– Chaque palet est soumis à son poids.
– La table exerce une réaction sur chaque palet, orthogonale à sa surface, car le coussin d'air permet de supposer les frottements solides négligeables.
– Les actions du ressort sur les palets ainsi que celles des palets sur le ressort sont des forces intérieures.

Le bilan des forces extérieures sur le système est donc :

$\{m_1\vec{g}, m_2\vec{g}, \vec{R_1}, \vec{R_2}\}$.

■ Comment appliquer la deuxième loi de Newton ?

❑ Méthode 11.3. Obtention des équations du mouvement

– Définir le corps dont on veut étudier le mouvement et vérifier s'il est assimilable à un point matériel ou à un système de points matériels.
– Préciser le référentiel d'étude. Dans ce chapitre, il s'agira généralement du référentiel terrestre, supposé galiléen.
– Faire un schéma et paramétrer le problème (choisir un système d'axes et une base adaptée, et nommer les grandeurs qui permettront de suivre le mouvement).
– Faire l'inventaire des forces qui s'exercent sur le point matériel et identifier leurs caractéristiques connues (sens, norme, direction) pour en déduire des informations sur leurs composantes dans la base choisie. C'est une étape capitale !
– Analyser le mouvement possible, et en déduire des informations sur les composantes de la vitesse et de l'accélération.
– Appliquer le PFD et le projeter sur la base choisie. Les équations différentielles obtenues, et ne contenant pas d'autres inconnues que les coordonnées et leurs dérivées, sont appelées équations du mouvement.
(Celles contenant une composante de force inconnue, telle que réaction de support ou tension de fil, seront traitées dans un deuxième temps : voir méthode 11.5.)

⇨ **Exercices 11.5 à 11.14**

– Chute libre dans le champ de pesanteur, sans résistance de l'air

Un projectile de masse m, assimilable à un point matériel M, est lancé depuis un point O du sol avec une vitesse initiale $\vec{v_0}$ dans le plan (Oxy) et formant avec l'axe horizontal (Ox) un angle α ; (Oy) est l'axe vertical ascendant. On cherche à déterminer le mouvement de M dans le référentiel terrestre $\mathfrak{R}$ supposé galiléen, en supposant qu'il est soumis uniquement à son poids.

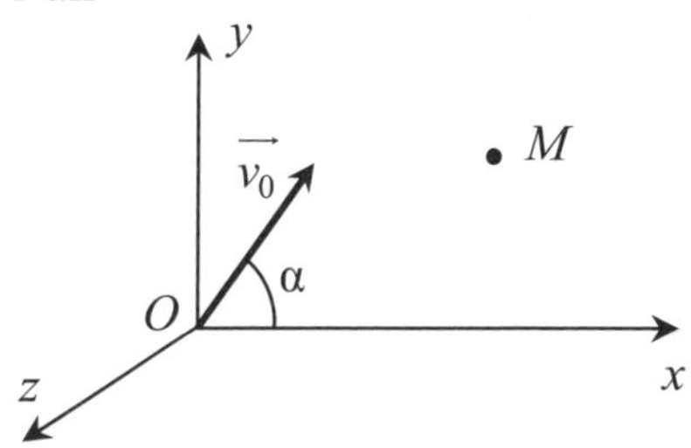

La position ultérieure quelconque *a priori* dans l'espace : en l'absence de contraintes sur le mouvement, on utilisera une base cartésienne.

Le PFD s'écrit : $\sum \vec{F} = m\vec{g} = m\vec{a}(M)_{\mathfrak{R}}$ d'où $\vec{a}(M)_{\mathfrak{R}} = \vec{g} = \overrightarrow{\text{cte}}$. Il s'agit donc d'un mouvement à vecteur accélération constant, type de mouvement déjà étudié dans le chapitre de cinématique.

Projections du PFD sur la base cartésienne : $\boxed{\ddot{x} = 0}$, $\boxed{\ddot{y} = -g}$ et $\boxed{\ddot{z} = 0}$.

– Chute libre dans le champ de pesanteur, avec résistance de l'air

On suppose maintenant que l'air exerce en plus une force de frottement $\vec{F_\text{f}} = -h\vec{v}(M)$.

Le PFD devient alors : $\sum \vec{F} = m\vec{g} - h\vec{v}(M)_{\mathfrak{R}} = m\vec{a}(M)_{\mathfrak{R}}$ soit $\boxed{\dfrac{\mathrm{d}\vec{v}(M)_{\mathfrak{R}}}{\mathrm{d}t} + \dfrac{h}{m}\vec{v}(M)_{\mathfrak{R}} = \vec{g}}$ qui est une équation différentielle d'ordre 1 pour la vitesse. On peut la projeter sur les trois axes pour résoudre trois équations différentielles scalaires, ou bien intégrer cette équation vectoriellement.

Méthodes

– Pendule simple oscillant dans un plan vertical

Un point matériel M, de masse m, est accroché à un fil inextensible de longueur L, dont l'autre extrémité est fixée en O. Il est lâché sans vitesse initiale depuis un point M_0. On suppose que le mouvement de M se fait dans le plan vertical (Oxy), et on repère sa position par l'angle θ avec la verticale descendante (Ox). On travaille dans le référentiel $\mathfrak{R}$ terrestre, supposé galiléen.

Informations cinématiques : mouvement circulaire, donc $\vec{a}(M)_{\mathfrak{R}} = -L\dot{\theta}^2\vec{e_r} + R\ddot{\theta}\vec{e_\theta}$.

Forces appliquées : poids $\vec{P} = m\vec{g} = mg\cos\theta\,\vec{e_r} - mg\sin\theta\,\vec{e_\theta}$; tension du fil $\vec{T} = -T\,\vec{e_r}$.

On applique le PFD à M dans $\mathfrak{R}$: $\vec{P} + \vec{T} = m\vec{a}(M)_{\mathfrak{R}}$.

Projections dans la base cylindrique : $\begin{cases} mg\cos\theta - T = -mL\dot{\theta}^2 & (1) \\ mg\sin\theta = mL\ddot{\theta} & (2) \\ 0=0 & (3) \end{cases}$

(3) n'apporte aucune information puisqu'on a supposé dès le départ le mouvement plan.

(2) fournit l'équation du mouvement : $\boxed{\ddot{\theta} + \frac{g}{L}\sin\theta = 0}$. En la multipliant par $\dot{\theta}$ puis en intégrant par rapport à t, on obtient l'intégrale première du mouvement : $\boxed{\dot{\theta}^2 - \frac{2g}{L}\cos\theta = \text{cte}}$.

Dans le cas des angles faibles, $\sin\theta \approx \theta$, et on obtient alors l'équation différentielle du deuxième ordre $\boxed{\ddot{\theta} + \frac{g}{L}\theta = 0}$ caractéristique d'un oscillateur harmonique.

❑ Méthode 11.4. Résolution des équations du mouvement

> Les équations du mouvement sont des équations différentielles : leur résolution conduit aux équations horaires, c'est-à-dire aux expressions des coordonnées cherchées en fonction du temps.
> Les constantes d'intégrations sont obtenues à partir des conditions initiales.

⇨ **Exercices 11.5 à 11.14**

– Chute libre dans le champ de pesanteur, sans résistance de l'air

On intègre les équations du mouvement trouvées, en tenant compte des conditions initiales : $\dot{x} = v_0\cos\alpha$, $\dot{y} = -gt + v_0\sin\alpha$ et $\dot{z} = 0$.

On intègre à nouveau : $\boxed{x(t) = (v_0\cos\alpha)t}$, $\boxed{y(t) = -\frac{1}{2}gt^2 + (v_0\sin\alpha)t}$ et $\boxed{z(t) = 0}$.

Le mouvement a donc lieu dans le plan vertical (Oxy), et en éliminant t on obtient l'équation cartésienne de la trajectoire : $y(x) = -\frac{g}{2v_0^2\cos^2\alpha}x^2 + (\tan\alpha)x$.

– Chute libre dans le champ de pesanteur, avec résistance de l'air

Solution de l'équation différentielle vectorielle : $\vec{v}(M)_{\mathfrak{R}} = \tau\vec{g} + \vec{A}\exp\left(-\frac{t}{\tau}\right)$ en posant $\tau = \frac{m}{h}$.

La constante d'intégration $\vec{A}$ s'obtient avec la condition initiale :

$\vec{v_0} = \tau\vec{g} + \vec{A}$ soit $\vec{A} = \vec{v_0} - \tau\vec{g}$, d'où $\vec{v}(M)_{\mathcal{R}} = \tau\vec{g} + \left(\vec{v_0} - \tau\vec{g}\right)\exp\left(-\dfrac{t}{\tau}\right)$.

Quand t tend vers l'infini (c'est-à-dire $t \gg \tau$), la vitesse tend vers une valeur limite $\overrightarrow{v_{\text{lim}}} = \tau\vec{g} = \dfrac{m\vec{g}}{h}$ (verticale descendante, et indépendante des conditions initiales).

On intègre encore une fois pour obtenir la position : $\overrightarrow{OM} = \tau\vec{g}t - \tau\left(\vec{v_0} - \tau\vec{g}\right)\exp\left(-\dfrac{t}{\tau}\right) + \vec{B}$.

À $t = 0$: $\vec{0} = \vec{0} - \tau\left(\vec{v_0} - \tau\vec{g}\right) + \vec{B}$ d'où $\vec{B} = \tau\left(\vec{v_0} - \tau\vec{g}\right)$ et finalement :

$\overrightarrow{OM} = \tau\vec{g}t + \tau\left(\vec{v_0} - \tau\vec{g}\right)\left[1 - \exp\left(-\dfrac{t}{\tau}\right)\right]$. Le mouvement est toujours dans le plan vertical (Oxy), mais cette fois la trajectoire n'est pas une courbe simple.

– Pendule simple oscillant dans un plan vertical

Solution de l'équation différentielle $\ddot{\theta} + \dfrac{g}{L}\theta = 0$: $\theta(t) = A\cos(\omega_0 t) + B\sin(\omega_0 t)$ ou bien $\theta(t) = \Theta_{\text{m}}\cos(\omega_0 t + \varphi)$ avec $\omega_0 = \sqrt{\dfrac{g}{L}}$.

Prenons par exemple la seconde forme, et cherchons les deux constantes d'intégration avec les conditions initiales. La position initiale M_0 étant repérée par l'angle θ_0 et la vitesse initiale étant nulle : $\theta(0) = \theta_0 = \Theta_{\text{m}}\cos\varphi$ et $\dot{\theta}(0) = 0 = -\omega_0\Theta_{\text{m}}\sin\varphi$. Donc $\sin\varphi = 0$ et on peut choisir $\varphi = 0$; alors $\cos\varphi = 1$ d'où $\theta_0 = \Theta_{\text{m}}$. Finalement : $\boxed{\theta(t) = \theta_0\cos(\omega_0 t)}$.

(En utilisant la première forme de la solution, on aurait trouvé $A = \theta_0$ et $B = 0$.)

❑ Méthode 11.5. Détermination de composantes de forces inconnues

Les projections du PFD permettent également de déterminer une force partiellement inconnue, notamment la tension d'un fil ou la réaction d'un support, lorsqu'on connaît le mouvement (dont on peut déduire les composantes de l'accélération) : il suffit alors d'utiliser les équations du mouvement où la force cherchée apparaît pour déterminer ses composantes.
Dans le cas d'un point matériel à l'équilibre, l'application du PFD et ses projections servent uniquement pour cette étape.

⇨ **Exercices 11.14, 11.15, 11.16, 11.17**

Dans le cas du pendule simple oscillant dans un plan vertical, le mouvement ayant été déterminé dans le cas de petits angles, la projection (1) du PFD écrit précédemment donne alors l'expression de la tension du fil :

$T = mg\cos\theta + mL\dot{\theta}^2$ soit $\boxed{T = mg\cos[\theta_0\cos(\omega_0 t)] + mL\omega_0^2\theta_0^2\sin^2(\omega_0 t)}$.

■■ Vrai/Faux

		Vrai	Faux
1.	La position d'un point matériel est déterminée par trois coordonnées.	☐	☐
2.	Les forces exercées sur un point matériel dépendent du référentiel.	☐	☐
3.	La réaction d'un support est orthogonale au support si le contact se fait sans frottements.	☐	☐
4.	La réaction d'un support a pour origine le poids de l'objet.	☐	☐
5.	La force de rappel exercée par un ressort idéal est proportionnelle à sa longueur.	☐	☐
6.	La force de rappel exercée par un ressort, sur une masse accrochée à son extrémité, est toujours orientée de cette masse vers le ressort.	☐	☐
7.	Une force de frottement fluide dépend de la vitesse de l'objet par rapport au fluide.	☐	☐
8.	La force exercée par la Terre sur la Lune est égale, en norme, à la force exercée par la Lune sur la Terre.	☐	☐
9.	Le principe d'inertie définit le concept de référentiel galiléen.	☐	☐
10.	Le principe fondamental de la dynamique est valable dans tous les référentiels.	☐	☐
11.	Pour appliquer le principe fondamental de la dynamique à un système de points matériels, il n'est pas nécessaire de prendre en compte les forces intérieures.	☐	☐

Énoncé des exercices

Dans tous les exercices, le référentiel terrestre est supposé galiléen et on prendra $g = 9{,}8\ \text{m}\cdot\text{s}^{-2}$.

Forces

Exercice 11.1. Forces de rappels de ressorts

Exprimer vectoriellement les tensions des différents ressorts dans les cas suivants, où l'objet M quasi ponctuel est repéré par son abscisse $x = \overline{OM}$ sur l'axe (Ox).

1. M est lié à un point fixe A, tel que $\overrightarrow{AO} = \ell_0 \overrightarrow{e_x}$, par un ressort idéal de constante de raideur k et de longueur à vide ℓ_0.

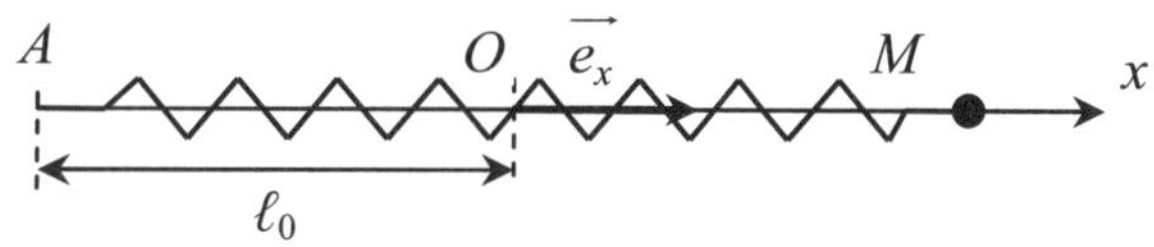

2. M se déplace entre l'origine O et le point B fixe tel que $\overrightarrow{OB} = d\,\overrightarrow{e_x}$.

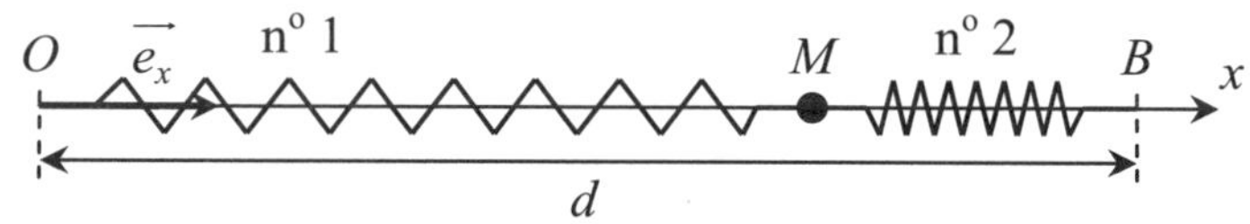

M est lié à l'origine O par un ressort idéal n° 1 de constante de raideur k et de longueur à vide ℓ_0, et au point B par un ressort n° 2, identique au ressort n° 1.

Exercice 11.2. Projections de forces

Projeter chacune des trois forces ci-contre, c'est-à-dire donner ses composantes dans la base cartésienne $\left(\overrightarrow{e_x}, \overrightarrow{e_y}, \overrightarrow{e_z}\right)$ en fonction de sa norme (F_1, F_2 ou F_3) et de l'angle α, β ou γ.

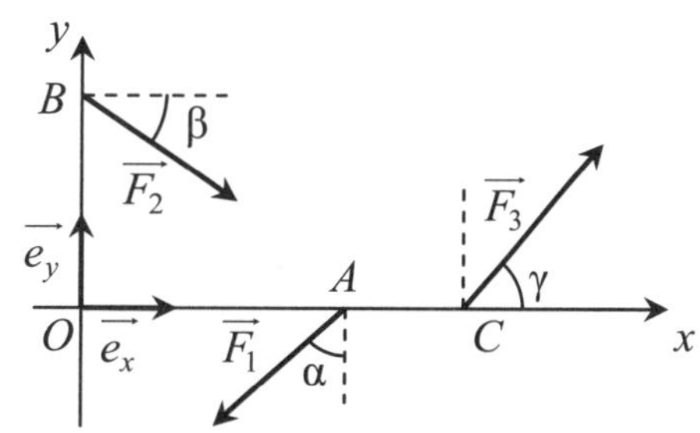

Exercice 11.3. Atome d'hydrogène simplifié

Une première étude de l'atome d'hydrogène consiste à envisager un électron en mouvement autour d'un proton fixe, les deux étant assimilés à des points matériels.

1. Quelles sont les forces qui s'exercent sur l'électron dans ce modèle ?

2. Donner un ordre de grandeur de ces forces. Conclure.

3. Peut-on appliquer les lois de Newton à l'électron ?

Données : charge d'un proton $e = 1{,}6\cdot10^{-19}$ C ; charge d'un électron $-e$; distance moyenne proton-électron $r = 25$ pm ; masse de l'électron $m_e = 9{,}1\cdot10^{-31}$ kg ; $\varepsilon_0 = 8{,}85\cdot10^{-12}\,\text{F}\cdot\text{m}^{-1}$.

❑ Exercice 11.4. Débats en CPGE

Toto, élève en première année de CPGE, travaille son cours sur la mécanique des systèmes de points matériels et se demande s'il peut appliquer les théorèmes correspondants au système {Terre + Lune}. Manquant d'assurance, il en parle avec son camarade Lulu, qui lui, est en deuxième année.

Indiquer, dans chaque cas, qui a tort et qui a raison même partiellement, en étudiant la situation physique.

1. Toto pense qu'il n'est pas possible d'assimiler la Terre ou la Lune à des points matériels, compte tenu de leur taille. Lulu a déjà vu un exercice où c'était envisagé et pense donc que c'est possible.

2. Toto déclare que la force exercée par la Lune sur la Terre est négligeable par rapport à celle exercée par la Terre sur la Lune. Lulu pense qu'elles ont le même ordre de grandeur.

3. Lulu explique qu'en faisant l'inventaire des forces extérieures qui s'exercent sur le système {Terre + Lune}, ils pourront connaître le mouvement du centre de la Terre et celui du centre de la Lune.

4. Toto pense pouvoir étudier le mouvement de la Lune par rapport à la Terre en appliquant la deuxième loi de Newton dans le référentiel terrestre.

■ Chute libre avec ou sans frottement

❑ Exercice 11.5. Fusée*

Une fusée balistique, assimilée à un point matériel M de masse m, est mise à feu à la surface de la Terre avec une vitesse $\overrightarrow{V_0}$.

On définit un repère $Oxyz$ tel que O coïncide avec le point de départ de la fusée, (Oz) soit un axe vertical ascendant et (Ox) un axe horizontal. Le vecteur vitesse initial est dans le plan (Oxz) et fait un angle α avec l'horizontale. L'action de l'air sur la fusée est négligée.

1. a) Montrer que le mouvement a lieu dans le la plan (Oxz), et établir l'équation de la trajectoire $z = f(x)$.

b) Exprimer la portée (distance de O au point d'impact au sol) et la flèche (hauteur maximale atteinte) en fonction de g, V_0 et α.

c) Calculer la portée maximale et la valeur correspondante de la flèche pour $V_0 = 1{,}0\ \text{km}\cdot\text{s}^{-1}$.

2. On suppose que V_0 est fixée et on veut atteindre avec la fusée un point A. Calculer les deux valeurs possibles de l'angle α. Application numérique : $x_A =$ 73 km et $z_A = 20$ km.

❑ Exercice 11.6. Étude d'un mouvement par chronophotographie*

On étudie le mouvement d'une balle de golf de masse m = 45 g par chronophotographie : on pointe les positions successives de la balle, image par image. On utilise un système d'axes (Ox) (horizontal et dirigé dans le sens du mouvement) et (Oy) (vertical et ascendant), le point O coïncidant avec le moment où la balle quitte la main du lanceur.

On obtient le tableau de résultats ci-contre.

Position	x (m)	y (m)
0	0,000	0,000
1	0,032	0,117
2	0,060	0,219
3	0,093	0,308
4	0,116	0,382
5	0,153	0,434
6	0,185	0,466
7	0,218	0,485
8	0,250	0,485
9	0,278	0,466
10	0,315	0,429
11	0,343	0,373
12	0,375	0,308
13	0,407	0,219
14	0,440	0,117
15	0,468	0,000

1. Le standard vidéo utilisé est de 24 images par seconde.

a) Tracer les courbes $x(t)$ et $y(t)$ en utilisant un tableur ou une calculatrice.

b) Utiliser le tableur pour déterminer les courbes de tendance (équations de ces courbes).

2. On étudie à présent la vitesse.

a) Calculer, en utilisant les données du tableau, les composantes v_x et v_y du vecteur vitesse pour chaque position (justifier la méthode).

b) Tracer les courbes $v_x(t)$ et $v_y(t)$ et déterminer leur équation. Vérifier le lien avec les courbes tracées au 1.

c) Utiliser ces équations pour déterminer les composantes du vecteur accélération.

3. On compare maintenant les courbes obtenues avec les courbes théoriques.

a) Rappeler les expression théoriques $x(t)$, $y(t)$, $v_x(t)$, $v_y(t)$, $a_x(t)$ et $a_y(t)$ pour une chute libre, la balle étant lancée avec un vecteur vitesse $\overrightarrow{V_0}$ faisant un angle α avec (Ox).

b) Calculer V_0 et l'angle α.

❑ Exercice 11.7. Coup franc**

On étudie, dans le référentiel terrestre galiléen de repère fixe $Oxyz$, un coup franc de football tiré à 20 m, face au but de hauteur 2,44 m et dans son plan médian vertical (Oxy). L'axe (Oy) est choisi suivant la verticale ascendante.

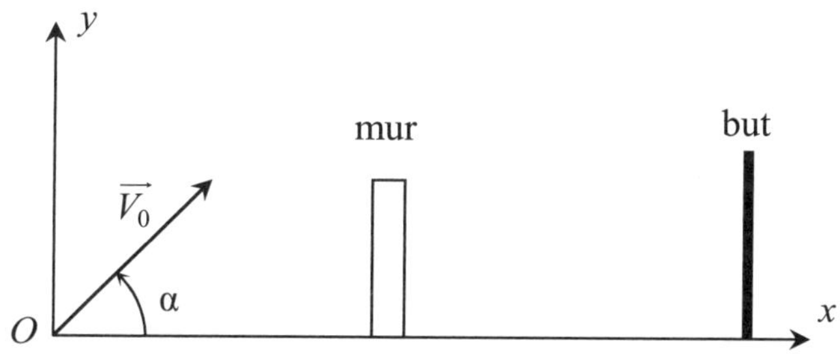

Le ballon, de masse $m = 430$ g, est assimilé à un point matériel M posé sur le sol initialement en O. Le mur, de hauteur 1,90 m, est situé à 9,15 m du ballon. Le ballon est lancé avec une vitesse initiale $\overrightarrow{V_0}$ de norme $20\ \text{m}\cdot\text{s}^{-1}$ et formant un angle α de 20° avec l'horizontale. L'origine des dates correspond au départ du ballon.

1. Dans un premier temps, on néglige totalement les frottements de l'air.

a) Établir les lois horaires du mouvement du ballon ainsi que l'équation de la trajectoire.

b) Le ballon passe-t-il au-dessus du mur ?

c) Le tir est-il cadré ?

2. En réalité, des frottements existent, qu'on modélise par une force $\vec{F} = -h\vec{v}$ où h est une constante positive de valeur $5\cdot 10^{-3}\ \text{kg}\cdot\text{s}^{-1}$ et $\vec{v}$ le vecteur vitesse de M à chaque instant.

a) Déterminer les équations horaires en introduisant la constante $\tau = \dfrac{m}{h}$.

b) Donner l'équation de la trajectoire.

c) Le ballon passe-t-il au-dessus du mur ?

d) Le tir est-il cadré ?

❑ Exercice 11.8. Chute verticale*

On lâche un objet sphérique de rayon $r = 3$ cm et de masse volumique $\mu = 1{,}7$ g·cm^{-3} depuis une altitude $h = 25$ m (comptée à partir du sol). On étudie le mouvement de cet objet dans le référentiel terrestre, muni d'un repère d'origine O correspondant au point de départ de l'objet et d'un axe vertical orienté vers le bas. Donnée : masse volumique de l'air : $\mu_a = 1\ \text{kg}\cdot\text{m}^{-3}$.

1. La poussée d'Archimède, que subit l'objet de la part de l'air, a pour norme le poids de l'air « déplacé » par la sphère. Montrer qu'elle est négligeable par rapport à son propre poids.

2. On suppose que l'objet n'est soumis qu'à son poids au cours de son mouvement.

a) Établir l'équation horaire $z(t)$ du mouvement de l'objet.

b) En déduire la durée de sa chute.

3. On suppose à présent qu'en plus de son poids, l'objet est soumis au cours de sa chute à une force de frottements $\vec{f} = -K\vec{v}$ (avec $K = 0{,}020$ unité SI, et $\vec{v}$ le vecteur vitesse de l'objet).

a) Quelles sont les dimensions de K ? En déduire son unité SI.

b) Établir l'équation différentielle vérifiée par la vitesse $v_z(t)$ de l'objet au cours de son mouvement.

c) Déterminer l'expression de $v_z(t)$.

d) Donner l'expression de $z(t)$. En déduire la durée de chute.

❑ Exercice 11.9. Temps de transit de gouttes d'eau dans l'atmosphère*

Une goutte d'eau sphérique de rayon a, indéformable et de masse volumique ρ, tombe dans le champ de pesanteur uniforme $\vec{g}$ suivant un axe vertical Oz dirigé vers la bas. L'atmosphère exerce sur la goutte une force dite de traînée, opposée à la vitesse, et qui s'exprime par la relation $\vec{F} = -6\pi\eta \dfrac{a\vec{v}}{1 + \ell/a}$. On négligera la poussée d'Archimède de l'air.

1. Exprimer la vitesse limite de chute de la goutte que l'on notera $\vec{V}_{\text{lim}}$.

2. On donne $\rho = 1{,}0 \cdot 10^3\ \text{kg}\cdot\text{m}^{-3}$, $\ell = 0{,}07\ \mu\text{m}$ et $\eta = 1{,}7 \cdot 10^{-5}\ \text{N}\cdot\text{s}\cdot\text{m}^2$.
Calculer V_{lim} pour $a = a_1 = 0{,}01$ mm puis pour $a = a_2 = 0{,}1$ mm.

3. L'atmosphère est modélisée par une couche uniforme de hauteur 8 km. En utilisant les résultats précédents, calculer le temps de transit de gouttes d'eau partant du haut de l'atmosphère et de rayons respectifs a_1 et a_2.

4. Quel serait le temps de transit dans l'atmosphère de bulles de rayon a_2 et d'épaisseur $e = 0{,}1 a_2$?

D'après Polytechnique

■ Mouvement sur un support solide

❑ Exercice 11.10. Brique sur un plan incliné

On considère un plan incliné d'un angle $\alpha = 20°$ par rapport à l'horizontale. Une brique de masse $m = 600$ g est lancée depuis le bas du plan vers le haut avec une vitesse $\overrightarrow{v_0}$ de norme $2{,}4\ \mathrm{m \cdot s^{-1}}$. On utilise, pour étudier le mouvement, un axe (Ox) parallèle au plan incliné et dirigé vers le haut et tel que O coïncide avec le départ de la brique.

1. On suppose que le contact entre la brique et le plan incliné se fait sans frottements.

a) Établir l'équation horaire du mouvement de la brique lors de la montée.

b) Déterminer la date à laquelle la brique s'arrête ainsi que la distance qu'elle aura parcourue.

2. On suppose maintenant qu'il existe des frottements solides. La force de contact a donc la forme suivante : $\vec{R} = \overrightarrow{R_\mathrm{n}} + \overrightarrow{R_\mathrm{t}}$ avec $\overrightarrow{R_\mathrm{t}}$ colinéaire et de sens contraire à la vitesse, et $R_\mathrm{t} = f \cdot R_\mathrm{n}$ où $f = 0{,}20$ est le coefficient de frottement.

Répondre aux mêmes questions dans ce cas.

❑ Exercice 11.11. Descente à ski**

Madame Michu descend une piste à ski, selon la ligne de plus grande pente faisant l'angle α avec l'horizontale. L'air exerce une force de frottement supposée de la forme $\vec{F} = -\lambda \vec{v}$, où λ est un coefficient constant positif et $\vec{v}$ la vitesse de la skieuse.

On note $\vec{T}$ et $\vec{N}$ les composantes tangentielle et normale de la réaction exercée par la neige, et f le coefficient de frottement solide tel que $\|\vec{T}\| = f\,\|\vec{N}\|$.

On choisit comme origine de l'axe (Ox) de la ligne de plus grande pente la position initiale de la skieuse, supposée partir à l'instant initial avec une vitesse négligeable. On note (Oy) la normale à la piste dirigée vers le haut.

1. Calculer les normes de $\vec{T}$ et $\vec{N}$.

2. Calculer la vitesse et la position de la skieuse à chaque instant.

3. Montrer qu'elle atteint une vitesse limite v_ℓ. Application numérique : calculer v_ℓ avec $\lambda = 1{,}0\ \mathrm{kg \cdot s^{-1}}$, $m = 80$ kg, $\alpha = 45°$ et $f = 0{,}90$.

4. Calculer littéralement et numériquement la date t_1 où la skieuse a une vitesse égale à $\dfrac{v_\ell}{2}$.

5. À la date t_1, Madame Michu tombe. On néglige alors la résistance de l'air, et on considère que le coefficient de frottement sur le sol est multiplié par 10. Calculer la distance parcourue par Madame Michu, dans cette position peu glorieuse, avant de s'arrêter.

D'après E3A

❑ Exercice 11.12. Oscillations d'un anneau sur un support circulaire*

Un petit anneau, assimilé à un point matériel M de masse m, est astreint à coulisser sans frottement le long d'une tige circulaire de centre O et de rayon r, située dans le plan vertical (Oxy). La position de M sera repérée par l'angle θ entre (Ox) et $\overrightarrow{OM}$. À la date $t = 0$, on lâche M sans vitesse initiale d'un angle θ_0.

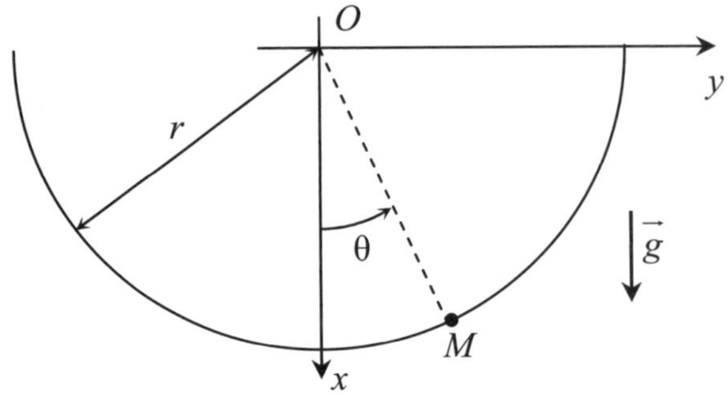

1. Appliquer la deuxième loi de Newton et la projeter dans la base cylindrique.

2. a) Établir une expression de $\dot{\theta}^2$ en fonction de θ, en intégrant l'une de ces projections (que l'on devra d'abord multiplier par $\dot{\theta}$).

b) En déduire l'expression de la réaction du support en fonction de θ et des données du problème.

c) À quel instant du mouvement la norme de cette réaction est-elle maximale ?

3) On suppose que l'angle θ reste petit au cours du mouvement.

a) Établir l'équation différentielle vérifiée par θ.

b) Donner l'expression de $\theta(t)$.

■ Masse accrochée à un ressort

❑ Exercice 11.13. Oscillations verticales

On considère le système ci-contre : une masse m est suspendue à un ressort vertical idéal, de masse négligeable et de raideur k. L'extrémité supérieure du ressort est fixe et attachée au point O. On utilise l'axe (Ox), vertical et dirigé vers le bas pour repérer la position de l'extrémité libre du ressort par son abscisse x. Soit x_0 la longueur à vide du ressort et $x_{éq}$ sa longueur lorsque la masse m est accrochée à l'extrémité inférieure du ressort et est à l'équilibre.

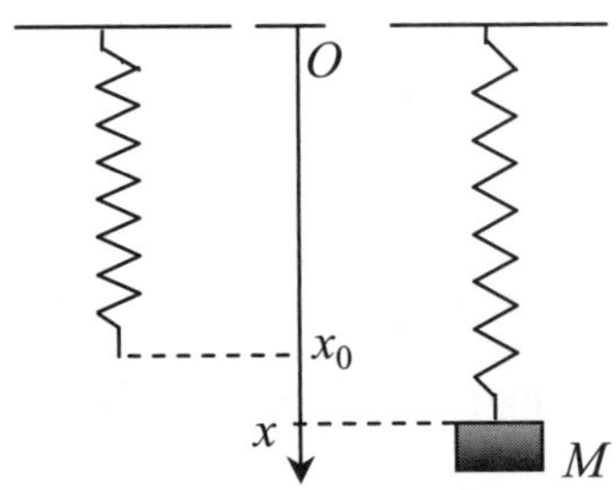

1. Exprimer $x_{éq}$ en fonction de m, g, k et x_0.

2. Déterminer l'équation différentielle vérifiée par x lorsque la masse est en mouvement.

3. À l'instant $t = 0$, la masse m est dans une position telle que la longueur du ressort est égale à $x_{éq}$. On lui communique alors une vitesse v_0 verticale et dirigée vers le bas.

a) Déterminer l'expression de $x(t)$ en fonction des données du problème.

b) Exprimer la période T_0 des oscillations.

❑ Exercice 11.14. Mobile entre deux ressorts*

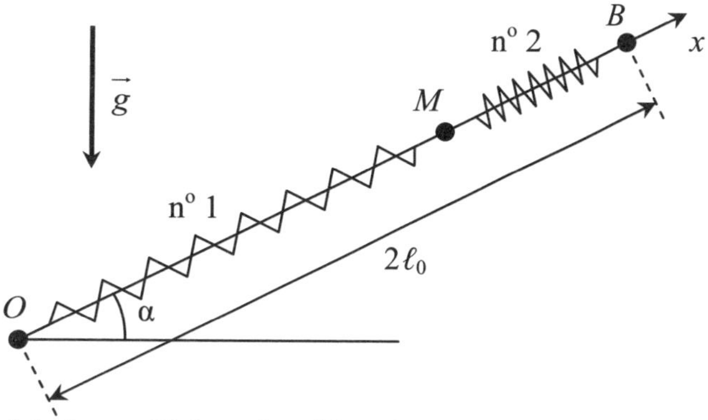

Un objet M de masse m, assimilé à un point matériel, est astreint à se déplacer sans frottement sur une tige rectiligne, inclinée d'un angle α par rapport à l'horizontale, et fixe par rapport au référentiel terrestre $\mathcal{R}$ (supposé galiléen). M peut se déplacer entre l'origine O et un point fixe B tel que $\overrightarrow{OB} = 2\ell_0 \overrightarrow{e_x}$; il sera donc repéré par son abscisse x.

M est lié au point O par un ressort idéal n° 1, de coefficient de raideur k et de longueur à vide ℓ_0, et il est également lié au point B par un ressort idéal n° 2, de même raideur k mais de longueur à vide *nulle* (c'est-à-dire négligeable devant ℓ_0).

1. Faire une liste complète des forces appliquées à M, en indiquant précisément pour chacune d'elles quelles sont ses composantes dans une base cartésienne $\left(\overrightarrow{e_x}, \overrightarrow{e_y}, \overrightarrow{e_z}\right)$. [Certaines de ces composantes peuvent être des inconnues a priori.]

2. Déterminer l'abscisse $x_{éq}$ de M lorsqu'il est à l'équilibre.

3. Déterminer l'équation différentielle vérifiée par $x(t)$ lorsque M est en mouvement. [On pourra faire apparaître $x_{éq}$ dans cette équation différentielle.]

4. À l'instant initial $t = 0$, on lâche M à l'abscisse $x_0 = x_{éq}$ avec une vitesse $\overrightarrow{v_0} = -v_0 \overrightarrow{e_x}$.

a) Déterminer complètement la solution de l'équation différentielle.

b) Quelle est la condition pour que M ne touche pas le point B ? Tracer alors la courbe de x en fonction de t, en supposant $x_{éq} > \ell_0$.

5. Déterminer la réaction de la tige sur M à tout instant.

■ Équilibre d'un point matériel

❑ Exercice 11.15. Caisse sur un plan incliné

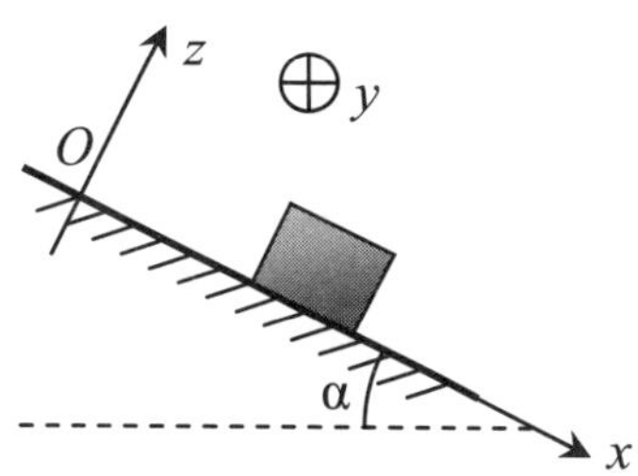

Une caisse de masse $m = 25$ kg est posée sur un plan incliné d'un angle α par rapport à l'horizontale. Il existe entre la caisse et le plan des frottements solides : la réaction du plan sur la caisse est donc de la forme $\vec{R} = \overrightarrow{R_n} + \overrightarrow{R_t}$, avec une composante $\overrightarrow{R_t}$ tangente au plan ; en l'absence de glissement, les normes de ces deux composantes sont liées par la relation $R_t \leq f \cdot R_n$ où $f = 0{,}45$ est le coefficient de frottement.

Déterminer la valeur maximale α_{max} de l'angle α pour que la caisse puisse rester immobile.

❑ Exercice 11.16. Pendule électrostatique

Un pendule est constitué d'une petite sphère S, de masse $m = 45$ g, attachée au bout d'un fil sans masse de longueur ℓ. On communique à cette sphère une charge électrique positive q, que l'on souhaite déterminer. D'autre part, une autre sphère est chargée avec une charge opposée $-q$ et placée au voisinage du pendule : celui-ci s'écarte alors de la verticale d'un angle θ. On supposera que les deux sphères sont à la même hauteur.

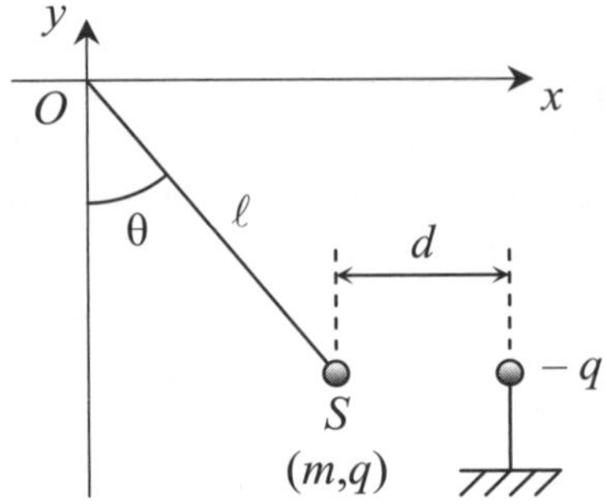

Les valeurs mesurées sont les suivantes : $\theta = 36°$; $d = 22$ cm.

La permittivité de l'air est pratiquement égale à celle du vide : $\varepsilon_0 = 8{,}854 \cdot 10^{-12}\ \text{F} \cdot \text{m}^{-1}$.

Déterminer la valeur de la charge q.

❑ Exercice 11.17. Plateau et ressort*

Un cube C d'arête a, de masse m, est accroché à un ressort linéaire de constante de raideur k et de longueur à vide ℓ_0. Il est d'autre part posé sur un plateau horizontal immobile, coïncidant avec le plan (Oxy).
L'autre extrémité du ressort est maintenue fixe, à une hauteur h au-dessus du plateau, et le ressort est vertical.

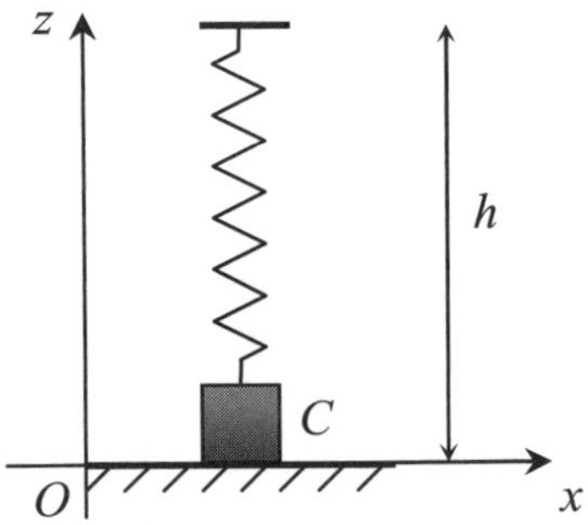

1. Faire la liste complète des forces s'exerçant sur le cube à l'équilibre, en précisant leurs composantes, connues ou inconnues.

2. Déterminer complètement la réaction du plateau sur le cube.

3. Montrer que cette situation n'est possible que si h est inférieure à une valeur $h_{\max}$ que l'on déterminera. Ques se passe-t-il si $h > h_{\max}$?

■ Utilisation d'un portrait de phase

❑ Exercice 11.18. Portrait de phase du pendule simple

Un pendule simple est constitué d'un point matériel M, de masse m, lié à l'extrémité d'un fil de longueur L, l'autre extrémité étant fixe en un point O. On suppose que le mouvement a lieu dans le plan vertical (Oxy), et on repère la position de M avec l'angle polaire θ (voir figure).
On néglige tout frottement de l'air environnant.

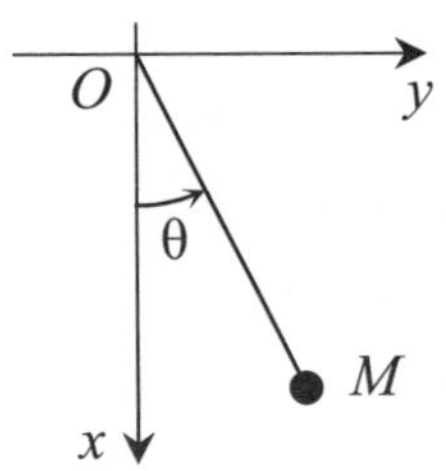

1. Établir l'équation différentielle vérifiée par l'angle θ.

2. En déduire l'intégrale première du mouvement : $\dot{\theta}^2 - \dfrac{2g}{L}\cos\theta = \text{cte}$.

De quoi dépend la constante ?

3. Le portrait de phase est constitué de courbes ayant l'équation ci-dessus, pour différentes valeurs de la constante. Son allure est la suivante (avec θ en radians et $\dot{\theta}$ en $\text{rad}\cdot\text{s}^{-1}$) :

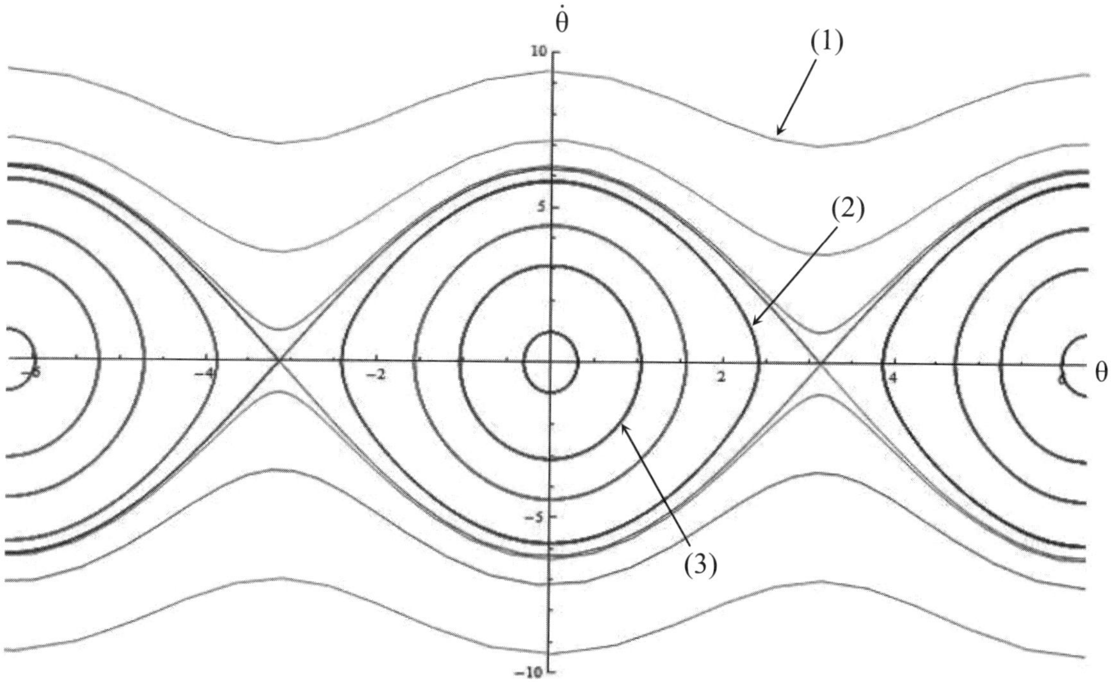

a) À quel type de mouvement correspond la courbe (1) ? la courbe (2) ?

b) Considérons l'ellipse (3), correspondant à un mouvement d'oscillateur harmonique. Déterminer les expressions de $\theta(t)$ et $\dot{\theta}(t)$ dans ce cas. À partir de la lecture du graphe, déterminer la longueur L du pendule.

c) On suppose maintenant qu'on lance le pendule, depuis la position $\theta = 0$, avec une vitesse horizontale de norme $v = 9{,}0\ \text{m}\cdot\text{s}^{-1}$. Déterminer son type de mouvement d'après le graphe.

Pour vous aider à démarrer

Exercice 11.7. Questions 1.b et c : les abscisses du mur et du but étant connues, comparer leurs hauteurs à l'ordonnée du ballon pour ces abscisses.
Exercice 11.11. Obtenir d'abord la réaction normale avec une projection du PFD.
Exercice 11.13. Appliquer rigoureusement la formule générale pour établir l'expression de la tension du ressort.
Exercice 11.15. Déterminer les normes des deux composantes de la réaction du plan incliné, puis appliquer la formule donnée (loi de Coulomb).
Exercice 11.18. Question 3.b : lire les valeurs maximales de θ et $\dot{\theta}$ et les relier à la pulsation propre, donc à g et L.

Corrigé des vrai/faux

1.	2.	3.	4.	5.	6.	7.	8.	9.	10.	11.
vrai	faux	vrai	faux	faux	faux	vrai	vrai	vrai	faux	vrai

4. Elle a pour origine les interactions microscopiques au niveau des surfaces en contact.

5. Elle est proportionnelle à son *allongement* algébrique, c'est-à-dire à la différence entre sa longueur (actuelle) et sa longueur au repos.

6. Elle va de la masse vers le ressort s'il est étiré, mais en sens contraire s'il est comprimé.

10. Il est valable seulement dans les référentiels galiléens. (Mais nous verrons ultérieurement comment l'adapter pour des référentiels non galiléens.)

❑ Les erreurs classiques

– Il faut un référentiel galiléen pour appliquer le PFD : ce sera toujours le cas dans ce chapitre, mais ne pas oublier de le préciser systématiquement.

– La troisième loi peut sembler surprenante (la Lune et la Terre exercent l'une sur l'autre une force de même intensité), mais dans un inventaire de forces, seules les forces exercées par l'extérieur sur le point considéré interviennent (si on étudie la Terre, la force qu'elle exerce sur la Lune n'a aucune importance).

– Ne pas oublier que l'Univers est à trois dimensions et non deux… Ainsi, même si on fait un schéma plan, il faut toujours envisager ce qui se passe dans la direction orthogonale au plan de figure (mouvement ou forces). Le PFD sera donc toujours projeté *a priori* sur *trois* vecteurs unitaires, mais dans certains cas on constatera que l'une des projections n'apporte aucune information.

– La réaction normale d'un support modélisé par une courbe comporte *a priori* deux composantes. Par exemple, si c'est une tige assimilée à l'axe (Ox), la réaction normale est définie par deux composantes selon $\overrightarrow{e_y}$ et $\overrightarrow{e_z}$: il est hors de question de « deviner » que l'une de ces composantes est nulle, il faut la *déterminer* avec le PFD… et voir si elle est vraiment nulle !

– L'autre erreur classique sur la réaction est l'affirmation systématique selon laquelle « elle compense le poids »… Ces deux forces ont des origines totalement indépendantes, et elles ne s'annulent que dans le cas particulier où le support est horizontal, sans frottement, immobile dans un référentiel galiléen et en l'absence d'autre force verticale : autant oublier ce pseudo-théorème !

Corrigé des exercices

Exercice 11.1

1. La longueur du ressort est $\ell_0 + x$ et le vecteur unitaire $\overrightarrow{e_{\text{r}\to\text{p}}}$ est $\overrightarrow{e_x}$, donc la formule générale $\vec{T} = -k(\ell - \ell_0)\overrightarrow{e_{\text{r}\to\text{p}}}$ donne $\vec{T} = -k(\ell_0 + x - \ell_0)\overrightarrow{e_x}$ soit $\boxed{\vec{T} = -k\,x\,\overrightarrow{e_x}}$.

2. Pour le ressort n° 1 : $\overrightarrow{e_{\text{r}1\to\text{p}}} = \overrightarrow{e_x}$, $\ell_1 = x$ donc $\boxed{\overrightarrow{T_1} = -k(x - \ell_0)\overrightarrow{e_x}}$.

Pour le ressort n° 2 : $\overrightarrow{e_{\text{r}2\to\text{p}}} = -\overrightarrow{e_x}$, $\ell_2 = \overline{MB} = \overline{OB} - \overline{OM} = d - x$ donc $\overrightarrow{T_2} = -k(d - x - \ell_0)\left(-\overrightarrow{e_x}\right)$ soit $\boxed{\overrightarrow{T_2} = +k(d - x - \ell_0)\overrightarrow{e_x}}$.

Exercice 11.2

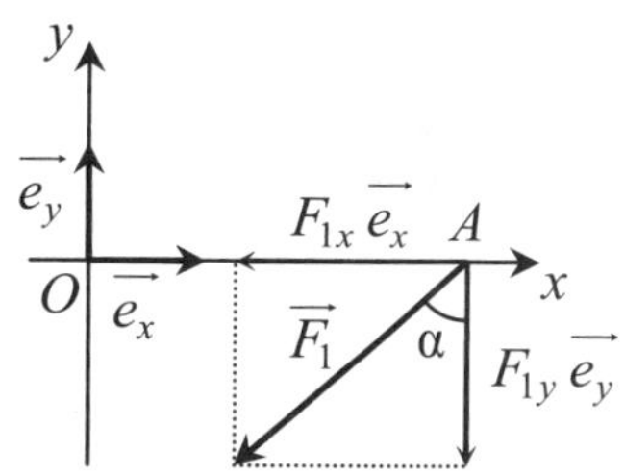

– Les deux composantes de $\overrightarrow{F_1}$ sur $\overrightarrow{e_x}$ et $\overrightarrow{e_y}$ sont négatives car elles vont en sens inverse de ces deux vecteurs unitaires. La composante sur $\overrightarrow{e_x}$ correspond au côté opposé à l'angle α :

$\sin\alpha = \dfrac{|F_{1x}|}{F_1}$ d'où $F_{1x} = -F_1 \sin\alpha$.

La composante sur $\overrightarrow{e_y}$ correspond alors au côté adjacent à α :

$\cos\alpha = \dfrac{|F_{1y}|}{F_1}$ d'où $F_{1y} = -F_1\cos\alpha$. Finalement : $\boxed{\overrightarrow{F_1} = -F_1 \sin\alpha\,\overrightarrow{e_x} - F_1\cos\alpha\,\overrightarrow{e_y}}$.

– De même pour $\overrightarrow{F_2}$: composante positive sur $\overrightarrow{e_x}$, négative sur $\overrightarrow{e_y}$; $\cos\beta = \dfrac{|F_{2x}|}{F_2}$ d'où $F_{2x} = +F_2\cos\beta$; $\sin\beta = \dfrac{|F_{2y}|}{F_2}$ d'où $F_{2y} = -F_2 \sin\beta$. Finalement : $\boxed{\overrightarrow{F_1} = +F_2\cos\beta\,\overrightarrow{e_x} - F_2\sin\beta\,\overrightarrow{e_y}}$.

– Pour $\overrightarrow{F_3}$: les deux composantes sont positives ; $\cos\gamma = \dfrac{|F_{3x}|}{F_3}$ d'où $F_{3x} = +F_3\cos\gamma$; $\sin\gamma = \dfrac{|F_{3y}|}{F_3}$ d'où $F_{3y} = +F_3\sin\gamma$. Finalement : $\boxed{\overrightarrow{F_1} = +F_3\cos\gamma\,\overrightarrow{e_x} + F_3\sin\gamma\,\overrightarrow{e_y}}$.

Exercice 11.3

1. L'électron est soumis à son poids (si on suppose que l'atome se trouve sur Terre) et à la force électrique exercée par le proton.

> ✎ *On pourrait envisager de tenir compte aussi de l'attraction gravitationnelle exercée par le proton, mais elle serait elle-même infiniment plus faible (plus exactement, 10^{51} fois plus faible) que celle de la Terre, c'est-à-dire le poids.*

2. $\boxed{P = mg = 9{,}1\cdot10^{-30}\ \text{N}}$ et $\boxed{F_e = \dfrac{e^2}{4\pi\varepsilon_0 r^2} = 3{,}7\cdot10^{-7}\ \text{N}}$.

3. On constate que $F_e >> P$. On pourra négliger le poids par rapport à la force électrique dans le bilan des forces.

Exercice 11.4

1. Lulu a raison : il est possible d'assimiler la Terre à un point matériel placé en son centre de masse, et affecté de la masse totale de la Terre. En appliquant la deuxième loi de Newton à ce point, on aura accès aux équations du mouvement du centre de masse de la Terre.

✐ *En revanche, on ne peut pas étudier le mouvement d'un autre point de la Terre.*

2. Toto commet une grave erreur, et Lulu est en dessous de la vérité. Ces deux forces ne sont pas « du même ordre de grandeur », elles sont *rigoureusement égales* en norme ! On le déduit de la troisième loi de Newton (principe des interactions).

3. Non, en effectuant le bilan des forces extérieures qui s'exercent sur le système {Terre + Lune}, ils pourront connaître le mouvement du centre de masse du système, mais pas le mouvement du centre de chaque planète.

4. Oui, il faut faire l'inventaire des forces qui s'exercent sur la Lune et appliquer la deuxième loi de Newton à la Lune dans le référentiel terrestre. On obtiendra ainsi le mouvement du centre d'inertie de la Lune.

✐ *Il faut supposer que le référentiel terrestre est galiléen. En réalité, le référentiel le plus adapté pour étudier un mouvement autour de la Terre est le référentiel* géocentrique*, dans lequel l'axe des pôles est fixe, mais qui ne suit pas la Terre dans son mouvement de rotation.*

Exercice 11.5

1.a) On étudie la fusée, assimilée à un point matériel M de masse m, dans le référentiel terrestre supposé galiléen. La fusée n'étant, au cours de son mouvement, soumise qu'à son poids, la deuxième loi de Newton donne : $\sum\vec{F} = m\vec{g} = m\vec{a}(M)_{\mathcal{R}}$ d'où $\vec{a}(M)_{\mathcal{R}} = \vec{g} = \overrightarrow{\text{cte}}$.

Projections sur la base cartésienne : $\ddot{x} = 0$, $\ddot{y} = 0$, $\ddot{z} = -g$.

On intègre deux fois par rapport au temps : $\dot{x} = V_0\cos\alpha$, $\dot{y} = 0$ et $\dot{z} = -gt + V_0\sin\alpha$

puis $x(t) = (V_0\cos\alpha)t$, $y(t) = 0$ et $z(t) = -\dfrac{1}{2}gt^2 + (V_0\sin\alpha)t$.

Comme $y(t) = 0$, <u>le mouvement a lieu dans le plan (*Oxz*)</u>. On obtient l'équation cartésienne en éliminant le temps t, d'où : $\boxed{z(x) = -\dfrac{g}{2V_0^2\cos^2\alpha}x^2 + (\tan\alpha)x}$.

b) La portée est obtenue en posant $z(p)=0$ soit $\boxed{-\dfrac{g}{2V_0^2\cos^2\alpha}p^2+(\tan\alpha)p}$. La solution non nulle est : $\boxed{p=\dfrac{2V_0{}^2\sin\alpha\cos\alpha}{g}=\dfrac{V_0{}^2\sin(2\alpha)}{g}}$.

L'autre solution, $p=0$, correspond au départ de l'objet en O.

Quant à la flèche, elle correspond au maximum de la trajectoire, soit, au moment où la composante $\dot{z}$ s'annule, ce qui correspond à la date $t_\mathrm{f}=\dfrac{V_0\sin\alpha}{g}$. On remplace donc cette date dans l'expression de $z(t)$ pour obtenir la flèche : $\boxed{f=\dfrac{V_0{}^2\sin^2\alpha}{2g}}$.

c) La portée maximale est obtenue pour $\alpha=\dfrac{\pi}{4}$: $\boxed{p_\mathrm{max}=\dfrac{V_0{}^2}{g}}$. AN $\boxed{p_\mathrm{max}=100\text{ km}}$.

La flèche est alors : $\boxed{f=\dfrac{V_0{}^2}{4g}}$. AN $\boxed{f=26\text{ km}}$.

2. Les coordonnées de A doivent vérifier l'équation de la trajectoire :

$$z_A=-\frac{g}{2V_0^2\cos^2\alpha}x_A^2+(\tan\alpha)x_A\quad\text{, soit }\tan^2\alpha-\frac{2V_0{}^2}{gx_A}\tan\alpha+\left[1+\frac{2V_0{}^2z_A}{gx_A^2}\right]=0\,.$$

Avec les valeurs numériques fournies, cette équation devient : $\tan^2\alpha-2{,}8\tan\alpha+1{,}8=0$. Elle admet deux solutions : $\tan\alpha_1=0{,}96$ soit $\boxed{\alpha_1=44°}$, et $\tan\alpha_2=1{,}8$ soit $\boxed{\alpha_2=61°}$.

Exercice 11.6

1. a) Le standard vidéo utilisé montre qu'il s'écoule 0,042 s entre deux images. On peut donc tracer les deux courbes :

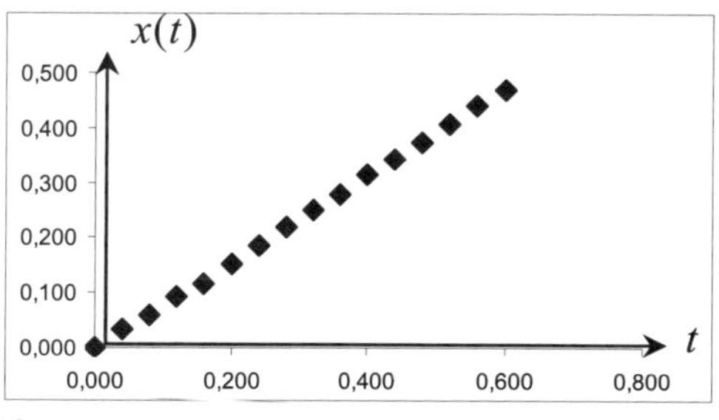

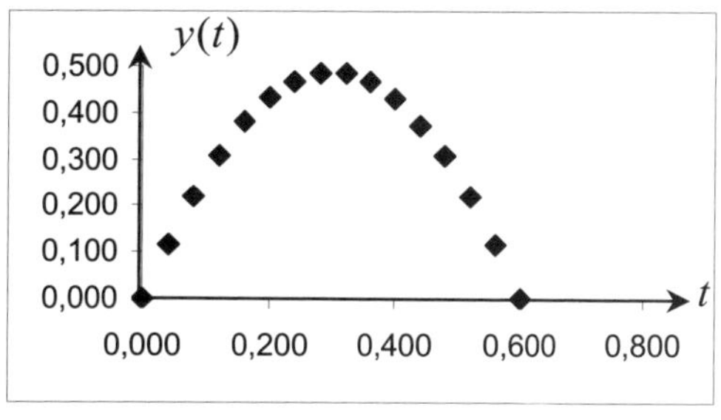

b) En utilisant le tableur, on obtient les équations des courbes de régression : $\boxed{x(t)=0{,}76t}$ et $\boxed{y=-5{,}0t^2+3{,}2t}$.

2. a) $v_x(t)\approx\dfrac{x(t+\tau)-x(t-\tau)}{2\tau}$ et $v_y(t)\approx\dfrac{y(t+\tau)-y(t-\tau)}{2\tau}$ avec $\tau=0{,}042$ s .

b)

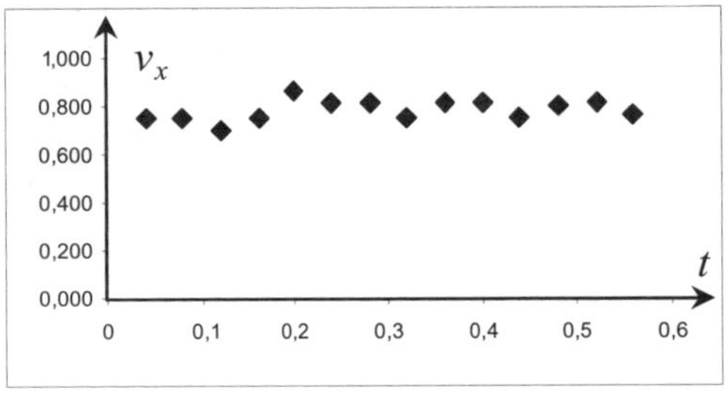

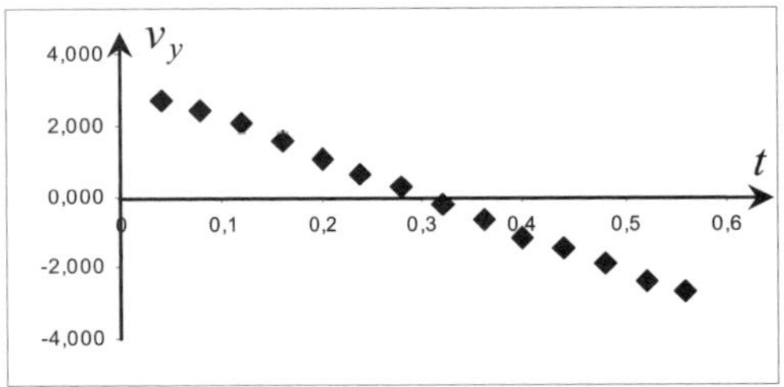

Date (s)	v_x (m·s^{-1})	v_y (m·s^{-1})
0		
0,04166667	0,753	2,738
0,08333333	0,753	2,388
0,125	0,698	2,038
0,16666667	0,755	1,575
0,20833333	0,863	1,050
0,25	0,813	0,638
0,29166667	0,813	0,238
0,33333333	0,750	-0,238
0,375	0,813	-0,700
0,41666667	0,813	-1,163
0,45833333	0,750	-1,513
0,5	0,800	-1,925
0,54166667	0,813	-2,388
0,58333333	0,763	-2,738
0,625		

En utilisant le tableur, on trouve :
$\boxed{v_x = 0{,}8}$ et $\boxed{v_y = -10{,}3t + 3{,}2}$ en $\text{m}\cdot\text{s}^{-1}$.

On vérifie qu'on a bien $v_x = \dfrac{\mathrm{d}x}{\mathrm{d}t}$ et $v_y = \dfrac{\mathrm{d}y}{\mathrm{d}t}$.

c) Sachant que $a_x = \dfrac{\mathrm{d}v_x}{\mathrm{d}t}$ et $a_y = \dfrac{\mathrm{d}v_y}{\mathrm{d}t}$, on obtient $\boxed{a_x = 0}$ et $\boxed{a_y = -10{,}3\ \text{m}\cdot\text{s}^{-2}}$.

✎ *L'accélération verticale diffère de 5 % de la valeur connue (g).*

3. a) $\boxed{\ddot{x} = 0,\ \dot{x} = V_0\cos\alpha,\ x = (V_0\cos\alpha)t}$ et $\boxed{\ddot{y} = -g,\ \dot{y} = -gt + V_0\sin\alpha,\ y = -\dfrac{1}{2}gt^2 + (V_0\sin\alpha)t}$.

b) En identifiant les expressions théoriques et expérimentales, on obtient $V_0\cos\alpha = 0{,}77$ et $V_0\sin\alpha = 3{,}2$. Alors $V_0 = \sqrt{0{,}77^2 + 3{,}2^2}$ soit $\boxed{V_0 = 3{,}3\ \text{m}\cdot\text{s}^{-1}}$ et $\boxed{\alpha = \arctan\left(\dfrac{3{,}2}{0{,}77}\right) = 76°}$.

Exercice 11.7

1. a) La seule force qui s'exerce sur le ballon au cours du mouvement étant son poids, on en déduit que $\vec{a} = \vec{g}$ en utilisant la deuxième loi de Newton.
Ceci entraîne que $\ddot{x} = 0$, puis $\dot{x} = V_0\cos\alpha$, puis $\boxed{x(t) = (V_0\cos\alpha)t}$ pour le mouvement sur l'axe (Ox), et $\ddot{y} = -g$, puis $\dot{y} = -gt + V_0\sin\alpha$, puis $\boxed{y(t) = -\dfrac{g}{2}t^2 + (V_0\sin\alpha)t}$ en projection sur l'axe (Oy). L'équation de la trajectoire, dans le plan (Oxy) est donc :

$$\boxed{y(x) = -\frac{g}{2V_0^2\cos^2\alpha}x^2 + (\tan\alpha)x}.$$

On pourrait vérifier qu'il n'y a pas de mouvement sur (Oz).

b) Le ballon passe au-dessus du mur si $y(x_{\text{mur}}) \geq 1{,}90$ m. AN $y(x_{\text{mur}}) = 2{,}17$ m, donc le ballon passe au-dessus du mur.

c) Le tir est cadré si $y(x_{\text{but}}) \leq 2{,}44$ m. AN $y(x_{\text{but}}) = 1{,}73$ m, donc le tir est cadré.

2. a) On prend maintenant en compte la force de frottement $\vec{F}$, ce qui donne, en appliquant la deuxième loi de Newton : $\vec{P} + \vec{F} = m\vec{a}$. Projections sur (Ox) et (Oy) (en supposant toujours qu'il n'y a pas de mouvement sur (Oz)) : $m\ddot{x} = -h\dot{x}$ (1) et $m\ddot{y} = -mg - h\dot{y}$ (2).

(1) s'écrit aussi $v_x + \tau\frac{\mathrm{d}v_x}{\mathrm{d}t} = 0$ et admet une solution du type $Ae^{-\frac{t}{\tau}}$, où A est une constante qui se détermine par la condition $v_x(0) = V_0\cos\alpha$: on obtient $v_x(t) = V_0\cos\alpha\, e^{-\frac{t}{\tau}}$ (3).

(2) s'écrit $v_y + \tau\frac{\mathrm{d}v_y}{\mathrm{d}t} = -g\tau$ et admet pour solution $Be^{-\frac{t}{\tau}} + C$ où B est une constante à déterminer par les conditions initiales et C une solution particulière de (2).
En cherchant C sous la forme d'une constante, on trouve $C = -g\tau$, puis en utilisant la condition $v_y(0) = V_0\sin\alpha$, on trouve $B = V_0\sin\alpha + g\tau$, ce qui donne $v_y(t) = [V_0\sin\alpha + g\tau]e^{-\frac{t}{\tau}} - g\tau$ (4).
On intègre alors (3) et (4) en tenant compte des conditions initiales $x(0) = y(0) = 0$:

$$\boxed{x(t) = V_0\tau\cos\alpha\left[1 - e^{-\frac{t}{\tau}}\right]} \text{ et } \boxed{y(t) = \left(V_0\tau\sin\alpha + g\tau^2\right)\left(1 - e^{-\frac{t}{\tau}}\right) - g\tau t}.$$

Les constantes d'intégrations ne sont pas toujours nulles !

b) On utilise la première équation pour exprimer t : $t = -\tau\ln\left(1 - \frac{x}{V_0\tau\cos\alpha}\right)$ et on reporte cette expression dans la deuxième : $\boxed{y(x) = \left(\tan\alpha + \frac{g\tau}{V_0\cos\alpha}\right)x + g\tau^2\ln\left(1 - \frac{x}{V_0\cos\alpha}\right)}$.

c) On calcule $y(x_{\text{mur}}) = 2{,}17$ m et le ballon passe donc au-dessus du mur.

d) $y(x_{\text{but}}) \approx 1{,}73$ m : le tir est cadré. On constate que les frottements ont peu d'influence sur ce mouvement (car il n'est pas très rapide donc la force de frottement est restée assez faible).

Exercice 11.8

1. On calcule le poids $P = \frac{4}{3}\pi r^3\mu g = 1{,}9$ N et la poussée d'Archimède $\Pi = \frac{4}{3}\pi r^3\mu_a g = 1{,}1$ mN et on constate que la poussée d'Archimède représente moins de 0,1 % du poids.

Corrigé

2. a) Au cours de la chute libre, l'objet n'est soumis qu'à son poids et l'application de la deuxième loi de Newton entraîne $\vec{a} = \vec{g}$. En tenant compte des conventions d'orientations et des conditions initiales, on intègre deux fois : $\ddot{z} = g \rightarrow \dot{z} = gt \rightarrow \boxed{z(t) = \frac{1}{2}gt^2}$.

b) La durée de chute est la date t_c à laquelle l'objet touche le sol, donc telle que $z(t_c) = h$.

On en déduit alors simplement $\boxed{t_c = \sqrt{\frac{2h}{g}}}$. AN $\boxed{t_c = 2{,}3\text{ s}}$.

3. a) Analyse dimensionnelle : $[K] = \frac{[F]}{[V]} = \frac{[M \cdot L \cdot T^{-2}]}{[L \cdot T^{-1}]}$ soit $\boxed{[K] = [M \cdot T^{-1}]}$ donc son unité SI est le $\boxed{\text{kg} \cdot \text{s}^{-1}}$.

b) La deuxième loi de Newton s'écrire : $\vec{P} + \vec{f} = m\vec{a}$. On le projette sur l'axe (Oz) : $mg - K\dot{z} = m\ddot{z}$, ou encore, sachant que $\dot{z} = v_z$ et $\ddot{z} = \frac{\mathrm{d}v_z}{\mathrm{d}t}$, $\boxed{\frac{\mathrm{d}v_z}{\mathrm{d}t} + \frac{K}{m}v_z = g}$.

⇨ *Méthode 11.1*

c) La solution de cette équation, avec la CI $v_z(0) = 0$, est $\boxed{v_z(t) = \frac{mg}{K}\left[1 - e^{-\frac{K}{m}t}\right]}$.

⇨ *Méthode 11.2*

d) En intégrant cette expression par rapport au temps, on obtient $z(t) = \frac{mg}{K}\left[t + \frac{m}{K}e^{-\frac{K}{m}t}\right] + B$ où B est une constante à déterminer en utilisant la condition initiale $z(0) = 0$. Après calcul, $B = -\frac{m^2 g}{K^2}$ et $\boxed{z(t) = \frac{mg}{K}\left[t + \frac{m}{K}e^{-\frac{K}{m}t} - \frac{m}{K}\right]}$.

> *Ici, la constante d'intégration n'est pas nulle. Il ne faut donc pas annuler « mécaniquement » ces constantes, mais toujours appliquer rigoureusement les conditions initiales.*

On cherche la durée de chute, c'est-à-dire la date t'_c telle que $z(t'_c) = 0$. En raisonnant par dichotomie (encadrement progressif de la valeur recherchée), on trouve $\boxed{t'_c = 2{,}4\text{ s}}$.

Exercice 11.9

1. PFD appliqué à la goutte d'eau, dans le référentiel terrestre supposé galiléen : $\vec{P}+\vec{F}=m\vec{a}$.
On peut l'écrire sous la forme $\dfrac{d\vec{v}}{dt}+\dfrac{6\pi\eta a}{m(1+\ell/a)}\vec{v}=\vec{g}$. La vitesse limite est obtenue quand $\dfrac{d\vec{v}}{dt}$ s'annule et donc $\boxed{\vec{V}_{\text{lim}}=\dfrac{m}{6\pi\eta a}\left(1+\dfrac{\ell}{a}\right)\vec{g}=\dfrac{2}{9}\dfrac{\rho a^2}{\eta}\left(1+\dfrac{\ell}{a}\right)\vec{g}}$.

2. AN pour a_1, $\boxed{V_{\text{lim}1}=1{,}3\ \text{cm}\cdot\text{s}^{-1}}$ et pour a_2, $\boxed{V_{\text{lim}2}=1{,}3\ \text{m}\cdot\text{s}^{-1}}$.

3. Le temps de transit est donné par $\boxed{t=\dfrac{h}{V_{\text{lim}}}}$. AN pour a_1, $\boxed{t_1=6{,}2\cdot10^5\ \text{s}\ =7\ \text{jours}}$ et pour a_2, $\boxed{t_2=6{,}2\cdot10^3\ \text{s}=1{,}7\ \text{h}}$.

4. L'épaisseur e de la bulle étant faible par rapport au rayon, on peut estimer le volume de l'eau qui la constitue par la formule $4\pi a^2 e$, ce qui permet de calculer sa masse en négligeant celle de l'air enfermé. Cela donne une vitesse limite $V_{\text{lim}}=\dfrac{2}{3}a_2\dfrac{\rho g e}{\eta}\left(1+\dfrac{\ell}{a}\right)=0{,}38\ \text{m}\cdot\text{s}^{-1}$. Le temps de transit est alors $\boxed{t=2{,}1\cdot10^4\ \text{s}=6\ \text{h}}$.

Exercice 11.10

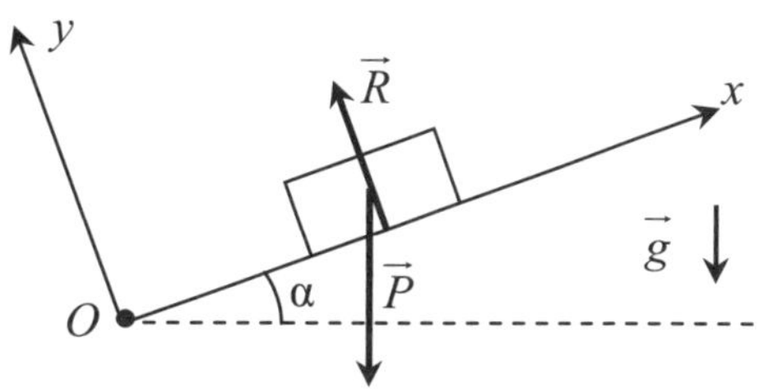

1. a) La brique est soumise à son poids $\vec{P}=-mg\sin\alpha\,\vec{e_x}-mg\cos\alpha\,\vec{e_y}$ et à la réaction $\vec{R}$ du support, orthogonale à ce dernier soit $\vec{R}=R_y\vec{e_y}$.
On applique la deuxième loi de Newton : $\vec{P}+\vec{R}=m\vec{a}$.
Projection sur l'axe (Ox) : $\ddot{x}=-g\sin\alpha$.
On intègre deux fois cette expression avec les conditions initiales $\dot{x}(0)=v_0$ et $x(0)=0$:
$\dot{x}(t)=-(g\sin\alpha)t+v_0$ puis $\boxed{x(t)=-\dfrac{g\sin\alpha}{2}t^2+v_0 t}$.

✎ *La projection sur (Oy), donnerait la valeur de la réaction, celle sur (Oz) n'apporte aucun information.*

b) La date d'arrêt de la brique est telle que $\dot{x}(t_a)=0$, soit $\boxed{t_a=\dfrac{v_0}{g\sin\alpha}}$ et la distance parcourue par la brique jusqu'à son arrêt est $\boxed{d=x(t_a)=\dfrac{v_0^2}{2g\sin\alpha}}$. AN $\boxed{t_a=0{,}71\ \text{s}}$ et $\boxed{x(t_a)=0{,}86\ \text{m}}$.

2. Dans ce cas, la deuxième loi de Newton s'écrit de la même façon, mais la projection sur (Ox) inclut la composante tangentielle de $\vec{R}$, soit $R_x=-|R_t|=-f\cdot|R_n|=-f\cdot R_y$.

On obtient donc : $-mg\sin\alpha + R_x = m\ddot{x}$ et on aura, par ailleurs, besoin de la projection sur (Oy) : $-mg\cos\alpha + R_y = m\ddot{y} = 0$ (pas de mouvement selon cette direction).

On en déduit $R_y = mg\cos\alpha$, d'où $\ddot{x} = -(\sin\alpha + f\cos\alpha)g$ puis on intègre deux fois avec les mêmes conditions initiales :

$\dot{x}(t) = -(\sin\alpha + f\cos\alpha)gt + v_0$ et $\boxed{x(t) = -\frac{1}{2}(\sin\alpha + f\cos\alpha)gt^2 + v_0 t}$.

La date d'arrêt est définie de la même façon, soit $\boxed{t'_a = \frac{v_0}{g(\sin\alpha + f\cos\alpha)}}$ et la distance parcourue est $\boxed{d' = x(t'_a) = \frac{v_0^2}{2g(\sin\alpha + f\cos\alpha)}}$. AN $\boxed{t'_a = 0{,}46\ \text{s}}$ et $\boxed{d' = 0{,}55\ \text{m}}$.

✎ *Comme on pouvait le prévoir, les frottements ralentissent encore plus la brique et elle s'arrête plus tôt que dans le premier cas.*

Exercice 11.11

1. La deuxième loi de Newton, appliquée à la skieuse dans le référentiel terrestre galiléen, s'écrit : $\vec{P} + \vec{F} + \vec{T} + \vec{N} = m\vec{a}$. En projetant cette relation sur l'axe (Oy), on obtient $-mg\cos\alpha + N = 0$ et donc $\boxed{N = mg\cos\alpha}$, puis $\boxed{T = f\,mg\cos\alpha}$.

⇨ *Méthode 11.2*

2. La même relation vectorielle projetée sur (Ox) donne $mg\sin\alpha - \lambda\dot{x} - fmg\cos\alpha = m\ddot{x}$ en notant x l'abscisse de la skieuse à chaque instant, comptée par rapport à sa position de départ.

On peut écrire cette équation différentielle sous la forme $\ddot{x} + a\dot{x} = b$ avec $a = \frac{\lambda}{m}$ et $b = g(\sin\alpha - f\cos\alpha)$. La solution est donc $\dot{x}(t) = \frac{b}{a} + Ke^{-at}$ où K est une constante qui se détermine par les conditions initiales : $\dot{x}(0) = \frac{b}{a} + K = 0 \Leftrightarrow K = -\frac{b}{a}$.

Donc $\boxed{\dot{x}(t) = v_x(t) = \frac{mg}{\lambda}(\sin\alpha - f\cos\alpha)\left(1 - e^{-\frac{\lambda}{m}t}\right)}$.

⇨ *Méthode 11.2*

$x(t)$ est une primitive de cette fonction, avec $x(0) = 0$: on obtient

$\boxed{x(t) = \frac{mg}{\lambda}(\sin\alpha - f\cos\alpha)\left(t + \frac{m}{\lambda}e^{-\frac{\lambda}{m}t} - \frac{m}{\lambda}\right)}$.

💣 *Il faut déterminer rigoureusement la constante d'intégration qui, ici encore, n'est pas nulle.*

3. La vitesse tend vers une valeur limite $\boxed{v_\ell = \frac{mg}{\lambda}(\sin\alpha - f\cos\alpha)}$. AN $\boxed{v_\ell = 56\ \text{m}\cdot\text{s}^{-1}}$.

4. La vitesse pouvant également s'écrire $v_x(t) = v_\ell\left(1 - e^{-\frac{\lambda}{m}t}\right)$, on cherche la date t_1 telle que $v_x(t_1) = \frac{v_\ell}{2}$, soit $1 - e^{-\frac{t_1}{\tau}} = \frac{1}{2}$, ou $\boxed{t_1 = \tau \ln 2}$. AN $\boxed{t_1 = 56 \text{ s}}$.

5. On choisit une nouvelle origine des temps et de l'axe : à $t' = 0$, $x'(0) = 0$ et $v_x(0) = \frac{v_\ell}{2}$. On applique alors la deuxième loi de Newton : $\vec{P} + \vec{T} + \vec{N} = m\vec{a}$, que l'on projette sur (Ox) :
$mg \sin\alpha - 10 f\, mg \cos\alpha = m\ddot{x}'$ et $\ddot{x}' = g \sin\alpha - 10 fg \cos\alpha = -a$.

On en déduit : $\dot{x}'(t) = -at' + \frac{v_\ell}{2}$ et $x'(t') = -\frac{a}{2}t'^2 + \frac{v_\ell}{2}t'$. La vitesse s'annule pour $t'_2 = \frac{v_\ell}{2a}$ et la distance parcourue avant l'arrêt final est $\boxed{x'(t'_2) = \frac{{v_\ell}^2}{8g(10 f \cos\alpha - \sin\alpha)}}$. AN $\boxed{x'(t'_2) = 56 \text{ m}}$.

Exercice 11.12

1. L'anneau est soumis à son poids $\vec{P} = +mg\cos\theta\,\vec{e_r} - mg\sin\theta\,\vec{e_\theta}$ ainsi qu'à la réaction du support (qui est normale puisque les frottements sont inexistants) :
$\vec{R} = R_r\vec{e_r} + R_z\vec{e_z}$. D'autre part le mouvement est circulaire de rayon r.

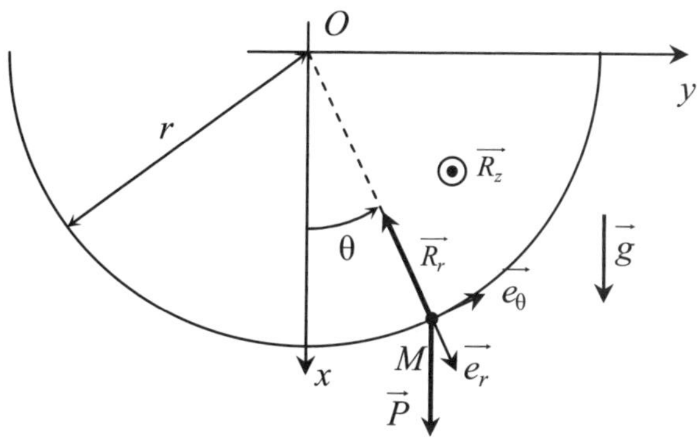

Deuxième loi de Newton : $\vec{P} + \vec{R} = m\vec{a}$.
Projections dans la base cylindrique :

$$mg\cos\theta + R_r = -mr\dot{\theta}^2 \ (1)$$

$$-mg\sin\theta = mr\ddot{\theta} \ (2)$$

$$R_z = 0 \ (3).$$

2. a) La seconde projection ne comporte que la fonction θ. On la multiplie par $\dot{\theta}$, soit $-mg\sin\theta\,\dot{\theta} = mr\ddot{\theta}\dot{\theta} \Leftrightarrow \ddot{\theta}\dot{\theta} = -\frac{g}{r}\sin\theta\,\dot{\theta}$. On reconnaît alors deux dérivées que l'on peut intégrer : $\frac{\dot{\theta}^2}{2} = \frac{g}{r}\cos\theta + A$. Avec les conditions initiales $\dot{\theta}(0) = 0$ (anneau immobile) et $\theta(0) = \theta_0$ on obtient finalement : $\boxed{\dot{\theta}^2 = \frac{2g}{r}(\cos\theta - \cos\theta_0)}$ (4).

b) (3) montre que la réaction n'a qu'une composante non nulle, selon $\vec{e_r}$. On reporte l'expression (4) dans (1) : $\boxed{\vec{R} = mg\left[3\cos\theta - 2\cos\theta_0\right]\vec{e_r}}$.

c) Cette expression est maximale pour $\theta = 0$ (au moment où la particule passe par sa position la plus basse) : alors $\boxed{R_{\max} = mg\left[3 - 2\cos\theta_0\right]}$.

3. a) On utilise (2), sachant que pour des faibles valeurs de θ, on a $\sin\theta \approx \theta$: $\boxed{\ddot{\theta} + \frac{g}{r}\theta = 0}$.

b) Cette équation possède une solution du type $\theta(t) = A\cos\left(\sqrt{\frac{g}{r}}\,t + C\right)$. On détermine A et C en utilisant les conditions initiales : $\theta(0) = A\cos C = \theta_0$ et $\dot{\theta}(0) = -A\sqrt{\frac{g}{r}}\sin C = 0$.

Donc $\boxed{\theta(t) = \theta_0 \cos\left(\sqrt{\frac{g}{r}}\,t\right)}$.

Exercice 11.13

1. La masse est soumise à son poids $\vec{P} = +mg\,\vec{e_x}$ et à la force de rappel $\vec{F} = -k(x - x_0)\vec{e_x}$ du ressort. À l'équilibre, on peut écrire le PFD : $\vec{P} + \vec{F} = m\vec{a} = \vec{0}$. Projection sur l'axe (Ox) :
$-k(x_{éq} - x_0) + mg = 0$, et on obtient $\boxed{x_{éq} = x_0 + \frac{mg}{k}}$.

2. On applique à nouveau la deuxième loi de Newton à un instant quelconque du mouvement où la longueur du ressort est x : $-k(x - x_0) + mg = m\ddot{x}$, soit $\boxed{\ddot{x} + \omega_0^2 x = \omega_0^2 x_{éq}}$ avec $\boxed{\omega_0^2 = \frac{k}{m}}$.

3. a) Cette équation différentielle admet une solution du type $x(t) = A\cos(\omega_0 t + B) + x_{éq}$, A et B étant des constantes à déterminer avec les conditions initiales : $x(0) = A\cos B + x_{éq} = x_{éq}$ donc $\cos B = 0$ et on peut prendre $B = \frac{\pi}{2}$; et $\dot{x}(0) = -\omega_0 A\sin B = -\omega_0 A = v_0$, d'où $A = -\frac{v_0}{\omega_0}$.

On a donc trouvé $x(t) = x_{éq} - \frac{v_0}{\omega_0}\cos\left(\omega_0 t + \frac{\pi}{2}\right) = x_{éq} + \frac{v_0}{\omega_0}\sin(\omega_0 t)$

soit $\boxed{x(t) = x_{éq} + v_0\sqrt{\frac{m}{k}}\sin\left(\sqrt{\frac{k}{m}}\,t\right)}$.

b) La période est définie par $T_0 = \frac{2\pi}{\omega_0}$, soit $\boxed{T_0 = 2\pi\sqrt{\frac{m}{k}}}$.

Exercice 11.13

1. Forces appliquées à M : poids $\boxed{\vec{P} = m\vec{g} = -mg\left(\sin\alpha\,\vec{e_x} + \cos\alpha\,\vec{e_y}\right)}$; réaction normale de la tige $\boxed{\vec{R} = R_y\vec{e_y} + R_z\vec{e_z}}$; tensions des deux ressorts $\vec{T_1} = -k(\ell_1 - \ell_0)\vec{e_x}$ soit $\boxed{\vec{T_1} = -k(x - \ell_0)\vec{e_x}}$, et $\vec{T_2} = -k(\ell_2 - 0)\left(-\vec{e_x}\right)$ soit $\boxed{\vec{T_2} = +k(2\ell_0 - x)\vec{e_x}}$.

Il faut bien prendre le temps d'écrire correctement ces deux tensions, en tenant compte du schéma et de la longueur à vide nulle d'un des deux ressorts.

2. PFD pour M dans $\mathcal{R}$, à l'équilibre : $\vec{P}+\vec{R}+\vec{T_1}+\vec{T_2}=\vec{0}$. Projection sur $\overrightarrow{e_x}$: $-mg\sin\alpha+0-k(x_{\text{éq}}-\ell_0)+k(2\ell_0-x_{\text{éq}})=0$ d'où $\boxed{x_{\text{éq}}=\frac{3}{2}\ell_0-\frac{mg\sin\alpha}{2k}}$.

3. PFD pour M dans $\mathcal{R}$, en mouvement : $\vec{P}+\vec{R}+\vec{T_1}+\vec{T_2}=m\vec{a}(M)_{\mathcal{R}}$. Projection sur $\overrightarrow{e_x}$: $-mg\sin\alpha+0-k(x-\ell_0)+k(2\ell_0-x)=m\ddot{x}$ soit $\boxed{\ddot{x}+\frac{2k}{m}x=\frac{3k}{m}\ell_0-g\sin\alpha}$. En posant $\boxed{\omega_0=\sqrt{\frac{2k}{m}}}$ on peut l'écrire : $\boxed{\ddot{x}+\omega_0^2x=\omega_0^2x_{\text{éq}}}$.

4.a) Solution générale : $x(t)=x_{\text{éq}}+A\cos(\omega_0t)+B\sin(\omega_0t)$. Conditions initiales : $x(0)=x_{\text{éq}}+A=x_{\text{éq}}$ donc $A=0$, soit $x(t)=x_{\text{éq}}+B\sin(\omega_0t)$ et $\dot{x}(t)=B\omega_0\cos(\omega_0t)$; $\dot{x}(0)=B\omega_0=-v_0$ donc $B=-\frac{v_0}{\omega_0}$. Finalement : $\boxed{x(t)=x_{\text{éq}}-\frac{v_0}{\omega_0}\sin(\omega_0t)}$.

b) Il faut que $x(t)<2\ell_0,\forall t$ soit $\frac{3}{2}\ell_0-\frac{mg\sin\alpha}{2k}-\frac{v_0}{\omega_0}\sin(\omega_0t)<2\ell_0,\forall t$. Le membre de gauche vaut au maximum $\frac{3}{2}\ell_0-\frac{mg\sin\alpha}{2k}+\frac{v_0}{\omega_0}$ donc la condition est $\boxed{v_0<\frac{\omega_0\ell_0}{2}+\frac{g\sin\alpha}{\omega_0}}$.

L'allure de $x(t)$ est alors la suivante :

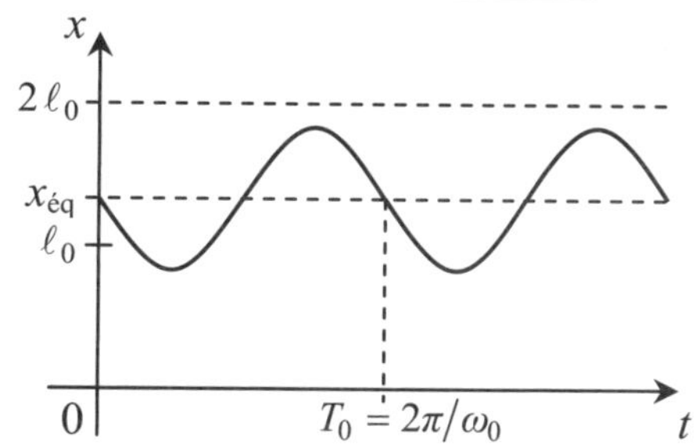

5. Projection du PFD sur $\overrightarrow{e_y}$ et $\overrightarrow{e_z}$: $-mg\cos\alpha+R_y+0+0=0$ et $0+R_z+0+0=0$ donc $\boxed{\vec{R}=mg\cos\alpha\,\overrightarrow{e_y}}$.

Exercice 11.15

Forces exercées sur la caisse :

son poids $\vec{P}=m\vec{g}=+mg\sin\alpha\,\overrightarrow{e_x}-mg\cos\alpha\,\overrightarrow{e_z}$; réaction du plan $\vec{R}=\overrightarrow{R_\text{n}}+\overrightarrow{R_\text{t}}$, avec $\overrightarrow{R_\text{n}}=R_z\overrightarrow{e_z}$ et $\overrightarrow{R_\text{t}}=R_x\overrightarrow{e_x}+R_y\overrightarrow{e_y}$ puisque le support est le plan (Oxy).

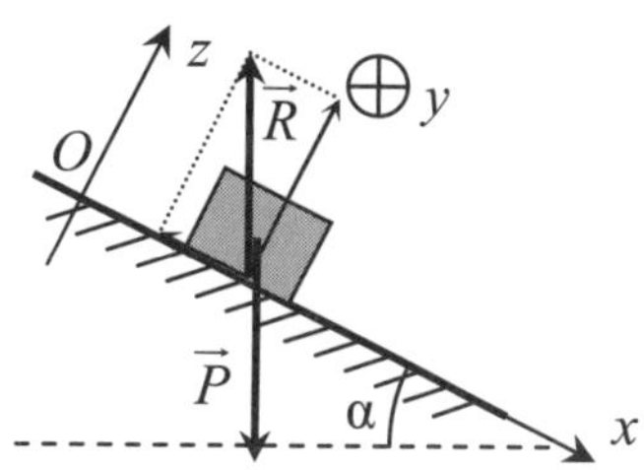

PFD à l'équilibre : $\vec{P}+\overrightarrow{R_\text{n}}+\overrightarrow{R_\text{t}}=\vec{0}$.

Projections sur la base cartésienne :

$$\begin{cases} mg\sin\alpha+R_x=0 \\ 0+R_y=0 \\ -mg\cos\alpha+R_z=0 \end{cases} \text{ d'où } \begin{cases} R_x=-mg\sin\alpha \\ R_y=0 \\ R_z=+mg\cos\alpha \end{cases}$$

On en déduit la norme de la composante normale $R_{\text{n}} = |R_z| = mg\cos\alpha$ et celle de la composante tangentielle $R_{\text{t}} = \sqrt{R_x^2 + R_y^2} = |R_x| = mg\sin\alpha$.

Donc $R_{\text{t}} \leq f \cdot R_{\text{n}}$ équivaut à $mg\sin\alpha \leq f\, mg\cos\alpha$ d'où $\tan\alpha \leq f$. La fonction tangente était croissante sur cet intervalle, on en déduit $\boxed{\alpha \leq \arctan f = \alpha_{\max}}$. AN $\boxed{\alpha_{\max} = 24°}$.

Exercice 11.16

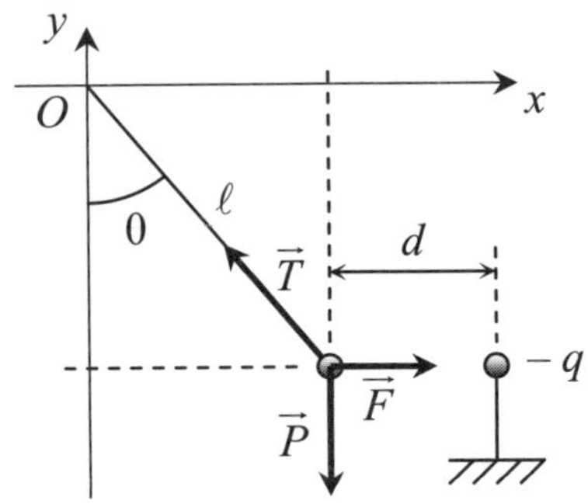

Forces appliquées à la sphère S : son poids $\vec{P} = m\vec{g} = -mg\,\vec{e_y}$; la tension du fil $\vec{T} = T\left(-\sin\theta\,\vec{e_x} + \cos\theta\,\vec{e_y}\right)$; la force électrostatique $\vec{F} = \dfrac{1}{4\pi\varepsilon_0}\dfrac{q^2}{d^2}\vec{e_x}$.

PFD à l'équilibre : $\vec{P} + \vec{T} + \vec{F} = \vec{0}$.

Projection sur la direction $\vec{e_y}$: $0 - T\sin\theta + \dfrac{1}{4\pi\varepsilon_0}\dfrac{q^2}{d^2} = 0$

d'où $q = \sqrt{4\pi\varepsilon_0 d^2 T\sin\theta}$. Il reste à déterminer l'inconnue T, et pour cela on doit projeter la loi également sur la direction $\vec{e_x}$: $+T\cos\theta - mg + 0 = 0$ d'où $T = \dfrac{mg}{\cos\theta}$. On obtient donc finalement : $\boxed{q = \sqrt{4\pi\varepsilon_0 d^2 mg\tan\theta}}$. AN $\boxed{q = 1{,}3 \cdot 10^{-6}\ \text{C}}$.

Exercice 11.17

1. Référentiel $\mathcal{R}$: terrestre supposé galiléen, lié au repère ($Oxyz$). On étudie le cube C, de masse m, assimilé à un point matériel. Forces appliquées à C : poids $\boxed{\vec{P} = m\vec{g} = -mg\,\vec{e_z}}$; force de rappel du ressort $\vec{T} = -k(\ell - \ell_0)\vec{e}_{\text{ressort}\to C}$ soit $\boxed{\vec{T} = +k(h - a - \ell_0)\vec{e_z}}$; réaction du plateau $\boxed{\vec{R} = R_x\,\vec{e_x} + R_y\,\vec{e_y} + R_z\,\vec{e_z}}$ a priori, avec $R_z > 0$ (liaison unilatérale).

✐ *On n'a ici aucune indication sur l'existence ou non de frottements solides : on doit donc supposer a priori que la réaction trois composantes.*

2. PFD pour C dans $\mathcal{R}$, à l'équilibre : $\vec{P} + \vec{R} + \vec{T} = \vec{0}$. Projections sur $\left(\vec{e_x}, \vec{e_y}, \vec{e_z}\right)$: $R_x = 0$; $R_y = 0$; $-mg + R_z + k(h - a - \ell_0) = 0$ d'où $\boxed{\vec{R} = [+mg - k(h - a - \ell_0)]\vec{e_z}}$.

💣 *Non, la réaction du support n'est pas l'opposé du poids, même si le support est horizontal et qu'on est à l'équilibre ! Seule l'application rigoureuse du PFD a permis de trouver les composantes, et de montrer en particulier que deux d'entre elles sont nulles, qu'il y ait ou non des frottements.*

3. Le calcul n'est valable que s'il donne $R_z > 0$, car le cube est simplement posé sur le plateau, qui ne peut donc le repousser que vers le haut (contact unlatéral). $R_z = mg - k(h - a - \ell_0) > 0$ $\Leftrightarrow k(h - a - \ell_0) < mg \Leftrightarrow \boxed{h < \frac{mg}{k} + a + \ell_0 = h_{\max}}$.

Si $h > h_{\max}$, le calcul n'étant plus valable, il faut revenir sur l'une des hypothèses de départ : la seule qui peut ne plus être valable est celle du contact entre le cube et le plateau. Donc si $h > h_{\max}$, le cube décolle nécessairement du plateau.

Exercice 11.18

1. Référentiel $\mathcal{R}$: terrestre supposé galiléen, lié au repère (*Oxyz*). Forces appliquées : poids $\vec{P} = m\vec{g} = mg\cos\theta\,\vec{e_r} - mg\sin\theta\,\vec{e_\theta}$; tension du fil $\vec{T} = -T\,\vec{e_r}$.

Informations cinématiques : le mouvement est circulaire dans le plan (*Oxy*), donc $\vec{a}(M)_{\mathcal{R}} = -L\dot{\theta}^2\vec{e_r} + R\ddot{\theta}\vec{e_\theta}$.

PFD pour M dans $\mathcal{R}$: $\vec{P} + \vec{T} = m\vec{a}(M)_{\mathcal{R}}$. Projection sur le vecteur unitaire $\vec{e_\theta}$: $-mg\sin\theta = mL\ddot{\theta}$ soit $\boxed{\ddot{\theta} + \frac{g}{L}\sin\theta = 0}$.

2. On multiplie cette équation par $\dot{\theta}$: $\ddot{\theta}\dot{\theta} + \frac{g}{L}\sin\theta\dot{\theta} = 0 \Leftrightarrow \frac{\mathrm{d}}{\mathrm{d}t}\left(\frac{\dot{\theta}^2}{2}\right) + \frac{g}{L}\frac{\mathrm{d}(-\cos\theta)}{\mathrm{d}t} = 0$.

On intègre par rapport à t et on obtient l'intégrale première du mouvement : $\boxed{\dot{\theta}^2 - \frac{2g}{L}\cos\theta = \text{cte}}$.

La valeur de la constante dépend des conditions initiales.

3. a) La courbe (1) correspond à un mouvement de révolution : $\dot{\theta}$ reste toujours strictement positif, donc θ augmente indéfiniment, c'est-à-dire que *M* décrit des cercles autour de *O*.

La courbe (2), fermée, correspond à un mouvement d'oscillations périodiques autour de la position d'équilibre $\theta = 0$: $\dot{\theta}$ s'annule et change de signe périodiquement, ce qui correspond aux allers-retours de *M* de part et d'autre de l'équilibre.

b) Dans le cas des angles faibles, $\sin\theta \approx \theta$, et on obtient alors l'équation différentielle $\ddot{\theta} + \frac{g}{L}\theta = 0$ caractéristique d'un oscillateur harmonique. La solution est de la forme :

$\boxed{\theta(t) = \Theta_{\mathrm{m}}\cos(\omega_0 t + \varphi)}$ avec $\omega_0 = \sqrt{\frac{g}{L}}$, d'où $\boxed{\dot{\theta}(t) = -\omega_0\Theta_{\mathrm{m}}\sin(\omega_0 t + \varphi)}$.

Les maxima de θ et de $\dot{\theta}$ peuvent être lus sur le graphe : $\theta_{\max} = 1{,}1\ \text{rad}$ et $\dot{\theta}_{\max} = 3{,}1\ \text{rad}\cdot\text{s}^{-1}$.

Or $\theta_{\max} = \Theta_{\mathrm{m}}$ et $\dot{\theta}_{\max} = \sqrt{\frac{g}{L}} \times \Theta_{\mathrm{m}}$ donc $\boxed{L = g\left(\frac{\theta_{\max}}{\dot{\theta}_{\max}}\right)^2}$. AN $\boxed{L = 1{,}2\ \text{m}}$.

c) Les conditions intiales, $\theta = 0$ et $\dot{\theta} = \frac{v_0}{L} = 7{,}5\ \text{rad}\cdot\text{s}^{-1}$, correspondent à un point sur l'axe des ordonnées. La trajectoire de phase passant par ce point est du même type que la courbe (1) : le mouvement de *M* sera révolutif.

Chapitre 12
Énergie, puissance et travail mécaniques

Connu surtout comme philosophe et mathématicien, Gottfried **Leibniz** s'intéresse aux lois de la mécanique, influencé par son ami **Huygens**. Ce dernier avait affirmé la conservation de la quantité de mouvement lors des chocs élastiques. En 1686, Leibniz généralise ce résultat pour toutes les collisions en introduisant le concept de *vis viva* et en fait un principe universel. Sous sa formulation maladroite et imprécise, Leibniz entrevoit le principe de conservation de l'énergie d'un système, qui ne sera énoncé qu'au XIXe siècle. En mathématiques, Leibniz introduit, parallèlement à Newton, le calcul différentiel et intégral. Ses théories philosophiques sont intimement liées à son activité scientifique. On ne peut s'empêcher de rapprocher les infiniment petits du calcul différentiel des monades, unités spirituelles minimales.

Gottfried Leibniz
1646-1716

Objectifs

Ce qu'il faut connaître

▷ Les définitions de la puissance et du travail d'une force

▷ Le théorème de l'énergie cinétique (forme instantanée et forme intégrale)

▷ La définition d'une force conservative et la relation avec son énergie potentielle

▷ Les énergies potentielles élastique, de pesanteur et électrostatique

▷ Le théorème de l'énergie mécanique (forme instantanée et forme intégrale)

Ce qu'il faut savoir faire

▷ Calculer le travail d'une force

▷ Utiliser le théorème de l'énergie cinétique pour déterminer la norme de la vitesse en un point, ou pour établir une équation différentielle du mouvement

▷ Déterminer une énergie potentielle à partir de l'expression de la force, ou inversement

▷ Déterminer les limites du mouvement d'un point matériel en utilisant son énergie potentielle et son énergie mécanique

▷ Déterminer les positions d'équilibre d'un point matériel en utilisant son énergie potentielle

Résumé de cours

Travail et puissance d'une force

Puissance d'une force

Soit un point matériel M en mouvement dans un référentiel $\mathcal{R}$ et soumis à une force $\vec{F}$.

La puissance de $\vec{F}$ dans $\mathcal{R}$ est définie par : $\boxed{\mathcal{P}\left(\vec{F}\right)_{\mathcal{R}} = \vec{F} \cdot \vec{v}(M)_{\mathcal{R}}}$.

Si deux forces $\vec{F_1}$ et $\vec{F_2}$ sont appliquées à M : $\mathcal{P}\left(\vec{F_1}\right)_{\mathcal{R}} + \mathcal{P}\left(\vec{F_2}\right)_{\mathcal{R}} = \mathcal{P}\left(\vec{F_1} + \vec{F_2}\right)_{\mathcal{R}}$.

Travail élémentaire d'une force

Si on considère l'action de $\vec{F}$ pendant un intervalle de temps $\mathrm{d}t$ au cours duquel la position de M a varié de $\mathrm{d}\overrightarrow{OM}$, le travail élémentaire de $\vec{F}$ est : $\boxed{\delta W\left(\vec{F}\right)_{\mathcal{R}} = \mathcal{P}\left(\vec{F}\right)_{\mathcal{R}} \mathrm{d}t = \vec{F} \cdot \mathrm{d}\overrightarrow{OM}}$.

Travail d'une force le long d'une courbe

Si la force $\vec{F}$ s'applique à un point matériel M effectuant une trajectoire allant de A à B, le travail de la force sur cette trajectoire est : $\boxed{W\left(\vec{F}\right)_{\mathcal{R}}^{A \to B} = \int_A^B \vec{F} \cdot \mathrm{d}\overrightarrow{OM}}$.

Le travail est dit **moteur** s'il est positif, et **résistant** s'il est négatif.

Cas particuliers

– Une force dont la direction est en permanence orthogonale au déplacement du point M ne travaille pas : $\mathcal{P}\left(\vec{F}\right)_{\mathcal{R}} = 0$, $W\left(\vec{F}\right)_{\mathcal{R}} = 0$.

– Si une force est un vecteur constant : $W\left(\vec{F}\right)_{\mathcal{R}}^{A \to B} = \vec{F} \cdot \overrightarrow{AB}$.

⇨ **Méthode 12.1. Calculer un travail dans des cas particuliers**
⇨ **Méthode 12.2. Calculer le travail d'une force quelconque**

Théorème de l'énergie cinétique pour un point matériel

Énergie cinétique

Pour un point matériel M de masse m en mouvement relativement à un référentiel $\mathcal{R}$, animé d'une vitesse $\vec{v}(M)_{\mathcal{R}}$, l'énergie cinétique de M dans $\mathcal{R}$ est : $\boxed{E_c(M)_{\mathcal{R}} = \frac{1}{2} m v(M)_{\mathcal{R}}^2}$.

❑ Énoncés du théorème de l'énergie cinétique (TÉC)

Soit un point matériel M, de masse m et soumis à un ensemble de forces de résultante $\sum\vec{F}$, étudié dans un référentiel galiléen $\mathcal{R}$.

Forme instantanée

À tout instant : $\boxed{\dfrac{\mathrm{d}E_\mathrm{c}(M)_\mathcal{R}}{\mathrm{d}t} = \sum\mathcal{P}\left(\vec{F}\right)_\mathcal{R}}$.

Dans un problème à une seule dimension, cette forme du théorème permet d'obtenir l'équation du mouvement en éliminant directement les forces qui ne travaillent pas.

Forme intégrale

Entre deux points A et B de la trajectoire : $E_\mathrm{c}(M)_\mathcal{R}^B - E_\mathrm{c}(M)_\mathcal{R}^A = \sum W\left(\vec{F}\right)_\mathcal{R}^{A\to B}$

ou plus simplement $\boxed{\Delta E_\mathrm{c}(M)_\mathcal{R} = \sum W\left(\vec{F}\right)_\mathcal{R}}$.

Cette forme du théorème est utile lorsqu'on cherche à relier uniquement un état initial et un état final, sans chercher à déterminer l'évolution temporelle entre les deux.

■ Champ de force conservative et énergie potentielle

❑ Champ de force conservative

Une force $\vec{F}$ appliquée à un point matériel M constitue un **champ de force** $\vec{F}(P)$ si elle ne dépend que de la position P où se trouve M (et non de sa vitesse, ou des autres forces).
La force est alors dite **conservative** si son travail entre deux positions A et B quelconques ne dépend pas de la trajectoire suivie par le point M entre A et B.

❑ Définition de l'énergie potentielle

On dit qu'une force conservative $\vec{F}(P)$ dérive d'une énergie potentielle, fonction d'espace $E_\mathrm{p}(P)$ définie par $\boxed{\mathrm{d}E_\mathrm{p} = -\delta W\left(\vec{F}\right)_\mathcal{R} = -\vec{F}\cdot\mathrm{d}\overrightarrow{OM}}$ pour tout déplacement élémentaire $\mathrm{d}\overrightarrow{OM}$.

Son travail entre deux points A et B de la trajectoire est alors : $\boxed{W\left(\vec{F}\right)_\mathcal{R}^{A\to B} = E_\mathrm{p}(A) - E_\mathrm{p}(B)}$ (c'est l'opposé de la variation de l'énergie potentielle).

❑ Propriétés

– La fonction énergie potentielle est définie à une constante additive près : le choix de cette constante correspond au choix d'une origine des énergies potentielles.
– Si un point M est soumis à plusieurs forces conservatives, on obtient son énergie potentielle totale en additionnant les énergies potentielles dont dérivent les différentes forces.

⇨ **Méthode 12.3. Déterminer l'énergie potentielle dont dérive une force conservative**

❑ Exemples

– Le poids $\vec{P} = m\vec{g}$ (avec $\vec{g}$ uniforme) dérive de l'énergie potentielle de pesanteur :

$$\boxed{E_{pp} = mgz + \text{cte}} \text{ si } (Oz) \text{ est un axe vertical ascendant}$$

$$E_{pp} = -mgz + \text{cte} \text{ si } (Oz) \text{ est un axe vertical descendant.}$$

– La tension d'un ressort $\vec{T} = -k(\ell - \ell_0)\vec{e}_{r \to p}$ dérive de l'énergie potentielle élastique :

$$\boxed{E_{pe} = \frac{1}{2}k(\ell - \ell_0)^2 + \text{cte}}.$$

■ Énergie mécanique

❑ Définition

L' énergie mécanique d'un point matériel M est la somme de son énergie cinétique et de son énergie potentielle totale : $\boxed{E_m(M)_{\mathcal{R}} = E_c(M)_{\mathcal{R}} + E_p(M)_{\mathcal{R}}}$.

❑ Théorème de l'énergie mécanique

Considérons un point matériel M, soumis à des forces conservatives et également à des forces non conservatives de résultante $\overrightarrow{F_{nc}}$, étudié dans un référentiel galiléen $\mathcal{R}$.

Forme instantanée

À tout instant : $\boxed{\dfrac{\mathrm{d}E_m(M)_{\mathcal{R}}}{\mathrm{d}t} = \mathcal{P}\left(\overrightarrow{F_{nc}}\right)_{\mathcal{R}}}$.

Forme intégrale

Entre deux points A et B de la trajectoire : $\boxed{E_m(B)_{\mathcal{R}} - E_m(A)_{\mathcal{R}} = W\left(\overrightarrow{F_{nc}}\right)_{\mathcal{R}}^{A \to B}}$.

❑ Cas de conservation de l'énergie mécanique

Un cas particulier intéressant est celui d'une évolution conservative : il n'y a aucune force non conservative, ou bien les forces non conservatives ne travaillent pas. L'énergie mécanique est alors une constante du mouvement (donnée par les conditions initiales).
L'équation $E_m(M)_{\mathcal{R}} = \text{cte}$ est appelée **intégrale première de l'énergie mécanique** (équation de conservation contenant uniquement les coordonnées de position et leurs dérivées premières).

■ Mouvement conservatif unidimensionnel

❑ Définition

Un point matériel est dit à **un degré de liberté** si son repérage dans l'espace ne nécessite qu'un seul paramètre. Ce paramètre sera noté x par la suite.
Ce point matériel est en mouvement conservatif unidimensionnel s'il n'est soumis qu'à des forces conservatives et des forces de puissance nulle. Son énergie mécanique est alors constante.

❑ Limites du mouvement

L'énergie cinétique étant par nature positive, la conservation de l'énergie mécanique entraîne nécessairement $E_p(x) \leq E_m(M)_{\mathcal{R}} = \text{cte}$.

Si cette condition limite les valeurs possibles de x, le point matériel M est dans un **état lié**.
Si elle n'empêche pas x de tendre vers l'infini, M est dans un **état libre** (ou **état de diffusion**).

⇨ **Méthode 12.4. Déterminer les limites du mouvement**

❑ Équilibre d'un point matériel dans un champ de force conservative

– Une position d'équilibre est une abscisse $x_{éq}$ où M peut rester immobile. L'équilibre est alors **stable** si, lorsque M est écarté légèrement de cette position, il a tendance à y revenir. Il est **instable** si, lorsque M est écarté légèrement de cette position, il continue à s'en éloigner.
– Les positions d'équilibre de M correspondent aux extrema de son énergie potentielle totale $E_p(x)$, soit généralement $\dfrac{dE_p}{dx}(x_{éq}) = 0$.

Une position d'équilibre *stable* correspond à un *minimum* de l'énergie potentielle totale.
Une position d'équilibre *instable* correspond à un *maximum* de l'énergie potentielle totale.

⇨ **Méthode 12.5. Déterminer les positions d'équilibre**

❑ Mouvement au voisinage d'une position d'équilibre stable

Approximation de l'énergie potentielle

Pour un point matériel en évolution conservative, repéré par une variable x, l'énergie potentielle totale peut être approchée, au voisinage d'une position d'équilibre stable $x_{éq}$ (minimum), par :

$$E_p(x) \approx \frac{1}{2}k(x - x_{éq})^2 + \text{cte} \quad \text{en posant} \quad k = \frac{d^2E_p}{dx^2}(x_{éq}) > 0.$$

Si on choisit l'origine des x à la position d'équilibre, la formule devient plus simplement : $E_p(x) \approx \frac{1}{2}k\,x^2 + \text{cte}$. La variable élevée au carré est toujours *l'écart à la position d'équilibre.*

⇨ **Méthode 12.6. Établir l'expression quadratique de l'énergie potentielle au voisinage de l'équilibre**

Interprétation graphique

Cela revient à assimiler la courbe représentative de $E_p(x)$, au voisinage de $x_{éq}$, à un arc de parabole (« puits d'énergie potentielle »).

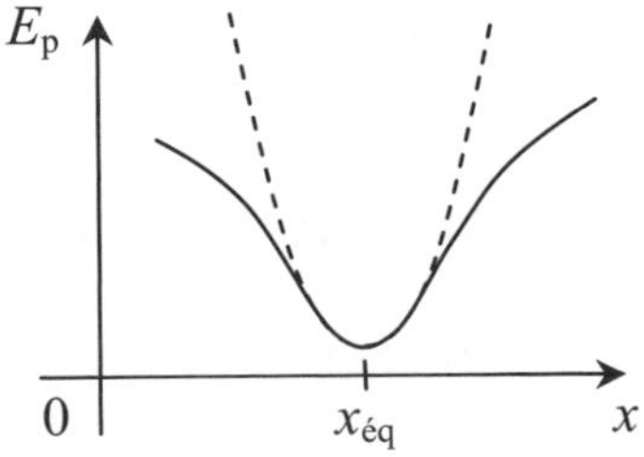

Force de rappel

La force conservative dérivant de $E_p(x)$ est alors une force de rappel de la forme :

$$\vec{F}(x) = -\frac{dE_p}{dx}\vec{e_x} = -k(x - x_{éq})\vec{e_x}.$$

Si on choisit l'origine des x à la position d'équilibre, la formule devient $\vec{F}(x) = -k\,x\,\vec{e_x}$.

Équation différentielle

Un point matériel en évolution conservative, au voisinage d'une position d'équilibre $x_{éq}$, obéit à une équation différentielle de la forme :

$$\boxed{\frac{d^2 u}{dt^2} + \omega_0^2 u = 0} \text{ en posant } u = x - x_{éq} \text{ et } \boxed{\omega_0 = \sqrt{\frac{k}{m}}}.$$

Cette équation différentielle s'obtient facilement en dérivant l'expression de l'énergie mécanique par rapport au temps et en remarquant que cette dérivée doit être nulle.
On reconnaît l'équation différentielle d'un **oscillateur harmonique**.

⇨ **Méthode 12.7. Établir l'équation différentielle d'un mouvement unidimensionnel**

■ Théorème de l'énergie cinétique pour un système de points

❑ Énergie cinétique d'un système quelconque

C'est la somme des énergies cinétiques de tous les points du système.

Pour un solide S de masse m en translation dans $\mathcal{R}$ à une vitesse $\vec{v}_{\mathcal{R}}$: $E_c(S)_{\mathcal{R}} = \frac{1}{2} m v_{\mathcal{R}}^2$ comme pour un point matériel.
Le cas d'un solide S en rotation autour d'un axe Δ fixe dans $\mathcal{R}$ sera vu au chapitre 18.

❑ Théorème de l'énergie cinétique

Si le système est *indéformable* (solide), le théorème de l'énergie cinétique s'écrit comme pour un point matériel, en tenant compte uniquement des forces *extérieures* exercées sur les différents points du solide.

Méthodes

Comment calculer le travail d'une force ?

Méthode 12.1. Calculer un travail dans des cas particuliers

– Si la force $\vec{F}$ dont on cherche à exprimer le travail entre deux points A et B est constante (vecteur de *direction* et de *norme* constantes), alors $W(\vec{F})_{A\to B} = \vec{F}\cdot\overrightarrow{AB}$.

– Si la force $\vec{F}$ est conservative, c'est-à-dire dérive d'une énergie potentielle E_p, alors $W(\vec{F})_{A\to B} = E_\text{p}(A) - E_\text{p}(B)$.

⇨ Exercices 12.1, 12.2, 12.3

– Exemple : travail du poids

Le poids d'un point matériel de masse m est à la fois une force constante et une force conservative, donc lorsqu'il se déplace depuis l'altitude z_A jusqu'à l'altitude z_B :

$$W(\vec{P})_{A\to B} = \vec{P}\cdot\overrightarrow{AB} = E_\text{pp}(A) - E_\text{pp}(B) = mg(z_A - z_B).$$

Méthode 12.2. Calculer le travail d'une force quelconque

– Exprimer $\vec{F}$ en un point M quelconque dans le système de coordonnées adapté.

– Exprimer $\mathrm{d}\overrightarrow{OM}$ dans le même système de coordonnées :

$\mathrm{d}\overrightarrow{OM} = \mathrm{d}x\,\vec{e_x} + \mathrm{d}y\,\vec{e_y} + \mathrm{d}z\,\vec{e_z}$ en coordonnées cartésiennes (pour un mouvement libre dans l'espace) ; $\mathrm{d}\overrightarrow{OM} = \mathrm{d}r\,\vec{e_r} + r\,\mathrm{d}\theta\,\vec{e_\theta} + \mathrm{d}z\,\vec{e_z}$ en coordonnées cylindriques (idem) ; $\mathrm{d}\overrightarrow{OM} = \mathrm{d}r\,\vec{e_r} + r\,\mathrm{d}\theta\,\vec{e_\theta} + r\sin\theta\,\mathrm{d}\varphi\,\vec{e_\varphi}$ en coordonnées sphériques (idem).

Si le mouvement est limité dans l'espace (sur une droite, un cercle, un plan…), $\mathrm{d}\overrightarrow{OM}$ ne comportera qu'un ou deux des termes précédents.

– Effectuer le produit $\vec{F}\cdot\mathrm{d}\overrightarrow{OM}$, puis calculer l'intégrale entre les deux positions considérées.

⇨ Exercice 12.1, 12.4

Exemple : travail de la force de rappel d'un ressort

Un point matériel se déplace sur l'axe (Ox) de A en B, en étant soumis à une force $\vec{F} = -kx\,\vec{e_x}$:

$$W(\vec{F})_{A\to B} = \int_A^B \vec{F}\cdot\mathrm{d}\overrightarrow{OM} = \int_A^B -kx\,\vec{e_x}\cdot\mathrm{d}x\,\vec{e_x} = \int_A^B -kx\,\mathrm{d}x = \frac{k}{2}\left[x_A^2 - x_B^2\right].$$

■ Comment déterminer une énergie potentielle ?

❑ Méthode 12.3. Déterminer l'énergie potentielle dont dérive une force conservative

L'énergie potentielle E_p associée à une force conservative $\vec{F}$ s'exprime à partir de la définition locale : $\mathrm{d}E_\text{p} = -\delta W(\vec{F})_{\mathcal{R}} = -\vec{F}\cdot\mathrm{d}\overrightarrow{OM}$.

– On exprime $\vec{F}$ dans la base choisie, et $\mathrm{d}\overrightarrow{OM}$ dans la même base.
– On effectue le produit scalaire, et s'il s'exprime à l'aide d'une seule variable (ce qui sera toujours le cas dans ce chapitre et les suivants), on obtient la dérivée de E_p par rapport à cette variable.
– Il ne reste plus qu'à intégrer pour obtenir E_p à une constante près (que l'on peut fixer en choisissant une origine).

➪ **Exercices 12.6, 12.7**

Exemple : énergie potentielle de pesanteur
On considère un système d'axes tel que (Oz) soit vertical et ascendant.

Par définition : $\mathrm{d}E_\text{pp} = -\vec{P}\cdot\mathrm{d}\overrightarrow{OM} = +m\vec{g}\cdot\left(\mathrm{d}x\,\vec{e_x} + \mathrm{d}y\,\vec{e_y} + \mathrm{d}z\,\vec{e_z}\right) = +mg\,\mathrm{d}z$, donc $\dfrac{\mathrm{d}E_\text{pp}}{\mathrm{d}z} = +mg$.

Or m et g ne dépendent pas de z, donc la primitive se déduit immédiatement : $E_\text{pp}(z) = +mg\,z + \text{cte}$. Si on choisit $E_\text{pp}(z_0) = 0$ pour une certaine altitude z_0, on obtient $\text{cte} = -mg\,z_0$, d'où $E_\text{pp}(z) = +mg(z - z_0)$.

■ Comment utiliser l'énergie potentielle pour étudier un mouvement unidimensionnel ?

❑ Méthode 12.4. Déterminer les limites du mouvement

Soit x le paramètre de position du point matériel, et $E_\text{p}(x)$ son énergie potentielle.
– On trace la courbe représentative de $E_\text{p}(x)$, et on peut y repérer les positions d'équilibre (stable ou instable).
– On détermine l'énergie mécanique E_m avec les conditions initiales, et on fait apparaître sur le graphe une droite horizontale correspondant à sa valeur.
– On cherche les domaines possibles pour le mouvement, c'est-à-dire les valeurs de x telles que $E_\text{p}(x) \leq E_\text{m}$.

➪ **Exercices 12.9, 12.11**

Considérons par exemple un point matériel repéré par le paramètre x, évoluant dans le champ de force associé à la fonction énergie potentielle ci-dessous.

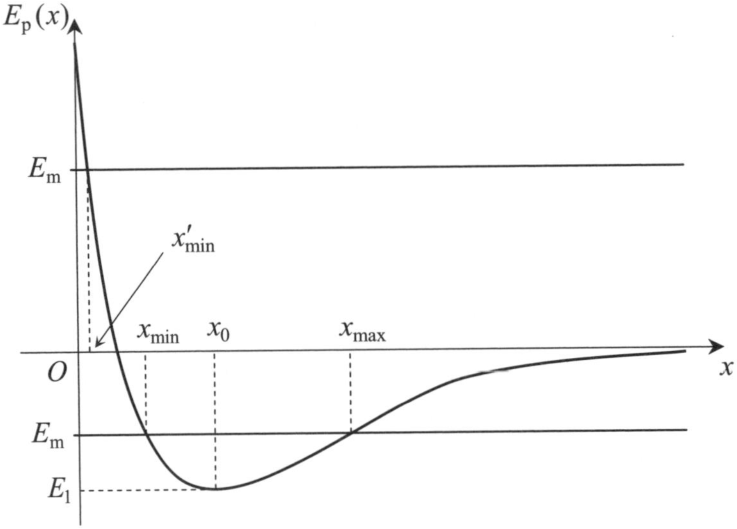

La seule position d'équilibre correspond à $x = x_0$ et il s'agit d'un équilibre stable (minimum).

On trace une droite horizontale dont l'ordonnée est l'énergie mécanique E_m (déterminée par les conditions initiales). En fonction de sa valeur on distingue deux cas possibles :

– si $E_l \leq E_m < 0$, le domaine accessible sous la droite est $x_{min} \leq x \leq x_{max}$ (état lié) ;

– si $E_m \geq 0$, le domaine accessible est $x'_{min} \leq x < \infty$ (état libre).

Le cas $E_m < E_l$ est impossible.

❑ Méthode 12.5. Déterminer les positions d'équilibre

Pour un point matériel en évolution conservative unidimensionnelle, ayant une énergie potentielle $E_p(x)$, les positions d'équilibre correspondent aux extrema de celles-ci : un minimum correspond à une position d'équilibre stable, un maximum à une position d'équilibre instable.

– Commencer par regarder si les extrema sont évidents : dans ce cas, il n'y a aucun calcul à faire.

– Sinon, on dérive l'énergie potentielle par rapport à x et on cherche les valeurs de x pour lesquelles cette dérivée s'annule ; ce sont les positions d'équilibre. Puis on a deux possibilités : on regarde le signe de la dérivée à gauche et à droite de la position d'équilibre ; ou bien on dérive l'énergie potentielle une nouvelle fois par rapport à x et on étudie le signe de cette dérivée seconde pour chacune des positions d'équilibre : une dérivée seconde positive caractérise un minimum (position d'équilibre stable), une dérivée seconde négative caractérise un maximum (position d'équilibre instable).

⇨ **Exercices 12.8, 12.11**

Considérons un point matériel dont le paramètre de position est x et qui possède une énergie potentielle $E_p(x) = \frac{1}{2} k (x - a)^2$, a et k étant des constantes positives.

– Elle est toujours positive, n'a pas de maximum si x est illimité, mais a un minimum évident, qui est 0 pour $\boxed{x = a}$: cette abscisse est donc une <u>position d'équilibre stable</u>.

– Si on préfère les calculs, on dérive une première fois : $\frac{\mathrm{d}E_p}{\mathrm{d}x} = k(x-a)$. Cette expression s'annule seulement pour $x = a$, ce qui constitue la position d'équilibre du point matériel.

$\frac{\mathrm{d}E_p}{\mathrm{d}x} < 0$ pour $x < a$ (E_p décroissante avant a) et $\frac{\mathrm{d}E_p}{\mathrm{d}x} > 0$ pour $x > a$ (E_p croissante après a) donc $E_p(a)$ est bien un minimum, correspondant à une position d'équilibre stable.

Ou bien $\frac{\mathrm{d}^2 E_p}{\mathrm{d}x^2} = k$, qui est positive en $x = a$ (et en x quelconque d'ailleurs), ce qui donne bien un minimum.

❑ Méthode 12.6. Établir l'expression quadratique de l'énergie potentielle au voisinage de l'équilibre

> Connaissant l'énergie potentielle totale et la position d'équilibre stable, on prend comme variable *l'écart à la position d'équilibre* (en utilisant si nécessaire le fait que cet écart reste faible) pour obtenir la forme caractéristique cherchée.

⇨ **Exercices 12.8, 12.11**

– Considérons tout d'abord une masse m suspendue à un point O par l'intermédiaire d'un ressort (k, ℓ_0).

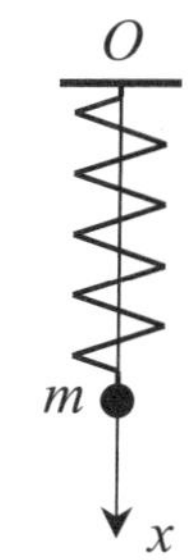

Énergie potentielle totale : $E_p = E_{p\,(\text{élastique})} + E_{p\,(\text{pesanteur})} = \frac{1}{2} k (x - \ell_0)^2 - mgx + \text{cte}$.

La position d'équilibre vérifie $\frac{\mathrm{d}E_p}{\mathrm{d}x}(x_{éq}) = 0$ soit $x_{éq} = \ell_0 + \frac{mg}{k}$. On pose alors $u = x - x_{éq}$ et on réécrit l'énergie potentielle en faisant apparaître la variable u :

$$E_p = \frac{1}{2} k \left(u + \frac{mg}{k} \right)^2 - mg(u + x_{éq}) + \text{cte} = \frac{1}{2} k u^2 + umg + \frac{1}{2} k \left(\frac{mg}{k} \right)^2 - mg(u + x_{éq}) + \text{cte}$$

soit finalement $\boxed{E_p = \frac{1}{2} k u^2 + \text{cte}}$ après simplification et regroupement de toutes les constantes.

Nous n'avons pas eu à utiliser explicitement l'hypothèse d'un faible écart à la position d'équilibre, car la formule de l'énergie potentielle élastique utilise déjà l'hypothèse que l'élongation du ressort reste faible.

– Considérons maintenant un pendule simple, masse ponctuelle m attachée à un fil tendu de longueur ℓ, et repérée par son angle θ avec la verticale.

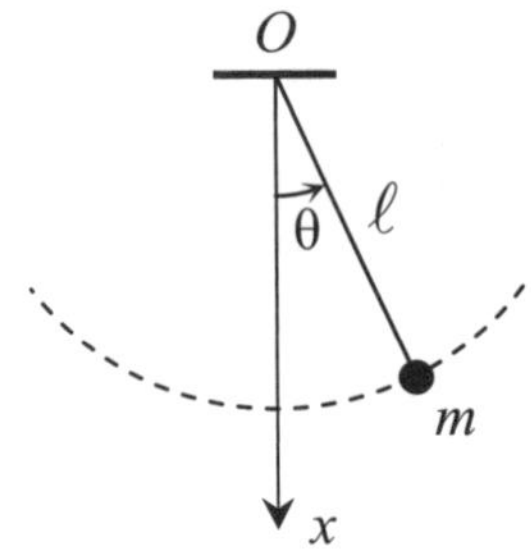

Énergie potentielle totale : $E_\text{p} = -mgx + \text{cte} = -mg\ell\cos\theta + \text{cte}$.

La position d'équilibre stable est le minimum de E_p soit $\theta_\text{éq} = 0$: la variable θ elle-même représente donc l'écart à la position d'équilibre. Au voisinage de cette position : $\theta << 1$ donc $\cos\theta \approx 1 - \dfrac{\theta^2}{2}$. On obtient donc

$E_\text{p} \approx \dfrac{1}{2} mg\ell\theta^2 + \text{cte}$ (en regroupant les deux constantes en une seule).

❑ Méthode 12.7. Établir l'équation différentielle d'un mouvement unidimensionnel

L'équation différentielle du mouvement d'un point matériel en évolution unidimensionnelle (de coordonnée x) peut s'obtenir de deux manières :

– par projection du PFD sur le vecteur unitaire $\overrightarrow{e_x}$;

– par application de l'un des théorèmes énergétiques (sous forme instantanée), en éliminant la solution correspondant à l'équilibre ($\dot{x} = 0$).

⇨ **Exercice 12.3, 12.5, 12.8, 12.10, 12.11**

– Traitons le premier des exemples ci-dessus avec le PFD : $m\vec{a}(M) = \vec{P} + \vec{T}$. Projection sur $\overrightarrow{e_x}$: $m\ddot{x} = mg - k(x - \ell_0)$ soit $\ddot{x} + \dfrac{k}{m}x = g + \dfrac{k}{m}\ell_0 = \dfrac{k}{m}x_\text{éq}$ et finalement $\boxed{\ddot{u} + \omega_0^2 u = 0}$ avec $u = x - x_\text{éq}$ et $\omega_0 = \sqrt{\dfrac{k}{m}}$.

S'il y a en plus une force de frottement $\vec{F} = -h\vec{v}(M)$, la projection devient $m\ddot{x} = mg - k(x - \ell_0) - h\dot{x}$ d'où $\ddot{x} + \dfrac{h}{m}\dot{x} + \dfrac{k}{m}x = \dfrac{k}{m}x_\text{éq}$ et finalement $\boxed{\ddot{u} + \dfrac{\omega_0}{Q}\dot{u} + \omega_0^2 u = 0}$ en posant $Q = \dfrac{m\omega_0}{h} = \dfrac{\sqrt{km}}{h}$.

– Traitons maintenant le second exemple avec la conservation de l'énergie mécanique :
$E_\text{m} = E_\text{c} + E_\text{p} = \dfrac{1}{2}m\ell^2\dot{\theta}^2 + \dfrac{1}{2}mg\ell\theta^2 + \text{cte} = \text{cte}$ donc $\dfrac{\text{d}E_\text{m}}{\text{d}t} = m\ell^2\dot{\theta}\ddot{\theta} + mg\ell\theta\dot{\theta} = 0$, ce qui donne soit $\dot{\theta} = 0$ (équilibre), soit $\boxed{\ddot{\theta} + \omega_0^2\theta = 0}$ en posant $\omega_0 = \sqrt{\dfrac{g}{\ell}}$.

■■ Vrai/Faux

		Vrai	Faux
1.	Le travail du poids entre deux points A et B ne dépend pas de la trajectoire suivie par le point matériel entre A et B.	☐	☐
2.	Le travail de la réaction d'un support sur un point matériel est toujours nul.	☐	☐
3.	La puissance d'une force est toujours positive.	☐	☐
4.	Le théorème de l'énergie cinétique doit être appliqué dans un référentiel galiléen.	☐	☐
5.	Le théorème de l'énergie cinétique doit être projeté sur trois axes pour donner les équations du mouvement.	☐	☐
6.	Les forces de frottement sont des forces conservatives.	☐	☐
7.	L'énergie potentielle d'un point matériel est définie à une constante additive près.	☐	☐
8.	Un point matériel dans un champ de force conservative est en équilibre stable quand son énergie potentielle est maximale.	☐	☐
9.	Un point matériel dans un champ de force conservative est dans un état lié si son énergie potentielle est négative.	☐	☐
10.	La puissance des forces intérieures est toujours nulle pour un système de points matériels.	☐	☐

Énoncé des exercices

Théorème de l'énergie cinétique

Exercice 12.1. Toto le skieur

Toto descend une piste de ski d'une longueur $AB = 50$ m et inclinée d'un angle $\alpha = 25°$ par rapport à l'horizontale. Il est soumis à son poids $\vec{P}$ et à la réaction $\vec{R}$ de la piste, qui se décompose en une composante normale $\vec{N}$ et une composante tangentielle $\vec{T}$ (colinéaire et de sens contraire au mouvement) ; les normes de ces composantes sont liées par la relation $T = \mu N$, avec $\mu = 0{,}10$. La masse de Toto est de 65 kg. On prendra $g = 9{,}8 \text{ m}\cdot\text{s}^{-2}$.

1. Exprimer et calculer le travail des forces $\vec{P}$, $\vec{N}$ et $\vec{T}$ lors de cette descente.

2. Sachant qu'il est parti du point A sans vitesse initiale, quelle sera sa vitesse lors de son passage en B ?

Exercice 12.2. Acrobaties

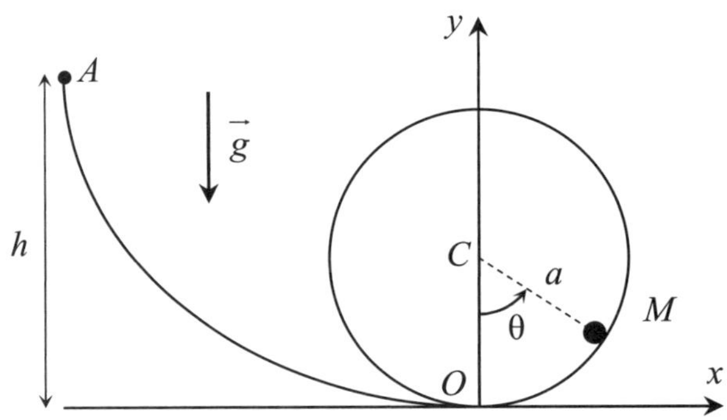

Un adepte du roller, assimilé à un point matériel M de masse m, se lâche sans vitesse initiale depuis le point A d'une rampe, situé à une hauteur h au-dessus de O, point le plus bas de la rampe. À partir de O la rampe a une forme cylindrique de rayon a : le patineur peut rouler à l'intérieur de ce cylindre en restant dans le plan vertical (Oxy), et éventuellement faire le tour complet. Le contact est sans frottement sur toutes les surfaces.

On note $\vec{g} = -g\,\vec{e_y}$ l'accélération de la pesanteur, et on désigne par $\vec{e_r} = \dfrac{\overrightarrow{CM}}{CM}$ le vecteur unitaire radial par rapport au cercle.

1. Déterminer la norme v_0 de la vitesse du patineur lorsqu'il arrive au point O.

2. Déterminer la norme v de la vitesse du patineur en un point M quelconque du cercle, repéré par l'angle θ.

3. Montrer que la réaction exercée par le support cylindrique sur le patineur est :

$$\vec{R} = -mg\left(\frac{2h}{a} + 3\cos\theta - 2\right)\vec{e_r}.$$

4. a) Que se passe-t-il si, en un certain point du cylindre, v s'annule avec R non nulle ? (Répondre sans calcul.)

b) Que se passe-t-il si c'est la réaction R qui s'annule avec v non nulle ? (Répondre sans calcul.)

5. Déterminer la valeur minimale que doit avoir la hauteur h pour que le patineur puisse faire un tour complet du cylindre.

❑ Exercice 12.3. Distance de freinage d'une moto

Madame Michu (de masse $m = 70$ kg) teste une moto (de masse m') sur une route rectiligne et horizontale. À partir d'un instant $t = 0$ où sa vitesse est $\vec{v_0} = v_0\,\vec{e_x}$, elle freine de façon constante jusqu'à l'arrêt de la moto. L'action conjointe des freins et de la route peut être modélisée comme une force de frottement solide, colinéaire et de sens contraire à la vitesse et de norme constante F (indépendante de la vitesse).

1. Par application du théorème de l'énergie cinétique sous forme intégrale, calculer la distance de freinage d, c'est-à-dire la distance parcourue par la moto jusqu'à l'arrêt.

2. En appliquant le théorème de l'énergie cinétique sous forme instantanée, déterminer l'équation horaire du mouvement de la moto. De quel type de mouvement s'agit-il ?

3. Les essais ont donné les valeurs suivantes :

	m' (kg)	v_0 (km·h^{-1})	d (m)
Suzuki XF650	162	90	39
		130	79
Yamaha R1	206	90	34
		130	71

Ces valeurs confirment-elles la formule précédente ?

Déterminer pour les deux motos la norme F de la force de freinage, et celle de l'accélération subie par Madame Michu pendant le freinage ; comparer à $g = 9{,}8$ m·s^{-2}.

❑ Exercice 12.4. Mouvement sur un plan incliné**

Une masse m, assimilée à un point matériel M, est reliée à un point fixe O par un fil inextensible, de longueur L et de masse négligeable. D'autre part, M repose sur un plan incliné d'un angle α par rapport à l'horizontale ; dans ce plan on définit un axe (Oy) horizontal et un axe (Ox) descendant selon la ligne de plus grande pente.

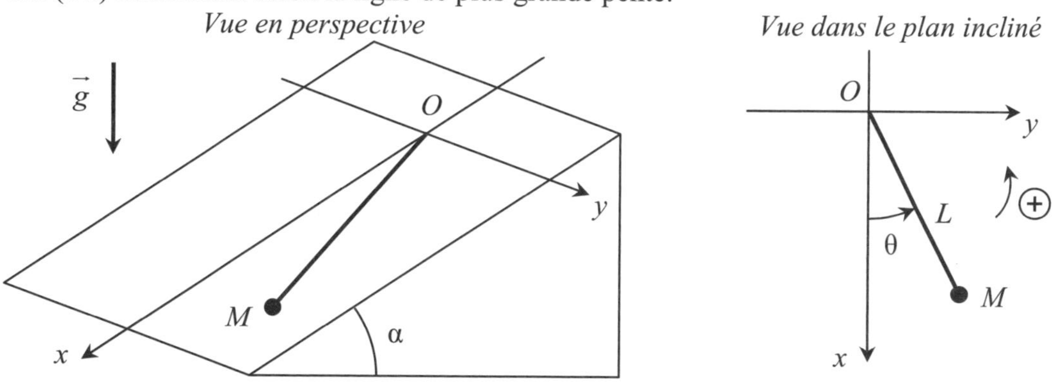

Le mouvement de M dans le plan (Oxy) est repéré par l'angle θ du fil avec l'axe (Ox).

À l'instant initial ($t = 0$), M est lâchée sans vitesse initiale avec un angle θ_0 (positif).

1. Déterminer l'expression de l'énergie potentielle de pesanteur de M, à une constante près, en fonction de la variable x puis en fonction de la variable θ.
(Attention, le résultat de ce calcul sera utilisé dans toute la suite ! On prendra donc le temps de le faire soigneusement, en s'aidant d'un ou de plusieurs schémas.)

2. On néglige tout frottement de l'air, mais on suppose que le contact entre le plan incliné et la masse se fait avec un coefficient de frottement solide f assez important. La masse s'arrête alors rapidement, après avoir effectué seulement une demi-oscillation (c'est-à-dire qu'elle s'est déplacée toujours dans le même sens). Son angle final est noté θ_1 et il est négatif (avec $|\theta_1| < |\theta_0|$).

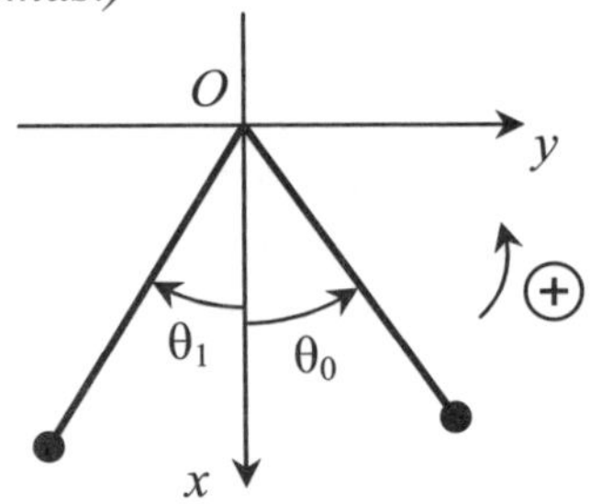

a) Calculer les travaux des différentes forces qui s'exercent sur M, entre la position initiale et la position finale.

b) En déduire l'expression du coefficient de frottement f en fonction des angles α, θ_0 et θ_1.

■ Énergie potentielle et énergie mécanique

❑ Exercice 12.5. Ressort horizontal

Un point matériel M de masse m est astreint à se déplacer sans frottement sur une tige, le long de l'axe (Ox) horizontal. Il est lié à l'extrémité d'un ressort de raideur k et de longueur à vide ℓ_0, l'autre extrémité étant fixe.

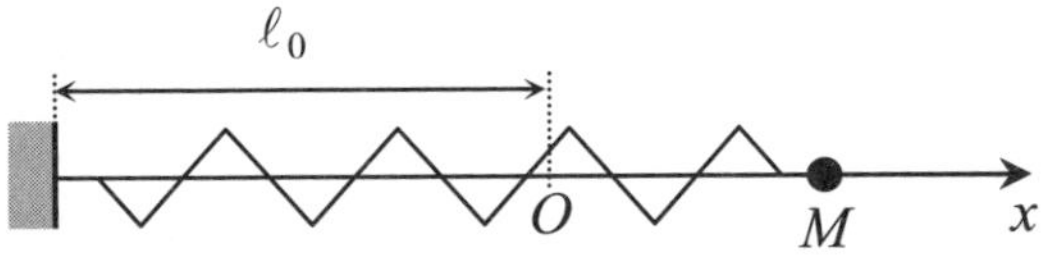

L'origine O coïncide avec sa position d'équilibre. À l'instant $t = 0$, on écarte M d'une distance $X_0 = 8{,}0\ \text{cm}$ et on le lâche sans vitesse initiale.

1. Établir l'expression de l'énergie mécanique de M.
2. Montrer que cette énergie mécanique est une constante du mouvement et donner sa valeur.
3. Établir l'équation différentielle du mouvement de M.
4. Donner sa solution et calculer la période des oscillations.
5. Avec quelle vitesse le point M repasse-t-il par le point O ?

Données : $m = 250\ \text{g}$; $k = 20\ \text{N}\cdot\text{m}^{-1}$.

❑ Exercice 12.6. Interaction électrique

Une particule α (noyau d'hélium de masse m et de charge $q = +2e$) est lancée vers un noyau immobile de charge $Q = +Ze$ et placé en O. La trajectoire est portée par la demi-droite (Ox), la particule venant de l'infini sur l'axe (Ox) avec une vitesse $\overrightarrow{v_0}$.

La charge Q placée en O exerce sur la particule α une force de Coulomb : $\vec{F} = \dfrac{qQ}{4\pi\varepsilon_0}\cdot\dfrac{\overrightarrow{OM}}{OM^3}$.

1. Exprimer l'énergie potentielle électrique dont dérive la force $\vec{F}$. On prendra l'énergie potentielle nulle à l'infini.

2. En déduire l'énergie mécanique de la particule α. Montrer que cette énergie mécanique est constante au cours du mouvement et calculer sa valeur.

3. Déterminer la distance minimale d entre la particule α et le noyau.

❑ Exercice 12.7. Étude expérimentale d'une force**

On dispose d'un banc à coussin d'air rectiligne (Ox), incliné par une cale de hauteur h d'un angle α par rapport à l'horizontale, selon la figure ci-dessous. Sur ce banc, un aimant est fixé à l'origine O, et un autre aimant, de masse m, est fixé sur un palet mobile sans frottement :

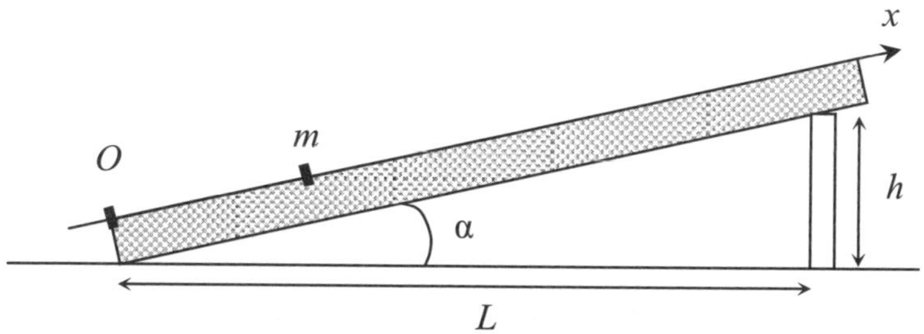

Les aimants sont orientés de telle sorte qu'ils se repoussent mutuellement. La possibilité pour m d'osciller autour d'une position d'équilibre résulte de la compétition entre la répulsion électromagnétique, réduite à une force notée $\vec{F}$, prépondérante lorsque les aimants sont proches, et le poids $\vec{P}$, qui devient prépondérant lorsque la distance augmente.

1. Faire un inventaire des forces à l'équilibre sur un schéma.

2. Sans connaissances préalables en électromagnétisme, on cherche dans la suite à vérifier si la force électromagnétique agissant dans cette expérience peut être modélisée par une loi de la forme : $\vec{F}(x) = k\left(\frac{x_0}{x}\right)^n \vec{e_x}$, avec $k > 0$ et n entier naturel. Exprimer dans cette hypothèse la position d'équilibre $x_{éq}$ en fonction de x_0, k, m, g, L, h et n dans le cas des petits angles ($h << L$). Cette approximation sera toujours utilisée dans la suite.

3. On mesure $x_{éq}$ pour différentes cales, puis on note les valeurs de $\ln h$ en fonction de $\ln\left(\frac{x_{éq}}{x_0}\right)$. En prenant $x_0 = 1{,}00$ m, déduire de ces mesures les valeurs de n et de k.
On donne : $L = 120$ cm, $m = 189$ g et $g = 9{,}81\ \text{m}\cdot\text{s}^{-2}$.

$\ln\left(\frac{x_{éq}}{x_0}\right)$	$\ln h$
– 2,19	– 4,61
– 2,39	– 3,91
– 2,56	– 3,22
– 2,63	– 2,81
– 2,73	– 2,53
– 2,76	– 2,30
– 2,81	– 2,12

4. Exprimer littéralement l'énergie potentielle totale $E_p(x)$ de M, à une constante additive près, en fonction de x, x_0, k, m, g, L, h et n, puis en fonction de x, x_0, $x_{éq}$, k et n seulement.

5. Déterminer si l'équilibre est stable ou instable.

D'après Mines d'Albi, Alès, Douai, Nantes

■ Mouvement conservatif unidimensionnel

❑ Exercice 12.8. Ressort sur tige inclinée

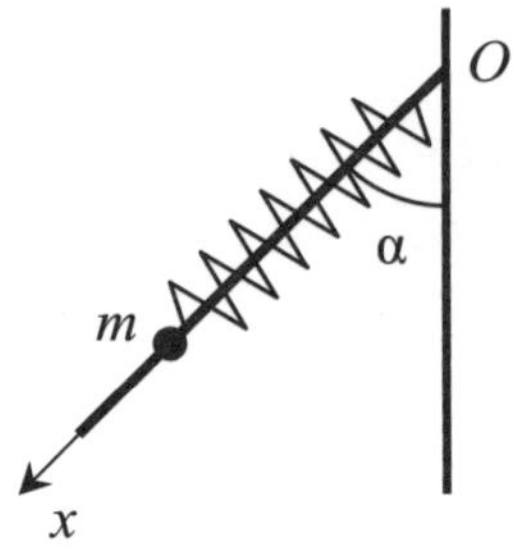

Considérons une masse m accrochée à un ressort (k, ℓ_0) et pouvant glisser sans frottement sur une tige inclinée d'un angle α par rapport à la verticale. On définit un axe (Ox) selon la direction de la tige, avec l'origine O à l'autre extrémité du ressort.

1. Énergie et équilibre

a) Déterminer l'énergie potentielle totale $E_p(x)$ de la masse m.

b) En déduire la position d'équilibre stable $x_{éq}$.

c) Exprimer l'énergie potentielle en fonction de $u = x - x_{éq}$.

2. Oscillations

a) Établir l'équation différentielle du mouvement de la masse.

b) En déduire la période des petites oscillations.

❑ Exercice 12.9. Équilibre et mouvement sur un cercle*

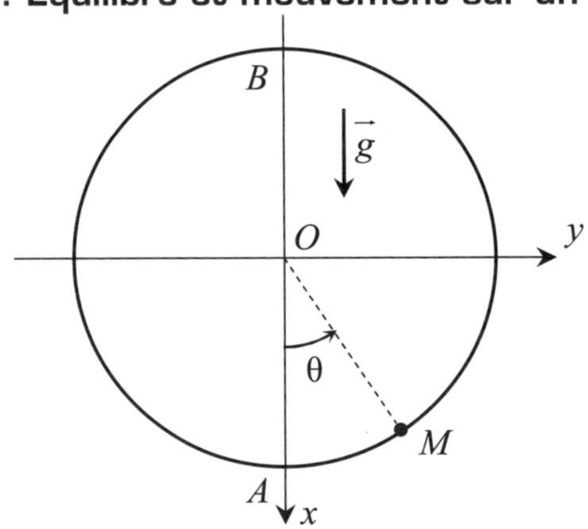

Un anneau de masse m, assimilable à un point matériel M, peut coulisser sans frottement sur un cerceau vertical de rayon r. L'anneau est lancé à l'instant initial avec une vitesse de norme v_0 depuis le point A, point le plus bas du cerceau. On repère sa position au cours de son mouvement par l'angle θ (voir figure).

1. Établir l'expression de l'énergie potentielle de M en fonction de θ.

2. Tracer la courbe $E_p(\theta)$ et déterminer les positions d'équilibre de M.

3. On cherche à déterminer le mouvement possible de M selon la vitesse initiale.

a) Montrer que l'énergie mécanique de M se conserve et donner sa valeur.

b) En déduire, à partir d'un raisonnement graphique, qu'il y a deux types de mouvement possibles en fonction de la valeur de v_0. Préciser la valeur critique de v_0 séparant ces deux cas.

❑ Exercice 12.10. Oscillation le long d'une tige*

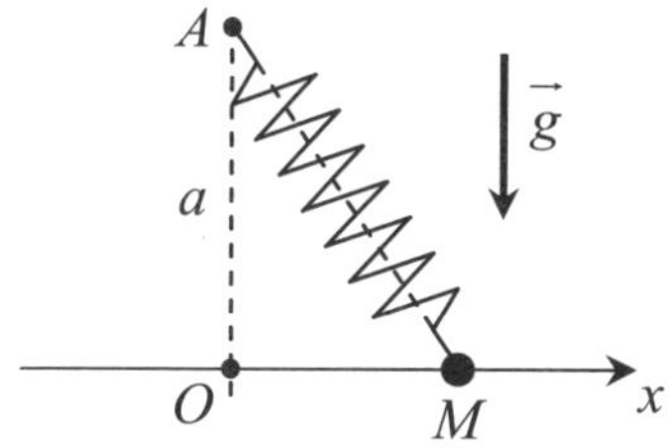

Un petit anneau, assimilé à un point matériel M de masse m, est astreint à se déplacer sans frottement le long d'une tige rectiligne horizontale, choisie comme axe (Ox). Il est relié à un ressort (longueur à vide ℓ_0, raideur k) dont l'autre extrémité est fixée en A. La distance de A à la tige est $AO = a$.

1. Exprimer l'énergie potentielle totale $E_p(x)$.

2. Rechercher les différentes positions d'équilibre et étudier leur stabilité.

3. On étudie alors les oscillations autour de O dans le cas où $a > \ell_0$. Établir l'équation différentielle du mouvement.

4. En ne gardant que les termes d'ordre 1 en x (c'est-à-dire en négligeant les termes en x^2, x^3...), en déduire la période des petites oscillations.

❑ Exercice 12.11. Molécule diatomique*

Une molécule de monoxyde de carbone (CO) est modélisée par deux masses ponctuelles, m_1 pour l'atome de carbone et m_2 pour l'atome d'oxygène. Pour simplifier, on considérera ici que l'atome de carbone est fixe dans un référentiel galiléen, et que l'atome d'oxygène ne peut subir que des déplacements rectilignes le long d'un axe (Ox). On néglige la gravitation.

1. L'énergie potentielle d'interaction des deux atomes est bien représentée par l'équation empirique de Morse : $V(r) = V_0\left[1 - e^{-\beta(r-r_0)}\right]^2$ où r est la distance des noyaux des deux atomes et où V_0, β et r_0 sont des constantes positives, avec $\beta r_0 >> 1$.

a) Tracer un graphe de $V(r)$, en faisant bien apparaître V_0 et r_0.

b) Que représentent physiquement ces deux constantes ? Quelle est la dimension de β ?

2. Montrer qu'il existe un domaine de distances où l'énergie potentielle d'interaction peut être modélisée par celle d'un ressort de constante de raideur k que l'on précisera.

3. Dans le cadre de cette approximation, déterminer l'équation différentielle du mouvement de l'atome d'oxygène, et en déduire la fréquence des petites oscillations.

■ Systèmes de points matériels

❑ Exercice 12.12. Toto lanceur de cailloux*

Toto a attaché deux cailloux presque identiques (qu'on assimilera à deux points matériels de même masse m), l'un à une extrémité d'une ficelle (de longueur 2ℓ et de masse négligeable) et l'autre au milieu de celle-ci. Il fait alors tourner l'ensemble, à la vitesse angulaire ω, dans un plan horizontal, en le tenant par l'extrémité de la ficelle où il n'y a pas de caillou. À l'instant $t = 0$, il lâche la ficelle : seule la portion de ficelle entre les deux cailloux reste alors tendue.

1. Dans un premier temps on néglige l'action de la pesanteur.

a) Quel est alors le mouvement du centre d'inertie G des deux cailloux ?

b) Le référentiel barycentrique (ayant G pour point fixe, et des axes de directions fixes dans le référentiel terrestre) est-il galiléen ?

c) Faire un schéma dans le plan horizontal, avec la position initiale des deux cailloux et une position ultérieure quelconque. Déterminer complètement le mouvement des deux cailloux en appliquant le théorème de l'énergie cinétique au système.

2. Maintenant on tient compte de la pesanteur.

a) Déterminer le mouvement de G.

b) Le référentiel barycentrique reste-t-il galiléen ?

❑ Exercice 12.13. Oscillations de deux points élastiquement liés**

Deux masses m_1 et m_2 sont fixées aux extrémités M_1 et M_2 d'un ressort sans masse de raideur k et de longueur à vide ℓ_0. Ces masses, assujetties à glisser sans frottements sur un axe horizontal (Ox), sont initialement à l'équilibre, M_1 étant en O. À l'instant $t = 0$, un choc communique à la masse m_1 une vitesse $v_0\,\overrightarrow{e_x}$.

1. Faire un schéma où apparaissent toutes les forces appliquées aux deux points, en distinguant les forces extérieures et intérieures.

2. Montrer que le système est pseudo-isolé et déterminer le mouvement de son barycentre G.

3. a) Le référentiel barycentrique du système, lié au repère $(Gxyz)$, est-il galiléen ?

b) Déterminer la loi de variation du ressort $\ell(t)$ de la longueur du ressort en utilisant le théorème de l'énergie cinétique.

■ Pour vous aider à démarrer

Exercice 12.3. Appliquer le TÉC sous forme instantanée à la question 1, puis sous forme intégrale à la question 2.

Exercice 12.4. Pour l'énergie potentielle de pesanteur, faire un troisième schéma dans un plan *vertical*, et utiliser comme intermédiaire de calcul une cote verticale (ou altitude) ; il faut ensuite projeter *deux fois*.

Exercice 12.6. Question 4 : lorsque la distance est minimale, la vitesse est nulle.

Exercice 12.7. Question 4 : pour l'énergie potentielle de pesanteur, introduire comme intermédiaire un axe vertical, puis projeter la cote sur l'axe (Ox).

Exercice 12.12. Le référentiel barycentrique est un référentiel en translation par rapport au référentiel d'étude et dans lequel le centre de masse G du système est fixe.

Corrigé des vrai/faux

1.	2.	3.	4.	5.	6.	7.	8.	9.	10.
vrai	faux	faux	vrai	faux	faux	vrai	faux	faux	faux

2. Il n'est nul que dans le cas où la réaction est normale (pas de frottement) et où le support est immobile.

3. Son signe dépend des orientations relatives de la force et de la vitesse.

5. Ce théorème donne directement une équation scalaire.

6. La force de frottement fluide dépend de la vitesse, celle de frottement solide dépend des autres forces : ce ne sont pas des champs de forces donc elles ne peuvent être conservatives.

8. Une position d'équilibre stable correspond à un *minimum* de l'énergie potentielle.

9. Un point matériel dans un champ de force conservative est dans un état lié si la condition $E_{\mathrm{p}}(x) \leq E_{\mathrm{m}}(M)_{\mathcal{R}} = \text{cte}$ limite les valeurs de x vers l'infini.

❑ Les erreurs classiques

– Comme pour le PFD, l'application d'un théorème énergétique nécessite une analyse préalable détaillée des différentes forces et du mouvement : ne pas négliger cette étape !

– Ne pas calculer le travail d'une force avec un simple produit scalaire $\vec{F} \cdot \overrightarrow{AB}$ si la force n'est pas un *vecteur constant* : il faut dans ce cas calculer une intégrale.

– Éviter de confondre l'énergie potentielle en un point (que l'on utilise par exemple pour étudier l'équilibre) et la *variation* de l'énergie potentielle entre deux points (que l'on peut utiliser dans le TÉC sous forme intégrale, pour calculer la variation de la vitesse).

– Attention à l'expression de l'énergie potentielle élastique : il faut bien exprimer l'allongement du ressort $(\ell - \ell_0)$ en fonction des notations de l'énoncé, et ne pas écrire aveuglément $\frac{1}{2} k x^2$ qui est rarement la bonne expresion.

– Dans un contact sans frottement, la réaction du support est normale *au support*, mais elle n'est pas forcément normale *au mouvement* puisque le support peut éventuellement se déplacer : dans ce cas, la réaction normale travaille.

Corrigé

Corrigé des exercices

Exercice 12.1

1. Le poids est une force connue mais la réaction normale est inconnue *a priori*. Pour calculer son travail il faut tout d'abord la déterminer (et on en déduira la réaction tangentielle).

Pour cela on applique le PFD au skieur dans le référentiel terrestre supposé galiléen :

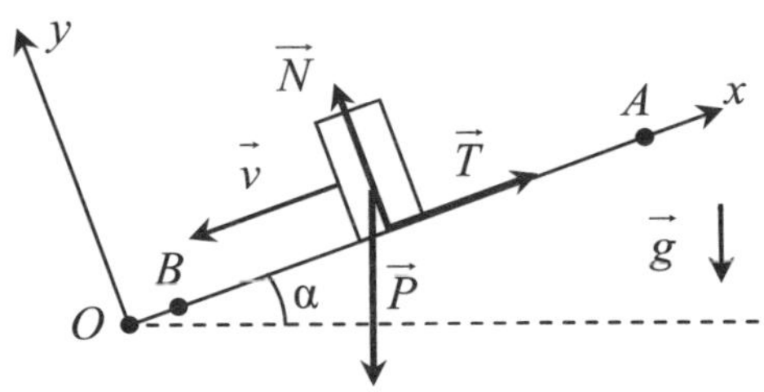

$$\vec{P}+\vec{T}+\vec{N}=m\vec{a}$$

avec $\vec{P}=-mg\sin\alpha\,\vec{e_x}-mg\cos\alpha\,\vec{e_y}$, $\vec{N}=N\vec{e_y}$ et $\vec{T}=T\vec{e_x}=\mu N\vec{e_x}$. Projection sur l'axe (Oy), orthogonal au mouvement : $-mg\cos\alpha+N=0$ d'où $N=mg\cos\alpha$ et $T=\mu mg\cos\alpha$.

On peut maintenant calculer les travaux de ces trois forces, qui sont toutes constantes.

$W(\vec{P})=\vec{P}\cdot\overrightarrow{AB}=\left(-mg\sin\alpha\,\vec{e_x}-mg\cos\alpha\,\vec{e_y}\right)\cdot\left(-AB\,\vec{e_x}\right)$ soit $\boxed{W(\vec{P})=+mg\sin\alpha\,AB}$. AN $\boxed{W(\vec{P})=+13\text{ kJ}}$. $W(\vec{N})=\vec{N}\cdot\overrightarrow{AB}=+mg\cos\alpha\,\vec{e_y}\cdot\left(-AB\,\vec{e_x}\right)$ soit $\boxed{W(\vec{N})=0}$.

$W(\vec{T})=\vec{T}\cdot\overrightarrow{AB}=+\mu mg\cos\alpha\,\vec{e_x}\cdot\left(-AB\,\vec{e_x}\right)$ soit $\boxed{W(\vec{T})=-\mu mg\cos\alpha\,AB}$. AN $\boxed{W(\vec{T})=-2{,}9\text{ kJ}}$.

2. Théorème de l'énergie cinétique entre les positions A et B :

$\Delta E_c(M)_{\mathcal{R}}=W(\vec{P})+W(\vec{N})+W(\vec{T})$ soit $\frac{1}{2}mv_B^2-0=+mg\sin\alpha\,AB+0-\mu mg\cos\alpha\,AB$ d'où on tire $\boxed{v_B=\sqrt{2g\,AB(\sin\alpha-\mu\cos\alpha)}}$. AN $\boxed{v_B=18\text{ m}\cdot\text{s}^{-1}=65\text{ km}\cdot\text{h}^{-1}}$.

⇨ *Méthode 12.1*

Exercice 12.2

1. On étudie le point matériel M (de masse m) dans le référentiel terrestre supposé galiléen. Forces appliquées : poids $\vec{P}=-mg\vec{e_y}$; réaction $\vec{R}$ de la rampe, réduite à une seule composante normale car il n'y a pas de frottement. Théorème de l'énergie cinétique entre le point A et le point O : $\frac{1}{2}mv_0^2-0=W(\vec{P})_{A\to O}+W(\vec{R})_{A\to O}$.

$W(\vec{R})_{A\to O}=0$ car cette force est toujours orthogonale au déplacement.

$W(\vec{P})_{A\to O}=\vec{P}\cdot\overrightarrow{AO}=-mg\vec{e_y}\cdot\left(-h\vec{e_y}-x_A\vec{e_x}\right)=+mgh$. Donc $\frac{1}{2}mv_0^2=mgh$ d'où $\boxed{v_0=\sqrt{2gh}}$.

2. TÉC entre A et M : $\frac{1}{2}mv^2-0=W(\vec{P})_{A\to M}+W(\vec{R})_{A\to M}$ avec toujours $W(\vec{R})_{A\to M}=0$ et $W(\vec{P})_{A\to M}=\vec{P}\cdot\overrightarrow{AM}=-mg\vec{e_y}\cdot\left(-h\vec{e_y}-x_A\vec{e_x}+a(1-\cos\theta)\vec{e_y}\right)=+mg(h+a(\cos\theta-1))$.

On obtient donc $\boxed{v = \sqrt{2g(h + a(\cos\theta - 1))}}$.

⇨ *Méthode 12.1*

3. PFD : $m\vec{a}(M) = \vec{P} + \vec{R}$. Lorsque M est sur le cylindre, $\vec{a}(M) = -a\dot{\theta}^2\vec{e_r} + a\ddot{\theta}\vec{e_\theta}$, $\vec{P} = mg\left(\cos\theta\,\vec{e_r} - \sin\theta\,\vec{e_\theta}\right)$ et $\vec{R} = R_r\vec{e_r}$. La projection du PFD sur $\vec{e_r}$ donne donc : $-ma\dot{\theta}^2 = mg\cos\theta + R_r$. Or $v^2 = 2g(h + a(\cos\theta - 1)) = a^2\dot{\theta}^2$ donc on obtient finalement : $R_r = -mg\cos\theta - m\dfrac{2g}{a}(h + a(\cos\theta - 1))$ soit $\boxed{\vec{R} = -mg\left(\dfrac{2h}{a} + 3\cos\theta - 2\right)\vec{e_r}}$.

> ✎ *Seul le PFD permet de déterminer une force qui ne travaille pas, puisque dans tous les théorèmes énergétiques elle disparaît.*

4. a) Si v s'annule, le patineur s'arrête en un certain point du cylindre et il faut alors distinguer deux cas. Soit il est sur la moitié inférieure du cylindre $\left(\theta < \dfrac{\pi}{2}\right)$, alors le patineur <u>redescend le long du cylindre</u> et remontera finalement jusqu'au point A (puis oscillera). Soit il est déjà arrivé dans la partie supérieure $\left(\dfrac{\pi}{2} < \theta < \pi\right)$, donc *sous* la piste : alors il va <u>quitter la piste et tomber verticalement</u> jusqu'à un point de la partie inférieure de la piste, et repartira ensuite vers la gauche.

b) Si R s'annule (puis change de sens d'après les calculs), c'est que l'hypothèse du contact (unilatéral) entre le patineur et la piste n'est plus valable, donc que le patineur <u>quitte la piste</u>. Il se retrouve alors en <u>chute libre</u> avec une vitesse initiale non nulle, donc il suivra une <u>trajectoire parabolique</u> jusqu'au moment où il touche à nouveau la piste.

5. Le patineur pourra faire un tour complet si aucun des deux cas précédents ne se présente. Il faut donc que les valeurs de v et R_r restent non nulles jusqu'à $\theta = \pi$: $v_{\min} = \sqrt{2g(h - 2a)} > 0$ donc $h > 2a$, et $R_{\min} = mg\left(\dfrac{2h}{a} - 5\right) > 0$ donc $\boxed{h > \dfrac{5}{2}a}$ (la seconde inégalité implique la première).

Exercice 12.3

1. Forces appliquées au système {Madame Michu, moto}, de masse $m_{\text{tot}} = m + m'$, dans le référentiel terrestre supposé galiléen : poids $\vec{P} = -m_{\text{tot}}\,g\,\vec{e_z}$, orthogonal au mouvement ; réaction normale de la route $\vec{R_\text{n}} = R_z\vec{e_z}$, orthogonale au mouvement ; force de frottement $\vec{F} = -F\vec{e_x}$.
TÉC (intégral) entre le départ (A) et l'arrêt (B) : $\Delta E_\text{c} = W(\vec{P}) + W(\vec{R_\text{n}}) + W(\vec{F})$
$\Leftrightarrow 0 - \dfrac{1}{2}m_{\text{tot}}v_0^2 = 0 + 0 + \vec{F}\cdot\overrightarrow{AB} = -Fd$ d'où $\boxed{d = \dfrac{m_{\text{tot}}v_0^2}{2F}}$.

2. TÉC instantané : $\dfrac{\mathrm{d}E_\text{c}}{\mathrm{d}t} = \mathcal{P}(\vec{P}) + \mathcal{P}(\vec{R_\text{n}}) + \mathcal{P}(\vec{F}) \Leftrightarrow \dfrac{\mathrm{d}}{\mathrm{d}t}\left(\dfrac{1}{2}m_{\text{tot}}\dot{x}^2\right) = 0 + 0 + \vec{F}\cdot\vec{v}$

$\Leftrightarrow m_{\text{tot}}\,\dot{x}\ddot{x} = -F\dot{x}$ d'où $\ddot{x} = -\dfrac{F}{m_{\text{tot}}} = \text{cte}$ (en excluant la solution $\dot{x} = 0$, puisque $v_0 \neq 0$).

C'est donc un mouvement rectiligne uniformément retardé : $\boxed{x = -\dfrac{F}{2m_{\text{tot}}}t^2 + v_0 t + x_0}$.

3. On vérifie que, pour chaque moto, le rapport $\dfrac{v_0^2}{d}$ est le même dans les deux expériences (à 3% près pour la Suzuki, moins de 1 % pour la Yamaha). Le calcul donne alors : pour la Suzuki, $\boxed{F = 1900\ \text{N}}$ et $\boxed{|\ddot{x}| = 8\ \text{m}\cdot\text{s}^{-2}}$; pour la Yamaha, $\boxed{F = 2500\ \text{N}}$ et $\boxed{|\ddot{x}| = 9\ \text{m}\cdot\text{s}^{-2}}$.

Dans les deux cas, $|\ddot{x}| < g$ donc l'organisme peut supporter cette accélération sans problème.

Exercice 12.4

1.

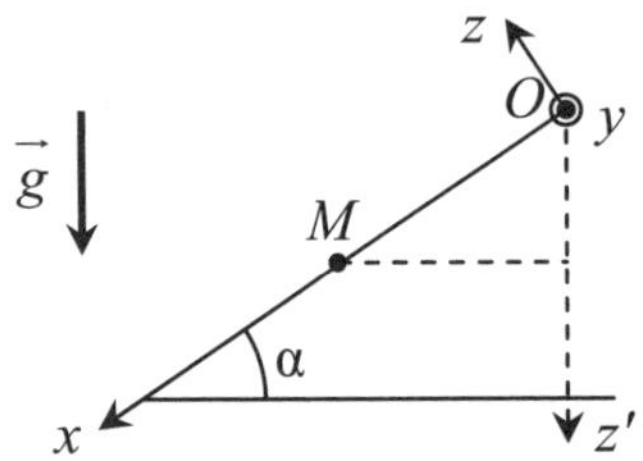

On introduit comme intermédiaire de calcul un axe (Oz') vertical descendant.

Alors $E_{\text{pp}} = -mgz' + \text{cte}$ soit $\boxed{E_{\text{pp}} = -mgx\sin\alpha + \text{cte}}$.

Or le schéma dans le plan incliné permet de lire $x = L\cos\theta$, d'où l'expression :

$\boxed{E_{\text{pp}} = -mgL\cos\theta\sin\alpha + \text{cte}}$.

2.a) Forces exercées sur M : poids $\vec{P} = m\vec{g}$ dérivant de E_{pp} ; tension du fil $\vec{T} = -T\vec{e_r}$; réaction du plan incliné $\vec{R} = \vec{R_{\text{n}}} + \vec{R_{\text{t}}}$ avec $\vec{R_{\text{n}}} = R_z\vec{e_z}$ (soit $R_{\text{n}} = R_z > 0$ car la liaison est unilatérale) et $\vec{R_{\text{t}}} = R_\theta\vec{e_\theta} = \pm f R_{\text{n}}\vec{e_\theta}$: $\vec{R_{\text{t}}} = +f R_{\text{n}}\vec{e_\theta}$ lorsque θ diminue.

Travail du poids : $W(\vec{P}) = E_{\text{pp}}(\theta_0) - E_{\text{pp}}(\theta_1)$ soit $\boxed{W(\vec{P}) = -mgL\sin\alpha(\cos\theta_0 - \cos\theta_1)}$.

Travail de la tension : $W(\vec{T}) = 0$ car elle est constamment orthogonale au déplacement $\text{d}\vec{OM} = L\,\text{d}\theta\,\vec{e_\theta}$. Travail de la réaction normale : $\boxed{W(\vec{R_{\text{n}}}) = 0}$ pour la même raison.

Travail de la réaction tangentielle :

$W(\vec{R_{\text{t}}}) = \displaystyle\int_{\theta_0\to\theta_1} \vec{R_{\text{t}}}\cdot\text{d}\vec{OM} = +\int_{\theta_0\to\theta_1} fR_{\text{n}}\vec{e_\theta}\cdot L\,\text{d}\theta\,\vec{e_\theta} = +fL\int_{\theta_0\to\theta_1} R_{\text{n}}\,\text{d}\theta$. Pour calculer cette intégrale il faut déterminer la réaction normale, en projetant le PFD sur $\vec{e_z}$: $m\vec{a}(M)_{\mathfrak{R}} = \vec{P} + \vec{R_{\text{n}}} + \vec{R_{\text{t}}} + \vec{T}$ d'où $0 = -mg\cos\alpha + R_{\text{n}} + 0 + 0$ soit $R_{\text{n}} = mg\cos\alpha$. Alors $W(\vec{R_{\text{t}}}) = fLmg\cos\alpha\displaystyle\int_{\theta_0\to\theta_1}\text{d}\theta$ soit $\boxed{W(\vec{R_{\text{t}}}) = fLmg\cos\alpha(\theta_1 - \theta_0)}$ (< 0).

➪ *Méthodes 12.1 et 12.2*

b) Théorème de l'énergie cinétique (intégral) entre les positions θ_0 et θ_1 : $\Delta E_{\text{c}} = W(\vec{P}) + W(\vec{T}) + W(\vec{R_{\text{n}}}) + W(\vec{R_{\text{t}}})$

$\Leftrightarrow 0 = -mgL\sin\alpha(\cos\theta_0 - \cos\theta_1) + 0 + 0 + fLmg\cos\alpha(\theta_1 - \theta_0)$ d'où $\boxed{f = \tan\alpha\dfrac{\cos\theta_1 - \cos\theta_0}{\theta_0 - \theta_1}}$.

Exercice 12.5

1. La masse est soumise à son poids $\vec{P}=-mg\overrightarrow{e_z}$, à la force de rappel du ressort $\vec{T}=-k(\ell-\ell_0)\overrightarrow{e_x}=-kx\overrightarrow{e_x}$ et à la réaction normale de la tige $\vec{R}=R_y\overrightarrow{e_y}+R_z\overrightarrow{e_z}$.

Les deux premières sont des forces conservatives, donc dérivent d'une énergie potentielle : celle de pesanteur est $E_{\text{pp}}=mgz+\text{cte}=\text{cte}$ et on peut choisir cette constante nulle ; l'énergie potentielle élastique est $E_{\text{pe}}=\dfrac{1}{2}k(\ell-\ell_0)^2+\text{cte}=\dfrac{1}{2}kx^2+\text{cte}$ et on prendra cette deuxième constante nulle (origine de E_{p} au point O). D'autre part l'énergie cinétique de M est ici $E_{\text{c}}=\dfrac{1}{2}m\dot{x}^2$. L'énergie mécanique de M est donc : $\boxed{E_{\text{m}}=\dfrac{1}{2}kx^2+\dfrac{1}{2}m\dot{x}^2}$.

2. La seule force non conservative est la réaction, mais elle est toujours orthogonale au mouvement donc elle ne travaille pas : $\dfrac{\text{d}E_{\text{m}}}{\text{d}t}=\mathcal{P}\left(\vec{R}\right)=0$ donc $\boxed{E_{\text{m}}=\text{cte}}$.

Initialement : $x=X_0$ et $\dot{x}=0$ donc $\boxed{E_{\text{m}}=\dfrac{1}{2}kX_0^2}$.

3. L'énergie mécanique étant constante, sa dérivée temporelle est toujours nulle :

$$\frac{\text{d}E_{\text{m}}}{\text{d}t}=0=\frac{1}{2}k(2x\dot{x})+\frac{1}{2}m(2\dot{x}\ddot{x})=\dot{x}(kx+m\ddot{x}).$$

Il y a donc deux possibilités : $\dot{x}(t)=0=\text{cte}$, solution particulière qui correspond à l'équilibre, ou bien $kx+m\ddot{x}=0$ soit $\boxed{\ddot{x}+\dfrac{k}{m}x=0}$, qui est l'équation différentielle cherchée.

On peut l'écrire $\ddot{x}+\omega_0^2x=0$ avec $\boxed{\omega_0^2=\dfrac{k}{m}}$.

⇨ *Méthode 12.7*

4. Cette équation différentielle admet une solution du type $x(t)=A\cos(\omega_0t+\varphi)$, A et φ étant des constantes à déterminer avec les conditions initiales : $\dot{x}(0)=-\omega_0A\sin\varphi=0$, donc $\sin\varphi=0$ et on peut prendre $\varphi=0$; $x(0)=A\cos\varphi=X_0$ soit $A=X_0$. Donc $\boxed{x(t)=X_0\cos(\omega_0t)}$.

La période est définie par $T_0=\dfrac{2\pi}{\omega_0}$, soit $\boxed{T_0=2\pi\sqrt{\dfrac{m}{k}}}$. AN $\boxed{T_0=0{,}70\text{ s}}$.

5. Au passage en O l'énergie potentielle est nulle, donc la conservation de l'énergie mécanique donne : $E_{\text{m}}=\dfrac{1}{2}mv^2=\dfrac{1}{2}kX_0^2$ d'où $\boxed{v=\sqrt{\dfrac{k}{m}}X_0=\omega_0X_0}$. AN $\boxed{v=0{,}72\text{ m}\cdot\text{s}^{-1}}$.

Exercice 12.6

1. La force s'écrit ici : $\vec{F}=\dfrac{qQ}{4\pi\varepsilon_0}\cdot\dfrac{\overrightarrow{OM}}{OM^3}=\dfrac{qQ}{4\pi\varepsilon_0}\cdot\dfrac{x\overrightarrow{e_x}}{x^3}=\dfrac{qQ}{4\pi\varepsilon_0}\dfrac{1}{x^2}\overrightarrow{e_x}$.

Corrigé

Par définition de l'énergie potentielle : $\mathrm{d}E_\mathrm{p} = -\vec{F}\cdot\mathrm{d}\overrightarrow{OM}$ avec $\mathrm{d}\overrightarrow{OM} = \mathrm{d}x\,\vec{e_x}$ donc $\mathrm{d}E_\mathrm{p} = -\frac{qQ}{4\pi\varepsilon_0}\frac{1}{x^2}\vec{e_x}\cdot\mathrm{d}x\,\vec{e_x} = -\frac{qQ}{4\pi\varepsilon_0}\frac{1}{x^2}\mathrm{d}x$ soit $\frac{\mathrm{d}E_\mathrm{p}}{\mathrm{d}x} = -\frac{qQ}{4\pi\varepsilon_0}\frac{1}{x^2}$.

On intègre : $E_\mathrm{p}(x) = +\frac{qQ}{4\pi\varepsilon_0}\frac{1}{x} + \mathrm{cte}$. Avec l'origine à l'infini : $E_\mathrm{p}(\infty) = 0 = \mathrm{cte}$ donc finalement $\boxed{E_\mathrm{p}(x) = +\frac{qQ}{4\pi\varepsilon_0}\frac{1}{x}}$.

➩ *Méthode 12.3*

2. L'énergie cinétique de M est ici $E_\mathrm{c} = \frac{1}{2}m\dot{x}^2$ donc $\boxed{E_\mathrm{m} = +\frac{qQ}{4\pi\varepsilon_0}\frac{1}{x} + \frac{1}{2}m\dot{x}^2}$.

Il n'y a aucune force non conservative, donc l'énergie mécanique est constante. Initialement, la particule est « à l'infini » avec une vitesse v_0 : $\boxed{E_\mathrm{m} = \frac{1}{2}mv_0^2}$.

3. La distance minimale d est celle du point où la particule s'arrête : $\dot{x} = 0$ donc $\frac{qQ}{4\pi\varepsilon_0}\frac{1}{d} = E_\mathrm{m} = \frac{1}{2}mv_0^2$ d'où on tire $\boxed{d = \frac{qQ}{2\pi\varepsilon_0}\frac{1}{mv_0^2}}$.

Exercice 12.7

1. L'aimant M de masse m est soumis à trois forces :

– son poids $\vec{P}$, vertical descendant ;

– la force $\vec{F}$ répulsive de l'autre aimant ;

– la réaction $\vec{R}$ du banc, normale en l'absence de frottement.

Le PFD appliqué à M à l'équilibre s'écrit : $\boxed{\vec{P} + \vec{F} + \vec{R} = \vec{0}}$.

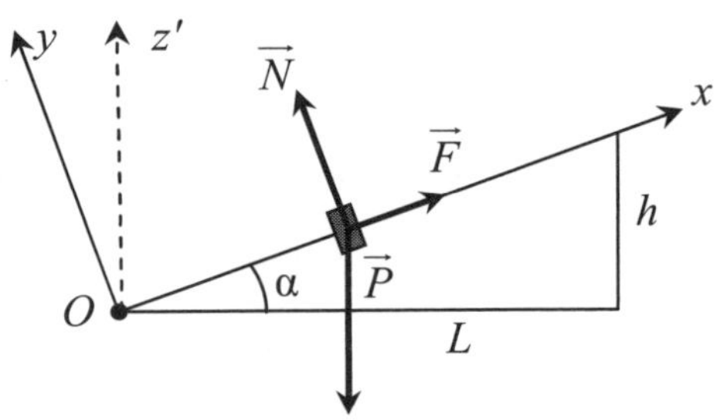

2. On projette le PFD sur la direction (Ox) : $-mg\sin\alpha + k\left(\frac{x_0}{x_{\acute{e}q}}\right)^n + 0 = 0$.

Or $\sin\alpha = \frac{h}{\sqrt{L^2+h^2}} \approx \frac{h}{L}$ (car $h << L$), donc $-mg\frac{h}{L} + k\left(\frac{x_0}{x_{\acute{e}q}}\right)^n = 0$ d'où $\boxed{x_{\acute{e}q} = x_0\left(\frac{kL}{mgh}\right)^{1/n}}$.

3. La relation précédente peut s'écrire : $\ln h = \ln\frac{kL}{mg} - n\ln\frac{x_{\acute{e}q}}{x_0}$.

En effectuant une régression linéaire à partir du tableau on obtient $\ln h = -13{,}56 - 4{,}06\ln\frac{x_{\acute{e}q}}{x_0}$.

On en déduit d'une part $\boxed{n = 4}$, et d'autre part $k = \frac{mg}{L}e^{-13{,}56}$ soit $\boxed{k = 2{,}0\cdot10^{-6}\ \mathrm{N}}$.

💣 *Ne pas oublier l'unité de k ! Cette constante a les dimensions d'une force.*

4. Le poids dérive de l'énergie potentielle de pesanteur, que l'on calcule en introduisant comme intermédiaire un axe vertical ascendant (Oz') : $E_{\text{pp}} = +mg\,z' + \text{cte}$ avec $z' = x\sin\alpha = x\dfrac{h}{L}$.

D'autre part, la force magnétique $\overrightarrow{F}$ constitue également un champ de force puisqu'elle ne dépend que de la position x : on peut donc rechercher une énergie potentielle dont elle dérive.

$\mathrm{d}E_{\text{pm}} = -\overrightarrow{F}\cdot\mathrm{d}\overrightarrow{OM}$ avec $\mathrm{d}\overrightarrow{OM} = \mathrm{d}x\,\overrightarrow{e_x}$ donc $\mathrm{d}E_{\text{pm}} = -k\left(\dfrac{x_0}{x}\right)^n \overrightarrow{e_x}\cdot\mathrm{d}x\,\overrightarrow{e_x} = -k\left(\dfrac{x_0}{x}\right)^n \mathrm{d}x$ soit

$\dfrac{\mathrm{d}E_{\text{pm}}}{\mathrm{d}x} = -k\,x_0^n\dfrac{1}{x^n}$. On intègre : $E_{\text{pm}}(x) = +k\,x_0^n\dfrac{1}{(n-1)\,x^{n-1}} + \text{cte}$.

➪ *Méthode 12.3*

L'énergie potentielle est la somme des deux termes : $\boxed{E_{\text{p}}(x) = +\dfrac{mgh}{L}x + k\,x_0^n\dfrac{1}{(n-1)\,x^{n-1}} + \text{cte}}$.

Or $mg\dfrac{h}{L} = k\left(\dfrac{x_0}{x_{\text{éq}}}\right)^n$ donc $\boxed{E_{\text{p}}(x) = +k\left(\dfrac{x_0}{x_{\text{éq}}}\right)^n x + k\,x_0^n\dfrac{1}{(n-1)\,x^{n-1}} + \text{cte}}$.

5. On peut tout d'abord vérifier que l'énergie potentielle est bien extrémale en $x_{\text{éq}}$:

$\dfrac{\mathrm{d}E_{\text{p}}}{\mathrm{d}x} = k\left(\dfrac{x_0}{x_{\text{éq}}}\right)^n - k\,x_0^n\dfrac{1}{x^n}$ donc $\dfrac{\mathrm{d}E_{\text{p}}}{\mathrm{d}x}(x_{\text{éq}}) = 0$. Pour déterminer si c'est un minimum ou un maximum, on peut calculer la dérivée second et trouver son signe en $x_{\text{éq}}$.

$\dfrac{\mathrm{d}^2E_{\text{p}}}{\mathrm{d}^2x} = 0 + k\,x_0^n\dfrac{n}{x^{n+1}}$ donc $\dfrac{\mathrm{d}^2E_{\text{p}}}{\mathrm{d}^2x}(x_{\text{éq}}) = k\,x_0^n\dfrac{n}{x_{\text{éq}}^{n+1}} > 0$: l'énergie potentielle est minimale en $x_{\text{éq}}$ donc c'est une <u>position d'équilibre stable</u>.

➪ *Méthode 12.5*

Exercice 12.8

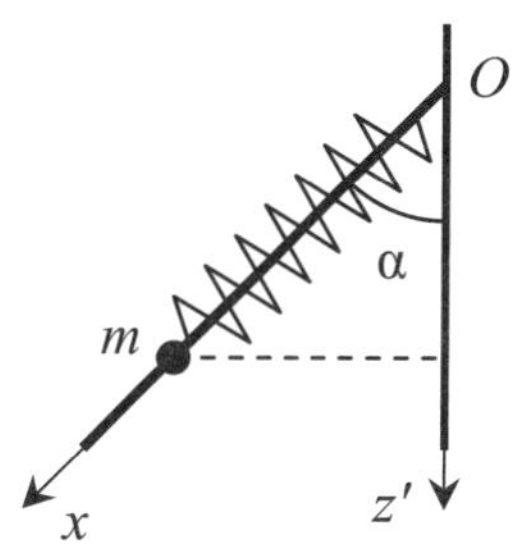

1. a) La masse m est soumise à deux forces conservatives, son poids et la tension du ressort, et à la réaction normale de la tige qui ne travaille pas. Énergie potentielle élastique : $E_{\text{pe}} = \dfrac{1}{2}k(x-\ell_0)^2 + \text{cte}$.

Énergie potentielle de pesanteur : $E_{\text{pp}} = -mgz' + \text{cte}$ en utilisant un axe (Oz') vertical descendant ; or $z' = x\cos\alpha$ donc $E_{\text{pp}} = -mgx\cos\alpha + \text{cte}$.

Finalement : $\boxed{E_{\text{p}}(x) = \dfrac{1}{2}k(x-\ell_0)^2 - mgx\cos\alpha + \text{cte}}$.

✎ *Il faut toujours commencer par une liste complète des forces, puis voir celles qui sont conservatives et celles qui ne travaillent pas au cours du mouvement. Si toutes les forces entrent dans l'une ou l'autre de ces catégories, alors l'évolution est conservative : la méthode avec l'énergie potentielle est utilisable.*

b) $x_{éq}$ vérifie $\dfrac{\mathrm{d}E_p}{\mathrm{d}x}(x_{éq}) = k(x_{éq} - \ell_0) - mg\cos\alpha = 0$ soit $\boxed{x_{éq} = \ell_0 + \dfrac{mg\cos\alpha}{k}}$.

Quand on recherche un extremum, on dérive par rapport à la variable spatiale (ici x) et non par rapport au temps t.

c) $E_p = \dfrac{1}{2}k\left(u + \dfrac{mg\cos\alpha}{k}\right)^2 - mg(u + x_{éq})\cos\alpha + \text{cte}$ soit finalement $\boxed{E_p = \dfrac{1}{2}ku^2 + \text{cte}}$ après simplification et regroupement de toutes les constantes. La constante finale peut être prise nulle.

⇨ *Méthode 12.6*

2. a) La seule force non conservative (la réaction) ne travaille pas, donc l'énergie mécanique se conserve : $E_m = E_c + E_p = \dfrac{1}{2}m\dot{x}^2 + \dfrac{1}{2}ku^2 = \dfrac{1}{2}m\dot{u}^2 + \dfrac{1}{2}ku^2 = \text{cte}$ donc $\dfrac{\mathrm{d}E_m}{\mathrm{d}t} = m\dot{u}\ddot{u} + ku\dot{u} = 0$, ce qui donne soit $\dot{u} = 0$ (équilibre), soit $\boxed{\ddot{u} + \omega_0^2 u = 0}$ en posant $\boxed{\omega_0 = \sqrt{\dfrac{k}{m}}}$.

⇨ *Méthode 12.7*

Cette fois on cherche une équation différentielle donnant l'évolution temporelle, donc on dérive par rapport à t.

b) La solution est de la forme $u(t) = U_m\cos(\omega_0 t + \varphi)$: la période est donc $\boxed{T_0 = \dfrac{2\pi}{\omega_0} = 2\pi\sqrt{\dfrac{m}{k}}}$.

Exercice 12.9

1. On étudie le point matériel M de masse m dans le référentiel terrestre supposé galiléen. Inventaire des forces appliquées à M :

– son poids, force conservative dérivant d'une énergie potentielle $E_p(x) = -mg\,x + \text{cte}$;

– la réaction normale du cerceau, toujours orthogonale au mouvement (circulaire) donc ne travaillant pas.

La seule force conservative est le poids, donc l'énergie potentielle est celle de pesanteur, que l'on exprime en fonction de θ avec la relation $x = r\cos\theta$: $\boxed{E_p(x) = -mg\,r\cos\theta + \text{cte}}$.

Le choix de la constante est arbitraire, car elle n'a pas de signification physique : on choisit cette constante nulle, soit $\boxed{E_p(x) = -mg\,r\cos\theta}$.

Cela revient à choisir l'origine au niveau de l'axe (Oy). On peut faire un autre choix, mais dans tous les cas il faut garder la même constante dans toute la suite. En revanche, le choix de cette constante est totalement indépendant des conditions initiales.

2. Sur un intervalle de largeur 2π, décrivant la totalité du cercle, on trouve deux positions d'équilibre.

– $\boxed{\theta = 0}$ est un minimum de l'énergie potentielle, donc <u>une position d'équilibre stable</u> (il s'agit du point A).

– $\boxed{\theta = \pi}$ (ou $\theta = -\pi$) est un maximum de l'énergie potentielle, donc <u>une position d'équilibre instable</u> (c'est le point B, le plus haut du cercle).

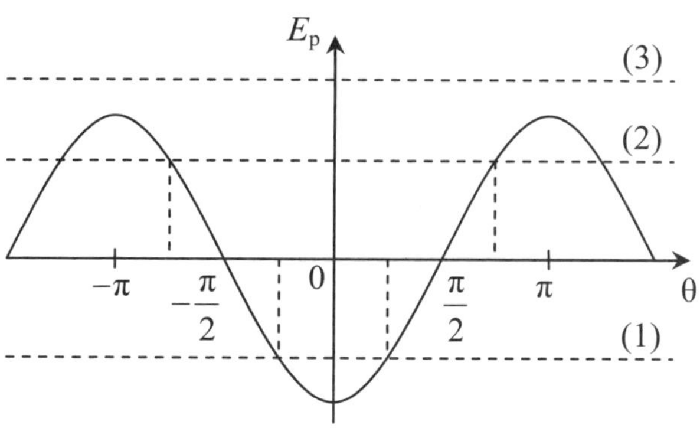

3. a) Il n'y a qu'une force non conservative (la réaction normale) et elle ne travaille pas, donc <u>l'énergie mécanique se conserve</u> au cours du mouvement.

À l'instant initial : $\boxed{E_m = \dfrac{1}{2}mv_0^2 - mg\,r}$.

b) Sur le graphe précédent on ajoute une droite horizontale à l'ordonnée E_m. $E_p(\theta) = E_m - E_c \leq E_m$ donc les seules valeurs accessibles de θ sont celles pour lesquelles la courbe $E_p(x)$ se trouve au-dessous de la droite E_m. On voit qu'on peut distinguer deux cas.

– Premier cas (droite (1) ou droite (2)) : la droite coupe la courbe de l'énergie potentielle pour deux valeurs de θ opposées. Les valeurs accessibles de θ appartiennent donc à un intervalle $[-\theta_{max}\,;+\theta_{max}]$, c'est-à-dire que <u>le point M oscille périodiquement de part et d'autre de A</u>.

– Second cas (droite (3)) : la courbe se trouve entièrement au-dessous de la droite, sans point d'intersection. Alors toutes les valeurs de θ sont possibles, et comme $E_p(\theta)$ n'atteint jamais la valeur E_m, l'énergie cinétique ne s'annule jamais : <u>M tourne indéfiniment sur le cercle sans jamais s'arrêter (donc toujours dans le même sens)</u>.

La limite entre ces deux cas est la situation où la droite E_m se trouve exactement à la valeur maximale de $E_p(\theta)$: $E_m = E_{p\,max} = E_p(\pi) \Leftrightarrow \dfrac{1}{2}mv_0^2 - mg\,r = +mg\,r$ d'où on tire $\boxed{v_0 = 2\sqrt{g\,r}}$.

➪ *Méthode 12.4*

Exercice 12.10

1. L'anneau M est soumis à deux forces conservatives, son poids et la tension du ressort, et à la réaction normale de la tige qui ne travaille pas. Énergie potentielle de pesanteur : $E_{pp} = \text{cte}$ car l'altitude de M est constante (nulle) ; on choisit $E_{pp} = 0$. L'énergie potentielle est alors uniquement élastique : $E_p = \dfrac{1}{2}k(\ell - \ell_0)^2 + \text{cte}$ soit $\boxed{E_p(x) = \dfrac{1}{2}k\left(\sqrt{x^2 + a^2} - \ell_0\right)^2 + \text{cte}}$.

2. Recherche des positions d'équilibre :

$$\frac{\mathrm{d}E_p}{\mathrm{d}x}(x_{éq}) = k\left(\sqrt{x_{éq}^2 + a^2} - \ell_0\right)\frac{2x_{éq}}{2\sqrt{x_{éq}^2 + a^2}} = k\left(1 - \frac{\ell_0}{\sqrt{x_{éq}^2 + a^2}}\right)x_{éq} = 0\,.$$

Si $a > \ell_0$, la parenthèse est toujours strictement positive donc la seule solution est $\boxed{x_{éq} = 0}$.

De plus $\dfrac{d^2 E_p}{dx^2}(0) = k\left(1-\dfrac{\ell_0}{a}\right)+0>0$ donc $x_{éq}=0$ est un minimum de E_p, ce qui correspond à une position d'équilibre stable.

Si $a < \ell_0$, la parenthèse peut s'annuler, donc en plus de la solution $x_{éq(1)}=0$ on a deux autres solutions : $x_{éq(2)}=+\sqrt{\ell_0{}^2-a^2}$ et $x_{éq(3)}=-\sqrt{\ell_0{}^2-a^2}$.

$\dfrac{d^2 E_p}{dx^2}(0) = k\left(1-\dfrac{\ell_0}{a}\right)+0<0$. La position $x_{éq(1)}=0$ est cette fois une position d'équilibre instable. Et $\dfrac{d^2 E_p}{dx^2}\left(\pm\sqrt{\ell_0{}^2-a^2}\right) = k\left(1-\dfrac{a^2}{\ell_0{}^2}\right)+0>0$. Les positions symétriques $x_{éq(2)}=+\sqrt{\ell_0{}^2-a^2}$ et $x_{éq(3)}=-\sqrt{\ell_0{}^2-a^2}$ sont des positions d'équilibre stable.

⇨ *Méthode 12.5*

3. L'énergie mécanique se conserve : $E_m = E_c + E_p = \dfrac{1}{2}m\dot{x}^2+\dfrac{1}{2}k\left(\sqrt{x^2+a^2}-\ell_0\right)^2 = \text{cte}$ donc

$\dfrac{dE_m}{dt} = m\dot{x}\ddot{x} + k\left(1-\dfrac{\ell_0}{\sqrt{x^2+a^2}}\right)x\dot{x}=0$, soit $\dot{x}=0$ (équilibre) ou $\boxed{\ddot{x}+\dfrac{k}{m}\left(1-\dfrac{\ell_0}{\sqrt{x^2+a^2}}\right)x=0}$.

4. Cette équation différentielle est non linéaire, cependant pour des petites oscillations ($x << a$) elle peut être approchée par : $\ddot{x}+\dfrac{k}{m}\left(1-\dfrac{\ell_0}{a}\right)x=0$. Cela correspond à un oscillateur harmonique, de pulsation $\omega_0 = \sqrt{\dfrac{k}{m}\left(1-\dfrac{\ell_0}{a}\right)}$ donc de période $\boxed{T_0 = \dfrac{2\pi}{\omega_0} = 2\pi\sqrt{\dfrac{ma}{k(a-\ell_0)}}}$.

⇨ *Méthode 12.7*

Exercice 12.11

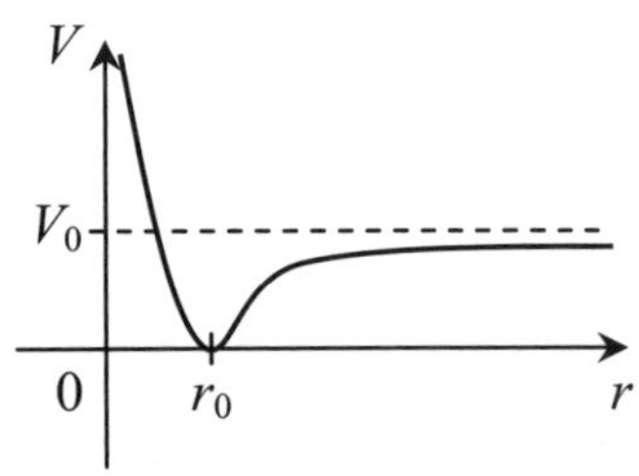

1. a) Limites : pour $r\to\infty$, $V\to V_0$; pour $r\to 0$, $V\to V_0 e^{2\beta r_0} >> V_0$. Et pour $r = r_0$, $V=0$ (minimum).

b) r_0 est donc la position d'équilibre stable (distance d'équilibre entre les deux atomes de la molécule).

L'énergie mécanique de l'atome O est $E_m = E_c + V(r)$ avec $E_c \geq 0$, donc $V(r)\leq E_m$: les valeurs de r ne vérifiant pas cette inégalité ne peuvent pas être atteintes.

Donc il faut que $E_m \geq V_0$ pour que l'atome O puisse s'élogner à l'infini, de l'atome C.

V_0 est donc l'énergie qu'il faut fournir à la molécule, dans son état stable (r_0), pour que les atomes puissent s'éloigner à l'infini : c'est l'énergie de dissociation de la molécule.

Le produit $\beta(r-r_0)$ est sans dimension, donc β est l'inverse d'une longueur.

⇨ *Méthode 12.4*

2. Pour r très proche de r_0 (c'est-à-dire pour $\beta(r-r_0) << 1$) : $e^{-\beta(r-r_0)} \approx 1-\beta(r-r_0)$ donc $V(r) \approx V_0\left[\beta(r-r_0)\right]^2$ qu'on peut écrire $V(r) \approx \frac{1}{2}k(r-r_0)^2$ en posant $\boxed{k = 2V_0\beta^2}$. Cette expression est la même que pour un ressort de longueur à vide r_0 et de raideur k.

⇨ *Méthode 12.5*

3. L'atome O ne subit pas d'autre force que celle exercée par C, donc son énergie mécanique se conserve : $E_m = E_c + V = \frac{1}{2}m_2\dot{r}^2 + \frac{1}{2}k(r-r_0)^2 = \text{cte}$ d'où $\frac{\mathrm{d}E_m}{\mathrm{d}t} = m_2\dot{r}\ddot{r} + k(r-r_0)\dot{r} = 0$, soit en éliminant la solution $\dot{r} = 0$ (équilibre) : $\boxed{\ddot{r} + \frac{k}{m_2}r = \frac{k}{m_2}r_0}$. C'est un oscillateur harmonique de pulsation $\omega_0 = \sqrt{\frac{k}{m_2}} = \sqrt{\frac{2V_0\beta^2}{m_2}}$ donc de fréquence $\boxed{f_0 = \frac{\omega_0}{2\pi} = \frac{1}{2\pi}\sqrt{\frac{2V_0\beta^2}{m_2}}}$.

Exercice 12.12

1. a) On étudie le système constitué par les deux cailloux et la ficelle (sans masse, donc ses éléments cinétiques sont nuls), dans le référentiel terrestre supposé galiléen. Si on néglige la pesanteur, il n'y a aucune force extérieure appliquée au système.

> *On ne considère que le mouvement* après *que l'on a lâché la ficelle : seule la portion de ficelle entre les deux cailloux est tendue et exerce une force de tension.*

Le théorème de la quantité de mouvement donne donc : $2m\vec{a}(G)_{\mathcal{R}} = \vec{0}$ d'où $\vec{v}(G)_{\mathcal{R}} = \overrightarrow{\text{cte}}$. Le mouvement de G est rectiligne uniforme, avec la vitesse qu'il avait au moment où on a lâché la ficelle (vitesse horizontale de norme $\frac{3}{2}\ell\omega$).

b) Le référentiel barycentrique est en translation rectiligne et uniforme par rapport au référentiel terrestre supposé galiléen. Il est donc également galiléen.

c) Pour définir entièrement la position du système, il reste à déterminer l'évolution de l'angle de rotation θ : pour cela on peut appliquer le TÉC, dans le référentiel barycentrique galiléen. Le système n'étant soumis à aucune force extérieure et étant indéformable, on peut en déduire que son énergie cinétique se conserve : $E_c = E_c(0)$, soit

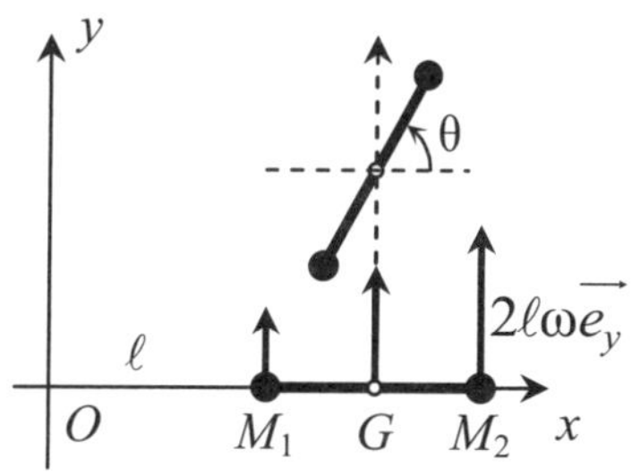

$$\frac{1}{2}m\left(\frac{\ell}{2}\dot{\theta}\right)^2 + \frac{1}{2}m\left(\frac{\ell}{2}\dot{\theta}\right)^2 = \frac{1}{2}m\left(\frac{\ell}{2}\omega\right)^2 + \frac{1}{2}m\left(\frac{\ell}{2}\omega\right)^2.$$

On en déduit que $\boxed{\dot{\theta} = \omega}$.

Chaque masse a un mouvement <u>circulaire et uniforme</u> dans le référentiel barycentrique.

2. a) Si on tient compte du poids, le système n'est plus isolé : $2m\vec{a}(G)_{\mathcal{R}} = 2m\vec{g}$ d'où $\boxed{\vec{a}(G)_{\mathcal{R}} = \vec{g} = \overrightarrow{\text{cte}}}$. G ayant une vitesse initiale horizontale, son mouvement est donc <u>parabolique</u>, dans le plan vertical (Gyz) avec les notations précédentes.

b) Cette fois le référentiel barycentrique est <u>non galiléen</u>.

Exercice 12.13

1. Système étudié : $\{M_1, M_2, \text{ressort}\}$ (le ressort étant sans masse, il n'interviendra pas dans les éléments cinétiques).

Forces intérieures : $\overrightarrow{T_2} = -\overrightarrow{T_1} = -k(x_2 - x_1 - \ell_0)\overrightarrow{e_x}$.

Forces extérieures : deux poids $\overrightarrow{P_i} = -m_i g\,\overrightarrow{e_z}$; deux réactions normales $\overrightarrow{R_i} = R_{iy}\overrightarrow{e_y} + R_{iz}\overrightarrow{e_z}$.

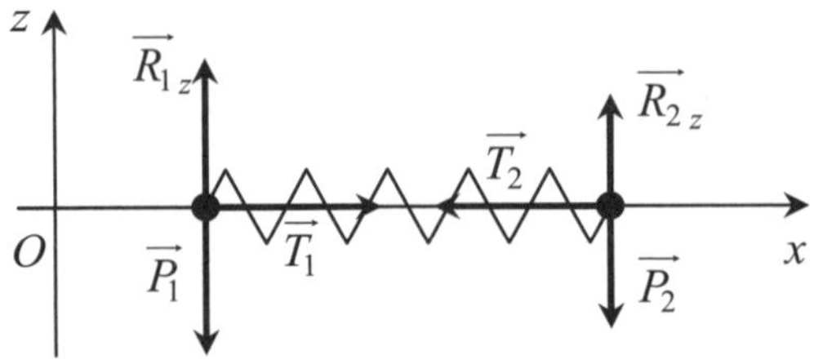

2. TQM pour le système dans $\mathfrak{R}$ galiléen : $(m_1 + m_2)\vec{a}(G)_{\mathfrak{R}} = \sum \overrightarrow{F}_{\text{ext}} = \overrightarrow{P_1} + \overrightarrow{P_2} + \overrightarrow{R_1} + \overrightarrow{R_2}$.

Projections : $\begin{cases} (m_1 + m_2)\ddot{x}_G = 0 \\ 0 = R_{1y} + R_{2y} \\ 0 = -m_1 g - m_2 g + R_{1z} + R_{2z}. \end{cases}$ Les trois projections sont nulles, pour des raisons différentes : la première parce qu'il n'y a pas de force selon x, les deux autres parce qu'il ne peut pas y avoir de mouvement selon y et z. Donc $\sum \overrightarrow{F}_{\text{ext}} = \vec{0}$: le système est pseudo-isolé. Alors $\dot{x}_G = \text{cte} = \dfrac{m_1 v_0 + m_2 0}{m_1 + m_2}$ d'où $\boxed{x_G(t) = \dfrac{m_1 v_0}{m_1 + m_2}t + \text{cte} = \dfrac{m_1 v_0}{m_1 + m_2}t + \dfrac{m_2}{m_1 + m_2}\ell_0}$.

3. a) Le référentiel barycentrique est en translation rectiligne et uniforme par rapport au référentiel terrestre, lui-même supposé galiléen. Il est donc galiléen.

b) On applique le théorème de l'énergie cinétique (sous forme instantanée) au système, dans le référentiel barycentrique : $\dfrac{\mathrm{d}E_c^*}{\mathrm{d}t} = \sum P(\overrightarrow{F}) = P(\overrightarrow{T_1}) + P(\overrightarrow{T_2})$, les puissances des forces extérieures étant toutes nulles. [Remarque : toutes les grandeurs calculées par rapport au référentiel barycentrique sont notées avec un astérisque (*).]

$\overrightarrow{T_1}\cdot\overrightarrow{v_1} + \overrightarrow{T_2}\cdot\overrightarrow{v_2} = \overrightarrow{T_2}\left(\overrightarrow{v_2} - \overrightarrow{v_1}\right) = -k(\ell - \ell_0)\dot{\ell}$ et $E_c^* = \dfrac{1}{2}m_1\left(v_1^*\right)^2 + \dfrac{1}{2}m_2\left(v_2^*\right)^2$.

Or $\overrightarrow{v_1^*} = \overrightarrow{v_{1\mathfrak{R}}} - \vec{v}(G)_{\mathfrak{R}} = \overrightarrow{v_{1\mathfrak{R}}} - \dfrac{m_1\overrightarrow{v_{1\mathfrak{R}}} + m_2\overrightarrow{v_{2\mathfrak{R}}}}{m_1 + m_2} = \dfrac{m_2\left(\overrightarrow{v_{1\mathfrak{R}}} - \overrightarrow{v_{2\mathfrak{R}}}\right)}{m_1 + m_2} = \dfrac{-m_2\dot{\ell}\,\overrightarrow{e_x}}{m_1 + m_2}$ et de même $\overrightarrow{v_2^*} = \dfrac{m_1\dot{\ell}\,\overrightarrow{e_x}}{m_1 + m_2}$, donc $E_c^* = \dfrac{1}{2}m_1\dfrac{m_2^2\dot{\ell}^2}{(m_1 + m_2)^2} + \dfrac{1}{2}m_2\dfrac{m_1^2\dot{\ell}^2}{(m_1 + m_2)^2} = \dfrac{1}{2}\left(\dfrac{m_1 m_2}{m_1 + m_2}\right)\dot{\ell}^2$.

On remplace à présent ces expressions dans l'équation fournie par le théorème :

$\dfrac{m_1 m_2}{m_1 + m_2}\ddot{\ell}\dot{\ell} = -k(\ell - \ell_0)\dot{\ell}$, et si $\dot{\ell} \neq 0$, alors $\boxed{\ddot{\ell} + \omega_0^2\ell = \omega_0^2\ell_0}$ en posant $\boxed{\omega_0 = \sqrt{\dfrac{k(m_1 + m_2)}{m_1 m_2}}}$.

On reconnaît une équation différentielle linéaire du second ordre, avec second membre non nul.

Solution : $\ell(t) = \ell_0 + A\cos(\omega_0 t) + B\sin(\omega_0 t)$. Avec les CI $\ell(0) = \ell_0$ et $\dot{\ell}(0) = \dot{x}_2(0) - \dot{x}_1(0) = -v_0$ on trouve $\boxed{\ell(t) = \ell_0 - \dfrac{v_0}{\omega_0}\sin(\omega_0 t)}$.

Chapitre 13
Mouvement dans un champ électrique ou magnétique

Curieusement, la célèbre transformation de **Lorentz** apparaît en 1903, soit deux ans avant qu'**Einstein** énonce la théorie de la relativité restreinte. Le physicien hollandais avait établi cette formule qui permet de calculer les coordonnées d'un point dans un repère en mouvement uniforme par rapport à un repère fixe, mais ne la considérait que comme un artifice mathématique. Il n'imaginait en rien qu'elle annonçait un bouleversement dans la pensée scientifique.

Auparavant, Lorentz avait développé une théorie électromagnétique fondée sur le caractère corpusculaire des électrons, ce qui lui valut de laisser son nom à plusieurs phénomènes, et de partager en 1902 le prix Nobel avec son compatriote et ancien assistant, Pieter **Zeeman**.

Hendrik Lorentz
1853-1928

■■ Objectifs

■ Ce qu'il faut connaître

- ▷ La force de Lorentz et sa puissance
- ▷ Des ordres de grandeur de champs électriques ou magnétiques
- ▷ L'énergie potentielle électrostatique
- ▷ Des applications du mouvement d'une particule chargée dans un champ

■ Ce qu'il faut savoir faire

- ▷ Déterminer le mouvement d'une particule chargée en présence d'un champ électrostatique uniforme ou d'un champ magnétostatique uniforme
- ▷ Déterminer la vitesse acquise par une particule dans un champ électrique
- ▷ Déterminer le rayon de la trajectoire d'une particule dans un champ magnétique

Résumé de cours

Force de Lorentz

C'est la force qu'exerce un champ électromagnétique $\left(\vec{E},\vec{B}\right)$ sur une particule de charge q et possédant la vitesse $\vec{v}$: $\boxed{\vec{F_L} = q\left(\vec{E}+\vec{v}\wedge\vec{B}\right)}$.

L'unité SI du champ électrique $\vec{E}$ est le volt par mètre ($V \cdot m^{-1}$).

L'unité SI du champ magnétique $\vec{B}$ est le tesla (T).

Remarque

Pour des particules chargées à l'échelle atomique, cette force est toujours beaucoup plus intense que le poids : on négligera donc celui-ci.

Mouvement dans un champ électrostatique uniforme

Une particule de masse m et de charge q entre avec une vitesse initiale $\vec{v_0}$ dans un champ électrostatique $\vec{E}$ uniforme, dans le vide : elle est soumise à la seule force électrique $\vec{F} = q\vec{E}$.
Le référentiel d'étude $\mathfrak{R}$ est celui du laboratoire, considéré comme galiléen.

❑ Mouvement de la particule

Il s'agit d'un mouvement à accélération constante : $\vec{a} = \dfrac{q}{m}\vec{E} = \overrightarrow{\text{cte}}$.

– Si $\vec{v_0}$ et $\vec{E}$ ne sont pas colinéaires, la trajectoire est un arc de parabole, d'axe parallèle à $\vec{E}$, dans le plan $\left(M_0,\vec{E},\vec{v_0}\right)$, en notant M_0 la position de la particule à l'instant initial.

– Si $\vec{v_0}$ et $\vec{E}$ sont colinéaires, le mouvement est rectiligne uniformément accéléré.

❑ Aspect énergétique

La force électrique dérive de l'énergie potentielle électrostatique : $\boxed{E_p(M) = qV(M)}\,(+\text{cte})$.

Le travail reçu par une particule entre deux points A et B de la trajectoire est donc :

$\boxed{W_{AB} = q\vec{E}\cdot\overrightarrow{AB} = qU_{AB}}$, U_{AB} étant la différence de potentiel entre les points A et B.

Une particule sans vitesse initiale acquiert ainsi une vitesse $v = \sqrt{\dfrac{2qU_{AB}}{m}}$ si $qU_{AB} > 0$.

⇨ **Méthode 13.1. Déterminer la vitesse acquise dans un champ électrique**

❑ Création d'un champ électrostatique uniforme

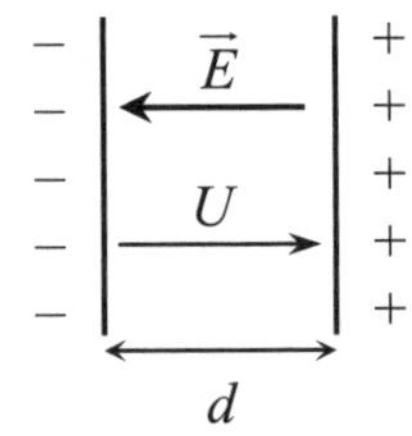

Un condensateur plan est constitué de deux plaques planes parallèles appelées armatures, séparées d'une distance d et portant des charges opposées (q et $-q$) : il s'établit ainsi entre elles une tension constante U. Le champ électrostatique uniforme ainsi créé entre les plaques est perpendiculaire aux armatures, dirigé de l'armature positive vers l'armature négative, et sa norme vaut $E = \dfrac{U}{d}$.

■ Mouvement dans un champ magnétique uniforme et stationnaire

Une particule de masse m et de charge q entre avec une vitesse initiale $\overrightarrow{v_0}$ dans un champ magnétique $\vec{B} = B\overrightarrow{e_z}$ uniforme et stationnaire, dans le vide : elle est soumise à la seule force magnétique $\vec{F} = q\vec{v} \wedge \vec{B}$. Le référentiel d'étude $\mathfrak{R}$ galiléen est celui du laboratoire.

❑ Mouvement de la particule

Les équations du mouvement font apparaître la **pulsation cyclotron** $\boxed{\omega_c = \dfrac{|q|B}{m}}$.

⇨ **Méthode 13.2. Établissement des équations différentielles du mouvement**

– Lorsque $\overrightarrow{v_0}$ et $\vec{B}$ sont orthogonaux, la particule chargée décrit un cercle de rayon $\boxed{R = \dfrac{v_0}{\omega_c} = \dfrac{mv_0}{|q|B}}$, dans un plan orthogonal au champ $\vec{B}$, de manière uniforme.

– Lorsque $\overrightarrow{v_0}$ et $\vec{B}$ sont colinéaires, la force est nulle, donc la particule a un mouvement rectiligne uniforme.

⇨ **Méthode 13.3. Résolution des équations différentielles par découplage**

⇨ **Méthode 13.4. Résolution des équations différentielles avec une variable complexe**

⇨ **Méthode 13.5. Retrouver rapidement l'expression du rayon de la trajectoire en champ magnétique**

❑ Aspect énergétique

La puissance de la force magnétique est nulle car $\vec{F}$ et $\vec{v}$ sont orthogonales. Par conséquent la force magnétique ne travaille pas.
La force magnétique ne modifie donc pas l'énergie cinétique de la particule, qui reste constante au cours du mouvement : celui-ci est uniforme.

■ Dynamique relativiste

– Pour des particules de vitesse proche de celle de la lumière ($c = 3 \cdot 10^8$ m·s^{-1}), la description relativiste devient nécessaire. On utilise alors les expressions :

$E_c = (\gamma - 1) m c^2$ pour l'énergie cinétique et $\vec{p} = \gamma m \vec{v}$ pour la quantité de mouvement

où $\gamma = \dfrac{1}{\sqrt{1 - \left(\dfrac{v}{c}\right)^2}} (> 1)$ est le facteur de Lorentz.

– La mécanique classique constitue une approximation de la mécanique relativiste pour des vitesses faibles devant celle de la lumière : $\left(\dfrac{v}{c}\right)^2 \ll 1$.

Après un calcul classique de vitesse, le calcul de $\left(\dfrac{v}{c}\right)^2$ permet donc d'évaluer avec combien de chiffres significatifs la valeur trouvée est valable.

Remarque

Une particule devient d'autant plus facilement relativiste que sa masse est plus faible. Ainsi, un électron devient relativiste lorsqu'il est soumis à une différence de potentiel de l'ordre de 5 kV.

■■ Méthodes

■ Comment déterminer l'effet d'un champ électrique sur une particule chargée ?

❑ Méthode 13.1. Déterminer la vitesse acquise dans un champ électrique

On applique le théorème de l'énergie cinétique à la particule chargée entre l'entrée et la sortie du champ accélérateur.

⇨ **Exercices 13.1 à 13.4**

Considérons une particule de charge q entrant en un point A, avec une vitesse initiale $\overrightarrow{v_0}$, dans un champ électrique $\vec{E}$.
Le théorème de l'énergie cinétique pour la particule entre deux points A et B de la trajectoire s'écrit : $\Delta E_c = W_{AB} = qU_{AB}$, soit $\frac{1}{2}mv^2 - \frac{1}{2}mv_0{}^2 = qU_{AB}$.

La particule a donc acquis au point B une vitesse $v = \sqrt{\frac{2qU_{AB}}{m} + v_0^2}$. Si la vitesse v_0 est négligeable devant la vitesse acquise, alors $\boxed{v = \sqrt{\frac{2qU_{AB}}{m}}}$, ce qui nécessite $qU_{AB} > 0$.

■ Comment déterminer la trajectoire d'une particule chargée dans un champ magnétique uniforme et stationnaire ?

❑ Méthode 13.2. Établissement des équations différentielles du mouvement

– On applique le principe fondamental de la dynamique à la particule chargée, en calculant le produit vectoriel définissant la force magnétique avec les composantes cartésiennes des deux vecteurs (vitesse et champ magnétique).
– Les projections sur les axes du repère donnent trois équations différentielles, dont deux sont couplées (pour les deux composantes orthogonales à la direction du champ magnétique).

⇨ **Exercices 13.3, 13.4, 13.6**

Considérons une particule de charge q de vitesse initiale $\overrightarrow{v_0}$, plongée dans un champ magnétostatique $\vec{B}$. Dans la base $\left(\overrightarrow{e_x}, \overrightarrow{e_y}, \overrightarrow{e_z}\right)$ on pose $\vec{B}(0,0,B)$ en supposant $qB > 0$, et à l'instant initial $\vec{r}(0)=\vec{0}$ et $\vec{v}(0)=\overrightarrow{v_0}(v_{0x},0,0)$.

Le PFD pour la particule s'écrit : $m\vec{a} = q\vec{v} \wedge \vec{B}$. On calcule le produit vectoriel avec les composantes en colonne : $q\vec{v} \wedge \vec{B} = q\begin{pmatrix} v_x \\ v_y \\ v_z \end{pmatrix} \wedge \begin{pmatrix} 0 \\ 0 \\ B \end{pmatrix} = \begin{pmatrix} +qBv_y \\ -qBv_x \\ 0 \end{pmatrix}$ ou bien en utilisant les vecteurs unitaires : $q\vec{v} \wedge \vec{B} = q\left(v_x\overrightarrow{e_x} + v_y\overrightarrow{e_y} + v_z\overrightarrow{e_z}\right) \wedge B\overrightarrow{e_z} = -qBv_x\overrightarrow{e_y} + qBv_y\overrightarrow{e_x}$.

En projetant le PFD sur les axes, on obtient donc :

$$\begin{cases} m\dfrac{\mathrm{d}v_x}{\mathrm{d}t} = +qBv_y \\ m\dfrac{\mathrm{d}v_y}{\mathrm{d}t} = -qBv_x \\ m\dfrac{\mathrm{d}v_z}{\mathrm{d}t} = 0 \end{cases} \text{ donc en posant } \omega = \frac{qB}{m} : \boxed{\begin{cases} \dfrac{\mathrm{d}v_x}{\mathrm{d}t} = +\omega v_y & (1) \\ \dfrac{\mathrm{d}v_y}{\mathrm{d}t} = -\omega v_x & (2) \\ \dfrac{\mathrm{d}v_z}{\mathrm{d}t} = 0 & (3) \end{cases}}$$

La troisième équation se résoudra par simple intégration, en tenant compte des conditions initiales.

Les deux premières équations sont couplées et ne peuvent donc pas être résolues séparément.

On peut aussi écrire ces équations avec les coordonnées du point : $\boxed{\begin{cases} \dfrac{\mathrm{d}^2x}{\mathrm{d}t^2} = +\omega\dfrac{\mathrm{d}y}{\mathrm{d}t} & (4) \\ \dfrac{\mathrm{d}^2y}{\mathrm{d}t^2} = -\omega\dfrac{\mathrm{d}x}{\mathrm{d}t} & (5) \\ \dfrac{\mathrm{d}^2z}{\mathrm{d}t^2} = 0 & (6) \end{cases}}$

❑ Méthode 13.3. Résolution des équations différentielles par découplage

- On résout tout d'abord l'équation non couplée.
- On dérive l'une des équations pour la vitesse, puis on reporte dans l'autre : on obtient ainsi une équation différentielle linéaire du second ordre pour l'une des composantes de la vitesse. Après l'avoir résolue séparément, on en déduira l'autre composante.
- On peut aussi intégrer une fois l'une des équations pour la position, puis reporter dans l'autre : on obtient alors une équation différentielle linéaire du second ordre pour l'une des coordonnées spatiales. Après l'avoir résolue séparément, on en déduira l'autre coordonnée.

⇨ **Exercices 13.4, 13.6**

– On intègre deux fois l'équation (3) : $v_z(t)=0$ puis $z(t)=0$.

– On dérive les équations (1) et (2) : $\begin{cases} \dfrac{d^2 v_x}{dt^2} = +\omega \dfrac{d v_y}{dt} & (1') \\ \dfrac{d^2 v_y}{dt^2} = -\omega \dfrac{d v_x}{dt} & (2') \end{cases}$

Puis, en combinant (1′) et (2) : $\dfrac{d^2 v_x}{dt^2} + \omega^2 v_x = 0$; et en combinant (2′) et (1) : $\dfrac{d^2 v_y}{dt^2} + \omega^2 v_y = 0$.

v_x et v_y obéissent à la même équation différentielle du second ordre à coefficients constants et sans second membre, donc les solutions sont de la forme : $\begin{cases} v_x(t) = A\cos(\omega t) + C\sin(\omega t) \\ v_y(t) = D\cos(\omega t) + F\sin(\omega t) \end{cases}$

où *A*, *C*, *D* et *F* sont des constantes qu'on détermine à partir des conditions initiales.

$v_x(0) = A = v_{0x}$; $v_y(0) = D = 0$; $\dfrac{d v_x}{dt}(0) = 0 = C\omega$ d'où $C = 0$; $\dfrac{d v_y}{dt}(0) = -\omega v_{0x} = F\omega$ d'où $F = -v_{0x}$. Donc $v_x(t) = v_{0x}\cos(\omega t)$ et $v_y(t) = -v_{0x}\sin(\omega t)$.

Les lois horaires s'écrivent donc finalement, en intégrant les expressions obtenues pour les vitesses : $x(t) = \dfrac{v_{0x}}{\omega}\sin(\omega t) + X$ et $y(t) = \dfrac{v_{0x}}{\omega}\cos(\omega t) + Y$

où *X* et *Y* sont les constantes d'intégration qu'on détermine à partir des conditions initiales.

$x(0) = y(0) = 0$ donc $X = 0$ et $Y = -\dfrac{v_{0x}}{\omega}$.

Finalement : $\boxed{x(t) = \dfrac{v_{0x}}{\omega}\sin(\omega t)}$ et $\boxed{y(t) = \dfrac{v_{0x}}{\omega}\left(\cos(\omega t) - 1\right)}$.

– On peut aussi intégrer une fois l'une des équations (4) et (5), contenant *x* et *y* (en tenant compte des conditions initiales), puis la reporter dans l'autre, ce qui amène à résoudre des équations du second ordre pour *x* et *y* : $\dfrac{d^2 x}{dt^2} + \omega^2 x = 0$ et $\dfrac{d^2 y}{dt^2} + \omega^2 y = -\omega v_{0x}$.

Leur résolution donne directement les solutions précédentes.
(Cette méthode est détaillée dans le corrigé de l'exercice 13.6.)

❑ Méthode 13.4. Résolution des équations différentielles avec une variable complexe

– On résout tout d'abord l'équation non couplée.
– Si *x* et *y* sont les deux coordonnées vérifiant les équations différentielles couplées, on introduit une variable complexe $u = v_x + iv_y$. La combinaison des deux équations donne alors une unique équation différentielle complexe d'ordre 1 pour *u*.

– Après résolution de cette équation différentielle, les parties réelle et imaginaire donnent les composantes de la vitesse, que l'on intègre pour obtenir les équations horaires.

⇨ **Exercices 13.3, 13.4, 13.5**

– L'équation en z donne toujours $v_z(t)=0$ puis $z(t)=0$.

– Pour les deux autres : $i\times(2)\Leftrightarrow i\dfrac{\mathrm{d}v_y}{\mathrm{d}t}+i\omega v_x=0$ (2″) puis en additionnant (1) et (2″) :

$\dfrac{\mathrm{d}v_x}{\mathrm{d}t}+i\dfrac{\mathrm{d}v_y}{\mathrm{d}t}+\omega(iv_x-v_y)=0$ soit $\dfrac{\mathrm{d}u}{\mathrm{d}t}+i\omega u=0$ en posant $u=v_x+iv_y$.

La solution de cette équation différentielle du premier ordre est de la forme $u(t)=K\exp(-i\omega t)$.
K est une constante qu'on détermine à partir des conditions initiales sur la vitesse :
$v_x(0)=v_{0x}$ et $v_y(0)=0$ donc $u(0)=v_{0x}=K$. On en déduit : $u(t)=v_{0x}\exp(-i\omega t)$.

– En séparant les parties réelle et imaginaire de cette fonction, on obtient les expressions :

$$v_x(t)=v_{0x}\cos(\omega t) \text{ et } v_y(t)=-v_{0x}\sin(\omega t).$$

On obtient finalement, par intégration et en tenant compte des conditions initiales sur la position, les équations horaires du mouvement : $\boxed{x(t)=\dfrac{v_{0x}}{\omega}\sin(\omega t)}$ et $\boxed{y(t)=\dfrac{v_{0x}}{\omega}\left(\cos(\omega t)-1\right)}$.

❑ Méthode 13.5. Retrouver rapidement l'expression du rayon de la trajectoire en champ magnétique

– On applique le principe fondamental de la dynamique à la particule chargée.
– On remplace l'accélération par son expression sachant qu'elle est centripète.

Considérons une particule de charge q de vitesse initiale $\overrightarrow{v_0}$, plongée dans un champ magnétostatique $\vec{B}$ tel que $\overrightarrow{v_0}$ et $\vec{B}$ sont orthogonaux.

La force magnétique $\vec{F}=q\vec{v}\wedge\vec{B}$ est donc toujours perpendiculaire à la vitesse $\vec{v}$ et au champ magnétique $\vec{B}$: sachant que la particule a une trajectoire circulaire de rayon R dans un plan perpendiculaire au champ magnétique (autour de $\vec{B}$), $\vec{F}$ joue le rôle d'une force centripète de module $F=|q|v_0B$.

Or un objet effectuant une trajectoire circulaire à vitesse constante doit subir une accélération centripète orientée vers le centre de la trajectoire circulaire, de module $a=\dfrac{v_0^2}{R}$.

La projection du PFD pour la particule s'écrit alors : $ma=|q|v_0B=m\dfrac{v_0^2}{R}$, d'où $\boxed{R=\dfrac{mv_0}{|q|B}}$.

■■ Vrai/Faux

		Vrai	Faux
1.	Pour un électron, l'intensité de la force de Lorentz et de la pesanteur sont du même ordre de grandeur.	☐	☐
2.	Le champ électrique qui s'exerce sur une particule chargée l'accélère dans une direction parallèle à celle du champ.	☐	☐
3.	La trajectoire d'une particule chargée dans un champ électrique peut être une droite.	☐	☐
4.	Le mouvement d'une particule chargée dans un champ électrique est uniforme.	☐	☐
5.	Le champ électrique qui s'exerce sur une particule chargée au repos la met en mouvement.	☐	☐
6.	La trajectoire d'une particule chargée dans un champ magnétique peut être une droite.	☐	☐
7.	La trajectoire d'une particule chargée dans un champ magnétique est plane si sa vitesse initiale est orthogonale au champ magnétique.	☐	☐
8.	Le champ magnétique qui s'exerce sur une particule chargée au repos la met en mouvement.	☐	☐
9.	Une particule ayant acquis une vitesse de $2 \cdot 10^8$ m·s^{-1} peut être étudiée au moyen de la mécanique classique.	☐	☐

■■ Énoncé des exercices

■ Mouvement dans un champ électrique

❑ Exercice 13.1. Limites de validité des hypothèses

Un proton de masse m et de charge $q = + e$, ayant une vitesse initiale nulle, est accéléré dans le vide par un champ électrostatique $\vec{E}$. On note U la différence de potentiel entre sa position initiale et sa position finale où la vitesse v a été acquise.

1. On considère que le poids de la particule n'est plus négligeable quand il dépasse le centième de la valeur de la force électrique. Calculer la valeur limite E_{lim} du champ E pour laquelle le poids n'est plus négligeable.

2. On considère la vitesse v de la particule comme relativiste quand elle dépasse le centième de la vitesse c de la lumière. Calculer la valeur limite U_{lim} de la tension pour laquelle le proton acquiert une vitesse relativiste.

Données : $m = 1{,}7 \cdot 10^{-27}$ kg ; $e = 1{,}6 \cdot 10^{-19}$ C ; $g = 9{,}8$ m·s^{-2} ; $c = 3{,}0 \cdot 10^{8}$ m·s^{-1}.

❑ Exercice 13.2. Déviation d'un faisceau de protons

Dans un oscilloscope analogique, un faisceau d'électrons émis en un point C, avec une vitesse quasi nulle, est accéléré par une tension U_0 entre les points C et E situés sur un axe (Ox). Puis il pénètre en O, avec la vitesse $v_0 \vec{e_x}$, dans le champ électrique $\vec{E}$ supposé uniforme régnant entre deux plaques parallèles métalliques, symétriques par rapport au plan (Oxz), de longueur L et séparées par une distance d. Le champ est créé par une tension U appliquée entre ces plaques.

Le faisceau sort en A de la zone où règne le champ, puis il atteint finalement l'écran de l'oscilloscope en un point B (spot lumineux). L'écran est à la distance D du milieu des plaques.

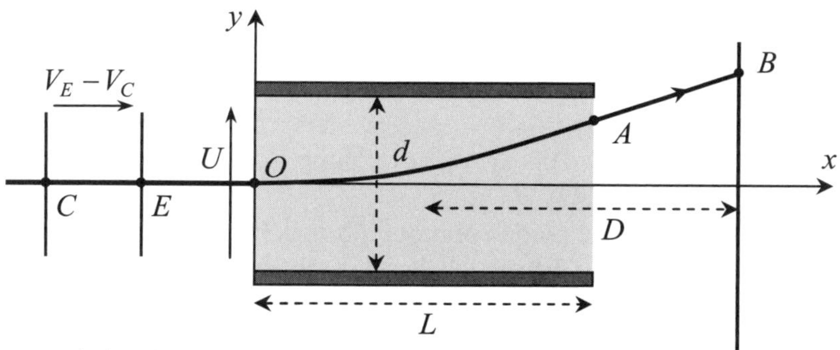

1. a) Indiquer, en le justifiant, le signe de $V_E - V_C$.

b) Calculer, en fonction de $U_0 = |V_E - V_C|$, la norme v_0 de la vitesse au point O d'un électron, de masse m et de charge $- e$.

Données : $U_0 = 1000$ V ; $m = 9{,}1.10^{-31}$ kg ; $e = 1{,}6 \cdot 10^{-19}$ C.

2. Déterminer l'équation de la trajectoire d'un électron entre O et A. En déduire l'ordonnée y_A du point de sortie A.

3. a) Quel est la nature du mouvement d'un électron entre A et B, où ne règne aucun champ ?

b) Déterminer l'équation de cette trajectoire et montrer que l'ordonnée y_B du spot est proportionnelle à la tension U appliquée entre les plaques.

■ Mouvement dans un champ magnétique

❑ Exercice 13.3. Spectrographe de masse

Le spectrographe de masse est un appareil permettant, entre autres, de séparer les différents isotopes d'un élément dans un échantillon (pour les compter ou pour en sélectionner un).

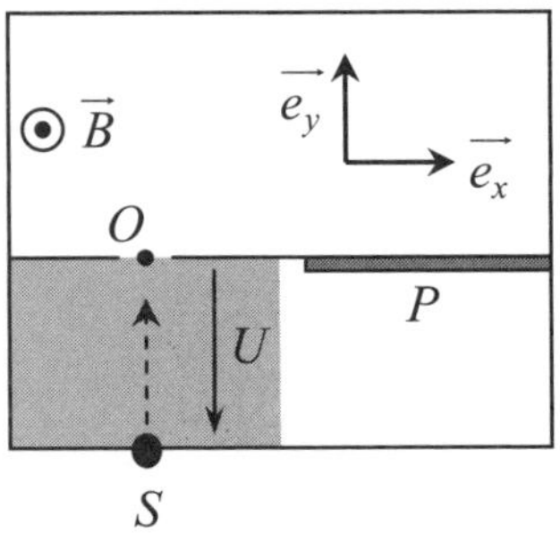

Un faisceau de particules chargées est constitué des ions de deux isotopes du mercure : ${}^{200}_{80}\mathrm{Hg}^{2+}$ et ${}^{202}_{80}\mathrm{Hg}^{2+}$ notés respectivement (1) et (2). Ce faisceau est émis par la source S avec une vitesse quasi nulle, puis accéléré par une tension $U > 0$. Il pénètre alors en O dans une zone de champ magnétique $\vec{B} = B\vec{e_z}$ uniforme, orthogonal au faisceau incident.

Données : masse d'un nucléon $m = 1{,}67 \cdot 10^{-27}$ kg (la masse de l'électron sera négligée devant m) ; $U = 10$ kV ; $B = 0{,}10$ T ; $e = 1{,}6 \cdot 10^{-19}$ C.

1. Exprimer les vitesses v_1 et v_2 acquises respectivement par les isotopes (1) et (2) suite à l'accélération par la tension U.

2. Déterminer la trajectoire des ions dans la zone de champ magnétique. Exprimer les rayons R_1 et R_2 des trajectoires des isotopes (1) et (2).

3. On recueille les particules sur une plaque photographique P après qu'elles ont fait demi-tour. Exprimer puis calculer la distance d entre les deux traces observées.

❑ Exercice 13.4. Cyclotron*

Un cyclotron est formé de deux enceintes demi-cylindriques D_1 (région (1)) et D_2 (région (2)), appelées *dees* en anglais, dans lesquelles règne un champ magnétique uniforme $\vec{B} = B\vec{e_z}$; entre ces deux dees, une bande étroite de largeur d (région (3)) est plongée dans un champ électrique alternatif de module constant E, mais qui change de sens.

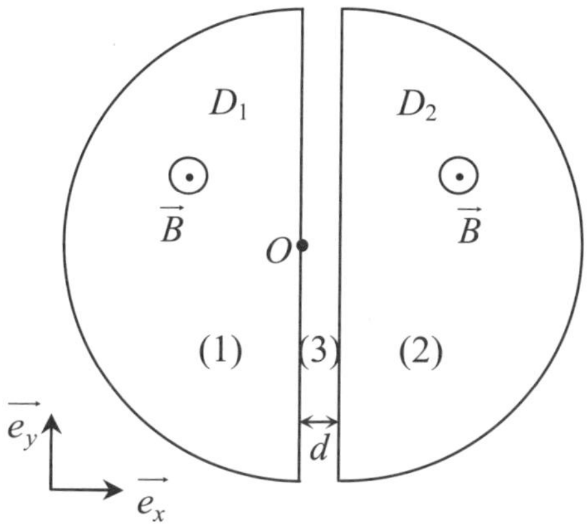

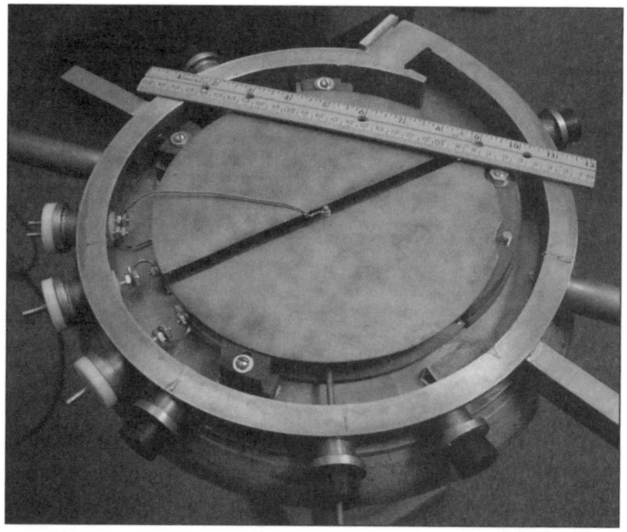

On introduit au point O (0,0,0) une particule de charge $q > 0$, sans vitesse initiale ; la tension $U_{D_1D_2}$ est alors positive.

1. Quelle est la nature du mouvement de la particule dans la région (3), avant qu'elle ne pénètre dans la région (2) où règne un champ magnétique ? Calculer la vitesse v_1 de la particule lorsqu'elle pénètre dans la région (2).

2. a) Quelle est la nature du mouvement de la particule dans la région (2) ? Déterminer la trajectoire parcourue ainsi que ses caractéristiques.

b) Quelle est la vitesse de la particule lorsqu'elle sort de la région (2) ?

3. Pendant que la particule était dans la région (2), le signe de la tension $U_{D_1D_2}$ a changé. Quelle est la nature du mouvement de la particule dans la région (3), avant qu'elle ne pénètre dans la région (1) ? Calculer la vitesse v_2 de la particule lorsqu'elle pénètre dans la région (1).

4. La particule est à nouveau déviée dans la zone (1).

a) Quelle est la nature de sa trajectoire ?

b) Exprimer la durée de cette trajectoire. Montrer que cette durée a la même valeur à chaque passage dans la zone (1), et permet de calculer le rapport $\dfrac{q}{m}$.

c) En déduire la fréquence de la tension alternative $U_{D_1D_2}$ nécessaire pour accélérer la particule à chacun de ses passages entre les *dees*, en négligeant le temps de passage dans la région (3).

5. a) Après n passages dans la région (3), quelle est la vitesse v_n de la particule ?

b) Quel est l'intérêt du passage de la particule dans la région (3) ?

6. Un cyclotron a un diamètre maximal utile de 52 cm.

a) Calculer, en joules puis en MeV, l'énergie cinétique maximale des protons (de masse m_p) accélérés par ce cyclotron lorsque la fréquence de l'oscillateur électrique qui accélère les protons entre chaque *dee* est de 12 MHz. Quelle est alors la valeur du champ magnétique ?

b) L'amplitude de la tension alternative appliquée entre les deux *dees* est de 200 kV. Calculer le nombre de tours effectués par les protons pour atteindre leur énergie cinétique maximale.

Données : 1 MeV = $1{,}6 \cdot 10^{-13}$ J ; $m_p = 1{,}67 \cdot 10^{-27}$ kg.

❑ Exercice 13.5. Particules dans une chambre à bulles*

La chambre à bulles est un dispositif mis au point en 1952 par Donald Arthur Glaser (prix Nobel 1960), et destiné à visualiser des trajectoires de particules subatomiques. Il s'agit d'une enceinte remplie d'un liquide (généralement du dihydrogène) à une température légèrement supérieure à celle de vaporisation : le passage d'une particule chargée déclenche la vaporisation et les petites bulles formées ainsi matérialisent la trajectoire de la particule. D'autre part l'ensemble est plongé dans un champ magnétique uniforme et stationnaire, qui courbe les trajectoires et permet ainsi d'identifier les particules (à partir de leur masse et de leur charge).
On étudie ici une particule P de masse m, de charge q (positive ou négative), introduite à $t = 0$ dans la chambre à bulles où règne le champ $\vec{B} = B\vec{e_z}$ (avec $B > 0$). Sa position initiale est l'origine O du repère, et sa vitesse initiale est $\vec{v_0} = v_0\,\vec{e_y}$ (avec $v_0 > 0$).
Le poids de la particule est négligé dans tout le problème. Le référentiel du laboratoire est supposé galiléen.
Dans un premier temps, on suppose que les frottements du liquide sur la particule P sont négligeables.

1. Établir les équations différentielles du mouvement de P. On posera $\omega = \dfrac{qB}{m}$.

2. En déduire les équations horaires de P et indiquer *précisément* la nature de sa trajectoire. Représenter sur un même schéma les trajectoires :
- d'un proton ($q = +e$)
- d'un électron ($q = -e$ et masse beaucoup plus faible que celle du proton).

En fait les frottements du liquide de la chambre à bulles sur les particules sont importants : on les modélise par une force $\vec{F} = -\lambda\vec{v}(P)$ où λ est une constante positive. On posera $\alpha = \dfrac{\lambda}{m}$.

3. Établir les nouvelles équations différentielles du mouvement (avec les paramètres ω et α). Montrer que le mouvement reste plan.

4. Déterminer complètement les équations horaires de P. On pourra poser $u = x + iy$, et déterminer tout d'abord $\dot{u}(t)$.

5. Déterminer les coordonnées du point asymptotique P_∞. Représenter sur un schéma la trajectoire d'un proton.

6. La figure ci-après est une photographie prise dans une chambre à bulles.

Les trajectoires quasi rectilignes sont celles des particules à grande vitesse d'un faisceau incident venant du bas de l'image (ce sont des kaons K^-, de charge $-e$ et de masse voisine de celle du proton). En certains points, un kaon subit un choc avec une particule du milieu, ce qui la dévie ou fait apparaître de nouvelles particules, dont on voit alors les trajectoires si ces particules sont chargées (les particules neutres ne laissant pas de trace).

La trajectoire **1** est celle d'un kaon K^- de vitesse plus faible que celle du faisceau incident.

a) Au point marqué **v**, la collision d'un kaon avec un proton produit quatre particules : quels sont les signes de leurs charges respectives ? Justifier.

b) Au point **y**, un kaon subit une collision avec une particule et celle-ci suit alors la petite trajectoire en spirale. Identifier la nature de cette particule parmi les possibilités suivantes : proton, antiproton, électron, antiélectron (positon), neutron. Justifier la réponse.

(On rappelle qu'une antiparticule a la même masse que la particule correspondante, mais une charge opposée).

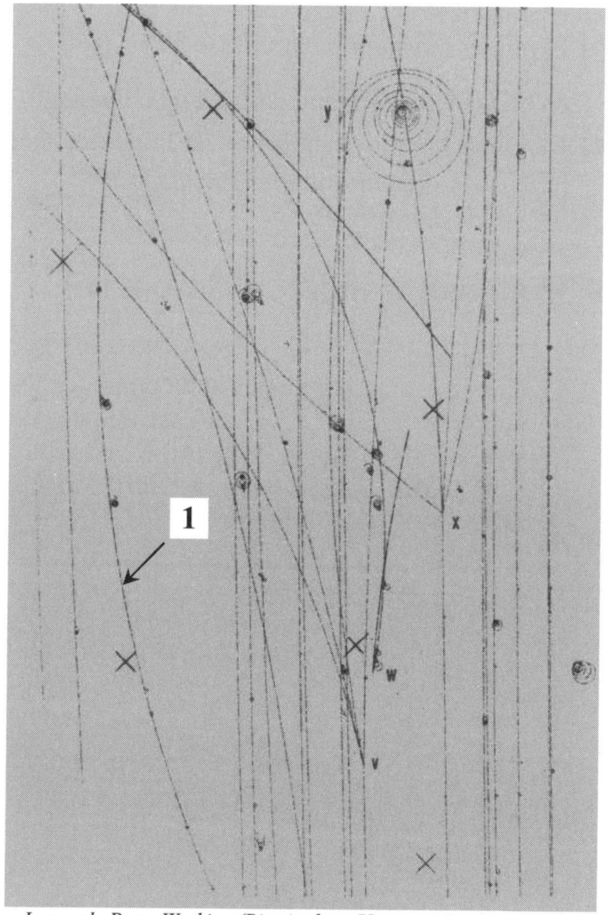

Image de Peter Watkins (Birmingham University) et Tom Adams (Cheltenham College)

■ Mouvement dans un champ électromagnétique

❑ Exercice 13.6. Champs E et B orthogonaux*

Dans le référentiel $\mathcal{R}$ de repère *Oxyz*, on considère une particule de masse m et de charge q, ayant une vitesse nulle et se trouvant au point O à l'instant $t = 0$. On établit à cet instant deux champs uniformes et indépendants du temps : $\vec{B} = B\vec{e_z}$ et $\vec{E} = E\vec{e_y}$.

On pose $\omega = \dfrac{qB}{m}$ et $A = \dfrac{E}{B\omega}$.

1. Déterminer les équations différentielles régissant le mouvement de la particule.

2. Déterminer les équations paramétriques de la trajectoire.

3. Quelle est la nature géométrique de la trajectoire ?

4. a) Déterminer l'expression de la norme de la vitesse $v(t)$.

b) Exprimer la valeur de la vitesse à l'instant $t = \frac{\pi}{\omega}$ en fonction de E et B. Retrouver ce résultat en utilisant le théorème de l'énergie cinétique.

c) Exprimer la vitesse moyenne de la particule, appelée vitesse de dérive $\overrightarrow{v_d}$, en fonction de E et B et du vecteur unitaire adéquat.

■ Pour vous aider à démarrer

> *Exercice 13.1.* Appliquer le théorème de l'énergie cinétique à la question 2.
> *Exercices 13.3. et 13.4.* Utiliser une des deux méthodes du cours pour résoudre le système d'équations couplées.
> *Exercice 13.6.* Dresser un tableau de valeurs pour connaître l'allure de la trajectoire.

■■ Corrigé des vrai/faux

1.	2.	3.	4.	5.	6.	7.	8.	9.
faux	vrai	vrai	faux	vrai	vrai	vrai	faux	faux

1. La force de pesanteur est négligeable.

3. C'est le cas lorsque la vitesse initiale est parallèle au champ électrique (mouvement rectiligne uniformément accéléré).

4. Le mouvement est toujours accéléré ou retardé, car la force électrique travaille.

6. C'est le cas lorsque la vitesse initiale est parallèle au champ magnétique (mouvement rectiligne uniforme).

8. Si la vitesse est nulle, la force magnétique est nulle donc il n'y a pas de mouvement.

9. Cela donne $v=\frac{2}{3}c$, soit $\left(\frac{v}{c}\right)^2=\frac{4}{9}=0,44$ qui n'est pas du tout négligeable devant 1, donc la mécanique classique ne donne même pas un chiffre significatif.

❑ Les erreurs classiques

– Le produit vectoriel n'est pas commutatif (contrairement au produit scalaire) : $\vec{F}=q\vec{v}\wedge\vec{B}\neq q\vec{B}\wedge\vec{v}$.

– Les champs électrique et magnétique n'ont pas les mêmes dimensions : on ne peut pas les additionner !

– Attention aux ordres de grandeur : le tesla (T) est une « grande » unité, l'intensité d'un champ magnétique étant généralement comprise entre 10^{-5} et 1 T, tandis que le volt par mètre ($\text{V}\cdot\text{m}^{-1}$) est une « petite » unité, l'intensité d'un champ électrique étant généralement comprise entre 1 et 10^5 $\text{V}\cdot\text{m}^{-1}$.

Corrigé

Corrigé des exercices

Exercice 13.1

1. L'intensité de la force électrique est $F = eE$, celle du poids est $P = mg$.

Le poids dépasse le centième de la force électrique lorsque $P > \dfrac{F}{100}$ soit $\boxed{E < E_{\text{lim}} = \dfrac{100mg}{e}}$.

AN $\boxed{E_{\text{lim}} = 1{,}0 \cdot 10^{-5}\ \text{V} \cdot \text{m}^{-1}}$. C'est une valeur extrêmement faible : le poids est donc négligeable devant toute force électrique usuelle.

2. Théorème dc l'énergie cinétique entre l'état initial et l'état final où la vitesse v a été acquise :

$\dfrac{1}{2}mv^2 - 0 = e(V_\text{f} - V_\text{i}) = eU$ soit $v = \sqrt{\dfrac{2eU}{m}}$.

La vitesse de la particule dépasse le centième de la vitesse de la lumière lorsque $v > \dfrac{c}{100}$ soit

$\boxed{U > U_{\text{lim}} = \dfrac{mc^2}{2 \cdot 10^4 e}}$. AN $\boxed{U_{\text{lim}} = 48\ \text{kV}}$.

C'est une tension élevée mais fréquemment atteinte dans les dispositifs d'accélération de particules : on doit dans ce cas utiliser la mécanique relativiste.

✎ *Pour un électron, de masse $m = 9{,}1 \cdot 10^{-31}\ \text{kg}$, on trouve $U_{\text{lim}} = 26\ \text{V}$: la mécanique relativiste doit donc toujours être utilisée.*

Exercice 13.2

1. a) Théorème de l'énergie cinétique entre C et E : $\dfrac{1}{2}mv_E^2 - 0 = -e(V_C - V_E) > 0$ donc on doit avoir $\boxed{V_E - V_C > 0}$.

b) La vitesse reste constante entre E et O, car il n'y a aucun champ dans cette zone : d'après le calcul précédent, $\boxed{v_0 = \sqrt{\dfrac{2eU_0}{m}}}$. AN $\boxed{v_0 = 1{,}9 \cdot 10^7\ \text{m} \cdot \text{s}^{-1}}$.

2. PFD pour l'électron dans le référentiel terrestre galiléen : $m\vec{a} = -e\vec{E}$. En intégrant on obtient $\vec{v} = -\dfrac{e}{m}\vec{E}t + \vec{v_0}$ puis $\overrightarrow{OM} = -\dfrac{e}{2m}\vec{E}t^2 + \vec{v_0}t$. On projette cette équation vectorielle sur les axes du repère : $x(t) = v_0 t$, $y(t) = \dfrac{eEt^2}{2m}$ et $z(t) = 0$. Le mouvement a donc lieu dans le plan (Oxy), et en remplaçant t par $\dfrac{x}{v_0}$ on trouve l'équation cartésienne de la trajectoire : $\boxed{y(x) = \dfrac{eE}{2mv_0^2}x^2}$.

À la sortie, $x_A = L$ donc $\boxed{y_A = \frac{eE}{2mv_0^2} L^2}$.

3. a) Les électrons ont un <u>mouvement rectiligne et uniforme</u>, car ils ne sont plus soumis à aucune force (leur poids étant toujours négligeable sur cette durée très courte).

b) La pente de la trajectoire au point A est donnée par la dérivée de l'équation de la trajectoire calculée en 2 : $\frac{\mathrm{d}y}{\mathrm{d}x} = \frac{eEx}{mv_0^2}$, soit $\left.\frac{\mathrm{d}y}{\mathrm{d}x}\right|_{x_A} = \frac{eEL}{mv_0^2}$.

L'équation de la droite tangente à la trajectoire s'écrit à partir de la cote et de la pente : $y(x) = y(x_A) + \left.\frac{\mathrm{d}y}{\mathrm{d}x}\right|_{x_A}(x - x_A) = \frac{eEL^2}{2mv_0^2} + \frac{eEL}{mv_0^2}(x - L)$ d'où $\boxed{y(x) = \frac{eEL}{mv_0^2}\left(x - \frac{L}{2}\right)}$.

On en déduit $y_B = y\left(\frac{L}{2} + D\right) = \frac{eELD}{mv_0^2}$. La norme du champ entre les armatures étant $E = \frac{U}{d}$, on obtient finalement $\boxed{y_B = \frac{eLD}{mdv_0^2} U}$: cette valeur est <u>proportionnelle à U</u>.

Exercice 13.3

1. Théorème de l'énergie cinétique pour un ion entre S et O : $\frac{1}{2} m_1 v_1^2 - 0 = 2eU$ d'où $\boxed{v_1 = \sqrt{\frac{4eU}{m_1}} = \sqrt{\frac{4eU}{200m}}}$. De même $\boxed{v_2 = \sqrt{\frac{4eU}{m_2}} = \sqrt{\frac{4eU}{202m}}}$.

2. PFD : $m\vec{a} = q\vec{v} \wedge \vec{B}$ donc $\begin{cases} m\frac{\mathrm{d}v_x}{\mathrm{d}t} = +qBv_y \\ m\frac{\mathrm{d}v_y}{\mathrm{d}t} = -qBv_x \\ m\frac{\mathrm{d}v_z}{\mathrm{d}t} = 0 \end{cases}$ soit $\begin{cases} \frac{\mathrm{d}v_x}{\mathrm{d}t} = +\omega v_y \quad (1) \\ \frac{\mathrm{d}v_y}{\mathrm{d}t} = -\omega v_x \quad (2) \\ \frac{\mathrm{d}v_z}{\mathrm{d}t} = 0 \quad (3) \end{cases}$ avec $\omega = \frac{qB}{m}$.

⇨ *Méthode 13.2*

La troisième équation se résout par simple intégration, en tenant compte des conditions initiales : $\boxed{z(t) = 0}$, le mouvement est donc <u>dans le plan (Oxy)</u>.

Les deux premières équations sont couplées et ne peuvent donc pas être résolues séparément. Posons $u = v_x + iv_y$: alors (1) + i × (2) devient $\frac{\mathrm{d}u}{\mathrm{d}t} + i\omega u = 0$. En résolvant cette équation avec la condition initiale $\vec{v}(0) = \vec{v_i} = v_i\vec{e_y}$ soit $u(0) = iv_i = K$, on trouve : $u(t) = iv_i \exp(-i\omega t)$. Parties réelle et imaginaire : $v_x(t) = v_i \sin(\omega t)$ et $v_y(t) = v_i \cos(\omega t)$. On intègre à nouveau, avec les conditions initiales $x(0) = y(0) = 0$: $x(t) = \frac{v_i}{\omega}\left(1 - \cos(\omega t)\right)$ et $y(t) = \frac{v_i}{\omega}\sin(\omega t)$.

Il s'agit des équations paramétriques d'un cercle de rayon $R_i = \frac{v_i}{\omega}$.

On peut obtenir l'équation cartésienne de ce cercle en éliminant t : $\boxed{\left(x - \frac{v_i}{\omega}\right)^2 + y^2 = \left(\frac{v_i}{\omega}\right)^2}$.

On en déduit : $\boxed{R_1 = \frac{v_1}{\omega_1} = \frac{m_1 v_1}{qB} = \frac{1}{B}\sqrt{\frac{200mU}{e}}}$ et $\boxed{R_2 = \frac{m_2 v_2}{qB} = \frac{1}{B}\sqrt{\frac{202mU}{e}}}$.

⇨ *Méthode 13.3 ou 13.4*

3. $\boxed{d = 2R_2 - 2R_1 = \frac{2}{B}\sqrt{\frac{mU}{e}}\left(\sqrt{202} - \sqrt{200}\right)}$. AN $\boxed{d = 1{,}4 \text{ cm}}$.

Exercice 13.4

1. PFD : $m\vec{a} = q\vec{E}$ (on néglige le poids devant la force électrique), donc $\vec{a} = \frac{q\vec{E}}{m}$. En intégrant cette équation et en tenant compte des conditions initiales, on trouve : $\vec{v} = \frac{q\vec{E}}{m}t = \frac{qE}{m}t\,\vec{e_x}$ (comme $U_{D_1D_2} > 0$, alors $\vec{E} = +E\vec{e_x}$), puis $\boxed{\overrightarrow{OM} = \frac{qE}{2m}t^2\,\vec{e_x}}$. Le mouvement est donc <u>rectiligne uniformément accéléré</u>, selon l'axe (Ox).

Lorsque la particule pénètre dans la région (2) : $x = d$ et donc $t = t_1 = \sqrt{\frac{2dm}{qE}}$. La vitesse de la particule est alors $\boxed{v_1 = v(t_1) = \sqrt{\frac{2qEd}{m}}}$.

2. a) PFD : $m\vec{a} = q\vec{v} \wedge \vec{B}$ donc $\begin{cases} m\frac{\mathrm{d}v_x}{\mathrm{d}t} = +qBv_y \\ m\frac{\mathrm{d}v_y}{\mathrm{d}t} = -qBv_x \\ m\frac{\mathrm{d}v_z}{\mathrm{d}t} = 0 \end{cases}$ soit $\begin{cases} \frac{\mathrm{d}v_x}{\mathrm{d}t} = +\omega_c v_y \\ \frac{\mathrm{d}v_y}{\mathrm{d}t} = -\omega_c v_x \\ \frac{\mathrm{d}v_z}{\mathrm{d}t} = 0 \end{cases}$ avec $\omega_c = \frac{qB}{m}$.

⇨ *Méthode 13.2*

La troisième équation se résout par simple intégration, en tenant compte des conditions initiales : $\boxed{z(t) = 0}$. Le mouvement est donc <u>plan, dans (Oxy)</u>.

Les deux premières équations sont couplées et ne peuvent donc pas être résolues séparément : en utilisant l'une des deux méthodes du cours, on peut conclure <u>que le mouvement est circulaire et effectué à vitesse constante</u> ; le rayon du cercle est donné par : $\boxed{R_1 = \frac{v_1}{\omega_c} = \frac{mv_1}{qB}}$.

⇨ *Méthode 13.3*

b) La vitesse de la particule étant constante au cours de son mouvement dans la région (2), lorsque la particule sort de la région (2) la valeur de sa vitesse est toujours égale à v_1.

3. Dans la région (3), le mouvement de la particule est à nouveau rectiligne uniformément accéléré. Pour connaître la vitesse v_2 on applique le théorème de l'énergie cinétique entre l'entrée et la sortie de la particule dans la région (3) :

$\frac{1}{2}m_1v_2^2 - \frac{1}{2}m_1v_1^2 = qEd$ d'où $\boxed{v_2 = \sqrt{\frac{4qEd}{m}}}$.

4. a) La particule effectue de nouveau un mouvement circulaire (un demi-tour), à vitesse constante ; comme précédemment, le rayon du cercle est $\boxed{R_2 = \frac{v_2}{\omega_c} = \frac{mv_2}{qB}}$.

b) La période de la rotation dans le *dee* est : $T_c = 2\pi\frac{R}{v} = 2\pi\frac{m}{qB}$. La durée d'un demi-tour est donc indépendante de la vitesse de la particule : elle est égale à $\boxed{\tau = \frac{T_c}{2} = \frac{\pi m}{qB}}$ et reste constante au cours du mouvement : en la mesurant, on peut donc remonter au rapport $\frac{q}{m} = \frac{\pi}{\tau B}$.

c) Pour qu'il y ait accélération à chaque demi-tour, le vecteur $\vec{E}$ doit changer de sens alternativement, à chaque passage de la particule. Il faut donc que la fréquence de la tension alternative appliquée dans la région (3) soit égale à la fréquence de rotation des particules : $\boxed{f_c = \frac{1}{T_c} = \frac{qB}{2\pi m}}$ (fréquence cyclotron).

5. a) À chaque passage dans la région (3), l'énergie cinétique de la particule augmente de la quantité $W = qEd$, de sorte qu'après n passages : $\frac{1}{2}mv_n^2 = n \times W$, donc $\boxed{v_n = \sqrt{\frac{2nqEd}{m}}}$.

b) Le passage de la particule dans la région (3) permet d'augmenter son énergie cinétique, et donc sa vitesse : c'est le but d'un accélérateur de particules.

6. a) $v_{\max} = R_{\max}\omega_c = R_{\max}\frac{qB}{m} = 2\pi R_{\max} f_c$. On en déduit l'énergie cinétique maximale du proton : $\boxed{E_{c\max} = \frac{1}{2}mv_{\max} = \frac{1}{2}m(2\pi R_{\max} f_c)^2}$. AN $\boxed{E_{c\max} = 3{,}2\cdot10^{-13}\,\text{J} = 2{,}0\,\text{MeV}}$ (avec $R_{\max} = 26$ cm). Et $\boxed{B = \frac{2\pi m f_c}{e}}$. AN $\boxed{B = 0{,}79\,\text{T}}$.

b) À chaque accélération, le proton acquiert une énergie cinétique $W = eEd = eU$. Or il subit deux accélérations par tour. L'énergie cinétique maximale sera donc obtenue au bout d'un nombre N de tours tel que : $E_{c\max} = N \times 2eU$, d'où $\boxed{N = \frac{E_{c\max}}{2eU}}$. AN $\boxed{N = 5}$.

Corrigé

Exercice 13.5

1. Dans le référentiel terrestre supposé galiléen, la particule P est soumise uniquement à la force magnétique $\vec{F} = q\vec{v}(P) \wedge \vec{B}$. Principe fondamental de la dynamique : $m\vec{a}(P) = q\vec{v}(P) \wedge \vec{B}$.

$$\text{Projections : } \begin{cases} m\ddot{x} = +qB\dot{y} \\ m\ddot{y} = -qB\dot{x} \\ m\ddot{z} = 0 \end{cases} \Leftrightarrow \boxed{\begin{cases} \ddot{x} = +\omega\dot{y} & (1) \\ \ddot{y} = -\omega\dot{x} & (2) \\ \ddot{z} = 0 & (3) \end{cases}}$$

2. La troisième donne par intégration $\dot{z} = \text{cte} = 0$ puis $\boxed{z = \text{cte} = 0}$: le mouvement a lieu <u>dans le plan (Oxy)</u>.

On pose alors $u = x + iy$: $(1) + i(2) \Leftrightarrow \ddot{u} + i\omega\dot{u} = 0$. Solution : $\dot{u}(t) = A\exp(-i\omega t)$. Conditions initiales : $\dot{u}(0) = 0 + iv_0 = A$, d'où $\dot{u}(t) = iv_0\exp(-i\omega t)$. On intègre encore une fois : $u(t) = -\dfrac{v_0}{\omega}\exp(-i\omega t) + C$. $u(0) = 0 = -\dfrac{v_0}{\omega} + C$ d'où $u(t) = \dfrac{v_0}{\omega}[1 - \exp(-i\omega t)]$. Finalement :

$\boxed{x(t) = \dfrac{v_0}{\omega}[1 - \cos(\omega t)]}$ et $\boxed{y(t) = \dfrac{v_0}{\omega}\sin(\omega t)}$.

L'équation cartésienne est $\left(x - \dfrac{v_0}{\omega}\right)^2 + y^2 = \dfrac{v_0^2}{\omega^2}$, ce qui correspond à un <u>cercle</u> de centre $\Omega\left(\dfrac{v_0}{\omega}, 0, 0\right)$ et de rayon $\boxed{R = \dfrac{v_0}{|\omega|} = \dfrac{mv_0}{|q|B}}$.

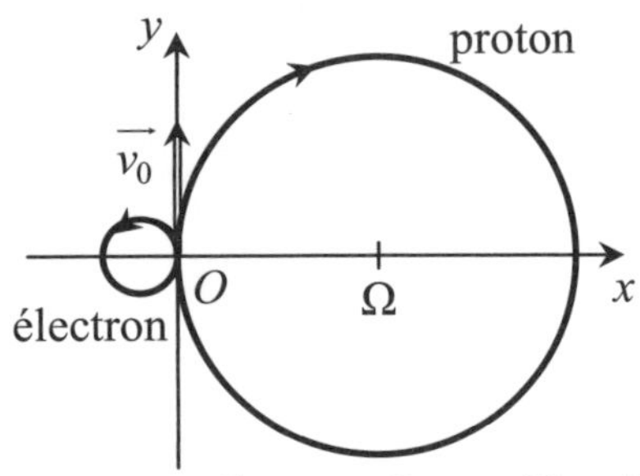

Proton : $\dfrac{v_0}{\omega} = \dfrac{mv_0}{qB} > 0$ donc la trajectoire est à droite.

Électron : la trajectoire est à gauche et le rayon (proportionnel à m) beaucoup plus petit.

3. PFD : $m\vec{a}(P) = q\vec{v}(P) \wedge \vec{B} - \lambda\vec{v}(P)$.

$$\text{Projections : } \begin{cases} m\ddot{x} = +qB\dot{y} - \lambda\dot{x} \\ m\ddot{y} = -qB\dot{x} - \lambda\dot{y} \\ m\ddot{z} = -\lambda\dot{z} \end{cases} \Leftrightarrow \boxed{\begin{cases} \ddot{x} = +\omega\dot{y} - \alpha\dot{x} & (1') \\ \ddot{y} = -\omega\dot{x} - \alpha\dot{y} & (2') \\ \ddot{z} = -\alpha\dot{z} & (3') \end{cases}}$$

Solution de $(3')$: $\dot{z}(t) = D\exp(-\alpha t)$. $\dot{z}(0) = 0 = D$ donc $\dot{z}(t) = 0$. On intègre : $\boxed{z = \text{cte} = 0}$ donc le mouvement a toujours lieu <u>dans le plan (Oxy)</u>.

4. En posant à nouveau $u = x + iy$: $(1') + i(2') \Leftrightarrow \ddot{u} + (\alpha + i\omega)\dot{u} = 0$. Dans la solution précédente il suffit donc de remplacer $i\omega$ par $\alpha + i\omega$:

$$u(t) = \frac{iv_0}{\alpha + i\omega}[1 - \exp(-\alpha t - i\omega t)] = \frac{iv_0\alpha + v_0\omega}{\alpha^2 + \omega^2}[1 - \exp(-\alpha t)\exp(-i\omega t)].$$

On obtient donc finalement :

$$\boxed{x(t)=\frac{v_0\omega}{\alpha^2+\omega^2}[1-\exp(-\alpha t)\cos(\omega t)]-\frac{v_0\alpha}{\alpha^2+\omega^2}\exp(-\alpha t)\sin(\omega t)}$$ et

$$\boxed{y(t)=\frac{v_0\omega}{\alpha^2+\omega^2}\exp(-\alpha t)\sin(\omega t)+\frac{v_0\alpha}{\alpha^2+\omega^2}[1-\exp(-\alpha t)\cos(\omega t)]}.$$

5. Pour $t \to \infty$, le point asymptote est :

$$\boxed{P_\infty\left(\frac{v_0\omega}{\alpha^2+\omega^2},\frac{v_0\alpha}{\alpha^2+\omega^2},0\right)}.$$

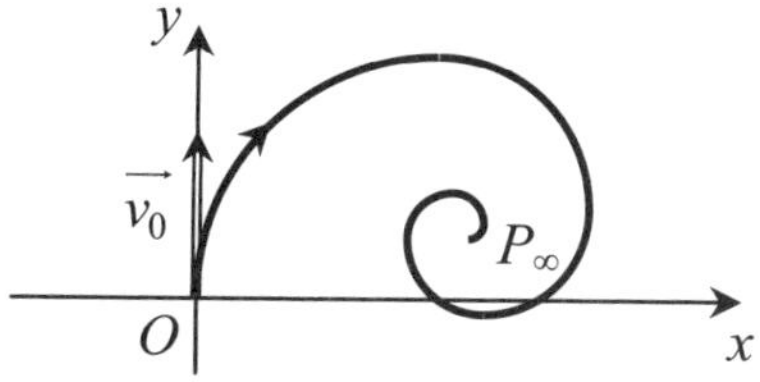

La particule tourne toujours (facteurs sinusoïdaux) mais le rayon de courbure diminue exponentiellement : la trajectoire est une spirale, tournant toujours vers la droite pour un proton, et s'enroulant autour du point P_∞.

6. a) Deux des quatre trajectoires tournent vers la droite, comme celle du kaon, et les deux autres tournent vers la gauche : il y a donc deux particules positives et deux négatives.

b) La particule tourne vers la droite, donc elle est chargée négativement. De plus son rayon de courbure est beaucoup plus faible que les autres, donc sa masse également : il s'agit d'un électron.

Exercice 13.6

1. On néglige le poids devant la force de Lorentz. PFD : $m\vec{a}=q(\vec{E}+\vec{v}\wedge\vec{B})$. Projections :

$$m\begin{pmatrix}\ddot{x}\\ \ddot{y}\\ \ddot{z}\end{pmatrix}=q\left(\begin{pmatrix}0\\ E\\ 0\end{pmatrix}+\begin{pmatrix}\dot{x}\\ \dot{y}\\ \dot{z}\end{pmatrix}\wedge\begin{pmatrix}0\\ 0\\ B\end{pmatrix}\right),$$ d'où : $$\begin{cases}\ddot{x}=\dfrac{q}{m}(0+B\dot{y})\\ \ddot{y}=\dfrac{q}{m}(E-B\dot{x})\\ \ddot{z}=0\end{cases}$$ En posant $\omega=\dfrac{qB}{m}$, on obtient le système d'équation différentielles couplées suivant: $$\boxed{\begin{cases}\ddot{x}=\omega\,\dot{y} & (1)\\ \ddot{y}=\dfrac{qE}{m}-\omega\,\dot{x} & (2)\\ \ddot{z}=0 & (3)\end{cases}}$$

2. La troisième équation se résout par simple intégration, en tenant compte des conditions initiales : $\boxed{z(t)=0}$, le mouvement est donc dans le plan (Oxy).

Les deux premières équations sont couplées et ne peuvent donc pas être résolues séparément :

On intègre (1) : $\dot{x}=\omega\,y$ (comme $v_x(0)=0$), et on la reporte dans (2) : $\ddot{y}+\omega^2 y=\dfrac{qE}{m}$.

La solution de cette équation est de la forme : $y(t)=A+C\cos(\omega t)+D\sin(\omega t)$ avec $A=\dfrac{qE}{m\omega^2}=\dfrac{E}{B\omega}$. C et D sont des constantes d'intégration que l'on détermine à partir des conditions initiales : $y(0)=A+C=0$ d'où $C=-A$; $\dot{y}(0)=D\omega=0$ d'où $D=0$.

Donc finalement : $\boxed{y(t)=A(1-\cos\omega t)}$.

Corrigé

Comme $\dot{x}=\omega y = A\omega(1-\cos\omega t)$, on obtient en intégrant : $\boxed{x = A(\omega t - \sin\omega t)}$ (en tenant compte de la condition initiale $x(0)=0$).

⇨ *Méthode 13.3*

3. Pour déterminer l'allure de la trajectoire, on dresse un tableau de valeurs :

ωt	0	$\dfrac{\pi}{2}$	π	$\dfrac{3\pi}{2}$	2π
x	0	$\dfrac{A}{2}(\pi-2)$	πA	$\dfrac{A}{2}(3\pi+2)$	$2\pi A$
y	0	A	$2A$	A	0

On limite l'étude à l'intervalle $[0,2\pi]$ compte tenu de la périodicité des fonctions cosinus et sinus. La trajectoire obtenue est une cycloïde.

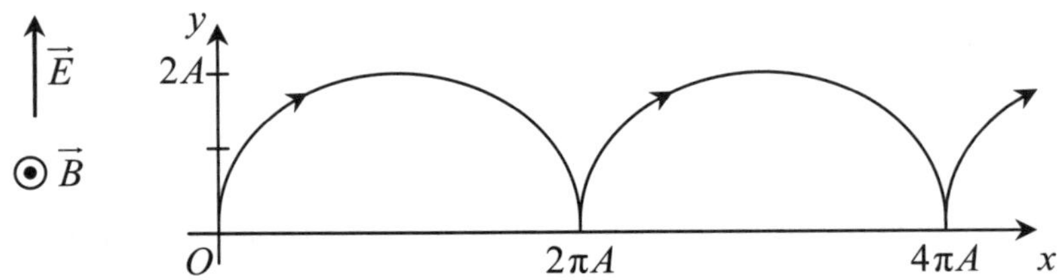

✐ *Cette trajectoire est la même que celle d'un point d'un cercle roulant sur une droite à vitesse constante.*

4. a) Norme du vecteur vitesse : $v=\sqrt{v_x^2+v_y^2}$, avec $v_x = A\omega(1-\cos\omega t)=\dfrac{E}{B}(1-\cos\omega t)$ et $v_y=\dfrac{E}{B}\sin\omega t$, donc : $\boxed{v(t)=\dfrac{E}{B}\sqrt{2(1-\cos\omega t)}=\left|2\dfrac{E}{B}\sin\dfrac{\omega t}{2}\right|}$ $\left(\text{avec } \sin^2(x)=\dfrac{1-\cos(2x)}{2}\right)$.

b) D'après cette expression, $\boxed{v\left(\dfrac{\pi}{\omega}\right)=2\dfrac{E}{B}}$.

Théorème de l'énergie cinétique entre les dates $t = 0$, où la particule est au point O avec une vitesse nulle, et $t=\dfrac{\pi}{\omega}$ où la particule est au point M avec la vitesse v :

$\dfrac{1}{2}mv^2-0=\displaystyle\int_O^M q\left(\vec{E}+\vec{v}\wedge\vec{B}\right)\cdot \mathrm{d}\overrightarrow{OM}=\int_O^M q\vec{E}\cdot\mathrm{d}\overrightarrow{OM}=\int_O^M qE\,\mathrm{d}y$ donc finalement, comme $y\left(\dfrac{\pi}{\omega}\right)=2A$: $\dfrac{1}{2}mv^2=2AqE=2qE\dfrac{E}{B\omega}=2m\dfrac{E^2}{B^2}$ d'où $v=2\dfrac{E}{B}$.

On retrouve bien le même résultat.

c) $\langle\dot{x}\rangle=\dfrac{E}{B}$, $\langle\dot{y}\rangle=0$ et $\langle\dot{z}\rangle=0$ donc $\boxed{\overrightarrow{v_\mathrm{d}}=\dfrac{E}{B}\overrightarrow{e_x}}$.

On constate en effet, d'après le schéma de la trajectoire, que la particule a tendance à dériver vers la droite selon l'axe (Ox).

Chapitre 14
État et évolution d'un système chimique

Les travaux de recherche des deux mathématiciens et chimistes norvégiens Cato **Guldberg** et Peter **Waage** ont permis de concilier les approches cinétique et thermodynamique de l'équilibre chimique, en proposant la *loi d'action de masse*. Dans sa formulation cinétique, cette loi établit que la vitesse d'une réaction élémentaire est proportionnelle aux concentrations des espèces réactives. Dans sa formulation thermodynamique, elle donne l'expression de la constante d'équilibre associée à une équation de réaction. Ces deux aspects, complémentaires, mettent en lumière la notion d'équilibre dynamique.

Cette loi, formulée pour la première fois en 1864, n'attira que peu d'attention de la part de la communauté scientifique, jusqu'à ce que Jacobus **van 't Hoff**, en 1877, parvienne à une relation similaire et démontre expérimentalement sa validité. Il admit toutefois sans discussion la priorité des travaux de Guldberg et Waage.

Cato Maximilian Guldberg
1836-1902

Objectifs

Ce qu'il faut connaître

- Les différents états de la matière et les transformations de la matière
- Les paramètres permettant de décrire l'état d'un système physico-chimique
- L'expression du quotient de réaction associé à une équation donnée
- Le critère d'évolution spontanée d'un système en transformation

Ce qu'il faut savoir faire

- Décrire qualitativement et quantitativement un système chimique
- Écrire l'équation de la réaction qui modélise une transformation chimique
- Prévoir le sens de l'évolution spontanée d'un système
- Déterminer la composition d'un système dans l'état final d'une transformation chimique

Résumé de cours

États et transformations de la matière

États de la matière

Suivant les conditions de pression et de température, un corps pur peut se présenter sous différentes **phases** (ou **états de la matière**) : principalement solide, liquide et gaz (ou vapeur).

Selon le degré d'organisation des solides, on distingue en général :

- les solides **amorphes**, dans lesquels l'arrangement des entités est totalement désordonné ;
- les solides **cristallins**, qui correspondent à un état parfaitement ordonné et sont constitués d'un arrangement périodique d'entités dans l'espace ;
- les solides **semi-cristallins**, dans lesquels seules certaines zones sont cristallisées.

D'autre part, un corps pur peut présenter des structures cristallines différentes, dites **variétés allotropiques** : on parle alors de polymorphisme.

Transformations

Selon les modifications qu'elles font intervenir, les transformations de la matière sont :

- des transformations **physiques**, au cours desquelles la structure des entités microscopiques des constituants (atomes, molécules, ions) n'est pas modifiée ;
- des transformations **chimiques**, qui mettent en jeu des modifications de la structure électronique des atomes, ions ou molécules ;
- des transformations **nucléaires**, qui mettent en jeu des modifications de la structure des noyaux atomiques.

Transition de phase (ou changement d'état)

La transformation physique qui correspond au passage d'une phase à l'autre pour un corps pur est une **transition de phase**, fréquemment appelée aussi **changement d'état**.

Le diagramme d'état (P,T) d'un corps pur fait apparaître les domaines d'existence du corps sous ses différentes phases, selon les conditions de température et de pression.

Description d'un système physico-chimique

Système physico-chimique

Un système physico-chimique peut être constitué d'une seule espèce chimique (corps pur) ou de plusieurs espèces chimiques (mélange). Un état de ce système est caractérisé par sa température, sa pression, la nature et l'état physico-chimique de ses espèces (solide, liquide, gaz, ou soluté), son étendue, sa composition...

❑ Composition d'un système

Elle peut être décrite par les quantités de matière n_{A_i} (en mol) des constituants A_i du système.

Espèce dissoute

La dissolution d'un soluté dans le solvant eau conduit à une solution aqueuse. Les constituants de cette solution (sauf l'eau) sont des espèces dissoutes. La concentration molaire d'une espèce dissoute A_i (en $mol \cdot L^{-1}$) vaut : $[A_i] = \dfrac{n_{A_i}}{V_{sol}}$ où V_{sol} est le volume de la solution (en L). Sa concentration massique vaut $c_{m,A_i} = \dfrac{m_{A_i}}{V_{sol}}$ (en $g \cdot L^{-1}$), où m_{A_i} est la masse du constituant, en g.

Systèmes gazeux

En chimie, on considère que les gaz se comportent comme des **gaz parfaits**. Dans ce modèle, on admet que les molécules de gaz sont ponctuelles et n'interagissent pas entre elles. Pression, volume, température et quantité de matière totale d'un système gazeux sont reliées par l'équation d'état des gaz parfaits : $\boxed{PV = n_{tot,gaz} RT}$.

P s'exprime en pascals (Pa), V en m^3, $n_{tot,gaz}$ en moles (mol), T en kelvins (K), et $R = 8{,}314\ J \cdot K^{-1} \cdot mol^{-1}$ est la constante des gaz parfaits.

La **pression partielle** P_i d'un constituant gazeux A_i du système est définie comme la pression qu'aurait ce gaz s'il occupait seul le volume total V du système à la température T considérée.

Dans le modèle du gaz parfait : $\boxed{P_i V = n_{A_i} RT}$.

On définit la **fraction molaire** x_i d'un constituant gazeux A_i dans un mélange gazeux par la relation : $x_i = \dfrac{n_{A_i}}{n_{tot,gaz}}$. En particulier, $P_i = x_i \times P$.

■ Évolution d'un système chimique

❑ Transformation chimique

Un système physico-chimique pris dans un état initial est susceptible d'évoluer vers un état final dépendant des conditions expérimentales imposées, selon une **transformation chimique**.

La **réaction chimique** est un modèle qui rend compte de l'évolution macroscopique du système lors de la transformation chimique (passage des **réactifs** aux **produits**), et qui donne lieu à une écriture symbolique appelée **équation de réaction**, que l'on peut mettre sous la forme :

$$\sum_i \nu_i A_i = 0 \qquad \text{où } \nu_i \text{ est le } \textbf{nombre stœchiométrique algébrique} \text{ du constituant } A_i.$$

On peut signaler en indice l'état physique des espèces intervenant : (g) pour un constituant gazeux, (s) pour un solide, (l) pour un liquide et (aq) pour un soluté en solution aqueuse (dans le solvant eau).

❑ Quotient de réaction

Pour un système chimique siège d'une réaction d'équation $\sum_i \nu_i A_i = 0$, le **quotient de réaction** Q_r est une grandeur sans dimension caractérisant l'état du système :

$$\boxed{Q_r = \prod_i a(A_i)^{\nu_i}}$$ où les $a(A_i)$ sont les **activités** des diverses espèces chimiques.

Expressions des activités

- Pour un constituant A_i sous forme de solide ou de liquide pur : $a(A_i) = 1$.
- Pour le solvant (l'eau pour les solutions aqueuses) : $a(H_2O) = 1$.
- Pour un soluté en solution diluée : $a(A_i) = \frac{[A_i]}{C°}$ où $[A_i]$ est la concentration molaire de A_i et $C° = 1\ \text{mol} \cdot \text{L}^{-1}$. C'est donc la valeur numérique de $[A_i]$ en $\text{mol} \cdot \text{L}^{-1}$; par abus de notation, on écrit souvent pour simplifier $a(A_i) = [A_i]$.
- Pour un gaz parfait dans un mélange gazeux : $a(A_i) = \frac{P_i}{P°}$ où P_i est la pression partielle de A_i et $P° = 1\ \text{bar}$. C'est donc la valeur numérique de P_i en bar ; par abus de notation, on écrit souvent pour simplifier $a(A_i) = P_i$.

❑ Évolution spontanée d'un système

Lors de l'évolution spontanée du système, le quotient de réaction Q_r tend vers la **constante d'équilibre** $K°(T)$, caractéristique de l'équation de réaction, et qui ne dépend que de la température : $$\boxed{K° = \prod_i a(A_i)_{\text{éq}}^{\nu_i}}.$$

L'expression de $K°(T)$ en fonction des activités à l'équilibre est appelée **loi de Guldberg et Waage** (ou **loi d'action des masses**).

⇨ **Méthode 14.1. Prévoir le sens de l'évolution spontanée d'un système**

❑ Avancement d'une transformation chimique

L'**avancement** (noté ξ et exprimé en mol) permet de décrire l'état du système au cours de la transformation chimique. Il est nul dans l'état initial et évolue jusqu'à une valeur finale ξ_f (lorsque le système n'évolue plus macroscopiquement). Un tableau d'avancement permet de faire un bilan de matière de la transformation chimique.

La quantité de matière d'un constituant quelconque A_i, de nombre stœchiométrique algébrique ν_i, vaut à un instant quelconque : $n_{A_i}(t) = n_{A_i}(t = 0) + \nu_i \cdot \xi$.

⇨ **Méthode 14.2. Établir un tableau d'avancement d'une transformation**

❑ État final d'un système chimique

L'état final du système est atteint lorsque le système n'évolue plus à l'échelle macroscopique.
La transformation est **totale** si elle s'achève lorsque l'on a consommation totale d'un des réactifs (appelé réactif limitant). L'avancement ξ augmente jusqu'à atteindre la valeur maximale ξ_{max} permise par les quantités introduites.
Une transformation est **limitée** (non totale) lorsque l'avancement final ξ_f n'atteint pas la valeur maximale ξ_{max}. L'évolution macroscopique du système s'arrête alors qu'aucun des réactifs n'a totalement disparu. L'état final est un état d'**équilibre chimique**, où réactifs et produits coexistent.
Le caractère total ou limité d'une transformation chimique dépend de la composition initiale du système et de la valeur de la constante d'équilibre associée à l'équation de réaction.

⇨ **Méthode 14.3. Déterminer la composition d'un système dans l'état final**

■ Comment décrire l'évolution d'un système chimique ?

❑ Méthode 14.1. Prévoir le sens de l'évolution spontanée d'un système

> Calculer le quotient de réaction à l'instant considéré.
> – Si $Q_r < K°(T)$, le système évolue dans le sens direct de l'équation de réaction (de la gauche vers la droite) ;
> – Si $Q_r > K°(T)$, le système évolue dans le sens indirect de l'équation de réaction (de la droite vers la gauche) ;
> – Si $Q_r = K°(T)$, le système est à l'équilibre.

⇨ **Exercices 14.5 à 14.9**

On donne (à 25 °C) la valeur de la constante d'équilibre associée à l'équation de réaction suivante : $CH_3COOH(aq) + NH_3(aq) = CH_3COO^-(aq) + NH_4^+(aq)$ $K°(25\ °C) = 2{,}5 \cdot 10^4$

On souhaite prévoir le sens d'évolution du système lorsqu'on mélange :

- un volume $V_1 = 15$ mL d'une solution S_1 d'acide éthanoïque CH_3COOH
- un volume $V_2 = 5{,}0$ mL d'une solution S_2 de chlorure d'ammonium ($NH_4^+ + Cl^-$)
- un volume $V_3 = 10$ mL d'une solution S_3 d'éthanoate de sodium ($Na^+ + CH_3COO^-$)
- un volume $V_4 = 10$ mL d'une solution S_4 d'ammoniac NH_3

Les solutions S_1, S_2, S_3 et S_4 ont la même concentration molaire $c = 1{,}0 \cdot 10^{-2}\ \text{mol} \cdot \text{L}^{-1}$.

Calculons le quotient de réaction dans l'état initial.

$$Q_{r,i} = \frac{a(CH_3COO^-)_i \cdot a(NH_4^+)_i}{a(CH_3COOH)_i \cdot a(NH_3)_i} = \frac{[CH_3COO^-]_i \cdot [NH_4^+]_i}{[CH_3COOH]_i \cdot [NH_3]_i}$$

En tenant compte de la dilution lors du mélange des quatre solutions :

$$[CH_3COO^-]_i = \frac{cV_3}{V_1 + V_2 + V_3 + V_4} = 2{,}5 \cdot 10^{-3}\ \text{mol} \cdot \text{L}^{-1}\ ;\ [NH_4^+]_i = 1{,}3 \cdot 10^{-3}\ \text{mol} \cdot \text{L}^{-1}\ ;$$

$[CH_3COOH]_i = 3{,}8 \cdot 10^{-3}\ \text{mol} \cdot \text{L}^{-1}$ et $[NH_3]_i = 2{,}5 \cdot 10^{-3}\ \text{mol} \cdot \text{L}^{-1}$.

On calcule alors $Q_{r,i} = 0{,}33 < K°(25\ °C)$. Le système évolue donc dans le sens direct de l'équation de réaction.

❑ Méthode 14.2. Établir le tableau d'avancement d'une transformation

Calculer les quantités de matière des espèces présentes dans l'état initial.
Dans un tableau faisant apparaître l'équation de la réaction :
– indiquer sur une première ligne la composition du système dans l'état initial ;
– exprimer les quantités de matière en fonction de l'avancement à un instant quelconque de la transformation, avec $n_{A_i}(t) = n_{A_i}(t=0) + \nu_i \cdot \xi$;
– exprimer les quantités de matière en fonction de l'avancement final dans l'état final de la transformation.
Le tableau d'avancement peut être établi sous forme littérale ou numérique.

⇨ **Exercices 14.2 à 14.5, 14.7 à 14.9**

Établissons le tableau d'avancement de la transformation sur l'exemple précédent. Comme l'évolution du système se fait dans le sens direct de l'équation, ce sens est conservé dans le tableau d'avancement.
Avec les notations précédentes, les quantités initiales sont : $n_{CH_3COOH,i} = n_1 = 1,5 \cdot 10^{-4}$ mol ; $n_{NH_3,i} = n_4 = 1,0 \cdot 10^{-4}$ mol ; $n_{CH_3COO^-,i} = n_3 = 1,5 \cdot 10^{-4}$ mol et $n_{NH_4^+,i} = n_2 = 1,0 \cdot 10^{-4}$ mol.
Le tableau d'avancement s'écrit alors :

mol	$CH_3COOH(aq)$	$+ NH_3(aq)$	$= CH_3COO^-(aq)$	$+ NH_4^+(aq)$
$t = 0$	n_1	n_4	n_3	n_2
t	$n_1 - \xi$	$n_4 - \xi$	$n_3 + \xi$	$n_2 + \xi$
t_f	$n_1 - \xi_f$	$n_4 - \xi_f$	$n_3 + \xi_f$	$n_2 + \xi_f$

Remarques

– Pour les réactions en solution aqueuse, il est possible d'établir un tableau d'avancement en concentrations. Les concentrations aux instants $t = 0$, t et t_f devront alors apparaître, et la variable « avancement » sera l'avancement volumique, noté x, en $mol \cdot L^{-1}$.
– On omet parfois une des deux dernières lignes du tableau d'avancement par souci de rapidité. L'instant quelconque envisagé peut alors ou non désigner l'état final de la transformation.

❑ Méthode 14.3. Déterminer la composition d'un système dans l'état final

> – Si la réaction est totale (en général on considère que c'est le cas si $K°(T) > 10^4$), déterminer le réactif limitant de la transformation. Pour cela, calculer la valeur de ξ qui annule la quantité de matière finale de chacun des réactifs : l'avancement maximal ξ_{max} est la plus petite de ces valeurs. En déduire alors les quantités de matière finales de tous les constituants du système. On peut finalement vérifier la cohérence des résultats avec l'hypothèse d'une réaction totale.
> – Si la réaction n'est pas totale, exprimer la constante d'équilibre associée à l'équation de réaction en fonction des activités des réactifs et produits à l'équilibre puis en fonction de ξ_f. Résoudre l'équation correspondante pour déterminer la valeur de ξ_f. En déduire alors les quantités de matière finales de tous les constituants du système.

⇨ **Exercices 14.2 à 14.5, 14.7 à 14.9**

Reprenons l'exemple précédent.
Pour l'équation : $CH_3COOH(aq) + NH_3(aq) = CH_3COO^-(aq) + NH_4^+(aq)$
la constante d'équilibre est $K°(25\ °C) = 2{,}5 \cdot 10^4 > 10^4$.
Considérons la réaction comme totale.
Si CH_3COOH est le réactif limitant, $\xi_{max,1} = n_1 = 1{,}5 \cdot 10^{-4}$ mol.
Si NH_3 est le réactif limitant, $\xi_{max,2} = n_4 = 1{,}0 \cdot 10^{-4}$ mol. $\xi_{max,2} < \xi_{max,1}$ donc NH_3 est le réactif limitant et $\xi_{max} = 1{,}0 \cdot 10^{-4}$ mol.
On en déduit la composition du système dans l'état final :

mol	$CH_3COOH(aq)$	$+ NH_3(aq)$	$= CH_3COO^-(aq)$	$+ NH_4^+(aq)$
$t = 0$	$1{,}5 \cdot 10^{-4}$	$1{,}0 \cdot 10^{-4}$	$1{,}5 \cdot 10^{-4}$	$1{,}0 \cdot 10^{-4}$
t_f	$5{,}0 \cdot 10^{-5}$	/	$2{,}5 \cdot 10^{-4}$	$2{,}0 \cdot 10^{-4}$

Les concentrations valent dans l'état final : $[CH_3COOH]_{éq} = 1{,}3 \cdot 10^{-3}\ mol \cdot L^{-1}$; $[CH_3COO^-]_{éq} = 6{,}3 \cdot 10^{-3}\ mol \cdot L^{-1}$; $[NH_4^+]_{éq} = 5{,}0 \cdot 10^{-3}\ mol \cdot L^{-1}$.
La concentration résiduelle en ammoniac peut être calculée à partir de l'expression de la constante d'équilibre :

$$K° = \frac{[CH_3COO^-]_{éq} \cdot [NH_4^+]_{éq}}{[CH_3COOH]_{éq} \cdot [NH_3]_{éq}} \Leftrightarrow [NH_3]_{éq} = \frac{[CH_3COO^-]_{éq} \cdot [NH_4^+]_{éq}}{[CH_3COOH]_{éq} \cdot K°}.$$

On trouve : $[NH_3]_{éq} = 1{,}0 \cdot 10^{-6}\ mol \cdot L^{-1}$. Cette concentration est négligeable devant la concentration initiale en ammoniac, ce qui est bien cohérent avec le fait de considérer la réaction comme totale.

Vrai/Faux

		Vrai	Faux
1.	Un corps pur peut exister sous plusieurs phases solides.	☐	☐
2.	Un changement d'état est une transformation chimique.	☐	☐
3.	La pression partielle d'un gaz est proportionnelle à la pression totale.	☐	☐
4.	L'activité du solvant est égale à 1.	☐	☐
5.	Un système évolue dans le sens direct si $K^\circ > 1$.	☐	☐
6.	La valeur de K° dépend des conditions initiales.	☐	☐
7.	À l'équilibre, le quotient de réaction est égal à K°.	☐	☐
8.	L'avancement d'une transformation est nul dans l'état initial.	☐	☐
9.	Le réactif limitant d'une transformation est celui dont on a introduit la plus petite quantité de matière initialement.	☐	☐

Énoncé des exercices

Transformations chimiques

Exercice 14.1. Piles à combustible

Une pile à combustible (PAC) est un générateur dans lequel la production d'électricité se fait grâce à la réduction d'un comburant et à l'oxydation d'un combustible, tous deux étant fournis au fur et à mesure de leur consommation : la pile peut alors fonctionner indéfiniment pourvu que l'approvisionnement soit assuré. Le comburant est du dioxygène gazeux.
Dans les questions suivantes, en l'absence de précisions supplémentaires, l'eau est obtenue à l'état liquide.

1. Le combustible est le plus souvent du dihydrogène. Ce combustible, gazeux à température ambiante et inflammable, pose des problèmes de stockage, mais l'intérêt de cette PAC est la formation d'eau, non polluante. Écrire l'équation de la réaction modélisant la transformation chimique mise en jeu dans la PAC décrite.

2. Un autre combustible possible est le méthanol. Ce combustible est certes toxique, mais liquide, à température ambiante. On se dispense ainsi du problème de stockage du dihydrogène. Une telle pile à combustible est appelée DMFC *(direct methanol fuel cell)*. Il est principalement produit à partir de gaz naturel.
Le fonctionnement de la PAC met en jeu la transformation du méthanol en dioxyde de carbone gazeux, tandis que le dioxygène gazeux est transformé en eau.
Écrire l'équation de la réaction modélisant la transformation chimique mise en jeu dans la pile DMFC.

Les problèmes techniques posés par l'utilisation du méthanol sont l'oxydation incomplète du méthanol en acide méthanoïque HCOOH, et la perméation (passage) du méthanol à travers la membrane qui sépare les deux compartiments de la pile.

3. Le méthane CH_4 gazeux peut lui aussi être utilisé comme combustible primaire dans les PAC. L'obtention d'un bon rendement nécessite au préalable la transformation du méthane en dihydrogène, dans un réformeur, réacteur qui vient se mettre en amont de la PAC.

a) Écrire l'équation de la réaction modélisant la transformation chimique entre le méthane et la vapeur d'eau, conduisant à la formation de dihydrogène et de monoxyde de carbone gazeux.

b) Écrire l'équation de la réaction modélisant la transformation chimique mise en jeu dans la PAC au méthane, le comburant étant toujours le dioxygène.

Exercice 14.2. Composition d'un laiton

Le laiton est un alliage métallique contenant du zinc et du cuivre. On considère un laiton de formule Zn_xCu_y, avec $x + y = 1$, dont on cherche à déterminer la composition. Pour cela, le laiton est oxydé par une solution d'acide nitrique en ions Cu^{2+} et Zn^{2+} selon une transformation chimique totale.

La réaction a pour équation :

$$3\,Zn_xCu_{y(s)} + 2\,NO^-_{3(aq)} + 8\,H_3O^+_{(aq)} = 3x\,Zn^{2+}_{(aq)} + 3y\,Cu^{2+}_{(aq)} + 2\,NO_{(g)} + 12\,H_2O_{(l)}$$

Le dosage des ions cuivre(II) dans la solution obtenue permettra de déterminer la composition du laiton.

On verse, à 25 °C, V_0 = 5,00 mL de solution d'acide nitrique à 65 % en masse dans un bécher contenant m = 1,5484 g de laiton. Après réaction on introduit lentement la solution dans une fiole jaugée de volume V = 0,500 L contenant de l'eau, puis on ajuste au trait de jauge avec de l'eau. L'acide nitrique est en excès par rapport au laiton. On observe le dégagement gazeux du monoxyde d'azote NO qui s'oxyde en NO_2 au contact de l'air.

Les ions cuivre(II) présents dans la solution obtenue sont dosés par spectrophotométrie visible en mesurant l'absorbance A de la solution. On a préalablement tracé la droite d'étalonnage $A = f([Cu^{2+}])$.

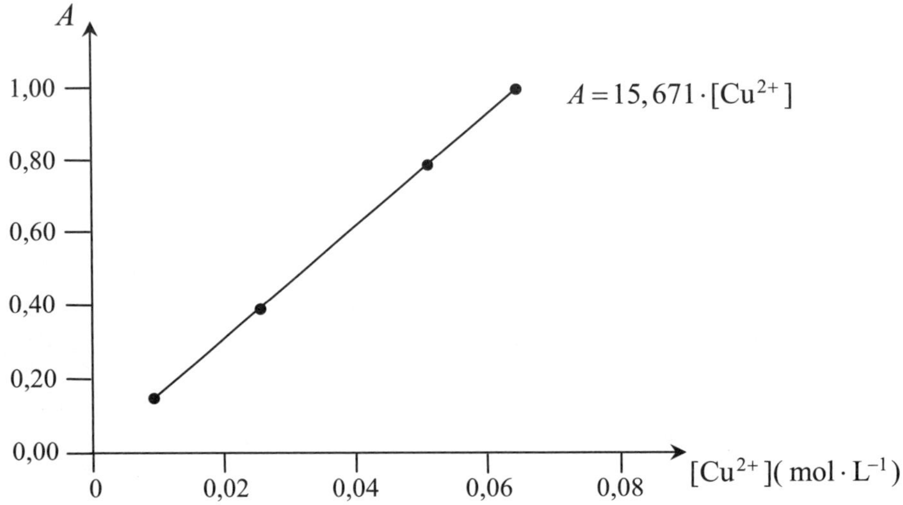

1. L'absorbance de la solution obtenue lors de l'oxydation du laiton est A = 0,486. En déduire le pourcentage massique de cuivre dans le laiton.

2. Calculer la valeur numérique de x dans la formule du laiton Zn_xCu_y.

3. Vérifier que l'acide nitrique était bien en excès par rapport au laiton.

Données

Masses molaires : $M_{Zn} = 65,390\ g \cdot mol^{-1}$; $M_{Cu} = 63,546\ g \cdot mol^{-1}$; $M_{HNO_3} = 63,013\ g \cdot mol^{-1}$.

Masse volumique à 25 °C de la solution d'acide nitrique à 65 % en masse : $\rho = 1,40\ g \cdot mL^{-1}$.

L'acide nitrique est un acide fort.

D'après Concours commun polytechnique

■ État final d'un système chimique en transformation

❑ Exercice 14.3. Transformation totale ?

On cherche à évaluer l'influence de plusieurs facteurs sur le taux d'avancement final de plusieurs transformations acido-basiques.

1. Considérons la transformation chimique décrite par l'équation :

$$HSO_{4(aq)}^{-} + H_2O = SO_{4(aq)}^{2-} + H_3O_{(aq)}^{+} \qquad K°(25\ °C) = 10^{-2}$$

a) Initialement, les ions hydrogénosulfate HSO_4^- sont introduits à la concentration $c = 1{,}00 \cdot 10^{-3}\,mol \cdot L^{-1}$. Calculer le taux d'avancement final de la transformation, défini comme le rapport de l'avancement final sur l'avancement maximal de la transformation. Commenter.

b) Même question si $c = 1{,}00 \cdot 10^{-4}\,mol \cdot L^{-1}$. Conclure.

2. Considérons à présent la transformation chimique décrite par l'équation :

$$HCOOH_{(aq)} + HSO_{3(aq)}^{-} = HCOO_{(aq)}^{-} + H_2SO_{3(aq)} \qquad K°(25\ °C) = 10^{2}$$

a) Initialement, les deux réactifs sont introduits à la même concentration $c = 1{,}00 \cdot 10^{-1}\,mol \cdot L^{-1}$. Calculer le taux d'avancement final de la transformation.

b) Même question si la concentration initiale de l'acide méthanoïque est $c = 1{,}00 \cdot 10^{-1}\,mol \cdot L^{-1}$ et que la concentration initiale des ions hydrogénosulfite est égale à $10c$. Conclure.

3. Que montrent les résultats précédents ?

❑ Exercice 14.4. Dissolution de l'hydroxyapatite

L'hydroxyapatite phosphocalcique, appelée plus simplement l'hydroxyapatite, de formule $Ca_5(PO_4)_3OH$, est le constituant chimique principal de la partie minérale de l'os. Sa synthèse permet la production d'os artificiel.

On effectue la synthèse de l'hydroxyapatite en dissolvant dans l'eau, en milieu basique, du nitrate de calcium $Ca(NO_3)_2$ et de l'hydrogénophosphate d'ammonium $(NH_4)_2HPO_4$ solides. La transformation chimique est totale. Elle peut être modélisée par la réaction d'équation :

$$5\,Ca_{(aq)}^{2+} + 3\,HPO_{4(aq)}^{2-} + 4\,NH_{3(aq)} + H_2O_{(l)} = Ca_5(PO_4)_3OH_{(s)} + 4\,NH_{4(aq)}^{+}$$

1. Quelles masses de nitrate de calcium et d'hydrogénophosphate d'ammonium faut-il utiliser pour préparer une quantité d'hydroxyapatite égale à 0,010 mol ?

2. Écrire l'équation de la réaction de dissolution de l'hydroxyapatite en ions $Ca_{(aq)}^{2+}$, $PO_{4(aq)}^{3-}$ et $HO_{(aq)}^{-}$.

3. En réalité, l'équation de la réaction modélisant la transformation chimique observée lorsqu'on introduit l'hydroxyapatite dans l'eau s'écrit :

$$Ca_5(PO_4)_3OH_{(s)} + 3\,H_2O_{(l)} = 5\,Ca_{(aq)}^{2+} + 3\,HPO_{4(aq)}^{2-} + 4\,HO_{(aq)}^{-}$$

La constante d'équilibre associée à cette équation est égale à $K° = 10^{-62,7}$ à 25 °C.

Calculer la solubilité s de l'hydroxyapatite dans l'eau à 25 °C, définie comme la concentration des ions calcium dans la solution à l'équilibre, à partir d'un excès de solide introduit.

Données : $M_{Ca(NO_3)_2} = 164\ g \cdot mol^{-1}$ et $M_{(NH_4)_2HPO_4} = 132\ g \cdot mol^{-1}$.

D'après Mines-Ponts

❑ Exercice 14.5. Transformation d'oxydo-réduction

Dans un bécher, on mélange un volume V_1 = 20 mL d'une solution de nitrate d'argent $(Ag^+ + NO_3^-)$ de concentration $c_1 = 1,0 \cdot 10^{-1}$ mol · L^{-1} et un volume V_2 = 20 mL d'une solution de nitrate de cuivre $(Cu^{2+} + 2\,NO_3^-)$ de concentration $c_2 = 5,0 \cdot 10^{-2}$ mol · L^{-1}. On plonge ensuite dans le bécher un fil de cuivre de masse m_{Cu} = 1,0 g et un fil d'argent de masse m_{Ag} = 0,5 g bien décapés.

1. Écrire l'équation de la réaction modélisant la transformation chimique entre les ions Ag^+ et le cuivre solide, avec les nombres stœchiométriques entiers les plus petits possibles. On donne la constante d'équilibre associée à cette équation à 25 °C : $K° = 2,2 \cdot 10^{15}$.

2. Calculer la valeur du quotient de réaction associé à l'équation précédente dans l'état initial du système. En déduire le sens de l'évolution spontanée du système.

3. Déterminer la composition du système dans l'état final de la transformation.

Données : $M_{Cu} = 63,5$ g · mol^{-1} ; $M_{Ag} = 108$ g · mol^{-1}.

❑ Exercice 14.6. Équilibre de dimérisation

On étudie, en phase gazeuse, l'équilibre de dimérisation du perchlorure de fer $FeCl_3$, de constante $K_1^\circ(T)$ à température donnée.

$$(1) \quad 2\,FeCl_{3(g)} = Fe_2Cl_{6(g)}$$

La réaction se déroule sous une pression totale constante $P_{tot} = 2$ bar.

À la température $T_1 = 650$ K, la constante d'équilibre vaut $K_1^\circ(T_1) = 175,5$ et à la température $T_2 = 750$ K, elle vaut $K_1^\circ(T_2) = 20,8$. Initialement, le système, maintenu à la température T_2, contient n_1 moles de $FeCl_3$ et n_1 moles de Fe_2Cl_6. Soit n_{tot} la quantité de matière totale d'espèces gazeuses dans le système.

1. Donner l'expression littérale de la constante d'équilibre en fonction des pressions partielles des constituants à l'équilibre et de $P°$.

2. Exprimer le quotient de réaction Q_r en fonction de la quantité de matière de chacun des constituants, de la pression totale P_{tot}, de $P°$ et de n_{tot}. Déterminer la valeur $Q_{r,i}$ à l'instant initial.

3. Initialement, le système est-il à l'équilibre thermodynamique ? Justifier la réponse. Si ce n'est pas le cas, donner, en le justifiant, le sens d'évolution spontané du système.

D'après Centrale-Supélec

❑ Exercice 14.7. Transport du dioxygène dans le sang

Dans l'organisme, l'hémoglobine du sang permet le transport du dioxygène des poumons vers les organes. On étudie par la suite un modèle simplifié des transformations chimiques liées à ce transport. Le sang est assimilé à une solution aqueuse. Une sous-unité constitutive de l'hémoglobine sera notée $Hb_{(aq)}$ et le dioxygène dissous dans le sang $O_{2(aq)}$.

Au niveau des poumons, une sous-unité d'hémoglobine fixe une molécule de dioxygène pour donner une sous-unité d'oxyhémoglobine. L'équation de la réaction associée à la transformation chimique est : $Hb_{(aq)} + O_{2(aq)} = HbO_{2(aq)}$ **(1)** avec $K_1 = 3,0 \cdot 10^5$

1. À l'état initial, on suppose qu'un volume $V = 100$ mL de sang contient une masse $m = 15$ g de sous-unités d'hémoglobine et une concentration initiale en dioxygène dissous égale à $[O_2]_i = 9,2 \cdot 10^{-3}$ mol · L^{-1}. Calculer la concentration finale en sous-unités d'oxyhémoglobine dans le sang.

2. Ce volume V de sang arrive au niveau des tissus des organes. À ce stade une partie du dioxygène dissous est absorbée par les tissus, faisant ainsi chuter la concentration en dioxygène dans le sang jusqu'à une valeur $[O_2] = 3,6 \cdot 10^{-5}$ mol · L^{-1}. Les autres concentrations sont supposées inchangées. Dans quel sens évolue le système ?

3. Au cours d'un effort, du dioxyde de carbone est formé au niveau des muscles et se dissout dans le sang.

a) Écrire l'équation, notée **(2)**, de la réaction associée à la transformation entre le dioxyde de carbone dissous et l'eau.

b) Pourquoi la dissolution du dioxyde de carbone provoque-t-elle une diminution du pH sanguin en l'absence d'autres réactions ?

c) Chez l'être humain, le pH du sang est compris dans des limites très étroites : 7,36 à 7,42. D'autre part, l'oxyhémoglobine peut réagir avec les ions oxonium selon l'équation :

$$HbO_{2(aq)} + H_3O^+_{(aq)} = O_{2(aq)} + HbH^+_{(aq)} + H_2O \qquad \textbf{(3)}$$

Montrer que les ions H_3O^+ produits par la réaction d'équation **(2)** permettent la libération du dioxygène nécessaire à l'effort musculaire tout en limitant la variation de pH liée à la dissolution de CO_2.

4. La combustion d'une substance contenant du carbone produit du monoxyde de carbone dans certaines conditions, par exemple dans les poêles ou fourneaux mal aérés, ou dans la fumée de cigarettes. L'équation associée à la réaction entre le monoxyde de carbone et une sous-unité d'hémoglobine s'écrit : $Hb_{(aq)} + CO_{(aq)} = HbCO_{(aq)}$ **(4)** avec $K_4 = 7,5 \cdot 10^7$

Le tableau suivant donne les effets sur l'organisme associés aux valeurs du rapport des concentrations à l'équilibre : $\dfrac{[HbCO]_{éq}}{[Hb]_{éq}}$.

$\dfrac{[HbCO]_{éq}}{[Hb]_{éq}}$	de $1,1 \cdot 10^4$ à $2,6 \cdot 10^4$	de $2,6 \cdot 10^4$ à $2,6 \cdot 10^5$	Supérieur à $2,6 \cdot 10^5$
Effets	Maux de tête	Intoxication grave	Mort rapide

L'analyse du sang d'une personne ayant respiré de l'air pollué par du monoxyde de carbone a révélé une concentration en monoxyde de carbone dissous dans le sang égale à $2,0 \cdot 10^{-4}$ mol · L^{-1}. Quels sont les effets ressentis par la personne ?

5. Au sein de l'organisme il y a donc compétition entre le dioxygène et le monoxyde de carbone pour se fixer sur l'hémoglobine (équations **(1)** et **(4)**). On atteint un état d'équilibre correspondant à l'équation :

$$HbO_{2(aq)} + CO_{(aq)} = HbCO_{(aq)} + O_{2(aq)} \qquad \textbf{(5)}$$

Donner l'expression de la constante d'équilibre K_5 associée à l'équation **(5)** en fonction de K_1 et K_4 et calculer sa valeur.

6. Une personne empoisonnée au monoxyde de carbone est placée dans un caisson hyperbare dans lequel on impose une concentration élevée en dioxygène permettant ainsi d'augmenter la concentration de dioxygène dissous dans le sang. Expliquer qualitativement l'action du caisson hyperbare.

Donnée : $M(\text{Hb}) = 1,6 \cdot 10^4\ \text{g} \cdot \text{mol}^{-1}$.

Couple acide/base du dioxyde de carbone dissous : $CO_2, H_2O_{(aq)} / HCO^-_{3(aq)}$.

❑ Exercice 14.8. Synthèse d'un ester

On réalise la synthèse de l'éthanoate de butyle en faisant réagir l'acide éthanoïque CH_3COOH sur le butan-1-ol. On donne l'équation de la réaction et la constante d'équilibre associée.

$$CH_3COOH_{(l)} + CH_3CH_2CH_2CH_2OH_{(l)} = CH_3COOC_4H_{9(l)} + H_2O_{(l)} \quad K° = 4$$

Pour cela, dans un ballon, on introduit 58,0 mL d'acidc éthanoïque pur, 92,0 mL de butan-1-ol et quelques gouttes d'acide sulfurique concentré.

On chauffe à reflux le mélange réactionnel. L'avancement de la réaction est suivi de la façon suivante : à intervalles réguliers, on prélève quelques mL du mélange réactionnel, que l'on plonge dans un bain eau-glace, et on dose l'acide restant par une solution aqueuse de soude.

1. Calculer les quantités de matière initiales des deux réactifs.

2. À la date $t = 30$ min, il reste 0,248 mol d'acide éthanoïque dans le milieu réactionnel. Calculer le quotient de réaction à la date $t = 30$ min. Le système est-il à l'équilibre ?

3. Calculer le rendement final maximal de la synthèse.

4. Une réaction d'estérification entre un alcool et un acide carboxylique est lente et limitée.

a) Quels sont les facteurs cinétiques mis en jeu dans le protocole expérimental décrit ?

b) Pour augmenter le rendement de la réaction, on peut envisager :

– de travailler en large excès d'un réactif ;
d'éliminer l'un des produits au cours de sa formation.
À l'aide de l'expression du quotient de réaction, expliquer en quoi ces choix expérimentaux permettent de déplacer l'équilibre d'estérification.

Données : masses molaires $M_{CH_3COOH} = 60,1\ \text{g} \cdot \text{mol}^{-1}$, $M_{C_4H_9OH} = 74,1\ \text{g} \cdot \text{mol}^{-1}$; masses volumiques $\rho_{CH_3COOH} = 1,05\ \text{g} \cdot \text{mL}^{-1}$, $\rho_{C_4H_9OH} = 0,810\ \text{g} \cdot \text{mL}^{-1}$.

❑ Exercice 14.9. Synthèse du dihydrogène

Un mode de préparation industrielle du dihydrogène met en jeu la réaction en phase gazeuse d'équation suivante :

$$CH_{4(g)} + H_2O_{(g)} = CO_{(g)} + 3\,H_{2(g)}$$

La réaction se déroule sous une pression totale constante $P_{tot} = 10\ \text{bar}$. La température du système demeure constante et telle que la constante d'équilibre $K°$ est égale à 15.

Initialement, le système contient 10 moles de méthane, 30 moles d'eau, 5 moles de monoxyde de carbone et 15 moles de dihydrogène.

1. Exprimer la constante d'équilibre en fonction des pressions partielles des constituants et de $P°$.

2. Exprimer le quotient de réaction Q_r en fonction de la quantité de matière de chacun des constituants, de la pression totale P_{tot} et de $P°$. Calculer la valeur de Q_r à l'instant initial.
3. Le système est-il à l'équilibre thermodynamique ? Justifier.
4. Si le système n'est pas à l'équilibre, dans quel sens se produira l'évolution ?
5. Dans un nouvel état initial, le système ne contient que 10 moles de méthane et 10 moles d'eau. La pression totale reste maintenue à 10 bar.
Déterminer la composition du système à l'équilibre, à partir de ce nouvel état initial.

D'après Agro-Véto

■ Pour vous aider à démarrer

Exercice 14.1. Question 3.b : les produits sont $CO_{2(g)}$ et $H_2O_{(l)}$.
Exercice 14.2. Question 2 : exprimer le pourcentage massique de cuivre en fonction de x. Question 3 : l'acide nitrique est totalement dissocié en ions H_3O^+ et NO_3^-.
Exercice 14.5. Question 3 : on peut considérer la transformation comme totale, puis calculer la concentration résiduelle du réactif limitant dans l'état final.
Exercice 14.6. Question 2 : utiliser la relation $P_i = x_i \cdot P_{tot}$ pour exprimer les pressions partielles.
Exercice 14.7. Question 6 : utiliser le critère d'évolution spontanée.
Exercice 14.8. Question 3 : le rendement maximal est obtenu si le système est à l'équilibre dans l'état final.

Corrigé des vrai/faux

1.	2.	3.	4.	5.	6.	7.	8.	9.
vrai	faux	vrai	vrai	faux	faux	vrai	vrai	faux

1. Un corps pur peut posséder plusieurs variétés allotropiques.

2. Un changement d'état ne modifie pas la nature des espèces chimiques ; il s'agit d'une transformation physique.

5. Un système évolue dans le sens direct si $Q_r < K°$.

6. La valeur de $K°$ ne dépend que de la température.

9. Le réactif limitant d'une transformation est celui qui est associé à la plus petite valeur de ξ_{max}, qui dépend de la quantité de matière mais aussi du nombre stœchiométrique du constituant dans l'équation. Il se peut donc que le réactif limitant soit celui dont on a introduit la plus grande quantité de matière initialement.

❑ Les erreurs classiques

– L'activité d'un solide pur, d'un liquide pur, du solvant est égale à 1. Ne pas inventer de « concentration d'un solide » ou « concentration du solvant » !
– C'est la comparaison de Q_r et de $K°$ qui permet de prévoir le sens d'évolution du système, et pas seulement la valeur de $K°$.
– Toutes les transformations ne sont pas totales. En général, au contraire, un état d'équilibre final est atteint : dans ce cas, ξ_f est différent de ξ_{max}.

Corrigé des exercices

Exercice 14.1

1. La transformation chimique mise en jeu dans la PAC décrite fait intervenir le comburant $O_{2(g)}$ et le combustible $H_{2(g)}$ et conduit à la formation d'eau liquide.
On en déduit l'équation de la réaction modélisant la transformation chimique :

$$O_{2(g)} + 2\ H_{2(g)} = 2\ H_2O_{(l)}$$

2. La transformation chimique mise en jeu dans la DMFC fait intervenir le comburant $O_{2(g)}$ et le combustible $CH_3OH_{(l)}$ et conduit à la formation de $CO_{2(g)}$ et $H_2O_{(l)}$.
On en déduit l'équation de la réaction modélisant la transformation chimique :

$$CH_3OH_{(l)} + \frac{3}{2} O_{2(g)} = CO_{2(g)} + 2\ H_2O_{(l)}$$

✎ *Pour ajuster l'équation de la réaction, on ajuste successivement les nombres stœchiométriques relatifs à C, H puis O.*

3. a) L'équation de la réaction s'écrit : $CH_{4(g)} + H_2O_{(g)} = CO_{(g)} + 3\ H_{2(g)}$.
b) Par analogie avec la question **2**, on considère que la combustion du méthane gazeux dans le dioxygène conduit à la formation de dioxyde de carbone gazeux et d'eau liquide. L'équation de la réaction s'écrit : $CH_{4(g)} + 2\ O_{2(g)} = CO_{2(g)} + 2\ H_2O_{(l)}$

Exercice 14.2

1. On utilise la droite d'étalonnage $A = f([Cu^{2+}])$ pour déterminer la concentration des ions Cu^{2+} dans la solution obtenue. L'équation de la droite est : $A = 15{,}624 \cdot [Cu^{2+}]$, d'où $[Cu^{2+}] = \dfrac{A}{15{,}624}$. AN $[Cu^{2+}] = 3{,}10 \cdot 10^{-2}\ \text{mol} \cdot \text{L}^{-1}$.

Le pourcentage massique de cuivre dans le laiton s'exprime selon : $p_{Cu} = \dfrac{m_{Cu}}{m_{Zn_xCu_y}} = \dfrac{n_{Cu} M_{Cu}}{m_{Zn_xCu_y}}$.

Or l'acide nitrique étant en excès dans la transformation chimique d'oxydation du laiton, la totalité du cuivre présent dans l'alliage a été transformée en ions Cu^{2+}. Donc $n_{Cu} = n_{Cu^{2+},\text{formés}}$ et

$p_{Cu} = \dfrac{[Cu^{2+}] \cdot V \cdot M_{Cu}}{m_{Zn_xCu_y}}$. AN $p_{Cu} = \dfrac{3{,}10 \cdot 10^{-2} \cdot 0{,}500 \cdot 63{,}546}{1{,}5484}$, soit $\boxed{63{,}6\ \%\ \text{en masse}}$.

2. On peut aussi exprimer le pourcentage massique de cuivre dans le laiton en fonction de x :

$p_{Cu} = \dfrac{m_{Cu}}{m_{Zn_xCu_y}} = \dfrac{yM_{Cu}}{xM_{Zn} + yM_{Cu}} = \dfrac{(1-x)M_{Cu}}{xM_{Zn} + (1-x)M_{Cu}}$, d'où $x = \dfrac{M_{Cu} - p_{Cu}M_{Cu}}{p_{Cu}(M_{Zn} - M_{Cu}) + M_{Cu}}$.

AN $\boxed{x = 0{,}357}$ et $\boxed{y = 0{,}643}$: l'alliage étudié a pour formule $Zn_{0,357}Cu_{0,643}$.

3. Calculons la quantité de matière initiale d'acide nitrique :

$n_{HNO_3} = \dfrac{m_{HNO_3}}{M_{HNO_3}} = \dfrac{p_{HNO_3} m_{solution}}{M_{HNO_3}} = \dfrac{p_{HNO_3} \rho_{solution} V_0}{M_{HNO_3}}$. AN $n_{HNO_3} = 7,22 \cdot 10^{-2}$ mol. L'acide nitrique est un acide fort, totalement dissocié en solution aqueuse. La solution contient donc initialement : $n_{H_3O^+} = 7,22 \cdot 10^{-2}$ mol et $n_{NO_3^-} = 7,22 \cdot 10^{-2}$ mol.

La quantité de matière initiale de laiton vaut : $n_{Zn_xCu_y} = \dfrac{m_{Zn_xCu_y}}{M_{Zn_xCu_y}}$. AN $n_{Zn_xCu_y} = 2,41 \cdot 10^{-2}$ mol.

Établissons un tableau d'avancement de la transformation chimique :

mol	$3\,Zn_xCu_{y(s)}$	$+ 2\,NO^-_{3(aq)}$	$+ 8\,H_3O^+_{(aq)} =$	$3x\,Zn^{2+}_{(aq)}$	$+3y\,Cu^{2+}_{(aq)}$	$+2\,NO_{(g)}$	$+12H_2O_{(l)}$
$t = 0$	$2,41 \cdot 10^{-2}$	$7,22 \cdot 10^{-2}$	$7,22 \cdot 10^{-2}$	0	0	0	excès
t_f	$2,41 \cdot 10^{-2} - 3\xi$	$7,22 \cdot 10^{-2} - 2\xi$	$7,22 \cdot 10^{-2} - 8\xi$	$3x\xi$	$3y\xi$	2ξ	excès

La transformation est totale. Identifions le réactif limitant.
Si le laiton est le réactif limitant, $\xi_{max,1} = 8,03 \cdot 10^{-3}$ mol.

Si NO_3^- est le réactif limitant, $\xi_{max,2} = 3,61 \cdot 10^{-2}$ mol.

Si H_3O^+ est le réactif limitant, $\xi_{max,3} = 9,03 \cdot 10^{-3}$ mol.

$\xi_{max,1} < \xi_{max,3} < \xi_{max,2}$ donc <u>le laiton est le réactif limitant, l'acide nitrique a bien été introduit en excès</u>.

⇨ *Méthodes 14.2 et 14.3*

Exercice 14.3

1. a) Établissons un tableau d'avancement de la transformation chimique en concentrations. On note x l'avancement volumique de la transformation.

$mol \cdot L^{-1}$	$HSO^-_{4(aq)}$	$+ H_2O$	$= SO^{2-}_{4(aq)}$	$+ H_3O^+_{(aq)}$
$t = 0$	c	excès	0	0
t_f	$c - x_f$	excès	x_f	x_f

Dans l'état final d'équilibre : $K° = \dfrac{[SO_4^{2-}]_{éq}[H_3O^+]_{éq}}{[HSO_4^-]_{éq} \cdot c°} = \dfrac{x_f{}^2}{(c - x_f) \cdot c°}$. La résolution de cette équation à l'aide du solveur de la calculatrice, avec $K°(25\ °C) = 10^{-2}$ et $c = 1,00 \cdot 10^{-3}\ mol \cdot L^{-1}$, conduit à : $x_f = 9,16 \cdot 10^{-4}\ mol \cdot L^{-1}$. D'autre part, $x_{max} = c = 1,00 \cdot 10^{-3}\ mol \cdot L^{-1}$.

Alors $\tau_f = \dfrac{x_f}{x_{max}}$. AN $\boxed{\tau_f = 0,916}$. $\tau_f < 1$ donc la transformation chimique n'est pas totale, elle est limitée.

➪ *Méthodes 14.2 et 14.3*

b) La résolution de l'équation : $K° = \dfrac{{x_f}^2}{(c - x_f) \cdot c°}$ avec $c = 1,00 \cdot 10^{-4}$ mol · L^{-1} conduit à :

$x_f = 9,90 \cdot 10^{-5}$ mol · L^{-1}, donc à $\boxed{\tau_f = 0,990}$. Dans ce cas, on peut considérer la transformation chimique comme totale. On voit que pour une même valeur de la constante d'équilibre, la concentration initiale en ions hydrogénosulfate a une influence sur l'avancement final de la transformation.

✎ *On voit que pour une même valeur de K°, la dissociation d'un acide dans l'eau est d'autant plus importante que la concentration initiale en acide est faible.*

2. a) Établissons un tableau d'avancement de la transformation chimique en concentrations.

mol · L^{-1}	$HCOOH_{(aq)}$	$+ HSO^-_{3(aq)}$	$= HCOO^-_{(aq)}$	$+ H_2SO_{3(aq)}$
$t = 0$	c	c	0	0
t_f	$c - x_f$	$c - x_f$	x_f	x_f

Dans l'état final d'équilibre : $K° = \dfrac{[HCOO^-]_{éq}[H_2SO_3]_{éq}}{[HCOOH]_{éq}[HSO_3^-]_{éq}} = \dfrac{{x_f}^2}{(c - x_f)^2}$. La résolution de cette équation à l'aide du solveur de la calculatrice, avec $K°(25°C) = 10^2$ et $c = 1,00 \cdot 10^{-1}$ mol · L^{-1} conduit à : $x_f = 9,09 \cdot 10^{-2}$ mol · L^{-1}. D'autre part, $x_{max} = c = 1,00 \cdot 10^{-1}$ mol · L^{-1}. Finalement : $\boxed{\tau_f = 0,909}$. $\tau_f < 1$ donc la transformation chimique est limitée.

b) On résout à présent l'équation : $K° = \dfrac{{x_f}^2}{(c - x_f)(10c - x_f)}$. On trouve $x_f = 9,99 \cdot 10^{-2}$ mol · L^{-1} et $\boxed{\tau_f = 0,999}$. La transformation chimique est totale.

✎ *On voit qu'un excès de l'un des réactifs favorise la transformation chimique.*

3. Les résultats précédents mettent en évidence l'influence non négligeable de la composition initiale du système sur l'avancement final d'une transformation chimique. Ainsi, la valeur de la constante d'équilibre $K°$ associée à une équation de réaction n'est pas un critère suffisant pour prévoir le caractère total ou limité d'une transformation chimique.

Exercice 14.4

1. Établissons un tableau d'avancement de la transformation chimique. On note respectivement n_0, n_1 et n_2 les quantités de matière initiales d'ions $Ca^{2+}_{(aq)}$, d'ions $HPO^{2-}_{4(aq)}$ et d'ammoniac NH_3.

mol	$5\,Ca^{2+}_{(aq)}$	$+\,3\,HPO^{2-}_{4(aq)}$	$+4\,NH_{3(aq)}$	$+H_2O_{(l)}$	$=Ca_5(PO_4)_3OH_{(s)}$	$+\,4\,NH^{+}_{4(aq)}$
$t=0$	n_0	n_1	n_3	excès	0	$2n_1$
t_f	$n_0-5\xi$	$n_1-3\xi$	$n_3-4\xi$	excès	ξ	$2n_1+4\xi$

⇨ *Méthode 14.2*

On souhaite préparer une quantité d'hydroxyapatite égale à 0,010 mol, soit : $\xi_f = 1,0\cdot 10^{-2}$ mol. La transformation chimique étant totale, il faut introduire au minimum : $n_0 = 5\xi_f = 5,0\cdot 10^{-2}$ mol d'ions $Ca^{2+}_{(aq)}$ et $n_1 = 3\xi_f = 3,0\cdot 10^{-2}$ mol d'ions $HPO^{2-}_{4(aq)}$.

Les masses de solide nécessaires sont : $m_{Ca(NO_3)_2} = n_{Ca^{2+}}\cdot M_{Ca(NO_3)_2}$ et $m_{(NH_4)_2HPO_4} = n_{HPO_4^{2-}}\cdot M_{(NH_4)_2HPO_4}$. AN $\boxed{m_{Ca(NO_3)_2} = 8,2\text{ g}}$ et $\boxed{m_{(NH_4)_2HPO_4} = 4,0\text{ g}}$.

2. $Ca_5(PO_4)_3OH_{(s)} = 5\,Ca^{2+}_{(aq)} + 3\,PO^{3-}_{4(aq)} + HO^{-}_{(aq)}$

3. Établissons un tableau d'avancement de la transformation chimique en concentrations. Un excès de solide est initialement introduit dans de l'eau. On note x l'avancement volumique de la transformation.

$mol\cdot L^{-1}$	$Ca_5(PO_4)_3OH_{(s)}$	$+\,3\,H_2O_{(l)}$	$=5\,Ca^{2+}_{(aq)}$	$+\,3\,HPO^{2-}_{4(aq)}$	$+4\,HO^{-}_{(aq)}$
$t=0$	excès	excès	0	0	0
t_f	excès	excès	$5x_f$	$3x_f$	$4x_f$

Dans l'état final d'équilibre :

$$K° = \frac{[Ca^{2+}]^5_{éq}[HPO_4^{2-}]^3_{éq}[HO^-]^4_{éq}}{(c°)^{12}} = \frac{(5x_f)^5(3x_f)^3(4x_f)^4}{(c°)^{12}} = 2,16\cdot 10^7\,\frac{x_f^{\,12}}{(c°)^{12}}\text{, soit :}$$

$x_f = c°\left(\dfrac{K°}{2,16\cdot 10^7}\right)^{1/12}$. AN $x_f = 1,5\cdot 10^{-6}$ mol·L⁻¹. La solubilité de l'hydroxyapatite est donc égale à : $\boxed{s = [Ca^{2+}]_{éq} = 5x_f = 7,3\cdot 10^{-6}\ mol\cdot L^{-1}}$.

✎ *Les calculs sont faits sur les valeurs numériques non arrondies.*

⇨ *Méthodes 14.2 et 14.3*

Exercice 14.5

1. La transformation chimique étudiée est une transformation d'oxydo-réduction, qui peut être modélisée par l'équation de réaction : $2\,Ag^+_{(aq)} + Cu_{(s)} = 2\,Ag_{(s)} + Cu^{2+}_{(aq)}$

Ag^+ et le cuivre solide, avec les nombres stœchiométriques entiers les plus petits possibles. On donne la valeur de la constante d'équilibre associée à cette équation à 25 °C : $K° = 2{,}2 \cdot 10^{15}$.

2. Dans l'état initial du système, $Q_{r,i} = \dfrac{a(Ag)_i^2 \cdot a(Cu^{2+})_i}{a(Ag^+)_i^2 \cdot a(Cu)_i} = \dfrac{[Cu^{2+}]_i \cdot c°}{[Ag^+]_i^2}$.

Calculons les concentrations initiales des ions Ag^+ et Cu^{2+} dans la solution :

$[Cu^{2+}]_i = \dfrac{c_2 V_2}{V_1 + V_2}$ et $[Ag^+]_i = \dfrac{c_1 V_1}{V_1 + V_2}$, soit $[Cu^{2+}]_i = 2{,}5 \cdot 10^{-2}\ mol \cdot L^{-1}$ et $[Ag^+]_i = 5{,}0 \cdot 10^{-2}\ mol \cdot L^{-1}$. On en déduit : $Q_{r,i} = 10 < K°$. D'après le critère d'évolution spontanée, le système évolue dans le sens direct de l'équation de réaction.

➪ Méthode 14.1

3. Établissons un tableau d'avancement de la transformation chimique.

mol	$2\,Ag^+_{(aq)}$	$+\,Cu_{(s)}$	$=2\,Ag_{(s)}$	$+Cu^{2+}_{(aq)}$
$t=0$	n_1	n_{Cu}	n_{Ag}	n_2
t_f	$n_1 - 2\xi_f$	$n_{Cu} - \xi_f$	$n_{Ag} + 2\xi_f$	$n_2 + \xi_f$

Les quantités de matière présentes dans l'état initial valent : $n_1 = 2{,}0 \cdot 10^{-3}$ mol ; $n_{Cu} = \dfrac{m_{Cu}}{M_{Cu}} = 1{,}6 \cdot 10^{-2}$ mol ; $n_{Ag} = \dfrac{m_{Ag}}{M_{Ag}} = 4{,}6 \cdot 10^{-3}$ mol et $n_2 = 1{,}0 \cdot 10^{-3}$ mol.

Pour l'équation étudiée, $K° = 2{,}2 \cdot 10^{15} > 10^4$. Considérons la transformation comme totale.

Ag^+ est le réactif limitant et $\xi_{max} = \dfrac{n_1}{2} = 1{,}0 \cdot 10^{-3}$ mol. On en déduit : $\boxed{n_{Cu,f} = 1{,}5 \cdot 10^{-2}\ mol}$; $\boxed{n_{Ag,f} = 6{,}6 \cdot 10^{-3}\ mol}$ et $\boxed{n_{Cu^{2+},f} = 3{,}0 \cdot 10^{-3}\ mol}$, soit $[Cu^{2+}]_f = 7{,}5 \cdot 10^{-2}\ mol \cdot L^{-1}$.

La concentration résiduelle en ions argent peut être calculée à partir de l'expression de la constante d'équilibre :

$K° = \dfrac{[Cu^{2+}]_f \cdot c°}{[Ag^+]_f{}^2} \Leftrightarrow [Ag^+]_f = \sqrt{\dfrac{[Cu^{2+}]_f \cdot c°}{K°}}$. AN $[Ag^+]_f = 5{,}8 \cdot 10^{-9}\ mol \cdot L^{-1}$.

Cette concentration est négligeable devant la concentration initiale en ions argent dans la solution. Il était donc cohérent de considérer la réaction comme totale.

La quantité de matière d'ions argent dans l'état final vaut : $\boxed{n_{Ag^+,f} = 2{,}3 \cdot 10^{-10}\ mol}$.

➪ Méthodes 14.2 et 14.3

Corrigé

Exercice 14.6

1. Par définition : $\boxed{K^\circ = \dfrac{a(Fe_2Cl_6)_{eq}}{a(FeCl_3)_{eq}{}^2} = \dfrac{P_{Fe_2Cl_6,eq} \cdot P^\circ}{P_{FeCl_3,eq}{}^2}}$.

2. Le quotient de réaction Q_r a un instant quelconque de la transformation vaut :

$$Q_r = \frac{P_{Fe_2Cl_6} \cdot P^\circ}{P_{FeCl_3}{}^2} = \frac{x_{Fe_2Cl_6} \cdot P_{tot} \cdot P^\circ}{\left(x_{FeCl_3} \cdot P_{tot}\right)^2} = \frac{\dfrac{n_{Fe_2Cl_6}}{n_{tot}}}{\left(\dfrac{n_{FeCl_3}}{n_{tot}}\right)^2} \frac{P^\circ}{P_{tot}}. \text{ AN } \boxed{Q_r = \frac{n_{Fe_2Cl_6} \cdot n_{tot}}{n_{FeCl_3}{}^2} \frac{P^\circ}{P_{tot}}}.$$

À l'instant initial : $n_{Fe_2Cl_6,i} = n_{FeCl_3,i} = n_1$, $n_{tot,i} = 2n_1$ et $P_{tot} = 2$ bar . AN $\boxed{Q_{r,i} = 1}$.

3. $Q_{r,i} \neq K^\circ_1(T_2)$ donc initialement le système n'est pas à l'équilibre thermodynamique. De plus, comme $Q_{r,i} < K^\circ_1(T_2) = 20{,}8$, le système évolue spontanément dans le sens direct de l'équation de réaction.

⇨ *Méthode 14.1*

Exercice 14.7

1. Établissons un tableau d'avancement de la transformation chimique en concentrations.

$mol \cdot L^{-1}$	$Hb_{(aq)}$	$+ O_{2(aq)}$	$= HbO_{2(aq)}$
$t = 0$	c	$[O_2]_i$	0
t_f	$c - x_f$	$[O_2]_i - x_f$	x_f

La concentration molaire initiale des sous-unités d'hémoglobine dans le sang est égale à :
$c = \dfrac{m}{M(Hb) \cdot V}$, soit $c = 9{,}4 \cdot 10^{-3}\, mol \cdot L^{-1}$. Dans l'état final d'équilibre, on a :

$K_1 = \dfrac{[HbO_2]_f \cdot c^\circ}{[Hb]_f \cdot [O_2]_f} = \dfrac{x_f}{(c - x_f)([O_2]_i - x_f)}$. La résolution de cette équation à l'aide du solveur de la calculatrice donne : $x_f = 9{,}1 \cdot 10^{-3}\, mol \cdot L^{-1}$, soit une concentration finale en sous-unités d'oxyhémoglobine égale à $\boxed{[HbO_2]_f = 9{,}1 \cdot 10^{-3}\, mol \cdot L^{-1}}$ dans le sang.

⇨ *Méthodes 14.2 et 14.3*

2. Calculons le quotient de réaction associé à l'équation **(1)** après la chute de la concentration en dioxygène dans le sang. $Q_r = \dfrac{[HbO_2] \cdot c^\circ}{[Hb] \cdot [O_2]} = \dfrac{9{,}1 \cdot 10^{-3}}{2{,}8 \cdot 10^{-4} \cdot 3{,}6 \cdot 10^{-5}}$, soit $Q_r = 9{,}0 \cdot 10^5 > K_1$.

D'après le critère d'évolution spontanée, le système évolue dans le sens indirect de l'équation de réaction, c'est-à-dire dans la sens de la libération de dioxygène par l'oxyhémoglobine.

✎ *Le calcul de Q_r n'était pas indispensable. Comme seule la concentration en dioxygène dissous a diminué, à partir d'un état d'équilibre, il est évident que $Q_r > K_1$ après cette diminution d'après l'expression de Q_r.*

⇨ *Méthode 14.1*

3. a) Il s'agit d'une transformation acido-basique, modélisée par la réaction d'équation :

$$CO_2,H_2O_{(aq)} + H_2O_{(l)} = HCO^-_{3(aq)} + H_3O^+_{(aq)}$$

b) La dissolution du dioxyde de carbone dans le sang libère des ions oxonium $H_3O^+_{(aq)}$ d'après l'équation précédente. Donc $[H_3O^+]$ augmente dans le sang, et $pH = -\log[H_3O^+]$ diminue.

c) Les ions H_3O^+ libérés par la réaction d'équation **(2)** peuvent réagir sur l'oxyhémoglobine HbO_2 selon l'équation **(3)**. La transformation modélisée par la réaction d'équation **(3)** est ainsi favorisée : les ions H_3O^+ permettent la libération du dioxygène nécessaire à l'effort musculaire. Comme les ions H_3O^+ sont consommés par cette transformation, la diminution du pH sanguin liée à la dissolution de CO_2 est limitée.

4. La constante d'équilibre associée à l'équation **(4)** a pour expression : $K_4 = \dfrac{[HbCO]_{éq} \cdot c°}{[Hb]_{éq}[CO]_{éq}} \Leftrightarrow \dfrac{[HbCO]_{éq}}{[Hb]_{éq}} = K_4 \dfrac{[CO]_{éq}}{c°}$. AN $\dfrac{[HbCO]_{éq}}{[Hb]_{éq}} = 1{,}5 \cdot 10^4$. Cette valeur est comprise entre $1{,}1 \cdot 10^4$ et $2{,}6 \cdot 10^4$, la personne ayant respiré l'air pollué doit ressentir des maux de tête.

5. $K_5 = \dfrac{[HbCO]_{éq} \cdot [O_2]_{éq}}{[HbO_2]_{éq}[CO]_{éq}}$. Comme $K_1 = \dfrac{[HbO_2]_f \cdot c°}{[Hb]_f \cdot [O_2]_f}$ et $K_4 = \dfrac{[HbCO]_{eq} \cdot c°}{[Hb]_{eq}[CO]_{eq}}$, on en déduit $\boxed{K_5 = \dfrac{K_4}{K_1}}$. AN $\boxed{K_5 = 2{,}5 \cdot 10^2}$.

6. Considérons l'équilibre **(5)** établi pour la personne empoisonnée au monoxyde de carbone. Le caisson hyperbare a pour effet d'augmenter la concentration de dioxygène dissous dans le sang. Dans ces conditions, le quotient de réaction $Q_{r,5}$ augmente et devient supérieur à K_5. D'après le critère d'évolution spontanée, le système évolue donc dans le sens indirect de l'équation **(5)**, ce qui permet la libération du monoxyde de carbone par l'hémoglobine au profit du transport de dioxygène dans le sang.

⇨ *Méthode 14.1*

Exercice 14.8

1. Les quantités de matière des réactifs valent dans l'état initial: $n_{CH_3COOH,i} = \dfrac{\rho_{CH_3COOH} \cdot V_{CH_3COOH}}{M_{CH_3COOH}}$ et $n_{C_4H_{10}O,i} = \dfrac{\rho_{C_4H_{10}O} \cdot V_{C_4H_{10}O}}{M_{C_4H_{10}O}}$.

AN $\boxed{n_{CH_3COOH,i} = 1{,}01 \text{ mol}}$; $\boxed{n_{C_4H_{10}O,i} = 1{,}01 \text{ mol}}$.

✎ *Les deux réactifs ont été introduits dans les proportions stœchiométriques.*

Corrigé

2. Le quotient de réaction associé à l'équation d'estérification a pour expression : $Q_r = \dfrac{n_{ester} \cdot n_{eau}}{n_{CH_3COOH} \cdot n_{C_4H_{10}O}}$. À la date $t = 30$ min, les quantités de matière des différentes espèces chimiques sont : $n_{CH_3COOH} = 0,742$ mol ; $n_{C_4H_{10}O} = 0,742$ mol ; $n_{ester} = n_{eau} = 0,248$ mol.

AN $\boxed{Q_r = 0,11}$. Comme $Q_r \neq K° = 4$, le système n'a pas encore atteint un état d'équilibre après 30 min de transformation.

3. Si on laisse la transformation se poursuivre jusqu'à ce que le système atteigne l'état d'équilibre (le rendement sera alors maximal), on a dans l'état final :

$$K° = \frac{n_{ester,f} \cdot n_{eau,f}}{n_{CH_3COOH,f} \cdot n_{C_4H_{10}O,f}} = \frac{\xi_f{}^2}{(n_0 - \xi_f)^2} \Leftrightarrow \xi_f = \frac{n_0 \cdot \sqrt{K°}}{1 + \sqrt{K°}}. \text{ AN } \xi_f = 0,673 \text{ mol}.$$

Si la réaction était totale, on aurait : $\xi_{max} = n_0 = 1,01$ mol. Le rendement maximal est donc égal à : $\boxed{r = \dfrac{\xi_f}{\xi_{max}} = 0,667}$.

⇨ *Méthode 14.3*

4. a) Le mélange réactionnel est chauffé à reflux : le facteur cinétique température est mis en jeu. Le chauffage permet d'accélérer la transformation chimique. L'ajout d'acide sulfurique permet de catalyser la réaction.

b) Supposons que le système est initialement à l'équilibre. D'après l'expression du quotient de réaction $Q_r = \dfrac{n_{ester} \cdot n_{eau}}{n_{CH_3COOH} \cdot n_{C_4H_{10}O}}$, un ajout de l'un des réactifs entraîne une diminution de Q_r, qui devient alors inférieur à la constante d'équilibre $K°$. Le système évolue alors dans le sens direct de l'équation de réaction : l'estérification est favorisée, le rendement de la synthèse sera plus élevé. L'élimination de l'un des produits au cours de la transformation entraîne de la même façon une diminution de Q_r et a aussi pour conséquence une augmentation du rendement .

⇨ *Méthode 14.1*

Exercice 14.9

1. Par définition : $\boxed{K° = \dfrac{P_{CO,éq} \cdot P^3_{H_2,éq}}{P_{CH_4,éq} \cdot P_{H_2O,éq} \cdot (P°)^2}}$.

2. Le quotient de réaction Q_r a un instant quelconque de la transformation vaut :

$$Q_r = \frac{P_{CO} \cdot P_{H_2}{}^3}{P_{CH_4} \cdot P_{H_2O} \cdot (P°)^2} = \frac{x_{CO} \cdot x_{H_2}{}^3 \cdot P_{tot}{}^2}{x_{CH_4} \cdot x_{H_2O} \cdot (P°)^2} = \frac{n_{CO} \cdot n_{H_2}{}^3}{n_{CH_4} \cdot n_{H_2O} \cdot n_{tot}{}^2}\left(\frac{P_{tot}}{P°}\right)^2.$$

À l'instant initial : $n_{CH_4,i} = 10$ mol, $n_{H_2O,i} = 30$ mol, $n_{CO,i} = 5$ mol, $n_{H_2,i} = 15$ mol et $n_{tot,i} = 60$ mol. De plus $P_{tot} = 10$ bar. AN $\boxed{Q_{r,i} = 1,6}$.

3. $Q_{r,i} \neq K° = 15$ donc initialement le système n'est pas à l'équilibre thermodynamique.

4. $Q_{r,i} < K°$ donc le système évolue spontanément dans le sens direct de l'équation de réaction.

⇨ *Méthode 14.1*

5. Dans le nouvel état initial, $Q_{r,i} = 0 < K°$ (car seuls les réactifs sont présents initialement), donc le système évolue spontanément dans le sens direct de l'équation de réaction.
Établissons un tableau d'avancement de la transformation chimique.

mol	$CH_{4(g)}$	$+H_2O_{(g)}$	$= CO_{(g)}$	$+3\,H_{2(g)}$	n_{tot}
$t = 0$	10	10	0	0	20
t_f	$10 - \xi_f$	$10 - \xi_f$	ξ_f	$3\xi_f$	$20 + 2\xi_f$

Dans l'état final d'équilibre : $K° = \dfrac{n_{CO,éq} \cdot n^3_{H_2,éq}}{n_{CH_4,éq} \cdot n_{H_2O,éq} \cdot n^2_{tot,éq}} \left(\dfrac{P_{tot}}{P°}\right)^2 = \dfrac{\xi_f \cdot (3\xi_f)^3}{(10-\xi_f)^2 \cdot (20+2\xi_f)^2} \left(\dfrac{10}{1}\right)^2$

soit $K° = \dfrac{675\xi_f{}^4}{\left(100-\xi_f{}^2\right)^2} \Leftrightarrow \dfrac{\xi_f{}^2}{100-\xi_f{}^2} = \sqrt{\dfrac{K°}{675}} \Leftrightarrow \xi_f = \sqrt{\dfrac{100\sqrt{\dfrac{K°}{675}}}{1+\sqrt{\dfrac{K°}{675}}}}$. AN $\boxed{\xi_f = 3{,}6 \text{ mol}}$.

On en déduit la composition du système dans l'état final :
$\boxed{n_{CH_4,f} = 6{,}4 \text{ mol}}$, $\boxed{n_{H_2O,f} = 6{,}4 \text{ mol}}$, $\boxed{n_{CO,f} = 3{,}6 \text{ mol}}$, $\boxed{n_{H_2,i} = 10{,}8 \text{ mol}}$.

⇨ *Méthodes 14.2 et 14.3*

Corrigé

Chapitre 15
Cinétique chimique

Le chimiste suédois Svante **Arrhenius**, alors âgé de 24 ans, s'est fait connaître au monde scientifique en contredisant l'hypothèse de **Faraday** selon laquelle les électrolytes ne se dissocient qu'au passage d'un courant électrique. Pour cette découverte, il obtient le prix Nobel de chimie en 1903 puis devient le directeur de l'institut Nobel. Humaniste, homme de culture, Arrhenius s'intéresse à tous les domaines de la science comme la géologie, l'astronomie ou la météorologie. Sa défense de la théorie de la panspermie, selon laquelle l'origine de la vie sur notre planète proviendrait de micro-organismes d'origine extra-terrestre, connut à son époque un écho important.

Svante Arrhenius
1859-1927

Objectifs

Ce qu'il faut connaître

▷ La définition des vitesses de réaction, de formation, de disparition

▷ La loi d'Arrhenius

▷ La définition du temps de demi-réaction

▷ La notion d'ordre d'une réaction

Ce qu'il faut savoir faire

▷ Établir la loi de vitesse d'une réaction

▷ Déterminer la vitesse de réaction à différentes dates en utilisant une méthode numérique ou graphique

▷ Établir la dépendance de la vitesse de réaction par rapport à la température et utiliser la loi d'Arrhenius pour calculer l'énergie d'activation d'une réaction

▷ Déterminer un ordre de réaction à l'aide de plusieurs méthodes

Résumé de cours

Vitesse de réaction

Vitesse volumique de la réaction

On restreint le cadre de l'étude au cas d'un réacteur fermé de composition uniforme.

Pour une transformation chimique modélisée par une réaction unique d'équation $\sum_i \nu_i A_i = 0$ (ν_i étant le nombre stœchiométrique algébrique du constituant A_i), la vitesse volumique de la réaction est définie par : $\boxed{v = \dfrac{1}{V}\dfrac{d\xi}{dt}}$ (en $mol \cdot L^{-1} \cdot s^{-1}$) où ξ est l'avancement de la transformation et V le volume du système.

On a $v = \dfrac{1}{\nu_i}\dfrac{1}{V}\dfrac{dn_{A_i}}{dt}$ et pour un système isochore (de volume V constant) : $\boxed{v = \dfrac{1}{\nu_i}\dfrac{d[A_i]}{dt}}$.

Vitesse de disparition, de formation

On définit aussi : la vitesse volumique de disparition de A_i $\boxed{v_{d,A_i} = -\dfrac{d[A_i]}{dt}}$;

la vitesse volumique de formation de A_i $\boxed{v_{f,A_i} = \dfrac{d[A_i]}{dt}}$.

Facteurs cinétiques

Concentrations

De façon générale, la vitesse de la réaction augmente avec la concentration des réactifs.

– Si la réaction d'équation $\sum_i \nu_i A_i = 0$ admet un **ordre**, la vitesse de réaction s'écrit sous la forme : $v = k \times \prod_{i,\text{réactifs}} [A_i]^{\alpha_i}$. $\left(v = k[O_2]^{\alpha}[H_2O]^{\beta}\right)$

α_i est appelé **ordre partiel** de la réaction par rapport à A_i : c'est un nombre déterminé expérimentalement (à ne pas confondre avec le coefficient stœchiométrique).

La somme des ordres partiels $\sum_i \alpha_i$ constitue l'**ordre global** de la réaction.

k est la **constante de vitesse** de la réaction, dont l'unité dépend de l'ordre global de la réaction.

– Si la réaction n'admet pas d'ordre, on peut écrire $v = k \times f([A_i])$ où $f([A_i])$ est une fonction des concentrations des constituants du système, mais qui ne s'exprime pas comme un monôme des concentrations.

Remarque

Une réaction qui ne possède pas d'ordre courant (à chaque instant t quelconque de la transformation) peut posséder un ordre initial (à $t = 0$).

❑ Température

De façon générale, la vitesse de la réaction augmente avec la température.

La constante de vitesse k de la réaction ne dépend que de la température selon la loi d'Arrhenius : $k = A\exp\left(-\frac{E_a}{RT}\right)$ ou sous forme différentielle $\frac{\mathrm{d}\ln k}{\mathrm{d}T} = \frac{E_a}{RT^2}$

avec A le facteur préexponentiel, de même dimension que k

E_a l'**énergie** (molaire) **d'activation** de la réaction (en $J \cdot mol^{-1}$).

⇨ **Méthode 15.7. Utilisation de la loi d'Arrhenius**

■ Lois de vitesse

❑ Réactions d'ordre simple

Réaction d'équation $|\nu_A| A \rightarrow$ produits

– Ordre 0 : $-\frac{1}{|\nu_A|}\frac{\mathrm{d}[A]}{\mathrm{d}t} = k$ d'où $[A] = [A]_0 - |\nu_A| k t$.

– Ordre 1 : $-\frac{1}{|\nu_A|}\frac{\mathrm{d}[A]}{\mathrm{d}t} = k[A]$ d'où $\ln[A] = \ln[A]_0 - |\nu_A| k t$ ou $[A] = [A]_0 \times e^{-|\nu_A| k t}$.

– Ordre 2 : $-\frac{1}{|\nu_A|}\frac{\mathrm{d}[A]}{\mathrm{d}t} = k[A]^2$ d'où $\frac{1}{[A]} - \frac{1}{[A]_0} = |\nu_A| k t$.

Réaction d'équation $|\nu_A| A + |\nu_B| B \rightarrow$ produits

– Dans le cas général : $-\frac{1}{|\nu_A|}\frac{\mathrm{d}[A]}{\mathrm{d}t} = k[A]^\alpha [B]^\beta$.

Dans certaines conditions initiales, l'expression de la loi de vitesse peut se simplifier.

⇨ **Méthode 15.1. Cas de réactifs introduits dans les proportions stœchiométriques**

⇨ **Méthode 15.2. Méthode de dilution d'Ostwald**

❑ Temps de demi-réaction

Il est défini comme le temps $t_{1/2}$ au bout duquel la moitié de l'avancement final est atteint.

Pour une réaction totale d'équation $|\nu_A| A \rightarrow$ produits, la dépendance de $t_{1/2}$ par rapport à la concentration initiale est caractéristique de l'ordre de la réaction.

– Ordre 0 : $t_{1/2} = \frac{[A]_0}{2|\nu_A| k}$ (proportionnel à $[A]_0$).

– Ordre 1 : $t_{1/2} = \dfrac{\ln 2}{|\nu_A| k}$ (indépendant de $[A]_0$).

– Ordre 2 : $t_{1/2} = \dfrac{1}{|\nu_A| k [A]_0}$ (inversement proportionnel à $[A]_0$).

Remarque

Le temps de demi-réaction est aussi égal à la durée nécessaire pour qu'une certaine quantité de matière de réactif limitant soit divisée par deux.

❑ Temps de demi-vie d'un nucléide radioactif

La désintégration des nucléides radioactifs est un processus d'ordre 1, dont la constante de vitesse λ, spécifique au nucléide étudié, est appelée **constante radioactive**. La loi de décroissance radioactive $N(t) = N_0 \times e^{-\lambda t}$ permet de déterminer le nombre $N(t)$ de noyaux restants à une date t dans un échantillon. Le temps de demi-vie du radionucléide est défini comme le temps $t_{1/2}$ au bout duquel la moitié de la population initiale de noyaux dans un échantillon s'est désintégrée.

■ Méthodes expérimentales de suivi cinétique

❑ Classification des méthodes

L'objectif en cinétique est généralement de déterminer les ordres d'une réaction à partir de relevés expérimentaux.

⇨ **Méthode 15.3. Méthode différentielle**
⇨ **Méthode 15.4. Méthode intégrale**
⇨ **Méthode 15.5. Méthode des temps de demi-réaction**

Le suivi expérimental de la cinétique d'une réaction peut s'effectuer grâce à deux types de méthodes.

– Les méthodes chimiques consistent à suivre la concentration d'une espèce chimique du mélange réactionnel par prélèvements successifs et titrages.

– Les méthodes physiques consistent à suivre la concentration d'une espèce chimique du mélange réactionnel en continu, à partir de la mesure d'une grandeur physique : spectrophotométrie, conductimétrie, pH-métrie, mesure de pression, etc.

❑ Spectrophotométrie

Lorsque le mélange réactionnel contient une espèce qui absorbe dans le domaine de longueurs d'onde considéré, on peut suivre l'évolution de sa concentration au cours du temps grâce à un suivi de l'absorbance A à une longueur d'onde donnée.

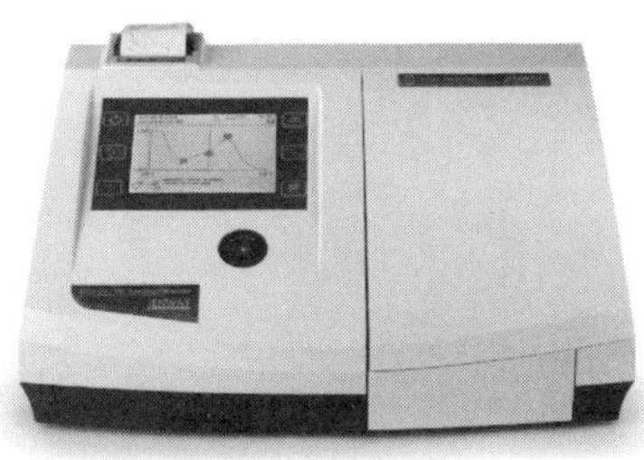

Loi de Beer-Lambert

$\boxed{A = \varepsilon_\lambda \times l \times c}$ où A est l'**absorbance** de l'échantillon (sans dimension), ε_λ le coefficient d'absorption molaire de l'espèce qui absorbe (en $L \cdot mol^{-1} \cdot m^{-1}$), l la longueur de la cuve du spectrophotomètre et c la concentration molaire de l'espèce qui absorbe dans l'échantillon.

Remarques

– La longueur d'onde choisie pour l'étude est généralement la longueur d'onde du maximum d'absorption de l'espèce étudiée.
– La loi de Beer-Lambert est additive : si plusieurs espèces i absorbent à la longueur d'onde d'étude, l'absorbance est $A = \sum_i \varepsilon_{\lambda,i} \times l \times c_i$.

❑ Conductimétrie

Lorsque le mélange réactionnel contient des espèces ioniques et que la concentration d'au moins un ion varie, on peut suivre l'évolution de l'avancement de la transformation chimique grâce à un suivi de la **conductance** G ou de la **conductivité** σ de la solution électrolytique.

La conductance G s'exprime en siemens (S), la conductivité σ en $S \cdot m^{-1}$.

La conductivité de la solution s'écrit : $\boxed{\sigma = \sum_{i,\text{ions}} \lambda_i \times c_i}$

où λ_i est la conductivité ionique molaire de l'ion i (en $S \cdot m^2 \cdot mol^{-1}$) et c_i la concentration molaire de l'ion i en solution (en $mol \cdot m^{-3}$).

G et σ sont reliées par $G = k_{\text{cell}} \times \sigma$, où k_{cell} est la constante de cellule de la sonde du conductimètre (en m).

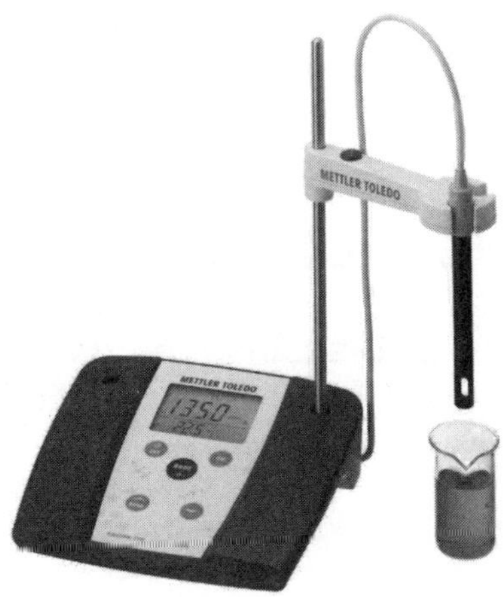

⇨ **Méthode 15.6. Relier la grandeur mesurée à la concentration des réactifs**

■ Comment exploiter les conditions initiales pour simplifier une loi de vitesse ?

❑ Méthode 15.1. Cas de réactifs introduits dans les proportions stœchiométriques

– Vérifier que les réactifs ont été introduits dans les proportions stœchiométriques à partir des valeurs des concentrations initiales ; en déduire la relation qui lie ces concentrations à chaque instant.
– Faire apparaître dans l'expression de la vitesse une seule des concentrations : l'ordre global doit alors apparaître en exposant de cette concentration.

➩ **Exercices 15.6, 15.7, 15.9**

On suppose que la réaction de substitution de l'iodoéthane par les ions hydroxyde, d'équation :

$$C_2H_5I + HO^- = C_2H_5OH + I^-$$

admet des ordres partiels par rapport à chacun des réactifs. La vitesse est donc de la forme :

$$v = k \cdot [C_2H_5I]^\alpha [HO^-]^\beta .$$

Considérons une expérience où l'iodoéthane et les ions hydroxyde ont été introduits à la même concentration initiale c_0 = 0,010 mol·L^{-1} : alors $[C_2H_5I]_0 = [HO^-]_0 = c_0$, et à chaque instant de la transformation, d'après le tableau d'avancement, $[C_2H_5I] = [HO^-]$.
L'expression de v devient dans ces conditions : $v = k \times [C_2H_5I]^{\alpha+\beta}$.
On peut alors déterminer $\alpha + \beta$ à l'aide des méthodes 15.3 à 15.5.

❑ Méthode 15.2. Méthode de dilution d'Ostwald

– Vérifier que l'un des réactifs a été introduit en large excès dans le mélange réactionnel à partir des valeurs des concentrations initiales : on peut alors considérer que sa concentration reste à peu près constante au cours du temps.
– Faire apparaître dans l'expression de la vitesse une constante de vitesse apparente k_{app} contenant la ou les concentrations qui ne varient pas. On se ramène alors à la détermination d'un seul ordre partiel.

➩ **Exercices 15.5, 15.7, 15.9**

On étudie la même réaction que précédemment. Considérons une expérience où le mélange réactionnel contient initialement des ions hydroxyde à la concentration $[HO^-]_0 = 0{,}35$ mol·L^{-1} et de l'iodoéthane à la concentration $[C_2H_5I]_0 = 0{,}010$ mol·L^{-1}.

On constate que $[HO^-]_0 >> [C_2H_5I]_0$: les ions hydroxyde ont été introduits en large excès par rapport à l'iodoéthane. Alors leur concentration variera peu au cours de la transformation et $[HO^-] \approx [HO^-]_0$, il y a dégénérescence de l'ordre par rapport aux ions hydroxyde.

L'expression de v devient dans ces conditions : $v = k_{app} \cdot [C_2H_5I]^{\alpha}$ avec $k_{app} = k \cdot [HO^-]_0^{\beta}$.

On peut alors déterminer α à l'aide des méthodes 15.3 à 15.5.

Comment déterminer un ordre partiel ou global d'une réaction ?

On considère dans les méthodes 15.3 à 15.5 la réaction d'équation : $|\nu_A| A \rightarrow$ produits, dont la vitesse s'écrit : $v = k \cdot [A]^{\alpha}$.

❑ Méthode 15.3. Méthode différentielle

La loi de vitesse peut être linéarisée sous la forme : $\ln v = \ln k + \alpha \ln[A]$.
À partir de plusieurs couples de valeurs $([A], v)$ obtenus expérimentalement, tracer la courbe $\ln v = f(\ln[A])$ (on pourra utiliser une régression linéaire) : le coefficient directeur de la droite obtenue est égal à α.

⇨ **Exercices 15.5, 15.6**

On souhaite déterminer l'ordre de la réaction de décomposition du pentaoxyde de diazote N_2O_5, d'équation :

$$N_2O_{5(g)} = N_2O_{4(g)} + \frac{1}{2} O_{2(g)}$$

La vitesse s'écrit : $v = k \cdot [N_2O_5]^{\alpha}$ soit $\ln v = \ln k + \alpha \ln[N_2O_5]$.

On a obtenu, à 298 K, les résultats suivants :

$[N_2O_5]$ ($\times 10^{-4}$ mol·L^{-1})	2,00	4,00	6,00	8,00	10,0
v ($\times 10^{-8}$ mol·L^{-1}·s^{-1})	0,680	1,36	2,04	2,72	3,40

(Ces valeurs de v à différents instants de la réaction peuvent être déterminées graphiquement à partir de la courbe $[N_2O_5] = f(t)$.)

Faisons une régression linéaire de $\ln v = f(\ln[N_2O_5])$ à partir des valeurs du tableau.

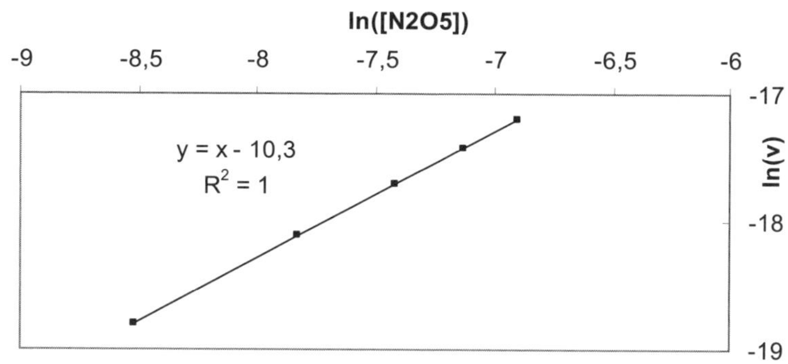

On obtient une droite dont la pente nous fournit : $\boxed{\alpha = 1}$.

❑ Méthode 15.4. Méthode intégrale

– Écrire la loi de vitesse correspondant à l'ordre de réaction que l'on souhaite vérifier (0, 1 ou 2).
– Intégrer la loi de vitesse.
– Identifier la fonction de [A] qui est une fonction affine du temps.
– Tracer la courbe correspondante à partir de plusieurs couples de valeurs (t,[A]) obtenus expérimentalement. S'il s'agit d'une droite, l'hypothèse sur l'ordre est vérifiée.
– La valeur de la constante de vitesse de la réaction peut être déterminée à partir du coefficient directeur de la droite.

⇨ **Exercices 15.4, 15.7, 15.10**

On souhaite vérifier que la réaction de décomposition du pentaoxyde de diazote N_2O_5 d'équation $N_2O_{5(g)} = N_2O_{4(g)} + \frac{1}{2}O_{2(g)}$ est d'ordre 1.

On a obtenu, à 298 K, les résultats suivants :

t (min)	0	60	120	180	240
$[N_2O_5]$ ($\times 10^{-4}$ mol·L^{-1})	10,0	8,75	7,66	6,71	5,87

Si la réaction est d'ordre 1, la vitesse s'écrit : $v = k \cdot [N_2O_5]$.

Intégrons la loi de vitesse :

$$v = -\frac{d[N_2O_5]}{dt} = k \cdot [N_2O_5] \Leftrightarrow -\frac{d[N_2O_5]}{[N_2O_5]} = k\,dt \text{ d'où } -\int_{[N_2O_5]_0}^{[N_2O_5]} \frac{d[N_2O_5]}{[N_2O_5]} = k\int_0^t dt$$

soit $\ln[N_2O_5] = -k \cdot t + \ln[N_2O_5]_0$.

Faisons une régression linéaire de $\ln[N_2O_5] = f(t)$ à partir des valeurs du tableau.

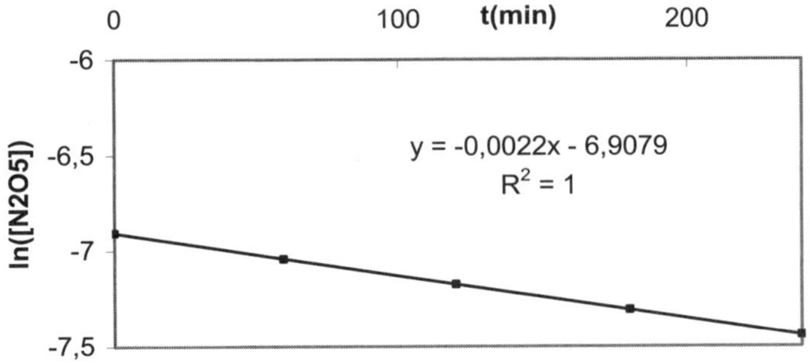

On obtient une droite (coefficient de corrélation $R^2 = 1$) donc la réaction est bien d'ordre 1. La constante de vitesse de la réaction est ici égale à l'opposé du coefficient directeur de la droite : $\boxed{k = 2{,}2 \cdot 10^{-3}\ \text{min}^{-1}}$.

❑ Méthode 15.5. Méthode des temps de demi-réaction

Si le temps de demi-réaction est indépendant de $[A]_0$, on a directement $\alpha = 1$. S'il dépend de $[A]_0$ on procède de la façon suivante.

– Faire une hypothèse sur l'ordre de la réaction (0 ou 2).
– Obtenir l'expression de $t_{1/2}$ en fonction de $[A]_0$.
– Vérifier graphiquement la dépendance du temps de demi-réaction $t_{1/2}$ par rapport à la concentration initiale en réactif $[A]_0$ à partir de plusieurs couples de valeurs $([A]_0, t_{1/2})$, et conclure sur l'ordre de la réaction.

Remarque : il est aussi possible, si $\alpha \neq 1$, de tracer la courbe $\ln t_{1/2} = f(\ln[A]_0)$. Il s'agit d'une droite dont le coefficient directeur est égal à $(1 - \alpha)$.

⇨ **Exercices 15.8, 15.9**

On suppose que la réaction de décomposition du dioxyde d'azote NO_2, d'équation :

$$NO_{2(g)} = NO_{(g)} + \frac{1}{2} O_{2(g)}$$

admet un ordre. La vitesse s'écrit donc : $v = k \cdot [NO_2]^{\alpha}$.

Plusieurs expériences, menées à 300 °C, ont permis d'obtenir les résultats suivants :

$[NO_2]_0$ ($\times 10^{-3}$ mol·L^{-1})	2,0	5,0	8,0	12	15
$t_{1/2}$ (s)	480	190	120	81	64

On constate que la valeur du temps de demi-réaction dépend de $[NO_2]_0$.

Supposons que $\alpha = 2$. On montre à partir de la loi de vitesse : $t_{1/2} = \dfrac{1}{k \times [A]_0}$.

Faisons une régression linéaire de $t_{1/2} = f\left(\frac{1}{[NO_2]_0}\right)$ à partir des valeurs du tableau.

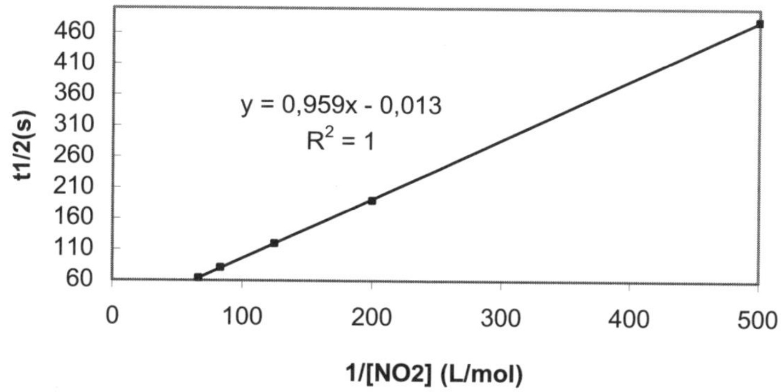

On obtient une droite (coefficient de corrélation $R^2 = 1$) donc l'hypothèse sur l'ordre 1 est vérifiée.

Si on dispose expérimentalement de la courbe $[NO_2] = f(t)$, on peut déterminer les valeurs de $t_{1/2}$ à différents instants de la réaction, pour différentes valeurs de concentrations initiales. La méthode précédente peut alors être appliquée.

■ Comment exploiter des relevés expérimentaux (absorbance, conductivité) pour vérifier une loi de vitesse ?

❑ Méthode 15.6. Relier la grandeur mesurée à la concentration des réactifs

– Relier la grandeur étudiée aux concentrations des espèces présentes dans le milieu réactionnel ou à l'avancement volumique de la réaction.
– Donner l'expression de la grandeur à différents instants : à la date $t = 0$, à la date t, au bout d'un temps infini.
– Exprimer l'équation horaire en fonction de la grandeur expérimentale. On peut alors exploiter les relevés expérimentaux.

⇨ **Exercices 15.4, 15.7**

La vitesse de la réaction d'hydrolyse du chlorure de tertiobutyle, d'équation :

$$(CH_3)_3CCl + H_2O \rightarrow (CH_3)_3COH + H^+ + Cl^-$$

peut s'écrire : $v = k \times [(CH_3)_3CCl]$.

L'intégration de la loi de vitesse entre les dates $t = 0$ et t conduit à : $\ln\frac{[(CH_3)_3CCl]}{[(CH_3)_3CCl]_0} = -k \times t$.

À $t = 0$, on introduit quelques millilitres de chlorure de tertiobutyle dans un grand volume d'eau ; la concentration initiale en chlorure de tertiobutyle dans la solution est notée c_0.

	$(CH_3)_3CCl$	$+ H_2O$	$\rightarrow (CH_3)_3COH$	$+ H^+$	$+ Cl^-$
$t = 0$	c_0	excès	0	0	0
t	$c_0 - x$	excès	x	x	x
$t \to \infty$	0	excès	c_0	c_0	c_0

L'équation horaire devient : $\ln \frac{c_0 - x}{c_0} = -k \times t$.

En négligeant la contribution des ions de l'eau à la conductivité de la solution, on peut écrire :
$\sigma(t) = \lambda_{H^+} \times x + \lambda_{Cl^-} \times x = (\lambda_{H^+} + \lambda_{Cl^-}) \times x$ et $\sigma_\infty = \lambda_{H^+} \times c_0 + \lambda_{Cl^-} \times c_0 = (\lambda_{H^+} + \lambda_{Cl^-}) \times c_0$.

On constate que $\frac{\sigma_\infty - \sigma(t)}{\sigma_\infty} = \frac{c_0 - x}{c_0}$, d'où $\boxed{\ln \frac{\sigma_\infty - \sigma(t)}{\sigma_\infty} = -k \times t}$.

■ Comment déterminer l'énergie d'activation d'une réaction ?

❑ Méthode 15.7. Utilisation de la loi d'Arrhenius

Si l'énergie d'activation est indépendante de la température, on a : $\ln k = -\frac{E_a}{RT} + \ln A$. On trace donc la courbe $\ln k = f\left(\frac{1}{T}\right)$, à partir de plusieurs couples de valeurs (T, k) obtenus expérimentalement : le coefficient directeur de la droite obtenue est égal à $-\frac{E_a}{R}$.

⇨ **Exercice 15.11**

On dispose des données suivantes pour la réaction de conversion du cyclopropane en propène :

T (K)	750	800	850	900
k (s^{-1})	$1{,}8 \cdot 10^{-4}$	$2{,}7 \cdot 10^{-3}$	$3{,}0 \cdot 10^{-2}$	$2{,}6 \cdot 10^{-1}$

Faisons une régression linéaire de $\ln k = f\left(\frac{1}{T}\right)$ à partir des valeurs du tableau.

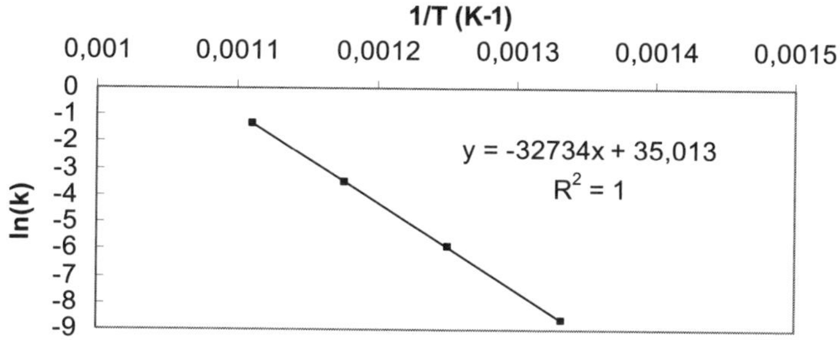

On obtient une droite de coefficient directeur $-\dfrac{E_a}{R} = -32700\ \text{K}$ d'où $\boxed{E_a = 272\ \text{kJ}\cdot\text{mol}^{-1}}$.

Méthodes

Vrai/Faux

		Vrai	Faux
1.	Pour une réaction donnée, les vitesses de disparition des différents réactifs sont toujours égales.	☐	☒
2.	L'unité de la vitesse de réaction dépend de l'ordre de la réaction.	☐	☒
3.	Pour une réaction d'équation $A \rightarrow$ produits, d'ordre 1 par rapport à A, la vitesse de la réaction est divisée par 2 lorsque la concentration en A est divisée par 2.	☐ ✗	☐
4.	La constante de vitesse d'une réaction d'ordre 2 peut s'exprimer en $L{\cdot}mol^{-1}{\cdot}s^{-1}$.	☐	☐ ✗
5.	Une réaction sans ordre courant peut posséder un ordre initial.	☐	☐
6.	Le temps de demi-réaction d'une réaction d'ordre 1 est indépendant de la concentration initiale des réactifs.	☐	☐
7.	Pour la réaction d'équation $A \rightarrow$ produits, d'ordre 2 par rapport à A, la concentration en A à la date $t = 2\ t_{1/2}$ est égale à $\dfrac{[A]_0}{4}$.	☐	☐
8.	Pour une réaction se déroulant en phase gazeuse, le temps de demi-réaction est le temps au bout duquel la pression totale est divisée par 2.	☐	☐
9.	L'utilisation de la méthode intégrale pour déterminer l'ordre partiel de la réaction d'équation $A \rightarrow$ produits nécessite la connaissance des valeurs des vitesses à différents instants de la réaction.	☐	☐

Énoncé des exercices

Exploitation de la loi de vitesse

Exercice 15.1. Décroissance radioactive

L'iode 131, un isotope radioactif de l'iode, est utilisé en médecine comme traceur en cas de dysfonctionnement de la thyroïde. La décroissance radioactive de cet isotope suit un processus d'ordre 1, avec un temps de demi-vie égal à $6{,}9 \cdot 10^5$ s.

1. Écrire la loi de vitesse qui régit l'évolution de la population $N(t)$ de noyaux radioactifs à la date t en fonction de la constante radioactive λ de l'iode 131 (analogue à une constante de vitesse).

2. Vérifier que la fonction $N(t) = N_0 \cdot e^{-\lambda t}$ est solution de l'équation différentielle précédente. Que représente N_0 ?

3. Exprimer le temps de demi-vie de l'iode 131 en fonction de λ.

4. Si un patient ingère 0,45 microgrammes d'iode 131, calculer le temps nécessaire à la disparition de 90 % de l'iode radioactif dans son corps.

Exercice 15.2. Dismutation des ions bromate

La réaction d'équation $3\ BrO^-_{(aq)} = BrO^-_{3\,(aq)} + 2\ Br^-_{(aq)}$ admet un ordre et a une constante de vitesse égale à $5{,}61 \cdot 10^{-2}\ L \cdot mol^{-1} \cdot s^{-1}$ à 25 °C.

1. Exprimer les vitesses de formation des produits de la réaction et la vitesse de disparition du réactif. Quel est le lien entre la vitesse volumique de la réaction et ces vitesses ?

2. Quel est l'ordre de la réaction par rapport aux ions hypobromite BrO^- ? Ecrire la loi de vitesse correspondante.

3. On part d'une solution contenant les ions BrO^- à la concentration $5{,}0 \cdot 10^{-2}\ mol \cdot L^{-1}$.

a) Calculer le temps de demi-réaction.

b) Déterminer la composition du mélange réactionnel à la date $t = 3$ min.

c) À quelle date 75 % des ions hypobromite auront-ils été consommés ?

On donne l'équation horaire $[A] = f(t)$ pour une réaction :

d'ordre 0 par rapport à A : $[A] = [A]_0 - |\nu_A| k\,t$; d'ordre 1 par rapport à A : $[A] = [A]_0 \times e^{-|\nu_A| k\,t}$;

d'ordre 2 par rapport à A : $\dfrac{1}{[A]} - \dfrac{1}{[A]_0} = |\nu_A| k\,t$.

❑ Exercice 15.3. Décomposition de l'acide hypofluoreux*

L'acide hypofluoreux HOF gazeux, très instable, se décompose à température ambiante selon l'équation : $$HOF_{(g)} = HF_{(g)} + \frac{1}{2} O_{2(g)}$$

La réaction est d'ordre 1 par rapport à HOF. Le temps de demi-réaction est égal à 30 min à 25 °C.

On introduit de l'acide hypofluoreux gazeux dans un récipient indéformable de volume $V = 1$ L maintenu à 25 °C. La pression initiale est égale à 0,100 bar.

1. Déterminer la pression partielle en HOF dans le récipient à la date $t = 45$ min.

2. Déterminer la pression totale dans le récipient à la même date.

On donne l'équation horaire $[A] = f(t)$ pour une réaction d'ordre 1 par rapport à A : $[A] = [A]_0 \times e^{-|\nu_A| k t}$.

■ Détermination de l'ordre d'une réaction

❑ Exercice 15.4. Décomposition de la nitramide*

La réaction de décomposition de la nitramide en solution aqueuse, d'équation :

$NO_2NH_{2(aq)} = N_2O_{(g)} + H_2O_{(l)}$, admet une loi de vitesse de la forme : $v = k \times \dfrac{[NO_2NH_2]}{[H_3O^+]}$.

Elle est supposée totale.

On étudie la cinétique de la réaction à la température T, en partant d'une solution de nitramide tamponnée, en mesurant le volume de gaz N_2O – insoluble dans l'eau – libéré au cours du temps sous une pression constante $P = 1$ bar. Les résultats obtenus sont les suivants :

t (min)	0	5	10	15	20	25
V (mL)	0	3,35	6,13	8,45	10,4	12,0

Au bout d'un temps très long, le volume se stabilise à la valeur $V_\infty = 20{,}0$ mL.

1. Vérifier que les résultats expérimentaux sont en accord avec la loi de vitesse proposée.

2. En déduire la valeur de $\dfrac{k}{[H_3O^+]}$ à la température T.

On donne les primitives de quelques fonctions usuelles :

$\int 1 \cdot dx = x + \text{cte}$; $\int \frac{1}{x} \cdot dx = \ln x + \text{cte}$; $\int \frac{1}{x^2} \cdot dx = -\frac{1}{x} + \text{cte}$.

❑ Exercice 15.5. Dégradation du glucopyranoside*

La dégradation du méthyl-β-D-glucopyranoside (noté G) en milieu basique en présence de dioxygène suit une loi de vitesse de la forme : $v = -\dfrac{\mathrm{d}[G]}{\mathrm{d}t} = k[G]^{\alpha}[O_2]^{\beta}[HO^-]^{\gamma}$.

On réalise une expérience à 120 °C en maintenant la pression partielle en dioxygène constante $P = 3$ bar, avec les conditions initiales suivantes :
$[G]_0 = 1{,}0 \cdot 10^{-2}\ \mathrm{mol \cdot L^{-1}}$ et $[HO^-]_0 = 1{,}25\ \mathrm{mol \cdot L^{-1}}$.
On détermine la vitesse de réaction et la concentration en G à différentes dates. Les résultats sont indiqués dans le tableau ci-dessous.

$10^3 \times [G]\,(\mathrm{mol \cdot L^{-1}})$	10,0	9,25	8,75	8,27	7,75	7,16	6,49	5,98
$10^3 \times v\,(\mathrm{mol \cdot L^{-1} \cdot h^{-1}})$	9,62	9,28	8,74	8,34	7,76	7,22	6,64	5,82

1. Comment peut-on déterminer la vitesse de réaction à la date t, si l'on dispose de la courbe $[G] = f(t)$?

2. Déterminer l'ordre de la réaction par rapport à G, supposé entier.

❑ Exercice 15.6. Transformation d'oxydo-réduction*

On étudie la transformation chimique qui se déroule entre les ions Fe^{3+} et les ions iodure I^-, modélisée par la réaction d'équation : $2\,Fe^{3+}_{(aq)} + 2\,I^-_{(aq)} = 2\,Fe^{2+}_{(aq)} + I_{2(aq)}$

La réaction admet un ordre.

L'expérience est menée dans un réacteur fermé maintenu à 25 °C. Les deux réactifs sont introduits à la même concentration initiale $c_0 = 2{,}20 \cdot 10^{-4}\ \mathrm{mol \cdot L^{-1}}$.

Des prélèvements successifs dans le milieu réactionnel permettent, par titrage du diiode formé, de déterminer la concentration en diiode à intervalles de temps réguliers. On donne dans le tableau ci-après les valeurs correspondantes.

t (h)	0	5	10	20	30	60	90
$[I_2]\,(\times 10^{-6}\,\mathrm{mol \cdot L^{-1}})$	0	1,67	3,26	6,25	9,00	16,1	21,9

Les tracés et calculs relatifs aux questions suivantes pourront être réalisés à l'aide d'un tableur-grapheur ou d'une calculatrice graphique.

1. Tracer la courbe $[I_2] = f(t)$.

2. Déterminer graphiquement (ou numériquement à l'aide du tableur) la valeur de la vitesse de la réaction aux différentes dates indiquées dans le tableau.

3. Écrire la loi de vitesse de la réaction. Comment se simplifie la loi de vitesse dans les conditions expérimentales choisies ?

4. Déterminer l'ordre global de la réaction (supposé entier) à l'aide de la méthode différentielle.

❑ Exercice 15.7. Saponification d'un ester**

On cherche à déterminer l'ordre global de la réaction de saponification de l'acétate d'éthyle, ainsi que les ordres partiels par rapport à chacun des deux réactifs. La réaction étudiée a pour équation : $CH_3COOC_2H_5 + HO^- = CH_3COO^- + C_2H_5OH$

On mélange une solution de soude (Na^+, HO^-) et une solution d'ester. Les concentrations initiales en ions hydroxyde et en ester dans le mélange réactionnel sont notées $[HO^-]_0$ et $[\text{ester}]_0$. On effectue 2 manipulations avec des conditions initiales différentes. La réaction est suivie par conductimétrie. Les résultats expérimentaux sont indiqués ci-après.

Expérience 1 : $[\text{ester}]_0 = [HO^-]_0 = c_0 = 2{,}5 \cdot 10^{-2}\ \text{mol} \cdot \text{L}^{-1}$; $\theta = 20\ °\text{C}$

t (min)	0	2	4	6	8	10	12	14	∞
G (mS)	5,81	4,95	4,42	4,04	3,79	3,59	3,44	3,31	2,12

Expérience 2 : $[\text{ester}]_0 = c'_0 = 4{,}5 \cdot 10^{-2}\ \text{mol} \cdot \text{L}^{-1}$; $[HO^-]_0 = c_0 = 5{,}0 \cdot 10^{-3}\ \text{mol} \cdot \text{L}^{-1}$; $\theta = 20\ °\text{C}$

t (min)	0	2	4	6	8	10	∞
G (mS)	1,15	0,629	0,494	0,449	0,431	0,424	0,420

1. Donner l'expression de la loi de vitesse de la réaction. On notera respectivement α et β les ordres partiels de la réaction par rapport à l'ester et aux ions hydroxyde.

2. On note respectivement G_0, G et G_∞ la conductance du mélange réactionnel à l'instant initial, à un instant quelconque de la transformation et au bout d'un temps infini (on supposera la réaction totale). Montrer que $\dfrac{G - G_\infty}{G_0 - G_\infty} = \dfrac{c_0 - x}{c_0}$, où x est l'avancement volumique de la transformation et c_0 la concentration initiale en ions hydroxyde.

3. Montrer à partir des résultats de l'expérience 1 que l'ordre global de la réaction est égal à 2. En déduire la valeur de la constante de vitesse k à la température d'étude.

4. À partir des résultats de l'expérience 2, déterminer l'ordre partiel de la réaction par rapport aux ions hydroxyde.

5. Déduire des résultats précédents l'ordre partiel de la réaction par rapport à l'acétate d'éthyle.

❑ Exercice 15.8. Décomposition de l'hexaphényléthane*

La réaction de décomposition de l'hexaphényléthane en deux radicaux triphénylméthyle est réalisée dans le chloroforme liquide à 0 °C, dans un réacteur de volume constant :

$$(C_6H_5)_3C - C(C_6H_5)_3 \rightarrow 2\ (C_6H_5)_3C^\bullet$$

Le réacteur contient initialement une solution d'hexaphénylméthane à la concentration c_0. On suit la concentration en réactif c_A au cours du temps. Les résultats expérimentaux sont regroupés dans le tableau ci-dessous :

t (s)	16,0	35,0	174	209	228	367	584	777
$\dfrac{c_A}{c_0}$	0,944	0,882	0,530	0,471	0,441	0,265	0,122	0,061

1. Retrouver l'expression du temps de demi-réaction $t_{1/2}$ dans le cas d'une réaction d'ordre 1.

2. À partir des résultats du tableau, que peut-on dire du temps de demi-réaction relatif à la décomposition de l'hexaphényléthane ? Conclure.

3. En déduire la valeur de la constante de vitesse k de la réaction.

❑ Exercice 15.9. Synthèse d'une cyanhydrine**

On étudie la cinétique de la réaction entre l'acide cyanhydrique HCN et le propanal CH_3CH_2CHO (noté RCHO par la suite), pour conduire à un composé organique appelé cyanhydrine. L'équation de la réaction est donnée ci-dessous :

$$\underset{\text{(noté RCHO)}}{CH_3{-}CH_2{-}CHO} + HCN = CH_3{-}CH_2{-}\underset{\substack{|\\ OH}}{CH}{-}CN$$

La réaction est effectuée à 25 °C en maintenant le pH constant et égal à 4,2.

Six expériences ont été réalisées, pour des valeurs différentes des concentrations initiales en acide cyanhydrique et en propanal. La concentration initiale en acide cyanhydrique HCN est notée c_0 et la concentration initiale en propanal est notée c_1. Pour chaque expérience, on a mesuré le temps de demi-réaction $t_{1/2}$.

Les résultats obtenus sont consignés dans le tableau suivant.

Expérience n°	1	2	3	4	5	6
c_0 ($mol \cdot L^{-1}$)	0,20	0,20	0,10	0,05	0,10	0,10
c_1 ($mol \cdot L^{-1}$)	0,20	0,01	0,10	0,05	0,005	0,001
$t_{1/2}$ (s)	950	660	1900	3800	1320	1320

On note α et β les ordres partiels respectifs de la réaction par rapport à HCN et au propanal. La vitesse de la réaction admet donc une expression de la forme : $v = k_{obs} \times [HCN]^{\alpha} \times [RCHO]^{\beta}$, où k_{obs} est la constante de vitesse observée dans les conditions expérimentales précisées ci-dessus.

1. Parmi les six expériences réalisées, lesquelles permettent de déterminer l'ordre global de la réaction ? Justifier.

2. Montrer que l'ordre global de la réaction est égal à 2.

3. Dans quelles conditions expérimentales doit-on se placer pour déterminer séparément la valeur de l'un des ordres partiels, α ou β ? Expliquer brièvement pourquoi.

4. Montrer qu'à partir de certains résultats du tableau on peut déterminer les valeurs de α et β. Montrer que $\alpha = \beta = 1$.

5. Déterminer la valeur de la constante de vitesse k_{obs} à 25 °C.

D'après Centrale-Supélec

❑ Exercice 15.10. Décomposition thermique de l'éthanal**

La décomposition thermique de l'éthanal fournit du méthane et du monoxyde de carbone selon la réaction totale suivante, en phase gazeuse : $CH_3CHO_{(g)} = CH_{4(g)} + CO_{(g)}$

Afin d'étudier la cinétique de cette décomposition, on introduit initialement de l'éthanal pur dans un réacteur de volume constant V = 82,0 L. La température du milieu réactionnel est maintenue à 477 °C. L'évolution de la décomposition est suivie par mesure de la pression totale du mélange gazeux en fonction du temps. On obtient les résultats suivants :

t (min)	0	4	9	14	20	26,5	34
P (hPa)	283	297	312	326	340	354	368

1. Calculer la quantité de matière d'éthanal présente initialement.
2. Déterminer la pression totale finale P_∞.
3. Montrer que la pression partielle de l'éthanal $P_{\text{éth}}$ à la date t s'écrit en fonction de la pression initiale P_0 et de la pression totale P à la date t selon : $P_{\text{éth}} = 2P_0 - P$.
4. On souhaite vérifier que la réaction est d'ordre 2. On note k la constante de vitesse de la réaction. Écrire la loi de vitesse relative à la concentration en éthanal, puis à la pression partielle en éthanal $P_{\text{éth}}$.
5. Intégrer cette loi de vitesse et en déduire une relation entre P (pression totale à la date t), P_0, t, R (constante des gaz parfaits) et T.
6. Vérifier que la réaction est bien d'ordre 2. Déterminer la valeur de sa constante de vitesse k.

Les gaz sont supposés parfaits, la constante des gaz parfaits vaut $R = 8{,}314\ \text{J}\cdot\text{K}^{-1}\cdot\text{mol}^{-1}$.

■ Détermination de l'énergie d'activation d'une réaction

❑ Exercice 15.11. Réaction en phase gazeuse

La constante de vitesse de la réaction du dioxyde d'azote avec le monoxyde de carbone gazeux, d'équation : $NO_{2(g)} + CO_{(g)} = CO_{2(g)} + NO_{(g)}$, est déterminée à différentes températures.

T (K)	600	650	700	750	800
k ($\text{L}\cdot\text{mol}^{-1}\cdot\text{s}^{-1}$)	0,028	0,22	1,3	6,0	23

1. Déterminer l'énergie d'activation de la réaction, supposée indépendante de la température.
2. Calculer la constante de vitesse de la réaction à 685 K.

■ Pour vous aider à démarrer

Exercice 15.2. Observer l'unité de la constante de vitesse.
Exercice 15.3. Faire un tableau d'avancement et exprimer les pressions partielles et la pression totale en fonction de l'avancement.
Exercice 15.10. Faire un tableau d'avancement.

Corrigé des vrai/faux

1.	2.	3.	4.	5.	6.	7.	8.	9.
faux	faux	vrai	vrai	vrai	vrai	faux	faux	faux

1. Prenons comme contre-exemple la réaction d'équation $2\,A + B \rightarrow C + D$.

La vitesse globale de la réaction vaut : $v = -\frac{1}{2}\frac{d[A]}{dt} = -\frac{d[B]}{dt}$ d'où $v_{d,B} = \frac{1}{2} v_{d,A}$.

2. La vitesse de réaction s'exprime en $mol \cdot L^{-1} \cdot s^{-1}$. Par contre, l'unité de la constante de vitesse dépend de l'ordre de la réaction.

6. On montre $t_{1/2} = \frac{\ln 2}{k}$.

7. L'intégration de la loi de vitesse conduit à $\frac{1}{[A]} - \frac{1}{[A]_0} = kt$. Le temps de demi-réaction vaut : $t_{1/2} = \frac{1}{k[A]_0}$. À la date $t = 2\,t_{1/2}$ on a $[A] = \frac{[A]_0}{3}$.

8. La valeur de la pression totale à la date $t_{1/2}$ dépend de la quantité de matière totale de gaz présente à cette date dans le mélange réactionnel. Dans le cas général, la pression totale à la date $t_{1/2}$ est différente de $\frac{P_0}{2}$.

9. L'utilisation de la méthode intégrale nécessite la connaissance des valeurs de [A] à différents instants de la réaction.

❑ Les erreurs classiques

– Attention aux erreurs de signe et à l'oubli des nombres stœchiométriques dans l'expression de la vitesse volumique de la réaction.
– Ne pas confondre l'ordre partiel par rapport à un réactif et le nombre stœchiométrique de ce réactif dans l'équation de réaction.
– Connaître les unités SI à utiliser dans la loi des gaz parfaits et la loi d'Arrhenius. En particulier, l'énergie d'activation de la réaction est en fait une énergie molaire : elle s'exprime en $J \cdot mol^{-1}$ et non en J.

Corrigé

Corrigé des exercices

Exercice 15.1

1. La population de noyaux d'iode radioactif présents dans le corps du patient à une date t suit la loi de vitesse caractéristique d'un processus d'ordre 1 : $\boxed{\dfrac{\mathrm{d}N(t)}{\mathrm{d}t} = -\lambda \cdot N(t)}$, où λ est la constante de décroissance radioactive.

2. Vérifions que la fonction $N(t) = N_0 \cdot e^{-\lambda t}$ est solution de l'équation différentielle précédente : $\dfrac{\mathrm{d}N(t)}{\mathrm{d}t} = \dfrac{\mathrm{d}(N_0 \cdot e^{-\lambda t})}{\mathrm{d}t} = -\lambda N_0 \cdot e^{-\lambda t}$. Or $-\lambda \cdot N(t) = -\lambda N_0 \cdot e^{-\lambda t}$.

Donc la fonction étudiée $N(t) = N_0 \cdot e^{-\lambda t}$ est bien solution. On constate que $N(t=0) = N_0$. N_0 représente donc la population initiale de noyaux radioactifs dans l'échantillon étudié.

3. D'après la définition du temps de demi-vie, on a $N(t_{1/2}) = \dfrac{N_0}{2}$, soit :

$N_0 \cdot e^{-\lambda t_{1/2}} = \dfrac{N_0}{2} \Leftrightarrow e^{-\lambda t_{1/2}} = \dfrac{1}{2} \Leftrightarrow t_{1/2} = \dfrac{\ln 2}{\lambda}$. On peut donc écrire $\boxed{N(t) = N_0 \exp\left(-\ln 2 \dfrac{t}{t_{1/2}}\right)}$.

4. On recherche la date t à laquelle 90 % des noyaux radioactifs auront été désintégrés ; à cette date, il restera donc $N(t) = \dfrac{N_0}{10}$. $N_0 \exp\left(-\ln 2 \dfrac{t}{t_{1/2}}\right) = \dfrac{N_0}{10}$ d'où $t = t_{1/2} \dfrac{\ln 10}{\ln 2}$. AN $\boxed{t = 2{,}3 \cdot 10^6 \text{ s}}$.

> ✎ *La donnée de la masse d'iode radioactif ingérée par le patient n'est pas utilisée pour ce calcul.*

Exercice 15.2

1. Par définition, la vitesse de disparition des ions hypobromite est : $v_{\mathrm{d,BrO^-}} = -\dfrac{\mathrm{d}[\mathrm{BrO^-}]}{\mathrm{d}t}$. La vitesse de formation vaut pour chacun des produits : $v_{\mathrm{f,BrO_3^-}} = \dfrac{\mathrm{d}[\mathrm{BrO_3^-}]}{\mathrm{d}t}$ et $v_{\mathrm{f,Br^-}} = \dfrac{\mathrm{d}[\mathrm{Br^-}]}{\mathrm{d}t}$.

La vitesse volumique de la réaction a pour expression :
$v = -\dfrac{1}{3}\dfrac{\mathrm{d}[\mathrm{BrO^-}]}{\mathrm{d}t} = \dfrac{\mathrm{d}[\mathrm{BrO_3^-}]}{\mathrm{d}t} = \dfrac{1}{2}\dfrac{\mathrm{d}[\mathrm{Br^-}]}{\mathrm{d}t}$. On en déduit : $\boxed{v = \dfrac{1}{3} v_{\mathrm{d,BrO^-}} = v_{\mathrm{f,BrO_3^-}} = \dfrac{1}{2} v_{\mathrm{f,Br^-}}}$.

2. L'unité de la constante de vitesse ($\mathrm{L \cdot mol^{-1} \cdot s^{-1}}$) est caractéristique d'une réaction d'ordre 2. la loi de vitesse s'écrit : $-\dfrac{1}{3}\dfrac{\mathrm{d}[\mathrm{BrO^-}]}{\mathrm{d}t} = k[\mathrm{BrO^-}]^2$.

> *Le nombre stœchiométrique relatif au réactif est égal à 3, ne pas oublier d'en tenir compte dans l'expression de v.*

3. a) L'équation horaire suivie par la concentration des ions hypobromite s'écrit, puisque la réaction est d'ordre 2 : $\dfrac{1}{[\text{BrO}^-]}-\dfrac{1}{[\text{BrO}^-]_0}=3kt$. Pour $t=t_{1/2}$, $[\text{BrO}^-]=\dfrac{[\text{BrO}^-]_0}{2}$ d'où $t_{1/2}=\dfrac{1}{3k[\text{BrO}^-]_0}$. AN $t_{1/2}=\dfrac{1}{3\times 5{,}61\cdot 10^{-2}\times 5{,}0\cdot 10^{-2}}$ soit $\boxed{t_{1/2}=119\text{ s}}$.

b) À la date $t = 3$ min, on a : $\dfrac{1}{[\text{BrO}^-]}=3kt+\dfrac{1}{[\text{BrO}^-]_0}$ d'où $\boxed{[\text{BrO}^-]=\dfrac{1}{3kt+\dfrac{1}{[\text{BrO}^-]_0}}}$.

AN $\boxed{[\text{BrO}^-] = 1{,}99\cdot 10^{-2}\text{ mol}\cdot\text{L}^{-1}}$.

c) Lorsque 75 % des ions hypobromite ont été consommés, la concentration des ions BrO^- en solution vaut : $[\text{BrO}^-]=\dfrac{[\text{BrO}^-]_0}{4}$. Alors $3kt=\dfrac{4}{[\text{BrO}^-]_0}-\dfrac{1}{[\text{BrO}^-]_0}=\dfrac{3}{[\text{BrO}^-]_0}$ d'où $\boxed{t=\dfrac{1}{k\times[\text{BrO}^-]_0}}$. AN $\boxed{t=357\text{ s}}$.

Exercice 15.3

On établit au préalable un tableau d'avancement de la transformation :

mol	HOF(g)	= HF(g)	+ $\frac{1}{2}$ O_2(g)
à $t=0$	n_0	0	0
à t	$n_0-\xi$	ξ	ξ

1. La concentration en HOF suit la loi de vitesse suivante :
$-\dfrac{\text{d[HOF]}}{\text{d}t}=k[\text{HOF}]\Rightarrow[\text{HOF}]=[\text{HOF}]_0\,e^{-kt}$. La constante de vitesse de cette réaction d'ordre 1 est reliée au temps de demi-réaction par : $t_{1/2}=\dfrac{\ln 2}{k}$. Donc $[\text{HOF}]=[\text{HOF}]_0\exp\left(-\ln 2\dfrac{t}{t_{1/2}}\right)$. La loi des gaz parfaits appliquée à HOF donne $[\text{HOF}]=\dfrac{P_{\text{HOF}}}{RT}$ (où P_{HOF} est la pression partielle en HOF à la date t) et $[\text{HOF}]_0=\dfrac{P_0}{RT}$ (car seul HOF est présent initialement), d'où : $\boxed{P_{\text{HOF}}=P_0\exp\left(-\ln 2\dfrac{t}{t_{1/2}}\right)}$. À la date $t = 45$ min, $\boxed{P_{\text{HOF}}=3{,}54.10^{-2}\text{ bar}}$.

2. On peut relier la pression totale dans le récipient à la pression partielle en HOF. À une date t quelconque : $P_{\text{tot}}=\dfrac{n_{\text{tot,gaz}}\cdot RT}{V}=(n_0+\xi)\dfrac{RT}{V}=(2n_0-(n_0-\xi))\dfrac{RT}{V}$ donc $P_{\text{tot}}=2P_0-P_{\text{HOF}}$. À la date $t = 45$ min, $\boxed{P_{\text{tot}} = 1{,}65\cdot 10^{-1}\text{ bar}}$.

Corrigé

Exercice 15.4

1. La solution de nitramide est tamponnée, ce qui signifie que la réaction est menée à pH constant. La concentration en ions oxonium $[H_3O^+]$ est donc maintenue constante au cours de la réaction. Si on note $k' = \dfrac{k}{[H_3O^+]}$, il faut donc vérifier que la loi de vitesse est de la forme $v = k'[NO_2NH_2]$ (où k' est une constante) donc que la réaction est d'ordre 1 par rapport à la nitramide. Pour vérifier l'ordre de la réaction, on utilise la méthode intégrale. La loi de vitesse s'écrit : $-\dfrac{d[NO_2NH_2]}{dt} = k' \cdot [NO_2NH_2]$.

En séparant les variables et en intégrant :

$$-\frac{d[NO_2NH_2]}{[NO_2NH_2]} = k' \cdot dt \Rightarrow -\int_{[NO_2NH_2]_0}^{[NO_2NH_2]} \frac{d[NO_2NH_2]}{[NO_2NH_2]} = k' \cdot \int_0^t dt \Rightarrow \ln \frac{[NO_2NH_2]}{[NO_2NH_2]_0} = -k' \cdot t.$$

Expérimentalement, on mesure le volume de gaz N_2O libéré par la réaction. Il s'agit donc de relier $[NO_2NH_2]$ et $[NO_2NH_2]_0$ à V et V_∞. Pour cela, on établit le tableau d'avancement de la transformation.

mol	$NO_2NH_2(aq)$	$= N_2O(g)$	$+ H_2O(l)$
à $t = 0$	n_0	0	excès
à t	$n_0 - \xi$	ξ	excès

En considérant N_2O comme un gaz parfait : $V = \dfrac{\xi RT}{P}$ à un instant t quelconque, et $V_\infty = \dfrac{n_{N_2O,\infty} RT}{P} = \dfrac{n_0 RT}{P}$ au bout d'un temps infini.

On en déduit $\dfrac{V_\infty - V}{V_\infty} = \dfrac{n_0 - \xi}{n_0} = \dfrac{[NO_2NH_2]}{[NO_2NH_2]_0}$. La loi de vitesse devient donc : $\ln \dfrac{V_\infty - V}{V_\infty} = -k't$.

⇨ *Méthode 15.6*

Si le tracé de la courbe $\ln \dfrac{V_\infty - V}{V_\infty} = f(t)$ donne une droite, alors la réaction est bien d'ordre 1 et la pente de la droite est égale à $-k'$.

t (min)	0	5	10	15	20	25
$\ln \dfrac{V_\infty - V}{V_\infty}$	0	–0,183	–0,366	–0,549	–0,734	–0,916

Une régression linéaire conduit à un coefficient de corrélation égal à 0,999997. La réaction est bien d'ordre 1. Les résultats sont bien en accord avec la loi de vitesse proposée.

⇨ *Méthode 15.4*

2. La pente de la droite $\ln\dfrac{V_\infty - V}{V_\infty} = f(t)$ est égale à $-k' = -3{,}67 \cdot 10^{-2}$ min^{-1} d'où :

$$\boxed{\frac{k}{[H_3O^+]} = 3{,}67 \cdot 10^{-2} \text{ min}^{-1}}.$$

Exercice 15.5

1. Par définition, $v = -\dfrac{d[G]}{dt}$. Si l'on dispose de la courbe $[G] = f(t)$, la valeur de la vitesse de réaction à une date t est égale à l'opposé du coefficient directeur de la tangente à la courbe $[G] = f(t)$ à la date considérée.

2. La pression partielle en dioxygène est maintenue constante au cours de l'expérience, donc $[O_2]$ = cte.

De plus, on constate que les ions hydroxyde sont introduits en large excès par rapport à G dans le mélange réactionnel ($[HO^-]_0 >> [G]_0$). On peut donc considérer que la concentration en ions hydroxyde reste constante au cours de la réaction et égale à la concentration initiale : $[HO^-] \simeq [HO^-]_0$. La loi de vitesse peut donc se mettre sous la forme suivante : $v = k_{app}[G]^\alpha$ avec $k_{app} = k[O_2]^\beta[HO^-]^\gamma$ constante apparente de vitesse. Pour déterminer l'ordre partiel de la réaction par rapport à G, on utilise la méthode différentielle. D'après la loi de vitesse, on a $\ln v = \alpha \times \ln([G]) + \ln k_{app}$. Le tracé de $\ln v = f(\ln([G]))$ doit conduire à une droite, dont le coefficient directeur nous donnera α.

ln([G])	–4,61	–4,68	–4,74	–4,80	–4,86	–4,94	–5,04	–5,12
$\ln v$	–4,61	–4,68	–4,74	–4,79	–4,86	–4,93	–5,03	–5,12

Une régression linéaire conduit à une droite (coefficient de corrélation égal à 0,9991) dont le coefficient directeur est égal à 0,9895. En supposant que l'ordre partiel α est entier, on en déduit $\boxed{\alpha = 1}$.

⇨ *Méthodes 15.2 et 15.3*

✎ *Une valeur approchée de k_{app} pourrait être obtenue à partir de l'ordonnée à l'origine de la droite.*

Corrigé

Exercice 15.6

1. Les valeurs du tableau conduisent à la courbe $[I_2] = f(t)$ suivante :

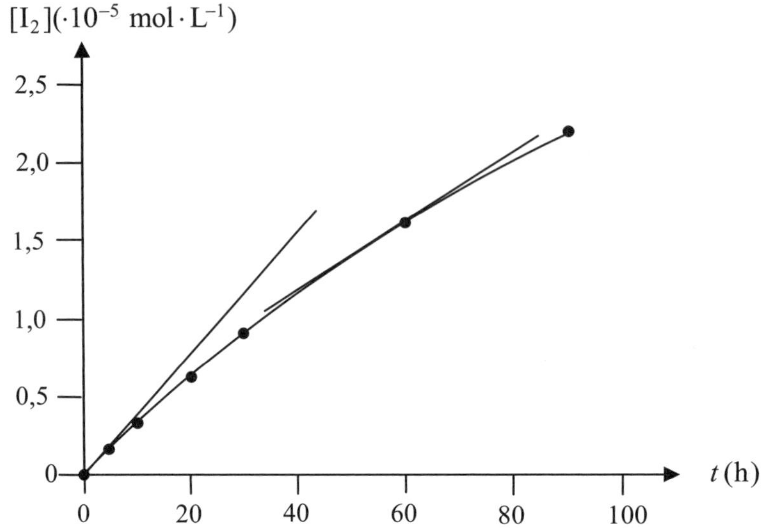

2. Par définition, $v = \dfrac{d[I_2]}{dt}$. La valeur de la vitesse de réaction à une date t est égale au coefficient directeur de la tangente à la courbe $[I_2] = f(t)$ à la date considérée. On a par exemple tracé sur le graphe précédent les tangentes à la courbe en $t = 0$ et en $t = 60$ h, dont on pourrait déterminer manuellement la pente.

Afin d'obtenir plus de précision, les différentes valeurs de v ont été calculées à l'aide d'un tableur. Elles sont reportées dans le tableau ci-dessous.

t (min)	0	5	10	20	30	60	90
$v\ (\times 10^{-7}\ \text{mol}\cdot\text{L}^{-1}\cdot\text{h}^{-1})$	3,381	3,254	3,126	2,881	2,653	2,156	1,658

3. La loi de vitesse est de la forme : $v = k[Fe^{3+}]^{\alpha}[I^-]^{\beta}$ puisque la réaction admet un ordre.
Dans l'expérience, les réactifs ont été introduits dans les proportions stoechiométriques, donc à chaque instant : $[Fe^{3+}] = [I^-]$. L'expression de v devient $\boxed{v = k[Fe^{3+}]^{\alpha+\beta}}$.

⇨ *Méthode 15.1*

4. D'après la loi de vitesse, $\ln v = (\alpha + \beta) \times \ln([Fe^{3+}]) + \ln k$. Le tracé de $\ln v = f(\ln([Fe^{3+}]))$ doit conduire à une droite, dont le coefficient directeur nous donnera l'ordre global $\alpha + \beta$. Il faut donc au préalable calculer $[Fe^{3+}]$ aux différentes dates à partir des valeurs de $[I_2]$ selon la formule : $[Fe^{3+}] = c_0 - 2[I_2]$. Les différentes valeurs de $[Fe^{3+}]$, $\ln([Fe^{3+}])$ et $\ln v$ sont reportées dans le tableau ci-après.

$[Fe^{3+}](\cdot 10^{-4}\ mol\cdot L^{-1})$	2,20	2,17	2,14	2,08	2,02	1,88	1,76
$\ln([Fe^{3+}])$	– 8,42	– 8,44	– 8,45	– 8,48	– 8,51	– 8,58	– 8,64
$\ln v$	– 14,90	– 14,94	– 14,98	– 15,06	– 15,14	– 15,35	– 15,61

Une régression linéaire de $\ln v = f(\ln([Fe^{3+}]))$ conduit à une droite (coefficient de corrélation égal à 0,997) dont le coefficient directeur est égal à 3,15. L'ordre étant supposé entier, l'ordre global de la réaction $\alpha + \beta$ est donc égal à 3.

✎ *À cause de l'imprécision de la détermination de la vitesse à partir des valeurs des concentrations, la méthode différentielle ne permet qu'une estimation d'un ordre. Celui-ci peut ensuite être vérifié à l'aide de la méthode intégrale.*

➪ *Méthode 15.3*

Exercice 15.7

1. La loi de vitesse est de la forme : $\boxed{v = k[\text{ester}]^{\alpha}[HO^-]^{\beta}}$.

2. Établissons un tableau d'avancement de la transformation chimique, en notant c_0 la concentration initiale en ions hydroxyde et c'_0 la concentration initiale en ester (on remarque que dans l'expérience 1, $c'_0 = c_0$).

$mol\cdot L^{-1}$	$CH_3COOC_2H_5$	$+ HO^-$	$= CH_3COO^-$	$+ C_2H_5OH$
à $t = 0$	c'_0	c_0	0	x
à t	$c'_0 - x$	$c_0 - x$	x	x

La conductance de la solution s'exprime en fonction de la conductivité σ selon $G = k_{cell} \times \sigma$, où k_{cell} est la constante de cellule du conductimètre. La conductivité s'exprime en fonction des concentrations des espèces ioniques selon : $\sigma = \sum_{i,\text{ions}} \lambda_i \times c_i$, où λ_i est la conductivité ionique molaire de l'ion i et c_i la concentration de l'ion i en solution. On peut ainsi exprimer la conductivité et la conductance de la solution aux instants $t = 0$ et t :

$$\sigma_0 = \lambda_{HO^-} \times c_0 + \lambda_{Na^+} \times c_0 = (\lambda_{HO^-} + \lambda_{Na^+}) \times c_0 \quad \text{et} \quad G_0 = k_{cell} \times \sigma_0 \ ;$$

$$\sigma = \lambda_{HO^-} \times (c_0 - x) + \lambda_{CH_3COO^-} \times x + \lambda_{Na^+} \times c_0 \quad \text{et} \quad G = k_{cell} \times \sigma .$$

💣 *Ne pas oublier la contribution des ions spectateurs à la conductivité de la solution !*

La réaction est supposée totale. Dans l'expérience 1, l'ester et les ions hydroxyde ont été introduits dans les proportions stœchiométriques. Dans l'expérience 2, les ions hydroxyde constituent le réactif limitant. Dans les 2 cas, on a donc au bout d'un temps infini : $\sigma_\infty = \lambda_{CH_3COO^-} \times c_0 + \lambda_{Na^+} \times c_0$ et $G_\infty = k_{cell} \times \sigma_\infty$.

À partir des expressions obtenues, on montre :

$$\frac{G-G_\infty}{G_0-G_\infty}=\frac{\sigma-\sigma_\infty}{\sigma_0-\sigma_\infty}=\frac{\left(\lambda_{HO^-}-\lambda_{CH_3COO^-}\right)\times(c_0-x)}{\left(\lambda_{HO^-}-\lambda_{CH_3COO^-}\right)\times c_0}=\frac{c_0-x}{c_0}.$$

⇨ *Méthode 15.6*

3. Dans l'expérience 1, l'ester et les ions hydroxyde ont été introduits dans les proportions stœchiométriques ($c'_0=c_0$). À chaque instant, on a donc $[\text{ester}]=[HO^-]$. L'expression de la vitesse se simplifie selon : $v=k[HO^-]^{\alpha+\beta}$.

⇨ *Méthodes 15.1 et 15.4*

Montrons que l'ordre global de la réaction α + β est égal à 2 à l'aide de la méthode intégrale. Si α + β = 2, $v=-\frac{d[HO^-]}{dt}=k[HO^-]^2$. En séparant les variables puis en intégrant entre les dates $t=0$ et t : $-\frac{d[HO^-]}{[HO^-]^2}=k\,dt\Rightarrow-\int_{[HO^-]_0}^{[HO^-]}\frac{d[HO^-]}{[HO^-]^2}=k\int_0^t dt\Rightarrow\frac{1}{[HO^-]}-\frac{1}{[HO^-]_0}=kt$.

Ceci s'écrit encore $\frac{1}{c_0-x}-\frac{1}{c_0}=kt\Rightarrow\frac{c_0}{c_0-x}-1=c_0kt$. En utilisant le résultat de la question précédente : $\frac{G_0-G_\infty}{G-G_\infty}=c_0kt+1$. Si la courbe $\frac{G_0-G_\infty}{G-G_\infty}=f(t)$, tracée à partir des résultats expérimentaux, est une droite, alors l'hypothèse de l'ordre 2 est bien vérifiée.

t (min)	0	2	4	6	8	10	12	14	16	18
$\frac{G_0-G_\infty}{G-G_\infty}$	1,00	1,30	1,60	1,92	2,21	2,51	2,80	3,10	3,39	3,65

Une régression linéaire fournit un coefficient de corrélation égal à 0,9997. L'ordre global de la réaction est égal à 2. D'autre part, la pente de la courbe est égale à :
$c_0k=1{,}48\cdot10^{-1}\ \text{min}^{-1}$ d'où $\boxed{k=5{,}9\ \text{L}\cdot\text{mol}^{-1}\cdot\text{min}^{-1}}$.

4. Dans l'expérience 2, l'ester a été introduit en large excès dans le mélange réactionnel. On peut donc considérer qu'à chaque instant $[\text{ester}]\approx[\text{ester}]_0$, d'où : $v=k_{app}[HO^-]^\beta$ avec $k_{app}=k[\text{ester}]_0^\alpha$. Il y a dégénérescence de l'ordre par rapport à l'ester. On détermine alors l'ordre partiel β en utilisant la méthode intégrale.

⇨ *Méthodes 15.2 et 15.4*

On suppose β = 1. Alors $-\frac{d[HO^-]}{dt}=k_{app}[HO^-]$. En séparant les variables puis en intégrant entre $t=0$ et t : $-\frac{d[HO^-]}{[HO^-]}=k_{app}\,dt\Rightarrow-\int_{[HO^-]_0}^{[HO^-]}\frac{d[HO^-]}{[HO^-]}=k_{app}\int_0^t dt\Rightarrow\ln\frac{[HO^-]}{[HO^-]_0}=-k_{app}t$.

Donc $\ln\dfrac{c_0 - x}{c_0} = -k_{\text{app}}\, t$, soit $\ln\dfrac{G - G_\infty}{G_0 - G_\infty} = -k_{\text{app}}\, t$ en utilisant le résultat de la question 2. Si le tracé de la courbe $\ln\dfrac{G - G_\infty}{G_0 - G_\infty} = f(t)$ conduit à une droite, l'hypothèse sur l'ordre est vérifiée.

t (min)	0	2	4	6	8	10
$\ln\dfrac{G - G_\infty}{G_0 - G_\infty}$	0	–1,25	–2,29	–3,23	–4,20	–5,21

Une régression linéaire fournit un coefficient de corrélation égal à 0,9977. L'ordre partiel de la réaction par rapport aux ions hydroxyde est donc égal à 1.

5. L'ordre partiel de la réaction par rapport à l'ester est donc égal à $\boxed{\alpha = 2 - \beta = 1}$. La loi de vitesse s'écrit : $\boxed{v = k[\text{ester}][\text{HO}^-]}$.

Exercice 15.8

1. Pour une réaction d'ordre 1, la loi de vitesse s'écrit :

$-\dfrac{\mathrm{d}c_A}{\mathrm{d}t} = k \cdot c_A \Rightarrow c_A = c_0 \cdot e^{-kt}$. À la date $t_{1/2}$, $c_A = \dfrac{c_0}{2} \Rightarrow e^{-kt_{1/2}} = \dfrac{1}{2}$ d'où $\boxed{t_{1/2} = \dfrac{\ln 2}{k}}$.

2. D'après les valeurs du tableau, on constate que le rapport $\dfrac{c_A}{c_0}$ est divisé par 2 :

- entre les dates t = 16,0 s et 209 s, soit en une durée égale à 193 s.
- entre les dates t = 35,0 s et 228 s, soit en une durée égale à 193 s.
- entre les dates t = 174 s et 367 s, soit en une durée égale à 193 s.
- entre les dates t = 584 s et 777 s, soit en une durée égale à 193 s.

De ces observations, on peut déduire que le temps de demi-réaction est indépendant de la concentration initiale en hexaphényléthane, ce qui est caractéristique d'une réaction d'ordre 1. On peut donc en conclure que la réaction de décomposition de l'hexaphényléthane est d'ordre 1.

⇨ *Méthode 15.5*

3. Le temps de demi-réaction vaut $t_{1/2}$ = 193 s. On en déduit : $k = \dfrac{\ln 2}{t_{1/2}}$, soit : $\boxed{k = 3{,}59 \cdot 10^{-3}\ \text{s}}$.

Exercice 15.9

1. On constate que dans les expériences n°s 1, 3 et 4, les concentrations initiales des deux réactifs sont égales. Les réactifs ont été introduits dans les proportions stœchiométriques dans ces expériences, et à chaque instant : $[\text{HCN}] = [\text{RCHO}]$. La vitesse de la réaction s'écrit donc : $v = k_{\text{obs}} \cdot [\text{HCN}]^{\alpha+\beta}$. Dans ces conditions, la loi de vitesse s'exprime : $-\dfrac{\mathrm{d}[\text{HCN}]}{\mathrm{d}t} = k_{\text{obs}} \cdot [\text{HCN}]^{\alpha+\beta}$ et l'ordre global de la réaction peut être déterminé à l'aide d'une des méthodes usuelles.

⇨ *Méthode 15.1*

2. Dans l'hypothèse d'un ordre global égal à 2, $-\dfrac{\mathrm{d[HCN]}}{\mathrm{d}t} = k_{\mathrm{obs}} \times [\mathrm{HCN}]^2$, soit nn séparant les variables : $-\dfrac{\mathrm{d[HCN]}}{[\mathrm{HCN}]^2} = k_{\mathrm{obs}} \times \mathrm{d}t$. On intègre entre t = 0 et t : $-\displaystyle\int_{c_0}^{[\mathrm{HCN}]} \dfrac{\mathrm{d[HCN]}}{[\mathrm{HCN}]^2} = k_{\mathrm{obs}} \times \int_0^t \mathrm{d}t$

soit $\dfrac{1}{[\mathrm{HCN}]} - \dfrac{1}{c_0} = k_{\mathrm{obs}} \times t$. À la date $t_{1/2}$, $[\mathrm{HCN}] = \dfrac{c_0}{2}$ d'où $t_{1/2} = \dfrac{1}{k_{\mathrm{obs}} \times c_0}$.

Faisons une régression linéaire de $t_{1/2}$ en fonction de $\dfrac{1}{c_0}$ pour les expériences 1, 3 et 4 :

c_0 ($\mathrm{mol \cdot L^{-1}}$)	0,20	0,10	0,05
$t_{1/2}$ (s)	950	1900	3800

On trouve une droite (coefficient de corrélation R^2 = 1) d'équation $t_{1/2} = 190\dfrac{1}{c_0}$.

L'hypothèse sur l'ordre 2 est donc bien vérifiée.

➪ *Méthode 15.5*

3. Pour déterminer séparément α et β, on peut introduire l'un des deux réactifs en large excès par rapport à l'autre, ainsi sa concentration variera peu au cours de la transformation et il y aura dégénérescence de l'ordre par rapport à ce réactif : c'est la méthode de dilution d'Ostwald. On pourra ainsi déterminer un seul ordre partiel par cette méthode.

➪ *Méthode 15.2*

4. On constate que dans les expériences n°s 5 et 6 l'acide cyanhydrique a été introduit en large excès par rapport au propanal.

Donc $[\mathrm{HCN}] \approx [\mathrm{HCN}]_0$ et $v = -\dfrac{\mathrm{d[RCHO]}}{\mathrm{d}t} = (k_{\mathrm{obs}} \times [\mathrm{HCN}]_0^{\alpha}) \times [\mathrm{RCHO}]^{\beta}$.

On constate aussi dans ces deux expériences que la valeur du temps de demi-réaction est la même, indépendamment de la concentration initiale en propanal. On en déduit que l'ordre partiel par rapport au propanal est égal à 1. Donc $\boxed{\alpha = \beta = 1}$.

5. En utilisant les résultats de la question 2, k_{obs} est égale à l'inverse du coefficient directeur de la droite $t_{1/2} = f\left(\dfrac{1}{c_0}\right)$ tracée à la question 2, donc $\boxed{k_{\mathrm{obs}} = 5{,}26 \cdot 10^{-3}\ \mathrm{L \cdot mol^{-1} \cdot s^{-1}}}$.

Exercice 15.10

1. Établissons tout d'abord un tableau d'avancement relatif à la transformation :

mol	$CH_3CHO_{(g)}$	$= CH_{4(g)}$	$+ CO_{(g)}$
à $t = 0$	n_0	0	0
à t	$n_0 - \xi$	ξ	ξ
à t_∞	0	n_0	n_0

À $t = 0$, le système contient uniquement de l'éthanal, la pression totale est donc égale à la pression partielle en éthanal. D'après la loi des gaz parfaits, $\boxed{n_0 = \frac{P_0 V}{RT}}$. AN $\boxed{n_0 = 3{,}72 \cdot 10^{-1}\ \text{mol}}$.

Attention aux unités !

2. À t_∞, la réaction étant totale, on a $P_\infty = \frac{2n_0 RT}{V}$, d'où $\boxed{P_\infty = 2P_0}$. AN $\boxed{P_\infty = 566\ \text{hPa}}$.

3. À une date t quelconque, d'après le tableau d'avancement : $P_{\text{éth}} = (n_0 - \xi)\frac{RT}{V} = P_0 - \xi\frac{RT}{V}$

D'autre part, $P = (n_0 + \xi)\frac{RT}{V} = P_0 + \xi\frac{RT}{V} \Leftrightarrow \xi\frac{RT}{V} = P - P_0$. En injectant cette relation dans l'expression de $P_{\text{éth}}$ on obtient : $\boxed{P_{\text{éth}} = P_0 - (P - P_0) = 2P_0 - P}$.

4. La loi de vitesse de la réaction s'écrit : $v = -\frac{\text{d}[\text{éth}]}{\text{d}t} = k \cdot [\text{éth}]^2$, en notant [éth] la concentration en éthanal dans le système à un instant quelconque. En utilisant la relation $[\text{éth}] = \frac{P_{\text{éth}}}{RT}$, on a : $-\frac{1}{RT}\frac{\text{d}P_{\text{éth}}}{\text{d}t} = k \cdot \frac{P_{\text{éth}}^2}{(RT)^2} \Leftrightarrow \boxed{-\frac{\text{d}P_{\text{éth}}}{\text{d}t} = \frac{k}{RT}P_{\text{éth}}^2}$.

5. Intégrons la loi de vitesse entre $t = 0$ et t :

$$-\int_{P_0}^{P_{\text{éth}}} \frac{\text{d}P_{\text{éth}}}{P_{\text{éth}}^2} = \frac{k}{RT}\int_0^t \text{d}t \Leftrightarrow \frac{1}{P_{\text{éth}}} - \frac{1}{P_0} = \frac{k}{RT}t \Leftrightarrow \boxed{\frac{1}{2P_0 - P} - \frac{1}{P_0} = \frac{k}{RT}t}.$$

6. On utilise la méthode intégrale. Pour vérifier que l'ordre de la réaction est bien égal à 2, on trace la courbe $\frac{1}{2P_0 - P} = f(t)$. Une régression linéaire donne une droite de pente $4{,}5 \cdot 10^{-7}\ \text{Pa}^{-1} \cdot \text{min}^{-1}$ avec un coefficient de corrélation égal à $R^2 = 0{,}9999$. La réaction est bien d'ordre 2. On en déduit $\frac{k}{\text{R} \cdot T} = 4{,}5 \cdot 10^{-7}\ \text{Pa}^{-1} \cdot \text{min}^{-1}$, d'où $k = 2{,}8 \cdot 10^{-3}\ \text{m}^3 \cdot \text{mol}^{-1} \cdot \text{min}^{-1}$ ou encore $\boxed{k = 2{,}8\ \text{L} \cdot \text{mol}^{-1} \cdot \text{min}^{-1}}$.

Attention aux unités !

⇨ *Méthode 15.4*

Exercice 15.11

1. D'après la loi d'Arrhenius : $k = A\, e^{-\frac{E_\text{a}}{RT}}$, d'où : $\ln k = -\frac{E_\text{a}}{RT} + \ln A$. Afin de déterminer l'énergie d'activation de la réaction en exploitant l'ensemble des valeurs du tableau, on trace la courbe $\ln k = f\left(\frac{1}{T}\right)$. Une régression linéaire donne une droite d'équation

Corrigé

$\ln k = -1{,}61 \cdot 10^4 \cdot \dfrac{1}{T} + 23{,}2$ avec un coefficient de corrélation égal à $R^2 = 1$. On en déduit $E_a = 1{,}61 \cdot 10^4 \cdot 8{,}314$, soit $\boxed{E_a = 1{,}33 \cdot 10^5 \text{ J} \cdot \text{mol}^{-1}}$.

2. La valeur de k à 685 K peut être calculée à partir de l'expression numérique de $\ln k$ obtenue précédemment. On trouve : $\boxed{k(685 \text{ K}) = 7{,}4 \cdot 10^{-1} \text{ L} \cdot \text{mol}^{-1} \cdot \text{s}^{-1}}$.

⇨ *Méthode 15.7*

Chapitre 16
Structure électronique et classification périodique

Qui aurait pu penser que Dmitri **Mendeleïev**, dernier né d'une famille d'une quinzaine d'enfants, élevé au fin fond de la Sibérie, serait d'un apport fondamental à la science ? Seuls l'ont permis son génie et l'opiniâtreté de sa mère qui a tout fait pour que son fils poursuive des études. Elle en est morte d'épuisement avant qu'il ne les achève. La classification périodique des éléments était déjà dans l'air lorsqu'en 1869, puis en 1871 de façon plus complète, Dmitri Mendeleïev proposa le tableau que nous connaissons. Il y laissa des cases vides, parfaitement conscient que devaient exister des éléments non encore découverts mais dont on pouvait prévoir certaines propriétés physiques et chimiques. Par la suite, il se détourna de la recherche scientifique pure pour se consacrer au développement de l'industrie chimique de son pays.

Dmitri Mendeleïev
1834-1907

Objectifs

Ce qu'il faut connaître

- ▷ Les quatre nombres quantiques décrivant l'état d'un électron dans un atome
- ▷ L'ordre des niveaux d'énergie électroniques d'un atome
- ▷ Le principe de Pauli, les règles de Hund et de Klechkowski
- ▷ La structure du tableau périodique des éléments
- ▷ Les principales familles d'éléments (alcalins, halogènes, gaz nobles)
- ▷ Les éléments des deux premières périodes du tableau et les halogènes

Ce qu'il faut savoir faire

- ▷ Déterminer la longueur d'onde d'une radiation à partir de la transition énergétique mise en jeu, et inversement
- ▷ Établir la configuration électronique d'un atome dans son état fondamental, et en déduire le nombre d'électrons non appariés et les ions stables
- ▷ Relier la position d'un élément dans le tableau périodique à sa configuration électronique
- ▷ Relier le caractère oxydant ou réducteur d'un corps simple à l'électronégativité de l'élément
- ▷ Comparer l'électronégativité de deux éléments

■■ Résumé de cours

■ Description de la matière

❑ Atomes et éléments

Les atomes, ions et molécules, constituent des **entités chimiques**.

Un **atome** est constitué d'un noyau et d'un cortège électronique. La taille caractéristique d'un atome est de l'ordre de 10^{-10} m ; celle d'un noyau est de l'ordre de 10^{-15} m.

Un **élément chimique** regroupe l'ensemble des entités chimiques caractérisées par le même nombre Z de protons dans leur noyau.

Un **corps simple** est une entité chimique constituée d'atomes d'un même élément, par opposition avec un **corps composé**.

Une **espèce chimique** est un ensemble d'entités chimiques identiques.

❑ Noyaux et isotopes

Un noyau est constitué de deux types de nucléons :

– les neutrons, de charge nulle ;

– les protons, de charge + e (où $e = 1{,}602 \cdot 10^{-19}$ C est la charge élémentaire).

La quasi-totalité de la masse d'un atome est concentrée dans le noyau, car la masse d'un nucléon (voisine de l'unité de masse atomique, soit $1{,}66 \cdot 10^{-27}$ kg) est environ 1800 fois supérieure à celle d'un électron ($m_e = 9{,}11 \cdot 10^{-31}$ kg).

On utilise pour un noyau la représentation symbolique ${}^{A}_{Z}\mathrm{X}$, où A (nombre de masse) est le nombre total de nucléons du noyau et Z (numéro atomique) le nombre de protons du noyau.

Des atomes **isotopes** ont des noyaux possédant le même nombre Z de protons mais des nombres de neutrons différents (donc des nombres de masse A différents). Les proportions relatives des différents isotopes de chaque élément dans la nature constituent l'**abondance isotopique**.

Les atomes peuvent présenter des isotopes **stables**, qui ne subissent aucune modification au cours du temps en l'absence d'apport d'énergie extérieure, et des isotopes **instables** qui se transforment spontanément, avec émission d'un rayonnement ou d'une particule.

■ Niveaux d'énergie électroniques d'un atome

❑ Nombres quantiques

L'état quantique d'un électron d'un atome est décrit par la donnée de quatre nombres quantiques.

– **Nombre quantique principal** n (entier $n = 1, 2, 3, \ldots, +\infty$)

La valeur de n caractérise une **couche électronique**.

– **Nombre quantique secondaire** l (entier $l = 0, 1, 2, 3, \ldots, n-1$)

À chaque valeur de l est associée une lettre : s pour $l = 0$, p pour $l = 1$, d pour $l = 2$, f pour $l = 3$. Un couple (n, l) caractérise une **sous-couche électronique**.

– **Nombre quantique magnétique** (orbital) m_l (entier relatif tel que $-l \leq m_l \leq +l$)

Un triplet (n,l,m_l) caractérise une **orbitale atomique**.

– **Nombre quantique magnétique de spin** m_s $\left(\text{deux valeurs accessibles } m_s = +\frac{1}{2}, -\frac{1}{2}\right)$

Un quadruplet (n,l,m_l,m_s) caractérise l'**état quantique** d'un électron.

Remarque

Le nombre quantique magnétique total de spin d'un atome M_s est égal à la somme des nombres quantiques magnétiques de spin de tous les électrons de l'atome, soit $M_s = \sum_{i,\text{électrons}} m_{s,i}$.

❑ Niveaux d'énergie

L'énergie d'un atome est quantifiée : l'énergie d'un niveau électronique dépend des deux nombres quantiques n et l.

L'énergie des niveaux électroniques croît avec la somme $(n+l)$. Pour deux valeurs égales de $(n+l)$, l'énergie croît avec n.

L'ordre des niveaux d'énergie peut être retrouvé avec la représentation schématique ci-dessous :

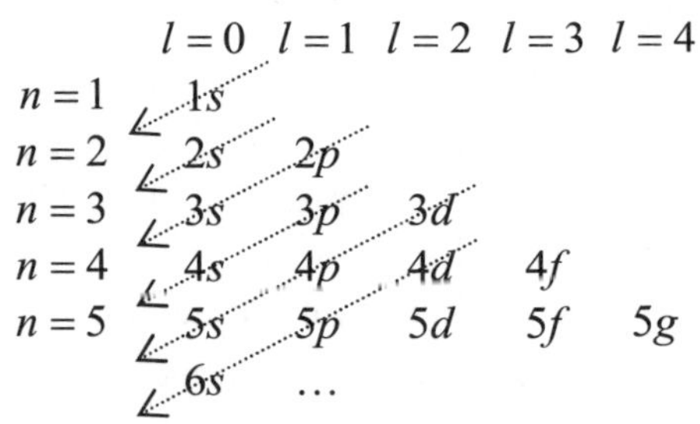

Pour une valeur de l donnée, m_l peut prendre $(2l+1)$ valeurs. Une sous-couche est donc associée à $(2l+1)$ orbitales atomiques de même énergie : ces orbitales atomiques sont dites **dégénérées**.

❑ Transitions entre niveaux d'énergie

Une **transition** d'un niveau d'énergie E_p d'un atome vers un niveau d'énergie E_n (respectivement d'un niveau d'énergie E_n d'un atome vers un niveau d'énergie E_p), avec $p > n$, s'accompagne de l'émission (respectivement de l'absorption) d'une radiation d'énergie

$$h\nu = \frac{hc}{\lambda} = E_p - E_n$$

avec h la constante de Planck ($h = 6{,}626 \cdot 10^{-34}$ J·s)

c la célérité de la lumière dans le vide ($c = 3{,}00 \cdot 10^{8}$ m·s^{-1})

λ la longueur d'onde du rayonnement émis (en mètres) et ν sa fréquence (en hertz)

E_p et E_n les valeurs des énergies (en joules).

Configuration électronique fondamentale d'un atome ou ion

Principe de Pauli

Dans un atome ou un ion, deux électrons ne peuvent posséder simultanément les mêmes nombres quantiques (n, l, m_l, m_s).

Conséquence

Une orbitale atomique contient au maximum deux électrons, de nombres quantiques de spin opposés. Deux électrons occupant une même orbitale atomique sont dits appariés.

Règles de remplissage

Règle de Klechkowski

La configuration électronique d'un atome dans son état fondamental est obtenue en remplissant les niveaux d'énergie par ordre croissant d'énergie, donc selon les valeurs croissantes de $(n+l)$ et, en cas d'égalité, selon les valeurs croissantes de n.

Règle de Hund

Lorsque des électrons sont dans des orbitales atomiques dégénérées appartenant à une même sous-couche, la configuration la plus stable est celle qui correspond au nombre quantique magnétique total de spin maximal.

La valeur maximale de M_s est obtenue en plaçant dans la sous-couche le maximum d'électrons de même nombre quantique magnétique de spin $m_s = +\frac{1}{2}$.

⇨ **Méthode 16.1. Établir la configuration électronique d'un atome dans son état fondamental**

Conséquences sur les propriétés des atomes

Propriétés chimiques (électrons de valence et électrons de cœur)

Les **électrons de valence** sont les électrons de la couche de nombre quantique principal n le plus élevé et les électrons situés dans des sous-couches en cours de remplissage. Ce sont les électrons le plus faiblement liés au noyau : ce sont donc eux qui sont arrachés lors de l'ionisation de l'atome, et ce sont eux qui participent à l'établissement de liaisons chimiques et aux réactions chimiques d'un atome.

Les autres électrons constituent les **électrons de cœur** ; ils sont fortement liés au noyau.

⇨ **Méthode 16.2. Prévoir les ions stables d'un élément**

Propriétés magnétiques

Un atome ou un ion est diamagnétique $(M_s = 0)$ si tous ses électrons sont appariés.

Il est paramagnétique $(M_s \neq 0)$ s'il possède au moins un électron non apparié.

⇨ **Méthode 16.3. Déterminer le nombre d'électrons non appariés d'un atome dans son état fondamental**

■ Classification périodique

❑ Structure du tableau périodique

Les éléments sont classés dans l'ordre croissant de leur numéro atomique Z dans le tableau périodique. La structure de celui-ci traduit le remplissage progressif des sous-couches électroniques d'un atome : chaque nouvelle période (ligne) correspond au remplissage d'une nouvelle couche électronique (caractérisée par la valeur de n).

Le tableau périodique présente une structure en **blocs** :

- le bloc *s* (colonnes 1 et 2, ainsi que He) correspondant au remplissage des sous-couches *s* ;
- le bloc *d* (colonnes 3 à 12) correspondant au remplissage des sous-couches *d* ;
- le bloc *p* (colonnes 13 à 18) correspondant au remplissage des sous-couches *p* ;
- le bloc *f* (lanthanides et actinides) correspondant au remplissage des sous-couches *f*.

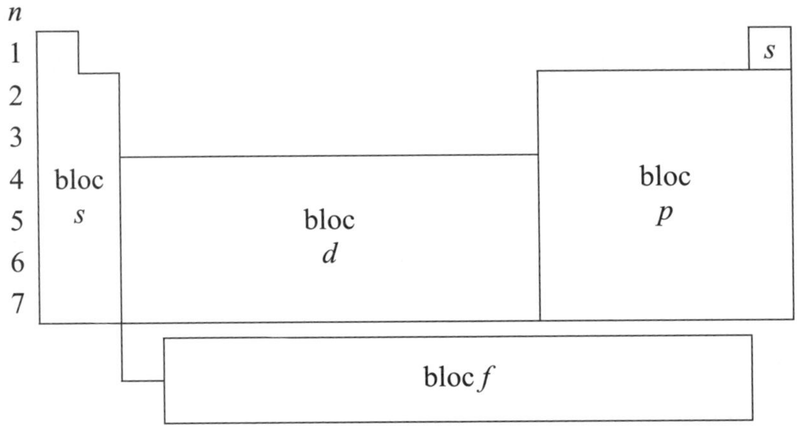

❑ Familles d'éléments

Les éléments d'une même colonne possèdent une même structure électronique de valence, et constituent une **famille** (ou un **groupe**) d'éléments. Ils ont des propriétés chimiques voisines.

- Les éléments de la première colonne (excepté H) constituent la famille des alcalins.
- Les éléments de la deuxième colonne constituent la famille des alcalino-terreux.
- Les éléments de la dix-septième colonne (fluor $_9F$, chlore $_{17}Cl$, brome $_{35}Br$, iode $_{53}I$, astate $_{85}At$) constituent la famille des halogènes.
- Les éléments de la dix-huitième colonne constituent la famille des gaz nobles.

Les **éléments de transition** sont les éléments pour lesquels un atome ou un ion possède une sous-couche *d* en cours de remplissage.

⇨ **Méthode 16.4. Déterminer la position d'un élément dans le tableau périodique à partir de la configuration électronique de l'atome correspondant**

⇨ **Méthode 16.5. Déterminer la configuration électronique d'un atome à partir de la position de l'élément dans le tableau périodique**

❑ Métaux et non-métaux

Les **métaux** (dans la partie gauche du tableau périodique, à l'exception de l'hydrogène) possèdent des propriétés communes : solides à température ambiante (à l'exception du mercure), opaques et réfléchissants, ils sont en général malléables et ductiles (capacité à se déformer plastiquement sans se rompre), bons conducteurs électriques et thermiques. Ils possèdent un caractère réducteur.
Les **non-métaux** (dans la partie droite du tableau) ne possèdent pas les propriétés précédentes. Ce sont en général de bons isolants, qui possèdent plutôt un caractère oxydant.

■ Électronégativité

❑ Échelle d'électronégativité de Pauling

L'électronégativité traduit l'aptitude d'un atome à attirer vers lui les électrons d'une liaison covalente. C'est une grandeur sans dimension strictement positive, notée χ.
Dans l'échelle de Pauling, l'électronégativité est reliée à des grandeurs thermodynamiques : les énergies de liaison.

Dans une période, l'électronégativité augmente lorsque le numéro atomique augmente.
Dans une colonne, l'électronégativité diminue lorsque le numéro atomique augmente.

❑ Caractère oxydant et réducteur

Les alcalins possèdent un caractère réducteur, en relation avec leur faible électronégativité. Les halogènes possèdent un caractère oxydant, en relation avec leur électronégativité élevée.
Le caractère oxydant décroît lorsque le numéro atomique augmente dans la colonne des halogènes.

■■ Méthodes

■ Comment décrire la structure électronique d'un atome ?

❑ Méthode 16.1. Établir la configuration électronique d'un atome dans son état fondamental

Déterminer le nombre d'électrons de l'atome à partir de son numéro atomique.
Placer les électrons dans les niveaux d'énergie électroniques de l'atome par ordre croissant d'énergie (règle de Klechkowski), en plaçant au maximum deux électrons par orbitale atomique (principe d'exclusion de Pauli).
Écrire la configuration électronique résultante.

⇨ **Exercices 16.6 à 16.13**

Considérons l'élément oxygène O de numéro atomique $Z = 8$. L'atome d'oxygène contient 8 protons, donc 8 électrons. Les niveaux d'énergie électroniques successifs d'un atome sont, par ordre croissant d'énergie : $1s$, $2s$, $2p$, $3s$... D'après le principe de Pauli, une sous-couche s peut contenir 2 électrons au maximum, une sous-couche p 6 électrons et une sous-couche d 10 électrons. En utilisant la règle de Klechkowski, la configuration électronique de l'atome d'oxygène dans son état fondamental s'écrit alors : $\boxed{1s^2\ 2s^2\ 2p^4}$ (on indique en exposant le nombre d'électrons dans une sous-couche donnée).

❑ Méthode 16.2. Prévoir les ions stables d'un élément

Écrire la configuration électronique de l'atome dans son état fondamental.
Un atome tend à gagner ou perdre des électrons de façon à acquérir une structure électronique plus stable, identique à celle du gaz noble le plus proche.

⇨ **Exercices 16.7, 16.8, 16.11, 16.13**

Écrivons la configuration électronique de l'aluminium Al $(Z = 13)$ dans son état fondamental : $1s^2\ 2s^2\ 2p^6\ 3s^2\ 3p^1$. L'ion monoatomique le plus stable que l'on peut envisager à partir de Al est l'ion $\boxed{Al^{3+}}$, dont la configuration électronique $(1s^2\ 2s^2\ 2p^6)$ est identique à celle du gaz noble néon $(Z = 10)$.

Remarque

Les éléments métalliques tendent à donner des cations, tandis que les éléments non métalliques tendent à donner des anions.

❑ Méthode 16.3. Déterminer le nombre d'électrons non appariés d'un atome dans son état fondamental

Écrire la configuration électronique de l'atome dans son état fondamental en respectant le principe de Pauli et la règle de Klechkowski.
La règle de Hund permet de prévoir le nombre d'électrons non appariés dans les sous-couches non remplies.

⇨ Exercices 16.7, 16.9

Déterminons le nombre d'électrons non appariés du silicium Si $(Z=14)$. Sa configuration électronique s'écrit : $1s^2\,2s^2\,2p^6\,3s^2\,3p^2$.
Tous les électrons des sous-couches $1s$ à $3s$ sont appariés. La sous-couche $3p$, qui contient 3 orbitales atomiques (associées aux valeurs du nombre quantique magnétique $m_l = -1$, 0 et 1), contient 2 électrons. D'après la règle de Hund, la configuration électronique la plus stable est celle dans laquelle le nombre quantique magnétique de spin total est maximal, donc celle où les 2 électrons ne sont pas appariés.
Le silicium possède donc 2 électrons non appariés dans son état fondamental.

■ Comment relier configuration électronique et position dans le tableau périodique ?

❑ Méthode 16.4. Déterminer la position d'un élément dans le tableau périodique à partir de la configuration électronique de l'atome correspondant

Écrire la configuration électronique de l'atome dans l'état fondamental.
La valeur maximale de n permet de connaître la période dans laquelle se trouve l'élément.
La structure de valence permet de connaître la colonne dans laquelle se trouve l'élément.

⇨ Exercices 16.11, 16.12

Considérons l'élément de numéro atomique $Z = 16$ (soufre S). L'atome de soufre a pour structure électronique $1s^2\,2s^2\,2p^6\,3s^2\,3p^4$.
La valeur maximale de n vaut 3, l'élément se situe donc dans la 3e période (ligne) du tableau périodique.
La structure de valence $3s^2\,3p^4$ nous indique que l'élément se situe dans la 4e colonne du bloc p, soit dans la 16e colonne du tableau périodique.

❑ Méthode 16.5. Déterminer la configuration électronique d'un atome à partir de la position de l'élément dans le tableau périodique

À partir du numéro de la colonne dans laquelle se situe l'élément, déterminer le bloc auquel il appartient ainsi que sa position dans ce bloc.
Utiliser les règles de remplissage pour écrire la configuration électronique de l'atome en faisant en sorte que :
– la dernière couche en cours de remplissage corresponde au numéro de la période dans laquelle se situe l'élément ;
– le nombre d'électrons dans la dernière sous-couche corresponde à la position de l'élément dans le bloc adéquat (*s*, *p*, *d* en général) de la classification périodique.

⇨ **Exercice 16.12**

Cherchons la configuration électronique de l'atome situé dans la 4e période et la 13e colonne de la classification périodique.
Comme il appartient à la 4e période, la dernière couche en cours de remplissage de l'atome est donc la couche de nombre quantique principal $n = 4$.
À partir du numéro de la colonne, nous pouvons affirmer que l'élément se trouve dans la 3e colonne du bloc *p* de la classification périodique. La sous-couche 4*p* contient donc 3 électrons : la configuration électronique de l'atome finit par $4p^3$.
En utilisant les règles de remplissage, on en déduit la configuration électronique de l'atome dans l'état fondamental : $\boxed{1s^2\,2s^2\,2p^6\,3s^2\,3p^6\,4s^2\,3d^{10}\,4p^3}$. C'est donc l'élément de numéro atomique $Z = 31$ (gallium Ga).

Vrai/Faux

		Vrai	Faux
1.	La taille d'un atome est de l'ordre de 10^{-15} m.	☐	☐
2.	L'énergie d'une sous-couche électronique ne dépend que de la valeur du nombre quantique n.	☐	☐
3.	Deux électrons possédant la même valeur du nombre quantique magnétique de spin $m_s = +\frac{1}{2}$ peuvent occuper une même orbitale atomique.	☐	☐
4.	Deux électrons possédant la même valeur du nombre quantique magnétique de spin $m_s = +\frac{1}{2}$ peuvent occuper une même sous-couche électronique.	☐	☐
5.	Une sous-couche d contient 5 orbitales atomiques.	☐	☐
6.	Une sous-couche p peut contenir jusqu'à 6 électrons.	☐	☐
7.	Un électron peut être caractérisé par le quadruplet de nombres quantiques $\left(2, 2, 0, +\frac{1}{2}\right)$.	☐	☐
8.	Une sous-couche $3f$ peut exister.	☐	☐
9.	Tous les ions sont paramagnétiques.	☐	☐
10.	L'ion Li^+ ($Z_{Li} = 3$) est un ion stable.	☐	☐

Énoncé des exercices

Noyaux et atomes

Exercice 16.1. Isotopes de l'iode

L'iode compte 37 isotopes identifiés, parmi lesquels un seul est stable : ${}^{127}_{53}\mathrm{I}$. Les autres sont radioactifs.

1. Donner la composition du noyau d'iode 127.

2. Définir des isotopes.

3. L'iode 123 et l'iode 125 sont utilisés en médecine. Leurs temps de demi-vie sont respectivement de 13 heures et de 59 jours.

a) Préciser la composition des noyaux d'iode 123 et d'iode 125. Donner la notation ${}^{A}_{Z}\mathrm{X}$ associée à ces noyaux.

b) Lequel de ces isotopes est plus adapté à une utilisation en tant que « traceur radioactif » en imagerie médicale ? Justifier.

4. L'iode 131 se désintègre selon une émission de type β^- avec émission d'un électron. Écrire l'équation de désintégration associée. Identifier le noyau-fils issu de cette désintégration.

Données : Te ($Z = 52$) ; Xe ($Z = 54$).

Exercice 16.2. Défaut de masse

Le magnésium ($Z = 12$) existe sous forme de trois isotopes de nombres de masse 24, 25 et 26.

1. Calculer en unités de masse atomique (u) la masse « théorique » du noyau ${}^{24}_{12}\mathrm{Mg}$ (c'est-à-dire la somme des masses de ses entités constitutives). Calculer la masse « théorique » de l'atome correspondant. Commenter le résultat obtenu.

2. La masse réelle du noyau de magnésium 24 est 23,985 u. Comment appelle-t-on l'écart observé ?

3. Calculer la masse molaire atomique du magnésium 24. Quelle approximation fait-on usuellement ?

Données : $m_\mathrm{p} = 1,6726 \cdot 10^{-27}$ kg ; $m_\mathrm{n} = 1,6749 \cdot 10^{-27}$ kg ; $m_\mathrm{e} = 9,1094 \cdot 10^{-31}$ kg ;

$1\ \mathrm{u} = 1,6605 \cdot 10^{-27}$ kg ; nombre d'Avogadro $\mathcal{N}_\mathrm{A} = 6,0221 \cdot 10^{23}\ \mathrm{mol}^{-1}$.

Exercice 16.3. Le soufre naturel

Le soufre naturel est principalement constitué de trois isotopes : ${}^{32}\mathrm{S}$, ${}^{33}\mathrm{S}$ et ${}^{34}\mathrm{S}$. Le soufre 32 est l'isotope le plus abondant, avec un pourcentage massique égal à 95,02 % dans le soufre naturel. On donne ci-dessous les masses molaires atomiques du soufre naturel et de ses différents isotopes. Déterminer les pourcentages massiques des deux isotopes 33 et 34.

	Soufre naturel	Isotope ${}^{32}\mathrm{S}$	Isotope ${}^{33}\mathrm{S}$	Isotope ${}^{34}\mathrm{S}$
Masse molaire ($\mathrm{g \cdot mol^{-1}}$)	32,0660	31,9721	32,9715	33,9679

❑ Exercice 16.4. Longueur d'onde d'un rayonnement

L'énergie du niveau électronique fondamental de l'atome d'hydrogène est $E_1 = -13,60$ eV et celle de son troisième niveau excité est $E_4 = -0,85$ eV.

1. Calculer la longueur d'onde de la radiation associée à la désexcitation de l'atome de son troisième niveau excité au niveau fondamental. S'agit-il d'un phénomène d'émission ou d'absorption ?
2. À quel domaine du spectre électromagnétique appartient le rayonnement correspondant ?

Données : $1 \text{ eV} = 1,602 \cdot 10^{-19}$ J ; constante de Planck $h = 6,626 \cdot 10^{-34}$ J·s ; célérité de la lumière dans le vide $c = 3,00 \cdot 10^{8}$ m·s^{-1}.

■ Configuration électronique des atomes

❑ Exercice 16.5. Nombres quantiques

Répondre aux questions suivantes en justifiant brièvement.

1. Combien de sous-couches contient la couche $n = 3$?
2. Combien d'orbitales atomiques contient une sous-couche f ?
3. Combien d'orbitales atomiques dégénérées contient la couche $n = 2$?
4. Combien d'électrons au maximum peut contenir une sous-couche $3p$?
5. Combien d'électrons au maximum peut contenir la couche $n = 2$?
6. Quels sont les quadruplets de nombres quantiques possibles pour un électron qui occupe la sous-couche $3p$?
7. Combien d'électrons sont caractérisés par les couples (n, m_l) suivants : (2,0) ; (3,–1) ?

❑ Exercice 16.6. Configurations électroniques

1. Écrire la configuration électronique des atomes et ions suivants dans l'état fondamental : Li, F^-, Si, Si^{4+}, Al^{3+}, Rb^+, Cl^-, Ca^{2+}, Al, Co, Ga.
2. Que dire des espèces F^-, Al^{3+} et Si^{4+} ? Cl^- et Ca^{2+} ? Comment qualifie-t-on ces espèces ?
3. Indiquer quelles espèces possèdent la même configuration électronique de cœur.
4. Indiquer quelles espèces possèdent la même configuration électronique de valence.

Données :

Élément	Li	F	Al	Si	Cl	Ca	Co	Ga	Rb
Z	3	9	13	14	17	20	27	31	37

❑ Exercice 16.7. Le vanadium et ses ions

1. Écrire la configuration électronique du vanadium ($Z = 23$) dans l'état fondamental. Combien d'électrons de valence possède le vanadium ?
2. Quel est l'ion le plus stable que l'on peut envisager à partir du vanadium ? Justifier.
3. Cet ion est-il diamagnétique ou paramagnétique ?

❑ Exercice 16.8. Cations des éléments de transition

Les éléments de transition jouent un rôle important dans la composition des roches lunaires, dans lesquelles on rencontre notamment les ions Fe^{2+}, Fe^{3+}, Ti^{3+}, Ti^{4+}.

1. Définir un élément de transition.

2. Écrire la configuration électronique des ions considérés.

3. Lequel des ions Fe^{2+} et Fe^{3+} possède la configuration électronique la plus stable dans son état fondamental ?

4. Même question pour les ions Ti^{3+} et Ti^{4+}.

Données : $Z_{\text{Ti}} = 22$; $Z_{\text{Fe}} = 26$.

❑ Exercice 16.9. Structure électronique du chrome

L'isotope naturel le plus répandu du chrome a un noyau constitué de 24 protons et 28 neutrons.

1. Donner le symbole chimique du noyau.

2. Définir la notion d'isotope. Donner un exemple.

3. Indiquer, d'après les règles de Klechkowski et de Hund et le principe d'exclusion de Pauli, la configuration électronique du chrome à l'état atomique fondamental.

4. Le chrome fait exception à cette règle de remplissage des orbitales atomiques. Donner la configuration électronique réelle.

5. Donner les configurations électroniques des ions Cr^{2+} et Cr^{3+} et déterminer le nombre d'électrons célibataires de ces ions.

❑ Exercice 16.10. Le cuivre et ses ions

Le cuivre est l'élément de numéro atomique $Z = 29$.

1. Donner la configuration électronique attendue, d'après les règles de Klechkowski et de Hund et le principe d'exclusion de Pauli, de l'atome de cuivre dans son état fondamental.

2. En fait, cet atome constitue une exception à la règle de Klechkowski : le niveau 4*s* n'est peuplé que d'un électron. Proposer une explication.

3. Prévoir la configuration électronique des ions Cu^{+} et Cu^{2+} dans leur état fondamental.

4. Le cuivre est-il un élément de transition ? Justifier la réponse.

D'après Mines-Ponts

❑ Exercice 16.11. L'élément thallium*

En 1861, en étudiant par spectroscopie les boues résiduelles des chambres de plomb, réacteurs de fabrication de l'acide sulfurique, William Crookes observe la présence d'une raie verte intense inconnue dans le spectre d'émission. Le nom de *thallium* est donné au nouvel élément chimique responsable de cette émission en 1862, du grec *thallos* (rameau vert). Claude Auguste Lamy, la même année, isole le thallium métallique.

1. Le noyau de thallium a pour symbole ${}^{205}_{81}\text{Tl}$. Indiquer la composition du noyau de thallium.

2. Écrire la configuration électronique de l'atome de thallium dans son état fondamental.

3. Quelle est la position de l'élément thallium dans la classification périodique ? Justifier brièvement.

4. Quels sont les ions les plus probables qu'il puisse donner ?

5. La figure ci-contre fait apparaître quelques niveaux d'énergie électroniques du thallium, le niveau fondamental étant le niveau $6\,^2P_{1/2}$ (la connaissance de la nomenclature des niveaux d'énergie n'est pas requise).
Les lignes qui relient les niveaux d'énergie correspondent aux transitions d'un niveau à l'autre, les valeurs indiquées sur les lignes correspondant aux longueurs d'onde des raies d'émission correspondantes, exprimées en angströms (1 Å = 10^{-10} m). Sur ce schéma, l'intensité des raies est suggérée par l'épaisseur du trait.

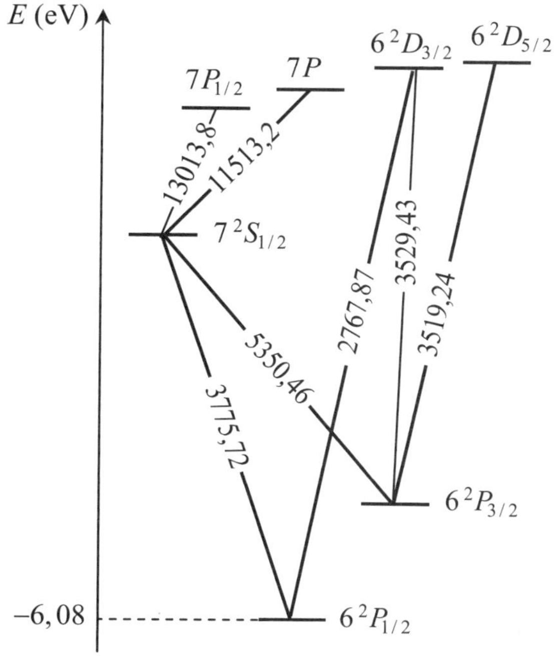

a) Quelle est la transition (on précisera le niveau de départ et le niveau d'arrivée correspondant) responsable de la raie verte observée par Crookes ? Justifier.

b) Calculer, en eV, de façon la plus précise possible, l'énergie du niveau noté $6\,^2P_{3/2}$.

On donne les longueurs d'onde associées au domaine visible : violet 380–450 nm ; bleu 450–495 nm ; vert 495–565 nm ; jaune 565–590 nm ; orangé 590–625 nm ; rouge 625–800 nm.

D'après Mines-Ponts

■ Propriétés atomiques

❑ Exercice 16.12. Notion de famille*

1. Donner la configuration électronique du lithium, du sodium et du potassium. Montrer que ces éléments appartiennent à une même famille, et la nommer.

2. Au moyen d'un spectromètre photoélectronique (photo ci-contre), on a déterminé les énergies de première et de deuxième ionisation E_{i1} et E_{i2} des quatre premiers éléments de la famille étudiée. Les valeurs mesurées sont les suivantes (en $kJ \cdot mol^{-1}$) :

	Li	Na	K	Rb
E_{i1}	520	496	419	403
E_{i2}	7298	4562	3051	2632

On appelle énergie de première ionisation d'un atome X l'énergie E_i mise en jeu pour arracher un électron à l'atome en phase gazeuse, selon le processus d'équation : $X(g) \rightarrow X^+(g) + e^-$.

L'électron arraché lors de l'ionisation d'un atome est l'électron le plus externe de l'atome. L'énergie de deuxième ionisation est mise en jeu pour arracher un deuxième électron.

a) Exprimer l'énergie de première ionisation d'un atome de lithium en eV.

b) Expliquer l'évolution des énergies de première ionisation au sein de la famille.

c) Expliquer la différence d'énergie observée entre E_{i1} et E_{i2}.

3. Le césium appartient à la même famille que les éléments ci-dessus. Il est situé dans la sixième période de la classification périodique. En déduire sa configuration électronique et son numéro atomique.

Données : $Z_{Li} = 3$; $Z_{Na} = 11$; $Z_K = 19$; $N_A = 6{,}02 \cdot 10^{23}$ mol^{-1}.

❑ Exercice 16.13. Caractère réducteur du lithium*

1. Le lithium Li possède un caractère fortement réducteur.

a) Écrire la configuration électronique du lithium dans l'état fondamental.

b) À quel ion stable peut conduire le lithium ?

c) Justifier le caractère fortement réducteur du lithium.

2. La combustion du lithium dans le dioxygène conduit à l'oxyde de lithium.

a) Donner la formule de l'oxyde de lithium et écrire l'équation de la réaction de combustion du lithium.

b) Cet oxyde possède-t-il un caractère ionique ou covalent ? Justifier.

3. Le lithium réagit avec le diazote gazeux pour conduire au nitrure de lithium, contenant l'ion nitrure N^{3-}. Donner la formule du nitrure de lithium et écrire l'équation de sa formation.

4. Le caractère réducteur du lithium peut être mis en évidence en faisant réagir le lithium sur l'eau. Écrire l'équation de la réaction du lithium sur l'eau, sachant que la solution obtenue est basique et qu'on observe un dégagement gazeux de dihydrogène.

Données : $Z_{Li} = 3$; électronégativités dans l'échelle de Pauling $\chi(\text{Li}) = 0{,}98$, $\chi(\text{O}) = 3{,}44$.

❑ Exercice 16.14. Propriétés oxydantes comparées des dihalogènes*

Les dihalogènes sont de puissants oxydants. Le dichlore est notamment utilisé comme agent de blanchiment dans l'industrie du papier.

On souhaite comparer le pouvoir oxydant des dihalogènes X_2 (où X est Cl, Br ou I). Pour cela, on fait réagir des solutions de dihalogène avec des solutions d'halogénure de potassium ($K^+ + X^-$). Les observations expérimentales sont récapitulées dans le tableau à deux entrées ci-dessous. Un OUI indique qu'une transformation chimique a été observée entre le dihalogène et l'halogénure, un NON qu'il ne s'est rien passé.

	Br_2	Cl_2	I_2
Br^-	NON	OUI	NON
Cl^-	NON	NON	NON
I^-	OUI	OUI	NON

1. Écrire l'équation de réaction associée à la transformation observée lorsqu'un OUI est indiqué dans le tableau.

2. Classer les dihalogènes selon leur pouvoir oxydant croissant.

3. Proposer une explication très simple à cette évolution.

Les dihalogènes sont faiblement solubles dans l'eau, mais fortement solubles dans les solvants apolaires tels que le cyclohexane. On indique la couleur des solutions de dihalogène dans ces deux solvants :

	Br_2	Cl_2	I_2
eau	incolore	jaune	jaune
cyclohexane	brun	jaune pâle	rose

On dispose du matériel et des solutions suivantes :

- solutions aqueuses de dihalogènes ($Cl_{2(aq)}$, $Br_{2(aq)}$, $I_{2(aq)}$) à environ $0,05\ \text{mol}\cdot\text{L}^{-1}$;
- solutions aqueuses d'halogénures de potassium ($K^+_{(aq)} + X^-_{(aq)}$) à environ $0,1\ \text{mol}\cdot\text{L}^{-1}$;
- cyclohexane ;
- tubes à essai, bouchons et porte-tubes ;
- pipettes Pasteur.

On indique que l'eau et le cyclohexane ne sont pas miscibles, et que les solutions aqueuses d'halogénures de potassium sont incolores.

4. Pourquoi l'utilisation d'un solvant tel que le cyclohexane est-elle nécessaire pour mettre en évidence les transformations chimiques éventuelles entre dihalogènes et halogénures ?

5. En vous basant sur les données précédentes, proposez un protocole expérimental pour mettre en évidence la réactivité des dihalogènes vis-à-vis des ions halogénures.

Pour vous aider à démarrer

Exercice 16.3. Écrire un système d'équations reliant les différentes fractions massiques.

Exercice 16.5. Déterminer les valeurs accessibles pour les différents nombres quantiques.

Exercice 16.9. Question 4 : penser à la stabilité particulière des sous-couches remplies ou à moitié remplies.

Exercice 16.11. Question 5.b : étudier les transitions entre les niveaux $6\,^2P_{1/2}$ et $7\,^2S_{1/2}$, puis $7\,^2S_{1/2}$ et $6\,^2P_{3/2}$.

Exercice 16.12. Question 2.c : comparer la stabilité des configurations électroniques des ions issus des première et deuxième ionisations des alcalins.

Exercice 16.14. Question 4 : la couleur particulière de chaque dihalogène en solution dans le cyclohexane permet de mettre en évidence la transformation éventuelle entre dihalogène et halogénure.

■■ Corrigé des vrai/faux

1.	2.	3.	4.	5.	6.	7.	8.	9.	10.
faux	faux	faux	vrai	vrai	vrai	faux	faux	faux	vrai

1. La taille du noyau atomique est de l'ordre de 10^{-15} m, celle de l'atome de l'ordre de 10^{-10} m.

2. Elle dépend de n et l.

3. C'est interdit par le principe de Pauli (ils auraient les quatre mêmes nombres quantiques).

4. Deux électrons possédant la même valeur du nombre quantique magnétique de spin $m_s = +\frac{1}{2}$ peuvent occuper deux orbitales atomiques différentes d'une même sous-couche électronique (ils seront alors caractérisés par une même valeur de n et de l, mais une valeur de m_l différente).

7. Le nombre quantique secondaire doit vérifier $0 \leq l < n$.

8. La lettre f est associée à la valeur $l = 3$. Comme $n = 3$, on doit avoir $0 \leq l < 3$.

9. Seuls les ions possédant au moins un électron célibataire sont paramagnétiques. L'ion Li^+ est diamagnétique par exemple.

❑ Les erreurs classiques

– Attention aux unités ! Lorsque plusieurs grandeurs sont combinées, on doit utiliser les unités SI (énergies en joules, longueurs en mètres…).
– Ne pas confondre la valeur de Z (nombre de protons) et le nombre d'électrons : ces valeurs sont différentes pour un ion.
– Le remplissage d'une sous-couche $4s$ a lieu avant le remplissage de la sous-couche $3d$, selon la règle de Klechkowski.
– Cependant, lors de l'ionisation d'un élément de transition, les électrons de la sous-couche $4s$ sont arrachés avant les électrons de la sous-couche $3d$, et non l'inverse.
– Le nombre d'électrons de valence d'un atome n'est pas toujours égal au numéro de la colonne du tableau périodique où se situe l'élément correspondant. En particulier pour les éléments du bloc p, les électrons d ne sont pas des électrons de valence.

Corrigé des exercices

Exercice 16.1

1. Pour le noyau $^{127}_{53}\text{I}$, le numéro atomique vaut $Z = 53$ et le nombre de masse $A = 127$, donc le noyau d'iode 127 contient 53 protons et $N = A - Z = 127 - 53 = 74$ neutrons.
2. Des isotopes sont des noyaux possédant le même nombre de protons Z mais des nombres de neutrons différents (donc des nombres de masse A différents).
3. a) Ces deux noyaux contiennent 53 protons. Le noyau d'iode 123 a pour symbole $^{123}_{53}\text{I}$ et le noyau d'iode 125 a pour symbole $^{125}_{53}\text{I}$. L'iode 123 contient donc $N = A - Z = 123 - 53 = 70$ neutrons, et l'iode 125 contient 72 neutrons.
b) L'utilisation d'un isotope radioactif en imagerie médicale nécessite que le traceur soit évacué rapidement de l'organisme. Il est donc préférable d'utiliser l'iode 123, dont le temps de demi-vie (temps au bout duquel la moitié des noyaux d'iode présents initialement se sont désintégrés) est plus court.
4. L'équation de désintégration doit respecter les lois de conservation de la charge et de la masse. Elle peut donc s'écrire : $^{131}_{53}\text{I} \rightarrow {}^{131}_{54}\text{Xe} + {}^{0}_{-1}\text{e} + \bar{\nu}$.

$^{0}_{-1}\text{e}$ désigne l'électron émis et $\bar{\nu}$ un anti-neutrino issu de l'émission β^-. D'après la loi de conservation de la charge, le noyau-fils issu de cette désintégration possède 54 protons, il s'agit donc d'un noyau de xénon.

Exercice 16.2

1. Le noyau $^{24}_{12}\text{Mg}$ contient 12 protons et 12 neutrons. Masse théorique de ce noyau : $m_{\text{th,noyau}} = 12 \cdot m_{\text{p}} + 12 \cdot m_{\text{n}}$.

AN $m_{\text{th,noyau}} = 12 \times 1,6726 \cdot 10^{-27} + 12 \times 1,6749 \cdot 10^{-27} = 4,0170 \cdot 10^{-26}$ kg soit $\boxed{m_{\text{th,noyau}} = 24,192\,\text{u}}$.
L'atome de magnésium correspondant est électriquement neutre ; il contient aussi 12 électrons. Sa masse théorique vaut donc : $m_{\text{th,atome}} = m_{\text{th,noyau}} + 12 \cdot m_{\text{e}}$. AN $\boxed{m_{\text{théorique,atome}} = 24,198\,\text{u}}$.
On considère en général que la masse de l'atome est identique à celle du noyau, car la masse des électrons est négligeable par rapport à celle des nucléons (1800 fois plus faible).
2. La masse réelle du noyau de magnésium 24 est inférieure à la somme des masses de ses entités constitutives. L'écart observé est appelé défaut de masse :
$\Delta m = m_{\text{th,noyau}} - m_{\text{réelle,noyau}} = 0,207\,\text{u}$.
3. La masse molaire atomique du magnésium 24 vaut : $M_{^{24}\text{Mg}} = m_{\text{réelle,noyau}} \cdot \mathcal{N}_{\text{A}}$.

AN $M_{^{24}\text{Mg}} = 23,985 \cdot 1,6605 \cdot 10^{-27} \cdot 6,0221 \cdot 10^{23} \cdot 10^{3}$ soit $\boxed{M_{^{24}\text{Mg}} = 23,984\,\text{g} \cdot \text{mol}^{-1}}$.

On constate que $M_{^{24}\text{Mg}} \approx 24\,\text{g} \cdot \text{mol}^{-1}$. On considère donc de façon usuelle que $M_{\text{nucléon}} \approx 1\,\text{g} \cdot \text{mol}^{-1}$.

Exercice 16.3

Notons x_{32}, x_{33} et x_{34} les fractions massiques des différents isotopes dans le soufre naturel.

On a le système d'équations suivant : $\begin{cases} x_{32}+x_{33}+x_{34}=1 \\ M_S = x_{32}\times M_{32}+x_{33}\times M_{33}+x_{34}\times M_{34} \end{cases}$

avec $x_{32} = 0{,}9502$. La résolution de ce système d'équations conduit à :

$$\begin{cases} x_{33}+x_{34}=1-x_{32} \\ x_{33}\times M_{33}+(1-x_{32}-x_{33})\times M_{34}=M_S-x_{32}\times M_{32} \end{cases} \Leftrightarrow \begin{cases} x_{33}=\dfrac{M_S-x_{32}\times M_{32}-(1-x_{32})\times M_{34}}{M_{33}-M_{34}} \\ x_{34}=1-x_{32}-x_{33}. \end{cases}$$

AN $x_{33}=\dfrac{32{,}0660-0{,}9502\times 31{,}9721-0{,}0498\times 33{,}9679}{32{,}9715-33{,}9679}=5{,}511.10^{-3}$ et $x_{34}=4{,}429.10^{-2}$.

Les pourcentages massiques sont donc : 4,429 % pour l'isotope 34 et 0,5511 % pour l'isotope 33.

Exercice 16.4

1. La désexcitation de l'atome d'hydrogène de son troisième niveau excité au niveau fondamental s'accompagne de l'émission d'un rayonnement de longueur d'onde $\lambda_{4\to 1}$ telle que : $\dfrac{hc}{\lambda_{4\to 1}}=E_4-E_1$ d'où $\boxed{\lambda_{4\to 1}=\dfrac{hc}{E_4-E_1}}$.

AN $\lambda_{4\to 1}=\dfrac{6{,}626\cdot 10^{-34}\cdot 3{,}00\cdot 10^{8}}{(-0{,}85+13{,}60)\cdot 1{,}602\cdot 10^{-19}}=9{,}73\cdot 10^{-8}$ m soit $\boxed{\lambda_{4\to 1}=97{,}3\text{ nm}}$.

✎ *Penser à convertir les énergies en joules.*

2. La longueur d'onde $\lambda_{4\to 1}=97{,}3$ nm appartient au domaine des ultraviolets (UV lointain).

Exercice 16.5

1. La couche $n=3$ est associée à des valeurs de l telles que $0\le l<3$, soit $l=0,1,2$. Elle contient donc trois sous-couches (3*s*, 3*p* et 3*d*).

2. Une sous-couche *f* correspond à $l = 3$. Elle est donc associée à des valeurs de m_l telles que $-l\le m_l\le +l$, soit $m_l=-3,-2,-1,0,1,2,3$. Une sous-couche *f* contient donc sept orbitales atomiques.

3. La couche $n = 2$ est associée aux valeurs $l=0,1$. Elle contient donc deux sous-couches : 2*s* et 2*p*. La sous-couche 2*s* contient une seule orbitale atomique (associée à $m_l=0$). La sous-couche 2*p* contient trois orbitales atomiques dégénérées associées aux triplets (n,l,m_l) suivants : $(2,1,-1)$, $(2,1,0)$ et $(2,1,1)$.

4. Une sous-couche 3*p* contient trois orbitales atomiques, chacune pouvant contenir au maximum deux électrons associés à des valeurs du nombre quantique magnétique de spin m_s opposées (d'après le principe de Pauli). Une sous-couche 3*p* peut donc contenir au maximum six électrons.

5. D'après la question 3, la couche $n = 2$ contient quatre orbitales atomiques au total. Elle peut donc contenir au maximum <u>huit électrons</u>.

6. D'après la question 4, la sous-couche $3p$ peut contenir six électrons, correspondant aux quadruplets de nombres quantiques suivants :

$$\left(3,1,-1,+\frac{1}{2}\right)\ ;\ \left(3,1,-1,-\frac{1}{2}\right)\ ;\ \left(3,1,0,+\frac{1}{2}\right)\ ;\ \left(3,1,0,-\frac{1}{2}\right)\ ;\ \left(3,1,1,+\frac{1}{2}\right)\ ;\ \left(3,1,1,-\frac{1}{2}\right).$$

7. Le couple $(n, m_l) = (2,0)$ peut correspondre aux triplets $(n,l,m_l) = (2,0,0)$ ou $(2,1,0)$, donc à deux orbitales atomiques ; il existe donc <u>quatre électrons</u> caractérisés par ce couple.

Le couple $(n, m_l) = (3,-1)$ peut correspondre aux triplets $(n,l,m_l) = (3,1,-1)$ ou $(3,2,-1)$; il existe donc aussi <u>quatre électrons</u> caractérisés par ce couple.

Exercice 16.6

1. On écrit la configuration électronique des atomes et ions dans l'état fondamental à l'aide du principe de Pauli, de la règle de Klechkowski et de la règle de Hund.

Li : $1s^2\,2s^1$

F^- : $1s^2\,2s^2\,2p^6$

Si : $1s^2\,2s^2\,2p^6 3s^2\,3p^2$

Si^{4+} : $1s^2\,2s^2\,2p^6$

Al^{3+} : $1s^2\,2s^2\,2p^6$

Rb^+ : $1s^2\,2s^2\,2p^6 3s^2\,3p^6 4s^2\,3d^{10} 4p^6$

Cl^- : $1s^2\,2s^2\,2p^6 3s^2\,3p^6$

Ca^{2+} : $1s^2\,2s^2\,2p^6 3s^2\,3p^6$

Al : $1s^2\,2s^2\,2p^6 3s^2\,3p^1$

Co : $1s^2\,2s^2\,2p^6 3s^2\,3p^6 4s^2\,3d^7$

Ga : $1s^2\,2s^2\,2p^6 3s^2\,3p^6 4s^2\,3d^{10} 4p^1$

⇨ *Méthode 16.1*

2. Les espèces F^-, Si^{4+} et Al^{3+} d'une part, et Cl^- et Ca^{2+} d'autre part, possèdent le même nombre d'électrons et ont <u>la même configuration électronique</u> dans l'état fondamental. Elles sont dites <u>isoélectroniques</u>.

3. Les espèces F^-, Si, Si^{4+}, Al et Al^{3+} possèdent la même configuration électronique de cœur $1s^2\,2s^2\,2p^6$.

Les espèces Rb^+ et Ga possèdent la même configuration électronique de cœur $1s^2\,2s^2\,2p^6 3s^2\,3p^6 3d^{10}$.

Les espèces Cl^-, Ca^{2+} et Co possèdent la même configuration électronique de cœur $1s^2\,2s^2\,2p^6 3s^2\,3p^6$.

4. Les espèces F^-, Si^{4+}, Al^{3+}, Rb^+, Cl^-, Ca^{2+} possèdent la même configuration électronique de valence $ns^2\,np^6$.

Les espèces Al et Ga possèdent la même configuration électronique de valence $ns^2\,np^1$.

Exercice 16.7

1. La configuration électronique du vanadium ($Z = 23$) dans son état fondamental s'écrit : $\boxed{1s^2\,2s^2\,2p^6\,3s^2\,3p^6 4s^2\,3d^3}$. Les électrons de valence de V sont les électrons appartenant à la

Corrigé

couche de nombre quantique principal $n = 4$ (les électrons $4s$), ainsi que les électrons des sous-couches en cours de remplissage (les électrons $3d$). V possède donc cinq électrons de valence.

⇨ *Méthode 16.1*

2. On peut envisager la formation du cation V^{5+} à partir du vanadium, en arrachant les cinq électrons de valence de V. Écrivons la configuration électronique de ce cation :
V^{5+} : $1s^2\,2s^2\,2p^6\,3s^2\,3p^6$. On voit que V^{5+} possède la même structure électronique que l'argon, qui est le gaz noble qui précède V dans la classification périodique. L'ion possède des sous-couches totalement remplies, il est particulièrement stable.

⇨ *Méthode 16.2*

3. Tous les électrons de V^{5+} sont appariés, et le nombre quantique magnétique total de spin de V^{5+} est nul : cet ion est diamagnétique.

⇨ *Méthode 16.3*

Exercice 16.8

1. Un élément de transition est un élément dont l'atome possède une sous-couche *d* en cours de remplissage, ou qui conduit à un ion possédant une sous-couche *d* en cours de remplissage.
2. Écrivons la configuration électronique du fer et du titane, puis celle des ions considérés.

Fe : $1s^2\,2s^2\,2p^6\,3s^2\,3p^6 4s^2\,3d^6$

Fe^{2+}: $1s^2\,2s^2\,2p^6\,3s^2\,3p^6\,3d^6$

Fe^{3+} : $1s^2\,2s^2\,2p^6\,3s^2\,3p^6 3d^5$

Ti : $1s^2\,2s^2\,2p^6\,3s^2\,3p^6 4s^2\,3d^2$

Ti^{3+} : $1s^2\,2s^2\,2p^6\,3s^2\,3p^6 3d^1$

Ti^{4+} : $1s^2\,2s^2\,2p^6\,3s^2\,3p^6$

⇨ *Méthode 16.1*

Lors de l'ionisation d'un élément de transition, les électrons de la sous-couche $4s$ sont arrachés avant les électrons de la sous-couche $3d$.
3. L'ion Fe^{3+} possède une sous-couche $3d$ à moitié remplie, ce qui confère à cet ion une stabilité particulière d'après la règle de Hund. Fe^{3+} est donc plus stable que l'ion Fe^{2+}.
4. L'ion Ti^{4+} possède la même structure électronique que l'argon, qui est le gaz noble qui précède Ti dans la classification périodique. L'ion possède des sous-couches totalement remplies, il est particulièrement stable. Ti^{4+} est plus stable que l'ion Ti^{3+}.

⇨ *Méthode 16.2*

Exercice 16.9

1. Le noyau considéré contient 24 protons et $24 + 28 = 52$ nucléons, son symbole chimique est donc $\boxed{{}^{52}_{24}\mathrm{Cr}}$.
2. Des isotopes sont des noyaux possédant le même nombre de protons mais des nombres de neutrons différents. On peut citer les isotopes de l'hydrogène : ${}^{1}_{1}\mathrm{H}$, ${}^{2}_{1}\mathrm{H}$, ${}^{3}_{1}\mathrm{H}$ ou les isotopes du carbone : ${}^{12}_{6}\mathrm{C}$, ${}^{13}_{6}\mathrm{C}$, ${}^{14}_{6}\mathrm{C}$ par exemple.

3. Configuration électronique du chrome à l'état atomique fondamental, d'après les règles de Klechkowski et de Hund et le principe d'exclusion de Pauli : $\boxed{1s^2\,2s^2\,2p^6\,3s^2\,3p^6 4s^2\,3d^4}$.

⇨ *Méthode 16.1*

4. La configuration électronique réelle du chrome est : $\boxed{1s^2\,2s^2\,2p^6\,3s^2\,3p^6 4s^1\,3d^5}$. En effet, la promotion d'un électron de la sous-couche $4s$ à la sous-couche $3d$ conduit à une structure dans laquelle la sous-couche $3d$ est à moitié remplie. Dans cette configuration, le nombre quantique magnétique total de spin de Cr est maximal, ce qui confère à l'atome une stabilité particulière d'après la règle de Hund.

5. Cr^{2+} : $\boxed{1s^2\,2s^2\,2p^6\,3s^2\,3p^6 3d^4}$. Cr^{3+} : $\boxed{1s^2\,2s^2\,2p^6\,3s^2\,3p^6\,3d^3}$.

✎ *Le chrome est un élément de transition car il possède une sous-couche* 3d *en cours de remplissage. Lors de l'ionisation du chrome, les électrons de la sous-couche* 4s *sont arrachés avant les électrons de la sous-couche* 3d *.*

La sous-couche d contient 5 orbitales atomiques. D'après la règle de Hund, les 4 électrons de Cr^{2+} sont non appariés donc Cr^{2+} possède 4 électrons célibataires. De la même façon, Cr^{3+} possède 3 électrons célibataires.

⇨ *Méthode 16.3*

Exercice 16.10

1. D'après les règles de Klechkowski et de Hund et le principe d'exclusion de Pauli, on trouve : $\boxed{1s^2\,2s^2\,2p^6\,3s^2\,3p^6 4s^2\,3d^9}$.

⇨ *Méthode 16.1*

2. La configuration électronique réelle du cuivre est : $1s^2\,2s^2\,2p^6\,3s^2\,3p^6 4s^1\,3d^{10}$. En effet, la promotion d'un électron de la sous-couche $4s$ à la sous-couche $3d$ conduit à une structure dans laquelle la sous-couche $3d$ est complètement remplie, ce qui confère à l'atome une stabilité particulière.

3. On peut déduire de la configuration électronique du cuivre celle des ions Cu^+ et Cu^{2+} dans leur état fondamental : Cu^+ : $\boxed{1s^2\,2s^2\,2p^6\,3s^2\,3p^6 3d^{10}}$ Cu^{2+} : $\boxed{1s^2\,2s^2\,2p^6\,3s^2\,3p^6 3d^9}$.

✎ *Les électrons de la sous-couche* 4s *sont arrachés avant les électrons de la sous-couche* 3d *.*

4. Le cuivre possède une sous-couche $3d$ complètement remplie, mais il conduit à l'ion Cu^{2+}, qui possède une sous-couche $3d$ en cours de remplissage : c'est donc un élément de transition.

Exercice 16.11

1. Le noyau de thallium contient 81 protons et 205 – 81 = 124 neutrons.

2. L'atome de thallium contient 81 électrons. Dans l'état fondamental, sa configuration électronique s'écrit : $\boxed{1s^2\,2s^2\,2p^6\,3s^2\,3p^6\,4s^2\,3d^{10}\,4p^6\,5s^2\,4d^{10}\,5p^6\,6s^2\,4f^{14}\,5d^{10}\,6p^1}$.

⇨ *Méthode 16.1*

Corrigé

3. La valeur maximale de n vaut 6, l'élément thallium se situe donc dans la 6e période du tableau périodique. La structure électronique de valence $6s^2 6p^1$ nous indique que l'élément se situe dans la première colonne du bloc p, soit dans la 13e colonne du tableau périodique.

⇨ *Méthode 16.4*

4. L'atome de thallium peut perdre l'électron externe de la sous-couche $6p$ et conduire à Tl^+, puis perdre les deux électrons externes de la sous-couche $6s$ et conduire à Tl^{3+}. Les deux ions $\boxed{Tl^+}$ et $\boxed{Tl^{3+}}$ sont stables car dans leur configuration électronique, toutes les sous-couches sont complètement remplies.

⇨ *Méthode 16.2*

5.a) La raie observée par Crookes est une raie intense verte : la longueur d'onde de la radiation associée doit être comprise entre 495 et 565 nm. Elle correspond donc à la ligne épaisse représentant la transition du niveau $\boxed{7\,{}^2S_{1/2}}$ au niveau $\boxed{6\,{}^2P_{3/2}}$, associée à la longueur d'onde λ = 535,046 nm. Il s'agit d'une désexcitation puisque la raie a été observée dans le spectre d'émission du thallium.

b) On connaît avec précision l'énergie du niveau fondamental $6\,{}^2P_{1/2}$: $E(6\,{}^2P_{1/2}) = -6{,}08$ eV.

Considérons la transition du niveau $7\,{}^2S_{1/2}$ au niveau $6\,{}^2P_{1/2}$: $E(7\,{}^2S_{1/2}) - E(6\,{}^2P_{1/2}) = \dfrac{hc}{\lambda_1}$

avec la longueur d'onde λ_1 = 377,552 nm. De la même façon, pour la transition du niveau $7\,{}^2S_{1/2}$ au niveau $6\,{}^2P_{3/2}$: $E(7\,{}^2S_{1/2}) - E(6\,{}^2P_{3/2}) = \dfrac{hc}{\lambda_2}$ avec $\lambda_2 = 535{,}046$ nm. On en déduit :

$$E(6\,{}^2P_{3/2}) = E(7\,{}^2S_{1/2}) - \frac{hc}{\lambda_2} \Leftrightarrow \boxed{E(6\,{}^2P_{3/2}) = E(6\,{}^2P_{1/2}) + \frac{hc}{\lambda_1} - \frac{hc}{\lambda_2}}. \text{ AN } \boxed{E(6\,{}^2P_{3/2}) = -5{,}11 \text{ eV}}.$$

Exercice 16.12

1. D'après les règles de Klechkowski et de Hund et le principe d'exclusion de Pauli :

Li : $\boxed{1s^2\,2s^1}$ Na : $\boxed{1s^2\,2s^2\,2p^6\,3s^1}$ K : $\boxed{1s^2\,2s^2\,2p^6\,3s^2\,3p^6\,4s^1}$.

Ces trois éléments possèdent la même structure de valence ns^1. Ils appartiennent à la première colonne du bloc s, donc à la première colonne de la classification périodique. Ils font donc partie d'une même famille : celle des alcalins.

⇨ *Méthodes 16.1 et 16.4*

2. a) Pour convertir l'énergie de première ionisation du lithium en eV, on utilise la facteur de conversion dentre J et eV, et on divise par N_A pour se ramener à un atome :

$$E_{i1} = \frac{520 \cdot 10^3}{6{,}02 \cdot 10^{23} \cdot 1{,}602 \cdot 10^{-19}} \text{ soit } \boxed{E_{i1} = 5{,}39 \text{ eV}}.$$

b) L'énergie de première ionisation est l'énergie qu'il faut fournir pour arracher un électron à l'atome en phase gazeuse. Dans une colonne, l'énergie de première ionisation diminue lorsque Z augmente. En effet, l'électron le plus externe appartient à une couche de nombre quantique principal n plus élevé, et est donc moins fortement lié au noyau. L'énergie nécessaire pour l'arracher à l'atome est donc plus faible.

c) Pour chacun des alcalins, on constate que $E_{i2} \gg E_{i1}$, donc que l'énergie nécessaire pour arracher un électron à l'ion X^+ est beaucoup plus importante que celle qu'il faut fournir pour arracher un électron à l'atome X. L'ion X^+ possède la structure électronique d'un gaz noble, particulièrement stable. L'ionisation de X, qui conduit à cette structure électronique stable, nécessite donc beaucoup moins d'énergie que celle de X^+, qui consiste à détruire une structure électronique stable (l'électron arraché est un électron de coeur de X).

3. Le césium appartient à la famille des alcalins et est situé dans la sixième période de la classification périodique. La dernière couche en cours de remplissage est donc la couche de nombre quantique principal $n = 6$ et la configuration électronique de l'élément finit par $6s^1$.
En utilisant les règles de remplissage, on en déduit la configuration électronique du césium dans l'état fondamental : $\boxed{1s^2 2s^2 2p^6 3s^2 3p^6 4s^2 3d^{10} 4p^6 5s^2 4d^{10} 5p^6 6s^1}$
(ou $1s^2 2s^2 2p^6 3s^2 3p^6 3d^{10} 4s^2 4p^6 4d^{10} 5s^2 5p^6 6s^1$).
C'est donc l'élément de numéro atomique $\boxed{Z = 55}$.

⇨ *Méthode 16.5*

Exercice 16.13

1. a) Li : $\boxed{1s^2 2s^1}$.

b) Le lithium peut conduire à l'ion Li^+, qui possède la même structure électronique que l'hélium, avec une sous-couche $1s$ complètement remplie.

⇨ *Méthode 16.2*

c) Le lithium appartient à la première colonne de la classification périodique (famille des alcalins). Il possède une énergie de première ionisation et une électronégativitié ($\chi(\text{Li}) = 0{,}98$) relativement faibles (on rappelle que l'électronégativité augmente avec Z dans une période de la classification périodique). Il peut donc facilement céder un électron pour conduire à l'ion Li^+, d'où son caractère réducteur.

2. a) L'oxyde de lithium a pour formule $\boxed{Li_2O(s)}$ et est obtenu selon :

$$\boxed{2\ \text{Li(s)} + \frac{1}{2}\text{O}_2\text{(g)} \rightarrow \text{Li}_2\text{O(s)}}$$

b) La différence d'électronégativité entre le lithium et l'oxygène est importante, $Li_2O(s)$ possède donc un caractère ionique : il est constitué des ions lithium Li^+ et oxyde O^{2-}.

3. Le nitrure de lithium est un composé ionique constitué des ions nitrure N^{3-} et des ions lithium Li^+. Il est électriquement neutre, donc a pour formule $\boxed{Li_3N(s)}$.

On en déduit l'équation de sa formation : $$\boxed{3\ \text{Li(s)} + \frac{1}{2}\text{N}_2\text{(g)} \rightarrow \text{Li}_3\text{N(s)}}$$

4. L'équation de la réaction du lithium sur l'eau s'écrit :

$$\boxed{\text{Li(s)} + \text{H}_2\text{O(l)} \rightarrow \text{Li}^+\text{(aq)} + \text{HO}^-\text{(aq)} + \frac{1}{2}\text{H}_2\text{(g)}}$$

✎ *Il s'agit d'une réaction d'oxydoréduction, qui met en jeu les couples oxydant/réducteur* Li^+/Li *et* H_2O/H_2 *en milieu basique.*

Exercice 16.14

1. Les transformations chimiques observées sont des transformations d'oxydo-réduction, mettant en jeu les couples $X_{2(aq)}/X^-_{(aq)}$. On peut ainsi écrire les équations suivantes, associées aux transformations mises en jeu :

$$Cl_{2(aq)} + 2\,Br^-_{(aq)} = Br_{2(aq)} + 2\,Cl^-_{(aq)}$$

$$Cl_{2(aq)} + 2\,I^-_{(aq)} = I_{2(aq)} + 2\,Cl^-_{(aq)}$$

$$Br_{2(aq)} + 2\,I^-_{(aq)} = I_{2(aq)} + 2\,Br^-_{(aq)}$$

2. Les observations expérimentales montrent que la solution de dichlore oxyde les ions bromure et les ions chlorure. La solution de dibrome permet d'oxyder les ions iodure. La solution de diiode ne permet d'oxyder ni les ions chlorure ni les ions bromure.
On en déduit que I_2 est moins oxydant que Br_2, lui-même moins oxydant que Cl_2.

3. Le caractère oxydant des dihalogènes (aptitude à capter des électrons) peut être relié à l'électronégativité des halogènes. Celle-ci traduit en effet le caractère attracteur d'électrons de l'atome. Or nous savons que dans le tableau périodique, Cl, Br et I sont respectivement situés sur la troisième, quatrième et cinquième période, donc $\chi(Cl) > \chi(Br) > \chi(I)$. Le pouvoir oxydant du dihalogène X_2 croît donc avec l'électronégativité de X.

4. Pour pouvoir mettre en évidence une transformation chimique dans le tube à essai, il faut disposer d'un test de reconnaissance des produits (et/ou des réactifs) afin d'identifier les espèces éventuelles formées. La coloration des dihalogènes en solution est une bonne indication. Cependant, le dichlore et le diiode ont la même couleur jaune en solution aqueuse. Ainsi, si on mélange dans un tube à essai une solution de dichlore et une solution d'iodure de potassium, la coloration jaune de la solution ne permettra pas de conclure sur le déroulement ou non d'une transformation chimique entre $Cl_{2(aq)}$ et $I^-_{(aq)}$. En revanche, dans le cyclohexane, tous les dihalogènes ont des colorations différentes. Leur mise en évidence sera donc possible et permettra de conclure sur le déroulement éventuel d'une transformation chimique dans le mélange réactionnel.

5. On propose le protocole expérimental suivant.

– Dans trois tubes à essai ①, ② et ③, introduire respectivement quelques mL d'une solution aqueuse de chlorure de potassium, de bromure de potassium et d'iodure de potassium. Dans chacun des tubes, ajouter quelques mL de la solution de dichlore, et quelques mL de cyclohexane. Boucher le tube à essai et agiter énergiquement, puis laisser reposer. Observer et noter la coloration de chaque phase (en particulier celle de la phase organique) et conclure sur le déroulement éventuel d'une transformation chimique dans le tube.

– Reproduire la manipulation en remplaçant la solution de dichlore par la solution de dibrome, puis par la solution de diiode.

Chapitre 17
Molécules et solvants

Dans l'Antiquité, différents penseurs ont affirmé, comme **Leucippe** ou **Démocrite** chez les Grecs et **Lucrèce** chez les Romains, que la matière est composée de particules minimales. Pour les désigner, on choisit le mot *atomos*, c'est-à-dire *qui ne peut pas être partagé*. Le développement des sciences physiques au cours du XIXe siècle rendit de plus en plus évidente la structure atomique de la matière. Si le mot réapparaît au début des années 1800, en particulier avec **Gay-Lussac**, il ne prend son sens actuel qu'autour des années 1910. En 1897, Joseph **Thomson** découvre l'électron ; le nom existait déjà depuis le début du siècle pour désigner une hypothétique matière électrique. Ernest **Rutherford** précise la structure de l'atome. Il reprend en 1920 le mot *neutron* qui existait au sens de *particule neutre*, et construit le mot *proton* sur le suffixe grec *proto*, c'est-à-dire *qui arrive en premier*, à moins que ce ne soit sur le nom de William **Prout**, savant anglais qui avait postulé en 1815 que les masses atomiques des différentes substances sont des multiples de celle de l'hydrogène. Le mot *molécule*, c'est-à-dire *petite masse*, existait déjà à la Renaissance mais il n'a pris son sens actuel que lorsque la structure de la matière a été connue.

Louis-Joseph Gay-Lussac
1778-1850

■■ Objectifs

■ Ce qu'il faut connaître

- ▷ La règle de l'octet et ses limites
- ▷ La notion de charge formelle
- ▷ Les forces de Van der Waals et la liaison hydrogène
- ▷ Des ordres de grandeur d'énergies de liaison et de longueur de liaison
- ▷ Les grandeurs caractéristiques d'un solvant (moment dipolaire, permittivité)

■ Ce qu'il faut savoir faire

- ▷ Établir un schéma de Lewis pour une entité donnée
- ▷ Calculer la charge formelle d'un atome
- ▷ Relier la géométrie d'une molécule à l'existence ou non d'un moment dipolaire et déterminer la direction et le sens du vecteur moment dipolaire
- ▷ Lier qualitativement l'intensité des forces intermoléculaires à la polarité et la polarisabilité des molécules
- ▷ Prévoir ou interpréter les propriétés physiques de corps purs par l'existence de forces intermoléculaires
- ▷ Justifier ou proposer le choix d'un solvant

Résumé de cours

Représentation de Lewis des édifices polyatomiques

Liaison covalente

Une **liaison covalente** résulte de la mise en commun de deux électrons de valence par deux atomes. Après formation de la liaison, les électrons appartiennent indifféremment aux deux atomes.

La **longueur de liaison** d_{A-B} d'une liaison covalente $A-B$ est la distance internucléaire entre les deux atomes A et B. Elle est de l'ordre d'une centaine de picomètres (soit 10^{-10} m).

L'**énergie de liaison** $E_l(A-B)$ d'une liaison covalente $A-B$ est l'énergie qu'il faut fournir pour dissocier la liaison $A-B$ en ses atomes isolés à l'état gazeux à 0 K. Elle est de l'ordre de 150 à 500 $kJ \cdot mol^{-1}$.

Règle de l'octet

Dans une molécule ou un ion, les atomes de la deuxième période de la classification périodique s'associent de façon à ce que chacun d'entre eux soit entouré de *huit électrons* au maximum. L'atome d'hydrogène obéit à la **règle du duet** en s'entourant de *deux électrons*.

Dans le modèle de Lewis, les électrons de valence d'un édifice sont **localisés** entre les atomes ou sur les atomes. Les électrons de valence ne participant pas aux liaisons covalentes sont regroupés en **doublets non liants**, localisés sur les atomes.

⇨ **Méthode 17.1. Écrire la formule de Lewis d'une entité**

Charges formelles

La formation de liaisons covalentes par un atome peut se traduire par une perte ou un gain d'électrons par rapport à l'atome isolé, que l'on représente par une **charge formelle** localisée sur l'atome dans la formule de Lewis de l'édifice polyatomique considéré.

La **charge formelle** c_f d'un atome est définie par :

$$c_f = n_v - n_{v,\text{édifice}}$$

où n_v est le nombre d'électrons de valence de l'atome isolé
et $n_{v,\text{édifice}}$ le nombre d'électrons de valence attribués à l'atome dans l'édifice.

⇨ **Méthode 17.2. Calcul de la charge formelle d'un atome**

La somme des charges formelles portées par les atomes dans la structure de Lewis d'un édifice polyatomique est égale à la charge globale de l'édifice.

❑ Exceptions à la règle de l'octet

– Certains composés sont déficients en électrons : lorsqu'il manque un doublet électronique autour d'un atome pour que celui-ci respecte la règle de l'octet, on représente ce déficit par une **lacune électronique** sur l'atome.
Un **acide de Lewis** est une espèce chimique possédant au moins une lacune électronique.
Une **base de Lewis** est une espèce chimique possédant au moins un doublet non liant.
– Certains composés font apparaître un électron non apparié : on parle d'**électron célibataire**. Ces composés sont appelés **radicaux**.
– À partir de la troisième période de la classification périodique, les atomes peuvent s'entourer de plus de huit électrons : les composés correspondants sont dits **hypervalents** (on parle de règle de l'octet étendue).

Remarque
Si, pour les édifices contenant des éléments de la troisième période de la classification périodique, plusieurs formules de Lewis sont possibles, il est préférable d'écrire une structure dans laquelle l'atome central est hypervalent plutôt qu'une structure dans laquelle apparaissent de nombreuses charges formelles.

■ Moment dipolaire

❑ Moment dipolaire de liaison

Lorsque deux atomes A et B d'électronégativité différente sont liés par une liaison covalente, il apparaît une charge partielle négative $-\delta \cdot e$ (avec $0 < \delta \leq 1$) sur l'atome le plus électronégatif A et une charge partielle positive $+\delta \cdot e$ sur l'atome le moins électronégatif B.

$$\overset{-\delta \cdot e}{\mathrm{A}} \xrightarrow[\vec{\mu}_{\mathrm{A-B}}]{} \overset{+\delta \cdot e}{\mathrm{B}}$$

La liaison est dite **polarisée**. Elle possède un **moment dipolaire**, représenté par un vecteur dirigé selon l'axe internucléaire, orienté de A vers B et de norme $\mu_{\mathrm{A-B}} = |q_{\mathrm{A}}| d_{\mathrm{A-B}} = \delta \cdot e \cdot d_{\mathrm{A-B}}$ (voir cours d'électrostatique).
Le pourcentage d'ionicité d'une liaison $\mathrm{A-B}$ est défini par :

$$\delta = \frac{\mu_{\mathrm{A-B\ expérimental}}}{\mu_{\mathrm{A-B\ si\ liaison\ ionique}}} \text{ avec } \mu_{\mathrm{A-B\ si\ liaison\ ionique}} = e \cdot d_{\mathrm{A-B}}.$$

Unités
Unité SI de moment dipolaire : le coulomb-mètre ($\mathrm{C \cdot m}$).
Unité usuelle pour les liaisons chimiques : le debye (D), $1\,\mathrm{D} = 3{,}336 \cdot 10^{-30}\,\mathrm{C \cdot m}$.

❑ Moment dipolaire d'un édifice

En première approximation, le moment dipolaire d'un édifice moléculaire ou ionique est égal à la somme vectorielle des moments dipolaires de liaison (on néglige la contribution des doublets non liants).

⇨ **Méthode 17.3. Déterminer si une molécule est polaire**

■ Forces intermoléculaires

❑ Forces de Van der Waals

Les **forces de Van der Waals** sont des interactions attractives électrostatiques à courte distance (quelques centaines de pm). Elles mettent en jeu une énergie de l'ordre de 0,5 à 25 $kJ \cdot mol^{-1}$.
On distingue :
– les interactions de **Keesom** (dipôle permanent/dipôle permanent) entre deux molécules ou parties de molécule polaires ;
– les interactions de **Debye** (dipôle permanent/dipôle induit) entre une molécule polaire et une molécule apolaire polarisable ;
– les interactions de **London** (dipôle instantané/dipôle induit) entre deux édifices apolaires, du fait de l'existence d'un moment dipolaire instantané lié à la distribution électronique à un instant donné.
Aux interactions attractives de Van de Waals s'ajoutent des interactions répulsives entre molécules à très courte distance : il existe donc une distance d'équilibre entre molécules, correspondant à la longueur de la **liaison de Van der Waals** entre molécules.

❑ Liaison hydrogène

La **liaison hydrogène** est une interaction attractive qui s'établit entre un atome d'hydrogène lié à un atome électronégatif et un autre atome très électronégatif porteur d'un doublet non liant. Les trois atomes tendent à s'aligner.

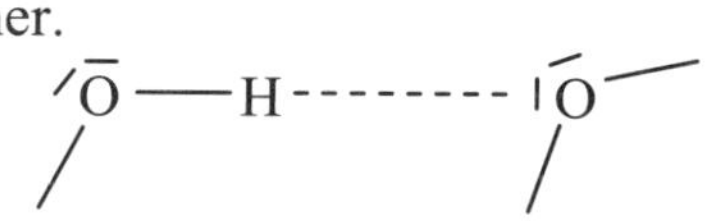

Elle met en jeu une énergie de l'ordre de 10 à 40 $kJ \cdot mol^{-1}$.
Une liaison hydrogène **intramoléculaire** peut s'établir entre différentes parties d'une même molécule si la géométrie le permet.

❑ Conséquences

Les forces intermoléculaires sont à l'origine de la cohésion de certains assemblages moléculaires, et permettent d'interpréter l'évolution de certaines propriétés physico-chimiques (températures de fusion et d'ébullition, solubilité…). En particulier, plus les forces intermoléculaires sont importantes, plus les températures de changement d'état sont élevées.

⇨ **Méthode 17.4. Interpréter certaines propriétés physiques des corps purs à partir des forces intermoléculaires**

■ Solvants moléculaires

❑ Soluté et solvant

La mise en solution d'une espèce chimique, le **soluté**, dans un **solvant** met en jeu des forces d'interaction entre soluté et solvant, qui dépendent des caractéristiques physico-chimiques du soluté (ionique ou moléculaire) et du solvant (moment dipolaire, permittivité relative, caractère protique ou aprotique). Le choix du solvant a une influence essentielle sur le déroulement des réactions en chimie organique.

❑ Caractéristiques physico-chimiques d'un solvant

Moment dipolaire

Le **pouvoir ionisant** d'un solvant, défini comme la capacité du solvant à transformer un soluté ionique ou un composé moléculaire ionisable en une paire d'ions, est d'autant plus élevé que son moment dipolaire est élevé.

Permittivité diélectrique

Le **pouvoir dissociant** d'un solvant, défini comme la capacité du solvant à dissocier une paire d'ions (en affaiblissant l'interaction électrostatique entre les ions), est d'autant plus élevé que sa permittivité diélectrique relative ε_r est élevée.

Caractère protique (ou protogène)

Un solvant est dit **protique** ou **protogène** s'il possède un atome d'hydrogène lié à un atome électronégatif, et peut donc établir des liaisons hydrogène avec un soluté.

❑ Mise en solution d'une espèce chimique moléculaire ou ionique

La mise en solution d'un solide ionique dans un solvant peut être schématisée de la façon suivante :

$$CA_{(s)} \xrightarrow{\text{ionisation}} \underbrace{\left(C^{n+}, A^{n-}\right)}_{\text{paire d'ions}} \xrightarrow{\text{dissociation}} C^{n+} + A^{n-} \xrightarrow{\text{solvatation}} C^{n+}_{(solv)} + A^{n-}_{(solv)}$$

La mise en solution d'une espèce chimique moléculaire met en jeu l'étape de **solvatation.** Celle-ci correspond à l'établissement d'interactions attractives entre soluté et solvant : interactions ion-dipôle, forces de Van der Waals, liaisons hydrogène.

Classification des solvants

Les solvants sont généralement classés en trois catégories :

– les solvants **polaires protiques** (eau, ammoniac, alcools…), qui solvatent fortement les anions de petite taille ;

– les solvants **polaires aprotiques** (propanone, diméthylsulfoxyde DMSO, diméthylformamide DMF…), qui solvatent fortement les cations ;

– les solvants **apolaires aprotiques** (cyclohexane, tétrachlorométhane, benzène…), qui solvatent bien les composés apolaires.

Remarque

Lors de la mise en œuvre d'un protocole expérimental, le choix d'un solvant doit aussi tenir compte de l'inflammabilité et de la toxicité d'un solvant. En accord avec les principes de la *chimie verte*, de nouvelles pistes sont développées, dans l'objectif de remplacer des solvants organiques polluants et consommateurs d'énergie par des milieux réactionnels inoffensifs et recyclables.

Comment établir la formule de Lewis d'une molécule ou d'un ion polyatomique ?

❑ Méthode 17.1. Écrire la formule de Lewis d'une entité

– Déterminer le nombre N_v d'électrons de valence de l'édifice, et en déduire le nombre P_v de paires électroniques de valence de l'édifice.
– Faire une hypothèse sur l'enchaînement des atomes si celui-ci n'est pas précisé.
– Répartir les paires électroniques (liaisons simples, multiples, doublets non liants) de façon à respecter la règle de l'octet pour le maximum d'atomes de la deuxième période de la classification périodique.
– Faire apparaître les éventuelles lacunes électroniques.
– Il reste à calculer les éventuelles charges formelles (voir méthode suivante).

⇨ **Exercices 17.1 à 17.6**

– Établissons la représentation de Lewis de la molécule d'ammoniac NH_3.
La représentation de Lewis de NH_3 fait intervenir $N_v = 5 + 3 \times 1 = 8$ électrons de valence, soit $P_v = 4$ paires électroniques. L'atome central de l'édifice est N. On répartit les doublets de sorte que l'atome d'azote respecte la règle de l'octet, et que les atomes d'hydrogène respectent la règle du duet. Cela nous conduit à la représentation de Lewis suivante :

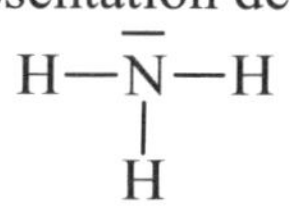

– Considérons maintenant l'ion nitrate NO_3^-.

La représentation de Lewis de NO_3^- fait intervenir $N_v = 5 + 3 \times 6 + 1 = 24$ électrons de valence, soit $P_v = 12$ paires électroniques. L'atome central de l'édifice est N. On répartit les doublets de sorte que tous les atomes de l'édifice respectent la règle de l'octet, ce qui conduit à la disposition suivante :

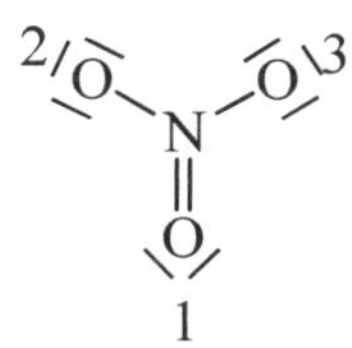

Il reste à calculer les charges formelles (voir méthode suivante).

❑ Méthode 17.2. Calculer la charge formelle d'un atome

– Déterminer le nombre d'électrons de valence de l'atome isolé n_v.
– Déterminer le nombre d'électrons de valence de l'atome dans la molécule $n_{v,m}$ avec les règles suivantes : on attribue à l'atome deux électrons par doublet non liant porté par l'atome, chaque électron célibataire porté par l'atome, et un électron par doublet liant établi par l'atome.
– Calculer la charge formelle portée par l'atome : $c_f = n_v - n_{v,m}$.

⇨ **Exercices 17.1 à 17.5**

Reprenons l'exemple de l'ion nitrate NO_3^-.

– Charge formelle de l'atome d'azote

La configuration électronique de l'atome d'azote ($Z = 7$) dans son état fondamental est $1s^2\ 2s^2\ 2p^3$, donc l'atome d'azote isolé possède cinq électrons de valence : $n_v = 5$.

Dans l'édifice, N établit quatre liaisons covalentes, donc, d'après les conventions de calcul, il possède quatre électrons de valence dans la molécule : $n_{v,m} = 4$.

On en déduit : $c_f(N) = 5 - 4 = 1$. On indique cette charge formelle par le symbole ⊕ dans la représentation de Lewis.

– Charge formelle de l'atome d'oxygène noté O^1

L'atome d'oxygène isolé possède six électrons de valence : $n_v = 6$.

Dans l'édifice, O^1 établit une liaison covalente (soit deux doublets liants) et porte deux doublets non liants, donc d'après les conventions de calcul, il possède $2 \times 1 + 2 \times 2 = 6$ électrons de valence dans la molécule : $n_{v,m} = 6$. On en déduit : $c_f(O^1) = 6 - 6 = 0$.

– De la même façon, on détermine : $c_f(O^2) = c_f(O^3) = 6 - 7 = -1$.

On représente alors la formule de Lewis de l'ion nitrate en faisant apparaître les charges formelles des différents atomes :

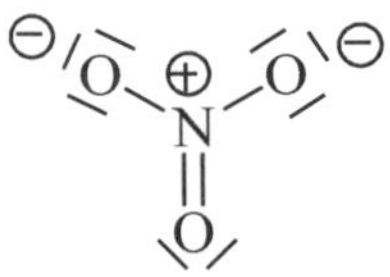

■ Comment mettre en évidence l'existence d'un moment dipolaire ?

❑ Méthode 17.3. Déterminer si une molécule est polaire

On utilise une représentation spatiale de la molécule (la connaissance de la structure géométrique est nécessaire).
– Représenter le vecteur moment dipolaire de chaque liaison polarisée, dirigé selon l'axe internucléaire et orienté de l'atome le plus électronégatif vers l'atome le moins électronégatif de la liaison.
– Faire la somme des vecteurs moments dipolaires des liaisons.

– Si la somme vectorielle est nulle, la molécule est apolaire. Si la somme vectorielle est non nulle, la molécule est polaire. Représenter alors le vecteur moment dipolaire total de la molécule.

➪ **Exercices 17.6, 17.7**

La molécule d'eau H_2O possède une géométrie coudée, avec un angle de liaison $H\hat{O}H$ égal à 104,5°. Représentons le vecteur moment dipolaire total de la molécule.
Chaque liaison O–H est polarisée, O étant plus électronégatif que H. Chaque liaison possède donc un moment dipolaire, représenté par un vecteur $\vec{\mu}_{OH}$ porté par la liaison O–H et orienté de O vers H. On en déduit alors $\vec{\mu}_{tot} = \vec{\mu}_{OH(1)} + \vec{\mu}_{OH(2)}$. La molécule d'eau est <u>polaire</u> car $\vec{\mu}_{tot} \neq \vec{0}$.
Le vecteur $\vec{\mu}_{tot}$ est orienté selon la bissectrice de l'angle $H\hat{O}H$.

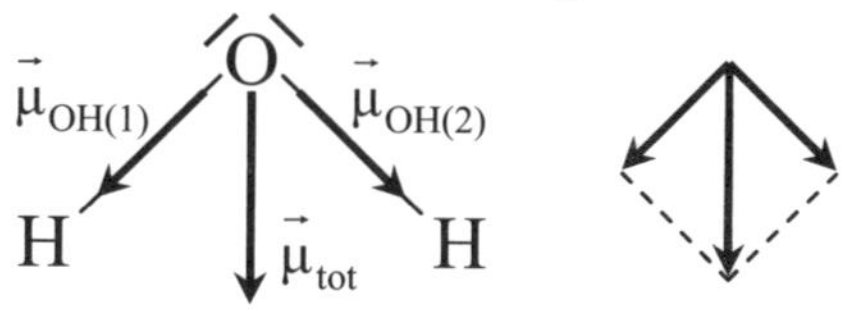

■ Comment relier des propriétés physico-chimiques à l'existence de forces intermoléculaires ?

❑ Méthode 17.4. Interpréter certaines propriétés physiques des corps purs à partir des forces intermoléculaires

– À partir du schéma de Lewis et de la structure géométrique des molécules étudiées, déterminer si les molécules sont polaires ou non. Comparer la polarisabilité des molécules (elle est d'autant plus élevée que la masse molaire moléculaire est importante). Il est alors possible de comparer les forces de Van der Waals mises en jeu dans les corps purs correspondants.
– Identifier les molécules susceptibles d'établir des liaisons hydrogène intermoléculaires.
– De façon générale, les températures de changement d'état d'un corps pur sont d'autant plus élevées que les forces intermoléculaires sont importantes.
– La solubilité d'une espèce chimique dans un solvant dépend des forces intermoléculaires mises en jeu entre soluté et solvant par comparaison avec celles mises en jeu dans les corps purs séparés.

➪ **Exercices 17.8, 17.9, 17.10, 17.11, 17.13**

On donne dans le tableau ci-dessous les températures d'ébullition, sous une pression de 1 bar, des alcanes C_nH_{2n+2} pour n allant de 1 à 3, et des alcools linéaires correspondants.

Composé	CH_4	C_2H_6	C_3H_8	CH_3OH	C_2H_5OH	C_3H_7OH
$\theta_{éb}$ (°C)	–164	–93	–45	66	78	98

On constate que lorsque la longueur de la chaîne carbonée des alcanes augmente, la température d'ébullition augmente. Les alcanes sont apolaires et interagissent selon des forces de Van der Waals (forces de London entre molécules apolaires). Lorsque la longueur de la chaîne carbonée augmente, les forces intermoléculaires sont plus importantes et la température d'ébullition augmente (il est nécessaire de fournir davantage d'énergie pour vaincre les interactions attractives entre molécules).

On constate aussi que l'alcool linéaire de chaîne carbonée de longueur *n* possède une température d'ébullition plus élevée que l'alcane correspondant. Les molécules d'alcool possèdent un moment dipolaire non nul, et interagissent aussi selon des forces de Van der Waals (forces de Keesom, Debye et London). D'autre part, la présence d'un groupe fonctionnel –OH permet l'établissement de liaisons hydrogène intermoléculaires entre molécules d'alcool (voir schéma ci-dessous), qu'il faut vaincre pour vaporiser l'alcool correspondant. La température d'ébullition des alcools est donc particulièrement élevée.

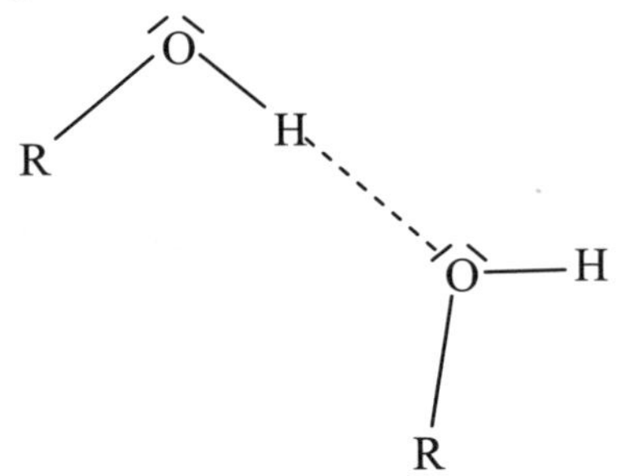

■■ Vrai/Faux

		Vrai	Faux
1.	L'atome d'oxygène $(Z = 8)$ vérifie la règle de l'octet dans la représentation de Lewis de la molécule d'eau.	☐	☐
2.	L'atome de carbone $(Z = 6)$ peut établir jusqu'à cinq liaisons covalentes dans certains édifices polyatomiques.	☐	☐
3.	L'atome de phosphore $(Z = 15)$ peut établir jusqu'à cinq liaisons covalentes dans certains édifices polyatomiques.	☐	☐
4.	Si le nombre d'électrons de valence d'un édifice est impair, sa représentation de Lewis fera apparaître un électron célibataire.	☐	☐
5.	La somme des charges formelles portées par les atomes dans la représentation de Lewis d'un édifice est toujours nulle.	☐	☐
6.	La molécule de dioxyde de carbone, de géométrie linéaire, est polaire.	☐	☐
7.	Le fluorure d'hydrogène HF peut établir des liaisons hydrogène.	☐	☐
8.	Les molécules apolaires ne peuvent pas établir des liaisons de Van der Waals entre elles.	☐	☐
9.	L'acide éthanoïque CH_3COOH est un solvant protique.	☐	☐
10.	Un ion est bien solvaté par un solvant polaire.	☐	☐

■■ Énoncé des exercices

■ Schéma de Lewis des molécules

❑ Exercice 17.1. Formules de Lewis incomplètes

Compléter la représentation de Lewis des composés ci-dessous, en faisant apparaître les éventuels doublets non liants et les charges formelles portées par les atomes.

a) NO_2^- O=N—O

b) NO_2F

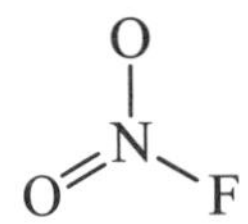

c) N_3^- N=N=N

d) NO_2^+ O=N=O

e) NOF_3

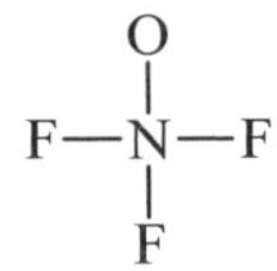

❑ Exercice 17.2. Espèces carbonées

1. Proposer une structure de Lewis pour chacune des espèces suivantes : CO_2, CH_3OH, CO_3^{2-}.

2. Proposer une structure de Lewis pour l'espèce CO, ne faisant pas apparaître de charge formelle. Pourquoi cette structure n'est-elle pas satisfaisante ?

3. En déduire la structure de Lewis de l'espèce CO. Est-elle en accord avec l'électronégativité des atomes ?

❑ Exercice 17.3. Espèces phosphorées*

1. Écrire une structure de Lewis pour les espèces chimiques suivantes : $POCl_3$, PO_4^{3-}.

2. En déduire la structure de Lewis de l'acide orthophosphorique H_3PO_4.

3. Proposer deux structures de Lewis envisageables pour l'acide phosphoreux H_3PO_3 (P est l'atome central).

4. Sachant que l'acide phosphoreux H_3PO_3 est un diacide, en déduire la représentation de Lewis correcte de cet acide.

D'après Mines-Ponts

❑ Exercice 17.4. Différents enchaînements des atomes C, N et O*

Dans l'ion cyanate NCO^- et l'ion fulminate CNO^-, l'enchaînement des atomes n'est pas le même.

1. Proposer une structure de Lewis, la plus représentative possible, pour chacune de ces deux espèces (la formule doit refléter l'enchaînement des atomes).

2. Alors que l'ion cyanate forme des composés ioniques stables avec de nombreux cations métalliques, l'ion fulminate forme des composés instables, dont certains sont explosifs. Proposer une explication.

3. L'ion CON^- n'existe pas… Proposer une explication.

❑ Exercice 17.5. Quelques composés azotés*

L'élément azote se trouve dans les engrais sous des formes très diverses. On le rencontre notamment sous forme d'ions nitrate et ammonium dans le nitrate d'ammonium NH_4NO_3.

1. Le nitrate d'ammonium est préparé par réaction entre l'acide nitrique HNO_3 et l'ammoniac NH_3.

a) Écrire l'équation de la réaction correspondante.

b) Écrire les formules de Lewis de l'acide nitrique et de l'ammoniac.

c) Calculer le pourcentage en masse de l'élément azote du nitrate d'ammonium pur.

2. Le protoxyde d'azote N_2O, connu pour ses propriétés enivrantes (d'où son appellation de « gaz hilarant »), est obtenu par décomposition thermique du nitrate d'ammonium.
Proposer une formule de Lewis pour N_2O.

3. La synthèse de l'acide nitrique fait intervenir les espèces chimiques suivantes : NO, NO_2, N_2O_4, HNO_2.

a) Nommer ces espèces chimiques.

b) Proposer une représentation de Lewis pour chaque espèce, sachant qu'aucune ne fait intervenir de liaison O–O.

c) NO et NO_2 possèdent une propriété physique particulière. Laquelle et pourquoi ?

d) L'anhydride nitreux N_2O_3 est un composé instable : à température ambiante, il se décompose totalement en NO et NO_2. En déduire une représentation de Lewis de N_2O_3.

Données : $M(\text{N}) = 14\ \text{g·mol}^{-1}$; $M(\text{O}) = 16\ \text{g·mol}^{-1}$; $M(\text{H}) = 1{,}0\ \text{g·mol}^{-1}$.

D'après Banque d'épreuves G2E

❑ Exercice 17.6. Le chlorure stanneux

Le chlorure d'étain(II) $SnCl_2$ est utilisé en tant qu'agent réducteur en chimie organique.

1. Proposer une représentation de Lewis de la molécule de chlorure d'étain(II) ne faisant pas apparaître de charge formelle.

2. Peut-on qualifier $SnCl_2$ d'acide de Lewis ? de base de Lewis ? Justifier.

3. La molécule de $SnCl_2$ est coudée, l'angle $\text{Cl}-\text{Sn}-\text{Cl}$ étant égal à 95°. La molécule possède-t-elle un moment dipolaire permanent ? Si oui, le représenter sur un schéma.

Données : $Z(\text{Sn}) = 50$; $Z(\text{Cl}) = 7$; $\chi(\text{Cl}) > \chi(\text{Sn})$.

❑ Exercice 17.7. Polaire ou apolaire ?

On a schématisé ci-dessous la géométrie de certains édifices moléculaires et ioniques (on a seulement fait apparaître les doublets de liaison, en omettant les éventuels doublets non liants et lacunes électroniques).

Pour chacun de ces composés, indiquer si l'édifice est polaire. Si c'est le cas, représenter le vecteur moment dipolaire correspondant.

a) H_2S

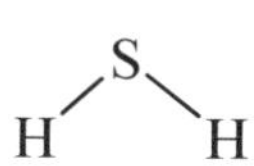

e) NO_2^+ $\quad \text{O}{=}\text{N}{=}\text{O}$

b) CS_2 $\quad \text{S}{=}\text{C}{=}\text{S}$

f) CCl_4

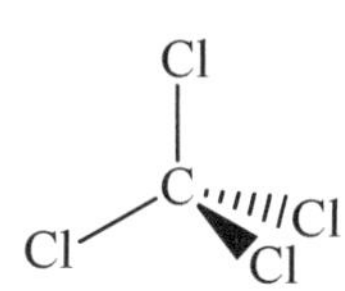

c) NO_2^-

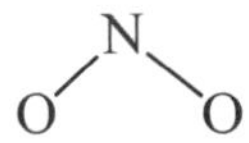

g) NO_2F

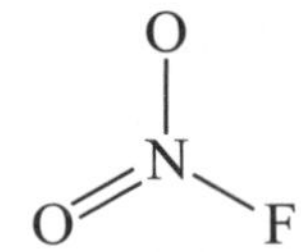

d) BF_3

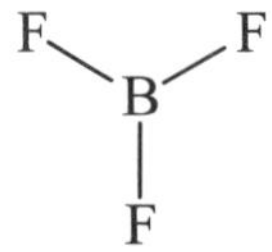

h) PCl_5

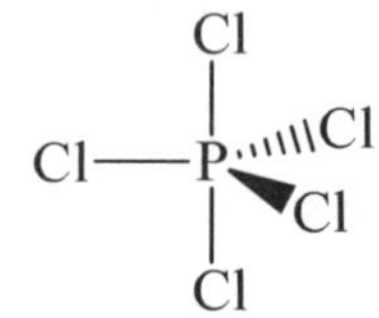

Données : électronégativités dans l'échelle de Pauling $\chi(F) = 4,0$; $\chi(O) = 3,4$; $\chi(Cl) = 3,2$; $\chi(N) = 3,0$; $\chi(S) = 2,58\,(\simeq 2,6)$; $\chi(C) = 2,55\,(\simeq 2,6)$; $\chi(H) = 2,2$; $\chi(P) = 2,2$; $\chi(B) = 2,0$.

■ Forces intermoléculaires

❑ Exercice 17.8. Températures de changement d'état

On a représenté l'évolution des températures d'ébullition sous une pression de 1 bar des composés hydrogénés des éléments des colonnes 14 et 17 de la classification périodique en fonction de la masse molaire moléculaire du composé.

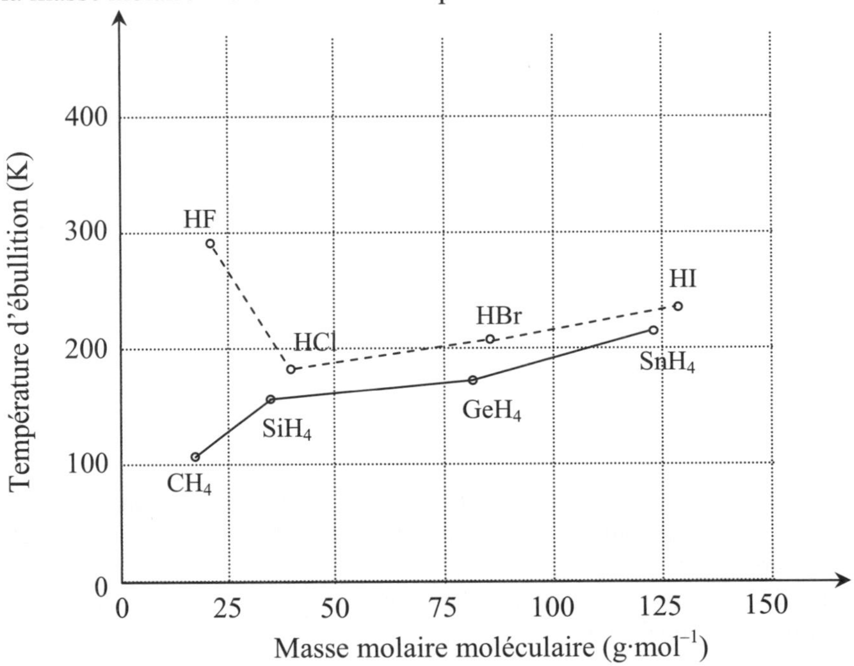

1. Pourquoi les composés hydrogénés des éléments de la colonne 14 ont-ils des températures d'ébullition plus basses que celles des composés hydrogénés des éléments de la colonne 17 ?

2. Pourquoi la température d'ébullition augmente-t-elle de HCl à HI ?

3. Interpréter l'« anomalie apparente » observée pour HF.

Donnée : les composés AH_4 des éléments de la colonne 14 sont de géométrie tétraédrique.

D'après Centrale-Supélec

❑ Exercice 17.9. Caractère hydrophile et lipophile

La valeur du coefficient de partage $P_{O/E}$ d'une espèce entre l'octan-1-ol et l'eau, liquides non miscibles, est désormais couramment utilisée pour estimer le caractère hydrophile ou lipophile d'une espèce donnée, essentiel dans le domaine des médicaments. $P_{O/E}$ est défini comme :

$P_{O/E} = \dfrac{c_{oct}}{c_{eau}}$, où c_{oct} et c_{eau} sont les concentrations respectives de l'espèce considérée dans l'octan-1-ol et dans l'eau à l'équilibre entre les deux solvants.

On peut trouver des tables donnant le logarithme décimal de $P_{O/E}$, noté simplement log P. On en donne un extrait ci-dessous :

Espèce	Méthanol	Éthanol	Propan-1-ol	Butan-1-ol	Pentan-1-ol	Éthoxyéthane
log P	– 0,77	– 0,31	+ 0,25	+ 0,88	+ 1,51	+ 0,83

1. Donner la formule semi-développée de l'octan-1-ol et celle de l'éthoxyéthane (ou éther diéthylique).

2. Définir le caractère hydrophile ou lipophile d'une espèce, et indiquer, parmi les espèces du tableau, celle qui est la plus lipophile.

3. Commenter les valeurs de log P données dans le tableau, en insistant notamment sur la nature des interactions mises en jeu.

D'après Agrégation externe

❑ Exercice 17.10. Isomères de position

On donne les températures d'ébullition (sous 1 bar) de deux isomères de position : l'hexane-2,4-diol et l'hexane-2,6-diol. Proposer une interprétation pour expliquer les différences observées.

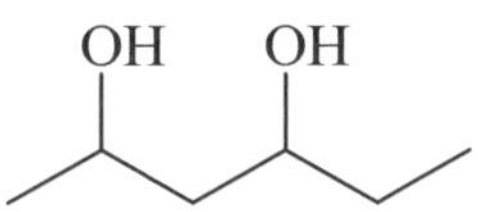

hexane-2,4-diol

$\theta_{éb} = 188$ °C

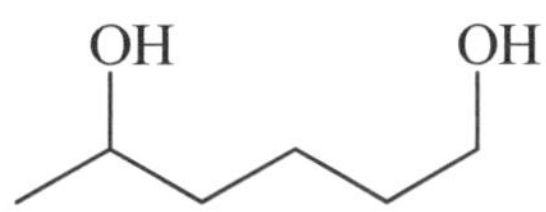

hexane-2,6-diol

$\theta_{éb} = 238$ °C

❑ Exercice 17.11. Dimérisation d'acides organiques

Lors du traitement hydrométallurgique d'un minerai de nickel, les cations métalliques sont extraits de la phase aqueuse en plusieurs étapes d'extraction. La solution utilisée pour l'extraction est constituée d'un hydrocarbure comme solvant, contenant de l'acide de di(2-éthylhexyl)phosphorique :

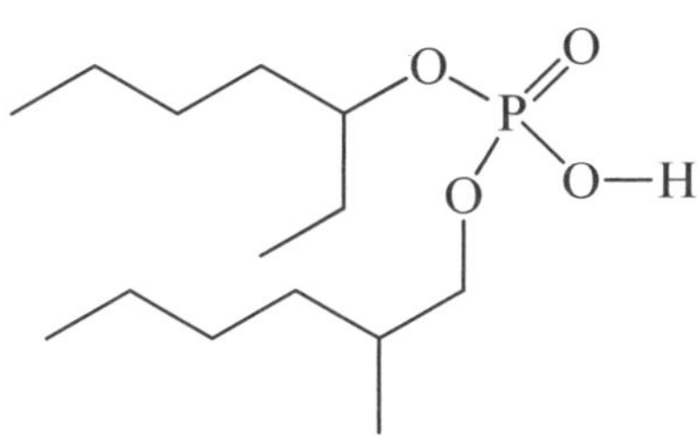

Expliquer pourquoi l'acide di(2-éthylhexyl)phosphorique existe sous forme de dimère dans le solvant organique et représenter la structure du dimère en notant R– le groupe 2-éthylhexyle.

D'après Agrégation interne

❑ Exercice 17.12. Structure cristalline de la glace

Quand deux molécules d'eau sont en présence, elles ont tendance à s'unir par une liaison de nature électrostatique, appelée liaison hydrogène.

1. Préciser la condition d'existence d'une telle liaison, ainsi que son champ d'action et sa directionnalité. Citer des propriétés chimiques et physiques qui en découlent.

L'eau solide se présente, selon les conditions de température et de pression, sous de nombreuses variétés allotropiques (pas moins de treize). Certaines d'entre elles ne se rencontrent que dans des conditions extrêmes régnant à la surface d'autres planètes ou satellites du système solaire.

La glace, quelle que soit sa structure cristallographique, est formée d'un assemblage régulier de molécules d'eau qui utilisent, chacune, toutes leurs possibilités d'établir des liaisons hydrogène. Chaque atome d'oxygène, pris individuellement, se trouve localisé au centre d'un tétraèdre dont les sommets sont occupés par les atomes d'oxygène de quatre autres molécules d'eau, comme l'illustre la figure ci-contre, introduite par Pauling en 1935. Les distances séparant les atomes d'oxygène et d'hydrogène sont respectivement référencées d_1 et d_2.

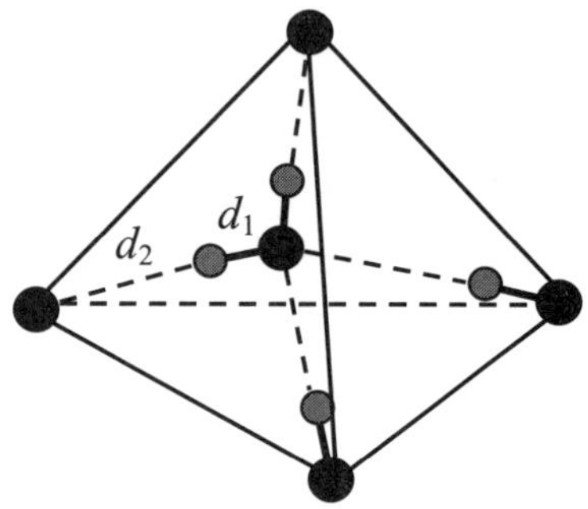

2. Expliquer la signification des deux distances d_1 et d_2. Le tétraèdre est-il régulier ?

3. Déterminer le nombre moyen de liaisons hydrogène développées par chaque molécule H_2O.

4. L'observation approfondie de la figure précédente induit qu'il existe six arrangements possibles des atomes d'hydrogène sur les quatre liaisons autour de chaque atome d'oxygène.

Représenter ces six arrangements sur un schéma semblable à celui représenté ci-dessous.

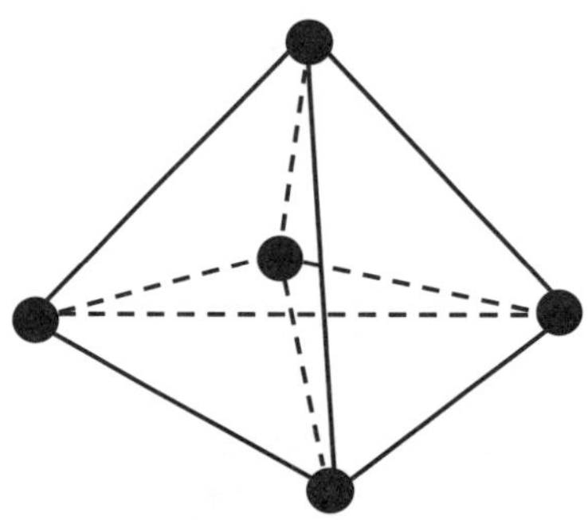

Données : l'angle de liaison $H\hat{O}H$ est environ égal à 105° dans la molécule d'eau ; les angles au centre d'un tétraèdre régulier sont environ égaux à 109,5°.

D'après E3A

❑ Exercice 17.13. Extraction liquide-liquide

On a indiqué dans le tableau ci-dessous les propriétés de quelques solvants.

Solvant	Eau	Éthanol	Éther	Chloroforme	Cyclohexane
Formule	H_2O	CH_3CH_2OH	$C_2H_5OC_2H_5$	$CHCl_3$	C_6H_{12}
Miscibilité avec l'eau	oui	oui	non	non	non
Solubilité de $I_{2(s)}$ (en $g \cdot L^{-1}$)	0,30	214	250	47	28
Densité	1	0,79	0,71	1,48	0,78
$\theta_{éb}$ (°C) sous 1 bar	100	79	35	62	81
Remarques particulières	-	-	inflammable	très toxique	-

1. Pour chaque solvant, indiquer s'il est polaire et/ou protique.

2. Proposer une interprétation au fait que l'eau et l'éthanol soient miscibles.

3. On souhaite extraire le diiode d'une solution aqueuse.

a) À l'aide du tableau, proposer quelques critères pouvant orienter le choix du solvant.

b) Proposer un protocole opératoire pour réaliser cette extraction, à partir du matériel suivant, des solvants cités précédemment et de 100 mL d'une solution aqueuse de diiode.

Matériel : ampoule à décanter avec bouchon, support, bécher, éprouvette graduée, gants, lunettes.

■ Pour vous aider à démarrer

Exercice 17.3. Question 3 : l'atome central est lié à trois atomes dans l'une des formules et à quatre atomes dans l'autre.
Exercice 17.4. Question 2 : commenter la répartition des charges dans l'édifice.
Exercice 17.6. Question 1 : déterminer le nombre d'électrons de valence de Sn avant d'établir la formule de Lewis.
Exercice 17.8. Question 1 : discuter de la polarité des composés pour identifier les forces de Van der Waals mises en jeu.
Exercice 17.9. Question 3 : comparer l'importance des forces de Van der Waals et les liaisons hydrogène mises en jeu lorsque la chaîne carbonée s'allonge.
Exercice 17.10. Penser à des liaisons hydrogène intramoléculaires.

Corrigé des vrai/faux

1.	2.	3.	4.	5.	6.	7.	8.	9.	10.
vrai	faux	vrai	vrai	faux	faux	vrai	faux	vrai	vrai

2. Les atomes de la deuxième période de la classification périodique ne peuvent pas s'entourer de plus de quatre doublets d'électrons.

3. L'atome de phosphore appartient à la troisième période de la classification périodique, et possède cinq électrons de valence : il peut être hypervalent et établir jusqu'à cinq liaisons covalentes, dans la molécule de pentachlorure de phosphore PCl_5 par exemple.

5. Elle est égale à la charge globale de l'édifice, qui peut être positive, négative ou nulle.

6. Représentons la structure géométrique de CO_2 :

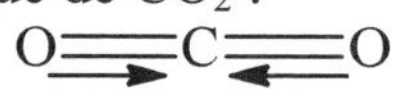

Chaque liaison C=O est polarisée, et chaque vecteur moment dipolaire de liaison est dirigé selon la liaison C=O et orienté de O vers C. Les deux vecteurs sont opposés donc leur somme vectorielle est nulle. La molécule est apolaire.

8. Les molécules apolaires peuvent interagir selon des forces de London (dipôle instantané/dipôle induit).

❑ Les erreurs classiques

– Dans le décompte des électrons de valence d'un édifice, ne pas oublier de tenir compte de la charge de l'édifice s'il s'agit d'un ion polyatomique.
– Une fois la représentation de Lewis de la molécule établie, penser à vérifier que les atomes C, N, O et F sont entourés au maximum de quatre doublets d'électrons.
– La somme des vecteurs moments dipolaires de liaison d'une molécule ne peut se faire que sur une représentation de la structure géométrique tridimensionnelle de la molécule, pas sur un schéma de Lewis de la molécule.

Corrigé des exercices

Exercice 17.1

a) La représentation de Lewis de NO_2^- fait intervenir $N_v = 5 + 2 \times 6 + 1 = 18$ électrons de valence, soit $P_v = 9$ paires électroniques. Il manque six doublets sur la formule de Lewis proposée, que l'on répartit sur les atomes N et O afin qu'ils respectent la règle de l'octet.

On peut proposer la formule de Lewis suivante :

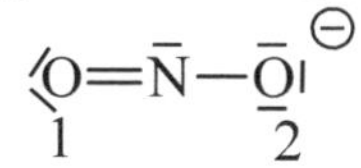

Le calcul des charges formelles est : $c_f(N) = 5 - 5 = 0$; $c_f(O^1) = 6 - 6 = 0$; $c_f(O^2) = 6 - 7 = -1$.

b) Pour NO_2F, $N_v = 5 + 2 \times 6 + 7 = 24$ électrons de valence, soit $P_v = 12$ paires électroniques.

Il manque huit doublets sur la formule de Lewis donnée. On peut proposer :

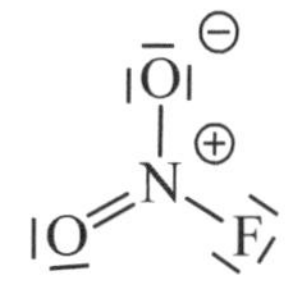

c) Pour N_3^-, $N_v = 3 \times 5 + 1 = 16$ soit $P_v = 8$.

On en déduit de même :

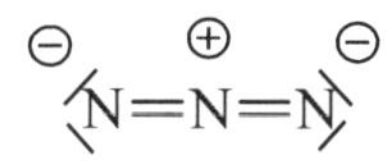

d) Pour NO_2^+, $N_v = 5 + 2 \times 6 - 1 = 16$ soit $P_v = 8$.

On en déduit de même :

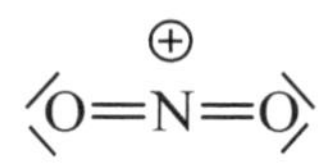

e) Pour NOF_3, $N_v = 5 + 6 + 3 \times 7 = 32$ soit $P_v = 16$.

On en déduit de même :

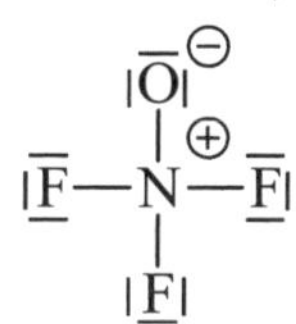

⇨ *Méthodes 17.1 et 17.2*

Exercice 17.2

1. Pour CO_2 : $N_v = 4 + 2 \times 6 = 16$ d'où $P_v = 8$

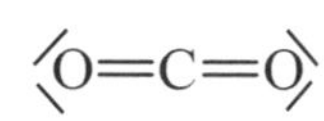

Pour CH_3OH : $N_v = 4 + 6 + 4 \times 1 = 14$ d'où $P_v = 7$

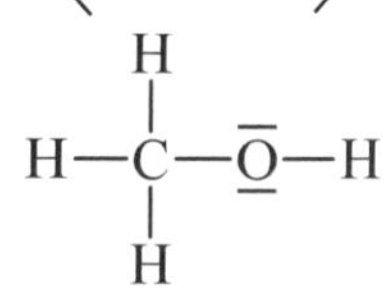

Pour CO_3^{2-} : $N_v = 4 + 3 \times 6 + 2 = 24$ d'où $P_v = 12$

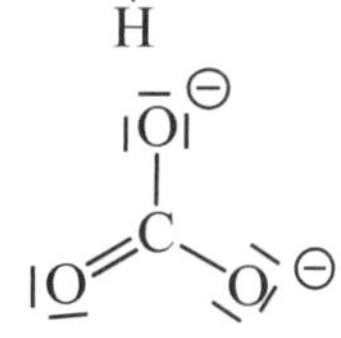

2. Pour CO , $N_v = 4+6 = 10$ d'où $P_v = 5$. Dans la structure de Lewis suivante, aucune charge formelle n'apparaît sur les atomes :

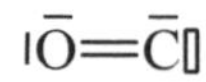

Cependant, l'atome de carbone n'est entouré que de trois doublets dans cette structure de Lewis : <u>il ne respecte pas la règle de l'octet</u>. Cette structure n'est donc pas satisfaisante.

3. On peut donc proposer la structure de Lewis suivante, dans laquelle les deux atomes respectent la règle de l'octet :

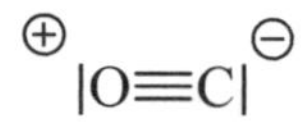

Elle fait intervenir des charges formelles sur les atomes. Comme O est plus électronégatif que C, les charges formelles sont <u>en désaccord avec l'électronégativité des atomes</u>. C'est cependant la formule de Lewis la plus représentative du monoxyde de carbone.

⇨ *Méthodes 17.1 et 17.2*

Exercice 17.3

1. Pour $POCl_3$: $N_v = 5+6+3\times 7 = 32$ d'où $P_v = 16$

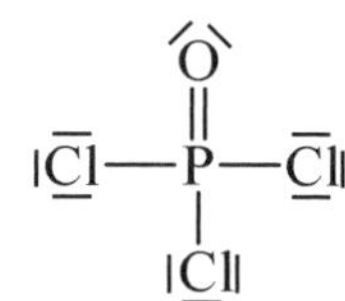

Pour PO_4^{3-} : $N_v = 5+4\times 6+3 = 32$ d'où $P_v = 16$

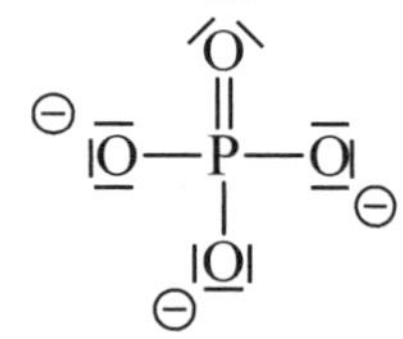

2. L'acide orthophosphorique H_3PO_4 est le triacide conjugué de l'ion phosphate PO_4^{3-}, on peut donc en déduire directement sa structure de Lewis :

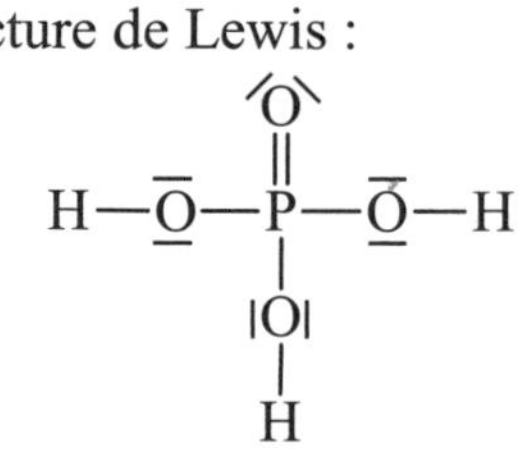

⇨ *Méthodes 17.1 et 17.2*

3. Pour l'acide phosphoreux H_3PO_3 : $N_v = 3\times 1+5+3\times 6 = 26$ d'où $P_v = 13$. On peut proposer les deux représentations de Lewis ci-dessous, dans lesquelles les atomes d'oxygène respectent la règle de l'octet et les atomes d'hydrogène la règle du duet.

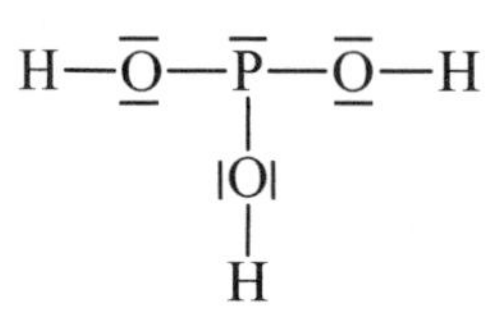

et

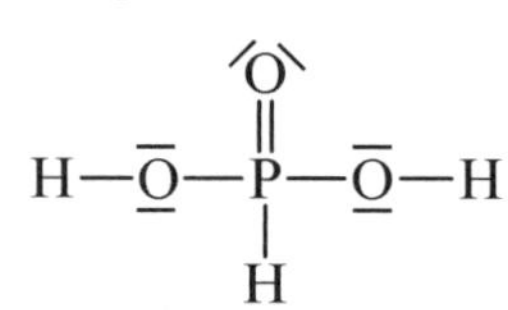

Dans la première structure de Lewis, l'atome de phosphore est entouré d'un octet d'électrons, tandis que dans la seconde, P est entouré de cinq doublets : il est hypervalent.

4. H_3PO_3 est un diacide. Les atomes d'hydrogène acides sont liés aux atomes d'oxygène dans la molécule. Seule la deuxième formule de Lewis est en accord avec cette observation, puisqu'elle correspond à un diacide contrairement à la première formule dans laquelle H_3PO_3 présenterait trois acidités.

Exercice 17.4

1. Pour les deux ions NCO^- et CNO^-, $N_v = 5+4+6+1 = 16$ et $P_v = 8$.

Les formules de Lewis les plus représentatives pour ces deux ions sont les suivantes :

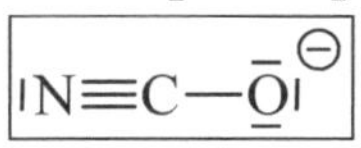

ion cyanate

et

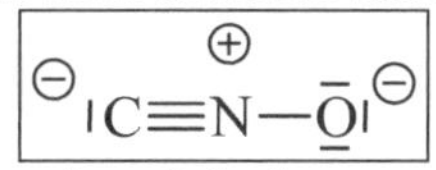

ion fulminate

Les formules de Lewis suivantes pourraient être envisagées mais sont moins représentatives, pour les raisons indiquées sous chaque structure.

– Ion cyanate :

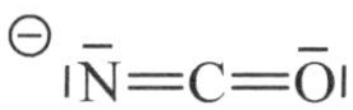

charge formelle – portée par l'atome d'azote, moins électronégatif que l'oxygène

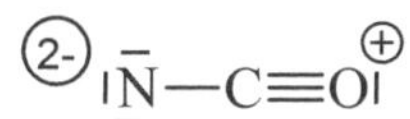

charge formelle trop élevée (en valeur absolue) sur l'atome d'azote

– Ion fulminate :

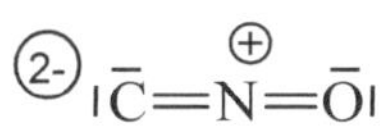

charge formelle trop élevée (en valeur absolue) sur l'atome de carbone

⇨ *Méthodes 17.1 et 17.2*

2. La structure de Lewis la plus représentative de l'ion fulminate fait intervenir une séparation de charges importante (une charge formelle sur chaque atome). De plus, l'atome de carbone possède une charge formelle négative et l'atome d'azote une charge formelle positive, en désaccord avec leurs électronégativités respectives. Ces observations permettent d'interpréter la relative instabilité de l'ion fulminate.

3. On ne peut trouver aucune structure de Lewis pour l'ion CON^- dans laquelle les trois atomes respectent la règle de l'octet et possèdent tous des charges formelles inférieures à 2 en valeur absolue. Cet ion n'existe pas.

Exercice 17.5

1.a) $\boxed{HNO_3 + NH_3 = NH_4NO_3}$.

b) Pour HNO_3 : $N_v = 1+5+3\times 6 = 24$ et $P_v = 12$

Pour NH_3 : $N_v = 5+3 = 8$ et $P_v = 4$

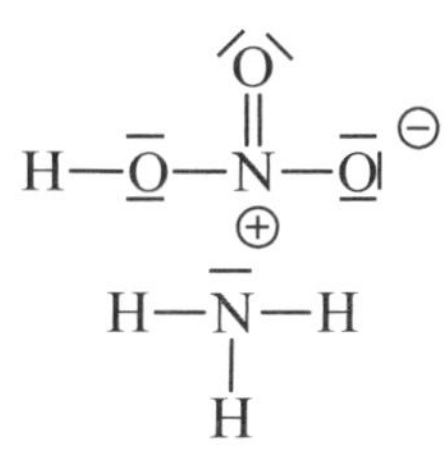

c) Le pourcentage en masse de l'élément azote est égal à :

$$\%_N = \frac{2\times M_N}{M_{NH_4NO_3}}\times 100, \text{ avec } M_{NH_4NO_3} = 14\times 2+4+3\times 16 = 80 \text{ g}\cdot\text{mol}^{-1} \text{ d'où } \boxed{\%_N = 35}.$$

Corrigé

2. Pour N_2O, $N_v = 2\times5+6=16$ et $P_v = 8$. L'enchaînement des atomes dans ce composé est N–N–O. On en déduit la représentation de Lewis ci-dessous :

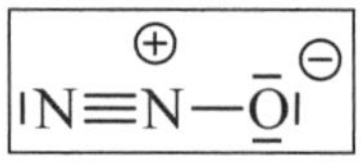

Le schéma de Lewis proposé est plus représentatif que le schéma suivant car la charge négative est portée par O, *plus électronégatif que* N *:* 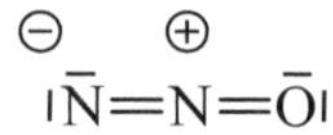

3. a) NO : monoxyde d'azote ; NO_2 : dioxyde d'azote ; N_2O_4 : tétraoxyde d'azote (ou de diazote) ; HNO_2 : acide nitreux.

b) Pour NO, $N_v = 5+6=11$ et $P_v = 5+1$ électron célibataire. On en déduit la représentation de Lewis ci-dessous :

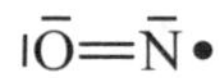

Pour NO_2, $N_v = 5+2\times6=17$ et $P_v = 8+1$ électron célibataire. N est l'atome central. On en déduit la représentation de Lewis ci-dessous :

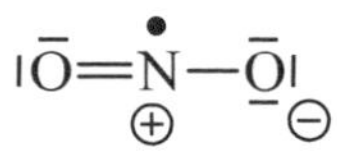

Il serait incorrect d'envisager le schéma de Lewis ci-dessous, dans lequel l'atome d'azote est entouré de neuf électrons et ne respecte pas la règle de l'octet !

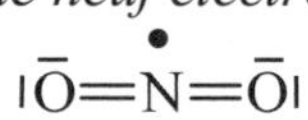

faux

À partir de la représentation de Lewis de NO_2, on peut en déduire celle de N_2O_4 (qui est obtenu par dimérisation du dioxyde d'azote) :

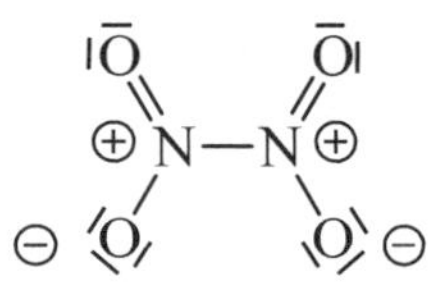

Pour HNO_2, $N_v = 1+5+2\times6=18$ et $P_v = 9$. On peut déduire la représentation de Lewis de HNO_2 à partir de celle de NO_2 :

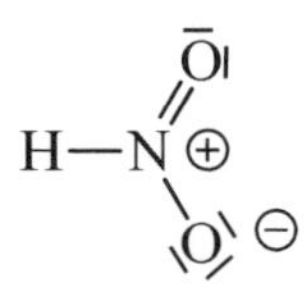

c) NO et NO_2 possèdent un électron célibataire : ces deux espèces sont paramagnétiques (elles possèdent un moment magnétique permanent).

d) On peut écrire la représentation de Lewis de N_2O_3 en considérant la mise en commun par NO et NO_2 de leur électron célibataire pour conduire à une liaison covalente :

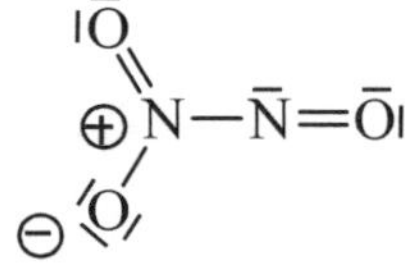

⇨ *Méthodes 17.1 et 17.2*

Exercice 17.6

1. La configuration électronique fondamentale de Sn s'écrit :
$1s^2\,2s^2\,2p^6\,3s^2\,3p^6\,4s^2\,3d^{10}\,4p^6\,5s^2\,4d^{10}\,5p^2$. Sn possède donc quatre électrons de valence.

La configuration électronique fondamentale de Cl s'écrit : $1s^2\,2s^2\,2p^6\,3s^2\,3p^5$. Cl possède donc sept électrons de valence.

On a donc pour $SnCl_2$: $N_v = 4 + 2 \times 7 = 18$ et $P_v = 9$. Sn est l'atome central. On en déduit la représentation de Lewis ci-dessous :

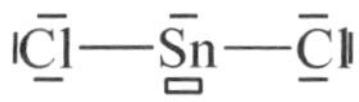

L'absence d'un doublet d'électrons par rapport à l'octet pour Sn se traduit par une lacune électronique sur l'atome.

➪ *Méthode 17.1*

2. $SnCl_2$ peut être qualifié d'<u>acide de Lewis</u> puisqu'il possède une lacune électronique. Il peut <u>aussi</u> être qualifié de <u>base de Lewis</u> du fait de la présence d'un doublet non liant sur l'atome Sn.

3. D'après l'énoncé, $SnCl_2$ possède une géométrie coudée. Le chlore étant plus électronégatif que l'étain, chaque liaison Sn–Cl est polarisée. Le vecteur moment dipolaire associé à chaque liaison est porté par la liaison Sn–Cl et orienté de Cl vers Sn (pour plus de visibilité on choisit comme origine commune de ces vecteurs l'atome d'étain). On en déduit alors $\vec{\mu}_{tot} = \vec{\mu}_{SnCl(1)} + \vec{\mu}_{SnCl(2)}$. La molécule est polaire car $\vec{\mu}_{tot} \neq \vec{0}$. Le vecteur $\vec{\mu}_{tot}$ est orienté selon la bissectrice de l'angle $\widehat{ClSnCl}$.

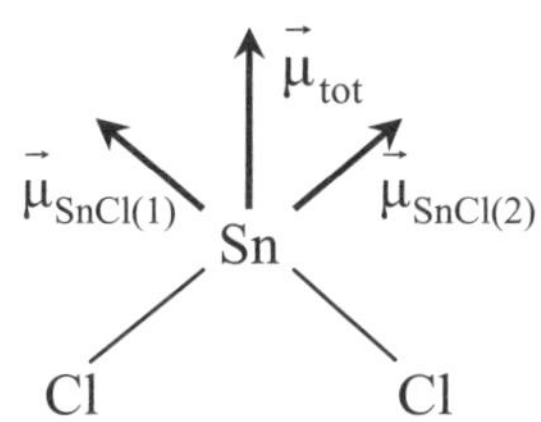

➪ *Méthode 17.3*

Exercice 17.7

Pour chacun des édifices, on représente le vecteur moment dipolaire de chaque liaison, en comparant les électronégativités des deux éléments mis en jeu.

En faisant la somme (vectorielle) des moments dipolaires de liaison (on néglige la contribution des doublets non liants), on représente le moment dipolaire total, s'il est non nul. On peut ainsi conclure si l'édifice est ou non polaire.

➪ *Méthode 17.3*

a) H_2S

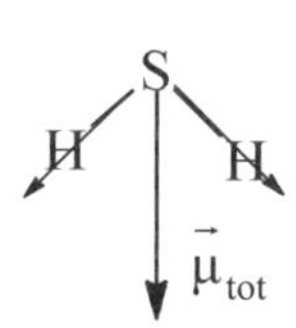

$\vec{\mu}_{tot} \neq \vec{0}$
Édifice polaire

b) CS_2

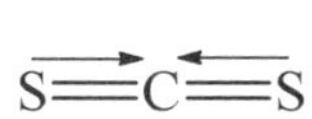

$\vec{\mu}_{tot} = \vec{0}$
Édifice apolaire

c) NO_2^-

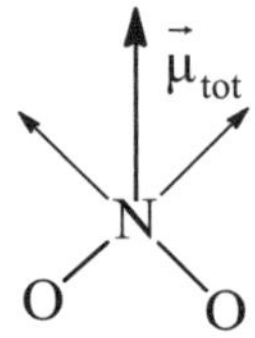

$\vec{\mu}_{tot} \neq \vec{0}$
Édifice polaire

d) BF_3

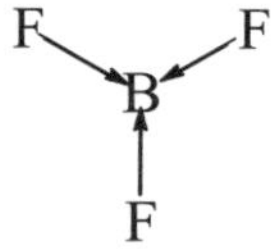

$\vec{\mu}_{tot} = \vec{0}$
Édifice apolaire

e) NO_2^+

$\vec{\mu}_{tot} = \vec{0}$
Édifice apolaire

f) CCl_4

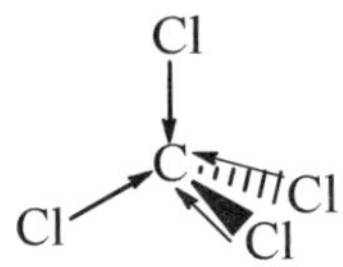

$\vec{\mu}_{tot} = \vec{0}$
Édifice apolaire

g) $NO_2\ F$

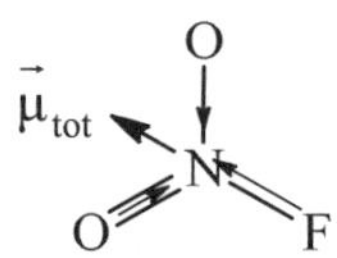

Moments dipolaires des liaisons N–O moins grands que celui de N–F, d'où une résultante non nulle

$\vec{\mu}_{tot} \neq \vec{0}$
Édifice polaire

h) PCl_5

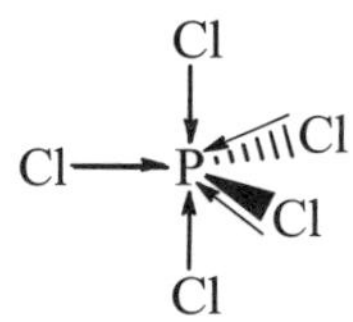

$\vec{\mu}_{tot} = \vec{0}$
Édifice apolaire

Exercice 17.8

1. Les différences entre les températures d'ébullition des composés étudiés sont dues à la nature des forces intermoléculaires mises en jeu. Les composés hydrogénés des éléments de la colonne 14 sont apolaires ; en effet, du fait de la géométrie tétraédrique de la molécule, la somme des moments dipolaires des liaisons A–H est nulle. Les composés AH_4 sont donc liés uniquement par des forces de Van der Waals de London (dipôle instantané/dipôle induit). Les composés hydrogénés des éléments de la colonne 17 sont polaires et mettent en jeu les trois types de forces de Van der Waals (Keesom, Debye et London) ; l'« anomalie » observée pour HF sera traitée à la question 3. Or, plus les forces intermoléculaires sont importantes, plus la température d'ébullition du corps pur est élevée. C'est pourquoi les composés hydrogénés des éléments de la colonne 14 ont des températures d'ébullition plus basses que celles des composés hydrogénés des éléments de la colonne 17.

2. Les éléments Cl, Br et I sont des halogènes. De Cl à I, le rayon atomique augmente, donc les molécules sont de plus en plus polarisables et les interactions de Van der Waals augmentent. Ceci explique l'augmentation de la température d'ébullition pour la série de HCl à HI.

3. L'anomalie apparente observée pour HF est due au fait que l'atome de fluor est petit et très électronégatif, ce qui permet la formation de liaisons hydrogène intermoléculaires (énergie de 10 à 30 $kJ \cdot mol^{-1}$ environ), prépondérantes par rapport aux forces de Van der Waals. Les forces intermoléculaires sont donc plus importantes que pour les autres composés HX (X étant Cl, Br ou I), d'où la température d'ébullition particulièrement élevée.

⇨ *Méthode 17.4*

Exercice 17.9

1. On représente la formule semi-développée (topologique) des deux composés.

octan-1-ol

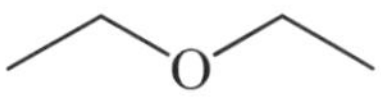

éthoxyéthane

2. Une espèce possède un caractère hydrophile si elle possède une affinité importante pour l'eau et tend à y être soluble. Une espèce possède un caractère lipophile si elle est soluble dans un corps gras, et insoluble dans l'eau (elle est alors hydrophobe). D'après la définition du coefficient de partage P, P est d'autant plus élevé que la concentration de l'espèce dans l'octan-1-ol est élevée et que la concentration de l'espèce dans l'eau est faible. L'espèce la plus lipophile est donc caractérisée par la plus faible valeur de c_{eau}, donc la valeur maximale de log P. Il s'agit donc du pentan-1-ol, pour lequel log P = + 1,51.

3. Comparons les affinités relatives des alcools linéaires de formule $C_nH_{2n+1}OH$ (n = 1 à 5) pour l'eau. Les alcools peuvent s'associer avec l'eau et l'octan-1-ol par des liaisons hydrogène intermoléculaires. Cependant, lorsque la taille de la chaîne carbonée augmente, l'affinité de l'alcool pour l'octan-1-ol augmente car les forces de Van der Waals entre ces deux composés deviennent prépondérantes. C'est pourquoi on observe une augmentation de log P dans la série des alcools.

Quant à l'éthoxyéthane, il s'agit d'un isomère de fonction du butan-1-ol. Il ne peut pas établir de liaison hydrogène avec l'eau ou avec l'octan-1-ol, et possède donc une affinité bien plus importante pour le solvant organique, avec lequel il peut interagir selon des forces de Van der Waals. On voit que la valeur de log P pour l'éthoxyéthane est voisine de celle du butan-1-ol, ce qui vient confirmer que les forces de Van der Waals entre le butan-1-ol et l'octan-1-ol sont plus importantes que les liaisons hydrogène, expliquant le caractère lipophile du composé.

⇨ *Méthode 17.4*

Exercice 17.10

On constate que $\theta_{éb}$(hexane-2,6-diol) > $\theta_{éb}$(hexane-2,4-diol), ce qui suggère des forces intermoléculaires plus importantes dans le cas de l'isomère 2,6.

Les deux isomères portent deux fonctions alcool, et seule la position relative de ces fonctions change d'un isomère à l'autre. Les forces intermoléculaires qui assurent la cohésion de ces composés à l'état liquide sont les forces de Van der Waals et les liaisons hydrogène. Discutons de la nature de ces forces pour les deux isomères. Les deux alcools sont des molécules polaires, et les forces de Van der Waals de Keesom, Debye et London sont donc équivalentes pour les deux composés, dont la masse molaire moléculaire est identique.

De même, les deux isomères établissent des liaisons hydrogène intermoléculaires.

La différence s'explique par la possibilité pour les molécules d'hexane-2,4-diol d'établir des liaisons hydrogène intramoléculaires en plus des liaisons hydrogène intermoléculaires. Ces liaisons intramoléculaires tendent à individualiser les molécules, qui établissent donc en moyenne moins de liaisons hydrogène intermoléculaires que l'hexane-2,6-diol.

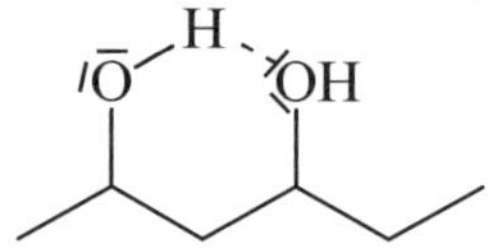

Dans l'hexane-2,6-diol, les groupes –OH sont trop éloignés et ne peuvent pas établir de liaison hydrogène intramoléculaire, ils sont donc davantage disponibles pour former des liaisons hydrogène intermoléculaires, ce qui augmente la cohésion du corps pur à l'état liquide.
La température d'ébullition de l'isomère 2,6 est donc plus élevée que celle de l'isomère 2,4.

⇨ *Méthode 17.4*

Exercice 17.11

L'acide di(2-éthylhexyl)phosphorique est un composé polaire, qui peut établir des liaisons hydrogène intermoléculaires. Dans un solvant organique apolaire (tel que l'hydrocarbure utilisé pour l'extraction des cations métalliques), l'acide possède peu d'affinité pour le solvant et est peu soluble sous sa forme monomère : il peut en effet interagir avec le solvant par des forces de Van der Waals du fait de ses chaînes carbonées 2-éthylhexyle, mais la partie phosphatée est hydrophile et est peu soluble dans le solvant. Cependant, deux molécules d'acide di(2-éthylhexyl)phosphorique peuvent établir des liaisons hydrogène intermoléculaires de sorte à former un dimère stable, soluble dans le solvant organique.

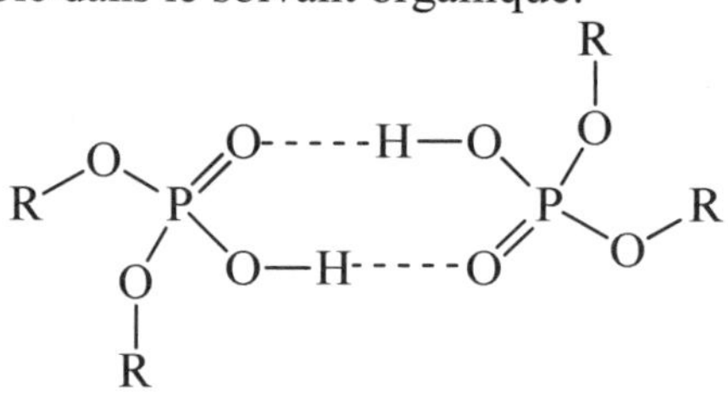

⇨ *Méthode 17.4*

Exercice 17.12

1. Une liaison hydrogène peut s'établir lorsqu'un atome d'hydrogène lié à un atome petit et électronégatif (tel que F, O, N) interagit avec un atome très électronégatif porteur d'un doublet non liant. Il s'agit d'une interaction à courte distance, directionnelle (la force d'interaction est maximale lorsque les trois atomes engagés dans la liaison H sont alignés).
Les températures d'ébullition « anormalement » élevées de H_2O et HF par rapport à leurs analogues hydrogénés, la miscibilité des alcools à courte chaîne carbonée avec l'eau, ou la formation de dimères d'acides carboxyliques, ont leur origine dans la formation de liaisons hydrogène inter- ou intramoléculaires.

2. La distance d_1 représente la longueur de la liaison covalente O–H de l'eau. La distance d_2 représente la longueur de la liaison hydrogène qui s'établit entre deux molécules d'eau (distance entre l'atome H d'une molécule d'eau et l'atome O de la molécule d'eau voisine).

Les angles au centre du tétraèdre sont différents du fait de la géométrie de la molécule d'eau ($\widehat{HOH} \approx 105° \neq 109{,}5°$), il ne s'agit donc pas d'un tétraèdre régulier.

3. Chaque molécule d'eau se comporte à la fois comme un donneur de deux liaisons hydrogène (par ses deux atomes d'hydrogène), et un accepteur de deux liaisons hydrogène (par ses deux doublets non liants). En moyenne chaque molécule d'eau s'entoure donc de quatre liaisons hydrogène.

4. Selon la disposition de la molécule d'eau au centre du tétraèdre, on peut envisager les six arrangements suivants.

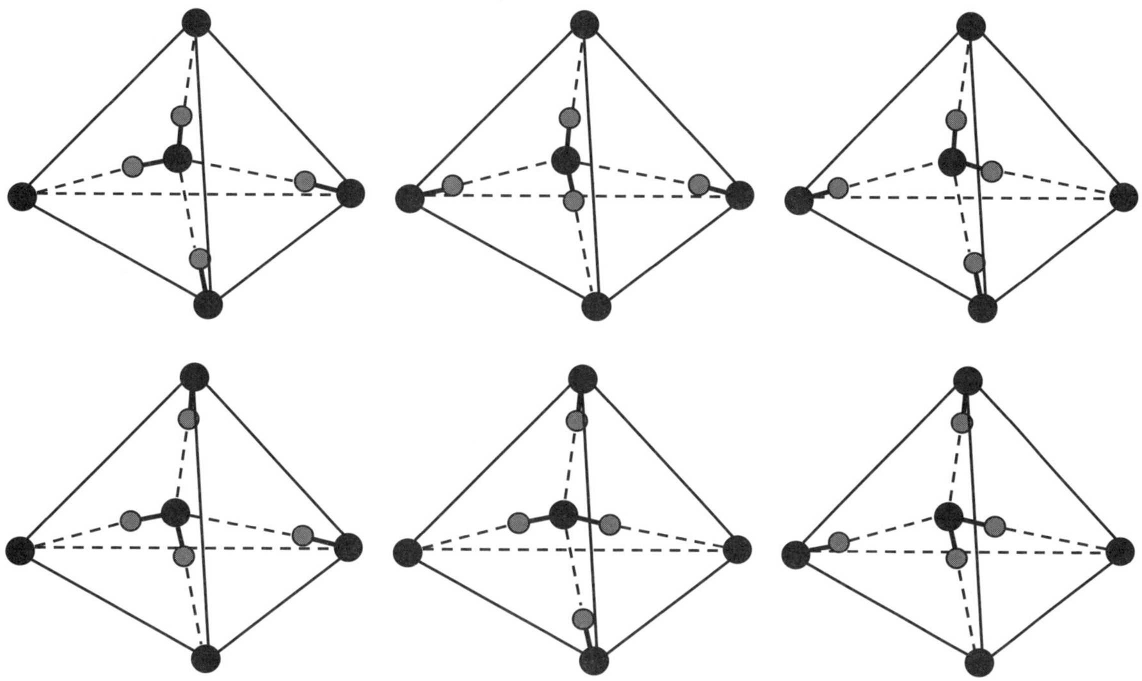

Exercice 17.13

1. Un solvant est polaire s'il possède un moment dipolaire relativement élevé, ce qui est le cas de l'eau, de l'éthanol, de l'éther et du chloroforme (dans ces composés, les liaisons C–O ou C–Cl sont fortement polarisées). Un solvant est protique s'il possède un atome d'hydrogène acide qui lui permet d'établir des liaisons hydrogène. Seuls l'eau et l'éthanol, grâce à la présence d'un atome d'hydrogène lié à un atome d'oxygène, sont protiques.

Solvant	Eau	Éthanol	Éther	Chloroforme	Cyclohexane
Propriétés	polaire protique	polaire protique	polaire aprotique	polaire aprotique	apolaire aprotique

2. L'eau et l'éthanol sont protiques, et peuvent donc s'associer par des liaisons hydrogène intermoléculaires. Comme la chaîne carbonée de l'éthanol est courte, c'est le caractère hydrophile de l'éthanol qui est prépondérant et les deux solvants sont miscibles.

⇨ *Méthode 17.4*

3. a) Le diiode est initialement dissous en phase aqueuse. Pour l'extraire de ce solvant, il est donc nécessaire d'utiliser un solvant non miscible à l'eau dans lequel le diiode est plus soluble. On a donc le choix entre l'éther, le chloroforme et le cyclohexane. Il est préférable d'utiliser un solvant le moins toxique possible, ce qui exclut le chloroforme. L'éther possède une faible température d'ébullition, sa volatilité permet de l'éliminer facilement suite à une extraction ; cependant il est de ce fait inflammable, et il est donc préférable d'utiliser le cyclohexane.

b) On peut proposer le protocole opératoire suivant.

- Se munir de gants et de lunettes pour la manipulation.
- Introduire la solution aqueuse à extraire dans une ampoule à décanter placée sur un support.
- Prélever environ 20 mL de cyclohexane à l'aide de l'éprouvette graduée et introduire le solvant dans l'ampoule à décanter.
- Fermer l'ampoule à décanter, agiter et effectuer plusieurs dégazages.
- Laisser décanter après avoir enlevé le bouchon. Mettre la phase aqueuse (phase inférieure, plus dense) de côté et récupérer la phase organique (phase supérieure, moins dense).
- L'extraction peut être répétée à partir de la phase aqueuse récupérée, de sorte à augmenter le rendement de l'extraction.

✎ *La phase organique pourra ensuite être séchée avec un desséchant, puis filtrée.*

Chapitre 18
Moment cinétique

Curieusement, les mots *mouvement* et *moment* proviennent du même mot latin. Pour les Romains, *movimentum* désignait l'impulsion, souvent déclenchée par un poids, qui cause le mouvement. Par extension, souvent sous la forme contractée de *momentum*, il se met à désigner l'instant où cette impulsion a lieu. Devenu *moment* en français, il désigne une très courte période de temps, en quelque sorte un point sur l'axe temporel. Les savants du XVIIe siècle, en particulier **Galilée**, reprennent le terme *momentum* – il faut se rappeler qu'ils écrivent en latin – pour désigner le produit de la distance à un axe par une force : celle qui donne l'impulsion. À l'époque, celle-ci était engendrée par un poids. On retrouve alors le sens latin du mot. Ceci s'étend désormais à des forces électriques ou magnétiques. L'effet remplaçant la cause, *movimentum*, devenu *mouvement* en français, a pris le sens actuel. En anglais, on utilise toujours le mot latin *momentum* pour désigner... la quantité de mouvement !

■■ Objectifs

■ Ce qu'il faut connaître

- ▷ Les définitions du moment cinétique par rapport à un point, à un axe orienté
- ▷ Les définitions du moment d'une force par rapport à un point, à un axe orienté
- ▷ Le théorème du moment cinétique sous ses différentes formes
- ▷ Le moment cinétique et l'énergie cinétique d'un solide en rotation
- ▷ L'expression d'un couple de torsion

■ Ce qu'il faut savoir faire

- ▷ Étudier le mouvement d'un point matériel avec le théorème du moment cinétique
- ▷ Étudier le mouvement de rotation ou l'équilibre d'un solide avec le théorème du moment cinétique
- ▷ Appliquer le théorème de l'énergie cinétique à un solide en rotation

Résumé de cours

Moment cinétique

Moment cinétique d'un point matériel par rapport à un point

Le moment cinétique d'un point matériel M (de masse m), par rapport à un point O, dans un référentiel $\mathfrak{R}$, est le vecteur :

$$\boxed{\overrightarrow{L_O}(M)_{\mathfrak{R}} = m\overrightarrow{OM} \wedge \vec{v}(M)_{\mathfrak{R}} = \overrightarrow{OM} \wedge \vec{p}(M)_{\mathfrak{R}}}.$$

Moment cinétique d'un point matériel par rapport à un axe orienté

Le moment cinétique de M par rapport à un axe Δ, passant par O et de vecteur unitaire $\overrightarrow{e_\Delta}$, dans un référentiel $\mathfrak{R}$, est la projection de $\overrightarrow{L_O}(M)_{\mathfrak{R}}$ sur Δ :

$$\boxed{L_\Delta(M)_{\mathfrak{R}} = \overrightarrow{L_O}(M)_{\mathfrak{R}} \cdot \overrightarrow{e_\Delta} = \left[m\overrightarrow{OM} \wedge \vec{v}(M)_{\mathfrak{R}}\right] \cdot \overrightarrow{e_\Delta}}.$$

Il ne dépend pas du choix du point O sur l'axe Δ.

Moment cinétique d'un système quelconque

C'est la somme des moments cinétiques de tous les points du système.

Moment cinétique d'un solide en rotation autour d'un axe fixe

Pour un solide S en rotation autour d'un axe Δ fixe dans $\mathfrak{R}$, avec une vitesse angulaire ω :

$\boxed{L_\Delta(M)_{\mathfrak{R}} = J_\Delta\,\omega}$ où J_Δ est le **moment d'inertie** du solide par rapport à l'axe Δ.

J_Δ est défini par : $J_\Delta = \int_{\text{solide}} \mathrm{d}m\, r_\Delta^2$ où r_Δ est la distance de chaque point du solide à l'axe Δ.

Exemples de moments d'inertie de solides homogènes

Tige de masse m, de longueur L par rapport à un axe orthogonal	Cerceau de masse m, de rayon R par rapport à son axe de révolution
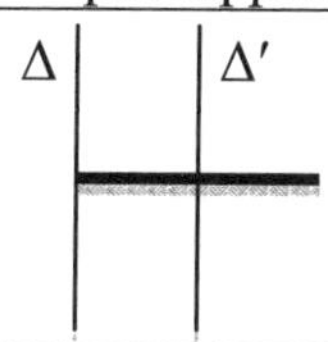 $J_\Delta = \frac{1}{3}mR^2$ $J_{\Delta'} = \frac{1}{12}mR^2$	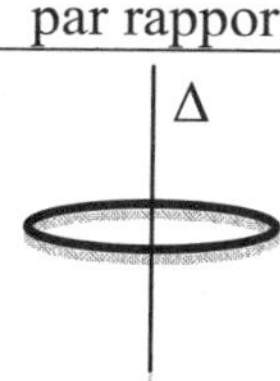 $J_\Delta = mR^2$
Disque ou cylindre de masse m, de rayon R par rapport à son axe de révolution	Boule (pleine) de masse m, de rayon R par rapport à l'un de ses axes de révolution
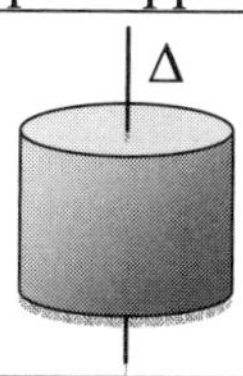 $J_\Delta = \frac{1}{2}mR^2$	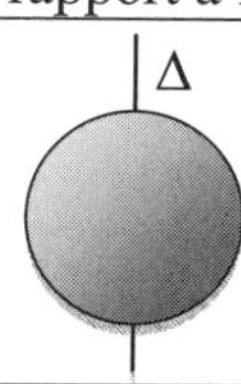 $J_\Delta = \frac{2}{5}mR^2$

■ Moment d'une force

❑ Moment (vectoriel) d'une force par rapport à un point

Le moment d'une force $\vec{F}$ s'exerçant au point M, par rapport à un point O, est le vecteur :

$$\boxed{\overrightarrow{\mathcal{M}_O}(\vec{F}) = \overrightarrow{OM} \wedge \vec{F}}.$$

❑ Moment (scalaire) d'une force par rapport à un axe orienté

Le moment d'une force $\vec{F}$ s'exerçant au point M, par rapport à un axe Δ passant par O et de vecteur unitaire $\overrightarrow{e_\Delta}$, est la projection de $\overrightarrow{\mathcal{M}_O}(\vec{F})$ sur Δ :

$$\boxed{\mathcal{M}_\Delta(\vec{F}) = \overrightarrow{\mathcal{M}_O}(\vec{F}) \cdot \overrightarrow{e_\Delta} = \left[\overrightarrow{OM} \wedge \vec{F}\right] \cdot \overrightarrow{e_\Delta}}.$$

Il ne dépend pas du choix du point O sur l'axe Δ.

- Pour une force parallèle à l'axe Δ ou dont le support coupe Δ, on obtient un moment nul.
- Pour une force dans un plan orthogonal à Δ, cette formule est équivalente à $\boxed{\mathcal{M}_\Delta(\vec{F}) = \pm d\,F}$ où F est la norme de $\vec{F}$ et d le **bras de levier**, distance entre le support de la force et l'axe Δ.

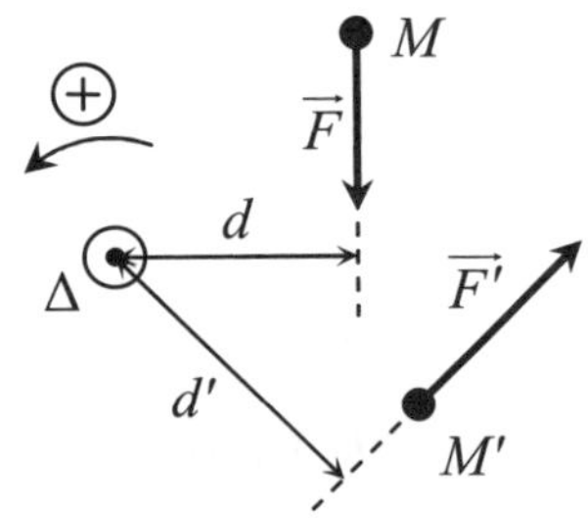

Le signe est positif si cette force tend à faire tourner M dans le sens positif autour de l'axe (lié à l'orientation de l'axe) ; il est négatif sinon. Sur ce schéma : $\mathcal{M}_\Delta(\vec{F}) < 0$, $\mathcal{M}_\Delta(\vec{F'}) > 0$.

⇨ **Méthode 18.1. Calculer les moments**

❑ Moment d'un couple par rapport à un axe

Un **couple** est un ensemble de forces de résultante nulle, mais de moment total non nul.

Le cas le plus simple est celui de deux forces opposées $\vec{F}$ et $-\vec{F}$ appliquées en deux points différents du système considéré.

La distance entre leurs deux supports étant d, le moment du couple de forces, par rapport à un axe quelconque orthogonal au plan des deux supports, est $\boxed{\mathcal{M}_{\text{couple}} = \pm d\,F}$.

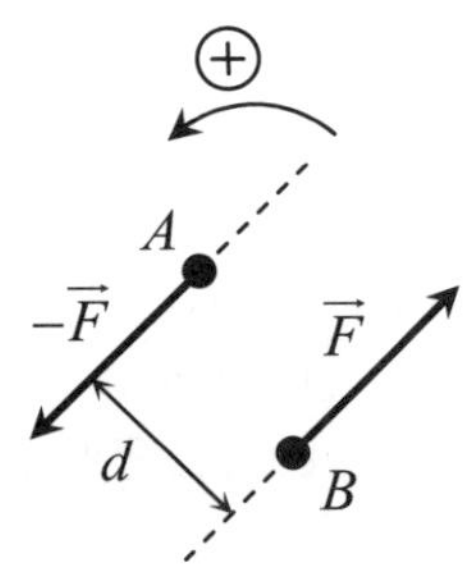

Le signe est positif si le couple tend à faire tourner le système dans le sens positif, négatif sinon. Sur ce schéma : $\mathcal{M}_{\text{couple}} > 0$.

Liaison pivot

C'est une liaison entre un bâti fixe et une pièce mobile, donnant à celle-ci un seul degré de liberté de rotation autour d'un axe fixe Δ.

Si elle est **parfaite**, elle n'exerce aucun moment selon l'axe Δ.

Si elle n'est pas parfaite, elle exerce sur la pièce mobile un **couple de frottement solide**, dont le moment $\mathcal{M}_f$ par rapport à l'axe est de signe opposé au sens de rotation.

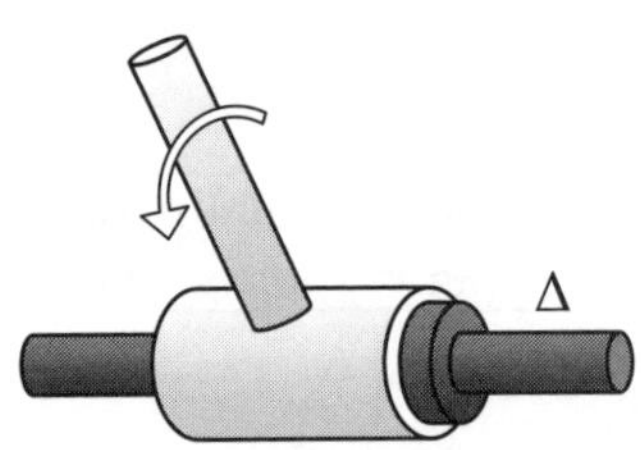

■ Théorème du moment cinétique (TMC)

❑ Théorème du moment cinétique pour un point matériel

Par rapport à un point O fixe dans un référentiel galiléen $\mathcal{R}$: $\boxed{\dfrac{\mathrm{d}\overrightarrow{L_O}(M)_{\mathcal{R}}}{\mathrm{d}t} = \sum \overrightarrow{\mathcal{M}_O}\left(\vec{F}\right)}$.

Par rapport à un axe Δ fixe dans un référentiel galiléen $\mathcal{R}$: $\boxed{\dfrac{\mathrm{d}L_\Delta(M)_{\mathcal{R}}}{\mathrm{d}t} = \sum \mathcal{M}_\Delta\left(\vec{F}\right)}$.

⇨ **Méthode 18.2. Utiliser le TMC pour un point matériel**

❑ Théorème du moment cinétique pour un système de points

Le théorème de l'énergie cinétique pour un système, déformable ou non, s'écrit comme pour un point matériel, en tenant compte uniquement des moments des actions *extérieures* exercées sur les différents points du système (la somme des moments des actions intérieures étant nulle).

Pour un solide en rotation autour d'un axe fixe Δ, le théorème s'écrit : $\boxed{J_\Delta \dfrac{\mathrm{d}\omega}{\mathrm{d}t} = \sum \mathcal{M}_{\Delta\text{ext}}}$.

⇨ **Méthode 18.3. Utiliser le TMC pour un solide en rotation**
⇨ **Méthode 18.5. Utiliser le TQM et le TMC pour un solide en équilibre**

■ Approche énergétique du solide en rotation

❑ Énergie cinétique d'un solide en rotation

Pour un solide S en rotation autour de Δ fixe dans $\mathcal{R}$: $\boxed{E_c(S)_{\mathcal{R}} = \dfrac{1}{2} J_\Delta \omega^2}$.

❑ Puissance en fonction du moment

Puissance d'une force ou d'un couple de moment $\mathcal{M}_\Delta$ exercé sur S en rotation : $\boxed{\mathcal{P}_{\mathcal{R}} = \mathcal{M}_\Delta \cdot \omega}$.

❑ Théorème de l'énergie cinétique pour un solide en rotation

L'équation $\dfrac{\mathrm{d}E_c(M)_{\mathcal{R}}}{\mathrm{d}t} = \sum \mathcal{P}_{\mathcal{R}}$ est alors équivalente à $J_\Delta \dfrac{\mathrm{d}\omega}{\mathrm{d}t} = \sum \mathcal{M}_{\Delta\text{ext}}$.

⇨ **Méthode 18.4. Utiliser le TÉC pour un solide en rotation**

■■ Méthodes

■ Comment étudier le mouvement d'un point matériel avec le TMC ?

❑ Méthode 18.1. Calculer les moments

Le moment cinétique et le moment d'une force par rapport à un point sont des produits vectoriels de deux vecteurs, qui peuvent être calculés de deux manières :
- avec la définition du produit vectoriel (rarement utilisable en pratique) ;
- en utilisant les composantes des deux vecteurs dans une même base.

Les moments par rapport à un axe s'obtiennent par simple projection des moments vectoriels, ou bien avec la formule du « bras de levier » pour une force.

⇨ **Exercices 18.1 à 18.11**

– Par définition, le produit vectoriel de $\overrightarrow{OM}$ et $\vec{v}$ est orthogonal au plan défini par $\overrightarrow{OM}$ et $\vec{v}$, son sens est tel que $\left(\overrightarrow{OM}, \vec{v}, \overrightarrow{OM} \wedge \vec{v}\right)$ forment un trièdre direct (règle des trois doigts de la main droite…) et sa norme est $\left\|\overrightarrow{OM} \wedge \vec{v}\right\| = \left\|\overrightarrow{OM}\right\| \cdot \left\|\vec{v}\right\| \cdot \left|\sin\left(\overrightarrow{OM}, \vec{v}\right)\right|$.

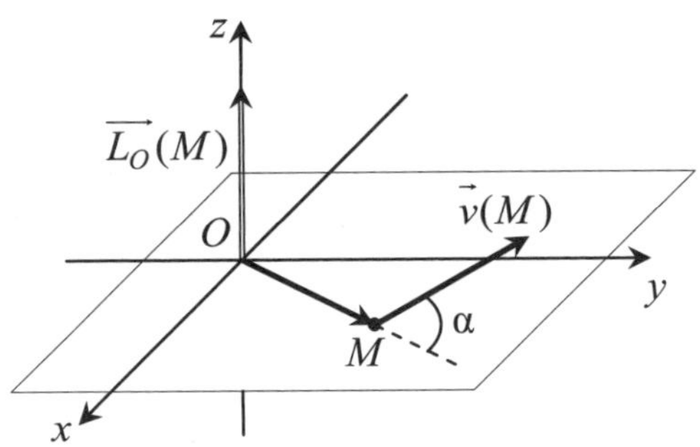

Sur l'exemple du schéma ci-contre :
$\overrightarrow{L_O}(M) = m\overrightarrow{OM} \wedge \vec{v}(M) = +m\,OM\,v\sin\alpha\,\overrightarrow{e_z}$
donc par rapport à l'axe (Oz) : $L_{(Oz)}(M) = +m\,OM\,v\sin\alpha$.

– Le produit vectoriel de $\overrightarrow{OM}\begin{pmatrix} r_1 \\ r_2 \\ r_3 \end{pmatrix}$ et $\vec{v}\begin{pmatrix} v_1 \\ v_2 \\ v_3 \end{pmatrix}$ a pour composantes $\begin{pmatrix} r_2v_3 - r_3v_2 \\ r_3v_1 - r_1v_3 \\ r_1v_2 - r_2v_1 \end{pmatrix}$.

Par exemple dans une base cylindrique : $\overrightarrow{OM}\begin{pmatrix} r \\ 0 \\ z \end{pmatrix}$ et $\vec{v}\begin{pmatrix} \dot{r} \\ r\dot{\theta} \\ \dot{z} \end{pmatrix}$ donc $\overrightarrow{L_O}(M)\begin{pmatrix} -mzr\dot{\theta} \\ m(z\dot{r} - r\dot{z}) \\ mr^2\dot{\theta} \end{pmatrix}$.

On peut aussi faire ce calcul en écrivant explicitement les vecteurs unitaires de la base. On utilise alors le fait que le produit vectoriel de deux d'entre eux, pris dans l'ordre, donne le troisième (et s'ils sont pris dans le désordre, cela donne l'opposé) : par exemple $\overrightarrow{e_\theta} \wedge \overrightarrow{e_z} = \overrightarrow{e_r}$ mais $\overrightarrow{e_z} \wedge \overrightarrow{e_\theta} = -\overrightarrow{e_r}$. Enfin le produit vectoriel d'un vecteur avec lui-même est nul.

Par exemple, toujours dans la base cylindrique : $\overrightarrow{OM} = r\,\overrightarrow{e_r} + z\,\overrightarrow{e_z}$ et $\vec{v} = \dot{r}\,\overrightarrow{e_r} + r\dot{\theta}\,\overrightarrow{e_\theta} + \dot{z}\,\overrightarrow{e_z}$ donc

$$\overrightarrow{L_O}(M)_{\mathcal{R}} = m\left(r\,\overrightarrow{e_r} + z\,\overrightarrow{e_z}\right) \wedge \left(\dot{r}\,\overrightarrow{e_r} + r\dot{\theta}\,\overrightarrow{e_\theta} + \dot{z}\,\overrightarrow{e_z}\right)$$

$$= \vec{0} + mr^2\dot{\theta}\,\overrightarrow{e_r} \wedge \overrightarrow{e_\theta} + mr\dot{z}\,\overrightarrow{e_r} \wedge \overrightarrow{e_z} + mz\dot{r}\,\overrightarrow{e_z} \wedge \overrightarrow{e_r} + mzr\dot{\theta}\,\overrightarrow{e_z} \wedge \overrightarrow{e_\theta} + \vec{0}$$

$$= -mzr\dot{\theta}\,\overrightarrow{e_r} + m(z\dot{r} - r\dot{z})\overrightarrow{e_\theta} + mr^2\dot{\theta}\,\overrightarrow{e_z}\ .$$

Alors le moment par rapport à l'axe (*Oz*) est $L_{(Oz)}(M) = mr^2\dot{\theta}$.

– Pour le moment par rapport à un axe d'une force quelconque, on peut la décomposer en deux termes : l'un parallèle à l'axe, donc de moment nul, et l'autre dans un plan orthogonal à l'axe, pour lequel on peut faire le calcul avec le bras de levier.
Si on connaît les composantes de la force sur une base, on peut aussi faire un calcul analogue aux précédents (produit vectoriel puis projection sur l'axe).

Cherchons par exemple le moment par rapport à (*Oz*) d'une force $\vec{F} = F_\theta\,\overrightarrow{e_\theta} + F_z\,\overrightarrow{e_z}$ appliquée à un point *M* quelconque.

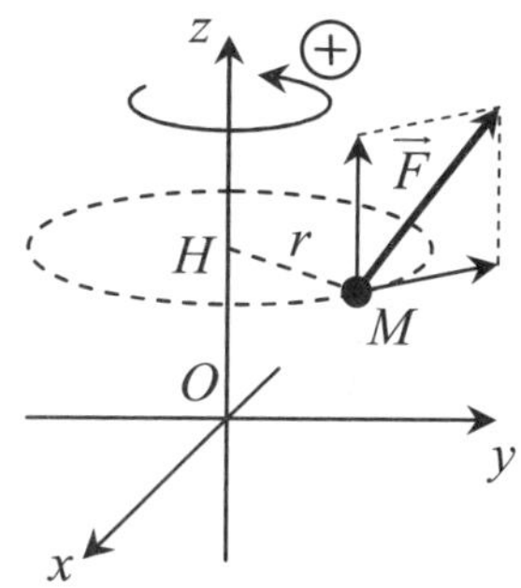

$F_z\,\overrightarrow{e_z}$ est parallèle à l'axe, donc de moment nul ; et $F_\theta\,\overrightarrow{e_\theta}$ a pour bras de levier $HM = r$ donc $\mathcal{M}_{(Oz)}\left(\vec{F}\right) = r\,F_\theta$ (le signe de F_θ donnant le « sens de rotation » donc le signe du moment).
On peut aussi le calculer à partir du moment par rapport à un point *O* de l'axe : $\overrightarrow{\mathcal{M}_O}\left(\vec{F}\right) = \overrightarrow{OM} \wedge \vec{F} = \left(r\,\overrightarrow{e_r} + z\,\overrightarrow{e_z}\right) \wedge \left(F_\theta\,\overrightarrow{e_\theta} + F_z\,\overrightarrow{e_z}\right)$

$= rF_\theta\,\overrightarrow{e_z} - rF_z\,\overrightarrow{e_\theta} + zF_\theta\,\overrightarrow{e_r}$ d'où $\mathcal{M}_{(Oz)}\left(\vec{F}\right) = \overrightarrow{\mathcal{M}_O}\left(\vec{F}\right)\cdot\overrightarrow{e_z} = r\,F_\theta$.

❑ Méthode 18.2. Utiliser le TMC pour un point matériel

> On utilise le TMC dans certains cas particuliers pour éliminer une force inconnue, notamment la tension d'un fil ou la réaction d'un support : pour cela on applique le TMC par rapport à un point fixe donnant un moment nul pour cette force. Cette méthode peut permettre une mise en équation plus rapide que le PFD.

➪ **Exercices 18.2, 18.3, 18.4**

L'exemple le plus classique est celui du pendule pesant simple, constitué d'une masse *m* assimilée à un point matériel *M*, suspendue par un fil idéal inextensible à un point fixe *O* du référentiel terrestre $\mathcal{R}$ (considéré comme galiléen). On suppose que *M* ne peut se déplacer que dans le plan vertical (*Oxy*).

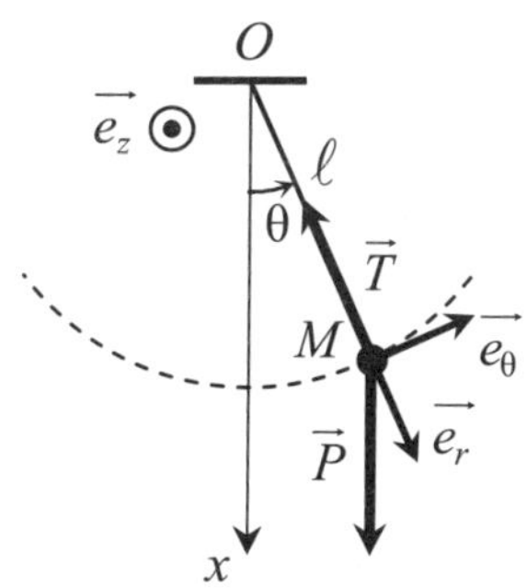

Forces appliquées à *M* : poids $\vec{P} = m\,\vec{g} = mg\left(\cos\theta\,\overrightarrow{e_r} - \sin\theta\,\overrightarrow{e_\theta}\right)$; tension du fil $\vec{T} = -T\,\overrightarrow{e_r}$. On applique le TMC à *M* par rapport à *O* dans $\mathcal{R}$: $\dfrac{\mathrm{d}\overrightarrow{L_O}(M)_{\mathcal{R}}}{\mathrm{d}t} = \overrightarrow{\mathcal{M}_O}\left(\vec{P}\right) + \overrightarrow{\mathcal{M}_O}\left(\vec{T}\right)$.

$\overrightarrow{\mathcal{M}_O}\left(\vec{P}\right)=\overrightarrow{OM}\wedge\vec{P}=\ell\,\overrightarrow{e_r}\wedge mg\left(\cos\theta\,\overrightarrow{e_r}-\sin\theta\,\overrightarrow{e_\theta}\right)=\vec{0}-mg\ell\sin\theta\,\overrightarrow{e_z}$; $\overrightarrow{\mathcal{M}_O}\left(\vec{T}\right)=\overrightarrow{OM}\wedge\vec{T}=\vec{0}$ car $\vec{T}$ est toujours colinéaire à $\overrightarrow{OM}$; et $\overrightarrow{L_O}(M)_{\mathcal{R}}=m\,\ell\,\overrightarrow{e_r}\wedge\ell\dot{\theta}\,\overrightarrow{e_\theta}=m\,\ell^2\dot{\theta}\,\overrightarrow{e_z}$ donc le TMC équivaut à : $m\,\ell^2\ddot{\theta}\,\overrightarrow{e_z}=-mg\ell\sin\theta\,\overrightarrow{e_z}$ d'où l'équation différentielle $\ddot{\theta}+\dfrac{g}{\ell}\sin\theta=0$.

■ Comment étudier le mouvement d'un solide en rotation ?

❑ Méthode 18.3. Utiliser le TMC pour un solide en rotation

> Le système étant un solide en rotation autour d'un axe fixe Δ, il a un seul degré de liberté correspondant à l'angle θ de rotation autour de Δ, dont la dérivée temporelle est la vitesse angulaire ω.
> L'application du TMC scalaire par rapport à Δ donne directement l'équation différentielle d'ordre 2 vérifiée par θ (ou d'ordre 1 vérifiée par ω).

⇨ **Exercice 18.5, 18.6**

Un pendule pesant est constitué d'un solide *S* pouvant tourner librement autour d'un axe horizontal (*Oz*) (liaison pivot parfaite). Son barycentre *G* se situe à une distance *a* de l'axe, et son moment d'inertie par rapport à (*Oz*) est J. On cherche à déterminer la période des petites oscillations.

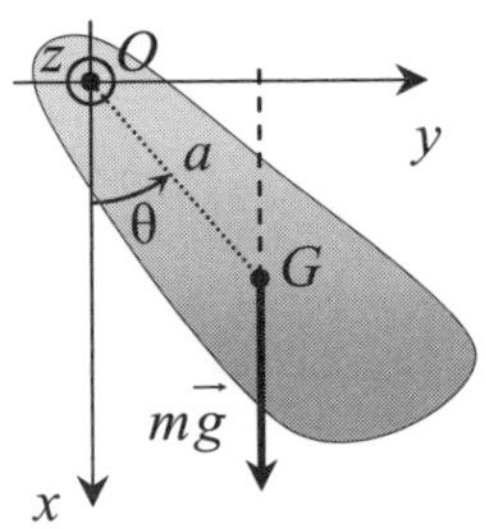

On fait l'inventaire de toutes les actions extérieures exercées sur le pendule, et on calcule leurs moments par rapport à (*Oz*).

Le poids $m\vec{g}$, qui s'exerce au barycentre *G*, a pour bras de levier $a\sin\theta$ et son signe est opposé à celui de θ, soit $\mathcal{M}_{(Oz)}\left(m\vec{g}\right)=-mga\sin\theta$. Sur la figure, ce moment est négatif (il a tendance à ramener le solide vers la verticale, donc à la faire tourner dans le sens négatif autour de l'axe).
La liaison pivot n'exerce aucun moment, puisque sa résultante coupe l'axe et qu'elle est parfaite donc sans frottement.

TMC pour le pendule par rapport à l'axe (*Oz*) : $\dfrac{\mathrm{d}L_{(Oz)\mathcal{R}}}{\mathrm{d}t}=\sum\mathcal{M}_{(Oz)}$ soit $J\ddot{\theta}=-mga\sin\theta$ ou encore $\ddot{\theta}+\dfrac{mga}{J}\sin\theta=0$. Pour les petits angles ($\theta\ll 1$), on peut faire l'approximation $\sin\theta\approx\theta$, d'où $\ddot{\theta}+\dfrac{mga}{J}\theta=0$. On reconnaît alors un oscillateur harmonique, de pulsation $\omega_0=\sqrt{\dfrac{mga}{J}}$ et de période $\boxed{T_0=2\pi\sqrt{\dfrac{J}{mga}}}$.

❑ Méthode 18.4. Utiliser le TÉC pour un solide en rotation

L'équation différentielle du mouvement d'un solide, en rotation autour d'un axe fixe Δ, peut également être obtenue par application du théorème de l'énergie cinétique. Dans le cas d'un mouvement sans force non conservative, on peut alors faire apparaître l'intégrale première de l'énergie mécanique.

⇨ Exercice 18.9, 18.10, 18.11

Reprenons l'exemple précédent.

L'énergie cinétique du solide est $E_c(S)_{\mathcal{R}} = \dfrac{1}{2} J \dot{\theta}^2$ et la seule force qui travaille est le poids : sa puissance est $\mathcal{P}\left(m\vec{g}\right)_{\mathcal{R}} = m\vec{g} \cdot \vec{v}(G)_{\mathcal{R}} = mg\,\vec{e_x} \cdot a\dot{\theta}\vec{e_\theta} = -mg\,a\dot{\theta}\sin\theta$. Théorème de l'énergie cinétique : $\dfrac{\mathrm{d}E_c(M)_{\mathcal{R}}}{\mathrm{d}t} = \sum \mathcal{P}_{\mathcal{R}} \Leftrightarrow J\dot{\theta}\ddot{\theta} = -mg\,a\dot{\theta}\sin\theta \Leftrightarrow \dot{\theta}(J\ddot{\theta} + mg\,a\sin\theta) = 0$.

Comme précédemment on obtient le cas particulier de l'équilibre, et l'équation différentielle du mouvement : $\boxed{\ddot{\theta} + \dfrac{mga}{J}\sin\theta = 0}$.

L'intégration du théorème donne également une intégrale première du mouvement : $\boxed{\dfrac{1}{2}J\dot{\theta}^2 - mg\,a\cos\theta = \text{cte}}$, c'est-à-dire $\boxed{E_c + E_{pp} = \text{cte}}$.

■ Comment étudier l'équilibre d'un solide ?

❑ Méthode 18.5. Appliquer le TQM et le TMC à un solide en équilibre

– Le théorème de la quantité de mouvement (TQM) est une loi vectorielle : sa projection sur trois directions de l'espace donne trois équations.
– Le TMC par rapport à un axe est une loi scalaire, donnant une seule équation. Le solide ne tournant pas, on peut appliquer le TMC par rapport à n'importe quel axe : on choisira celui donnant les calculs les plus simples.
– Les deux lois doivent être vérifiées pour que le solide soit à l'équilibre. Cependant, dans beaucoup de cas simples, une ou plusieurs des quatre équations obtenues ne donne(nt) aucune information.

⇨ Exercice 18.6, 18.7, 18.8

Cherchons par exemple à déterminer les normes des tensions des deux fils dans l'exemple ci-contre, où une plaque rectangulaire homogène de masse m est suspendue en équilibre dans le référentiel terrestre (supposé galiléen). Les fils sont attachés aux deux bords A et B de la plaque, faisant des angles α et β avec la verticale.
On montrera d'autre part que ces deux angles sont nécessairement liés, pour que cette situation (plaque horizontale) soit possible.

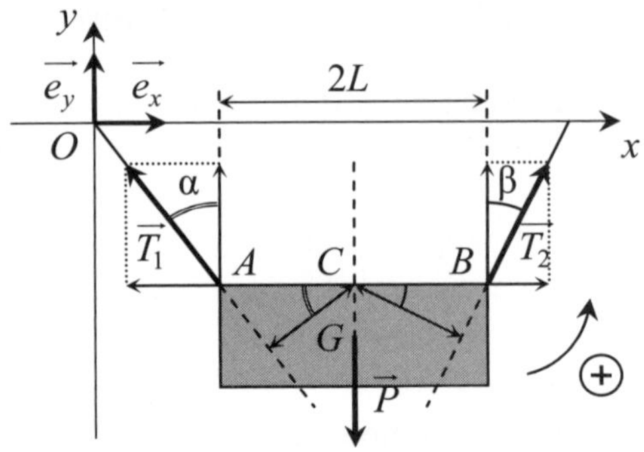

Il y a en tout trois forces appliquées à la plaque : son poids, $\vec{P}=m\vec{g}=-mg\overrightarrow{e_y}$; la tension du fil en A, $\overrightarrow{T_1}=-T_1\sin\alpha\overrightarrow{e_x}+T_1\cos\alpha\overrightarrow{e_y}$; la tension du fil en B, $\overrightarrow{T_2}=+T_2\sin\beta\overrightarrow{e_x}+T_2\cos\beta\overrightarrow{e_y}$.

– Première loi de l'équilibre (TQM) : $\vec{P}+\overrightarrow{T_1}+\overrightarrow{T_2}=\vec{0}$.

Projections sur $\overrightarrow{e_x}$, $\overrightarrow{e_y}$ et $\overrightarrow{e_z}$: $\begin{cases} -T_1\sin\alpha+T_2\sin\beta=0 & (1) \\ -mg+T_1\cos\alpha+T_2\cos\beta=0 & (2) \\ 0=0 & (3) \end{cases}$

La (3) ne donne aucune information, on a donc deux équations pour les deux inconnues T_1 et T_2.

Résolution : $(1)\Leftrightarrow T_2=T_1\dfrac{\sin\alpha}{\sin\beta}$; on reporte dans (2), soit $T_1\cos\alpha+T_1\dfrac{\sin\alpha}{\sin\beta}\cos\beta=mg$ d'où

$\boxed{T_1=\dfrac{mg\sin\beta}{\cos\alpha\sin\beta+\sin\alpha\cos\beta}=\dfrac{mg\sin\beta}{\sin(\alpha+\beta)}}$; et finalement $\boxed{T_2=\dfrac{mg\sin\alpha}{\sin(\alpha+\beta)}}$.

– Seconde loi de l'équilibre (TMC) : $\mathcal{M}_\Delta(\vec{P})+\mathcal{M}_\Delta(\overrightarrow{T_1})+\mathcal{M}_\Delta(\overrightarrow{T_2})=0$ par rapport à tout axe Δ fixe. Choisissons l'axe (Cz), orthogonal au plan de figure, et pour sens positif le sens trigonométrique habituel dans ce plan. Alors $\mathcal{M}_{(Cz)}(\vec{P})=0$ (car $\vec{P}$ peut être considéré comme s'appliquant au centre de gravité G, au centre de la plaque, donc son support vertical passe par C) ; $\mathcal{M}_{(Cz)}(\overrightarrow{T_1})=-L\cos\alpha T_1$; $\mathcal{M}_{(Cz)}(\overrightarrow{T_2})=+L\cos\beta T_2$. L'équation obtenue est donc : $-L\cos\alpha T_1+L\cos\beta T_2=0$ soit $-\cos\alpha\dfrac{\sin\beta}{\sin(\alpha+\beta)}+\cos\beta\dfrac{\sin\alpha}{\sin(\alpha+\beta)}=0\Leftrightarrow\dfrac{\sin(\alpha-\beta)}{\sin(\alpha+\beta)}=0$. On en déduit nécessairement $\boxed{\alpha=\beta}$, et les expressions des deux tensions deviennent $\boxed{T_1=T_2=\dfrac{mg}{2\cos\alpha}}$.

Vrai/Faux

		Vrai	Faux
1.	Les moments par rapport à un point sont des vecteurs.	☐	☐
2.	Les moments par rapport à un axe sont des vecteurs.	☐	☐
3.	Le moment d'une force a les mêmes dimensions qu'une énergie.	☐	☐
4.	Une liaison pivot est une liaison sans frottement.	☐	☐
5.	Le bras de levier est la distance entre le point d'application d'une force et l'axe considéré.	☐	☐
6.	Le moment d'inertie caractérise la répartition de la masse du solide par rapport à l'axe de rotation.	☐	☐
7.	La puissance d'un couple est nulle.	☐	☐
8.	Le théorème du moment cinétique pour un solide fait intervenir les forces intérieures.	☐	☐

■■ Énoncé des exercices

■ Moments de forces

❑ Exercice 18.1. Calcul de moments de forces

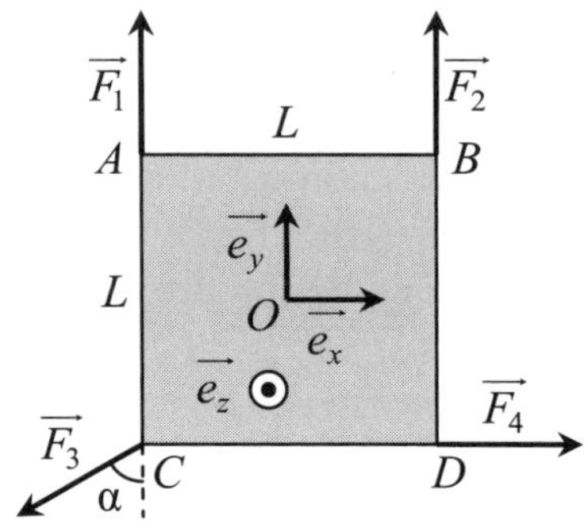

Quatre forces, de même norme F, s'exercent aux quatre coins de ce carré de côté L et de centre O. Elles sont toutes contenues dans le plan du carré.

1. Calculer les moments de ces quatre forces par rapport à l'axe (Ox).

2. Calculer les moments de ces quatre forces par rapport à l'axe (Az) [orthogonal au plan de figure et orienté vers l'avant du plan de figure].

■ Application du TMC à un point matériel

❑ Exercice 18.2. Pendule simple relié à des ressorts

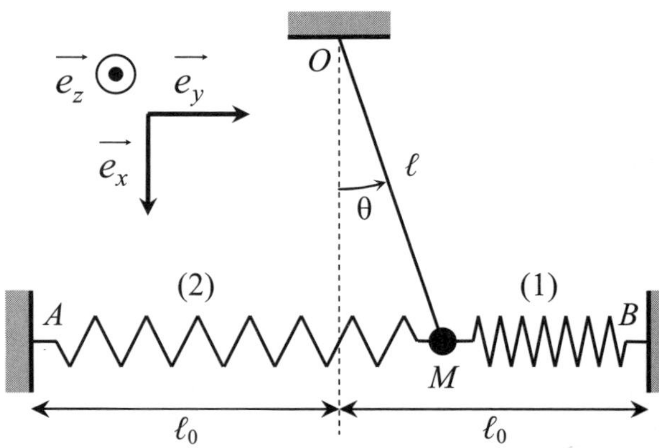

Un pendule simple est constitué d'un fil rigide de masse négligeable et de longueur ℓ, à l'extrémité duquel est fixé un point matériel M de masse m. Il est accroché au point O, fixe par rapport au référentiel $\mathfrak{R}$ du laboratoire. M est également attaché à deux ressorts (1) et (2) identiques, de raideur k et de longueur à vide ℓ_0, fixés entre deux points A et B distants de $2\,\ell_0$: lorsque le pendule est vertical, les ressorts sont au repos.

On déplace légèrement M par rapport à la verticale puis on le laisse évoluer librement. Il oscille alors en décrivant un petit arc de cercle de centre O, dans un plan vertical, et on repère sa position par l'angle θ avec la verticale. Cet angle restant toujours faible, on pourra considérer que les ressorts restent horizontaux.

1. Donner l'expression du moment cinétique de M par rapport à O dans $\mathfrak{R}$, en utilisant une base cylindrique $(\vec{e_r}, \vec{e_\theta}, \vec{e_z})$ d'origine O.

2. Calculer les moments des forces s'exerçant sur M, en fonction de la seule variable θ.

3. Par application du théorème du moment cinétique, déterminer l'équation différentielle vérifiée par θ et en déduire la pulsation des petites oscillations.

❑ Exercice 18.3. Pendule pesant simple : mouvement horizontal*

On constitue un pendule avec un fil idéal de longueur ℓ, dont l'une des extrémités est fixée au point O (origine du repère) ; à l'autre extrémité se trouve un point matériel M de masse m. On prend l'axe (Oz) comme verticale ascendante (dans le référentiel terrestre supposé galiléen), et on utilise le système de coordonnées cylindriques. Le pendule est écarté d'un angle α par rapport à la verticale, et lancé avec une vitesse $\overrightarrow{v_0}$ pour que le point M décrive des cercles *horizontaux*.

1. Faire un schéma en perspective, en faisant apparaître la trajectoire de M et ses trois coordonnées. Préciser les valeurs de r et z.

2. Déterminer le vecteur $\overrightarrow{v_0}$ par application du TMC et montrer que le mouvement de M est uniforme.

3. Calculer la période T du mouvement. Quelle est la valeur approchée de T si α est faible ?

❑ Exercice 18.4. Pendule pesant simple : mouvement vertical**

On constitue un pendule avec un fil idéal de longueur ℓ, dont l'une des extrémités est fixée au point O (origine du repère) ; à l'autre extrémité se trouve un point matériel M de masse m. L'axe (Ox) est la verticale descendante, le repère $(Oxyz)$ étant lié au référentiel terrestre considéré comme galiléen. Le pendule est écarté d'un angle α par rapport à la verticale, puis lâché sans vitesse initiale : on souhaite montrer que le mouvement aura lieu dans un plan vertical.

La « démonstration » qui tue !

1. On rencontre souvent le raisonnement suivant (auquel vous avez sûrement pensé...) : on fait un schéma dans le plan vertical (Oxy), on fait apparaître les deux forces, on écrit le PFD et sa projection sur $\overrightarrow{e_z}$ donne $\ddot{z}=0$, d'où $\dot{z}=0$ et finalement $z=0$ (avec les conditions initiales). Voyez-vous l'erreur fondamentale de ce raisonnement ?

Une démonstration rigoureuse

2. En appliquant le TMC en *coordonnées cartésiennes* (donc *sans utiliser d'angle*) au point M, montrer que le moment cinétique $L_{(Ox)}$ est une constante que l'on précisera. En déduire une équation différentielle liant $y(t)$ et $z(t)$.

3. Intégrer cette équation différentielle et en déduire que le mouvement de M a lieu dans un plan vertical (dépendant des conditions initiales).

(L'étude des oscillations elles-mêmes, dans ce plan vertical, a été faite au chapitre 11 et dans l'application 18.2.)

■ Application du TMC à un solide en rotation

❑ Exercice 18.5. Pendule pesant

On considère le pendule ci-contre, capable d'osciller librement autour de l'axe (Oz) horizontal grâce à une liaison pivot parfaite.

Il est constitué d'une barre homogène, de section constante et de masse m, à l'extrémité de laquelle on a soudé un disque homogène de masse $2\,m$ et de centre C. L'ensemble obtenu constitue un solide rigide. La distance OG entre le point O et le centre de masse du système est notée b.

Le moment d'inertie du système par rapport à l'axe (Oz) est $J_{(Oz)} = kmb^2$, k étant un réel positif.

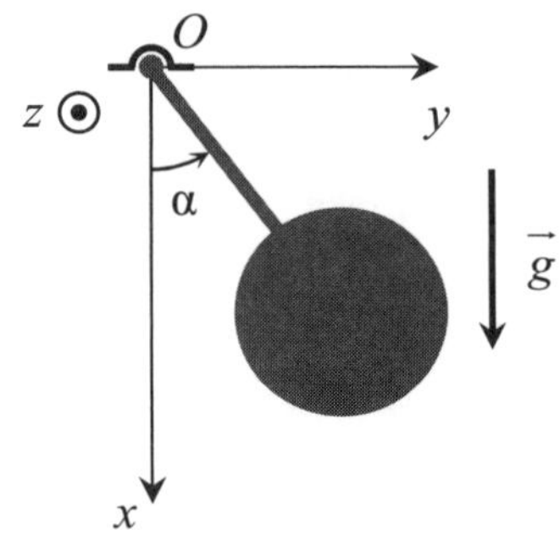

On écarte le pendule d'un angle α_0 par rapport à sa position d'équilibre, et on le lâche sans vitesse initiale à la date $t = 0$. On étudie son mouvement ultérieur en observant l'angle α que forme la direction de la barre avec l'axe vertical descendant (Ox).

1. Établir l'équation différentielle à laquelle obéit α.

2. Une mesure expérimentale permet de déterminer la période T des petites oscillations. Déterminer le coefficient k en fonction de T, g et b.

❑ Exercice 18.6. Oscillations d'un solide soumis à une force élastique*

Un solide (S) est constitué de deux tiges homogènes rigidement liées l'une à l'autre, AO et OB, faisant entre elles un droit. Chaque tige a pour masse m et pour longueur $2l$. (S) peut tourner autour d'un axe horizontal $\Delta = (Oz)$ passant par O.

La liaison en O est une liaison pivot parfaite. Un ressort de masse négligeable, de constante de raideur k, est accroché à l'une de ses extrémités en A, l'autre extrémité C étant maintenue fixe. Lorsque l'ensemble est en équilibre dans le champ de pesanteur supposé vertical et uniforme, AO est horizontale, et OB verticale.

On donne le moment d'inertie d'une tige de masse m et de longueur $2l$, par rapport à un axe perpendiculaire à la tige et qui passe par une extrémité : $I = \frac{4}{3}ml^2$.

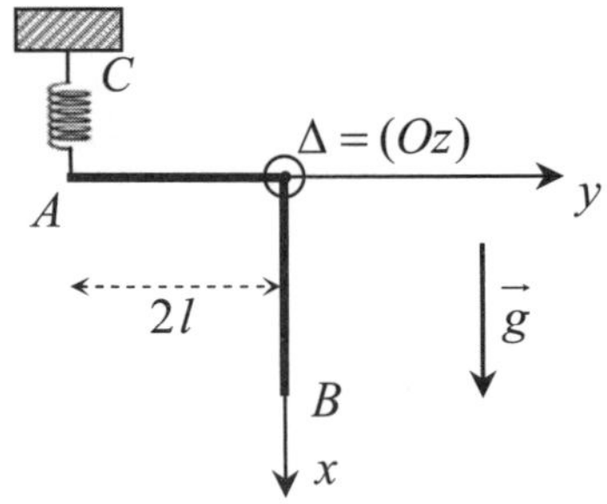

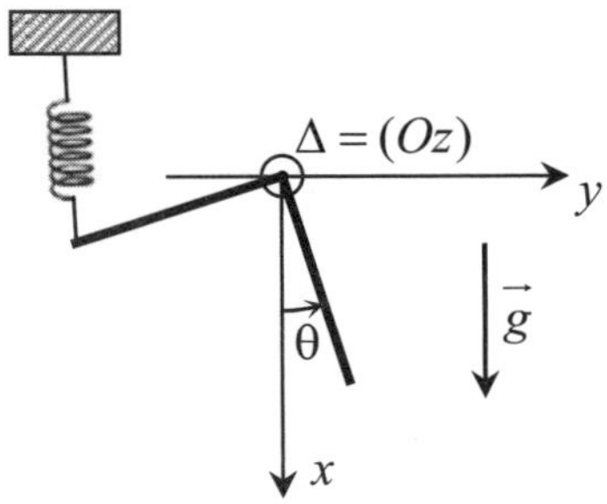

1. Préliminaires

a) Que vaut le moment d'inertie J_Δ de l'ensemble des deux tiges par rapport à l'axe Δ ?

b) Déterminer l'allongement du ressort lorsque le système est à l'équilibre.

2. Oscillations

On se propose d'étudier les oscillations autour de la position d'équilibre. L'angle θ restant petit, on pourra considérer que la force exercée par le ressort sur le solide reste verticale pendant tout le mouvement.

a) Déterminer l'équation différentielle vérifiée par θ. Montrer que le mouvement est sinusoïdal et donner l'expression de la période en fonction de m, g, k et l.

b) Application numérique : calculer la période sachant que $m = 100\text{ g}$, $l = 10\text{ cm}$, $g = 9{,}8\text{ m}\cdot\text{s}^{-2}$, $k = 12\text{ N}\cdot\text{m}^{-1}$.

D'après TPE/EIVP

■ Application du TMC à un solide en équilibre

❑ Exercice 18.7. Portage d'une poutre

Les deux charpentiers Mario et Luigi portent ensemble une poutre, de longueur $2\ell = 4{,}0$ m et de masse $m = 30$ kg. Mario est à une extrémité M de la poutre, Luigi étant au point L à une distance $d = 1{,}4$ m du milieu de la poutre. Les deux forces qu'ils exercent sur la poutre sont verticales.

1. On suppose tout d'abord que les deux charpentiers ont la même taille, la poutre étant donc maintenue horizontale.
Déterminer les normes des forces $\overrightarrow{F_M}$ et $\overrightarrow{F_L}$ exercées par les deux charpentiers.

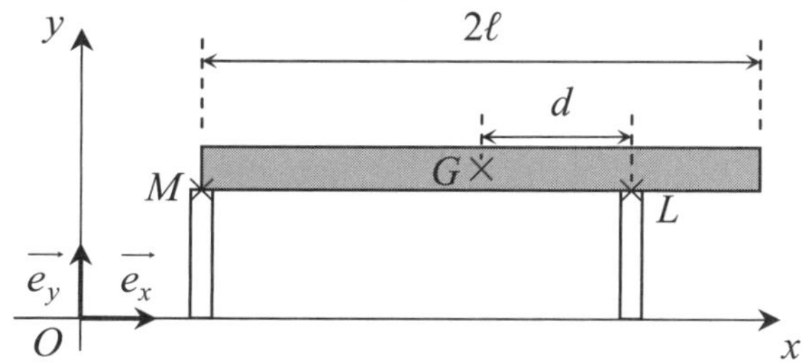

2. En fait Mario est plus petit que Luigi, la poutre faisant alors un angle α avec l'horizontale. Les forces restent toujours verticales.
Déterminer à nouveau les normes des deux forces et commenter.

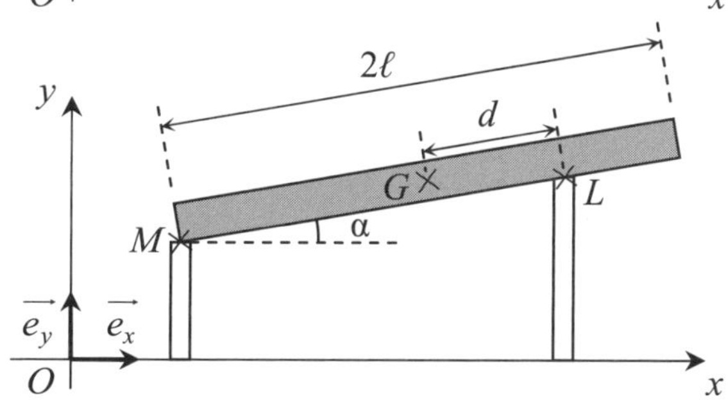

❑ Exercice 18.8. Mesure de la constante de gravitation par Cavendish*

Le physicien britannique Henry Cavendish a réalisé en 1798 une expérience destinée à « peser la Terre ». Il s'agissait plus exactement de déterminer la constante de gravitation G, apparaissant dans l'expression de la force de gravitation, dont on peut déduire ensuite la masse M_T de la Terre en connaissant la valeur du champ de pesanteur terrestre g.

L'expérience utilise un pendule de torsion, consistant en un fléau (tige rigide horizontale de longueur $2\ell = 20$ cm, de masse négligeable) suspendu à un fil vertical ; celui-ci, lorsqu'il est tordu d'un angle α, exerce sur le fléau un couple de torsion dont le moment par rapport à l'axe confondu avec le fil vaut $\mathcal{M}_{\text{torsion}} = -C \times \alpha$, avec $C = 5{,}0 \cdot 10^{-7}$ N·m·rad^{-1}.

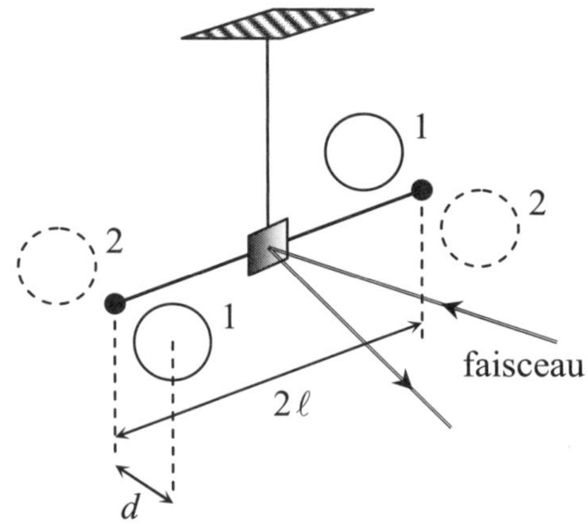

À chaque extrémité du fléau sont placées deux petites sphères de même masse m = 50 g. On approche de chacune d'elle une sphère beaucoup plus grosse, de masse M = 30 kg, la distance entre le centre d'une grosse sphère et celui de la petite sphère la plus proche étant d = 15 cm.

Pour chaque grosse sphère, on ne tiendra compte que de son action sur la petite sphère la plus proche. Lorsqu'on fait passer, par un dispositif opératoire non représenté ici, les deux grosses sphères de la position 1 à la position 2, le fléau tourne d'un angle 2θ. La mesure angulaire est réalisée par un miroir fixé sur le fléau et déviant un faisceau lumineux (méthode de Pogendorff).

1. La norme de la force attractive de gravitation s'exerçant entre deux sphères de masses m_1 et m_2, dont les centres sont séparés d'une distance r, est $F_g = G\dfrac{m_1 m_2}{r^2}$.

Que devient cette expression si l'une des sphères est la Terre (de rayon R_T = 6700 km et de masse M_T) et l'autre une masse m quelconque au voisinage de la Terre ? En déduire l'expression de la norme du champ de pesanteur g en fonction de G, R_T et M_T.

2. L'angle de torsion mesuré dans l'expérience de Cavendish vaut $2\theta = 3{,}5 \cdot 10^{-3}$ rad. Cet angle étant très faible, on peut considérer que les droites joignant les centres des sphères voisines sont orthogonales au fléau. Déterminer la valeur de la constante de gravitation G.

3. En déduire la masse de la Terre.

D'après Concours commun polytechnique

■ Étude énergétique d'un solide en rotation

❑ Exercice 18.9. Volant freiné par un couple constant

Un volant tourne autour d'un axe horizontal par rapport auquel son moment d'inertie est J ; son barycentre est sur l'axe. On schématise le frottement solide par un couple opposé au mouvement, dont le moment vaut en valeur absolue : $|\mathcal{M}| = \alpha J$ (α étant un paramètre positif supposé constant).

1. On lance le volant avec une vitesse angulaire initiale ω_0 : on constate qu'il s'arrête après N tours. Calculer α.

2. Comment pourrait-on vérifier expérimentalement que α est bien constant au cours du mouvement et indépendant de la vitesse angulaire ω ?

❑ Exercice 18.10. Toupie

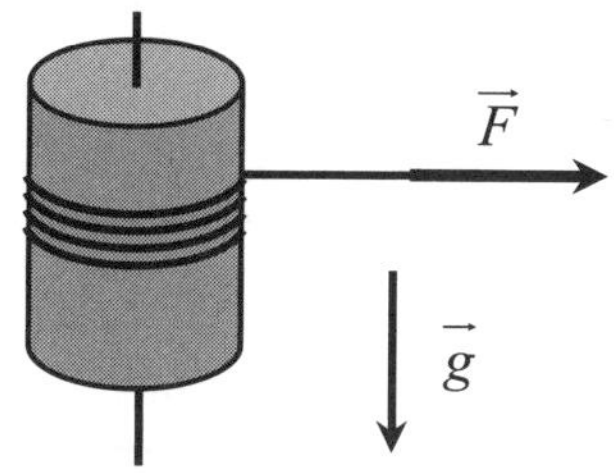

Le jeune Toto joue avec une toupie qu'il fait tourner à l'aide d'un fil inextensible entouré sur le corps de la toupie. Celle-ci est assimilable à un cylindre de masse m et de rayon R. Une pointe métallique de masse négligeable permet à la toupie de tenir sur le sol horizontal. Pendant tout son mouvement, la toupie reste verticale. Toto enroule le fil (4 tours) puis tire sur le fil avec une force de norme F constante.

On note ω la vitesse angulaire instantanée de la toupie.

Toto commence à exercer la force à la date $t = 0$, la toupie étant initialement immobile.

1. Exprimer la puissance instantanée de la force $\vec{F}$.

2. Appliquer le théorème de l'énergie cinétique et en déduire l'accélération angulaire de la toupie.

3. Quelle est la vitesse angulaire de la toupie quand tout le fil a été déroulé (4 tours) ?

❑ Exercice 18.11. Toto le cycliste

Toto roule sur son vélo, à vitesse constante, en ligne droite, sur une route horizontale, à la vitesse de $36 \text{ km}\cdot\text{h}^{-1}$. Les roues roulent sans glisser sur le sol.

On étudie tout d'abord la rotation d'une des roues par rapport au référentiel lié au cadre du vélo. La roue est assimilable à un cerceau de section négligeable, de masse $m = 1450 \text{ g}$, de diamètre $D = 67 \text{ cm}$. La masse totale du vélo est $m_{\text{tot}} = 9100 \text{ g}$.

1. Si le référentiel terrestre est supposé galiléen, que peut-on dire du référentiel lié au vélo ?

2. Vérifier que la vitesse angulaire de la roue est d'environ $30 \text{ rad}\cdot\text{s}^{-1}$.

3. Calculer l'énergie cinétique de rotation de la roue (dans le référentiel lié au vélo).

4. Calculer l'énergie cinétique totale du vélo dans le référentiel terrestre, définie comme la somme des énergies cinétiques de rotation des deux roues et de l'énergie cinétique de translation de l'ensemble du vélo.

5. Toto freine et met une durée $\Delta t = 5{,}0 \text{ s}$ à s'arrêter. Calculer la puissance moyenne de la force de freinage.

■ Pour vous aider à démarrer

Exercice 18.2. Écrire les définitions des différents moments (vectoriels), et les calculer en exprimant chaque vecteur dans la base cylindrique. Faire attention en particulier à l'allongement de chaque ressort.

Exercice 18.3. La trajectoire circulaire est nécessairement centrée sur l'axe (Oz), à une altitude z négative : faire le schéma classique des coordonnées et de la base cylindriques, et exprimer les vecteurs $\overrightarrow{OM}$ et $\vec{v}(M)$ dans cette base.

Exercice 18.4. Commencer par faire la pseudo-démonstration en entier... pour bien comprendre ensuite où se situe l'erreur ! Ensuite on travaille en *cartésiennes*, donc *il ne faut surtout pas introduire un angle !*

Exercice 18.6. Les moments des différentes forces peuvent être calculés avec un produit vectoriel puis un produit scalaire, ou bien avec les bras de levier : pour cela faire un schéma détaillé, et faire attention comme toujours à l'expression de la tension du ressort.
Exercice 18.9. Le TÉC sous forme intégrale donne la réponse rapidement, sans avoir à résoudre d'équation différentielle.

■■ Corrigé des vrai/faux

1.	2.	3.	4.	5.	6.	7.	8.
vrai	faux	vrai	faux	faux	vrai	faux	faux

3. Le moment d'une force et l'énergie ont les dimensions d'une force multipliée par une longueur.

4. Elle peut être avec ou sans frottement : dans ce dernier cas elle est dite *parfaite*.

5. C'est la distance entre le *support de la force* et l'axe, qui peut donc être plus petite que la distance entre le point d'application et l'axe (selon la direction de la force).

7. C'est produit du moment du couple par la vitesse angulaire.

8. Le TMC ne fait jamais intervenir les forces intérieures (de moment total nul).

❑ Les erreurs classiques

– Dans le cas d'un solide, l'inventaire des « forces extérieures » est plutôt ici un inventaire des « actions extérieures » : bien tenir compte à la fois des différentes forces, ayant un point d'application défini (poids, tension d'un ressort…) et d'éventuels couples (de frottement…).
– Dans le calcul du moment d'une force avec le bras de levier, ne pas oublier de déterminer le *signe* de ce moment.
– De même les moments des couples sont souvent donnés en valeur absolue : ne pas oublier d'ajouter le signe en fonction du sens de rotation.

■■ Corrigé des exercices

Exercice 18.1

1. Les forces $\overrightarrow{F_2}$ et $\overrightarrow{F_4}$ sont parallèles à (Ox). Les supports des forces $\overrightarrow{F_1}$ et $\overrightarrow{F_3}$ sont deux droites du plan (Oxy) qui coupent l'axe (Ox). Donc <u>les moments des quatre forces par rapport à (Ox) sont nuls</u>.

2. Pour $\overrightarrow{F_1}$: bras de levier nul [la force coupe l'axe (Az)] donc $\boxed{\mathcal{M}_{(Az)}\left(\overrightarrow{F_1}\right)=0}$.

Pour $\overrightarrow{F_2}$: bras de levier L [le support de la force étant (By)] et sens positif (trigonométrique) donc $\boxed{\mathcal{M}_{(Az)}\left(\overrightarrow{F_2}\right)=+L\,F}$.

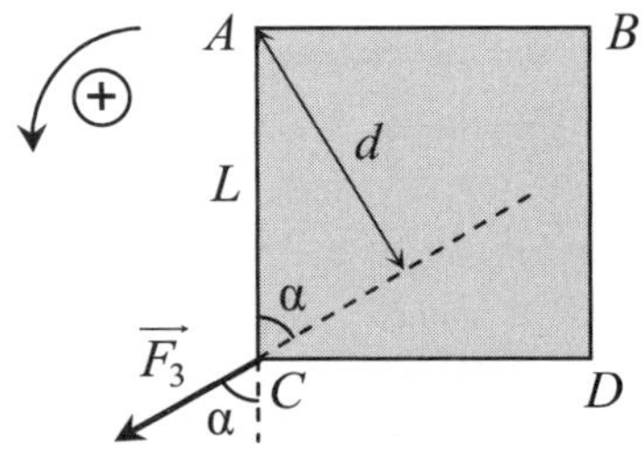

Pour $\overrightarrow{F_3}$, le bras de levier vérifie $\sin\alpha=\dfrac{d}{L}$ donc $d=L\sin\alpha$;

et le sens est négatif donc $\boxed{\mathcal{M}_{(Az)}\left(\overrightarrow{F_3}\right)=-L\sin\alpha\,F}$.

Pour $\overrightarrow{F_4}$: bras de levier L [le support de la force étant (Dx)] et sens positif donc $\boxed{\mathcal{M}_{(Az)}\left(\overrightarrow{F_4}\right)=+L\,F}$.

> *Les points d'application de $\overrightarrow{F_2}$ et $\overrightarrow{F_4}$ ne sont pas à la même distance de A, donc de l'axe (Az), mais leurs bras de levier ont néanmoins les mêmes valeurs.*

⇨ *Méthode 18.1*

Exercice 18.2

1. Par définition : $\overrightarrow{L_O}(M)_{\mathcal{R}}=m\overrightarrow{OM}\wedge\vec{v}(M)_{\mathcal{R}}=m\ell\overrightarrow{e_r}\wedge\ell\dot{\theta}\overrightarrow{e_\theta}$ soit $\boxed{\overrightarrow{L_O}(M)_{\mathcal{R}}=m\ell^2\dot{\theta}\overrightarrow{e_z}}$.

2. Forces appliquées à M : poids $\vec{P}=m\vec{g}=+mg\overrightarrow{e_x}$; tensions des deux ressorts $\overrightarrow{T_1}=-k(\ell_0-\ell\sin\theta-\ell_0)(-\overrightarrow{e_y})=-k\ell\sin\theta\,\overrightarrow{e_y}$ et $\overrightarrow{T_2}=-k(\ell_0+\ell\sin\theta-\ell_0)\overrightarrow{e_y}=-k\ell\sin\theta\,\overrightarrow{e_y}$; tension du fil $\vec{T}=-T\,\overrightarrow{e_r}$.

> *Les tensions $\overrightarrow{T_1}$ et $\overrightarrow{T_2}$ sont bien égales et non opposées ! Par exemple lorsque (1) est comprimé et (2) étiré, leurs deux tensions sont orientées vers la gauche.*

Les moments par rapport à O sont donc : $\overrightarrow{\mathcal{M}_O}(\vec{P})=\overrightarrow{OM}\wedge\vec{P}=\ell\,\overrightarrow{e_r}\wedge mg\,\overrightarrow{e_x}$ soit $\boxed{\overrightarrow{\mathcal{M}_O}(\vec{P})=-mg\ell\sin\theta\,\overrightarrow{e_z}}$; $\overrightarrow{\mathcal{M}_O}(\overrightarrow{T_1})=\overrightarrow{\mathcal{M}_O}(\overrightarrow{T_2})=\overrightarrow{OM}\wedge\overrightarrow{T_1}=\ell\,\overrightarrow{e_r}\wedge(-k\ell\sin\theta\,\overrightarrow{e_y})$ soit $\boxed{\overrightarrow{\mathcal{M}_O}(\overrightarrow{T_1})=\overrightarrow{\mathcal{M}_O}(\overrightarrow{T_2})=-k\,\ell^2\sin\theta\cos\theta\,\overrightarrow{e_z}}$; $\boxed{\overrightarrow{\mathcal{M}_O}(\vec{T})=\overrightarrow{OM}\wedge\vec{T}=\vec{0}}$ (vecteurs colinéaires).

⇨ *Méthode 18.1*

3. Théorème du moment cinétique appliqué à M, par rapport à O dans $\mathcal{R}$ (supposé galiléen) : $\dfrac{\mathrm{d}\overrightarrow{L_O}(M)_{\mathcal{R}}}{\mathrm{d}t} = \overrightarrow{\mathcal{M}_O}(\vec{T}) + \overrightarrow{\mathcal{M}_O}(\vec{P}) + \overrightarrow{\mathcal{M}_O}(\vec{T_1}) + \overrightarrow{\mathcal{M}_O}(\vec{T_2})$. Projection sur $\vec{e_z}$:

$m\ell^2\ddot{\theta} = -mg\ell\sin\theta - 2k\ell^2\sin\theta\cos\theta$. Pour $\theta << 1$: $\sin\theta \approx \theta$ et $\cos\theta \approx 1$ donc l'équation devient $\boxed{\ddot{\theta} + \left(\dfrac{g}{\ell} + \dfrac{2k}{m}\right)\theta = 0}$. La pulsation est donc $\boxed{\omega = \sqrt{\dfrac{g}{\ell} + \dfrac{2k}{m}}}$.

⇨ *Méthode 18.2*

Exercice 18.3

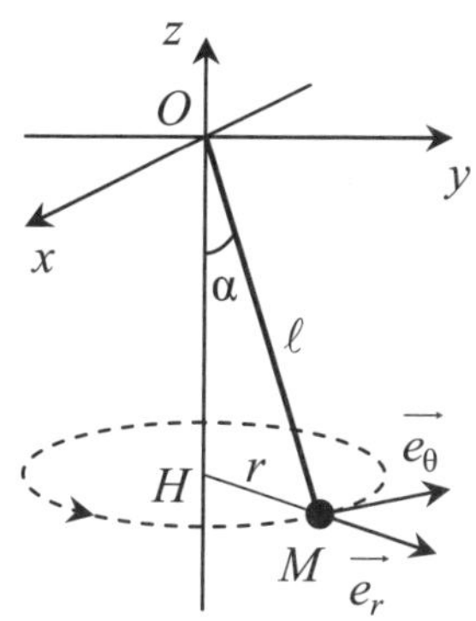

1. La trajectoire circulaire est nécessairement centrée sur l'axe vertical (Oz), puisque le fil a une longueur constante.
On lit alors : $\boxed{r = \ell\sin\alpha}$ et $\boxed{z = -\ell\cos\alpha}$ (valeurs constantes).

2. Forces appliquées à M : poids $\vec{P} = m\vec{g} = -mg\vec{e_z}$; tension du fil $\vec{T} = -T\dfrac{\overrightarrow{OM}}{OM}$. TMC pour M par rapport à O (dans le référentiel terrestre $\mathcal{R}$) : $\dfrac{\mathrm{d}\overrightarrow{L_O}(M)_{\mathcal{R}}}{\mathrm{d}t} = \overrightarrow{\mathcal{M}_O}(\vec{P}) + \overrightarrow{\mathcal{M}_O}(\vec{T})$. On calcule alors chaque terme de cette équation. $\overrightarrow{\mathcal{M}_O}(\vec{T}) = \overrightarrow{OM} \wedge \vec{T} = \vec{0}$ (vecteurs colinéaires).

$\overrightarrow{\mathcal{M}_O}(\vec{P}) = \overrightarrow{OM} \wedge \vec{P} = (\ell\sin\alpha\vec{e_r} - \ell\cos\alpha\vec{e_z}) \wedge (-mg\vec{e_z}) = +mg\ell\sin\alpha\vec{e_\theta}$.

$\overrightarrow{L_O}(M)_{\mathcal{R}} = m\overrightarrow{OM} \wedge \vec{v}(M)_{\mathcal{R}} = m\ell(\sin\alpha\vec{e_r} - \cos\alpha\vec{e_z}) \wedge \ell\sin\alpha\dot{\theta}\vec{e_\theta} = m\ell^2\dot{\theta}(\sin^2\alpha\vec{e_z} + \sin\alpha\cos\alpha\vec{e_r})$

donc $\dfrac{\mathrm{d}\overrightarrow{L_O}(M)_{\mathcal{R}}}{\mathrm{d}t} = m\ell^2\ddot{\theta}(\sin^2\alpha\vec{e_z} + \sin\alpha\cos\alpha\vec{e_r}) + m\ell^2\dot{\theta}^2\sin\alpha\cos\alpha\vec{e_\theta}$.

⇨ *Méthode 18.1*

💣 *Ne pas oublier de dériver le vecteur unitaire* $\vec{e_r}$: $\dfrac{\mathrm{d}\vec{e_r}}{\mathrm{d}t} = \dot{\theta}\vec{e_\theta}$.

Projections du TMC sur la base cylindrique : $\begin{cases} m\ell^2\ddot{\theta}\sin\alpha\cos\alpha = 0 \\ m\ell^2\dot{\theta}^2\sin\alpha\cos\alpha = +mg\ell\sin\alpha \\ m\ell^2\ddot{\theta}\sin^2\alpha = 0. \end{cases}$

La première et la troisième équations indiquent simplement que $\ddot{\theta}$ est nulle donc que $\dot{\theta}$ est une constante. La deuxième équation donne la valeur de cette constante (au signe près) : $\dot{\theta} = \pm\sqrt{\dfrac{g}{\ell\cos\alpha}}$. La vitesse sur ce cercle étant $\ell\sin\alpha\dot{\theta}\vec{e_\theta}$, on voit donc que la norme de cette vitesse est constante (<u>mouvement uniforme</u>), et que le vecteur vitesse initial doit donc être de la forme $\vec{v_0} = \pm\ell\sin\alpha\sqrt{\dfrac{g}{\ell\cos\alpha}}\vec{e_{\theta 0}}$ soit $\boxed{\vec{v_0} = \pm\sqrt{g\ell\sin\alpha\tan\alpha}\,\vec{e_{\theta 0}}}$ où $\vec{e_{\theta 0}}$ est le vecteur orthoradial initial : par exemple $\vec{e_y}$ si M est lancé dans le plan (Oxz).

Corrigé

3. Période du mouvement circulaire uniforme : $T = \dfrac{2\pi}{|\dot{\theta}|}$ soit $\boxed{T = 2\pi\sqrt{\dfrac{\ell\cos\alpha}{g}}}$. Pour $\alpha << 1$: $\cos\alpha \approx 1$ donc $\boxed{T \approx 2\pi\sqrt{\dfrac{\ell}{g}}}$ (période du mouvement pendulaire « classique », c'est-à-dire dans un plan vertical).

Exercice 18.4

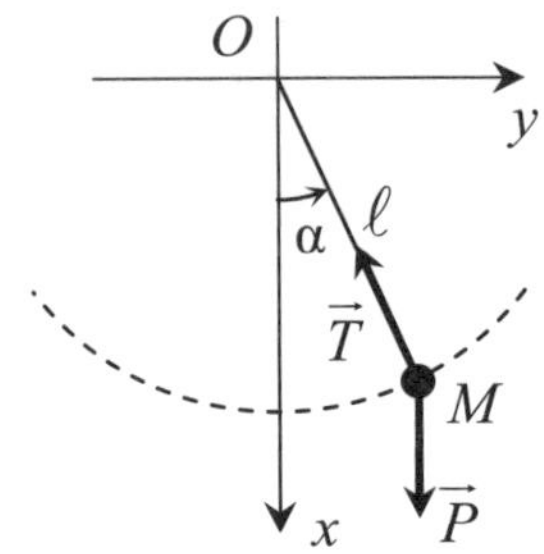

1. Détaillons un peu ce « raisonnement classique » : il s'appuie généralement sur le schéma ci-contre.
La première erreur fréquente sur le schéma est de nommer α l'angle avec la verticale : l'énoncé donne ce nom à l'angle *initial* uniquement, mais à un instant quelconque l'angle aura *a priori* une autre valeur, que l'on doit donc noter autrement, par exemple (de façon très originale) θ. Mais l'erreur principale est dans la suite.

Si on projette les deux forces (poids et tension du fil) en lisant ce schéma, on trouve que leurs projections sur $\vec{e_z}$ sont toutes les deux nulles, et le PFD projeté sur $\vec{e_z}$ donne donc $\ddot{z} = 0$, etc.
L'erreur fondamentale de ce raisonnement est d'avoir *supposé le résultat dès le départ* : on prétend alors démontrer ce qu'on a déjà admis. En effet on a supposé *en faisant ce schéma* que le mouvement se ferait toujours dans le plan (*Oxy*), donc que la tension n'aurait pas de composante sur $\vec{e_z}$: on « prouve » donc que le mouvement est plan en ayant supposé qu'il est plan…
Pour éviter de faire cette hypothèse sans s'en rendre compte, il vaut mieux commencer par un schéma en perspective (analogue à celui de l'exercice précédent), dans lequel on voit que la tension du fil a trois composantes *a priori*, quelle que soit la base de projection. Alors le raisonnement avec le PFD ne permet pas d'obtenir le résultat simplement.
2. Reprenons donc au départ, sans faire aucune hypothèse a priori. Lorsqu'on ne connaît pas le mouvement cherché on utilise les coordonnées cartésiennes : alors $\overrightarrow{OM} = x\vec{e_x} + y\vec{e_y} + z\vec{e_z}$ et $\vec{v}(M) = \dot{x}\vec{e_x} + \dot{y}\vec{e_y} + \dot{z}\vec{e_z}$ donc $\vec{L_O}(M) = m\left((y\dot{z} - z\dot{y})\vec{e_x} + (z\dot{x} - x\dot{z})\vec{e_y} + (x\dot{y} - y\dot{x})\vec{e_z}\right)$ et $L_{(Ox)} = m(y\dot{z} - z\dot{y})$. Moments par rapport à (*Ox*) des deux forces appliquées à *M* (poids $\vec{P}$ et tension $\vec{T}$ du fil) : $\overrightarrow{\mathcal{M}_O}(\vec{P}) = \overrightarrow{OM} \wedge \vec{P} = (x\vec{e_x} + y\vec{e_y} + z\vec{e_z}) \wedge mg\vec{e_x} = +mg(z\vec{e_y} - y\vec{e_z})$ donc $\mathcal{M}_{(Ox)}(\vec{P}) = 0$; $\overrightarrow{\mathcal{M}_O}(\vec{T}) = \overrightarrow{OM} \wedge \vec{T} = \vec{0}$ donc $\mathcal{M}_{(Ox)}(\vec{T}) = 0$. Le TMC par rapport à (*Ox*) donne donc : $\dfrac{\mathrm{d}L_{(Ox)}}{\mathrm{d}t} = 0$ d'où $L_{(Ox)} = \text{cte}$ soit $y\dot{z} - z\dot{y} = \text{cte}$. La vitesse initiale est nulle donc la constante est nulle : $\boxed{y\dot{z} - z\dot{y} = 0}$.

⇨ *Méthode 18.2*

3. Il y a tout d'abord deux solutions particulières évidentes : $y = \text{cte} = 0$ (donc mouvement dans le plan (Oxz)) ou $z = \text{cte} = 0$ (mouvement dans le plan (Oxy)) ; dans les deux cas, le plan du mouvement est bien vertical.

Pour trouver la solution générale on sépare les variables : $\frac{\dot{z}}{z} = \frac{\dot{y}}{y}$. On intègre par rapport à t :

$\ln|z| = \ln|y| + \ln A$ d'où $|z| = A|y|$ soit $z = Ay$ ou $z = -Ay$ avec une constante A positive. Il s'agit dans les deux cas d'un plan contenant l'axe (Ox), c'est-à-dire d'un <u>plan vertical</u>.

> ✎ *D'un point de vue purement mathématique, la solution est la réunion des deux plans $z = Ay$ et $z = -Ay$. Mais physiquement on ne peut pas passer d'un plan à l'autre, car cela supposerait une vitesse discontinue, donc une accélération infinie.*

Exercice 18.6

1. On fait l'inventaire de toutes les actions extérieures exercées sur le pendule, et on calcule leurs moments par rapport à (Oz) :

– le poids $3m\vec{g}$, qui s'exerce au barycentre G, a pour bras de levier $b\sin\alpha$ et son signe est opposé à celui de α, soit $\mathcal{M}_{(Oz)}\left(m\vec{g}\right) = -3mgb\sin\alpha$;

– la liaison pivot n'exerce aucun moment, puisque sa résultante coupe l'axe et qu'elle est parfaite donc sans frottement.

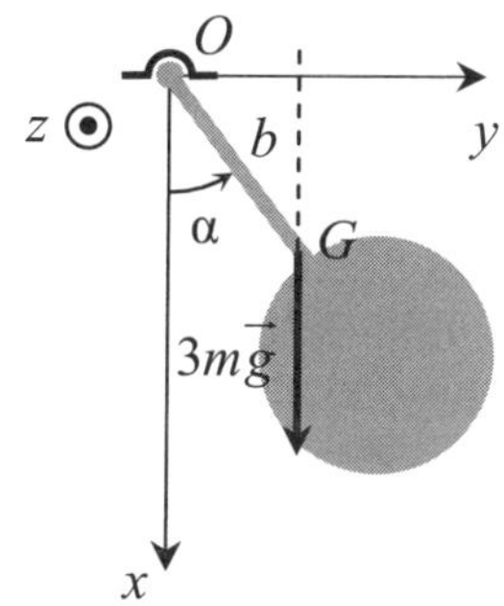

On applique le TMC pour le pendule par rapport à l'axe (Oz) : $\frac{\mathrm{d}L_{(Oz)\mathcal{R}}}{\mathrm{d}t} = \sum \mathcal{M}_{(Oz)}$ soit $J_{(Oz)}\ddot{\alpha} = -3mgb\sin\alpha$.

Avec l'expression $J_{(Oz)} = kmb^2$ on obtient l'équation différentielle : $\boxed{\ddot{\alpha} + \frac{3g}{kb}\sin\alpha = 0}$.

⇨ *Méthode 18.3*

2. Si α reste faible, on peut linéariser l'équation : $\ddot{\alpha} + \frac{3g}{kb}\alpha = 0$. On reconnaît une équation différentielle caractéristique d'un oscillateur harmonique, de mouvement sinusoïdal de période $T = 2\pi\sqrt{\frac{kb}{3g}}$. Par identification, on obtient $\boxed{k = \frac{3gT^2}{4\pi^2 b}}$.

Exercice 18.7

1.a) Le moment d'inertie s'obtient en faisant une somme sur tous les points du solide. Il est donc la somme des moments des deux tiges par rapport au même axe : $\boxed{J_\Delta = 2I = \frac{8}{3}ml^2}$.

b) Faisons l'inventaire des actions extérieures auxquelles est soumis le solide, et déterminons leurs moments par rapport à Δ :

– la réaction de la liaison pivot s'exerce en O donc coupe l'axe, son moment est nul, et de plus il n'y a pas de couple de frottement (liaison parfaite) ;
– le poids de la tige OA s'exerce au milieu de OA, son bras de levier est l, et il a tendance à faire tourner le solide dans le sens positif, donc $\mathcal{M}_\Delta\left(\overrightarrow{P_A}\right) = +mgl$;
– le poids de la tige OB s'exerce au milieu de OB, son support coupe l'axe donc son moment est nul ;
– la tension du ressort $\vec{T} = -k(L_{\text{éq}} - L_0)\left(-\overrightarrow{e_z}\right)$ a pour bras de levier $2l$ et fait tourner dans le sens négatif si $L_{\text{éq}} > L_0$, donc $\mathcal{M}_\Delta\left(\vec{T}\right) = -k(L_{\text{éq}} - L_0)2l$.

> ✎ *On aurait pu aussi calculer ces moments avec le produit vectoriel puis la projection sur l'axe : le calcul est plus long mais il évite d'avoir à regarder en détails le schéma.*
>
> ⇨ *Méthode 18.1*

TMC pour le solide à l'équilibre : $\mathcal{M}_\Delta\left(\overrightarrow{P_A}\right) + \mathcal{M}_\Delta\left(\vec{T}\right) = 0 \Leftrightarrow +mgl - k(L_{\text{éq}} - L_0)2l = 0$ d'où on tire $\boxed{L_{\text{éq}} = L_0 + \dfrac{mg}{2k}}$.

2.a) On recalcule les moments :
– toujours aucun moment de la liaison pivot ;
– le poids de la tige OA a pour bras de levier $l\cos\theta$, donc $\mathcal{M}_\Delta\left(\overrightarrow{P_A}\right) = +mgl\cos\theta$;
– le poids de la tige OB a pour bras de levier $l|\sin\theta|$, et il est négatif quand θ est positif, donc $\mathcal{M}_\Delta\left(\overrightarrow{P_B}\right) = -mgl\sin\theta$;
– la tension a pour bras de levier $2l\cos\theta$, donc $\mathcal{M}_\Delta\left(\vec{T}\right) = -2kl(L - L_0)\cos\theta$ avec $L = L_{\text{éq}} + 2l\sin\theta$, soit $\mathcal{M}_\Delta\left(\vec{T}\right) = -2kl(L_{\text{éq}} + 2l\sin\theta - L_0)\cos\theta$;

TMC : $\dfrac{\mathrm{d}L_{\Delta\mathcal{R}}}{\mathrm{d}t} = \sum \mathcal{M}_\Delta \Leftrightarrow J_\Delta\ddot{\theta} = +mgl\cos\theta - 2kl(L_{\text{éq}} + 2l\sin\theta - L_0)\cos\theta - mgl\sin\theta$.

Pour $\theta \ll 1$: $\cos\theta \approx 1$ et $\sin\theta \approx \theta$ donc l'équation peut s'écrire : $J_\Delta\ddot{\theta} = +mgl - 2kl(L_{\text{éq}} + 2l\theta - L_0) - mgl\theta = -4kl^2\theta - mgl\theta$ (la somme des constantes est nulle) d'où finalement l'équation différentielle d'un oscillateur harmonique : $\boxed{\ddot{\theta} + \dfrac{4kl^2 + mgl}{J_\Delta}\theta = 0}$.

La période est $T = 2\pi\sqrt{\dfrac{J_\Delta}{4kl^2 + mgl}}$ soit $\boxed{T = 2\pi\sqrt{\dfrac{8ml}{12kl + 3mg}}}$.

b) AN $\boxed{T = 0{,}43\ \text{s}}$.

Exercice 18.8

1. Il y a en tout trois forces appliquées à la poutre : son poids $\vec{P} = m\vec{g} = -mg\,\vec{e_y}$; la force de Mario $\vec{F_M} = +F_M\,\vec{e_y}$; la force de Luigi $\vec{F_L} = +F_L\,\vec{e_y}$.

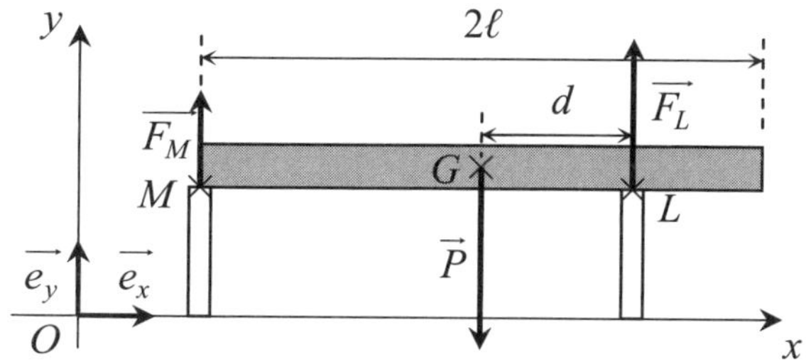

– Théorème de la quantité de mouvement à l'équilibre : $\vec{P} + \vec{F_M} + \vec{F_L} = \vec{0}$.

Projections sur $\vec{e_x}$, $\vec{e_y}$ et $\vec{e_z}$: $\begin{cases} 0 = 0 \\ -mg + F_M + F_L = 0 \\ 0 = 0 \end{cases}$

Deux d'entre elles ne donnent aucune information, on a donc une seule équation pour les deux inconnues F_M et F_L.

– TMC à l'équilibre : $\mathcal{M}_\Delta(\vec{P}) + \mathcal{M}_\Delta(\vec{F_M}) + \mathcal{M}_\Delta(\vec{F_L}) = 0$ par rapport à tout axe Δ fixe. Choisissons par exemple l'axe (Mz), orthogonal au plan de figure, et pour sens positif le sens trigonométrique habituel dans ce plan.

Alors $\mathcal{M}_{(Mz)}(\vec{P}) = -\ell mg$ (car $\vec{P}$ peut être considéré comme s'appliquant au centre de gravité G, au centre de la poutre, donc son support vertical est à la distance ℓ de M) ; $\mathcal{M}_{(Mz)}(\vec{F_M}) = 0$ puisque $\vec{F_M}$ s'applique en M (donc son support coupe l'axe) ; $\mathcal{M}_{(Mz)}(\vec{F_L}) = +(\ell + d)F_L$.

L'équation obtenue est donc $-\ell mg + (\ell + d)F_L = 0$, qui donne directement $\boxed{F_L = mg\dfrac{\ell}{\ell + d}}$. La résolution de l'autre équation donne alors $\boxed{F_M = mg\dfrac{d}{\ell + d}}$. AN $\boxed{F_L = 170\ \text{N}}$ et $\boxed{F_M = 120\ \text{N}}$.

⇨ *Méthode 18.5*

✐ *Si on avait appliqué le TMC par rapport à l'axe (Lz), on aurait trouvé d'abord F_M puis F_L. Si on l'avait appliqué par rapport à (Gz), on aurait obtenu une seconde relation entre F_M et F_L, puis résolu le système de deux équations à deux inconnues.*

2. Les expressions des forces sont toujours les mêmes, donc la première loi de l'équilibre donne toujours la même équation : $F_M + F_L = mg$.

Calculons à nouveau les moments des forces par rapport à l'axe (Mz).

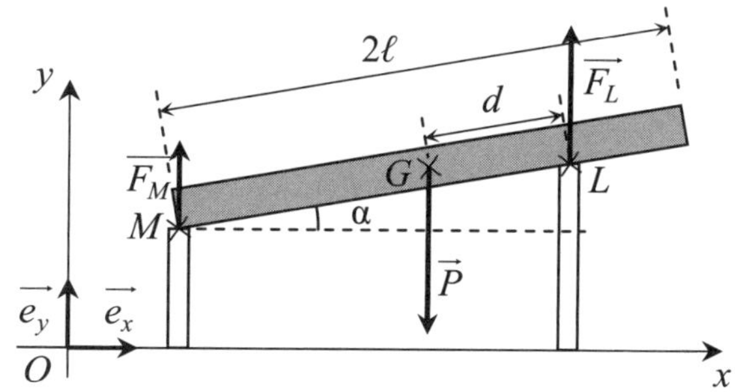

Corrigé

Alors $\mathcal{M}_{(Mz)}\left(\vec{P}\right)=-\ell\cos\alpha mg$ (le bras de levier étant maintenant $\ell\cos\alpha$) ; $\mathcal{M}_{(Mz)}\left(\overrightarrow{F_M}\right)=0$ comme précédemment ; $\mathcal{M}_{(Mz)}\left(\overrightarrow{F_L}\right)=+(\ell+d)\cos\alpha F_L$. L'équation obtenue est donc $-\ell\cos\alpha mg+(\ell+d)\cos\alpha F_L=0$, ce qui redonne $\boxed{F_L=mg\dfrac{\ell}{\ell+d}}$ et $\boxed{F_M=mg\dfrac{d}{\ell+d}}$.

L'inclinaison de la poutre ne change donc rien à la force totale, ni à la répartition entre les forces exercées par les deux personnes.

Exercice 18.9

1. Dans le cas d'une masse m au voisinage de la Terre : $\boxed{F_g=G\dfrac{M_T m}{R_T^2}}$. Par identification avec le poids mg, on obtient $\boxed{g=G\dfrac{M_T}{R_T^2}}$.

2. Le solide formé par le fléau et les deux petites sphères est soumis aux forces suivantes : le poids des deux sphères (celui du fléau étant négligé) ; la tension du fil de suspension ; les forces gravitationnelles exercées par chaque grosse sphère sur la petite sphère voisine ; auxquelles on doit ajouter le couple de torsion.

On applique le TMC à l'équilibre, par rapport à l'axe Δ confondu avec le fil : $\sum\mathcal{M}_\Delta\left(\overrightarrow{F_{ext}}\right)=0$.

Les deux poids et la tension du fil sont parallèles à cet axe, donc leurs moments sont nuls.

Pour chaque force gravitationnelle, dirigée selon les centres des deux sphères voisines donc orthogonale au fléau, le bras de levier est ℓ donc le moment vaut $\mathcal{M}_\Delta\left(\overrightarrow{F_g}\right)=\ell\times G\dfrac{Mm}{d^2}$.

Enfin le fléau tourne de 2θ lorsque les sphères passent de la position 1 à la position 2, ce qui signifie que le fil est tordu d'un angle θ dans chacune des positions : le moment du couple de torsion vaut alors $\mathcal{M}_{torsion}=-C\times\theta$.

Donc $2\times\mathcal{M}_\Delta\left(\overrightarrow{F_g}\right)+\mathcal{M}_{torsion}=0\Leftrightarrow 2\ell G\dfrac{Mm}{d^2}-C\theta=0$ d'où $\boxed{G=\dfrac{C\theta d^2}{2\ell Mm}}$.

AN $\boxed{G=6,6\cdot10^{-11}\ \mathrm{m^3\cdot kg^{-1}\cdot s^{-2}}}$.

⇨ *Méthode 18.5*

✎ *Si on applique le théorème de la quantité de mouvement à l'équilibre, ses deux projections horizontales ne donnent aucune information, et sa projection verticale permet de déterminer la tension du fil, qui n'était pas demandée ici.*

3. D'après la formule de la question 1 : $\boxed{M_T=\dfrac{gR_T^2}{G}}$. AN $\boxed{M_T=6,7\cdot10^{24}\ \mathrm{kg}}$.

✎ *Les valeurs précises connues aujourd'hui sont* $G=6,674\cdot10^{-11}\ \mathrm{m^3\cdot kg^{-1}\cdot s^{-2}}$ *et* $M_T=5,974\cdot10^{24}\ \mathrm{kg}$.

Exercice 18.10

1. La seule action de moment non nul est celle des frottements, puisque le poids et la réaction s'exercent sur l'axe. Notons W son travail total entre le lancement et l'arrêt.

Théorème de l'énergie cinétique : $E_{c(f)} - E_{c(i)} = W$ soit $-\frac{1}{2} J \omega_0^2 = W$. Or la puissance du couple de frottement est $\mathcal{P} = \mathcal{M}\omega = -\alpha J \omega = -\alpha J \dot{\theta}$ donc son travail entre $\theta = 0$ et $\theta = 2N\pi$ vaut : $W = -\int_i^f \alpha J \dot{\theta} \, dt = -\alpha J \int_0^{2\pi N} d\theta = -2\pi N \alpha J$. Donc $\frac{1}{2} J \omega_0^2 = 2\pi N \alpha J$ d'où $\boxed{\alpha = \frac{\omega_0^2}{4\pi N}}$.

⇨ *Méthode 18.4*

2. L'intégration précédente n'est valable que si α est une constante : la formule montre alors que <u>le nombre total de tours est proportionnel au carré de la vitesse angulaire initiale</u>. Pour tester cette hypothèse, il suffit de <u>lancer le volant avec différentes valeurs de la vitesse angulaire initiale</u>. Par exemple si on le lance deux fois plus vite, il doit effectuer quatre fois plus de tours. Si ce n'est pas le cas, le modèle est incorrect.

Exercice 18.11

1. La force $\vec{F}$ s'exerce sur un point de la corde, ayant la même vitesse que le point I de la périphérie du cylindre. La puissance de cette force est donc $\boxed{\mathcal{P}(\vec{F}) = \vec{F} \cdot \vec{v}(I) = FR\omega}$.

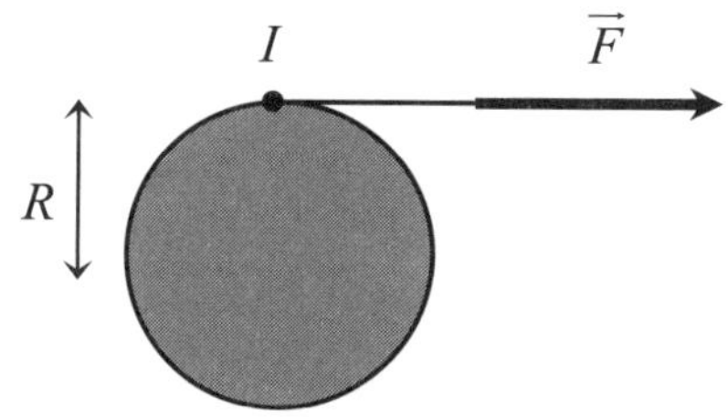

2. La toupie est soumise à :
- son poids, qui ne travaille pas (altitude constante) ;
- la réaction du sol qui ne travaille pas (son point d'application ne se déplaçant pas) ;
- la force $\vec{F}$ exercée par Toto.

Le théorème de l'énergie cinétique s'écrit donc : $\frac{dE_c}{dt} = \mathcal{P}(\vec{F})$. Or $E_c = \frac{1}{2} J_\Delta \omega^2 = \frac{1}{4} mR^2 \omega^2$, donc $\frac{dE_c}{dt} = \frac{1}{2} mR^2 \omega \dot{\omega}$. Le TÉC donne donc $\frac{1}{2} mR^2 \omega \dot{\omega} = FR\omega$ d'où $\boxed{\dot{\omega} = \frac{2F}{mR} = \text{cte}}$.
La vitesse angulaire de la toupie augement donc proportionnellement au temps, pendant toute la durée où Toto tire sur la corde.

3. On peut utiliser le théorème de l'énergie cinétique entre l'instant initial et l'instant final ou tout le fil a été déroulé : $E_{c(f)} - E_{c(i)} = W(\vec{F})_{i \to f}$ soit $\frac{1}{2} J_\Delta {\omega_f}^2 - 0 = 4 \times 2\pi R \times F$.

On en déduit $\boxed{\omega_f = \sqrt{\frac{16\pi RF}{J}} = \sqrt{\frac{32\pi F}{mR}}}$.

Exercice 18.12

1. Le référentiel du vélo est <u>galiléen</u> puisqu'il est en translation rectiligne et uniforme par rapport au référentiel terrestre, lui-même galiléen.

2. Chaque fois que la roue effectue 1 tour (soit un angle de 2π), le vélo avance d'une distance $2\pi R$. Donc $v = \frac{2\pi R}{T} = R\omega$ et $\boxed{\omega = \frac{v}{R} = 30 \text{ rad}\cdot\text{s}^{-1}}$.

3. $E_{\text{c(roue/vélo)}} = \frac{1}{2}J\omega^2$ avec $J = mR^2$. Donc $\boxed{E_{\text{c(roue/vélo)}} = \frac{1}{2}mR^2\omega^2 = \frac{1}{2}mv^2 = 72{,}5 \text{ J}}$.

4. $E_{\text{c(totale)}} = 2E_{\text{c(roue/vélo)}} + E_{\text{c(translation)}} = mv^2 + \frac{1}{2}m_{\text{tot}}v^2$. AN $\boxed{E_{\text{c(totale)}} = 600 \text{ J}}$.

5. Si on suppose que la force de freinage est constante, d'après le théorème de l'énergie cinétique : $\mathcal{P}(\vec{F}) = \frac{\text{d}E_\text{c}}{\text{d}t} = \frac{\Delta E_\text{c}}{\Delta t} = \frac{-E_{\text{c(totale)}}}{\Delta t}$. AN $\boxed{\mathcal{P}(\vec{F}) = -120 \text{ W}}$.

⇨ *Méthode 18.4*

Chapitre 19
Mouvement à force centrale

Après s'être intéressé à l'astrologie, le savant allemand Johannes **Kepler** préfère se tourner vers l'astronomie. Excellent mathématicien et spécialiste des coniques, il épluche les observations de Tycho **Brahé** qui avait noté jour après jour, avec la plus grande précision, la position des planètes. Après une dizaine d'années de travail, Kepler énonce, en 1621, les trois lois qui portent désormais son nom et qui deviendront une conséquence de la théorie générale de la gravitation énoncée par Isaac **Newton** en 1688. Le mérite de Kepler est remarquable si on se rappelle qu'à cette époque la théorie de l'héliocentrisme était loin d'être admise, et qu'elle était même farouchement combattue par l'Église catholique.

Johannes Kepler
1571-1630

■■ Objectifs

■ Ce qu'il faut connaître

▷ Les notions de force centrale et de mouvement à force centrale

▷ Les expressions des deux forces newtoniennes et des énergies potentielles dont elles dérivent

▷ Les trois lois de Kepler

▷ L'ordre de grandeur des vitesses cosmiques en dynamique terrestre

■ Ce qu'il faut savoir faire

▷ Démontrer les lois du mouvement à force centrale : conservation du moment cinétique, planéité, loi des aires

▷ Définir une énergie potentielle effective, et l'utiliser pour déterminer les limites du mouvement radial

▷ Étudier un mouvement circulaire à force centrale gravitationnelle

▷ Calculer une vitesse de libération

▷ Établir l'expression de l'énergie mécanique sur une trajectoire elliptique

Résumé de cours

Lois du mouvement à force centrale

Forces centrales

On appelle **force centrale** toute force dont le support passe par un point fixe du référentiel. On choisit généralement ce point comme origine O du référentiel : la force est donc, à chaque instant, colinéaire au vecteur $\overrightarrow{OM}$ et au vecteur unitaire $\overrightarrow{e_r}$ des coordonnées sphériques.

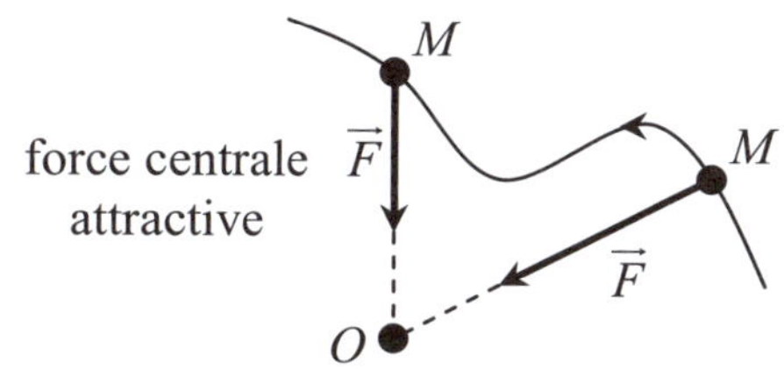

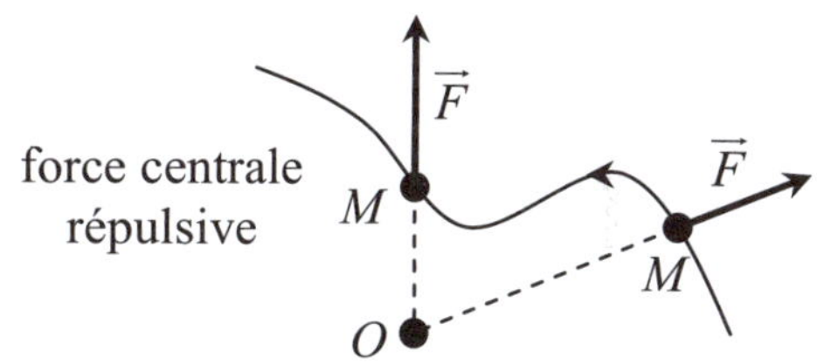

Exemples

– Force de rappel élastique isotrope : $\vec{F} = -k\,\overrightarrow{OM} = -k\,r\,\overrightarrow{e_r}$.

– Force **gravitationnelle** exercée par une masse ponctuelle M située à l'origine O sur une masse ponctuelle m : $\boxed{\overrightarrow{F_g} = -G\dfrac{M\,m}{r^2}\overrightarrow{e_r} = -GMm\dfrac{\overrightarrow{OM}}{OM^3}}$

avec $G = 6{,}674 \cdot 10^{-11}\ \mathrm{m^3 \cdot kg^{-1} \cdot s^{-2}}$ (constante de gravitation universelle).

– Force **électrostatique** exercée par une charge ponctuelle Q située en O sur une charge ponctuelle q : $\boxed{\overrightarrow{F_{él}} = \dfrac{1}{4\pi\varepsilon_0}\dfrac{Qq}{r^2}\overrightarrow{e_r} = \dfrac{Qq}{4\pi\varepsilon_0}\dfrac{\overrightarrow{OM}}{OM^3}}$ avec $\varepsilon_0 = 8{,}854 \cdot 10^{-12}\ \mathrm{F \cdot m^{-1}}$ (permittivité du vide).

On dit que M est en **mouvement à force centrale** s'il est soumis uniquement à une force centrale (ou éventuellement à d'autres forces dont la somme est nulle).

Conservation du moment cinétique

Pour M en mouvement à force centrale, dans $\mathfrak{R}$ galiléen, le moment cinétique de M en O (le centre de force) se conserve : $\boxed{\overrightarrow{L_O}(M)_{\mathfrak{R}} = \overrightarrow{\mathrm{cte}}}$.

Conséquences

Mouvement plan

Le mouvement de M a lieu dans le plan contenant O (le centre de force) et orthogonal à $\overrightarrow{L_O}(M)_{\mathfrak{R}}$ (donné par les conditions initiales).

Dans le cas où $\overrightarrow{L_O}(M)_{\mathfrak{R}}$ est nul, alors le mouvement a lieu selon une droite passant par O.

⇨ **Méthode 19.1. Démonstration du mouvement plan**

Loi des aires

Dans le plan du mouvement, on utilise les coordonnées polaires et la base $(\overrightarrow{e_r}, \overrightarrow{e_\theta}, \overrightarrow{e_z})$ associée (dans ce plan, le r cylindrique se confond avec le r sphérique). Alors $\overrightarrow{L_O}(M)_{\mathfrak{R}} = m r^2 \dot{\theta} \overrightarrow{e_z} = \overrightarrow{\text{cte}}$ donc $\boxed{r^2\dot{\theta} = C = \text{cte}}$ (**intégrale première du moment cinétique**).

Cette grandeur C est appelée **constante des aires**. En effet, l'aire balayée par $\overrightarrow{OM}$ pendant une durée Δt est $\boxed{S_{\Delta t} = \frac{|C|}{2}\Delta t}$: elle est proportionnelle à la durée.

⇨ **Méthode 19.2. Constante des aires et démonstration de la loi des aires**

■ Mouvement à force centrale conservative

❑ Conservation de l'énergie mécanique

Si la force $\vec{F}$ est conservative et dérive de l'énergie potentielle E_p, l'énergie mécanique se conserve : $E_m = \frac{1}{2}mv^2 + E_p(r) = \text{cte}$ (intégrale première de l'énergie mécanique). On peut l'écrire :

$E_m = \frac{1}{2}m\dot{r}^2 + E_{p\,\text{eff}}(r) = \text{cte}$ avec l'**énergie potentielle effective** $\boxed{E_{p\,\text{eff}}(r) = \frac{1}{2}m\frac{C^2}{r^2} + E_p(r)}$.

❑ Limites du mouvement radial

Les seules valeurs accessibles de r sont celles qui vérifient l'inégalité $E_{p\,\text{eff}}(r) \leq E_m$. On applique alors un raisonnement graphique analogue à celui du chapitre 12.

Deux cas sont possibles, selon les conditions initiales.

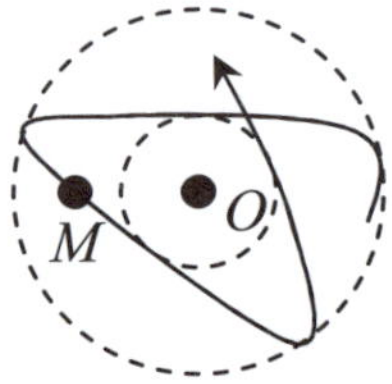

– Si $r \in [r_{\min}; r_{\max}]$, la trajectoire du mobile M est comprise entre deux cercles de centre O et de rayons $r_{\min}$ et $r_{\max}$: M est dans un **état lié**.

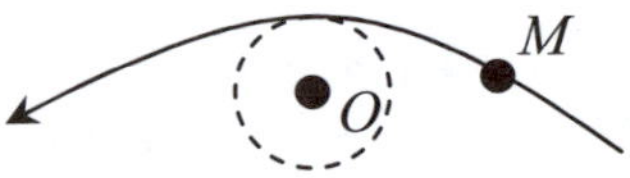

– Si $r \in [r_{\min}; +\infty[$, la trajectoire du mobile M n'est pas bornée et il peut donc s'éloigner à l'infini : M est dans un **état libre** ou **état de diffusion**.

⇨ **Méthode 19.3. Détermination des limites du mouvement radial**

■ Cas du mouvement à force centrale newtonienne

❑ Force newtonienne

C'est une force centrale de la forme $\boxed{\vec{F} = \frac{K}{r^2}\overrightarrow{e_r}}$ avec K constante. On en connaît deux exemples.

– La force gravitationnelle est toujours attractive $(K = -GMm < 0)$.

– La force électrostatique est attractive ou répulsive selon le signe de $K = \dfrac{Qq}{4\pi\varepsilon_0}$: des charges de même signe se repoussent $(K > 0)$, des charges de signes opposés s'attirent $(K < 0)$.

Énergie potentielle

Une force newtonienne dérive d'une énergie potentielle : $\boxed{E_\text{p} = \dfrac{K}{r}}$ (avec origine à l'infini).

❑ Trajectoires possibles

Dans le cas d'une force newtonienne attractive, il y a trois types de trajectoires possibles selon la valeur de l'énergie mécanique :

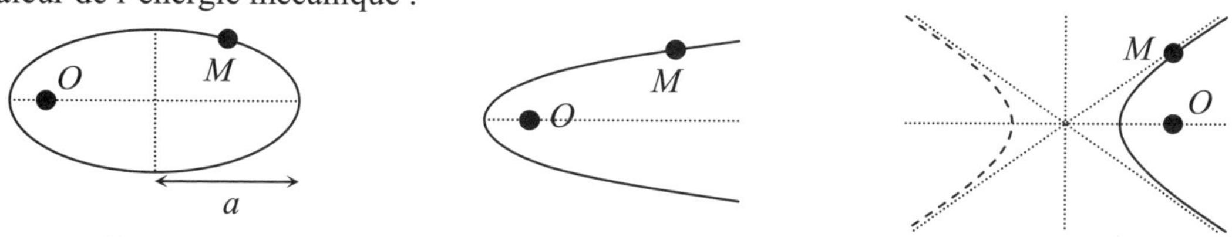

$E_\text{m} < 0$: ellipse de foyer O (état lié)

$E_\text{m} = 0$: parabole de foyer O (état de diffusion)

$E_\text{m} > 0$: branche d'hyperbole de foyer O (état de diffusion)

Une ellipse possède un grand axe (de longueur $2a$) et un petit axe (de longueur $2b$).
Le cercle est un cas particulier d'ellipse pour lequel $a = b = r$ (rayon).

Dans le cas d'une force newtonienne répulsive, $E_\text{m} > 0$ et la trajectoire est toujours une branche d'hyperbole de foyer O (branche la plus éloignée de O), correspondant à un état de diffusion.

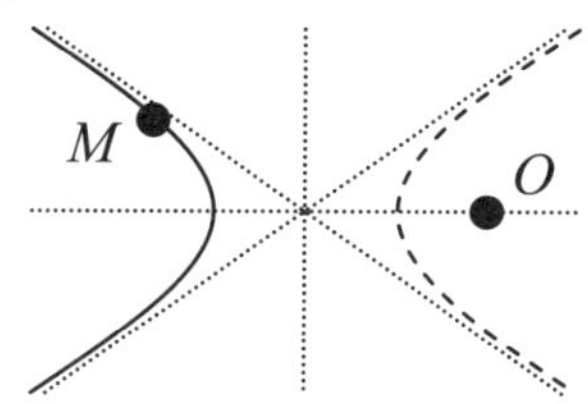

❑ Mouvement des planètes : lois de Kepler

1. Les planètes décrivent des trajectoires elliptiques, dont le Soleil est l'un des foyers.
2. Le vecteur Soleil-planète balaie des aires égales pendant des intervalles de temps égaux.
3. La période de révolution T et le demi-grand axe a de l'ellipse sont tels que $\dfrac{T^2}{a^3}$ a la même valeur pour toutes les planètes.

❑ Mouvement d'un satellite sur une trajectoire circulaire

Pour un astre attracteur de masse M, la vitesse de satellisation sur une trajectoire circulaire de rayon r est $v = \sqrt{\dfrac{GM}{r}}$. On en déduit l'énergie mécanique : $\boxed{E_\text{m} = -\dfrac{GMm}{2r} = -E_\text{c}}$.

Pour une satellisation en orbite basse (altitude $h \ll R$, donc $r \approx R$) : $\boxed{v_1 = \sqrt{\dfrac{GM}{R}}}$ (première vitesse cosmique). Pour la Terre, on trouve $v_1 = 7{,}92\ \text{km}\cdot\text{s}^{-1}$.

⇨ **Méthode 19.4. Étude d'une trajectoire circulaire**

❑ Vitesse de libération (ou vitesse parabolique)

Pour un astre attracteur de masse M et de rayon R, la vitesse minimale pour obtenir un état de diffusion, en partant de $r = R$, est $\boxed{v_2 = \sqrt{\dfrac{2GM}{R}}}$ (deuxième vitesse cosmique).

Pour la Terre, on trouve $v_2 = 11{,}2\ \text{km}\cdot\text{s}^{-1}$.

⇨ **Méthode 19.4. Calcul de la vitesse de libération**

❑ Énergie mécanique sur une trajectoire elliptique

Sur une trajectoire elliptique de demi-grand axe a, l'énergie mécanique vaut : $\boxed{E_\text{m} = -\dfrac{GMm}{2a}}$.

⇨ **Méthode 19.5. Calcul de l'énergie mécanique sur une trajectoire elliptique**

■■ Méthodes

■ Comment étudier un mouvement à force centrale ?

❑ Méthode 19.1. Démonstration du mouvement plan

> Pour un point matériel M soumis uniquement à une force centrale $\vec{F}$, on applique le TMC par rapport au centre de force O : on en déduit que le moment cinétique est constant, puis que le mouvement a lieu dans un plan contenant O et dépendant des conditions initiales.

⇨ **Exercice 19.1, 19.2, 19.3, 19.7**

TMC par rapport au point O fixe dans $\mathcal{R}$ galiléen : $\dfrac{\mathrm{d}\overrightarrow{L_O}(M)_{\mathcal{R}}}{\mathrm{d}t} = \overrightarrow{\mathcal{M}_O}(\vec{F}) = \overrightarrow{OM} \wedge \vec{F} = \vec{0}$ car $\vec{F}$ est colinéaire à $\overrightarrow{OM}$, donc $\overrightarrow{L_O}(M)_{\mathcal{R}} = \overrightarrow{\text{cte}}$: le moment cinétique de M en O se conserve.

Or $\overrightarrow{L_O}(M)_{\mathcal{R}} = m\overrightarrow{OM} \wedge \vec{v}(M)_{\mathcal{R}} = \overrightarrow{\text{cte}}$: le vecteur position $\overrightarrow{OM}$ est toujours orthogonal au vecteur constant $\overrightarrow{L_O}(M)_{\mathcal{R}}$, donc le mouvement de M a lieu dans le plan contenant O et orthogonal à $\overrightarrow{L_O}(M)_{\mathcal{R}}$.

– Supposons par exemple que les conditions initiales sont les suivantes : $\overrightarrow{OM_0} = a\overrightarrow{e_y}$ et $\overrightarrow{v_0} = v_0\overrightarrow{e_x}$. Alors $\overrightarrow{L_O}(M)_{\mathcal{R}} = \overrightarrow{\text{cte}} = ma\overrightarrow{e_y} \wedge v_0\overrightarrow{e_x} = -mav_0\overrightarrow{e_z}$. $\overrightarrow{OM}$ est alors toujours orthogonal à $\overrightarrow{e_z}$, soit $\overrightarrow{OM} = x\overrightarrow{e_x} + y\overrightarrow{e_y}$ donc le mouvement de M a lieu dans le plan (Oxy).

– Supposons maintenant $\overrightarrow{OM_0} = a\overrightarrow{e_y}$ et $\overrightarrow{v_0} = v_0\overrightarrow{e_y}$. Alors $\overrightarrow{L_O}(M)_{\mathcal{R}} = \overrightarrow{\text{cte}} = ma\overrightarrow{e_y} \wedge v_0\overrightarrow{e_y} = \vec{0}$ donc $\overrightarrow{OM}$ et $\vec{v}(M)_{\mathcal{R}}$ restent toujours colinéaires : le mouvement est rectiligne, selon l'axe (Oy) (donné par la position et la vitesse initiales).

❑ Méthode 19.2. Constante des aires et démonstration de la loi des aires

> – On commence par montrer que $r^2\dot{\theta}$ est une constante du mouvement.
>
> – On calcule l'aire balayée par $\overrightarrow{OM}$ pendant une durée infinitésimale, ce qui fait apparaître cette constante. Puis on intègre sur une durée quelconque.

⇨ **Exercices 19.1, 19.2, 19.3, 19.7, 19.10, 19.11**

Méthodes

– Dans le plan du mouvement, on utilise les coordonnées polaires et la base $\left(\overrightarrow{e_r}, \overrightarrow{e_\theta}, \overrightarrow{e_z}\right)$ associée : alors $\overrightarrow{L_O}(M)_{\mathfrak{R}} = m r \overrightarrow{e_r} \wedge \left(\dot{r} \overrightarrow{e_r} + r \dot{\theta} \overrightarrow{e_\theta}\right) = m r^2 \dot{\theta} \overrightarrow{e_z} = \overrightarrow{\text{cte}}$ donc $r^2 \dot{\theta} = C = \text{cte}$.

Avec les conditions initiales précédentes, on trouve $C = -a v_0$. $C < 0$ donc $\dot{\theta} < 0$: M tourne autour de O dans le sens négatif (par rapport au sens de $\overrightarrow{e_z}$).

– L'aire balayée par le vecteur $\overrightarrow{OM}$ pendant une durée infinitésimale $\mathrm{d}t$ est :

$$\mathrm{d}S = \frac{1}{2}\left\|\overrightarrow{OM} \wedge \mathrm{d}\overrightarrow{OM}\right\| = \frac{1}{2}\left\| r \overrightarrow{e_r} \wedge \left(\mathrm{d} r \overrightarrow{e_r} + r \,\mathrm{d}\theta \overrightarrow{e_\theta}\right)\right\| = \frac{1}{2} r^2 |\mathrm{d}\theta|$$

donc $\dfrac{\mathrm{d}S}{\mathrm{d}t} = \dfrac{1}{2} r^2 \left|\dot{\theta}\right| = \dfrac{|C|}{2}$ (vitesse aréolaire constante).

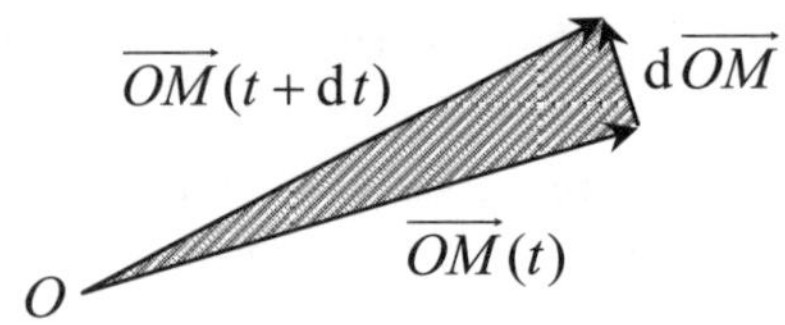

On intègre sur une durée Δt : l'aire balayée pendant Δt est alors $S_{\Delta t} = \dfrac{|C|}{2} \Delta t$.

Pour les conditions initiales précédentes on obtient donc $S_{\Delta t} = \dfrac{a v_0}{2} \Delta t$.

❑ Méthode 19.3. Détermination des limites du mouvement radial

> – On montre tout d'abord que les valeurs accessibles de r vérifient $E_{\text{p eff}}(r) \leq E_{\text{m}}$.
> – On trace alors la courbe donnant l'énergie potentielle effective en fonction de r, et on détermine, graphiquement puis éventuellement par le calcul, les valeurs de r accessibles d'après les conditions initiales.

⇨ **Exercice 19.1, 19.2, 19.4, 19.7, 19.11**

– L'énergie mécanique peut s'écrire $E_{\text{m}} = \dfrac{1}{2} m \dot{r}^2 + \dfrac{1}{2} m \dfrac{C^2}{r^2} + E_{\text{p}}(r) = \text{cte}$ (après élimination de $\dot{\theta}$ avec $r^2 \dot{\theta} = C = \text{cte}$), soit $E_{\text{m}} = \dfrac{1}{2} m \dot{r}^2 + E_{\text{p eff}}(r) = \text{cte}$ en introduisant l'énergie potentielle effective $E_{\text{p eff}}(r) = \dfrac{1}{2} m \dfrac{C^2}{r^2} + E_{\text{p}}(r)$. Or $\dfrac{1}{2} m \dot{r}^2 > 0$ donc $E_{\text{p eff}}(r) \leq E_{\text{m}}$: les seules valeurs accessibles de r sont celles qui vérifient cette inégalité.

– Supposons par exemple que la courbe $E_{\text{p eff}}(r)$ a l'allure ci-dessous.

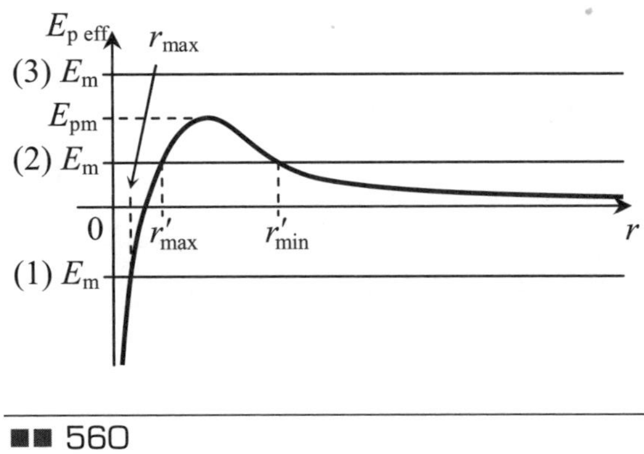

On distingue alors trois cas.

Cas 1 : si $E_{\text{m}} \leq 0$, alors $0 \leq r \leq r_{\text{max}}$ (état lié).

Cas 2 : si $0 < E_{\text{m}} < E_{\text{pm}}$, alors selon la valeur initiale de r on peut avoir $0 \leq r \leq r'_{\text{max}}$ (état lié) ou $r \geq r'_{\text{min}}$ (état de diffusion).

Cas 3 : si $E_{\text{m}} \geq E_{\text{pm}}$, alors toutes les valeurs de r sont accessibles (état de diffusion).

■ Comment calculer les paramètres d'un mouvement à force centrale newtonienne ?

❑ Méthode 19.4. Étude d'une trajectoire circulaire

On suppose au départ que la trajectoire est circulaire.
– Pour calculer la vitesse, on applique le PFD.
– On en déduit l'expression de l'énergie méanique, ainsi la troisième loi de Kepler pour les cercles.

⇨ Exercice 19.5, 19.6, 19.9

– PFD pour un satellite en orbite circulaire de rayon r : $m\vec{a} = -\dfrac{GMm}{r^2}\vec{e_r}$. Projection sur $\vec{e_r}$:

$-mr\dot{\theta}^2 = -\dfrac{GMm}{r^2}$ d'où $\dot{\theta}^2 = G\dfrac{M_T}{r^3}$ et $\boxed{v = r\left|\dot{\theta}\right| = \sqrt{\dfrac{GM}{r}}}$.

– Alors l'énergie cinétique vaut $E_c = \dfrac{1}{2}mv^2 = \dfrac{GMm}{2r}$, donc l'énergie mécanique vaut $E_m = \dfrac{GMm}{2r} - \dfrac{GMm}{r}$ soit $\boxed{E_m = -\dfrac{GMm}{2r} = -E_c}$.

– De plus la période est $T = \dfrac{2\pi}{\left|\dot{\theta}\right|} = 2\pi\sqrt{\dfrac{r^3}{GM}}$ donc $\boxed{\dfrac{T^2}{r^3} = \dfrac{4\pi^2}{GM}}$: c'est la même valeur pour tous les objets tournant autour de l'astre de masse M. Dans le cas où cet astre est le Soleil, on obtient donc la troisième loi de Kepler (dans l'approximation de trajectoires circulaires).

❑ Méthode 19.5. Calcul de la vitesse de libération

La vitesse de libération correspond à la limite de l'énergie mécanique donnant un état de diffusion. On l'obtient avec la méthode 19.3 utilisant l'énergie potentielle effective.

⇨ Exercice 19.7

Dans le cas de la force centrale gravitationnelle, l'énergie potentielle effective a pour expression $E_{p\,\text{eff}}(r) = \dfrac{1}{2}m\dfrac{C^2}{r^2} - \dfrac{GMm}{r}$ (courbe page suivante).

Méthodes

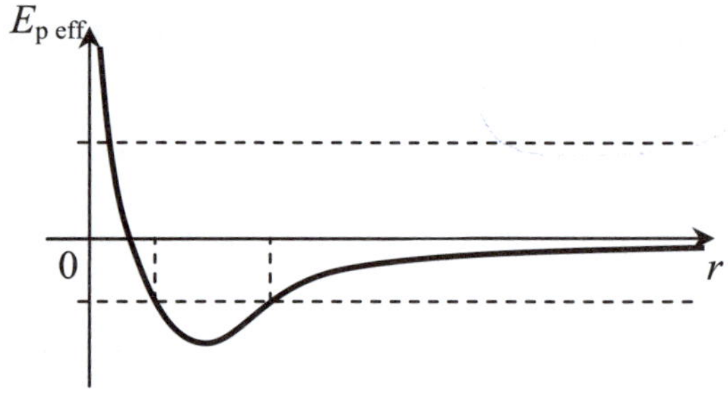

D'après la méthode précédente :

– si $E_m < 0$, alors $r \in [r_{min} ; r_{max}]$ (état lié, trajectoire elliptique) ;

– si $E_m \geq 0$, alors $r \in [r_{min} ; +\infty[$ (état de diffusion, trajectoire hyperbolique, ou parabolique dans le cas limite).

Les états de diffusion correspondent donc à $E_m = \frac{1}{2}mv^2 - \frac{GMm}{R} \geq 0$ d'où $\boxed{v \geq \sqrt{\frac{2GM}{R}} = v_2}$.

❑ Méthode 19.6. Calcul de l'énergie mécanique sur une trajectoire elliptique

> Avec l'énergie potentielle effective, on détermine l'équation donnant les deux valeurs extrêmes de la distance r.
> Leur somme étant le grand axe de l'ellipse, on en déduit la relation cherchée.

⇨ **Exercice 19.6**

Dans le cas d'un état lié, les deux distances extrêmes r_{min} et r_{max} sont les solutions de l'équation : $E_{\text{p eff}}(r) = E_m \Leftrightarrow \frac{1}{2}m\frac{C^2}{r^2} - \frac{GMm}{r} = E_m \Leftrightarrow 2E_m r^2 + 2GMmr - mC^2 = 0$.

Sans même écrire les deux solutions, on sait que leur produit vaut $r_{min} r_{max} = \frac{-mC^2}{2E_m} (> 0)$ et que leur somme vaut $r_{min} + r_{max} = -\frac{GMm}{E_m} (> 0)$. Cela équivaut à $2a = -\frac{GMm}{E_m}$, soit $\boxed{E_m = -\frac{GMm}{2a}}$.

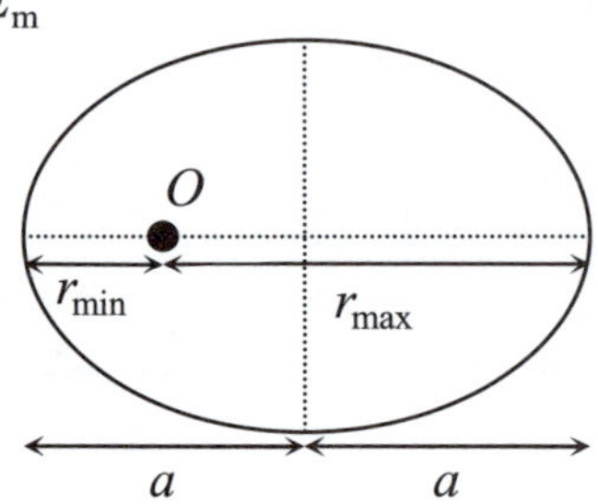

En particulier, si la trajectoire est circulaire, alors a est le rayon du cercle et on retrouve bien $E_m = -\frac{GMm}{2r}$.

■■ Vrai/Faux

		Vrai	Faux
1.	Une force centrale est un vecteur de direction constante.	☐	☐
2.	La direction d'une force centrale est orthogonale au déplacement.	☐	☐
3.	Pour un point en mouvement à force centrale, le moment cinétique (par rapport au centre de force) est constant.	☐	☐
4.	Un mouvement à force centrale est toujours plan.	☐	☐
5.	Un mouvement à force centrale peut être rectiligne.	☐	☐
6.	La constante des aires provient de l'énergie mécanique.	☐	☐
7.	La constante des aires est utilisée pour faire apparaître l'énergie potentielle effective.	☐	☐
8.	Une force newtonienne est toujours attractive.	☐	☐
9.	Une force newtonienne dérive d'une énergie potentielle.	☐	☐
10.	Les lois de Kepler sont des observations expérimentales qui ne peuvent pas être démontrées.	☐	☐

■■ Énoncé des exercices

■ Mouvement à force centrale quelconque

❑ Exercice 19.1. Force de rappel isotrope

Dans un référentiel $\mathcal{R}$ galiléen lié au repère $(Oxyz)$, un point matériel M de masse m est mobile sans contrainte cinématique. Il subit une unique force $\vec{F}$, force centrale dérivant de l'énergie potentielle $E_p(r) = \dfrac{1}{2}k\,r^2$ où k est une constante positive et r la distance OM. En coordonnées cartésiennes, les conditions initiales sont les suivantes :

$$x(0) = a > 0\ ;\ y(0) = z(0) = 0\ ;\ \dot{x}(0) = \dot{z}(0) = 0\ ;\ \dot{y}(0) = v_0 > 0\,.$$

1. Déterminer la force $\vec{F}$, et montrer qu'elle s'exprime simplement en fonction de $\overrightarrow{OM}$.

2. Montrer que le moment cinétique $\overrightarrow{L_O}$ de M en O se conserve, et déterminer sa valeur avec les conditions initiales. En déduire que le mouvement est situé dans un plan que l'on précisera.

3. Montrer que l'énergie mécanique E_m de M se conserve, et déterminer sa valeur.

4. Démontrer que le produit $r^2\dot{\theta}$ est une constante du mouvement et préciser sa valeur. Déduire alors de la conservation de l'énergie une équation liant r, $\dot{r}$ et les constantes m, a, v_0 et k.

5. Définir une énergie potentielle effective de M. Montrer alors que la trajectoire est comprise entre deux cercles dont on donnera les rayons.

6. En utilisant le PFD (que l'on peut intégrer vectoriellement), déterminer les équations horaires cartésiennes de M. En déduire la nature exacte de la trajectoire, et vérifier le résultat de la question précédente. Représenter la trajectoire sur un schéma.

❑ Exercice 19.2. Nucléon dans un potentiel de Yukawa*

Le physicien japonais YUKAWA Hideki (prix Nobel 1949) a proposé en 1935 une interprétation des interactions nucléaires. On en donne ici quelques éléments simplifiés.

Dans un référentiel $\mathcal{R}$ galiléen lié au repère $(Oxyz)$, un nucléon M de masse m est soumis uniquement à une force centrale $\vec{F}$ dérivant de l'énergie potentielle $E_p(r) = \dfrac{K}{r}\exp\left(-\dfrac{r}{a}\right)$ où K et a sont deux constantes (avec a positive) et r la distance OM. Cette énergie potentielle a pour origine les autres nucléons du noyau atomique.

1. Quelles sont les dimensions des constantes K et a ?

2. Déterminer l'expression de la force centrale $\vec{F}$ subie par le nucléon. Quel doit être le signe de K pour que cette force soit attractive ?

3. Démontrer que la trajectoire de M se situe dans un plan que l'on précisera.

4. On choisit ce plan comme plan (Oxy) du repère, et on utilise maintenant les coordonnées polaires de M dans ce plan. Montrer que $r^2\dot{\theta}$ est une constante du mouvement, et donner sa valeur à partir des conditions initiales : position $\overrightarrow{OM_0} = r_0\,\overrightarrow{e_x}$; vitesse $\overrightarrow{v_0} = v_1\,\overrightarrow{e_x} + v_2\,\overrightarrow{e_y}$.

5. Montrer que l'énergie mécanique de M peut s'écrire sous la forme : $E_{\text{m}} = \frac{1}{2}m\dot{r}^2 + E_{\text{p eff}}(r)$ avec une fonction $E_{\text{p eff}}(r)$ à préciser. E_{m} est-elle constante au cours du mouvement ?

6. Si la valeur de C est suffisamment faible, la courbe représentative de $E_{\text{p eff}}(r)$ a l'allure ci-contre.
Déterminer alors, en fonction des conditions initiales, si le nucléon est dans un état lié ou dans un état de diffusion. Lequel de ces deux cas correspond à la situation usuelle d'un nucléon ?

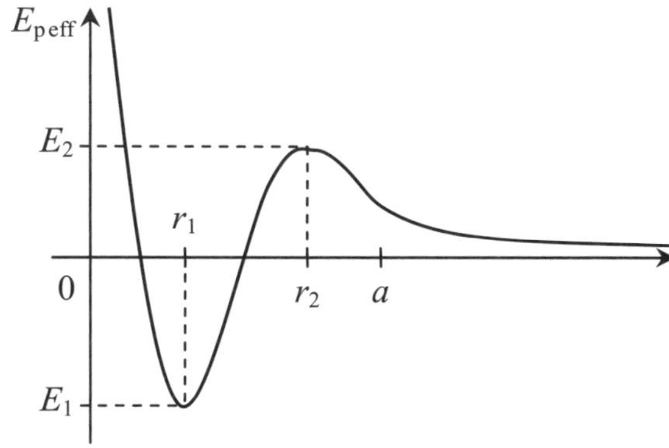

L'utilisation de ce type de potentiel a été envisagée pour décrire les quatre interactions fondamentales. Yukawa a également proposé de les interpréter comme des échanges de particules (bosons vecteurs) de masses très diverses : la portée a de chaque interaction, intervenant dans l'expression du potentiel, est alors liée à la masse m_{b} d'un boson vecteur par $a = \dfrac{h}{2\pi m_{\text{b}} c}$ avec les constantes universelles $c = 3{,}0\cdot 10^8\ \text{m}\cdot\text{s}^{-1}$ (célérité de la lumière dans le vide) et $h = 6{,}6\cdot 10^{-34}\ \text{J}\cdot\text{s}$ (constante de Planck). Les bosons vecteurs envisagés par Yukawa sont les suivants :

interaction forte	pion $\boldsymbol{\pi}$	$m_{\text{b}} = 2{,}4\cdot 10^{-28}$ kg
interaction faible	boson intermédiaire $\mathbf{W}^{\pm}$	$m_{\text{b}} = 1{,}4\cdot 10^{-25}$ kg
interaction électromagnétique	photon $\boldsymbol{\gamma}$	$m_{\text{b}} = 0$
interaction gravitationnelle	graviton (hypothétique) $\mathbf{g}$	$m_{\text{b}} = 0$

7. Calculer la portée a des quatre interactions et commenter les valeurs obtenues.

8. Pour les interactions gravitationnelle et électromagnétique, simplifier l'expression de $\overrightarrow{F}$ en tenant compte de la valeur trouvée pour a : montrer qu'on retrouve alors une forme connue.

9. Pour un proton dans un noyau, on peut ne considérer que les deux interactions électromagnétique et forte (les deux autres étant beaucoup plus faibles). Quel est le signe de la constante K dans le potentiel de Yukawa de l'interaction électromagnétique ? Quel doit être alors celui de la constante K' de l'interaction forte ?

❑ Exercice 19.3. Formules de Binet et application**

On considère, dans un référentiel $\mathcal{R}$ galiléen, une particule M (de masse m) soumise uniquement à une force centrale $\vec{F} = F_r(r)\vec{e_r}$ (coordonnées sphériques).

1. Démontrer que la trajectoire de M est plane.

2. On repère alors M par ses coordonnées polaires dans ce plan. Déterminer une intégrale première du mouvement en fonction de r et $\dot{\theta}$.

3. On pose $u = \dfrac{1}{r}$, $u' = \dfrac{\mathrm{d}u}{\mathrm{d}\theta}$ et $u'' = \dfrac{\mathrm{d}^2 u}{\mathrm{d}\theta^2}$. Montrer qu'il est possible d'exprimer la vitesse de M sous la forme $\vec{v} = -Cu'\vec{e_r} + Cu\vec{e_\theta}$, puis son accélération sous la forme $\vec{a} = -C^2u^2(u'' + u)\vec{e_r}$ avec $C = r^2\dot{\theta}$. Ces deux formules sont appelées formules de Binet.

4. En utilisant la seconde formule de Binet, déterminer la fonction $F_r(r)$ pour que la trajectoire soit une spirale logarithmique, définie par l'équation polaire : $r = a e^{\theta}$.

❑ Exercice 19.4. Atome d'hydrogène dans un champ magnétique**

On définit un repère $Oxyz$ lié au référentiel terrestre, supposé galiléen.
Un atome d'hydrogène est modélisé par un proton de charge e, fixe à l'origine O du repère, et un électron mobile de charge $-e$ et de masse m ; on rappelle que la force exercée par le proton sur l'électron est $\vec{F} = -\dfrac{1}{4\pi\varepsilon_0}\dfrac{e^2}{r^2}\vec{e_r}$ en coordonnées sphériques. De plus on applique à cet atome un champ magnétique $\vec{B} = B\vec{e_z}$ uniforme et stationnaire (avec $B > 0$).

On suppose que l'électron se trouve immobile à l'instant 0 au point $\overrightarrow{OM_0} = a\vec{e_x}$ (avec $a > 0$).

On traite le problème de son mouvement dans le cadre de la mécanique classique, et on admet que ce mouvement a lieu dans le plan $z = 0$.

On rappelle la formule du double produit vectoriel : $\vec{a} \wedge (\vec{b} \wedge \vec{c}) = (\vec{a} \cdot \vec{c})\vec{b} - (\vec{a} \cdot \vec{b})\vec{c}$.

1. En utilisant la conservation de l'énergie mécanique, que l'on justifiera, montrer que la distance de l'électron au proton ne peut pas dépasser a.

2. Montrer que le moment cinétique de l'électron pour rapport à O est $\vec{L} = \dfrac{1}{2}e(r^2 - a^2)\vec{B}$.

3. Montrer que l'électron tourne toujours dans le même sens, que l'on précisera.

4. Montrer que l'énergie mécanique de M peut s'écrire sous la forme : $E_\mathrm{m} = \dfrac{1}{2}m\dot{r}^2 + E_{\mathrm{p\,eff}}(r)$ avec une fonction $E_{\mathrm{p\,eff}}(r)$ dont on précisera l'expression.

5. Déterminer le signe de $\dfrac{\mathrm{d}E_{\mathrm{p\,eff}}}{\mathrm{d}r}$ pour $r = a$ et pour $r \to 0$. Tracer l'allure de la courbe de la fonction $E_{\mathrm{p\,eff}}(r)$.

6. En déduire que la distance entre l'électron et le proton oscille entre deux valeurs r_{min} et r_{max} ; on déterminera l'une de ces deux valeurs, et on écrira l'équation déterminant l'autre.

7. Quelle est la vitesse de l'électron lorsque $r = a$? Dessiner une trajectoire possible de l'électron, en tenant compte de ce résultat et des autres informations.

■ Mouvement à force centrale newtonienne

Dans les exercices suivants, on note $G = 6{,}67 \cdot 10^{-11}\ \text{m}^3 \cdot \text{kg}^{-1} \cdot \text{s}^{-2}$ la constante de gravitation universelle, $M = 6{,}0 \cdot 10^{24}$ kg la masse de la Terre et $R = 6370$ km son rayon.

❑ Exercice 19.5. Satellite circulaire*

Dans le référentiel géocentrique (supposé galiléen), un satellite artificiel de masse m se déplace suivant une orbite circulaire de rayon $r = R + h$ autour du centre de la Terre (h étant son altitude par rapport à la surface terrestre). Ce mouvement peut s'étudier simplement à l'aide du PFD.

1. Montrer que la vitesse v est constante, et donner sa valeur en fonction de G, M, R et h.

2. En déduire la période T du mouvement, et montrer que la constante $\frac{T^2}{r^3}$ a la même valeur pour tous les satellites. Quelle est la loi équivalente pour le système solaire ?

3. Exprimer l'énergie cinétique et l'énergie mécanique du satellite ; quelle est la relation simple entre les deux ? Commenter le signe de l'énergie mécanique.

4. Un satellite est dit géostationnaire s'il est immobile par rapport au référentiel terrestre. Quelle est alors sa période ? En déduire son altitude h et commenter.

5. Pour que le satellite puisse tourner, il faut d'abord le lancer ! Le satellite étant initialement immobile par rapport à la Terre, sur une base de lancement située à la latitude λ, une fusée lui fournit un travail W pour l'amener sur son orbite avec la vitesse initiale calculée précédemment.

a) Quelle est l'énergie mécanique du satellite avant son lancement ? (On n'oubliera pas de tenir compte de la rotation de la Terre.)

b) Calculer le travail W que la fusée doit fournir au satellite. Où doit-on placer de préférence la base de lancement ?

c) Calculer, en pourcentage, l'économie réalisée entre un lancement depuis l'équateur ($\lambda_1 = 0$) et un lancement depuis le Nord de l'Europe ($\lambda_2 = 55°$), pour $h << R$. Commenter.

❑ Exercice 19.6. Changement d'orbite

Un satellite artificiel, assimilé à un point matériel M de masse $m = 900$ kg, se trouve sur une orbite circulaire provisoire de rayon $r_1 = 7500$ km autour de la Terre. On souhaite le faire passer sur son orbite définitive de rayon $r_2 = 42200$ km (orbite géostationnaire).

Pour cela, on le fait d'abord passer sur une orbite de transfert elliptique dont le périgée P est à la distance r_1 et l'apogée A à la distance r_2 du centre de la Terre ; lorsque le satellite arrive à cet apogée, on le fait alors passer sur l'orbite circulaire de rayon r_2.

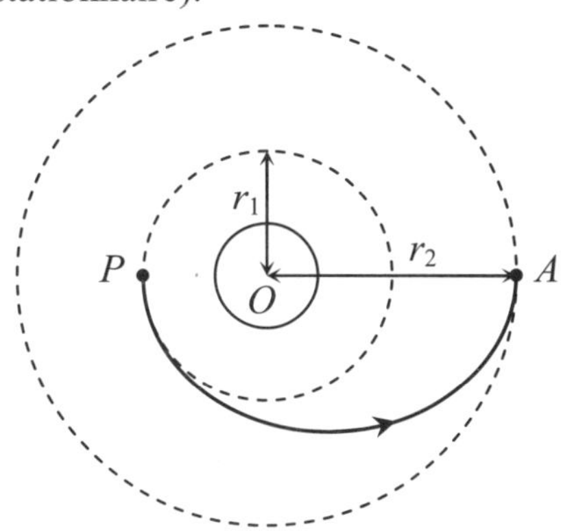

Ces deux changements d'orbite sont obtenus par allumage d'un moteur placé sur le satellite : ce processus est très bref (par rapport à la période orbitale), donc on considérera que la vitesse passe instantanément de v_1 à v_{e1} en P, puis de v_{e2} à v_2 en A (sans changer de direction dans chaque cas).

1. Calculer la vitesse v_1.
2. Démontrer que sur la trajectoire elliptique, le produit $C = r^2\dot{\theta}$ est une constante (en notant r et θ les coordonnées polaires du satellite).
3. Démontrer que pour une trajectoire elliptique de demi-grand axe a, l'énergie mécanique du satellite s'écrit : $E_m = -\dfrac{GMm}{2a}$.
   En déduire l'expression de l'énergie mécanique du satellite sur chacune des trois orbites.
4. Calculer la vitesse v_{e1} après le premier transfert, et la variation $\Delta v_P = v_{e1} - v_1$. Calculer également le travail W_P fourni par le moteur au satellite en ce point.
5. Déterminer une relation entre v_{e1}, v_{e2}, r_1 et r_2. Calculer v_{e2}.
6. Calculer la variation de vitesse $\Delta v_A = v_2 - v_{e2}$ lors du second transfert, et le second travail W_A fourni par le moteur au satellite.

❑ Exercice 19.7. Trou noir

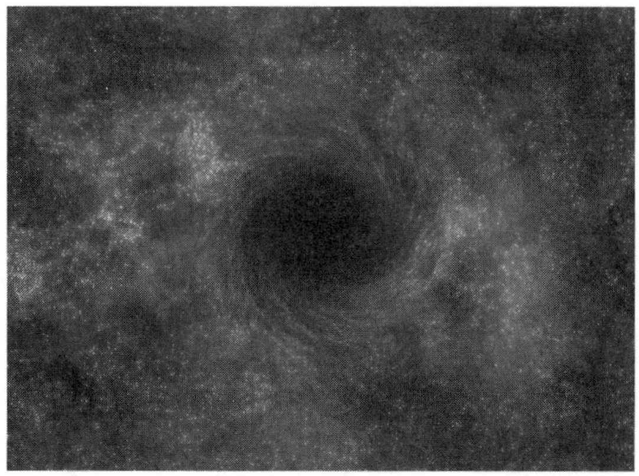

En 1783, le physicien britannique John Michell eut l'idée pour la première fois de l'existence d'astres dont la gravitation serait si forte que même la lumière ne pourrait s'en échapper. L'idée fut reprise par Laplace en 1796, puis oubliée car elle semblait trop abstraite. Elle ressurgit en 1916 dans le cadre de la relativité générale, lorsque le jeune Karl Schwarzschild vit apparaître un tel objet dans les solutions des équations d'Einstein. Ce concept fut développé par la suite, et la dénomination de *trou noir* s'est imposée dans les années 1960. On pense aujourd'hui en avoir détecté un grand nombre.

On se propose de calculer l'ordre de grandeur de la taille d'un trou noir dans le cadre de la physique newtonienne. Considérons pour cela un point matériel P de masse m à proximité d'un astre sphérique de centre O, de masse M et de rayon R. Ce point matériel est soumis uniquement à la force gravitationnelle due à l'astre. On se place dans un référentiel $\mathcal{R}$ astrocentrique (dans lequel le point O est fixe), qui est supposé galiléen.

1. Exprimer cette force, ainsi que l'énergie potentielle dont elle dérive (supposée nulle à l'infini) et l'énergie mécanique du point matériel P. Cette dernière se conserve-t-elle ?
2. Montrer que le mouvement de P est nécessairement plan. P étant alors repéré par ses coordonnées polaires, démontrer que le produit $r^2\dot{\theta}$ est une constante du mouvement.
3. Montrer que l'énergie mécanique peut se mettre sous la forme : $E_m = \dfrac{1}{2}m\dot{r}^2 + E_{p\,\text{eff}}(r)$ en introduisant une fonction $E_{p\,\text{eff}}(r)$ dont on précisera l'expression.
4. Tracer la courbe représentative de $E_{p\,\text{eff}}(r)$. À l'aide d'un raisonnement graphique, déterminer pour quelles valeurs de E_m le point P peut « échapper » à l'attraction de l'astre, c'est-à-dire se trouver en état de diffusion.

5. En déduire la vitesse de libération v_{lib} à la surface de cet astre.

6. Un trou noir est un astre pour lequel la vitesse de libération est supérieure à $c = 3 \cdot 10^8 \text{ m} \cdot \text{s}^{-1}$. Calculer le rayon maximal R_S que doit avoir l'astre de masse M pour être un trou noir (ce rayon est appelé rayon de Schwarzschild). Faire l'application numérique avec la masse du Soleil ($M = 2{,}0 \cdot 10^{30} \text{ kg}$) puis celle de la Terre, et commenter.

❑ Exercice 19.8. Alerte à l'astéroïde !*

De nombreux objets, dits géocroiseurs, passent à proximité de la Terre… et parfois la heurtent ! On considère ici un astéroïde de masse m, actuellement très éloigné de la Terre et de tout autre astre, et ayant donc une vitesse constante $\overrightarrow{v_0}$. Le prolongement de sa trajectoire rectiligne passe à une distance b (appelée *paramètre d'impact*) du centre O de la Terre ; cependant, lorsqu'il se rapprochera de la Terre, l'attraction gravitationnelle de celle-ci va dévier l'astéroïde, selon une trajectoire hyperbolique. On appelle *périgée* le point P de cette trajectoire le plus proche du centre de la Terre.

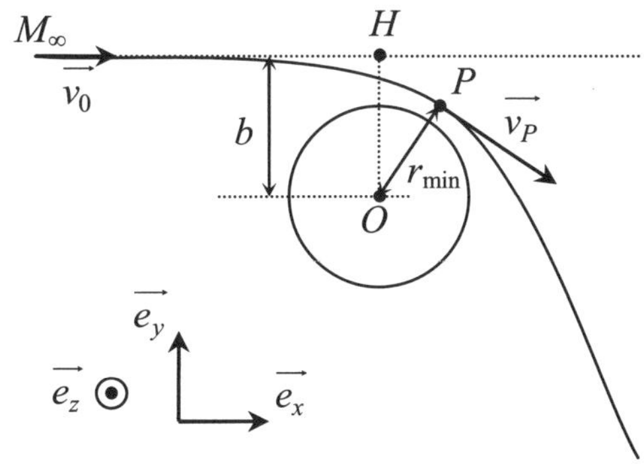

1. Quelles sont les deux grandeurs dynamiques de l'astéroïde qui se conservent au cours de son mouvement ? Écrire les deux équations correspondantes en considérant les deux positions M_∞ et P.

2. En déduire la distance minimale d'approche $r_{\text{min}} = OP$.

3. Application numérique : pour l'astéroïde Toto, $v_0 = 2{,}0 \text{ km} \cdot \text{s}^{-1}$ et $b = 140\,000 \text{ km}$. Toto va-t-il nous tomber sur la tête ?

❑ Exercice 19.9. Erreur de satellisation

On souhaite lancer un satellite artificiel, de masse m, sur une orbite circulaire de rayon r autour de la Terre. Pour cela, on doit l'amener à cette distance r_0 du centre de la Terre, et lui donner une vitesse $\vec{v}$ orthoradiale (suivant $\overrightarrow{e_\theta}$) avec une valeur très précise.

1. Montrer qu'un mouvement circulaire du satellite est nécessairement uniforme. Calculer alors la valeur à donner à v pour obtenir la trajectoire de rayon r_0.

2. En déduire dans ce cas la valeur de la constante des aires C et de l'énergie mécanique E_m.

3. Le satellite ayant été amené à la distance r_0, une petite erreur est commise dans la direction de la vitesse : le vecteur $\overrightarrow{v'}$ a la norme voulue mais il fait un petit angle α avec le vecteur $\overrightarrow{e_\theta}$.

a) Quelles sont alors les valeurs de la constante des aires et de l'énergie mécanique ?

b) Que peut-on dire du grand axe de l'ellipse réellement décrite par le satellite ? Représenter sur un même schéma la trajectoire circulaire souhaitée et la trajectoire réelle.

❑ Exercice 19.10. Lois de Kepler**

Par rapport au référentiel de Kepler $\mathcal{R}$ (supposé galiléen), les mouvements de toutes les planètes du système solaire s'effectuent dans un même plan, appelé écliptique. On note O le centre du Soleil (de masse m_S) ; on négligera les interactions entre les planètes.

1. Énoncer les trois lois de Kepler, lois relatives à la trajectoire des planètes (K1), aux aires balayées (K2) et à la période (K3).
2. On étudie tout d'abord le mouvement de la Terre, considérée comme un point matériel O_T (de masse m_T) ; on repère la position de O_T par ses coordonnées polaires (r, θ) de centre O. Montrer que la quantité $r^2\dot{\theta}$ est constante au cours du temps, et en déduire la deuxième loi de Kepler. On notera $\frac{C}{2}$ la vitesse aréolaire (supposée positive).

On montre que l'équation polaire de la trajectoire elliptique est : $r(\theta) = \dfrac{a(1-e^2)}{1+e\cos(\theta-\theta_0)}$ où a est le demi-grand axe de l'ellipse et e un paramètre appelé *excentricité* de l'ellipse. Ces grandeurs vérifient par ailleurs la relation $C = \sqrt{Gm_S a(1-e^2)}$.

3. Calculer, en fonction de a et e, les distances $r_{\text{pér}}$ et r_{aph} correspondant au périhélie (point le plus proche du Soleil) et à l'aphélie (point le plus éloigné). Donner également la vitesse de la Terre en ces points.
4. Montrer qu'il est possible, à partir de l'expression précédente de $r(\theta)$, d'obtenir sous forme d'intégrale la loi horaire $t = t(\theta)$. *Il n'est pas demandé le calcul explicite de cette intégrale !*

La Terre est au périhélie (point le plus proche du Soleil) le 3 janvier. On considère que le début de l'hiver (solstice d'hiver le 21 ou 22 décembre) correspond avec le choix précédent à $\theta = 0$. De même $\theta = \frac{\pi}{2}$ correspond à l'équinoxe de printemps (20 ou 21 mars), $\theta = \pi$ au solstice d'été et $\theta = \frac{3\pi}{2}$ à l'équinoxe d'automne. Un calcul avec l'intégrale précédente conduit aux durées moyennes en jours : printemps 92,8 j ; été 93,6 j ; automne 89,8 j ; hiver 89,0 j.

5. Comment expliquez-vous la durée inégale des saisons ? On s'aidera d'un schéma précis de la trajectoire elliptique de la Terre autour du Soleil, en y plaçant les cinq points particuliers cités (le périhélie, les deux équinoxes, les deux solstices).
6. On donne la valeur du demi-grand axe a de la trajectoire pour trois planètes (en unités astronomiques) : Mercure $a = 0{,}39$ ua ; Terre $a = 1{,}0$ ua ; Neptune $a = 30$ ua.
En utilisant la troisième loi de Kepler, déterminer les périodes orbitales de Mercure et Neptune, directement en *années*.

D'après École de l'Air

❑ Exercice 19.11. Expérience de Rutherford*

Entre 1909 et 1911, Ernest Rutherford et ses deux étudiants Hans Geiger et Ernest Marsden ont réalisé et interprété une expérience consistant à bombarder une mince feuille d'or avec des particules α (que Rutherford avait précédemment identifiées comme des noyaux d'hélium). Ils observèrent que la plupart de ces particules traversaient la feuille sans être affectées (donc ne rencontraient que du vide), mais que certaines étaient déviées, parfois très fortement : les angles de déviation pouvant être reliées aux dimensions microscopiques, cela permit la découverte du noyau atomique et l'estimation de sa taille.
On considère ici une particule α de masse m et de charge $2e$, venant de l'infini avec la vitesse $-v_0\,\overrightarrow{e_x}$, et s'approchant avec le paramètre d'impact b d'un noyau cible de numéro atomique Z.

Le noyau reste pratiquement immobile dans le référentiel terrestre : on travaille dans ce référentiel supposé galiléen, le repère étant centré sur la position O du noyau. La trajectoire suivi par la particule α est une branche d'hyperbole représentée ci-dessous.

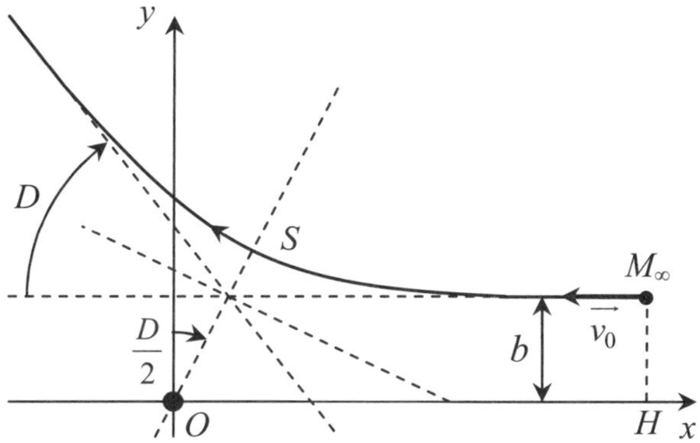

1. Donner l'expression de la force électrique subie par la particule α, sous la forme $\vec{F} = \frac{K}{r^2}\vec{e_r}$, ainsi que celle de son énergie potentielle d'interaction.

2. Montrer que l'énergie mécanique E_m de la particule α est une constante du mouvement et donner sa valeur.

3. Montrer que le moment cinétique $\overrightarrow{L_O}$ de la particule α en O est un vecteur constant, et donner la valeur de cette constante à l'aide des conditions initiales.
La particule étant repérée par ses coordonnées polaires (r,θ) dans le plan (Oxy), montrer que $\overrightarrow{L_O}$ s'exprime de manière simple en fonction des variables r et $\dot{\theta}$.

4. Montrer que l'énergie mécanique peut se mettre sous la forme : $E_m = \frac{1}{2}m\dot{r}^2 + E'_p(r)$
et expliciter la fonction $E'_p(r)$. Comment appelle-t-on $E'_p(r)$?

5. On note S la position de la particule α pour laquelle elle passe au plus près du noyau d'or, et on note $r_{min} = OS$ la distance minimale d'approche. Que devient l'expression de E_m lorsque $r = r_{min}$? En déduire que la valeur de r_{min} est : $r_{min} = \frac{K}{mv_0^2}\left(1+\sqrt{1+\left(\frac{mbv_0^2}{K}\right)^2}\right)$.

6. On donne $\varepsilon_0 = 8{,}9\cdot10^{-12}\,\text{F}\cdot\text{m}^{-1}$, $e = 1{,}6\cdot10^{-19}\,\text{C}$, $m = 6{,}6\cdot10^{-27}\,\text{kg}$, $v_0 = 2{,}0\cdot10^{7}\,\text{m}\cdot\text{s}^{-1}$ et $Z = 79$ pour l'or. D'autre part on peut montrer que l'angle de déviation D de la particule est donné par $\tan\frac{D}{2} = \frac{K}{mbv_0^2}$. Calculer b puis r_{min} pour $D_1 = 60°$ et pour $D_2 = 180°$ (particule renvoyée vers l'arrière) ; en déduire l'ordre de grandeur de la taille du noyau d'or.

■ Pour vous aider à démarrer

Exercice 19.1. Pour la question 1, se rappeler la relation générale entre une force conservative et l'énergie potentielle dont elle dérive. Ensuite l'exercice suit point par point les démonstrations du cours pour un mouvement à force centrale.
Exercice 19.2. À la question 6 on doit distinguer trois cas, selon la valeur de E_m.
Exercice 19.3. Les premières questions sont les démonstrations du cours. Pour les formules de Binet, utiliser des formules de dérivée composée du type $\frac{dr}{dt} = \frac{dr}{d\theta}\frac{d\theta}{dt}$.
Exercice 19.5. Question 5.b : le travail W ne peut pas être déterminé à partir de la force de poussée exercée sur la fusée (inconnue), mais en appliquant le théorème de l'énergie mécanique à la fusée entre un instant où elle est posée sur la Terre et un instant où elle est sur son orbite définitive.
Exercice 19.8. À la question 2, il faut éliminer l'inconnue v_P (vitesse au périhélie) entre les deux équations provenant des lois de conservation.
Exercice 19.10. Question 3 : les valeurs extrêmes de la distance s'obtiennent avec les extrémums du cosinus ; celles de la vitesse en utilisant la conservation du moment cinétique. Question 4 : partir de l'expression de la constante des aires et séparer les variables. Question 5 : attention, O n'est pas le centre de l'ellipse mais l'un de ses *foyers* (donc plus près du périhélie), et les axes du repère *ne sont pas* les axes de symétrie de l'ellipse !

Corrigé des vrai/faux

1.	2.	3.	4.	5.	6.	7.	8.	9.	10.
faux	faux	vrai	vrai	vrai	faux	vrai	faux	vrai	faux

1. La direction de la force centrale est toujours (OM), c'est une direction variable au cours du mouvement de M (sauf dans le cas particulier d'un mouvement rectiligne).

2. La direction de la force n'a en général *aucun rapport* avec la direction du mouvement. Mais *dans le cas d'une trajectoire circulaire*, elle se trouve être orthogonale à la trajectoire.

6. La constante des aires provient du moment cinétique. Donc le calcul de C à partir de conditions initiales revient à calculer le moment cinétique.

7. Elle permet d'éliminer $\dot{\theta}$, donc d'obtenir une relation avec le seul paramètre r.

8. La force électrostatique entre deux charges de même signe est répulsive.

❑ Les erreurs classiques

Les démonstrations concernant le mouvement à force centrale sont de grands classiques, et elles ne peuvent être faites que *dans l'ordre* indiqué.

– Ainsi, une erreur fréquente est de calculer $\overrightarrow{L_O}(M)_{\Re} = m r^2 \dot{\theta} \overrightarrow{e_z}$ avec les coordonnées cylindriques alors qu'on n'a *pas encore* montré que le mouvement est plan (et choisi ce plan comme (Oxy)). Il faudrait alors plutôt travailler en coordonnées sphériques et non cylindriques, avec $\vec{v}(M) = \dot{r}\,\overrightarrow{e_r} + r\dot{\theta}\,\overrightarrow{e_\theta} + r\dot{\varphi}\sin\theta\,\overrightarrow{e_\varphi}$, ce qui ne donne pas la formule attendue.

– D'autre part, le mouvement plan est souvent très mal justifié, et le plan non précisé : il faut bien indiquer que le vecteur $\overrightarrow{OM}$ est toujours orthogonal au vecteur constant $\overrightarrow{L_O}(M)_{\Re}$, ce qui définit un plan contenant O et orthogonal à $\overrightarrow{L_O}(M)_{\Re}$.

– Ne pas énoncer la troisième loi de Kepler en disant que le rapport T^2/a^3 est « une constante » : il est évident que le rapport de deux constantes ne peut être qu'une constante ! Ce qu'il faut indiquer c'est que cette constante *a la même valeur pour toutes les planètes* du système solaire.

Corrigé des exercices

Exercice 19.1

1. M est mobile *a priori* dans tout l'espace, donc le r utilisé est celui des coordonnées *sphériques*. Par définition : $\mathrm{d}E_\mathrm{p} = -\vec{F}\cdot\mathrm{d}\overrightarrow{OM} = -F_r\vec{e_r}\cdot(\mathrm{d}r\,\vec{e_r} + r\,\mathrm{d}\theta\,\vec{e_\theta} + r\sin\theta\,\mathrm{d}\varphi\,\vec{e_\varphi}) = -F_r\,\mathrm{d}r$ d'où $F_r = -\dfrac{\mathrm{d}E_\mathrm{p}}{\mathrm{d}r} = -kr$ et finalement $\boxed{\vec{F} = -kr\vec{e_r} = -k\overrightarrow{OM}}$.

2. Dans le référentiel $\mathcal{R}$ galiléen, la particule M est soumise uniquement à la force centrale $\vec{F}$. Théorème du moment cinétique par rapport à O : $\dfrac{\mathrm{d}\overrightarrow{L_O}}{\mathrm{d}t} = \overrightarrow{\mathcal{M}_O}(\vec{F}) = \overrightarrow{OM}\wedge\vec{F} = \vec{0}$ (vecteurs colinéaires) donc $\overrightarrow{L_O}$ est <u>constant</u>. Or $\overrightarrow{L_O} = m\overrightarrow{OM}\wedge\vec{v}(M)\perp\overrightarrow{OM}$ donc $\overrightarrow{OM}$ est toujours orthogonal à un vecteur constant : le mouvement de M a lieu <u>dans le plan contenant O et orthogonal au vecteur $\overrightarrow{L_O}$</u>. Avec les conditions initiales : $\overrightarrow{L_O} = m\overrightarrow{OM_0}\wedge\vec{v_0} = ma\vec{e_x}\wedge v_0\vec{e_y}$ soit $\boxed{\overrightarrow{L_O} = mav_0\vec{e_z}}$ donc <u>le plan du mouvement est (Oxy)</u>.

➪ *Méthode 19.1*

3. L'énergie mécanique est également constante car la seule force est conservative : $\boxed{E_\mathrm{m} = \dfrac{1}{2}mv_0^2 + \dfrac{1}{2}ka^2}$.

4. $\overrightarrow{L_O} = mr\vec{e_r}\wedge\left(\dot{r}\vec{e_r} + r\dot{\theta}\vec{e_\theta}\right) = mr^2\dot{\theta}\vec{e_z} = \overrightarrow{\mathrm{cte}}$ donc $\boxed{r^2\dot{\theta} = \mathrm{cte} = av_0}$. De plus la conservation de E_m s'écrit : $\dfrac{1}{2}m(\dot{r}^2 + r^2\dot{\theta}^2) + E_\mathrm{p}(r) = \dfrac{1}{2}mv_0^2 + \dfrac{1}{2}ka^2$. Or $\dot{\theta} = \dfrac{av_0}{r^2}$ donc $\boxed{\dfrac{1}{2}m\left(\dot{r}^2 + \dfrac{a^2v_0^2}{r^2}\right) + \dfrac{1}{2}kr^2 = \dfrac{1}{2}mv_0^2 + \dfrac{1}{2}ka^2}$.

➪ *Méthode 19.2*

5. Cela peut s'écrire $\dfrac{1}{2}m\dot{r}^2 + E_{\mathrm{p\,eff}}(r) = E_\mathrm{m}$ en posant $\boxed{E_{\mathrm{p\,eff}}(r) = \dfrac{1}{2}m\dfrac{a^2v_0^2}{r^2} + \dfrac{1}{2}kr^2}$.

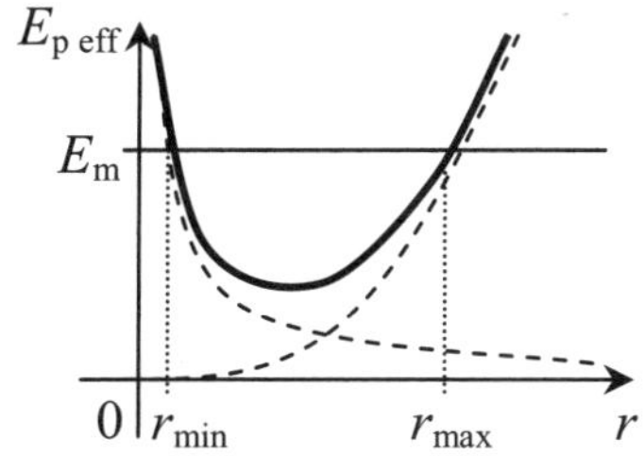

$E_{\text{m}} - E_{\text{p eff}}(r) = \dfrac{1}{2} m\dot{r}^2 \geq 0$ donc les seules valeurs de r accessibles sont celles qui vérifient $E_{\text{p eff}}(r) \leq E_{\text{m}}$. Quelle que soit la valeur de E_{m}, on obtient $\boxed{r_{\min} \leq r \leq r_{\max}}$, les deux valeurs extrêmes vérifiant $\dfrac{1}{2} m \dfrac{a^2 v_0^2}{r^2} + \dfrac{1}{2} k r^2 = E_{\text{m}} = \dfrac{1}{2} m v_0^2 + \dfrac{1}{2} k a^2$. Cette équation bicarrée peut être résolue en posant $X = r^2$ puis en calculant le discriminant, etc.

Mais on peut trouver directement les deux racines qui sont évidentes (pour un œil avisé !), en identifiant terme à terme : l'une est $\boxed{r_{\min/\max} = a}$ et l'autre est $\boxed{r_{\max/\min} = \sqrt{\dfrac{m v_0^2}{k}}}$. (En l'absence de valeurs numériques, on ne peut pas préciser laquelle est la plus grande des deux.)

La trajectoire de M dans (Oxy) est donc comprise entre deux cercles de rayons $r_{\min}$ et $r_{\max}$.

⇨ *Méthode 19.3*

6. PFD : $m \dfrac{\mathrm{d}^2 \overrightarrow{OM}}{\mathrm{d}t^2} = -k\, \overrightarrow{OM}$ soit $\dfrac{\mathrm{d}^2 \overrightarrow{OM}}{\mathrm{d}t^2} + \omega_0^2\, \overrightarrow{OM} = \vec{0}$ en posant $\omega_0 = \sqrt{\dfrac{k}{m}}$. Solution : $\overrightarrow{OM} = \vec{A} \cos(\omega_0 t) + \vec{B} \sin(\omega_0 t)$.

CI : $\overrightarrow{OM_0} = \vec{A} = a\, \overrightarrow{e_x}$ et $\overrightarrow{v_0} = \vec{B}\, \omega_0 = v_0\, \overrightarrow{e_y}$ donc finalement

$\overrightarrow{OM} = a \cos(\omega_0 t)\, \overrightarrow{e_x} + \dfrac{v_0}{\omega_0} \sin(\omega_0 t)\, \overrightarrow{e_y}$ soit $\boxed{\begin{cases} x = a \cos(\omega_0 t) \\ y = \dfrac{v_0}{\omega_0} \sin(\omega_0 t) \end{cases}}$.

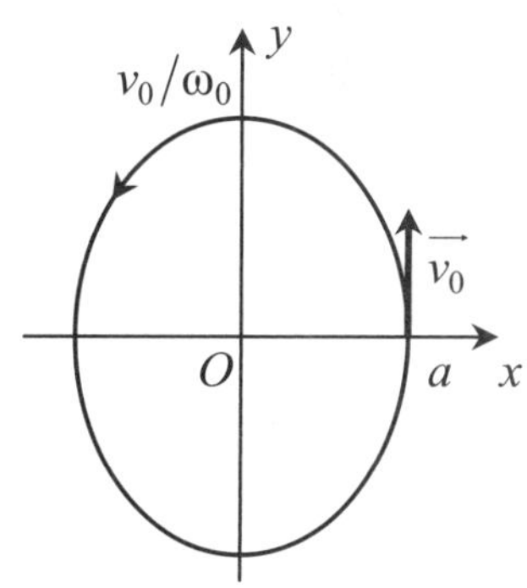

Équation cartésienne : $\dfrac{x^2}{a^2} + \dfrac{\omega_0^2 y^2}{v_0^2} = 1$. Il s'agit d'une <u>ellipse de centre de symétrie O</u>. On retrouve bien $r_{\min/\max} = a$ et $r_{\max/\min} = \sqrt{\dfrac{m v_0^2}{k}} = \dfrac{v_0}{\omega_0}$.

Exercice 19.2

1. $\dfrac{r}{a}$ est sans dimension donc $\boxed{[a] = [L]}$ (a est une longueur). $\dfrac{K}{r}$ est une énergie $[M \cdot L^2 \cdot T^{-2}]$ donc $\boxed{[K] = [M \cdot L^3 \cdot T^{-2}]}$.

2. Par définition, $\mathrm{d}E_{\text{p}} = -\delta W(\vec{F}) = -\vec{F} \cdot \mathrm{d}\overrightarrow{OM} = -F_r \overrightarrow{e_r} \cdot (\mathrm{d}r\, \overrightarrow{e_r} + r\, \mathrm{d}\theta\, \overrightarrow{e_\theta} + r \sin\theta\, \mathrm{d}\varphi\, \overrightarrow{e_\varphi}) = -F_r\, \mathrm{d}r$ donc $F_r = -\dfrac{\mathrm{d}E_{\text{p}}}{\mathrm{d}r}$ soit $\boxed{\vec{F} = \dfrac{K}{r} \exp\left(-\dfrac{r}{a}\right)\left(\dfrac{1}{r} + \dfrac{1}{a}\right) \overrightarrow{e_r}}$. La force est attractive si sa projection sur $\overrightarrow{e_r}$ est négative, ce qui suppose $\boxed{K < 0}$.

3. Dans le référentiel $\mathcal{R}$ galiléen, la particule M est soumise uniquement à la force centrale $\vec{F}$.

TMC par rapport à O : $\dfrac{d\overrightarrow{L_O}}{dt} = \overrightarrow{\mathcal{M}_O}(\vec{F}) = \overrightarrow{OM} \wedge \vec{F} = \vec{0}$ (vecteurs colinéaires) donc $\overrightarrow{L_O}$ est constant. Or $\overrightarrow{L_O} = m\overrightarrow{OM} \wedge \vec{v}(M) \perp \overrightarrow{OM}$ donc $\overrightarrow{OM}$ est toujours orthogonal au vecteur constant $\overrightarrow{L_O}$: le mouvement de M a lieu <u>dans le plan contenant O et orthogonal au vecteur $\overrightarrow{L_O}$</u>.

⇨ *Méthode 19.1*

4. $\overrightarrow{L_O} = m r \overrightarrow{e_r} \wedge (\dot{r}\overrightarrow{e_r} + r\dot{\theta}\overrightarrow{e_\theta}) = m r^2\dot{\theta}\overrightarrow{e_z} = \overrightarrow{\text{cte}}$ donc $\boxed{C = r^2\dot{\theta} = \text{cte}}$. Avec les conditions initiales : $\overrightarrow{L_O} = m\overrightarrow{OM_0} \wedge \overrightarrow{v_0} = m r_0 \overrightarrow{e_x} \wedge (v_1\overrightarrow{e_x} + v_2\overrightarrow{e_y}) = m r_0 v_2 \overrightarrow{e_z}$ donc $\boxed{C = r_0 v_2}$.

⇨ *Méthode 19.2*

5. L'énergie mécanique de M est $E_m = E_c + E_p(r)$, avec $E_c = \frac{1}{2}m v(M)^2 = \frac{1}{2}m(\dot{r}^2 + r^2\dot{\theta}^2)$. Or $\dot{\theta} = \dfrac{C}{r^2} = \dfrac{r_0 v_2}{r^2}$ donc $E_m = \dfrac{1}{2}m\dot{r}^2 + \dfrac{1}{2}m\dfrac{r_0^2 v_2^2}{r^2} + \dfrac{K}{r}\exp\left(-\dfrac{r}{a}\right) = \dfrac{1}{2}m\dot{r}^2 + E_{\text{peff}}(r)$ en posant $\boxed{E_{\text{peff}}(r) = \dfrac{1}{2}m\dfrac{r_0^2 v_2^2}{r^2} + \dfrac{K}{r}\exp\left(-\dfrac{r}{a}\right)}$ (énergie potentielle effective). La seule force appliquée à M est $\vec{F}$ et elle est conservative, donc E_m est <u>constante</u> au cours du temps $\left[E_m = \text{cte} = \dfrac{1}{2}m(v_1^2 + v_2^2) + \dfrac{K}{r_0}\exp\left(-\dfrac{r_0}{a}\right) \text{ d'après les conditions initiales}\right]$.

6. $E_m - E_{\text{peff}}(r) = \frac{1}{2}m\dot{r}^2 \geq 0$ donc les seules valeurs de r accessibles sont celles qui vérifient $E_{\text{peff}}(r) \leq E_m$.

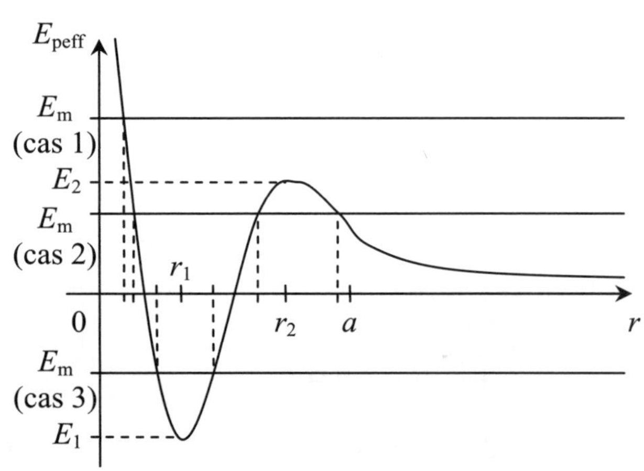

• Premier cas : $E_m \geq E_2$.
Alors $r \geq r_{\min}$: le nucléon est dans un <u>état de diffusion</u>.

• Deuxième cas : $0 < E_m < E_2$. Selon la valeur initiale de r on peut avoir $r_{\min} \leq r \leq r_{\max}$ (<u>état lié</u>) ou $r \geq r_{\min} (> r_2)$ (<u>état de diffusion</u>).

• Troisième cas : $E_1 \leq E_m \leq 0$. Alors $r_{\min} \leq r \leq r_{\max}$: c'est un <u>état lié</u>.

En général un nucléon reste confiné dans le noyau atomique, ce qui correspond à un <u>état lié</u>.

⇨ *Méthode 19.3*

7. Interaction forte : $\boxed{a = 1{,}5 \cdot 10^{-15}\ \text{m}}$. Cette valeur correspond à la <u>taille du noyau atomique</u> : l'interaction forte devient négligeable au-delà de cette distance. Interaction faible : $\boxed{a = 2{,}5 \cdot 10^{-18}\ \text{m}}$. Cette valeur est <u>beaucoup plus faible que la taille du noyau</u> : l'interaction faible ne s'exerce donc qu'entre deux nucléons voisins ou même à l'intérieur de chaque nucléon. Interactions électromagnétique et gravitationnelle : $\boxed{a=\infty}$. La portée de ces deux interactions est infinie, c'est pourquoi on peut les observer à notre échelle ou à des échelles encore plus grandes (astronomique pour l'interaction gravitationnelle).

8. On remplace $\frac{1}{a}$ par 0, d'où $\boxed{E_p(r)=\frac{K}{r}}$ et $\boxed{\vec{F}=\frac{K}{r^2}\vec{e_r}}$. On retrouve l'expression classique de ces deux forces $\left(K=-Gm_O m \text{ pour la gravitationnelle, } K=\frac{1}{4\pi\varepsilon_0}q_O q \text{ pour l'électrique}\right)$.

9. L'interaction électromagnétique entre un proton et le reste du noyau est répulsive car ces charges sont toutes positives : cela correspond à $\boxed{K>0}$. Pour que le proton reste au sein du noyau il faut donc que l'interaction forte soit attractive, soit $\boxed{K'<0}$.

Exercice 19.3

1. Théorème du moment cinétique pour M par rapport à O (centre de force) dans $\mathcal{R}$: $\frac{d\vec{L_O}}{dt}=\vec{\mathcal{M}_O}(\vec{F})=\vec{OM}\wedge\vec{F}=\vec{0}$ (vecteurs colinéaires) donc $\vec{L_O}$ est constant au cours du mouvement. Or $\vec{L_O}=m\vec{OM}\wedge\vec{v}(M)\perp\vec{OM}$ donc $\vec{OM}$ est toujours orthogonal à un vecteur constant : le mouvement de M a lieu dans le plan contenant O et orthogonal au vecteur $\vec{L_O}$.

2. $\vec{L_O}=mr\vec{e_r}\wedge\left(\dot{r}\vec{e_r}+r\dot{\theta}\vec{e_\theta}\right)=mr^2\dot{\theta}\vec{e_z}=\vec{\text{cte}}$ donc $\boxed{r^2\dot{\theta}=\text{cte}}$ (notée C).

⇨ *Méthode 19.2*

3. $\vec{v}=\dot{r}\vec{e_r}+r\dot{\theta}\vec{e_\theta}$ avec $r\dot{\theta}=\frac{C}{r}=Cu$ et $\dot{r}=\frac{dr}{dt}=\frac{dr}{d\theta}\frac{d\theta}{dt}=\frac{d(1/u)}{d\theta}\frac{C}{r^2}=-\frac{u'}{u^2}\frac{C}{r^2}=-Cu'$ d'où $\boxed{\vec{v}=-Cu'\vec{e_r}+Cu\vec{e_\theta}}$. $\vec{a}=(\ddot{r}-r\dot{\theta}^2)\vec{e_r}+(r\ddot{\theta}+2\dot{r}\dot{\theta})\vec{e_\theta}$ avec $r\dot{\theta}^2=r\frac{C^2}{r^4}=C^2u^3$;

$\ddot{r}=\frac{d(-Cu')}{dt}=\frac{d(-Cu')}{d\theta}\frac{d\theta}{dt}=-Cu''\frac{C}{r^2}=-C^2u^2u''$; $r\ddot{\theta}+2\dot{r}\dot{\theta}=\frac{1}{r}(r^2\ddot{\theta}+2r\dot{r}\dot{\theta})=\frac{1}{r}\frac{d(r^2\dot{\theta})}{dt}=0$

d'où $\boxed{\vec{a}=-C^2u^2(u''+u)\vec{e_r}}$.

✎ *Cette démonstration classique utilise simplement, de façon répétée, l'égalité* $C=r^2\dot{\theta}=\text{cte}$ *et la technique des dérivées composées.*

4. PFD pour M dans $\mathcal{R}$: $m\vec{a}=\vec{F}$. Projection sur $\vec{e_r}$: $-mC^2u^2(u''+u)=F_r$. Or $u=\frac{1}{r}=\frac{1}{a}e^{-\theta}$ donc $u'=-\frac{1}{a}e^{-\theta}$ et $u''=\frac{1}{a}e^{-\theta}=u$. Alors $F_r=-mC^2u^2(u''+u)=-2mC^2u^3$ soit $\boxed{F_r=-\frac{2mC^2}{r^3}}$.

Corrigé

Exercice 19.4

1. Dans le référentiel terrestre $\mathcal{R}$ galiléen, l'électron M est soumis à la force centrale électrique $\vec{F} = -\dfrac{1}{4\pi\varepsilon_0}\dfrac{e^2}{r^2}\vec{e_r}$ et à la force magnétique $\vec{F_m} = -e\vec{v}\wedge\vec{B}$.

> ✎ *La force électrique est une force centrale, mais pas la force magnétique : le mouvement de l'électron n'est donc pas un mouvement à force centrale. Dans la suite on ne retrouvera donc pas tous les résultats du cours, mais on utilisera quand même des raisonnements analogues.*

Or $\vec{F}$ est une force conservative, dérivant de l'énergie potentielle $E_p = -\dfrac{1}{4\pi\varepsilon_0}\dfrac{e^2}{r}$, et $\vec{F_m}$ ne travaille pas car elle est toujours orthogonale au mouvement, donc l'énergie mécanique se conserve : $E_m = \dfrac{1}{2}mv^2 - \dfrac{1}{4\pi\varepsilon_0}\dfrac{e^2}{r} = \text{cte}$. D'après les conditions initiales, cette constante vaut $0 - \dfrac{1}{4\pi\varepsilon_0}\dfrac{e^2}{a}$, soit $E_m = \dfrac{1}{2}mv^2 - \dfrac{1}{4\pi\varepsilon_0}\dfrac{e^2}{r} = -\dfrac{1}{4\pi\varepsilon_0}\dfrac{e^2}{a}$. Comme $\dfrac{1}{2}mv^2 \geq 0$, on en déduit $-\dfrac{1}{4\pi\varepsilon_0}\dfrac{e^2}{r} \leq -\dfrac{1}{4\pi\varepsilon_0}\dfrac{e^2}{a}$ soit $\boxed{r \leq a}$.

2. Théorème du moment cinétique par rapport à O : $\dfrac{d\vec{L}}{dt} = \vec{\mathcal{M}_O}(\vec{F}) + \vec{\mathcal{M}_O}(\vec{F_m})$ avec $\vec{\mathcal{M}_O}(\vec{F}) = \vec{OM}\wedge\vec{F} = \vec{0}$ (vecteurs colinéaires) et $\vec{\mathcal{M}_O}(\vec{F_m}) = \vec{OM}\wedge\vec{F_m} = \vec{OM}\wedge(-e\vec{v}\wedge\vec{B})$

$$= -(\vec{OM}\cdot\vec{B})e\vec{v} + (\vec{OM}\cdot e\vec{v})\vec{B} = \vec{0} + e\left(\vec{OM}\cdot\frac{d\vec{OM}}{dt}\right)\vec{B} = e\frac{1}{2}\frac{dOM^2}{dt}\vec{B} = \frac{d}{dt}\left(\frac{1}{2}er^2\vec{B}\right).$$

Donc $\dfrac{d\vec{L}}{dt} = \dfrac{d}{dt}\left(\dfrac{1}{2}er^2\vec{B}\right)$, d'où $\vec{L} = \dfrac{1}{2}er^2\vec{B} + \vec{\text{cte}}$. À l'instant initial : $\vec{L} = \dfrac{1}{2}ea^2\vec{B} + \vec{\text{cte}} = ma\vec{e_x}\wedge\vec{0} = \vec{0}$ d'où $\boxed{\vec{L} = \dfrac{1}{2}e(r^2 - a^2)\vec{B}}$.

3. $\vec{L} = mr\vec{e_r}\wedge(\dot{r}\vec{e_r} + r\dot{\theta}\vec{e_\theta}) = mr^2\dot{\theta}\vec{e_z}$ donc $mr^2\dot{\theta} = \dfrac{1}{2}e(r^2 - a^2)B$ soit $\dot{\theta} = \dfrac{e(r^2 - a^2)B}{2mr^2}$.

Puisque $r \leq a$, $\boxed{\dot{\theta} \leq 0}$: l'électron tourne toujours dans le sens négatif (sens indirect par rapport au champ magnétique).

4. $E_m = E_c + E_p(r) = \dfrac{1}{2}m(\dot{r}^2 + r^2\dot{\theta}^2) - \dfrac{1}{4\pi\varepsilon_0}\dfrac{e^2}{r} = \dfrac{1}{2}m\dot{r}^2 + \dfrac{1}{2}mr^2\dfrac{e^2(r^2 - a^2)^2B^2}{4m^2r^4} - \dfrac{1}{4\pi\varepsilon_0}\dfrac{e^2}{r}$

$= \dfrac{1}{2}m\dot{r}^2 + E_{peff}(r)$ en posant $\boxed{E_{peff}(r) = \dfrac{e^2B^2(r^2 - a^2)^2}{8mr^2} - \dfrac{e^2}{4\pi\varepsilon_0 r}}$ (énergie potentielle effective).

5. $\dfrac{dE_{peff}}{dr} = \dfrac{e^2B^2}{8m}\dfrac{2(r^2 - a^2)2r^3 - 2r(r^2 - a^2)^2}{r^4} + \dfrac{e^2}{4\pi\varepsilon_0 r^2} = \dfrac{e^2B^2}{4m}\dfrac{(r^2 - a^2)(r^2 + a^2)}{r^3} + \dfrac{e^2}{4\pi\varepsilon_0 r^2}$.

Pour $r = a$: $\dfrac{\mathrm{d}E_{\text{peff}}}{\mathrm{d}r}(a) = \dfrac{e^2}{4\pi\varepsilon_0 a^2} > 0$.

Pour $r \to 0$: $\dfrac{\mathrm{d}E_{\text{peff}}}{\mathrm{d}r} \to -\infty$ (et $E_{\text{peff}} \to +\infty$).

De plus $E_{\text{peff}}(a) = -\dfrac{e^2}{4\pi\varepsilon_0 a} = E_{\text{m}} < 0$.

On obtient donc l'allure de la courbe ci-contre.

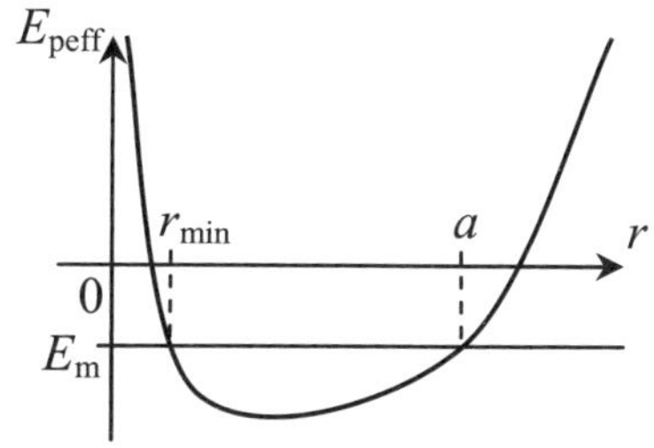

6. $E_{\text{m}} - E_{\text{peff}}(r) = \dfrac{1}{2}m\dot{r}^2 \geq 0$ donc les seules valeurs de r accessibles sont celles qui vérifient $E_{\text{peff}}(r) \leq E_{\text{m}}$. D'après le graphe, on obtient donc $r_{\text{min}} \leq r \leq a$, où r_{min} est donné par $E_{\text{peff}}(r_{\text{min}}) = E_{\text{m}}$, soit $\boxed{\dfrac{(r_{\text{min}}^2 - a^2)^2 B^2}{8m r_{\text{min}}^2} - \dfrac{1}{4\pi\varepsilon_0 r_{\text{min}}} = -\dfrac{1}{4\pi\varepsilon_0 a}}$.

✎ *La deuxième solution de cette équation est bien sûr a, solution évidente.*

7. Chaque fois que $r = a$, $\dot{r} = 0$ puisque c'est le maximum de r, et $\dot{\theta} = 0$ d'après la formule de la question 3, donc <u>la vitesse est nulle</u>.
Cela correspond à des points d'arrêt sur la trajectoire. La courbe a donc l'allure ci-contre (avec sens de rotation négatif d'après la question 3).

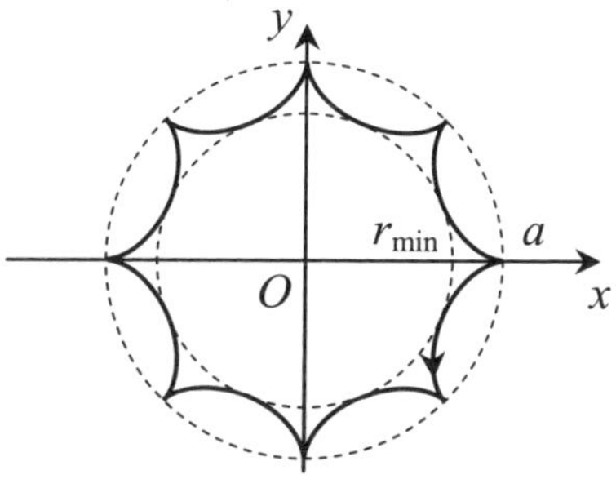

Exercice 19.5

1. PFD pour le satellite, soumis uniquement à la force de gravitation de la Terre, dans le référentiel géocentrique : $m\vec{a} = -G\dfrac{Mm}{r^2}\vec{e_r}$. Projection sur $\vec{e_r}$: $-mr\dot{\theta}^2 = -G\dfrac{Mm}{r^2}$ d'où $\dot{\theta}^2 = G\dfrac{M}{r^3}$. Or $\vec{v} = r\dot{\theta}\vec{e_\theta}$ donc $\boxed{v = \sqrt{G\dfrac{M}{r}} = \sqrt{G\dfrac{M}{R+h}}}$.

⇨ *Méthode 19.4*

2. $T = \dfrac{2\pi}{|\dot{\theta}|} = 2\pi\sqrt{\dfrac{r^3}{GM}}$ donc $\boxed{\dfrac{T^2}{r^3} = \dfrac{4\pi^2}{GM}}$. Ce rapport est <u>indépendant des caractéristiques du satellite</u>, il est donc <u>le même pour tous les satellites de la Terre</u>.

Cette loi est l'équivalent de la <u>troisième loi de Kepler</u> dans le système solaire : le rapport $\dfrac{T^2}{a^3}$ a la même valeur pour toutes les planètes.

3. $E_c = \frac{1}{2}mv^2 = \frac{GMm}{2r}$ et $E_p = -\frac{GMm}{r}$ donc $\boxed{E_m = -\frac{GMm}{2r} = -E_c}$. L'énergie mécanique est négative, ce qui correspond à un état lié si on fait l'étude avec l'énergie potentielle effective.

4. $\boxed{T = T_T}$ (il fait un tour sur son orbite en même temps que la Terre sur elle-même) d'où $\boxed{h = \left(\frac{GMT_T^2}{4\pi^2}\right)^{1/3} - R}$. AN $\boxed{h = 35800 \text{ km}}$. On trouve $h \approx 6R$: les satellites géostationnaires sont très éloignés, par rapport à d'autres satellites (observation, communication…).

5. a) Le satellite est à la distance R du centre de la Terre, et tourne avec elle à la vitesse angulaire ω_T et selon un cercle de rayon $R\cos\lambda$. Alors $\boxed{E_{m0} = -\frac{GMm}{R} + \frac{1}{2}mR^2\cos^2\lambda\,\omega_T^2}$.

b) TÉM entre le point de départ sur la Terre et un point de l'orbite circulaire : $\Delta E_m = W$ soit $W = -\frac{GMm}{2(R+h)} - \left(-\frac{GMm}{R} + \frac{1}{2}mR^2\cos^2\lambda\,\omega_T^2\right) \Leftrightarrow \boxed{W = \frac{GMm(R+2h)}{2R(R+h)} - \frac{1}{2}mR^2\cos^2\lambda\,\omega_T^2}$.

Pour minimiser W on doit donc maximiser $\cos^2\lambda$, donc se rapprocher de l'équateur ($\lambda = 0$).

c) Pour $h \ll R$: $W \approx \frac{GMm}{2R} - \frac{1}{2}mR^2\cos^2\lambda\,\omega_T^2$. On calcule $\frac{W_1}{W_2}$ avec $\omega_T = \frac{2\pi}{T_T}$ (où $T_T = 1 \text{ jour} \approx 86400 \text{ s}$) ; la donnée de m n'est pas nécessaire. AN $\frac{W_1}{W_2} = 0{,}9977$ soit une économie de $\boxed{0{,}23\%}$ seulement en lançant depuis l'équateur : ce n'est pas la raison pour laquelle les bases spatiales sont situées près de l'équateur (Kourou, Cap Canaveral…).
L'intérêt réel est une plus grande facilité pour placer des satellites en orbite équatoriale.

Exercice 19.6

1. On obtient avec le PFD : $\boxed{v_1 = \sqrt{\frac{GM}{r_1}}}$. AN $\boxed{v_1 = 7300 \text{ m}\cdot\text{s}^{-1}}$.

⇨ *Méthode 19.4*

2. TMC par rapport au point O fixe dans le référentiel géocentrique $\mathcal{R}$ supposé galiléen : $\frac{d\overrightarrow{L_O}(M)_{\mathcal{R}}}{dt} = \overrightarrow{\mathcal{M}_O}(\vec{F}) = \overrightarrow{OM} \wedge \vec{F} = \vec{0}$ car $\vec{F}$ (force gravitationnelle) est colinéaire à $\overrightarrow{OM}$, donc $\overrightarrow{L_O}(M)_{\mathcal{R}} = \overrightarrow{\text{cte}}$: le moment cinétique de M en O se conserve. Or sur cette trajectoire plane : $\overrightarrow{L_O}(M)_{\mathcal{R}} = mr\overrightarrow{e_r} \wedge \left(\dot{r}\overrightarrow{e_r} + r\dot{\theta}\overrightarrow{e_\theta}\right) = mr^2\dot{\theta}\overrightarrow{e_z} = \overrightarrow{\text{cte}}$ donc $\boxed{r^2\dot{\theta} = C = \text{cte}}$.

⇨ *Méthode 19.2*

3. Conservation de l'énergie mécanique : $E_m = \frac{1}{2}m(\dot{r}^2 + r^2\dot{\theta}^2) - \frac{GMm}{r} = \text{cte}$ soit en utilisant la constante des aires C :

$E_m = \frac{1}{2} m \dot{r}^2 + \frac{1}{2} m \frac{C^2}{r^2} - \frac{GMm}{r} = \text{cte}$.

Lorsque la distance r est extrémale (r_{min} ou r_{max}), sa dérivée $\dot{r}$ est nulle, donc r_{min} et r_{max} sont les solutions de l'équation : $\frac{1}{2} m \frac{C^2}{r^2} - \frac{GMm}{r} = E_m \Leftrightarrow 2E_m r^2 + 2GMmr - mC^2 = 0$. La somme des deux racines est $r_{min} + r_{max} = -\frac{GMm}{E_m}$. Cela équivaut à $2a = -\frac{GMm}{E_m}$, soit $\boxed{E_m = -\frac{GMm}{2a}}$.

➪ *Méthode 19.6*

Pour un cercle, a est égal au rayon, donc $\boxed{E_{m1} = -\frac{GMm}{2r_1}}$ sur le premier cercle et $\boxed{E_{m2} = -\frac{GMm}{2r_2}}$ sur le second. Sur l'ellipse de transfert : $r_1 + r_2 = r_{min} + r_{max} = 2a$ donc $\boxed{E_{me} = -\frac{GMm}{r_1 + r_2}}$.

4. Le changement d'orbite a lieu en un point donné, donc à énergie potentielle constante. Alors la variation d'énergie mécanique est une variation d'énergie cinétique :

$\frac{1}{2} m (v_{e1}^2 - v_1^2) = E_{me} - E_{m1} = -\frac{GMm}{r_1 + r_2} + \frac{GMm}{2r_1} = \frac{GMm(r_2 - r_1)}{2r_1(r_1 + r_2)}$ donc $v_{e1} = \sqrt{\frac{GM(r_2 - r_1)}{r_1(r_1 + r_2)} + v_1^2}$

soit $\boxed{v_{e1} = \sqrt{\frac{2GM\, r_2}{r_1(r_1 + r_2)}}}$. AN $\boxed{v_{e1} = 9520 \text{ m}\cdot\text{s}^{-1}}$ donc $\boxed{\Delta v_P = 2220 \text{ m}\cdot\text{s}^{-1}}$.

Travail fourni par le moteur : $\boxed{W_P = E_{me} - E_{m1} = \frac{GMm(r_2 - r_1)}{2r_1(r_1 + r_2)}}$. AN $\boxed{W_P = 1{,}7 \cdot 10^{10} \text{ J} = 17 \text{ GJ}}$.

> *On peut aussi calculer la valeur numérique de W_P avec la formule $\frac{1}{2} m (v_{e1}^2 - v_1^2)$, mais ce n'est pas égal à $\frac{1}{2} m (\Delta v_P)^2$!*

5. En P et en A, les vecteurs vitesse et position sont orthogonaux : la conservation du moment cinétique donne $m r_1 v_{e1} \vec{e_z} = m r_2 v_{e2} \vec{e_z}$ d'où $\boxed{v_{e2} = v_{e1} \frac{r_1}{r_2} = \sqrt{\frac{2GM\, r_1}{r_2(r_1 + r_2)}}}$. AN $\boxed{v_{e2} = 1690 \text{ m}\cdot\text{s}^{-1}}$.

6. $v_2 = \sqrt{\frac{GM}{r_2}}$ donc $\Delta v_A = \sqrt{\frac{GM}{r_2}} - \sqrt{\frac{2GM\, r_1}{r_2(r_1 + r_2)}}$. AN $\boxed{\Delta v_A = 1390 \text{ m}\cdot\text{s}^{-1}}$ (donc la vitesse sur l'orbite géostationnaire sera $v_2 = 3080 \text{ m}\cdot\text{s}^{-1}$).

Travail fourni par le moteur : $W_A = E_{m2} - E_{me} = -\frac{GMm}{2r_2} + \frac{GMm}{r_1 + r_2}$ soit $\boxed{W_A = \frac{GMm(r_2 - r_1)}{2r_2(r_1 + r_2)}}$.

AN $\boxed{W_A = 3{,}0 \cdot 10^9 \text{ J} = 3{,}0 \text{ GJ}}$.

> *Les vitesses étant plus faibles quand la distance à la Terre est plus grande, la dépense énergétique du moteur est nettement moins grande à l'apogée qu'au périgée.*

Corrigé

Exercice 19.7

1. Force de gravitation : $\boxed{\overrightarrow{F_g} = -\dfrac{GMm}{r^2}\overrightarrow{e_r}}$ en posant $\overrightarrow{OP} = r\overrightarrow{e_r}$. Elle dérive de l'énergie potentielle $\boxed{E_p = -\dfrac{GMm}{r}}$ en prenant l'origine à l'infini. L'énergie mécanique de P est donc $\boxed{E_m = \dfrac{1}{2}mv^2 - \dfrac{GMm}{r}}$; <u>elle se conserve</u> puisque la seule force appliquée à P est conservative.

2. Théorème du moment cinétique pour P par rapport à O (centre de force) dans $\mathcal{R}$: $\dfrac{d\overrightarrow{L_O}}{dt} = \overrightarrow{\mathcal{M}_O}(\vec{F}) = \overrightarrow{OP} \wedge \vec{F} = \vec{0}$ (vecteurs colinéaires) donc $\overrightarrow{L_O}$ est constant au cours du mouvement. Or $\overrightarrow{L_O} = m\overrightarrow{OP} \wedge \vec{v}(P) \perp \overrightarrow{OP}$ donc $\overrightarrow{OP}$ est toujours orthogonal à un vecteur constant : le mouvement de P a lieu <u>dans le plan contenant O et orthogonal au vecteur</u> $\overrightarrow{L_O}$.

⇨ *Méthode 19.1*

Or $\overrightarrow{L_O} = mr\overrightarrow{e_r} \wedge \left(\dot{r}\overrightarrow{e_r} + r\dot{\theta}\overrightarrow{e_\theta}\right) = mr^2\dot{\theta}\overrightarrow{e_z} = \overrightarrow{\text{cte}}$ donc $\boxed{r^2\dot{\theta} = \text{cte}}$ (notée C).

⇨ *Méthode 19.2*

3. $E_m = \dfrac{1}{2}mv^2 - \dfrac{GMm}{r} = \dfrac{1}{2}m(\dot{r}^2 + r^2\dot{\theta}^2) - \dfrac{GMm}{r}$ et on utilise la formule précédente pour éliminer la variable $\dot{\theta}$: $E_m = \dfrac{1}{2}m\dot{r}^2 + \dfrac{1}{2}m\dfrac{C^2}{r^2} - \dfrac{GMm}{r}$, ce qui a bien la forme demandée en posant $\boxed{E_{p\,\text{eff}}(r) = \dfrac{1}{2}m\dfrac{C^2}{r^2} - \dfrac{GMm}{r}}$.

4. L'allure de la courbe est donnée ci-dessous.

$E_m = \dfrac{1}{2}m\dot{r}^2 + E_{p\,\text{eff}}(r)$ avec $\dfrac{1}{2}m\dot{r}^2 > 0$ donc $E_{p\,\text{eff}}(r) \leq E_m$: les seules valeurs accessibles de r sont celles qui vérifient cette inégalité. On ajoute donc sur le graphe une droite horizontale représentant la valeur de E_m : seule la partie de la courbe située sous cette droite correspond à des positions accessibles.

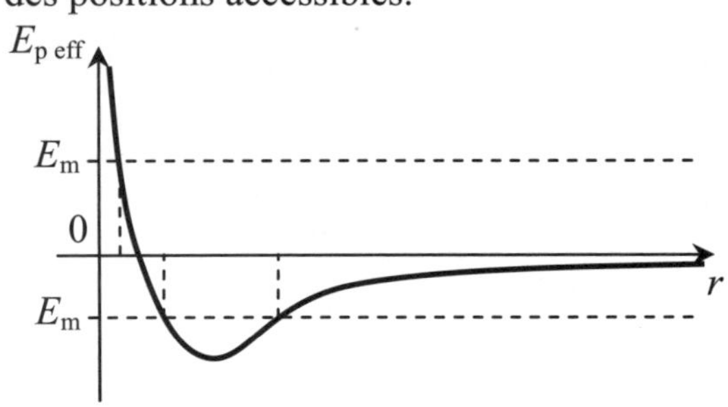

– Si $E_m < 0$, alors $r \in [r_{min} ; r_{max}]$, P est dans un état lié.

– Si $\boxed{E_m \geq 0}$, alors $r \in [r_{min} ; +\infty[$, <u>$P$ est dans un état de diffusion</u>, il peut « échapper » à l'attraction gravitationnelle de l'astre et s'éloigner à l'infini.

⇨ *Méthode 19.3*

5. La vitesse de libération est la vitesse minimale permettant d'obtenir un état de diffusion : $E_m = \frac{1}{2}mv^2 - \frac{GMm}{R} \geq 0$ d'où $\boxed{v \geq \sqrt{\frac{2GM}{R}} = v_{lib}}$.

➪ *Méthode 19.5*

6. $v_{lib} = \sqrt{\frac{2GM}{R}} \geq c \Leftrightarrow \boxed{R \leq \frac{2GM}{c^2} = R_S}$.

AN pour la masse du Soleil ; $\boxed{R_S = 3 \text{ km}}$; pour la masse de la Terre : $\boxed{R_S = 9 \text{ mm}}$.

Il faudrait que toute la masse de la Terre soit concentrée dans une sphère de rayon 9 mm pour qu'elle constitue un trou noir !

Les trous noirs (du moins ceux qui ne sont pas trop massifs) sont donc des astres où <u>la matière est extrêmement concentrée, autant voire plus que la matière nucléaire</u> (10^{18} kg·m^{-3}).

> ✎ *On pense aujourd'hui que les trous noirs dont la présence a été détectée proviennent de l'effondrement de certaines étoiles sur elles-mêmes, lorsque l'attraction gravitationnelle n'est plus compensée par l'énergie provenant de la fusion nucléaire.*

Exercice 19.8

1. <u>L'énergie mécanique de l'astéroïde est conservée</u>, car la seule force est conservative : $E_m = E_c + E_p = \frac{1}{2}mv^2 - G\frac{Mm}{r} = \text{cte}$. Lorsqu'il est très éloigné (M_∞), $v = v_0$ et $r \to \infty$ donc $E_m = \frac{1}{2}mv_0^2$. Lorsqu'il est au périgée P, $E_m = \frac{1}{2}mv_P^2 - G\frac{Mm}{r_{min}}$. Donc $\boxed{\frac{1}{2}mv_0^2 = \frac{1}{2}mv_P^2 - G\frac{Mm}{r_{min}}}$.

D'autre part, <u>le moment cinétique de l'astéroïde est également conservé</u>, car il n'est soumis qu'à une force centrale : $\overrightarrow{L_O} = m\overrightarrow{OM} \wedge \vec{v} = \overrightarrow{\text{cte}}$. On le calcule aux points M_∞ et P :

$\overrightarrow{L_O} = m\overrightarrow{OM_\infty} \wedge \overrightarrow{v_0} = m\overrightarrow{OP} \wedge \overrightarrow{v_P} \Leftrightarrow \left(\overrightarrow{OH} + \overrightarrow{HM_\infty}\right) \wedge \overrightarrow{v_0} = \overrightarrow{OP} \wedge \overrightarrow{v_P} \Leftrightarrow -bv_0\overrightarrow{e_z} + \vec{0} = -r_{min}v_P\overrightarrow{e_z}$ soit finalement $\boxed{bv_0 = r_{min}v_P}$.

2. Dans les deux équations précédentes, il faut éliminer la vitesse v_P au périgée. On la remplace par $v_0\frac{b}{r_{min}}$ dans la première équation : $G\frac{Mm}{r_{min}} = \frac{1}{2}mv_0^2\left(\frac{b^2}{r_{min}^2} - 1\right)$ ce qui donne une équation du second degré : $v_0^2 r_{min}^2 + 2GM\,r_{min} - v_0^2b^2 = 0$. $\Delta = 4G^2M^2 + 4v_0^4b^2 > 0$ et il y a une seule solution positive : $\boxed{r_{min} = \frac{-GM + \sqrt{G^2M^2 + v_0^4b^2}}{v_0^2}}$.

3. AN $\boxed{r_{min} = 72\,000 \text{ km}}$. On trouve $r_{min} > R$ donc <u>Toto ne heurtera pas la Terre</u> !

Exercice 19.9

1. $C = r^2\dot{\theta} = \text{cte}$ donc si $r = \text{cte} = r_0$ (cercle), alors $\dot{\theta} = \text{cte}$; or $\vec{v} = r\dot{\theta}\vec{e_\theta}$ donc $\boxed{v = \text{cte}}$.

PFD pour le satellite, soumis uniquement à la force de gravitation de la Terre : $m\vec{a} = -G\dfrac{Mm}{r_0^2}\vec{e_r}$.

Projection sur $\vec{e_r}$: $-mr\dot{\theta}^2 = -m\dfrac{v^2}{r_0} = -G\dfrac{Mm}{r_0^2}$ d'où $\boxed{v = \sqrt{\dfrac{GM}{r_0}}}$.

2. $\vec{L_O} = m\vec{OM} \wedge \vec{v} = mr_0\vec{e_r} \wedge v\vec{e_\theta} = mr_0v\vec{e_z}$ donc $\boxed{C = r_0v = \sqrt{GMr_0}}$.

Et $E_m = \dfrac{1}{2}mv^2 - \dfrac{GMm}{r_0} = \dfrac{GMm}{2r_0} - \dfrac{GMm}{r_0}$ soit $\boxed{E_m = -\dfrac{GMm}{2r_0}}$.

3.a) Maintenant $\vec{L_O} = m\vec{OM} \wedge \vec{v'} = mr_0\vec{e_r} \wedge \left(v\sin\alpha\vec{e_r} + v\cos\alpha\vec{e_\theta}\right) = mr_0v\cos\alpha\vec{e_z}$ donc $\boxed{C' = r_0v\cos\alpha = \sqrt{GMr_0}\cos\alpha}$. En revanche, v et r_0 ayant les mêmes valeurs que sur la trajectoire circulaire, on a toujours $\boxed{E_m = -\dfrac{GMm}{2r_0}}$.

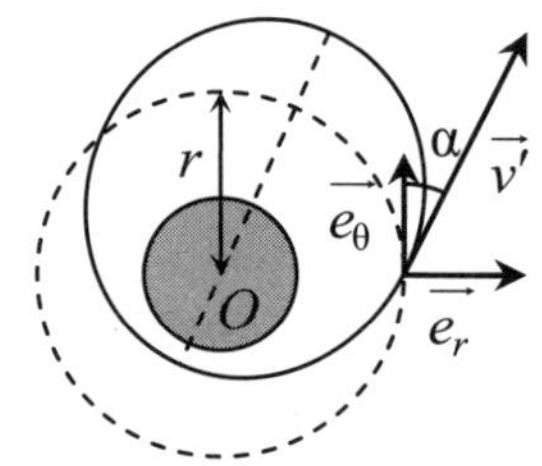

b) Le demi-grand axe de l'ellipse ne dépend que de l'énergie mécanique, selon la formule : $E_m = -\dfrac{GMm}{2a}$.

Puisque l'énergie est la même sur le cercle souhaité et sur l'ellipse réelle, <u>le grand axe de celle-ci a la même longueur que celui du cercle, c'est-à-dire son diamètre</u> $2r_0$.

Il faut donc dessiner une ellipse donc la « longueur » est égale au diamètre du cercle, qui passe par le point initial, qui est tangente au vecteur vitesse initial, et enfin dont le grand axe passe par O. On voit bien alors apparaître le périgée (point le plus proche de la Terre) et l'apogée (point le plus éloigné).

Exercice 19.10

1. K1 : <u>les planètes décrivent des ellipses dont le Soleil est l'un des foyers</u>.
K2 : <u>le rayon Soleil-planète balaie des aires égales pendant des intervalles de temps égaux</u>.
K3 : <u>le rapport du carré de la période orbitale et du cube du demi-grand axe est le même pour toutes les planètes</u>.

2. O_T étant soumis uniquement à la force centrale $\vec{F} = -G\dfrac{m_Tm_S}{r^2}\vec{e_r}$, on lui applique le TMC par rapport au point fixe O dans $\mathcal{R}$: $\dfrac{d\vec{L_O}}{dt} = \vec{\mathcal{M}_O}(\vec{F}) = \vec{OO_T} \wedge \vec{F} = \vec{0}$ donc $\vec{L_O}$ est constant.

Dans le plan du mouvement : $\vec{L_O} = mr\vec{e}_r \wedge (\dot{r}\vec{e}_r + r\dot{\theta}\vec{e}_\theta) = mr^2\dot{\theta}\vec{e}_z = \vec{\text{cte}}$ donc $\boxed{C = r^2\dot{\theta} = \text{cte}}$.

Or l'aire balayée par le vecteur $\vec{OO_T}$ pendant une durée infinitésimale dt est :

$$\mathrm{d}S=\frac{1}{2}\left\|\overrightarrow{OO_\mathrm{T}}\wedge \mathrm{d}\overrightarrow{OO_\mathrm{T}}\right\|=\frac{1}{2}\left\|r\overrightarrow{e_r}\wedge\left(\mathrm{d}r\overrightarrow{e_r}+r\,\mathrm{d}\theta\overrightarrow{e_\theta}\right)\right\|=\frac{1}{2}r^2\,\mathrm{d}\theta$$

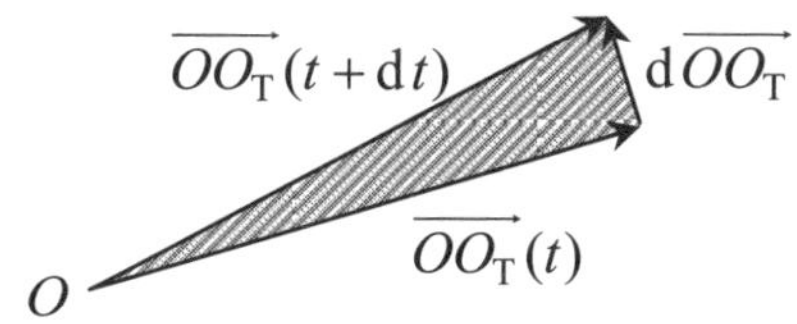

donc $\dfrac{\mathrm{d}S}{\mathrm{d}t}=\dfrac{1}{2}r^2\dot\theta=\dfrac{C}{2}$ (vitesse aréolaire).

L'aire balayée pendant une durée Δt est alors $\boxed{S_{\Delta t}=\dfrac{C}{2}\Delta t}$.

⇨ *Méthode 19.2*

3. Le périhélie (r minimal) correspond à un dénominateur maximal, donc à $\cos(\theta-\theta_0)=1$: alors $\boxed{r_\text{pér}=a(1-e)}$. De même l'aphélie ($r$ maximal) correspond à $\cos(\theta-\theta_0)=-1$: $\boxed{r_\text{aph}=a(1+e)}$. De plus en ces points $\dot r=0$ donc $\vec v=r\dot\theta\overrightarrow{e_\theta}=\dfrac{C}{r}\overrightarrow{e_\theta}$: $\boxed{v_\text{pér}=\dfrac{C}{r_\text{pér}}=\sqrt{\dfrac{Gm_\mathrm{S}(1+e)}{a(1-e)}}}$

et $\boxed{v_\text{aph}=\dfrac{C}{r_\text{aph}}=\sqrt{\dfrac{Gm_\mathrm{S}(1-e)}{a(1+e)}}}$.

4. $\dfrac{\mathrm{d}\theta}{\mathrm{d}t}=\dfrac{C}{r^2}=\dfrac{C[1+e\cos(\theta-\theta_0)]^2}{a^2(1-e^2)^2}$. On sépare les variables : $\mathrm{d}t=\dfrac{a^2(1-e^2)^2}{C[1+e\cos(\theta-\theta_0)]^2}\mathrm{d}\theta$. Et on intègre à partir d'un instant initial : $\boxed{t(\theta)=\displaystyle\int\frac{a^2(1-e^2)^2}{C[1+e\cos(\theta-\theta_0)]^2}\mathrm{d}\theta}$.

5. <u>La durée d'une saison est proportionnelle à l'aire balayée</u>, d'après la loi K2. La plus courte est donc celle qui contient le périhélie (3 janvier), c'est l'hiver ; l'automne est un peu plus long. La saison la plus longue est celle qui contient l'aphélie, soit l'été, et le printemps est un peu moins long.

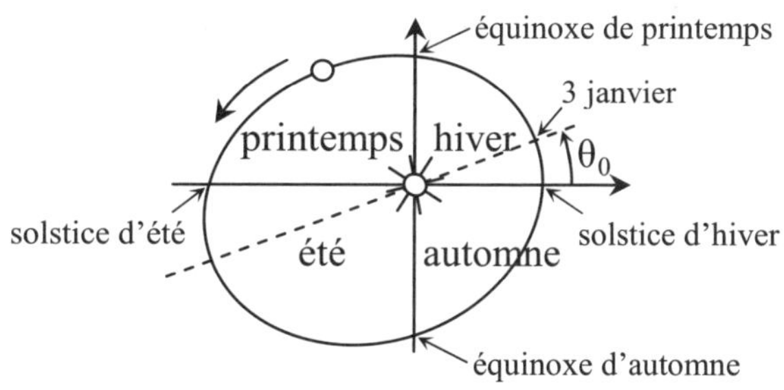

6. La valeur de $\dfrac{T^2}{a^3}$ est 1 avec T en années et a en ua.

Pour Mercure, $a^3=0{,}059$ ua^3 donc $\boxed{T=\sqrt{0{,}059}=0{,}24\text{ année (soit 88 jours)}}$.

Pour Neptune, $a^3=27000$ ua^3 donc $\boxed{T=\sqrt{27000}=160\text{ années}}$ (à deux chiffres significatifs).

Corrigé

Exercice 19.11

1. La force est $\boxed{\vec{F} = \dfrac{1}{4\pi\varepsilon_0}\dfrac{2Ze^2}{r^2}\vec{e_r}}$ $\left(\text{donc } K = \dfrac{Ze^2}{2\pi\varepsilon_0}\right)$ et l'énergie potentielle $\boxed{E_p = \dfrac{1}{4\pi\varepsilon_0}\dfrac{2Ze^2}{r}}$.

2. Dans le référentiel galiléen $\mathcal{R}$, la particule α n'est soumise qu'à la force conservative $\vec{F}$. Son énergie mécanique $E_m = E_c + E_p(r) = \dfrac{1}{2}mv^2 + \dfrac{1}{2\pi\varepsilon_0}\dfrac{Ze^2}{r}$ est donc constante au cours du temps.

Initialement $v \to v_0$ et $r \to \infty$ donc $\boxed{E_m = \dfrac{1}{2}mv_0^2}$.

3. Théorème du moment cinétique en O : $\dfrac{d\vec{L_O}}{dt} = \vec{\mathcal{M}_O}(\vec{F}) = \vec{OM} \wedge \vec{F} = \vec{0}$ (vecteurs colinéaires) donc $\vec{L_O}$ est constant. Avec les conditions initiales : $\vec{L_O} = m\left(x_0\vec{e_x} + b\vec{e_y}\right) \wedge \left(-v_0\vec{e_x}\right)$ soit $\boxed{\vec{L_O} = mbv_0\vec{e_z}}$. Enfin $\vec{L_O} = mr\vec{e_r} \wedge \left(\dot{r}\vec{e_r} + r\dot{\theta}\vec{e_\theta}\right)$ soit $\boxed{\vec{L_O} = mr^2\dot{\theta}\vec{e_z}}$ (donc $r^2\dot{\theta} = bv_0$).

⇨ *Méthode 19.2*

4. $E_m = \dfrac{1}{2}m(\dot{r}^2 + r^2\dot{\theta}^2) + E_p(r) = \dfrac{1}{2}m\left(\dot{r}^2 + \dfrac{b^2v_0^2}{r^2}\right) + \dfrac{1}{2\pi\varepsilon_0}\dfrac{Ze^2}{r}$ soit $E_m = \dfrac{1}{2}m\dot{r}^2 + E'_p(r)$ en posant $\boxed{E'_p(r) = \dfrac{1}{2}\dfrac{mb^2v_0^2}{r^2} + \dfrac{1}{2\pi\varepsilon_0}\dfrac{Ze^2}{r}}$. C'est l'énergie potentielle effective (ou efficace).

5. Lorsque r est minimal, sa dérivée $\dot{r}$ est nulle donc $\boxed{E_m = E'_p(r_{min})}$, soit $E_m = \dfrac{1}{2}\dfrac{mb^2v_0^2}{r_{min}^2} + \dfrac{1}{2\pi\varepsilon_0}\dfrac{Ze^2}{r_{min}}$ ou encore $\dfrac{1}{2}mv_0^2 = \dfrac{1}{2}\dfrac{mb^2v_0^2}{r_{min}^2} + \dfrac{K}{r_{min}}$ que l'on met sous forme d'une équation du second degré : $mv_0^2r_{min}^2 - 2Kr_{min} - mb^2v_0^2 = 0$. $\Delta' = K^2 + (mbv_0^2)^2 > 0$ d'où la racine positive : $r_{min} = \dfrac{K + \sqrt{K^2 + (mbv_0^2)^2}}{mv_0^2}$ soit $\boxed{r_{min} = \dfrac{K}{mv_0^2}\left(1 + \sqrt{1 + \left(\dfrac{mbv_0^2}{K}\right)^2}\right)}$.

6. $\boxed{b = \dfrac{K}{mv_0^2\tan(D/2)} = \dfrac{Ze^2}{2\pi\varepsilon_0 mv_0^2\tan(D/2)}}$. AN $\boxed{b_1 = 2{,}4\cdot10^{-14}\text{ m}}$ et $\boxed{b_2 = 0}$, d'où $\boxed{r_{min\,1} = 2{,}4\cdot10^{-14}\text{ m}}$ et $\boxed{r_{min\,2} = 2{,}7\cdot10^{-14}\text{ m}}$.

La taille caractéristique du noyau d'or (assez gros) est donc de l'ordre de $\boxed{10^{-14}\text{ m}}$, soit environ 10 000 fois plus petit que l'atome (10^{-10} m).

Chapitre 20
Description des systèmes thermodynamiques

William **Thomson** s'intéresse d'abord aux mathématiques. On lui doit en particulier cette phrase après l'introduction des vecteurs par William **Hamilton** dans le cadre de sa théorie des quaternions : *Le vecteur est une survivance superflue, ou le rejeton issu des quaternions, et n'a jamais été de la moindre utilité à quelconque être vivant !*
Thomson se tourne ensuite vers la physique et s'intéresse d'abord à l'électricité qu'il considère comme un fluide. À son retour à Glasgow, il effectue des recherches en thermodynamique et énonce en 1850 le deuxième principe, indépendamment de Rudolf **Clausius**. Passionné de tout, il décrit les vagues du sillage d'un navire, étudie les marées, invente le galvanomètre à cadre mobile et définit une échelle de température qui porte désormais son nom. En effet, il est anobli par la reine Victoria pour sa participation à la pose du câble télégraphique entre l'Irlande et Terre-Neuve et devient alors lord **Kelvin**.

William Thomson, lord Kelvin
1824-1907

Objectifs

Ce qu'il faut connaître

- ▷ Les différentes échelles de description d'un système
- ▷ La différence entre système ouvert, fermé et isolé
- ▷ Les propriétés respectives des grandeurs extensives et intensives
- ▷ La notion d'équilibre thermodynamique
- ▷ Les hypothèses du modèle du gaz parfait et son équation d'état
- ▷ L'équation d'état d'une phase condensée idéale
- ▷ Le diagramme d'équilibre (P,T), le point triple et le point critique
- ▷ Le diagramme de Clapeyron (P,v) pour l'équilibre liquide-gaz

Ce qu'il faut savoir faire

- ▷ Calculer une pression à partir d'une condition d'équilibre mécanique
- ▷ Déduire une température d'une condition d'équilibre thermique
- ▷ Comparer le comportement d'un gaz réel au modèle du gaz parfait
- ▷ Déterminer la composition d'un mélange diphasé en un point du diagramme de Clapeyron (P,v)
- ▷ Expliquer la problématique du stockage des fluides
- ▷ Déterminer la composition finale d'un système à l'issue d'une vaporisation

Résumé de cours

Différentes échelles de description d'un système

Libre parcours moyen

Dans un solide, les atomes occupent des positions bien définies autour desquelles ils vibrent légèrement. Dans un fluide (liquide ou gaz), les molécules sont libres de se déplacer. On appelle **libre parcours moyen**, noté ℓ_p, la distance moyenne parcourue par les constituants d'un fluide entre deux chocs successifs. Dans un liquide, où les molécules sont au contact les unes des autres, ℓ_p est inférieur au diamètre moléculaire, soit $\ell_p \sim 10^{-10}$ m. Dans un gaz à pression et température ambiantes, les molécules peuvent se déplacer avant de subir un choc sur des distances correspondant à plusieurs centaines de fois leur taille, d'où $\ell_p \sim 10^{-7}$ m.

Échelles microscopique, mésoscopique et macroscopique

– **Échelle microscopique** : un volume de l'ordre de ℓ_p^3 ne contient que quelques molécules ; celles-ci entrant et sortant du volume, leur nombre présente de fortes fluctuations relatives.

– **Échelle macroscopique** : elle correspond à la taille L des objets de notre quotidien ($L \sim 10^{-2}$ à 1 m). Un volume de l'ordre de L^3 contient un nombre de molécules de l'ordre du nombre d'Avogadro ($\mathcal{N}_A = 6{,}022 \cdot 10^{23}\ \text{mol}^{-1}$).

– **Échelle mésoscopique** : c'est une échelle intermédiaire entre les deux échelles précédentes, soit $\boxed{\ell_p \ll \ell \ll L}$. Un volume $d\tau$ de l'ordre de ℓ^3 est suffisamment petit à l'échelle macroscopique pour pouvoir être considéré comme ponctuel. Il contient toutefois suffisamment de molécule pour que leur nombre soit associé à des faibles fluctuations relatives. *La notion de moyenne statistique a donc un sens à l'échelle mésoscopique.* Par construction, les grandeurs définies à partir de ces moyennes (pression, température, masse volumique…) sont uniformes à l'échelle mésoscopique.

Systèmes thermodynamiques

On appelle **système** un corps ou un ensemble de corps séparés du **milieu extérieur** par une frontière (fictive ou matérielle). La réunion du système et de son milieu extérieur constitue l'**Univers**. Si le système est constitué d'un trop grand nombre de particules pour qu'une description individuelle de celles-ci soit envisageable, il est qualifié de **thermodynamique**.

En fonction de la nature des échanges entre le système et le milieu extérieur, on distingue :

– les systèmes **isolés** qui n'échangent ni matière ni énergie avec le milieu extérieur ;
– les systèmes **fermés** qui échangent de l'énergie mais pas de matière avec le milieu extérieur ;
– les systèmes **ouverts** qui échangent matière et énergie avec le milieu extérieur.

Grandeurs d'état et équilibre thermodynamique

Grandeurs d'état

Les propriétés à notre échelle d'un système thermodynamique peuvent être décrites à l'aide d'un petit nombre de grandeurs macroscopiques, appelées **grandeurs d'état**.

Par définition, il suffit de quatre grandeurs pour caractériser l'état d'un **fluide thermoélastique** :

- la **quantité de matière** n, dont l'unité SI est la mole (mol) ;
- la **pression** P, dont l'unité SI est le pascal (Pa) ;
- le **volume** V, dont l'unité SI est le mètre cube (m^3) ;
- la **température** (absolue) T, dont l'unité SI est le kelvin (K).

La température Celsius θ, exprimée en degrés Celsius (°C), est définie par $\theta = T - T_0$ avec $T_0 = 273{,}15\ \text{K}$.

Variables, équations et fonctions d'état

Toutes les grandeurs d'état ne sont *a priori* pas indépendantes. Les grandeurs d'état indépendantes, et en nombre suffisant, choisies pour décrire l'état macroscopique d'un système sont appelées **variables d'état**. Les autres grandeurs d'état s'en déduisent par une relation mathématique appelée **équation d'état**. Ainsi exprimées en fonction des variables d'état, ces grandeurs d'état sont alors qualifiées de **fonctions d'état**.

⇨ Méthode 20.1. Passer de l'équation d'état molaire à l'équation d'état extensive

Extensivité ou intensivité des grandeurs d'état

Les grandeurs **extensives** sont relatives au système entier et sont additives lors de la réunion de deux systèmes. Elles sont proportionnelles à la quantité de matière du système.

Les grandeurs **intensives** sont définies localement en chaque point M du système et sont indépendantes de la quantité de matière et de la taille du système. Un système dans lequel les grandeurs intensives ont même valeur en tout point est qualifié d'**homogène**.

Remarque

Le rapport de deux grandeurs extensives est une grandeur intensive.

Équilibre thermodynamique

Un système thermodynamique est dit en **équilibre thermodynamique** lorsque ses variables d'état sont définies et constantes au cours du temps et que tout échange de matière ou d'énergie avec le milieu extérieur a cessé.

Pour un fluide thermoélastique, en l'absence de champ de forces extérieur, l'existence d'un état d'équilibre thermodynamique impose la valeur de certaines variables d'état :

- en présence d'une paroi mobile ou déformable, égalité des pressions P à l'intérieur et P_{ext} à la frontière du système (équilibre mécanique) ;
- en présence d'une paroi diatherme, égalité des températures T à l'intérieur et T_{ext} à l'extérieur du système (équilibre thermique).

Remarques

L'équilibre mécanique est généralement atteint plus rapidement que l'équilibre thermique.

Hors équilibre, les grandeurs d'état ne sont pas forcément toutes définies.

Gaz parfait

Hypothèses constitutives du modèle du gaz parfait

- Les particules n'ont pas de volume propre.
- Les particules n'ont pas d'interaction à distance entre elles.

Équation d'état

L'équation d'état d'un gaz parfait est : $\boxed{PV = nRT}$

où $R = 8,314\ \mathrm{J \cdot K^{-1} \cdot mol^{-1}}$ est la constante des gaz parfaits.

Gaz réels

Pour des faibles valeurs de pression P ou des faibles concentrations n/V, le produit PV pour tout gaz réel tend vers la valeur prédite par l'équation des gaz parfaits, soit :

$$PV \xrightarrow[P \to 0 \text{ ou } n/V \to 0]{} nRT \,.$$

Phase condensée

On désigne par **phase condensée** un liquide ou un solide. Ces derniers étant peu compressibles et faiblement dilatables, on utilise généralement le modèle de la phase condensée incompressible et indilatable, ou phase condensée idéale, d'équation d'état : $\boxed{V = \text{cte}}$.

Corps pur diphasé

Phases, transitions de phase et équilibre

On appelle **phase** toute partie d'un système thermodynamique dans laquelle les paramètres intensifs sont des fonctions continues de l'espace.

Suivant les conditions de pression et de température, un corps pur peut se présenter sous différentes phases (ou **états**) : solide, liquide, gaz (ou vapeur). Quand un corps pur passe d'une phase à l'autre, on parle de **transition de phase** (ou **changement d'état**) :

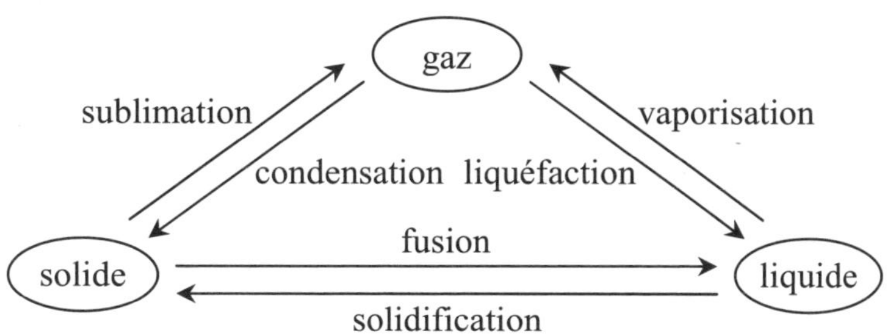

❑ Description dans le diagramme d'équilibre (P, T)

Un corps pur en équilibre sous deux phases est un système monovariant (une seule variable intensive indépendante). Dans un diagramme (P,T), un tel équilibre correspond donc à une courbe $P = f(T)$. Ces courbes d'équilibre délimitent les domaines d'existence du corps pur sous l'une des phases liquide, solide ou gaz.

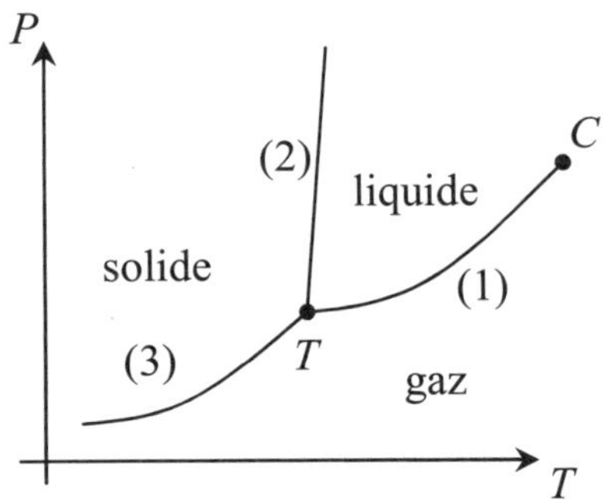

(1) est la **courbe de vaporisation** (équilibre liquide-gaz). La pression d'équilibre entre liquide et gaz à la température T est appelée **pression de vapeur saturante** $P = P_{\text{sat}}(T)$. Cette courbe se termine au **point critique** *C*, au-delà duquel la distinction entre état gazeux et état liquide n'existe plus ; on parle alors de fluide supercritique.

(2) est la **courbe de fusion** (équilibre liquide-solide). Elle est quasi verticale, de pente positive pour la plupart des corps mais négative pour l'eau.

(3) est la **courbe de sublimation** (équilibre solide-gaz).

Le point d'intersection de ces trois courbes est le **point triple** *T*. En ce point, le corps pur est en équilibre sous ses trois phases. Le système y est donc invariant : la pression et la température au point triple dépendent uniquement du corps pur considéré.

❑ Description de l'équilibre liquide-gaz en diagramme (P, v)

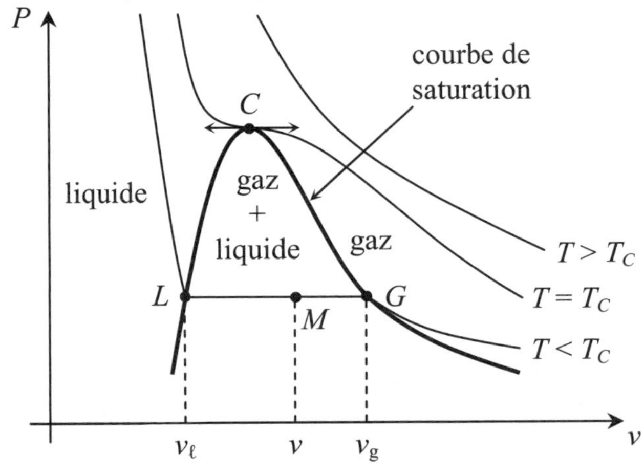

Courbe de saturation

Elle comporte deux parties :

– La **courbe d'ébullition**, à gauche du point critique *C*, est l'ensemble des points *L* pour lesquels le liquide est saturant (apparition de la première bulle de gaz).

– La **courbe de rosée**, à droite du point critique *C*, est l'ensemble des points *G* pour lesquels le gaz est saturant (apparition de la première goutte de liquide).

Isothermes d'Andrews

– Une courbe isotherme $T < T_C$ possède un palier dans la zone de coexistence du liquide et du gaz. En effet, à température T fixée, la pression à l'équilibre liquide-gaz est égale à la pression de vapeur saturante $P = P_{\text{sat}}(T)$. De plus, la pente d'une isotherme dans la zone où le système est gazeux est beaucoup plus faible que sa pente dans la zone où le système est liquide : la compressibilité des gaz (variation de v sous l'effet d'une variation de P) est beaucoup plus élevée que celle des liquides.

– L'isotherme $T = T_C$, appelée isotherme critique, présente un point d'inflexion à tangente horizontale au point critique C.

– Une isotherme $T > T_C$ ne possède pas de palier, car il n'y a plus de transition liquide-gaz.

Titres massiques

Pour un état diphasé, on appelle $\boxed{x_g = \frac{m_g}{m}}$ le **titre massique en gaz** et $x_\ell = \frac{m_\ell}{m}$ le titre massique en liquide : ils vérifient $x_\ell + x_g = 1$.

L'état du système correspondant à un point M sur un palier isotherme (volume massique moyen v), les proportions en liquide et en gaz sont données par les relations de proportionnalité :

$$\boxed{x_g = \frac{v - v_\ell}{v_g - v_\ell} = \frac{LM}{LG}} \text{ et } x_\ell = 1 - x_g = \frac{MG}{LG}.$$

⇨ **Méthode 20.2. Déterminer la composition d'un système à l'issue d'une vaporisation dans le vide ou dans un gaz inerte**

⇨ **Méthode 20.3. Expliquer la problématique du stockage des fluides**

Méthodes

Comment passer de l'équation d'état molaire à l'équation d'état pour une quantité quelconque de fluide ?

Méthode 20.1. Passer de l'équation d'état molaire à l'équation d'état extensive

Remplacer le volume molaire par son expression en fonction de V et n : $V_m = V/n$. L'équation d'état obtenue est alors celle d'une quantité quelconque n de fluide.

⇨ **Exercices 20.5, 20.6**

Par exemple, pour un gaz réel de Dieterici : $P(V_m - b) = RT \exp\left(-\dfrac{a}{RTV_m}\right)$.

On remplace V_m par son expression en fonction de V et n : $P\left(\dfrac{V}{n} - b\right) = RT \exp\left(-\dfrac{a}{RT\,V/n}\right)$.

En reformulant, on obtient l'équation d'état pour n moles : $P(V - nb) = nRT \exp\left(-\dfrac{na}{RTV}\right)$.

Comment déterminer l'état final d'un système pouvant exister sous phase liquide ou gazeuse ?

Méthode 20.2. Déterminer la composition d'un système à l'issue d'une vaporisation dans le vide

– On fait l'hypothèse que toute la masse m de liquide s'est vaporisée dans l'enceinte de volume V, et on calcule la pression $P = \dfrac{mRT}{MV}$ dans l'hypothèse du gaz parfait.
– Deux situations peuvent alors se présenter, en fonction de la valeur de P trouvée par rapport à la pression de vapeur saturante $P_{sat}(T)$.
(i) Si $P < P_{sat}(T)$, l'hypothèse de départ est correcte et P calculée est effectivement la pression du gaz.

(ii) Si $P > P_{sat}(T)$, l'hypothèse de départ et erronée : tout le liquide ne s'est pas vaporisé et la pression du gaz est en réalité égale à $P_{sat}(T)$ à l'équilibre. La composition du système à l'équilibre sous deux phases est alors obtenue par application de la relation de proportionnalité sur le palier de changement d'état.

⇨ **Exercice 20.7**

Une enceinte indéformable de volume $V = 10{,}0\ \text{L}$ est maintenue à la température constante $T_0 = 353\ \text{K}$ ($80°\text{C}$). On y introduit une masse $m = 1{,}00\ \text{g}$ d'eau liquide à la température $T_0 = 353\ \text{K}$. La vapeur d'eau est assimilée à un gaz parfait. On donne : $P_{sat}(353\ \text{K}) = 0{,}447\ \text{bar}$ la pression de vapeur saturante de l'eau à T_0, $R = 8{,}31\ \text{J}\cdot\text{K}^{-1}\cdot\text{mol}^{-1}$ la constante des gaz parfaits et $M = 18{,}0\ \text{g}\cdot\text{mol}^{-1}$ la masse molaire de l'eau. Sous quelle forme et dans quelles proportions l'eau liquide initialement introduite dans l'enceinte se trouve-t-elle à l'équilibre final ? Déterminer également la pression totale finale si l'enceinte est initialement vide.

En supposant que l'eau liquide a été totalement vaporisée, on calcule $P = \dfrac{mRT}{MV}$.

AN $P = 0{,}101\ \text{bar}$. Comme $P < P_{sat}(353\ \text{K})$, l'hypothèse est correcte : à l'équilibre final, l'enceinte contient $m = 1{,}00\ \text{g}$ de vapeur d'eau à $T_0 = 353\ \text{K}$, à la pression $\boxed{P = 0{,}101\ \text{bar}}$.

❑ Méthode 20.3. Expliquer la problématique du stockage des fluides

À partir du diagramme de Clapeyron (P, v) pour l'équilibre liquide-gaz, étudier comment varie la pression d'un mélange liquide-gaz lors d'un échauffement isochore, selon sa composition initiale, et en déduire le choix à faire pour éviter toute explosion.

⇨ **Exercice 20.8**

Pour diminuer leur encombrement, les fluides sont généralement stockés dans une bouteille sous la forme d'un mélange liquide-gaz. Une grande proportion de liquide permet de stocker une masse plus grande dans la bouteille, cependant cela peut poser un problème de sécurité s'il se produit un échauffement accidentel de la bouteille.
Si la température passe de la valeur initiale T_1 à une valeur supérieure T_2, la pression augmente : le volume de la bouteille étant constant et la masse de fluide également, le volume massique v est constant, ce qui correspond à une évolution verticale sur le diagramme.

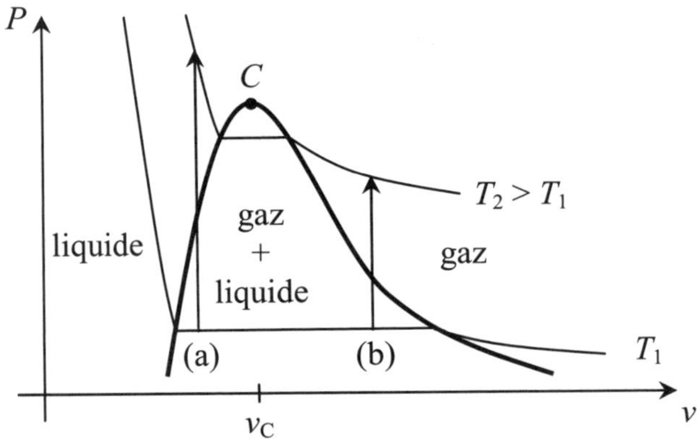

– Si le volume massique est supérieur à v_C, c'est-à-dire si le titre massique initial en vapeur est assez élevé (évolution (b) sur le diagramme), à la température T_2 le corps pur sera entièrement gazeux, à une pression inférieure à la pression de vapeur saturante $P_{\text{sat}}(T_2)$.

– En revanche, si le volume massique est inférieur à v_C, c'est-à-dire si la proportion initiale de vapeur est faible (évolution (a) sur le diagramme), à la température T_2 le corps pur sera entièrement liquide, et la pression peut alors prendre des valeurs extrêmement élevées, ce qui risque de provoquer l'explosion de la bouteille.

Il est donc préférable de stocker le mélange avec une proportion initiale de vapeur suffisamment grande pour avoir $v > v_C$.

■■ Vrai/Faux

		Vrai	Faux
1.	Un système fermé n’échange pas d’énergie avec l’extérieur.	☐	☐
2.	Un système fermé n’échange pas de matière.	☐	☐
3.	La densité moléculaire est une grandeur intensive.	☐	☐
4.	Les gaz réels suivent le modèle du gaz parfait aux très faibles pressions.	☐	☐
5.	Dans un diagramme (P,T), la pente de la courbe de fusion est toujours positive.	☐	☐
6.	Dans un diagramme (P,T), la pente de la courbe de vaporisation est toujours positive.	☐	☐
7.	La pression de vapeur saturante dépend uniquement de la température et du corps considéré.	☐	☐
8.	Un changement d’état a lieu à température et pression constante.	☐	☐
9.	À pression fixée, un changement d’état a lieu à température constante.	☐	☐
10.	Au point triple, l’état du système est parfaitement déterminé.	☐	☐
11.	À une température donnée, le gaz ne peut exister seul que pour une pression inférieure à la pression de vapeur saturante.	☐	☐

■■ Énoncé des exercices

■ Gaz parfait

❑ Exercice 20.1. Enceinte à deux compartiments

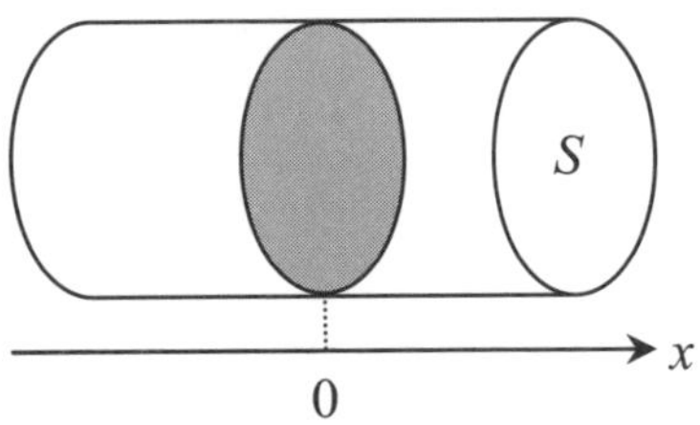

On place dans les deux compartiments d'une enceinte la même quantité n de deux gaz parfaits monoatomiques identiques. Ces deux compartiments sont séparés par un piston mobile de section S = 200 cm^2. Initialement, les deux gaz ont même température T_0 = 300 K, même volume $V_0 = 10{,}0$ L et même pression P_0 = 10,0 bar, et le piston est au centre de l'enceinte, à l'abscisse $x = 0$.

1. Calculer la quantité de matière n de gaz dans chacun des compartiments.
2. On élève la température du gaz du compartiment de gauche jusqu'à T_F = 350 K, tout en maintenant la température du compartiment de droite à T_0. Calculer l'abscisse x du piston une fois le nouvel état d'équilibre atteint.

❑ Exercice 20.2. Enceinte verticale à deux compartiments *

Un cylindre vertical, de section S, fermé aux deux bouts, est séparé en deux compartiments égaux étanches par un piston sans frottements, de forme cylindrique, et homogène (masse surfacique $\sigma = 136\ \text{g}\cdot\text{cm}^{-2}$). Chaque compartiment, de hauteur h = 0,50 m, contient un gaz parfait à T_0 = 273 K ; la pression dans le compartiment inférieur est P_1 = 1,33 bar. L'intensité de la pesanteur est $g = 9{,}8\ \text{m}\cdot\text{s}^{-2}$.

1. Déterminer la pression P_2 dans le compartiment supérieur.
2. On chauffe l'ensemble du système à T = 373 K. Déterminer le déplacement x du piston.
3. À partir de la situation initiale, on retourne maintenant le cylindre de bas en haut, la température restant égale à T_0. Déterminer le déplacement x' du piston.

(Pour ces deux questions, on établira littéralement l'équation du second degré donnant x ou x', mais on pourra la résoudre directement avec les valeurs numériques.)

❑ Exercice 20.3. Étude d'une pompe*

Deux réservoirs, de même volume V, sont mis en communication par une pompe dont le cylindre a un volume maximal v. À l'instant initial, les deux réservoirs contiennent deux gaz parfaits identiques à la même pression P_0 et à la même température T_0. Le piston est initialement en position haute, de telle sorte que le volume du cylindre est nul au début de l'expérience.

À la descente du piston, la soupape S_1 est ouverte et la soupape S_2 est fermée. À la remontée du piston, la soupape S_1 est fermée et la soupape S_2 est ouverte.

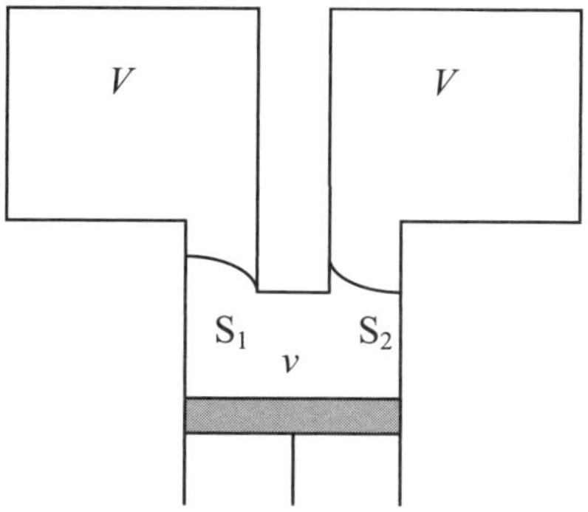

On note P_n^{g} et P_n^{d} les pressions respectivement dans le réservoir de gauche et le réservoir de droite après n aller-retours du piston, depuis sa position haute initiale. On suppose que toutes les transformations s'effectuent de manière isotherme, et que le système constitué par le gaz contenu dans les deux réservoirs et le cylindre est fermé.

1. En utilisant une loi de conservation, établir une relation entre P_n^{g}, P_n^{d} et P_0.

2. Quelle est la relation entre P_{n-1}^{g} et P_n^{g} ? En déduire les expressions de P_n^{g} puis de P_n^{d} en fonction de P_0, V et v.

D'après oraux Centrale-Supélec

❑ Exercice 20.4. Distribution de Maxwell-Boltzmann**

Un gaz parfait, en équilibre thermique dans une enceinte à la température T est constitué de N molécules de masse m. Les chocs moléculaires se traduisent par une répartition aléatoire des vitesses des molécules suivant la distribution de Maxwell-Boltzmann. Ainsi, le nombre de molécules de l'enceinte dont le module de la vitesse est compris entre v et $v+\mathrm{d}v$ est donné par : $\mathrm{d}N_v = N\left(\dfrac{m}{2\pi k_B T}\right)^{3/2}\exp\left(-\dfrac{mv^2}{2k_B T}\right)4\pi v^2\,\mathrm{d}v = N\,f(v)\,\mathrm{d}v$.

1. Que représente la quantité $f(v)\mathrm{d}v$? Donner l'allure de la fonction $f(v)$.

2. Calculer la vitesse moyenne $\langle v\rangle$ et la vitesse quadratique moyenne u d'une molécule de ce gaz, en fonction de k_B (constante de Boltzmann), T et m, puis en fonction de R (constante des gaz parfaits), T et M (masse molaire). On rappelle que $R = k_B\mathcal{N}_A$ avec $\mathcal{N}_A$ le nombre d'Avogadro, et on donne : $I_k = \displaystyle\int_0^\infty e^{-\alpha x^2}x^k\,\mathrm{d}x$, $I_0 = \dfrac{1}{2}\sqrt{\dfrac{\pi}{\alpha}}$, $I_1 = \dfrac{1}{2\alpha}$, $I_k = \dfrac{k-1}{2\alpha}I_{k-2}$.

3. Donner les valeurs numériques de $\langle v\rangle$ et u pour le diazote à $T = 273\ \mathrm{K}$, sachant que $M(N) = 14{,}0\ \mathrm{g\cdot mol^{-1}}$ et $R = 8{,}31\ \mathrm{J\cdot K^{-1}\cdot mol^{-1}}$. Commenter.

4. Déduire de ce qui précède l'expression de l'énergie cinétique moyenne d'une molécule en fonction de k_B et T.

5. En utilisant la loi des gaz parfaits, montrer que la pression est donnée par : $P = \dfrac{1}{3}n^* m\,u^2$ avec n^* la densité moléculaire.

6. Le trajet en ligne droite effectué par une molécule de gaz entre deux chocs s'appelle le libre parcours moyen. Il est donné par la relation suivante : $\ell_p = \dfrac{1}{\pi\sqrt{2}\sigma^2 n^*}$

où σ est le diamètre des molécules. Pour le diazote, on donne $\sigma = 3{,}77\cdot 10^{-10}\ \mathrm{m}$.

Exprimer ℓ_p en fonction des variables P et T. Calculer ℓ_p pour du diazote lorsque $T = 273\ \mathrm{K}$ et $P = 1{,}00\cdot 10^5\ \mathrm{Pa}$. Que devient cette valeur si la pression est réduite d'un facteur 10^8 ? Pourquoi dit-on qu'à très basse pression, les phénomènes de paroi sont prépondérants ?

D'après Concours commun polytechnique

■ Gaz réels

☐ Exercice 20.5. Étude d'un gaz réel de Clausius

1. Donner l'équation d'état d'un gaz parfait. Quelles sont les deux hypothèses qui définissent, au niveau microscopique, un gaz parfait ?

2. L'argon est un gaz noble qui peut être modélisé, aux faibles pressions, par l'équation d'état molaire : $P(V_m - b) = RT$ où R est la constante des gaz parfaits, et b une constante positive caractéristique de ce gaz.

a) Écrire cette équation d'état pour une quantité de matière n quelconque.

b) Quelle est l'hypothèse du gaz parfait qui reste valable pour ce gaz, et quelle est celle qui ne l'est plus ?

c) Tracer l'allure de quelques courbes isothermes (ensembles de points pour une valeur de T fixée) en coordonnées d'Amagat, c'est-à-dire $y = PV$ en fonction de P. Si on obtient de telles isothermes expérimentalement, comment en déduire la valeur de b ?

d) Déterminer la limite du produit PV quand P tend vers 0 et commenter le résultat obtenu.

☐ Exercice 20.6. Étude d'un gaz réel de Van der Waals*

Soit un gaz réel monoatomique dont l'équation d'état molaire est $\left(P + \frac{a}{V_m^{\ 2}}\right)(V_m - b) = RT$ où $R = 8{,}314\ \mathrm{J \cdot K^{-1} \cdot mol^{-1}}$ est la constante des gaz parfaits, et a et b des constantes positives caractéristiques de ce gaz.

1. Donner l'équation d'état correspondante pour une quantité quelconque (n moles).

2. Laquelle des deux constantes a ou b est-elle associée à l'existence d'un volume propre pour les molécules ? Quelle autre hypothèse constitutive du modèle du gaz parfait est mise en défaut par la présence de l'autre constante ?

3. Montrer que dans l'approximation $\frac{b}{V_m} \ll 1$ des volumes élevés, on a $PV_m = RT\left(1 + \frac{A(T)}{V_m}\right)$ avec $A(T)$ une fonction qu'on exprimera en fonction des données du problème. On pourra utiliser la relation approchée $(1+x)^\alpha \simeq 1 + \alpha x$ pour $x \ll 1$.

4. Dans le cadre de l'approximation de la question précédente, montrer qu'il existe une température T_M, appelée température de Mariotte, pour laquelle ce gaz se comporte comme un gaz parfait. Calculer T_M pour le diazote de coefficients $a = 0{,}137\ \mathrm{J \cdot m^3 \cdot mol^{-2}}$ et $b = 3{,}87 \cdot 10^{-5}\ \mathrm{m^3 \cdot mol^{-1}}$.

■ Corps pur diphasé

❑ Exercice 20.7. Transformations de masses d'eau

1. De la vapeur d'eau sèche, assimilée à un gaz parfait, se trouve à 300 °C sous une pression de 10,0 bar ; on la refroidit à volume constant jusqu'à 150 °C.

a) Sur un schéma en coordonnées de Clapeyron, tracer la courbe de saturation et les deux isothermes 150 °C et 300 °C, puis représenter la transformation (il faudra envisager deux possibilités).

b) Déterminer l'état final (composition et pression).

2. On prend maintenant 0,10 m^3 d'eau liquide et 0,90 m^3 de vapeur d'eau en équilibre sous une pression de 4,76 bar. Un transfert thermique isobare porte la température à 200 °C.

a) Quelle est la masse totale du mélange ?

b) Représenter la transformation dans le diagramme de Clapeyron précédent, et déterminer le volume final.

Données pour l'eau : masse molaire $M = 18{,}0\ \text{g}\cdot\text{mol}^{-1}$; à 150 °C, pression de vapeur saturante $P_s = 4{,}76$ bar, volumes massiques $v_\ell = 1{,}09\cdot10^{-3}\ \text{m}^3\cdot\text{kg}^{-1}$, $v_v = 0{,}393\ \text{m}^3\cdot\text{kg}^{-1}$.
La constante des gaz parfaits est $R = 8{,}314\ \text{J}\cdot\text{K}^{-1}\cdot\text{mol}^{-1}$.

❑ Exercice 20.8. Stockage dans un ballon d'eau chaude

On souhaite stocker une masse m d'eau dans un ballon d'eau chaude modélisé par une cuve fermée, indéformable et de volume $V_0 = 200\ \text{L}$. Pour simplifier, on suppose qu'il est initialement vide. Suite à un échauffement accidentel, l'eau maintenue à $T_0 = 333\ \text{K}$ (soit $\theta_0 = 60\ °\text{C}$) passe à la température $T = 773\ \text{K}$ (soit $\theta = 500\ °\text{C}$). La vapeur d'eau est assimilée à un gaz parfait de constante $R = 8{,}31\ \text{J}\cdot\text{K}^{-1}\cdot\text{mol}^{-1}$. L'équation d'état de l'eau liquide dans le domaine étudié autour de ($P_0 = 1{,}00\ \text{bar}$, $T_0 = 293\ \text{K}$) est donnée par $\ln\left(\dfrac{V}{V_0}\right) = \alpha(T - T_0) + \chi_T(P - P_0)$ avec $\alpha = 3{,}0\cdot10^{-4}\ \text{K}^{-1}$ et $\chi_T = 5{,}0\cdot10^{-10}\ \text{Pa}^{-1}$. On note $M = 18{,}0\ \text{g}\cdot\text{mol}^{-1}$ la masse molaire de l'eau.

1. Lorsqu'il est rempli, le ballon contient $m = m_1 = 100\ \text{kg}$ d'eau.

a) En utilisant le diagramme de Clapeyron (P, v) fourni (en échelles logarithmiques), déterminer la composition du mélange liquide-gaz dans le ballon à T_0.

b) Sous quelle forme trouve-t-on l'eau après l'échauffement accidentel ? Déterminer la pression P_1 correspondante et commenter.

2. Le ballon est maintenant presque vide et contient seulement $m = m_2 = 400\ \text{g}$. Reprendre les questions précédentes et déterminer la pression P_2 à l'issue de l'échauffement. Conclusion ?

Diagramme (P,v) de l'eau

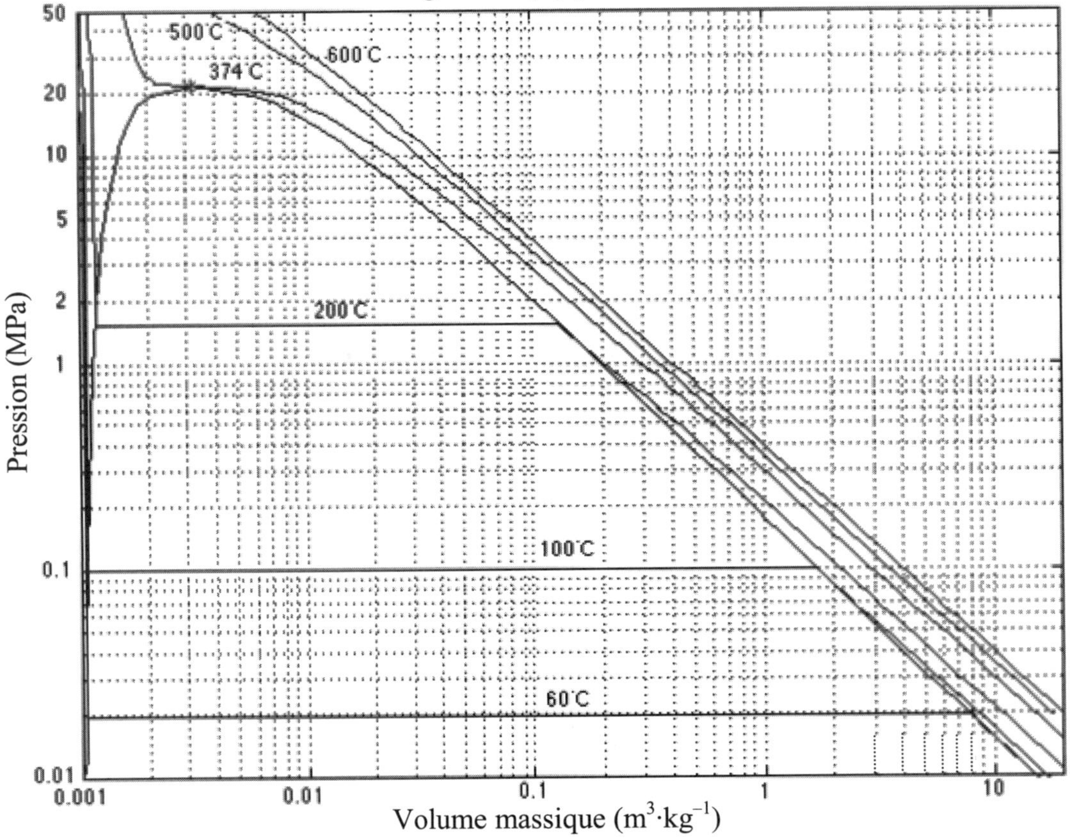

Pour vous aider à démarrer

Exercice 20.1. Traduire la condition d'équilibre en une relation entre les pressions dans les deux compartiments.
Exercice 20.2. À la question 1, écrire l'équilibre mécanique du piston. Pour la suite, attention : la quantité de matière n'est pas la même en haut et en bas.
Exercice 20.4. Raisonner en termes de probabilités.
Exercice 20.7. Question 1 : commencer par placer sur le diagramme le point représentant l'état initial, et déterminer à quel type de « trajet » correspond une évolution isochore ; on constatera alors que le point final peut se trouver dans deux zones différentes, et on tranchera entre les deux cas avec la méthode 20.2 (hypothèse et vérification).
Exercice 20.8. Déterminer dans chaque cas le volume massique.

Corrigé des vrai/faux

1.	2.	3.	4.	5.	6.	7.	8.	9.	10.	11.
faux	vrai	vrai	vrai	faux	vrai	vrai	faux	vrai	faux	vrai

1. Un système fermé n'échange pas de matière mais peut échanger de l'énergie avec l'extérieur.

3. C'est le rapport de deux grandeurs extensives : la quantité de matière sur le volume.

5. Pour l'eau et quelques autres corps, la pente de la courbe de fusion est négative.

8. Pas forcément. En revanche, si on fixe la valeur d'un des deux paramètres intensifs, pression ou température, alors l'autre prend une valeur bien déterminée tout au long de l'équilibre de changement d'état (équilibre monovariant).

10. Tous les paramètres intensifs sont déterminés par la « nature ». En revanche les paramètres extensifs, tels que la quantité de matière ou la masse, peuvent prendre des valeurs quelconques.

❑ Les erreurs classiques

– Attention à bien utiliser la température absolue T (en kelvins) dans les formules, et non la « température Celsius » qui est une grandeur différente θ (ce n'est pas un simple changement d'unité).
– Les erreurs sont fréquentes dans les calculs numériques où on doit multiplier différentes grandeurs, parce que les unités SI ne sont pas les unités les plus usuelles : les pressions doivent être exprimées en pascals (et non en bars), les volumes en mètres cubes (et non en litres), les masses en kilogrammes (et non en grammes)…

Corrigé

Corrigé des exercices

Exercice 20.1

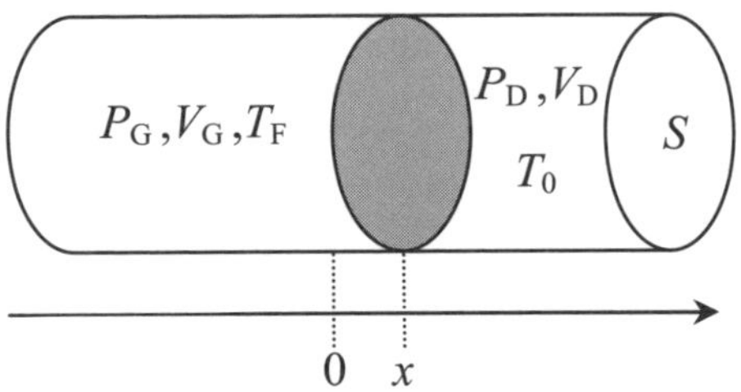

1. Utilisons l'équation d'état du gaz parfait : $\boxed{n = \dfrac{P_0 V_0}{RT_0}}$.

AN $n = \dfrac{10 \cdot 10^5 \times 10 \cdot 10^{-3}}{8{,}31 \times 300}$ soit $\boxed{n = 4{,}01 \text{ mol}}$.

2. Supposons que le chauffage du compartiment de gauche provoque un déplacement du piston vers la droite d'abscisse x : $V_G = V_0 + Sx$ et $V_D = V_0 - Sx$.

Loi des gaz parfait des les deux compartiments : $P_G(V_0 + Sx) = nRT_F$ et $P_D(V_0 - Sx) = nRT_0$.

Équilibre mécanique : $P_G = P_D$ d'où $\boxed{x = \dfrac{V_0}{S}\dfrac{T_F - T_0}{T_F + T_0}}$. AN $x = \dfrac{10 \cdot 10^{-3}}{200 \cdot 10^{-4}}\dfrac{350 - 300}{350 + 300}$ soit $\boxed{x = 3{,}85 \text{cm}}$.

Exercice 20.2

1. Le piston est soumis à son poids et aux forces de pression des deux compartiments.

PFD à l'équilibre : $\vec{P} + \overrightarrow{F_{p1}} + \overrightarrow{F_{p2}} = \vec{0}$. Projection sur $\overrightarrow{e_x}$ (ascendant) : $-\sigma S g + P_1 S - P_2 S = 0$ d'où $\boxed{P_2 = P_1 - \sigma g}$. AN $\boxed{P_2 = 1{,}20 \text{ bar}}$.

2. À l'état initial et à l'état final : $P_2 = P_1 - \sigma g$; $P_2' = P_1' - \sigma g$. Conservation de la matière dans chaque compartiment : $\dfrac{P_1' S(h+x)}{RT} = \dfrac{P_1 S h}{RT_0}$; $\dfrac{P_2' S(h-x)}{RT} = \dfrac{P_2 S h}{RT_0}$. En combinant ces équations on obtient $P_2 \dfrac{T}{T_0}\dfrac{h}{h-x} = P_1 \dfrac{T}{T_0}\dfrac{h}{h+x} - \sigma g$. On multiplie par $T_0(h-x)(h+x)$:

$P_2 T h(h+x) - P_1 T h(h-x) + \sigma g T_0 (h^2 - x^2) = 0$ d'où finalement l'équation du second degré : $\boxed{\sigma g T_0 x^2 - (P_1 + P_2) T h x + \sigma g (T - T_0) h^2 = 0}$. Solutions : $x = 13$ m (impossible) ou $\boxed{x = 7{,}1 \text{ mm}}$.

3. Maintenant $P_2' = P_1' + \sigma g$; $P_1' S(h - x') = P_1 S h$; $P_2' S(h + x') = P_2 S h$ (et toujours $P_2 = P_1 - \sigma g$) d'où l'équation du second degré : $\boxed{\sigma g x'^2 - (P_1 + P_2) h x' - 2\sigma g h^2 = 0}$. Solutions : $x' = 9{,}5$ m (impossible) ou $\boxed{x' = -5{,}2 \text{ cm}}$.

Exercice 20.3

1. Soient n_0 la quantité de matière initiale, n_g et n_d les quantités de matière respectivement dans le réservoir de gauche et le réservoir de droite. Conservation de la matière pour le système fermé constitué par le gaz contenu dans les deux réservoirs après n coups de piston :

$n_0 = n_g + n_d$. La transformation étant isotherme, la température du système est constante, d'où, d'après la loi des gaz parfaits : $P_0 \cdot 2V = P_n^g \cdot V + P_n^d \cdot V$ soit $\boxed{2P_0 = P_n^g + P_n^d}$.

2. Après $n-1$ coups de piston, le piston est en position haute et la pression dans le réservoir de gauche vaut P_{n-1}^g. La première moitié du n-ième coup de piston correspond à une descente de celui-ci avec S_1 ouverte et S_2 fermée. La quantité de matière contenu dans le réservoir de gauche à l'issu du $(n-1)$-ième coup de piston passe donc de manière isotherme d'un volume V à un volume $V+v$, d'où $\boxed{P_{n-1}^g V = P_n^g (V+v)}$. Par récurrence, on obtient $\boxed{P_n^g = P_0\left(\frac{V}{V+v}\right)^n}$. En utilisant les résultats de la question 1., on en déduit $\boxed{P_n^d = P_0\left[2-\left(\frac{V}{V+v}\right)^n\right]}$.

> ✐ *P_n^g décroît avec n alors que P_n^d croît avec n. On retrouve bien le résultat que laissait entrevoir l'étude du fonctionnement des soupapes et du piston : le gaz contenu dans le réservoir de gauche est transféré par la pompe dans le réservoir de droite.*

3. Les molécules de diazote pourraient échapper à l'attraction terrestre si $u_{N_2} > v_\ell / 10$ soit $\boxed{T > T_0 = \frac{M v_\ell^2}{500R}}$. AN $\boxed{T_0 = 815 \text{ K}}$, température de l'atmosphère (heureusement) impossible à la surface de la Terre.

Exercice 20.4

1. $f(v)\,\mathrm{d}v = \frac{\mathrm{d}N_v}{N}$ est la probabilité qu'une molécule ait le module de sa vitesse compris entre v et $v + \mathrm{d}v$. La fonction $f(v)$ tend vers 0 pour $v \to 0$ et $v \to \infty$. Comme elle est toujours positive, elle passe par un maximum pour une certaine valeur de v (vitesse la plus probable).

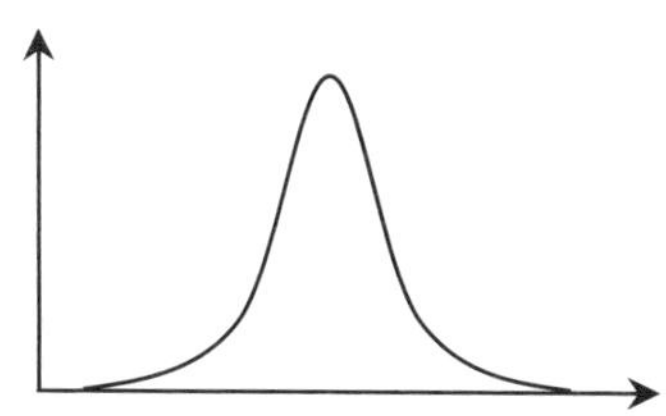

2. Par définition, $\langle v \rangle = \int_0^\infty v f(v)\,\mathrm{d}v$ et $u = \sqrt{\int_0^\infty v^2 f(v)\,\mathrm{d}v}$.

On injecte la distribution $f(v)$ dans l'intégrale :

$$\langle v \rangle = 4\pi\left(\frac{m}{2\pi k_B T}\right)^{3/2}\int_0^\infty v^3 \exp\left(-\frac{mv^2}{2k_B T}\right)\mathrm{d}v = 4\pi\left(\frac{\alpha}{\pi}\right)^{3/2}\int_0^\infty v^3 \exp\left(-\alpha v^2\right)\mathrm{d}v \quad \text{avec} \quad \alpha = \frac{m}{2k_B T}$$

donc $\langle v \rangle = 4\pi\left(\frac{\alpha}{\pi}\right)^{3/2} I_3 = 4\pi\left(\frac{\alpha}{\pi}\right)^{3/2}\frac{I_1}{\alpha} = 4\pi\left(\frac{\alpha}{\pi}\right)^{3/2}\frac{1}{2\alpha^2} = \sqrt{\frac{4}{\pi\alpha}}$ soit $\boxed{\langle v \rangle = \sqrt{\frac{8k_B T}{\pi m}}}$.

De même : $u^2 = 4\pi\left(\dfrac{m}{2\pi k_B T}\right)^{3/2}\displaystyle\int_0^\infty v^4 \exp\left(-\dfrac{mv^2}{2k_B T}\right)\mathrm{d}v = 4\pi\left(\dfrac{\alpha}{\pi}\right)^{3/2}\int_0^\infty v^4 \exp\left(-\alpha v^2\right)\mathrm{d}v$ avec

$\alpha = \dfrac{m}{2k_B T}$ donc $u^2 = 4\pi\left(\dfrac{\alpha}{\pi}\right)^{3/2} I_4 = 4\pi\left(\dfrac{\alpha}{\pi}\right)^{3/2}\dfrac{3I_2}{2\alpha} = 4\pi\left(\dfrac{\alpha}{\pi}\right)^{3/2}\dfrac{3I_1}{4\alpha^2} = 4\pi\left(\dfrac{\alpha}{\pi}\right)^{3/2}\dfrac{3}{8\alpha^2}\sqrt{\dfrac{\pi}{\alpha}} = \dfrac{3}{2\pi\alpha}$

soit $\boxed{u = \sqrt{\dfrac{3k_B T}{m}}}$. De plus $\dfrac{M}{m} = \dfrac{R}{k_B} = \mathcal{N}_A$ donc $\boxed{\langle v\rangle = \sqrt{\dfrac{8RT}{\pi M}}}$ et $\boxed{u = \sqrt{\dfrac{3RT}{M}}}$.

Ici m n'est pas la masse du système mais celle d'une molécule, donc ne pas écrire aveuglément m = n M comme on l'écrit souvent en chimie.

3. $M(N_2) = 28{,}0\ \mathrm{g\cdot mol^{-1}}$ d'où $\boxed{\langle v\rangle = 454\ \mathrm{m\cdot s^{-1}}}$ et $\boxed{u = 493\ \mathrm{m\cdot s^{-1}}}$. Ces deux vitesses sont du même ordre de grandeur (et elles sont également du même ordre de grandeur que la vitesse la plus probable évoquée en 1).

Ne pas oublier de convertir la masse molaire en unité SI, qui est le $\mathrm{kg\cdot mol^{-1}}$.

4. Énergie cinétique moyenne : $\langle E_c\rangle = \dfrac{1}{2}m\langle v^2\rangle = \dfrac{1}{2}mu^2$ soit $\boxed{\langle E_c\rangle = \dfrac{3}{2}k_B T}$.

5. Équation des gaz parfaits : $P = \dfrac{nRT}{V} = \dfrac{Nk_B T}{V} = n^* k_B T$. Or d'après la question 2, $T = \dfrac{mu^2}{3k_B}$

d'où $\boxed{P = \dfrac{1}{3}n^* m u^2}$.

6. Avec $n^* = \dfrac{P}{k_B T}$, on obtient $\ell_p = \dfrac{k_B T}{\pi\sqrt{2}\sigma^2 P}$. AN Pour $T = 273\ \mathrm{K}$ et $P = 1{,}00\cdot 10^5\ \mathrm{Pa}$: $\boxed{\ell_p = 4{,}41\cdot 10^{-8}\ \mathrm{m}}$. Pour une diminution de la pression d'un facteur 10^8, $\boxed{\ell_p = 4{,}41\ \mathrm{m}}$. Aux très basses pressions, ℓ_p peut devenir nettement supérieur aux dimensions de l'enceinte contenant le gaz. Dans ce cas, les chocs des particules sur les parois deviennent beaucoup plus fréquents que les chocs des particules entre elles.

Exercice 20.5

1. Équation d'état d'un gaz parfait : $\boxed{PV = nRT}$. Les particules d'un gaz parfait sont supposées sans volume propre et sans interactions à distance entre elles.

2. a) En remplaçant V_m par V/n, on obtient $\boxed{P(V - nb) = nRT}$.

⇨ *Méthode 20.1*

b) L'équation d'état précédente diffère de l'équation d'état du gaz parfait par le volume accessible aux molécules : celui-ci est $V - nb < V$ pour le gaz réel considéré, alors qu'il est V pour le gaz parfait. Cette différence correspond à l'attribution d'un volume propre aux molécules du gaz réel. En revanche, les interactions à distance entre particules sont ici négligées comme dans le modèle du gaz parfait.

c) L'équation d'état peut se réécrire : $PV = nRT + nbP$. En coordonnées d'Amagat, les isothermes sont donc des droites de pente nb et d'ordonnée à l'origine égale à nRT.

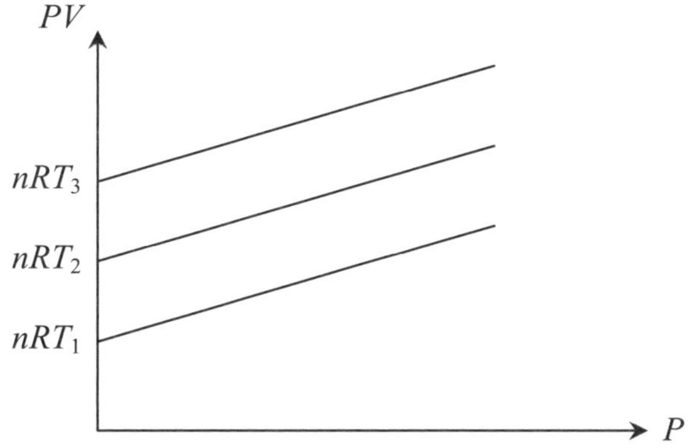

On obtient donc b en calculant la pente des courbes et en divisant par la quantité de matière n.

d) $\boxed{PV \xrightarrow[P\to 0]{} nRT}$: aux basses pressions, on retrouve pour tout gaz réel la valeur prédite par le modèle du gaz parfait.

Exercice 20.6

1. En remplaçant V_m par V/n, on obtient $\boxed{\left(P + \frac{n^2 a}{V^2}\right)(V - nb) = nRT}$.

⇨ *Méthode 20.1*

2. La constante b est associée à l'existence d'un volume propre. La constante a est ainsi liée aux interactions à distance entre les particules du gaz. En effet, en réécrivant l'équation d'état pour $b = 0$ sous la forme $P = \frac{nRT}{V} - \frac{n^2 a}{V^2} = P^{\text{GP}} - \frac{n^2 a}{V^2}$, on constate que la pression qu'exercerait ce gaz sur une paroi est inférieure à la pression qu'exercerait le gaz parfait correspondant. Ce résultat est conforme à la nature attractive de l'interaction entre les molécules dans un gaz réel.

3. L'équation de Van der Waals s'écrit $PV = \frac{RT}{1 - \frac{b}{V_m}} - \frac{a}{V_m}$. Pour des volumes élevés, on a ainsi

$PV \simeq RT\left(1 + \frac{b}{V_m}\right) - \frac{a}{V_m} = RT\left[1 + \left(b - \frac{a}{RT}\right)\frac{1}{V}\right]$ soit la relation demandé $\boxed{PV_m = RT\left(1 + \frac{A(T)}{V_m}\right)}$ avec $\boxed{A(T) = b - \frac{a}{RT}}$.

4. Le gaz parfait étant caractérisé par son équation d'état $PV_m = RT$, la température de Mariotte est solution de $A(T_M) = 0$, soit $\boxed{T_M = \frac{a}{bR}}$. AN $\boxed{T_M = 426\ \text{K}}$.

Exercice 20.7

1. a) L'état initial se trouve dans la zone de vapeur seule (à droite de la courbe de saturation). Le refroidissement isochore correspond alors à un segment vertical.

On peut envisager deux possibilités pour l'état final :

– (1) le système est toujours entièrement gazeux, et le point représentant l'état final se trouve dans la zone de vapeur seule ;

– (2) une partie du gaz s'est liquéfiée, et le point représentant l'état final se trouve dans la zone diphasée.

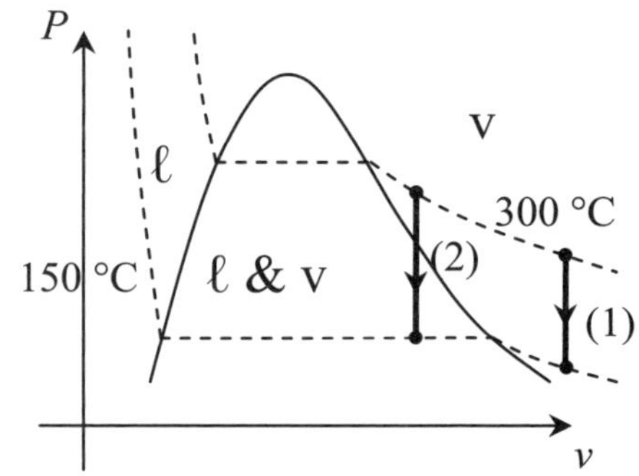

b) – Hypothèse (1) : gaz seul (vapeur sèche). Alors pour un gaz parfait : $V = \text{cte} \Leftrightarrow \dfrac{T}{P} = \text{cte} \Leftrightarrow P_f = P_i \dfrac{T_f}{T_i}$. AN $P_f = 10{,}0 \dfrac{423}{573} = 7{,}38\,\text{bar} > P_s(T_f)$ donc cette hypothèse ne convient pas (la vapeur sèche ne peut exister que pour $P_f \leq P_s(T_f)$).

– Hypothèse (2) : mélange diphasé. Alors $\boxed{P_f = P_s(T_f) = 4{,}76\,\text{bar}}$ et il reste à déterminer les proportions des deux phases, c'est-à-dire le titre massique en vapeur x_v. Or l'état gazeux initial permet d'obtenir le volume massique moyen du système (qui reste constant) :

$v = \dfrac{V}{m} = \dfrac{V}{nM} = \dfrac{RT_i}{P_i M} = 0{,}265\,\text{m}^3\cdot\text{kg}^{-1}$. Alors $x_v = \dfrac{v - v_\ell}{v_v - v_\ell} = \dfrac{RT_i/M\,P_i - v_\ell}{v_v - v_\ell}$.

AN $x_v = 0{,}673$ (soit 67,3 % de vapeur et 32,7 % de liquide).

On trouve bien $0 < x_v < 1$ donc l'hypothèse est valide.

➪ *Méthode 20.2*

2. a) On repart d'un point sur le palier précédent.

Masse totale : $\boxed{m = m_v + m_\ell = \dfrac{V_v}{v_v} + \dfrac{V_\ell}{v_\ell}}$.

AN $\boxed{m = 2{,}3 + 91{,}7 = 94\ \text{kg}}$.

(Il y a donc initialement 97,6 % de liquide : le point de départ est proche de l'extrémité gauche du palier.)

b) Cette fois on se déplace horizontalement (P = cte), jusqu'à rejoindre l'isotherme 200 °C, donc nécessairement vers la droite jusqu'à un point de la zone de vapeur seule.

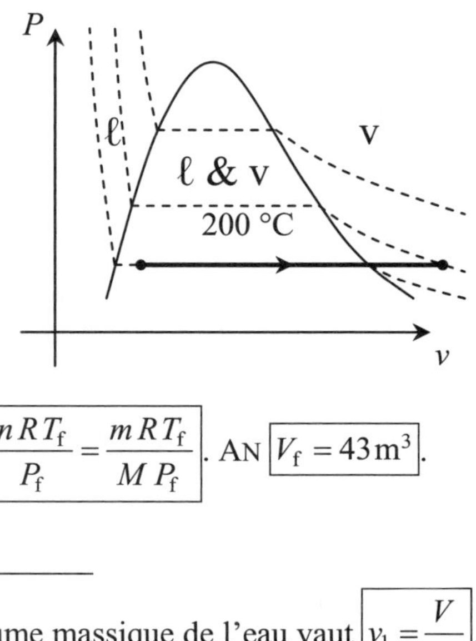

On peut alors utiliser l'équation d'état du gaz parfait : $\boxed{V_f = \dfrac{nRT_f}{P_f} = \dfrac{mRT_f}{M\,P_f}}$. AN $\boxed{V_f = 43\,\text{m}^3}$.

Exercice 20.8

1. a) Compte tenu de la masse d'eau dans le ballon, le volume massique de l'eau vaut $\boxed{v_1 = \dfrac{V}{m_1}}$.

AN $\boxed{v_1 = 2{,}0\cdot 10^{-3}\ \text{m}^3\cdot\text{kg}^{-1}}$. À $T_0 = 333\ \text{K}\ (\theta_0 = 60\ °\text{C})$, le point M_1 correspondant dans le diagramme de Clapeyron est situé sur le palier de changement d'état liquide-gaz. La fraction massique du gaz dans le mélange est donnée par $x_{g1} = \dfrac{v_1 - v_\ell}{v_g - v_\ell}$ avec $v_g = 8,0\ m^3 \cdot kg^{-1}$ et $v_\ell = 1 \cdot 10^{-3}\ m^3 \cdot kg^{-1}$. AN $x_{g1} = 1,3 \cdot 10^{-4}$, soit une masse de gaz égale à $\boxed{m_{g1} = m_1 x_{g1} = 13\ g}$ seulement, le reste des 100 kg d'eau étant sous forme liquide.

Attention à l'échelle logarithmique qui empêche ici de calculer x_{g1} à l'aide d'un simple rapport de longueurs mesurées sur le graphe.

b) Le volume de la cuve étant constant, le chauffage est isochore à $V = V_0$.
À $T = 773$ K ($\theta = 500$ °C) et $v_1 = 2,0 \cdot 10^{-3}\ m^3 \cdot kg^{-1}$, on constate sur le graphique que l'eau est entièrement liquide. On en déduit $\boxed{P_1 = P_0 + \dfrac{\alpha}{\chi_T}(T - T_0)}$. AN $\boxed{P_1 = 2,1 \cdot 10^3\ bar}$. Cette pression est énorme : elle provoquerait l'explosion du ballon.

2. Avec le peu d'eau contenue dans le ballon, le volume massique vaut $\boxed{v_2 = \dfrac{V}{m_2}}$. AN $\boxed{v_2 = 0,50\ m^3 \cdot kg^{-1}}$. À $T_0 = 333$ K ($\theta_0 = 60$ °C), le point M_2 correspondant dans le diagramme de Clapeyron est situé sur le palier de changement d'état liquide-gaz et sa fraction massique en gaz est $x_{g2} = \dfrac{v_2 - v_\ell}{v_g - v_\ell}$. AN $x_{g2} = 6,2 \cdot 10^{-2}$, soit une masse de gaz $\boxed{m_{g2} = m_2 x_{g2} = 25\ g}$; la masse de liquide restant est alors $\boxed{m_{\ell 2} = m - m_{g2} = 375\ g}$. D'après le diagramme, le système est totalement gazeux à l'issue du chauffage isochore. Dans l'hypothèse où la vapeur se comporte comme un gaz parfait, $\boxed{P_2 = \dfrac{mRT}{MV_0}}$. AN $\boxed{P_2 = 7,1\ bar}$. Cette pression est peu éloignée de la pression atmosphérique : le ballon pourrait y résister.

La valeur de P_2 trouvée en faisant l'hypothèse que le gaz est parfait est conforme aux données expérimentales. En effet, la pression qui correspond à v_2 sur l'isotherme à 500 °C est de l'ordre de 7 bar.

Comme l'illustre cet exemple, il est donc préférable pour stocker un fluide sans danger d'être dans le deuxième cas, où $\boxed{v_2 > v_C = 3 \cdot 10^{-3}\ m^3 \cdot kg^{-1}}$, plutôt que dans le premier, caractérisé par $v_1 < v_C$.

⇨ *Méthode 20.3*

Corrigé

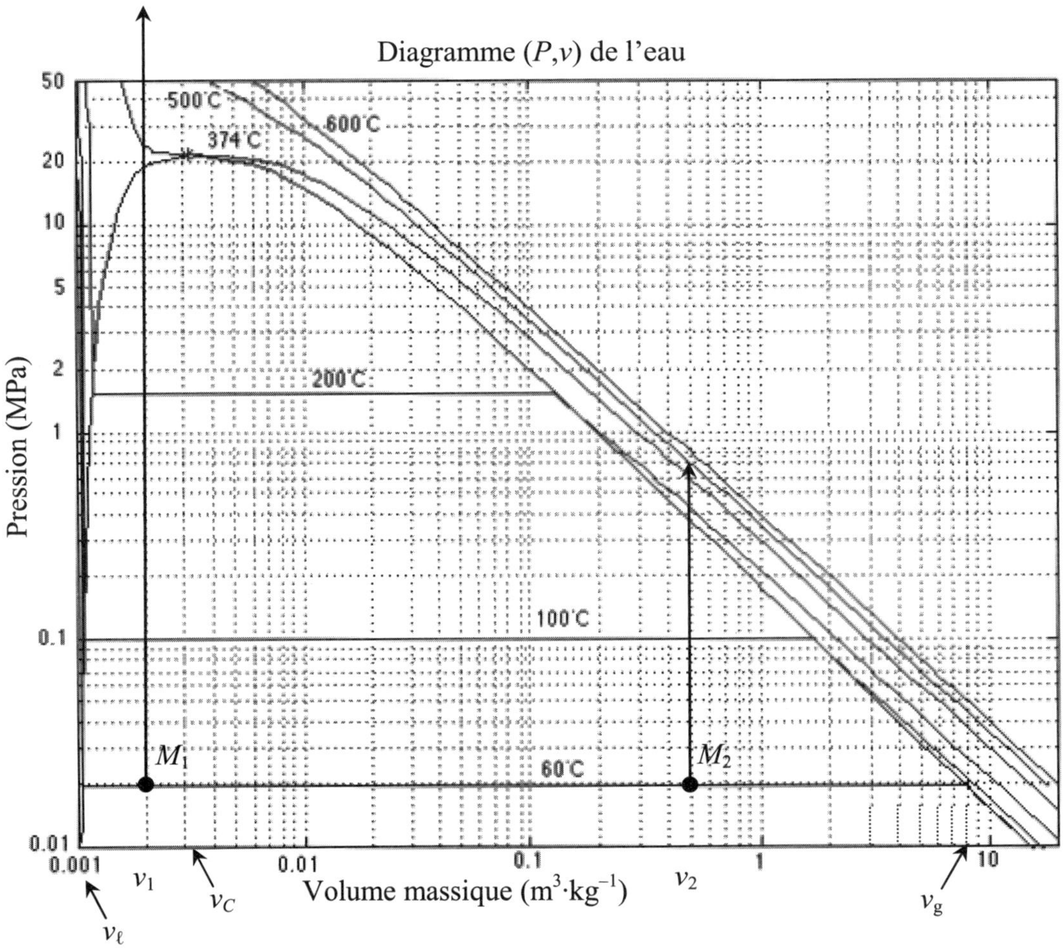
Diagramme (P,v) de l'eau
Pression (MPa)
Volume massique (m³·kg⁻¹)
50
20
10
5
2
1
0.1
0.01
0.001
0.01
0.1
1
10
500°C
600°C
374°C
200°C
100°C
60°C
M1
M2
v1
v2
vC
vg
vℓ

Chapitre **21**

Premier principe de la thermodynamique

James **Joule** pensait que tout phénomène physique doit s'expliquer par des lois simples, linéaires ou tout au moins quadratiques. En 1840, il découvre l'effet Joule, et remet ainsi en cause la théorie de la conservation de la chaleur énoncée par Antoine **Lavoisier** et confortée par Sadi **Carnot**. L'année suivante, ses travaux sur l'échauffement au sein des conducteurs l'amènent à énoncer la loi qui porte désormais son nom. Deux ans plus tard, il établit l'équivalence entre l'énergie mécanique et la chaleur et il évalue la constante de proportionnalité, l'équivalent mécanique de la calorie. Curieusement, la justesse de ses théories était parfois étayée par ses croyances religieuses, comme en témoigne la citation suivante :
Croyant que le pouvoir de détruire n'appartient qu'au Créateur, j'affirme que toute théorie qui, une fois développée, nécessite l'annihilation de forces, est nécessairement erronée.

James Joule 1818-1889

Objectifs

Ce qu'il faut connaître

- Les différents types de transformations (monotherme, isotherme, monobare, isobare, isochore, adiabatique, quasi-statique, réversible, cyclique)
- L'énoncé du premier principe de la thermodynamique
- L'expression du travail élémentaire des forces de pression, pour une transformation quelconque et dans le cas d'une transformation réversible
- Les définitions de l'enthalpie, des capacités thermiques et du coefficient gamma
- La relation de Mayer pour le gaz parfait
- L'approximation $C_P \approx C_V \approx C$ pour les phases condensées
- La loi de Laplace (énoncé et conditions d'application)

Ce qu'il faut savoir faire

- Calculer le travail des forces de pression pour différentes transformations
- Appliquer le premier principe et déterminer un transfert thermique
- Retrouver les expressions des capacités thermiques pour un gaz parfait, à partir de la définition de γ et de la relation de Mayer
- Retrouver les autres relations de Laplace à partir de $PV^{\gamma} = \text{cte}$
- Déterminer l'état final d'un système
- Exploiter l'extensivité de l'enthalpie et appliquer le premier principe en prenant en compte des transitions de phase

Résumé de cours

Transformations thermodynamiques

Quand on modifie les contraintes extérieures, l'équilibre thermodynamique est rompu et le système subit une évolution. On appelle **transformation** une évolution entre deux états d'équilibre thermodynamiques. Au cours d'une transformation quelconque, toutes les grandeurs d'état ne sont pas forcément définies à chaque instant.

Transformation infinitésimale - Transformation quasi-statique

Une transformation est **infinitésimale** quand les états d'équilibres thermodynamiques initial et final sont infiniment proches. Une transformation correspondant à une succession de transformations infinitésimales est qualifiée de **quasi-statique**. En conséquence, toutes les grandeurs d'état à l'intérieur du système (P, T, ...) sont constamment définies au cours d'une transformation infinitésimale, le système étant toujours infiniment proche d'un état d'équilibre.

Transformation réversible ou irréversible

Une transformation est dite **réversible** si elle est quasi-statique et si en outre le système y est constamment à l'équilibre thermodynamique avec l'extérieur (ce qui implique $P = P_{ext}$ si la paroi est mobile ou déformable et $T = T_{ext}$ si elle est diatherme).
Si une telle transformation est qualifiée de réversible, c'est parce qu'une modification infinitésimale des contraintes extérieures responsables de la transformation permet d'inverser le sens dans lequel elle se déroule, et ce en repassant par les même états intermédiaires.

En pratique, une transformation ne pourra être réversible que si, simultanément :
- la transformation est quasi-statique ;
- il n'y a aucune des causes d'irréversibilité suivantes : inhomogénéités (température, densité, pression...), phénomènes dissipatifs (frottements, effet Joule...), hystérésis, réactions chimiques ou nucléaires.

Dans le cas contraire, la transformation est dite **irréversible**. Les transformations réelles sont par nature irréversibles : la transformation réversible est un modèle idéal obtenu par passage à la limite.

Transformations particulières

- Transformation **monotherme** : la température extérieure T_{ext} reste constante.
- Transformation **isotherme** : la température T du système reste constante.
- Transformation **monobare** : la pression extérieure P_{ext} reste constante.
- Transformation **isobare** : la pression P du système reste constante.
- Transformation **isochore** : le volume du système reste constant.
- Transformation **cyclique** : l'état initial et l'état final sont confondus, d'où $\Delta X = 0$ pour toute grandeur X.

Premier principe de la thermodynamique

Pour tout système thermodynamique fermé, il existe une fonction d'état extensive E appelée **énergie** (totale), qui ne peut être qu'échangée (pas de création ni de disparition), soit sous forme de travail W, soit sous forme de transfert thermique Q.

Pour une transformation globale entre deux états I et F, le premier principe de la thermodynamique s'écrit donc : $\boxed{\Delta E = W + Q}$.

Un travail ou un transfert thermique positif correspond donc à de l'énergie reçue par le système ; un transfert négatif correspond à de l'énergie fournie à l'extérieur.

Énergie interne

Définition

On a déjà rencontré différentes formes d'énergie d'un système en mécanique et en électricité. Un système macroscopiquement au repos et non soumis à une action extérieure stocke aussi de l'énergie sous une forme « invisible » à notre échelle, appelée **énergie interne** U.
Elle s'interprète, à l'échelle microscopique, comme la somme des énergies cinétiques d'agitation thermique et des énergies potentielles d'interaction des particules du système.
Nous considérerons des systèmes pour lesquels l'énergie totale E se limite à U, ou bien comporte aussi un terme d'énergie cinétique macroscopique ($E = U + E_c$).

Cas du gaz parfait

Énergie interne du gaz parfait

Les molécules d'un gaz parfait n'interagissent pas entre elles. L'énergie interne d'un gaz parfait a ainsi une origine purement cinétique et ne dépend que de la température : $\boxed{U^{GP} = U^{GP}(T)}$.

Pour un GP monoatomique contenant N molécules, soit une quantité de matière $n = N/\mathcal{N}_A$:
$\boxed{U^{GPM} = \frac{3}{2} N k_B T = \frac{3}{2} nRT}$ (k_B constante de Boltzmann, $\mathcal{N}_A$ nombre d'Avogadro, R constante des gaz parfaits). Cette énergie correspond aux mouvements de translation aléatoire des molécules.
Pour un gaz parfait polyatomique, les énergies cinétiques associées aux mouvements propres de rotation et de vibration s'ajoutent à celles des translations : $U^{GPP}(T) \geq U^{GPM}(T)$.

Capacité thermique à volume constant du gaz parfait

Pour un gaz parfait subissant une transformation entre un état 1 et un état 2, l'énergie interne varie de $\Delta U^{GP} = U_2^{GP} - U_1^{GP}$ quand la température varie de $\Delta T = T_2 - T_1$. On définit ainsi sa **capacité thermique à volume constant** C_V (unité SI : $J \cdot K^{-1}$) par la relation : $\boxed{\Delta U^{GP} = C_V \Delta T}$.
On définit également :
- la capacité thermique *molaire* à volume constant : $C_{Vm} = C_V/n$ (unité SI : $J \cdot K^{-1} \cdot mol^{-1}$) ;
- la capacité thermique *massique* à volume constant : $c_V = C_V/m$ (unité SI : $J \cdot K^{-1} \cdot kg^{-1}$).

Pour un GP monoatomique, $C_V^{\text{GPM}} = \dfrac{3}{2} nR$ ne dépend pas de T.

Pour un GP polyatomique, C_V est une fonction de la température telle que $C_V^{\text{GPP}}(T) \geq \dfrac{3}{2} nR$; en particulier, pour un GP diatomique, $C_V^{\text{GPD}} = \dfrac{5}{2} nR$ sur une large gamme de températures.

❑ Cas des gaz réels

L'énergie interne d'un gaz réel dépend à la fois de la température et du volume : $\boxed{U^{\text{GR}} = U^{\text{GR}}(T,V)}$. La dépendance vis-à-vis du volume est associée à la présence d'interactions à distance entre les molécules du gaz, donc d'énergie potentielle microscopique.

❑ Cas d'une phase condensée idéale

L'énergie interne d'une phase condensée incompressible et indilatable ne dépend que de la température : $\boxed{U^{\text{PC}} = U^{\text{PC}}(T)}$. Dans le domaine des températures ordinaires, la capacité thermique à volume constant des solides est constante. Pour de nombreux liquides, tels que l'eau, la capacité thermique est également constante sur une large gamme de températures. Pour une transformation finie, on a dans ce cas : $\boxed{\Delta U^{\text{PC}} = C_V \, \Delta T}$.

■ Travail

❑ Notion de travail

Le **travail** W correspond à l'énergie échangée sous l'action de forces extérieures macroscopiques. Quand un système reçoit de l'énergie sous forme de travail (mécanique ou électrique), un mouvement cohérent est communiqué à ses particules.

❑ Travail des forces de pression

Un système soumis à une pression extérieure P_{ext} reçoit un travail élémentaire $\boxed{\delta W = -P_{\text{ext}} \, \mathrm{d}V}$ où $\mathrm{d}V$ est le volume élémentaire balayé par les parties mobiles du système (qui correspond généralement à la variation de volume du système). Au cours d'une transformation quelconque entre l'état initial I et l'état final F, le travail reçu est alors $\boxed{W = -\int_{V_\text{I}}^{V_\text{F}} P_{\text{ext}} \, \mathrm{d}V}$.

⇨ **Méthode 21.1. Calcul du travail des forces de pression**

Cas d'une transformation réversible

Lors d'une transformation réversible, on a $P = P_{\text{ext}}$ d'où $\boxed{W_{\text{rév}} = -\int_{V_\text{I}}^{V_\text{F}} P \, \mathrm{d}V}$.

Dans un **diagramme de Clapeyron** (ou de Watt) $P = f(V)$, $|W|$ est égal à l'aire sous la courbe décrivant la transformation, $W > 0$ si V diminue (compression), $W < 0$ si V augmente (détente).

■ Transfert thermique

❑ Notion de transfert thermique

Le **transfert thermique** Q (ou **chaleur**) correspond à de l'énergie échangée par l'interaction désordonnée des particules du système avec les particules du milieu extérieur, au niveau microscopique. Quand un système reçoit de l'énergie sous forme de transfert thermique, un mouvement incohérent est communiqué à ses particules.

Une paroi est dite **diatherme** (ou **diathermane**) si elle permet le transfert thermique ; dans le cas contraire, elle est dite **athermane** (ou **calorifugée**).

⇨ **Méthode 21.2. Calcul d'un transfert thermique**

❑ Transformation adiabatique

Une transformation au cours de laquelle il n'y a pas de transfert thermique avec l'extérieur ($Q = 0$) est qualifiée d'**adiabatique**.

Cela peut correspondre à une transformation où le système est entouré de parois athermanes, ou bien à une transformation trop rapide pour que les transferts thermiques puissent avoir lieu.

■ Enthalpie

❑ Définition

L'**enthalpie** est une fonction d'état extensive définie par $\boxed{H = U + PV}$.

Pour une transformation monobare entre deux états I et F tels que $P_{\mathrm{I}} = P_{\mathrm{F}} = P_{\mathrm{ext}}$, ou pour une transformation isobare : $\boxed{\Delta H = Q + W'}$ avec W' le travail autre que celui des forces de pression.

❑ Cas du gaz parfait

Enthalpie du gaz parfait

L'enthalpie du gaz parfait ne dépend que de la température : $\boxed{H^{\mathrm{GP}} = H^{\mathrm{GP}}(T)}$.

Capacité thermique à pression constante du gaz parfait

La **capacité thermique à pression constante** C_P du gaz parfait est définie par la relation :

$$\boxed{\Delta H^{\mathrm{GP}} = C_P \, \Delta T}.$$

On définit aussi la capacité thermique molaire à pression constante $C_P^{\mathrm{m}} = C_P/n$ et la capacité thermique massique à pression constante $c_P = C_P/m$.

Coefficient gamma

Il est défini par le rapport des capacités thermiques à pression et volume constant : $\boxed{\gamma = \dfrac{C_P}{C_V}}$.

Relation de Mayer

Pour tout gaz parfait : $\boxed{C_P - C_V = nR}$ ou encore $C_P^{\mathrm{m}} - C_V^{\mathrm{m}} = R$.

Expressions des capacités thermiques

Elles se déduisent de la définition de γ et de la relation de Mayer : $C_V = \dfrac{nR}{\gamma - 1}$ et $C_P = \dfrac{\gamma n R}{\gamma - 1}$.

Relations de Laplace

Pour une transformation adiabatique et réversible d'un gaz parfait (tel que $\gamma = \text{cte}$ et soumis aux seules forces de pression) : $\boxed{PV^\gamma = \text{cte}} \Leftrightarrow TV^{\gamma-1} = \text{cte} \Leftrightarrow T^\gamma P^{1-\gamma} = \text{cte}$.

❑ Cas d'une phase condensée idéale

Pour une phase condensée, $PV \ll U$ d'où $H \approx U$. Pour une phase condensée idéale, on a ainsi approximativement : $\boxed{H^{\text{PC}} \approx H^{\text{PC}}(T)}$, $C_P \approx C_V$ (notée C) et $\boxed{\Delta H^{\text{PC}} \approx \Delta U^{\text{PC}} \approx C \Delta T}$.

L'eau liquide possède une capacité thermique massique très élevée ($c = 4{,}18 \text{ kJ} \cdot \text{K}^{-1} \cdot \text{kg}^{-1}$) lui permettant d'emmagasiner beaucoup d'énergie sans bouillir : c'est ce qui justifie son utilisation fréquente dans les systèmes d'échanges thermiques.

⇨ **Méthode 21.3. Détermination de l'état final avec l'équation d'état**
⇨ **Méthode 21.4. Détermination de l'état final avec le premier principe**
⇨ **Méthode 21.5. Détermination de l'état final avec les relations de Laplace**

❑ Cas du corps pur diphasé

Enthalpie massique de transition de phase

L'**enthalpie massique de transition de phase** à la température T est définie comme la différence des enthalpies massiques d'un corps pur dans la phase 2 et dans la phase 1, à la même température T de changement d'état et à la pression d'équilibre $P = P_{\text{sat}}(T)$:

$$\boxed{\Delta_{1\to2}h(T) = h_2(T) - h_1(T)} \qquad \text{(unité SI : J} \cdot \text{kg}^{-1}\text{)}.$$

Elle est aussi appelée chaleur latente de transition de phase, et notée $\ell_{1\to2}(T)$.

Elle est égale au transfert thermique nécessaire pour faire passer une unité de masse du corps pur de la phase 1 à la phase 2 de manière isotherme à T (donc isobare à $P = P_{\text{sat}}(T)$).

Variation d'enthalpie du corps pur diphasé

Au cours d'un changement d'état isotherme entre deux phases 1 et 2, l'enthalpie massique du système diphasé varie de $\boxed{\Delta h(T) = \Delta x_2 \times \Delta_{1\to2}h(T)}$, x_2 étant le titre massique dans la phase 2.

Donc pour une variation Δm_2 de la masse de la phase 2 : $\boxed{\Delta H(T) = \Delta m_2 \times \Delta_{1\to2}h(T)}$.

⇨ **Méthode 21.6. Détermination d'un état final par hypothèse et validation**
⇨ **Méthode 21.7. Calcul d'une variation d'enthalpie par décomposition en étapes**

Titre massique en vapeur

Pour un système diphasé liquide-vapeur : $\boxed{x_g = \dfrac{h - h_\ell}{h_g - h_\ell}}$.

Méthodes

Comment calculer les transferts énergétiques au cours d'une transformation ?

Méthode 21.1. Calcul du travail des forces de pression

Pour une transformation ayant des propriétés particulières, partir de la définition $W = -\int_{V_I}^{V_F} P_{ext}\,dV$ et calculer l'intégrale avec les hypothèses et l'expression de P_{ext}.

⇨ **Exercices 21.1, 21.2, 21.5**

– Transformation isochore
$V = \text{cte}$ soit $dV = 0$, donc $\boxed{W = 0}$.

– Transformation monobare
$P_{ext} = \text{cte}$: on peut la sortir de l'intégrale, donc $\boxed{W = -P_{ext}\,\Delta V}$.

– Transformation isotherme réversible pour un gaz parfait
$P_{ext} = P$ car la transformation est réversible, et $P = \dfrac{nRT}{V}$ d'après l'équation d'état.
La transformation est isotherme ($T = \text{cte}$) et pour un système fermé il n'y a pas de variation de quantité de matière ($n = \text{cte}$) donc nRT peut être sorti de l'intégrale.
Finalement, $W = -nRT\int_{V_I}^{V_F} \dfrac{dV}{V}$ soit $\boxed{W = -nRT\ln\left(\dfrac{V_F}{V_I}\right) = +nRT\ln\left(\dfrac{P_F}{P_I}\right)}$.

– Transformation adiabatique
$Q = 0$ donc $\boxed{W = \Delta U}$.

Méthode 21.2. Calcul d'un transfert thermique

– Dans le cas général, pour une transformation finie, le transfert thermique reçu est calculé à partir du premier principe par la relation : $Q = \Delta U - W$ (en l'absence de variation d'énergie mécanique). La variation d'énergie interne ΔU se calcule à partir de la fonction d'état du fluide étudié, et le travail W à l'aide de la méthode précédente.
– Pour certaines transformations particulières, on obtient des résultats simples.

⇨ **Exercices 21.1, 21.3**

– Transformation adiabatique
Par définition : $\boxed{Q = 0}$.

– Transformation isochore
$W = 0$ donc $\boxed{Q = \Delta U}$.

– Transformation isobare, ou monobare entre deux états I et F tels que $P_{\mathrm{I}} = P_{\mathrm{F}} = P_{\mathrm{ext}}$

$U_{\mathrm{F}} - U_{\mathrm{I}} = W + Q$ avec $W = -\int_{V_{\mathrm{I}}}^{V_{\mathrm{F}}} P_{\mathrm{ext}}\,\mathrm{d}V = -P_{\mathrm{ext}}(V_{\mathrm{F}} - V_{\mathrm{I}}) = -P_{\mathrm{F}}V_{\mathrm{F}} + P_{\mathrm{I}}V_{\mathrm{I}}$ donc

$(U_{\mathrm{F}} + P_{\mathrm{F}}V_{\mathrm{F}}) - (U_{\mathrm{I}} + P_{\mathrm{I}}V_{\mathrm{I}}) = Q$ soit finalement $\boxed{Q = \Delta H}$.

■ Comment étudier une transformation sans transition de phase ?

❑ Méthode 21.3. Détermination de l'état final avec l'équation d'état

Dans le cas où l'équation d'état du fluide est connue, ainsi que toutes les autres grandeurs d'état à l'exception de la grandeur finale recherchée, cette dernière peut être calculée en utilisant l'équation d'état.

⇨ **Exercices 21.1, 21.3**

Un gaz parfait enfermé dans une enceinte de volume $V_0 = 2{,}00\ \mathrm{L}$, initialement à la pression $P_0 = 1{,}00$ bar et à la température $T_0 = 300\ \mathrm{K}$ subit une compression qui l'amène au volume $V_1 = 1{,}00\ \mathrm{L}$ et à pression $P_1 = 3{,}00$ bar. Quelle est sa température finale T_1 ?

À n constant, l'équation d'état du gaz parfait conduit à $\boxed{T_1 = \dfrac{P_1 V_1}{P_0 V_0} T_0}$ soit $T_1 = 450\ \mathrm{K}$.

❑ Méthode 21.4. Détermination de l'état final avec le premier principe

Dans le cas où il est possible de déterminer W et Q indépendamment sans utiliser le premier principe, l'application du premier principe permet de déterminer l'état final (la température finale pour un gaz parfait).

⇨ **Exercices 21.5**

Soit une compression adiabatique d'une quantité n d'un gaz parfait diatomique, passant d'un volume initial $2V_0$ à un volume final V_0 sous l'effet d'un piston exerçant une pression extérieure constante P_0 sur le gaz. T_0 étant la température initiale, on cherche la température finale T_1.
La détente est adiabatique donc le transfert thermique reçu par le gaz est nul : $Q = 0$.
En outre, la transformation est monobare d'où $W = -P_0(V_0 - 2V_0) = P_0V_0$.

Méthodes

Au cours de la transformation, l'énergie interne du gaz parfait diatomique a varié de $\Delta U = \frac{5}{2}nR(T_1 - T_0)$. En appliquant le premier principe au gaz, on obtient $\boxed{T_1 = T_0 + \frac{2P_0V_0}{5nR}}$.

❑ Méthode 21.5. Détermination de l'état final avec les relations de Laplace

Connaissant les autres grandeurs d'état, on utilise les relations de Laplace pour trouver la grandeur finale recherchée : $PV^\gamma = \text{cte} \Leftrightarrow TV^{\gamma-1} = \text{cte} \Leftrightarrow T^\gamma P^{1-\gamma} = \text{cte}$.
Pour pouvoir utiliser les relations de Laplace, il faut que le gaz soit parfait, que son coefficient γ soit constant, et que la transformation soit adiabatique et réversible.

⇨ **Exercice 21.3**

Un gaz parfait diatomique ($\gamma = 1,4$), sous pression initiale $P_0 = 1,0$ bar, subit une compression adiabatique et réversible qui le fait passer d'un volume V_0 à un volume $V_1 = V_0/10$: quelle est la pression finale P_1 ?

Compte tenu des hypothèses, il est possible d'appliquer les relations de Laplace : $P_0V_0^\gamma = P_1V_1^\gamma$ soit $\boxed{P_1 = P_0\left(\frac{V_0}{V_1}\right)^\gamma}$. AN $P_1 = 25$ bar.

■ Comment étudier une transformation avec transition de phase ?

❑ Méthode 21.6. Détermination d'un état final par hypothèse et validation

– Émettre une hypothèse sur la composition finale : mélange diphasé ou bien une seule des deux phases possibles.
– Calculer en conséquence le paramètre restant à déterminer, en fonction des conditions de l'expérience : dans l'hypothèse diphasée on cherche la composition du mélange ; dans l'hypothèse monophasée on cherche la température ou la pression.
– Vérifier la validité de l'hypothèse de départ. Si les calculs conduisent à une composition incohérente, ou à une température ou pression finale incompatible avec l'hypothèse, recommencer l'étude en émettant une autre hypothèse sur la composition finale.

⇨ **Exercice 21.10, 21.11**

On introduit dans un calorimètre aux parois calorifugées et de capacité thermique négligeable une masse $m = 1,00$ kg d'eau liquide initialement à 20 °C. On y ajoute 0,50 kg de glace à 0 °C. Déterminer la composition et la température finale. On suppose que la transformation a lieu à pression constante $P = 1,0$ bar. On donne : $\Delta_{\text{fus}}h = 3,3 \cdot 10^2$ kJ·kg^{-1} (enthalpie massique de fusion de l'eau à 0°C) et $c = 4,2$ kJ·K^{-1}·kg^{-1} (capacité thermique de l'eau liquide).

Compte tenu des masses d'eau et de glace mises en jeu, on peut supposer que le refroidissement de l'eau dégage une énergie permettant de faire fondre uniquement une partie de la glace dans le calorimètre. On suppose donc que l'état final est un mélange d'eau liquide et solide à 0 °C.

Pour le système {eau + glace}, $\Delta H = Q_P = 0$ dans le calorimètre. L'enthalpie étant une fonction d'état, on calcule sa variation au cours de cette transformation en imaginant un chemin qui amène d'abord la masse d'eau de 20 °C à 0 °C, et fait ensuite fondre une masse m' de glace, d'où : $\Delta H = 0 = \Delta H_{\text{refroidissement}} + \Delta H_{\text{fonte}} = mc(T_{\text{f}} - T_{\text{i}}) + m'\Delta_{\text{fus}}h$

avec $T_{\text{f}} = 273$ K et $T_{\text{i}} = 293$ K. On en déduit $m' = \dfrac{mc(T_{\text{i}} - T_{\text{f}})}{\Delta_{\text{fus}}h}$. AN $m' = 0,25 \text{ kg} < m$.

Le résultat cohérent obtenu valide l'hypothèse de départ. Finalement, la composition du mélange à l'équilibre est : <u>0,25 kg de glace et 1,25 kg d'eau, le tout à 0 °C</u>.

❑ Méthode 21.7. Calcul des variations d'enthalpie par décomposition en étapes

L'enthalpie étant une fonction d'état, sa variation sur une transformation complexe peut toujours être calculée en imaginant un chemin en plusieurs étapes, au cours desquelles il ne se passe qu'une chose à la fois : variation de température pour une phase seule, changement d'état à une température donnée. Dans le cas d'un équilibre liquide-vapeur, ce chemin peut être visualisé sur le diagramme (P, v).

On additionne alors les variations d'enthalpie sur chacune des étapes, en utilisant les différentes formules :

– pour un liquide seul ou un solide seul (considéré comme une phase condensée idéale de capacité thermique massique *c*), $\Delta h = c(T_2 - T_1)$;

– pour un gaz seul (considéré comme un gaz parfait de masse molaire *M*), $\Delta h = c_P(T_2 - T_1)$;

– pour une transition de phase à la température *T*, $\Delta h = \Delta x_2 \times \Delta_{1\to 2}h(T)$ avec Δx_2 la variation du titre massique de la phase 2.

⇨ **Exercices 21.7, 21.9, 21.10**

On fait subir une détente isenthalpique (de Joule-Kelvin) à de l'ammoniac, de l'état liquide L_2 ($P_2 = 6,2$ bar, $T_2 = 283$ K) à l'état diphasé M ($P_1 = 1,9$ bar, $T_1 = 253$ K). On donne $\Delta_{\text{vap}}h(T_1) = 1,3 \cdot 10^3$ kJ·kg^{-1} et $c = 4,6$ kJ·K^{-1}·kg^{-1} (capacité thermique de l'ammoniac liquide).

On cherche à exprimer la variation d'enthalpie massique $\Delta h = h_M - h_{L_2}$, puis à en déduire le titre massique en vapeur final x_M.

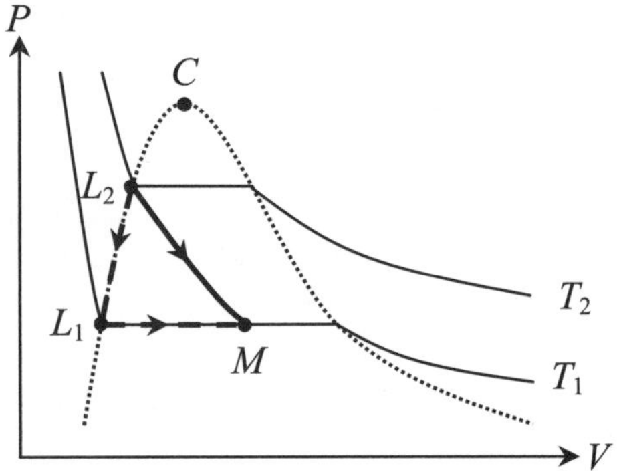

La détente est isenthalpique donc $\Delta h = h_M - h_{L_2} = 0$. L'enthapie étant une fonction d'état, on peut calculer sa variation sur le chemin L_2L_1M : $\Delta h = \left(h_M - h_{L_1}\right) + \left(h_{L_1} - h_{L_2}\right)$ d'où $x_M \Delta_{\text{vap}} h(T_1) + c(T_1 - T_2) = 0$.

On en déduit $x_M = \dfrac{c(T_2 - T_1)}{\Delta_{\text{vap}} h(T_1)}$. AN $x_M = 0{,}11$. Ainsi, 11% du liquide s'est vaporisé au cours de la détente.

Vrai/Faux

	Vrai	Faux
1. Au cours d'une transformation quelconque, toutes les grandeurs d'état sont définies à chaque instant.	☐	☐
2. Au cours d'une transformation monobare, la pression P du système est constante.	☐	☐
3. Une transformation monotherme et réversible est isotherme.	☐	☐
4. Au cours d'une transformation quelconque, le travail reçu par un gaz soumis uniquement aux forces de pression est $W = -\int_{V_I}^{V_F} P \mathrm{d}V$.	☐	☐
5. La présence de frottements rend la transformation irréversible.	☐	☐
6. Pour une transformation adiabatique et réversible d'un gaz de coefficient $\gamma = \text{cte}$ soumis aux seules forces de pression, $PV^{\gamma} = \text{cte}$.	☐	☐
7. Par définition de l'enthalpie, $\Delta H = Q$.	☐	☐
8. Si un système reçoit de la chaleur ($Q > 0$), sa température augmente.	☐	☐
9. Au cours d'une vaporisation isotherme totale d'un corps pur, l'énergie interne du système ne varie pas.	☐	☐

Énoncé des exercices

Systèmes gazeux

Exercice 21.1. Transformations d'un gaz parfait

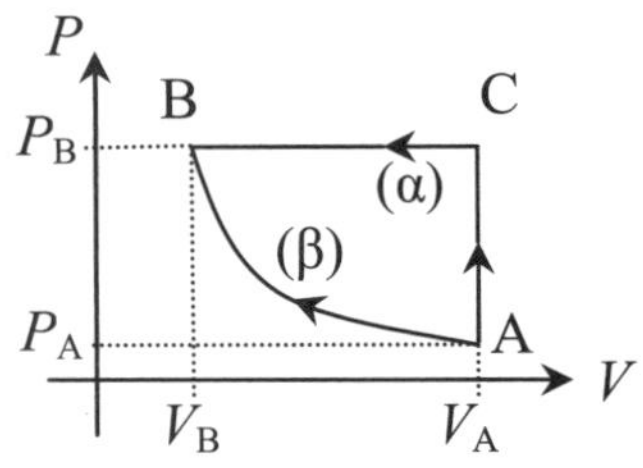

On fait passer une certaine quantité de gaz parfait d'un état d'équilibre A (P_A, V_A, T_A) à un autre état d'équilibre B $(P_B = 3P_A, V_A, T_A)$ par deux chemins distincts :

- α : isochore AC puis isobare CB ;
- β : isotherme réversible AB.

Déterminer T_B et V_B ainsi que les travaux et transferts thermiques reçus par le gaz au cours des transformations α et β. Commenter les résultats obtenus.

Exercice 21.2. Compression d'un gaz de Van der Waals*

On considère un gaz réel obéissant à l'équation de Van der Waals : $\left(P + \frac{a}{V_m^2}\right)(V_m - b) = RT$.

1. Calculer le travail reçu par une mole de gaz au cours d'une compression isotherme à T_0 faisant passer le gaz de V_{m1} à V_{m2}.

2. a) Donner une expression approchée de ce travail aux faibles densités $(b << V_m)$. On mettra en évidence dans le résultat le terme correctif par rapport au travail qui serait reçu par le gaz parfait correspondant et on pourra utiliser la relation approchée $\ln(1+x) \simeq x$ pour $x \ll 1$.

b) En déduire qu'il existe une température, appelée température de Mariotte, pour laquelle le gaz réel se comporte comme un gaz parfait.

c) Vérifier que pour cette température, l'isotherme correspondante dans le diagramme d'Amagat admet une tangente horizontale.

Exercice 21.3. Transformations couplées

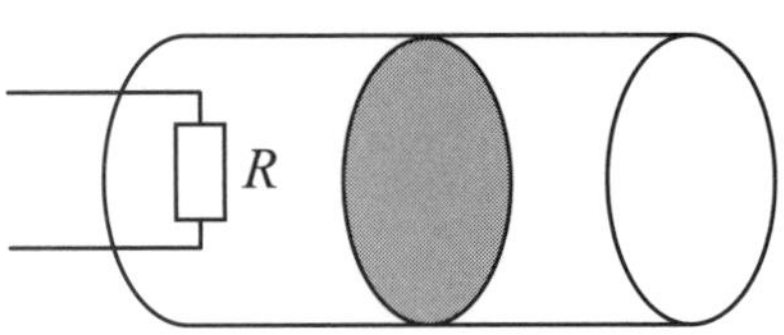

Un cylindre horizontal est séparé en deux parties par une paroi mobile. Le mouvement de la paroi s'effectue sans frottements. Le cylindre horizontal, ainsi que la paroi mobile (de masse et de capacité thermique négligeables), sont calorifugés et rigides. À partir d'un état initial identique pour chaque compartiment (quantité n de gaz parfait avec les paramètres P_0, T_0 et V_0), on chauffe lentement le compartiment de gauche à l'aide d'un conducteur ohmique de résistance R jusqu'à obtenir $P_g = 5P_0$ dans le compartiment de gauche.

1. Déterminer les paramètres d'état à gauche (indice g) et à droite (indice d) : V_g, T_g, V_d, P_d et T_d dans l'ordre de votre choix. On suppose $\gamma = C_P/C_V$ connu.

2. Déterminer le travail W_d, le transfert thermique Q_d et la variation d'énergie interne ΔU_d pour le gaz contenu dans le compartiment de droite.

3. Déterminer la variation d'énergie interne ΔU_g pour le gaz contenu dans le compartiment de gauche et déduire de ce qui précède le transfert thermique Q reçu par le gaz, conséquence de l'effet Joule dans le conducteur ohmique.

❑ Exercice 21.4. Détente de Joule et Gay-Lussac

Au XIXe siècle, Joule et Gay-Lussac imaginaient le dispositif suivant pour étudier les propriétés des gaz réels. Deux compartiments aux parois calorifugées et indéformables communiquent par un robinet. Ce robinet, initialement fermé, sépare le compartiment (1), de volume V_1, initialement rempli d'une quantité n de gaz en équilibre à la température T_I, du compartiment (2), de volume V_2, dans lequel on a fait le vide. On ouvre le robinet et on attend l'établissement d'un nouvel équilibre caractérisé par une température T_F du gaz.

1. Montrer que l'énergie interne U du gaz ne varie pas au cours de la transformation. Cette propriété dépend-elle de la nature du gaz ?

2. Déterminer la température T_F dans le cas où le gaz subissant la détente est supposé parfait.

3. Supposons maintenant que l'expérience est réalisée avec de l'argon, assimilé à un gaz réel de Van der Waals d'énergie interne : $U = nC_{Vm}T - \dfrac{n^2 a}{V}$ avec $C_{Vm} = 12\ \text{J}\cdot\text{K}^{-1}\cdot\text{mol}^{-1}$ et a une constante positive caractéristique du gaz étudié.

a) Nommer la constante C_{Vm} et donner son interprétation physique.

b) Expérimentalement, on constate que la température du gaz diminue au cours de la détente : $\Delta T = T_F - T_I = -5{,}4\ \text{K}$ pour $V_1 = V_2 = 1{,}0\ \text{L}$ et $n = 1{,}0\ \text{mol}$.
En déduire la valeur du coefficient a de l'argon.

❑ Exercice 21.5. Détente d'un gaz parfait

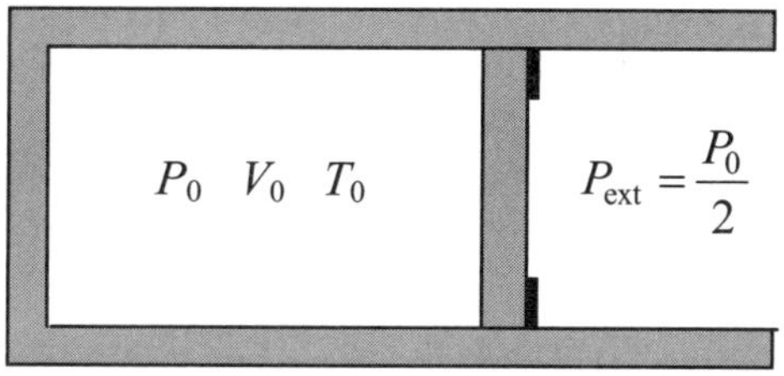

Une certaine quantité n d'un gaz, supposé parfait, est enfermée dans un récipient aux parois parfaitement calorifugées ; l'une des parois est mobile horizontalement, sans frottement.
Dans l'état initial (figure ci-contre), la paroi est bloquée et le gaz occupe alors un volume V_0, à une température T_0 et sous une pression P_0.
On débloque alors la paroi mobile et le gaz se détend spontanément, jusqu'à un nouvel état d'équilibre caractérisé par les paramètres V_1, T_1 et P_1. La pression de l'air extérieur est constante : $P_{ext} = \dfrac{P_0}{2}$. La capacité thermique à volume constant du gaz est $C_V = \dfrac{nR}{\gamma - 1}$.

1. Déterminer la pression finale P_1.

2. Par application du premier principe, déterminer V_1 et T_1. Vérifier qu'il s'agit bien d'une détente. Le gaz s'est-il réchauffé ou refroidi ?

■ Phases condensées et corps pur diphasé

❑ Exercice 21.6. Calorimétrie par méthode des mélanges

Madame Michu a acheté chez un antiquaire une statue garantie en or massif, de masse $m = 860$ g. Pour vérifier sa composition, elle souhaite mesurer la capacité thermique massique c du métal qui la constitue. Pour cela elle plonge la statue, à la température initiale $T_0 = 293$ K, dans une masse $m_e = 300$ g d'eau, de température initiale $T_e = 353$ K et de capacité thermique massique $c_e = 4{,}18 \cdot 10^3\ \text{J} \cdot \text{K}^{-1} \cdot \text{kg}^{-1}$, contenue dans un calorimètre (aux parois parfaitement athermanes) initialement à la température T_e, et elle mesure alors la température finale T_f du système Σ {eau + statue + calorimètre} à l'équilibre thermodynamique.

On définit la masse équivalente en eau du calorimètre μ par la relation $\mu = C_{cal}/c_e$ avec C_{cal} la capacité thermique du calorimètre, sa valeur est $\mu = 40$ g. Pendant toute la transformation, le système Σ est en contact avec l'atmosphère où règne une pression P_0.

1. Exprimer la capacité thermique c du solide en fonction de m_0, m, μ, c_e, T_f et T_0. Faire l'application numérique, sachant que la température finale mesurée est $T_f = 346$ K.

2. Pour tous les métaux à température ordinaire, la capacité thermique molaire a la même valeur $C_m = 3R = 24{,}9\ \text{J} \cdot \text{K}^{-1} \cdot \text{mol}^{-1}$ (loi de Dulong et Petit). En déduire la masse molaire du métal constituant la statue et la comparer à celle de l'or ($M_{Au} = 197\ \text{g} \cdot \text{mol}^{-1}$) : Madame Michu s'est-elle fait arnaquer ?

❑ Exercice 21.7. Variation des fonctions d'état

Une masse $m = 1{,}00$ kg d'éther liquide est entièrement vaporisée à la température constante de 34,6 °C sous sa pression de vapeur saturante $P_{sat} = 1{,}01$ bar. L'éther gazeux est assimilé à un gaz parfait.

Calculer la variation d'enthalpie et la variation d'énergie interne de l'éther.

Données : constante des gaz parfaits $R = 8{,}31\ \text{J} \cdot \text{K}^{-1} \cdot \text{mol}^{-1}$; enthalpie massique de vaporisation de l'éther $\Delta_{vap} h = 377\ \text{kJ} \cdot \text{kg}^{-1}$ à 34,6 °C ; masse molaire de l'éther $M = 74{,}1\ \text{g} \cdot \text{mol}^{-1}$.

❑ Exercice 21.8. Thermoplongeur de voyage

Madame Michu possède un thermoplongeur de voyage, constitué d'un serpentin métallique fournissant par effet Joule une puissance thermique constante $\mathcal{P}_{th} = 300$ W. Elle souhaite utiliser ce thermoplongeur pour chauffer à l'air libre une masse m = 200 g d'eau liquide, initialement à la température $T_0 = 293$ K (soit 20 °C), contenue dans une tasse de capacité thermique négligeable. On négligera les transferts thermiques avec l'air environnant.

1. Calculer le temps τ_1 au bout duquel l'eau se met à bouillir.

2. Madame Michu, étourdie, laisse l'eau bouillir entièrement sans débrancher le thermoplongeur. Calculer le temps τ_2 au bout duquel toute l'eau s'est vaporisée.

Données : $c = 4{,}18\ \text{kJ} \cdot \text{K}^{-1} \cdot \text{kg}^{-1}$ (capacité thermique de l'eau liquide)

et $\Delta_{\text{vap}}h = 2{,}25 \cdot 10^3\ \text{kJ} \cdot \text{kg}^{-1}$ (enthalpie massique de vaporisation de l'eau liquide à 100 °C).

❑ Exercice 21.9. Échauffement isochore d'un mélange diphasé*

Une enceinte de volume $V = 1{,}00\ \text{L}$ contient à l'équilibre $m_g = 0{,}600\ \text{g}$ de vapeur d'eau et $m_\ell = 0{,}400\ \text{g}$ d'eau liquide à la température $T = 373\ \text{K}$ (100 °C) pour laquelle la pression de vapeur saturante est $P_{\text{sat}} = 1{,}01\ \text{bar}$. On chauffe réversiblement ce mélange à volume constant jusqu'à la température $T' = 383\ \text{K}$ (110 °C) pour laquelle la pression de vapeur saturante est $P'_{\text{sat}} = 1{,}32\ \text{bar}$. Le système est alors toujours à l'équilibre liquide-vapeur.

1. Déterminer la nouvelle composition du système à l'équilibre.

2. Calculer le transfert thermique Q qu'il a fallu fournir pour réaliser cette transformation.

Données : $R = 8{,}31\ \text{J} \cdot \text{K}^{-1} \cdot \text{mol}^{-1}$ la constante des gaz parfaits ; $\Delta_{\text{vap}}h = 2{,}26 \cdot 10^3\ \text{kJ} \cdot \text{kg}^{-1}$ et $\Delta_{\text{vap}}h' = 2{,}23 \cdot 10^3\ \text{kJ} \cdot \text{kg}^{-1}$ les enthalpies massiques de vaporisation de l'eau respectivement à 100 °C et 110 °C ; $c = 4{,}18 \cdot 10^3\ \text{J} \cdot \text{K}^{-1} \cdot \text{kg}^{-1}$ la capacité thermique massique de l'eau ; et $\rho = 1{,}00\ \text{kg} \cdot \text{L}^{-1}$ la masse volumique de l'eau (sur le domaine de températures considéré, c et ρ sont supposées constantes).

❑ Exercice 21.10. Surfusion du phosphore

Certains corps purs sont susceptibles d'exister à l'état liquide, sous une pression donnée, à une température inférieure à leur température de fusion : c'est le phénomène de surfusion. Il nécessite des conditions expérimentales particulières (composition très pure, refroidissement brusque...) et peut cesser dès qu'on introduit un cristal de solide ou une impureté, ou si on agite le liquide. (Cet état de surfusion est dit métastable : la moindre perturbation fait revenir le système à l'état d'équilibre stable.)

On considère ici un récipient calorifugé contenant une masse m = 10,0 g de phosphore liquide surfondu à la température T = 307 K sous la pression atmosphérique.

1. On fait cesser la surfusion et on observe un nouvel état d'équilibre diphasé du phosphore. Déterminer les masses des deux phases.

2. Quel serait l'état final du système si on faisait cesser la surfusion d'une même masse de phosphore initialement à la température T' =290,5 K ?

Données pour le phosphore : T_{fus} = 317 K et $\ell_{\text{fus}}(T_{\text{fus}})$ = 20,9 kJ·kg^{-1} sous cette pression ; capacités thermiques c_{liq} = 795 J·kg^{-1}·K^{-1} pour le liquide (valeur constante dans l'intervalle de température considéré) et c_{sol} = 840 J·kg^{-1}·K^{-1} pour le solide (idem).

❑ Exercice 21.11. Mélange d'eau sous trois états**

On introduit dans un calorimètre aux parois athermanes et de capacité thermique négligeable :

- une masse $m_1 = 100\ \text{g}$ de glace à la température $T_1 = 273\ \text{K}$ (0 °C) ;
- une masse $m_2 = 250\ \text{g}$ d'eau liquide à la température $T_2 = 293\ \text{K}$ (20 °C) ;
- une masse $m_3 = 100\ \text{g}$ de vapeur d'eau à la température $T_3 = 373\ \text{K}$ (100 °C).

On suppose que la transformation a lieu à pression constante $P = 1{,}01$ bar. Déterminer la composition et la température finales.
On donne : $\Delta_{\text{fus}}h = 3{,}35 \cdot 10^2 \text{ kJ} \cdot \text{kg}^{-1}$ (enthalpie massique de fusion de la glace à 0 °C), $c = 4{,}18 \text{ kJ} \cdot \text{K}^{-1} \cdot \text{kg}^{-1}$ (capacité thermique de l'eau liquide) et $\Delta_{\text{vap}}h = 2{,}25 \cdot 10^3 \text{ kJ} \cdot \text{kg}^{-1}$ (enthalpie massique de vaporisation de l'eau liquide à 100 °C).

■ Pour vous aider à démarrer

Exercice 21.2. À la question 2.c, exprimer le produit PV_m en fonction de P et simplifier l'expression obtenue dans l'hypothèse d'une transformation isotherme d'un gaz réel aux faibles pressions et faibles densités.
Exercice 21.3. À la question 2, on pourra utiliser les relations de Laplace.
Exercice 21.5. Pour la question 1, il suffit de se poser la question : pourquoi le piston s'arrête-t-il ?
Exercice 21.6. La transformation est monobare : appliquer le premier principe au système complet (calorifugé) en utilisant l'enthalpie.
Exercice 21.9. À la question 2, il faut montrer que Q correspond à la variation d'une fonction d'état et imaginer un chemin pour calculer cette variation.
Exercice 21.11. Il y a beaucoup d'hypothèses possibles : pour avoir une idée de l'état final, évaluer par un calcul d'ordres de grandeur la quantité de vapeur nécessaire pour faire fondre la glace et amener à 100 °C toute l'eau du calorimètre (celle initialement présente et celle résultant de la fonte de la glace).

■■ Corrigé des vrai/faux

1.	2.	3.	4.	5.	6.	7.	8.	9.
faux	faux	vrai	faux	vrai	faux	faux	faux	faux

1. Par exemple, lors d'une transformation brutale (explosion…), la pression n'est pas définie.

2. C'est la pression extérieure qui est constante.

3. La transformation est monotherme donc $T_{\text{ext}} = \text{cte}$, et également réversible donc à chaque instant $T = T_{\text{ext}}$: on en déduit $T = \text{cte}$.

4. Dans le cas général, le travail des forces de pression fait intervenir P_{ext} et non P.

6. Il faut aussi que le gaz soit *parfait* pour pouvoir appliquer les relations de Laplace.

7. On trouve $\Delta H = Q$ pour certaines transformations (isobare…) : c'est une propriété qui justifie l'utilisation de l'enthalpie, mais ce n'est pas la définition de l'enthalpie ($H = U + PV$).

8. Si dans le même temps il se détend, donc fournit du travail ($W < 0$), son énergie interne peut diminuer ou rester constante, donc sa température également.

9. $\Delta U = \Delta(H - PV) = \Delta H - P_{\text{sat}}\Delta V \neq 0$ *a priori*.

❑ Les erreurs classiques

– La formule générale du travail des forces de pression fait intervenir P_{ext} et non P. Ce n'est que dans le cas *réversible* qu'on remplacera P_{ext} par P.
– Ne pas appliquer les relations de Laplace si toutes les hypothèses ne sont pas vérifiées (gaz parfait à γ constant, transformation adiabatique et réversible).
– Ne pas écrire le premier principe avant d'avoir défini clairement à quel système on l'applique, et entre quels états (ou quels instants).
– Quand un corps est susceptible d'exister sous différentes phases, on est amené à faire une hypothèse sur l'état final : attention à ne pas oublier de vérifier *a posteriori* la validité de cette hypothèse. Par exemple, il est peu probable que la température finale d'un mélange à l'équilibre eau liquide-glace soit de 150 °C...

Corrigé des exercices

Exercice 21.1

La transformation β est isotherme donc $\boxed{T_B = T_A}$. Alors $P_B V_B = P_A V_A$ (gaz parfait), donc $\boxed{V_B = V_A/3}$.

⇨ *Méthode 21.3*

De plus, sur une isotherme réversible : $W_{AB} = nRT_A \ln\left(\dfrac{P_B}{P_A}\right)$ soit $\boxed{W_\beta = W_{AB} = P_A V_A \ln 3}$.

⇨ *Méthode 21.1*

L'énergie interne d'un gaz parfait ne dépend que de la température donc sur l'isotherme AB, $\Delta U_\beta = \Delta U_{AB} = 0$. D'après le premier principe, on a alors $Q_{AB} = \Delta U_{AB} - W_{AB}$ d'où $\boxed{Q_\beta = Q_{AB} = -P_A V_A \ln 3}$.

⇨ *Méthode 21.2*

AC est isochore donc $W_{AC} = 0$; CB est isobare donc $W_{CB} = -P_B(V_B - V_A)$ soit $W_{CB} = 2P_A V_A$. Finalement, $\boxed{W_\alpha = W_{AC} + W_{CB} = 2P_A V_A}$. L'énergie interne est une fonction d'état donc $\Delta U_\alpha = \Delta U_\beta = 0$. D'après le premier principe, on a alors $Q_\alpha = \Delta U_\alpha - W_\alpha$ d'où $\boxed{Q_\alpha = -2P_A V_A}$.

Exercice 21.2

1. Pour une mole, $\delta W_m = -P_{ext}\,dV_m = -P\,dV_m$ (transformation réversible). D'après l'équation d'état, et avec $T = T_0 = \text{cte}$ (transformation isotherme) : $W_m = -\displaystyle\int_{V_{m1}}^{V_{m2}} \left(\frac{RT_0}{V_m - b} - \frac{a}{V_m^{\ 2}}\right) dV_m$ soit

$$\boxed{W_m = RT_0 \ln\left(\frac{V_{m1} - b}{V_{m2} - b}\right) - a\left(\frac{1}{V_{m2}} - \frac{1}{V_{m1}}\right)}.$$

⇨ *Méthode 21.1*

2. a) On a $\ln\left(\dfrac{V_{m1} - b}{V_{m2} - b}\right) = \ln\left(\dfrac{V_{m1}}{V_{m2}}\right) + \ln\left(\dfrac{1 - b/V_{m1}}{1 - b/V_{m2}}\right)$. Avec un développement limité à l'ordre 1 en $\dfrac{b}{V_m}$, le 2e terme devient : $\ln\left(\dfrac{1 - b/V_{m1}}{1 - b/V_{m2}}\right) = \ln\left(1 - \dfrac{b}{V_{m1}}\right) - \ln\left(1 - \dfrac{b}{V_{m2}}\right) \approx b\left(\dfrac{1}{V_{m2}} - \dfrac{1}{V_{m1}}\right)$ d'où $\boxed{W_m = RT_0 \ln\left(\dfrac{V_{m1}}{V_{m2}}\right) + (RT_0 b - a)\left(\dfrac{1}{V_{m2}} - \dfrac{1}{V_{m1}}\right)}$. Le cas du gaz parfait est obtenu pour $a = 0$ et $b = 0$ d'où $\boxed{W_{mGR} = W_{mGP} + (RT_0 b - a)\left(\dfrac{1}{V_{m2}} - \dfrac{1}{V_{m1}}\right)}$ avec $\boxed{W_{mGP} = RT_0 \ln\left(\dfrac{V_{m1}}{V_{m2}}\right)}$.

b) $W_{\text{mGR}} = W_{\text{mGP}}$ pour $RT_0 b - a = 0$ soit $\boxed{T_0 = \dfrac{a}{Rb}}$ (température de Mariotte).

c) Le diagramme d'Amagat correspond à $PV = f(P)$ [ou $PV_{\text{m}} = f(P)$]. Pour le gaz de Van der Waals considéré, $PV_{\text{m}} = RT\left(\dfrac{V_{\text{m}}}{V_{\text{m}} - b}\right) - \dfrac{a}{V_{\text{m}}} = RT\left(1 - \dfrac{b}{V_{\text{m}}}\right)^{-1} - \dfrac{a}{V_{\text{m}}}$. L'étude de la tangente horizontale correspond à l'étude du comportement du gaz aux faibles pressions. Dans ce cas, le comportement du gaz tend vers celui du gaz parfait. En particulier, $P \approx \dfrac{RT}{V_{\text{m}}} \to 0$.

Ainsi, $PV_{\text{m}} \approx RT\left(1 + \dfrac{b}{V_{\text{m}}}\right) - \dfrac{a}{V_{\text{m}}} \approx RT + \dfrac{1}{V_{\text{m}}}(RTb - a) = RT + \left(b - \dfrac{a}{RT}\right)P$ d'où

$\left.\dfrac{\mathrm{d}(PV_{\text{m}})}{\mathrm{d}P}\right)_{T=T_0} = b - \dfrac{a}{RT_0} = 0$ pour $\boxed{T_0 = \dfrac{a}{Rb}}$. On retrouve la température de Mariotte.

Exercice 21.3

1. Équilibre mécanique du piston : $\boxed{P_{\text{d}} = P_{\text{g}} = 5P_0}$. Le chauffage étant lent, le mouvement du piston sans frottements et le cylindre et les parois calorifugés, on peut supposer que le gaz parfait contenu dans le compartiment de droite, soumis aux seules forces de pression, subit une transformation adiabatique et réversible. L'application des relations de Laplace conduit alors à $P_{\text{d}}V_{\text{d}}^{\gamma} = P_0 V_0^{\gamma}$ d'où $\boxed{V_{\text{d}} = 5^{-1/\gamma} V_0}$.

⇨ *Méthode 21.5*

Conservation de la quantité de matière et loi des gaz parfaits dans le compartiment de droite :

$nR = \dfrac{P_{\text{d}}V_{\text{d}}}{T_{\text{d}}} = \dfrac{P_0 V_0}{T_0}$ d'où $\boxed{T_{\text{d}} = 5^{\frac{\gamma-1}{\gamma}} T_0}$.

⇨ *Méthode 21.3*

Le volume total du cylindre reste inchangé d'où $2V_0 = V_{\text{d}} + V_{\text{g}}$. On en déduit $\boxed{V_{\text{g}} = \left(2 - 5^{-1/\gamma}\right)V_0}$. Enfin, la conservation de la quantité de matière et loi des gaz parfaits dans le compartiment de gauche fournit $\dfrac{P_{\text{g}}V_{\text{g}}}{T_{\text{g}}} = \dfrac{P_0 V_0}{T_0}$ soit $\boxed{T_{\text{g}} = \left(10 - 5^{\frac{\gamma-1}{\gamma}}\right)T_0}$.

2. Le gaz contenu dans le compartiment de droite subit une transformation adiabatique : $\boxed{Q_{\text{d}} = 0}$. La variation d'énergie interne du gaz parfait contenu dans le compartiment de droite s'écrit $\Delta U_{\text{d}} = C_V(T_{\text{d}} - T_0)$ soit $\boxed{\Delta U_{\text{d}} = \dfrac{nR}{\gamma - 1}\left(5^{\frac{\gamma-1}{\gamma}} - 1\right)T_0}$. L'application du premier principe à ce même gaz conduit alors à $\Delta U_{\text{d}} = W_{\text{d}}$ d'où $\boxed{W_{\text{d}} = \dfrac{nR}{\gamma - 1}\left(5^{\frac{\gamma-1}{\gamma}} - 1\right)T_0}$.

Corrigé

3. La variation d'énergie interne du gaz parfait contenu dans le compartiment de gauche s'écrit $\Delta U_g = C_V(T_g - T_0)$ soit $\boxed{\Delta U_g = \frac{nR}{\gamma-1}\left(9-5^{\frac{\gamma-1}{\gamma}}\right)T_0}$. Le premier principe appliqué au système {gaz de gauche + gaz de droite + paroi mobile}, compte tenu du fait que l'évolution est globalement isochore (donc $W=0$) s'écrit $\Delta U + \Delta E_m = Q$. La variation d'énergie mécanique provient exclusivement de la paroi mobile. Cependant, comme son altitude est constante et que par définition, la transformation s'effectue entre deux états d'équilibre où la paroi mobile est donc au repos, alors $\Delta E_m = \Delta E_c + \Delta E_p = 0$. En outre, l'énergie interne est une fonction extensive : en négligeant la variation d'énergie interne de la paroi mobile, on a $\Delta U = \Delta U_g + \Delta U_d$. Finalement, on obtient $\boxed{Q = \frac{8nR}{\gamma-1}T_0}$.

Exercice 21.4

1. Appliquons le premier principe au système {gaz + vide} au repos macroscopique : $\Delta U_\Sigma = W + Q$. Les parois des enceintes étant rigides, le travail des forces de pression est nul : $W = 0$; comme ces dernières sont aussi calorifugées, la transformation est adiabatique : $Q = 0$. Dans ce cas, on a $\Delta U_\Sigma = 0$. Or, par extensivité de l'énergie interne, $U_\Sigma = U + U_{\text{vide}}$. Comme $U_{\text{vide}} = 0$, on en déduit le résultat demandé : $\boxed{\Delta U = 0}$ pour un gaz subissant une détente de Joule Gay-Lussac. Ce résultat ne dépend pas de la nature du gaz.
2. Pour un gaz parfait, on a $\Delta U = C_V \Delta T$. Comme $C_V \neq 0$, on en déduit que $\Delta T = T_F - T_I = 0$, d'où $\boxed{T_F = T_I}$ pour un gaz parfait.

3. a) Pour $\frac{n}{V} \to 0$, on a $U \to nC_{Vm}T = U^{GP}$. Dans ce cas, $\Delta U^{GP} = nC_{Vm}\Delta T$: on en déduit que la constante C_{Vm} est la capacité thermique molaire à température constante du gaz parfait vers lequel tend le gaz réel aux faibles concentrations molaires.
b) En écrivant $\Delta U = 0$ on obtient, compte tenu de l'équation d'état : $nC_{Vm}T_I - \frac{n^2a}{V_1} = nC_{Vm}T_F - \frac{n^2a}{V_1+V_2}$ d'où $\boxed{a = -\frac{V_1(V_1+V_2)}{V_2}\frac{C_{Vm}}{n}\Delta T}$. AN $\boxed{a = 0{,}13\ \text{J}\cdot\text{m}^3\cdot\text{mol}^{-2}}$.

Exercice 21.5

1. L'état final est un état d'équilibre donc la paroi mobile ne bouge plus. On lui applique alors le théorème de la quantité de mouvement : $m\vec{g} + \vec{R_n} + \vec{F_{p1}} + \vec{F_{p\,ext}} = \vec{0}$.

Projection sur la direction horizontale : $+P_1S - \frac{P_0}{2}S = 0$ d'où $\boxed{P_1 = \frac{P_0}{2}}$.
2. Premier principe pour le gaz contenu dans le récipient, entre l'état initial et l'état final : $\Delta U = W + Q$. Toutes les parois sont calorifugées donc $Q = 0$.

Le gaz est parfait donc $\Delta U = C_V(T_1 - T_0) = \frac{nR}{\gamma-1}(T_1 - T_0)$.

Et le travail des forces de pression extérieures est :

$$W = -\int_{V_0}^{V_1} P_{\text{ext}}\,\mathrm{d}V = -\frac{P_0}{2}\int_{V_0}^{V_1}\mathrm{d}V = -\frac{P_0}{2}(V_1 - V_0)\text{, donc } \frac{nR}{\gamma-1}(T_1 - T_0) = \frac{P_0}{2}(V_0 - V_1).$$

D'autre part il y a conservation de la matière : $n = \dfrac{P_0V_0}{RT_0} = \dfrac{P_0V_1}{2RT_1}$. Alors

$$\frac{nR}{\gamma-1}(T_1 - T_0) = \frac{nRT_0}{2} - nRT_1 \Leftrightarrow \left(\frac{1}{\gamma-1}+1\right)T_1 = \left(\frac{1}{\gamma-1}+\frac{1}{2}\right)T_0 \quad \text{d'où} \quad \boxed{T_1 = \frac{\gamma+1}{2\gamma}T_0} : \quad T_1 < T_0$$

puisque $\gamma > 1$, donc le gaz s'est refroidi.

Enfin $V_1 = V_0\dfrac{2T_1}{T_0}$ soit $\boxed{V_1 = \dfrac{\gamma+1}{\gamma}V_0}$: $V_1 > V_0$ donc il s'agit bien d'une détente.

Exercice 21.6

1. Pendant la transformation, le système Σ {eau + statue + calorimètre} est en contact avec l'atmosphère où règne une pression P_0. Il subit donc une transformation monobare telle que $P_\text{I} = P_\text{F} = P_\text{ext} = P_0$: $\Delta H_\Sigma = Q$. Or les parois du calorimètre sont athermanes : $Q = 0$ d'où $\Delta H_\Sigma = 0$. L'enthalpie est une fonction extensive donc $\Delta H_\Sigma = \Delta H_\text{calorimètre} + \Delta H_\text{eau} + \Delta H_\text{statue}$ soit $\Delta H_\Sigma = C_\text{cal}(T_\text{f} - T_\text{e}) + m_\text{e}c_\text{e}(T_\text{f} - T_\text{e}) + mc(T_\text{f} - T_0) = (\mu + m_\text{e})c_\text{e}(T_\text{f} - T_\text{e}) + mc(T_\text{f} - T_0) = 0$.

Finalement, on obtient $\boxed{c = \dfrac{(\mu + m_\text{e})c_\text{e}(T_\text{e} - T_\text{f})}{m(T_\text{f} - T_0)}}$. AN $\boxed{c = 218\ \text{J}\cdot\text{K}^{-1}\cdot\text{kg}^{-1}}$.

2. $mc = nC_\text{m} = \dfrac{m}{M}C_\text{m}$ donc $\boxed{M = \dfrac{C_\text{m}}{c}}$. AN $\boxed{M = 114\ \text{g}\cdot\text{mol}^{-1}}$: Madame Michu s'est fait avoir !

Exercice 21.7

Sur le palier de liquéfaction, la variation d'enthalpie est donnée par $\boxed{\Delta H = m\Delta_\text{vap}h}$. AN $\boxed{\Delta H = 377\ \text{kJ}}$. La variation d'énergie interne s'écrit $\Delta U = \Delta(H - PV) = \Delta H - P_\text{sat}\Delta V$. Le liquide est entièrement vaporisé au cours de la transformation donc $\Delta V = V_\text{g} - V_\ell \approx V_\text{g}$ (on néglige le volume de la phase liquide devant celui de la phase gazeuse). L'éther gazeux étant assimilé à un gaz parfait, $V_\text{g} = \dfrac{nRT_0}{P_\text{sat}}$ d'où finalement $\boxed{\Delta U = m\left(\Delta_\text{vap}h - \dfrac{RT_0}{M}\right)}$. AN $\boxed{\Delta U = 342\ \text{kJ}}$.

Exercice 21.8

1. Le chauffage a lieu à l'air libre, donc la transformation est monobare. Le premier principe s'écrit alors $\Delta H = Q_P$. Or $Q_P = \mathcal{P}_\text{th}\,\Delta t$ (la puissance étant constante), et $\Delta H = mc\Delta T$ (phase condensée idéale), donc $mc\Delta T = \mathcal{P}_\text{th}\,\Delta t$. L'eau se met à bouillir dès que $T(\tau_1) = T_1 = 373$ K (soit $\theta_1 = 100$ °C), d'où $\boxed{\tau_1 = \dfrac{mc(T_1 - T_0)}{\mathcal{P}_\text{th}}}$. AN $\boxed{\tau_1 = 220\ \text{s} = 3\ \text{min}\ 40\ \text{s}}$.

2. À partir de l'apparition de la première bulle de vapeur à $t=\tau_1$, l'eau se vaporise progressivement sur le palier de liquéfaction jusqu'à $t=\tau_2$. Pour calculer la variation d'enthalpie correspondante, on imagine une transformation réversible isotherme et isobare : on a alors toujours $\Delta H = Q_P = \mathcal{P}_{\text{th}}\,\Delta t$ mais avec cette fois $\Delta H = m\Delta_{\text{vap}}h$, soit $m\Delta_{\text{vap}}h = \mathcal{P}_{\text{th}}\,\Delta t = \mathcal{P}_{\text{th}}(\tau_2-\tau_1)$, d'où $\tau_2 = \tau_1 + \dfrac{m\Delta_{\text{vap}}h}{\mathcal{P}_{\text{th}}}$.

En injectant dans cette expression celle de τ_1 déterminée précédemment, on obtient finalement :

$\boxed{\tau_2 = \dfrac{m}{\mathcal{P}_{\text{th}}}\left[c(T_1-T_0)+\Delta_{\text{vap}}h\right]}$. AN $\boxed{\tau_2 = 1720\ \text{s} = 29\ \text{min}}$.

Exercice 21.9

1. La fraction massique du gaz dans le mélange est donnée par $x'_{\text{g}} = \dfrac{v-v_\ell}{v'_{\text{g}}-v_\ell}$, avec $v=\dfrac{V}{m}$ ($m = m_{\text{g}}+m_\ell$), $v_\ell = \dfrac{1}{\rho}$ et $v_{\text{g}} = \dfrac{RT'}{MP'_{\text{sat}}}$. Avec les données numériques fournies, on a $v = 1{,}00\ \text{m}^3\cdot\text{kg}^{-1}$, $v_\ell = 1{,}00\cdot10^{-3}\ \text{m}^3\cdot\text{kg}^{-1}$, $v'_{\text{g}} = 1{,}34\ \text{m}^3\cdot\text{kg}^{-1}$ et $x'_{\text{g}} = 0{,}740$, soit une masse de gaz $\boxed{m'_{\text{g}} = mx'_{\text{g}} = 0{,}740\ \text{g}}$; la masse de liquide est alors $\boxed{m'_\ell = m - m'_{\text{g}} = 0{,}260\ \text{g}}$.

2. La transformation étant isochore, en appliquant le premier principe au mélange diphasé, on obtient $Q = \Delta U$.

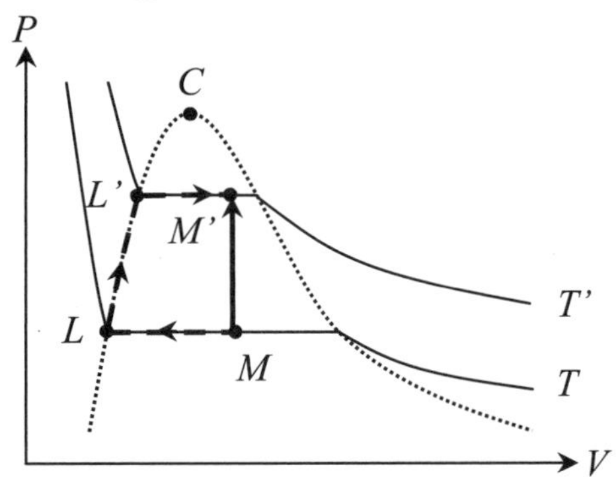

On peut alors utiliser le fait que U est une fonction d'état pour décomposer la transformation complexe sur un chemin sur lequel la variation d'énergie interne se calcule simplement à chaque étape :

– sur *ML*, on liquéfie une masse m_{g} de vapeur à la température T et à la pression P_{sat} :
$\Delta U_{ML} = \Delta H_{ML} - P_{\text{sat}}(0-V) = -m_{\text{g}}\Delta_{\text{vap}}h + P_{\text{sat}}V$ (en négligeant le volume final du liquide). AN $\Delta U_{ML} = -1{,}26\cdot10^3\ \text{J}$.

– sur *LL'*, on chauffe une masse m d'eau liquide de T à T' : $\Delta U_{LL'} = mc(T'-T)$. AN $\Delta U_{LL'} = 41{,}8\ \text{J}$.

– sur *L'M'*, on vaporise une masse m' d'eau liquide :
$\Delta U_{L'M'} = \Delta H_{L'M'} - P'_{\text{sat}}(V-0) = m'_{\text{g}}\Delta_{\text{vap}}h' - P'_{\text{sat}}V$. AN $\Delta U_{L'M'} = -1{,}26\cdot10^3\ \text{J}$.

Finalement, on obtient $Q = \Delta U_{ML} + \Delta U_{LL'} + \Delta U_{L'M'}$. AN $\boxed{Q = 305\ \text{J}}$.

⇨ *Méthode 21.5*

Exercice 21.10

1. État initial : liquide seul, T = 307 K. État final : diphasé, T_{fus} = 317 K (puisque l'équilibre diphasé, sous la pression atmosphérique, ne peut exister qu'à cette température). Deux choses se sont donc produites simultanément : changement de température et changement d'état.
Premier principe pour cette transformation monobare : $\Delta H = Q = 0$ (récipient calorifugé). Or H est une fonction d'état donc on peut exprimer ΔH en imaginant un chemin où il y aurait *d'abord* le changement de température seul (l'ensemble restant liquide) *puis* la solidification d'une partie (m_{sol}) de la masse totale (à T_{fus}, seule température pour laquelle on connaît L_{fus}).

Alors $\Delta H = m c_{liq}(T_{fus} - T) - m_{sol} L_{fus} = 0$ d'où $\boxed{m_{sol} = \dfrac{m c_{liq}(T_{fus} - T)}{L_{fus}}}$. AN $\boxed{m_{sol} = 3{,}8\,\text{g}}$ (donc $m_{liq} = 6{,}2\,\text{g}$).

⇨ *Méthode 21.6*

2. – Hypothèse : état final diphasé comme précédemment. On reprend alors le même calcul, qui donne $m_{sol} = 10{,}1\,\text{g}$: l'hypothèse est donc fausse puisqu'on trouve $m_{sol} > m$.
– Hypothèse : état final monophasé solide (ce que suggère le résultat précédent). Alors il reste à déterminer la température finale T_f. Pour cela on utilise toujours ΔH = 0, en imaginant un chemin comportant successivement : changement de température du liquide seul (de T' à T_{fus}) ; solidification complète à T_{fus} ; changement de température du solide seul (de T_{fus} à T_f).

$$\Delta H = m c_{liq}(T_{fus} - T') - m L_{fus} + m c_{sol}(T_f - T_{fus}) = 0 \quad \text{d'où} \quad T_f = T_{fus} - \frac{c_{liq}(T_{fus} - T') - L_{fus}}{c_{sol}}.$$

AN $\boxed{T_f = 316{,}8\,\text{K}}$. On trouve bien $T_f < T_{fus}$, ce qui valide l'hypothèse.

Exercice 21.11

1. Commençons par analyser les données pour avoir une idée de l'état final.
Comme les transformations ont lieu dans un calorimètre aux parois athermanes, toute l'énergie libérée par un changement d'état peut directement servir à induire un autre changement d'état, ou une variation de température. En particulier, pour faire fondre 100 g de glace, il suffit de liquéfier $0{,}100 \cdot 3{,}35 \cdot 10^2 / 2.25 \cdot 10^3 = 14{,}9$ g de vapeur. Pour amener les 100 g d'eau formés de 0 °C à 100 °C, il faut encore liquéfier $0{,}100 \cdot 4{,}18 \cdot 100 / 2.25 \cdot 10^3 = 18{,}6$ g de vapeur. Enfin, pour porter de 20 °C à 100 °C les 250 g d'eau initialement introduits, il faut liquéfier $0{,}250 \cdot 4{,}18 \cdot 80 / 2.25 \cdot 10^3 = 37{,}2$ g de vapeur. Au total, en liquéfiant 70,7 g de vapeur, on fait fondre toute la glace et on porte toute l'eau du calorimètre à 100 °C.
On suppose donc que l'état final est un mélange à l'équilibre d'eau liquide et de vapeur d'eau à 100 °C.

> *On se rend compte ici de l'importance des ces calculs d'ordre de grandeur. En l'absence de ces derniers, il est difficile de prévoir l'état d'équilibre du système : on risque alors de faire de longs calculs sur une hypothèse erronée.*

La transformation est monobare et adiabatique donc $\Delta H = Q_P = 0$. L'enthalpie étant une fonction d'état extensive, on décompose la transformation de manière à avoir $\Delta H = \Delta H_1 + \Delta H_2 + \Delta H_3 + \Delta H_4 = 0$ avec :

Corrigé

– $\Delta H_1 = m_1 \Delta_{\text{fus}} h$ (fusion d'une masse m_1 de glace) ;

– $\Delta H_2 = m_1 c(T_3 - T_1)$ (chauffage jusque 100 °C de l'eau formée) ;

– $\Delta H_3 = m_2 c(T_3 - T_2)$ (chauffage jusque 100 °C de l'eau initialement présente) ;

– $\Delta H_4 = x_\ell m_3 \Delta_{\text{liq}} h = -x_\ell m_3 \Delta_{\text{vap}} h = -(1 - x_{\text{g}}) m_3 \Delta_{\text{vap}} h$ (liquéfaction d'une fraction massique x_ℓ de vapeur d'eau).

Finalement, $m_1 \Delta_{\text{fus}} h + m_1 c(T_3 - T_1) + m_2 c(T_3 - T_2) - (1 - x_{\text{g}}) m_3 \Delta_{\text{vap}} h = 0$, d'où on tire :

$$x_{\text{g}} = 1 - \frac{m_1 \Delta_{\text{fus}} h + m_1 c(T_3 - T_1) + m_2 c(T_3 - T_2)}{m_3 \Delta_{\text{vap}} h}.$$

AN $x_{\text{g}} = 0,294 = 29,4\ \%$: on trouve bien $0 \leq x_{\text{g}} \leq 1$ donc l'hypothèse est la bonne.

Le mélange final est donc constitué de 29,4 g de vapeur d'eau (soit 29,4 % des 100 g de départ) et de 420 g d'eau liquide (la masse totale étant 450 g), en équilibre à la température finale $\boxed{T_3 = 373\ \text{K}}$ ($\theta_3 = 100$ °C).

⇨ *Méthode 21.6*

Chapitre 22
Deuxième principe de la thermodynamique

Le génie de Ludwig **Boltzmann** fut de comprendre que, même dans un modèle déterministe, on pouvait étudier avec profit les propriétés des gaz par des modèles probabilistes. Le deuxième apport fondamental du physicien autrichien fut d'admettre implicitement que la matière est composée d'atomes ou de molécules, ce qui à son époque était loin d'être admis dans la communauté scientifique. Sa découverte du principe d'irréversibilité de l'entropie en thermodynamique, en porte-à-faux avec celui de réversibilité dans les équations fondamentales de la dynamique, fut l'objet de considérations philosophiques nouvelles. Précurseur dans de nombreux domaines mais très combattu dans ses idées, il mit fin à ses jours, et la relation sur l'entropie qu'il avait énoncée et qui porte aujourd'hui son nom est gravée sur sa tombe.

Ludwig Boltzmann
1844-1906

■■ Objectifs

■ Ce qu'il faut connaître

- ▷ L'énoncé du deuxième principe de la thermodynamique
- ▷ La définition d'un thermostat et sa réalisation pratique
- ▷ L'expression de l'entropie échangée avec un thermostat
- ▷ L'expression de l'entropie massique de transition de phase

■ Ce qu'il faut savoir faire

- ▷ Retrouver les relations de Laplace pour une transformation isentropique d'un gaz parfait de coefficient γ constant
- ▷ Utiliser la relation entre les variations d'entropie et d'enthalpie associées à une transition de phase
- ▷ Calculer l'entropie créée au cours d'une transformation, conclure sur son caractère réversible ou non et analyser les éventuelles causes d'irréversibilité
- ▷ Identifier et comptabiliser les microétats associés à un macroétat donné

Résumé de cours

Thermostat

On appelle **thermostat** (ou **source de chaleur**) un système fermé n'échangeant pas de travail avec l'extérieur, mais capable d'échanger un transfert thermique sans que sa température varie. En pratique, c'est un système de taille beaucoup plus grande que ceux avec lesquels il est susceptible d'être mis en contact : ses capacités thermiques sont considérées comme infinies.

Deuxième principe de la thermodynamique

Énoncé

Pour tout système thermodynamique fermé, il existe une fonction d'état extensive S appelée **entropie**, dont la variation se décompose en un terme d'échange $\mathbb{S}_e$ et un terme de création $\mathbb{S}_c$.

Pour une transformation globale entre deux états I et F, le deuxième principe de la thermodynamique s'écrit donc $\boxed{\Delta S = \mathbb{S}_e + \mathbb{S}_c}$ avec :

- $\boxed{\mathbb{S}_e = \sum_i \frac{Q_i}{T_{\text{th},i}}}$ avec Q_i le transfert thermique reçu par le système au contact d'un thermostat de température $T_{\text{th},i}$;
- $\boxed{\mathbb{S}_c \geq 0}$, l'égalité $\mathbb{S}_c = 0$ correspondant au cas d'une transformation réversible.

⇨ **Méthode 22.3. Calcul de l'entropie créée en raisonnant sur l'Univers**
⇨ **Méthode 22.4. Calcul de l'entropie créée en raisonnant sur un sous-système donné**

Cas d'un système isolé

Pour un système isolé, il ne peut y avoir d'échange d'entropie donc $\Delta S = \mathbb{S}_c \geq 0$.

Ainsi, l'entropie d'un système isolé (en particulier l'entropie de l'Univers) ne peut pas décroître : elle croît jusqu'à une valeur maximale correspondant à l'équilibre.

Variation d'entropie de quelques systèmes caractéristiques

Gaz parfait

$$S = \frac{nR}{\gamma-1}\ln T + nR\ln V + \text{cte} = \frac{nR\gamma}{\gamma-1}\ln T - nR\ln P + \text{cte} = \frac{nR}{\gamma-1}\ln P - \frac{nR\gamma}{\gamma-1}\ln V + \text{cte} \quad \text{d'où}$$

$$\boxed{\Delta S = \frac{nR}{\gamma-1}\ln\frac{T_F}{T_I} + nR\ln\frac{V_F}{V_I} = \frac{nR\gamma}{\gamma-1}\ln\frac{T_F}{T_I} - nR\ln\frac{P_F}{P_I} = \frac{nR}{\gamma-1}\ln\frac{P_F}{P_I} - \frac{nR\gamma}{\gamma-1}\ln\frac{V_F}{V_I}} \text{ si } \gamma = \text{cte}.$$

Pour une évolution isentropique (en particulier une adiabatique réversible) d'un gaz parfait de coefficient γ constant, les variables d'état vérifient donc les relations de Laplace :

$$\boxed{PV^{\gamma} = \text{cte}} \quad \Leftrightarrow \quad TV^{\gamma-1} = \text{cte} \quad \Leftrightarrow \quad T^{\gamma}P^{1-\gamma} = \text{cte}.$$

❑ Phase condensée idéale

Pour une phase condensée idéale telle que $C = \text{cte}$: $S = C\ln T + \text{cte}$ d'où $\boxed{\Delta S = C\ln\dfrac{T_F}{T_I}}$.

❑ Thermostat

En notant Q_{th} le transfert thermique reçu algébriquement par le thermostat : $\boxed{\Delta S_{th} = \dfrac{Q_{th}}{T_{th}}}$.

⇨ **Méthode 22.1. Calcul d'une variation d'entropie pour différents corps**

❑ Corps pur diphasé

Entropie massique de transition de phase

L'**entropie massique de transition de phase** à la température T est définie comme la différence des entropies massiques d'un corps pur dans la phase 2 et dans la phase 1, à la même température T de changement d'état et à la pression d'équilibre $P = P_{sat}(T)$:

$$\boxed{\Delta_{1\to2}s(T) = s_2(T) - s_1(T) = \frac{\Delta_{1\to2}h(T)}{T}} \quad \text{(unité SI : } \mathrm{J\cdot K^{-1}\cdot kg^{-1}}\text{).}$$

avec $\Delta_{1\to2}h(T)$ l'enthalpie massique de transition de phase à la température T.

Variation d'entropie du corps pur diphasé

Au cours d'un changement d'état isotherme entre deux phases 1 et 2, l'entropie massique du système diphasé varie de $\boxed{\Delta s(T) = \Delta x_2 \times \dfrac{\Delta_{1\to2}h(T)}{T}}$, x_2 étant le titre massique dans la phase 2.

Donc pour une variation Δm_2 de la masse de la phase 2 : $\boxed{\Delta S(T) = \Delta m_2 \times \dfrac{\Delta_{1\to2}h(T)}{T}}$.

⇨ **Méthode 22.2. Calcul d'une variation d'entropie par décomposition en étapes**

Titre massique en vapeur

Pour un système diphasé liquide-vapeur : $\boxed{x_g = \dfrac{s - s_\ell}{s_g - s_\ell}}$.

■ Comment calculer une variation d'entropie ?

❑ Méthode 22.1. Calcul d'une variation d'entropie pour différents corps

- Déterminer les grandeurs d'état du système à l'équilibre initial et final.
- Utiliser la relation fournie pour la variation d'entropie ΔS du système étudié.

⇨ **Exercices 22.1, 22.2, 22.3**

Calculons par exemple la variation d'entropie d'un gaz parfait subissant une détente dans un compartiment vide d'une enceinte calorifugée et indéformable (détente de Joule Gay-Lussac), qui le fait passer d'un volume initial V_1 à un volume final $V_2 > V_1$.

Appliquons le premier principe au système {gaz + vide} au repos macroscopique : $\Delta U_\Sigma = W + Q$. Les parois de l'enceinte sont rigides : le travail des forces de pression est donc nul, soit $W = 0$. Ces dernières étant aussi calorifugées, la transformation est adiabatique : $Q = 0$. Dans ce cas, on a $\Delta U_\Sigma = 0$. Or, par extensivité de l'énergie interne, $U_\Sigma = U + U_{\text{vide}}$. Comme $U_{\text{vide}} = 0$, on en déduit $\Delta U = 0$. Comme l'énergie interne d'un gaz parfait ne dépend que de la température, on en déduit que la température T_2 du gaz en fin de détente est égale à la température T_1 du gaz en début de détente, soit $T_2 = T_1$.

Les variables d'état connues au début et à la fin de la transformation sont le volume et la température. On choisit donc la variation d'entropie sous la forme $\Delta S = \dfrac{nR}{\gamma - 1}\ln\dfrac{T_2}{T_1} + nR\ln\dfrac{V_2}{V_1}$.

Comme $T_2 = T_1$, on en déduit $\boxed{\Delta S = nR\ln\dfrac{V_2}{V_1}}$.

❑ Méthode 22.2. Calcul d'une variation d'entropie par décomposition en étapes

L'entropie étant une fonction d'état, sa variation sur une transformation complexe peut toujours être calculée en imaginant un chemin en plusieurs étapes, au cours desquelles il ne se passe qu'une chose à la fois : variation de température pour une phase seule, changement d'état à une température donnée. Dans le cas d'un équilibre liquide-vapeur, ce chemin peut être visualisé sur le diagramme (P, v).

On additionne alors les variations d'entropie sur chacune des étapes, en utilisant les différentes formules :

– pour un liquide seul ou un solide seul (considéré comme une phase condensée idéale de capacité thermique massique c), $\Delta s = c \ln \frac{T_2}{T_1}$;

– pour un gaz seul (considéré comme un gaz parfait de masse molaire M), $\Delta s = c_P \ln \frac{T_2}{T_1} - \frac{R}{M} \ln \frac{P_2}{P_1}$;

– pour une transition de phase à la température T, $\Delta s = \Delta x_2 \times \frac{\Delta_{1\to 2} h(T)}{T}$ avec Δx_2 la variation du titre massique de la phase 2.

⇨ **Exercice 22.7**

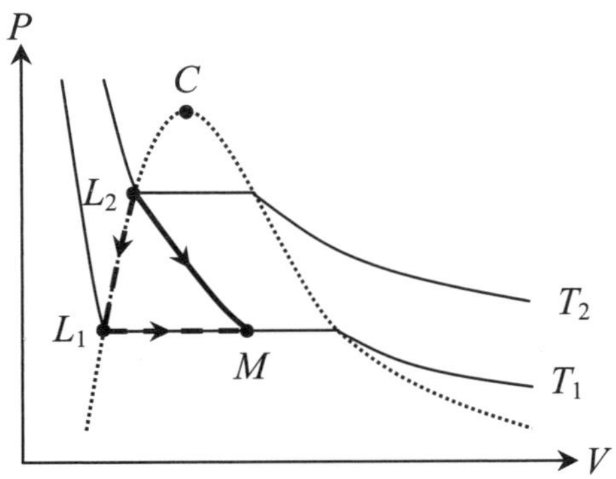

On fait subir une détente à de l'ammoniac, de l'état liquide L_2 ($P_2 = 6{,}2$ bar, $T_2 = 283$ K) à l'état diphasé M ($P_1 = 1{,}9$ bar, $T_1 = 253$ K). On donne $\Delta_{\text{vap}} h(T_1) = 1{,}3 \cdot 10^3\ \text{kJ}\cdot\text{kg}^{-1}$ et $c = 4{,}6\ \text{kJ}\cdot\text{K}^{-1}\cdot\text{kg}^{-1}$ (capacité thermique de l'ammoniac liquide). Calculer la variation d'entropie massique $\Delta s = s_M - s_{L_2}$ connaissant le titre massique en vapeur final $x_M = 0{,}69$.

L'enthapie étant une fonction d'état, on peut calculer sa variation sur le chemin L_2L_1M : $\Delta s = \left(s_M - s_{L_1}\right) + \left(s_{L_1} - s_{L_2}\right)$ d'où $\boxed{\Delta s = x_M \frac{\Delta_{\text{vap}} h(T_1)}{T_1} + c \ln \frac{T_2}{T_1}}$. AN $\Delta s = 4{,}1\ \text{kJ}\cdot\text{K}^{-1}\cdot\text{kg}^{-1}$.

■ Comment calculer une entropie créée ?

❑ Méthode 22.3. Calcul de l'entropie créée en raisonnant sur l'Univers

– Déterminer l'état final et calculer la variation d'entropie (voir méthode 22.1) de chaque sous-système subissant une transformation.
– L'entropie étant une fonction d'état extensive, en sommant les variations d'entropie précédentes, on obtient la variation d'entropie $\Delta S_{\text{Univers}}$ de l'Univers. Compte tenu du caractère isolé de ce dernier, on en déduit $\mathbb{S}_c = \Delta S_{\text{Univers}}$.

⇨ **Exercices 22.3, 22.4, 22.5**

Calculons l'entropie créée lors de la mise en contact d'un solide de température initiale T_1 et de capacité thermique C avec un thermostat de température T_2.

À l'équilibre thermique, le solide a atteint la température T_2 du thermostat (constante par définition). Le système {solide + thermostat} étant isolé par construction, la variation d'entropie de l'ensemble correspond à $\Delta S_{\text{Univers}} = \mathbb{S}_{\text{c}}$.

La variation d'entropie du solide est $\Delta S_{\text{solide}} = C \ln \dfrac{T_2}{T_1}$. La variation d'entropie du thermostat est $\Delta S_{\text{thermostat}} = \dfrac{Q_{\text{thermostat}}}{T_2} = \dfrac{-Q_{\text{solide}}}{T_2}$. Or, d'après le premier principe appliqué à une phase condensée idéale, $Q_{\text{solide}} = \Delta U_{\text{solide}} = C(T_2 - T_1)$ d'où $\Delta S_{\text{thermostat}} = -\dfrac{C(T_2 - T_1)}{T_2}$.

Finalement, $S_{\text{c}} = \Delta S_{\text{Univers}} = \Delta S_{\text{solide}} + \Delta S_{\text{thermostat}} = C \ln \dfrac{T_2}{T_1} - \dfrac{C(T_2 - T_1)}{T_2}$.

Vérifions que cette expression est bien positive ou nulle. En posant $x = \dfrac{T_1}{T_2}$, on a $\mathbb{S}_{\text{c}} = C(-\ln x + x - 1) = C\,f(x)$. L'étude du tableau de variation montre que la fonction $f(x)$ possède un minimum nul en $x = 1$. Pour $x \neq 1$, on a bien $\mathbb{S}_{\text{c}} > 0$ comme prévu par le second principe (et pour $x = 1$, soit $T_1 = T_2$, il ne se passe rien !).

❑ Méthode 22.4. Calcul de l'entropie créée en raisonnant sur un sous-système donné

– Déterminer l'état final et calculer la variation d'entropie ΔS (voir méthode 22.1) d'un des sous-systèmes subissant une transformation.
– Déterminer son entropie échangée $\mathbb{S}_{\text{e}}$ et en déduire l'entropie créée par la relation $\mathbb{S}_{\text{c}} = \Delta S - \mathbb{S}_{\text{e}}$.

⇨ **Exercices 22.3, 22.4, 22.5**

Reprenons l'exemple de la méthode précédent, et calculons par cette nouvelle méthode l'entropie créée lors de la mise en contact d'un solide, de température initiale T_1 et de capacité thermique C, avec un thermostat de température T_2.

La variation d'entropie du solide est $\Delta S_{\text{solide}} = C \ln \dfrac{T_2}{T_1}$. Au cours de la transformation, il échange avec le thermostat une entropie $\mathbb{S}_{\text{e}} = \dfrac{Q}{T_2}$. Or le premier principe appliqué au solide considéré comme une phase condensée idéale ($\text{d}V = 0$) s'écrit $\Delta U = Q$. Le solide est en équilibre thermique avec le thermostat à la fin de la transformation donc $\Delta U = C(T_2 - T_1)$. On en déduit $\mathbb{S}_e = \dfrac{C(T_2 - T_1)}{T_2}$ soit finalement $\mathbb{S}_c = \Delta S - \mathbb{S}_e = C \ln \dfrac{T_2}{T_1} - \dfrac{C(T_2 - T_1)}{T_2}$.

On trouve bien le même résultat avec les deux méthodes 22.2 et 22.3. On pourra donc utiliser indifféremment l'une ou l'autre pour déterminer une entropie créée.

Vrai/Faux

		Vrai	Faux
1.	Une transformation quasi-statique est toujours réversible.	☐	☐
2.	Une transformation réversible est forcément quasi-statique.	☐	☐
3.	Une transformation adiabatique et réversible est isentropique, quelle que soit la nature du système.	☐	☐
4.	La variation d'entropie d'un système dépend du chemin suivi pour effectuer la transformation.	☐	☐
5.	L'entropie d'un système subissant une transformation irréversible augmente.	☐	☐
6.	L'entropie d'un système isolé ne peut pas décroître.	☐	☐
7.	L'entropie échangée $\mathbb{S}_e$ est une fonction d'état.	☐	☐
8.	Une transformation isentropique d'un gaz parfait de coefficient γ constant vérifie les lois de Laplace.	☐	☐
9.	L'entropie d'une phase condensée idéale de capacité thermique constante ne dépend que de la température.	☐	☐
10.	Au cours d'un changement d'état isotherme entre deux phases 1 et 2, l'entropie d'un système diphasé varie de $\frac{\Delta_{1\to 2}h(T)}{T}\Delta x_2$.	☐	☐

Énoncé des exercices

Transformations de systèmes gazeux

Exercice 22.1. Transformation monobare

Un récipient, muni d'un piston mobile de masse négligeable pouvant se déplacer sans frottement, contient un gaz parfait occupant initialement un volume $V_1 = 10{,}0$ L à la température $T_1 = 373$ K. Les parois du récipient ainsi que le piston sont calorifugés. La pression qui s'exerce sur le piston vaut initialement $P_1 = 1{,}00 \cdot 10^6$ Pa. On donne $R = 8{,}31$ J$\cdot$K$^{-1}\cdot$mol^{-1}.

1. Calculer la quantité de matière n de gaz contenue dans le récipient.

2. La contrainte qui maintient le piston en équilibre est supprimée, de sorte que la pression qui s'exerce sur lui tombe brutalement à la valeur $P_2 = 1{,}00 \cdot 10^5$ Pa correspondant à la pression atmosphérique du lieu. Le gaz évolue vers un nouvel état d'équilibre caractérisé par les valeurs respectives T_2 et V_2 de la température et du volume.

a) Calculer T_2 et V_2 pour une capacité thermique molaire à volume constant $C_V = 5nR/2$.

b) Calculer la variation d'entropie ΔS du gaz.

c) Calculer l'entropie créée $\mathbb{S}_c$ au cours de la transformation. Quelle est la cause de l'irréversibilité ?

Exercice 22.2. Étude d'un cycle

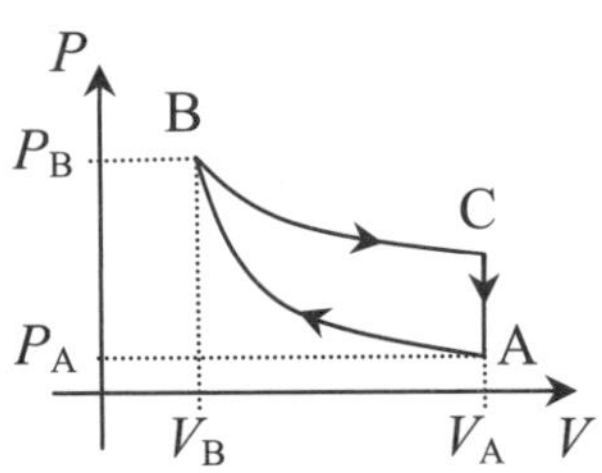

Un gaz parfait de quantité de matière constante et caractérisé par un rapport $\gamma = C_P/C_V = 1{,}4$ parcourt le cycle ci-contre, constitué des transformations suivantes :

- AB : isentropique ;
- BC : isotherme réversible ;
- CA : isochore et monotherme (température extérieure T_A).

On donne $P_A = 1{,}0$ bar, $V_A = 500$ cm^3, $T_A = 100$ K, $T_B = 300$ K.

1. Calculer P_B, V_B et P_C.

2. Calculer les variations d'entropie ΔS_{BC}, ΔS_{CA} ainsi que l'entropie créée $\mathbb{S}_{cCA}$ au cours de la transformation CA.

Exercice 22.3. Entrée d'air dans une bouteille**

Une bouteille rigide de volume V_1 possède des parois calorifugées, et elle est fermée par un bouchon également calorifugé ; elle est initialement vide. L'air qui l'environne est à la pression P_0 et à la température T_0 ; on le considère comme un gaz parfait de coefficient γ constant. On enlève le bouchon et la bouteille se remplit très rapidement d'air ; dès que l'air n'entre plus, on rebouche la bouteille. On notera V_0 le volume occupé *initialement* par l'air qui est entré dans la bouteille.

1. Représenter sur un schéma l'état initial, un état intermédiaire et l'état final, en précisant bien le système étudié.
2. Pourquoi peut-on considérer la transformation comme adiabatique ? Déterminer alors l'état final de l'air dans la bouteille, notamment sa température finale T_1.
3. Déterminer l'entropie créée, et préciser la cause de cette création d'entropie.

■ Transformations de systèmes solides

❑ Exercice 22.4. Contact thermique entre deux solides

Deux solides S_1 et S_2 de capacités thermiques respectives C_1 et C_2 et de températures initiales T_{01} et T_{02} sont mis en contact. Des parois rigides et athermanes isolent l'ensemble de l'extérieur.

1. Déterminer l'expression de la température finale T_f du système Σ constitué par la réunion des deux solides.
2. Pour simplifier, on suppose que $C_1 = C_2 = C$. Exprimer la variation d'entropie ΔS_Σ du système global, ainsi que l'entropie créée $\mathbb{S}_c$ au cours de la transformation. Commenter.

❑ Exercice 22.5. Effet Joule*

Un conducteur ohmique de résistance $R = 20{,}0\ \Omega$, parcouru par un courant d'intensité constante $I = 10{,}0$ A, est plongé dans une masse $m_e = 500$ g d'eau pendant un intervalle de temps $\Delta t = 30{,}0$ s. On note Σ le système constitué par la réunion de l'eau et du conducteur ohmique. On donne : masse du conducteur $m_c = 200$ g ; capacité thermique massique du conducteur $c_c = 0{,}385\ \text{J}\cdot\text{K}^{-1}\cdot\text{g}^{-1}$; capacité thermique massique de l'eau $c_e = 4{,}19\ \text{J}\cdot\text{K}^{-1}\cdot\text{g}^{-1}$.

1. La température de l'ensemble est maintenue constante à $T_0 = 290$ K par contact avec un thermostat.

a) Calculer la variation d'entropie de Σ ainsi que l'entropie créée.

b) Quelle est la cause physique d'irréversibilité ?

2. Partant d'une température $T_0 = 290$ K, on plonge le système Σ dans un calorimètre aux parois athermanes, et de capacité calorifique négligeable.

a) Calculer la température finale du système Σ au bout de la même durée.

b) Calculer la variation d'entropie de Σ ainsi que l'entropie créée.

❑ Exercice 22.6. Contact avec une suite de *N* thermostats**

On désire porter progressivement un solide, de capacité thermique C, de la température T_0 à la température $T_F > T_0$. Pour réaliser cette transformation, le solide est mis successivement en contact avec N thermostats de températures T_k en progression arithmétique :

$$T_k = T_0 + k\frac{T_F - T_0}{N} \qquad \text{avec} \quad k = 1, 2, \ldots, N.$$

1. **a)** Déterminer l'entropie créée $\mathbb{S}_c^k$ au cours du k-ième contact, correspondant au passage du solide de la température T_{k-1} à la température T_k.

b) On pose $\varepsilon_k = \dfrac{T_k - T_{k-1}}{T_k}$. Donner une expression approchée de $\mathbb{S}_c^k$ dans l'hypothèse $\varepsilon_k \ll 1$.

2. Exprimer l'entropie créée $\mathbb{S}_c$ à l'issue des N contacts en utilisant une somme sur k. Quel résultat obtient-on en faisant tendre N vers l'infini ? Commentaires.

■ Corps pur diphasé

❑ Exercice 22.7. Vaporisation d'eau dans le vide

Une enceinte de volume $V = 1{,}00\ \text{L}$, initialement vide, est maintenue à la température constante $T_0 = 373\ \text{K}$ ($100°\text{C}$). On y introduit une masse $m = 1{,}00\ \text{g}$ d'eau liquide à la température $T_0 = 373\ \text{K}$. La vapeur d'eau sera assimilée à un gaz parfait.

On donne : $P_{\text{sat}} = 1{,}01\ \text{bar}$ (pression de vapeur saturante de l'eau à T_0), $R = 8{,}31\ \text{J}\cdot\text{K}^{-1}\cdot\text{mol}^{-1}$ (constante des gaz parfaits), $\Delta_{\text{vap}}h = 2{,}25\ \text{kJ}\cdot\text{g}^{-1}$ (enthalpie massique de vaporisation de l'eau liquide à T_0), $M = 18{,}0\ \text{g}\cdot\text{mol}^{-1}$ (masse molaire de l'eau) et $\rho = 1{,}00\ \text{kg}\cdot\text{L}^{-1}$ (masse volumique de l'eau liquide).

1. a) Déterminer la composition finale du système.

b) Calculer la variation d'entropie au cours de cette transformation.

2. Reprendre les questions précédentes en considérant cette fois que la masse d'eau introduite dans les mêmes conditions est $m' = m/2$.

❑ Exercice 22.8. Surfusion de l'eau

Une masse $m = 20{,}0\ \text{g}$ d'eau liquide très pure a été refroidie très lentement à la température $T_1 = 261\ \text{K}$ ($\theta_1 = -12\ °\text{C}$). Cet état dans lequel l'eau est encore à l'état liquide malgré une température inférieure à $T_0 = 273\ \text{K}$ ($\theta_0 = 0\ °\text{C}$) est qualifié de métastable : la moindre perturbation (choc, introduction d'une poussière...) conduit à une solidification très rapide du liquide. On propose dans cet exercice d'examiner ce phénomène. On supposera que toutes les transformations ont lieu à pression atmosphérique $P = 1{,}01\ \text{bar}$. En outre, compte tenu de la rapidité avec laquelle l'eau surfondue se solidifie, on considéra les transformations adiabatiques.

1. Déterminer la masse de glace m_g obtenue ainsi que la température finale T_2.

2. Calculer l'entropie créée au cours de la transformation.

Données : enthalpie massique de fusion de la glace $\Delta_{\text{fus}}h = 3{,}35\cdot 10^2\ \text{kJ}\cdot\text{kg}^{-1}$ à 0 °C ; capacité thermique de l'eau liquide $c_\ell = 4{,}18\ \text{kJ}\cdot\text{K}^{-1}\cdot\text{kg}^{-1}$; capacité thermique de la glace $c_s = 2{,}06\ \text{kJ}\cdot\text{K}^{-1}\cdot\text{kg}^{-1}$; masse molaire de l'eau $M = 18{,}0\ \text{g}\cdot\text{mol}^{-1}$.

■ Pour vous aider à démarrer

Exercice 22.3. Attention à la valeur de la pression extérieure pour le calcul du travail : elle vaut P_0 pour l'air au contact de l'atmosphère, mais elle est nulle pour l'air au contact du vide (on doit donc séparer le calcul en deux parties).
Exercice 22.4. À la question 1, appliquer le premier principe au système constitué par la réunion des deux solides.
Exercice 22.5. Penser au travail des forces électriques. À la question 2.a, appliquer le premier principe au système Σ.
Exercice 22.6. Dans la deuxième partie de la question 2, on pourra donner un majorant de l'entropie.
Exercice 22.7. À la question 1.a, calculer la pression à l'équilibre en supposant que tout le liquide s'est vaporisé, puis conclure.
Exercice 22.8. Faire une hypothèse sur l'état final, puis calculer ΔH en décomposant la transformation envisagée en étapes simples.

Corrigé des vrai/faux

1.	2.	3.	4.	5.	6.	7.	8.	9.	10.
faux	vrai	vrai	faux	faux	vrai	faux	vrai	vrai	faux

1. Le caractère quasi-statique est une condition nécessaire mais pas suffisante.

4. L'entropie est une fonction d'état, donc sa variation est indépendante du chemin suivi pour réaliser la transformation considérée.

5. L'irréversibilité d'une transformation n'impose pas le signe de ΔS : elle entraîne $\mathbb{S}_c > 0$, mais on peut avoir en même temps $\mathbb{S}_e < 0$ et au total $\Delta S < 0$.

7. En revanche, $\Delta S = \mathbb{S}_e + \mathbb{S}_c$ et bien que $\mathbb{S}_e$ et $\mathbb{S}_c$ ne soient pas des fonctions d'état (l'échange et la création d'entropie dépendant du chemin suivi), l'entropie S en est une.

10. Cette variation est celle de l'entropie massique, et non de l'entropie.

❑ Les erreurs classiques

– Ne pas écrire le deuxième principe avant d'avoir défini clairement à quel système on l'applique, et entre quels états (ou quels instants).

– $\Delta S = 0$ n'implique pas que la transformation associée soit réversible. Pour qu'une transformation soit réversible, il faut que $\mathbb{S}_c = 0$. De la même manière, $\Delta S > 0$ ne signifie pas que la transformation soit irréversible, sauf si le système est isolé ; l'entropie d'un système non isolé peut augmenter du fait de transferts thermiques reçus de l'extérieur.

– La relation $\Delta S = \dfrac{\Delta H}{T}$ est valable uniquement pour une transition de phase à température constante : ne pas l'appliquer en dehors de ces conditions restrictives.

Corrigé des exercices

Exercice 22.1

1. D'après la loi des gaz parfaits à l'équilibre initial : $\boxed{n = \dfrac{P_1 V_1}{RT_1}}$. AN $\boxed{n = 3{,}22 \text{ mol}}$.

2. a) Au cours de la transformation, la variation d'énergie interne du gaz parfait contenu dans le récipient ne dépend que de la température : $\Delta U = nC_V(T_2 - T_1) = \dfrac{5}{2}nR(T_2 - T_1)$. En outre, comme les parois du récipient et le piston sont calorifugées, la transformation est adiabatique : le premier principe pour le gaz se simplifie donc en $\Delta U = W$.
De plus, la transformation est monobare sous la pression P_2, d'où $W = -P_2(V_2 - V_1)$.

Ainsi $\dfrac{5}{2}nR(T_2 - T_1) = -P_2(V_2 - V_1) = -nRT_2 + P_2V_1 = -nRT_2 + nRT_1\dfrac{P_2}{P_1}$ d'où $\boxed{T_2 = \dfrac{2}{7}\left(\dfrac{5}{2} + \dfrac{P_2}{P_1}\right)T_1}$.
AN $\boxed{T_2 = 277 \text{ K}}$.

En utilisant la loi des gaz parfaits à l'état final : $\boxed{V_2 = \dfrac{nRT_2}{P_2}}$. AN $\boxed{V_2 = 7{,}42 \cdot 10^{-2} \text{ m}^3 = 74{,}2 \text{ L}}$.

b) En utilisant la variation d'entropie du gaz parfait, on obtient $\boxed{\Delta S = nR\left(\dfrac{5}{2}\ln\dfrac{T_2}{T_1} + \ln\dfrac{V_2}{V_1}\right)}$. AN $\boxed{\Delta S = 33{,}7 \text{ J} \cdot \text{K}^{-1}}$.

⇨ *Méthode 22.1*

c) La transformation est adiabatique donc l'entropie échangée $\mathcal{S}_e$ est nulle. On en déduit $\boxed{\mathcal{S}_c = \Delta S = 33{,}7 \text{ J} \cdot \text{K}^{-1}}$. La cause d'irréversibilité est l'inhomogénéité de pression de part et d'autre du piston, qui provoque son déplacement brutal.

Exercice 22.2

1. La transformation AB est isentropique : la loi de Laplace donne $P_A^{1-\gamma}T_A^{\gamma} = P_B^{1-\gamma}T_B^{\gamma}$, d'où $\boxed{P_B = \left(\dfrac{T_A}{T_B}\right)^{\frac{\gamma}{1-\gamma}} P_A}$. AN $\boxed{P_B = 47 \text{ bar}}$. De même, $T_A V_A^{\gamma-1} = T_B V_B^{\gamma-1}$ d'où $\boxed{V_B = \left(\dfrac{T_A}{T_B}\right)^{\frac{1}{\gamma-1}} V_A}$.
AN $\boxed{V_B = 32 \text{ cm}^3}$. La détente BC est isotherme, donc l'équation d'état des gaz parfaits donne :
$P_B V_B = P_C V_C = P_C V_A$, d'où $\boxed{P_C = P_B \dfrac{V_B}{V_A}}$. AN $\boxed{P_C = 3{,}0 \text{ bar}}$.

2. La transformation BC est réversible donc $\mathcal{S}_{cBC} = 0$, et à chaque instant on peut supposer que $T = T_{ext}$. Ainsi $\Delta S_{BC} = \mathcal{S}_{eBC} = \dfrac{Q_{BC}}{T_B}$. Or, d'après le premier principe $\Delta U_{BC} = W_{BC} + Q_{BC}$.

Comme l'énergie interne d'un gaz parfait ne dépend que de la température, le caractère isotherme de la transformation implique que $\Delta U_{BC} = 0$ donc $Q_{BC} = -W_{BC}$. La transformation étant réversible, à chaque instant $P = P_{ext}$ d'où $\delta W = -P_{ext}\,dV = -P\,dV$.

Finalement, $\Delta S_{BC} = -\dfrac{1}{T_B}\displaystyle\int_B^C \delta W = \dfrac{1}{T_B}\int_B^C P\,dV = \int_B^C nR\dfrac{dV}{V} = \dfrac{P_A V_A}{T_A}\int_B^C \dfrac{dV}{V} = \dfrac{P_A V_A}{T_A}\ln\dfrac{V_C}{V_B}$ soit $\boxed{\Delta S_{BC} = \dfrac{P_A V_A}{T_A}\ln\dfrac{V_A}{V_B}}$. AN $\boxed{\Delta S_{BC} = 1{,}4\ \text{J}\cdot\text{K}^{-1}}$.

Pour calculer ΔS_{CA}, on utilise la relation : $\Delta S = \dfrac{nR}{\gamma-1}\ln\dfrac{T_A}{T_B} + nR\ln\dfrac{V_A}{V_B}$. Comme la transformation est isochore $V_B = V_A$ d'où $\boxed{\Delta S_{CA} = \dfrac{1}{\gamma-1}\dfrac{P_A V_A}{T_A}\ln\dfrac{T_A}{T_B}}$. AN $\boxed{\Delta S_{CA} = -1{,}4\ \text{J}\cdot\text{K}^{-1}}$.

⇨ *Méthode 22.1*

✐ *On aurait pu établir directement ce résultat en écrivant que sur le cycle* $\Delta S = \Delta S_{AB} + \Delta S_{BC} + \Delta S_{CA} = 0$. *La transformation AB étant isentropique,* $\Delta S_{AB} = 0$ *d'où* $\Delta S_{CA} = -\Delta S_{BC}$.

L'expression de l'entropie créée $\mathcal{S}_c$ au cours de la transformation CA peut être déterminée de manière indirecte par la différence $\mathcal{S}_{cCA} = \Delta S_{CA} - \mathcal{S}_{eCA}$.

L'expression de l'entropie échangée pour la transformation monotherme s'écrit $\mathcal{S}_{eCA} = \dfrac{Q_{CA}}{T_A}$.

Or $W_{CA} = 0$ (transformation isochore) d'où $Q_{CA} = \Delta U_{CA} = \dfrac{nR}{\gamma-1}(T_A - T_C)$. Finalement, on obtient $\mathcal{S}_{eCA} = \dfrac{1}{\gamma-1}\dfrac{P_A V_A}{T_A}\left(1 - \dfrac{T_C}{T_A}\right)$ donc $\boxed{\mathcal{S}_{cCA} = \dfrac{1}{\gamma-1}\dfrac{P_A V_A}{T_A}\left(\dfrac{T_B}{T_A} - 1 - \ln\dfrac{T_B}{T_A}\right)}$. AN $\boxed{\mathcal{S}_{cCA} = 1{,}1\ \text{J}\cdot\text{K}^{-1} > 0}$.

⇨ *Méthode 22.4*

✐ *On constate que la transformation* CA *est irréversible. Ce résultat était prévisible. En effet, pendant toute la transformation, le gaz est en contact avec un thermostat à la température* T_A *alors que sa température interne diminue pour passer de* $T_C = T_B$ *à* T_A. *Le système est donc constamment en présence d'une inhomogénéité de température, source d'irréversibilité.*

Exercice 22.3

1. On choisit comme système la quantité totale d'air qui va entrer dans la bouteille. Au départ, ce système se trouve entièrement en dehors de la bouteille.

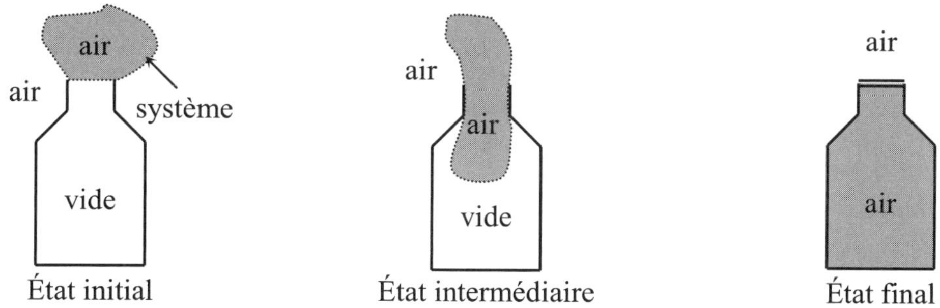

On ne peut pas choisir « la bouteille » comme système pour lui appliquer les deux principes, car ce serait un système ouvert : d'abord vide puis rempli d'air.

2. Le volume final de cette quantité d'air est celui de la bouteille, soit V_1. L'air cesse d'entrer lorsque sa pression devient égale à celle de l'air extérieur : la pression finale est donc P_0.
L'entrée d'air dans la bouteille vide est une transformation très rapide : elle est donc adiabatique car les transferts thermiques (toujours lents par rapport aux transferts mécaniques) n'ont pas le temps de s'effectuer.
Premier principe pour ce système, entre les états initial et final : $\Delta E = Q + W = W$.

Membre de gauche : $\Delta E = \Delta U + \Delta E_c + \Delta E_p \approx \Delta U = \dfrac{nR}{\gamma - 1}(T_1 - T_0)$ car la variation d'énergie cinétique est nulle, et on néglige celle de l'énergie potentielle (en l'absence de données).
Pour le travail des forces de pression, on divise la frontière du système en deux parties : celle en contact avec le vide (pression extérieure nulle donc pas de travail), et celle en contact avec l'air extérieur à la pression P_0 constante, qui subit une diminution de volume de V_0 à 0.

Alors $W = -\displaystyle\int_{V_0}^{0} P_0 \,\mathrm{d}V = -P_0 \int_{V_0}^{0} \mathrm{d}V = P_0 V_0$, ou encore $W = nRT_0$.

Donc $\dfrac{nR}{\gamma - 1}(T_1 - T_0) = nRT_0$ d'où on tire $\boxed{T_1 = \gamma T_0}$.

3. La variation d'entropie s'écrit $\Delta S = \dfrac{nR}{\gamma - 1}\ln\dfrac{T_1}{T_0} + nR\ln\dfrac{V_1}{V_0}$. Or $nR = \dfrac{P_0 V_0}{T_0}$, $\dfrac{T_1}{T_0} = \gamma$ et $\dfrac{V_1}{V_0} = \dfrac{T_1}{P_0}\dfrac{P_0}{T_0} = \dfrac{T_1}{T_0} = \gamma$ donc $\Delta S = \dfrac{P_0 V_0}{T_0}\dfrac{\gamma}{\gamma - 1}\ln\gamma$. Second principe : $\Delta S = \mathcal{S}_e + \mathcal{S}_c$ avec $\mathcal{S}_e = 0$ car il n'y a pas de transfert thermique, donc $\boxed{\mathcal{S}_c = \dfrac{P_0 V_0}{T_0}\dfrac{\gamma}{\gamma - 1}\ln\gamma}$ (qui est bien positive).

⇨ *Méthode 22.4*

La cause de l'irréversibilité est l'inhomogénéité de densité entre l'air extérieur et le vide.

Corrigé

Exercice 22.4

1. Au cours de la transformation, l'énergie interne de S_1 varie de $\Delta U_1 = C_1(T_f - T_{01})$, celle de S_2 varie de $\Delta U_2 = C_2(T_f - T_{02})$. Et l'énergie interne est une grandeur extensive donc pour le système global Σ : $\Delta U_\Sigma = \Delta U_1 + \Delta U_2$. Or Σ est isolé de l'extérieur par des parois rigides (donc $W = 0$) et athermanes (d'où $Q = 0$). Le premier principe appliqué à Σ donne donc $\Delta U_\Sigma = 0$ d'où on tire $\boxed{T_f = \dfrac{C_1 T_{01} + C_2 T_{02}}{C_1 + C_2}}$. En particulier, si $C_1 = C_2 = C$ on trouve $T_f = \dfrac{T_{01} + T_{02}}{2}$.

2. Les variations d'entropie des solides S_1 et S_2 au cours de la transformation sont respectivement $\Delta S_1 = C \ln \dfrac{T_f}{T_{01}}$ et $\Delta S_2 = C \ln \dfrac{T_f}{T_{02}}$. L'entropie étant une grandeur extensive, pour le système Σ on a $\Delta S_\Sigma = \Delta S_1 + \Delta S_2$, soit $\boxed{\Delta S_\Sigma = C \ln \dfrac{T_f^2}{T_{01} T_{02}} = C \ln \dfrac{\left(T_{01} + T_{02}\right)^2}{4 T_{01} T_{02}}}$.

Le système Σ est isolé : sa variation d'entropie peut être assimilée à celle de l'Univers. Son entropie d'échange est nulle donc $\boxed{\mathbb{S}_c = \Delta S_\Sigma}$.

⇨ *Méthode 22.3*

Pour être en accord avec le deuxième principe, le résultat obtenu doit nécessairement conduire à une entropie créée positive. On peut vérifier la cohérence du résultat en remarquant que $\left(T_{01} + T_{02}\right)^2 = T_{01}^2 + T_{02}^2 + 2T_{01}T_{02} = T_{01}^2 + T_{02}^2 - 2T_{01}T_{02} + 4T_{01}T_{02} = \left(T_{01} - T_{02}\right)^2 + 4T_{01}T_{02}$.

Donc $\left(T_{01} + T_{02}\right)^2 \geq 4T_{01}T_{02}$ soit $\dfrac{\left(T_{01} + T_{02}\right)^2}{4T_{01}T_{02}} \geq 1$. Ainsi $\mathbb{S}_c = C \ln \dfrac{\left(T_{01} + T_{02}\right)^2}{4T_{01}T_{02}} \geq 0$ comme attendu.

Exercice 22.5

1. a) La température de l'ensemble étant maintenue constante, pour le système constitué par la réunion des deux phases condensées que constituent l'eau et le conducteur ohmique, on a $\boxed{\Delta S_\Sigma = 0}$ et $\Delta U_\Sigma = 0$. Pour calculer l'entropie créée on peut remarquer que, le système global {Σ + thermostat} étant isolé par construction, la variation d'entropie de l'ensemble correspond à $\Delta S = \mathbb{S}_c$ (que l'on peut considérer comme la variation d'entropie de l'Univers). Or, comme l'entropie est une grandeur extensive, $\Delta S = \Delta S_\Sigma + \Delta S_{\text{thermostat}} = \Delta S_{\text{thermostat}}$. En outre, $\Delta S_{\text{thermostat}} = \dfrac{Q_{\text{thermostat}}}{T_0} = \dfrac{-Q_\Sigma}{T_0}$. Le premier principe appliqué au système Σ (seul) s'écrit $\Delta U_\Sigma = Q_\Sigma + W_\Sigma = Q_\Sigma + RI^2 \Delta t = 0$. Finalement, $\boxed{\mathbb{S}_c = \dfrac{RI^2 \Delta t}{T_0} > 0}$. AN $\boxed{\mathbb{S}_c = 1{,}13\ \text{J} \cdot \text{K}^{-1} > 0}$.

⇨ *Méthode 22.3*

b) La cause d'irréversibilité est ici l'effet Joule.

2. a) Compte tenu des propriétés des parois du calorimètre, on peut considérer que la transformation subie par le système Σ est adiabatique. En outre, pour les phases condensées que constituent l'eau et le conducteur ohmique, le travail des forces de pression est négligé : seul le travail électrique est à considérer. Le premier principe appliqué à Σ s'écrit alors $\Delta U_\Sigma = RI^2\Delta t$, soit, étant donné le caractère extensif de l'énergie interne $m_e c_e(T_f - T_0) + m_c c_c(T_f - T_0) = RI^2\Delta t$.

On en déduit $\boxed{T_f = T_0 + \dfrac{RI^2\Delta t}{m_e c_e + m_c c_c}}$. AN $\boxed{T_f = 318\ \text{K}}$.

b) Les variations d'entropie de l'eau et du conducteur ohmique au cours de la transformation sont respectivement $\Delta S_{\text{eau}} = m_e c_e \ln\dfrac{T_f}{T_0}$ et $\Delta S_{\text{conducteur}} = m_c c_c \ln\dfrac{T_f}{T_0}$. L'entropie étant extensive, pour le système Σ on a $\Delta S_\Sigma = \Delta S_{\text{eau}} + \Delta S_{\text{conducteur}}$ soit $\boxed{\Delta S_\Sigma = (m_e c_e + m_c c_c)\ln\dfrac{T_f}{T_0}}$.

Le système Σ subit une transformation adiabatique : son entropie échangée est donc nulle d'où

$$\boxed{\mathcal{S}_c = \Delta S_\Sigma = (m_e c_e + m_c c_c)\ln\left(1 + \frac{RI^2\Delta t}{T_0(m_e c_e + m_c c_c)}\right) > 0}.$$

AN $\boxed{\mathcal{S}_c = \Delta S_\Sigma = 198\ \text{J}\cdot\text{K}^{-1} > 0}$.

Exercice 22.6

1. a) Le résultat s'obtient directement à partir de l'exemple illustratif de la méthode 22.2 ou 22.3, en remplaçant T_2 par T_k et T_1 par T_{k-1}, soit $\boxed{\mathcal{S}_c^k = -C\left(\dfrac{T_k - T_{k-1}}{T_k} + \ln\dfrac{T_{k-1}}{T_k}\right)}$.

b) En posant $\varepsilon_k = \dfrac{T_k - T_{k-1}}{T_k}$, l'expression précédente devient $\mathcal{S}_c^k = -C\left[\varepsilon_k + \ln(1-\varepsilon_k)\right]$.

Pour $\varepsilon_k << 1$, le logarithme se développe à l'ordre 2 en $\ln(1-\varepsilon_k) = -\varepsilon_k - \dfrac{\varepsilon_k^2}{2}$ d'où $\boxed{\mathcal{S}_c^k = C\dfrac{\varepsilon_k^2}{2}}$.

2. À l'issue des N contacts, l'entropie créée est $\mathcal{S}_c = \sum_{k=1}^{N}\mathcal{S}_c^k = \dfrac{C}{2}\sum_{k=1}^{N}\varepsilon_k^2$. En explicitant ε_k, on obtient l'expression demandée : $\boxed{\mathcal{S}_c = \dfrac{C}{2}\sum_{k=1}^{N}\dfrac{(T_F - T_0)^2}{\left(NT_0 + k(T_F - T_0)\right)^2}}$.

Pour déterminer le comportement de $\mathcal{S}_c$ quand N tend vers l'infini, on peut encadrer l'entropie créée en remarquant que $0 \le \mathcal{S}_c < \dfrac{C}{2}\sum_{k=1}^{N}\dfrac{(T_F - T_0)^2}{N^2T_0^2}$, soit $0 \le \mathcal{S}_c < \dfrac{C}{2}\dfrac{(T_F - T_0)^2}{T_0^2}\dfrac{1}{N}$. On en déduit que $\boxed{\lim_{N\to\infty}\mathcal{S}_c = 0}$: pour un contact avec un nombre infini de thermostats, de température augmentant chaque fois infiniment peu, la transformation devient réversible. On vérifie comme prévu que cette transformation réversible est un modèle obtenu par passage à la limite.

✎ *Lors du contact thermique, il a été possible d'obtenir une transformation réversible en augmentant très lentement et de manière quasi continue la*

Corrigé

température des thermostats. De même, on pourrait se demander s'il est possible de rendre réversible la détente de Joule-Gay-Lussac, en augmentant très progressivement le volume occupé par le gaz. La réponse est non. La différence essentielle entre ces deux expériences tient dans la manière dont on agit sur les inhomogénéités. Pour le contact thermique, l'utilisation d'un nombre infini de sources permet de supprimer (par passage à la limite) les inhomogénéités de température. Au cours d'une détente de Joule-Gay-Lussac, même si le volume occupé par le gaz croît infiniment lentement, celui-ci est systématiquement mis au contact du vide au cours de chaque petit accroissement de volume. Ainsi l'inhomogénéité de densité moléculaire reste présente, conduisant à une transformation toujours irréversible.

Exercice 22.7

1. a) À $T_0 = 373\ \text{K}$ $(100\ °\text{C})$, la pression de vapeur saturante de l'eau est $P_{\text{sat}} = 1{,}01\ \text{bar}$. L'enceinte étant initialement vide, des molécules d'eau vont passer de la phase liquide à la phase gazeuse afin d'augmenter la pression dans l'enceinte. Deux situations peuvent se présenter :

– la masse d'eau liquide introduite n'est pas suffisante pour atteinte la pression de vapeur saturante ; tout le liquide est alors vaporisé et la pression à l'équilibre est telle que $P < P_{\text{sat}}$;

– la masse d'eau liquide introduite est suffisante pour atteinte la pression de vapeur saturante ; une fois cette pression atteinte, le liquide cesse de se vaporiser et un équilibre diphasé s'établit.

Supposons que tout le liquide se vaporise. Dans ce cas, la pression à l'équilibre est donnée par $P = \dfrac{mRT_0}{MV}$. AN $P = 1{,}72\ \text{bar}$. Cette pression est supérieure à P_{sat} : l'hypothèse de départ est donc erronée, et seule une fraction du liquide initialement introduit est vaporisée.

Dans ce cas, la fraction massique du gaz dans le mélange est donnée par $x_{\text{g}} = \dfrac{v - v_\ell}{v_{\text{g}} - v_\ell}$, avec $v = \dfrac{V}{m}$, $v_\ell = \dfrac{1}{\rho}$ et $v_{\text{g}} = \dfrac{RT_0}{MP_{\text{sat}}}$. On obtient $x_{\text{g}} = 5{,}88 \cdot 10^{-2}$, soit une masse de gaz $\boxed{m_{\text{g}} = mx_{\text{g}} = 5{,}88 \cdot 10^{-1}\ \text{g}}$; la masse de liquide restant est alors $\boxed{m_\ell = m - m_{\text{g}} = 4{,}12 \cdot 10^{-1}\ \text{g}}$.

⇨ *Méthode 20.2*

b) Sur le palier de liquéfaction, $\boxed{\Delta S = mx_{\text{g}} \dfrac{\Delta_{\text{vap}} h}{T_0}}$. AN $\boxed{\Delta S = 3{,}55\ \text{J} \cdot \text{K}^{-1}}$.

2. Supposons que tout le liquide s'évapore. Dans ce cas, la pression à l'équilibre est donnée par $P = \dfrac{m' RT_0}{MV}$. AN $P = 0{,}861\ \text{bar}$. Cette pression est inférieure à P_{sat} : l'hypothèse de départ est donc correcte. On en déduit $\boxed{m'_{\text{g}} = m' = 5{,}00 \cdot 10^{-1}\ \text{g}}$ et $\boxed{m'_\ell = 0{,}00\ \text{g}}$.

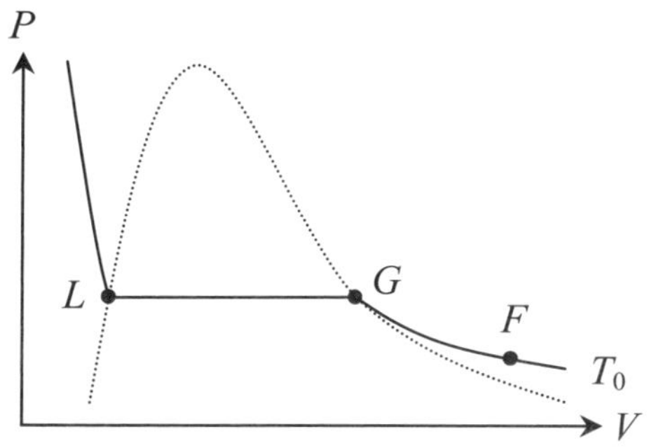

Pour calculer la variation d'entropie, on imagine une transformation réversible isotherme LGF. L'entropie est une fonction d'état donc $\Delta S = \Delta S_{LG} + \Delta S_{GF}$.

Or $\Delta S_{LG} = \dfrac{m'\Delta_{\text{vap}}h}{T_0}$ et $\Delta S_{GF} = \dfrac{m'R}{M}\ln\dfrac{V_F}{V_G}$ d'où :

$$\boxed{\Delta S = m'\left(\frac{\Delta_{\text{vap}}h}{T_0} + \frac{R}{M}\ln\frac{V_F}{V_G}\right)}.$$

AN avec $V_F = 1{,}00$ L et $V_G = \dfrac{m'RT_0}{MP_s} = 0{,}850$ L : $\boxed{\Delta S = 3{,}05\ \text{J}\cdot\text{K}^{-1}}$.

➪ *Méthode 22.2*

Exercice 22.8

1. Les deux situations finales les plus probables sont :
- toute l'eau liquide s'est solidifiée et la température finale est inférieure à 0 °C;
- seule une partie de l'eau s'est solidifiée et l'état final est un équilibre diphasé à 0 °C.

Supposons d'abord que toute l'eau s'est solidifiée. Pour réaliser cette transformation, on imagine la succession suivante de transformations :
- l'eau liquide est d'abord réchauffée jusqu'à 0 °C : $\Delta H_1 = mc_\ell(T_0 - T_1)$;
- puis elle est entièrement solidifiée à cette température : $\Delta H_2 = m\Delta_{\text{sol}}h = -m\Delta_{\text{fus}}h$;
- enfin la glace formée est refroidie jusque T_2 : $\Delta H_3 = mc_s(T_2 - T_0)$.

La transformation est monobare et suffisamment rapide pour être considérée comme adiabatique donc $\Delta H = Q_P = 0$.

L'enthalpie est une fonction d'état. En utilisant la décomposition ci-dessus, on obtient $\Delta H = mc_\ell(T_0 - T_1) - m\Delta_{\text{fus}}h + mc_s(T_2 - T_0) = 0$, soit $T_2 = T_0 + \dfrac{\Delta_{\text{fus}}h - c_\ell(T_0 - T_1)}{c_s}$.

AN $T_2 = 460$ K (187 °C). À cette température, toute l'eau devrait être en phase vapeur : l'hypothèse de départ est donc incorrecte.

Supposons maintenant que seule une partie de l'eau s'est solidifiée. Pour réaliser cette transformation, on imagine la succession suivante de transformations :
- l'eau liquide est d'abord réchauffée jusqu'à 0 °C : $\Delta H_1 = mc_\ell(T_0 - T_1)$;
- une fraction x_s de liquide est solidifiée à cette température : $\Delta H_2 = x_s m\Delta_{\text{sol}}h = -x_s m\Delta_{\text{fus}}h$.

En utilisant les mêmes hypothèses que précédemment : $\Delta H = mc_\ell(T_0 - T_1) - x_s m\Delta_{\text{fus}}h = 0$, soit $x_s = \dfrac{c_\ell(T_0 - T_1)}{\Delta_{\text{fus}}h}$. AN $x_s = 15{,}0$ %. On trouve bien $0 \le x_s \le 1$ donc l'hypothèse est la bonne.

Le mélange final est donc composé de <u>3,0 g de glace et de 17,0 g d'eau liquide, en équilibre à la température 0 °C</u>.

➪ *Méthode 21.6*

Corrigé

2. La transformation est adiabatique donc l'entropie créée est égale à la variation d'entropie : $\mathbb{S}_c = \Delta S$. Comme l'entropie est une fonction d'état, en utilisant la décomposition précédente on obtient : $\Delta S = \Delta S_{\text{chauffage liquide}} + \Delta S_{\text{solidification partielle}} = mc_\ell \ln\frac{T_0}{T_1} - x_s m\frac{\Delta_{\text{fus}}h}{T_0}$.

Avec la valeur de x_s déterminée à la question précédente, on obtient finalement :

$\boxed{\mathbb{S}_c = \Delta S = mc_\ell\left[\ln\frac{T_0}{T_1} - \frac{T_0 - T_1}{T_0}\right]}$. AN $\boxed{\mathbb{S}_c = 8,32\cdot 10^{-2}\ \text{J}\cdot\text{K}^{-1}}$.

⇨ *Méthode 22.2*

✐ *Cette transformation brutale, aboutissant à un équilibre stable, est bien irréversible.*

Chapitre 23
Machines thermiques

Sadi Carnot 1796-1832

Lazare Carnot, mathématicien de renom et révolutionnaire convaincu, appelle son fils Sadi par passion pour la poésie de l'écrivain persan Saadi de Chiraz. Soucieux d'améliorer le fonctionnement des machines à vapeur, le jeune Sadi **Carnot** étudie la production d'énergie mécanique à l'aide de la chaleur et émet une hypothèse nouvelle, connue de nos jours sous le nom de théorème de Carnot. Il publie ses conclusions en 1824 dans un mémoire appelé *Réflexions sur la puissance motrice du feu et sur les machines propres à développer cette puissance*. Ce texte passe totalement inaperçu avant qu'Émile **Clapeyron** le sorte de l'oubli et le transcrive en termes concrets. Ces idées ne seront vraiment acceptées que lorsque William **Thomson** et Rudolf **Clausius** établiront, vers 1850, l'équivalence entre la chaleur et le travail. Sadi Carnot meurt prématurément ; pour honorer sa mémoire, son frère Hippolyte appelle son fils Sadi. Celui-ci devient président de la République en 1887 et meurt sept ans plus tard sous les balles de l'anarchiste italien Caserio.

■■ Objectifs

■ Ce qu'il faut connaître

▷ L'écriture particulière des principes de la thermodynamique sur un cycle

▷ La définition de la performance d'une machine thermique

▷ Les signes des transferts thermiques et des travaux échangés par l'agent thermique dans un moteur, un réfrigérateur et une pompe à chaleur dithermes

▷ Le théorème de Carnot

▷ Des ordres de grandeur de performances de machines réelles

▷ Le premier principe pour un écoulement stationnaire

■ Ce qu'il faut savoir faire

▷ Analyser un dispositif concret et le modéliser par une machine cyclique ditherme

▷ Représenter le schéma de principe d'une machine thermique, en y indiquant les travaux et les transferts thermiques

▷ Identifier un cycle moteur ou récepteur d'après le sens de parcours du cycle sur un graphique

▷ Calculer la performance d'une machine thermique

▷ Retrouver l'expression du rendement ou de l'efficacité de Carnot

▷ Utiliser un diagramme (P,h) pour étudier une machine réelle

Résumé de cours

Présentation générale

Modélisation d'une machine thermique

Une **machine thermique** est un dispositif qui permet de réaliser une conversion continue d'énergie. En pratique, un fluide, appelé **agent thermique**, y décrit des transformations cycliques au cours desquelles il échange de l'énergie avec l'extérieur sous forme de travail et de transfert thermique.

Les étapes du cycle où ont lieu des transferts thermiques sont modélisées comme des mises en contact du fluide avec N thermostats de températures T_i ; on note Q_i les transferts thermiques correspondants, et W le travail total sur le cycle.

Application des deux principes sur un cycle

Sur un cycle de fonctionnement, $\Delta U = 0$ et $\Delta S = 0$. Pour un contact avec N thermostats, on en déduit les relations suivantes.

- Premier principe : $\boxed{W + \sum_{i=1}^{N} Q_i = 0}$.
- Deuxième principe : $\mathcal{S}_c \geq 0$ donc $\boxed{\sum_{i=1}^{N} \frac{Q_i}{T_i} \leq 0}$ (inégalité de Clausius).

Travail total sur le cycle

Un cycle peut être représenté sur un diagramme (P,V) ou (P,v), (T,S) ou (T,s), ou encore (P,h).

- Le cycle est **moteur**, c'est-à-dire que le système fournit globalement du travail à l'extérieur ($W < 0$), si la courbe est parcourue dans le sens des aiguilles d'une montre.
- Le cycle est **récepteur**, c'est-à-dire que le système reçoit globalement du travail de l'extérieur ($W > 0$), si la courbe est parcourue dans le sens trigonométrique.

Performance

La **performance** d'une machine thermique est définie par le rapport positif suivant :

$$\boxed{\text{performance} = \left|\frac{\text{transfert énergétique désiré}}{\sum \text{transferts énergétiques dépensés}}\right|}.$$

Il est d'usage de l'appeler **efficacité** si elle peut prendre des valeurs supérieures à 1.
Si elle est par nature comprise entre 0 et 1, c'est le terme **rendement** qui est utilisé.

■ Machines dithermes

❑ Modélisation et application des principes

Les machines dithermes n'échangent de l'énergie par transfert thermique qu'avec deux thermostats : une source chaude de température T_C et une source froide de température T_F.

L'application des deux principes sur un cycle donne alors : $W + Q_C + Q_F = 0$ et $\frac{Q_C}{T_C} + \frac{Q_F}{T_F} \leq 0$.

Le **diagramme de Raveau** (Q_C, Q_F) permet de classer les machines dithermes en fonction de leur utilité, notamment en fonction de leur caractère moteur ($W < 0$) ou récepteur ($W > 0$).

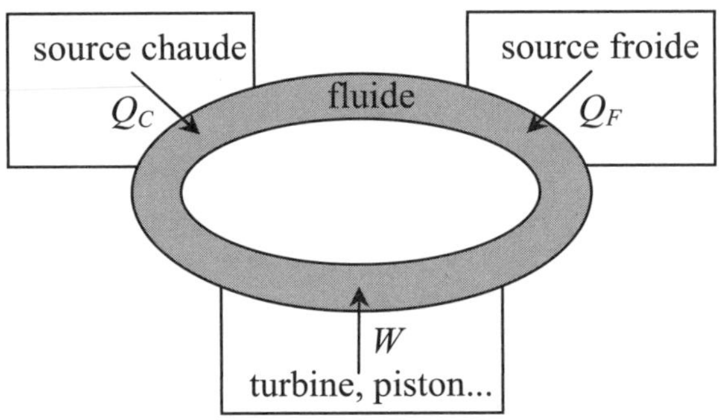

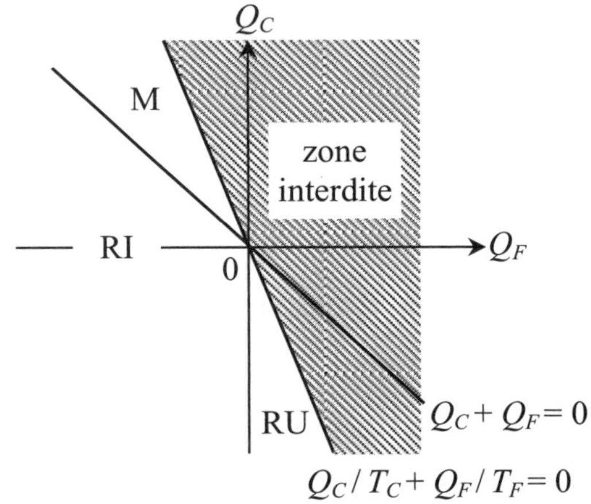

Les machines de la zone M sont des moteurs, celle de la zone RU des récepteurs utiles (machines frigorifiques ou pompes à chaleur), et celles de la zone RI des récepteurs inutiles d'un point de vue technologique.

❑ Moteur ditherme

Un moteur thermique a pour objectif de fournir un travail ($W < 0$). Pour ce faire, il utilise le sens spontané des transferts thermiques : il reçoit effectivement un transfert thermique de la source chaude ($Q_C > 0$), qu'il est obligé de restituer en partie à la source froide ($Q_F < 0$).

Son rendement est donc $\boxed{\eta = \frac{-W}{Q_C}}$. Il est toujours inférieur au rendement de Carnot $\boxed{\eta_C = 1 - \frac{T_F}{T_C}}$ d'un moteur cyclique ditherme fonctionnant de manière réversible : $\boxed{0 \leq \eta \leq \eta_C < 1}$.

❑ Machine frigorifique et pompe à chaleur dithermes

Ces machines réceptrices dépensent un travail ($W > 0$) afin d'aller à l'encontre du sens spontané des transferts thermiques ($Q_F < 0$ et $Q_C > 0$).

– Dans une **machine frigorifique**, l'objectif est d'extraire un transfert thermique de la source froide ($Q_F > 0$), qui constitue l'espace à refroidir. L'efficacité d'une machine frigorifique est donc $\boxed{e = \dfrac{Q_F}{W}}$. Elle est toujours inférieure à l'efficacité de Carnot $\boxed{e_C = \dfrac{T_F}{T_C - T_F}}$ d'une machine cyclique ditherme fonctionnant de manière réversible : $\boxed{0 \leq e \leq e_C}$.

– Dans une **pompe à chaleur**, l'objectif est d'injecter un transfert thermique vers la source chaude ($Q_C < 0$), qui constitue l'espace à réchauffer. L'efficacité d'une pompe à chaleur est donc $\boxed{e = \dfrac{-Q_C}{W}}$. Elle est toujours inférieure à l'efficacité de Carnot $\boxed{e_C = \dfrac{T_C}{T_C - T_F}}$ d'une pompe cyclique ditherme fonctionnant de manière réversible : $\boxed{0 \leq e \leq e_C}$.

⇨ **Méthode 23.1. Calculer la performance d'une machine thermique**

❑ Cycle de Carnot

Le cycle de Carnot est un cycle *réversible* décrit par une machine ditherme. Il est composé de :
- deux isothermes aux températures des sources T_C (isotherme AB) et T_F (isotherme CD) ;
- deux adiabatiques (isentropiques) BC et DA.

Il peut être parcouru dans le sens moteur ou récepteur.

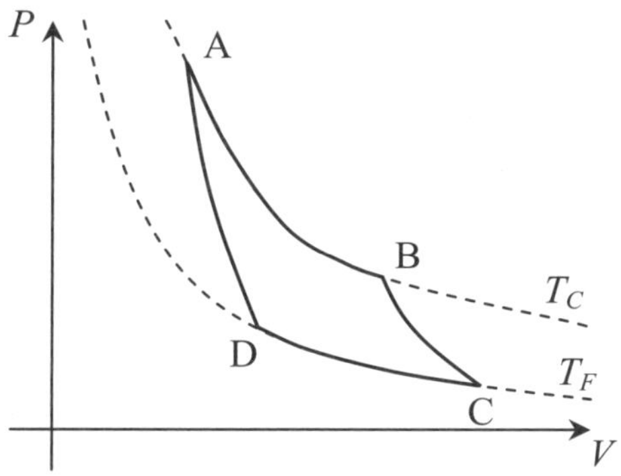

Un tel cycle permet d'atteindre les performances maximales e_C et η_C. Il présente toutefois peu d'intérêt en pratique. En effet, un cycle de Carnot est forcément décrit de manière quasi-statique : une machine utilisant ce cycle fournit donc une puissance qui tend vers zéro.

■ Les deux structures de machines

❑ Machines à piston

Dans les moteurs à combustion interne (moteur à quatre temps, moteur Diesel...), et d'autres machines analogues, l'essentiel des transformations du fluide a lieu dans un même cylindre muni d'un piston. Dans ce cas, pour chaque transformation constituant le cycle, le travail W et le transfert thermique Q associés peuvent être déterminés par application du premier principe sous sa forme habituelle $\Delta U = W + Q$ (qui devient $\Delta H = Q$ pour une isobare).

Les travaux sont tous échangés par le fluide avec le piston, ils sont donc tous « utiles ».
Un moteur de véhicule comporte plusieurs cylindres identiques pour pouvoir fournir une puissance mécanique suffisante.

❑ Machines à écoulement de fluide

Description

Dans de nombreuses machines (turbines à vapeur, machines frigorifiques, pompes à chaleur…), un fluide est en circulation et traverse successivement différents compartiments (échangeur thermique, turbine, compresseur…) dans lesquels il subit des transformations.

Écriture du premier principe pour un écoulement stationnaire

Pour un fluide s'écoulant à travers un compartiment donné d'une machine, le premier principe en régime stationnaire s'écrit : $\boxed{\Delta h + \Delta e_c + \Delta e_p = q + w'}$

avec Δh la variation d'enthalpie massique entre l'amont et l'aval du compartiment, Δe_c la variation d'énergie cinétique massique, Δe_p la variation d'énergie potentielle de pesanteur massique, q le transfert thermique massique et w' le **travail utile** massique, échangé avec les pièces mobiles de la machine (ce qui exclut le travail des forces de pression au sein du fluide).

Cas particuliers

Pour un écoulement qui s'effectue lentement ($\Delta e_c \approx 0$) et dans une canalisation horizontale ou peu élevée ($\Delta e_p \approx 0$), la relation précédente se simplifie en $\boxed{\Delta h = q + w'}$.

Si en outre la canalisation est rigide ($w' = 0$) et calorifugée ($q = 0$), et comporte simplement un étranglement ou une paroi poreuse, les conditions expérimentales sont celles de la détente de Joule-Kelvin (ou Joule-Thomson) et $\boxed{\Delta h = 0}$.

Diagramme pression-enthalpie massique

Ce diagramme représente les états d'équilibre d'un fluide en coordonnées (P, h), avec P la pression et h l'enthalpie massique. Il est fréquemment rencontré dans l'étude des machines thermiques avec écoulement de fluide.

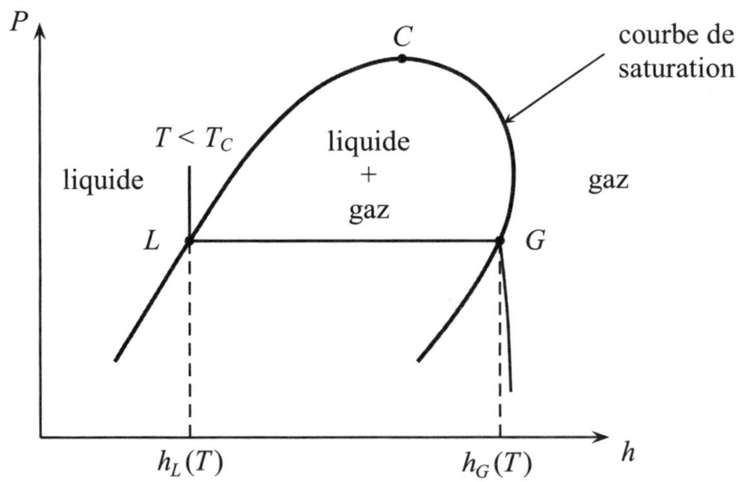

Une isotherme présente un palier horizontal dans la zone d'équilibre liquide-gaz pour $T < T_C$. Cette isotherme est quasi verticale dans les domaines d'équilibre du liquide et du gaz. En traçant le cycle décrit par le fluide d'une machine sur ce graphe, on peut lire directement les variations d'enthalpie et en déduire les différents transferts cherchés.

■■ Méthodes

❑ Méthode 23.1. Calculer la performance d'une machine thermique

– Déterminer les transferts thermiques Q_i sur chaque étape du cycle et en déduire $Q_C = \sum_{i,\, Q_i > 0} Q_i$ ou Q_F selon le cas.
– Utiliser le premier principe sur un cycle pour en déduire le travail total W.
– Connaissant la fonction attendue de la machine, adapter la définition de la performance.

⇨ **Exercices 23.2 à 23.6, 23.10, 23.11, 23.12**

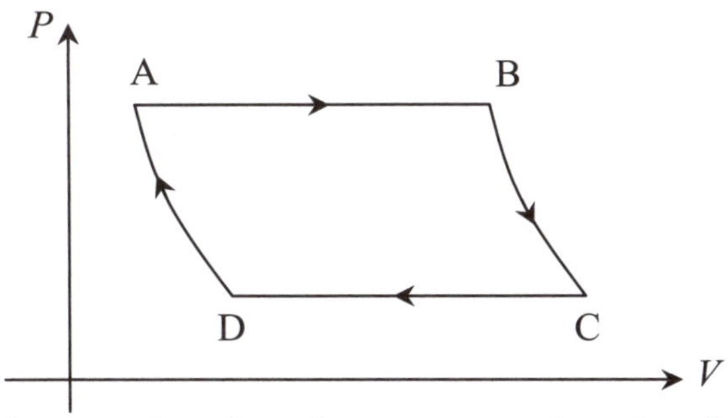

Un gaz parfait décrit le cycle moteur ABCDA ci-contre, composé de deux transformations adiabatiques réversibles et de deux transformations isobares.
Exprimer son rendement en fonction de γ, V_A et V_D.

Le transfert thermique reçu pendant les deux adiabatiques BC et DA est nul. Pendant la transformation isobare AB, le gaz jouant le rôle d'agent thermique reçoit un transfert thermique $Q_{AB} = \Delta H_{AB} = C_P(T_B - T_A) > 0$. De même, pendant la transformation isobare CD, le transfert thermique reçu est $Q_{CD} = \Delta H_{CD} = C_P(T_D - T_C) < 0$. En appliquant le premier principe au gaz sur un cycle, on obtient $0 = W + Q_{CD} + Q_{AB}$ d'où $-W = Q_{CD} + Q_{AB}$.

La machine thermique est un moteur : son rendement est $\eta = \dfrac{-W}{Q_{AB}} = 1 + \dfrac{Q_{CD}}{Q_{AB}}$. En explicitant les transferts thermiques, on obtient : $\eta = 1 + \dfrac{T_D - T_C}{T_B - T_A} = 1 - \dfrac{T_D}{T_A}\left(\dfrac{1 - T_C/T_D}{1 - T_B/T_A}\right)$.

Or d'après la loi de Laplace sur les adiabatiques réversibles BC et DA : $T_B{}^{\gamma} P_B{}^{1-\gamma} = T_C{}^{\gamma} P_C{}^{1-\gamma}$ et $T_D{}^{\gamma} P_D{}^{1-\gamma} = T_A{}^{\gamma} P_A{}^{1-\gamma}$. Les transformations CD et AB sont isobares donc $P_C = P_D$ et $P_A = P_B$, d'où $T_B/T_C = \left(P_B/P_C\right)^{\frac{\gamma-1}{\gamma}} = \left(P_A/P_D\right)^{\frac{\gamma-1}{\gamma}} = T_A/T_D$ soit $T_C/T_D = T_B/T_A$.

L'expression du rendement se simplifie alors en $\eta = 1 - \dfrac{T_D}{T_A}$, soit finalement $\boxed{\eta = 1 - \left(\dfrac{V_A}{V_D}\right)^{\gamma-1}}$ en utilisant la relation de Laplace $T_D V_D{}^{\gamma-1} = T_A V_A{}^{\gamma-1}$ sur l'adiabatique réversible DA.

Vrai/Faux

		Vrai	Faux
1.	L'inégalité de Clausius pour un cycle est : $\sum_{i=1}^{N} \frac{Q_i}{T_i} \geq 0$.	☐	☐
2.	Dans un cycle de Carnot, pendant les deux isothermes, la température de l'agent thermique est forcément égale à la température des sources.	☐	☐
3.	Deux moteurs dithermes en fonctionnement réversible entre les mêmes sources ont le même rendement, quel que soit l'agent thermique utilisé.	☐	☐
4.	Le rendement d'un moteur ditherme peut être supérieur à 1.	☐	☐
5.	L'efficacité d'une pompe à chaleur peut être supérieure à 1.	☐	☐
6.	Une machine frigorifique et une pompe à chaleur dithermes, fonctionnant de manière réversible entre les mêmes sources, ont la même efficacité.	☐	☐
7.	Le cycle décrit par l'agent thermique d'un réfrigérateur est parcouru dans le sens trigonométrique dans un diagramme de Clapeyron.	☐	☐
8.	Dans une machine frigorifique, on cherche à refroidir la source froide donc $Q_F < 0$.	☐	☐

Énoncé des exercices

Transferts énergétiques et performances

Exercice 23.1. Énoncé de Kelvin

Démontrer l'énoncé historique de Kelvin du deuxième principe :

Il est impossible de réaliser un moteur cyclique monotherme.

Exercice 23.2. Étude d'un congélateur

Un congélateur est placé dans une pièce à la température de 20 °C (supposée constante). Pour maintenir l'intérieur de ce congélateur à la température constante de −19 °C, il est nécessaire d'en extraire, par transfert thermique, 400 kJ par heure. Cette opération est supposée être réalisée de manière réversible.

1. Calculer le transfert thermique fourni à la pièce en une heure par l'agent thermique.

2. Calculer la puissance à fournir par heure pour réaliser cette opération.

3. Définir puis calculer l'efficacité de cette machine frigorifique.

Exercice 23.3. Centrale nucléaire

Une centrale nucléaire est une machine ditherme fonctionnant entre deux sources de chaleur :

- une source chaude (eau du circuit primaire) de température $T_C = 579$ K ;
- une source froide (eau d'un fleuve) de température $T_F = 283$ K .

La centrale fournit une puissance $P = 1{,}00$ GW .

1. Calculer le rendement η de la centrale sachant qu'il est égal à 60,0 % du rendement maximal de Carnot.

2. Exprimer le transfert thermique $\dot{Q}_C$ par unité de temps de la source chaude vers l'agent thermique en fonction de η et P. En déduire le transfert thermique $\dot{Q}_F$ par unité de temps de l'eau du fleuve vers l'agent thermique. Le calculer.

3. L'eau du fleuve servant de source froide a un débit volumique $D_V = 300\ \text{m}^3 \cdot \text{s}^{-1}$. Calculer la variation de température ΔT de l'eau du fleuve en contact à chaque instant avec l'agent thermique. On donne : $\rho = 1{,}00 \cdot 10^3\ \text{kg} \cdot \text{m}^{-3}$ masse volumique et $c = 4{,}18 \cdot 10^3\ \text{J} \cdot \text{K}^{-1} \cdot \text{kg}^{-1}$ capacité thermique massique de l'eau liquide.

❑ Exercice 23.4. Chauffage d'une serre

On souhaite maintenir la température d'une serre à la valeur constante $T_1 = 293$ K. L'air extérieur est à la température $T_2 = 283$ K.

Dans ce but, on utilise une chaudière à la température $T_3 = 600$ K capable de fournir un transfert thermique $Q_3 > 0$.

On décide de ne pas utiliser directement la chaudière pour chauffer la serre mais d'adopter le dispositif suivant : la chaudière fournit le transfert thermique Q_3 à l'agent thermique d'un moteur réversible fonctionnant entre la chaudière à T_3 et l'air extérieur à T_2. Le travail récupéré est utilisé pour actionner une pompe à chaleur réversible fonctionnant entre l'air extérieur à T_2 et l'intérieur de la serre à T_1. On note Q_2 le transfert thermique algébrique de l'intérieur de la serre vers l'agent thermique de la pompe.

1. Reporter sur un schéma de principe les différents échanges énergétiques algébriques mis en jeu lors du chauffage.

2. Exprimer le travail algébrique W reçu par le moteur en fonction de Q_3, T_2 et T_3.

3. Exprimer le transfert thermique algébrique Q_1 de l'intérieur de la serre vers l'agent thermique de la pompe en fonction de W, T_1 et T_2.

4. Définir puis exprimer l'efficacité e de l'ensemble du dispositif de chauffage en fonction de T_1, T_2 et T_3.

■ Cycles de machines à pistons

❑ Exercice 23.5. Moteur de Stirling

Un moteur fonctionne entre une source chaude de température $T_C = 450$ K et une source froide de température $T_F = 300$ K. L'agent thermique, constitué de n moles de gaz parfait de coefficient $\gamma = C_P/C_V = 1,40$, décrit de manière quasi-statique le cycle suivant :

- AB : compression à la température T_F de la source froide;
- CD : détente à la température T_C de la source chaude;
- BC et DA : isochores respectivement à V_1 et V_2.

On donne $R = 8,31\ \mathrm{J \cdot K^{-1} \cdot mol^{-1}}$ et $\alpha = V_2/V_1 = 2,00$ (taux de compression).

1. Représenter le cycle de ce moteur dans le diagramme de Clapeyron.

2. Identifier les étapes non réversibles.
3. Calculer les différents transferts thermiques reçus par le gaz au cours du cycle.
4. Définir puis exprimer le rendement η du moteur. Le calculer.
5. Afin d'améliorer le rendement du moteur, on utilise un dispositif qui permet d'éviter les échanges thermiques avec l'extérieur en dehors des deux phases isothermes. Calculer le nouveau rendement η' du moteur. Commentaires.

❑ Exercice 23.6. Moteur Diesel à double combustion

Dans les moteurs Diesel à double combustion, le cycle décrit par l'air est celui représenté en coordonnées de Clapeyron (p,V) ci-contre. Après la phase d'admission qui amène l'air au point 1 du cycle, celui-ci subit une compression adiabatique réversible jusqu'au point 2. Après injection du carburant en 2, la combustion s'effectue d'abord de façon isochore de 2 à 3 puis se poursuit de façon isobare de 3 à 4. La phase de combustion est suivie d'une détente adiabatique réversible de 4 à 5 puis d'une phase d'échappement isochore de 5 à 1. Au point 1 du cycle, la pression p_m = 1,0 bar et la température $T_m = 293$ K sont minimales.

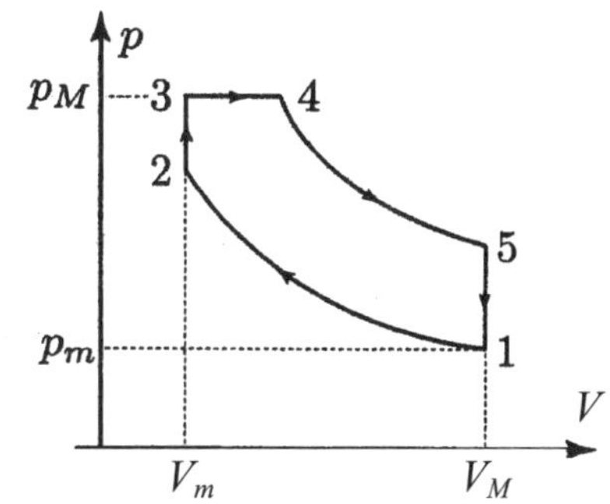

La pression maximale (aux points 3 et 4) est p_M = 60 bar et la température maximale (au point 4) est T_M = 2073 K. On suppose que l'air est un gaz parfait diatomique et on notera respectivement C_p et C_v ses capacités thermiques molaires à pression et à volume constants.

On donne : le rapport volumétrique de compression $\beta = \dfrac{V_M}{V_m} = 17$, la masse molaire de l'air $M = 29\ \text{g} \cdot \text{mol}^{-1}$, la constante des gaz parfaits $R = 8{,}314\ \text{J} \cdot \text{K}^{-1} \cdot \text{mol}^{-1}$ et $\gamma = \dfrac{C_p}{C_v} = 1{,}40$.

1. Calculer les températures T_2, T_3, T_5 aux points 2, 3 et 5 du cycle.
2. Calculer la quantité de chaleur Q_c reçue par 1,0 kg d'air au cours de la phase de combustion entre les points 2 et 4.
3. Calculer la quantité de chaleur Q_f échangée avec le milieu extérieur par un kg d'air entre les points 5 et 1.
4. En déduire , le travail W échangé par un kg d'air avec le milieu extérieur au cours d'un cycle.
5. Définir et calculer le rendement de ce moteur. Commenter la valeur trouvée.

D'après ENAC

■ Écoulements de fluide

❑ Exercice 23.7. Calorimétrie par effet Joule

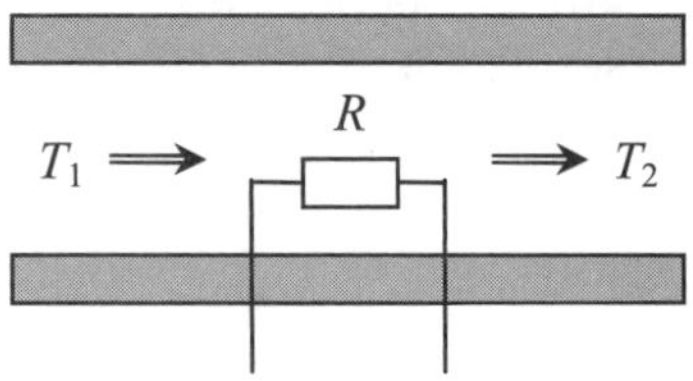

Un fluide s'écoule lentement en régime permanent avec un débit massique D dans un cylindre horizontal aux parois rigides et calorifugées. Ce fluide est en contact avec un conducteur ohmique, soumis à une différence de potentiel U constante donc parcouru par un courant d'intensité I également constante. La température en amont de la résistance est notée T_1, et la température en aval T_2.

Exprimer la capacité thermique du fluide c en fonction de U, I, D, T_1, et T_2.

❑ Exercice 23.8. Détente de Joule-Kelvin d'un gaz réel

Un gaz a pour équation d'état : $P(V-nb)=nRT$ et U ne dépend que de T avec $\Delta U=\dfrac{nR}{\gamma-1}\Delta T$.

1. Donner l'expression de son enthalpie.

2. Ce gaz subit une détente de Joule-Kelvin, c'est-à-dire un écoulement en régime stationnaire, lent, dans une canalisation horizontale rigide et calorifugée comportant un étranglement. Au cours de cette détente, sa pression passe de P_1 à P_2.

Calculer sa variation de température ΔT pour les valeurs suivantes :
$P_1 = 1{,}0 \cdot 10^6$ Pa ; $P_2 = 1{,}0 \cdot 10^5$ Pa ; $R = 8{,}31$ J·K^{-1}·mol^{-1} ; $b = 3{,}2 \cdot 10^{-5}$ m^3·mol^{-1} ; $\gamma = 1{,}4$.

❑ Exercice 23.9. Étude d'une tuyère**

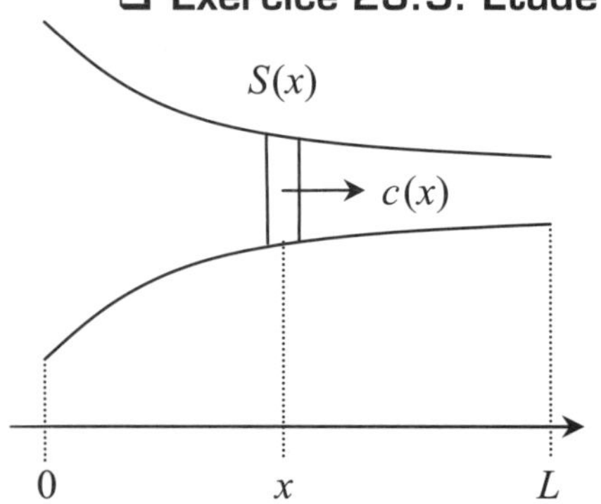

Un gaz supposé parfait est en écoulement permanent dans une tuyère rigide horizontale de section variable $S(x)$. L'écoulement a lieu sans frottement sur les parois, et on suppose qu'il est suffisamment lent pour être considéré quasi-statique, mais toutefois suffisamment rapide pour être considéré adiabatique. Les particules de gaz situées dans une tranche d'épaisseur $\mathrm{d}x$ située autour de l'abscisse x ont une même vitesse $\vec{c}=c(x)\overrightarrow{u_x}$. On note $u(x)$ l'énergie interne massique, $h(x)$ l'enthalpie massique, $v(x)$ le volume massique, $P(x)$ la pression, $T(x)$ la température, M la masse molaire du gaz et $\gamma = C_P/C_V = \text{cte}$.

1. Quelle est la relation entre $h(x)$, $h(0)$, $c(x)$, et $c(0)$?

2. Déduire de la question précédente : $\dfrac{1}{2}c^2(x)-\dfrac{1}{2}c^2(0)=-\displaystyle\int_{v(0)}^{v(x)} P\,\mathrm{d}v + P(x)v(x) - P(0)v(0)$.

Établir alors l'expression de la vitesse de sortie $c(L)$ du gaz en fonction de $c(0)$, $T(0)$, γ, M, R et du rapport $P(0)/P(L)$.

Application numérique : calculer $c(L)$ pour $c(0) = 0{,}0\ \text{m} \cdot \text{s}^{-1}$, $P(0) = 1{,}2 \cdot 10^5\ \text{Pa}$, $P(L) = 1{,}0 \cdot 10^5\ \text{Pa}$, $T(0) = 3{,}0 \cdot 10^2\ \text{K}$, $M = 44\ \text{g} \cdot \text{mol}^{-1}$, $\gamma = 1{,}3$ et $R = 8{,}3\ \text{J} \cdot \text{K}^{-1} \cdot \text{mol}^{-1}$.

■ Cycles de machines à écoulement de fluide

❑ Exercice 23.10. Machine frigorifique*

1. On considère un cycle de transformations réversibles *DABCD* réalisé à partir du point *D* sur la courbe de rosée pour une masse unité de fluide :
– *DA* : liquéfaction isotherme à la température T_1 (on parcourt la totalité du palier de liquéfaction) ;
– *AB* : détente isentropique qui amène le fluide dans l'état *B* défini par la température T_0 et une fraction massique en gaz $x_g(B)$;
– *BC* : vaporisation isotherme jusqu'à l'intersection *C* avec la courbe isentropique passant par *D* ; l'état *C* est caractérisé par une fraction massique en vapeur $x_g(C)$.

a) Représenter le cycle *DABCD* sur un diagramme de Clapeyron.

b) Exprimer les fractions massiques $x_g(B)$ et $x_g(C)$ en fonction de T_0, T_1, de la capacité thermique massique c du liquide, et des enthalpies massiques de vaporisation $\Delta_{vap}h(T_0)$ et $\Delta_{vap}h(T_1)$ aux températures T_0 et T_1.

c) Donner les expressions des transferts thermiques massiques q_{BC} et q_{DA} avec le milieu extérieur au cours des transformations isothermes *BC* et *DA*.

d) En déduire le travail w reçu par l'unité de masse du fluide au cours du cycle.

2. Le cycle précédent peut être utilisé pour faire fonctionner une machine frigorifique. Le travail consommé est utilisé pour refroidir la source froide de température $T_0 < T_1$. Exprimer l'efficacité e de cette machine frigorifique. Commentez le résultat obtenu.

❑ Exercice 23.11. Cycle de Brayton des centrales nucléaires*

Les centrales nucléaires de la génération 6 prévues vers les années 2030 devront être sûres et présenter un rendement important. Une option étudiée parmi six grands choix est le réacteur à très haute température refroidi à l'hélium. Ce type de réacteur offrirait l'avantage d'améliorer l'efficacité de la conversion énergétique, compte tenu de la température élevée de la source chaude et de permettre en sus la production d'hydrogène. Dans ces installations de forte puissance, on utilise le cycle de Brayton (ou cycle de Joule) pour extraire le travail et, en fin de compte, produire de l'électricité.

Un gaz parfait circule dans une installation. Il échange du travail avec l'extérieur uniquement dans le compresseur et la turbine. Le travail fourni par le passage du gaz dans la turbine sert d'une part à faire fonctionner le compresseur (turbine et compresseur montés sur le même axe) et d'autre part à fabriquer de l'électricité. On suppose que les transferts thermiques ont lieu exclusivement dans des échangeurs. Le fluide, ici un gaz d'hélium, décrit le cycle de Brayton.

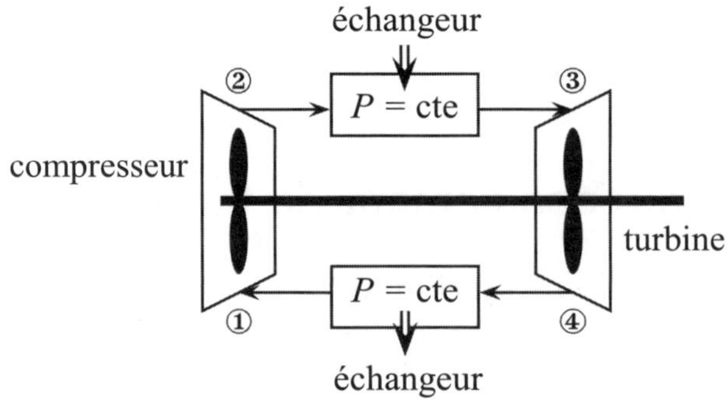

Ce cycle est constitué de deux isobares et de deux isentropiques :

- compression adiabatique réversible (dans le compresseur) du point 1 avec une température $T_1 = 300$ K et une pression $P_1 = 20 \cdot 10^5$ Pa vers le point 2 à la pression $P_2 = 80{,}0 \cdot 10^5$ Pa ;
- détente isobare (dans l'échangeur) du point 2 vers le point 3 à la température $T_3 = 1{,}30 \cdot 10^3$ K ;
- détente adiabatique réversible (dans la turbine) de 3 vers 4 (de $P_3 = P_2$ à $P_4 = P_1$) ;
- compression isobare (dans l'échangeur) de 4 vers 1.

L'hélium est un supposé être un gaz parfait monoatomique tel que $C_{V\mathrm{m}} = 3R/2$ et $C_{P\mathrm{m}} = 5R/2$ représentent respectivement les capacités thermiques molaires à volume et pression constante avec $R = 8{,}31\ \mathrm{J \cdot K^{-1} \cdot mol^{-1}}$.

1. Pour une transformation isentropique, justifier que la relation entre T et P peut se mettre sous la forme : $\dfrac{T}{P^{\beta}} = \text{cte}$. Exprimer β en fonction de $\gamma = C_{P\mathrm{m}}/C_{V\mathrm{m}}$.

2. Déterminer les températures T_2 et T_4. Effectuer l'application numérique.

3. Tracer l'allure du cycle de Brayton du moteur sur un diagramme (P, V_m).

4. Calculer les travaux W'_{12} et W'_{34} échangés avec l'extérieur (travaux utiles reçus) en régime stationnaire lors des transformations isentropiques 1–2 et 3–4 au cours desquelles le fluide circule lentement et horizontalement, respectivement dans le compresseur et dans la turbine. Effectuer l'application numérique pour une mole d'hélium.

5. Exprimer les transferts thermiques Q_{23} et Q_{41}. Effectuer l'application numérique pour une mole d'hélium.

6. Montrer que le rendement η du moteur se met sous la forme : $\eta = 1 - \dfrac{1}{(r_\mathrm{p})^{\beta}}$ avec $r_\mathrm{p} = \dfrac{P_2}{P_1}$.

7. Calculer numériquement ce rendement et le comparer au rendement de Carnot obtenu en utilisant les deux températures extrêmes du cycle.

D'après Concours commun polytechnique

☐ Exercice 23.12. Pompe à chaleur*

La pompe à chaleur est un dispositif qui, en mode « chauffage », puise l'énergie thermique dans l'air, dans le sol ou dans l'eau des nappes phréatiques, pour la transférer vers le local à réchauffer. Elle est constituée d'un circuit fermé dans lequel circule un fluide caloporteur à l'état liquide, gazeux ou biphasé selon les éléments qu'il traverse. La circulation se fait en régime permanent ; on néglige les variations d'énergies cinétique et de pesanteur.

Le cycle de la pompe à chaleur se compose de quatre étapes, en dehors desquelles les échanges thermiques ou mécaniques sont supposés nuls :

– Compression 1–2 : le gaz subit au cours de sa circulation une compression adiabatique et réversible qui l'amène de l'état 1 (P_1, T_1) à l'état 2 (P_2, T_2). On note $w'_{12} > 0$ le travail massique utile reçu par le fluide.

– Condensation 2–3 : le gaz se liquéfie totalement à pression constante P_2 jusqu'à la température T_3. Il cède de l'énergie à la source chaude, et l'on note $q_{23} < 0$ l'énergie massique échangée.

– Détente 3–4 : le fluide traverse un tuyau indéformable et ne permettant pas les échanges thermiques. La pression du fluide redescend jusqu'à P_1 et sa température vaut alors T_4.

– Évaporation 4–1 : le liquide s'évapore totalement à pression constante P_1 jusqu'à la température T_1. Il reçoit l'énergie massique $q_{41} > 0$ de la source froide.

1. Montrer que la phase de détente est isenthalpique.

2. Quelle est relation liant les quantités q_{23}, q_{41} et w'_{12} ?

3. Justifier la définition de l'efficacité de la pompe à chaleur $e = -\dfrac{q_{23}}{w'_{12}}$ et montrer que $e > 1$.

4. On donne ci-dessous le diagramme (P, h) d'un fluide caloporteur courant.

a) La phase liquide y apparaît-elle incompressible et indilatable ? La phase gazeuse y apparaît-elle comme un gaz parfait ?

b) Utiliser le diagramme fourni sur lequel est représenté le cycle pour compléter le tableau suivant :

	État 1	État 2	État 3	État 4
h (kJ · kg^{-1})	402			
P (bar)	3	10		
T (°C)	5		40	
État physique	vapeur		liquide (saturant)	

c) À partir du diagramme, estimer numériquement l'efficacité de la pompe à chaleur. Comparer la valeur trouvée à celle qui correspondrait à un cycle de Carnot fonctionnant entre les mêmes températures.

d) Calculer le débit massique du fluide permettant d'assurer une puissance de chauffage de 4 kW.

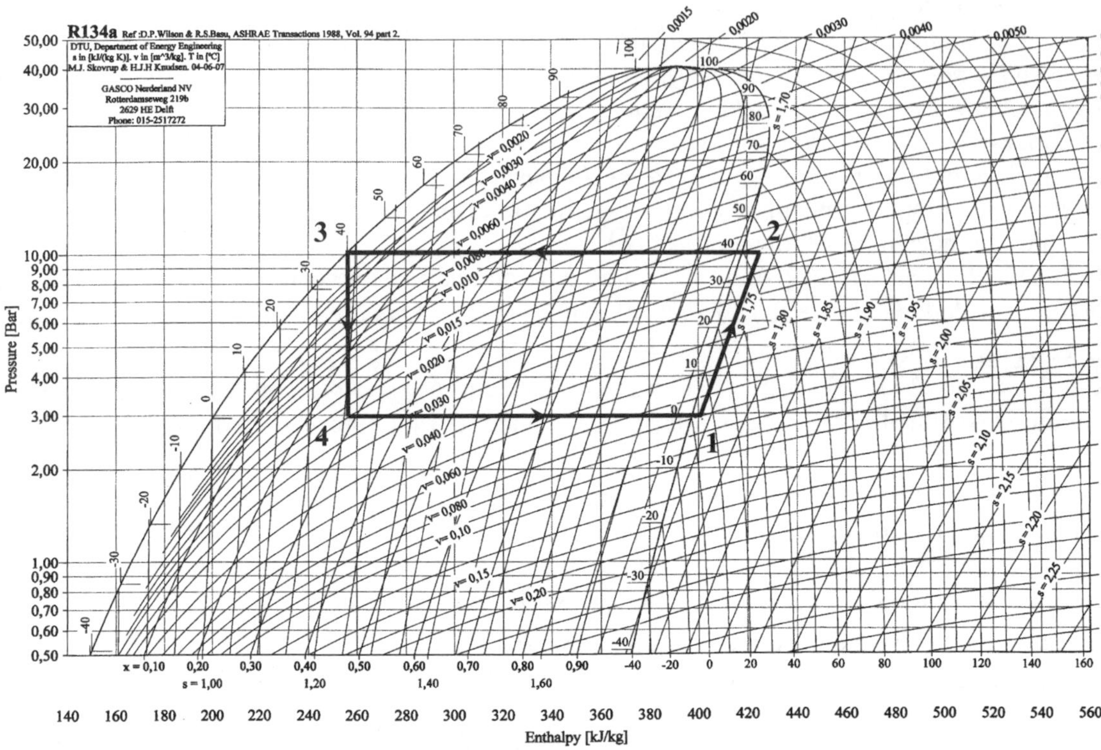

D'après Polytechnique

■ Pour vous aider à démarrer

Exercice 23.2. À la question 1, appliquer le deuxième principe sur un cycle (réversible).
Exercice 23.4. Question 2 : écrire les deux principes sur un cycle.
Exercice 23.5. Pour la question 3, calculer d'abord le travail sur les évolutions isothermes, et en déduire les transferts thermiques sur ces deux mêmes phases.
Exercice 23.7. On a un fluide en écoulement permanent : utiliser la forme correspondante du premier principe.
Exercice 23.9. Pour la question 1, partir du premier principe écrit pour un fluide en écoulement permanent. À la question 2, revenir à la définition $h = u + Pv$.
Exercice 23.10. Décomposer les transformations isentropiques.
Exercice 23.12. À la question 2, appliquer le premier principe pour un écoulement stationnaire pour chaque étape du cycle et utiliser l'extensivité de l'enthalpie massique.

Corrigé des vrai/faux

1.	2.	3.	4.	5.	6.	7.	8.
faux	vrai	vrai	faux	vrai	faux	vrai	faux

1. L'inégalité de Clausius est $\sum_{i=1}^{N} \frac{Q_i}{T_i} = -\mathbb{S}_c \leq 0$.

2. Dans le cas contraire, il y aurait une inhomogénéité de température, source d'irréversibilité. Or, par définition, un cycle de Carnot est réversible.

4. Par construction, le rendement d'un moteur est inférieur à 1.

5. Elle est même *toujours* supérieure à 1, ce qui fait tout l'intérêt de la pompe à chaleur par rapport à un simple chauffage électrique.

6. L'efficacité de Carnot d'une machine frigorifique est $e_C = \frac{T_F}{T_C - T_F}$ alors que celle d'une pompe à chaleur est $e_C = \frac{T_C}{T_C - T_F}$.

8. On note habituellement Q_F le transfert thermique reçu par l'agent thermique de la part de la source froide : pour que l'intérieur de la machine frigorifique cède effectivement un transfert thermique à l'agent thermique, il faut $Q_F > 0$.

❑ Les erreurs classiques

– Il est essentiel de bien distinguer les *conventions algébriques* choisies pour décrire les échanges énergétiques du *sens réel* de ces échanges. Pour l'étude d'une seule machine, on définit généralement les échanges énergétiques par rapport à l'agent thermique (ils sont donc positifs lorsque l'énergie est effectivement reçue par celui-ci). En présence de plusieurs machines en interaction, on fixe les conventions au début de l'étude et on s'y tient jusqu'à la fin.
– La performance d'une machine thermique (rendement ou efficacité) est définie positive : attention de bien respecter cette contrainte.

Corrigé des exercices

Exercice 23.1

Dans une machine cyclique monotherme, l'agent thermique échange un transfert thermique Q avec une unique source à la température T_0 et un travail W avec l'extérieur. Pour qu'un fonctionnement moteur soit possible, il faut $W < 0$.
Or l'application des deux principes de la thermodynamique à l'agent thermique, sur un cycle de fonctionnement donne : $0 = W + Q$ et $\dfrac{Q}{T_0} \leq 0$.

Donc $\boxed{W = -Q \geq 0}$: le cycle est nécessairement récepteur, c'est-à-dire qu'un moteur cyclique monotherme est impossible.

Exercice 23.2

1. L'agent thermique reçoit de la part de l'intérieur du congélateur à la température $T_F = 254$ K un transfert thermique $\dot{Q}_F = +400$ kJ/heure. En notant $\dot{Q}_F$ le transfert thermique horaire reçu par l'agent thermique de la part de la pièce à $T_C = 293$ K, on a pour un fonctionnement réversible $\dfrac{\dot{Q}_F}{T_F} + \dfrac{\dot{Q}_C}{T_C} = 0$, soit $\dot{Q}_C = -T_C \dfrac{\dot{Q}_F}{T_F}$ par heure. Le transfert thermique horaire fourni à la pièce est par conséquent $\boxed{\dot{Q}'_C = -\dot{Q}_C = +T_C \dfrac{\dot{Q}_F}{T_F}}$. AN $\boxed{\dot{Q}'_C = 461 \text{ kJ/heure}}$.

On peut aussi noter Q_F, Q_C et Q'_C et les exprimer en kJ.

2. En utilisant le premier principe, on obtient le travail horaire $\dot{W} = -\dot{Q}_F - \dot{Q}_C$ qui doit être reçu par l'agent thermique. Par définition, $\boxed{P = \dot{W} = -\dot{Q}_F - \dot{Q}_C}$. AN avec $1 \text{ W} = 3{,}6 \text{ kJ/h}$: $\boxed{P = 17 \text{ W}}$.

3. L'efficacité du congélateur est $\boxed{e = \dfrac{\dot{Q}_F}{\dot{W}}}$. Ainsi $e = -\dfrac{\dot{Q}_F}{\dot{Q}_F + \dot{Q}_C}$ soit $\boxed{e = \dfrac{T_F}{T_C - T_F}}$. AN $\boxed{e = 6{,}51}$.

Le réfrigérateur fonctionnant de manière réversible, on retrouve bien pour l'efficacité précédente l'expression de l'efficacité (maximale) de Carnot.

Exercice 23.3

1. En fonctionnement réversible, le rendement maximal de la centrale nucléaire est celui d'un moteur de Carnot, soit $\eta_C = 1 - \frac{T_F}{T_C}$. On en déduit le rendement réel de la centrale : $\eta = 0{,}600 \cdot \eta_C$ soit $\boxed{\eta = 0{,}600 \cdot \left(1 - \frac{T_F}{T_C}\right)}$. AN $\boxed{\eta = 0{,}307 = 30{,}7\ \%}$.

2. Par définition, le rendement d'un moteur ditherme est $\eta = \frac{-W}{Q_C} = \frac{-W/\Delta t}{Q_C/\Delta t} = \frac{+P}{\dot{Q}_C}$ d'où $\boxed{\dot{Q}_C = \frac{P}{\eta}}$.

P est la puissance fournie par la centrale. Elle est donc opposée à la puissance reçue par l'agent thermique, d'où $\frac{-W}{\Delta t} = +P$.

En appliquant le premier principe (par unité de temps) à l'agent thermique sur un cycle, on obtient $\dot{Q}_F = -\dot{Q}_C + P$, soit $\boxed{\dot{Q}_F = \left(1 - \frac{1}{\eta}\right) P}$. AN $\boxed{\dot{Q}_F = -2{,}27\ \text{GW}}$.

$\dot{Q}_F < 0$ donc de l'énergie est effectivement fournie à l'eau du fleuve sous forme de transfert thermique.

3. L'eau du fleuve reçoit un transfert thermique $-\dot{Q}_F > 0$ par unité de temps de la part de l'agent thermique. En considérant l'eau du fleuve comme une phase condensée idéale, on applique le premier principe au volume d'eau $D_V t$ traversant la centrale pendant une durée t : $\Delta H = -\dot{Q}_F t$ soit $mc\Delta T = \rho D_V t c \Delta T = -\dot{Q}_F t$ d'où une augmentation de la température de l'eau du fleuve de $\boxed{\Delta T = \frac{-\dot{Q}_F}{c \rho D_V}}$. AN $\boxed{\Delta T = 1{,}80\ \text{K}}$.

Corrigé

Exercice 23.4

1.

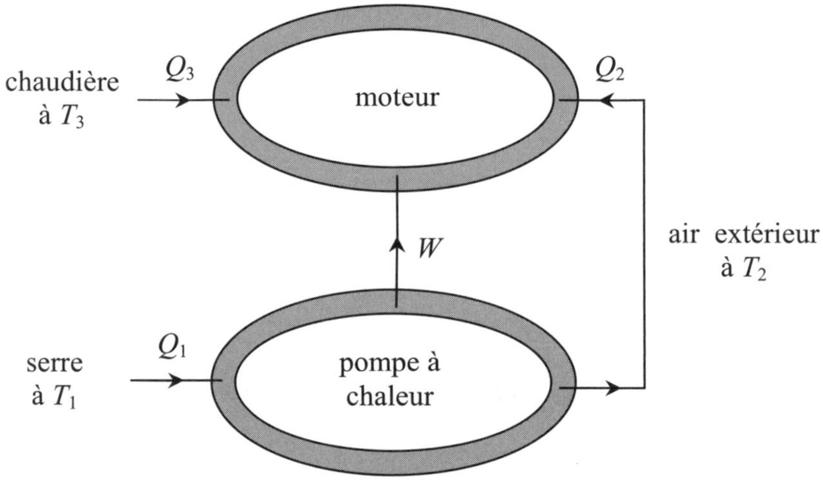

2. Les deux principes de la thermodynamique appliqués à l'agent thermique du moteur sur un cycle réversible s'écrivent : $W + Q_2 + Q_3 = 0$ et $\frac{Q_2}{T_2} + \frac{Q_3}{T_3} = 0$. Donc $\boxed{W = -\left(1 - \frac{T_2}{T_3}\right) Q_3 < 0}$.

3. En utilisant les conventions algébriques fixées à la question 1, les deux principes de la thermodynamique appliqués à l'agent thermique de la pompe à chaleur sur un cycle réversible s'écrivent : $-W + Q_1 - Q_2 = 0$ et $\frac{Q_1}{T_1} - \frac{Q_2}{T_2} = 0$. On en déduit : $\boxed{Q_1 = \frac{W}{1 - \frac{T_2}{T_1}} < 0}$.

Le respect des conventions algébriques est ici essentiel pour obtenir un résultat cohérent.

4. Par définition $e = \left| \frac{\text{transfert énergétique désiré}}{\sum \text{transferts énergétiques dépensés}} \right|$. Chauffer la serre signifie permettre un transfert thermique $-Q_1 > 0$ de l'agent thermique de la pompe à chaleur vers l'intérieur de la serre. Dans ce but, il est nécessaire d'utiliser une chaudière capable de fournir un transfert thermique $Q_3 > 0$ à l'agent thermique du moteur.

⇨ *Méthode 23.1*

Par conséquent l'efficacité est $\boxed{e = \frac{-Q_1}{Q_3}}$. Les questions 2 et 3 permettent d'éliminer le travail W dans l'expression de l'efficacité, d'où finalement $\boxed{e = \frac{1 - \frac{T_2}{T_3}}{1 - \frac{T_2}{T_1}}}$. AN $\boxed{e = 15{,}5}$.

Exercice 23.5

1.

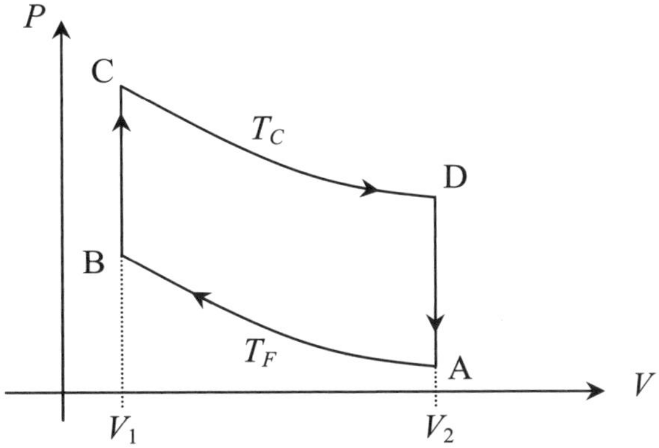

2. Le cycle est décrit de manière quasi-statique. Sur les isothermes, la température du système est égale à celle des sources : sur ces transformations, il n'y a donc pas d'inhomogénéités de températures, sources d'irréversibilité. Les deux isothermes sont donc réversibles.
L'isochore BC fait passer le gaz de la température T_F à la température T_C au contact de la source chaude à T_C. De même, isochore DA fait passer le gaz de la température T_C à la température T_F au contact de la source froide à T_F. Bien que ces deux étapes soient réalisées de manière quasi-statique, les inhomogénéités de température empêchent qu'elles puissent être considérées comme réversibles.
En conclusion : les étapes AB et CD sont réversibles, les étapes BC et DA sont irréversibles.

3. Au cours des évolutions isochores, le travail des forces de pression est nul : le transfert thermique reçu par le gaz s'identifie donc, d'après le premier principe, à sa variation d'énergie interne. On en déduit $Q_{\text{BC}} = C_V(T_C - T_F)$ et $Q_{\text{DA}} = C_V(T_F - T_C)$, soit en explicitant $C_V = \dfrac{nR}{\gamma - 1}$:

$$\boxed{Q_{\text{BC}} = \frac{nR}{\gamma-1}(T_C - T_F) > 0} \text{ et } \boxed{Q_{\text{DA}} = \frac{nR}{\gamma-1}(T_F - T_C) = -Q_{\text{BC}} < 0}.$$

Au cours des évolutions isothermes (réversibles), $\Delta U = 0$ donc le travail et le transfert thermique sont opposés : $W_{\text{AB}} = -nRT_F \ln\left(\dfrac{V_1}{V_2}\right) = -Q_{\text{AB}}$ et $W_{\text{CD}} = -nRT_C \ln\left(\dfrac{V_2}{V_1}\right) = -Q_{\text{CD}}$.

Finalement, on obtient $\boxed{Q_{\text{AB}} = -nRT_F \ln\alpha < 0}$ et $\boxed{Q_{\text{CD}} = nRT_C \ln\alpha > 0}$.

4. Par définition $\eta = \left|\dfrac{\text{transfert énergétique désiré}}{\sum \text{transferts énergétiques dépensés}}\right|$. Le transfert thermique reçu pendant les phases BC et CD permet de fournir un travail W_{cycle} sur l'ensemble du cycle. Ainsi, le rendement du moteur de Stirling est donné par $\eta = \dfrac{-W_{\text{cycle}}}{Q_C}$ avec $Q_C = \sum_{i,\, Q_i > 0} Q_i = Q_{\text{BC}} + Q_{\text{CD}}$

d'où $\boxed{\eta = \dfrac{-W_{\text{cycle}}}{Q_{\text{BC}} + Q_{\text{CD}}}}$.

⇨ *Méthode 23.1*

Corrigé

Sur un cycle de fonctionnement, le premier principe s'écrit $-W_{\text{cycle}} = Q_{\text{AB}} + Q_{\text{BC}} + Q_{\text{CD}} + Q_{\text{DA}}$ soit $-W_{\text{cycle}} = Q_{\text{AB}} + Q_{\text{CD}}$ (car $Q_{\text{DA}} = -Q_{\text{BC}}$). On peut donc réécrire le rendement $\eta = \dfrac{Q_{\text{AB}} + Q_{\text{CD}}}{Q_{\text{BC}} + Q_{\text{CD}}}$ d'où $\boxed{\eta = \dfrac{(\gamma-1)(T_C - T_F)\ln\alpha}{T_C - T_F + (\gamma-1)T_C \ln\alpha}}$. AN $\boxed{\eta = 15{,}1\,\%}$.

5. Compte tenu des hypothèses de l'énoncé, le nouveau rendement du moteur s'écrit $\eta' = \dfrac{Q_{\text{AB}} + Q_{\text{CD}}}{Q_{\text{CD}}} = 1 + \dfrac{Q_{\text{AB}}}{Q_{\text{CD}}}$. D'après la question 3, on en déduit $\boxed{\eta' = 1 - \dfrac{T_F}{T_C}}$. AN $\boxed{\eta' = 33{,}3\,\%}$.

Le rendement obtenu correspond au rendement de Carnot. En limitant les transferts thermiques aux phases isothermes, qui sont réversibles, il a été possible de s'affranchir des sources d'irréversibilité.

Exercice 23.6

1. Loi de Laplace sur la transformation 1–2 isentropique : $TV^{\gamma-1} = \text{cte}$ d'où $\boxed{T_2 = T_1\left(\dfrac{V_1}{V_2}\right)^{\gamma-1} = T_m \beta^{\gamma-1}}$. AN $\boxed{T_2 = 910\ \text{K}}$. Sur la transformation 2–3 isochore : $T_3 = T_2 \dfrac{p_3}{p_2}$, avec $p_3 = p_M$ et $p_2 V_2^\gamma = p_1 V_1^\gamma$ soit $p_2 = p_1\left(\dfrac{V_1}{V_2}\right)^\gamma = p_m \beta^\gamma$, d'où $\boxed{T_3 = T_2 \dfrac{p_M}{p_m}\beta^{-\gamma} = \dfrac{T_m}{\beta}\dfrac{p_M}{p_m}}$. AN $\boxed{T_3 = 1034\ \text{K}}$. Loi de Laplace sur la 4–5 isentropique : $T_5 = T_4\left(\dfrac{V_4}{V_5}\right)^{\gamma-1} = T_M\left(\dfrac{V_4}{V_M}\right)^{\gamma-1}$, avec $V_4 = V_3 \dfrac{T_4}{T_3} = V_m \dfrac{T_M}{T_3}$, d'où $\boxed{T_5 = T_M\left(\dfrac{1}{\beta}\dfrac{T_M}{T_3}\right)^{\gamma-1}}$. AN $\boxed{T_5 = 882\ \text{K}}$.

2. $Q_c = Q_{2-3} + Q_{3-4} = \Delta U_{2-3} + \Delta H_{3-4}$ (isochore puis isobare), soit en utilisant les expressions des capacités : $\boxed{Q_c = \dfrac{mR}{M(\gamma-1)}\left(T_3 - T_2 + \gamma(T_4 - T_3)\right)}$. AN $\boxed{Q_c = 1131\ \text{kJ}}$.

3. $Q_f = Q_{5-1} = \Delta U_{5-1}$ (isochore), soit $\boxed{Q_f = \dfrac{mR}{M(\gamma-1)}(T_1 - T_5)}$. AN $\boxed{Q_f = -422\ \text{kJ}}$.

4. Premier principe appliqué au gaz sur un cycle : $\Delta U = 0 = W + Q_c + Q_f$ (puisqu'il n'y a pas d'autre transfert thermique) d'où $\boxed{W = -Q_c - Q_f}$. AN $\boxed{W = -709\ \text{kJ}}$.

5. Rendement d'un moteur : $\boxed{r = \dfrac{-W}{Q_c}}$. AN $\boxed{r = 0{,}627 \text{ (soit } 62{,}7\ \%)}$.

➪ *Méthode 23.1*

Ce très bon rendement a été calculé avec une modélisation extrême des transformations et du gaz. En pratique, on obtient des rendements nettements plus faibles, de l'ordre de 40 %.

Exercice 23.7

Premier principe pour la masse $m = D\Delta t$ de ce fluide traversant le cylindre pendant Δt : $\Delta H + \Delta E_c + \Delta E_p = Q + W'$. Or l'écoulement est lent ($\Delta E_c \approx 0$) et horizontal ($\Delta E_p = 0$). Le travail utile est nul (parois rigides, sans élément mobile) et le seul transfert thermique reçu par le fluide correspond à l'effet Joule dans le conducteur ohmique : $W' = 0$ et $Q = UI\,\Delta t$. Comme $\Delta H = mc(T_2 - T_1) = D\,\Delta t\, c(T_2 - T_1)$, on en déduit $\boxed{c = \dfrac{UI}{D(T_2 - T_1)}}$.

Exercice 23.8

1. $\boxed{H(T,P) = U + PV = U(T) + nRT + nbP}$.

2. Il n'y a pas de transfert thermique (parois adiabatiques) ni de travail utile (parois rigides), et l'écoulement est lent ($\Delta E_c = 0$) et horizontal ($\Delta E_p = 0$) : $\Delta H = 0 \Leftrightarrow \Delta U + nR\Delta T + nb\Delta P = 0$

$\Leftrightarrow (C_V + nR)\Delta T + nb\Delta P = 0 \Leftrightarrow \dfrac{\gamma nR}{\gamma - 1}\Delta T + nb\Delta P = 0$ d'où finalement $\boxed{\Delta T = \dfrac{1-\gamma}{\gamma R} b(P_2 - P_1)}$.

AN $\boxed{\Delta T = 0{,}99\ \text{K}}$.

Exercice 23.9

1. Premier principe pour une unité de masse du fluide en écoulement dans la tuyère, en régime permanent : $\Delta h + \Delta e_c + \Delta e_p = q + w'$.

Dans les conditions de l'expérience, $\Delta e_p = 0$ (tuyère horizontale), $w' = 0$ (tuyère rigide et sans frottement) et $q = 0$ (écoulement adiabatique). On en déduit $\boxed{h(x) - h(0) + \dfrac{1}{2}c^2(x) - \dfrac{1}{2}c^2(0) = 0}$.

2. Par définition de l'enthalpie, $h = u + Pv$ d'où $\Delta h = \Delta u + \Delta(Pv)$. D'après le premier principe appliqué au gaz $\Delta u = w$ car la transformation est adiabatique. Comme la transformation est réversible, $\delta w = -P_{\text{ext}}\,\mathrm{d}v = -P\,\mathrm{d}v$ d'où $w = -\int P\,\mathrm{d}v$. En intégrant entre les états $(P(0), v(0))$ et $(P(x), v(x))$, on obtient $h(x) - h(0) = -\displaystyle\int_{v(0)}^{v(x)} P\,\mathrm{d}v + P(x)v(x) - P(0)v(0)$. Par identification, on en déduit l'expression demandée : $\boxed{\dfrac{1}{2}c^2(x) - \dfrac{1}{2}c^2(0) = -\displaystyle\int_{v(0)}^{v(x)} P\,\mathrm{d}v + P(x)v(x) - P(0)v(0)}$.

Calcul de l'intégrale : $-\displaystyle\int_{v(0)}^{v(x)} P\,\mathrm{d}v = -P(0)v^{\gamma}(0)\int_{v(0)}^{v(x)} v^{-\gamma}\,\mathrm{d}v = \dfrac{P(0)v^{\gamma}(0)}{\gamma - 1}\left(\dfrac{1}{v^{\gamma-1}(x)} - \dfrac{1}{v^{\gamma-1}(0)}\right)$.

Compte tenu des hypothèses, on peut utiliser les lois de Laplace $Pv^{\gamma} = P(0)v^{\gamma}(0) = P(x)v^{\gamma}(x)$

d'où
$$-\int_{v(0)}^{v(x)} P\,\mathrm{d}v = \frac{P(0)v(0)}{\gamma - 1}\left[\left(\frac{P(x)}{P(0)}\right)^{\frac{\gamma-1}{\gamma}} - 1\right]$$
et

Corrigé

$P(x)v(x)-P(0)v(0)=P(0)v(0)\left[\left(\dfrac{P(x)}{P(0)}\right)^{\frac{\gamma-1}{\gamma}}-1\right]$. On en déduit

$$-\int_{v(0)}^{v(x)} P\,\mathrm{d}v+P(x)v(x)-P(0)v(0)=\frac{\gamma}{\gamma-1}P(0)v(0)\left[\left(\frac{P(x)}{P(0)}\right)^{\frac{\gamma-1}{\gamma}}-1\right].$$

D'après la loi des gaz parfaits, $v(0)P(0)=\dfrac{RT(0)}{M}$ d'où finalement

$$c^2(x)=c^2(0)-\frac{2\gamma}{\gamma-1}\frac{RT(0)}{M}\left[\left(\frac{P(x)}{P(0)}\right)^{\frac{\gamma-1}{\gamma}}-1\right].$$

Pour $x=L$, $\boxed{c^2(L)=c^2(0)-\dfrac{2\gamma}{\gamma-1}\dfrac{RT(0)}{M}\left[\left(\dfrac{P(L)}{P(0)}\right)^{\frac{\gamma-1}{\gamma}}-1\right]}$. AN $\boxed{c(L)=1{,}4\cdot10^2\ \mathrm{m\cdot s^{-1}}}$.

Exercice 23.10

1. a)

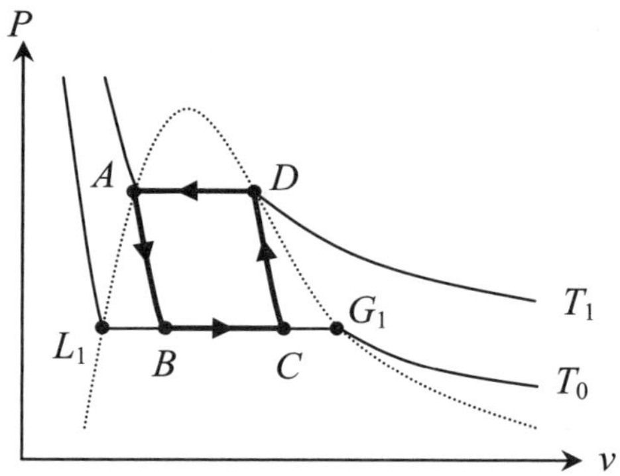

Le cycle est parcouru dans le sens trigonométrique : il s'agit bien d'une machine frigorifique.

b) La transformation AB est isentropique donc $\Delta s_{AB}=0$. Or l'entropie est une fonction d'état donc $\Delta s_{AB}=\Delta s_{AL_1}+\Delta s_{L_1B}==c\ln\dfrac{T_0}{T_1}+x_g(B)\dfrac{\Delta_{vap}h(T_0)}{T_0}=0$.

On en déduit $\boxed{x_g(B)=\dfrac{cT_0}{\Delta_{vap}h(T_0)}\ln\dfrac{T_1}{T_0}}$.

De même, la transformation CD est isentropique donc $\Delta s_{CD}=0$. Comme on ne dispose pas de la capacité thermique du gaz, on ne peut pas calculer $x_g(C)$ en décomposant la transformation CD et CG_1D. En revanche, l'énoncé fournit $\Delta_{vap}h(T_1)$. On décompose donc CD en CL_1AD, d'où

$\Delta s_{CD} = \Delta s_{CL_1} + \Delta s_{L_1A} + \Delta s_{AD}$, avec $\Delta s_{CL_1} = -\Delta s_{L_1C} = -x_g(C)\dfrac{\Delta_{vap}h(T_0)}{T_0}$, $\Delta s_{L_1A} = c\ln\dfrac{T_1}{T_0}$ et $\Delta s_{AD} = \dfrac{\Delta_{vap}h(T_1)}{T_1}$. On en déduit $\boxed{x_g(C) = \dfrac{T_0}{\Delta_{vap}h(T_0)}\left(c\ln\dfrac{T_1}{T_0} + \dfrac{\Delta_{vap}h(T_1)}{T_1}\right)}$.

c) Si la liquéfaction du corps pur étudié est isotherme, alors elle est également isobare (équilibre monovariant).

Ainsi $q_{BC} = \Delta h_{BC} = \Delta_{vap}h(T_0)\left(x_g(C) - x_g(B)\right)$ soit $\boxed{q_{BC} = \Delta_{vap}h(T_1)\dfrac{T_0}{T_1}}$.

De même, $q_{DA} = -q_{AD} = -\Delta_{vap}h(T_1)\left[x_g(D) - x_g(A)\right] = -\Delta_{vap}h(T_1)(1-0)$ soit $\boxed{q_{DA} = -\Delta_{vap}h(T_1)}$.

d) Les transformations AB et CD sont isentropiques et réversibles : d'après le deuxième principe, elles sont donc adiabatiques. Sur un cycle, le premier principe s'écrit alors $w + q_{DA} + q_{BC} = 0$. On en déduit $w = -q_{DA} - q_{BC}$ soit $\boxed{w = \Delta_{vap}h(T_1)\left(1 - \dfrac{T_0}{T_1}\right)}$.

2. Dans cette machine frigorifique, la source froide cède effectivement un transfert thermique $q_{BC} > 0$ à l'agent thermique grâce au travail $w > 0$ effectivement reçu par celui-ci. Ainsi, l'efficacité de cette machine frigorifique est définie par $e = \dfrac{q_{BC}}{w}$ soit $\boxed{e = \dfrac{T_0}{T_1 - T_0}}$.

⇨ *Méthode 23.1*

L'efficacité obtenue correspond à l'efficacité de Carnot. Ce résultat était prévisible dans la mesure où le cycle décrit par l'agent thermique de la machine est bien un cycle de Carnot (cycle *réversible* composé de deux isothermes, respectivement à T_0 et T_1, et de deux adiabatiques).

Exercice 23.11

1. Pour une évolution isentropique d'un gaz parfait de coefficient $\gamma = C_{Pm}/C_{Vm}$ constant, on peut appliquer les lois de Laplace : $PV^\gamma = \text{cte}$. En utilisant l'équation d'état du gaz parfait, $V = \dfrac{nRT}{P}$, on en déduit $\dfrac{T^\gamma}{P^{\gamma-1}} = \text{cte}$ soit $\boxed{\dfrac{T}{P^\beta} = \text{cte}}$ avec $\boxed{\beta = \dfrac{\gamma - 1}{\gamma}}$.

2. Les transformations adiabatiques et réversibles 1−2 et 3−4 sont isentropiques. Avec les relations établies question 1 : $\boxed{T_2 = T_1\left(\dfrac{P_2}{P_1}\right)^\beta}$ et $\boxed{T_4 = T_3\left(\dfrac{P_1}{P_2}\right)^\beta}$. AN $\boxed{T_2 = 522\ \text{K}}$ et $\boxed{T_4 = 747\ \text{K}}$.

3.

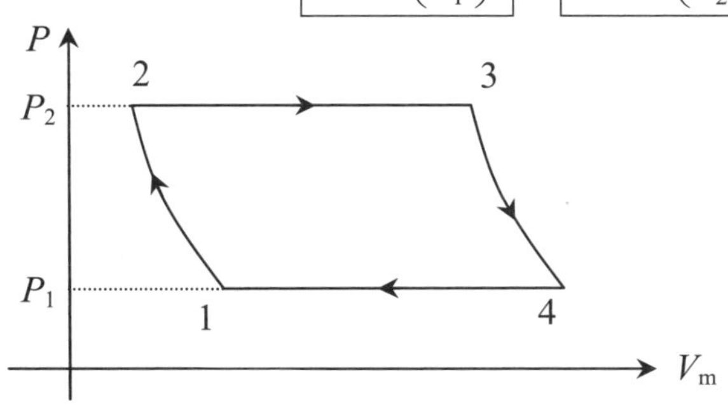

4. Pour un écoulement de fluide en régime stationnaire, le premier principe s'écrit $\Delta H + \Delta E_c + \Delta E_p = Q + W'$. L'écoulement dans le compresseur ou la turbine étant supposé lent ($\Delta E_c \approx 0$), horizontal ($\Delta E_p = 0$) et adiabatique ($Q = 0$), on a dans ce cas $\Delta H = W'$. On en déduit $W'_{12} = \Delta H_{12} = nC_{pm}(T_2 - T_1)$ soit $\boxed{W'_{12} = \frac{5}{2}nRT_1\left[\left(\frac{P_2}{P_1}\right)^\beta - 1\right]}$. De même, on obtient $\boxed{W'_{34} = \frac{5}{2}nRT_3\left[\left(\frac{P_1}{P_2}\right)^\beta - 1\right]}$. Pour $n = 1$, on obtient $\boxed{W'_{12} = 4{,}62 \text{ kJ}}$ et $\boxed{W'_{34} = -11{,}5 \text{ kJ}}$.

5. Pour les transformations isobares, on a $Q = \Delta H$. On en déduit $Q_{23} = nC_{pm}(T_3 - T_2)$ d'où $\boxed{Q_{23} = \frac{5}{2}nR(T_3 - T_2)}$. De même, $\boxed{Q_{41} = \frac{5}{2}nR(T_1 - T_4)}$. Pour $n = 1$, on obtient $\boxed{Q_{23} = 16{,}2 \text{ kJ} > 0}$ et $\boxed{Q_{41} = -9{,}29 \text{ kJ} < 0}$.

6. Le rendement du moteur s'écrit $\eta = \frac{-W_{\text{cycle}}}{Q_C}$ d'où $\boxed{\eta = -\frac{W'_{12} + W'_{34}}{Q_{23}}}$. En utilisant les résultats établis aux questions 4 et 5, on obtient $\eta = -\frac{(T_2 - T_1) + (T_4 - T_3)}{(T_3 - T_2)} = 1 + \frac{T_1 - T_4}{(T_3 - T_2)}$. Or $T_1 - T_4 = \frac{1}{(r_p)^\beta}(T_2 - T_3)$ d'où finalement $\boxed{\eta = 1 - \frac{1}{(r_p)^\beta}}$ avec $\boxed{r_p = \frac{P_2}{P_1}}$.

➪ *Méthode 23.1*

6. L'application numérique donne $\boxed{\eta = 0{,}426}$. Le rendement de Carnot obtenu en utilisant les deux températures extrêmes du cycle serait $\boxed{\eta_C = 1 - \frac{T_1}{T_3}}$. AN $\boxed{\eta_C = 0{,}769}$. On obtient comme prévu que $\eta < \eta_C$, le rendement de Carnot correspondant au rendement maximal obtenu pour une machine idéale fonctionnant de manière réversible.

Exercice 23.12

1. La circulation se fait en régime permanent : le premier principe s'écrit $\Delta h_{34} + \Delta e_{c34} + \Delta e_{p34} = q_{34} + w'_{34}$. On néglige les variations d'énergies cinétique ($\Delta e_{c34} \approx 0$) et de pesanteur ($\Delta e_{p34} \approx 0$). Le tuyau est indéformable ($w'_{34} = 0$) et ne permet pas les échanges thermiques ($q_{34} = 0$). On en déduit que $\boxed{\Delta h_{34} = 0}$: la phase de détente est isenthalpique.

2. Appliquons le premier principe en régime stationnaire sur les quatre étapes du cycle où les variations d'énergie cinétique et de pesanteur sont négligées : $\Delta h_{12} = w'_{12}$ car la transformation est adiabatique, $\Delta h_{23} = q_{23}$ en l'absence de travail utile, $\Delta h_{34} = 0$ d'après la question précédente et $\Delta h_{41} = q_{41}$ toujours en l'absence de travail utile. Sur un cycle, $\Delta h = 0$. Par extensivité de l'enthalpie, on en déduit $\Delta h_{12} + \Delta h_{23} + \Delta h_{34} + \Delta h_{41} = 0$ d'où $\boxed{w'_{12} + q_{23} + q_{41} = 0}$.

3. Le but de la pompe à chaleur est de fournir de l'énergie sous forme de chaleur à la source chaude. Cette opération nécessite un certain travail. En utilisant la définition de l'efficacité $e = \dfrac{|\text{transfert énergétique désiré}|}{\sum |\text{transferts énergétiques dépensés}|}$, on en déduit $e = \dfrac{|q_{23}|}{w'_{12}}$ soit $\boxed{e = -\dfrac{q_{23}}{w'_{12}}}$ car $q_{23} < 0$.

D'après la question précédente, $-q_{23} = w'_{12} + q_{41}$ d'où $e = \dfrac{w'_{12} + q_{41}}{w'_{12}} = 1 + \dfrac{q_{41}}{w'_{12}}$, et comme $w'_{12} > 0$ et $q_{41} > 0$ alors $\boxed{e > 1}$.

⇨ *Méthode 23.1*

4. a) L'enthalpie massique h phase d'une phase liquide supposée incompressible et indilatable ne dépend que de T. Les isothermes correspondantes sont donc les droites verticales dans le diagramme de Mollier. Dans le diagramme fourni, seuls les débuts des isothermes sont représentés (au niveau de la courbe de saturation) dans le domaine d'équilibre du gaz. Celles-ci correspondent bien à des droites verticales. Le modèle de la phase incompressible et indilatable est ici bien adapté pour le liquide.
De même, l'enthalpie massique d'un gaz parfait ne dépend que de la température. Les isothermes d'un gaz parfait correspondent donc à des droites verticales dans un diagramme de Mollier. Sur le diagramme expérimental, les isothermes sont effectivement assimilables à des droites aux faibles pressions ($P < 10$ bar) mais au-delà ($P > 10$ bar), elle sont fortement incurvées. On en déduit que le modèle du gaz parfait n'est valable qu'aux faibles pressions.

b) En lisant les valeurs recherchées sur le diagramme, on obtient le tableau :

	État 1	État 2	État 3	État 4
h ($\text{kJ} \cdot \text{kg}^{-1}$)	402	424	256	256
P (bar)	3	10	10	3
T (°C)	5	45	40	0
État	vapeur	vapeur	liquide (saturant)	liquide-vapeur

c) $q_{23} = \Delta h_{23} = h_3 - h_2 = -168 \text{ kJ} \cdot \text{kg}^{-1}$ et $w'_{12} = \Delta h_{12} = h_2 - h_1 = -22{,}0 \text{ kJ} \cdot \text{kg}^{-1}$ d'où $\boxed{e = 7{,}64}$. En utilisant les températures à la sortie du condenseur et de l'évaporateur, le rendement de Carnot correspondant serait $\boxed{e_C = \dfrac{T_1}{T_3 - T_1}}$. En exprimant les températures en kelvin, on obtient $\boxed{e_C = 8{,}94}$. On a bien $e < e_C$, l'efficacité de Carnot correspondant à l'efficacité maximale obtenue pour une machine idéale fonctionnant de manière réversible.

d) La puissance de chauffage est $P = D_m |q_{23}|$ d'où $\boxed{D_m = \dfrac{|q_{23}|}{P}}$. AN $\boxed{D_m = 2{,}38 \cdot 10^{-2} \text{ kg} \cdot \text{s}^{-1}}$.

Chapitre 24
Champ magnétique

Le mot *magnétisme* provient du nom de Magnésie, région d'Asie mineure où l'on a trouvé sans doute des minerais aimantés. Cependant, les forces magnétiques restèrent pendant longtemps très mystérieuses au point qu'on attribua le même nom à des forces occultes et de nos jours encore, le mot *magnétiseur* désigne une personne censée les dominer.

Impressionné par l'expérience d'**Ørsted** en 1820 sur l'action d'un courant électrique sur une aiguille aimantée, le physicien André **Ampère** étudie ce phénomène et confirme l'hypothèse de l'origine électrique du magnétisme. Son nom a été donné à l'unité d'intensité du courant mais sa célébrité auprès des étudiants lui vient aussi du bonhomme d'Ampère, moyen astucieux pour déterminer la direction de la force magnétique qui s'applique à un fil conducteur parcouru par un courant électrique.

André-Marie Ampère
1775-1836

■■ Objectifs

■ Ce qu'il faut connaître

▷ L'allure du champ magnétique créé par un aimant droit, une bobine plate, une bobine longue, et l'expression du champ créé par une bobine infinie

▷ Un dispositif permettant de créer un champ magnétique quasi uniforme

▷ Des ordres de grandeur de champs magnétiques usuels

▷ La notion de moment magnétique et son ordre de grandeur pour un aimant

▷ La force de Laplace, sa résultante pour une barre rectiligne et son moment pour une spire rectangulaire

▷ Une description sommaire d'un moteur à courant continu et d'un moteur synchrone

■ Ce qu'il faut savoir faire

▷ Identifier, sur une carte de champ magnétique, les zones de champ uniforme, fort ou faible, et l'emplacement des sources

▷ Orienter un champ selon la règle du tire-bouchon

▷ Évaluer l'ordre de grandeur d'un champ magnétique à partir d'expressions fournies

▷ Calculer la puissance des forces de Laplace

■■ Résumé de cours

■ Champ magnétique

❑ Notion de champ magnétique

Le **champ magnétique** est introduit pour décrire indirectement les interactions entre des charges électriques en mouvement les unes par rapport aux autres.

– Des charges en mouvement créent un champ magnétique $\vec{B}$ en tout point de l'espace.

– Une charge q en mouvement avec une vitesse $\vec{v}$, en un point où le champ magnétique vaut $\vec{B}$, subit la force de Lorentz $\overrightarrow{F_{\mathrm{L}}} = q\vec{v} \wedge \vec{B}$.

❑ Sources du champ magnétique

– Le mouvement des charges à l'origine du champ magnétique est le plus souvent décrit par un courant électrique parcourant un circuit.

– Dans un **aimant** (permanent), aucun courant n'existe à l'échelle macroscopique, mais des mouvements microscopiques de charges sont à l'origine d'un champ magnétique.

❑ Lignes de champ

Une **ligne de champ** est une courbe tangente au champ en chacun de ses points, orientée dans le sens du champ.

D'une manière générale, les lignes de champ magnétique enlacent les courants électriques, et inversement les lignes de courant électrique enlacent le champ magnétique.

Une **carte de champ magnétique** représente l'allure de quelques lignes de champ, pour divers dispositifs créant un champ magnétique.

❑ Exemples de champ magnétiques

Champ créé par un aimant droit

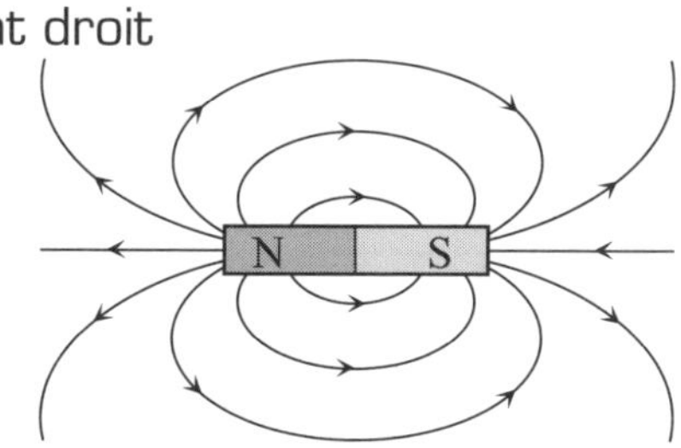

Champ créé par une spire circulaire

Une spire circulaire, ou boucle de courant, est un conducteur filiforme circulaire de rayon R et parcouru par un courant i. Le sens de ce courant et le sens du champ magnétique créé par la spire sont liés par la **règle du tire-bouchon**.

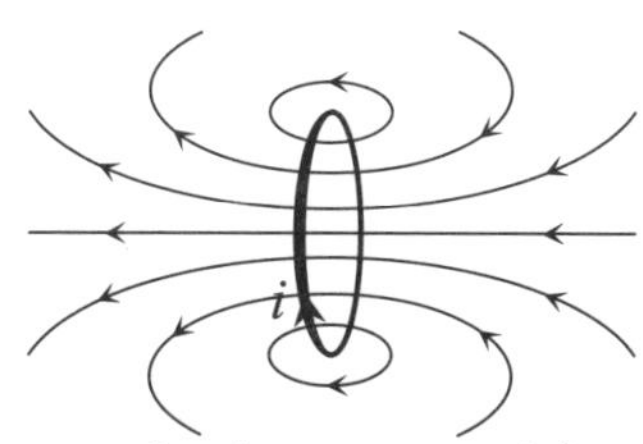

⇨ **Méthode 24.2. Déterminer le sens du champ magnétique**

Champ créé par une bobine

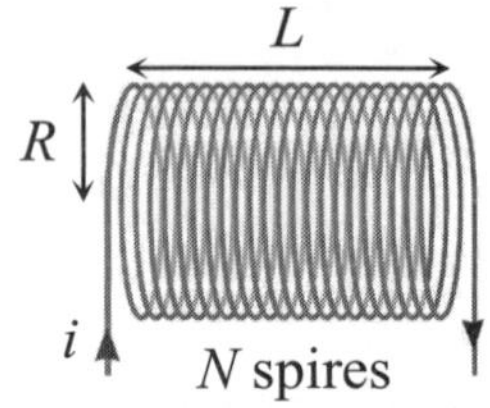

Une bobine est un enroulement de fil sur un support, généralement cylindrique. L'intérêt est d'obliger le courant à faire de nombreux tours, ce qui permet d'obtenir un champ magnétique important. On caractérise une bobine par sa longueur L, son rayon R et le nombre de spires N.

On peut distinguer deux cas extrêmes.

– Bobine plate ($L \ll R$) : on peut l'assimiler à N spires confondues, donc l'allure du champ créé est la même que pour une spire, il est simplement N fois plus intense.

– Bobine longue ou solénoïde ($L \gg R$) :

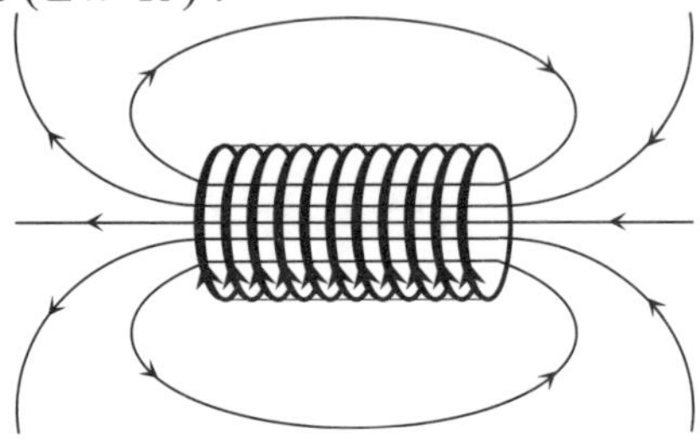

⇨ **Méthode 24.1. Exploiter une carte de champ magnétique**

Dans le modèle du solénoïde *infini*, le champ à l'extérieur du solénoïde est nul, et le champ à l'intérieur est uniforme, parallèle à l'axe du solénoïde, et vaut $\boxed{B = \mu_0 \frac{N}{L} i}$.

– D'une manière plus générale, le champ magnétique créé par une bobine est *proportionnel à l'intensité du courant*.

⇨ **Méthode 24.3. Calculer la valeur du champ magnétique créé par une bobine**

❑ Ordres de grandeur de champs magnétiques

L'unité SI de champ magnétique est le tesla (T).

Champ magnétique créé par une spire simple	~ 1 µT
Champ magnétique terrestre	~ 50 µT
Champ magnétique créé par un aimant permanent usuel	~ 10 mT
Champ magnétique créé par une bobine utilisée en TP	~ 10 mT
Champ magnétique utilisé en imagerie IRM	~ 10 T
Champs les plus intenses créés par des bobines supraconductrices	~ 50 T

■ Moment magnétique

❑ Moment magnétique d'une boucle de courant plane

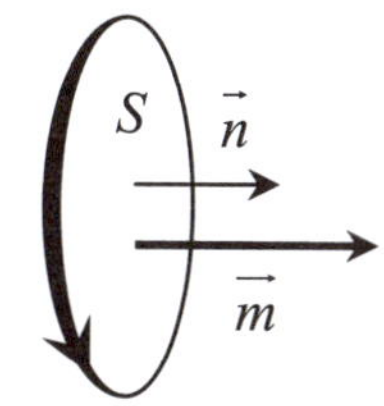

Le **moment magnétique** (ou moment dipolaire magnétique) associé à une spire est défini par la relation $\boxed{\vec{m} = i S \vec{n}}$, où i est l'intensité du courant, S la surface de la spire et $\vec{n}$ un vecteur unitaire normal à la surface, orienté selon la règle du tire-bouchon.
Unité SI du moment magnétique : l'ampère-mètre carré ($A \cdot m^2$).

❑ Moment magnétique d'un aimant

Les atomes possèdent un moment magnétique (de l'ordre de $10^{-23}\,A \cdot m^2$), mais en général dans la matière les champs magnétiques créés par ces moments magnétiques s'annulent, car leur orientation est aléatoire. En revanche, dans un aimant permanent, tous les moments magnétiques sont sensiblement alignés, et leurs effets s'ajoutent, un aimant permanent est donc à l'origine d'un champ magnétique.
Une aiguille de boussole possède un moment magnétique de l'ordre de $10\ A \cdot m^2$.
Dans les aimants permanents les plus puissants, le moment magnétique moyen par unité de volume est de l'ordre de $10^6\,A \cdot m^{-1}$.

■ Forces de Laplace

❑ Expression

Une force de Laplace s'exerce sur un conducteur parcouru par un courant et placé dans un champ magnétique. L'expression la plus générale est : $\boxed{\vec{F}_{\text{Lap}} = \int i\,\mathrm{d}\vec{\ell} \wedge \vec{B}}$.

Dans le cas particulier important où le champ $\vec{B}$ est uniforme, $\vec{F}_{\text{Lap}} = \left(\int i\,\mathrm{d}\vec{\ell}\right) \wedge \vec{B}$.

Dans ce cas, sur un circuit fermé dans lequel l'intensité est partout la même, la résultante des forces de Laplace est nulle car $\int \mathrm{d}\vec{\ell} = \vec{0}$ pour un circuit fermé.

❑ Expérience des rails de Laplace

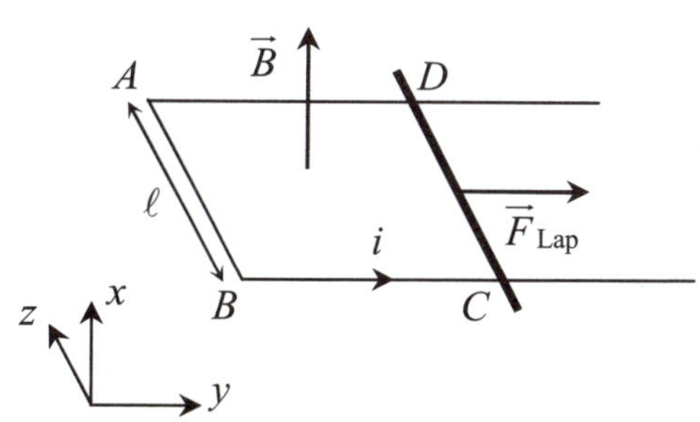

On fait circuler un courant i dans un barreau mobile CD placé dans un champ magnétique constant et uniforme $\vec{B}$, les sens étant indiqués sur le schéma. On observe une déviation du barreau vers la droite, due à une force de Laplace $\boxed{\vec{F}_{\text{Lap}} = i \ell B \vec{e_y}}$.

❑ Moteur à courant continu

Une application importante des forces de Laplace est la possibilité d'obtenir un mouvement à partir d'un courant électrique, ce qui constitue un moteur électrique. Les rails de Laplace constituent ainsi un moteur électrique très rudimentaire.

Il est cependant bien plus efficace d'utiliser un mouvement de rotation, ce qui conduit à une géométrie du dispositif (notamment du champ magnétique) plus compliquée.

❑ Effet d'un champ magnétique uniforme sur un moment magnétique

Un moment magnétique est associé à un circuit fermé ainsi, avec un champ magnétique uniforme, la résultante des forces de Laplace est nulle. En revanche, le moment des forces de Laplace est en général non nul, et vaut $\boxed{\vec{\mathcal{M}} = \vec{m} \wedge \vec{B}}$.

Il y a donc deux situations d'équilibre (où le couple est nul), stable si le moment et le champ sont dans le même sens et instable s'ils sont en sens opposé. D'une manière générale, *le moment a tendance à s'aligner sur le champ.*

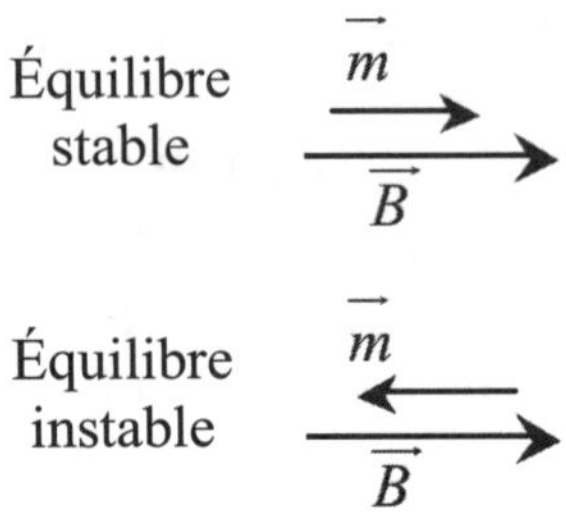

C'est notamment ce qui se passe pour un aimant permanent, que l'on peut en première approximation assimiler à un moment magnétique. L'aiguille d'une boussole, qui est un aimant permanent, « indique le nord » parce qu'elle s'aligne sur le champ magnétique terrestre.

❑ Moteur sychrone

On peut mettre à profit l'effet d'alignement d'un moment magnétique sur le champ en créant un champ tournant et en plaçant un aimant permanent (ou une bobine alimentée en continu), qualifié de **rotor**, dans ce champ magnétique. Le rotor tourne alors à la même vitesse angulaire que le champ, d'où le nom de moteur sychrone.

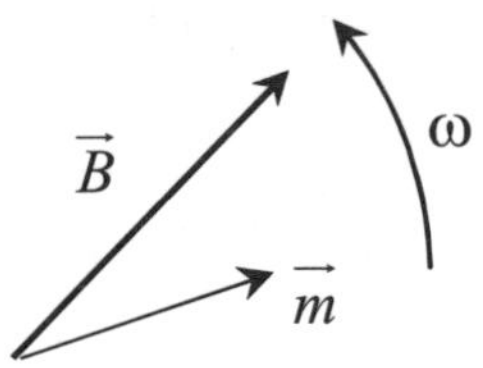

⇨ **Méthode 24.4. Calculer la puissance des forces de Laplace**

Comment identifier les caractéristiques du champ magnétique ?

Méthode 24.1. Exploiter une carte de champ magnétique

Le plus souvent, ce sont les lignes de champ qui sont représentées. On relève évidemment la direction et le sens du champ, mais aussi des informations relatives à la valeur du champ.

- Dans une zone où les lignes de champ sont parallèles, le champ est uniforme.
- Le champ est d'autant plus intense que les lignes de champ sont rapprochées

(Ces deux affirmations découlent d'une propriété très générale du champ magnétique qui sera vue en détails en 2e année : le flux du champ magnétique au travers de toute surface fermée est nul.)

Par ailleurs, à l'intérieur d'une ligne de champ fermée, il y a nécessairement un courant qui traverse.

Exemple 1 : bobines de Helmoltz

On remarque que le champ est uniforme sur une assez large zone autour du centre du dispositif. Il est ensuite moins intense lorsque l'on s'éloigne des bobines (et la direction change). Le champ est faible sur les cotés.

On repère également les endroits où les courants traversent le plan de la figure.

Exemple 2 : aimant en U

On remarque là encore une zone de champ uniforme, dans l'entrefer de l'aimant.

Les bobines de Helmoltz et l'aimant en U sont deux exemples courants de dispositifs permettant d'obtenir un champ magnétique uniforme.

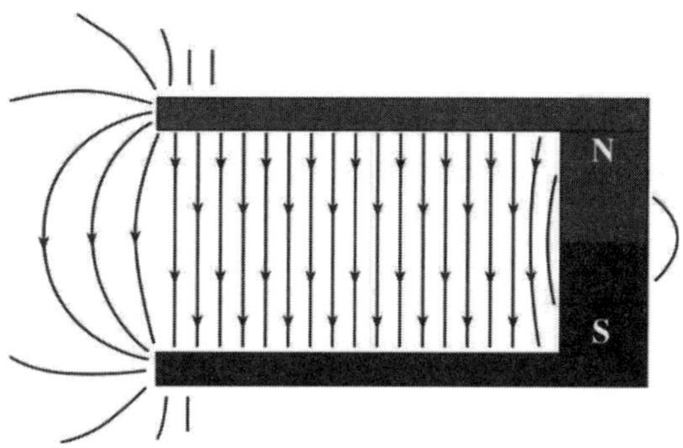

❑ Méthode 24.2. Déterminer le sens du champ magnétique

– Dans le cas d'un aimant permanent, ayant un pôle nord (N) et un pôle sud (S), le champ magnétique va du pôle nord vers le pôle sud à l'extérieur de l'aimant.
– S'il s'agit d'une bobine, on utilise la règle du tire-bouchon de Maxwell. On peut également nommer nord et sud les faces d'une bobine, par analogie avec l'aimant : la face où le courant est vu dans le sens horaire est la face sud, l'autre est la face nord.

⇨ **Ceci est utile dans la plupart des exercices...**

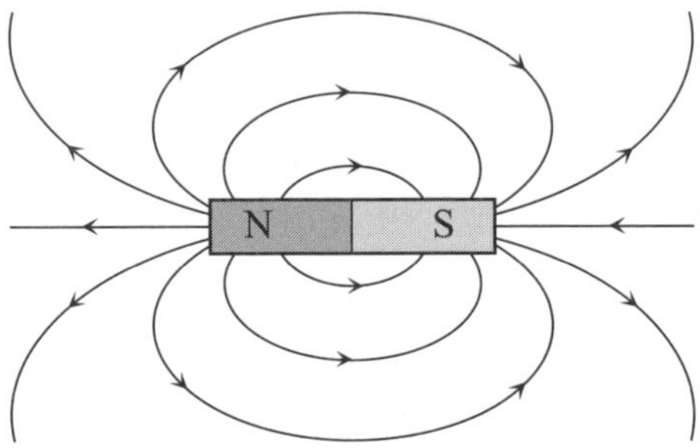

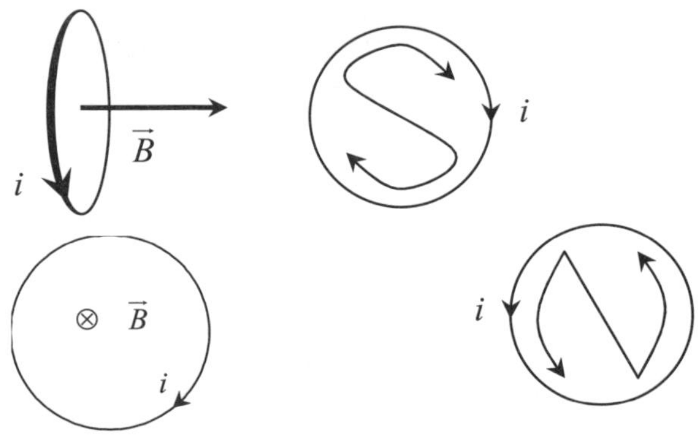

❑ Méthode 24.3. Calculer la valeur du champ magnétique créé par une bobine

La seule expression à mémoriser est le champ à l'intérieur d'un solénoïde, dans l'approximation du solénoïde infini : $B = \mu_0 \dfrac{N}{L} i$.
Pour toute autre situation, il faut simplement utiliser une expression fournie.

⇨ **Exercices 24.4, 24.5, 24.6**

Exemple 1 : champ au centre d'une bobine plate

Le champ sur l'axe d'une spire de rayon R, à la distance z de son centre, est donné par la relation : $\vec{B} = \dfrac{\mu_0 i}{2R}\left(1+\left(\dfrac{z}{R}\right)^2\right)^{-3/2} \vec{e_z}$.

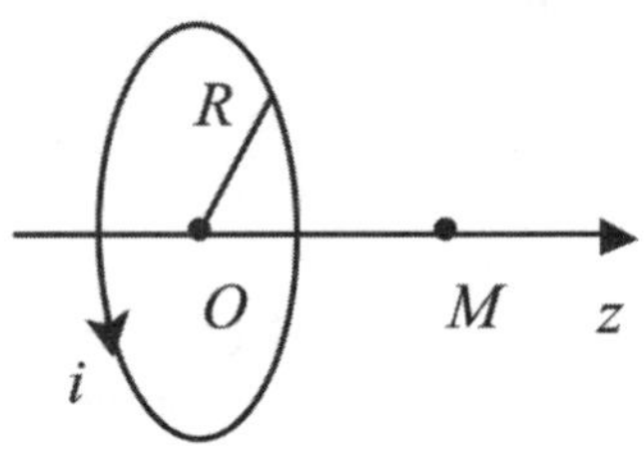

Le champ créé au centre de la spire vaut donc $B = \dfrac{\mu_0 i}{2R}$.

Comme une bobine plate peut être assimilée à N spires confondues, on en déduit que le champ au centre de le bobine est : $B = \dfrac{\mu_0 i N}{2R}$.

On peut faire une application numérique avec des ordres de grandeur typiques : $N = 1000$ spires, un courant $i = 1$ A et $R = 2$ cm. On obtient ainsi $B = 31$ mT, ce qui est bien dans l'ordre de grandeur prévu.

Exemple 2 : champ au centre des bobines de Helmholtz

Le dispositif des bobines de Helmholtz est constitué de deux bobines plates de rayon R de N spires chacune, de même axe (Oz) et séparées par une distance O_1O_2 égale à leur rayon R. Un courant I circule dans le même sens dans les deux bobines. On s'intéresse au champ magnétique créé par ce dispositif au point O.

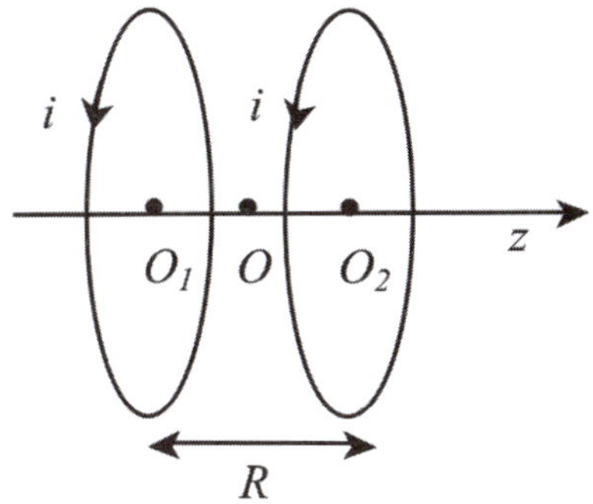

La contribution de chaque bobine est égale à $\dfrac{\mu_0 i N}{2R}\left(1+\left(\dfrac{z}{R}\right)^2\right)^{-3/2}$ avec $z = \dfrac{R}{2}$, donc $\dfrac{\mu_0 i N}{2R}\left(\dfrac{5}{4}\right)^{-3/2}$.

De plus les contributions des deux bobines s'ajoutent (les courants étant dans le même sens, les champs créés sont dans le même sens, et cela quel que soit le coté de la bobine duquel on se place). On obtient finalement, pour le champ en O : $B = \dfrac{\mu_0 i N}{R}\left(\dfrac{5}{4}\right)^{-3/2}$.

■ Comment calculer l'effet total des forces de Laplace ?

❑ Méthode 24.4. Calculer la puissance des forces de Laplace

> Une fois la résultante ou le moment des forces de Laplace calculés, il suffit d'exploiter les relations vues en mécanique : Dans le cas d'un mouvement de translation, $p = \vec{F} \cdot \vec{v}$, et dans le cas d'une rotation $p = \vec{\mathcal{M}} \cdot \vec{\omega}$.

⇨ **Exercices 24.8, 24.11**

Exemple : puissance sur une spire rectangulaire en rotation, énergie potentielle

Méthodes

Avec les notations ci-contre, $p = \overrightarrow{\mathcal{M}} \cdot \overrightarrow{\omega} = -\mathcal{M}\omega$ (c'est-à-dire que l'on pose $\overrightarrow{\mathcal{M}} = \mathcal{M}\overrightarrow{e_\Delta}$ et $\overrightarrow{\omega} = \omega\overrightarrow{e_\Delta}$). On peut reprendre l'expression de $\mathcal{M}$ obtenue précédemment : $\mathcal{M} = iSB\sin(\theta)$, on arrive ainsi à $p = -iSB\sin(\theta)\omega$. En remarquant que $\omega = \dfrac{\mathrm{d}\theta}{\mathrm{d}t}$, on a $p = -iSB\sin(\theta)\dfrac{\mathrm{d}\theta}{\mathrm{d}t} = -\dfrac{\mathrm{d}}{\mathrm{d}t}\left(-iSB\cos(\theta)\right)$.

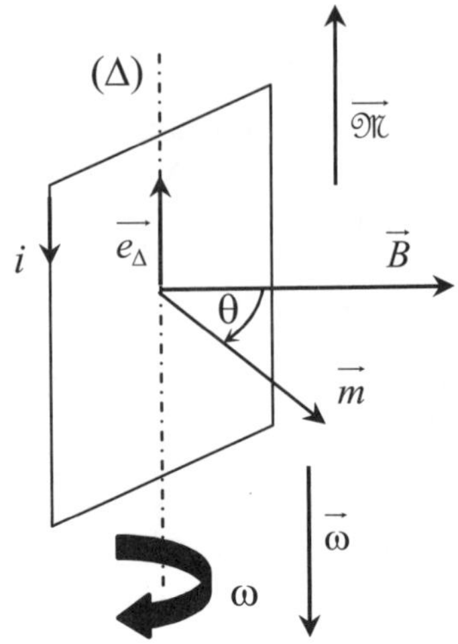

On voit alors que l'on peut identifier l'expression de l'énergie potentielle associée à l'orientation du moment magnétique de la spire relativement au champ $\vec{B}$: $E_\mathrm{p} = -iSB\cos(\theta)$, ce qui correspond à l'expression générale $E_\mathrm{p} = -\vec{m} \cdot \vec{B}$.

On retrouve bien la stabilité ou non des positions d'équilibre : E_p est minimale lorsque $\vec{m}$ et $\vec{B}$ sont colinéaires et dans le même sens.

■■ Vrai/Faux

		Vrai	Faux
1.	Le champ magnétique créé par une bobine est toujours uniforme.	☐	☐
2.	Le champ magnétique créé par une bobine est proportionnel au courant.	☐	☐
3.	Un champ magnétique est toujours dû à un courant, même dans le cas d'un aimant permanent.	☐	☐
4.	Le champ magnétique terrestre est suffisamment intense pour modifier l'orientation d'un petit aimant.	☐	☐
5.	Le sens du champ magnétique créé par une bobine ne dépend pas du sens du courant.	☐	☐
6.	Les champs magnétiques les plus intenses que l'on est capables de produire actuellement sont de l'ordre de un million de fois plus grands que le champ magnétique terrestre.	☐	☐
7.	Le nombre de spires d'une bobine est sans influence sur le champ magnétique qu'elle produit.	☐	☐
8.	Le dispositif des rails de Laplace peut être considéré comme un moteur électrique très rudimentaire.	☐	☐
9.	L'effet d'un champ magnétique sur un moment magnétique est d'aligner le moment magnétique sur le champ.	☐	☐
10.	Le sens de la force de Laplace ne dépend que du sens du courant.	☐	☐
11.	Dans un champ magnétique uniforme, la résultante des forces de Laplace sur un moment magnétique est nulle.	☐	☐
12.	Il existe une énergie potentielle associée au moment des forces de Laplace sur un moment magnétique.	☐	☐

■■ Énoncé des exercices

■ Champs magnétiques, bobines

❑ Exercice 24.1. Solénoïde

Avec un solénoïde de longueur $L = 41,2\,\text{cm}$ et dont le rayon des spires vaut $R = 2,5\,\text{cm}$, une source de courant et un teslamètre on fait les expériences suivantes.

Expérience 1 – On place la sonde au centre du solénoïde et on alimente seulement une partie des spires, sur une longueur l de part et d'autre du centre. On mesure l'intensité du champ B.

l (cm)	1,0	2,1	4,1	6,2	10,3	14,4	20,6
B (mT)	1,2	2,0	2,6	2,8	3,0	3,0	3,0

Expérience 2 – On place la sonde au centre du solénoïde que l'on alimente sur toute sa longueur et on fait varier le courant i. On mesure l'intensité du champ B.

i (A)	0,5	1,0	2,0	3,0	4,0	4,5	5,0
B (mT)	0,4	0,7	1,4	2,0	2,7	3,0	3,4

Expérience 3 – On alimente le solénoïde sur toute sa longueur et on place la sonde à une distance d du centre. On mesure l'intensité du champ B.

d (cm)	0,0	5,1	10,3	12,6	15,2	17,8	20,6
B (mT)	3,0	3,0	3,0	3,0	2,9	2,5	1,8

1. Quel est le nombre de spires N du solénoïde ?

2. Quelle est la valeur du courant dans les première et troisième expériences ?

3. A partir de quel rapport entre la longueur (alimentée) du solénoïde et le rayon des spires le champ au centre est-il donné par l'approximation du solénoïde infini avec un écart relatif inférieur à 10 % ?

4. Lorsque toutes les spires sont alimentées, sur quelle proportion de la longueur du solénoïde cette approximation est-elle vérifiée avec un écart relatif inférieur à 10 % ?

❑ Exercice 24.2. Champ magnétique terrestre

Pour mesurer approximativement la composante horizontale du champ magnétique terrestre, on utilise le dispositif suivant : une petite aiguille aimantée est placée à l'intérieur d'un solénoïde (pour les calculs, on se place dans l'approximation du solénoïde infini), de manière à ce que, en l'absence de courant dans le solénoïde, l'aiguille soit orthogonale à son axe.

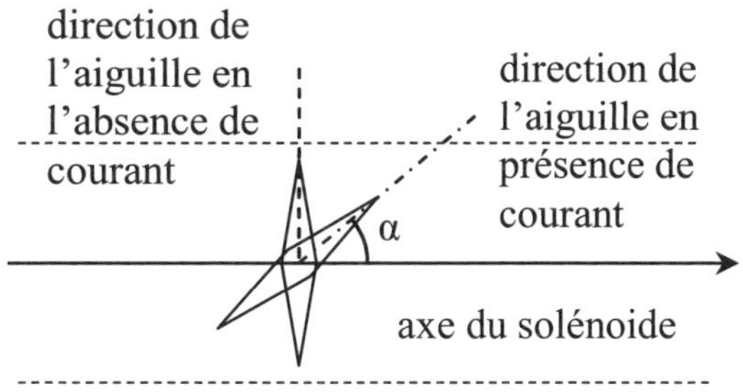

1. Indiquer qualitativement ce qui se produit lorsqu'un courant circule dans le solénoïde.

2. Avec un courant $i = 96\,\text{mA}$, on relève $\alpha = 37°$. Sachant que le solénoïde comporte $N = 130$ spires et que sa longueur est de $L = 60\,\text{cm}$, calculer la valeur de la composante horizontale du champ terrestre.

3. On estime que l'incertitude sur l'angle α est de 2°, et on néglige les incertitudes sur les autres grandeurs. Quelle est l'incertitude sur la valeur du champ ?

❑ Exercice 24.3. Champ tournant

Les deux bobines représentées ci-contre ont même rayon, même hauteur et même nombre de spires. Elles sont parcourues par des courants $i_1 = I_m \cos(\omega t)$ et $i_2 = I_m \sin(\omega t)$.

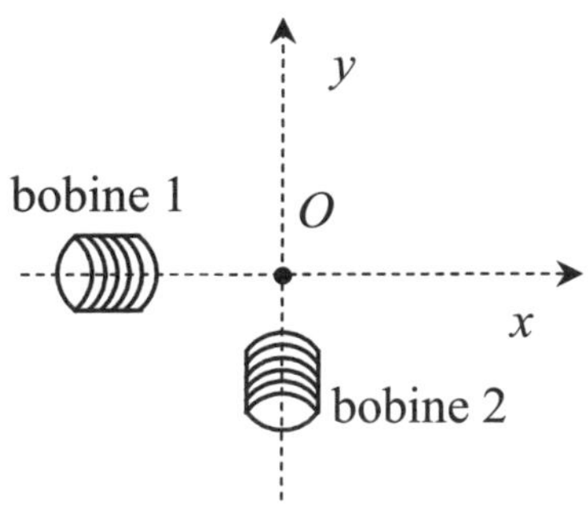

1. Quel est le déphasage entre ces deux courants ?

2. Montrer que le champ en O a une valeur constante et qu'il tourne à la vitesse angulaire ω (dans quel sens ?).

3. On envisage un dispositif similaire utilisant trois bobines. Comment doit-on disposer les bobines et quel doivent être les déphasages entre les courants ?

❑ Exercice 24.4 Spires concentriques*

Une bobine circulaire plate est considérée comme un ensemble de N spires circulaires concentriques dont les rayons sont régulièrement répartis entre deux valeurs extrêmes R_1 et R_2. On note i le courant dans la bobine, et on prendra pour les applications numériques :
$N = 100$, $i = 100$ mA, $R_1 = 19{,}0$ cm et $R_2 = 21{,}0$ cm.

1. Donner l'expression du champ créé au centre de la bobine, sachant que le champ au centre d'une spire de rayon R est égal à $\dfrac{\mu_0 i}{2R}$.

2. Calculer numériquement le champ au centre de la bobine.

3. Calculer l'écart relatif entre cette valeur et celle que l'on obtiendrait en considérant N spires de rayon égal à la moyenne de R_1 et R_2.

❑ Exercice 24.5 Bobine plate**

On qualifie de plate une bobine dont la hauteur h est très inférieure au rayon des spires R.
La bobine plate considérée comporte N spires et est parcourue par un courant i.
Pour les applications numériques, on prendra $R = 20$ cm, $h = 1$ cm, $N = 200$ et $i = 500$ mA.

1. L'approximation faite généralement pour une bobine plate est de considérer que toutes les spires sont confondues et donc que le champ créé est égal à N fois celui d'une spire. Donner l'expression du champ créé sur l'axe de la bobine et calculer sa valeur numérique au centre de la bobine. On utilisera l'expression du champ créé par une spire sur son axe (Oz) : $\vec{B} = \pm\frac{\mu_0 i}{2R}\left(1+\left(\frac{z}{R}\right)^2\right)^{-3/2}\vec{e_z}$.
2. On prend maintenant en compte la hauteur h de la bobine. En la considérant comme un ensemble de spires planes régulièrement réparties, donner l'expression du champ au centre de la bobine. Faire l'application numérique et calculer l'écart relatif avec la valeur approchée précédente. Conclure quant à la validité de l'approximation dans ce cas.

❑ Exercice 24.6 Champ linéaire**

On considère un dispositif analogue aux bobines de Helmholtz : deux bobines plates de rayon R de N spires chacune, de même axe (Ox) et séparées par une distance $d = O_1O_2$. La différence est que le courant i circule en sens opposé dans les deux bobines. On s'intéresse au champ magnétique créé par ce dispositif au voisinage du point O, milieu de O_1O_2.

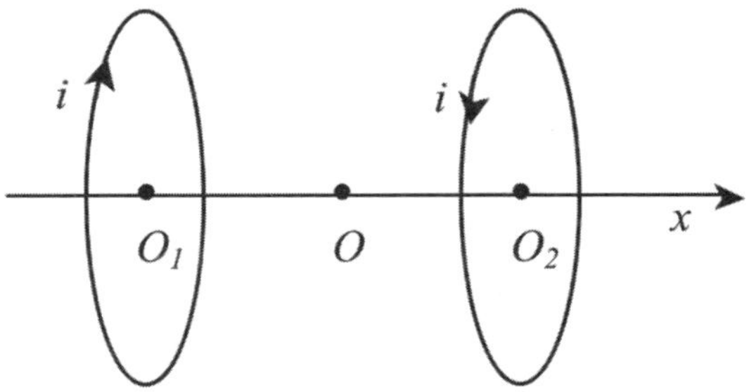

1. On rappelle que le champ créé par une spire sur son axe (Ox) est donné par la relation $\vec{B} = \pm\frac{\mu_0 i}{2R}\left(1+\left(\frac{x}{R}\right)^2\right)^{-3/2}\vec{e_x}$. Vérifier que le champ est nul au point O.
2. En considérant chaque bobine comme N spires circulaires confondues, donner l'expression du champ en un point M sur l'axe (Ox).
3. Montrer que si $d = R\sqrt{3}$ le champ au voisinage du point O varie linéairement avec x, à des termes du cinquième ordre en x près.
4. On veut un champ au voisinage de O dont la pente (variation du champ avec x) vaut $a = 10\ \text{T}\cdot\text{m}^{-1}$ avec un courant d'intensité $I = 10$ mA et des bobines de rayon $R = 10$ cm. Calculer le nombre N de spires que doit comporter chaque bobine.

■ Forces de Laplace, moments magnétiques

❑ Exercice 24.7. Équilibre d'une tige

Une tige rectiligne de longueur $\ell = OA$ fixée en O et parcourue par un courant i (il y a un contact mobile en A) est plongée dans un champ magnétique $\vec{B} = B\vec{e_z}$.

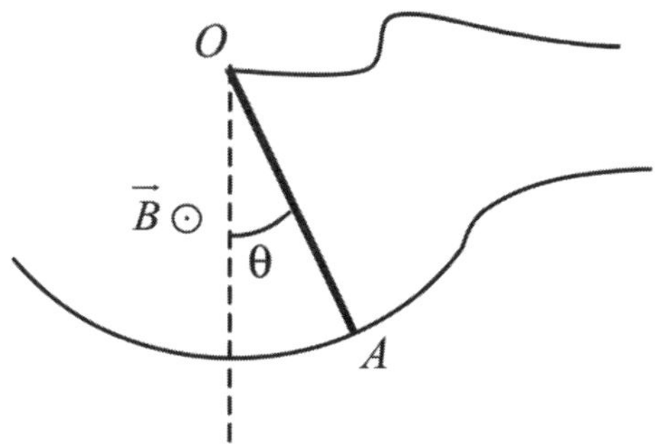

1. Quel doit être le sens du courant pour que la position d'équilibre corresponde à ce qui est indiqué sur le schéma ?

2. Donner l'expression de l'angle d'équilibre $\theta_{\text{éq}}$ en fonction de B, i, ℓ, la masse m de la tige et l'accélération de la pesanteur g.

❑ Exercice 24.8. Rails de Laplace en pente

On reprend la situation des rails de Laplace, mais au lieu d'être horizontaux, ils font un angle α avec l'horizontale. Le champ magnétique est constant et uniforme, vertical, dirigé vers le haut. On prendra $B = 150\,\text{mT}$, $m = 8{,}0\,\text{g}$, $\ell = 12\text{cm}$ (masse et longueur du barreau mobile), $\alpha = 30°$ et $g = 9{,}8\,\text{m.s}^{-2}$. On néglige les frottements.

1. Faire un schéma en précisant le sens du courant pour que la force permette au barreau mobile de monter le long des rails.

2. Calculer la valeur de i pour que le barreau monte à vitesse constante (on imagine qu'il a une vitesse initiale…)

3. Calculer la puissance des forces de Laplace sur le barreau s'il met 0,5 s pour augmenter son altitude de 10 cm.

❑ Exercice 24.9. Forces de Laplace entre deux fils parallèles*

Deux fils parallèles distants de a sont parcourus par le même courant i. Pour évaluer le champ magnétique créé par l'un des fils, on se placera dans l'approximation d'un fil infini, le champ est alors donné par la relation : $\vec{B}(M) = \dfrac{\mu_0 i}{2\pi r}\vec{e_\theta}$.

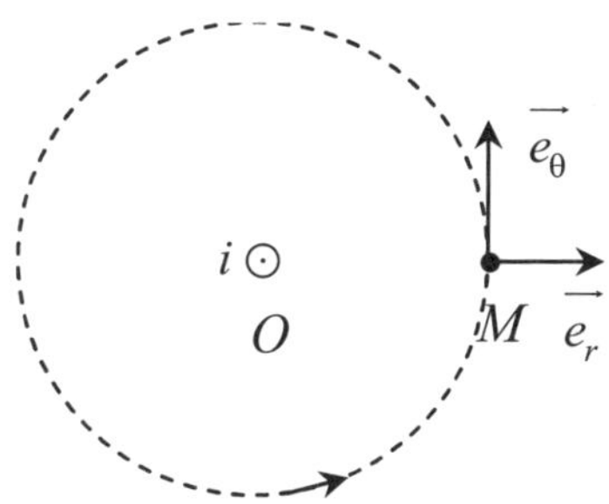

1. Pour que la force soit attractive, les courants doivent-ils être dans le même sens ou en sens inverse ?

2. Donner l'expression de la force sur une longueur ℓ de fil. Comment cette force dépend-elle du courant i ?

3. Calculer numériquement cette force pour une longueur $\ell = 20\,\text{cm}$ de fil, les fils étant distants de $a = 1\,\text{cm}$ et le courant valant $i = 12\,\text{A}$.

4. Calculer la valeur nécessaire pour que, la distance entre les fils étant de 1 mètre, la force d'attraction entre les deux fils soit égale à $2\cdot 10^{-7}$ N par mètre de fil.

❑ Exercice 24.10. Magnéton de Bohr*

On adopte pour l'atome d'hydrogène le modèle de Bohr. Dans ce modèle, l'électron gravite autour du proton avec un mouvement circulaire uniforme, et le moment cinétique L associé à ce mouvement (dit orbital) est quantifié : $L = n\hbar$ où n est un entier et $\hbar = \dfrac{h}{2\pi}$, h étant la constante de Planck. On notera m_e la masse de l'électron pour ne pas confondre avec le moment magnétique m. On donne $m_e = 9{,}11.10^{-31}\,\text{kg}$ et $h = 6{,}62 \cdot 10^{-34}\,\text{kg} \cdot \text{m}^2 \cdot \text{s}^{-1}$.

1. Montrer que l'on peut associer au mouvement orbital de l'électron un courant $i = \dfrac{ev}{2\pi a_0}$ et en déduire le moment magnétique m associé.

2. Exprimer m en fonction du moment cinétique orbital L de l'électron, en déduire l'expression du magnéton de Bohr μ_B qui est le moment magnétique de l'électron dans son état fondamental.

3. Calculer numériquement μ_B.

❑ Exercice 24.11. Moteur synchrone*

On considère un modèle simple pour décrire le moteur synchrone.

Le rotor, décrit par un moment magnétique $\vec{m}$, tourne avec la même vitesse angulaire (constante) ω que le champ magnétique $\vec{B}$ qui l'entraîne. On s'intéresse à l'angle interne du moteur $\theta = \widehat{\vec{m},\vec{B}}$ et au couple $\vec{\mathcal{M}}$ exercé par le champ sur le moment magnétique.

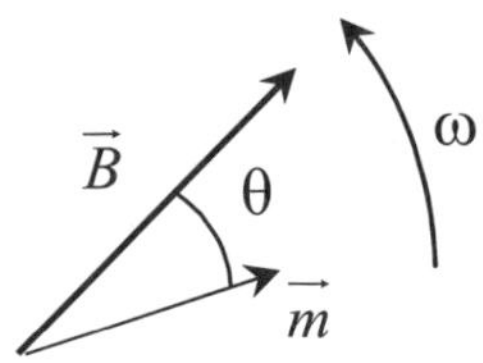

On prendra $B = 0{,}2\ \text{T}$, $m = 8{,}0\ \text{A} \cdot \text{m}^2$ et $f = 50$ tours/s.

1. Donner l'expression de $\mathcal{M}$ en fonction de θ.

2. Que vaut θ si le moteur fonctionne « à vide » (il n'entraîne rien), dans l'hypothèse où on néglige tout frottement ?

3. Le moteur doit entrainer un dispositif mécanique (charge) qui exerce un couple résistant $\mathcal{M}_r = 0{,}65\ \text{N} \cdot \text{m}$. Calculer l'angle interne et la puissance fournie par le moteur.

4. La vitesse de rotation dépend-elle de la charge ? Quel est le couple maximal que peut fournir ce moteur ?

❑ Exercice 24.12. Cadre mobile en courant alternatif*

Une spire rectangulaire de surface S, dans laquelle circule un courant i sinusoïdal, d'amplitude I_m et de pulsation ω, est placée dans un champ magnétique $\vec{B}$ constant et uniforme, orthogonal à son axe de rotation (Δ).

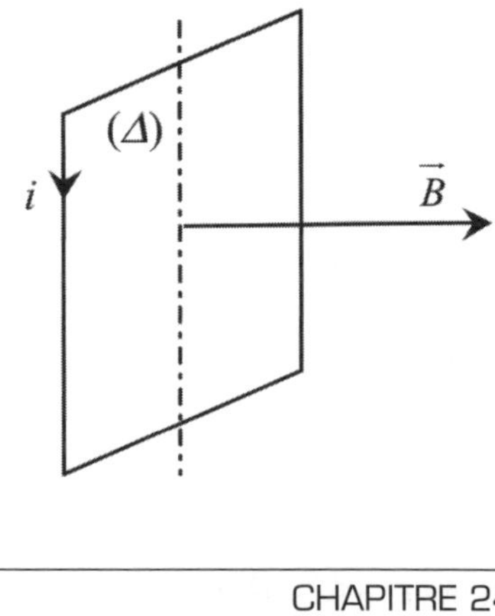

1. En considérant la spire dans une position quelconque et $i = I_m$, indiquer les sens des forces de Laplace et du couple.

2. Expliquer qualitativement pourquoi, si la spire tourne à la vitesse angulaire ω, le couple moyen des forces de Laplace sur la spire est non nul.

3. Quelle doit être la position de la spire lorsque $i = I_m$ pour que le couple soit maximal ? Dans quel sens doit-elle tourner ?

4. Dans ce cas, calculer la valeur moyenne du couple des forces de Laplace sur la spire.

■ Pour vous aider à démarrer

Exercice 24.1. Penser à dessiner des graphes à partir des données.
Exercice 24.3. Écrire le champ créé par chaque bobine, puis faire la somme.
Exercice 24.4. Exprimer le champ créé par une petite épaisseur de spires comprises entre r et $r + \mathrm{d}r$ en faisant intervenir une densité radiale de spires $\dfrac{N}{R_2 - R_1}$.
Exercice 24.5. Même principe, avec une petite épaisseur de spires comprises entre z et $z + \mathrm{d}z$. Pour calculer l'intégrale, poser $\tan(\theta) = \dfrac{z}{R}$ et intégrer sur θ.
Exercice 24.6. Calculer le développement limité…
Exercice 24.10. Calculer l'intensité moyenne sur le trajet suivi par l'électron en écrivant que la charge de l'électron traverse une petite surface toutes les périodes.

■■ Corrigé des vrai/faux

1.	2.	3.	4.	5.	6.	7.	8.	9.	10.	11.	12.
faux	vrai	vrai	vrai	faux	vrai	faux	vrai	vrai	faux	vrai	vrai

1. C'est évidemment faux, le champ est éventuellement uniforme dans certaines zones de l'espace (à l'intérieur d'un solénoïde, au voisinage du centre des bobines de Helmholtz).

3. Il existe des courants à l'échelle atomique, dits courants ampériens, responsables du champ magnétique créé par un aimant.

4. C'est ce qui se passe avec l'aiguille d'une boussole…

5. Le sens est donné par les règles d'orientation (tire-bouchon de Maxwell et équivalents).

7. Pour une bobine plate, le champ est proportionnel au nombre de spires ; pour un solénoïde il dépend du nombre de spires par unité de longueur.

8. On obtient effectivement un mouvement à partir d'un courant électrique… l'inconvénient est que cela ne peut pas fonctionner très longtemps !

10. Il dépend aussi du sens du champ magnétique.

12. L'expression est $E_{\mathrm{p}} = -\vec{m} \cdot \vec{B}$.

❑ Les erreurs classiques

– Les notions de pôles nord et sud d'un aimant peuvent prêter à confusion. Bien se rappeler que le champ magnétique est dirigé du pôle nord vers le pôle sud à l'extérieur de l'aimant (et donc du pôle sud vers le pôle nord à l'intérieur de l'aimant, « à l'intérieur » signifiant dans la matière qui compose l'aimant).
– Il faut bien distinguer le champ magnétique qui agit sur un circuit parcouru par un courant (souvent qualifié de champ extérieur) du champ magnétique créé par le circuit lui-même (auquel on ne s'intéresse pas en général, si le but est de calculer la force de Laplace subie *par* ce circuit).
– Il faut faire attention à la portion de circuit sur laquelle on calcule la force de Laplace. Par exemple, dans le cas des rails de Laplace, il est inutile de calculer la force sur les rails eux mêmes (sauf si on veut calculer la force qui tend à les écarter l'un de l'autre…).

Corrigé des exercices

Exercice 24.1

1. On remarque d'après le graphe issu de la première série de données que lorsque la totalité de la longueur du solénoïde est alimentée, la longueur alimentée n'a plus d'influence, et donc l'approximation du solénoïde infini est satisfaite.

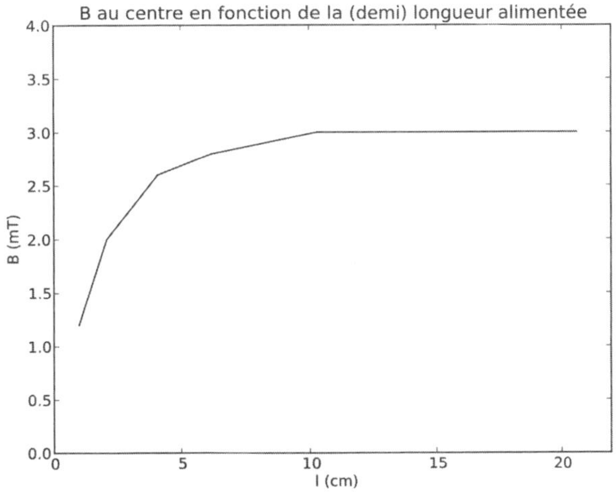

Si on considère ensuite la deuxième série de mesures et que l'on effectue une régression linéaire (qui donne une pente de 0,661 ; une ordonnée à l'origine de 0,038 et un coefficient de corrélation de 0,999), on peut en déduire le nombre de spires : dans l'approximation du solénoïde infini $B = \mu_0 \dfrac{N}{L} i$, la pente trouvée ci-dessus est donc égale à $\mu_0 \dfrac{N}{L}$ et on en déduit $\boxed{N = 317}$.

2. Dans ces deux expériences, on a un champ de 3 mT lorsque $B = \mu_0 \dfrac{N}{L} i$ est vérifiée. On en déduit que $\boxed{i = 4{,}55 \text{ A}}$.

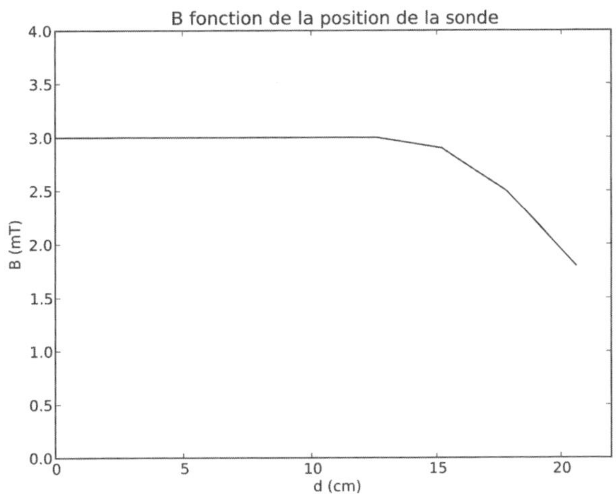

3. On exploite là encore la première série de mesures : pour avoir 90 % de la valeur maximale du champ, il faut environ 10 cm de solénoïde alimenté ($l \approx 5$ cm), donc $\boxed{\text{un rapport de l'ordre de 4}}$.

4. Le graphe ci-contre est issu de la troisième série de mesures, on constate que le champ devient inférieur à 90 % de sa valeur au centre pour une distance d'environ 17 cm. Le critère est donc vérifié sur 34 cm environ, de l'ordre de $\boxed{\text{80\% de la longueur du solénoïde}}$.

Corrigé

Exercice 24.2

1. L'aiguille, que l'on peut assimiler à un moment magnétique, s'aligne toujours sur le champ. En l'absence de courant dans le solénoïde, le champ est orthogonal à son axe (il s'agit seulement du champ magnétique terrestre $\overrightarrow{B_T}$).

Lorsqu'un courant circule, le solénoïde créé un champ parallèle à son axe $\overrightarrow{B_S}$, et le champ total résulte de la superposition des deux champs : $\vec{B} = \overrightarrow{B_T} + \overrightarrow{B_S}$, sur lequel s'aligne l'aiguille aimantée.

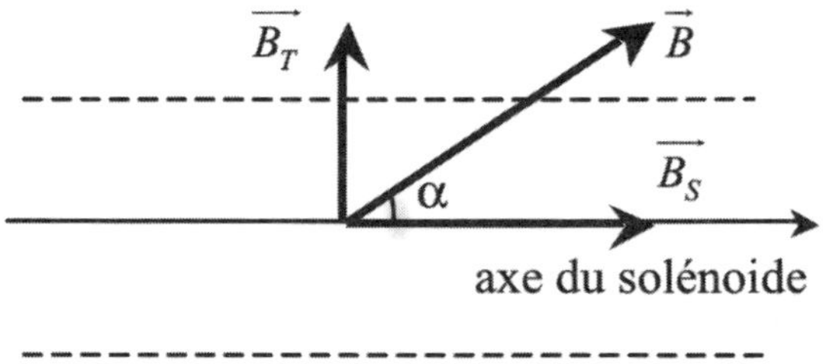

2. Le champ créé par le solénoïde (approximation du solénoïde infini) vaut $B_S = \dfrac{\mu_0 Ni}{L}$.

De plus $\tan(\alpha) = \dfrac{B_T}{B_S}$, on en déduit que $\boxed{B_T = \dfrac{\mu_0 Ni}{L}\tan(\alpha)}$. AN $\boxed{B_T = 19{,}7\ \mu\text{T}}$.

3. En calculant B_T pour les valeurs extrêmes (35° et 39°) on trouve des valeurs de $18{,}3\ \mu\text{T}$ et $21{,}1\ \mu\text{T}$, ainsi l'incertitude est de l'ordre de $1{,}5\ \mu\text{T}$. On peut écrire $\boxed{B_T = 19{,}5 \pm 1{,}5\ \mu\text{T}}$.

> ✐ *C'est effectivement le bon ordre de grandeur pour la composante horizontale du champ magnétique terrestre à Paris ; la composante verticale est plus élevée (vers le bas) puisque le champ est de l'ordre de* $50\,\mu\text{T}$.

Exercice 24.3

1. Le courant i_1 est en avance de $\dfrac{\pi}{2}$ sur i_2 : $\boxed{\varphi_{i_1/i_2} = +\dfrac{\pi}{2}}$.

2. Les deux bobines étant identiques (ainsi que les amplitudes des courants qui les traversent), les champs créés ont la même amplitude, que l'on note B_m .

Comme le point O est sur l'axe de la bobine (1) le champ créé en O est selon cet axe, et on suppose que si le courant i_1 est positif le champ est vers les x positifs, on peut donc écrire $\overrightarrow{B_1} = B_\text{m}\cos(\omega t)\overrightarrow{e_x}$. À partir de considérations analogues pour la bobine (2), $\overrightarrow{B_2} = B_\text{m}\sin(\omega t)\overrightarrow{e_y}$.

Le champ total en O est la somme de ces deux contributions : $\boxed{\vec{B} = \overrightarrow{B_1} + \overrightarrow{B_2} = B_\text{m}\left(\cos(\omega t)\overrightarrow{e_x} + \sin(\omega t)\overrightarrow{e_y}\right)}$.

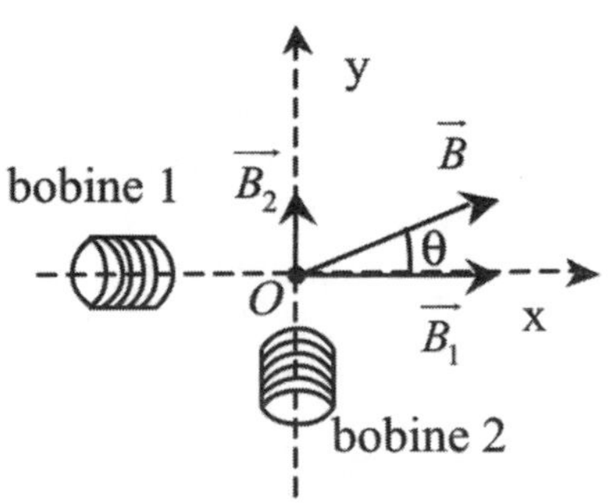

On identifie le terme entre parenthèses à un vecteur unitaire radial $\overrightarrow{e_r} = \cos(\omega t)\overrightarrow{e_x} + \sin(\omega t)\overrightarrow{e_y}$ qui fait un angle $\theta = \omega t$ avec l'axe (Ox), et qui tourne donc avec une vitesse angulaire ω, dans le sens trigonométrique avec ce schéma (tous ces calculs on été vus en cinématique).

On a donc $\boxed{\vec{B} = B_m \vec{e_r}}$, ce qui correspond bien à un champ de norme constante, tournant à la vitesse angulaire ω (dans le sens trigonométrique).

3. S'il y a trois bobines au lieu de deux, on remplace $\frac{\pi}{2}$ par $\boxed{\frac{2\pi}{3}}$ dans les calculs : les axes des bobines doivent faire des angles de $\frac{2\pi}{3}$ entre eux, et les déphasages doivent être de $\frac{2\pi}{3}$ d'une bobine à la suivante.

Exercice 24.4

1. Le champ créé par une spire de rayon R et d'axe (Oz) parcourue par un courant I est, en son centre O, $\vec{B}(O) = \frac{\mu_0 i}{2R}\vec{e_z}$.

Les N spires sont régulièrement réparties sur la distance $R_2 - R_1$, donc si on considère une largeur radiale $\mathrm{d}r$ de bobine, elle comporte $\frac{N\,\mathrm{d}r}{R_2 - R_1}$ spires et sa contribution au champ en O est $\mathrm{d}\vec{B}(O) = \frac{\mu_0 i}{2r}\frac{N\,\mathrm{d}r}{R_2 - R_1}\vec{e_z}$.

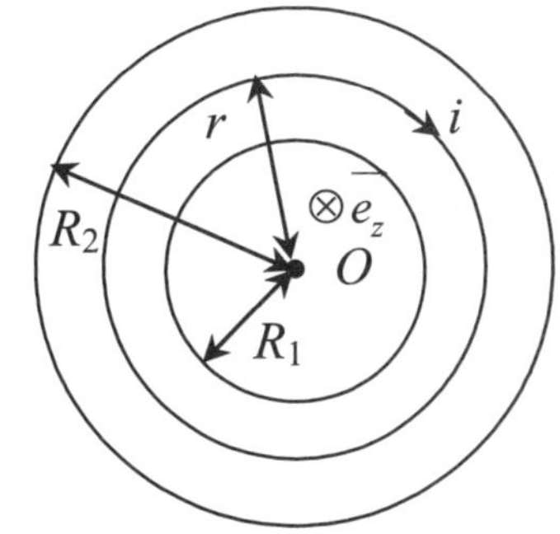

⇨ *Méthode 24.3*

On intègre sur r entre R_1 et R_2 pour faire la somme de toutes ces contributions :

$$\vec{B}(O) = \int_{R_1}^{R_2} \frac{\mu_0 i}{2r}\frac{N\,\mathrm{d}r}{R_2 - R_1}\vec{e_z} = \frac{\mu_0 N i}{2(R_2 - R_1)}\int_{R_1}^{R_2}\frac{\mathrm{d}r}{r}\vec{e_z} = \frac{\mu_0 N i}{2(R_2 - R_1)}(\ln(R_2) - \ln(R_1))\vec{e_z}$$

soit finalement $\boxed{\vec{B}(O) = \frac{\mu_0 N i}{2(R_2 - R_1)}\ln\left(\frac{R_2}{R_1}\right)\vec{e_z}}$.

2. AN $\boxed{B(O) = 3{,}144 \cdot 10^{-5}\ \mathrm{T}}$.

3. On aurait $R_{\text{moy}} = \frac{R_1 + R_2}{2} = 20$ cm et $\boxed{B'(O) = \frac{\mu_0 N i}{2R_{\text{moy}}} = 3{,}141 \cdot 10^{-5}\ \mathrm{T}}$.

L'écart relatif est : $\boxed{\frac{B(O) - B'(O)}{B'(O)} = 1 \cdot 10^{-3} \text{ soit } 0{,}1\ \%}$.

Exercice 24.5

1. Le champ créé par une spire de rayon R d'axe (Oz) parcourue par un courant i est $\vec{B}(M) = \frac{\mu_0 i}{2R}\left(1 + \left(\frac{z}{R}\right)^2\right)^{-3/2}\vec{e_z}$. Si l'on considère la bobine plate comme N spires confondues, le champ créé vaut N fois le champ d'une spire, donc $\boxed{\vec{B}(M) = \frac{N\mu_0 i}{2R}\left(1 + \left(\frac{z}{R}\right)^2\right)^{-3/2}\vec{e_z}}$.

Corrigé

Au centre, on a donc $\boxed{B = \dfrac{N\mu_0 i}{2R} = 3{,}15\cdot 10^{-4}\ \text{T}}$.

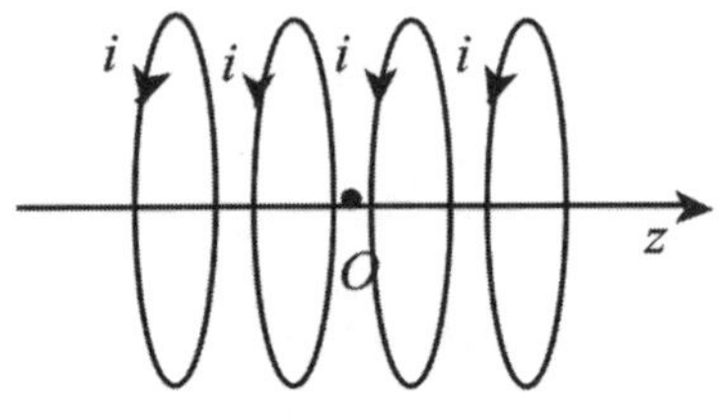

2. Une longueur $\mathrm{d}z$ de bobine située en z comporte $\dfrac{N\,\mathrm{d}z}{h}$ spires et crée donc en O un champ égal à $\dfrac{N\,\mathrm{d}z}{h}$ fois le champ créé par une spire, à une distance z avant la spire (on doit donc remplacer z par $-z$ dans l'expression du champ créé par une spire). La contribution au champ en O d'une longueur dz de bobine est donc $\dfrac{N\,\mathrm{d}z}{h}\dfrac{\mu_0 i}{2R}\left(1+\left(\dfrac{-z}{R}\right)^2\right)^{-3/2}\vec{e_z}$.

Il faut ensuite intégrer sur z de $-\dfrac{h}{2}$ à $+\dfrac{h}{2}$, le champ total en O est donc :

$$\vec{B}(O) = \int_{-\frac{h}{2}}^{\frac{h}{2}} \frac{N}{h}\frac{\mu_0 i}{2R}\left(1+\left(\frac{z}{R}\right)^2\right)^{-3/2}\mathrm{d}z\,\vec{e_z} = \frac{N}{h}\frac{\mu_0 i}{2R}\int_{-\frac{h}{2}}^{\frac{h}{2}}\left(1+\left(\frac{z}{R}\right)^2\right)^{-3/2}\mathrm{d}z\,\vec{e_z}\ .$$

En effectuant les changements de variable $y = \dfrac{z}{R}$ puis $\tan(\theta) = y$, on trouve :

$$\int_{-\frac{h}{2}}^{\frac{h}{2}}\left(1+\left(\frac{-z}{R}\right)^2\right)^{-\frac{3}{2}}\mathrm{d}z = R\int_{-\frac{h}{2R}}^{\frac{h}{2R}}\left(1+y^2\right)^{-3/2}\mathrm{d}y = R\int_{\arctan\left(-\frac{h}{2R}\right)}^{\arctan\left(\frac{h}{2R}\right)}\left(1+\tan^2(\theta)\right)^{-3/2}\frac{\mathrm{d}\theta}{\cos^2(\theta)}$$

$$= R\int_{\arctan(-\frac{h}{2R})}^{\arctan(\frac{h}{2R})}\cos(\theta)\,\mathrm{d}\theta = R\sin\left(\arctan\left(\frac{h}{2R}\right)\right) - R\sin\left(\arctan\left(-\frac{h}{2R}\right)\right)$$

$$= 2R\sin\left(\arctan\left(\frac{h}{2R}\right)\right) = 2R\frac{\sqrt{\left(\frac{h}{2R}\right)^2}}{\sqrt{1+\left(\frac{h}{2R}\right)^2}} = 2R\sqrt{\frac{h^2}{h^2+4R^2}}$$

d'où finalement $\vec{B}(O) = \dfrac{N}{h}\dfrac{\mu_0 i}{2R}2R\sqrt{\dfrac{h^2}{h^2+4R^2}}\,\vec{e_z}$, soit $\boxed{\vec{B}(O) = \dfrac{\mu_0 N i}{h}\sqrt{\dfrac{h^2}{h^2+4R^2}}\,\vec{e_z}}$.

AN $\boxed{B(O) = 3{,}14\cdot 10^{-4}\ \text{T}}$.

L'approximation faite dans la première question donne donc le bon résultat <u>à 0,3 % près</u>.

Exercice 24.6

1. D'après l'expression donnée, la valeur du champ en O est la même pour les deux bobines. La direction est également la même, mais le sens est opposé, ainsi les deux contributions $\overrightarrow{B_1}$ et $\overrightarrow{B_2}$ s'annulent au point O.

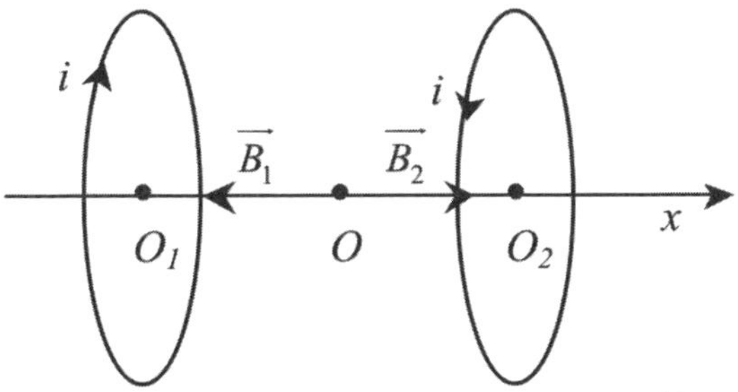

2. On considère un point M de coordonnée x. Par rapport aux points O_1 et O_2 il est respectivement situé en $\frac{d}{2}+x$ et $\frac{d}{2}-x$. La première bobine créé en M un champ

$\overrightarrow{B_1}=-\dfrac{\mu_0 N i}{2R}\left(1+\left(\dfrac{d/2+x}{R}\right)^2\right)^{-3/2}\overrightarrow{e_x}$ et la seconde crée $\overrightarrow{B_2}=\dfrac{\mu_0 N i}{2R}\left(1+\left(\dfrac{d/2-x}{R}\right)^2\right)^{-3/2}\overrightarrow{e_x}$.

Champ créé par l'ensemble : $\boxed{\vec{B}=\dfrac{\mu_0 N i}{2R}\left(-\left(1+\left(\dfrac{d/2+x}{R}\right)^2\right)^{-3/2}+\left(1+\left(\dfrac{d/2-x}{R}\right)^2\right)^{-3/2}\right)\overrightarrow{e_x}}$.

3. On peut poser $\vec{B}=B_x(x)\overrightarrow{e_x}$. $B_x(x)$ est une fonction impaire, on en déduit que les termes d'ordre pair du développement au voisinage de 0 sont nuls. Comme on veut développer jusqu'au quatrième ordre, il faut calculer les termes d'ordre 1 et 3 en $\frac{x}{R}$.

On pose donc $y=\dfrac{x}{R}$, alors $B_x(y)=\dfrac{\mu_0 N i}{2R}\left(-\left(1+\left(\dfrac{d}{2R}+y\right)^2\right)^{-3/2}+\left(1+\left(\dfrac{d}{2R}-y\right)^2\right)^{-3/2}\right)$ et

$$B_x(y)\approx\frac{\mathrm{d}B_x}{\mathrm{d}y}(0)\,y+\frac{1}{6}\frac{\mathrm{d}^3B_x}{\mathrm{d}y^3}(0)\,y^3.$$

On commence par calculer les dérivées de $\left(1+\left(\dfrac{d}{2R}+y\right)^2\right)^{-3/2}$:

la dérivée première est égale à $-3\left(1+\left(\dfrac{d}{2R}+y\right)^2\right)^{-5/2}\left(\dfrac{d}{2R}+y\right)$;

la dérivée seconde à $-3\left(1+\left(\dfrac{d}{2R}+y\right)^2\right)^{-7/2}\left(1-4\left(\dfrac{d}{2R}+y\right)^2\right)$;

et la dérivée troisième à $15\left(1+\left(\dfrac{d}{2R}+y\right)^2\right)^{-9/2}\left(\dfrac{d}{2R}+y\right)\left(3-4\left(\dfrac{d}{2R}+y\right)^2\right)$.

Donc en $y=0$ les dérivées première et troisième valent respectivement $-3\left(1+\left(\frac{d}{2R}\right)^2\right)^{-5/2}\frac{d}{2R}$ et $15\left(1+\left(\frac{d}{2R}\right)^2\right)^{-9/2}\left(\frac{d}{2R}\right)\left(3-4\left(\frac{d}{2R}\right)^2\right)$. Pour le terme en $\left(1+\left(\frac{d}{2R}-y\right)^2\right)^{-3/2}$, on trouve les mêmes expressions avec les signes opposés. On remarque alors que si $d=R\sqrt{3}$, $3-4\left(\frac{d}{2R}\right)^2=3-\left(\frac{R\sqrt{3}}{R}\right)^2=0$ et les dérivées troisièmes sont donc nulles en $y=0$.

En rassemblant tous ces résultats, on obtient finalement $\frac{\mathrm{d}B_x}{\mathrm{d}y}(0)=\frac{\mu_0 NI}{2R}\left(\left(-3\left(1+\left(\frac{\sqrt{3}}{2}\right)^2\right)^{-5/2}\frac{\sqrt{3}}{2}\right)-\left(3\left(1+\left(\frac{\sqrt{3}}{2}\right)^2\right)^{-5/2}\frac{\sqrt{3}}{2}\right)\right)=\frac{3\sqrt{3}\,\mu_0 NI}{2R}\left(\frac{4}{7}\right)^{5/2}$, le développement recherché est $\boxed{B_x(x)\approx\frac{3\sqrt{3}\,\mu_0 NI}{2R^2}\left(\frac{4}{7}\right)^{5/2}x}$. La variation du champ avec x est donc bien linéaire, à des termes du cinquième ordre en $\frac{x}{R}$ près.

4. D'après l'expression précédente, $a=\frac{3\sqrt{3}\,\mu_0 NI}{2R^2}\left(\frac{4}{7}\right)^{5/2}$. On en déduit $\boxed{N=\frac{2R^2 a}{3\sqrt{3}\,\mu_0 I}\left(\frac{7}{4}\right)^{5/2}}$.

AN $\boxed{N=12400}$, ce qui semble assez élevé mais pas irréaliste…

Exercice 24.7

1. Le courant doit aller de A vers O, d'après la régle d'orientation du produit vectoriel.

2. La force de Laplace sur la tige OA est orthogonale à (OA), vers la droite et vaut $F_{\mathrm{L}}=i\ell B$. Comme cette force est uniformément répartie sur toute la longueur de la tige, pour calculer le moment on peut considérer que la totalité de la force s'exerce au milieu de la tige. Le moment en O des forces de Laplace s'écrit donc $\overrightarrow{\mathcal{M}_{\mathrm{L}}}=\overrightarrow{OJ}\wedge\overrightarrow{F_{\mathrm{L}}}=\frac{i\ell^2 B}{2}\overrightarrow{e_z}$.

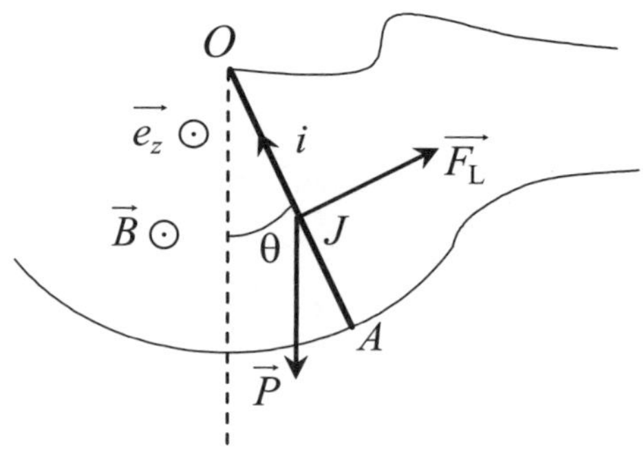

Par ailleurs, le moment du poids est $\overrightarrow{\mathcal{M}_{\mathrm{p}}}=\overrightarrow{OJ}\wedge\vec{P}=-\frac{mg\ell\sin(\theta)}{2}\overrightarrow{e_z}$ (là encore, le poids est uniformément réparti sur la longueur de la tige). À l'équilibre la somme des moments est nulle : $\overrightarrow{\mathcal{M}_{\mathrm{L}}}+\overrightarrow{\mathcal{M}_{\mathrm{p}}}=\vec{0}$ donne $\boxed{\sin\theta_{\text{éq}}=\frac{i\ell B}{mg}}$.

Exercice 24.8

1. Le courant dans le barreau mobile (qui est orthogonal au plan de la figure) doit être vers l'arrière.

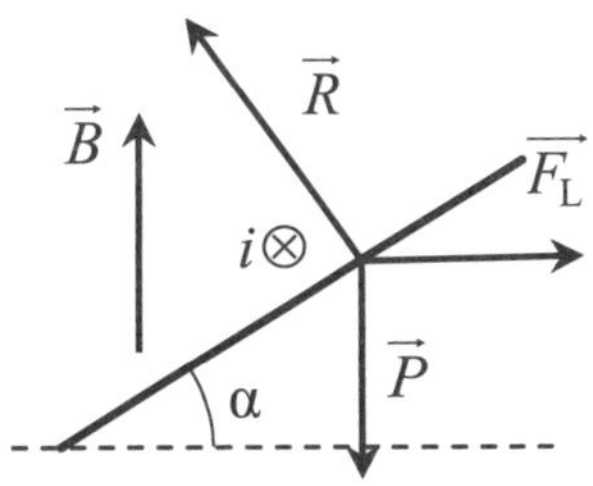

2. Le barreau se déplace à vitesse constante si la résultante des forces est nulle : $\vec{R}+\overrightarrow{F_L}+\vec{P}=\vec{0}$, ce qui donne en projetant sur (Ox), c'est-à-dire la direction des rails : $F_L\cos\alpha = mg\sin\alpha$.

Comme $F_L = i\ell B$, on obtient $\boxed{i=\dfrac{mg\tan\alpha}{\ell B}}$ AN $\boxed{i=2{,}5\text{ A}}$.

3. Si l'altitude augmente de 10 cm en 0,5 s, la vitesse verticale est de $v_z = 0{,}2\text{ m}\cdot\text{s}^{-1}$. La vitesse le long des rails est donc $v_x = \dfrac{v_z}{\sin(\alpha)} = 0{,}4\text{ m}\cdot\text{s}^{-1}$. La puissance de la force de Laplace est donnée par $\boxed{\mathcal{P}_L = \overrightarrow{F_L}\cdot\vec{v} = F_L v_x}$. On trouve ainsi $\boxed{\mathcal{P}_L = 18\text{ mW}}$.

⇨ *Méthode 24.4*

Exercice 24.9

1. Les courants doivent être dans le même sens. On peut l'illustrer en considérant le champ magnétique $\overrightarrow{B_1}$ créé par le fil (1) et la force de Laplace $\overrightarrow{F_{1\to 2}}$ qui en résulte.

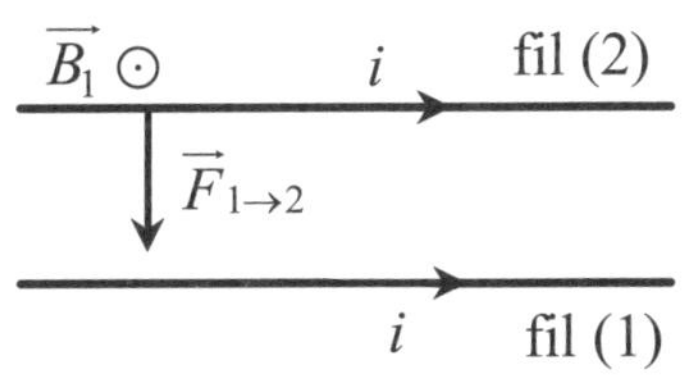

2. Comme le champ magnétique $\overrightarrow{B_1}$ est le même sur toute la longueur du fil (2) et qu'il est orthogonal au fil, $F_{1\to 2} = i\ell B_1$. D'après la formule donnée dans l'énoncé, $B_1 = \dfrac{\mu_0 i}{2\pi a}$.

On a donc $\boxed{F_{1\to 2} = \dfrac{\mu_0 i^2 \ell}{2\pi a}}$: la force est proportionnelle au carré de l'intensité (on obtient évidemment le même résultat pour $F_{2\to 1}$).

3. An $\boxed{F_{1\to 2} = 5{,}8\cdot 10^{-4}\text{ N}}$.

Cette force est très peu intense (malgré deux fils relativement proches et un courant assez élevé), ce qui fait qu'elle est délicate à mettre en évidence expérimentalement.

4. En reprenant le relation du 2. on obtient $\boxed{i=\sqrt{\dfrac{2\pi a F_{1\to 2}}{\mu_0 \ell}}}$, et l'application numérique donne exactement 1 A. En effet, cette situation sert à définir l'ampère.

Corrigé

Exercice 24.10

1. On considère une petite surface traversée par l'électron lors de son mouvement orbital.

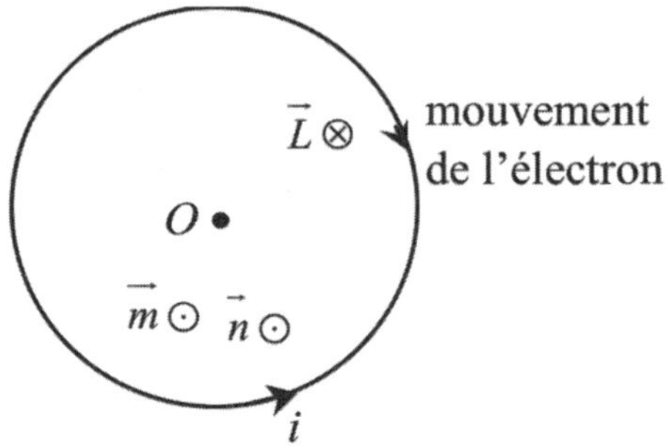

À chaque période T la charge e traverse la surface, l'intensité moyenne est donc $i=\dfrac{e}{T}$. Le mouvement étant circulaire uniforme $v=\dfrac{2\pi a_0}{T}$, et donc $\boxed{i=\dfrac{ev}{2\pi a_0}}$. Comme par définition $m=iS$, où S est l'aire entourée par la trajectoire de l'électron (donc $S=\pi a_0^2$), finalement $\boxed{m=\dfrac{eva_0}{2}}$.

2. Cette situation est habituelle en mécanique, $L=m_e v a_0$, donc $m=\dfrac{eL}{2m_e}$. Dans l'état fondamental décrit par le modèle de Bohr, $L=\hbar$ $(n=1)$ d'où $\boxed{\mu_B=\dfrac{e\hbar}{2m_e}}$.

3. L'application numérique (avec deux chiffres significatifs) donne $\boxed{\mu_B=9{,}3.10^{-24}\ \mathrm{A\cdot m^2}}$.

Exercice 24.11

1. $\vec{\mathcal{M}}=\vec{m}\wedge\vec{B}$, donc $\boxed{\vec{\mathcal{M}}=mB\sin\theta\,\vec{e_z}}$.

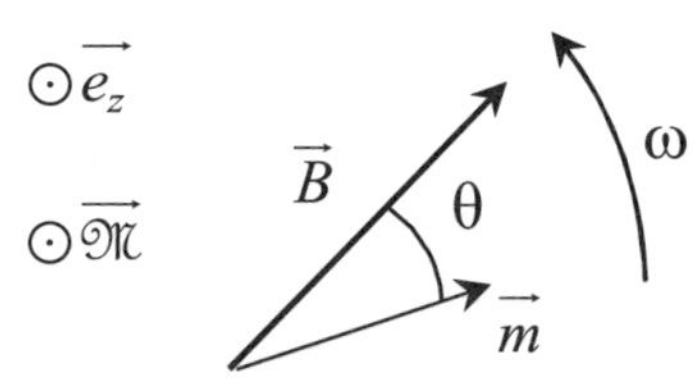

2. Dans ce cas, le couple est nul, donc $\theta=0$: le moment reste aligné sur le champ.

3. Le couple moteur et le couple résistant se compensent (vectoriellement), donc ils ont la même valeur. D'où $mB\sin\theta=\mathcal{M}_r$, soit $\boxed{\sin\theta=\dfrac{\mathcal{M}_r}{mB}}$.

La puissance est donnée par $\mathcal{P}=\vec{\mathcal{M}}\cdot\vec{\omega}$, avec $\vec{\omega}=\omega\vec{e_z}$, donc $\boxed{\mathcal{P}=mB\omega\sin\theta}$.

⇨ *Méthode 24.4*

Les applications numériques donnent $\boxed{\theta=24°}$ et $\boxed{\mathcal{P}=205\ \mathrm{W}}$. Lorsque le moteur entraîne une charge, le moment magnétique suit le champ mais avec un angle interne d'autant plus grand que le couple résistant est important.

4. La vitesse de rotation est indépendante de la charge, qui n'influe que sur l'angle interne (c'est un avantage du moteur synchrone par rapport au moteur à courant continu).

Le couple maximal correspond à un angle interne de 90°. On a donc ici $\boxed{\mathcal{M}_{max}=mB=1{,}6\ \mathrm{N\cdot m}}$.

Exercice 24.12

1. Les forces de Laplace sur les parties du cadre qui sont orthogonales à l'axe (Δ) sont parallèles à celui-ci et ne contribuent pas au couple. Les forces sur les parties du cadre parallèles à (Δ) $\overrightarrow{f_1}$ et $\overrightarrow{f_2}$ sont représentées.

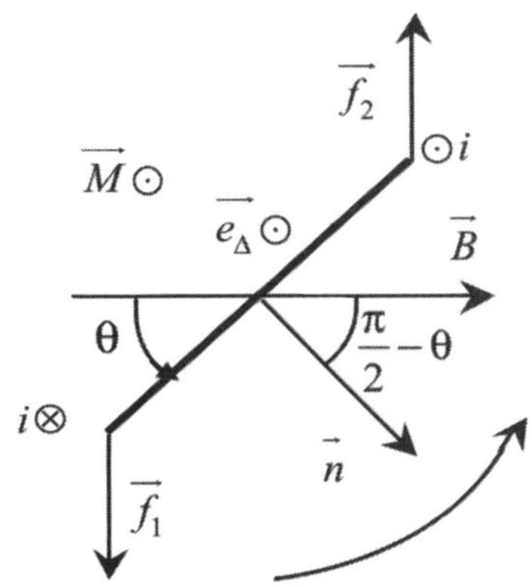

2. Imaginons la situation un demi-tour plus tard : les parties verticales du cadre sont échangées, mais le courant i a changé de signe ce qui fait que les forces, et donc le couple, sont dans le même sens. On peut aussi remarquer que le moment magnétique de la spire reste, en moyenne, dans le même sens car la spire tourne mais le courant varie sinusoïdalement avec la même période.

3. Il faut que $\boxed{\theta = 0}$ et que le vecteur rotation soit dans le même sens que le couple.

4. On utilise le moment magnétique $\vec{m}$ associé à la spire : $\overrightarrow{\mathcal{M}} = \vec{m} \wedge \vec{B} = i\,S\,B \sin\left(\frac{\pi}{2} - \theta\right)\overrightarrow{e_\Delta}$,

donc $\overrightarrow{\mathcal{M}} = i\,S\,B \cos\theta\,\overrightarrow{e_\Delta}$. De plus, comme on doit avoir $i = I_m$ lorsque $\theta = 0$, on peut écrire $i = I_m \cos\theta$, ce qui conduit à $\overrightarrow{\mathcal{M}} = I_m\,S\,B \cos^2\theta\,\overrightarrow{e_\Delta}$.

On veut la valeur moyenne sur une période, c'est-à-dire pour θ variant entre 0 et 2π :

$$\left\langle \cos^2\theta \right\rangle = \frac{1}{2\pi}\int_0^{2\pi} \cos^2\theta\,\mathrm{d}\theta = \frac{1}{2\pi}\int_0^{2\pi} \frac{1+\cos(2\theta)}{2}\,\mathrm{d}\theta = \frac{1}{2},\ \int_0^{2\pi} \cos(2\theta)\,d\theta \text{ étant nulle.}$$

Finalement : $\boxed{\left\langle \overrightarrow{\mathcal{M}} \right\rangle = \frac{I_m\,S\,B}{2}\overrightarrow{e_\Delta}}$.

Corrigé

Chapitre 25
Induction électromagnétique

Franz Neumann
1798-1895

Fils d'une comtesse et d'un métayer dont il était l'homme à tout faire, Franz **Neumann** participe en 1814 à la campagne des armées prussiennes contre Napoléon. À son retour, il étudie d'abord la minéralogie et la cristallographie. Sous l'influence de **Bessel** et de **Jacobi**, il se tourne par la suite vers la physique mathématique, discipline nouvelle en pleine expansion en ce début de XIXe siècle, où les mathématiques deviennent plus abstraites et cherchent leurs fondements non pas sur le monde physique mais sur des schémas logiques. Neumann s'intéresse en particulier à la théorie ondulatoire de la lumière et dégage, en électromagnétisme, les lois mathématiques de l'induction.

Objectifs

Ce qu'il faut connaître

- ▷ La notion de flux d'un champ à travers une surface orientée
- ▷ La loi de modération de Lenz
- ▷ La loi de Faraday pour le calcul algébrique d'une FÉM induite
- ▷ Les notions de coefficients d'inductance (inductance propre, inductance mutuelle)
- ▷ Le principe de fonctionnement d'un haut-parleur électrodynamique, d'un transformateur, d'un alternateur

Ce qu'il faut savoir faire

- ▷ Calculer une FÉM induite, dans le cas d'un circuit fixe dans un champ magnétique variable et dans le cas d'un circuit mobile dans un champ magnétique constant
- ▷ Obtenir un schéma électrique équivalent : utiliser la FÉM induite pour un circuit orienté et écrire avec les signes corrects la loi des mailles
- ▷ Calculer les coefficients d'inductance dans les cas simples
- ▷ Utiliser les coefficients d'inductance pour obtenir les schémas électriques équivalents de circuits couplés
- ▷ Effectuer un bilan d'énergie (obtenu a priori et retrouvé à partir des équations électromécaniques)

Résumé de cours

Le phénomène d'induction

Description

L'induction électromagnétique est l'apparition d'un courant électrique, appelé **courant induit**, dans un circuit placé dans un champ magnétique, ceci se produisant dans deux types de situations :
- si le champ magnétique est variable au cours du temps ;
- si le circuit n'est pas fixe (il se déplace, il tourne autour d'un axe, il se déforme…).

Loi de modération de Lenz

On constate expérimentalement que le sens du courant induit est tel qu'il tend toujours à s'opposer, par ses effets, à la cause qui l'a produit :
- dans le cas d'un champ magnétique variable, le champ créé par le courant induit lui-même s'oppose à la variation du champ initial ;
- dans le cas d'un circuit mobile, les forces de Laplace dues au courant induit s'opposent au mouvement initial du circuit.

Force électromotrice induite et loi de Faraday

Force électromotrice (FÉM) induite

Le courant induit dans un circuit fermé est lié à l'apparition d'une force électromotrice induite, qui joue le même rôle que la FÉM d'un générateur électrochimique.

La FÉM est répartie sur toute la longueur du circuit siège du phénomène d'induction, mais pour en tenir compte dans les lois de l'électricité, il est commode de la représenter par une source idéale de tension, localisée en un point du circuit ; on l'oriente dans le même sens que celui qui définit l'intensité du courant induit.

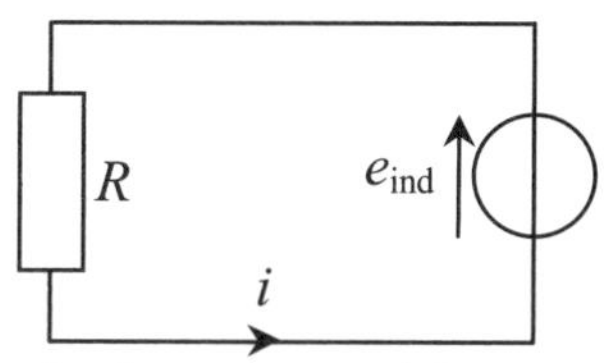

On peut ainsi donner un schéma équivalent du circuit en représentant également sa résistance par un dipôle ohmique (et d'autres caractéristiques éventuelles du circuit par d'autres dipôles).

Flux du champ magnétique au travers d'une surface

Flux du champ magnétique au travers d'une surface Σ : $\boxed{\Phi = \iint_{\Sigma} \vec{B}\cdot\vec{n}\,\mathrm{d}s}$

où $\vec{n}$ est un vecteur unitaire localement orthogonal à la surface, et dont le sens définit une orientation de la surface (le flux est donc une grandeur *algébrique*).

Dans le cas où la surface est plane et le champ uniforme, l'expression devient simplement : $\Phi = \vec{B}\cdot\vec{n}\,S$ où S est l'aire de la surface.

❑ Loi de Faraday

Les observations expérimentales montrent que le phénomène d'induction n'a lieu que si quelque chose varie (champ magnétique variable, circuit en mouvement…). Plus précisément, ce qui est important est la variation du flux du champ magnétique au travers du circuit.

C'est le contenu de la loi de Faraday relative à un circuit fermé : $\boxed{e_{\text{ind}} = -\dfrac{\mathrm{d}\Phi}{\mathrm{d}t}}$.

Cette formule suppose que l'orientation choisie pour le vecteur normal (servant à calculer le flux) soit cohérente avec le sens positif choisi sur le circuit (servant à orienter la FÉM induite et le courant), selon la règle habituelle d'orientation de l'espace (règle du tire-bouchon).

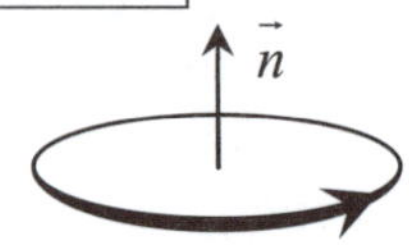

sens positif choisi sur le circuit

⇨ **Méthode 25.1. Orienter arbitrairement un circuit et appliquer la loi des mailles**

Lien avec la loi de Lenz

Le signe moins dans la loi de Faraday est lié au fait que les courants induits s'opposent par leurs effets à la cause qui les produit, c'est-à-dire à la variation du flux magnétique.

■ Circuit fixe dans un champ magnétique variable (cas de Neumann)

❑ Auto-induction

Lorsque le courant dans une bobine est variable, le flux du champ magnétique créé par la bobine elle-même, appelé **flux propre**, est variable, ce qui induit une FÉM dans la bobine, dite **FÉM d'auto-induction**. Conformément à la loi de Lenz, celle-ci s'oppose à la variation de courant qui lui a donné naissance, ce qui explique notamment le phénomène de retard à l'allumage dans un circuit comportant des bobines.

Inductance propre

L'inductance propre L d'une bobine est définie par la relation : $\boxed{\Phi = Li}$

où i est l'intensité du courant dans la bobine et Φ le flux propre, en utilisant des orientations pour le flux et pour le courant cohérentes entre elles. L'inductance propre est *toujours positive*.

La loi de Faraday $e_{\text{ind}} = -\dfrac{\mathrm{d}\Phi}{\mathrm{d}t}$ associée à la définition de l'inductance $\Phi = Li$ conduit à la relation $u = L\dfrac{\mathrm{d}i}{\mathrm{d}t}$ utilisée en électrocinétique, en posant $u = -e_{\text{ind}}$ (la tension u aux bornes de la bobine étant assimilée à la FÉM induite, mais en sens inverse en convention récepteur).

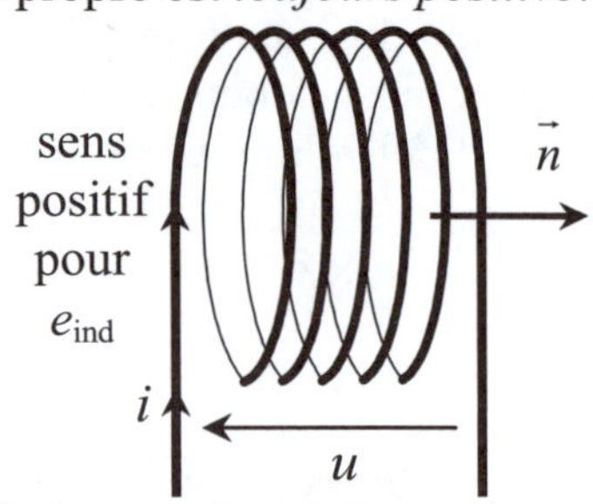

On peut relier l'inductance propre d'une bobine à ses caractéristiques géométriques (rayon, longueur, nombre de spires). L'unité SI d'inductance est le henry (H). Les bobines usuelles ont des inductances allant de quelques mH à quelques H.

⇨ **Méthode 25.2. Déterminer le coefficient d'inductance propre d'un long solénoïde**

❑ Inductance mutuelle

Lorsque deux circuits sont en présence, le flux magnétique à travers l'un d'eux comporte non seulement son flux propre, mais aussi le flux du champ magnétique créé par l'autre circuit. Le flux Φ_{12} à travers le circuit (C_2) du champ généré par le courant circulant dans le circuit (C_1) s'écrit $\boxed{\Phi_{12} = M\, i_1}$ où M est le **coefficient d'inductance mutuelle**. De même $\boxed{\Phi_{21} = M\, i_2}$.

Le signe de M dépend de l'orientation relative des deux circuits.

Les inductances propres L_1 et L_2 et l'inductance mutuelle M vérifient l'inégalité : $\boxed{M^2 \leq L_1 L_2}$.

Le cas où $M^2 = L_1 L_2$ correspond au meilleur couplage possible entre les circuits.

❑ Circuits électriques couplés par inductance mutuelle

La représentation conventionnelle de deux circuits couplés par mutuelle est indiquée ci-contre.

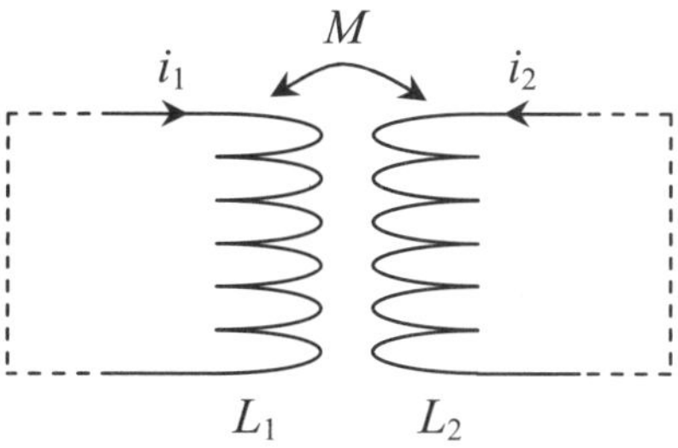

Les FÉM d'induction des deux circuits sont dues à la fois aux flux propres et aux flux mutuels :

$$\begin{cases} e_{1\,\text{ind}} = -\dfrac{\mathrm{d}\Phi_1}{\mathrm{d}t} = -L_1 \dfrac{\mathrm{d}i_1}{\mathrm{d}t} - M \dfrac{\mathrm{d}i_2}{\mathrm{d}t} \\ e_{2\,\text{ind}} = -\dfrac{\mathrm{d}\Phi_2}{\mathrm{d}t} = -L_2 \dfrac{\mathrm{d}i_2}{\mathrm{d}t} - M \dfrac{\mathrm{d}i_1}{\mathrm{d}t} \end{cases}.$$

Il suffit de prendre en compte ces FÉM dans les circuits électriques équivalents pour mettre en équation des circuits couplés par mutuelle.

⇨ **Méthode 25.3. Mettre en équation deux circuits couplés par mutuelle**

❑ Transformateurs

Un transformateur comporte deux bobines : le **primaire** (N_1 spires), soumis à une tension variable, crée un champ magnétique variable traversant le **secondaire** (N_2 spires), où apparaît donc une tension induite.

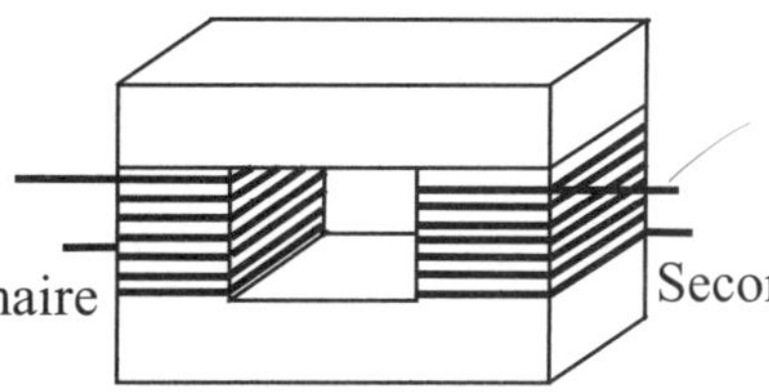

Pour que le champ magnétique créé par le primaire passe autant que possible au travers du secondaire, on bobine les deux enroulements autour d'une carcasse en fer doux (appelée circuit magnétique), qui a la propriété de canaliser le champ magnétique.

Le modèle du transformateur parfait correspond au cas idéal où $M^2 = L_1 L_2$.

Dans ce modèle, les amplitudes des tensions d'entrée et de sortie vérifient : $\boxed{\dfrac{U_2}{U_1} = \dfrac{N_2}{N_1}}$.

Utilité d'un transformateur

– Il permet d'abaisser ou d'augmenter l'amplitude d'une tension variable, notamment sinusoïdale (mais il ne peut fonctionner en régime continu, car il n'y a alors pas d'induction).

– Comme il n'y a pas de connexion électrique entre le primaire et le secondaire, un transformateur permet aussi de résoudre certains problèmes de masse (on parle dans ce cas de transformateur d'isolement, N_1 et N_2 sont généralement égaux).

■ Circuit mobile dans un champ magnétique stationnaire (cas de Lorentz)

❑ Rail de Laplace

Ce dispositif a été vu au chapitre précédent. Lorsqu'un courant i parcourt la tige, celle-ci subit une force de Laplace : $\vec{F}_{\text{Lap}} = \pm iB\ell\vec{e_y}$.

D'autre part, lorsque la tige est en mouvement à une vitesse $\vec{v}$, la variation de la surface du circuit, donc du flux magnétique, crée une FÉM d'induction $e_{\text{ind}} = \pm vB\ell$.

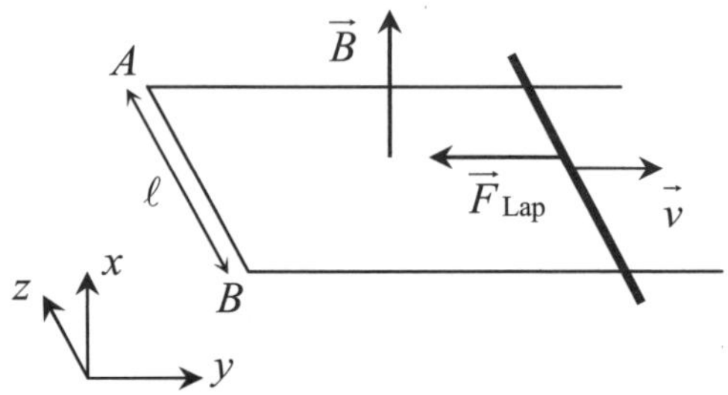

On peut écrire deux équations électromécaniques couplées, reliant les grandeurs $i(t)$ et $v(t)$, en appliquant à ce dispositif une loi électrique (loi des mailles) et une loi mécanique (théorème de la résultante cinétique).

⇨ **Méthode 25.4. Obtenir les équations couplées d'un circuit en mouvement dans un champ magnétique**

❑ Spire rectangulaire en rotation

Une spire de surface S est en rotation à la vitesse angulaire constante ω autour de l'axe (Δ), dans un champ magnétique constant et uniforme orthogonal à (Δ). Le flux au travers de la spire est égal à $\Phi = BS\cos(\omega t)$, donc d'après la loi de Faraday : $e_{\text{ind}} = -\dfrac{\mathrm{d}\Phi}{\mathrm{d}t} = BS\omega\sin(\omega t)$.

On néglige dans ce calcul l'auto-induction.

Comme pour le rail de Laplace, on peut établir un système d'équations électromécaniques couplées.

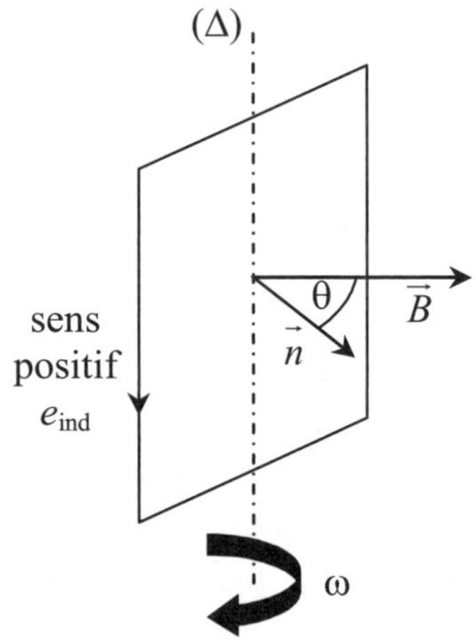

❑ Bilans énergétiques

Dans tous les dispositifs correspondant au cas de Lorentz (circuit mobile dans un champ magnétique stationnaire), la puissance électrique fournie par la FÉM d'induction et la puissance mécanique de la résultante des forces de Laplace vérifient : $\boxed{P_{\text{Laplace}} + P_{\text{fém}} = 0}$.

Cette relation traduit le fait que la puissance de la force de Lorentz sur un porteur de charge est nulle. Ainsi, le fait que la puissance mécanique des forces de Laplace et la puissance électrique associée au phénomène d'induction soient non nulles n'est pas en contradiction avec la puissance nulle de la force de Lorentz, simplement ces deux puissances se compensent systématiquement.

⇨ **Méthode 25.5. Effectuer un bilan énergétique**

❑ Alternateurs

La conversion d'énergie mécanique en énergie électrique est mise en œuvre dans les alternateurs. La situation de la spire en rotation dans un champ magnétique constant constitue un alternateur rudimentaire, avec lequel on obtient une tension sinusoïdale.
On retrouve cette idée de circuit en rotation (rotor) dans un champ magnétique statique (créé par le stator) dans les alternateurs utilisés industriellement, notamment dans les centrales électriques. Cependant, pour être réellement efficace, la géométrie d'un alternateur est beaucoup plus complexe.

Mise en place du rotor dans un alternateur de centrale nucléaire

❑ Haut-parleur électrodynamique

Le haut-parleur électrodynamique permet la conversion d'un signal électrique en onde sonore. Le principe peut être sommairement décrit sur le modèle du rail de Laplace : outre la force de Laplace, le barreau mobile subit une force de rappel élastique et une force de frottement fluide (proportionnelle à la vitesse). L'équation mécanique du mouvement du barreau correspond ainsi à un oscillateur amorti en oscillations forcées (la force « excitatrice » étant la force de Laplace), et les mouvements du barreau reproduisent les variations temporelles de la force de Laplace, donc de la tension qui alimente le haut-parleur. Il faut enfin imaginer que le barreau est relié à une membrane qui met l'air en mouvement, créant ainsi une onde sonore.
La géométrie réelle d'un haut-parleur est plus compliquée (bobine mobile dans un champ magnétique radial), mais les relations obtenues sont les mêmes que dans la configuration simplifiée des rails de Laplace.
Un haut-parleur peut également fonctionner dans l'autre sens (en termes de conversion entre énergie mécanique et énergie électrique), ce qui correspond à un microphone.

⇨ **Méthode 25.6. Mettre en équation le fonctionnement du haut-parleur dans la configuration simplifiée des rails de Laplace**

■ Courants de Foucault

Les courants induits peuvent aussi apparaître au sein d'un conducteur non filiforme, on les appelle dans ce cas courants de Foucault. Du fait de l'effet Joule, ces courants conduisent à un échauffement plus ou moins important du conducteur.
– Souvent, cet échauffement n'est pas souhaitable. C'est le cas, par exemple, quand le conducteur est le noyau d'un transformateur. On les évite alors en feuilletant le noyau pour gêner leur circulation ou en utilisant un noyau en ferrite, non conductrice.
– Au contraire, on exploite ce phénomène dans le cadre du chauffage par induction.
– Par ailleurs, lorsque le phénomène d'induction résulte d'un déplacement du conducteur, les courants de Foucault conduisent généralement à un effet de freinage (via les forces de Laplace). Ce freinage électromagnétique est utilisé par exemple dans les gros véhicules.

Méthodes

Comment obtenir l'équation électrique d'un circuit en présence d'induction ?

Méthode 25.1. Orienter arbitrairement un circuit et appliquer la loi des mailles

> Avant tout, il faut choisir une orientation pour les circuits. Le choix de cette orientation est arbitraire.
> Il est préférable de choisir la même orientation pour la FÉM et pour le courant.
> Le choix de cette orientation fixe l'orientation de la normale sur une surface qui s'appuie sur le circuit par la règle du tire-bouchon de Maxwell.
> Le circuit électrique équivalent s'obtient alors en « ajoutant » une source de tension e_{ind} orientée dans le sens positif choisi. On raisonne alors sur ce circuit équivalent comme on raisonnait auparavant en l'absence d'induction.

⇨ **Exercices 25.1, 25.6 et 25.7**

On cherche l'intensité qui circule dans une spire circulaire de rayon a, de résistance totale R placée dans un champ magnétique uniforme et parallèle à l'axe de la spire $\vec{B} = B_0 \cos(\omega t)\vec{e_z}$.

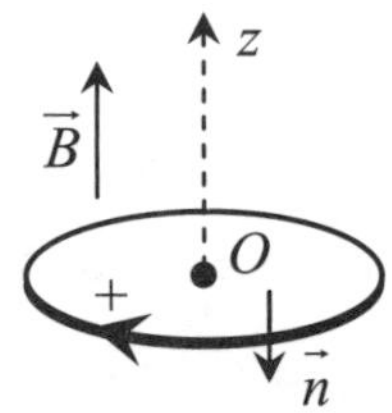

– On oriente le circuit comme indiqué sur la figure et l'on choisit comme surface fermée s'appuyant sur le circuit un disque de surface totale $S = \pi a^2$. Avec l'orientation indiquée, la normale est $\vec{n} = -\vec{e_z}$. Comme le champ magnétique est uniforme, le flux du champ magnétique est simplement : $\Phi = \vec{B}\cdot\vec{n}S = -\pi a^2 B_0 \cos(\omega t)$.

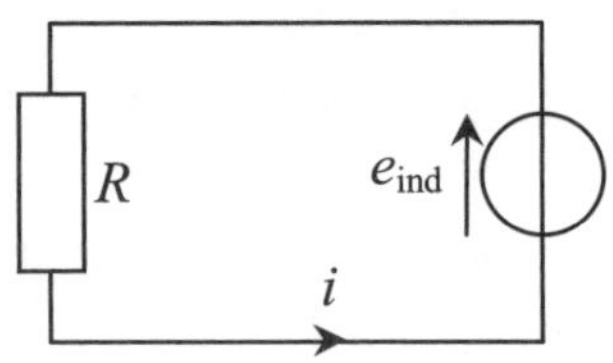

La FÉM induite est $e_{\text{ind}} = -\dfrac{d\Phi}{dt} = -\pi a^2 B_0\, \omega \cos(\omega t)$ et le circuit électrique équivalent est représenté ci-contre. L'équation électrique est $e_{\text{ind}} = Ri$ ce qui donne : $\boxed{i(t) = \dfrac{-\pi a^2 B_0 \omega \cos(\omega t)}{R}}$.

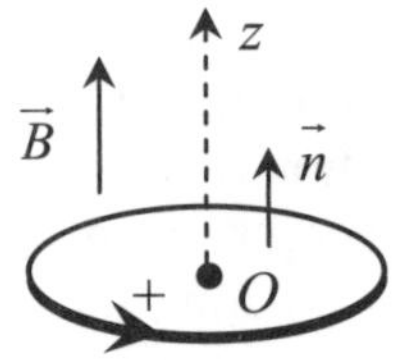

– Imaginons maintenant que l'on oriente (c'est arbitraire !) le circuit dans l'autre sens. Avec cette nouvelle orientation, la normale est $\vec{n} = +\vec{e_z}$. Le flux du champ magnétique s'écrit alors $\Phi = \vec{B}\cdot\vec{n}S = \pi a^2 B_0 \cos(\omega t)$.

La FÉM induite est $e_{\text{ind}} = -\dfrac{\text{d}\Phi}{\text{d}t} = \pi a^2 B_0\, \omega \cos(\omega t)$ et le circuit électrique équivalent est le suivant. C'est le même que précédemment ! L'équation électrique est donc encore $e_{\text{ind}} = Ri$ mais comme la FÉM est de signe opposé, on trouve une intensité de signe opposé $\boxed{i(t) = \dfrac{+\pi a^2 B_0\, \omega \cos(\omega t)}{R}}$, ce qui correspond néanmoins (heureusement !) à une même situation physique.

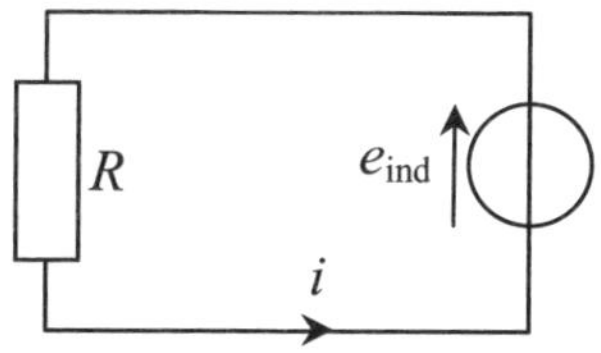

■ Comment déterminer et utiliser les coefficients d'inductance ?

❑ Méthode 25.2. Déterminer le coefficient d'inductance propre d'un long solénoïde

> C'est l'exemple le plus important de circuit dont on peut calculer simplement le coefficient d'inductance propre à partir du flux propre.
> Il faut chercher le champ créé par le solénoïde puis sont flux à travers une surface limitée par le circuit.

⇨ Exercice 25.2

Le solénoïde est caractérisé par sa section, sa longueur l et le nombre de spires par unité de longueur n. Il est supposé « long » de sorte que l'on peut négliger la contribution des bords dans le calcul du flux (on dit encore qu'il est infiniment long). À l'intérieur du solénoïde, le

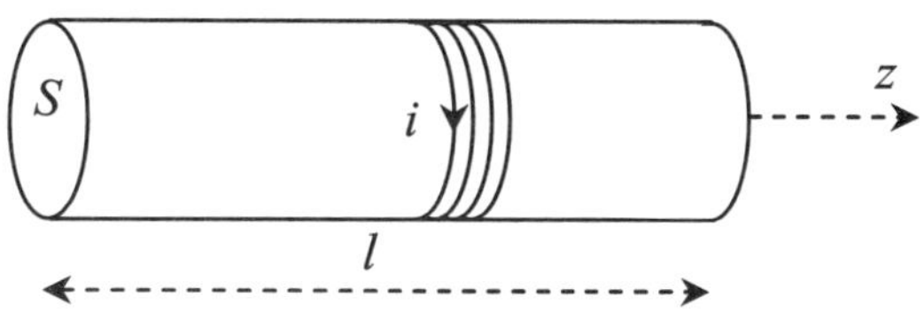

champ magnétique est uniforme et s'écrit $\vec{B} = \mu_0 n i \vec{e_z}$. Le flux du champ $\vec{B}$ à travers une spire est donc $\Phi_{1\text{spire}} = \mu_0 n i \vec{e_z} \cdot S \vec{e_z} = \mu_0 n i S$. Comme il y a nl spires, le flux total à travers le circuit est $\Phi = nl\Phi_{1\text{spire}} = nl \mu_0 n i S = \mu_0 n^2 l S i$.

Le coefficient d'inductance propre, coefficient de proportionnalité entre le flux propre et l'intensité est ainsi : $\boxed{L = \mu_0 n^2 l S}$.

Bien noter que son signe ne serait pas modifié par un changement de l'orientation du solénoïde : cela changerait à la fois le signe de $\vec{B}$ et celui de $\vec{n}$, ce qui n'aurait pas d'influence sur L.

Pour donner un ordre de grandeur, considérons une bobine de 1000 spires réparties sur 10 cm de longueur avec une section de 5 cm^2 : on a $n = 10^4$ spires par mètre et $L = 4\pi \cdot 10^{-7} \cdot 10^8 \cdot 0{,}1 \cdot 5 \cdot 10^{-4} = 6 \cdot 10^{-3}\,\text{H} = 6\,\text{mH}$.

On voit que le henry représente un ordre de grandeur d'inductance assez élevé ; pour des bobines à air usuelles, on trouve généralement quelques mH ou dizaines de mH.

Méthodes

❑ Méthode 25.3. Mettre en équation deux circuits couplés par mutuelle

> Une fois les circuits orientés, le coefficient d'inductance mutuelle est fixé *avec son signe*. Il n'y a plus qu'à appliquer la méthode 25.1 pour obtenir les schémas électriques équivalents et leur appliquer la loi des mailles.

⇨ **Exercices 25.4 et 25.5**

On considère le circuit suivant :

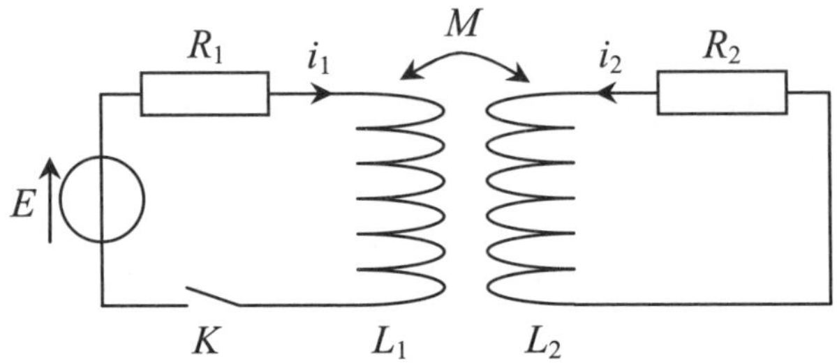

Après fermeture de l'interrupteur (K), les schémas électriques équivalents s'obtiennent immédiatement suivant la méthode 25.1.

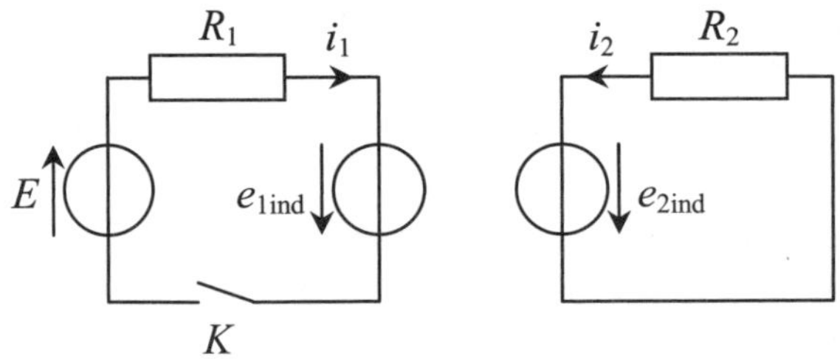

Dans ces schémas équivalents, il est préférable de ne pas faire apparaître à part les inductances propres L_1 et L_2.

– Calcul des FÉM induites

Les flux totaux $\Phi_1 = \Phi_{11} + \Phi_{21}$ et $\Phi_2 = \Phi_{22} + \Phi_{12}$ sont reliés aux intensités par les coefficients d'inductance : $\Phi_1 = L_1 i_1 + M i_2$ et $\Phi_2 = L_2 i_2 + M i_1$. La loi de Faraday conduit aux FÉM induites : $e_{1\text{ind}} = -\dfrac{\mathrm{d}\Phi_1}{\mathrm{d}t} = -L_1\dfrac{\mathrm{d}i_1}{\mathrm{d}t} - M\dfrac{\mathrm{d}i_2}{\mathrm{d}t}$ et $e_{2\text{ind}} = -\dfrac{\mathrm{d}\Phi_2}{\mathrm{d}t} = -L_2\dfrac{\mathrm{d}i_2}{\mathrm{d}t} - M\dfrac{\mathrm{d}i_1}{\mathrm{d}t}$.

– Équations électriques des deux circuits

Par application de la loi des mailles : $E + e_{1\text{ind}} = R_1 i_1$ et $e_{2\text{ind}} = R_2 i_2$. En remplaçant les FÉM par leurs valeurs on obtient finalement : $\boxed{E = R_1 i_1 + L_1\dfrac{\mathrm{d}i_1}{\mathrm{d}t} + M\dfrac{\mathrm{d}i_2}{\mathrm{d}t}}$ et $\boxed{0 = R_2 i_2 + L_2\dfrac{\mathrm{d}i_2}{\mathrm{d}t} + M\dfrac{\mathrm{d}i_1}{\mathrm{d}t}}$.

■ Comment aborder les problèmes faisant intervenir un conducteur en mouvement ?

❑ Méthode 25.4. Obtenir les équations couplées d'un circuit en mouvement dans un champ magnétique

> Le calcul de la FÉM induite permet d'obtenir le circuit électrique équivalent et l'équation électrique associée. Comme la FÉM dépend de la vitesse, on arrive à une première équation électromécanique.
> L'autre équation électromécanique s'obtient en écrivant le théorème de la résultante cinétique (ou, en rotation, le théorème du moment cinétique). Comme la force de Laplace dépend de l'intensité qui circule dans le circuit, on obtient une deuxième équation électromécanique.

⇨ **Exercices 25.8 et 25.9**

Prenons l'exemple du rail de Laplace. Le rail de masse m est lancé initialement avec la vitesse $\vec{v}(t=0)=v_0\overrightarrow{e_y}$, et seule la force de Laplace agit ensuite, il n'y a pas de force supplémentaire pour maintenir la vitesse constante. On choisit l'origine de sorte que $y(0)=0$.

La partie mobile du circuit, de longueur « utile » (c'est-à-dire entre les points C et D) notée ℓ, se déplace à la vitesse v. Le champ magnétique, constant et uniforme, est orthogonal au plan du circuit. On cherche à déterminer le mouvement ultérieur du rail supposé glisser sans frottement.

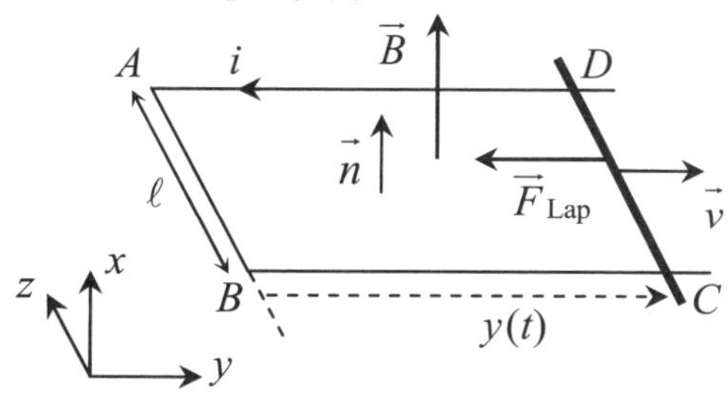

– Équation d'origine électrique

On calcule tout d'abord la FÉM d'induction. Le flux du champ magnétique au travers du circuit (orienté par $\vec{n}$, comme indiqué sur le schéma) vaut $\Phi=+BS$, où S est la surface du rectangle $ABCD$. La FÉM induite, avec le sens positif choisi, vaut donc (loi de Faraday) $e_{\text{ind}}=-\dfrac{\mathrm{d}\Phi}{\mathrm{d}t}=-B\dfrac{\mathrm{d}S}{\mathrm{d}t}$; et comme $\dfrac{\mathrm{d}S}{\mathrm{d}t}=v\ell$, on obtient finalement $e_{\text{ind}}=-vB\ell$. On néglige dans ce calcul l'auto-induction.

Le circuit électrique équivalent comporte simplement, en plus de e_{ind}, une résistance R modélisant la résistance de l'ensemble des fils. L'équation électrique correspondante est donnée par la loi des mailles : $e_{\text{ind}}=Ri(t)$ soit $\boxed{-B\ell v(t)=Ri(t)}$.

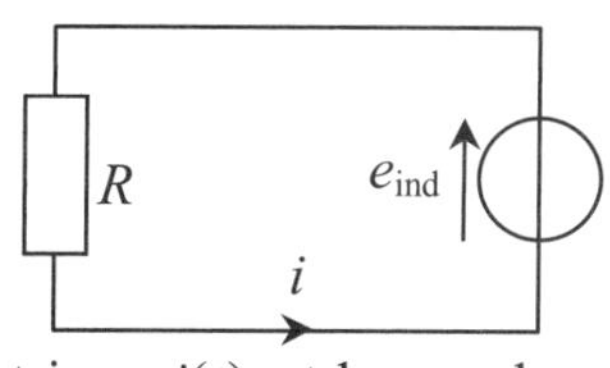

C'est bien une équation électromécanique, qui couple la grandeur électrique $i(t)$ et la grandeur mécanique $v(t)$.

– Équation d'origine mécanique

On calcule tout d'abord la résultante $\vec{F}_{\text{Lap}}$ des forces de Laplace sur le rail :

$$\vec{F}_{\text{Lap}} = \int_C^D \left(i\,\mathrm{d}\vec{\ell} \wedge \vec{B}\right) = \int_C^D \left(i\,\mathrm{d}z\,\vec{e_z} \wedge B\vec{e_x}\right) = \int_C^D iB\,\mathrm{d}z\,\vec{e_y} = iB\ell\vec{e_y}\,.$$

La deuxième équation électromécanique s'obtient en appliquant le théorème de la résultante cinétique au rail, soumis à son poids $\vec{P}$, à la réaction normale des rails $\vec{R}$ et à la résultante $\vec{F}_{\text{Lap}}$ des forces de Laplace : $m\vec{a} = \vec{F}_{\text{Lap}} + \vec{P} + \vec{R}$. Projection sur (Oy) : $\boxed{m\dfrac{\mathrm{d}v}{\mathrm{d}t} = iB\ell}$.

– Découplage

Pour obtenir la vitesse $v(t)$, il suffit d'éliminer l'intensité $i(t)$ entre ces deux équations : $i(t) = -\dfrac{B\ell v(t)}{R}$ donc $m\dfrac{\mathrm{d}v}{\mathrm{d}t} = -\dfrac{B\ell v(t)}{R}B\ell = -\dfrac{B^2\ell^2}{R}v(t)$ ou encore $\boxed{\dfrac{\mathrm{d}v}{\mathrm{d}t} = -\dfrac{B^2\ell^2}{mR}v(t)}$.

On voit que finalement, le rail est soumis à une force de freinage proportionnelle à la vitesse. Dans la constante de proportionnalité, le champ magnétique apparaît au carré si bien que la force reste une force de freinage quel que soit le signe de B. C'est conforme à la loi de Lenz : la force de Laplace s'oppose au mouvement du rail et donc à la variation de flux.

On retrouve le point très important : le choix de l'orientation du circuit (arbitraire) conditionne le signe de la FÉM induite (avec un choix opposé, on trouverait une FÉM opposée), mais cela ne changerait rien à la physique du problème ; dans cet exemple, on a dans tous les cas une force de freinage.

❑ Méthode 25.5. Effectuer un bilan énergétique

– La relation $P_{\text{fém}} + P_{\text{Laplace}} = 0$, qui traduit la puissance nulle de la force magnétique, peut se démontrer à partir des équations électromécaniques couplées. Elle permet d'éliminer le champ magnétique qui assure le couplage électromécanique.

– Le bilan final pour l'ensemble du système fait alors apparaître les autres puissances mises en jeu (effet Joule, frottements éventuels…) et les différentes formes d'énergie emmagasinées dans le système (cinétique, électromagnétique dans une bobine ou un condensateur…). Il est toujours prévisible sans connaissance préalable des équations électromécaniques couplées.

⇨ **Exercices 25.6, 25.8, 25.9 et 25.10**

– Puissances de la FÉM et de la force de Laplace

Reprenons la situation du rail de Laplace d'un point de vue énergétique. Si on prend en compte la résistance R du circuit, on a obtenu l'équation électrique : $e_{\text{ind}} = -B\ell v(t) = Ri(t)$.

La puissance dissipée dans la résistance est égale à la puissance reçue par le circuit via le phénomène d'induction, que l'on notera $P_{\text{fém}}$: $P_{\text{fém}} = e_{\text{ind}}\,i = -i\ell Bv$.

Calculons par ailleurs la puissance des forces de Laplace qui s'exercent sur le barreau mobile : $\overrightarrow{F}_{\text{Lap}} = i\ell B\overrightarrow{e_y}$, ce qui donne $P_{\text{Laplace}} = \overrightarrow{F}_{\text{Lap}} \cdot \vec{v} = i\ell B\overrightarrow{e_y} \cdot v\overrightarrow{e_y} = +i\ell Bv$.

On constate ainsi que P_{Laplace} et $P_{\text{fém}}$ sont opposées, ce que l'on peut écrire $\boxed{P_{\text{Laplace}} + P_{\text{fém}} = 0}$.

– Bilan global

Les deux équations électromécaniques couplées sont $m\dfrac{\mathrm{d}v}{\mathrm{d}t} = iB\ell$ et $-B\ell v = Ri$. On multiplie la première par v et la seconde par i puis l'on fait la somme, ce qui élimine le terme en B : $mv\dfrac{\mathrm{d}v}{\mathrm{d}t} + Ri^2 = 0$, ou encore : $\boxed{\dfrac{\mathrm{d}}{\mathrm{d}t}\left(\dfrac{1}{2}mv^2\right) = -Ri^2}$.

Cette relation était attendue et pouvait s'écrire directement sans faire appel aux équations couplées. Elle traduit simplement la conversion de l'énergie cinétique du rail en énergie thermique ou lumineuse via l'effet Joule. Notons enfin que ce bilan doit lui aussi servir à éviter de regrettables erreurs de signes. Un bilan de la forme $\dfrac{\mathrm{d}}{\mathrm{d}t}\left(\dfrac{1}{2}mv^2\right) = +Ri^2$ doit conduire à s'interroger sur l'écriture de la loi des tensions ou le calcul du produit vectoriel en ce qui concerne la force de Laplace !

❑ Méthode 25.6. Mettre en équation le fonctionnement du haut-parleur dans la configuration simplifiée des rails de Laplace

Il s'agit de reprendre différents éléments (calcul de la FÉM induite, des forces de Laplace) déjà vus à propos des rails de Laplace en tenant compte, en plus, de la modélisation mécanique (force de rappel élastique et frottements fluides) du haut-parleur et de la source de tension qui l'alimente.

⇨ **Exercice 25.11**

Pour la mise en équation, on reprend le schéma des rails de Laplace, avec les mêmes notations, et on ajoute :

- une force de rappel élastique et une force de frottement fluide ;
- une source de tension u qui correspond à l'alimentation du haut-parleur.

– Équation d'origine électrique

Il faut bien faire attention au fait que dans la FÉM induite il y a deux composantes, une due au mouvement de la bobine et une due à l'auto-induction dans la bobine.

Schéma électrique équivalent : la bobine est le siège d'un phénomène d'induction dont une composante (due au mouvement) est modélisée par e_{ind} et l'autre (l'auto-induction) est modélisée par l'inductance propre L. La résistance interne est notée r.

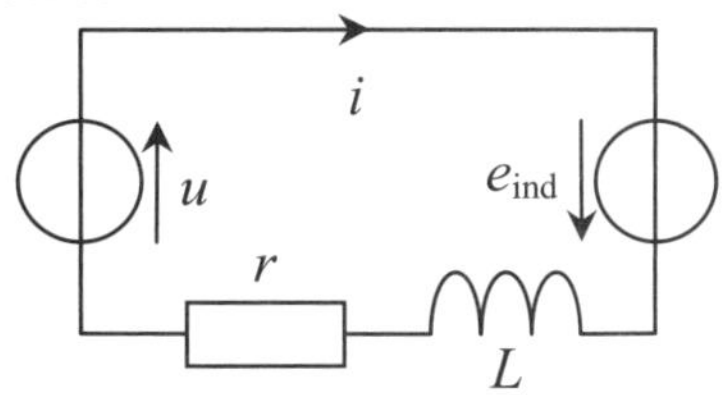

Méthodes

Le calcul de e_{ind} est exactement le même que celui qui a été fait dans la partie sur le rail de Laplace : $e_{\text{ind}} = -vB\ell$. Une simple application de la loi des mailles donne l'équation électrique : $u = ri + L\dfrac{\mathrm{d}i}{\mathrm{d}t} - e_{\text{ind}}$ soit finalement $\boxed{u = ri + L\dfrac{\mathrm{d}i}{\mathrm{d}t} + vB\ell}$.

– Équation d'origine mécanique

D'un point de vue mécanique, on applique le TRC à l'ensemble {bobine + membrane}.

On doit tenir compte de la masse m de l'ensemble, de la force de rappel élastique $\overrightarrow{F_k} = -ky\overrightarrow{e_y}$ (on choisit bien sûr $y = 0$ au niveau de la position d'équilibre), de la force de frottement fluide $\overrightarrow{F_\alpha} = -\alpha v\overrightarrow{e_y}$ et de la force de Laplace $\overrightarrow{F}_{\text{Lap}} = i\ell B\overrightarrow{e_y}$ (voir calcul précédent).

Le TRC s'écrit donc donc $m\vec{a} = \overrightarrow{F_k} + \overrightarrow{F_\alpha} + \overrightarrow{F}_{\text{Lap}}$ ce qui donne, en projetant sur l'axe (Oy), l'équation mécanique : $\boxed{m\dfrac{\mathrm{d}v}{\mathrm{d}t} = -ky - \alpha v + iB\ell}$.

– Bilan énergétique

En multipliant l'équation électrique par l'intensité et l'équation mécanique par la vitesse, on obtient $ui = ri^2 + Li\dfrac{\mathrm{d}i}{\mathrm{d}t} + vB\ell i$ et $mv\dfrac{\mathrm{d}v}{\mathrm{d}t} + kvy + \alpha v^2 = +iB\ell v$ et on élimine le terme en $iB\ell v$ (le fait que ce terme disparaisse du bilan énergétique final vient de ce que la puissance de la force de Lorentz est nulle), ce qui donne : $ui = ri^2 + Li\dfrac{\mathrm{d}i}{\mathrm{d}t} + mv\dfrac{\mathrm{d}v}{\mathrm{d}t} + kvy + \alpha v^2$ ou encore

$$\boxed{ui = ri^2 + \frac{\mathrm{d}}{\mathrm{d}t}\left(\frac{1}{2}Li^2\right) + \frac{\mathrm{d}}{\mathrm{d}t}\left(\frac{1}{2}mv^2\right) + \frac{\mathrm{d}}{\mathrm{d}t}\left(\frac{1}{2}ky^2\right) + \alpha v^2}.$$

Chaque terme peut être interprété :

– ui est la puissance fournie par la source qui alimente le haut-parleur ;

– ri^2 est la puissance dissipée par effet Joule dans la bobine ;

– $\dfrac{\mathrm{d}}{\mathrm{d}t}\left(\dfrac{1}{2}Li^2\right)$ est la variation d'énergie magnétique emmagasinée dans la bobine ;

– $\dfrac{\mathrm{d}}{\mathrm{d}t}\left(\dfrac{1}{2}mv^2\right)$ est la variation d'énergie cinétique de l'ensemble {bobine + membrane} ;

– $\dfrac{\mathrm{d}}{\mathrm{d}t}\left(\dfrac{1}{2}ky^2\right)$ est la variation d'énergie potentielle élastique de l'ensemble ;

– αv^2 est la puissance dissipée par les « frottements fluides », ce terme est plus délicat à interpréter puisqu'il contient la puissance sonore émise, mais pas seulement.

Le rendement d'un haut-parleur est en fait très faible (typiquement de l'ordre de 1 %). L'essentiel de l'énergie fournie au haut-parleur est dissipé par effet Joule dans le bobinage.

Vrai/Faux

	Vrai	Faux
1. Pour observer un courant induit, il suffit de placer un circuit électrique fermé dans un champ magnétique.	☐	☐
2. Le signe du coefficient d'inductance propre dépend du choix de l'orientation du circuit.	☐	☐
3. Le signe du coefficient d'inductance mutuelle dépend du choix de l'orientation des circuits.	☐	☐
4. Si l'on inverse le choix d'orientation du circuit, la FÉM induite change de signe.	☐	☐
5. Si l'on inverse le choix d'orientation du circuit, le courant induit change de signe.	☐	☐
6. Pour un circuit en mouvement dans un champ magnétique permanent, le champ magnétique est à l'origine du couplage électromécanique mais disparaît du bilan d'énergie.	☐	☐
7. Un haut-parleur électrodynamique peut, en principe, servir de micro, convertissant l'énergie acoustique en énergie électrique.	☐	☐
8. Le champ magnétique utilisé dans un haut-parleur électrodynamique est généré par l'intensité qui circule dans son circuit électrique.	☐	☐

■■ Énoncé des exercices

■ Loi de Faraday

❑ Exercice 25.1. Calculs de courants induits

Dans chacun des six cas suivants, calculer la valeur efficace du courant induit dans la spire d'axe (Δ) de surface $10\,\text{cm}^2$ et de résistance $0{,}5\,\Omega$.

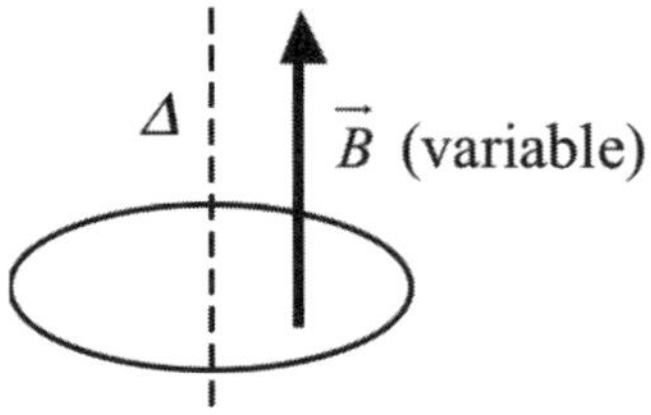

Cas 1 : la spire est immobile dans un champ magnétique uniforme parallèle à son axe, d'amplitude $0{,}1\,\text{T}$ et de fréquence $50\,\text{Hz}$.

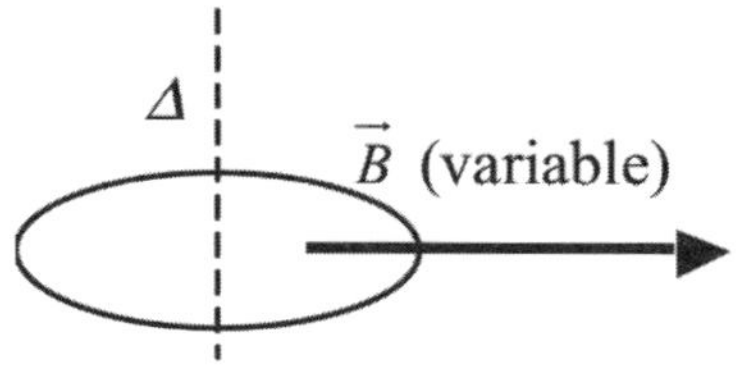

Cas 2 : la spire est immobile dans un champ magnétique uniforme orthogonal à son axe, d'amplitude $0{,}1\,\text{T}$ et de fréquence $50\,\text{Hz}$.

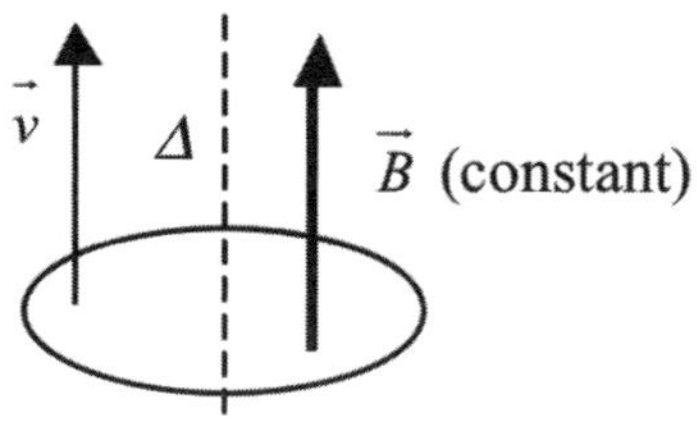

Cas 3 : la spire se déplace sans changer d'orientation avec une vitesse de $2\,\text{m}\cdot\text{s}^{-1}$ parallèle à son axe dans un champ magnétique constant et uniforme de $0{,}1\,\text{T}$.

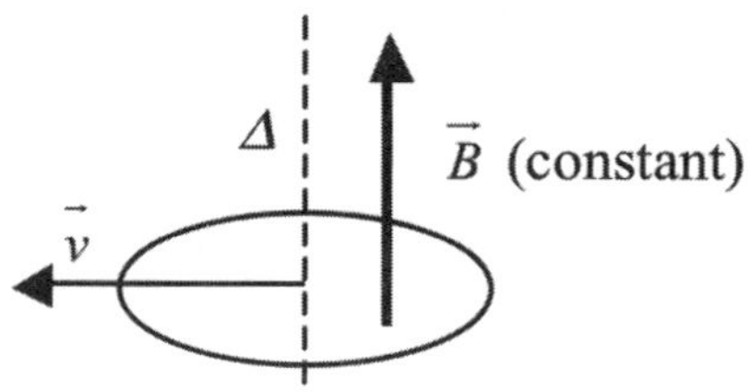

Cas 4 : la spire se déplace sans changer d'orientation avec une vitesse $2\,\text{m}\cdot\text{s}^{-1}$ orthogonale à son axe dans un champ magnétique constant et uniforme de $0{,}1\,\text{T}$.

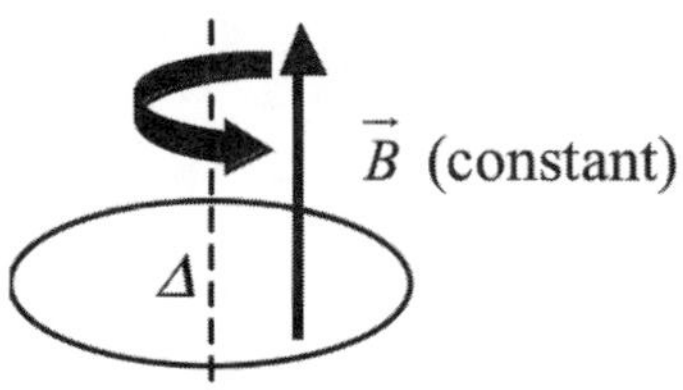

Cas 5 : la spire tourne avec une vitesse angulaire de $5\,\text{rad}\cdot\text{s}^{-1}$ autour de son axe dans un champ magnétique constant et uniforme parallèle à son axe de $0{,}1\,\text{T}$.

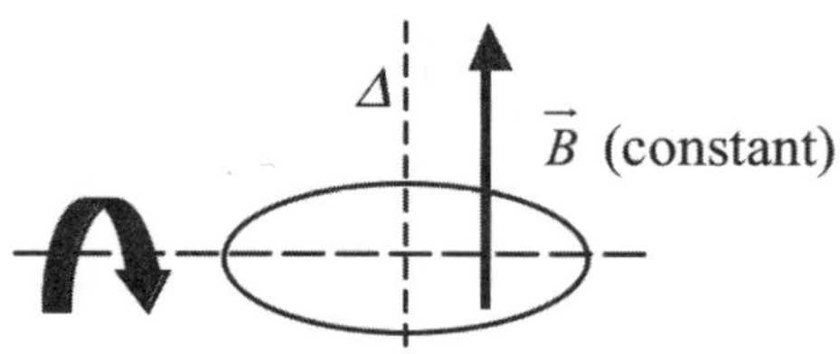

Cas 6 : la spire tourne avec une vitesse angulaire de $5\,\text{rad}\cdot\text{s}^{-1}$ autour d'un de ses diamètres dans un champ magnétique constant et uniforme parallèle à son axe de $0{,}1\,\text{T}$.

■ Circuit fixe dans un champ variable

❑ Exercice 25.2. Comparaison entre induction par un champ « extérieur » et auto-induction dans une spire

Lorsque l'on considère une spire unique, on peut généralement négliger la FÉM induite devant celle qui est due à un champ « extérieur », c'est-à-dire créé par une autre bobine, variable.
On considère ici une spire circulaire de rayon $R = 5\,\text{cm}$ et de résistance interne $r = 1\,\Omega$.

Le champ « extérieur » variable est uniforme, orthogonal au plan de la spire, sinusoïdal de fréquence $f = 50\,\text{Hz}$ et d'amplitude $B_0 = 50\,\text{mT}$.

1. Calculer l'amplitude de la FÉM induite dans la bobine du fait du champ extérieur.

2. En déduire (en négligeant l'auto-induction) l'amplitude du courant induit.

3. Expliquer pourquoi, en négligeant ainsi l'auto-induction, on sous-estime le courant induit.

4. L'expression de l'inductance propre d'une spire est délicate à établir, car on ne peut utiliser une modélisation filiforme des conducteurs (dans une telle modélisation, le champ diverge au voisinage des conducteurs) et il faut donc prendre en compte le rayon du fil, que l'on note a.

On donne l'expression : $L = \mu_0 R\left(\ln\left(\frac{8R}{a}\right) - 2\right)$. Calculer L pour cette spire, avec $a = 0{,}1\,\text{mm}$.

5. Calculer l'amplitude E'_{ind} de la FÉM associé à l'auto-induction et conclure.

❑ Exercice 25.3. Signe d'une inductance mutuelle*

Deux spires circulaires filiformes orientées notées (1) et (2), de centres O_1 et O_2, sont représentées ci-dessous dans trois situations. Ces spires sont perpendiculaires au plan de la figure, la partie en gras étant située en avant de ce plan. L'orientation choisie pour chaque circuit est indiquée par une flèche. Dans les deux premières dispositions, notées α et β, les deux spires sont coaxiales. Dans la dernière, leurs axes sont coplanaires et orthogonaux.

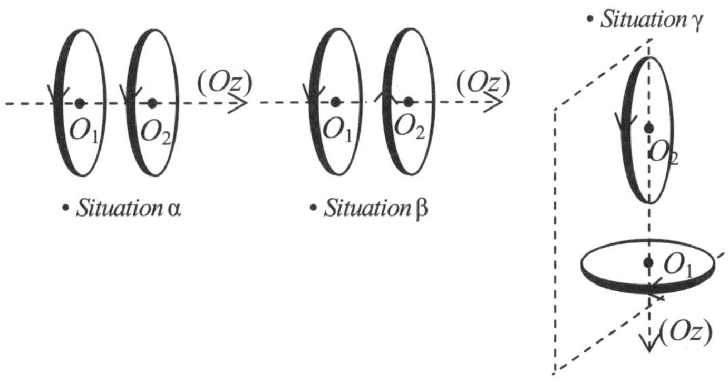

Indiquer si possible le signe de leur inductance mutuelle dans les trois cas.

❑ Exercice 25.4. Couplage entre deux bobines*

On dispose de deux bobines identiques (S_1) et (S_2) chacune d'inductance propre L et de résistance ohmique $r = 8\,\Omega$. On repère les bornes de chaque bobine par les lettres C et D. Les deux bobines sont placées à proximité l'une de l'autre. On les connecte en série sans les déplacer de manière à créer un nouveau dipôle. La connexion se fait selon les deux possibilités suivantes :

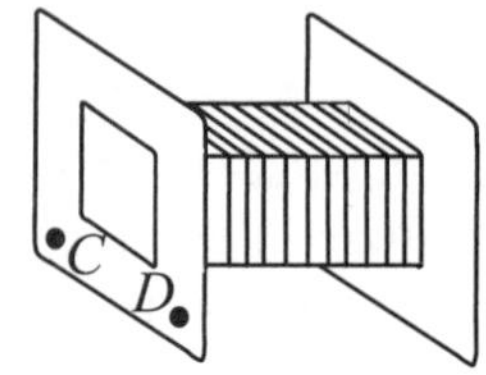

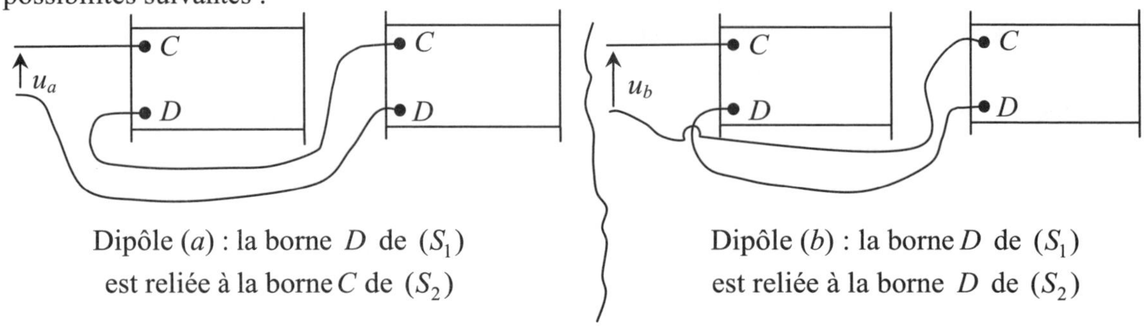

Dipôle (a) : la borne D de (S_1) est reliée à la borne C de (S_2)

Dipôle (b) : la borne D de (S_1) est reliée à la borne D de (S_2)

On alimente successivement chacun des dipôles (a) et (b) par un courant sinusoïdal de fréquence $f = 2$ KHz. La mesure du module de l'impédance donne $Z_a = 375\,\Omega$ et $Z_b = 225\,\Omega$. En déduire les valeurs de l'inductance propre L de chaque bobine et de l'inductance mutuelle M des deux bobines (on précisera les orientations choisies).

❑ Exercice 25.5. Régime transitoire dans deux circuits couplés par mutuelle

On reprend l'exemple traité à la méthode 25.3. On suppose pour simplifier $R_1 = R_2 = R$ et $L_1 = L_2 = L$. L'interrupteur est fermé à l'instant $t = 0$ et l'on suppose qu'avant fermeture, les intensités étaient nulles.

1. Écrire le système d'équations différentielles couplées vérifiées par les intensités $i_1(t)$ et $i_2(t)$.

2. La symétrie de ce système différentiel permet de le découpler en introduisant les fonctions intermédiaires $S(t) = i_1(t) + i_2(t)$ et $D(t) = i_1(t) - i_2(t)$.
Écrire les équations différentielles vérifiées par $S(t)$ et $D(t)$.

3. Résoudre les équations différentielles précédentes. Déterminer enfin les expressions des intensités $i_1(t)$ et $i_2(t)$. Représenter l'allure des courbes de ces intensités.
(On notera que toutes les inductances imposent la continuité des intensités à la fermeture de l'interrupteur.)

■ Circuit mobile dans un champ stationnaire

❑ Exercice 25.6. Énergie dissipée dans une bobine plate*

Une bobine plate comportant N spires rectangulaires de surface S tourne à une vitesse angulaire constante ω dans un champ magnétique constant et uniforme d'intensité B. Ses bornes sont reliées à une résistance R, et la résistance interne de la bobine est r. Pour les calculs, on assimilera la bobine plate à N spires confondues. On néglige le phénomène d'auto-induction.

1. Faire un schéma en indiquant notamment les directions du champ magnétique et du vecteur rotation de la bobine, de manière à ce que le courant induit soit le plus élevé possible.
2. Donner (relativement au sens de la rotation) la direction et le sens du couple nécessaire pour maintenir la vitesse angulaire constante de la spire (on le notera $\overrightarrow{M}_{op}$).
3. Donner le schéma électrique équivalent de l'ensemble et expliciter l'expression de la FÉM induite.
4. Établir l'expression du courant induit et en déduire la puissance dissipée par effet Joule.
5. À partir d'un bilan d'énergie, en déduire l'expression du couple $\overrightarrow{M}_{op}$.
6. Retrouver cette expression en calculant le moment des forces de Laplace.

❑ Exercice 25.7. Établissement du courant dans une bobine en rotation

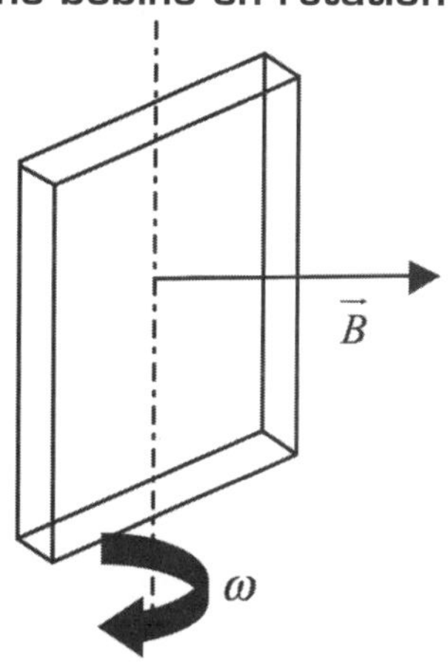

On considère une bobine plate comportant $N = 500$ spires rectangulaires de surface $S = 25\,\text{cm}^2$, d'inductance $L = 54\,\text{mH}$ et de résistance interne $r = 15\,\Omega$. Elle est refermée sur une résistance $R = 100\,\Omega$ et tourne avec une vitesse angulaire constante $\omega = 100\,\text{rad}\cdot\text{s}^{-1}$ dans un champ magnétique constant et uniforme d'intensité $B = 300\,\text{mT}$.

On s'intéresse à l'évolution du courant dans la bobine à partir d'un instant initial où il est nul (par exemple, la bobine est connectée à un interrupteur, et à $t = 0$ on ferme l'interrupteur).

1. Déterminer l'équation différentielle vérifiée par le courant qui circule dans la bobine.
2. Donner l'expression la plus générale de la solution (sans chercher à calculer les constantes), et interpréter les différents termes. Après combien de temps le régime permanent est-il atteint ?
3. Calculer la valeur efficace du courant une fois le régime permanent atteint.

❑ Exercice 25.8. Deux rails de Laplace**

Deux rails de Laplace peuvent glisser sans frottement suivant l'axe (Oy) sur deux rails conducteurs, formant ainsi un circuit fermé. On note R la résistance électrique de l'ensemble, supposée constante. L'inductance propre du circuit fermé est négligée.

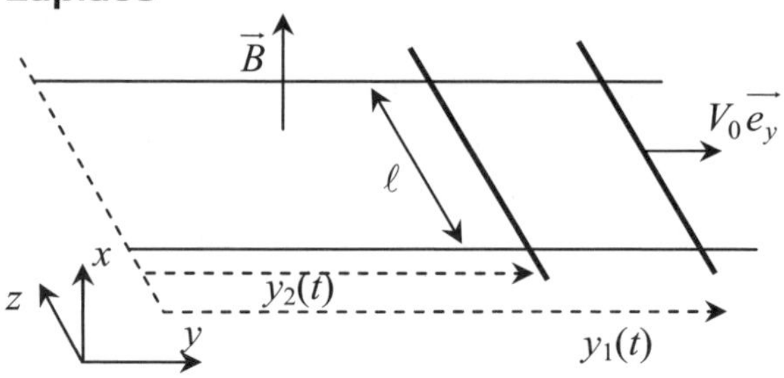

L'ensemble est plongé dans un champ magnétique uniforme $\vec{B} = B\,\vec{e_x}$.

Les deux rails coïncident initialement à la cote nulle $y_1(0) = y_2(0) = 0$. À l'instant initial, le rail (2) est au repos alors que le rail (1) est animé d'une vitesse uniforme $V_0\vec{e_y}$ imposée par une force extérieure.

1. Expliquer pourquoi le rail (2) se met en mouvement.

2. Déterminer l'expression de $y_2(t)$. Décrire la situation de régime permanent. L'évolution du système est-elle en accord avec la loi de Lenz ?

3. Écrire sans utiliser ce qui précède un bilan énergétique, en faisant intervenir la puissance de la force extérieure qui agit sur le rail (1). Retrouver ce bilan à partir de l'écriture des équations électromécaniques appliquées aux rails.

❑ Exercice 25.9. Oscillations de deux rails de Laplace couplés par induction*

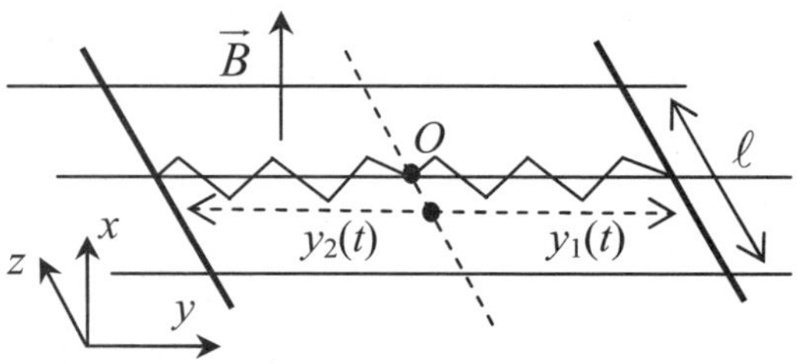

Les deux rails identiques à ceux de l'exercice précédent sont liés (séparément) au point O fixe par deux ressorts identiques de raideur k et de longueur à vide ℓ_0. On repère leur position $y_1(t)$ et $y_2(t)$ par rapport au point de fixation commun O. (Noter que $y_2(t)$ est négatif sur le schéma.)

À l'instant $t = 0$, le rail (1) est écarté vers la droite de sa position d'équilibre, d'une distance a, et lâché sans vitesse initiale. Au même instant, le rail (2) est immobile à sa position d'équilibre.

1. Écrire les trois équations électromécaniques couplées liant les positions $y_1(t)$ et $y_2(t)$ ainsi que l'intensité $i(t)$.

2. Éliminer l'intensité $i(t)$ pour obtenir deux équations différentielles couplées vérifiées par $y_1(t)$ et $y_2(t)$.

3. La symétrie du système différentiel précédent permet de le découpler en introduisant les fonctions intermédiaires $S(t) = y_1(t) + y_2(t)$ et $D(t) = y_1(t) - y_2(t)$. Écrire les équations différentielles vérifiées par $S(t)$ et $D(t)$.

4. Résoudre l'équation vérifiée par $S(t)$ et discuter rapidement les différents cas pour celle vérifiée par $D(t)$. Dans tous les cas, quelle est la limite de $D(t)$ au bout d'un temps suffisamment long ? Décrire le mouvement des deux rails quand ce régime permanent est atteint. La loi de Lenz est-elle vérifiée ?

5. Déterminer l'énergie mécanique du système au départ et au bout d'un temps assez long pour n'avoir que le régime permanent de la question précédente. Qu'est devenue l'énergie mécanique manquante ?

❑ Exercice 25.10. Freinage par induction**

Une tige métallique OA de masse m, de résistance R et de longueur a oscille sans frottement (liaison pivot parfaite) autour d'un axe fixe (Oz), perpendiculaire au plan de la feuille. Le moment d'inertie de la tige autour de (Oz) est $J = \dfrac{1}{3}ma^2$. La tige est en contact en A avec un rail métallique formant ainsi un circuit électrique dont le seul élément résistant est la tige OA. Elle est placée dans un champ magnétique uniforme $B\overrightarrow{e_z}$ normal au plan du système.

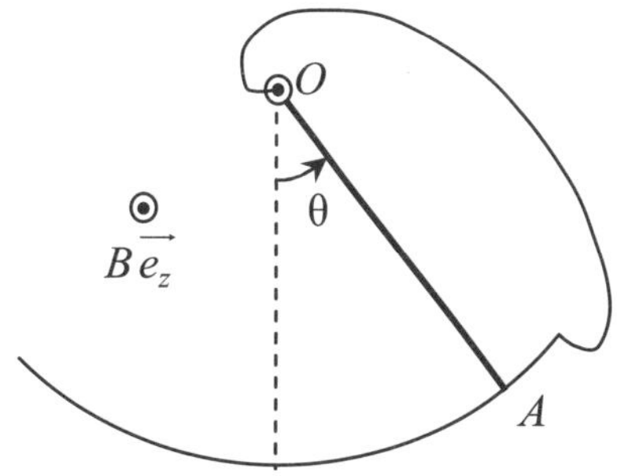

1. Déterminer l'équation différentielle vérifiée par l'angle $\theta(t)$ avec la verticale.

2. On se limite à de petites oscillations autour de la position d'équilibre. Linéariser l'équation différentielle précédente. Déterminer la valeur minimale $B_{\min}$ de B pour que la tige atteigne sa position d'équilibre sans oscillation.

3. Écrire sans calcul l'expression du taux de variation de l'énergie mécanique du pendule $\dfrac{\mathrm{d}E_\mathrm{m}}{\mathrm{d}t}$ en fonction de l'intensité $i(t)$ qui circule dans la tige. Retrouver la relation précédente à partir des deux équations électromécaniques couplées utilisées à la question 1.

❑ Exercice 25.11. Impédance d'entrée du haut-parleur et cercle de Kennelly**

Un haut-parleur électrodynamique est excité sinusoïdalement à la pulsation ω si bien que les grandeurs électriques et mécaniques varient toutes de manière sinusoïdale. On note $\underline{u}$, $\underline{i}$, $\underline{z}$ et $\underline{v}$ les grandeurs complexes associées, choisies de la forme $\underline{x} = \underline{X}\exp(j\omega t)$.

1. En utilisant les équations couplées associées au haut-parleur, montrer que l'impédance d'entrée $\underline{Z}_\mathrm{e} = \dfrac{\underline{u}}{\underline{i}}$ peut s'écrire $\underline{Z}_\mathrm{e} = r + jL\omega + \dfrac{B^2l^2}{\lambda + \dfrac{k}{j\omega} + jm\omega}$. Justifier la dénomination d'*impédance motionnelle* attribuée à l'un des termes de l'expression précédente.

2. Dans la suite, on se place à des pulsations telles que l'on puisse négliger la contribution de l'inductance propre L. Exprimer l'impédance d'entrée sous la forme :

$$\underline{Z}_\mathrm{e} = r + \frac{R_0}{1 + jQ\left(\dfrac{\omega}{\omega_0} - \dfrac{\omega_0}{\omega}\right)}$$

et donner les expressions de R_0, ω_0 et Q en fonction des données.

3. On trace un diagramme avec $\mathrm{Re}\{\underline{Z}_e\}$ en abscisse et $\mathrm{Im}\{\underline{Z}_e\}$ en ordonnée, paramétré par la pulsation qui varie de 0 à l'infini. Montrer que la courbe correspondante est un cercle (cercle de Kennelly) dont on déterminera le centre et le rayon. Indiquer dans quel sens on parcourt le cercle quand la pulsation croît. On donne les valeurs typiques : $r = 8\,\Omega$, $R_0 = 20\,\Omega$, $f_0 = 10$ Hz et $Q = 1$. Représenter le cercle de Kennelly correspondant.

4. En utilisant le cercle précédent, représenter l'allure des courbes représentant le module de l'impédance $|\underline{Z}_e|$ et l'argument de l'impédance $\varphi = \arg(\underline{Z}_e)$ en fonction de la pulsation. Quelles sont les valeurs maximale et minimale φ_{max} et φ_{min} de cet argument. Pour quelles valeurs de la pulsation sont ils atteints ?

■ Pour vous aider à démarrer

Exercice 25.1. Le courant induit est nul dans plusieurs cas. Il faut se demander si le flux au travers de la spire varie.
Exercice 25.3. Bien réfléchir à la forme du champ magnétique généré par une spire.
Exercice 25.4. Commencer par bien préciser les orientations pour lesquelles on définit l'inductance mutuelle M. Appliquer ensuite la méthode 25.5. Quand on permute les branchements, il suffit d'inverser les orientations pour revenir à la situation précédente. Que devient alors M ?
Exercice 25.8. Orienter le circuit fermé le long duquel circule le courant.
Exercice 25.9. Orienter le circuit fermé le long duquel circule le courant. Pour écrire la force exercée par un ressort, il faut faire intervenir sa longueur à vide et se souvenir (algébriquement !) que si le ressort est allongé, il tend à se rétracter.
Exercice 25.10. Orienter le circuit fermé le long duquel circule le courant. Attention au fait que, en rotation, la vitesse n'est plus uniforme.
Exercice 25.11. Se souvenir de ce que deviennent les dérivées temporelles en représentation complexe. Pour obtenir l'allure des courbes, il est commode d'utiliser la variable intermédiaire $M = Q\left(\frac{\omega}{\omega_0} - \frac{\omega_0}{\omega}\right)$ plutôt que la pulsation ω.

Corrigé des vrai/faux

1.	2.	3.	4.	5.	6.	7.	8.
faux	faux	vrai	vrai	vrai	vrai	vrai	faux

1. Le flux du champ magnétique (et donc le champ magnétique) doit être variable.
2. Le coefficient d'inductance propre est toujours positif.
4. Le flux change de signe, sa dérivée aussi.
5. La FÉM change de signe, l'intensité aussi. Comme l'orientation est opposée, cela correspond à la même situation physique !
7. Quand la membrane vibre, une FÉM induite apparaît, « image » de l'onde acoustique source.

❑ Les erreurs classiques

– La plus grave et la plus fréquente est de ne pas choisir une orientation pour les circuits. Toutes les relations sont algébriques et supposent le choix de cette orientation ! Quand le circuit est orienté, le flux est algébrique, la FÉM est algébrique ainsi que l'écriture de la loi des mailles.
– Il faut prendre garde à ne pas compter deux fois les inductances propres par utilisation d'un schéma électrique faux dans lequel on dessinerait à la fois la FÉM induite totale et la bobine symbolisant l'inductance propre.
– Beaucoup d'étudiant(e)s ne pensent pas à introduire un courant électrique si le sujet ne l'indique pas. Il faut se souvenir que si l'on a un circuit en mouvement dans un champ permanent, la FÉM induite sera à l'origine d'un courant si le circuit est fermé. Et ce courant entraîne lui-même l'existence d'une force de Laplace.
– Enfin, dans l'intégration des équations électromécaniques couplées, l'intensité est une fonction inconnue et non pas une constante !

Corrigé des exercices

Exercice 25.1

– Cas 1

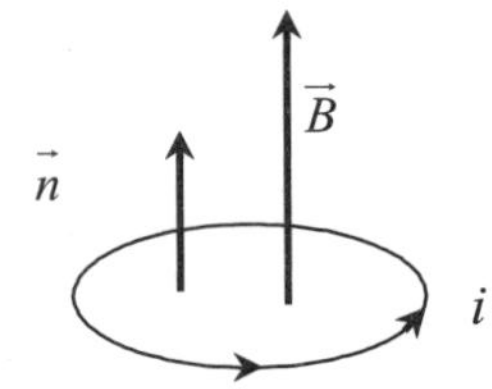

On retrouve la situation simple vue dans le résumé de cours : avec les orientations indiquées ci-contre, on a $\Phi = B\,S = B_0\,S\cos(\omega t)$, et la loi de Faraday donne $e_{\text{ind}} = \omega B_0\,S\cos(\omega t)$. On peut alors modéliser le comportement électrique de la spire par une source de tension en série avec une résistance, et on obtient $i = \dfrac{e_{\text{ind}}}{R} = \dfrac{\omega B_0\,S\cos(\omega t)}{R}$.

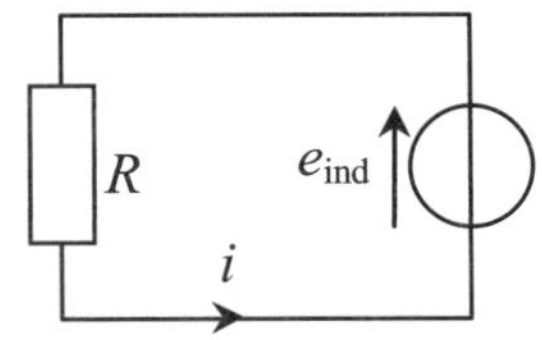

La valeur efficace d'un courant sinusoïdal est égale à son amplitude divisée par $\sqrt{2}$, donc $\boxed{I_{\text{eff}} = \dfrac{\omega B_0\,S}{R\sqrt{2}}}$.

AN $\boxed{I_{\text{eff}} = 45\,\text{mA}}$ ($\omega = 2\pi f = 315\,\text{rad.s}^{-1}$).

– Cas 2

Le champ magnétique est orthogonal à l'axe de la spire, donc le flux au travers de la spire est nul. Il n'y a donc pas de variation de flux : la FÉM induite est nulle, le courant induit est nul également.

– Cas 3 et 4

Le champ étant uniforme et la spire ne changeant pas d'orientation, le flux ne varie pas quel que soit le mouvement. Le courant induit est nul.

> ✐ *On peut retenir que d'une manière générale un mouvement de **translation** d'un circuit dans un champ magnétique **uniforme** n'engendre pas de phénomène d'induction.*

– Cas 5

Là encore il n'y a aucune variation du flux au travers de la spire et donc le courant induit le long de la spire est nul.

– Cas 6

On retrouve la situation classique d'une spire en rotation dans un champ uniforme. Des calculs analogues à ceux développés dans le résumé de cours (que la spire soit circulaire ou rectangulaire, ou de toute autre forme pourvu qu'elle soit plane, n'a aucune importance) conduisent à $e_{\text{ind}} = B\,S\,\omega\sin(\omega t)$, où ω est la vitesse angulaire. On conclut ensuite comme dans le cas 1 , et on obtient $\boxed{I_{\text{eff}} = \dfrac{\omega B\,S}{R\sqrt{2}}}$. L'application numérique donne $\boxed{I_{\text{eff}} = 0{,}71\,\text{mA}}$.

Exercice 25.2

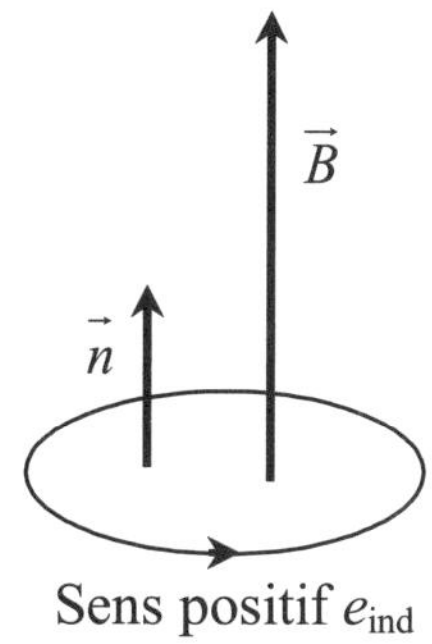

1. On note $B = B_0 \cos(\omega t)$ et le flux est égal à $\Phi = B\,S = B_0\,S\cos(\omega t)$, en utilisant la loi de Faraday on obtient $e_{\text{ind}} = \omega\,B_0\,S\sin(\omega t)$, c'est-à-dire que l'amplitude est $\boxed{E_{\text{ind}} = \omega\,B_0\,S}$.
AN $\boxed{E_{\text{ind}} = 0{,}12\,\text{V}}$.

2. Le circuit électrique équivalent est simplement une source de tension e_{ind} aux bornes d'une résistance. On en déduit que le courant (orienté dans le même sens que e_{ind}) est $i = \dfrac{e_{\text{ind}}}{r}$, d'où son amplitude : $\boxed{I_{\text{m}} = \dfrac{\omega\,B_0\,S}{r}}$. AN $\boxed{I_{\text{m}} = 0{,}12\,\text{A}}$.

3. Le courant induit s'oppose par ses effets à la variation de flux (loi de Lenz), de ce fait en négligeant le champ magnétique qu'il crée on surestime la variation de flux, donc la FÉM induite et donc le courant induit.

4. L'application numérique donne $\boxed{L = 0{,}39\,\mu\text{H}}$.

5. Le flux associé à l'auto-induction est donné par $\Phi' = Li$ et la FÉM correspondante est donc $e'_{\text{ind}} = -\dfrac{\mathrm{d}\Phi'}{\mathrm{d}t} = -L\dfrac{\mathrm{d}i}{\mathrm{d}t}$. Comme i est sinusoïdal, on en déduit $\boxed{E'_{\text{ind}} = L\,\omega\,I_{\text{m}}}$. L'application numérique donne $\boxed{E'_{\text{ind}} = 15\,\mu\text{V}}$, l'auto-induction est ici effectivement négligeable.

Exercice 25.3

Pour bien aborder cet exercice, il faut avoir une vision claire du champ magnétique créé par une spire. Les lignes de champ sont des courbes fermées entourant la spire. Une ligne passant par un point M est contenue dans le plan passant par M et contenant l'axe de la spire.

En coordonnées cylindriques, on a : $\vec{B}(M) = B_r(r,z)\vec{e_r} + B_z(r,z)\vec{e_z}$. Les symétries, suggérées dans le schéma ci-dessous, imposent : $B_z(r,-z) = B_z(r,z)$.

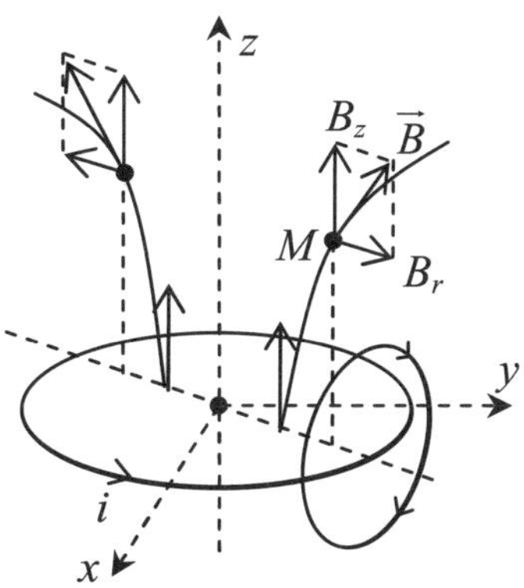

Avec les choix d'orientations de la figure, la composante $B_z(r,\,z)$ est du même signe que l'intensité i.

– Disposition α

Pour calculer le flux du champ magnétique à travers une spire, on peut prendre comme surface fermée s'appuyant sur la spire le disque plan qu'elle limite. Seul intervient alors dans le calcul du flux la composante de $\vec{B}$ normale à ce disque.

Dans la disposition α, on voit que si i_1 est positif, B_{z1} est positif et donc le flux $\Phi_{12} = \displaystyle\iint_{\text{disque }\Sigma_2} \vec{B_1}\cdot \mathrm{d}S_2\vec{e_z} = \iint_{\text{disque }\Sigma_2} B_{1z}\,\mathrm{d}S_2$ est positif. On en déduit que $\boxed{M_\alpha = M_{12\alpha} \geq 0}$.

– Dans la disposition β, on inverse une des deux orientations et donc on change le signe du coefficient de mutuelle $\boxed{M_\beta \leq 0}$.

– Dans la situation γ, on peut commencer par chercher le flux Φ_{12}. Comme la spire (2) est entièrement contenue dans un plan contenant l'axe de la spire (1), le champ $\overrightarrow{B_1}$ est entièrement dans ce plan et donc le produit scalaire $\overrightarrow{B_1} \cdot \mathrm{d}\overrightarrow{S_2}$ est nul. Le flux total Φ_{12} est nul, comme le coefficient d'inductance mutuelle : $\boxed{M_\gamma = 0}$.

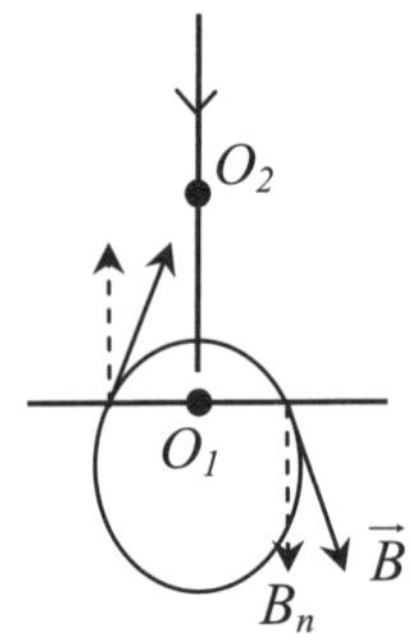

On peut changer de point de vue et chercher le flux Φ_{21}. Le schéma ci-contre, en coupe, montre pourquoi ce flux est nul.
Une ligne de champ qui traverse la spire (2) coupe le disque qui s'appuie sur la spire (1) en deux points symétriques pour lesquels la composante utile, normale au disque, change se signe.

Exercice 25.4

Notons M l'inductance mutuelle algébrique des deux solénoïdes quand les intensités i_1 et i_2 qui circulent sont comptées positivement de C vers D. Le circuit électrique équivalent au dipôle (a) sera le suivant :

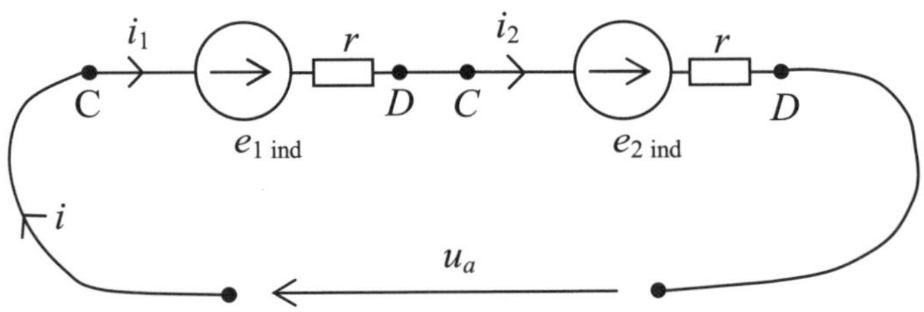

avec les relations : $i_1 = i_2 = i$ et $e_{1\,\text{ind}} = -L\dfrac{\mathrm{d}i_1}{\mathrm{d}t} - M\dfrac{\mathrm{d}i_2}{\mathrm{d}t}$ ainsi que $e_{2\,\text{ind}} = -L\dfrac{\mathrm{d}i_2}{\mathrm{d}t} - M\dfrac{\mathrm{d}i_1}{\mathrm{d}t}$.

Finalement l'équation électrique est : $u = -e_{1\,\text{ind}} + r\,i_1 - e_{2\,\text{ind}} + r\,i_2$.

En remplaçant, avec $i_1 = i_2 = i$, il vient :

$$u = L\frac{\mathrm{d}i}{\mathrm{d}t} + M\frac{\mathrm{d}i}{\mathrm{d}t} + ri + L\frac{\mathrm{d}i}{\mathrm{d}t} + M\frac{\mathrm{d}i}{\mathrm{d}t} + ri = 2(L+M)\frac{\mathrm{d}i}{\mathrm{d}t} + 2ri.$$

On voit que l'association des deux bobines dans la configuration (a) est équivalente à une unique bobine d'inductance $L_{\text{éq}\,a} = 2(L+M)$ et de résistance $r_{\text{éq}\,a} = 2r$. Pour le dipôle (b), on se ramène à la configuration du dipôle (a) si l'on change l'orientation du deuxième bobinage. Cela conduit simplement à changer le signe de l'inductance mutuelle qui devient $-M$. On en déduit que l'association des deux bobines dans la configuration (b) est équivalente à une unique bobine d'inductance $L_{\text{éq}\,b} = 2(L-M)$ et de résistance $r_{\text{éq}\,b} = 2r$.

En régime sinusoïdal forcé, on passe aux impédances complexes : $\underline{Z_a} = 2(L+M)j\omega + 2r$ et $\underline{Z_b} = 2(L-M)j\omega + 2r$.

En passant aux modules : $\left|\underline{Z_a}\right|^2 = Z_a^2 = \left((2(L+M)\omega)^2 + (2r)^2\right) = 4(L+M)^2\omega^2 + 4r^2$, et $\left|\underline{Z_b}\right|^2 = Z_b^2 = 4(L-M)^2\omega^2 + 4r^2$. On en déduit $L+M = \sqrt{\dfrac{Z_a^2 - 4r^2}{4\omega^2}}$ et $L-M = \sqrt{\dfrac{Z_b^2 - 4r^2}{4\omega^2}}$.

✎ *En prenant la racine, on n'a pas à s'inquiéter du signe car on sait que $L+M$ est toujours positif, quel que soit le signe de M. On a en effet le résultat général* $\left|\dfrac{M}{\sqrt{L_1L_2}}\right| = \left|\dfrac{M}{L}\right| \leq 1$ *ou encore, comme L est toujours positive :* $|M| \leq L$.

Finalement : $\boxed{L = \dfrac{1}{2}\left(\sqrt{\dfrac{Z_a^2 - 4r^2}{4\omega^2}} + \sqrt{\dfrac{Z_b^2 - 4r^2}{4\omega^2}}\right)}$ et $\boxed{L = \dfrac{1}{2}\left(\sqrt{\dfrac{Z_a^2 - 4r^2}{4\omega^2}} - \sqrt{\dfrac{Z_b^2 - 4r^2}{4\omega^2}}\right)}$.

AN $\boxed{L = 11{,}9\text{ mH}}$ et $\boxed{M = 2{,}99\text{ mH}}$.

Exercice 25.5

1. Le système d'équation à résoudre, après fermeture de l'interrupteur, est donné par la loi des mailles : $\boxed{E = Ri_1 + L\dfrac{\mathrm{d}i_1}{\mathrm{d}t} + M\dfrac{\mathrm{d}i_2}{\mathrm{d}t}}$ et $\boxed{0 = Ri_2 + L\dfrac{\mathrm{d}i_2}{\mathrm{d}t} + M\dfrac{\mathrm{d}i_1}{\mathrm{d}t}}$.

2. C'est un système d'équations différentielles couplées. La symétrie du système permet de le découpler simplement en introduisant les fonctions $S = i_1 + i_2$ et $D = i_1 - i_2$. En faisant la somme et la différence des équations différentielles, on trouve :

$$\boxed{E = RS + (L+M)\frac{\mathrm{d}S}{\mathrm{d}t}} \text{ et } \boxed{E = RD + (L-M)\frac{\mathrm{d}D}{\mathrm{d}t}}.$$

3. Les solutions sont : $S(t) = \dfrac{E}{R} + A\exp(-t/\tau_1)$ et $D(t) = \dfrac{E}{R} + B\exp(-t/\tau_2)$ où A et B sont des constantes d'intégration, et $\tau_1 = \dfrac{L+M}{R}$ et $\tau_2 = \dfrac{L-M}{R}$ sont des temps caractéristiques de variation des courants. Ces deux temps sont bien positifs d'après la remarque de l'exercice précédent. La continuité des intensités i_1 et i_2 entraîne celle de S et D. On doit donc avoir immédiatement après fermeture de l'interrupteur $S(0^+) = 0$ et $D(0^+) = 0$ ce qui fixe les constantes : $S(t) = \dfrac{E}{R}(1 - \exp(-t/\tau_1))$ et $D(t) = \dfrac{E}{R}(1 - \exp(-t/\tau_2))$. On en tire ainsi les expressions des intensités : $\boxed{i_1(t) = \dfrac{1}{2}(S+D) = \dfrac{E}{R}\left(1 - \dfrac{1}{2}\exp(-t/\tau_1) - \dfrac{1}{2}\exp(-t/\tau_2)\right)}$ et $\boxed{i_2(t) = \dfrac{1}{2}(S-D) = \dfrac{E}{2R}(-\exp(-t/\tau_1) + \exp(-t/\tau_2))}$.

Corrigé

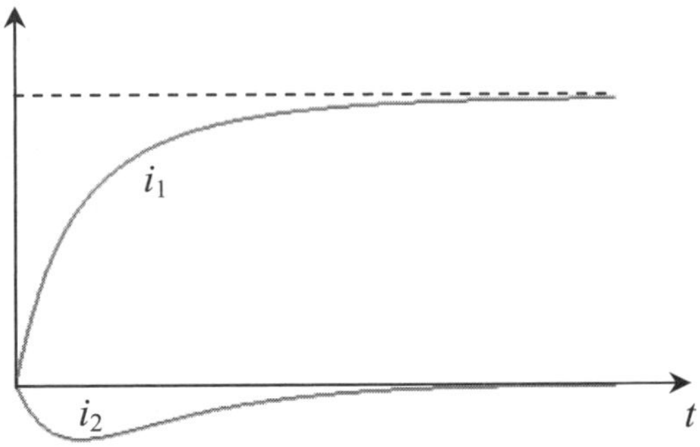

Dans le cas $M \geq 0$, on a $\tau_1 \geq \tau_2$. Le terme en $\exp(-t/\tau_1)$ est donc toujours supérieur à celui en $\exp(-t/\tau_2)$. L'intensité i_2 est donc négative ce qui est conforme à la loi de Lenz : le flux correspondant $\Phi_{21} = Mi_2$ s'oppose au flux $\Phi_{12} = Mi_1$. Dans le cas $M \leq 0$, l'intensité i_2 reste au contraire positive. Une fois le régime permanent atteint, le couplage disparaît.

Exercice 25.6

1. Il faut que le flux du champ magnétique au travers des spires soit le plus élevé possible d'où, par exemple, la configuration suivante.

2. D'après la loi de Lenz, le courant induit tend à s'opposer à la cause qui lui donne naissance, c'est-à-dire ici la rotation de la bobine. Le moment des forces de Laplace est donc de sens opposé au vecteur rotation, et le couple qui permet de maintenir la rotation est dans le même sens que le vecteur rotation.

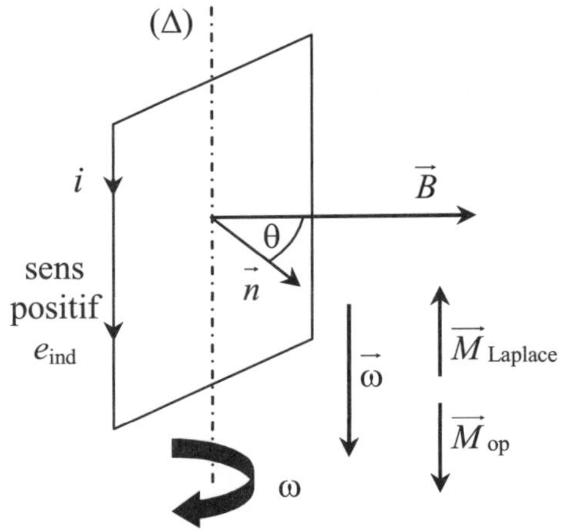

3. On néglige l'auto-induction dans la bobine, on la modélise donc par une source de tension e_{ind} associée au mouvement de rotation en série avec sa résistance interne r.

On calcule e_{ind} avec la loi de Faraday : avec les notations du schéma,

$$e_{ind} = -\frac{d\Phi}{dt} \text{ et } \Phi = N\vec{B}\cdot\vec{n}S = NBS\cos\theta \text{, d'où } e_{ind} = -NBS\frac{d(\cos\theta)}{dt}$$

soit $\boxed{e_{ind} = NBS\omega\sin(\omega t)}$ puisque, ω étant constante, $\theta = \omega t$.

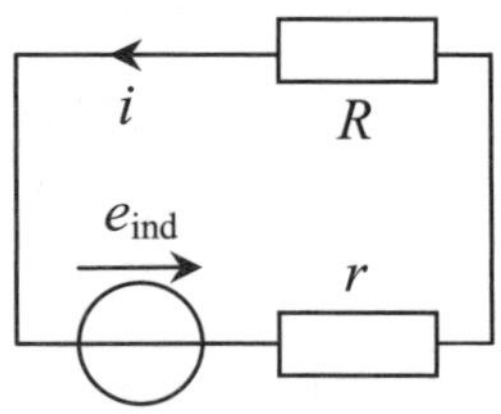

4. Le schéma électrique équivalent permet d'obtenir $i = \dfrac{e_{ind}}{r+R}$, et donc $i = \dfrac{NBS\omega\sin(\omega t)}{r+R}$.

La puissance dissipée par effet Joule dans l'ensemble (bobine et résistance R) est donnée par

$$P_J = (r+R)i^2 \text{, soit } \boxed{P_J = \frac{\left(NBS\omega\sin(\omega t)\right)^2}{r+R}}.$$

5. D'un point de vue mécanique la puissance du couple P_{op} est égale, en valeur absolue, à celle des forces de Laplace (puisque, la vitesse angulaire étant constante, $\overrightarrow{M}_{\text{op}} + \overrightarrow{M}_{\text{Laplace}} = \vec{0}$). D'un point de vue électrique, toujours en valeur absolue, la puissance associée à la FÉM est égale à la puissance dissipée par effet Joule. Étant donné que d'une manière générale $|P_{\text{Laplace}}| = |P_{\text{fém}}|$, on en déduit que $P_{\text{op}} = P_{\text{J}}$. Enfin, $P_{\text{op}} = \overrightarrow{M}_{\text{op}} \cdot \vec{\omega} = \omega M_{\text{op}}$.

On en déduit que $\boxed{M_{\text{op}} = \dfrac{\omega\left(NBS\sin(\omega t)\right)^2}{r+R}}$.

Ce moment est algébrique, ce n'est pas la norme de $\overrightarrow{M}_{\text{op}}$ mais sa projection sur la direction définie par le vecteur unitaire $\vec{u} = \dfrac{\vec{\omega}}{\omega}$: $\overrightarrow{M}_{\text{op}} = M_{\text{op}}\vec{u}$.

6. On peut assimiler la bobine à un moment magnétique $\vec{m} = NiS\vec{n}$ (l'orientation de $\vec{n}$ est cohérente avec celle du courant) et le moment des forces de Laplace est donné par $\overrightarrow{M}_{\text{Laplace}} = \vec{m} \wedge \vec{B}$, d'où $\overrightarrow{M}_{\text{Laplace}} = NiS\vec{n} \wedge \vec{B} = NiSB\sin\theta\left(-\vec{u}\right)$ et comme $\overrightarrow{M}_{\text{op}}$ en est l'opposé, on a finalement $\overrightarrow{M}_{\text{op}} = NiSB\sin\theta\,\vec{u}$, donc $M_{\text{op}} = NiSB\sin\theta$ et on retrouve le résultat de la question précédente en remplaçant i par son expression.

Exercice 25.7

On peut reprendre les notations de l'exercice précédent, la situation étant très proche (la principale différence étant que l'on prend ici en compte le phénomène d'auto-induction).

1. Pour modéliser la bobine, on associe en série la résistance interne, une inductance pure et la FÉM induite du fait de la rotation notée e_{ind} (on aurait pu aussi ne pas faire figurer l'inductance et prendre en compte dans e_{ind} les deux contributions, celle associée à la rotation et celle associée à l'auto-induction). Le calcul de e_{ind} a déjà été fait plusieurs fois (voir résumé de cours ou exercice précédent) et donne : $e_{\text{ind}} = NBS\omega\sin(\omega t)$. Loi des mailles :

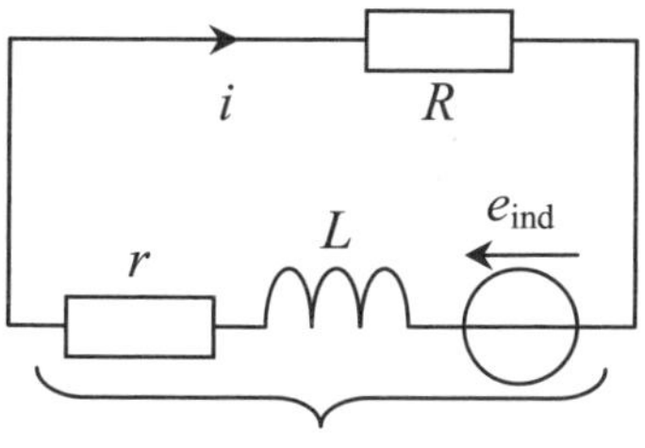

$e_{\text{ind}} = (r+R)i + L\dfrac{\mathrm{d}i}{\mathrm{d}t}$. L'équation différentielle vérifiée par i est donc, en posant $\tau = \dfrac{L}{r+R}$:

$\boxed{\dfrac{\mathrm{d}i}{\mathrm{d}t} + \dfrac{1}{\tau}i = \dfrac{NBS\omega}{L}\sin(\omega t)}$.

2. La solution la plus générale est la somme de la solution de l'équation homogène et d'une solution particulière sinusoïdale : $\boxed{i = \lambda e^{-t/\tau} + I_{\text{m}}\cos(\omega t + \varphi)}$. La solution homogène correspond à un régime transitoire, qui tend vers 0, alors que la solution particulière correspond au régime permanent sinusoïdal (tout cela revient à considérer la réponse d'un circuit *RL* à une excitation sinusoïdale). Le régime permanent est atteint au bout de quelques τ, avec $\boxed{\tau = 0{,}47\,\text{ms}}$.

3. Il faut calculer $I_{\text{eff}} = \dfrac{I_{\text{m}}}{\sqrt{2}}$, et pour cela on utilise la notation complexe en posant $i_{\text{p}}(t) = I_{\text{m}} \cos(\omega t + \varphi) = \text{Re}\left[\underline{i}_{\text{p}}(t)\right]$ avec $\underline{i}_{\text{p}}(t) = I_{\text{m}} e^{j\omega t} e^{j\varphi}$. L'équation vérifiée par $\underline{i}_{\text{p}}$ est $\dfrac{\text{d}\underline{i}_{\text{p}}}{\text{d}t} + \dfrac{1}{\tau}\underline{i}_{\text{p}} = \dfrac{NBS\omega}{L}(-j)e^{j\omega t}$ soit $I_{\text{m}} e^{j\omega t} e^{j\varphi}\left(j\omega + \dfrac{1}{\tau}\right) = \dfrac{NBS\omega}{L}(-j)e^{j\omega t}$. L'égalité des modules donne $I_{\text{m}} = \dfrac{NBS\omega}{L\sqrt{\omega^2 + (1/\tau)^2}}$ et finalement $\boxed{I_{\text{eff}} = \dfrac{NBS\omega}{L\sqrt{2\left(\omega^2 + (1/\tau)^2\right)}}}$. AN $\boxed{I_{\text{eff}} = 0{,}23\,\text{A}}$.

Exercice 25.8

1. On a un conducteur en mouvement dans un champ magnétique permanent. Il est le siège d'une FÉM induite qui génère un courant électrique dans le circuit fermé limité par les deux rails. Le rail (2) parcouru par un courant et placé dans un champ magnétique est soumis à la force de Laplace qui le met en mouvement.

2. Il faut obtenir les deux équations électromécaniques couplées pour le rail (2).

– Pour trouver l'équation électrique, il faut obtenir le schéma électrique équivalent. Chaque rail est le siège d'une FÉM induite. Comme toujours, la première chose à faire est d'orienter le circuit, par exemple comme indiqué sur le schéma ci-contre.

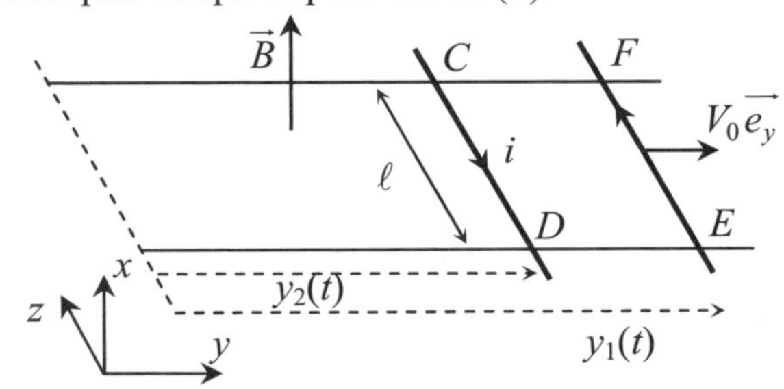

On calcule la FÉM induite $e_1 + e_2$ sur tout le circuit fermé en utilisant la loi de Faraday. Comme le champ magnétique est uniforme, le flux à travers une surface orientée qui s'appuie sur le circuit fermé s'écrit encore $\Phi = \vec{B} \cdot \vec{S}$ avec ici $\vec{S} = (y_1 - y_2)\ell \vec{e_x}$, soit $\Phi = \vec{B} \cdot \vec{S} = B\vec{e_x} \cdot (y_1 - y_2)\ell \vec{e_x} = B\ell(y_1 - y_2)$

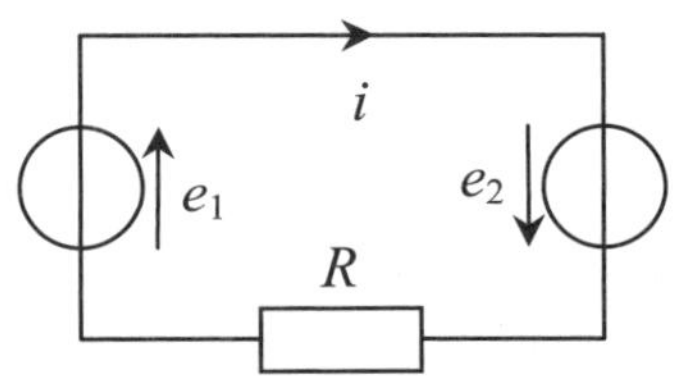

d'où $e = e_1 + e_2 = -\dfrac{\text{d}\Phi}{\text{d}t} = -B\ell\left(\dfrac{\text{d}y_1}{\text{d}t} - \dfrac{\text{d}y_2}{\text{d}t}\right) = -B\ell\left(V_0 - \dfrac{\text{d}y_2}{\text{d}t}\right)$. L'application de la loi des mailles donne finalement : $\boxed{-B\ell\left(V_0 - \dfrac{\text{d}y_2}{\text{d}t}\right) = Ri}$.

– L'équation mécanique s'obtient en projetant sur (Oy) le théorème de la résultante cinétique appliqué au rail (2). La résultante des forces de Laplace sur ce rail s'écrit :

$\vec{R_2} = \displaystyle\int_C^D i\,\text{d}\vec{\ell} \wedge \vec{B} = \int_\ell^0 i\,\text{d}z\,\vec{e_z} \wedge B\vec{e_x} = -i\ell B\vec{e_y}$. Ainsi, en projection sur (Oy), on obtient l'autre équation électromécanique : $\boxed{m\dfrac{\text{d}^2 y_2}{\text{d}t^2} = -i\ell B}$.

– Il reste à éliminer l'intensité entre ces deux équations couplées, ce qui ici est immédiat :

$$i=\frac{1}{R}\left(-V_0\ell B+\frac{\mathrm{d}y_2}{\mathrm{d}t}\ell B\right) \text{ donc } m\frac{\mathrm{d}^2y_2}{\mathrm{d}t^2}=-\ell B\frac{1}{R}\left(-V_0\ell B+\frac{\mathrm{d}y_2}{\mathrm{d}t}\ell B\right)=-\frac{B^2\ell^2}{R}\frac{\mathrm{d}y_2}{\mathrm{d}t}+\frac{B^2\ell^2}{R}V_0.$$

On introduit la vitesse $v_2=\frac{\mathrm{d}y_2}{\mathrm{d}t}$ du rail (2) ce qui conduit à : $\boxed{\frac{\mathrm{d}v_2}{\mathrm{d}t}+\frac{v_2}{\tau}=\frac{V_0}{\tau}}$.

Avec le temps caractéristique $\boxed{\tau=\frac{B^2\ell^2}{mR}}$ qui a sa forme habituelle, invariante dans un changement de signe de B. Comme la vitesse initiale du rail (2) est nulle, la solution est immédiate : $\boxed{v_2(t)=V_0\left(1-\exp(-t/\tau)\right)}$. Puis, par une intégration supplémentaire, en prenant en compte la condition initiale $y_2(0)=0$:

$y_2(t)=\int_0^t v_2(u)\,\mathrm{d}u=V_0\left(t+\tau\left(\exp(-t/\tau)-1\right)\right)$, soit $\boxed{y_2(t)=V_0\left(t-\tau\right)+V_0\tau\exp(-t/\tau)}$.

Le terme en exponentielle traduit un régime transitoire de durée typique τ. Au bout d'un temps très supérieur à cette durée, il reste : $y_2(t)\approx V_0\left(t-\tau\right)$, ce qui signifie que le rail (2) avance lui aussi à la vitesse V_0.

Lors de la phase transitoire de mise en vitesse il a pris un retard spatial $V_0\tau$ sur le rail (1) (l'ordre de grandeur de ce retard était aisément prévisible à partir d'arguments dimensionnels).
En ce qui concerne le rail (2), les effets des courants induits ne sont pas des effets de freinage. La loi de Lenz est cependant vérifiée car le système évolue dans le sens qui annule la variation de flux associée aux vitesses différentes des deux rails.

3. La puissance $P_{\text{op}}=FV_0$ sert à modifier l'énergie cinétique du rail (2) et à produire de l'effet Joule. Le bilan global doit donc prendre la forme suivante : $\boxed{P_{\text{op}}=\frac{\mathrm{d}}{\mathrm{d}t}\left(\frac{1}{2}mv_2^2\right)+Ri^2}$.

Pour retrouver ce bilan, il faut faire intervenir le théorème de la résultante cinétique appliquée au rail (1). La résultante des forces de Laplace sur ce rail s'écrit :

$\overrightarrow{R_1}=\int_E^F i\,\mathrm{d}\vec{\ell}\wedge\vec{B}=\int_0^\ell i\,\mathrm{d}z\,\overrightarrow{e_z}\wedge B\overrightarrow{e_x}=+i\ell B\overrightarrow{e_y}$. Comme le rail est en mouvement rectiligne uniforme, l'opérateur exerce une force opposée : $\vec{F}_{\text{op}}=-i\ell B\overrightarrow{e_y}$ et $P_{\text{op}}=-i\ell BV_0$. L'équation électrique $-V_0\ell B+\frac{\mathrm{d}y_2}{\mathrm{d}t}\ell B=Ri$ permet d'exprimer V_0 : $V_0=V_2-Ri/\ell B$. Que l'on substitue dans $P_{\text{op}}=-i\ell BV_0$: $P_{\text{op}}=-i\ell\left(V_2-Ri/\ell B\right)=Ri^2-i\ell BV_2$. On a aussi $m\frac{\mathrm{d}V_2}{\mathrm{d}t}=-i\ell B$ ce qui donne finalement : $P_{\text{op}}=-i\ell B\left(V_2-Ri/\ell B\right)=Ri^2+m\frac{\mathrm{d}V_2}{\mathrm{d}t}V_2=Ri^2+\frac{\mathrm{d}}{\mathrm{d}t}\left(\frac{1}{2}mV_2^2\right)$, qui est bien le bilan attendu.

Exercice 25.9

1. Si l'on oriente le circuit comme dans l'exercice précédent, les FÉM induites s'expriment de la même manière et l'équation électrique est inchangée à condition de remplacer la vitesse V_0 par la vitesse $V_1 = \dfrac{\mathrm{d}y_1}{\mathrm{d}t}$ du rail (1) :

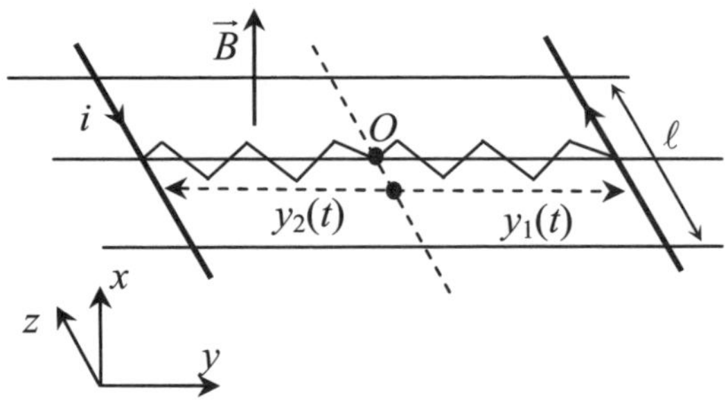

$$\boxed{-\frac{\mathrm{d}y_1}{\mathrm{d}t}\ell B + \frac{\mathrm{d}y_2}{\mathrm{d}t}\ell B = Ri}.$$

Pour obtenir les équations mécaniques, il faut encore appliquer à chaque tige le théorème de la résultante cinétique puis le projeter suivant (Oy), en prenant en compte les actions des ressorts en plus des forces de Laplace.

Sur le rail (1), la résultante des forces de Laplace est encore $\overrightarrow{R_1} = +i\ell B\overrightarrow{e_y}$ et l'action du ressort est traduite par la force $\overrightarrow{F_1}_{\text{ressort}} = -k(y_1 - \ell_0)\overrightarrow{e_y}$. On obtient donc : $\boxed{m\dfrac{\mathrm{d}V_1}{\mathrm{d}t} = -k(y_1 - \ell_0) + i\ell B}$.

Sur le rail (2), la résultante des forces de Laplace est $\overrightarrow{R_2} = -i\ell B\overrightarrow{e_y}$ et l'action du ressort est traduite par la force $\overrightarrow{F_2}_{\text{ressort}} = -k(-y_2 - \ell_0)\overrightarrow{e_y}$. Donc $\boxed{m\dfrac{\mathrm{d}V_2}{\mathrm{d}t} = +k(-y_2 - \ell_0) - i\ell B}$.

> *L'allongement du ressort est bien $\Delta l = -y_2 - l_0$ puisque y_2 est négatif sur le schéma. D'autre part, quand le ressort est allongé, la force qu'il exerce est visiblement dirigée suivant les y positifs. La difficulté provient du choix peu intuitif (mais formateur !) des abscisses y_1 et y_2.*

2. On élimine l'intensité i dans les deux équations mécaniques en utilisant l'équation électrique $i = \dfrac{B\ell}{R}(V_2 - V_1)$: $\boxed{m\dfrac{\mathrm{d}V_1}{\mathrm{d}t} = -k(y_1 - \ell_0) + \dfrac{B^2\ell^2}{R}(V_2 - V_1)}$ et $\boxed{m\dfrac{\mathrm{d}V_2}{\mathrm{d}t} = +k(-y_2 - \ell_0) - \dfrac{B^2\ell^2}{R}(V_2 - V_1)}$.

3. On fait la somme et la différence des deux équations précédentes :

$$\boxed{m\frac{\mathrm{d}^2S}{\mathrm{d}t^2} = -kS} \text{ et } \boxed{m\frac{\mathrm{d}^2D}{\mathrm{d}t^2} = -kD - \frac{B^2\ell^2}{R}\frac{\mathrm{d}D}{\mathrm{d}t}}.$$

4. La solution de l'équation pour $S(t)$ est de la forme : $S(t) = A\cos(\omega t) + B\sin(\omega t)$. Les constantes d'intégration A et B s'obtiennent en utilisant les conditions initiales $S(0) = a$ et $\dfrac{\mathrm{d}S}{\mathrm{d}t}(0) = 0$, ce qui conduit à $B = 0$ et $A = a$: $\boxed{S(t) = a\cos(\omega t)}$. L'équation vérifiée par $D(t)$ est une équation du second ordre amortie de la forme : $\dfrac{\mathrm{d}^2D}{\mathrm{d}t^2} + 2\lambda\omega_0\dfrac{\mathrm{d}D}{\mathrm{d}t} + \omega_0{}^2D = 0$.

La nature précise de la solution dépend du signe du déterminant réduit $\Delta' = \lambda^2 - \omega_0{}^2$.

Si $\Delta' < 0$, le régime est pseudo-périodique amorti. Si $\Delta' = 0$ (cas théorique), le régime est critique. Si $\Delta' > 0$, le régime est apériodique.

Dans tous les cas, $D(t)$ tend vers 0. Au bout d'un temps suffisant, on a donc $y_1(t) \approx y_2(t)$ et comme $S(t) = y_1(t) + y_2(t) = a\cos(\omega t)$, il vient : $\boxed{y_1(t) \approx y_2(t) \approx \frac{a}{2}\cos(\omega t)}$. En régime permanent, les deux rails ont des mouvements identiques si bien que le flux à travers le circuit ne varie plus : la loi de Lenz est bien vérifiée !

5. Pour un système masse-ressort d'amplitude maximale x_0, l'énergie mécanique est $E_{\text{m}} = \frac{1}{2}kx_0^2$. L'énergie mécanique initiale est donc : $\boxed{E_{\text{m initiale}} = \frac{1}{2}ka^2}$. L'énergie mécanique une fois le régime permanent atteint est : $E_{\text{m finale}} = \frac{1}{2}k\left(\frac{a}{2}\right)^2 + \frac{1}{2}k\left(\frac{a}{2}\right)^2$ soit $\boxed{E_{\text{m finale}} = \frac{1}{4}ka^2}$.

L'énergie mécanique manquante $E_{\text{m finale}} - E_{\text{m initiale}} = \frac{1}{4}ka^2 - \frac{1}{2}ka^2 = -\frac{1}{4}ka^2$ a été transformée par effet Joule, dans la résistance R, en énergie interne de la résistance et en transfert thermique fourni à l'extérieur.

Exercice 25.10

1. Comme toujours, il faut commencer par introduire l'intensité i qui circule et choisir un sens positif. On choisit (par exemple !) le sens positif indiqué sur le schéma ci-après. Pour obtenir l'équation électrique, il faut calculer la FÉM induite. On utilise la loi de Faraday.

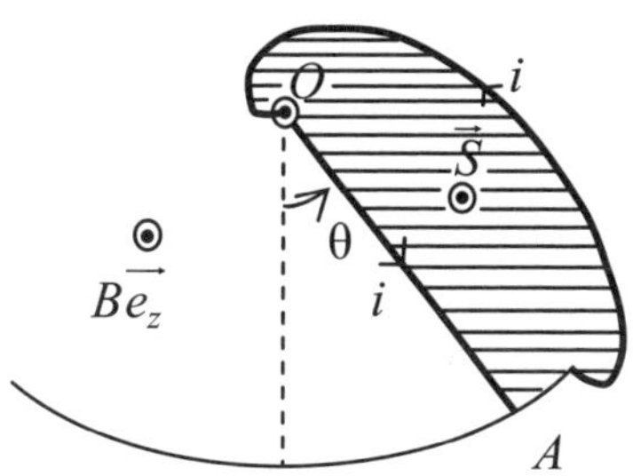

Avec le sens positif choisi, la normale à la surface plane qui s'appuie sur le circuit est $\vec{n} = \vec{e_z}$ et le flux du champ magnétique s'écrit, comme $\vec{B}$ est uniforme : $\Phi = \vec{B} \cdot \vec{S}$ avec $\vec{S} = S\vec{e_z}$ si S est l'aire hachurée sur le schéma.

En notant S_0 est l'aire limitée par l'axe vertical en pointillé et le circuit fixe, on a algébriquement : $S = S_0 - \frac{1}{2}a^2\theta$, car $\frac{1}{2}a^2\theta$ est l'aire limité par le secteur circulaire d'angle θ.

Le flux est finalement : $\Phi = B\left(S_0 - \frac{1}{2}a^2\theta\right)$. La loi de Faraday conduit à : $e_{\text{ind}} = -\frac{\mathrm{d}\Phi}{\mathrm{d}t} = +\frac{1}{2}Ba^2\frac{\mathrm{d}\theta}{\mathrm{d}t}$. Le schéma électrique équivalent est du même type que celui des exercices précédents. Il conduit à l'équation électrique habituelle : $e_{\text{ind}} = +\frac{1}{2}Ba^2\frac{\mathrm{d}\theta}{\mathrm{d}t} = Ri$.

Il reste à obtenir l'autre équation électromécanique. Pour cela, on applique le théorème du moment cinétique en projection suivant (Oz). Comme la liaison est pivot parfaite, le moment en projection suivant (Oz) des actions de liaison est nul. Il en va de même pour les actions

associées au contact glissant en A, supposé ponctuel et sans frottement. Les seuls moments à prendre en compte sont ceux du poids et des forces de Laplace.
Pour le poids, on sait qu'il est équivalent à une force ponctuelle unique appliquée au centre de gravité : $\overrightarrow{M_{O}}_{\text{poids}} = \overrightarrow{OG} \wedge m\vec{g} = \frac{a}{2}\vec{e_r} \wedge mg(\cos(\theta)\,\vec{e_r} - \sin(\theta)\,\vec{e_\theta}) = -mg\frac{a}{2}\sin(\theta)\,\vec{e_z}$.

En projection suivant (Oz) : $M_{(Oz)\text{poids}} = -mg\frac{a}{2}\sin\theta$. Le moment des forces de Laplace nécessite a priori de revenir à la définition du moment d'un système de force : $\overrightarrow{M_{O}}_{\text{Laplace}} = \int_O^A \overrightarrow{OP} \wedge \mathrm{d}\vec{f}(P)$ avec $\mathrm{d}\vec{f} = i\,\mathrm{d}\vec{\ell} \wedge \vec{B}$.

En coordonnées cylindriques : $\mathrm{d}\vec{f} = i\,\mathrm{d}r\,\vec{e_r} \wedge B\,\vec{e_z} = -i\,B\,\mathrm{d}r\,\vec{e_\theta}$ et donc :

$$\overrightarrow{M_{O}}_{\text{Laplace}} = \int_0^a r\,\vec{e_r} \wedge \left(-i\,B\,\mathrm{d}r\,\vec{e_\theta}\right) = -i\,B\vec{e_z}\int_0^a r\,\mathrm{d}r = -i\,B\frac{a^2}{2}\vec{e_z}.$$

Et en projection suivant (Oz) : $M_{(Oz)\text{Laplace}} = -i\,B\frac{a^2}{2}$.

> ✐ *On remarque que le moment précédent aurait pu s'obtenir en considérant que l'on a affaire à une force ponctuelle égale à la résultante des forces de Laplace* $\vec{R}_{\text{Laplace}} = \int_O^A \mathrm{d}\vec{f} = -i\,l\,B\,\vec{e_\theta}$, *appliquée au centre de gravité de la tige. C'était prévisible car la force de Laplace est ici répartie uniformément le long de la tige. Mais ce résultat n'est pas général. Il est donc prudent de savoir calculer le moment des forces à partir de sa définition !*

Le théorème du moment cinétique en projection suivant (Oz) s'écrit alors :
$J\frac{\mathrm{d}^2\theta}{\mathrm{d}t^2} = M_{(Oz)} = -mg\frac{a}{2}\sin\theta - iB\frac{a^2}{2}$. En remplaçant l'expression de i obtenue avec l'équation électrique, $i = +\frac{1}{2R}Ba^2\frac{\mathrm{d}\theta}{\mathrm{d}t}$, il vient finalement : $\boxed{J\frac{\mathrm{d}^2\theta}{\mathrm{d}t^2} = -mg\frac{a}{2}\sin\theta - \frac{B^2a^4}{4R}\frac{\mathrm{d}\theta}{\mathrm{d}t}}$.
On voit que les courants induits se traduisent par un terme de freinage proportionnel à la vitesse angulaire. C'est un cas classique de freinage par induction.

2. Si l'on se limite à de petites oscillations autour de $\theta = 0$, on peut linéariser le sinus en $\sin(\theta) \approx \theta$ et on est conduit à l'équation linéaire du second ordre : $\boxed{\frac{\mathrm{d}^2\theta}{\mathrm{d}t^2} + \frac{B^2a^4}{4RJ}\frac{\mathrm{d}\theta}{\mathrm{d}t} + \frac{mga}{2J}\theta = 0}$.

La forme des solutions dépend du signe du discriminant $\Delta = \left(\frac{B^2a^4}{4RJ}\right)^2 - 4\frac{mga}{2J}$. La limite entre le régime oscillant et le régime apériodique correspond au régime (apériodique) critique, pour lequel on a un retour le plus rapide possible sans oscillation :

$\Delta = \left(\frac{B_{\min}^2a^4}{4RJ}\right)^2 - 4\frac{mga}{2J} = 0$, ce qui donne la valeur $\boxed{B_{\min} = \sqrt{\frac{8R}{a^4}\sqrt{\frac{mgaJ}{2}}}}$.

3. L'énergie mécanique du pendule est dissipée par l'effet Joule (c'est-à-dire transformée en transfert thermique et en énergie interne). On doit donc avoir : $\boxed{\dfrac{\mathrm{d}E_\mathrm{m}}{\mathrm{d}t}=-Ri^2}$. L'expression de l'énergie mécanique est $E_\mathrm{m}=E_\mathrm{c}+E_\mathrm{p}$ avec $E_\mathrm{c}=\dfrac{1}{2}J\left(\dfrac{\mathrm{d}\theta}{\mathrm{d}t}\right)^2$ et $E_\mathrm{p}=mg\dfrac{a}{2}(1-\cos\theta)$, en prenant l'origine de l'énergie potentielle en $\theta=0$, donc $E_\mathrm{m}=\dfrac{1}{2}J\left(\dfrac{\mathrm{d}\theta}{\mathrm{d}t}\right)^2+mg\dfrac{a}{2}(1-\cos\theta)$ et $\dfrac{\mathrm{d}E_\mathrm{m}}{\mathrm{d}t}=J\dfrac{\mathrm{d}\theta}{\mathrm{d}t}\dfrac{\mathrm{d}^2\theta}{\mathrm{d}t^2}+mg\dfrac{a}{2}\sin\theta\dfrac{\mathrm{d}\theta}{\mathrm{d}t}$. L'équation qui traduit le théorème du moment cinétique en projection suivant (Oz) multipliée par $\dfrac{\mathrm{d}\theta}{\mathrm{d}t}$ conduit à : $J\dfrac{\mathrm{d}\theta}{\mathrm{d}t}\dfrac{\mathrm{d}^2\theta}{\mathrm{d}t^2}+mg\dfrac{a}{2}\sin\theta\dfrac{\mathrm{d}\theta}{\mathrm{d}t}=-iB\dfrac{a^2}{2}\dfrac{\mathrm{d}\theta}{\mathrm{d}t}$. Et l'équation électrique $\dfrac{1}{2}Ba^2\dfrac{\mathrm{d}\theta}{\mathrm{d}t}=Ri$ donne immédiatement le résultat attendu.

Exercice 25.11

1. On reprend les équations électromécaniques couplées du haut-parleur, obtenues à la méthode 25.3, en remplaçant l'opération de dérivation $\dfrac{\mathrm{d}}{\mathrm{d}t}$ par la multiplication $j\omega$. Le déplacement z est lié à la vitesse V suivant (Oz) par la relation $V=\dfrac{\mathrm{d}z}{\mathrm{d}t}$ qui devient $\underline{z}=\dfrac{1}{j\omega}\underline{V}$ en complexe. Finalement on trouve : $m(j\omega)\underline{V}=-\dfrac{k}{j\omega}\underline{V}-\lambda\underline{V}-\underline{i}lB$ et $\underline{u}=r\underline{i}+jL\omega\underline{i}-Bl\underline{V}$. L'élimination de la vitesse est immédiate : $\underline{V}=-\dfrac{\underline{i}lB}{(m(j\omega)+\lambda+k/j\omega)}$. On substitue dans l'équation électrique : $\underline{u}=\left(r+jL\omega+\dfrac{(lB)^2}{(m(j\omega)+\lambda+k/j\omega)}\right)\underline{i}$ ce qui donne immédiatement le résultat demandé. On identifie l'impédance électrique habituelle : $\underline{Z}_\text{élec}=r+jL\omega$ et un terme lié au mouvement de la membrane : $\underline{Z}_\mathrm{m}=\dfrac{(lB)^2}{(m(j\omega)+\lambda+k/j\omega)}$, qui est donc assez naturellement dénommé *impédance motionnelle*.

2. La mise en forme est classique en électronique pour un filtre passe-bande du second ordre. En négligeant l'inductance propre de la bobine, il vient :

$$\underline{Z}_\mathrm{e}=r+\frac{B^2l^2}{\lambda+\dfrac{k}{j\omega}+jm\omega}=r+\frac{\dfrac{B^2l^2}{\lambda}}{1+\dfrac{j}{\lambda}\left(-\dfrac{k}{\omega}+m\omega\right)}=r+\frac{\dfrac{B^2l^2}{\lambda}}{1+\dfrac{j}{\lambda}\omega_0\left(-\dfrac{\omega_0}{\omega}+\dfrac{\omega}{\omega_0}\right)}.$$

Corrigé

En posant $\boxed{R_0 = \dfrac{B^2 l^2}{\lambda}}$, $\boxed{\omega_0 = \sqrt{\dfrac{k}{m}}}$ et $\boxed{Q = \dfrac{1}{\lambda}\sqrt{\dfrac{k}{m}}}$, on a bien l'expression sous la forme souhaitée.

3. Posons $M = Q\left(\dfrac{\omega}{\omega_0} - \dfrac{\omega_0}{\omega}\right)$: quand la pulsation varie de 0 à ∞, M varie de $-\infty$ à $+\infty$. De plus la substitution $\dfrac{\omega}{\omega_0} \to \dfrac{\omega_0}{\omega}$ revient à changer le signe de M. Ces résultats seront utiles dans la suite.

Intéressons-nous d'abord à l'impédance motionnelle $\underline{Z}_\mathrm{m} = \dfrac{R_0}{1 + jQ\left(\dfrac{\omega}{\omega_0} - \dfrac{\omega_0}{\omega}\right)} = \dfrac{R_0}{1 + jM}$.

On a immédiatement : $X(M) = \mathrm{Re}(\underline{Z}_\mathrm{m}) = \dfrac{R_0}{1+M^2}$ et $Y(M) = \mathrm{Im}(\underline{Z}_\mathrm{m}) = \dfrac{-R_0 M}{1+M^2}$. Dans l'opération $M \to -M$, $X(M)$ est inchangé alors que $Y(M)$ change de signe : la courbe paramétrée $(X(M), Y(M))$ admet donc l'axe (Ox) comme axe de symétrie. Nous souhaitons montrer que c'est un cercle.

Si c'est le cas, la symétrie par rapport à (Ox) nous indique que les deux points de ce cercle sur (Ox) seront sur un même diamètre. Or, ces points sur (Ox) correspondent à $M \to \pm\infty$ [point $(0,0)$] et $M = 0$ [point $(R_0, 0)$]. On prévoit ainsi que le cercle attendu aura un centre en $(R_0/2, 0)$ et un rayon valant $R_0/2$. Le prouver rigoureusement est alors facile : il suffit de montrer que $\left(X - \dfrac{R_0}{2}\right)^2 + Y^2 = \left(\dfrac{R_0}{2}\right)^2$ ce qui se fait directement en substituant :

$$\left(X - \frac{R_0}{2}\right)^2 + Y^2 = \left(\frac{R_0}{1+M^2} - \frac{R_0}{2}\right)^2 + \left(\frac{-R_0 M}{1+M^2}\right)^2$$

$$= \left(\frac{R_0}{2}\right)^2 \frac{1}{1+M^2}\left(\left(2 - (1+M^2)\right)^2 + (2M)^2\right) = \left(\frac{R_0}{2}\right)^2$$

Pour obtenir la forme de la courbe $\left(\mathrm{Re}\{\underline{Z}\},\ \mathrm{Im}\{\underline{Z}\}\right)$ paramétrée par M, il suffit de translater ce cercle de r suivant (Ox) : cercle de centre en $(r + R_0/2, 0)$ et de rayon valant $R_0/2$.

Quand la pulsation croît de 0 à ∞, M croît de $-\infty$ à $+\infty$ et le cercle est décrit dans le sens horaire (sens inverse du sens trigonométrique).

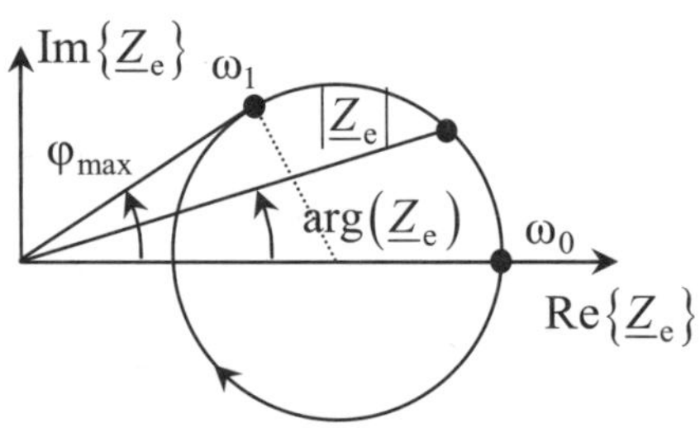

4. À partir du cercle, il est facile de représenter l'allure de $|\underline{Z}_\mathrm{e}|$ et de $\varphi = \arg(\underline{Z}_\mathrm{e})$ en fonction de la pulsation. Quand la pulsation croît, on tourne sur le cercle dans le sens horaire : le module de l'impédance part de sa valeur réelle r, croît jusqu'à sa valeur maximale $r + R_0$ quand $\omega = \omega_0$ puis décroît de nouveau jusqu'à r. La phase, elle, atteint un maximum quand le rayon vecteur est tangent au cercle, ce qui correspond à $\sin(\varphi_{max}) = \dfrac{R_0/2}{r + R_0/2}$. Numériquement, on trouve $\boxed{\varphi_{max} = 0{,}6 \text{ rad}}$. Symétriquement, $\boxed{\varphi_{min} = -0{,}6 \text{ rad}}$.

Pour ces valeurs de la phase, le théorème de Pythagore (dans le triangle rectangle indiqué) donne : $|\underline{Z}_e| = \sqrt{(r + R_0/2)^2 - (R_0/2)^2} = \sqrt{r^2 + rR_0}$.

Or, on a aussi $|\underline{Z}_e|^2 = \left| r + \dfrac{R_0}{1 + jM} \right|^2 = r^2 \left| \dfrac{1 + R_0/r + jM}{1 + jM} \right|^2 = r^2 \dfrac{(1 + R_0/r)^2 + M^2}{1 + M^2}$ ce qui conduit à l'équation en M : $\dfrac{|\underline{Z}_e|^2}{r^2} = 1 + \dfrac{R_0}{r} = \dfrac{(1 + R_0/r)^2 + M^2}{1 + M^2}$. Solutions : $M = \pm\sqrt{1 + \dfrac{R_0}{r}}$.

Numériquement, on trouve $M = \pm 1{,}9$. Comme $M = Q\left(\dfrac{\omega}{\omega_0} - \dfrac{\omega_0}{\omega}\right)$, il reste à résoudre pour chaque valeur de M une équation du second degré qui donne les deux valeurs de la pulsation : $\boxed{\omega_1 \approx 27 \text{ rad s}^{-1}}$ et $\boxed{\omega_2 \approx 144 \text{ rad s}^{-1}}$, qui encadrent ω_0 comme attendu. Le tracé est le suivant :

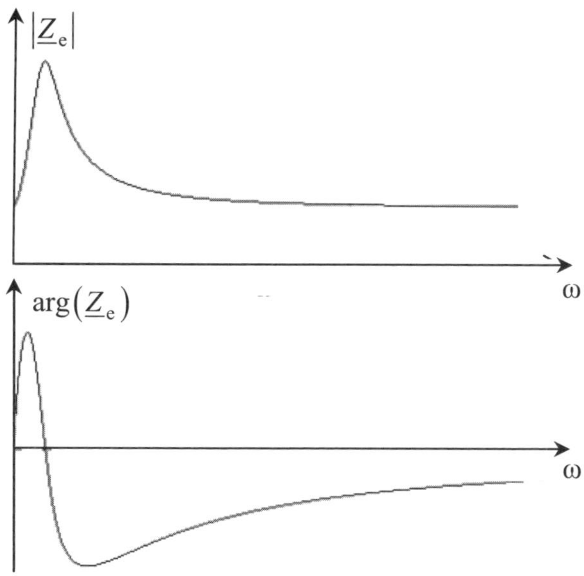

Chapitre 26
Cristallographie

Le mot grec *krystallos* désignait un morceau de glace. On y retrouve la racine *kryos*, adjectif qui signifie *froid*. On parle alors par extension de cristal de roche puis tout simplement de cristal, mot utilisé par les minéralogistes vers 1690 pour désigner des substances minérales aux formes polyédriques. La cristallographie, science qui étudie la structure des cristaux, apparaît au siècle suivant. René-Just **Haüy** s'intéresse à cette nouvelle discipline vers 1780. Il s'aperçoit, en étudiant du spath d'Islande, que l'on retrouve des formes régulières dans lesquelles il découvre des symétries. Par la suite, Auguste **Bravais** analyse ces symétries et les étudie grâce à la théorie des groupes. Max **von Laue** a l'idée d'utiliser la diffraction des rayons X pour étudier la structure des réseaux cristallins. Cette méthode sera développée et formalisée par William Henry **Bragg** et son fils William Lawrence.

René-Just Haüy
1743-1822

Objectifs

Ce qu'il faut connaître

- ▷ Le modèle du cristal parfait et ses limites
- ▷ La maille conventionnelle cubique à faces centrées (CFC)
- ▷ Les différents types de cristaux (métallique, ionique, covalent, moléculaire)
- ▷ Les notions de compacité et de coordinence

Ce qu'il faut savoir faire

- ▷ Calculer la population, la coordinence, la compacité d'une structure cristalline
- ▷ Calculer la masse volumique d'un matériau à partir d'une structure cristalline
- ▷ Localiser et dénombrer les sites interstitiels tétraédriques et octaédriques d'une maille CFC, et déterminer leur habitabilité
- ▷ Relier les caractéristiques d'une structure cristalline aux propriétés macroscopiques du solide correspondant

■■ Résumé de cours

■ Modèle du cristal parfait

❑ État cristallin

L'état solide est un état physique condensé, avec de fortes interactions entre les entités qui le constituent. Le **solide cristallin** est constitué d'un empilement régulier de particules et correspond au degré d'organisation maximal.

❑ Empilement compact et modèle du cristal parfait

Modèle des sphères dures

On modélise l'entité chimique par une sphère dure, indéformable et impénétrable, de rayon r.
L'empilement **compact** correspond à un empilement des sphères permettant de maximiser les contacts entre sphères et de minimiser le volume.
Un **cristal parfait** correspond à un arrangement infini, périodique, et parfaitement ordonné. Il s'agit d'un modèle qui correspond à une représentation idéale du solide cristallin.

Variétés allotropiques

Un corps pur peut présenter des structures cristallines différentes, dites variétés allotropiques. On parle de polymorphisme.

❑ Outils de description de la structure cristalline

Les positions des entités sont distribuées de façon périodique ; l'ensemble du cristal peut être généré par des translations successives de vecteur : $\vec{R} = u\vec{a} + v\vec{b} + w\vec{c}$ où u, v, w sont des entiers relatifs et $\vec{a}, \vec{b}, \vec{c}$ sont trois vecteurs de base linéairement indépendants.

L'ensemble des vecteurs $\vec{R} = u\vec{a} + v\vec{b} + w\vec{c}$ constitue le **réseau cristallin**. Les extrémités des vecteurs $\vec{R}$ sont les **nœuds** du réseau. Graphiquement, le réseau est représenté par l'arrangement périodique tridimensionnel de ses nœuds.
On appelle **motif** la description de l'agencement des entités constitutives du cristal (atomes, ions, molécules).

Maille

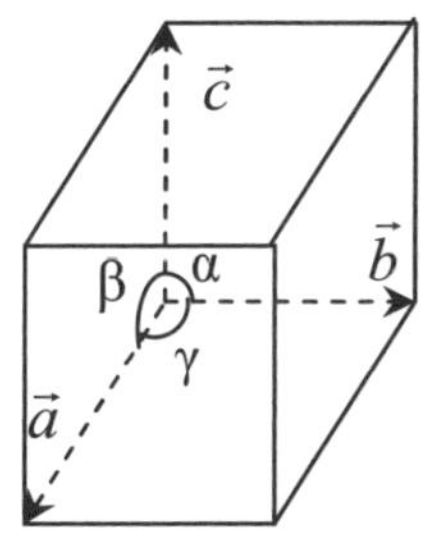

La maille est l'unité de base permettant de reconstruire le cristal par translation selon les directions des axes cristallins. Trois longueurs (a, b, c) – les paramètres de maille – et trois angles (α, β, γ) permettent de décrire la maille.
Le volume de la maille dépend de ces six grandeurs.

La structure cristalline peut ainsi être décrite à l'aide de la connaissance du réseau et du motif.

❑ Caractéristiques du cristal parfait

Population de la maille

Il s'agit du nombre d'entités (atomes, motifs ioniques) présentes dans la maille.

⇨ **Méthode 26.1. Déterminer la population d'une maille**

Coordinence

C'est le nombre de plus proches voisins tangents à une sphère.

Compacité

La compacité C est le rapport du volume occupé par les sphères sur le volume total de la maille.

⇨ **Méthode 26.2. Déterminer la compacité d'une structure**

Masse volumique

L'expression de la masse volumique est : $\rho = \dfrac{m_{\text{maille}}}{V_{\text{maille}}} = \dfrac{N \cdot M}{\mathcal{N}_A \cdot V}$

où M est la masse molaire des entités constitutives du cristal, V le volume d'une maille, N la population de la maille et $\mathcal{N}_A = 6{,}02 \cdot 10^{23}\,\text{mol}^{-1}$ la constante d'Avogadro.

⇨ **Méthode 26.3. Déterminer la masse volumique d'un cristal**

Condition de contact

Selon la direction selon laquelle s'effectue le contact entre les sphères modélisant les entités, il est possible d'établir la relation entre le rayon r de la sphère et les paramètres de la maille.

⇨ **Méthode 26.4. Relier le rayon des sphères au paramètre de maille**

❑ Limites du modèle du cristal parfait

Le cristal parfait est uniquement un modèle et n'existe pas en réalité. Un cristal réel peut posséder certains défauts (défauts ponctuels, dislocations…), ou encore éventuellement des impuretés. Un défaut ponctuel peut être dû à l'absence d'une entité, ou à son déplacement par rapport à sa position normale. Cette modification locale de l'arrangement tridimensionnel du cristal parfait modifie les propriétés macroscopiques du solide.

■ Empilement compact de sphères identiques

❑ Modèles d'empilement compact

Dans un empilement compact, les sphères (identiques) qui modélisent les entités du cristal se positionnent de sorte à occuper le maximum du volume disponible.
Dans un plan compact, une sphère est tangente à six sphères voisines. Un arrangement compact est obtenu en empilant des plans compacts successifs, un plan se positionnant dans les creux formés par le plan compact précédent. On distingue deux types d'empilement compact, représentés ci-après.

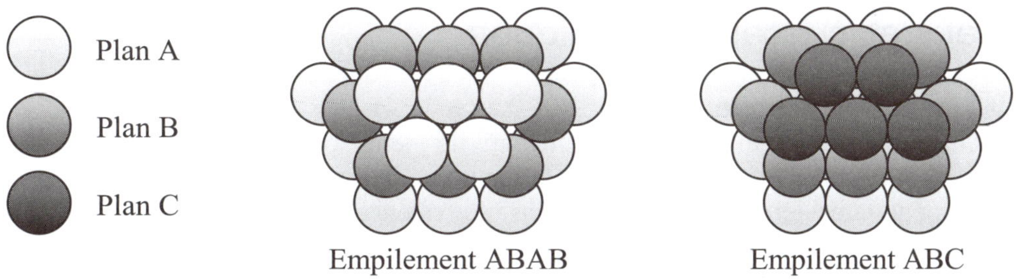

Remarque

Pour les assemblages compacts la coordinence est de 12, la compacité est $C = 0,74$ (soit 74 %).

❑ Maille conventionnelle cubique à face centrée (CFC)

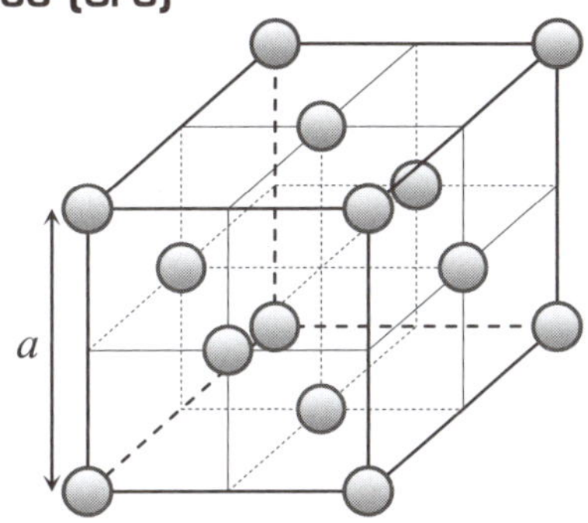

Les entités sont situées aux sommets du cube et au centre des faces.
Le paramètre de maille a permet de décrire la structure.
La condition de compacité est $4r = a\sqrt{2}$.
Cet empilement est parfois nommé « cubique compact ».

❑ Sites interstitiels de la structure CFC

Site tétraédrique

On peut décomposer la structure CFC en huit cubes d'arête $a/2$. Le centre de chaque cube (en noir sur les schémas) correspond à un site tétraédrique. Il y a huit sites tétraédriques par maille. Le rayon maximal d'un atome pouvant s'insérer dans un site tétraédrique est $r_t = \left(\sqrt{3/2} - 1\right) r \approx 0,225 r$.

Visualisation d'un site tétraédrique

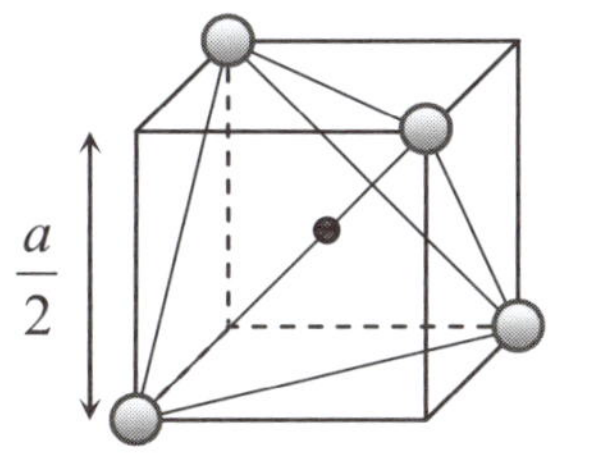

Position des sites tétraédriques dans la maille CFC

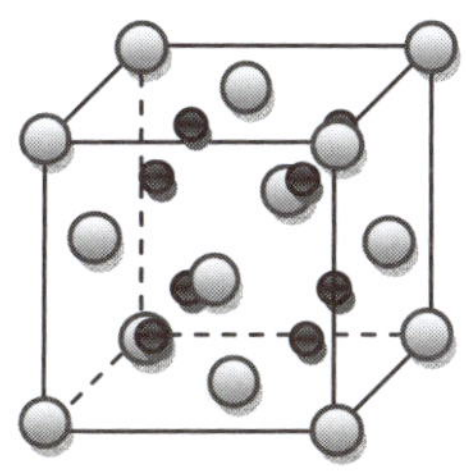

Site octaédrique

Le centre de la maille CFC est dans un environnement octaédrique, de même que le milieu de chaque arête, avec la participation des mailles ayant cette arête en commun. Il y a quatre sites octaédriques par maille. Le rayon maximal d'un atome pouvant s'insérer dans un site octaédrique est $r_o = (\sqrt{2} - 1) r \approx 0,414 r$.

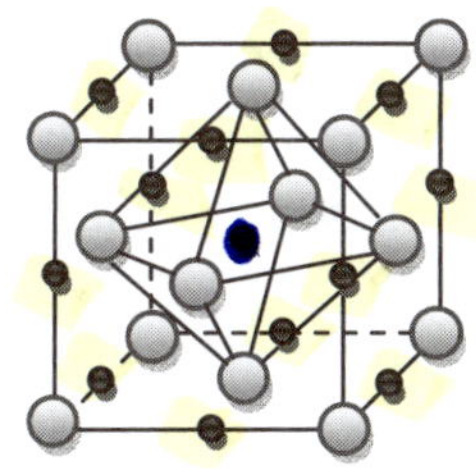

⇨ **Méthode 26.5. Déterminer la dimension des sites interstitiels**

Métaux et cristaux métalliques

Liaison métallique

Un élément possédant une faible électronégativité peut former à l'état solide un cristal métallique, dont la cohésion est assurée par la nature de la **liaison métallique**. Dans un modèle simple, on peut considérer que les électrons de valence des atomes sont délocalisés sur l'ensemble du cristal, interagissant avec les cations métalliques situés aux nœuds du réseau (modèle du « gaz d'électrons »).

Exemples

Les éléments Ag, Pb, Cu, Fe, Zn, Mg et Na forment des cristaux métalliques.

Alliages

Les cristaux métalliques peuvent conduire à plusieurs types d'alliages :
- alliages d'insertion lorsque des sites interstitiels de la structure sont occupés par des atomes de taille adéquate ;
- alliages de substitution lorsque certains atomes métalliques de la structure sont remplacés par des atomes métalliques de nature différente.

Propriétés macroscopiques des métaux

La liaison métallique est forte (énergie de 100 à 800 $kJ \cdot mol^{-1}$) et non directionnelle. Elle est à l'origine de certaines propriétés macroscopiques des métaux :
- température de fusion élevée ;
- conductivités électrique et thermique élevées ;
- les propriétés mécaniques de dureté (résistance à la pénétration), de malléabilité (aptitude à la déformation sans se rompre) et de ductilité (aptitude au laminage et au filage) ;
- les propriétés optiques d'opacité et depouvoir réflecteur.

Solides macrocovalents et moléculaires

Propriétés macroscopiques des solides covalents

La cohésion des cristaux covalents est assurée par les liaisons covalentes fortes (énergie de 200 à 800 $kJ \cdot mol^{-1}$) et directionnelles entre atomes. Elle est à l'origine de certaines propriétés macroscopiques des solides covalents :
- température de fusion élevée ;
- faible conductivité électrique ;
- dureté.

Cas du carbone

Le carbone possède plusieurs variétés allotropiques : le diamant est un solide covalent, le graphite peut être considéré comme tel mais met aussi en jeu des interactions de Van der Waals.

❑ Propriétés macroscopiques des solides moléculaires

La cohésion des cristaux moléculaires est assurée par des interactions faibles. Ces interactions sont non directionnelles et mettent en jeu des énergies de l'ordre de 5 à 10 $kJ \cdot mol^{-1}$ (interactions de Van der Waals) ou de 10 à 30 $kJ \cdot mol^{-1}$ (liaison hydrogène). Elles sont à l'origine de certaines propriétés macroscopiques des solides moléculaires :

- température de fusion faible ;
- caractère isolant ;
- faible dureté.

Exemples

La glace $H_2O_{(s)}$ et la carboglace $CO_{2(s)}$ sont deux exemples de cristaux moléculaires.

■ Solides ioniques

❑ Modèle ionique parfait

– Deux éléments d'électronégativités différentes peuvent établir une liaison ionique, par transfert d'un ou plusieurs électrons de l'atome le plus électronégatif à l'atome le moins électronégatif. Les interactions électrostatiques entre ions assurent la cohésion des cristaux ioniques.

– Les ions sont modélisés par des sphères dures impénétrables. La description de la maille cristalline se fait en général en considérant un réseau hôte d'anions, les cations se logeant dans les sites interstitiels de la structure. On définit généralement la coordinence d'un ion comme le nombre de plus proches voisins de signe opposé (coordinence de l'anion par rapport aux cations et coordinence du cation par rapport aux anions). La structure est d'autant plus stable que la coordinence est élevée.

Exemples

Parmi de nombreux cristaux ioniques, on peut citer NaCl, ZnS, CuCl, et CsCl.

❑ Propriétés macroscopiques des solides ioniques

La liaison ionique est forte (énergie de 100 à 600 $kJ \cdot mol^{-1}$) et non directionnelle. Elle est à l'origine de certaines propriétés macroscopiques des solides ioniques :

- température de fusion élevée ;
- dureté ;
- solubilité dans un solvant polaire.

Méthodes

Comment caractériser une structure cristalline?

Méthode 26.1. Déterminer la population d'une maille

Une entité peut appartenir à plusieurs mailles. Afin de déterminer combien d'entités appartiennent en propre à une maille, on doit compter :

- $\frac{1}{8}$ pour une entité au sommet d'une maille, qui participe à huit autres mailles
- $\frac{1}{4}$ pour une entité présente sur une arête
- $\frac{1}{2}$ pour une entité présente sur une face
- 1 pour une entité présente à l'intérieur de la maille.

⇨ **Exercices 26.2, 26.3**

La maille CFC contient 8 entités aux sommets et 6 entités sur les faces, soit $8\times\frac{1}{8}+6\times\frac{1}{2}=4$ entités.

Méthode 26.2. Déterminer la compacité d'une structure

– Déterminer le nombre N d'entités par maille, le volume V d'une maille, et le rayon r des sphères.

– Dans le modèle des sphères dures, la compacité vaut : $C=\dfrac{N\left(\frac{4}{3}\pi r^3\right)}{V}$

⇨ **Exercices 26.6, 26.8 à 26.12**

Pour la maille CFC : $N=4, V=a^3$. De plus, la condition de compacité permet de déterminer la relation entre a et r : $r=\dfrac{a\sqrt{2}}{4}$. On en déduit $C=\dfrac{4\cdot\frac{4}{3}\pi\left(\frac{a\sqrt{2}}{4}\right)^3}{a^3}=\dfrac{\pi\sqrt{2}}{6}\approx 0,74$.

❑ Méthode 26.3. Déterminer la masse volumique d'un matériau

– Déterminer le nombre N d'entités par maille, le volume V d'une maille, et le rayon r des sphères.

– Déterminer la masse volumique $\rho = \dfrac{m_{\text{maille}}}{V_{\text{maille}}} = \dfrac{N \cdot M}{\mathcal{N}_A \cdot V}$.

⇨ **Exercices 26.2, 26.3, 26.4 à 26.8, 26.11**

L'argent cristallise dans une maille CFC. Sa masse molaire atomique est $M_{\text{Ag}} = 108\ \text{g} \cdot \text{mol}^{-1}$, et son rayon atomique $R_{\text{Ag}} = 144\ \text{pm}$. Pour une structure CFC, $N = 4$ et $V = a^3 = \left(\dfrac{4r}{\sqrt{2}}\right)^3$. Alors la masse volumique est $\rho = \dfrac{N \cdot M}{\mathcal{N}_A \cdot V} = \dfrac{4 \cdot 108 \cdot 10^{-3}}{6{,}02 \cdot 10^{23} \cdot \left(\dfrac{4 \cdot 144 \cdot 10^{-12}}{\sqrt{2}}\right)^3} = 10{,}6 \cdot 10^3\ \text{kg} \cdot \text{m}^{-3}$.

❑ Méthode 26.4. Relier le rayon des sphères au paramètre de maille

Déterminer l'axe selon lequel se fait le contact entre les sphères.
En déduire la relation entre le rayon des sphères et les paramètres de maille.

⇨ **Exercices 26.2, 26.5**

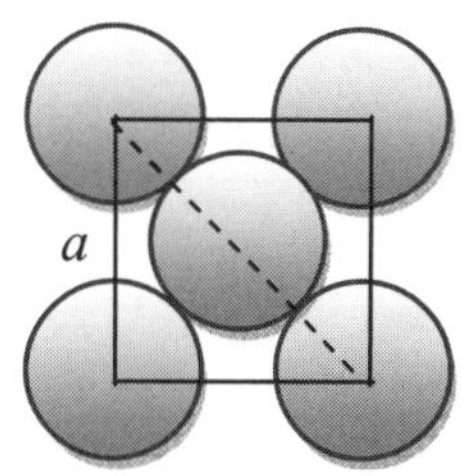

Pour la maille CFC : le contact se fait sur la diagonale d'une face (schéma ci-contre). La diagonale d'un carré de côté a étant de longueur $a\sqrt{2}$, on en déduit $4r = a\sqrt{2}$.

❑ Méthode 26.5. Déterminer la dimension des sites interstitiels

Représenter le site interstitiel entouré de ses plus proches voisins.
En déduire une relation entre le rayon du site interstitiel, le rayon des sphères et les paramètres de maille.

⇨ **Exercices 26.1, 26.2, 26.5**

On cherche à déterminer l'habitabilité des sites interstitiels d'une maille CFC.

– Site tétraédrique : on représente la vue dans le plan diagonal d'un petit cube d'arête $\frac{a}{2}$.

En notant r le rayon des sphères et r_t le rayon du site tétraédrique, on obtient la relation suivante : $a\frac{\sqrt{3}}{2} = 2r + 2r_t$. Sachant que $4r = a\sqrt{2}$, on obtient finalement $r_t = \left(\sqrt{\frac{3}{2}} - 1\right) \cdot r \approx 0,225 \cdot r$.

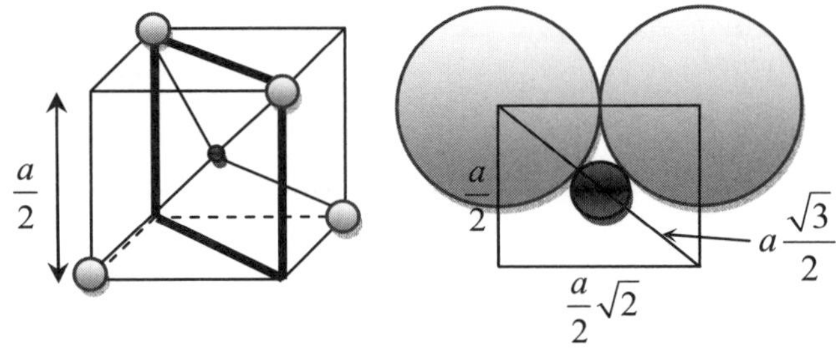

– Site octaédrique : on représente la vue dans le plan médian.

On note r_o le rayon du site octaédrique. On obtient directement $2r + 2r_o = a$, ce qui donne, avec la condition de compacité $4r = a\sqrt{2}$, $r_o = \left(\sqrt{2} - 1\right)r \approx 0,414 \cdot r$.

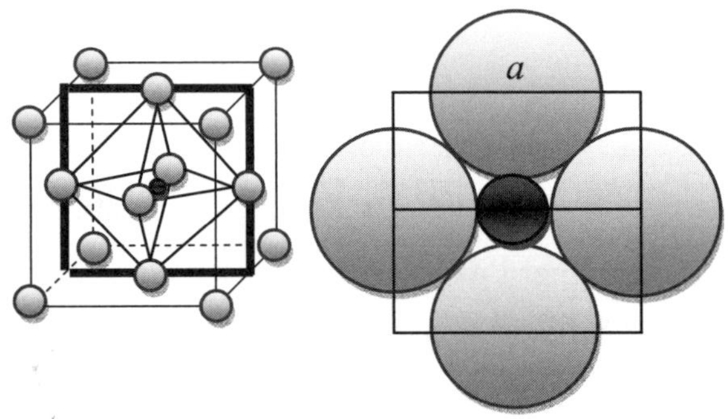

Vrai/Faux

		Vrai	Faux
1.	Dans une structure compacte, la coordinence est égale à 12.	☐	☐
2.	La population d'une maille cubique à faces centrées est égale à 14.	☐	☐
3.	Il y a un site tétraédrique au centre de la maille cubique à faces centrées.	☐	☐
4.	La compacité d'une structure cristalline ne peut être supérieure à 0,74.	☐	☐
5.	Les constantes physiques élevées d'un métal peuvent être reliées à la force de la liaison métallique.	☐	☐
6.	La liaison métallique est directionnelle.	☐	☐
7.	Au sein d'un cristal ionique, les interactions anion/cation sont maximisées et les interactions anion/anion et cation/cation minimisées.	☐	☐
8.	Le carbone graphite et le carbone diamant sont des variétés allotropiques du carbone.	☐	☐

■■ Énoncé des exercices

Donnée commune à tous les exercices : constante d'Avogadro $\mathcal{N}_A = 6,02 \cdot 10^{23}\,\text{mol}^{-1}$.

■ Cristaux métalliques

❑ Exercice 26.1. Structure du plomb

Le plomb ($M_{Pb} = 207,2\ \text{g} \cdot \text{mol}^{-1}$) cristallise dans un réseau cubique à faces centrées de paramètre de maille $a = 495\ \text{pm}$. On mesure une masse volumique de $\rho = 11,34\ \text{g} \cdot \text{cm}^{-3}$.

1. Quel type de liaison est mis en jeu ? Donner les caractéristiques d'une telle liaison.

2. Calculer le rayon atomique r_{Pb} du plomb.

3. Donner la position et calculer le rayon des sites interstitiels dans cette structure.

❑ Exercice 26.2. Cristal de magnésium*

Le magnésium cristallise dans une structure hexagonale compacte (HC). La maille est un prisme droit à base losange, caractérisé par les paramètres de maille a (longueur d'un côté du losange) et c (hauteur du prisme). Les positions des atomes sont indiquées sur le schéma ci-contre.

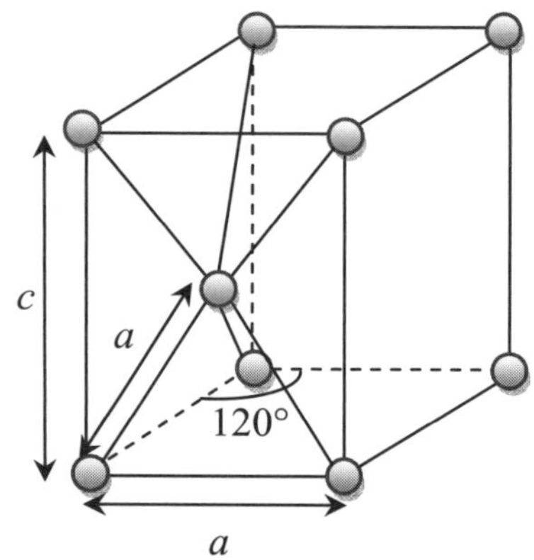

Le rayon atomique du magnésium est de 160 pm, sa masse molaire atomique est $M_{Mg} = 24,3\ \text{g} \cdot \text{mol}^{-1}$.

1. a) Déterminer la population de la maille.

b) Déterminer la valeur du paramètre de maille a.

c) Montrer qu'il existe une relation entre a et c à l'aide du schéma de la maille. En déduire la valeur de c.

d) Calculer le volume de la maille HC et en déduire la masse volumique du magnésium.

2. Que peut-on prévoir concernant l'habitabilité des sites interstitiels de la structure HC, par comparaison avec la structure CFC ?
Mettre en évidence un site interstitiel tétraédrique contenu dans la maille.

❑ Exercice 26.3. Étude de la structure cubique centrée

Le sodium ($M_{Na} = 23,0\ \text{g} \cdot \text{mol}^{-1}$) cristallise dans une structure cubique centrée. La maille est cubique, de paramètre de maille a, et comporte un atome à chaque sommet et un atome au centre du cube.

1. Dessiner schématiquement cette structure. Déterminer la population d'une maille, ainsi que la coordinence de cette structure. Quelle est la relation entre le paramètre de maille a et le rayon métallique ?

2. On détermine la densité du sodium cristallisé : $d_{Na} = 0,968$.

a) En déduire la valeur du paramètre de maille et du rayon atomique du sodium.

b) Comment évoluerait la masse volumique si la maille devenait plus compacte, sous l'influence de la pression par exemple ? Déterminer la masse volumique ρ' d'une structure CFC du sodium.

❑ Exercice 26.4. Le cuivre et ses alliages

Le cuivre peut être utilisé pur, notamment dans des pièces exploitant sa haute conductivité électrique, ou bien en alliage, tel que le laiton (alliage cuivre-zinc) et le bronze (alliage cuivre-étain).

1. Le cuivre pur cristallise dans un réseau cubique compact (CFC). Représenter la maille, déterminer la population de la maille, la coordinence et la compacité de la structure. La masse volumique du cuivre est $\rho_{Cu} = 9920 \text{ kg} \cdot \text{m}^{-3}$, déterminer le paramètre de maille a.

2. Lorsqu'un atome a un rayon atomique voisin de celui du cuivre, il peut former des alliages dits de substitution, où l'atome remplace un ou plusieurs atomes de cuivre par maille.

a) L'alliage Cu–Ag est utilisé pour augmenter la résistance à la température du matériau. Dans cette structure, les atomes d'argent remplacent les atomes de cuivre aux sommets de la maille CFC.
Faire un schéma de la maille. Quelle est la stœchiométrie de l'alliage ? Déterminer le nouveau paramètre de maille a' ainsi que la masse volumique ρ' de l'alliage.

b) Le laiton, alliage Cu–Zn, est l'alliage le plus fabriqué. Il permet d'augmenter la résistance mécanique et la dureté du cuivre, mais diminue la densité et la conductivité thermique. La structure du laiton peut être décrite par un réseau cubique hôte d'atomes de cuivre, avec un atome de zinc au centre du cube. Faire un schéma de la maille. Déterminer le nouveau paramètre de maille a'' et la masse volumique ρ'' du laiton.

c) Les différences structurales induites par la substitution sont responsables d'une modification des propriétés de conduction électrique et de résistance mécanique. Proposer une explication.

Données : masse molaires $M_{Cu} = 63,5 \text{ g} \cdot \text{mol}^{-1}$, $M_{Ag} = 108 \text{ g} \cdot \text{mol}^{-1}$, $M_{Zn} = 65,4 \text{ g} \cdot \text{mol}^{-1}$; rayons atomiques $r_{Cu} = 128 \text{ pm}$, $r_{Ag} = 144 \text{ pm}$, $r_{Zn} = 134 \text{ pm}$.

❑ Exercice 26.5. Chimie du fer et de l'acier**

Le fer α cristallise dans une structure cubique centrée, où les atomes de fer occupent tous les sommets et le centre d'une maille cubique.
Cette structure est représentée par le célèbre Atomium de Bruxelles, conçu par l'ingénieur André Waterkeyn et réalisé par les architectes André et Jean Polak, pour l'Exposition universelle de 1958.

1. Sachant que la masse volumique de fer α est $\rho_{Fe\alpha} = 7868 \, kg \cdot m^{-3}$, déterminer le rayon atomique du fer dans cette structure.

2. On s'intéresse maintenant aux sites interstitiels de cette structure. Afin de mieux les visualiser, on représente sur un schéma la position des atomes dans deux mailles adjacentes.

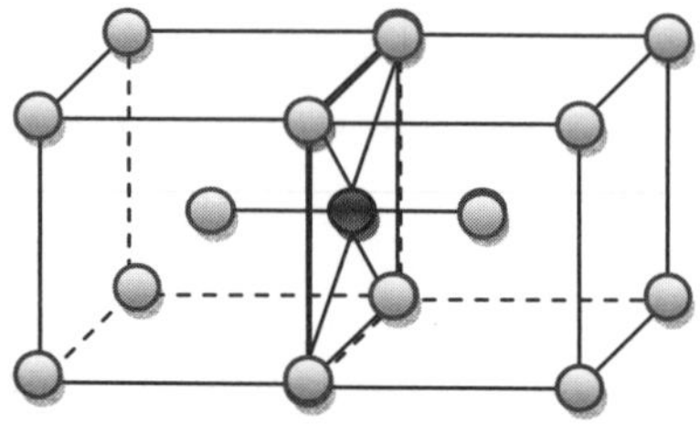

a) Sur la représentation ci-contre, un site interstitiel a été mis en évidence (en noir). De quel type de site s'agit-il ? Le polyèdre associé est-il régulier ?

b) On trouve un autre site interstitiel au centre de l'octaèdre défini par les deux extrémités d'une arête et les centres des quatre cubes ayant cette arête en commun. Mettre en évidence ce type de site sur un schéma.

c) Calculer le nombre de sites octaédriques dans une maille. Déterminer la taille de ces sites.

d) Sachant qu'un site tétraédrique se situe au centre du polyèdre délimité par deux atomes centraux et deux atomes d'une même arête, et que le site tétraédrique se situe sur une face, déterminer la position, le nombre et le rayon des sites tétraédriques dans la structure.

3. L'insertion de carbone dans le fer α permet de former un alliage appelé ferrite. Le carbone a un rayon atomique de 77 pm.

a) Le carbone peut-il s'insérer dans un site interstitiel ?

b) On suppose que toutes les mailles subissent la même expansion lorsqu'un atome de carbone s'insère dans le cristal de fer. Quelle valeur prend alors le paramètre de maille lorsque l'atome de carbone s'insère dans un site octaédrique ? Quelle variation relative de volume cela entraîne-t-il ?

Donnée : $M_{Fe} = 55{,}8 \, g \cdot mol^{-1}$.

D'après E3A

■ Cristaux ioniques

❑ Exercice 26.6. Iodure de césium

L'iodure de césium CsI cristallise dans une structure cristalline où les ions iodure I^- occupent les sommets d'une maille cubique et un ion Cs^+ le centre de la maille.

1. Dessiner la maille. Donner la coordinence de la structure, qui sera notée sous la forme (a,b), avec *a* la coordinence de l'anion par rapport aux cations et *b* la coordinence du cation par rapport aux anions.

2. La densité vaut $d_{CsI} = 4{,}570$. En déduire la valeur du paramètre de maille *a*, connaissant les masses molaires atomiques $M_I = 127 \, g \cdot mol^{-1}$ et $M_{Cs} = 133 \, g \cdot mol^{-1}$.

Cette valeur est elle compatible avec les rayons ioniques $r_{Cs^+} = 169$ pm et $r_{I^-} = 220$ pm ?

3. Calculer la compacité du cristal.

❑ Exercice 26.7. Oxyde de nickel**

L'oxyde de nickel NiO cristallise selon un réseau CFC d'ions O^{2-}, avec occupation de tous les sites octaédriques par les ions Ni^{2+}.

1. Dessiner la maille. Quelle est la nature du polyèdre de coordination de chacun des ions ? Quel type de liaison est mis en jeu ?

2. La masse volumique de NiO vaut $6{,}910\ \text{g}\cdot\text{cm}^{-3}$; en déduire la valeur du paramètre de maille. Comparer à la valeur calculée à partir des rayons ioniques des ions Ni^{2+} ($r_+ = 69\ \text{pm}$) et O^{2-} ($r_- = 140\ \text{pm}$). On donne également $M_{\text{Ni}} = 59{,}0\ \text{g}\cdot\text{mol}^{-1}$ et $M_{\text{O}} = 16{,}0\ \text{g}\cdot\text{mol}^{-1}$.

3. Quelle condition doit satisfaire le rapport des rayons du cation et de l'anion $\frac{r_+}{r_-}$ pour qu'un cristal ionique de stœchiométrie 1 : 1 (1 anion pour 1 cation) puisse adopter une telle structure ? Cette condition est-elle vérifiée pour NiO ?

D'après Centrale-Supélec

❑ Exercice 26.8. Chlorure de cuivre(I)

La structure du chlorure de cuivre(I) peut être décrite par un réseau CFC d'anions, les cations occupant un site tétraédrique sur deux (en alternance).

1. Dessiner la maille correspondante.

2. Déterminer la population de la maille et la coordinence de l'anion et du cation dans cette structure. Le taux d'occupation est le pourcentage de sites occupés par rapport aux sites disponibles. Quel est le taux d'occupation des cations Cu^+ ?

3. On donne les rayons ioniques du cation $r_+ = 96{,}0\ \text{pm}$ et de l'anion $r_- = 181\ \text{pm}$. Déterminer le paramètre de maille a, la compacité de la structure et la masse volumique du chlorure de cuivre(I).

Données : $M_{\text{Cu}} = 63{,}5\ \text{g}\cdot\text{mol}^{-1}$; $M_{\text{Cl}} = 35{,}5\ \text{g}\cdot\text{mol}^{-1}$.

❑ Exercice 26.9. Le trioxyde de tungstène

Le trioxyde de tungstène WO_3 solide est, en première approximation, un oxyde ionique. Il présente une structure cubique telle que les ions tungstène W^{6+} occupent les sommets de la maille et les ions oxyde O^{2-} le milieu des arêtes. On note a le paramètre de maille.

1. Dessiner une maille et vérifier la stœchiométrie du cristal.

2. On admet une tangence anion-cation. Calculer la compacité du cristal WO_3. Conclure.

3. Le centre du cube et les centres des faces de la maille dessinée au 1 sont vides.

a) Calculer le rayon maximal des cations M^+ qui pourraient s'insérer dans ces deux sites sans déformation de la structure.

b) On observe expérimentalement que les cations M^+ (où M peut être H, Li, Na, K) peuvent s'insérer dans le cristal et qu'ils s'insèrent tous dans le même type de site. En déduire le type de site occupé.

Espèce	H^+	Li^+	Na^+	K^+	O^{2-}	W^{6+}
Rayon ionique (pm)	10^{-5}	78,0	98,0	133	132	62,0

D'après Centrale-Supélec

■ Cristaux covalents

❑ Exercice 26.10. Le silicium

Le silicium cristallise dans un réseau cubique à faces centrées.

1. Dessiner la maille correspondante. Déterminer la population d'une maille, la coordinence, ainsi que la compacité de la structure.

2. La masse volumique du silicium est de $2329\ \text{kg}\cdot\text{m}^{-3}$. Déterminer le rayon de covalence du silicium, ainsi que le paramètre de maille de la structure.

3. Déterminer la position, le nombre et le rayon des sites interstitiels tétraédriques et octaédriques vacants de cette structure.

Donnée : $M_{\text{Si}} = 28{,}1\ \text{g}\cdot\text{mol}^{-1}$.

❑ Exercice 26.11. Le carbone graphite

Le carbone graphite est constitué d'un empilement de feuillets, dans lesquels la structure est hexagonale et régulière. Les plans A et B sont distants de 335 pm. La distance séparant deux atomes de carbone d'un même plan est de 142 pm.

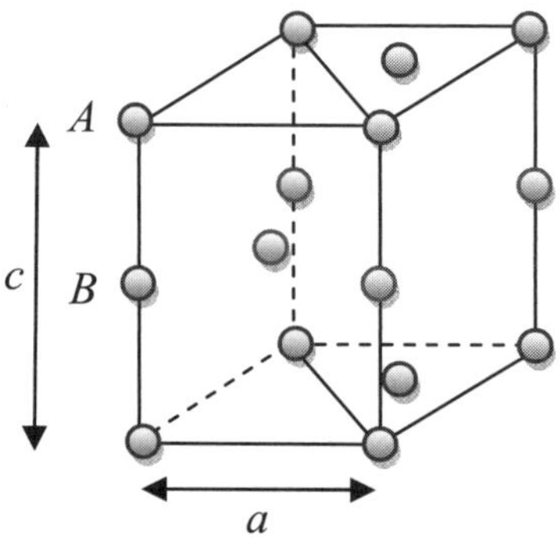

1. Quelle est la coordinence du carbone dans cette structure ?

2. Déterminer la valeur des paramètres de maille a et c.

3. Déterminer la compacité du carbone graphite, ainsi que sa masse volumique.

Donnée : $M_{\text{C}} = 12{,}0\ \text{g}\cdot\text{mol}^{-1}$.

■ Cristaux moléculaires

❑ Exercice 26.12. Structure de la carboglace

À 195 K, le dioxyde de carbone se solidifie dans une structure cristalline appelée carboglace.

1. Rappeler la géométrie de la molécule de dioxyde de carbone CO_2.

2. Les atomes de carbone occupent un réseau CFC, de paramètre de maille $a = 558\ \text{pm}$. Les molécules s'orientent ensuite selon les diagonales des faces du cube.

a) Représenter cette maille. Déterminer la population d'une maille.

b) Déterminer la distance d entre deux atomes de carbone voisins. Comparer à la longueur de la liaison double C=O dans la molécule de CO_2 : $d_{\text{C=O}} = 120\ \text{pm}$.

3. Déterminer la compacité de cette structure. On donne $r_{\text{C}} = 77{,}0\ \text{pm}$ et $r_{\text{O}} = 73{,}0\ \text{pm}$.

4. Déterminer la densité de la carboglace.

Données : $M_{\text{C}} = 12{,}0\ \text{g}\cdot\text{mol}^{-1}$; $M_{\text{O}} = 16{,}0\ \text{g}\cdot\text{mol}^{-1}$.

❑ Exercice 26.13. Étude de la glace**

La glace est présente sous plusieurs variétés allotropiques. À 273 K et sous 1 bar, l'eau se solidifie pour donner la structure cristalline appelée glace I, de densité 0,92.

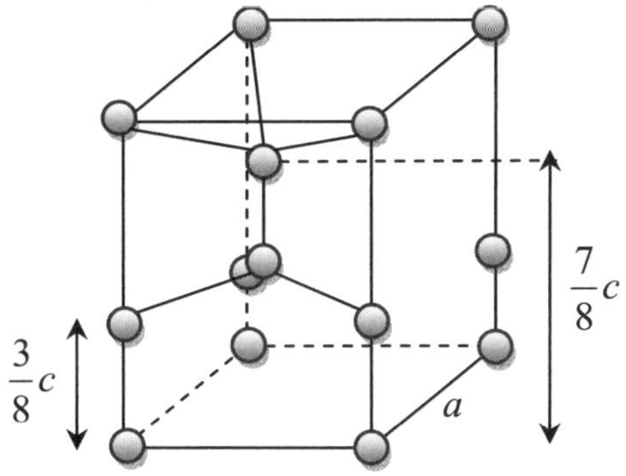

On donne la représentation de sa structure tridimensionnelle ci-contre.
Pour plus de clarté, on a uniquement représenté les atomes d'oxygène.
Il s'agit d'une structure de type hexagonal compact, de paramètres de maille a et c, avec occupation d'un site tétraédrique sur deux.

1. Déterminer la relation entre c et a.
2. Combien de molécules d'eau sont contenues dans une maille ?
3. À partir de la valeur de la densité, déterminer la distance l entre deux atomes d'oxygène.
4. Chaque atome d'oxygène est entouré de quatre atomes d'hydrogène, dont deux sont liés à O par une liaison covalente, avec $l_{O-H} = 96$ pm.
a) Dessiner l'environnement local d'un atome d'oxygène.
b) En déduire la distance d entre un atome O et un atome H non liés de façon covalente.
c) Conclure sur les interactions responsables de la cohésion de la glace.

■ Pour vous aider à démarrer

Exercice 26.7. Question 3 : pour déterminer le rayon anionique limite minimal de la structure (6,6), déterminer le rayon anionique maximal d'une structure (8,8).
Exercice 26.13. Question 4.a : les trois atomes participant à la liaison hydrogène sont alignés.

Corrigé des vrai/faux

1.	2.	3.	4.	5.	6.	7.	8.
vrai	faux	faux	vrai	vrai	faux	vrai	vrai

2. Il y a $8\times\frac{1}{8}+6\times\frac{1}{2}=4$ entités dans une maille CFC (attention, les entités situées sur des sommets ou des faces sont partagées par plusieurs mailles, il faut en tenir compte dans le calcul).

3. Il y a un site octaédrique au centre de la maille cubique à faces centrées.

4. Il s'agit d'une caractéristique d'un empilement compact.

6. Dans un métal, les électrons sont délocalisés sur l'ensemble de la structure, et la liaison forte électrons-cations qui assure la cohésion du cristal n'est pas directionnelle.

❑ Les erreurs classiques

– Faire attention aux unités lors des applications numériques, notamment avec les masses molaires ($g\cdot mol^{-1}$), les rayons (pm) et la masse volumique ($kg\cdot m^{-3}$ ou $g\cdot cm^{-3}$ selon les énoncés).
– Penser à tenir compte de la participation d'une entité à plusieurs mailles lors du calcul de la population.
– Dans les exercices, l'expression « cubique compact » fait référence à une structure CFC.

■■ Corrigé des exercices

Exercice 26.1

1. Le plomb possède une faible électronégativité, il s'agit donc d'une liaison de type métallique. Une liaison métallique est forte et non directionnelle.

2. Dans la structure CFC, les atomes sont tangents selon la diagonale d'une face de la maille cubique. On a donc : $4 \cdot r_{Pb} = a\sqrt{2}$, soit $\boxed{r_{Pb} = 175 \text{ pm}}$.

⇨ *Méthode 26.4*

3. Les sites tétraédriques sont situés au centre des cubes d'arête $\frac{a}{2}$ contenus dans la maille. On décompte 8 sites tétraédriques par maille.

En notant r_t le rayon du site tétraédrique, on obtient la relation suivante : $a\frac{\sqrt{3}}{2} = 2r_{Pb} + 2r_t$.

Sachant que $4r_{Pb} = a\sqrt{2}$, on obtient $\boxed{r_t = \left(\sqrt{\frac{3}{2}} - 1\right) \cdot r_{Pb} \simeq 0{,}225 \cdot r_{Pb}}$. AN $\boxed{r_t = 39{,}3 \text{ pm}}$.

Les sites octaédriques sont situés au milieu des arêtes et au centre du cube. On décompte $12 \times \frac{1}{4} + 1 = 4$ sites octaédriques par maille. En notant r_o le rayon du site octaédrique, on a $2r_{Pb} + 2r_o = a$ soit $\boxed{r_o = \left(\sqrt{2} - 1\right) \cdot r_{Pb}}$. AN $\boxed{r_o = 72{,}5 \text{ pm}}$.

⇨ *Méthode 26.5*

Exercice 26.2

1. a) La maille HC est représentée ci-contre.

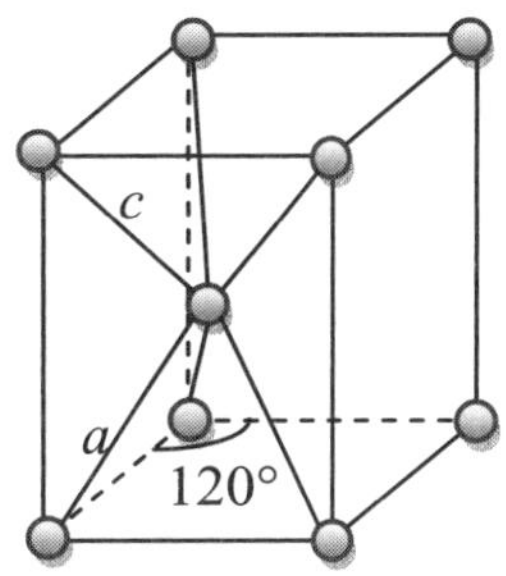

La maille HC contient 8 entités aux sommets, 1 entité à l'intérieur, soit une population de $8 \times \frac{1}{8} + 1 = 2$ entités.

b) Le contact entre les sphères se fait selon une arête de la base du prisme, on a donc $a = 2r$. AN $\boxed{a = 320 \text{ pm}}$.

c) Pour déterminer la relation liant c à a, on doit considérer le tétraèdre formé par les sphères A, B, C et D. La projection orthogonale de A sur le triangle équilatéral BCD est notée G.

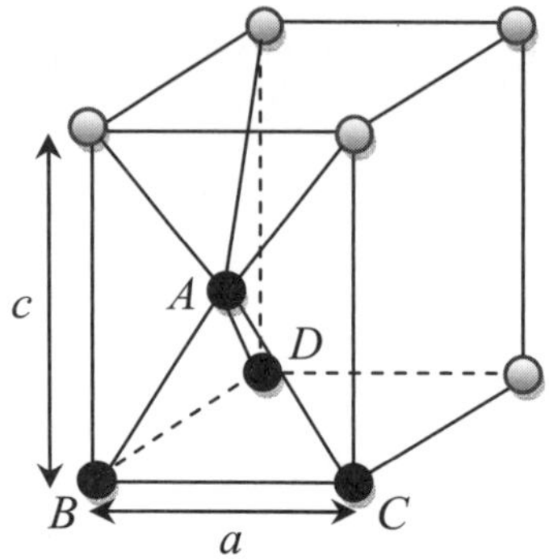

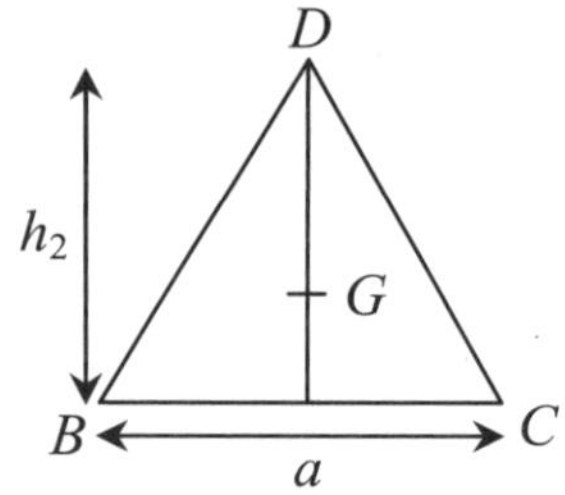

On note h_1 la longueur AG et h_2 la hauteur du triangle équilatéral BCD. Alors $c = 2h_1$, $h_2 = a\dfrac{\sqrt{3}}{2}$, $DG = \dfrac{2}{3}h_2$. AGD étant un triangle rectangle, on peut appliquer le théorème de Pythagore : $a^2 = h_1^2 + \left(\dfrac{2}{3}h_2\right)^2$. On en déduit $h_1 = \sqrt{a^2 - \dfrac{1}{3}a^2} = a\sqrt{\dfrac{2}{3}}$, d'où $\boxed{c = 2h_1 = 2a\sqrt{\dfrac{2}{3}}}$.

AN $\boxed{c = 523 \text{ pm}}$.

d) Pour calculer le volume de la maille HC, on multiplie l'aire de la base $a^2\sin(120°)$ par la hauteur c, soit $V = a^2 c\sin(120°)$. Or la détermination de la condition de compacité a conduit aux relations $c = 4\sqrt{\dfrac{2}{3}}r$ et $a = 2r$. On en déduit donc $V = 4r^2 \times 4\sqrt{\dfrac{2}{3}}r \times \dfrac{\sqrt{3}}{2}$ soit $\boxed{V = 8\sqrt{2}\,r^3}$.

La masse volumique est égale $\rho = \dfrac{N \cdot M_{\text{Mg}}}{\mathcal{N}_A \cdot V}$, avec une population égale à $N = 2$ atomes par maille. AN $\boxed{\rho = 1{,}74 \cdot 10^3 \text{ kg} \cdot \text{m}^{-3}}$.

⇨ *Méthodes 26.2, 26.3 et 26.4*

2. Les structures HC et CFC étant deux structures compactes, on peut prévoir que les sites interstitiels ont la même dimension : pour un site tétraédrique $r_t = \left(\sqrt{\dfrac{3}{2}} - 1\right) \cdot r$ soit pour le cristal de magnésium $\boxed{r_t = 36 \text{ pm}}$; pour un site octaédrique, $r_o = \left(\sqrt{2} - 1\right) \cdot r$, soit $\boxed{r_o = 66{,}3 \text{ pm}}$ pour le cristal de magnésium. On distingue deux sites tétraédriques particuliers sur la maille HC, au centre de deux tétraèdres :

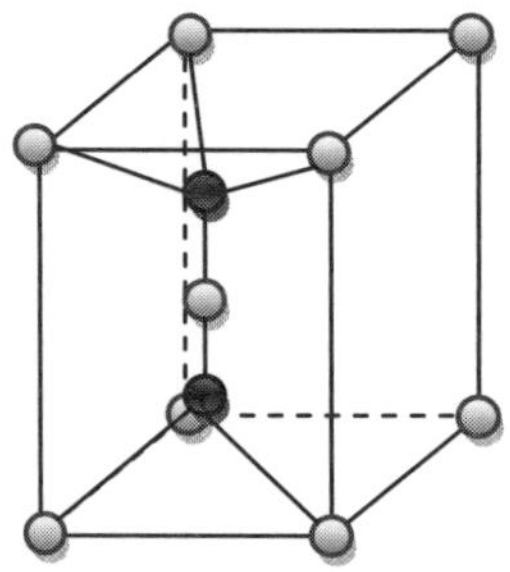

Exercice 26.3

1. La structure cubique centrée est représentée ci-contre. Elle comporte des atomes de sodium à chaque sommet et au centre du cube. On décompte donc $8\times\frac{1}{8}+1=2$ atomes par maille. L'atome central possède huit plus proches voisins (situés aux sommets de la maille), la coordinence est donc de 8. Il ne s'agit donc plus d'une structure compacte.

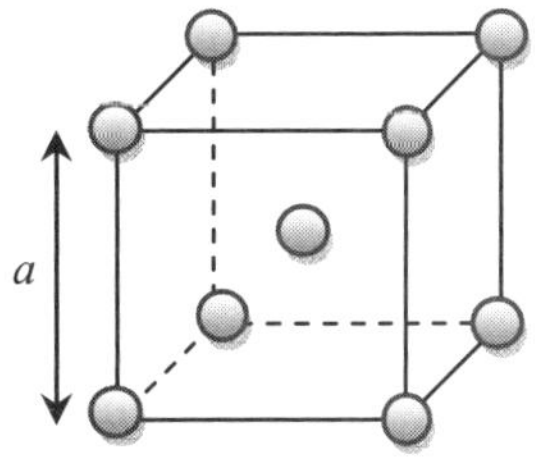

Le contact entre atomes se fait selon la diagonale du cube, de longueur $a\sqrt{3}$. On obtient donc $4\cdot r=a\sqrt{3}$.

2. a) La densité est égale à $d_{\text{Na}}=\dfrac{\rho_{\text{Na}}}{\rho_{\text{eau}}}=\dfrac{N\cdot M_{\text{Na}}}{\mathcal{N}_{\text{A}}\cdot V\cdot\rho_{\text{eau}}}$. Pour la structure cubique centrée, $V=a^3=\left(\dfrac{4r_{\text{Na}}}{\sqrt{3}}\right)^3$. On en déduit $r_{\text{Na}}=\dfrac{\sqrt{3}}{4}\left(\dfrac{N\cdot M_{\text{Na}}}{\mathcal{N}_{\text{A}}\cdot d_{\text{Na}}\cdot\rho_{\text{eau}}}\right)^{\frac{1}{3}}$. AN $\boxed{r_{\text{Na}}=186\text{ pm}}$ et $\boxed{a=429\text{ pm}}$.

b) Lorsque la maille devient plus compacte, la masse des entités contenues dans une maille augmente, donc la masse volumique augmente.
Si le sodium cristallise dans une structure CFC, comportant 4 atomes par maille, on a à présent $4\cdot r=a\sqrt{2}$. Alors $\boxed{\rho'=1{,}05.10^3\text{ kg.m}^{-3}}$. On observe bien une augmentation de la masse volumique.

Exercice 26.4

1.

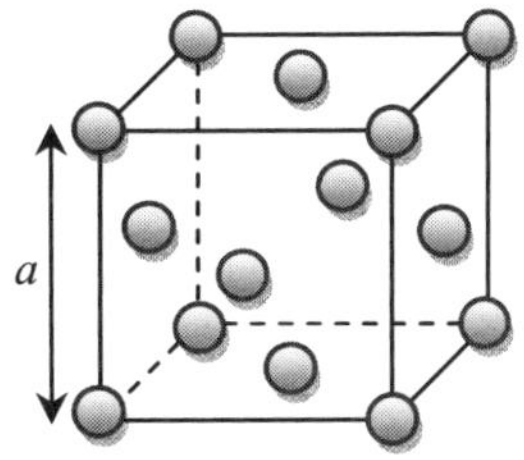

La structure CFC est représentée ci-contre. Elle comporte 4 atomes par maille. Un atome de cuivre a une coordinence de 12. La compacité est de 74 %.

⇨ *Méthodes 26.3 et 26.4*

La masse volumique est $\rho_{\text{Cu}}=\dfrac{N\cdot M_{\text{Cu}}}{\mathcal{N}_{\text{A}}\cdot a^3}$, d'où $\boxed{a=\sqrt[3]{\dfrac{N\cdot M_{\text{Cu}}}{\mathcal{N}_{\text{A}}\cdot\rho_{\text{Cu}}}}}$.

AN $\boxed{a=349\text{ pm}}$.

2. a)

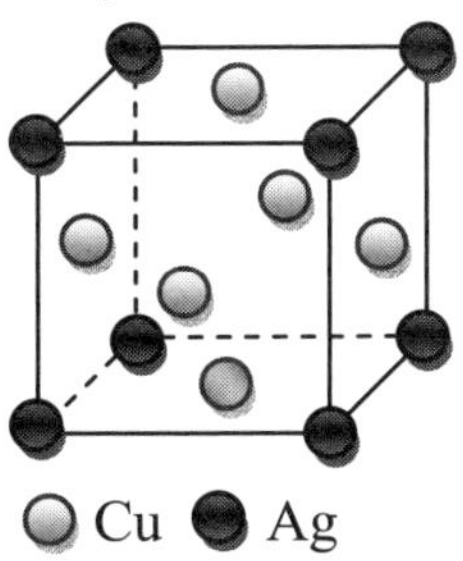

Il y a trois atomes de cuivre et un atome d'argent par maille. Il s'agit de l'alliage Cu_3Ag. Selon la diagonale d'une face, $2\cdot r_{\text{Ag}}+2\cdot r_{\text{Cu}}=a'\sqrt{2}$. Le nouveau paramètre de maille est $a'=385\text{ pm}$. On observe une expansion de la maille, due à la substitution du cuivre par un atome plus gros. La masse volumique est $\rho'=\dfrac{N_{\text{Cu}}\cdot M_{\text{Cu}}+N_{\text{Ag}}\cdot M_{\text{Ag}}}{\mathcal{N}_{\text{A}}\cdot V}$, avec $V=a'^3$.

AN $\boxed{\rho'=8{,}71\cdot10^3\text{ kg}\cdot\text{m}^{-3}}$. La masse volumique de l'alliage est inférieure à celle du cuivre pur.

b)

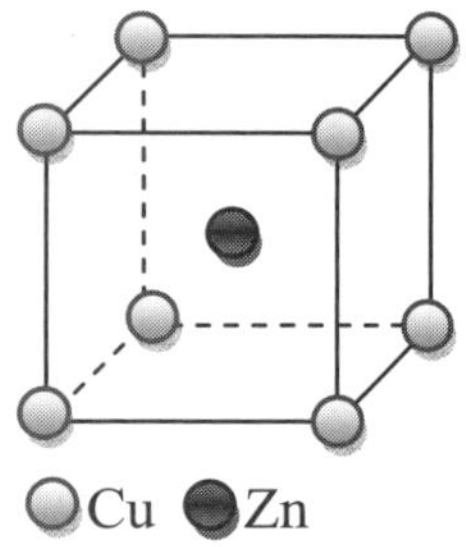

On décompte un atome de zinc et un atome de cuivre par maille, il s'agit bien de l'alliage CuZn. Selon la diagonale du cube, $2\cdot r_{Zn}+2\cdot r_{Cu}=a''\sqrt{3}$, soit $a''=303\text{ pm}$. La masse volumique est $\rho''=\dfrac{N_{Cu}\cdot M_{Cu}+N_{Zn}\cdot M_{Zn}}{N_A\cdot V}$, avec $V=a''^3$.

AN $\rho''=7{,}71\cdot 10^3\text{ kg}\cdot\text{m}^{-3}$.

c) Les exemples précédents montrent qu'il y a déformation de la maille. Par conséquent la circulation des électrons est affectée, ce qui entraîne une modification des propriétés de conduction électrique du matériau. Par ailleurs, les plans glissent plus difficilement l'un sur l'autre en présence des déformations, le matériau devient plus résistant d'un point de vue mécanique.

Exercice 26.5

1. La structure cubique centrée est représentée ci-contre.

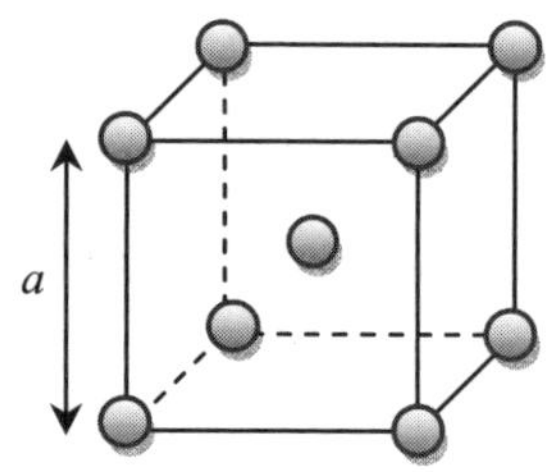

On décompte $N=2$ atomes par maille.

Il y a contact selon la diagonale du cube, la condition de compacité est donc $a\sqrt{3}=4r$, soit $V=a^3=\left(\dfrac{4r}{\sqrt{3}}\right)^3$.

La masse volumique est $\rho_{Fe\alpha}=\dfrac{N\cdot M_{Fe}}{\mathcal{N}_A\cdot V}$.

On en déduit $r=\dfrac{\sqrt{3}}{4}\left(\dfrac{N\cdot M_{Fe}}{\mathcal{N}_A\cdot\rho_{Fe\alpha}}\right)^{\frac{1}{3}}$. AN $\boxed{r=124\text{ pm}}$ et $\boxed{a=287\text{ pm}}$.

2. a) Il s'agit d'un site octaédrique. Il ne s'agit pas d'un octaèdre régulier, puisque l'octaèdre possède 4 arêtes de longueur a (arête de la maille cubique) et 8 arêtes de longueur $\dfrac{a\sqrt{3}}{2}$ (demi-diagonale d'une maille).

b) On a représenté ci-contre le deuxième type de site octaédrique.

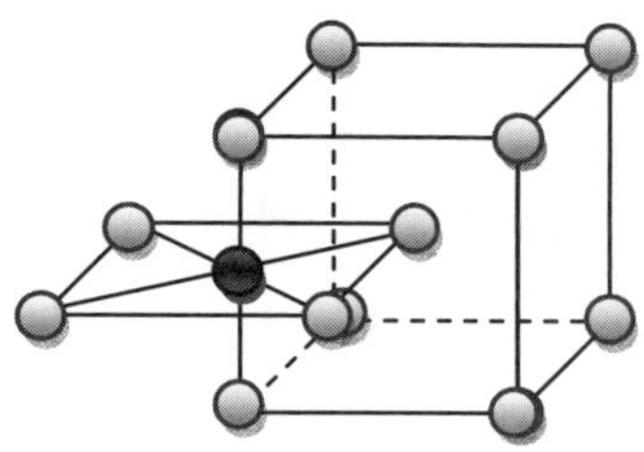

c) On décompte au total $6\times\dfrac{1}{2}+12\times\dfrac{1}{4}=6$ sites octaédriques.

On détermine le rayon maximal r_o de l'atome pouvant s'insérer dans un site octaédrique.

Il y a tangence selon l'arête : $2\cdot r_o+2\cdot r=a$. Or on a également $a=\dfrac{4r}{\sqrt{3}}$.

On obtient finalement $r_o=\left(\dfrac{2}{\sqrt{3}}-1\right)\cdot r$, soit $\boxed{r_o=19{,}2\text{ pm}}$.

d) On dénombre quatre sites tétraédriques par face, comme représenté ci-contre. Au total, il y a $4 \times 6 \times \frac{1}{2} = 12$ sites tétraédriques.

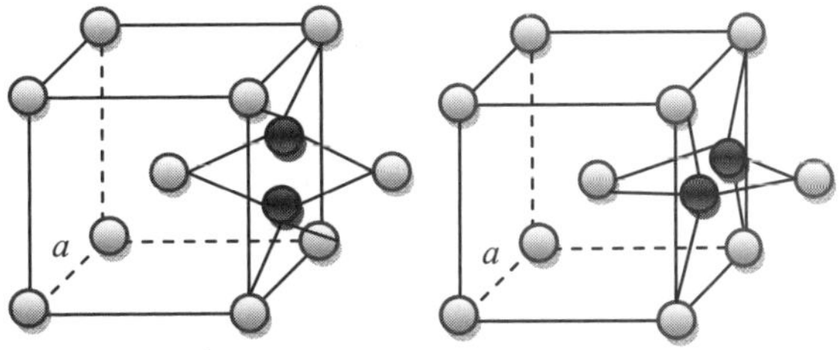

Déterminons le rayon r_t d'un site tétraédrique. Considérons le rectangle de longueur a et de largeur $\frac{a}{2}$ représenté ci-dessous.

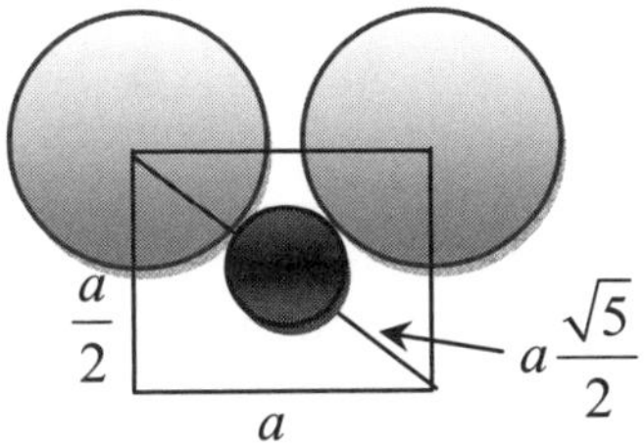

Selon la diagonale, $2 \cdot r_t + 2 \cdot r = a\frac{\sqrt{5}}{2}$, d'où

$$\boxed{r_t = \left(\frac{\sqrt{5}}{\sqrt{3}} - 1\right) \cdot r = 36{,}1\ \text{pm}}.$$

3. a) Le rayon atomique du carbone est <u>supérieur aux rayons des sites interstitiels</u> tétraédriques et octaédriques. <u>Le carbone s'insèrera par conséquent difficilement</u> dans un cristal de fer, et préférentiellement dans un site tétraédrique. L'insertion du carbone entraînera une forte déformation de la structure cristalline.

b) La relation obtenue au 2.b devient $2 \cdot r_{Fe} + 2 \cdot r_C = a'\frac{\sqrt{5}}{2}$, avec a' la valeur du nouveau paramètre de maille. On obtient $a' = 360\ \text{pm}$. Soit V' le volume de la maille de l'alliage. La variation relative de volume est $\boxed{\frac{V' - V}{V} = 0{,}97 = 97\ \%}$ (le volume a pratiquement doublé).

Exercice 26.6

1. La maille est représentée ci-contre. Le cation Cs^+ est entouré de huit anions, la coordinence b est de 8. De même, l'anion I^- est entouré de huit cations : la coordinence a est de 8. On a donc une coordinence (8,8).

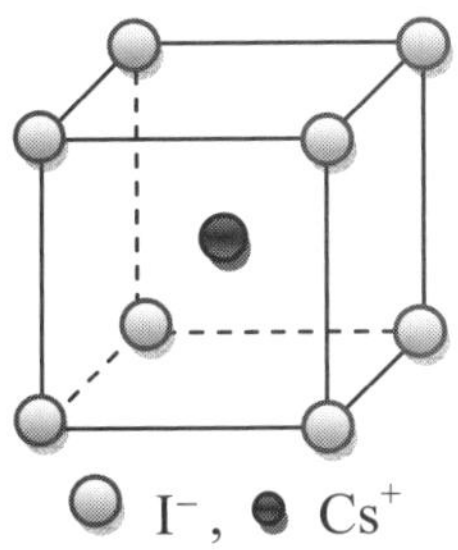

2. La densité vaut $d = \frac{\rho_{CsI}}{\rho_{eau}}$, avec $\rho_{CsI} = \frac{N_I M_I + N_{Cs} M_{Cs}}{\mathcal{N}_A \cdot V}$. La maille comporte un ion iodure et $8 \times \frac{1}{8} = 1$ ion césium : $N_I = N_{Cs} = 1$.

De plus, le volume de la maille cubique est $V = a^3$. Ainsi $a = \sqrt[3]{\frac{M_I + M_{Cs}}{\mathcal{N}_A \cdot \rho_{eau} \cdot d}}$. AN $\boxed{a = 455\ \text{pm}}$.

Considérons la ligne de contact selon la diagonale du cube : $2 \cdot r_{I^-} + 2 \cdot r_{Cs^+} = a\sqrt{3}$. On obtient une valeur du paramètre de maille a de 449 pm. On trouve une valeur légèrement inférieure à celle obtenue précédemment à l'aide de la valeur expérimentale de la masse volumique. Ceci indique que dans le cristal réel, les ions ne sont pas tangents.

3. Compacité : $C = \frac{1}{V}\left[N_I\left(\frac{4}{3}\pi r_{I^-}^3\right) + N_{Cs}\left(\frac{4}{3}\pi r_{Cs^+}^3\right)\right] = \frac{1}{a^3}\left[\frac{4}{3}\pi r_{I^-}^3 + \frac{4}{3}\pi r_{Cs^+}^3\right]$. AN $\boxed{C = 0{,}69}$.

Exercice 26.7

1. La maille d'oxyde de nickel est représentée ci-contre. Chaque ion est au centre d'un octaèdre. La liaison est ionique, la forte différence d'électronégativité entre le nickel et l'oxygène entrainant un transfert d'électrons du nickel vers l'oxygène.

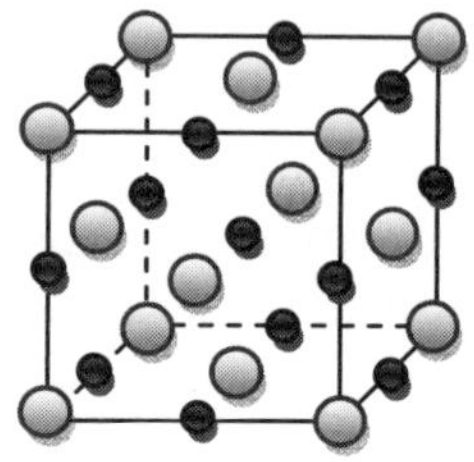

O^{2-} , Ni^{2+}

2. La masse volumique est $\rho = \dfrac{N_{Ni}M_{Ni} + N_O M_O}{N_A \cdot V}$. On compte $N_O = 8\times\dfrac{1}{8} + 6\times\dfrac{1}{2} = 4$ et $N_{Ni} = 1 + 12\times\dfrac{1}{4} = 4$. Par ailleurs, $V = a^3$.

On en déduit $a = \sqrt[3]{\dfrac{4\cdot(M_{Ni}+M_O)}{N_A \cdot \rho}}$. AN $\boxed{a = 416\ \text{pm}}$.

Considérons la ligne de contact selon l'arête du cube : $2\cdot r_+ + 2\cdot r_- = a$. On obtient une valeur du paramètre de maille a de 418 pm, voisine de la valeur déterminée précédemment.

3. Le contact anion-cation selon l'arête du cube permet d'écrire $2\cdot r_+ + 2\cdot r_- = a$. Le contact limite anion-anion selon la diagonale d'une face permet d'écrire $r_- \leq a\dfrac{\sqrt{2}}{4}$. Si le rayon ionique de l'anion dépasse cette valeur, le système adoptera une structure cristalline de coordinence plus faible. On obtient finalement $\dfrac{r_+}{r_-} \geq \dfrac{2}{\sqrt{2}} - 1 = \sqrt{2} - 1 = 0{,}414$.

Par ailleurs, si le rayon ionique de l'anion le permet, le système préfèrera adopter une structure de coordinence plus élevée, de type cubique centrée (CsCl). On doit donc déterminer la valeur limite du rayon anionique permettant de passer de la coordination (8,8) à (6,6).

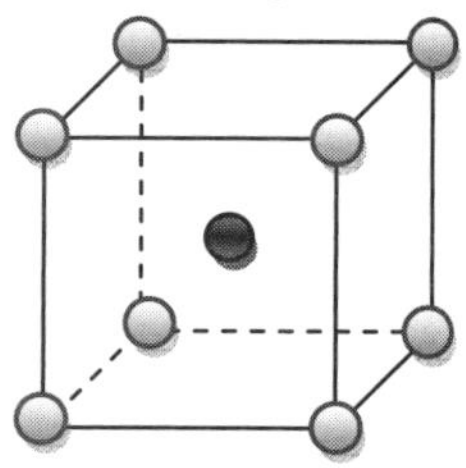

Cl^- , Cs^+

La structure cristalline de CsCl a été représentée ci contre. Le rayon anionique limite est donné par le contact anionique limite selon l'arête du cube. Ainsi, pour $r_- \geq \dfrac{a}{2}$, le système adoptera une structure de coordinence (6,6). De plus, le contact anion-cation selon la diagonale du cube donne $2r_+ + 2r_- = a\sqrt{3}$.

On obtient ainsi la borne supérieure de la coordinence (6,6) : $\dfrac{r_+}{r_-} \leq \sqrt{3} - 1 = 0{,}732$.

Pour qu'un cristal ionique adopte une structure de type NaCl, le rapport $\dfrac{r_+}{r_-}$ doit vérifier :

$\boxed{\sqrt{2} - 1 \leq \dfrac{r_+}{r_-} < \sqrt{3} - 1}$ soit $\boxed{0{,}414 \leq \dfrac{r_+}{r_-} < 0{,}732}$. Pour NiO, $\dfrac{r_+}{r_-} = 0{,}493$: <u>la condition est vérifiée</u>.

Exercice 26.8

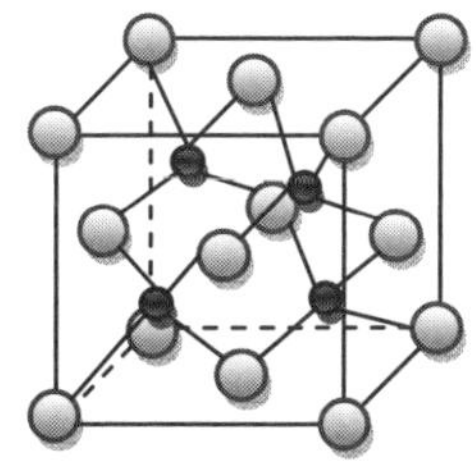

1. La structure du chlorure de cuivre(I) est représentée ci-contre.

2. Il y a $8\times\frac{1}{8}+6\times\frac{1}{2}=4$ ions chlorure et 4 ions cuivre(I) par maille.

L'anion ainsi que le cation sont entourés de quatre plus proches voisins de signe opposé, la coordinence est de (4,4). Les cations occupent la moitié des sites tétraédriques, leur taux d'occupation est donc de 50 %.

3 Le contact anion-cation se fait selon la diagonale d'un petit cube d'arête $\frac{a}{2}$, donc $2\cdot r_- + 2\cdot r_+ = a\frac{\sqrt{3}}{2}$ d'où $\boxed{a=\frac{4}{\sqrt{3}}(r_+ + r_-)}$.

AN $\boxed{a = 640 \text{ pm}}$.

La compacité vaut $C=\frac{4\cdot\frac{4}{3}\pi r_+^3+4\cdot\frac{4}{3}\pi r_-^3}{a^3}$. AN $\boxed{C = 0{,}44\ (44\ \%)}$.

La masse volumique vaut $\rho=\frac{4M_{\text{Cl}}+4M_{\text{Cu}}}{\mathcal{N}_{\text{A}}\cdot a^3}$. AN $\boxed{\rho = 2{,}51\cdot10^3\ \text{kg}\cdot\text{m}^{-3}}$.

Exercice 26.9

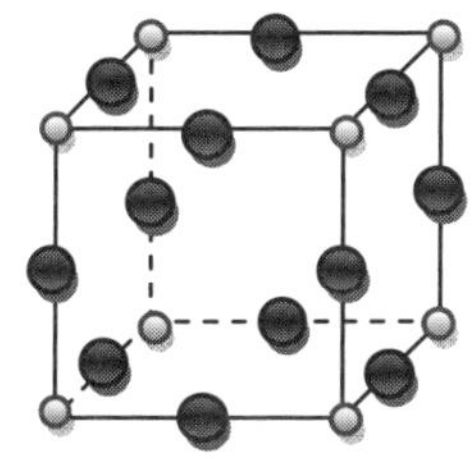

1. La maille est représentée ci-contre. Il y a $8\times\frac{1}{8}=1$ ion W^{6+} et $12\times\frac{1}{4}=3$ ions O^{2-} par maille. On retrouve la stœchiométrie WO_3.

2. Le contact anion-cation se fait selon l'arête, d'où : $a = 2\cdot r_- + 2\cdot r_+$.

Compacité : $C=\frac{\frac{4}{3}\pi r_+^3+3\cdot\frac{4}{3}\pi r_-^3}{a^3}=\frac{\frac{4}{3}\pi r_+^3+3\cdot\frac{4}{3}\pi r_-^3}{(2\cdot r_- + 2\cdot r_+)^3}$. AN $\boxed{C = 0{,}59\ (59\ \%)}$.

3. a) Soit r le rayon du site vacant. On calcule $a = 2\cdot r_- + 2\cdot r_+ = 388$ pm .

– Centre d'une face : $\boxed{r\leq\frac{a}{2}-r_- = 62 \text{ pm}}$.

– Centre du cube : $\boxed{r\leq\frac{a\sqrt{3}}{2}-r_- = 204 \text{ pm}}$.

b) D'après les valeurs des rayons ioniques de Li^+, Na^+ et K^+, les cations s'insèrent au centre du cube.

Corrigé

Exercice 26.10

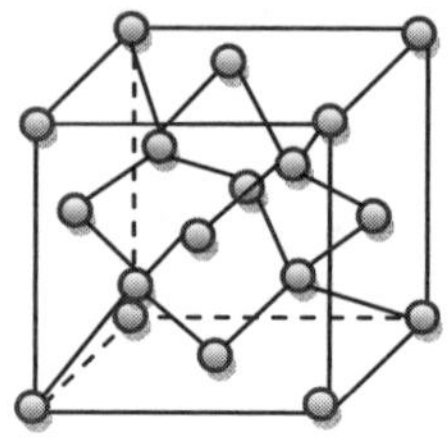

1. On a représenté ci-contre la structure cristalline du silicium. On compte $8\times\frac{1}{8}+6\times\frac{1}{2}+4=8$ atomes de silicium par maille.

La coordinence est de 4.

Selon la diagonale d'un petit cube d'arête $\frac{a}{2}$, $2\cdot r=a\frac{\sqrt{3}}{4}$.

La compacité est $C=\frac{8\cdot(\frac{4}{3}\pi r^3)}{a^3}=\frac{\pi\sqrt{3}}{16}$. AN $\boxed{C=0{,}34\ \ (34\ \%)}$.

2. On a $\rho_{\text{Si}}=\frac{8\cdot M_{\text{Si}}}{\mathcal{N}_{\text{A}}\cdot a^3}\Leftrightarrow a=\sqrt[3]{\frac{8\cdot M_{\text{Si}}}{\mathcal{N}_{\text{A}}\cdot\rho_{\text{Si}}}}$. AN $\boxed{a=543\text{ pm}}$. On en déduit le rayon atomique du silicium : $\boxed{r_{\text{Si}}=118\text{ pm}}$.

3. Les atomes de silicium occupent un site tétraédrique sur deux, on décompte donc 4 sites tétraédriques vides, dont le rayon vaut $\boxed{r_{\text{t}}=r_{\text{Si}}=118\text{ pm}}$. Tous les sites octaédriques sont vacants (au centre du cube et au milieu des arêtes), on en décompte 4. Leur rayon r_{o} est tel que selon une arête $2\cdot r_{\text{o}}+2\cdot r_{\text{Si}}=a$ soit $\boxed{r_{\text{o}}=154\text{ pm}}$.

Exercice 26.11

1. Le carbone a une coordinence de 3 dans cette structure, il est trigonal.

2. Le paramètre c correspond à la distance entre deux plans A : $c=2\times 335\text{ pm}=670\text{ pm}$.

Considérons une base de la maille, représentée ci-contre.

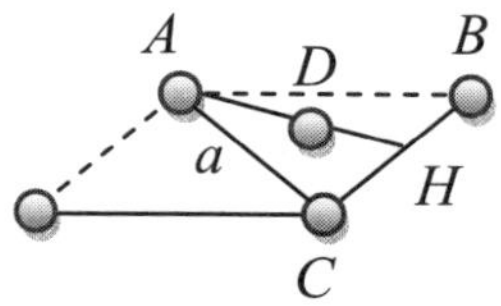

La distance entre deux atomes de carbone vaut $AD=\frac{2}{3}AH$, avec $AH=a\frac{\sqrt{3}}{2}$. On en déduit $AD=\frac{a}{\sqrt{3}}\Leftrightarrow a=AD\sqrt{3}$. AN $\boxed{a=246\text{ pm}}$.

3. La compacité est $C=\frac{N_{\text{C}}\cdot\frac{4}{3}\pi r^3}{V}$, avec $N_{\text{C}}=8\times\frac{1}{8}+4\times\frac{1}{4}+2\times\frac{1}{2}+1=4$, $r=\frac{\text{AD}}{2}=71\text{ pm}$ et $V=a^2c\sin(120°)$ (produit base × hauteur), soit $V=a^2\cdot c\cdot\frac{\sqrt{3}}{2}$. AN $\boxed{C=0{,}17\ (17\ \%)}$.

La masse volumique est $\rho=\frac{4\cdot M_{\text{C}}}{\mathcal{N}_{\text{A}}\cdot a^2\cdot c\cdot\frac{\sqrt{3}}{2}}$. AN $\boxed{\rho=2{,}27\cdot 10^3\text{ kg}\cdot\text{m}^{-3}}$.

Exercice 26.12

1. La formule de Lewis du dioxyde de carbone est 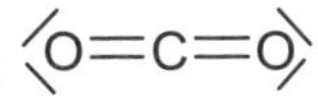, sa géométrie est <u>linéaire</u>.

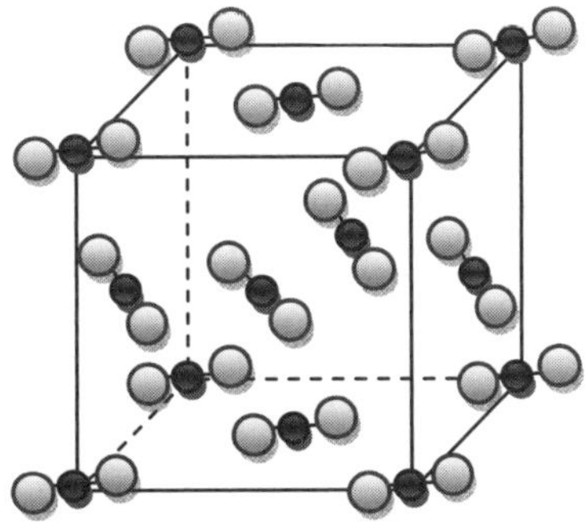

2. a) La maille est représentée ci-contre. On décompte $8\times\frac{1}{8}+6\times\frac{1}{2}=4$ molécules de CO_2 par maille.

b) Selon la diagonale d'une face $2\cdot d = a\sqrt{2}$, soit $d = 395$ pm. Les atomes de carbone sont donc plus éloignés que dans une liaison covalente. En effet, la cohésion entre molécules est assurée par des forces de Van der Waals, d'énergie plus faible qu'une interaction covalente.

3. La compacité est le rapport du volume occupé par les atomes sur le volume total de la maille. Les 4 molécules de CO_2 sont donc considérées comme 4 atomes de carbone et 8 atomes d'oxygène pris individuellement. La compacité est $C = \dfrac{N_C\cdot\frac{4}{3}\pi r_C^3 + N_O\cdot\frac{4}{3}\pi r_O^3}{a^3}$, avec $N_C = 4$ et $N_O = 8$. AN $\boxed{C = 0{,}12\ (12\ \%)}$.

4. La masse volumique est $\rho = \dfrac{N_C M_C + N_O M_O}{\mathcal{N}_A\cdot a^3}$. AN $\boxed{\rho = 1{,}68\cdot 10^3\ \text{kg}\cdot\text{m}^{-3}}$.

La densité, rapport de la masse volumique de la carboglace sur la masse volumique de l'eau ($\rho_{eau} = 10^3\ \text{kg}\cdot\text{m}^{-3}$), est donc $\boxed{d = 1{,}68}$.

Exercice 26.13

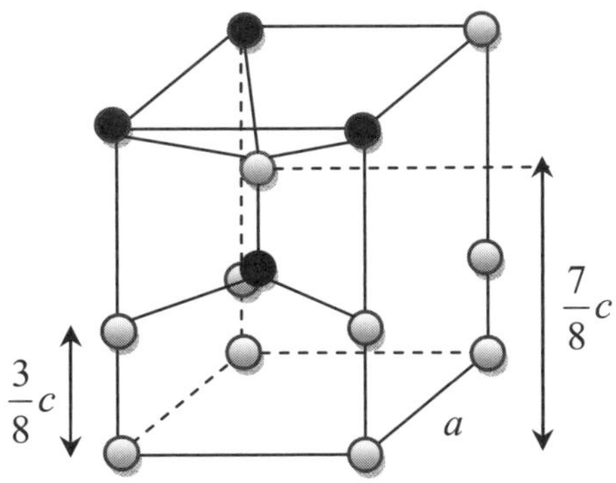

1. En considérant le tétraèdre constitué par les sphères noires ci-contre, on aboutit à la relation $\boxed{c = 2a\sqrt{\frac{2}{3}}}$.

✎ *Voir l'obtention de cette relation à l'exercice 26.2.*

2. Il y a $8\times\frac{1}{8}+4\times\frac{1}{4}+2=4$ molécules d'eau par maille.

3. La masse volumique de la glace est $\rho = \dfrac{N_H M_H + N_O M_O}{N_A\cdot V}$, avec $V = a^3\sqrt{2}$ pour une structure hexagonale compacte, $N_H = 8$ et $N_O = 4$. On en déduit : $\boxed{a = \sqrt[3]{\dfrac{8\cdot M_H + 4\cdot M_O}{N_A\cdot\rho\sqrt{2}}}}$.

AN $\boxed{a = 451\text{ pm}}$ et $\boxed{c = 737\text{ pm}}$. Sur le schéma précédent, $l = \frac{3}{8}c$. La distance entre deux atomes d'oxygène est $\boxed{l = 276\text{ pm}}$.

4. a) L'environnement tétraédrique d'un atome d'oxygène est représenté ci-contre.

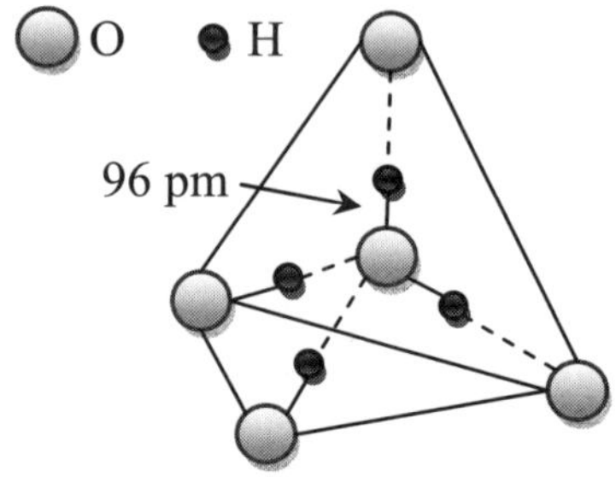

b) La distance l entre deux atomes d'oxygène est égale à la somme de la longueur l_{O-H} de la liaison O–H et de la distance d entre un atome d'hydrogène et d'oxygène non liés par une liaison covalente, d'où : $\boxed{d = l - l_{O-H} = 180\text{ pm}}$.

c) La cohésion de la glace est assurée par des <u>liaisons hydrogène, moins énergétiques que des liaisons covalentes</u> (on constate en effet que $d < l_{O-H}$).

Chapitre 27
Réactions acido-basiques

Acide, *base*, voilà deux mots antinomiques en chimie. Le premier vient du latin *acidus* qui qualifiait ce qui est aigre. Il apparaît en français au XVIe siècle et s'applique avant tout aux fruits. Désignant par la suite l'une des quatre saveurs fondamentales, il entre dans le vocabulaire de la chimie à la fin du XVIIIe siècle avec **Lavoisier** et **Guyton de Morveau**. Le grec *basis* désignait l'action de marcher puis, par métonymie, ce sur quoi on marche et enfin l'assise d'une chose. C'est en ce dernier sens qu'il est introduit en français, par l'intermédiaire du latin, au milieu du XVIe siècle. Il désigne alors les principes fondamentaux d'un système et, vers la fin du XVIIe siècle, l'élément principal d'une préparation médicamenteuse. Le mot entre peu après dans le vocabulaire de l'alchimie, puis de la chimie pour désigner les corps situés à la base d'une hiérarchie allant des plus altérables, comme la soude ou la potasse, vers les moins altérables tels l'or ou le platine. Svante **Arrhenius** donne le premier, en 1884, une définition précise des acides et des bases, mais on retient aujourd'hui celle de **Brønsted**.

Johannes Nicolaus Brønsted
1879-1947

Objectifs

Ce qu'il faut connaître

- ▷ Les propriétés acido-basiques du solvant eau
- ▷ La définition du pH
- ▷ Les définitions d'un acide fort ou faible, d'une base forte ou faible
- ▷ Les exemples usuels d'acides et de bases et leur nature (forte ou faible)
- ▷ La définition de la constante d'acidité d'un couple acido-basique

Ce qu'il faut savoir faire

- ▷ Classer plusieurs couples par force croissante de l'acide ou de la base
- ▷ Calculer la constante d'équilibre d'une réaction acido-basique
- ▷ Tracer le diagramme de prédominance d'un couple acido-basique
- ▷ Utiliser un diagramme de prédominance pour prévoir les espèces incompatibles
- ▷ Exploiter un diagramme de distribution des espèces
- ▷ Déterminer la composition chimique d'un système pour une transformation acido-basique

■■ Résumé de cours

■ Transformation acido-basique

❑ Couples acide/base

Un **acide** selon Brønsted est une espèce chimique susceptible de céder un ou plusieurs protons H^+. Une **base** est une espèce chimique susceptible de capter un ou plusieurs protons H^+.
L'acide HA et la base A^- sont reliés par une demi-équation d'échange protonique :

$$\boxed{HA = A^- + H^+}$$

et constituent un couple acido-basique HA/A^-. Les deux espèces sont dites conjuguées.
Un **ampholyte** (ou espèce **amphotère**) est une espèce susceptible de se comporter comme l'acide d'un couple et la base d'un autre couple. Par exemple, l'ion hydrogénocarbonate HCO_3^- est un ampholyte : il appartient aux couples $(H_2O,CO_2)/HCO^-_{3(aq)}$ et $HCO^-_{3(aq)}/CO^{2-}_{3(aq)}$.
De même, le solvant eau est associé aux couples $H_3O^+_{(aq)}/H_2O_{(l)}$ et $H_2O_{(l)}/HO^-_{(aq)}$.

❑ Réaction acido-basique

Une transformation acido-basique correspond à un transfert de proton entre l'acide d'un couple HA_1/A_1^- et la base d'un autre couple HA_2/A_2^-.
Elle est modélisée par la réaction d'équation : $HA_1 + A_2^- = HA_2 + A_1^-$

❑ Autoprotolyse de l'eau

La réaction d'équation $2\ H_2O_{(l)} = HO^-_{(aq)} + H_3O^+_{(aq)}$ est appelée autoprotolyse de l'eau.
La constante d'équilibre associée à cette équation s'écrit $K_e = [H_3O^+]\cdot[HO^-]$; elle est appelée **produit ionique de l'eau**. Sa valeur ne dépend que de la température et est égale à 10^{-14} à 25 °C.
On pose $pK_e = -\log K_e$ (= 14 à 25 °C).

■ Force comparée des acides et des bases dans l'eau

❑ Effet nivelant du solvant

Un **acide fort** est un acide totalement dissocié en solution aqueuse.
La réaction entre l'acide fort et l'eau est totale :

$$HA + H_2O \rightarrow A^- + H_3O^+ \qquad \text{totale}$$

Par exemple, HCl et HNO_3 sont des acides forts dans l'eau et conduisent respectivement à une solution d'acide chlorhydrique $(H_3O^+ + Cl^-)$ et à une solution d'acide nitrique $(H_3O^+ + NO_3^-)$.
L'acide sulfurique H_2SO_4 est un diacide dont la première acidité est forte.

De même, une **base forte** est une base totalement protonée en solution aqueuse.
La réaction entre la base forte et l'eau est totale :

$$A^- + H_2O \rightarrow HA + HO^- \qquad \text{totale}$$

Par exemple, NH_2^- et RO^- (ion alcoolate) sont des bases fortes dans l'eau.

Les acides forts et les bases fortes n'existent qu'à l'état de traces en solution aqueuse. L'acide le plus fort (resp. la base la plus forte) pouvant exister dans l'eau est H_3O^+ (resp. HO^-).
On ne peut pas comparer la force relative des acides forts ou des bases fortes dans l'eau : c'est l'effet nivelant du solvant.

Remarque

La base (resp. l'acide) conjuguée d'un acide (resp. d'une base) fort est dit(e) indifférent(e).

❑ Constante d'acidité d'un couple acido-basique

Un acide (resp. une base) faible est un acide (resp. une base) dont la réaction avec l'eau est limitée. Par exemple, l'acide éthanoïque (ou acétique) CH_3COOH est un acide faible ; l'acide phosphorique H_3PO_4 est un triacide faible ; l'ammoniac NH_3 est une base faible.

La constante d'acidité K_a d'un couple acido-basique est définie comme la constante d'équilibre associée à l'équation de la réaction entre l'acide du couple et l'eau :

$$HA + H_2O = A^- + H_3O^+ \qquad \boxed{K_a = \frac{[A^-]\cdot[H_3O^+]}{[HA]}}.$$

Elle ne dépend que de la température. On pose $pK_a = -\log K_a$.
À 25 °C : $K_a(H_3O^+ / H_2O) = 1$ et $K_a(H_2O / OH^-) = 10^{-14}$.
Un polyacide est caractérisé par des constantes d'acidité successives.

Pour une même concentration initiale de l'acide (resp. de la base) en solution aqueuse, un acide (resp. une base) est d'autant plus dissocié que sa constante d'acidité est élevée (resp. faible).

Un acide (resp. une base) est d'autant plus fort(e) que la constante d'acidité du couple K_a est élevée (resp. faible) et la valeur de pK_a faible (resp. élevée).

Remarque

On utilise parfois la constante de basicité K_b d'un couple acido-basique, définie comme la constante d'équilibre associée à l'équation de la réaction entre la base du couple et l'eau.

⇨ **Méthode 27.1. Calculer une constante d'équilibre**

❑ Échelle d'acidité

On représente sur un axe gradué en pK_a les différents couples acido-basiques.

Dans l'eau, cette échelle est limitée par les couples H_3O^+ / H_2O ($pK_a = 0$) et H_2O / HO^- ($pK_a = 14$) en raison de l'effet nivelant du solvant.

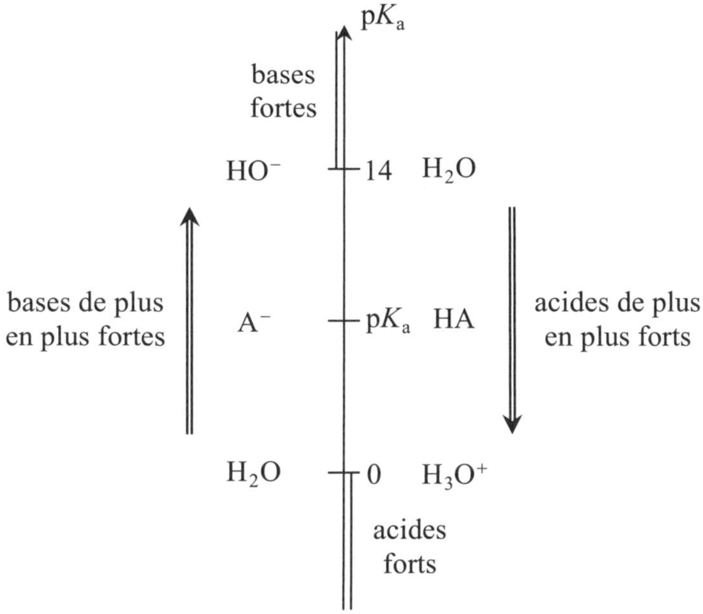

■ pH d'une solution aqueuse

❑ Définition

Le pH est défini à partir de l'activité des ions oxonium H_3O^+ selon : $pH = -\log(a_{H_3O^+})$.

En solution diluée : $\boxed{pH = -\log[H_3O^+]}$.

Une solution est acide (resp. basique) si les ions H_3O^+ (resp. HO^-) prédominent par rapport aux ions HO^- (resp. H_3O^+) dans la solution.

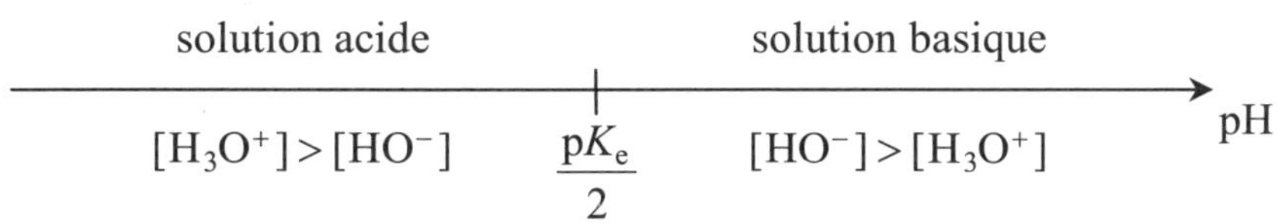

❑ Diagramme de prédominance d'un couple acido-basique

Une espèce A prédomine devant une espèce B si $[A] > [B]$.

Une espèce A est majoritaire devant une espèce B si $[A] > 10 \cdot [B]$.

On montre la relation suivante entre le pH d'une solution et le pK_a d'un couple acido-basique :

$$\boxed{pH = pK_a + \log\frac{[A^-]}{[HA]}}.$$

On représente sur un axe gradué en pH les domaines de prédominance des deux espèces d'un couple acido-basique.
HA (resp. A^-) prédomine par rapport à A^- (resp. HA) pour $pH < pK_a$ (resp. $pH > pK_a$).

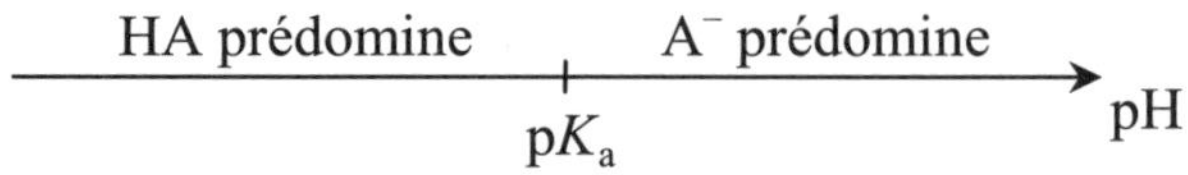

⇨ **Méthode 27.2. Établir un diagramme de prédominance**
⇨ **Méthode 27.3. Prévoir les espèces incompatibles**
⇨ **Méthode 27.4. Déterminer l'état final d'une transformation acido-basique**

❑ Diagramme de distribution

On représente les proportions relatives des deux espèces du couple HA/A^- dans une solution de concentration totale $c_0 = [HA] + [A^-]$ constante, en fonction du pH.

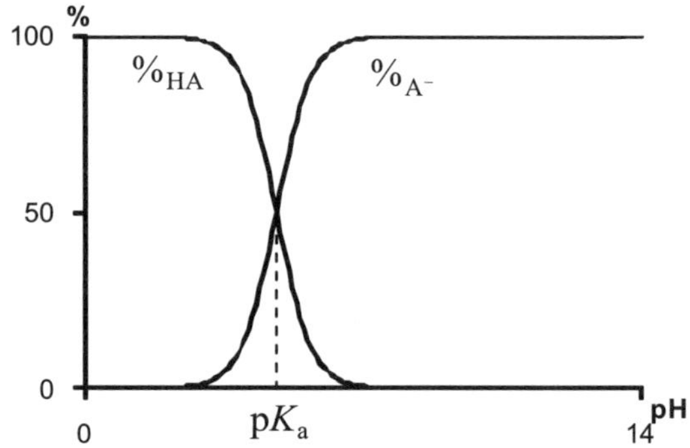

Méthodes

Comment calculer la constante d'équilibre d'une réaction acido-basique ?

Méthode 27.1. Calculer une constante d'équilibre

> La constante d'équilibre associée à une réaction acido-basique s'exprime comme un rapport des constantes d'acidité des deux couples mis en jeu dans l'équation.

⇨ **Exercices 27.3, 27.8**

Calculons la constante d'équilibre K associée à l'équation :

$$CH_3COOH(aq) + NH_3(aq) = CH_3COO^-(aq) + NH_4^+(aq)\,.$$

On donne : $pK_{a,1}(CH_3COOH/CH_3COO^-) = 4{,}8$ et $pK_{a,2}(NH_4^+/NH_3) = 9{,}2$.

La constante d'équilibre K a pour expression : $K = \dfrac{[CH_3COO^-]\cdot[NH_4^+]}{[CH_3COOH]\cdot[NH_3]}$.

Par définition, $K_{a,1} = \dfrac{[CH_3COO^-]\cdot[H_3O^+]}{[CH_3COOH]}$ et $K_{a,2} = \dfrac{[NH_3]\cdot[H_3O^+]}{[NH_4^+]}$.

On en déduit $K = \dfrac{K_{a,1}}{K_{a,2}} = \dfrac{10^{-pK_{a,1}}}{10^{-pK_{a,2}}}$. AN $\boxed{K = 10^{4,4} = 2{,}5\cdot 10^4}$.

Vérification à l'aide de la règle du gamma

L'échelle d'acidité permet de vérifier que l'équation est associée à la réaction entre l'acide le plus fort et la base la plus forte des deux couples. La règle graphique dite *règle du gamma* permet de retrouver ce résultat, qui correspond à une réaction favorisée thermodynamiquement (c'est-à-dire associée à une constante d'équilibre $K > 1$).

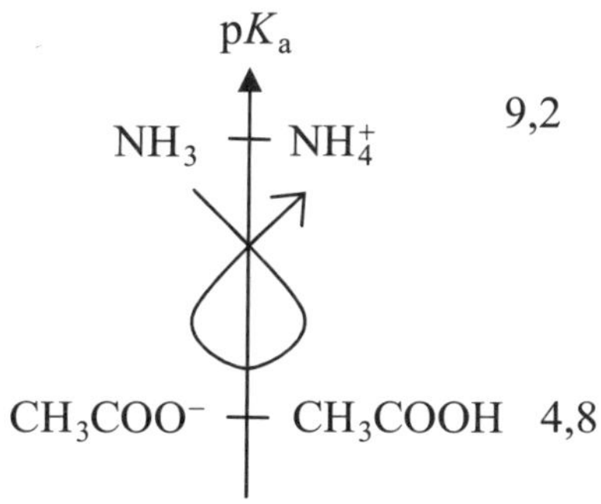

■ Comment tracer et utiliser un diagramme de prédominance acido-basique ?

❑ Méthode 27.2. Établir un diagramme de prédominance

Pour un couple acido-basique donné de constante d'acidité K_a, le domaine de prédominance de la base correspond à $pH > pK_a$, celui de l'acide à $pH < pK_a$.
Pour un polyacide, les domaines de prédominance sont délimités par les valeurs des pK_a successifs.

⇨ **Exercices 27.1, 27.2, 27.4, 27.6**

Établissons le diagramme de prédominance relatif aux espèces acido-basiques conjuguées du sulfure d'hydrogène H_2S. On donne $pK_{a,1}(H_2S / HS^-) = 7,0$ et $pK_{a,2}(HS^- / S^{2-}) = 13$.

Pour le couple H_2S / HS^-, H_2S prédomine pour $pH < 7,0$ et HS^- prédomine pour $pH > 7,0$.

Pour le couple HS^- / S^{2-}, HS^- prédomine pour $pH < 13$ et S^{2-} prédomine pour $pH > 13$.
On en déduit le diagramme de prédominance suivant :

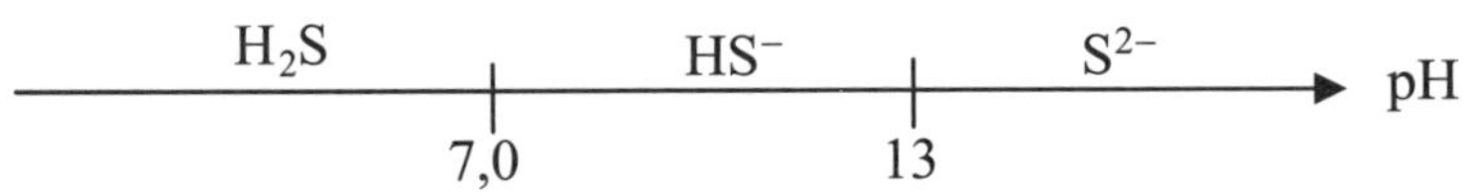

❑ Méthode 27.3. Prévoir l'incompatibilité de deux espèces

Pour savoir si deux espèces acido-basiques sont compatibles ou non (c'est-à-dire peuvent coexister ou non) :
– Superposer les diagrammes de prédominance des couples mis en jeu.
– Si les domaines de prédominance des deux espèces considérées possèdent une partie commune, les espèces peuvent coexister.
– Si les domaines de prédominance des deux espèces considérées sont disjoints (c'est-à-dire ne possèdent aucune partie commune), les espèces sont incompatibles.

On cherche à prévoir l'évolution du système lorsqu'on mélange une solution d'acide éthanoïque $CH_3COOH(aq)$ et une solution d'ammoniac $NH_3(aq)$.

On donne : $pK_{a,1}(CH_3COOH / CH_3COO^-) = 4,8$ et $pK_{a,2}(NH_4^+ / NH_3) = 9,2$.

Superposons les diagrammes de prédominance relatifs aux espèces acido-basiques conjuguées de l'acide éthanoïque et de l'ammoniac :

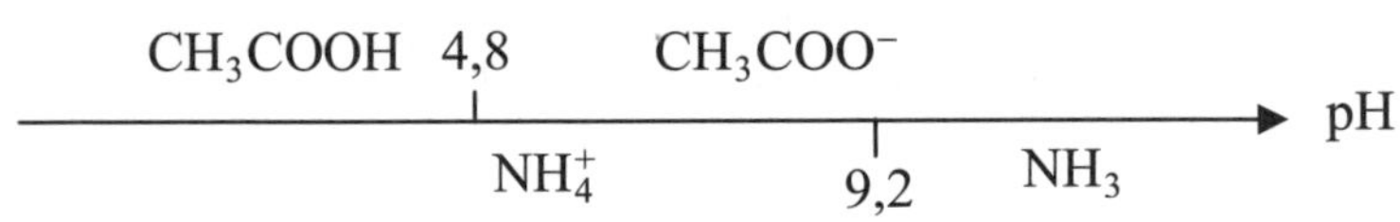

On constate que les domaines de prédominance de CH_3COOH et NH_3 sont disjoints, ces espèces sont donc incompatibles. On peut modéliser la transformation chimique observée par la réaction d'équation : $CH_3COOH(aq) + NH_3(aq) = CH_3COO^-(aq) + NH_4^+(aq)$

■ Comment déterminer la composition chimique d'un système acido-basique dans l'état final ?

❑ Méthode 27.4. Déterminer l'état final d'une transformation acido-basique

– À l'aide d'une échelle de pK_a, identifier l'acide le plus fort et la base la plus forte présents en solution.
– Écrire l'équation de la réaction entre ces deux espèces et faire l'hypothèse que l'on peut négliger l'avancement des autres réactions acido-basiques susceptibles de se dérouler dans le mélange réactionnel (la réaction est appelée réaction prépondérante).
– Déterminer les concentrations à l'équilibre à l'aide de la constante d'équilibre associée à l'équation et d'un tableau d'avancement.

⇨ **Exercices 27.6, 27.7, 27.8**

Déterminons la composition à l'équilibre d'une solution d'acide éthanoïque ($pK_a(CH_3COOH_{(aq)} / CH_3COO^-_{(aq)}) = 4,8$) de concentration apportée $1,0 \cdot 10^{-4}\,mol \cdot L^{-1}$.

CH_3COOH est l'acide le plus fort présent, H_2O la base la plus forte présente.

Écrivons l'équation de la réaction entre l'acide éthanoïque et l'eau, il s'agit de la réaction prépondérante :

$$CH_3COOH_{(aq)} + H_2O_{(l)} = CH_3COO^-{}_{(aq)} + H_3O^+{}_{(aq)} \qquad K_a = 10^{-4,8}$$

On a donc le tableau d'avancement ci-dessous :

$mol \cdot L^{-1}$	$CH_3COOH_{(aq)}$	$+H_2O_{(l)}$	$= CH_3COO^-_{(aq)}$	$+ H_3O^+_{(aq)}$
$t = 0$	c	excès	0	0
t	$c - h$	excès	h	h

On a $K_a = \dfrac{[CH_3COO^-]_{éq} \cdot [H_3O^+]_{éq}}{[CH_3COOH]_{éq}} = \dfrac{h^2}{c-h}$, en notant $h = [H_3O^+]_{éq}$. La résolution de cette équation conduit à : $h = 3,3 \cdot 10^{-5}\ mol \cdot L^{-1}$. On en déduit :

$\boxed{[CH_3COOH]_{éq} = 6,7 \cdot 10^{-5}\ mol \cdot L^{-1}}$ et $\boxed{[H_3O^+]_{éq} = [CH_3COO^-]_{éq} = 3,3 \cdot 10^{-5}\ mol \cdot L^{-1}}$.

Méthodes

Vrai/Faux

		Vrai	Faux
1.	Le couple H_3O^+/HO^- constitue un couple acide/base conjugué.	☐	☐
2.	L'espèce $H_2PO^-_{4(aq)}$ est une espèce amphotère.	☐	☐
3.	Un acide fort est totalement dissocié en solution.	☐	☐
4.	Un acide HA_1 associé à une valeur de pK_a inférieure à celle d'un acide HA_2 est toujours plus dissocié dans l'eau.	☐	☐
5.	L'ion hydroxyde est la base la plus forte pouvant exister dans l'eau.	☐	☐
6.	Plus un acide est fort, plus sa base conjuguée est forte.	☐	☐
7.	Le produit ionique de l'eau est toujours égal à 10^{-14}.	☐	☐
8.	La transformation chimique entre l'acide méthanoïque ($pK_a(HCOOH / HCOO^-) = 3,8$) et l'ammoniac ($pK_a(NH_4^+ / NH_3) = 9,2$) est thermodynamiquement favorisée.	☐	☐
9.	La concentration en ions oxonium d'une solution de pH = 3,2 est dix fois plus élevée que dans une solution de pH = 2,2.	☐	☐
10.	Une solution contenant un acide et une base conjuguée a un pH inférieur à 7 si la forme acide prédomine.	☐	☐

Énoncé des exercices

Transformations acido-basiques

Pour l'ensemble des exercices, on donne la valeur du produit ionique de l'eau à 25 °C : $pK_e = 14$. Les valeurs de pK_a sont données à 25 °C.

Exercice 27.1. Formes acido-basiques de l'acide tartrique

L'acide tartrique est un diacide fréquemment rencontré dans de nombreuses denrées alimentaires d'origine végétale. On le notera H_2T dans cet exercice.

Une solution alimentaire contient 7,5 % en masse d'acide tartrique, présent sous ses différentes formes acido-basiques. Le pH de la solution est voisin de 4.

1. Calculer la concentration molaire totale en acide tartrique de la solution.
2. Calculer la concentration molaire des différentes formes acido-basiques de l'acide tartrique dans la solution.

Données : $pK_{a,1}(H_2T / HT^-) = 3,0$; $pK_{a,2}(HT^- / T^{2-}) = 4,4$. La masse volumique de la solution est assimilée à celle de l'eau $\rho_{eau} = 1,0 \cdot 10^3\ kg \cdot m^{-3}$; $M_{\text{acide tartrique}} = 150,1\ g \cdot mol^{-1}$.

D'après Mines d'Albi, Alès, Douai, Nantes

Exercice 27.2. Diagramme de distribution

On donne ci-dessous le diagramme de distribution des espèces acido-basiques de l'acide sulfureux H_2SO_3.

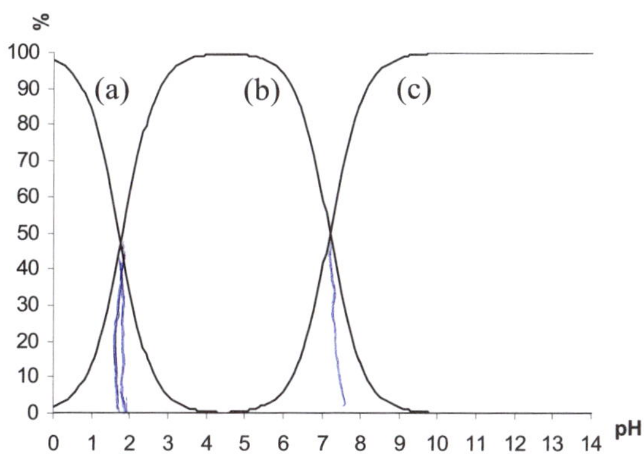

1. Attribuer les courbes (a), (b) et (c) aux espèces acido-basiques de l'acide sulfureux, en justifiant.
2. Déterminer les valeurs des constantes d'acidité successives des couples acido-basiques de l'acide sulfureux.

3. Tracer le diagramme de prédominance des espèces acido-basiques de l'acide sulfureux.
4. On considère une solution de pH = 3, telle que la concentration totale en espèces soufrées soit égale à $c_t = 2,0 \cdot 10^{-3}\ \text{mol} \cdot \text{L}^{-1}$. Calculer les concentrations de chacune des espèces soufrées dans la solution.

❑ Exercice 27.3. Couple acido-basique

On étudie les propriétés acido-basiques des ions dichromate $Cr_2O^{2-}_{7(aq)}$ et des ions chromate $CrO^{2-}_{4(aq)}$.

1. Montrer que le couple $\left(\frac{1}{2}Cr_2O_7^{2-}, CrO_4^{2-}\right)$ constitue un couple acide/base.
2. Déterminer la valeur de son pK_a.
3. Écrire l'équation de la réaction entre les ions dichromate et les ions hydroxyde, et calculer la constante d'équilibre associée.

Données : $pK'_a(HCrO^-_{4(aq)} / CrO^{2-}_{4(aq)}) = 7,2$;

$Cr_2O^{2-}_{7(aq)} + H_2O_{(l)} = 2\ HCrO^-_{4(aq)} \qquad K = 10^{-1,6}$

❑ Exercice 27.4. Propriétés acido-basiques de la silice

La silice pure $SiO_{2(s)}$ se dissout dans l'eau selon l'équilibre suivant :

$$SiO_{2(s)} + 2\ H_2O = H_4SiO_{4(aq)} \qquad K = 10^{-2,7}$$

La forme dissoute de la silice $H_4SiO_{4(aq)}$ est associée aux constantes successives d'acidité : $K_{a,1} = 10^{-9,5}$ et $K_{a,2} = 10^{-12,6}$.

1. Tracer le diagramme de prédominance des différentes espèces acido-basiques de la silice dissoute.
2. Sachant que le pH des eaux naturelles est généralement compris entre 7 et 8, quelle est la forme prédominante en solution de la silice ?
3. Pour une eau dont le pH est compris entre 10 et 12, écrire l'équation bilan de dissolution de la silice en milieu basique. Calculer la constante K'_1 de cet équilibre en fonction de K, $K_{a,1}$ et K_e.
4. Pour une eau dont le pH est compris entre 13 et 14, écrire l'équation bilan de dissolution de la silice (en milieu basique). Calculer la constante K'_2 de cet équilibre en fonction de K, $K_{a,1}$, $K_{a,2}$ et K_e.

D'après Mines d'Albi, Alès, Douai, Nantes

❑ Exercice 27.5. Détermination du pK_a d'un indicateur coloré

1. Énoncer la loi de Beer-Lambert, en précisant la signification des différents termes. Quelles sont les conditions de validité de cette loi ?
2. À partir du spectre d'absorption de la forme acide HIn du bleu de bromothymol, on détermine la longueur d'onde correspondant à son maximum d'absorption : $\lambda_1 = 430\ \text{nm}$. Quelle est la teinte d'une solution contenant uniquement HIn ?

3. On détermine de même la longueur d'onde correspondant au maximum d'absorption de la forme basique In^- : $\lambda_2 = 620$ nm. Quelle est la teinte d'une solution contenant uniquement In^- ?

4. On mesure l'absorbance pour la longueur d'onde de trois solutions contenant du BBT à une même concentration totale c :

– en milieu fortement acide on détermine : $A_1 = 0{,}196$

– en milieu fortement basique on détermine : $A_2 = 0{,}076$

– pour une solution (S) de pH = 7,10 : $A_S = 0{,}140$.

a) Montrer que le rapport des concentrations en forme acide et basique dans la solution (S) peut s'écrire : $\dfrac{[In^-]_S}{[HIn]_S} = \dfrac{A_1 - A_S}{A_S - A_2}$.

b) En déduire la valeur du pK_a du couple HIn / In^-.

❑ Exercice 27.6. pH d'une solution d'ions fer(III)

En solution aqueuse, les ions fer(III) sont présents sous forme du complexe $Fe(H_2O)^{3+}_{6(aq)}$, qui se comporte comme un diacide, de pK_a successifs 2,2 et 3,4.

1. Écrire les couples acido-basiques successifs associés au complexe $Fe(H_2O)^{3+}_{6(aq)}$.

2. Écrire l'équation de la réaction entre le complexe $Fe(H_2O)^{3+}_{6(aq)}$ et l'eau et calculer sa constante d'équilibre.

3. On dispose d'une solution de chlorure de fer(III), de concentration $1{,}0 \cdot 10^{-1} mol \cdot L^{-1}$.

a) En considérant uniquement la première acidité de $Fe(H_2O)^{3+}_{6(aq)}$, déterminer la composition de la solution à l'équilibre.

b) Calculer le pH de la solution.

c) Quelles espèces prédominent dans la solution ? Était-il justifié de ne pas prendre en compte la seconde acidité de $Fe(H_2O)^{3+}_{6(aq)}$?

❑ Exercice 27.7. Propriétés acido-basiques du dioxyde de carbone

Le dioxyde de carbone gazeux peut se dissoudre dans l'eau suivant l'équation de réaction suivante : $CO_2(g) = CO_2(aq)$

Le dioxyde de carbone aqueux peut donner lieu à la formation dans l'eau d'ions hydrogéno-carbonate.

1. Écrire l'équation de cette réaction.

2. Exprimer la condition d'équilibre chimique entre le dioxyde de carbone aqueux et les ions hydrogénocarbonate à l'aide de la constante d'équilibre correspondante.

3. À 25 °C, cette constante d'équilibre est voisine de 10^{-6}. On a dissous 10^{-2} mole de dioxyde de carbone dans 1 L d'eau distillée. Quel est le pH approximatif de cette solution ?

D'après Mines-Ponts

❑ Exercice 27.8. Élimination du dioxyde de carbone issu du vaporéformage

La production la plus importante en tonnage de dihydrogène est issue du vaporéformage du méthane, décrit par l'équation de réaction suivante :

$$CH_{4(g)} + 2\ H_2O_{(g)} = CO_{2(g)} + 4\ H_{2(g)}$$

Pour isoler le dihydrogène, il faut éliminer le dioxyde de carbone du mélange gazeux. Une des solutions adoptées est d'absorber $CO_{2(g)}$ par une solution aqueuse basique. La base employée est l'ion carbonate $CO^{2-}_{3(aq)}$.

1. Écrire l'équation de la réaction entre le dioxyde de carbone et les ions carbonate en solution aqueuse. Justifier que cette réaction soit totale dans les conditions usuelles.

2. Dans quel domaine de pH se trouve le système en fin de réaction si les réactifs ont été introduits initialement en proportions stœchiométriques ?

Données : $pK_a(CO_{2(aq)} / HCO^-_{3(aq)}) = 6{,}3$; $pK_a(HCO^-_{3(aq)} / CO^{2-}_{3(aq)}) = 10{,}3$.

D'après Mines-Ponts

■ Titrages acido-basiques

❑ Exercice 27.9. Titrage pH-métrique

On cherche à déterminer la formule d'une amine $C_nH_{2n+1}NH_2$. Pour cela, on dissout une masse $m = 0{,}146$ g dans 100 mL d'eau, et on dose la solution obtenue par une solution d'acide chlorhydrique (H_3O^+, Cl^-) de concentration molaire $c_A = 2{,}5 \cdot 10^{-1}\ mol \cdot L^{-1}$. On donne ci-dessous la courbe de titrage $pH = f(V)$, à laquelle on a superposé deux courbes représentant les pourcentages respectifs des espèces $C_nH_{2n+1}NH_2$ et $C_nH_{2n+1}NH_3^+$ en solution en fonction de *V*, *V* étant le volume de solution titrante versée.

1. Attribuer les courbes de pourcentage aux deux espèces $C_nH_{2n+1}NH_2$ et $C_nH_{2n+1}NH_3^+$. Déterminer le pK_a du couple, en justifiant.

2. Écrire l'équation de la réaction de titrage. Calculer sa constante d'équilibre.

3. Proposer un indicateur coloré adapté à la détection de l'équivalence.

4. Déterminer la formule de l'amine.

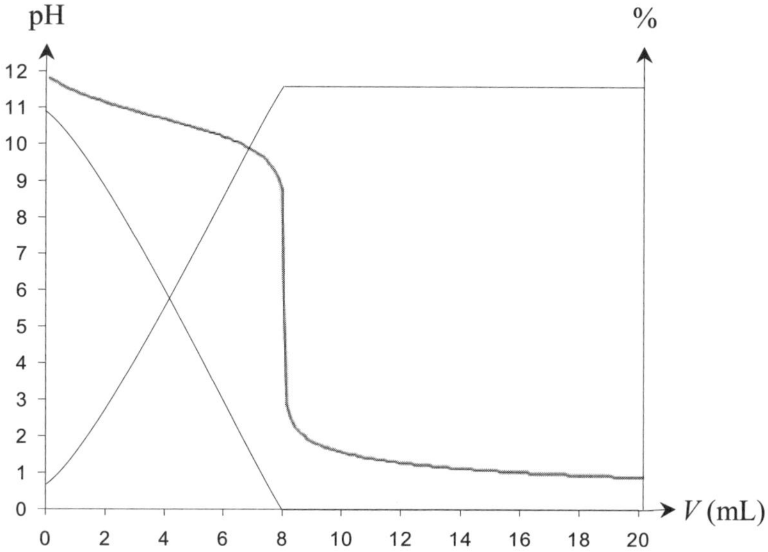

Données : $M(\text{H}) = 1{,}0\ \text{g} \cdot \text{mol}^{-1}$; $M(\text{C}) = 12\ \text{g} \cdot \text{mol}^{-1}$; $M(\text{N}) = 14\ \text{g} \cdot \text{mol}^{-1}$; zones de virage de l'hélianthine $3{,}2 - 4{,}4$; du bleu de bromothymol $6{,}0 - 7{,}6$; de la phénolphtaléine $8{,}2 - 10$.

❑ Exercice 27.10. Titrage conductimétrique d'un mélange d'acides

L'effet de la dilution pourra être négligé dans les calculs.

1. À quelle(s) condition(s) sur les propriétés ioniques des produits et des réactifs peut-on suivre une réaction chimique par conductimétrie ?

2. Un bécher contient 100 mL d'un mélange d'acide chlorhydrique et d'un acide faible. La burette contient une solution d'hydroxyde de sodium de concentration $2{,}00 \cdot 10^{-1}\ \text{mol} \cdot \text{L}^{-1}$. Le titrage a été suivi à la fois par conductimétrie et par pHmétrie. Les courbes ci-dessous ont été obtenues.

a) Identifier, à partir de la courbe conductimétrique, trois zones distinctes lors du titrage de la solution. Justifier le signe des pentes des segments de droite. À quoi correspondent les ruptures de pente ? En déduire les réactions qui ont lieu au cours du titrage et leur ordre d'apparition.

b) Quelle est la méthode qui vous semble la plus précise pour déterminer les points d'équivalence ? Lorsque $V = 0$, pH = 1,60. Quelle est la concentration de l'acide fort introduit dans le bécher ?

c) Quelle est la concentration de l'acide faible introduit dans le bécher ? Quelle est la valeur du $\text{p}K_\text{a}$ du couple acido-basique correspondant ?

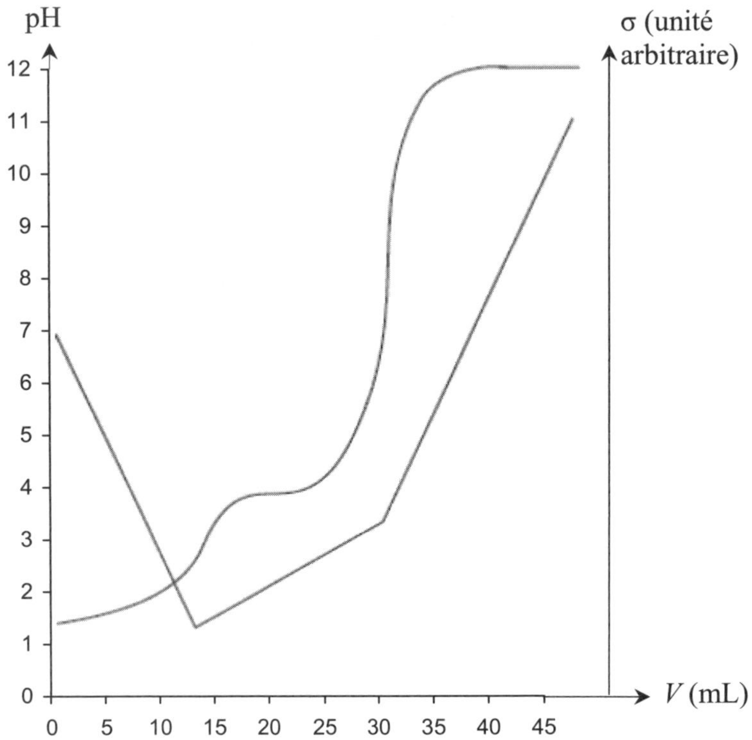

D'après Centrale-Supélec

■ Pour vous aider à démarrer

Exercice 27.1. Question 2 : établir un diagramme de prédominance pour déterminer les espèces prédominantes.
Exercice 27.3. Question 1 : écrire une demi-équation d'échange protonique entre les deux espèces. Question 2 : utiliser la définition de la constante d'acidité.
Exercice 27.9. Question 4 : exploiter la relation à l'équivalence.
Exercice 27.10. Question 2.a : dans chaque domaine, inventorier les espèces ioniques présentes et exprimer la conductivité de la solution.

Corrigé des vrai/faux

1.	2.	3.	4.	5.	6.	7.	8.	9.	10.
faux	vrai	vrai	faux	vrai	faux	faux	vrai	faux	faux

1. Les couples H_3O^+/H_2O et H_2O/HO^- constituent deux couples acide/base conjugués.

2. L'espèce $H_2PO_4^-$ joue le rôle de base dans le couple $H_3PO_4 / H_2PO_4^-$ et le rôle d'acide dans le couple $H_2PO_4^- / HPO_4^{2-}$.

4. Le taux de dissociation d'un acide faible dépend de la concentration initiale de l'acide dans la solution.

6. Plus un acide est fort, plus sa base conjuguée est faible.

7. La valeur d'une constante d'équilibre dépend de la température. On a $K_e(25\ °C) = 10^{-14}$.

8. La constante d'équilibre associée à l'équation de réaction entre l'acide méthanoïque et l'ammoniac est égale à $K = 10^{5,4} > 1$.

9. Dans une solution de pH = 3,2 on a $[H_3O^+] = 10^{-pH} = 10^{-3,2}\ mol \cdot L^{-1}$, tandis que dans une solution de pH = 2,2 on a $[H_3O^+] = 10^{-2,2}\ mol \cdot L^{-1}$. Le concentration en ions oxonium est donc dix fois plus faible dans la solution de pH = 2,2.

10. Si la forme acide du couple prédomine, on peut seulement conclure que la solution a un $pH < pK_a$.

❑ Les erreurs classiques

– Utiliser correctement les expressions $pH = -\log([H_3O^+])$ et $[H_3O^+] = 10^{-pH}$.
– Une solution dans laquelle la forme acide d'un couple acido-basique prédomine ne possède pas forcément un pH inférieur à 7 !

Corrigé

Corrigé des exercices

Exercice 27.1

1. En notant p le pourcentage massique de la solution en acide tartrique, la concentration molaire totale en acide tartrique de la solution s'exprime selon :

$$C_t = \frac{n_{\text{acide tartrique}}}{V_{\text{solution}}} = \frac{m_{\text{acide tartrique}}}{M_{\text{acide tartrique}} \cdot V_{\text{solution}}} = \frac{p \cdot m_{\text{solution}}}{M_{\text{acide tartrique}} \cdot V_{\text{solution}}} = \frac{p \cdot \rho_{\text{solution}}}{M_{\text{acide tartrique}}}.$$

AN avec $\rho_{\text{solution}} = \rho_{\text{eau}} = 1{,}0 \cdot 10^3 \text{ kg} \cdot \text{m}^{-3} = 1{,}0 \cdot 10^3 \text{ g} \cdot \text{L}^{-1}$: $\boxed{C_t = 5{,}0 \cdot 10^{-1} \text{ mol} \cdot \text{L}^{-1}}$.

2. Avant tout, commençons par établir le diagramme de prédominance des espèces acido-basiques de l'acide tartrique.

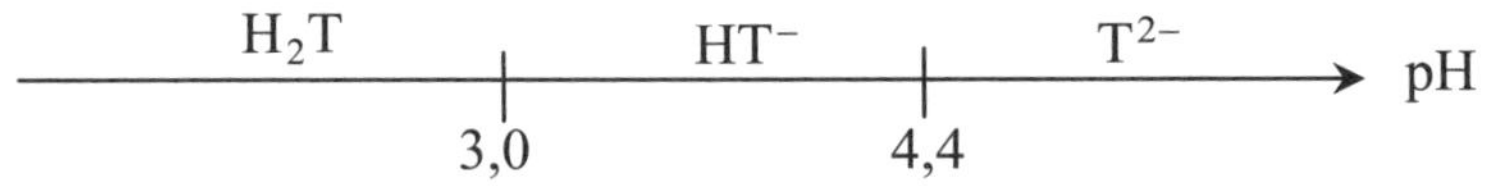

⇨ *Méthode 27.2*

La solution alimentaire possède un pH voisin de 4. D'après le diagramme de prédominance, l'espèce HT^- prédomine à ce pH. Comme $\text{pH} \geq \text{p}K_{a,1} + 1$, on peut négliger la concentration de l'espèce H_2T par rapport à la concentration de l'espèce HT^-.

On a donc : $[HT^-] + [T^{2-}] = C_t$. Or $K_{a,2} = \frac{[T^{2-}] \cdot [H_3O^+]}{[HT^-]} \Leftrightarrow [HT^-] = \frac{[T^{2-}] \cdot [H_3O^+]}{K_{a,2}}$

$$\Leftrightarrow [T^{2-}] \cdot \left(1 + \frac{[H_3O^+]}{K_{a,2}}\right) = C_t \text{ d'où } \boxed{[T^{2-}] = \frac{C_t}{1 + \frac{[H_3O^+]}{K_{a,2}}} = \frac{C_t}{1 + 10^{-\text{pH} + \text{p}K_{a,2}}}}.$$

AN $\boxed{[T^{2-}] = 1{,}4 \cdot 10^{-1} \text{ mol} \cdot \text{L}^{-1}}$ donc $\boxed{[HT^-] = 3{,}6 \cdot 10^{-1} \text{ mol} \cdot \text{L}^{-1}}$.

Déterminons la concentration de l'espèce H_2T dans la solution. Par définition :

$$K_{a,1} = \frac{[HT^-] \cdot [H_3O^+]}{[H_2T]}, \text{ d'où } \boxed{[H_2T] = \frac{[HT^-] \cdot [H_3O^+]}{K_{a,1}}}. \text{ AN } \boxed{[H_2T] = 3{,}6 \cdot 10^{-2} \text{ mol} \cdot \text{L}^{-1}}.$$

On retrouve bien : $[H_2T] << [HT^-]$.

Exercice 27.2

1. Le diacide $H_2SO_{3(aq)}$ prédomine en milieu acide, pour les valeurs de pH les plus faibles, sa courbe de distribution est donc la courbe (a). La dibase $SO^{2-}_{3(aq)}$ prédomine en milieu basique, pour les valeurs de pH les plus élevées, sa courbe de distribution est donc la courbe (c).
L'espèce amphotère $HSO^-_{3(aq)}$ est donc associée à la courbe (b).

2. Au point d'intersection entre les courbes (a) et (b), on a : $\%_{H_2SO_3} = \%_{HSO_3^-} = 50\ \%$, soit : $[H_2SO_3] = [HSO_3^-]$. On en déduit $pH = pK_a(H_2SO_3 / HSO_3^-)$ en ce point. Par lecture sur l'axe des abscisses, $\boxed{pK_{a,1}(H_2SO_3 / HSO_3^-) = 1{,}8}$. De même, au point d'intersection entre les courbes (b) et (c), on a : $\%_{HSO_3^-} = \%_{SO_3^{2-}} = 50\ \%$. On lit alors sur l'axe des abscisses : $\boxed{pK_{a,2}(HSO_3^- / SO_3^{2-}) = 7{,}2}$.

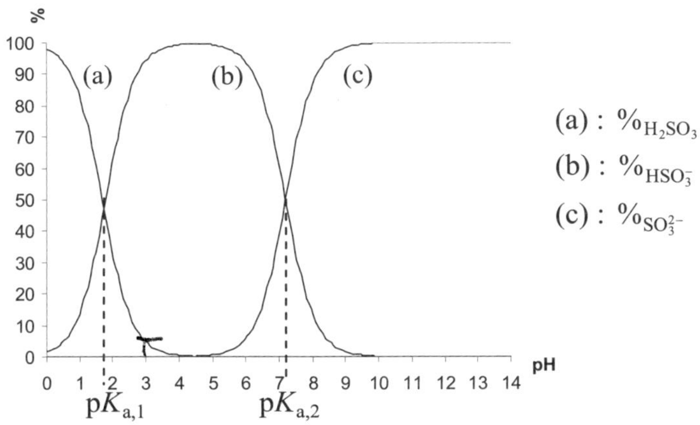

3. À partir des valeurs des pK_a successifs, on établit le diagramme de prédominance des espèces acido-basiques de l'acide sulfureux :

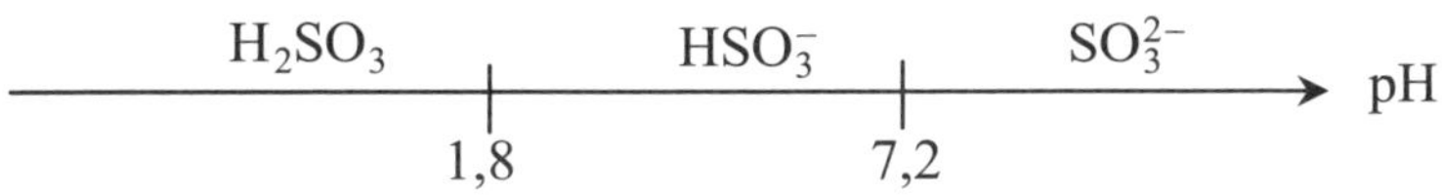

⇨ *Méthode 27.2*

4. On a $c_t = [H_2SO_3] + [HSO_3^-] + [SO_3^{2-}]$. Or à pH = 3, on lit sur le diagramme de distribution : $\%_{H_2SO_3} = 5\%$ et $\%_{HSO_3^-} = 95\ \%$. On calcule alors :

$$\%_{H_2SO_3} = \frac{[H_2SO_3]}{c_t} \Leftrightarrow [H_2SO_3] = c_t \cdot \%_{H_2SO_3} \text{ et } \%_{HSO_3^-} = \frac{[HSO_3^-]}{c_t} \Leftrightarrow [HSO_3^-] = c_t \cdot \%_{HSO_3^-}.$$

AN $\boxed{[H_2SO_3] = 1{,}0 \cdot 10^{-4}\ \text{mol} \cdot L^{-1}}$ et $\boxed{[HSO_3^-] = 1{,}9 \cdot 10^{-3}\ \text{mol} \cdot L^{-1}}$.

D'autre part, $K_{a,2} = \dfrac{[SO_3^{2-}] \cdot h}{[HSO_3^-]} \Leftrightarrow [SO_3^{2-}] = \dfrac{[HSO_3^-] \cdot K_{a,2}}{h}$. AN $\boxed{[SO_3^{2-}] = 1{,}2 \cdot 10^{-7}\ \text{mol} \cdot L^{-1}}$.

✎ *À pH = 3, on a* $pK_{a,1} + 1 < pH < pK_{a,2} - 1$*, l'espèce* HSO_3^- *est donc majoritaire.*

Exercice 27.3

1. On peut écrire la demi-équation d'échange protonique suivante entre les deux espèces considérées : $\frac{1}{2}Cr_2O_{7(aq)}^{2-} + \frac{1}{2}H_2O_{(l)} = CrO_{4(aq)}^{2-} + H_{(aq)}^+$. Dans cette équation, $\frac{1}{2}Cr_2O_{7(aq)}^{2-}$ libère un proton, et $CrO_{4(aq)}^{2-}$ capte un proton : ces deux espèces constituent bien un couple acide/base.

2. Par définition, la constante d'acidité de ce couple acido-basique est la constante d'équilibre associée à la réaction entre l'acide du couple et l'eau, selon :

$$\frac{1}{2}Cr_2O^{2-}_{7(aq)} + \frac{1}{2}H_2O_{(l)} = CrO^{2-}_{4(aq)} + H^+$$

$$H_2O_{(l)} + H^+ = H_3O^+_{(aq)}$$

$$\frac{1}{2}Cr_2O^{2-}_{7(aq)} + \frac{3}{2}H_2O_{(l)} = CrO^{2-}_{4(aq)} + H_3O^+_{(aq)} \qquad \text{soit } K_a = \frac{[CrO_4^{2-}]\cdot[H_3O^+]}{[Cr_2O_7^{2-}]^{1/2}}.$$

Or, d'après les données : $K'_a = \frac{[CrO_4^{2-}]\cdot[H_3O^+]}{[HCrO_4^-]} = 10^{-7,2}$ et $K = \frac{[HCrO_4^-]^2}{[Cr_2O_7^{2-}]} = 10^{-1,6}$.

Donc $\boxed{K_a = K'_a \cdot K^{1/2}}$. AN $\boxed{K_a = 1,0\cdot 10^{-8}}$ ou $\boxed{pK_a = 8}$.

⇨ *Méthode 27.1*

3. La réaction entre les ions dichromate et les ions hydroxyde est obtenue selon :

$$\frac{1}{2}Cr_2O^{2-}_{7(aq)} + \frac{1}{2}H_2O_{(l)} = CrO^{2-}_{4(aq)} + H^+$$

$$HO^-_{(aq)} + H^+ = H_2O_{(l)}$$

$$\frac{1}{2}Cr_2O^{2-}_{7(aq)} + HO^-_{(aq)} = CrO^{2-}_{4(aq)} + \frac{1}{2}H_2O_{(l)}$$

La constante d'équilibre associée à cette équation s'écrit : $K = \frac{[CrO_4^{2-}]}{[Cr_2O_7^{2-}]^{1/2}\cdot[HO^-]} = \frac{K_a}{K_e}$.

AN $\boxed{K = 10^6}$.

⇨ *Méthode 27.1*

Exercice 27.4

1. On donne le diagramme de prédominance des espèces acido-basiques de la silice dissoute :

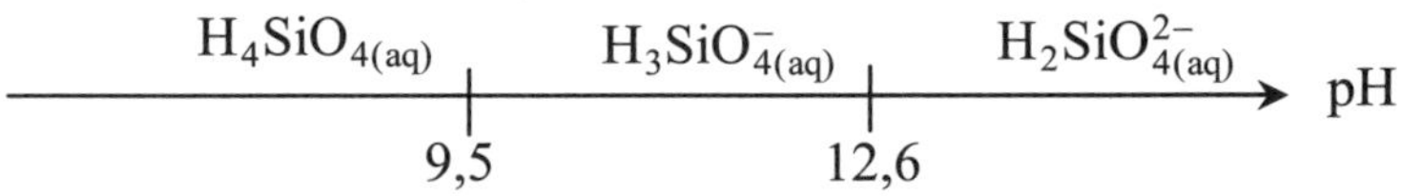

⇨ *Méthode 27.2*

2. D'après le diagramme de prédominance tracé à la question précédente, la forme $\boxed{H_4SiO_{4(aq)}}$ prédomine dans les eaux naturelles, dont le pH est inférieur à 9,5.

3. Pour une eau dont le pH est compris entre 10 et 12, la forme dissoute de la silice qui prédomine est l'espèce $H_3SiO^-_{4(aq)}$. L'équation bilan de dissolution de la silice en milieu basique est l'équation (1) obtenue ci-dessous :

$$SiO_{2(s)} + 2\ H_2O_{(l)} = H_4SiO_{4(aq)} \qquad K$$

$$H_4SiO_{4(aq)} + H_2O_{(l)} = H_3SiO^-_{4(aq)} + H_3O^+_{(aq)} \qquad K_{a,1}$$

$$H_3O^+_{(aq)} + HO^-_{(aq)} = 2\ H_2O_{(l)} \qquad \frac{1}{K_e}$$

$$SiO_{2(s)} + HO^-_{(aq)} + H_2O_{(l)} = H_3SiO^-_{4(aq)} \qquad (1) \qquad K'_1$$

On peut écrire : $\boxed{K'_1 = \dfrac{K \cdot K_{a,1}}{K_e}}$. AN $\boxed{K'_1 = 63{,}1}$.

> ✎ *La constante d'équilibre associée à une équation obtenue comme une somme d'équations est égale au produit des constantes d'équilibre associées à ces équations.*

4. Pour une eau dont le pH est compris entre 13 et 14, la forme dissoute de la silice qui prédomine est l'espèce $H_2SiO^{2-}_{4(aq)}$. L'équation bilan de dissolution de la silice en milieu basique s'écrit donc selon :

$$SiO_{2(s)} + 2\ H_2O_{(l)} = H_4SiO_{4(aq)} \qquad K$$

$$H_4SiO_{4(aq)} + H_2O_{(l)} = H_3SiO^-_{4(aq)} + H_3O^+_{(aq)} \qquad K_{a,1}$$

$$H_3SiO^-_{4(aq)} + H_2O_{(l)} = H_2SiO^{2-}_{4(aq)} + H_3O^+_{(aq)} \qquad K_{a,2}$$

$$2\ H_3O^+_{(aq)} + 2\ HO^-_{(aq)} = 4\ H_2O_{(l)} \qquad \frac{1}{K_e^2}$$

$$\overline{SiO_{2(s)} + 2\ HO^-_{(aq)} = H_2SiO^{2-}_{4(aq)} \qquad K'_2}$$

On peut écrire : $\boxed{K'_2 = \dfrac{K \cdot K_{a,1} \cdot K_{a,2}}{K_e^2}}$. AN $\boxed{K'_2 = 1{,}58 \cdot 10^3}$.

Exercice 27.5

1. D'après la loi de Beer-Lambert, l'absorbance d'une solution contenant une espèce qui absorbe dans le domaine de longueurs d'onde étudié est égale à : $\boxed{A = \varepsilon \cdot l \cdot c}$, où ε (en $L \cdot mol^{-1} \cdot m^{-1}$) est le coefficient d'absorption molaire de l'espèce à la longueur d'onde λ à laquelle on fait la mesure, l (en m) est la longueur de la cuve du spectrophotomètre, et c (en $mol \cdot L^{-1}$) est la concentration molaire de l'espèce dans la solution.
Cette loi est valide pour des valeurs de c inférieures à $10^{-2}\ mol \cdot L^{-1}$ environ.
2. Une solution contenant uniquement HIn possède la teinte complémentaire de celle associée à la longueur d'onde du maximum d'absorption $\lambda_1 = 430$ nm. Comme celle-ci correspond à la couleur violette, la solution apparaît donc <u>jaune</u>.
3. La longueur d'onde du maximum d'absorption $\lambda_2 = 620$ nm correspond à la couleur orange, la solution apparaît donc <u>bleue</u>.
4. a) On suppose qu'en milieu fortement acide la forme acide HIn est majoritaire par rapport à la forme basique. On a alors $c = [HIn] + [In^-] \approx [HIn]$ et $A_1 = \varepsilon_{HIn} \cdot l \cdot c$.
De la même façon, on suppose qu'en milieu fortement basique la forme basique In^- est majoritaire par rapport à la forme acide. On a alors $c = [HIn] + [In^-] \approx [In^-]$ et $A_2 = \varepsilon_{In^-} \cdot l \cdot c$.
Dans la solution (S), on a : $A_S = \varepsilon_{HIn} \cdot l \cdot [HIn]_S + \varepsilon_{In^-} \cdot l \cdot [In^-]_S$ avec $c = [HIn]_S + [In^-]_S$. On calcule : $A_1 - A_S = \varepsilon_{HIn} \cdot l \cdot c - \varepsilon_{HIn} \cdot l \cdot (c - [In^-]_S) - \varepsilon_{In^-} \cdot l \cdot [In^-]_S = (\varepsilon_{HIn} - \varepsilon_{In^-}) \cdot l \cdot [In^-]_S$ et

Corrigé

$A_S - A_2 = \varepsilon_{\text{HIn}} \cdot l \cdot [\text{HIn}]_S + \varepsilon_{\text{In}^-} \cdot l \cdot (c - [\text{HIn}]_S) - \varepsilon_{\text{In}^-} \cdot l \cdot c = (\varepsilon_{\text{HIn}} - \varepsilon_{\text{In}^-}) \cdot l \cdot [\text{HIn}]_S$. On obtient donc : $\boxed{\dfrac{A_1 - A_S}{A_S - A_2} = \dfrac{[\text{In}^-]_S}{[\text{HIn}]_S}}$.

b) Pour le couple HIn / In$^-$: $K_a = \dfrac{[\text{In}^-] \cdot [\text{H}_3\text{O}^+]}{[\text{HIn}]}$, d'où :

$\text{pH}_S = \text{p}K_a + \log \dfrac{[\text{In}^-]_S}{[\text{HIn}]_S} = \text{p}K_a + \log \dfrac{A_1 - A_S}{A_S - A_2}$, soit $\boxed{\text{p}K_a = \text{pH}_S - \log \dfrac{A_1 - A_S}{A_S - A_2}}$ AN $\boxed{\text{p}K_a = 7{,}16}$.

Exercice 27.6

1. Les couples acido-basiques successifs associés au complexe $\text{Fe(H}_2\text{O)}^{3+}_{6(\text{aq})}$ sont :

$\boxed{\text{Fe(H}_2\text{O)}^{3+}_{6(\text{aq})} / [\text{Fe(H}_2\text{O)}_5\text{(OH)}]^{2+}_{(\text{aq})}}$ et $\boxed{[\text{Fe(H}_2\text{O)}_5\text{(OH)}]^{2+}_{(\text{aq})} / [\text{Fe(H}_2\text{O)}_4\text{(OH)}_2]^{+}_{(\text{aq})}}$.

2. La réaction entre le complexe $\text{Fe(H}_2\text{O)}^{3+}_{6(\text{aq})}$ et l'eau a pour équation :

$$\text{Fe(H}_2\text{O)}^{3+}_{6(\text{aq})} + \text{H}_2\text{O}_{(\text{l})} = [\text{Fe(H}_2\text{O)}_5\text{(OH)}]^{2+}_{(\text{aq})} + \text{H}_3\text{O}^+_{(\text{aq})}$$

Elle a pour constante d'équilibre $K_{a,1} = 10^{-\text{p}K_{a,1}} = 10^{-2,2}$, soit $\boxed{K_{a,1} = 6{,}3 \cdot 10^{-2}}$.

3. a) On établit le tableau d'avancement associé à la réaction précédente :

$\text{mol} \cdot \text{L}^{-1}$	$\text{Fe(H}_2\text{O)}^{3+}_{6(\text{aq})}$	$+ \text{H}_2\text{O}_{(\text{l})}$	$= [\text{Fe(H}_2\text{O)}_5\text{(OH)}]^{2+}_{(\text{aq})}$	$+ \text{H}_3\text{O}^+_{(\text{aq})}$
$t = 0$	c	excès	0	0
t	$c - x$	excès	x	x

$K_{a,1} = \dfrac{x^2}{c - x} \Leftrightarrow x^2 + K_{a,1} \cdot x - K_{a,1} \cdot c = 0$. La résolution de cette équation conduit à :

$x = 2{,}2 \cdot 10^{-2}\ \text{mol} \cdot \text{L}^{-1}$, d'où à l'équilibre : $\boxed{[\text{Fe(H}_2\text{O)}_6^{3+}]_{\text{éq}} = 7{,}8 \cdot 10^{-2}\ \text{mol} \cdot \text{L}^{-1}}$;

$\boxed{[\text{Fe(H}_2\text{O)}_5\text{(OH)}^{2+}]_{\text{éq}} = [\text{H}_3\text{O}^+]_{\text{éq}} = 2{,}2 \cdot 10^{-2}\ \text{mol} \cdot \text{L}^{-1}}$.

⇨ *Méthode 27.4*

b) Le pH de la solution vaut : $\boxed{\text{pH} = -\log([\text{H}_3\text{O}^+]_{\text{éq}}) = 1{,}7}$.

c) Traçons le diagramme de prédominance de l'ion fer(III) :

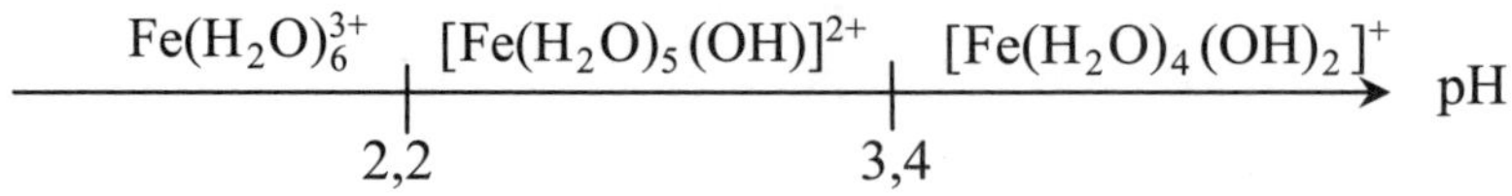

⇨ *Méthode 27.2*

À pH = 1,7, $\boxed{\text{Fe(H}_2\text{O)}^{3+}_{6(\text{aq})}}$ prédomine en solution.

On voit que $\text{pH} < \text{p}K_{a,2} - 1$, donc la concentration de l'espèce $[\text{Fe(H}_2\text{O)}_4\text{(OH)}_2]^+_{(\text{aq})}$ est négligeable par rapport à celle de l'espèce $[\text{Fe(H}_2\text{O)}_5\text{(OH)}]^{2+}_{(\text{aq})}$. L'avancement de la réaction d'équation : $[\text{Fe(H}_2\text{O)}_5\text{(OH)}]^{2+}_{(\text{aq})} + \text{H}_2\text{O}_{(\text{l})} = [\text{Fe(H}_2\text{O)}_4\text{(OH)}_2]^+_{(\text{aq})} + \text{H}_3\text{O}^+_{(\text{aq})}$ peut donc être négligé. Il était justifié de ne considérer que la première acidité de l'ion Fe^{3+}.

✎ *Il faut aussi vérifier que l'avancement de la réaction d'autoprotolyse de l'eau est bien négligeable par rapport à celui de la réaction acido-basique considérée, donc que* $[HO^-]_{éq} < \dfrac{[H_3O^+]_{éq}}{10}$. *C'est bien le cas, car* $pH < 6{,}5$.

Exercice 27.7

1. L'équation de la réaction s'écrit : $\boxed{CO_{2(aq)} + 2\ H_2O_{(l)} = HCO^-_{3(aq)} + H_3O^+_{(aq)}}$

2. La constante d'équilibre associée à la réaction précédente s'écrit :

$\boxed{K = \dfrac{[HCO_3^-]_{éq} \cdot [H_3O^+]_{éq}}{[CO_2(aq)]_{éq}}}$.

3. On établit le tableau d'avancement associé à la réaction précédente :

$mol \cdot L^{-1}$	$CO_{2(aq)}$	$+ 2\ H_2O_{(l)}$	$= HCO^-_{3(aq)}$	$+ H_3O^+_{(aq)}$
$t = 0$	c	excès	0	0
t	$c - x \simeq c$	excès	x	x

Comme $K \approx 10^{-6}$, on peut supposer que la réaction est très limitée et que $[CO_{2(aq)}]_{éq} \approx c$. On a alors $K = \dfrac{x^2}{c} = \dfrac{[H_3O^+]^2_{éq}}{c} \Leftrightarrow [H_3O^+]_{éq} = \sqrt{K \cdot c}$.

AN $[H_3O^+]_{éq} = 10^{-4}\ mol \cdot L^{-1}$ soit $\boxed{pH = 4}$.

Il était justifié de considérer la réaction comme très limitée.

⇨ *Méthode 27.4*

✎ *Il faut vérifier que la deuxième acidité de $CO_{2(aq)}$ est bien négligeable, ce qui est le cas puisque* $pH < pK_{a,2} - 1$, *et que l'avancement de la réaction d'autoprotolyse de l'eau est bien négligeable par rapport à celui de la réaction acido-basique considérée, donc que* $[HO^-]_{éq} < \dfrac{[H_3O^+]_{éq}}{10}$. *C'est bien le cas, car* $pH < 6{,}5$.

Exercice 27.8

1. L'équation de la réaction s'écrit : $\boxed{CO_{2(aq)} + H_2O_{(l)} + CO^{2-}_{3(aq)} = 2\ HCO^-_{3(aq)}}$

La constante d'équilibre associée à cette équation vaut : $K = \dfrac{[HCO_3^-]_{éq}{}^2}{[CO_3^{2-}]_{éq} \cdot [CO_2(aq)]_{éq}} = \dfrac{K_{a,1}}{K_{a,2}}$.

AN $\boxed{K = 10^4}$. La réaction peut donc être considérée comme quantitative.

⇨ *Méthode 27.1*

2. On établit le tableau d'avancement associé à la réaction précédente :

$mol \cdot L^{-1}$	$CO_{2(aq)}$	$+ H_2O_{(l)}$	$+ CO^{2-}_{3(aq)}$	$= 2\ HCO^-_{3(aq)}$
$t = 0$	c	excès	c	0
t	$c - x \simeq \varepsilon$	excès	$c - x \approx \varepsilon$	$2c$

Corrigé

Puisque la réaction est totale et que les réactifs ont été introduits dans les proportions stœchiométriques, les ions hydrogénocarbonate prédominent dans la solution en fin de réaction, on peut donc en déduire un encadrement du pH final : $6{,}3 \leq \text{pH} \leq 10{,}3$.

Une valeur approchée du pH peut être calculée en considérant que la réaction d'équation :
$2\ HCO^{-}_{3(aq)} = CO_{2(aq)} + H_2O_{(l)} + CO^{2-}_{3(aq)}$ impose le pH à l'équilibre.

On a alors : $K_{a,1} \cdot K_{a,2} = \dfrac{[CO_3^{2-}]_{éq} \cdot [H_3O^+]_{éq}{}^2}{[CO_2(aq)]_{éq}}$, avec $[CO_3^{2-}]_{éq} = [CO_2(aq)]_{éq}$, d'où : $[H_3O^+]^2_{éq} = K_{a,1} \cdot K_{a,2}$ soit $\boxed{\text{pH} = \dfrac{1}{2}(\text{p}K_{a,1} + \text{p}K_{a,2})}$. AN $\boxed{\text{pH} = 8{,}3}$.

➪ *Méthode 27.4*

✐ *Il faudrait vérifier que l'avancement des réactions secondaires des ions hydrogénocarbonate sur l'eau est bien négligeable par rapport à l'avancement de la réaction d'équation :* $2\ HCO^{-}_{3(aq)} = CO_{2(aq)} + H_2O_{(l)} + CO^{2-}_{3(aq)}$ *(hors programme).*

Exercice 27.9

1. Au début du titrage, pour $V = 0$ mL, le pH de la solution est environ égal à 12. La forme basique du couple $C_nH_{2n+1}NH_2$ prédomine. Elle est ensuite consommée au cours du titrage tandis que l'acide $C_nH_{2n+1}NH_3^+$ est formé. La courbe décroissante est donc associée à la base $C_nH_{2n+1}NH_2$, la courbe qui croît à partir de $V = 0$ mL est associée à l'acide $C_nH_{2n+1}NH_3^+$.

La constante d'acidité du couple s'écrit : $K_a = \dfrac{[C_nH_{2n+1}NH_2] \cdot [H_3O^+]}{[C_nH_{2n+1}NH_3^+]}$. Lorsque $[C_nH_{2n+1}NH_2] = [C_nH_{2n+1}NH_3^+]$, $\text{pH} = \text{p}K_a$. Pour lire la valeur du $\text{p}K_a$, on lit la valeur du volume à l'abscisse du point d'intersection des deux courbes de distribution, et on détermine la valeur du pH pour ce volume en se reportant sur la courbe de pH (voir graphe ci-après).

On détermine ainsi : $\boxed{\text{p}K_a = 10{,}6}$.

2. L'équation de la réaction de titrage s'écrit : $\boxed{C_nH_{2n+1}NH_2 + H_3O^+ = C_nH_{2n+1}NH_3^+ + H_2O}$.

La constante d'équilibre associée à cette équation vaut : $\boxed{K = \dfrac{1}{K_a} = 2{,}5 \cdot 10^{-11}}$.

3. L'équivalence est observée pour un volume de la solution d'acide chlorhydrique $V = 8$ mL. Le pH à l'équivalence est voisin de 6. Le bleu de bromothymol est l'indicateur coloré le plus adapté à ce titrage. On observera la teinte sensible de l'indicateur (couleur verte) au voisinage de l'équivalence.

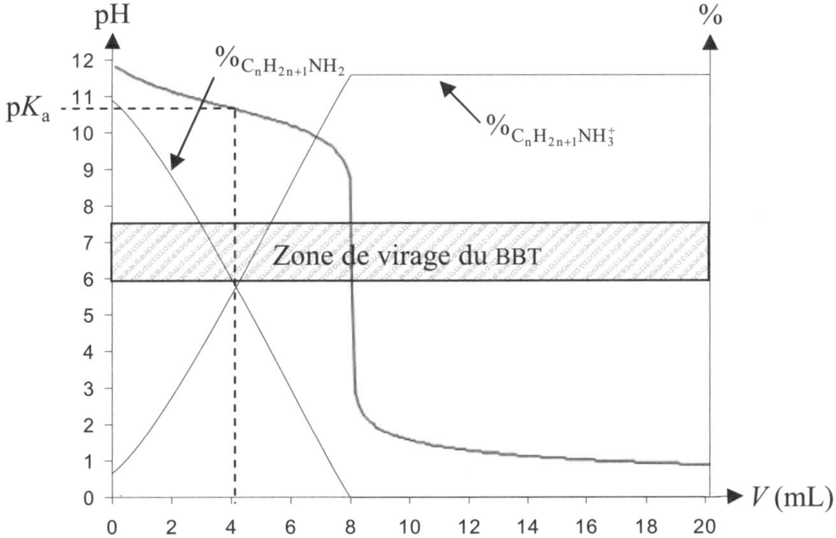

4. À l'équivalence, les réactifs sont introduits dans les proportions stœchiométriques : $n_{\text{amine,initiale}} = n_{H_3O^+,\text{versé}} \Leftrightarrow \dfrac{m}{M_{\text{amine}}} = c_A \cdot V_{\text{éq}}$ d'où $\boxed{M_{\text{amine}} = \dfrac{m}{c_A \cdot V_{\text{éq}}}}$. AN $\boxed{M_{\text{amine}} = 73\ \text{g}\cdot\text{mol}^{-1}}$.

Or, $M_{\text{amine}} = n \cdot M(\text{C}) + (2n+3)\cdot M(\text{H}) + M(\text{N}) \Leftrightarrow n = \dfrac{M_{\text{amine}} - 3\cdot M(\text{H}) - M(\text{N})}{M(\text{C}) + 2\cdot M(\text{H})}$.

On peut ainsi déterminer : $n = 4$. L'amine a donc pour formule : $\boxed{C_4H_9NH_2}$.

Exercice 27.10

1. Une réaction chimique peut être suivie par conductimétrie si la réaction met en jeu une ou plusieurs espèces ioniques. Si la réaction fait intervenir un réactif ionique et un produit ionique avec la même stœchiométrie, il faut, pour que la conductivité varie au cours de la transformation que ces deux espèces possèdent des conductivités molaires ioniques différentes.

2. a) On observe sur la courbe de pH deux sauts brusques de pH, et sur la courbe de conductivité deux ruptures de pente. Il y a donc lors du titrage deux équivalences successives pour des volumes de soude versés $V_{e1} = 12,5$ mL et $V_{e2} = 30,0$ mL.

On peut donc distinguer les trois domaines suivants.

- $0 < V < V_{e1}$: $H_3O^+_{(aq)} + HO^-_{(aq)} = 2\ H_2O_{(l)}$

Avant la première équivalence, les ions HO^- constituent le réactif limitant de la réaction de titrage des ions H_3O^+. Ils sont consommés dès qu'ils sont ajoutés à la solution titrée. Les ions présents dans le milieu sont donc : H_3O^+ (dont la concentration diminue car les ions oxonium sont consommés par la soude), Na^+ (dont la concentration augmente au fur et à mesure de l'ajout de la soude), Cl^- (dont la concentration ne varie pas si on néglige l'effet de la dilution).

Or la conductivité s'écrit dans ce domaine : $\sigma = \lambda_{H_3O^+}\cdot[H_3O^+] + \lambda_{Na^+}\cdot[Na^+] + \lambda_{Cl^-}\cdot[Cl^-]$ (on néglige les ions HO^- apportés par l'autoprotolyse de l'eau). Comme les ions oxonium sont beaucoup plus « mobiles » que les ions sodium ($\lambda_{H3O+} >> \lambda_{Na+}$), la conductivité décroît.

Corrigé

- $V_{e1} < V < V_{e2}$: $CH_3COOH_{(aq)} + HO^-_{(aq)} = CH_3COO^-_{(aq)} + H_2O_{(l)}$

Entre les deux équivalences, les ions HO^- sont le réactif limitant de la deuxième réaction de la titrage. Les ions présents dans le milieu sont donc : CH_3COO^- (dont la concentration augmente au fur et à mesure qu'ils sont formés), Na^+ (dont la concentration augmente au fur et à mesure de l'ajout de la soude), Cl^- (dont la concentration ne varie pas si on néglige la dilution). Dans ce domaine, $\sigma = \lambda_{CH_3COO^-} \cdot [CH_3COO^-] + \lambda_{Na^+} \cdot [Na^+] + \lambda_{Cl^-} \cdot [Cl^-]$. La conductivité croît.

- $V > V_{e2}$

Après la deuxième équivalence, les ions H_3O^+ et l'acide éthanoïque ont été totalement consommés, et la soude ajoutée est en excès. Les ions présents dans le milieu sont donc : CH_3COO^- (dont la concentration ne varie plus), HO^- (dont la concentration augmente), Na^+ (dont la concentration augmente), Cl^- (dont la concentration ne varie pas).

Dans ce domaine, $\sigma = \lambda_{CH_3COO^-} \cdot [CH_3COO^-] + \lambda_{HO^-} \cdot [HO^-] + \lambda_{Na^+} \cdot [Na^+] + \lambda_{Cl^-} \cdot [Cl^-]$.

La conductivité augmente. Comme les ions hydroxyde sont beaucoup plus mobiles que les ions éthanoate, la conductivité augmente plus fortement que dans le deuxième domaine.

b) En l'absence de la courbe dérivée $\dfrac{\mathrm{d}pH}{\mathrm{d}V} = f(V)$, la courbe de pH ne permet de déterminer avec précision les valeurs de V_{e1} et V_{e2}. Sur le courbe de conductivité, les équivalences se traduisent par des ruptures de pente nettement marquées, et l'abscisse du point d'intersection entre deux segments successifs peut être aisément déterminée.

✎ *Le second saut de pH est plus important que le premier et la détermination de V_{e2} à partir de la courbe de pH est plus aisée que celle de V_{e1}. Inversement, sur la courbe de conductivité, le changement de signe de la pente des segments de droite permet une lecture aisée de V_{e1}, tandis que V_{e2}, qui correspond à l'intersection de deux segments de pente positive, est moins aisé à déterminer.*

Lorsque $V = 0$, on a un mélange d'un acide fort et d'un acide faible. En supposant que l'acide fort impose la valeur du pH, on en déduit $c_{a1} = 10^{-pH}$. AN $\boxed{c_{a1} = 2{,}5 \cdot 10^{-2}\ \mathrm{mol \cdot L^{-1}}}$.

✎ *On vérifie à la question suivante qu'à pH = 1,6 l'avancement de la réaction de dissociation de l'acide éthanoïque est négligeable devant* $[H_3O^+]_0$.

c) À la deuxième équivalence, les réactifs ont été introduits dans les proportions stœchiométriques, d'où : $n_{CH_3COOH,\ titré} = n_{HO^-,versé}$

$$\Leftrightarrow c_{a2} \cdot V_0 = c_b \cdot (V_{e2} - V_{e1}) \Leftrightarrow c_{a2} = \frac{c_b \cdot (V_{e2} - V_{e1})}{V_0}.\ \text{AN}\ \boxed{c_{a2} = 3{,}50 \cdot 10^{-2}\ \mathrm{mol \cdot L^{-1}}}.$$

Établissons un tableau d'avancement de la transformation pour $V_{e1} < V < V_{e2}$:

mol	$CH_3COOH_{(aq)}$	$+\ HO^-_{(aq)}$	$=\ CH_3COO^-_{(aq)}$	$+\ H_2O_{(l)}$
$t = 0$	$c_{a2} \cdot V_0$	$c_b \cdot (V - V_{e1})$	0	excès
t	$c_{a2} \cdot V_0 - c_b \cdot (V - V_{e1})$	0	$c_b \cdot (V - V_{e1})$	excès

À la deuxième demi-équivalence, pour $V = V_{e1} + \dfrac{V_{e2} - V_{e1}}{2}$, $n_{CH_3COOH} = n_{CH_3COO^-} = \dfrac{c_b(V_{e2} - V_{e1})}{2}$, d'où $pH = pK_a$. On lit sur le graphe : $\boxed{pK_a = 4}$.

Chapitre 28
Réactions de précipitation

Au cours du XIXe siècle, différentes découvertes scientifiques mettent en évidence des lois de stabilité des structures. Michael **Faraday** en 1831, et Heinrich **Lenz** trois ans plus tard, découvrent l'apparition d'un champ magnétique induit s'opposant à celui qui en est à l'origine. En 1850, le physiologiste Claude **Bernard** constate les capacités des organismes cellulaires à conserver un équilibre de fonctionnement en dépit des contraintes qui leur sont extérieures. Ceci s'appelle l'homéostasie, qu'il décrit ainsi : *L'homéostasie est l'équilibre dynamique qui nous maintient en vie*. Le principe énoncé par Henry **Le Chatelier** en 1884 concourt à la même constatation :
Si une réaction chimique à l'équilibre est sujette à une modification de certains paramètres (...), la réaction évolue dans la direction qui, au moins en partie, contrecarre la modification imposée.

Henry Le Chatelier
1850-1936

Objectifs

Ce qu'il faut connaître

- ▷ La notion de précipité et d'équilibre hétérogène lorsqu'un précipité existe en solution
- ▷ La définition de la solubilité d'un précipité

Ce qu'il faut savoir faire

- ▷ Tracer un diagramme d'existence associé à un précipité
- ▷ Exprimer la solubilité d'un précipité en fonction des concentrations des espèces en solution
- ▷ Connaître l'influence de plusieurs paramètres sur la solubilité d'un précipité
- ▷ Déterminer la composition à l'équilibre d'une solution où se déroule un équilibre de précipitation

Résumé de cours

Précipitation et dissolution

Précipité

Un **précipité** $C_xA_y(s)$ est un composé ionique solide, en *équilibre hétérogène* avec ses ions constitutifs $C^{y+}(aq)$ et $A^{x-}(aq)$ dans une solution. Si cet équilibre existe, la solution est dite **saturée**.

Le précipité $C_xA_y(s)$ et l'anion $A^{x-}(aq)$ constituent un couple donneur/accepteur de cation.

Le précipité $C_xA_y(s)$ et le cation $C^{y+}(aq)$ constituent un couple donneur/accepteur d'anion.

Un précipité qui peut se redissoudre par ajout de l'anion en formant un ion complexe soluble est un **précipité amphotère**.

Réaction de précipitation ou de dissolution

La réaction de précipitation est la formation du précipité à partir de ses ions constitutifs :

$$x\, C^{y+}{}_{(aq)} + y\, A^{x-}{}_{(aq)} = C_xA_{y(s)}$$

La réaction de dissolution du précipité est la réaction inverse :

$$C_xA_{y(s)} = x\, C^{y+}{}_{(aq)} + y\, A^{x-}{}_{(aq)}$$

Aspect thermodynamique

Produit de solubilité

Le produit de solubilité K_s d'un précipité est défini comme la constante d'équilibre associée à l'équation de dissolution du précipité : $C_xA_{y(s)} = x\, C^{y+}{}_{(aq)} + y\, A^{x-}{}_{(aq)}$ $\quad K_s = [C^{y+}]^x \cdot [A^{x-}]^y$

Pour une équation de réaction donnée, K_s ne dépend que de la température.

Condition de précipitation

La condition de précipitation est donnée par la valeur du quotient de réaction associé à l'équation de dissolution dans un état donné du système chimique.

- Si $Q < K_s$, le précipité n'existe pas, la solution n'est pas saturée.
- Si $Q > K_s$, le système évolue dans le sens de la formation du précipité ; la solution est saturée et à l'équilibre, les concentrations des ions sont liées par le produit de solubilité.
- Si $Q = K_s$, l'équilibre hétérogène est réalisé, la solution est saturée.

⇨ **Méthode 28.1. Condition de précipitation**

Remarque

Si l'équilibre hétérogène entre le précipité et ses ions constitutifs n'existe pas, les concentrations des ions ne sont plus liées par le produit de solubilité.

❑ Domaine d'existence d'un précipité

On peut faire apparaître le domaine d'existence du précipité sur un axe gradué en fonction de $pC = -\log[C^{y+}]$ ou de $pA = -\log[A^{x-}]$ selon la particule échangée.

Par convention, la frontière d'existence du précipité est définie comme la limite d'apparition du précipité : on considère qu'un grain de précipité est présent, en équilibre avec l'espèce dissoute correspondante (anion ou cation du précipité) à une concentration c_0 fixée arbitrairement. À la frontière, $K_s = [C^{y+}]^x \cdot [A^{x-}]^y$.

⇨ **Méthode 28.2. Prévoir l'ordre d'apparition de deux précipités**

❑ Solubilité

La solubilité s d'un solide est la quantité de matière maximale de solide que l'on peut dissoudre dans un litre de solution.

Lorsque la limite de solubilité du solide est atteinte, la solution est dite **saturée**.

– La solubilité dépend de la température.
– La solubilité dépend de la présence en solution d'un ion constitutif du précipité en solution (effet d'ions communs).
– La solubilité dépend des propriétés acido-basiques ou de complexation des ions constitutifs du précipité.

D'après le principe de Le Chatelier, à T constante, tout phénomène qui consomme un ion intervenant dans l'équilibre de précipitation augmente la solubilité.

⇨ **Méthode 28.3. Solubilité dans l'eau pure**
⇨ **Méthode 28.4. Influence du pH sur la solubilité**

Cas particulier des hydroxydes métalliques amphotères

Certains cations métalliques forment avec les ions hydroxyde des précipités possédant des propriétés acides et basiques en solution aqueuse : on parle d'hydroxydes amphotères.
Ils peuvent être redissous en milieu acide ou en milieu basique.
C'est le cas par exemple de l'hydroxyde d'aluminium $Al(OH)_3$:

– redissolution en milieu acide selon : $Al(OH)_{3(s)} + 3\ H_3O^+_{(aq)} = Al^{3+}_{(aq)} + 6\ H_2O_{(l)}$

– redissolution en milieu basique selon : $Al(OH)_{3(s)} + HO^-_{(aq)} = Al(OH)^-_{4(aq)}$

⇨ **Méthode 28.5. Domaine d'existence d'un précipité amphotère**

Méthodes

Comment savoir si un précipité est observé en solution ?

Méthode 28.1. Condition de précipitation

Calculer le quotient de réaction Q associé à l'équation de dissolution du précipité dans l'état du système considéré.
Comparer la valeur de Q au produit de solubilité K_s.
Si $Q > K_s$, le précipité se forme et la solution est saturée. À l'équilibre, les concentrations des ions sont liées par le produit de solubilité.

⇨ **Exercices 28.1, 28.3, 28.5, 28.6, 28.9**

On introduit initialement dans 500 mL d'eau $2{,}0 \cdot 10^{-3}$ mol d'ions Ag^+ et $1{,}0 \cdot 10^{-5}$ mol d'ions CrO_4^{2-}. Le produit de solubilité du chromate d'argent $Ag_2CrO_{4(s)}$ est égal à $K_s = 1{,}3 \cdot 10^{-12}$ à 25 °C.
Dans l'état initial, les concentrations en ions argent et chromate sont égales à :
$[Ag^+]_0 = 1{,}0 \cdot 10^{-3}\,\text{mol} \cdot \text{L}^{-1}$ et $[CrO_4^{2-}]_0 = 5{,}0 \cdot 10^{-6}\,\text{mol} \cdot \text{L}^{-1}$.
Le quotient de réaction associé à l'équation de dissolution du chromate d'argent vaut :
$Q = [Ag^+]_0 \cdot [CrO_4^{2-}]_0 = 5{,}0 \cdot 10^{-9} > K_s$.
On observe donc la formation du précipité en solution.

Comment étudier des précipitations compétitives ?

On dispose d'une solution contenant deux anions, à laquelle on ajoute une solution contenant un cation susceptible de conduire avec chacun des deux anions à un précipité.

Méthode 28.2. Prévoir l'ordre d'apparition de deux précipités

Pour chaque précipité, utiliser la condition de précipitation pour calculer la concentration en cation à partir de laquelle le précipité se forme.
La concentration la plus faible correspond au premier précipité qui se forme.

⇨ **Exercice 28.2**

À une solution contenant les ions chlorure Cl^- et iodure I^- à la même concentration $c_0 = 1{,}0 \cdot 10^{-3}\,\text{mol} \cdot \text{L}^{-1}$, on ajoute progressivement une solution de nitrate d'argent (Ag^+, NO_3^-).

Les produits de solubilité du chlorure d'argent et de l'iodure d'argent valent : $pK_{s,1}(AgCl) = 9{,}8$; $pK_{s,2}(AgI) = 16{,}1$. Déterminons l'ordre d'apparition des deux précipités.

À la limite d'apparition de $AgCl_{(s)}$, on a :

$$[Cl^-] = c_0 = 1{,}0 \cdot 10^{-3}\,mol \cdot L^{-1} \text{ et } K_{s,1} = [Ag^+]_{lim,1} \cdot [Cl^-] \Leftrightarrow [Ag^+]_{lim,1} = \frac{K_{s,1}}{c_0}.$$

À la limite d'apparition de $AgI_{(s)}$, on a :

$$[I^-] = c_0 = 1{,}0 \cdot 10^{-3}\,mol \cdot L^{-1} \text{ et } K_{s,2} = [Ag^+]_{lim,2} \cdot [I^-] \Leftrightarrow [Ag^+]_{lim,2} = \frac{K_{s,2}}{c_0}.$$

L'application numérique conduit à :

$[Ag^+]_{lim,1} = 1{,}6 \cdot 10^{-7}\ mol \cdot L^{-1} > [Ag^+]_{lim,2} = 7{,}9 \cdot 10^{-14}\ mol \cdot L^{-1}$.

On en déduit que le précipité d'iodure d'argent apparaît le premier.

Remarque

Dans le cas de deux précipités de même stœchiométrie (nombre d'anions : nombre de cations), et à partir d'une solution contenant les deux anions à la même concentration, l'ordre d'apparition des précipités peut être déduit de la comparaison des produits de solubilité, et le précipité qui apparaît le premier est celui qui possède le produit de solubilité K_s le plus faible.

Par contre, ce raisonnement n'est plus applicable lorsque les précipités ont des stœchiométries différentes ou lorsque les concentrations des deux anions dans la solution sont différentes. Il faut alors appliquer strictement la méthode présentée.

■ Comment calculer la solubilité d'un précipité ?

❑ Méthode 28.3. Solubilité dans l'eau pure

> Écrire l'équation de dissolution du précipité, et exprimer les concentrations des ions constitutifs du précipité à l'équilibre en fonction de la solubilité s.
> À partir de l'expression du produit de solubilité du précipité, déterminer s.

⇨ **Exercices 28.4, 28.5, 28.11**

Calculons la solubilité du fluorure de calcium $CaF_{2(s)}$ dans l'eau pure (on néglige les propriétés acido-basiques de l'anion), pour lequel $K_s = 4{,}0 \cdot 10^{-11}$.

Dans la solution saturée, le solide est en équilibre avec les ions calcium et fluorure selon l'équation de dissolution suivante :

$mol \cdot L^{-1}$	$CaF_{2(s)}$	$= Ca^{2+}_{(aq)}$	$+ 2\ F^-_{(aq)}$
$t = 0$	excès	0	0
t	excès	s	$2 \cdot s$

On a donc $K_s = [Ca^{2+}] \cdot [F^-]^2 = s \cdot (2 \cdot s)^2 = 4 \cdot s^3 \Leftrightarrow s = \left(\frac{K_s}{4}\right)^{1/3}$. AN $\boxed{s = 2{,}2 \cdot 10^{-4}\ mol \cdot L^{-1}}$.

❑ Méthode 28.4. Influence du pH sur la solubilité

> Exprimer la solubilité du précipité en fonction des concentrations des espèces en solution : ions constitutifs et espèces acido-basiques formées à partir des ions constitutifs, à l'aide d'un bilan de matière.
> Relier les concentrations des espèces en solution à celles des ions constitutifs à l'aide des constantes d'équilibre (K_a ...).
> À partir de l'expression du produit de solubilité du précipité, déterminer s.

⇨ **Exercices 28.4, 28.5**

Reprenons l'exemple précédent. On tient compte des propriétés acido-basiques de l'ion fluorure, avec $pK_a(HF/F^-) = 3,2$. Calculons la solubilité du fluorure de calcium dans une solution de pH = 2,5.
Dans la solution saturée, le solide est en équilibre avec les ions calcium d'une part, le fluorure d'hydrogène et les ions fluorure d'autre part. On a à présent $s = [Ca^{2+}]$ et $2 \cdot s = [F^-] + [HF]$.

À pH = 2,5, on doit tenir compte de $[F^-]$ et $[HF]$.

Or, par définition, $K_a = \dfrac{[F^-] \cdot [H_3O^+]}{[HF]} \Leftrightarrow [HF] = \dfrac{[F^-] \cdot [H_3O^+]}{K_a}$, d'où :

$$2 \cdot s = [F^-] \cdot \left(1 + \frac{[H_3O^+]}{K_A}\right) \Leftrightarrow [F^-] = \frac{2 \cdot s}{1 + \dfrac{[H_3O^+]}{K_A}}.$$

On en déduit que : $K_s = [Ca^{2+}] \cdot [F^-]^2 = \dfrac{4 \cdot s^3}{\left(1 + \dfrac{[H_3O^+]}{K_a}\right)^2}$ d'où $\boxed{s = \sqrt[3]{\dfrac{K_s \cdot \left(1 + \dfrac{[H_3O^+]}{K_a}\right)^2}{4}}}$.

L'application numérique, à pH = 2,5, conduit à $\boxed{s = 7,1 \cdot 10^{-4} \text{ mol} \cdot \text{L}^{-1}}$.

Remarque

Penser à vérifier si la valeur de la solubilité calculée en tenant compte des équilibres acido-basiques, etc. est en accord avec le principe de Le Chatelier.

■ Comment déterminer les limites d'apparition et de disparition d'un précipité amphotère ?

❑ Méthode 28.5. Domaine d'existence d'un précipité amphotère

> Écrire l'équation de dissolution du précipité traduisant l'équilibre hétérogène entre le précipité et l'espèce soluble associée à l'apparition ou la disparition du précipité. Les frontières du domaine d'existence du précipité sont définies comme les limites d'apparition ou de disparition du précipité. À la frontière, on considère qu'un grain de précipité est présent, et la concentration de l'espèce soluble en solution est prise égale à la concentration initiale c_0 du cation métallique en solution. En déduire la valeur du pH ou de $-\log([\text{anion}])$ à la limite d'apparition ou de disparition du précipité.

⇨ **Exercice 28.8**

À une solution contenant les ions Al^{3+} à la concentration $c_0 = 1{,}0 \cdot 10^{-3}\,\text{mol} \cdot \text{L}^{-1}$, on ajoute progressivement une solution d'hydroxyde de sodium (Na^+, HO^-).
On cherche à déterminer le pH d'apparition et de disparition du précipité d'hydroxyde d'aluminium $Al(OH)_3$, sachant que $K_s(Al(OH)_3) = 10^{-33}$ et que la constante d'équilibre de la réaction $Al^{3+}_{(aq)} + 4\,HO^-_{(aq)} = Al(OH)^-_{4(aq)}$ est $\beta_4(Al(OH)_4^-) = 10^{33{,}4}$.
L'équilibre hétérogène entre les ions Al^{3+} et le précipité se traduit par l'équation :

$$Al(OH)_{3(s)} = Al^{3+}_{(aq)} + 3\,HO^-_{(aq)}$$

À la limite d'apparition du précipité, $K_s = [Al^{3+}] \cdot [HO^-]^3$ avec $[Al^{3+}] = c_0$ et $[HO^-] = \dfrac{K_e}{h}$, soit

$$K_s = c_0 \cdot \left(\frac{K_e}{h}\right)^3 \Leftrightarrow h = \left(\frac{c_0 \cdot K_e^3}{K_s}\right)^{1/3} \Leftrightarrow \text{pH}_1 = \frac{1}{3}\left(-\log c_0 + 3\,\text{p}K_e - \text{p}K_s\right). \text{ AN } \boxed{\text{pH}_1 = 4}.$$

L'équilibre hétérogène entre les ions $Al(OH)_4^-$ et le précipité se traduit par l'équation :

$$Al(OH)_{3(s)} + HO^-_{(aq)} = Al(OH)^-_{4(aq)}$$

À la limite de redissolution totale du précipité, $\beta_4 \cdot K_s = \dfrac{[Al(OH)_4^-]}{[HO^-]}$ avec $[Al(OH)_4^-] = c_0$ et $[HO^-] = \dfrac{K_e}{h}$ (en posant $h = [H_3O^+]$), soit :

$$\beta_4 \cdot K_s = \frac{c_0 \cdot h}{K_e} \Leftrightarrow h = \frac{\beta_4 \cdot K_s \cdot K_e}{c_0} \Leftrightarrow \text{pH}_2 = -\log \beta_4 + \text{p}K_s + \text{p}K_e + \log c_0. \text{ AN } \boxed{\text{pH}_2 = 10{,}6}.$$

On peut tracer le diagramme d'existence du précipité $Al(OH)_3$:

Al^{3+}	existence de $Al(OH)_3$	$Al(OH)_4^-$	
	$\text{pH}_1 = 4{,}0$	$\text{pH}_2 = 10{,}6$	pH

■■ Vrai/Faux

		Vrai	Faux
1.	Une solution saturée constitue un système hors-équilibre.	☐	☐
2.	Le produit de solubilité d'un précipité est généralement inférieur à 1.	☐	☐
3.	Pour déterminer l'ordre d'apparition de deux précipités en solution, il suffit de comparer leurs produits de solubilité.	☐	☐
4.	Un précipité apparaît en solution si $Q > K_s$, où Q est le quotient de réaction associé à l'équation de formation du précipité.	☐	☐
5.	La solubilité d'un précipité ne dépend que de la température.	☐	☐
6.	La solubilité d'un précipité augmente toujours lorsque la température augmente.	☐	☐
7.	Lorsque l'anion constitutif du précipité est une base, une diminution du pH entraîne une diminution de la solubilité du précipité.	☐	☐
8.	La solubilité de l'hydroxyde d'aluminium augmente en milieu très basique (pH > 11).	☐	☐

■■ Énoncé des exercices

■ Réactions de précipitation

❑ Exercice 28.1. Précipitation des hydroxydes de manganèse

1. Calculer le pH de début de précipitation de $Mn(OH)_2$ pour une solution d'ions Mn^{2+} à la concentration $1,0 \cdot 10^{-2} \text{ mol} \cdot L^{-1}$.

2. Calculer le pH de début de précipitation de $Mn(OH)_3$ pour une solution d'ions Mn^{3+} à la concentration $1,0 \cdot 10^{-2} \text{ mol} \cdot L^{-1}$.

3. On dispose d'une solution contenant les ions Mn^{3+} et Mn^{2+} à la même concentration $1,0 \cdot 10^{-2} \text{ mol} \cdot L^{-1}$. Dans quel domaine de pH doit-on se placer pour précipiter 99,99 % des ions Mn^{3+} sans précipiter les ions Mn^{2+} ?

Données : $pK_s(Mn(OH)_2) = 12,7$; $pK'_s(Mn(OH)_3) = 35,7$.

❑ Exercice 28.2. Précipitations compétitives*

On dispose d'une solution S contenant les cations métalliques Tl^+, Ag^+ et Pb^{2+} aux concentrations $[Ag^+] = 3,0 \cdot 10^{-2} \text{ mol} \cdot L^{-1}$, $[Tl^+] = 1,0 \cdot 10^{-2} \text{ mol} \cdot L^{-1}$ et $[Pb^{2+}] = 5,0 \cdot 10^{-2} \text{ mol} \cdot L^{-1}$.

Dans 25 mL de cette solution, on verse progressivement une solution d'iodure de sodium (Na^+, I^-) à $1,0 \cdot 10^{-1} \text{ mol} \cdot L^{-1}$.

1. Dans quel ordre observe-t-on l'apparition des différents précipités ?

2. Les réactions de précipitation sont-elles successives ?

3. Quel volume de la solution d'iodure de sodium est nécessaire pour précipiter la totalité des ions argent ?

4. On verse 8 mL de la solution d'iodure de sodium dans la solution S. Indiquer quels sont les précipités présents, et calculer les concentrations des différents ions en solution à l'état final.

Données : $pK_s(TlI) = 7,2$; $pK_s(AgI) = 16,1$; $pK_s(PbI_2) = 8,1$.

❑ Exercice 28.3. Précipité d'oxalate de calcium

On mélange 50 mL d'une solution d'oxalate d'ammonium $(2NH_4^+, C_2O_4^{2-})$ à $0,05 \text{ mol} \cdot L^{-1}$, et 50 mL d'une solution de nitrate de calcium $(Ca^{2+}, 2NO_3^-)$ à $0,02 \text{ mol} \cdot L^{-1}$.

1. Montrer que l'on observe la formation d'un précipité d'oxalate de calcium. Quelle est la masse de précipité obtenue ?

2. Le précipité est récupéré par filtration sous vide, puis lavé à l'aide de 50 mL d'eau distillée. Quelle masse de précipité est redissoute lors de cette opération ?

3. Même question si le précipité est lavé à l'aide de 50 mL d'une solution d'oxalate d'ammonium de concentration $0,05 \text{ mol} \cdot L^{-1}$. Commenter le résultat obtenu.

Données : $pK_s(Ca(C_2O_4)) = 8,6$; $M(Ca(C_2O_4)) = 128,1 \text{ g} \cdot \text{mol}^{-1}$.

❑ Exercice 28.4. Solubilité du phosphate de calcium

1. Déterminer la solubilité du phosphate de calcium dans l'eau pure $Ca_3(PO_4)_2$. On néglige les propriétés acido-basiques de l'ion phosphate.
2. Déterminer la solubilité du phosphate de calcium à pH = 4 si on prend en compte les propriétés acido-basiques de l'ion phosphate. En déduire la concentration de toutes les espèces en solution à ce pH.

Données : $pK_s = 25$; $pK_{a,1}(H_3PO_4 / H_2PO_4^-) = 2,1$; $pK_{a,2}(H_2PO_4^- / HPO_4^{2-}) = 7,2$; $pK_{a,3}(HPO_4^{2-} / PO_4^{3-}) = 12,7$.

❑ Exercice 28.5. L'éthanethiolate d'argent

Les ions argent forment avec l'ion éthanethiolate $CH_3CH_2S^-$ un composé peu soluble $AgCH_3CH_2S_{(s)}$ dont le produit de solubilité est $K_s = 10^{-20}$.

1. Calculer la solubilité de $AgCH_3CH_2S$ dans l'eau pure (on négligera les propriétés acido-basiques de l'éthanethiolate).
2. Calculer la solubilité de $AgCH_3CH_2S$ dans une solution contenant des ions argent à la concentration $c_0 = 10^{-3}$ mol·L^{-1} (on négligera les propriétés acido-basiques de l'éthanethiolate). Commenter.
3. Calculer la solubilité de $AgCH_3CH_2S$ dans une solution de pH fixé égal à 9,3 en tenant compte des propriétés acido-basiques de l'éthanethiolate. Commenter.

On introduit dans de l'eau pure de l'éthanethiol à la concentration $3,0 \cdot 10^{-2}$ mol · L^{-1}. À 1 litre de cette solution on ajoute $4,0 \cdot 10^{-2}$ mol d'ions Ag^+.

4. Montrer que la précipitation du composé $AgCH_3CH_2S$ peut avoir lieu.
5. Écrire l'équation de réaction modélisant la transformation observée lorsque les ions Ag^+ sont ajoutés à la solution d'éthanethiol.
6. Calculer la constante d'équilibre associée à cette équation.
7. Calculer les concentrations des diverses espèces à l'équilibre.

Donnée : $pK_a(CH_3CH_2SH / CH_3CH_2S^-) = 10$.

D'après CAPES

❑ Exercice 28.6. Déphosphatation d'un effluent aqueux

Dans les eaux naturelles, le phosphore est présent sous forme de composés orthophosphoriques, dérivés des ions phosphate. Il provient principalement de l'utilisation de détergents ainsi que du drainage des terres agricoles fertilisées. Sa présence favorise la prolifération des algues dans les cours d'eau et les lacs conduisant à leur eutrophisation. La concentration en phosphore dans les eaux doit donc être limitée et il est nécessaire de contrôler cette concentration à l'entrée et en sortie des stations d'épuration.

La déphosphatation chimique des effluents urbains est la voie d'élimination du phosphore la plus pratiquée en France. Elle consiste à effectuer la précipitation des phosphates par les sels de fer ou d'aluminium ou encore de la chaux afin d'obtenir des phosphates métalliques insolubles dans l'eau.

L'étude qui suit s'intéresse à la déphosphatation d'un effluent aqueux contenant $C' = 5,0 \text{ mg} \cdot \text{L}^{-1}$ (soit $C' = 1,6 \cdot 10^{-4} \text{ mol} \cdot \text{L}^{-1}$) de phosphore sous forme d'espèces acido-basiques phosphorées (H_3PO_4 et ses espèces conjuguées), à l'aide de chlorure de fer(III). La variation de volume engendrée par l'ajout de chlorure de fer(III) est supposée négligeable. Le pH de l'effluent est maintenu égal à 8,5. L'opération permet d'abaisser la concentration massique en phosphore à $C'' = 1,0 \text{ mg} \cdot \text{L}^{-1}$ (soit $C'' = 3,2 \cdot 10^{-5} \text{ mol} \cdot \text{L}^{-1}$).

1. Tracer le diagramme de prédominance des espèces acido-basiques relatives au triacide H_3PO_4. En déduire l'espèce prédominante à pH = 8,5.

2. Écrire l'équation de la réaction de formation de phosphate de fer $FePO_{4(s)}$ à partir de $Fe^{3+}_{(aq)}$ et de l'espèce phosphorée prédominante à pH = 8,5. Calculer la constante d'équilibre associée, et conclure.

3. En ne tenant compte que de la réaction précédente, déterminer la masse minimale de chlorure de fer(III) à ajouter à 1,0 m^3 d'effluent pour obtenir une concentration massique finale en phosphate égale à $C'' = 1,0 \text{ mg} \cdot \text{L}^{-1}$.

4. Calculer la concentration en ions PO_4^{3-} dans l'eau après formation du phosphate de fer, puis montrer que, dans ces conditions, $Fe(OH)_{3(s)}$ précipite.

5. Pour déterminer la quantité de chlorure de fer(III) à ajouter à l'effluent, il est nécessaire de tenir compte de la formation de $Fe(OH)_3$ en plus de celle de $FePO_4$. Le ratio molaire (fer apporté / phosphore à extraire) est fixé en fonction du rendement recherché, comme le décrit le tracé ci-dessous :

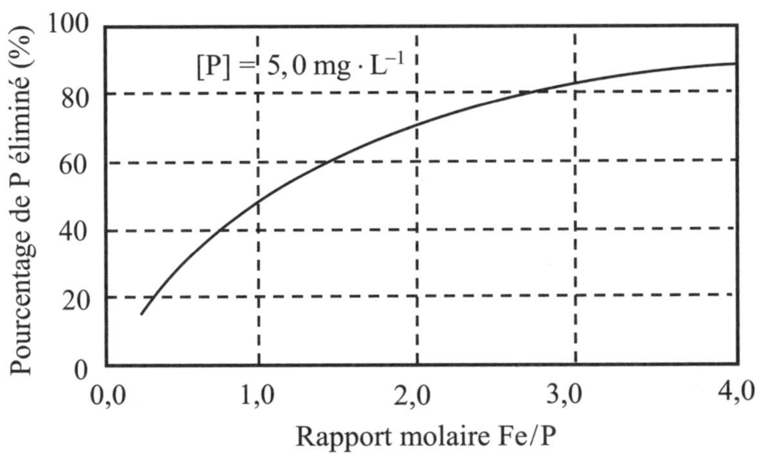

À l'aide de la courbe précédente, déterminer le rapport molaire Fe/P appliqué pour diminuer la concentration massique en phosphore de $C' = 5,0 \text{ mg} \cdot \text{L}^{-1}$ à $C'' = 1,0 \text{ mg} \cdot \text{L}^{-1}$. En déduire la masse réelle de chlorure de fer(III) à utiliser pour traiter 1,0 m^3 d'effluent.

Données à 25 °C : $pK_s(FePO_4) = 21,9$; $pK_s(Fe(OH)_3) = 38,6$; $M(FeCl_3) = 162,3 \text{ g} \cdot \text{mol}^{-1}$; $pK_e = 14$; $pK_{a,1}(H_3PO_4 / H_2PO_4^-) = 2,1$; $pK_{a,2}(H_2PO_4^- / HPO_4^{2-}) = 7,2$; $pK_{a,3}(HPO_4^{2-} / PO_4^{3-}) = 12,7$.

D'après E3A

❑ Exercice 28.7. Solubilité du diiode*

Le diiode solide est soluble dans l'eau. Lorsque la solution est saturée, l'équilibre suivant est établi : $I_{2(s)} \rightleftarrows I_{2(aq)}$. La constante d'équilibre associée à cette équation est : $K_1 = 1,3 \cdot 10^{-3}$.

1. Calculer la solubilité s du diiode solide dans l'eau pure à 25 °C.

2. On cherche à évaluer la solubilité du diiode dans un solvant organique, le tétrachlorure de carbone CCl_4. Pour cela, on ajoute à 100 mL d'une solution aqueuse de diiode de concentration $c_0 = 10^{-3}\,\text{mol} \cdot \text{L}^{-1}$, 10 mL de tétrachlorure de carbone CCl_4. Après agitation, on sépare les deux phases. On conserve la phase aqueuse et on dose le diiode restant dans cette phase par une solution aqueuse de thiosulfate de sodium $(2\,Na^+,\ S_2O_3^{2-})$ de concentration $2,5 \cdot 10^{-3}\,\text{mol} \cdot \text{L}^{-1}$. Ce dosage nécessite de verser 8 mL de la solution titrante.

a) Écrire la réaction d'oxydoréduction du dosage.

b) Calculer la concentration en diiode de la phase aqueuse c_1.

c) On définit le coefficient de partage du diiode comme la costante d'équilibre associée à l'équation : $I_{2(aq)} \rightleftarrows I_{2(org)}$. Calculer le coefficient de partage du diiode.

Données : couples oxydant/réducteur $I_{2(aq)} / I^-_{(aq)}$ et $S_4O^{2-}_{6(aq)} / S_2O^{2-}_{3(aq)}$.

D'après Concours commun polytechnique

❑ Exercice 28.8. Hydroxyde amphotère

En solution aqueuse, le cation Cr^{3+} (de couleur verte) donne avec les ions hydroxyde un précipité $Cr(OH)_{3(s)}$ et un ion complexe soluble $Cr(OH)^-_{4(aq)}$. En solution, la solubilité de l'hydroxyde de chrome peut s'écrire : $s = [Cr^{3+}] + [Cr(OH)_4^-]$. On donne la courbe donnant la variation du logarithme décimal de la solubilité en fonction du pH, pour une concentration totale c_0 en chrome(III).

1. Pourquoi peut-on parler pour $Cr(OH)_{3(s)}$ d'hydroxyde « amphotère » ?

2. À une solution d'ions chrome(III) de concentration c_0, on ajoute progressivement une solution de soude (suffisamment concentrée pour que la dilution puisse être négligée). A l'aide du diagramme $\log(s) = f(\text{pH})$, décrire ce que l'on observe.

3. Montrer que le diagramme de solubilité permet de placer, sur un axe gradué en pH, les domaines de $Cr(OH)_3$, Cr^{3+} et de $Cr(OH)_4^-$. S'agit-il de domaines de prédominance ou d'existence ?

4. Quelle est la valeur de c_0 ?

5. Définir le produit de solubilité de $Cr(OH)_3$ puis retrouver sa valeur à partir des résultats précédents.

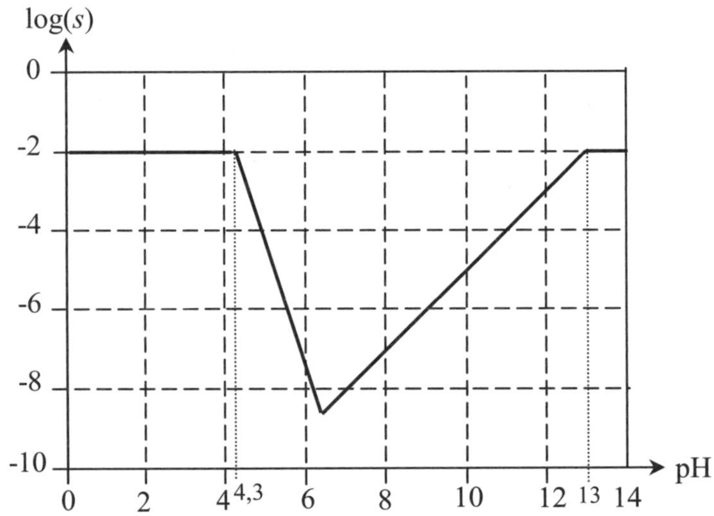

D'après Centrale-Supélec

❑ Exercice 28.9. Solubilité du sulfite d'argent

En solution, les ions argent Ag^+ donnent avec les ions sulfite SO_3^{2-} un précipité blanc de sulfite d'argent $Ag_2SO_{3(s)}$ de produit de solubilité $pK_s = 23,8$. En présence d'un excès d'ions sulfite, ce précipité se redissout par formation de l'ion complexe soluble $Ag(SO_3)_{2(aq)}^{3-}$. On néglige les propriétés basiques de l'ion sulfite SO_3^{2-} au sens de Brønsted.

1. Écrire l'équation de formation du précipité $Ag_2SO_{3(s)}$. Calculer la constante d'équilibre associée.

2. Écrire l'équation de réaction associée à la redissolution du précipité $Ag_2SO_{3(s)}$ en ion complexe $Ag(SO_3)_{2(aq)}^{3-}$ en présence d'ions sulfite. La constante d'équilibre associée vaut : $K° = 10^{3,6}$.

3. s étant la solubilité du sulfite d'argent en solution, on a représenté la fonction log(s) en fonction $pSO_3 = -\log[SO_3^{2-}]$. Interpréter qualitativement l'évolution de la solubilité de Ag_2SO_3 en fonction de pSO_3 en décrivant ce que l'on observe lorsqu'on ajoute progressivement une solution d'ions sulfite à une solution d'ions argent à la concentration $c = 10^{-1}\ \text{mol} \cdot \text{L}^{-1}$.

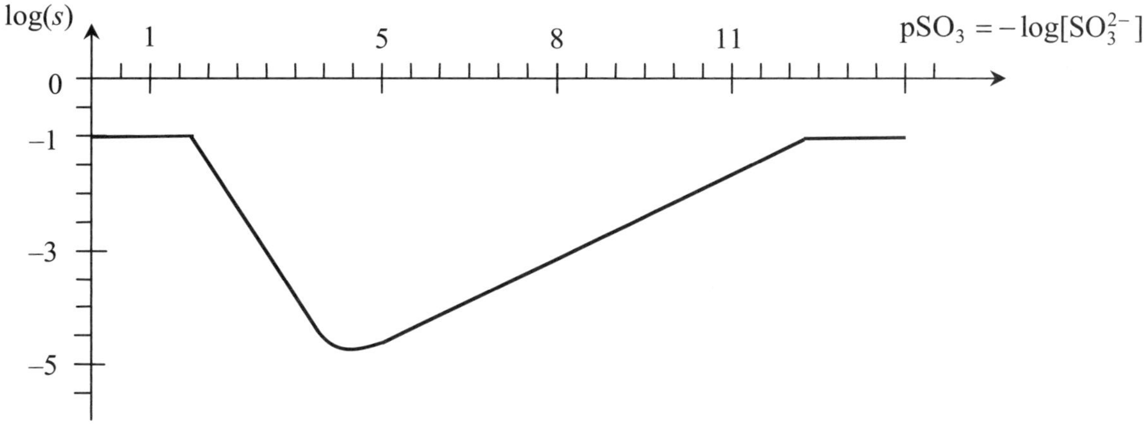

4. On dispose de deux bouteilles contenant pour l'une, une solution *A* de sulfite de sodium ($2\,Na^+$, SO_3^{2-}) de concentration 0,10 mol.L^{-1} et pour l'autre, une solution *B* de nitrate d'argent (Ag^+, NO_3^-) à $0{,}10\,\text{mol}\cdot\text{L}^{-1}$. À 10 mL de solution *B* de nitrate d'argent, on ajoute quelques gouttes de la solution *A*. La quantité d'ions sulfite ajoutée est évaluée à $1{,}0\cdot 10^{-7}$ mol. Il apparaît un trouble blanc dans la solution.

a) Montrer à l'aide du critère de précipitation que le précipité de sulfite d'argent se forme. Calculer la quantité de précipité formé, et la concentration des espèces Ag^+ et SO_3^{2-} à l'équilibre.

b) Calculer a posteriori la concentration en ion complexe $Ag(SO_3)_{2(aq)}^{3-}$ dans la solution et vérifier qu'elle est négligeable par rapport à la concentration en ions argent.

D'après CAPES

■ Dosages

❑ Exercice 28.10. Suivi conductimétrique d'un dosage

On souhaite déterminer la concentration d'une solution *S* de chlorure de baryum ($Ba^{2+}, 2\,Cl^-$). À 50 mL de la solution *S*, on ajoute environ 300 mL d'eau. On titre cette solution à l'aide d'une solution de sulfate de sodium ($2Na^+, SO_4^{2-}$) à $0{,}05\,\text{mol}\cdot\text{L}^{-1}$. Le titrage est suivi par conductimétrie, en relevant les valeurs de la conductance au fur et à mesure de l'ajout de solution titrante. On obtient les résultats suivants (*V* est le volume de solution titrante ajouté, *G* la conductance) :

V(mL)	0	2	5	8	10	12	14	16	18
G(mS)	3,08	3,05	3,00	2,95	2,93	2,97	3,10	3,27	3,40

1. Faire un schéma du dispositif de titrage.

2. Écrire l'équation de la réaction de titrage.

3. Tracer la courbe $G = f(V)$. Justifier son allure.

4. Quel est l'intérêt d'ajouter de l'eau aux 50 mL de la solution *S* ?

5. Calculer la concentration de la solution *S* en ions baryum.

On donne les conductivités molaires ioniques, en $mS \cdot m^2 \cdot mol^{-1}$:

Na^+ 5,0 ; Ba^{2+} 13,0 ; Cl^- 7,5 ; SO_4^{2-} 16,0 ; H_3O^+ 35 ; HO^- 20.

❑ Exercice 28.11. Dosage par précipitation

Le thiocyanate d'argent AgSCN est un solide blanc peu soluble dans l'eau.

1. Calculer la solubilité du thiocyanate d'argent dans l'eau pure.

2. On dissout 10^{-3} mol de nitrate d'argent $AgNO_3$ et 10^{-3} mol de nitrate de fer(III) $Fe(NO_3)_3$ dans un litre d'eau (la dissolution est totale).

À cette solution, on ajoute progressivement une solution de thiocyanate de potassium. On observe un trouble blanc, puis une coloration rouge est perceptible, due à la formation d'un ion complexe $FeSCN^{2+}$ fortement coloré, dont l'apparition marque la fin du titrage.

a) Écrire l'équation des réactions observées.

b) Quelle est la concentration résiduelle en ions argent dans la solution lorsque la coloration rouge sang apparaît ?

c) En déduire que cette expérience peut servir de base à un titrage des ions argent.

Données : $pK_s(AgSCN) = 12$; la coloration due à $FeSCN^{2+}$ est perceptible dès que sa concentration atteint $10^{-5} mol \cdot L^{-1}$; $K° = 1,0 \cdot 10^5$ pour l'équation $Fe^{3+}_{(aq)} + SCN^-_{(aq)} = FeSCN^{2+}_{(aq)}$

■ Pour vous aider à démarrer

Exercice 28.2. Question 2 : calculer la concentration résiduelle du cation qui a précipité au moment où le précipité suivant apparaît.
Exercice 28.4. Question 2 : ne prendre en compte que l'espèce phosphatée majoritaire à pH = 4.
Exercice 28.5. Question 4 : calculer la concentration en ions éthanethiolate à l'équilibre de la transformation entre l'éthanethiol et l'eau.
Exercice 28.7. Question 2.c : faire un bilan de matière pour calculer $[I_{2(org)}]$.
Exercice 28.8. Question 5 : se placer à la limite d'apparition du précipité.

Corrigé des vrai/faux

1.	2.	3.	4.	5.	6.	7.	8.
faux	vrai	faux	faux	faux	faux	faux	vrai

1. Dans une solution saturée, le précipité est en équilibre avec ses ions constitutifs.

2. Les précipités sont généralement des composés peu solubles, pour lesquels $K_s < 10^{-5}$.

3. L'ordre de précipitation dépend de la stœchiométrie du précipité et de la concentration des ions en solution. Voir méthode 28.2.

4. Un précipité apparaît en solution si $Q > K_s$, où Q est le quotient de réaction associé à l'équation de *dissolution* du précipité.

5. La solubilité d'un précipité dépend aussi des conditions expérimentales (pH, possibilité de formation d'ions complexes…).

6. La solubilité du carbonate de calcium $CaCO_3$ diminue lorsque la température augmente (dépôts de calcaire dans des canalisations chaudes).

7. D'après le principe de Le Chatelier, lorsque l'anion constitutif du précipité est une base, la solubilité augmente en milieu acide.

8. Il s'agit d'un hydroxyde amphotère. $Al(OH)_3$ se redissout en milieu très basique sous forme de l'ion complexe $Al(OH)_4^-$.

❑ Les erreurs classiques

– Un précipité est un composé solide, son activité est égale à 1. Ne pas écrire de « concentration de précipité » !
– L'expression du produit de solubilité n'est vérifiée que si l'équilibre hétérogène entre le précipité et ses ions constitutifs existe en solution.

Corrigé

Corrigé des exercices

Exercice 28.1

1. L'équilibre hétérogène entre les ions Mn^{2+} et le précipité se traduit par l'équation :

$$Mn(OH)_{2(s)} = Mn^{2+}_{(aq)} + 2\ HO^-_{(aq)}$$

À la limite d'apparition du précipité, $K_s = [Mn^{2+}]\cdot[HO^-]^2$ avec

$[Mn^{2+}] = c_0 = 1{,}0\cdot 10^{-2}\ mol\cdot L^{-1}$ et $[HO^-] = \dfrac{K_e}{h}$ (en notant $h = [H_3O^+]$), d'où :

$$K_s = c_0 \cdot \left(\frac{K_e}{h}\right)^2 \Leftrightarrow h = \left(\frac{c_0 \cdot K_e^2}{K_s}\right)^{1/2} \Leftrightarrow \boxed{pH = \frac{1}{2}\left(-\log c_0 + 2\ pK_e - pK_s\right)}.\ \text{AN}\ \boxed{pH = 8{,}7}.$$

⇨ *Méthode 28.1*

2. Avec un raisonnement analogue à celui de la question 1, on détermine pour le début de précipitation de $Mn(OH)_3$: $\boxed{pH = \frac{1}{3}\left(-\log c_0 + 3\ pK_e - pK_s'\right)}$. AN $\boxed{pH = 2{,}8}$.

3. Lorsque 99,99 % des ions Mn^{3+} ont précipité, $[Mn^{3+}] = \dfrac{0{,}01\cdot c_0}{100} = 1{,}0\cdot 10^{-6}\ mol\cdot L^{-1}$.

Le précipité $Mn(OH)_3$ existe, donc $K_s' = [Mn^{3+}]\cdot[HO^-]^3$. On en déduit :

$$K_s' = [Mn^{3+}]\cdot\left(\frac{K_e}{h}\right)^3 \Leftrightarrow h = \left(\frac{[Mn^{3+}]\cdot K_e^3}{K_s'}\right)^{1/3} \Leftrightarrow \boxed{pH = \frac{1}{3}\left(-\log([Mn^{3+}]) + 3\ pK_e - pK_s'\right)}.$$

AN $\boxed{pH = 4{,}1}$. Il faut donc se placer dans l'intervalle $\boxed{4{,}1 \le pH \le 8{,}7}$ pour précipiter 99,99 % des ions Mn^{3+} sans précipiter les ions Mn^{2+}.

Exercice 28.2

1. Déterminons l'ordre d'apparition des trois précipités $TlI_{(s)}$, $AgI_{(s)}$ et $PbI_{2(s)}$.

À la limite d'apparition de TlI, on a $[Tl^+] = 1{,}0\cdot 10^{-2}\ mol\cdot L^{-1}$ et

$$K_s(TlI) = [Tl^+]\cdot[I^-]_{lim,1} \Leftrightarrow [I^-]_{lim,1} = \frac{K_s(TlI)}{[Tl^+]}.\ \text{AN}\ [I^-]_{lim,1} = 6{,}3\cdot 10^{-6}\ mol\cdot L^{-1}.$$

À la limite d'apparition de AgI, on a $[Ag^+] = 3{,}0\cdot 10^{-2}\ mol\cdot L^{-1}$ et

$$K_s(AgI) = [Ag^+]\cdot[I^-]_{lim,2} \Leftrightarrow [I^-]_{lim,2} = \frac{K_s(AgI)}{[Ag^+]}.\ \text{AN}\ [I^-]_{lim,2} = 2{,}6\cdot 10^{-15}\ mol\cdot L^{-1}.$$

À la limite d'apparition de PbI_2, on a $[Pb^{2+}] = 5{,}0\cdot 10^{-2}\ mol\cdot L^{-1}$ et

$$K_s(PbI_2) = [Pb^{2+}]\cdot{[I^-]_{lim,3}}^2 \Leftrightarrow [I^-]_{lim,3} = \sqrt{\frac{K_s(PbI_2)}{[Pb^{2+}]}}.\ \text{AN}\ [I^-]_{lim,3} = 4{,}0\cdot 10^{-4}\ mol\cdot L^{-1}.$$

On a trouvé : $[I^-]_{lim,2} < [I^-]_{lim,1} < [I^-]_{lim,3}$. On observe donc la précipitation de l'iodure d'argent, puis de l'iodure de thallium, et enfin de l'iodure de plomb, lors de l'ajout de la solution d'ions iodure.

⇨ *Méthode 28.2*

2. Calculons la concentration en ions Ag^+ lorsque TlI commence à précipiter. La concentration en ions thallium vaut $[Tl^+] = 1{,}0 \cdot 10^{-2}\,\text{mol} \cdot \text{L}^{-1}$ et la concentration en ions iodure est égale à $[I^-]_{lim,1} = 6{,}3 \cdot 10^{-6}\ \text{mol} \cdot \text{L}^{-1}$. Comme le précipité AgI existe en solution, on peut écrire $K_s(\text{AgI}) = [Ag^+] \cdot [I^-]_{lim,1} \Leftrightarrow [Ag^+] = \dfrac{K_s(\text{AgI})}{[I^-]_{lim,1}}$. AN $[Ag^+] = 1{,}3 \cdot 10^{-11}\ \text{mol} \cdot \text{L}^{-1} \ll [Ag^+]_0$.

Tous les ions Ag^+ ont précipité lorsque TlI apparaît. On vérifie de façon analogue que les précipités TlI et PbI_2 se forment successivement. Le calcul de la concentration en ions Tl^+ lorsque PbI_2 apparaît conduit à : $[Tl^+] = 1{,}6 \cdot 10^{-4}\ \text{mol} \cdot \text{L}^{-1} \ll [Tl^+]_0$.

Les trois réactions de précipitation sont donc successives.

3. La solution contient initialement $n_{Ag^+} = 7{,}5 \cdot 10^{-4}\,\text{mol}$. Pour que les ions iodure ajoutés réagissent avec la totalité des ions argent présents initialement, il faut donc ajouter un volume $\boxed{V = 7{,}5\ \text{mL}}$ de la solution d'iodure de sodium à $0{,}1\ \text{mol} \cdot \text{L}^{-1}$.

4. Avec un raisonnement similaire à celui de la question 3, comme la solution contient initialement $n_{Tl^+} = 2{,}5 \cdot 10^{-4}\,\text{mol}$ et $n_{Pb^{2+}} = 1{,}3 \cdot 10^{-3}\,\text{mol}$, il faudrait ajouter 2,5 mL de la solution d'iodure de sodium pour précipiter la totalité des ions Tl^+, et 13 mL pour précipiter la totalité des ions Pb^{2+}. Si on verse 8 mL de la solution d'iodure de sodium dans la solution *S*, les précipités AgI et TlI sont présents : tous les ions argent et une partie des ions thallium ont été précipités.

mol	$Ag^+_{(aq)}$	$+\ I^-_{(aq)}$	$= AgI_{(s)}$
$t = 0$	$7{,}5 \cdot 10^{-4}$	$8{,}0 \cdot 10^{-4}$	excès
t	ε	$5{,}0 \cdot 10^{-5}$	excès

mol	$Tl^+_{(aq)}$	$+\ I^-_{(aq)}$	$= TlI_{(s)}$
$t = 0$	$2{,}5 \cdot 10^{-4}$	$5{,}0 \cdot 10^{-5}$	excès
t	$2{,}0 \cdot 10^{-4}$	ε'	excès

Dans l'état final, $n_{Tl^+} = 2{,}0 \cdot 10^{-4}\,\text{mol}$, d'où : $\boxed{[Tl^+]_f = \dfrac{n_{Tl^+}}{V_0 + V_{\text{versé}}} = 6{,}1 \cdot 10^{-3}\,\text{mol} \cdot \text{L}^{-1}}$. On en déduit : $\boxed{[I^-]_f = \dfrac{K_s(\text{TlI})}{[Tl^+]_f} = 1{,}0 \cdot 10^{-5}\,\text{mol} \cdot \text{L}^{-1}}$ et $\boxed{[Ag^+]_f = \dfrac{K_s(\text{AgI})}{[I^-]_f} = 7{,}6 \cdot 10^{-12}\,\text{mol} \cdot \text{L}^{-1}}$.

Les ions Pb^{2+}, qui n'ont pas précipité, sont présents à la quantité initiale $n_{Pb^{2+}} = 1{,}3 \cdot 10^{-3}\,\text{mol}$ et ont juste été dilués : $\boxed{[Pb^{2+}]_f = \dfrac{n_{Pb^{2+}}}{V_0 + V_{\text{versé}}} = 3{,}8 \cdot 10^{-2}\,\text{mol} \cdot \text{L}^{-1}}$.

Exercice 28.3

1. Calculons le quotient de réaction associé à l'équation de dissolution du précipité d'oxalate de calcium : $CaC_2O_{4(s)} = Ca^{2+}_{(aq)} + C_2O^{2-}_{4(aq)}$ soit $Q = [Ca^{2+}]\cdot[C_2O_4^{2-}]$.

Dans l'état initial : $[Ca^{2+}]_0 = 2{,}5\cdot10^{-2}\ mol\cdot L^{-1}$ et $[C_2O_4^{2-}]_0 = 1{,}0\cdot10^{-2}\ mol\cdot L^{-1}$.

✎ *Penser à la dilution lors du mélange des solutions.*

On calcule donc $Q_0 = 2{,}5\cdot10^{-4} > K_s$. Il y a donc précipitation de l'oxalate de calcium.

⇨ *Méthode 28.1*

On établit un tableau d'avancement de la transformation :

mol	$Ca^{2+}_{(aq)}$	$+\ C_2O^{2-}_{4(aq)}$	$= CaC_2O_{4(s)}$
$t = 0$	$2{,}5\cdot10^{-3}$	$1{,}0\cdot10^{-3}$	0
t	$1{,}5\cdot10^{-3}$	ε	$1{,}0\cdot10^{-3}$

$K = \dfrac{1}{K_s} = 10^{8,6}$

La réaction est totale, et dans l'état final on obtient $n_{CaC_2O_4} = 1{,}0\cdot10^{-3}$ mol. On en déduit : $m_{CaC_2O_4} = n_{CaC_2O_4}\cdot M_{CaC_2O_4}$. AN $\boxed{m_{CaC_2O_4} = 1{,}3\cdot10^{-1}\,g}$.

2. Le lavage du précipité à l'eau entraîne une redissolution partielle du précipité.

mol	$CaC_2O_{4(s)}$	$= Ca^{2+}_{(aq)}$	$+\ C_2O^{2-}_{4(aq)}$
$t = 0$	$1{,}0\cdot10^{-3}$	0	0
t	$1{,}0\cdot10^{-3} - \xi$	ξ	ξ

$K_s = 10^{-8,6}$

On a $K_s = [Ca^{2+}]_f\cdot[C_2O_4^{2-}]_f = \left(\dfrac{\xi}{V_{sol}}\right)^2 \Leftrightarrow \xi = V_{sol}\cdot\sqrt{K_s}$. AN $\xi = 2{,}5\cdot10^{-6}\,mol$.

La masse de précipité redissoute est donc égale à $m_{CaC_2O_4,redissoute} = \xi\cdot M_{CaC_2O_4}$.

AN $\boxed{m_{CaC_2O_4,redissoute} = 0{,}32\ mg}$.

✎ *L'avancement de la transformation est égal à la solubilité du précipité dans l'eau pure.*

3. Si le précipité est lavé à l'aide de 50 mL d'une solution d'oxalate d'ammonium de concentration $0{,}05\ mol\cdot L^{-1}$, la solution contient initialement $n_{C_2O_4^{2-},i} = 5{,}0\cdot10^{-4}$ mol d'ions oxalate.

mol	$CaC_2O_{4(s)}$	$= Ca^{2+}_{(aq)}$	$+\ C_2O^{2-}_{4(aq)}$
$t = 0$	$1{,}0\cdot10^{-3}$	0	$5{,}0\cdot10^{-4}$
t	$1{,}0\cdot10^{-3} - \xi$	ξ	$5{,}0\cdot10^{-4} + \xi$

$K_s = 10^{-8,6}$

À présent : $K_s = [Ca^{2+}]_f \cdot [C_2O_4^{2-}]_f = \dfrac{\xi \cdot (n_{C_2O_4^{2-},i} + \xi)}{V_{sol}^2}$. La résolution de cette équation du second degré à la calculatrice conduit à : $\xi = 1{,}3 \cdot 10^{-8}$ mol.

La masse de précipité redissoute est donc : $\boxed{m_{CaC_2O_4,redissoute} = 1{,}7\ \mu g}$.

Cette valeur est inférieure à la valeur calculée à la question 2. Ce résultat traduit l'effet d'ions communs. La présence dans la solution d'un ion constitutif du précipité (l'ion oxalate) entraîne un déplacement de l'équilibre de dissolution dans le sens de la formation du précipité (principe de Le Chatelier), donc entraîne une diminution de la solubilité du précipité.

Exercice 28.4

1. Calculons la solubilité de $Ca_3(PO_4)_2$ dans l'eau pure en négligeant les propriétés acido-basiques de l'ion phosphate. Dans la solution saturée, le solide est en équilibre avec les ions calcium et phosphate selon l'équation de dissolution suivante :

$mol \cdot L^{-1}$	$Ca_3(PO_4)_{2(s)}$	$= 3\ Ca^{2+}_{(aq)}$	$+ 2\ PO^{3-}_{4(aq)}$
$t = 0$	excès	0	0
t	excès	$3 \cdot s$	$2 \cdot s$

Donc $K_s = [Ca^{2+}]^3 \cdot [PO_4^{3-}]^2 = (3 \cdot s)^3 \cdot (2 \cdot s)^2 = 108 \cdot s^5 \Leftrightarrow \boxed{s = \left(\dfrac{K_s}{108}\right)^{1/5}}$.

AN $\boxed{s = 3{,}9 \cdot 10^{-6}\ mol \cdot L^{-1}}$.

⇨ *Méthode 28.3*

2. Reprenons le calcul précédent en tenant compte des propriétés acido-basiques de l'ion phosphate. Dans la solution saturée, le solide est en équilibre avec les ions calcium d'une part, et toutes les espèces acido-basiques relatives à l'ion phosphate d'autre part. On a à présent $3 \cdot s = [Ca^{2+}]$ et $2 \cdot s = [PO_4^{3-}] + [HPO_4^{2-}] + [H_2PO_4^-] + [H_3PO_4]$. Traçons le diagramme de prédominance de l'acide phosphorique.

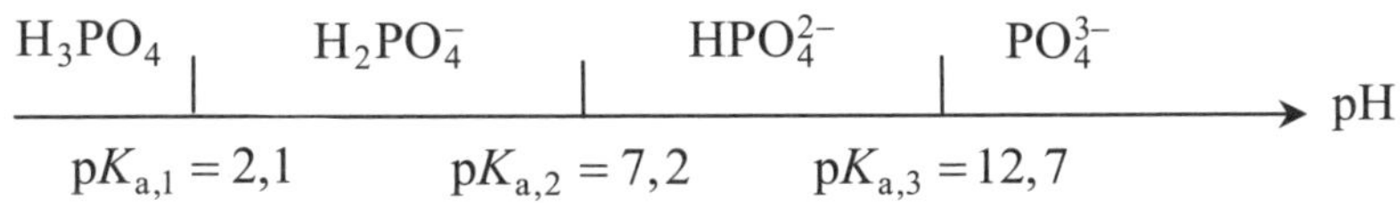

À pH = 4 l'espèce $H_2PO_4^-$ est majoritaire. On peut supposer que $2 \cdot s \approx [H_2PO_4^-]$. Relions la solubilité à la concentration en ions phosphate.

Par définition, $K_{a,2} = \dfrac{[HPO_4^{2-}] \cdot [H_3O^+]}{[H_2PO_4^-]}$ et $K_{a,3} = \dfrac{[PO_4^{3-}] \cdot [H_3O^+]}{[HPO_4^{2-}]}$, donc $K_{a,2} \cdot K_{a,3} = \dfrac{[PO_4^{3-}] \cdot [H_3O^+]^2}{[H_2PO_4^-]}$, d'où on tire $[PO_4^{3-}] = \dfrac{[H_2PO_4^-] \cdot K_{a,2} \cdot K_{a,3}}{[H_3O^+]^2} = \dfrac{2 \cdot s \cdot K_{a,2} \cdot K_{a,3}}{[H_3O^+]^2}$.

On en déduit : $K_s = [Ca^{2+}]^3 \cdot [PO_4^{3-}]^2 = (3 \cdot s)^3 \cdot \left(\dfrac{2 \cdot s \cdot K_{s,2} \cdot K_{s,3}}{[H_3O^+]^2}\right)^2 = \dfrac{108 \cdot s^5 \cdot (K_{s,2} \cdot K_{s,3})^2}{[H_3O^+]^4}$

donc finalement $\boxed{s=\left(\dfrac{K_s}{108}\cdot\dfrac{[H_3O^+]^4}{(K_{a,2}\cdot K_{a,3})^2}\right)^{1/5}}$. AN à pH = 4 : $\boxed{s=2{,}4\cdot 10^{-5}\ \text{mol}\cdot\text{L}^{-1}}$.

⇨ *Méthode 28.4*

Plus le pH diminue, plus la solubilité du précipité augmente. On calcule la concentration de toutes les espèces en solution à l'équilibre : $[H_2PO_4^-]=2\cdot s=4{,}7\cdot 10^{-5}\ \text{mol}\cdot\text{L}^{-1}$; $[Ca^{2+}]=3\cdot s=7{,}1\cdot 10^{-5}\ \text{mol}\cdot\text{L}^{-1}$. À l'aide des expressions des constantes d'acidité, on calcule : $[H_3PO_4]=5{,}9\cdot 10^{-7}\ \text{mol}\cdot\text{L}^{-1}$; $[HPO_4^{2-}]=3{,}0\cdot 10^{-8}\ \text{mol}\cdot\text{L}^{-1}$ et $[PO_4^{3-}]=5{,}9\cdot 10^{-17}\ \text{mol}\cdot\text{L}^{-1}$. On vérifie bien que l'espèce $H_2PO_4^-$ est majoritaire.

Exercice 28.5

1. Calculons la solubilité de $CH_3CH_2SAg_{(s)}$ dans l'eau pure en négligeant les propriétés acido-basiques de l'ion éthanethiolate. Dans la solution saturée, le solide est en équilibre avec les ions argent et éthanethiolate selon l'équation de dissolution suivante :

$\text{mol}\cdot\text{L}^{-1}$	$CH_3CH_2SAg_{(s)}$	$= CH_3CH_2S^-_{(aq)}$	$+\ Ag^+_{(aq)}$
$t=0$	excès	0	0
t	excès	s	s

Donc $K_s=[Ag^+]\cdot[CH_3CH_2S^-]=s^2 \Leftrightarrow \boxed{s=\sqrt{K_s}}$. AN $\boxed{s=1{,}0\cdot 10^{-10}\ \text{mol}\cdot\text{L}^{-1}}$.

⇨ *Méthode 28.3*

2. Reprenons le calcul précédent en tenant compte de la présence d'ions Ag^+ dans l'état initial :

$\text{mol}\cdot\text{L}^{-1}$	$CH_3CH_2SAg_{(s)}$	$= CH_3CH_2S^-_{(aq)}$	$+\ Ag^+_{(aq)}$
$t=0$	excès	0	c_0
t	excès	s'	c_0+s'

Donc $K_s=[Ag^+]\cdot[CH_3CH_2S^-]=s'\cdot(c_0+s')$. Au vu de l'ordre de grandeur de la solubilité du précipité dans l'eau pure, et comme $K_s \ll 1$, on peut supposer $s' \ll c_0$. Dans cette hypothèse, $K_s \approx s'\cdot c_0 \Leftrightarrow \boxed{s'=\dfrac{K_s}{c_0}}$. AN $\boxed{s'=1{,}0\cdot 10^{-17}\ \text{mol}\cdot\text{L}^{-1}}$. On a bien trouvé $s' \ll c_0$. D'autre part, on constate que $s'<s$. D'après la loi de modération de Le Chatelier, la présence d'ions argent initialement dans la solution entraîne un déplacement de l'équilibre de dissolution dans le sens indirect, donc diminue la solubilité du précipité. C'est l'effet d'ion commun.

3. Si l'on tient compte des propriétés acido-basiques de l'éthanethiolate, on doit considérer la transformation chimique entre les ions éthanethiolate et l'eau. On établit donc les deux tableaux d'avancement suivants :

$\text{mol}\cdot\text{L}^{-1}$	$CH_3CH_2SAg_{(s)}$	$= CH_3CH_2S^-_{(aq)}$	$+\ Ag^+_{(aq)}$
$t=0$	excès	0	0
t	excès	$s-x$	s

$mol \cdot L^{-1}$	$CH_3CH_2S^-_{(aq)}$	$+ H_2O$	$= CH_3CH_2SH_{(aq)}$	$+ HO^-_{(aq)}$
$t = 0$	0	excès	0	0
t	$s - x$	excès	x	x

On a alors : $s = [Ag^+]$ et $s = [CH_3CH_2S^-] + [CH_3CH_2SH]$.

À pH = 9,3 aucune des deux espèces acido-basiques ne prédomine, il faut donc conserver les deux concentrations dans l'expression de s.

Donc $s = [CH_3CH_2S^-] + [CH_3CH_2SH] = [CH_3CH_2S^-]\left(1 + \dfrac{h}{K_a}\right) \Leftrightarrow [CH_3CH_2S^-] = \dfrac{s}{1 + \dfrac{h}{K_a}}$

Alors : $K_s = \dfrac{s^2}{1 + \dfrac{h}{K_a}} \Leftrightarrow \boxed{s = \sqrt{K_s\left(1 + \dfrac{h}{K_a}\right)}}$. AN $\boxed{s = 2,4 \cdot 10^{-10}\ mol \cdot L^{-1}}$.

Cette valeur est légèrement supérieure à la solubilité dans l'eau pure car à pH = 9,3, l'ion éthanothiolate est consommé par sa réaction avec l'eau, ce qui entraîne un déplacement de l'équilibre de dissolution du précipité dans le sens direct d'après la loi de modération de Le Chatelier.

➪ *Méthode 28.4*

4. Pour montrer que le précipité se forme dans la solution, il faut calculer le quotient de réaction associé à l'équation de dissolution du précipité : $Q = [Ag^+] \cdot [CH_3CH_2S^-]$.

Il faut donc calculer la concentration des ions $CH_3CH_2S^-$ dans la solution.

La solution contient initialement l'acide faible CH_3CH_2SH à la concentration $c = 3,0 \cdot 10^{-2}\ mol \cdot L^{-1}$. L'éthanethiol réagit avec l'eau selon l'équation :

$$CH_3CH_2SH_{(aq)} + H_2O_{(l)} = CH_3CH_2S^-_{(aq)} + H_3O^+_{(aq)} \qquad K_a = 10^{-10}$$

En supposant la transformation peu avancée, on calcule l'avancement de la transformation à l'équilibre : $x = 1,6 \cdot 10^{-6}\ mol \cdot L^{-1} (\ll c)$ d'où $[CH_3CH_2S^-] = 1,6 \cdot 10^{-6}\ mol \cdot L^{-1}$.

Le quotient de réaction vaut alors : $Q = 6,3 \cdot 10^{-8} > K_s$. D'après la condition de précipitation, le précipité se forme.

➪ *Méthode 28.1*

5. Considérons les valeurs des constantes d'équilibre associées aux deux équations de réaction suivantes :

$$CH_3CH_2SH_{(aq)} + H_2O_{(l)} = CH_3CH_2S^-_{(aq)} + H_3O^+_{(aq)} \qquad K_a = 10^{-10}$$

$$Ag^+_{(aq)} + CH_3CH_2S^-_{(aq)} = CH_3CH_2SAg_{(s)} \qquad \frac{1}{K_s} = 10^{20}$$

On peut envisager lors de l'ajout d'ions Ag^+ à la solution d'éthanethiol la réaction prépondérante d'équation : $CH_3CH_2SH_{(aq)} + Ag^+_{(aq)} + H_2O_{(l)} = CH_3CH_2SAg_{(s)} + H_3O^+_{(aq)}$

Corrigé

6. On calcule $\boxed{K = \dfrac{K_a}{K_s} = 10^{10}}$.

7. Établissons un tableau d'avancement de la transformation chimique :

$mol \cdot L^{-1}$	$CH_3CH_2SH_{(aq)}$	$+ Ag^+_{(aq)}$	$+ H_2O_{(l)}$	$= CH_3CH_2SAg_{(s)}$	$+ H_3O^+_{(aq)}$
$t = 0$	c	c_1	excès	excès	0
t	$c - x$	$c_1 - x$	excès	excès	x

Comme $K = 10^{10} > 10^4$, on peut considérer que la transformation chimique est totale.
Donc $x = c = 3{,}0 \cdot 10^{-2}\ mol \cdot L^{-1}$. Alors $\boxed{[Ag^+] = c_1 - c = 1{,}0 \cdot 10^{-2}\, mol \cdot L^{-1}}$.

$K = \dfrac{[H_3O^+]}{[CH_3CH_2SH][Ag^+]} \Leftrightarrow [CH_3CH_2SH] = \dfrac{[H_3O^+]}{K \cdot [Ag^+]}$. AN $\boxed{[CH_3CH_2SH] = 3{,}0 \cdot 10^{-10}\ mol \cdot L^{-1}}$.

Vérifions que $[CH_3CH_2S^-]$ est négligeable devant $[CH_3CH_2SH]$:

$\boxed{[CH_3CH_2S^-] = \dfrac{K_a \cdot [CH_3CH_2SH]}{[H_3O^+]} = 1{,}0 \cdot 10^{-18}\ mol \cdot L^{-1} \ll [CH_3CH_2SH]}$. Le choix de la réaction prépondérante était bien justifié.

Exercice 28.6

1. Traçons le diagramme de prédominance de l'acide phosphorique.

H_3PO_4 | $H_2PO_4^-$ | HPO_4^{2-} | PO_4^{3-} → pH

$pK_{a,1} = 2{,}1$ $\quad pK_{a,2} = 7{,}2$ $\quad pK_{a,3} = 12{,}7$

À pH = 8,5 : $pK_{a,2} + 1 < pH < pK_{a,3} + 1$, donc l'espèce $\boxed{HPO_4^{2-}}$ est majoritaire.

2. L'équation de la réaction de formation de phosphate de fer $FePO_{4(s)}$ à partir de $Fe^{3+}_{(aq)}$ et de $HPO^{2-}_{4(aq)}$ peut s'écrire : $\boxed{Fe^{3+}_{(aq)} + HPO^{2-}_{4(aq)} + HO^-_{(aq)} = FePO_{4(s)} + H_2O_{(l)}}$

Cette équation s'obtient en faisant la somme des équations suivantes :

$Fe^{3+}_{(aq)} + PO^{3-}_{4(aq)} = FePO_{4(s)} \qquad \dfrac{1}{K_s}$

$HPO^{2-}_{4(aq)} + H_2O_{(l)} = PO^{3-}_{4(aq)} + H_3O^+_{(aq)} \qquad K_{a,3}$

$H_3O^+_{(aq)} + HO^-_{(aq)} = 2\,H_2O_{(l)} \qquad \dfrac{1}{K_e}$

On en déduit : $\boxed{K = \dfrac{K_{a,3}}{K_s K_e}}$. AN $\boxed{K = 10^{23{,}5} = 3{,}2 \cdot 10^{23}}$. Cette transformation chimique est <u>totale</u>.

3. Établissons un tableau d'avancement de la transformation chimique :

mol	$Fe^{3+}_{(aq)}$	$+HPO^{2-}_{4(aq)}$	$+HO^-_{(aq)}$	$= FePO_{4(s)}$	$+H_2O_{(l)}$
$t = 0$	n_0	n_1	fixée	0	excès
t	$n_0 - \xi$	$n_1 - \xi$	fixée	ξ	excès

On calcule la quantité de matière initiale d'ions $HPO_{4(aq)}^{2-}$ dans l'effluent ; $HPO_{4(aq)}^{2-}$ étant l'espèce phosphorée majoritaire, on peut négliger les concentrations des autres espèces acido-basiques et $[HPO_4^{2-}] \approx C'$. Donc $n_1 = C'V = 1,6 \cdot 10^{-1}$ mol.

Le traitement permet d'obtenir une concentration finale en phosphate égale à $C'' = 3,2 \cdot 10^{-5}$ mol·L^{-1} ; dans l'état final on a donc : $n_{HPO_4^{2-},f} = C''V = 3,2 \cdot 10^{-2}$ mol.

On en déduit : $\xi_f = n_1 - n_{HPO_4^{2-},f} = (C' - C'') \cdot V$. Il faut donc introduire une masse de chlorure de fer(III) : $\boxed{m_{FeCl_3} = \xi_f \cdot M_{FeCl_3} = (C' - C'') \cdot V \cdot M_{FeCl_3}}$. AN $\boxed{m_{FeCl_3} = 21 \text{ g}}$.

4. Dans l'état final, $[HPO_4^{2-}] \approx C''$. Donc $[PO_4^{3-}] = \dfrac{C'' \cdot K_{a,3}}{[H_3O^+]}$, avec $[H_3O^+] = 10^{-pH}$.

AN $\boxed{[PO_4^{3-}] = 4,0 \cdot 10^{-9} \text{ mol} \cdot \text{L}^{-1}}$.

Calculons le quotient de réaction associé à l'équation de dissolution de l'hydroxyde de fer(III).

$Q = [Fe^{3+}] \cdot [HO^-]^3 = [Fe^{3+}] \cdot \left(\dfrac{K_e}{[H_3O^+]} \right)^3$ avec dans l'état final de la transformation précédente :

$$K = \frac{1}{[Fe^{3+}] \cdot [HPO_4^{2-}]} \Leftrightarrow [Fe^{3+}] = \frac{1}{K \cdot [HPO_4^{2-}]} = 3,1 \cdot 10^{-14} \text{ mol} \cdot \text{L}^{-1}.$$

Donc $\boxed{Q = 9,9 \cdot 10^{-31} > K_s = 10^{-38,6}}$. D'après la condition de précipitation, $Fe(OH)_{3(s)}$ précipite.

⇨ *Méthode 28.1*

5. La concentration massique en phosphore a été diminuée de $C' = 5,0$ mg·L^{-1} à $C'' = 1,0$ mg·L^{-1}, le pourcentage de phosphore éliminé vaut donc : $\dfrac{C' - C''}{C'} = 0,80$ (80 %).

D'après le graphe fourni, on lit que le rapport molaire Fe / P appliqué doit être égal à 2,65 environ. Or la quantité de matière de phosphore à extraire est égale à $\xi_f = (C' - C'') \cdot V = 1,3 \cdot 10^{-1}$ mol . La masse de chlorure de fer(III) à utiliser vaut donc :
$m_{FeCl_3} = 2,65 \cdot \xi_f \cdot M_{FeCl_3}$. AN $\boxed{m_{FeCl_3} = 55 \text{ g}}$.

Exercice 28.7

1. À l'équilibre entre $I_{2(s)}$ et $I_{2(aq)}$: $K_1 = \dfrac{[I_{2(aq)}]_{éq}}{c°} = \dfrac{s}{c°}$ d'où $\boxed{s = K_1 \cdot c°}$.

AN $\boxed{s = 1,3 \cdot 10^{-3} \text{ mol} \cdot \text{L}^{-1}}$.

2. a) On titre le diiode présent dans la phase aqueuse par une solution d'ions thiosulfate. On obtient l'équation de la réaction de titrage à partir les deux demi-équations d'oxydoréduction associées aux couples $I_{2(aq)} / I^-_{(aq)}$ et $S_4O_{6(aq)}^{2-} / S_2O_{3(aq)}^{2-}$.

$$I_{2(aq)} + 2\ e^- = 2\ I^-_{(aq)}$$
$$S_2O_{3(aq)}^{2-} = S_4O_{6(aq)}^{2-} + 2\ e^-$$
$$\overline{I_{2(aq)} + S_2O_{3(aq)}^{2-} = 2\ I^-_{(aq)} + S_4O_{6(aq)}^{2-}}$$

b) À l'équivalence du titrage, les réactifs ont été introduits dans les proportions stœchiométriques.

$\dfrac{n_{I_2,\text{titré}}}{1} = \dfrac{n_{S_2O_3^{2-},\text{versé}}}{2} \Leftrightarrow c_1 \cdot V_{aq} = \dfrac{c_{S_2O_3^{2-}} \cdot V_{éq}}{2} \Leftrightarrow c_1 = \dfrac{c_{S_2O_3^{2-}} \cdot V_{éq}}{2 \cdot V_{aq}}$. AN $\boxed{c_1 = 1{,}0 \cdot 10^{-4}\ \text{mol} \cdot \text{L}^{-1}}$.

c) On établit le tableau d'avancement relatif à la dissolution du diiode dans le tétrachlorométhane :

mol	$I_{2(aq)}$	$= I_{2(org)}$
$t = 0$	$c_0 \cdot V_0$	0
t	$c_0 \cdot V_0 - \xi = c_1 \cdot V_{aq}$	ξ

On calcule $\xi = c_0 \cdot V_0 - c_1 \cdot V_{aq}$, soit : $\xi = 1{,}0 \cdot 10^{-3} \cdot 0{,}100 - 1{,}0 \cdot 10^{-4} \cdot 0{,}100 = 9{,}0 \cdot 10^{-5}$ mol, d'où $[I_{2(org)}] = \dfrac{\xi}{V_{org}}$, soit : $[I_{2(org)}] = \dfrac{9{,}0 \cdot 10^{-5}}{1{,}0 \cdot 10^{-2}} = 9{,}0 \cdot 10^{-3}\ \text{mol} \cdot \text{L}^{-1}$. On en déduit le coefficient de partage, défini par : $K = \dfrac{[I_{2(org)}]}{[I_{2(aq)}]}$. AN $\boxed{K = 90}$. Le diiode est bien plus soluble dans le tétrachlorométhane que dans l'eau.

Exercice 28.8

1. Le précipité $Cr(OH)_{3(s)}$ possède des propriétés acides et basiques en solution aqueuse. En particulier, il peut être redissous en milieu acide ou en milieu basique, selon les réactions d'équation :

– en milieu acide $Cr(OH)_{3(s)} + 3\ H_3O^+_{(aq)} = Cr^{3+}_{(aq)} + 6\ H_2O_{(l)}$

– en milieu basique $Cr(OH)_{3(s)} + HO^-_{(aq)} = Cr(OH)^-_{4(aq)}$

2. Lors d'un ajout progressif d'une solution de soude à une solution d'ions chrome(III) (donc lorsque le pH augmente), on observe successivement les étapes suivantes.

– Au départ la solution est limpide ; tant que le quotient de réaction associé à l'équation de dissolution du précipité est tel que $Q < K_s$, le précipité n'existe pas. La solution contient des ions Cr^{3+} à la concentration c_0.

– Lorsque le produit de solubilité est atteint, le précipité apparaît ; au fur et à mesure de sa formation, la solubilité diminue lorsque le pH augmente.

– On atteint un minimum de solubilité, puis le précipité se redissout progressivement en ion complexe $Cr(OH)^-_{4(aq)}$; la solubilité augmente lorsque le pH augmente.

– Lorsque le dernier grain de précipité disparaît, on n'a plus que le complexe $Cr(OH)^-_{4(aq)}$ en solution (les ions Cr^{3+} sont minoritaires par rapport au complexe), à la concentration c_0.

3. D'après le diagramme de solubilité, le premier grain de précipité se forme lorsque $\log(s)$ commence à décroître, donc pour pH = 4,3. Il s'agit donc de la valeur limite du pH à l'apparition du précipité. Le dernier grain de précipité disparaît pour pH = 11, lorsque $\log(s)$ cesse de croître pour redevenir constante (une fois le précipité totalement redissous).
On peut donc en déduire le diagramme d'existence du précipité :

$$\xrightarrow[\quad pH_1=4{,}3 \qquad\qquad pH_2=11\quad]{Cr^{3+} \;|\; \text{existence de } Cr(OH)_3 \;|\; Cr(OH)_4^-} \text{pH}$$

Pour le précipité, il s'agit d'un domaine d'existence (le solide n'existe en solution que pour $pH_1 \leq pH \leq pH_2$). Pour les espèces dissoutes Cr^{3+} et $Cr(OH)_4^-$, il s'agit de domaines de prédominance.

4. Lorsque le pH n'a pas encore atteint la valeur $pH_1 = 4,3$, tout le chrome(III) est présent en solution sous forme d'ions Cr^{3+} à la concentration c_0, donc $\log(s) = \log(c_0) = -2$. On en déduit : $\boxed{c_0 = 10^{-2}\ \text{mol}\cdot\text{L}^{-1}}$.

5. Le produit de solubilité de $Cr(OH)_{3(s)}$ est défini comme la constante d'équilibre associée à l'équation de dissolution du précipité selon : $Cr(OH)_{3(s)} = Cr^{3+}_{(aq)} + 3\ HO^-_{(aq)}$

Donc $K_s = [Cr^{3+}]\cdot[HO^-]^3$ lorsque l'équilibre hétérogène existe. À la limite d'apparition du précipité, $[Cr^{3+}] = c_0 = 10^{-2}\ \text{mol}\cdot\text{L}^{-1}$ et $[HO^-] = \dfrac{K_e}{10^{-pH_1}} = 10^{-9,7}\ \text{mol}\cdot\text{L}^{-1}$.

AN $\boxed{K_s = 7,9\cdot 10^{-32}}$ soit $\boxed{pK_s = 31,1}$.

➪ *Méthode 28.5*

Exercice 28.9

1. Équation de formation du précipité : $\boxed{2\,Ag^+_{(aq)} + SO^{2-}_{3(aq)} = Ag_2SO_{3(s)}}$ $\boxed{K = \dfrac{1}{K_s} = 10^{13,8}}$

2. Équation de redissolution du précipité : $\boxed{Ag_2SO_{3(s)} + 3\ SO^{2-}_{3(aq)} = 2\,Ag(SO_3)^{3-}_{2(aq)}}$

3. Lors d'un ajout progressif d'une solution d'ions sulfite à une solution d'ions argent (donc lorsque pSO_3 diminue), on observe successivement les étapes suivantes.

– Au départ la solution est limpide ; tant que le quotient de réaction associé à l'équation de dissolution du précipité est tel que $Q < K_s$, le précipité n'existe pas. La solution contient des ions Ag^+ à la concentration $c = 10^{-1}\ \text{mol}\cdot\text{L}^{-1}$, donc $\log(s) = \log(c) = -1$.

– Lorsque le produit de solubilité est atteint, le précipité apparaît ; au fur et à mesure de sa formation, la solubilité diminue lorsque pSO_3 diminue.

– On atteint un minimum de solubilité, puis le précipité se redissout progressivement en ion complexe $Ag(SO_3)^{3-}_{2(aq)}$; la solubilité augmente lorsque pSO_3 diminue.

– Lorsque le dernier grain de précipité disparaît, on n'a plus que le complexe $Ag(SO_3)^{3-}_{2(aq)}$ en solution (les ions Ag^+ sont minoritaires par rapport au complexe), à la concentration $c = 10^{-1}\ \text{mol}\cdot\text{L}^{-1}$, donc $\log(s) = \log(c) = -1$.

4. a) Calculons le quotient de réaction associé à la dissolution du sulfite d'argent dans l'état initial. $Q = [Ag^+]^2\cdot[SO_3^{2-}] = (0,10)^2\cdot\dfrac{10^{-7}}{10^{-2}} = 10^{-7} > K_s$. Il y a bien formation du précipité. On peut établir un tableau d'avancement de la transformation chimique :

Corrigé

mol	$2\,Ag^+_{(aq)}$	$+\,SO^{2-}_{3(aq)}$	$= Ag_2SO_{3(s)}$
$t = 0$	10^{-3}	10^{-7}	0
t	$10^{-3} - 2\xi$	$10^{-7} - \xi$	ξ

Comme $K = \dfrac{1}{K_s} = 10^{13,8} > 10^4$, la transformation peut être considérée comme totale et $\xi_f = 10^{-7}$ mol. On obtient $n_{Ag_2SO_3,f} = 10^{-7}$ mol de précipité.

Dans l'état final, $n_{Ag^+,f} = 10^{-3}$ mol, soit $[Ag^+]_f = 10^{-1}\ mol \cdot L^{-1}$.

On en déduit : $[SO_3^{2-}]_f = \dfrac{K_s}{[Ag^+]_f^{\,2}} = 10^{-11,8}\ mol \cdot L^{-1} \ll [SO_3^{2-}]_i = 10^{-5}\ mol \cdot L^{-1}$.

La transformation est bien totale.

⇨ *Méthode 28.1*

b) On sait que la constante d'équilibre associée à l'équation de redissolution du précipité : $Ag_2SO_{3(s)} + 3\,SO^{2-}_{3(aq)} = 2\,Ag(SO_3)^{3-}_{2(aq)}$ vaut $K° = 10^{3,6}$.

On a donc : $K° = \dfrac{[Ag(SO_3)_2^{3-}]_f^2}{[SO_3^{2-}]_f^3} \Leftrightarrow [Ag(SO_3)_2^{3-}]_f = \sqrt{K° \cdot [SO_3^{2-}]_f^3}$.

AN $\boxed{[Ag(SO_3)_2^{3-}]_f = 1,3 \cdot 10^{-16}\ mol \cdot L^{-1} \ll [Ag^+]_f}$.

Exercice 28.10

1.

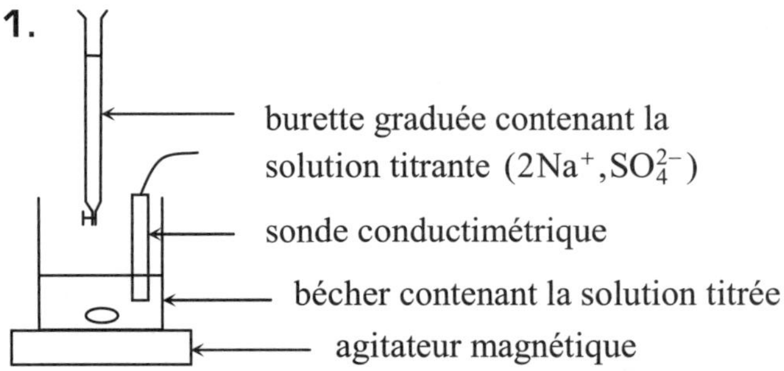

On a représenté ci-contre le dispositif de titrage. La sonde conductimétrique est reliée à un conductimètre. Le conductimètre mesure la conductance (inverse de la résistance) de la portion de solution contenue dans la cellule conductimétrique.

2. Les ions sulfate réagissent avec les ions baryum pour former un précipité de sulfate de baryum selon l'équation : $\boxed{Ba^{2+}_{(aq)} + SO^{2-}_{4(aq)} = BaSO_{4(s)}}$

3. La courbe $G = f(V)$ est tracée ci-dessous :

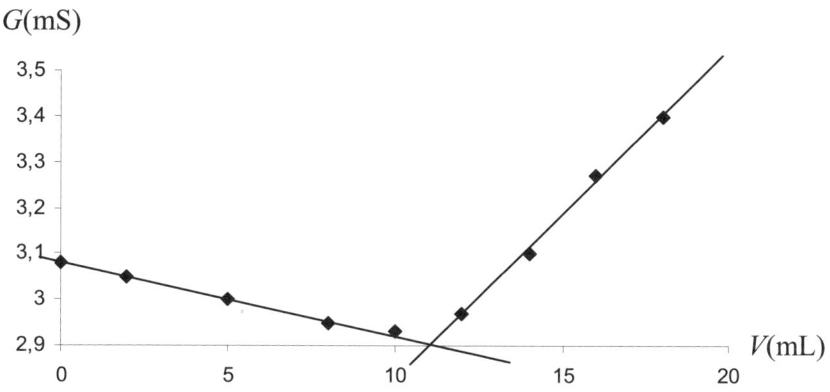

On distingue une portion de courbe décroissante, puis une portion de courbe croissante. La conductance est proportionnelle à la conductivité selon : $G = k \times \sigma$, où k est la constante de cellule du conductimètre (que l'on peut déterminer par un étalonnage préalable à l'aide d'une solution de chlorure de potassium de concentration fixée, dont on connaît la conductivité à la température du laboratoire).

La conductivité de la solution s'écrit :

$$\sigma = \lambda_{Na^+} \cdot [Na^+] + \lambda_{Cl^-} \cdot [Cl^-] + \lambda_{Ba^{2+}} \cdot [Ba^{2+}] + \lambda_{SO_4^{2-}} \cdot [SO_4^{2-}] + \lambda_{HO^-} \cdot [HO^-] + \lambda_{H_3O^+} \cdot [H_3O^+].$$

La concentration des ions H_3O^+ et HO^-, issus de l'autoprotolyse de l'eau, peut être négligée.

Initialement, les ions Ba^{2+} et Cl^- sont présents dans le bécher de titrage. On ajoute progressivement la solution de sulfate de sodium $(2Na^+, SO_4^{2-})$. Avant l'équivalence, les ions SO_4^{2-} constituent le réactif limitant de la réaction de titrage, et sont totalement consommés à chaque ajout. Les ions Ba^{2+} sont consommés par la réaction de précipitation et leur concentration diminue dans la solution titrée. La concentration des ions Cl^- reste pratiquement constante (en réalité, elle diminue très légèrement par dilution) et la concentration des ions Na^+ augmente. Or, la conductivité molaire ionique des ions Ba^{2+} est plus élevée que celle des ions Na^+. La conductivité, donc la conductance, diminuent.

Après l'équivalence, les ions Ba^{2+} ont été totalement consommés par la réaction de précipitation. On continue à verser la solution titrante, donc la concentration des ions Na^+ et SO_4^{2-} augmente dans le bécher de titrage. La concentration des ions Cl^- peut toujours être considérée comme constante. La conductivité, donc la conductance, augmentent. On retrouve l'allure de la courbe.

4. À un instant donné, les concentrations des espèces ioniques dans le bécher de titrage sont égales à $\frac{n_{\text{ion } i}}{V_{\text{tot}}} = \frac{n_{\text{ion } i}}{V_S + V_{\text{eau}} + V}$. Un large ajout d'eau à la solution titrée permet de faire l'approximation : $V << V_S + V_{\text{eau}}$, soit : $\frac{n_{\text{ion } i}}{V_{\text{tot}}} \approx \frac{n_{\text{ion } i}}{V_S + V_{\text{eau}}}$. On peut ainsi négliger la dilution due à l'ajout de solution titrante. Dans ces conditions, les portions de courbe peuvent être assimilées à des segments de droite.

5. À l'équivalence, les réactifs ont été introduits dans les proportions stœchiométriques :

$$n_{Ba^{2+},\text{titré}} = n_{SO_4^{2-},\text{versé}} \Leftrightarrow c_{Ba^{2+},S} \cdot V_S = c_{SO_4^{2-}} \cdot V_{\text{éq}} \Leftrightarrow c_{Ba^{2+},S} = \frac{c_{SO_4^{2-}} \cdot V_{\text{éq}}}{V_S}.$$

Le volume équivalent correspond à l'abscisse du point d'intersection des deux segments de droite que l'on peut tracer sur la courbe $G = f(V)$, soit : $\boxed{V_{éq} = 11 \text{ mL}}$.

Alors $\boxed{c_{Ba^{2+},S} = 1{,}1 \cdot 10^{-2} \text{ mol} \cdot \text{L}^{-1}}$.

Exercice 28.11

1. Dans l'eau pure :

$\text{mol} \cdot \text{L}^{-1}$	$AgSCN_{(s)}$	$= Ag^+_{(aq)}$	$+ SCN^-_{(aq)}$
$t = 0$	excès	0	0
t	excès	s	s

$K_s = 10^{-12}$

$K_s = [Ag^+] \cdot [SCN^-] = s^2$ donc $\boxed{s = \sqrt{K_s}}$. AN $\boxed{s = 1{,}0 \cdot 10^{-6} \text{ mol} \cdot \text{L}^{-1}}$.

⇨ *Méthode 28.3*

2. a) Le trouble blanc observé correspond à l'apparition du précipité de thiocyanate d'argent selon l'équation : $\boxed{Ag^+_{(aq)} + SCN^-_{(aq)} = AgSCN_{(s)}}$

La coloration rouge est due à l'ion complexe $FeSCN^{2+}$, qui se forme selon l'équation :
$\boxed{Fe^{3+}_{(aq)} + SCN^-_{(aq)} = FeSCN^{2+}{}_{(aq)}}$

b) La coloration rouge sang du complexe est perceptible lorsque sa concentration atteint $x = [FeSCN^{2+}] = 10^{-5} \text{mol} \cdot \text{L}^{-1}$. La concentration en ions Fe^{3+} vaut alors :

$[Fe^{3+}] = [Fe^{3+}]_0 - x \approx [Fe^{3+}]_0 = 10^{-3} \text{mol} \cdot \text{L}^{-1}$. Calculons la concentration en ions thiocyanate.

$K° = \dfrac{[FeSCN^{2+}]}{[Fe^{3+}] \cdot [SCN^-]} \Leftrightarrow [SCN^-] = \dfrac{[FeSCN^{2+}]}{[Fe^{3+}] \cdot K°}$. AN $[SCN^-] = 1{,}0 \cdot 10^{-7} \text{ mol} \cdot \text{L}^{-1}$.

Comme le précipité de thiocyanate d'argent $AgSCN_{(s)}$ est présent en solution, la concentration résiduelle en ions argent dans la solution peut être calculée à partir de l'expression du produit de solubilité de $AgSCN_{(s)}$.

$K_s = [Ag^+] \cdot [SCN^-] \Leftrightarrow [Ag^+] = \dfrac{K_s}{[SCN^-]}$. AN $\boxed{[Ag^+] = 1 \cdot 10^{-5} \text{ mol} \cdot \text{L}^{-1}}$.

c) La concentration résiduelle en ions argent dans la solution est négligeable devant la concentration initiale en ions argent dans la solution $[Ag^+]_0 = 10^{-3} \text{mol} \cdot \text{L}^{-1}$. Au moment où la coloration rouge sang du complexe $FeSCN^{2+}$ apparaît, la totalité des ions Ag^+ ont donc été précipités. Le complexe peut donc servir d'indicateur de fin de réaction pour le titrage des ions argent par précipitation.

Chapitre 29
Réactions d’oxydo-réduction

Oxy en grec, comme *oxus* en latin, signifient *aigu*, *pointu*, et s’utilisent d’abord pour des armes ou des rochers, mais aussi dans de nombreux sens figurés ; ils qualifient, en particulier, un fruit ou une boisson acide. Le nom *oxide* puis *oxyde*, ainsi que le verbe *oxyder*, apparaissent en chimie en 1787 dans la nouvelle nomenclature initiée par **Guyton de Morveau**, qui explique :

Nous avons formé le mot oxide qui d’une part rappelle la substance avec laquelle le métal est uni, qui d’autre part annonce suffisamment que cette combinaison de l’oxigène ne doit pas être confondue avec la combinaison acide.

C’est **Lavoisier**, autre contributeur à cet ouvrage, qui avait créé l’année précédente, si l’on en croit **Fourcroy**, le mot *oxygène*, avec le même préfixe associé au suffixe *-gène* : ainsi le nom de ce gaz signifie *qui produit des acides*.

On nomma ensuite *réduction* l’opération consistant à faire passer les oxydes métalliques à l’état de métaux, en leur enlevant l’oxygène.

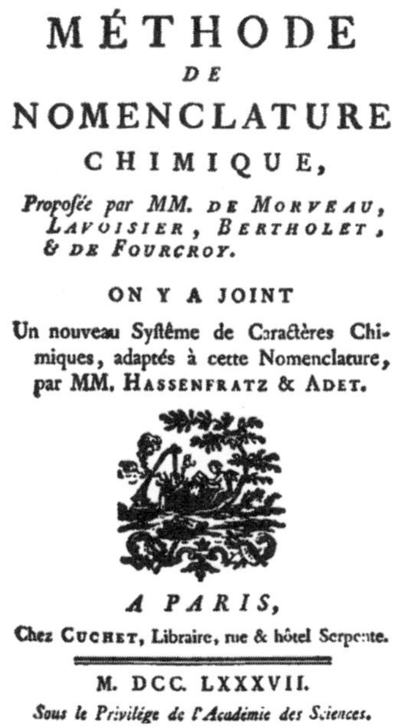
MÉTHODE
DE
NOMENCLATURE
CHIMIQUE,
Propoſée par MM. DE MORVEAU, LAVOISIER, BERTHOLET, & DE FOURCROY.
ON Y A JOINT
Un nouveau Syſtême de Caractères Chimiques, adaptés à cette Nomenclature, par MM. HASSENFRATZ & ADET.
A PARIS,
Chez CUCHET, Libraire, rue & hôtel Serpente.
M. DCC. LXXXVII.
Sous le Privilége de l’Académie des Sciences.

Objectifs

Ce qu'il faut connaître

- Les notions d'oxydant, de réducteur et de nombre d'oxydation (NO)
- La formule de Nernst
- Les électrodes de référence

Ce qu'il faut savoir faire

- Déterminer le NO d'un élément dans un édifice
- Identifier l'oxydant et le réducteur d'un couple
- Établir une demi-équation électronique et l'équation d'une réaction d'oxydo-réduction
- Calculer le potentiel d'électrode d'un couple
- Décrire le fonctionnement d'une pile électrochimique
- Prévoir le caractère thermodynamiquement favorisé d'une transformation d'oxydo-réduction
- Déterminer les domaines de prédominance de l'oxydant et du réducteur en fonction du potentiel

Résumé de cours

Transformation d'oxydo-réduction

Couples oxydant/réducteur

Un **oxydant** est une espèce chimique susceptible de capter un ou plusieurs électrons.
Un **réducteur** est une espèce chimique susceptible de céder un ou plusieurs électrons.
L'oxydant Ox et le réducteur Red d'un couple d'oxydo-réduction Ox / Red sont reliés par une **demi-équation** d'échange électronique : $Ox + n\,e^- + x\,H^+ = Red + y\,H_2O$

⇨ **Méthode 29.4. Établir une demi-équation électronique en milieu acide**
⇨ **Méthode 29.5. Établir une demi-équation électronique en milieu basique**

Exemples courants

Nom	*Formule*	*Couples usuels*
Ion thiosulfate	$S_2O_{3(aq)}^{2-}$	$S_2O_{3(aq)}^{2-} / S_{(s)}$ et $S_4O_{6(aq)}^{2-} / S_2O_{3(aq)}^{2-}$
Ion permanganate	$MnO_{4(aq)}^{-}$	$MnO_{4(aq)}^{-} / Mn_{(aq)}^{2+}$
Ion dichromate	$Cr_2O_{7(aq)}^{2-}$	$Cr_2O_{7(aq)}^{2-} / Cr_{(aq)}^{3+}$
Ion hypochlorite	$ClO_{(aq)}^{-}$	$ClO_{(aq)}^{-} / Cl_{(aq)}^{-}$
Peroxyde d'hydrogène	$H_2O_{2(aq)}$	$H_2O_{2(aq)} / H_2O_{(aq)}$ et $O_{2(aq)} / H_2O_{2(aq)}$

Nombre d'oxydation

Le **nombre d'oxydation** (NO) caractérise l'état d'oxydation d'un élément au sein d'un édifice moléculaire ou ionique, c'est-à-dire le déficit ou le gain en électrons de cet élément.
Dans un couple oxydant / réducteur, l'oxydant est l'espèce contenant l'élément au NO le plus élevé, le réducteur l'espèce contenant l'élément au NO le plus faible.
Une **oxydation** correspond à une perte d'électron(s), donc à une augmentation du NO.
Une **réduction** correspond à un gain d'électron(s), donc à une diminution du NO.
Le nombre d'électrons échangés par une espèce est égal à la variation du NO de l'élément principal. En solution aqueuse, le solvant peut intervenir (couples H_2O / H_2 et O_2 / H_2O).

⇨ **Méthode 29.1. Prévoir les NO extrêmes d'un élément**
⇨ **Méthode 29.2. Déterminer le NO d'un élément dans un édifice**
⇨ **Méthode 29.3. Identifier l'oxydant et le réducteur d'un couple**

Réaction d'oxydo-réduction

Une transformation d'oxydo-réduction est un transfert d'électrons entre l'oxydant d'un couple et le réducteur d'un autre couple. Elle peut être modélisée par une réaction dont l'équation est obtenue à partir des demi-équations des couples mis en jeu.

⇨ **Méthode 29.6. Établir l'équation d'une réaction d'oxydo-réduction**

Dismutation et médiamutation

On appelle **dismutation** une réaction d'oxydo-réduction au cours de laquelle une espèce ampholyte redox est à la fois réduite et oxydée. Le NO du même élément augmente et diminue simultanément. Une **médiamutation** est la réaction inverse d'une dismutation.

■ Pile électrochimique

❑ Constitution

Dans une pile électrochimique, les deux couples Ox / Red sont séparés en deux compartiments, reliés à l'aide d'un pont salin et d'un circuit électrique.

La pile résulte de l'association de deux **demi-piles**. Chacune regroupe les espèces du couple ainsi que l'électrolyte et un conducteur métallique (électrode).

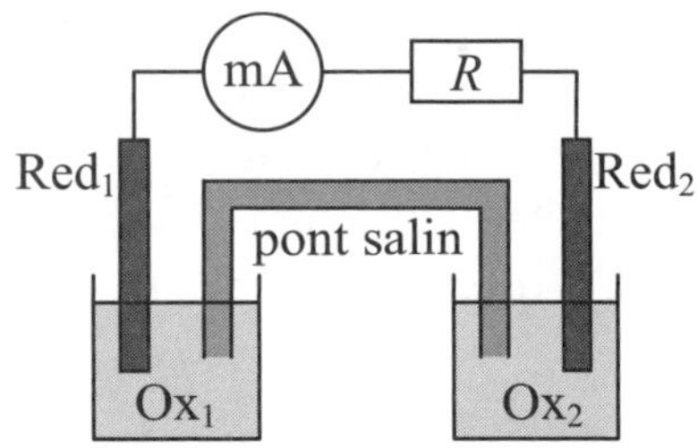

❑ Réaction électrochimique dans une pile

La réaction d'oxydo-réduction ne se produit pas ici par transfert direct d'électrons entre les espèces, mais par l'intermédiaire du circuit électrique. L'**anode** est l'électrode où se produit la réaction d'oxydation, la **cathode** celle où se produit la réaction de réduction. La circulation du courant est assurée par les électrons dans les conducteurs électroniques du circuit (électrode, ampèremètre, fil), et par les ions dans les conducteurs ioniques (solutions et pont salin).

Le courant circule du pôle + de la pile (cathode) vers le pôle – (anode) dans le circuit extérieur.

⇨ **Méthode 29.9. Décrire le fonctionnement d'une pile**

Force électromotrice (FÉM)

C'est la différence de potentiel mesurée aux bornes d'une pile en circuit ouvert. Par convention $e = E^+ - E^- > 0$.

Remarque : fonctionnement récepteur

Dans une pile, c'est la réaction *spontanée* entre deux couples d'oxydo-réduction qui se produit. On peut forcer le système à évoluer dans le sens « non spontané » en branchant un générateur en opposition sur la pile, de façon à effectuer les réactions inverses aux électrodes.

On réalise alors une **électrolyse**.

❑ Potentiel d'électrode

Un conducteur électrique plongeant dans une solution d'un couple d'oxydo-réduction acquiert un potentiel appelé **potentiel d'électrode**, égal au potentiel d'oxydo-réduction du couple.

Potentiel standard d'oxydo-réduction

Le potentiel standard d'oxydo-réduction d'un couple Ox/Red, noté $E°$, est la valeur prise par le potentiel d'oxydo-réduction du couple quand les constituants sont dans leur état standard.

Unicité du potentiel à l'équilibre

Dans une solution à l'équilibre, les potentiels de tous les couples d'oxydo-réduction sont égaux.

❑ Électrodes de référence

Il est impossible expérimentalement de mesurer la valeur d'un potentiel, on ne peut mesurer que des *différences de potentiels*. La détermination du potentiel d'électrode d'un couple d'oxydo-réduction se fait donc par comparaison avec une électrode de référence.

Électrode standard à hydrogène (ESH)

L'ESH, représentée ci-contre, met en jeu le couple $H^+_{(aq)}/H_{2(g)}$ de demi-équation électronique $2H^+_{(aq)} + 2\,e^- = H_{2(g)}$

Elle est représentée schématiquement par $Pt\,|\,H_{2(g)}\,|\,H_3\,O^+_{(aq)}$.

Dans l'ESH, les constituants sont dans leur état standard : $E_{ESH} = E^\circ_{H^+/H_2} = 0{,}000\,V$ par convention, à toute température.

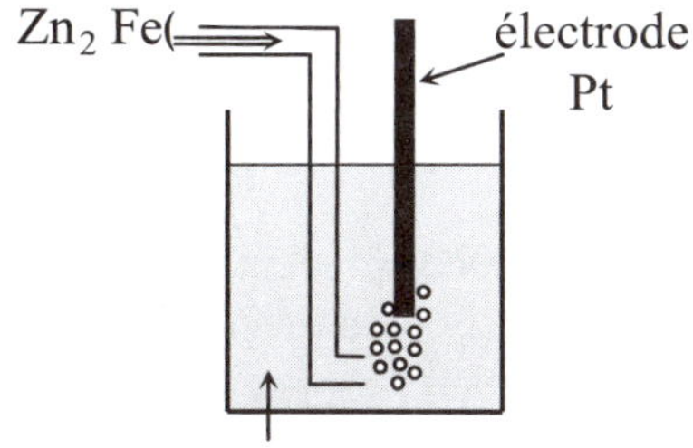

solution telle que pH = 0, $a(H_3O^+) = 1$ (infiniment diluée)

Électrode au calomel saturée (ECS)

L'ESH est souvent remplacée par l'électrode au calomel saturée (ECS), de représentation schématique : $Hg_{(l)}\,|\,Hg_2Cl_{2(s)}\,|\,(K^+, Cl^-)_{sat}$ et de potentiel $E_{ECS} = 0{,}244$ V par rapport à l'ESH.

Électrode au chlorure d'argent

Avec l'interdiction progressive du mercure, on peut utiliser comme électrode de référence l'électrode au chlorure d'argent, de représentation schématique : $Ag_{(s)}\,|\,AgCl_{(s)}\,|\,(K^+, Cl^-)_{sat}$ et de potentiel $E = 0{,}199$ V par rapport à l'ESH.

❑ Relation de Nernst

On considère la demi-équation : $Ox + ne^- + x\,H^+ = Red + y\,H_2O$

La valeur du potentiel d'oxydo-réduction du couple est donnée par la formule de Nernst :

$$E = E^\circ + \frac{RT}{nF} \ln \frac{a_{Ox} \cdot a_{H^+}^x}{a_{Red} \cdot a_{H_2O}^y}$$

où $R = 8{,}314\ J \cdot K^{-1} \cdot mol^{-1}$ est la constante des gaz parfaits, $F = 96485\ C \cdot mol^{-1}$ la constante de Faraday, T la température (exprimée en kelvins), a_i les activités des espèces mises en jeu.

À 25 °C, $\frac{RT}{F} \ln 10 \approx 0{,}06$ V, la relation de Nernst s'écrit alors :

$$E = E^\circ + \frac{0{,}06}{n} \log \frac{a_{Ox} \cdot a_{H^+}^x}{a_{Red} \cdot a_{H_2O}^y} \quad \text{avec } E \text{ et } E^\circ \text{ en volts.}$$

Remarque

Les valeurs des potentiels standard des couples étant tabulées à pH = 0, pour appliquer la relation de Nernst il faut utiliser la demi-équation en milieu acide d'un couple.

⇨ **Méthode 29.7. Utiliser une relation barycentrique**
⇨ **Méthode 29.8. Utiliser la relation de Nernst**

■ Aspect thermodynamique

❑ Diagramme de prédominance

À l'aide de conventions de tracé précisées dans les énoncés (en fonction de l'état physique des différentes espèces), on peut tracer un diagramme de prédominance, dont l'allure générale est :

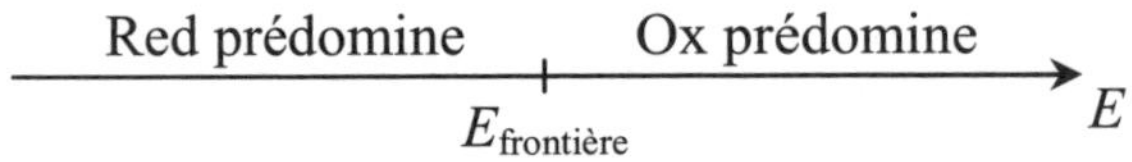

Deux espèces présentant des domaines de stabilité disjoints ne peuvent coexister.
Pour une espèce en phase solide, on parle de *domaine d'existence*. Par convention, la frontière entre les deux espèces est alors définie comme la limite d'apparition du solide.

⇨ **Méthode 29.10. Prévoir des espèces incompatibles**

❑ Échelle des potentiels

Un oxydant est d'autant plus fort que le potentiel standard du couple est élevé. Un réducteur est d'autant plus fort que le potentiel standard du couple est faible.
La transformation la plus favorisée thermodynamiquement est celle qui a lieu entre l'oxydant le plus fort et le réducteur le plus fort présents. Elle se déroule jusqu'à un état final d'équilibre où les potentiels des deux couples sont égaux, ou jusqu'à consommation du réactif limitant.

⇨ **Méthode 29.11. Utiliser l'échelle des potentiels**

❑ Constante d'équilibre

Pour les couples Ox_1 / Red_1 de potentiel standard E_1° et Ox_2 / Red_2 de potentiel standard E_2°, la constante d'équilibre associée à l'équation de la réaction entre Ox_1 et Red_2 est égale à :

$$\boxed{K = 10^{\frac{n(E_1^\circ - E_2^\circ)}{0,06}}}$$

où n est le nombre d'électrons transférés dans l'équation de la réaction, et E_1° et E_2° en volts.

⇨ **Méthode 29.12. Calculer la constante d'équilibre associée à une équation d'oxydo-réduction**

En général, la réaction est considérée comme quantitative si $K > 10^4$ soit $E_1^\circ - E_2^\circ > 0,25$ V .

❑ Déplacement de la réaction

Le pH de la solution, la formation de précipités... peuvent modifier le pouvoir oxydant ou réducteur d'une espèce et donc influer sur le caractère thermodynamiquement favorisé ou non d'une transformation d'oxydo-réduction.

■ Titrages d'oxydo-réduction

On peut utiliser une réaction d'oxydo-réduction comme réaction support de dosage si elle est rapide et totale. Le suivi du dosage peut se faire :
– par des méthodes usuelles telles que la colorimétrie ;
– par **potentiométrie**, en mesurant la différence de potentiel entre une électrode de mesure et une électrode de référence (comme l'ECS) ; à l'équivalence, on observe un saut de potentiel.

■ Comment déterminer le nombre d'oxydation d'un élément ?

❑ Méthode 29.1. Prévoir les NO extrêmes d'un élément

Un élément aura tendance à céder ou gagner un certain nombre d'électrons de façon à acquérir la même configuration électronique qu'un gaz noble.
Le nombre maximal d'électrons ainsi gagnés ou perdus représente les valeurs extrêmes du NO de cet élément, qui peuvent directement se déduire de la position de cet élément dans la classification périodique.

⇨ **Exercice 29.1**

– Les éléments du bloc *s* peuvent perdre 1 ou 2 électrons pour acquérir la configuration du gaz rare qui les précède. Le NO maximal du sodium est +I, et celui du magnésium +II.

– La configuration électronique des éléments du bloc *p* est de la forme ns^2np^x (avec $1 \leq x \leq 6$). La couche de valence comporte entre 3 et 8 électrons. Les NO extrêmes des éléments de ce bloc correspondent au nombre maximal d'électrons perdus ou gagnés de façon à atteindre 0 ou 8 électrons sur cette couche de valence.

Élément	*Nombre d'électrons de valence*	*NO extrêmes*	
Aluminium	3		+III : Al^{3+}
Carbone	4	–IV : CH_4	+IV : CO_2
Azote	5	–III : NH_3	+V : HNO_3
Oxygène	6	–II : H_2O	
Chlore	7	–I : HCl	+VII : $HClO_4$

– Les métaux de transition, qui possèdent une configuration électronique $ns^2(n-1)d^x$ (avec $1 \leq x \leq 10$), ont tendance à céder un ou plusieurs électrons pour obtenir la configuration électronique du gaz noble qui les précède.

❑ Méthode 29.2. Déterminer le NO d'un élément dans un édifice

> – Pour un édifice monoatomique, le nombre d'oxydation de l'élément est égal à la charge algébrique de l'édifice.
> – Pour un édifice polyatomique covalent, il faut représenter la formule de Lewis de l'édifice. Pour chaque liaison covalente, on attribue conventionnellement les électrons de la liaison à l'élément le plus électronégatif. Le NO de l'élément est égal à la différence entre le nombre d'électrons de valence de l'atome isolé et le nombre d'électrons qui entourent l'atome dans l'édifice.
> – Pour un composé ionique, il faut déterminer les ions constitutifs de l'édifice et calculer le NO des différents éléments dans ces ions à l'aide d'une des deux méthodes précédentes.

⇨ **Exercices 29.1, 29.2**

– Pour l'atome Fe, NO(Fe) = 0. En revanche pour le cation Ca^{2+}, NO(Ca) = +II et pour l'anion Cl^-, NO(Cl) = –I.
– La formule de Lewis du dioxygène est :

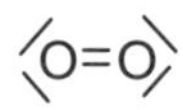

Chaque élément a la même électronégativité, on attribue un électron de chaque liaison à chaque oxygène, qui conserve ainsi le même nombre d'électrons qu'à l'état atomique : NO(O) = 0.
– L'eau a pour formule de Lewis :

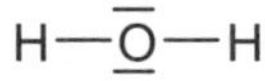

L'oxygène est le plus électronégatif : on lui attribue conventionnellement les deux électrons de chaque liaison. Il possède donc deux électrons de plus qu'à l'état atomique : NO(O) = –II. À l'inverse, chaque hydrogène a perdu un électron par rapport à l'atome isolé : NO(H) = +I.
– Considérons l'ion HO^-. Les électrons sont attribués à l'oxygène : NO(H) = +I. La conservation de la charge nous permet d'écrire : NO(H) + NO(O) = –1 d'où NO(O) = –II.

Remarques

– De manière générale, le NO d'un élément dans un corps simple est nul.
– Si l'édifice est chargé, la conservation de la charge implique que la somme algébrique des NO de chaque élément engagé dans l'édifice est égale à la charge de l'édifice. Cette relation peut être utilisée pour déterminer certains NO, par résolution d'une équation simple comme dans l'exemple précédent.
– L'obtention par le calcul d'un NO fractionnaire traduit une « moyenne » entre plusieurs NO pour un même élément dans l'édifice.
– On observe souvent NO(O) = –II sauf dans les peroxydes et O_2, et NO(H) = +I sauf dans les hydrures et H_2 par exemple.

■ Comment déterminer l'équation d'une réaction d'oxydo-réduction ?

❑ Méthode 29.3. Identifier l'oxydant et le réducteur d'un couple

Calculer le NO de l'élément principal pour les deux espèces. L'oxydant est l'espèce contenant l'élément au NO le plus élevé. Le réducteur est l'espèce contenant l'élément au NO le plus faible.

⇨ Exercices 29.1, 29.6

Prenons l'exemple des ions manganèse $Mn^{2+}_{(aq)}$ et permanganate $MnO^{-}_{4(aq)}$, et du dioxyde de manganèse $MnO_{2(aq)}$.

– En appliquant la méthode précédente du calcul de NO à l'élément manganèse dans les différents édifices, on trouve NO(Mn) = +II dans l'ion $Mn^{2+}_{(aq)}$, NO(Mn) = +IV dans le dioxyde de manganèse $MnO_{2(aq)}$, et NO(Mn) = +VII pour l'ion permanganate $MnO^{-}_{4(aq)}$.

– L'ion permanganate est associé à la valeur la plus élevée de NO(Mn). Il joue donc le rôle d'oxydant dans les deux couples $MnO^{-}_{4(aq)} / MnO_{2(aq)}$ et $MnO^{-}_{4(aq)} / Mn^{2+}_{(aq)}$.

– Le dioxyde de manganèse est l'espèce oxydante du couple $MnO_{2(aq)} / Mn^{2+}_{(aq)}$ et l'espèce réductrice du couple $MnO^{-}_{4(aq)} / MnO_{2(aq)}$. Il s'agit d'un ampholyte redox.

❑ Méthode 29.4. Établir une demi-équation électronique en milieu acide

– Écrire la demi-équation sous la forme $Ox + ne^- = Red$.
– Ajuster les nombres stœchiométriques pour assurer la conservation des éléments autres que l'hydrogène et l'oxygène.
– Assurer la conservation de l'élément oxygène à l'aide de molécules d'eau.
– Assurer la conservation de l'élément hydrogène à l'aide de protons.
– Assurer la conservation de la charge à l'aide d'électrons.

⇨ Exercices 29.3 à 29.14

Prenons l'exemple du couple $Cr_2O_7^{2-}/Cr^{3+}$: $Cr_2O_7^{2-}$ est l'oxydant et Cr^{3+} le réducteur.

– On commence par écrire : $Cr_2O_7^{2-} + ne^- = Cr^{3+}$

– On traduit la conservation de l'élément chrome : $Cr_2O_7^{2-} + n\,e^- = \mathbf{2}\,Cr^{3+}$

– Puis afin d'assurer la conservation de l'élément oxygène : $Cr_2O_7^{2-} + n\,e^- = 2\,Cr^{3+} + \mathbf{7\,H_2O}$

– L'ajout de protons permet de conserver l'élément hydrogène :

$$Cr_2O_7^{2-} + n\,e^- + \mathbf{14\,H^+} = 2\,Cr^{3+} + 7\,H_2O$$

Méthodes

– Et pour assurer la conservation de la charge, 6 électrons sont échangés :

$$\boxed{Cr_2O_7^{2-} + 6\ e^- + 14H^+ = 2\ Cr^{3+} + 7\ H_2O}$$

❑ Méthode 29.5. Établir une demi-équation électronique en milieu basique

– Établir la demi-équation en milieu acide.
– Ajouter aux deux membres de la demi-équation autant d'ions hydroxyde HO^- qu'il y a de protons dans la demi-équation.
– Remplacer chaque terme $H^+ + HO^-$ par une molécule d'eau.
– Faire les éventuelles simplifications nécessaires.

⇨ **Exercices 29.3 à 29.14**

Reprenons l'exemple précédent du couple $Cr_2O_7^{2-}/Cr^{3+}$, dont on a déterminé la demi-équation en milieu acide : $Cr_2O_7^{2-} + 6\ e^- + 14H^+ = 2\ Cr^{3+} + 7\ H_2O$

Comme 14 protons interviennent, on ajoute aux deux membres de la demi-équation 14 ions hydroxyde : $Cr_2O_7^{2-} + 6\ e^- + 14H^+ + 14\ HO^- = 2\ Cr^{3+} + 7\ H_2O + 14\ HO^-$

qui conduit finalement à : $\boxed{Cr_2O_7^{2-} + 6\ e^- + 7\ H_2O = 2\ Cr^{3+} + 14\ HO^-}$

❑ Méthode 29.6. Établir l'équation d'une réaction d'oxydo-réduction

Identifier les couples mis en jeu et écrire les demi-équations électroniques correspondantes.
Faire une combinaison linéaire des demi-équations électroniques afin qu'aucun électron n'intervienne dans l'équation de la réaction.

⇨ **Exercice 29.4 à 29.14**

Écrivons l'équation de la réaction entre l'oxydant $Cr_2O_7^{2-}$ et le réducteur Cu. Les couples mis en jeu sont $Cr_2O_7^{2-}/Cr^{3+}$ et Cu^{2+}/Cu associés aux demi-équations électroniques $Cr_2O_7^{2-} + 6\ e^- + 14H^+ = 2\ Cr^{3+} + 7\ H_2O$ (6 électrons échangés) et $Cu^{2+} + 2e^- = Cu$ (2 électrons échangés). Il faut multiplier la demi-équation relative à Cu^{2+}/Cu par 3 et on obtient :

$$\boxed{Cr_2O_7^{2-} + 3\ Cu + 14H^+ = 2\ Cr^{3+} + 3\ Cu^{2+} + 7\ H_2O}$$

■ Comment déterminer le potentiel standard d'un couple ?

❑ Méthode 29.7. Utiliser une relation barycentrique

> On suppose que les potentiels standard de deux couples, impliquant le même élément à différents NO, sont connus. Pour chaque couple, écrire la demi-équation et exprimer le potentiel d'oxydo-réduction à l'aide de la relation de Nernst. À l'équilibre, les potentiels sont égaux : faire une combinaison linéaire des différentes expressions afin d'en déduire une relation simple liant les potentiels standard des différents couples.

⇨ **Exercice 29.11**

On donne $E°(NO_3^- / NO_{(g)}) = E_1° = 0{,}96\,V$ et $E°(HNO_2 / NO_{(g)}) = E_2° = 0{,}98\,V$, et on souhaite déterminer $E°(NO_3^- / HNO_2) = E_3°$.

Couple	*Demi-équation électronique*	*Expression du potentiel*
$NO_3^- / NO_{(g)}$	$NO_3^- + 4\,H^+ + 3\,e^- = NO_{(g)} + 2\,H_2O$	$E_1 = E_1° + 0{,}02 \cdot \log \frac{[NO_3^-] \cdot [H^+]^4}{P_{NO}}$
$HNO_2 / NO_{(g)}$	$HNO_2 + H^+ + e^- = NO_{(g)} + H_2O$	$E_2 = E_2° + 0{,}06 \cdot \log \frac{[HNO_2] \cdot [H^+]}{P_{NO}}$
NO_3^- / HNO_2	$NO_3^- + 3\,H^+ + 2\,e^- = HNO_2 + H_2O$	$E_3 = E_3° + 0{,}03 \cdot \log \frac{[NO_3^-] \cdot [H^+]^3}{[HNO_2]}$

À l'équilibre les potentiels des couples en solution sont égaux : $E_1 = E_2 = E_3$. Pour obtenir uniquement une relation entre les potentiels standard, on réécrit la relation précédente :

$$3 \cdot E_1 = 2 \cdot E_3 + E_2 \Leftrightarrow 3 \cdot E_1° + 0{,}06 \cdot \log \frac{[NO_3^-] \cdot [H^+]^4}{P_{NO}} = 2 \cdot E_3° + E_2° + 0{,}06 \cdot \log \frac{[NO_3^-] \cdot [H^+]^4}{P_{NO}}$$

d'où $\boxed{E_3° = \frac{3 \cdot E_1° - E_2°}{2} = 0{,}95\,V}$.

❑ Méthode 29.8. Utiliser la relation de Nernst

> Cette méthode est utilisée pour calculer le potentiel standard d'un couple dont l'oxydant et/ou le réducteur est présent sous des formes différentes (sans changement de NO de l'élément principal) selon le milieu (influence du pH, de la complexation, de la précipitation).
> Pour chaque couple, écrire la demi-équation et exprimer le potentiel d'oxydo-réduction à l'aide de la relation de Nernst. À l'équilibre, les potentiels sont égaux : en déduire une relation simple liant les potentiels standard des deux couples et les grandeurs thermodynamiques adéquates.

⇨ **Exercices 29.7, 29.8, 29.9, 29.11, 29.12**

Méthodes

On souhaite déterminer le potentiel standard du couple $AgI_{(s)}/Ag_{(s)}$ connaissant le potentiel standard du couple Ag^+/Ag.

En présence d'ions iodure, l'ion argent précipite sous forme d'iodure d'argent $AgI_{(s)}$. La constante d'équilibre de la réaction de dissolution du précipité ($AgI_{(s)} = Ag^+ + I^-$) est $K_s = [Ag^+]\cdot[I^-]$.

Couple	*Demi-équation électronique*	*Relation de Nernst*
$Ag^+/Ag_{(s)}$	$Ag^+ + e^- = Ag_{(s)}$	$E_{Ag^+/Ag_{(s)}} = E°_{Ag^+/Ag_{(s)}} + 0,06\cdot\log[Ag^+]$
$AgI_{(s)}/Ag_{(s)}$	$AgI_{(s)} + e^- = Ag_{(s)} + I^-$	$E_{AgI_{(s)}/Ag_{(s)}} = E°_{AgI_{(s)}/Ag_{(s)}} + 0,06\cdot\log\dfrac{1}{[I^-]}$

À l'équilibre, les potentiels d'oxydo-réduction des couples sont égaux : $E_{Ag^+/Ag_{(s)}} = E_{AgI_{(s)}/Ag_{(s)}}$, soit $E°_{Ag^+/Ag_{(s)}} + 0,06\cdot\log[Ag^+] = E°_{AgI_{(s)}/Ag_{(s)}} + 0,06\cdot\log\dfrac{1}{[I^-]}$. Sachant que $K_s = [Ag^+]\cdot[I^-]$, on écrit $E°_{AgI_{(s)}/Ag_{(s)}} = E°_{Ag^+/Ag_{(s)}} - 0,06\cdot pK_s$: on constate que le pouvoir oxydant de l'argent(I) diminue par précipitation.

$+0,06(\log Ag^+ - \log\frac{1}{I^-}) = \log(Ka)$

Comment décrire le fonctionnement d'une pile électrochimique ?

❑ Méthode 29.9. Décrire le fonctionnement d'une pile

- Calculer le potentiel d'oxydo-réduction des deux couples mis en jeu à l'aide de la relation de Nernst.
- Le couple dont le potentiel est le plus élevé (resp. le plus faible) est associé au pôle + (resp. au pôle –) de la pile.
- Déterminer le sens de circulation du courant et celui des électrons.
- Écrire les réactions spontanées ayant lieu aux électrodes.
- Attribuer aux électrodes les rôles de cathode, lieu de la réduction, et d'anode, lieu de l'oxydation.
- Calculer la force électromotrice de la pile, c'est-à-dire la différence de potentiel mesurée aux bornes d'une pile en circuit ouvert. Par convention $e = E^+ - E^- > 0$.

⇨ **Exercices 29.7, 29.8, 29.9**

On considère la pile Daniell constituée d'une électrode de cuivre plongeant dans une solution de sulfate de cuivre de concentration $[Cu^{2+}] = 0,1\ mol\cdot L^{-1}$ et d'une électrode de zinc plongeant dans une solution de sulfate de zinc de concentration $[Zn^{2+}] = 0,1\ mol\cdot L^{-1}$. Les deux compartiments sont reliés entre eux par un pont salin et un circuit électrique comprenant un conducteur ohmique de résistance *R*. Les potentiels standard d'électrode sont $E°_{Cu^{2+}/Cu} = 0,34$ V et $E°_{Zn^{2+}/Zn} = -0,76$ V.

– Le potentiel du couple Cu^{2+}/Cu vaut d'après la relation de Nernst :

$E_{Cu^{2+}/Cu} = E°_{Cu^{2+}/Cu} + \frac{0,06}{2}\log([Cu^{2+}])$, soit $0,31$ V.

De même, le potentiel du couple Zn^{2+}/Zn vaut : $E_{Zn^{2+}/Zn} = E°_{Zn^{2+}/Zn} + \frac{0,06}{2}\log([Zn^{2+}])$, soit $-0,79$ V.

– On a $E_{Cu^{2+}/Cu} > E_{Zn^{2+}/Zn}$. L'électrode de cuivre constitue donc le pôle + de la pile, l'électrode de zinc le pôle –.

– Le courant circule à l'extérieur de la pile du pôle positif vers le pôle négatif. On en déduit le sens de circulation des électrons, opposé au courant, de l'électrode de zinc vers l'électrode de cuivre.

– L'électrode de zinc est donc l'anode : il s'y produit une oxydation selon $Zn = Zn^{2+} + 2e^-$, l'électrode de cuivre est la cathode, à laquelle on observe la réduction : $Cu^{2+} + 2e^- = Cu$.

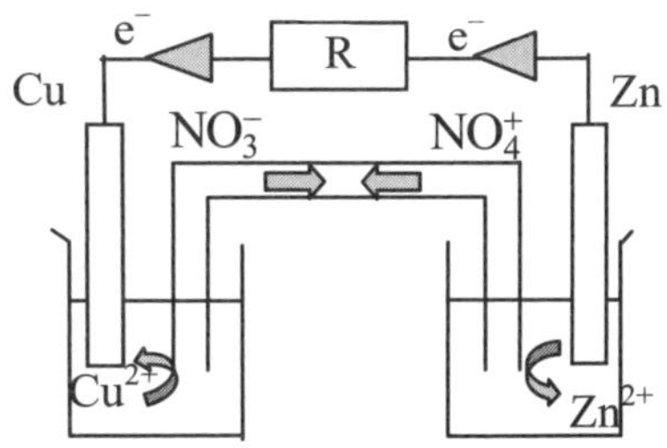

Au sein de la pile, la circulation du courant est assurée par les ions de l'électrolyte présent dans le pont salin. On peut alors représenter schématiquement la pile Daniell :

$$(-)\,Zn_{(s)} \mid Zn^{2+}_{(aq)} \; \vdots\vdots \; Cu^{2+}_{(aq)} \mid Cu_{(s)}\,(+)$$

– La FÉM vaut $e = E_{Cu^{2+}/Cu} - E_{Zn^{2+}/Zn} = 1,1$ V.

Remarque

La polarité de la pile peut se déduire de la valeur de la FÉM et du sens de circulation du courant électrique entre les électrodes.

■ Comment prévoir si une réaction est thermodynamiquement favorisée ?

❑ Méthode 29.10. Prévoir des espèces incompatibles

- Superposer les diagrammes de prédominance des couples Ox/Red étudiés.
- Deux espèces présentant des domaines de prédominance disjoints sont incompatibles en solution et donnent lieu à une transformation favorisée thermodynamiquement.

⇨ Exercices 29.4, 29.5, 29.12

Méthodes

– Considérons le couple Fe^{3+}/Fe^{2+}, dont le potentiel standard est égal à 0,77 V. En considérant les concentrations des deux espèces dissoutes égales à la frontière, on a à la frontière $E = E_{Fe^{3+}/Fe^{2+}} = 0,77\,V$. On peut tracer le diagramme de prédominance correspondant : l'oxydant Fe^{3+} prédomine pour $E > 0,77$ V, le réducteur Fe^{2+} prédomine pour $E < 0,77$ V.

– On considère maintenant le couple $Cl^-_{(aq)} / ClO^-_{(aq)}$ dont le potentiel standard est égal à 1,72 V. En considérant les concentration des deux espèces dissoutes égales à la frontière, on peut tracer le diagramme de prédominance correspondant.

On observe que ClO^- et Fe^{2+} possèdent des domaines de prédominance disjoints : ces espèces sont incompatibles et ne peuvent coexister en solution. Elles réagissent selon la réaction d'équation : $ClO^-_{(aq)} + 2\,Fe^{2+}_{(aq)} + 2\,H^+_{(aq)} = Cl^-_{(aq)} + 2\,Fe^{3+}_{(aq)} + H_2O_{(l)}$.

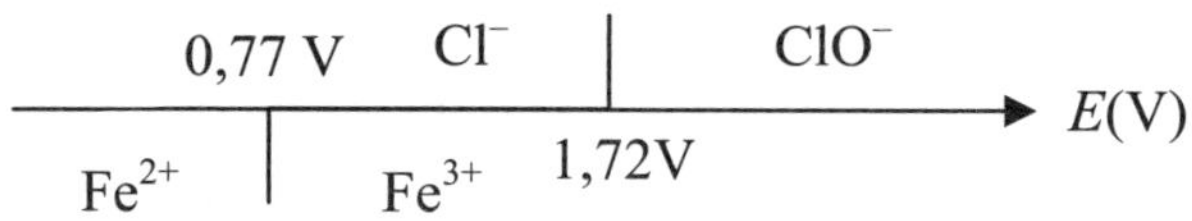

Remarque

Si une espèce ampholyte possède deux domaines de stabilité disjoints (sur un diagramme de prédominance tracé pour les deux couples auxquels cette espèce appartient), cette espèce est instable et se dismute.

❑ Méthode 29.11. Utiliser l'échelle des potentiels

> Classer les couples Ox / Red présents sur une échelle de potentiels en fonction de leur potentiel standard d'oxydo-réduction. La transformation la plus favorisée thermodynamiquement a lieu entre l'oxydant le plus fort ($E°$ le plus élevé) et le réducteur le plus fort ($E°$ le plus faible).

⇨ **Exercices 29.4, 29.13**

– Du zinc $Zn_{(s)}$ est plongé dans une solution d'acide chlorydrique. On donne $E°_{Zn^{2+}/Zn} = -0,76\,V$. L'échelle des potentiels est représentée ci-contre. Selon la règle du gamma, l'oxydant le plus fort H^+ peut donc oxyder le zinc selon la réaction d'équation : $Zn + 2\,H^+ = Zn^{2+} + H_2$

– On place de l'argent $Ag_{(s)}$ dans une solution aqueuse d'acide chlorydrique. On donne $E°_{Ag^+/Ag} = 0,80\,V$. Le potentiel standard du couple $Ag^+/Ag_{(s)}$ est plus élevé que celui de H^+/H_2 : H^+ n'est pas un oxydant assez fort pour oxyder $Ag_{(s)}$ et aucune réaction ne se produit.

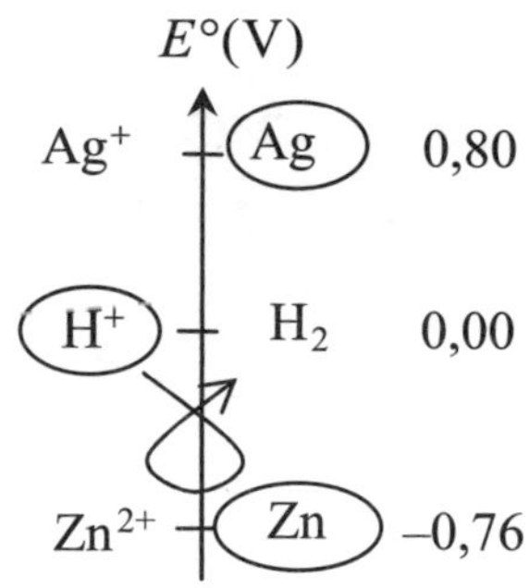

❑ Méthode 29.12. Calculer la constante d'équilibre associée à une équation d'oxydo-réduction

> Exprimer les potentiels d'oxydo-réduction des deux couples mis en jeu à l'aide de la relation de Nernst. À l'équilibre, les potentiels sont égaux : en déduire l'expression de la constante d'équilibre en fonction des potentiels standard des deux couples.

⇨ **Exercices 29.5, 29.6**

On souhaite calculer la constante d'équilibre associée à la réaction entre les ions argent et les ions ferreux. On donne $E°(Ag^+ / Ag_{(s)}) = E_1° = 0,80\,V$ et $E°(Fe^{3+} / Fe^{2+}) = E_2° = 0,77\,V$. L'équation de la réaction s'écrit : $Ag^+ + Fe^{2+} = Fe^{3+} + Ag_{(s)}$, de constante d'équilibre $K = \dfrac{[Fe^{3+}]}{[Ag^+]\cdot[Fe^{2+}]}$. La relation de Nernst $E_{Ag^+/Ag_{(s)}} = E_1° + 0,06 \cdot \log([Ag^+])$ et $E_{Fe^{3+}/Fe^{2+}} = E_2° + 0,06 \cdot \log\dfrac{[Fe^{3+}]}{[Fe^{2+}]}$. L'égalité des potentiels à l'équilibre conduit à

$E_2° + 0,06 \cdot \log\dfrac{[Fe^{3+}]}{[Fe^{2+}]} = E_1° + 0,06 \cdot \log([Ag^+])$, soit après réarrangement :

$E_1° - E_2° = 0,06 \cdot \log\dfrac{[Fe^{3+}]}{[Ag^+]\cdot[Fe^{2+}]} = 0,06 \cdot \log K$, d'où $K = 10^{\frac{E_1° - E_2°}{0,06}} = 3,16$.

$K > 1$ donc la réaction est thermodynamiquement favorisée.

Remarque

Pour prévoir le sens d'évolution du système, il faut comparer les potentiels d'oxydo-réduction des deux couples, que l'on peut calculer à l'aide de la relation de Nernst. Souvent, l'ordre des potentiels est le même que celui des potentiels standard.

Vrai/Faux

	Vrai	Faux
1. Le NO d'un élément est toujours entier.	☐	☐
2. L'ESH n'est pas réalisable au laboratoire.	☐	☐
3. Les ions permanganate peuvent jouer le rôle d'oxydant ou de réducteur.	☐	☐
4. Plus le potentiel standard d'un couple Ox / Red est élevé, plus l'oxydant est fort.	☐	☐
5. Le potentiel standard d'oxydo-réduction est indépendant du pH.	☐	☐
6. La constante d'équilibre d'une réaction d'oxydo-réduction est déterminée à l'aide des potentiels standard des deux couples mis en jeu.	☐	☐
7. L'évolution spontanée d'un système d'oxydo-réduction peut être prévue à l'aide des potentiels standard des couples participant à la réaction d'oxydo-réduction.	☐	☐
8. La réaction d'oxydation de l'eau ($E°(O_2/H_2O) = 1{,}23\,V$) par les ions permanganate ($E°(MnO_4^-/Mn^{2+}) = 1{,}51\,V$) est thermodynamiquement favorisée.	☐	☐

Énoncé des exercices

Donnée commune à tous les exercices : on travaille à 25 °C, avec $\frac{RT}{F}\ln 10 = 0{,}06$ V.

Nombre d'oxydation et demi-équation électronique

Exercice 29.1. Calcul de nombres d'oxydation

1. a) Quels sont les NO extrêmes de l'élément phosphore ?

b) Déterminer le NO de l'élément phosphore au sein des édifices suivants : H_3PO_4, PCl_5, P_4, P_2O_5 et PH_3.

2. a) Quels sont les NO extrêmes de l'élément chrome ? Donner le NO de l'élément chrome au sein des espèces suivantes : Cr, Cr^{2+}, Cr^{3+}.

b) Représenter la formule de Lewis des édifices suivants et déterminer le NO de l'élément chrome : CrO_4^{2-}, $Cr_2O_7^{2-}$ (on précise qu'il n'y a pas de liaison $Cr-Cr$ dans l'ion dichromate).

3. On considère les espèces O_2, H_2O_2, H_2O.

a) Donner le nombre d'oxydation de l'élément oxygène dans chaque espèce.

b) Quels sont les couples Ox/Red envisageables à partir des espèces précédentes ?

4. Donner le NO des différents éléments dans les composés suivants :

$AgCl_{(s)}$, $CuCl_4^{2-}{}_{(aq)}$, $Fe(OH)_{3(s)}$, $Fe_2O_{3(s)}$, $Hg_2Cl_{2(s)}$.

Données : $Z(\text{Cr}) = 24$; $Z(\text{O}) = 8$; $Z(\text{P}) = 15$; O est plus électronégatif que Cr et P.

Exercice 29.2. Nombres d'oxydation du soufre

1. Calculer le nombre d'oxydation de l'élément oxygène dans les espèces SO_2, SO_4^{2-}, SO_3, sans représenter la formule de Lewis de ces édifices.

2. On considère les espèces $S_2O_3^{2-}$ et $S_4O_6^{2-}$.

a) Calculer le NO de l'élément soufre dans ces espèces avec la méthode précédente.

b) Écrire la formule de Lewis de $S_2O_3^{2-}$ et $S_4O_6^{2-}$ et déterminer le NO de chacun des atomes de soufre. Commenter.

Exercice 29.3. Établir une demi-équation électronique

1. Établir la demi-équation électronique des couples suivants en milieu acide :

$Fe^{3+}{}_{(aq)}/Fe^{2+}{}_{(aq)}$; $IO^-_{3(aq)}/I^-{}_{(aq)}$; $MnO^-_{4(aq)}/Mn^{2+}{}_{(aq)}$; $Fe(CN)^{3-}_{6(aq)}/Fe^{2+}{}_{(aq)}$; $Hg_2Cl_{2(s)}/Hg_{(l)}$.

2. Établir la demi-équation électronique des couples suivants en milieu basique :

$MnO^-_{4(aq)}/Mn^{2+}_{(aq)}$; $Al(OH)^-_{4(aq)}/Al_{(s)}$.

■ Prévision de réactions d'oxydo-réduction

❑ Exercice 29.4. Choix d'une réaction support de titrage

On cherche à titrer une solution aqueuse de diiode. On dispose de trois solutions :

– une solution d'ion thiosulfate $S_2O_{3(aq)}^{2-}$;

– une solution d'ions $Sn_{(aq)}^{2+}$;

– une solution d'ions $Mn_{(aq)}^{2+}$.

1) Quelles doivent être les caractéristiques d'une réaction pour qu'elle puisse tenir lieu de réaction support de titrage ?

2) En déduire le réactif le plus approprié pour titrer la solution de diiode.

3) Écrire l'équation de la réaction d'oxydo-réduction mise en jeu.

Données : $E°_{I_{2(aq)}/I^-} = 0{,}62\ V$; $E°_{S_4O_6^{2-}/S_2O_3^{2-}} = 0{,}08\ V$; $E°_{Sn^{4+}/Sn^{2+}} = 0{,}15\ V$; $E°_{MnO_4^-/Mn^{2+}} = 1{,}51\ V$.

❑ Exercice 29.5. Équilibre de dismutation de NO_2

1. Écrire la demi-équation de transfert électronique et la relation de Nernst correspondante pour le couple oxydoréducteur $NO_{3(aq)}^- / NO_{2(g)}$ auquel on associe le potentiel standard $E_1°$.

Faire de même avec le couple $NO_{2(g)} / NO_{2(aq)}^-$ de potentiel standard $E_2°$.

2. En présence d'eau le dioxyde d'azote peut se dismuter en ions nitrates et nitrites suivant la réaction $2\ NO_{2(g)} + \alpha\ H_2O = \beta\ NO_{3(aq)}^- + \gamma\ NO_{2(aq)}^- + \delta\ H_{(aq)}^+$, à l'origine des pluies acides.

a) Justifier le fait que $NO_{2(g)}$ se dismute à l'aide d'un diagramme de prédominance, tracé pour $P_{NO_2} = 1$ bar et pour une concentration de frontière $c = 1\ mol \cdot L^{-1}$, à pH = 0.

b) Ajuster l'équation-bilan de cette réaction de dismutation.

c) Exprimer sa constante d'équilibre K en fonction de la pression partielle P_{NO_2} du dioxyde d'azote et des concentrations des espèces en solution aqueuse à l'équilibre.

d) Calculer la valeur de K à 25 °C.

Données : $E_1°(NO_{3(aq)}^- / NO_{2(g)}) = 0{,}83\ V$ et $E_2°(NO_{2(g)} / NO_{2(aq)}^-) = 0{,}85\ V$.

D'après Mines d'Albi, Alès, Douai, Nantes

❑ Exercice 29.6. Contrôle d'alcoolémie*

Peu après avoir été consommé, l'alcool (éthanol de formule CH_3CH_2OH) passe dans le sang au niveau de l'intestin grêle. Ensuite, des échanges gazeux s'effectuent dans les alvéoles pulmonaires : le sang se charge en dioxygène et se libère du dioxyde de carbone ainsi que d'une partie de l'alcool. Ces vapeurs sont expirées dans l'air, avec une concentration en alcool 2 100 fois inférieure à celle du sang.

Les alcootests jetables sont constitués d'un sachet gonflable de capacité 1 L et d'un tube en verre contenant des cristaux jaunes de dichromate de potassium $K_2Cr_2O_7$ en milieu acide. Ceux-ci se colorent en vert au contact de l'alcool.

1. Écrire l'équation responsable du changement de couleur.

2. Quelle est l'espèce oxydée ? Quelle est l'espèce réduite ?

3. Calculer la constante d'équilibre de la réaction. Commenter.

4. a) Déterminer la quantité de matière d'alcool expirée par litre d'air dans l'hypothèse d'une alcoolémie de 0,50 g d'alcool par litre de sang.

b) En déduire la masse de dichromate de potassium devant être placée avant le trait de jauge afin que celui-ci indique le seuil limite des 0,50 g d'alcool par litre de sang.

Données : $E_1^\circ(Cr_2O_7^{2-}/Cr^{3+}) = 1{,}33\ V$; $E_2^\circ(CH_3COOH/CH_3CH_2OH) = 0{,}19\ V$;

$M_H = 1{,}0\ g\cdot mol^{-1}$; $M_C = 12{,}0\ g\cdot mol^{-1}$; $M_O = 16{,}0\ g\cdot mol^{-1}$; $M_K = 39{,}1\ g\cdot mol^{-1}$;

$M_{Cr} = 52{,}0\ g\cdot mol^{-1}$.

D'après Mines d'Albi, Alès, Douai, Nantes

■ Piles électrochimiques

❑ Exercice 29.7. Étude de piles à combustible*

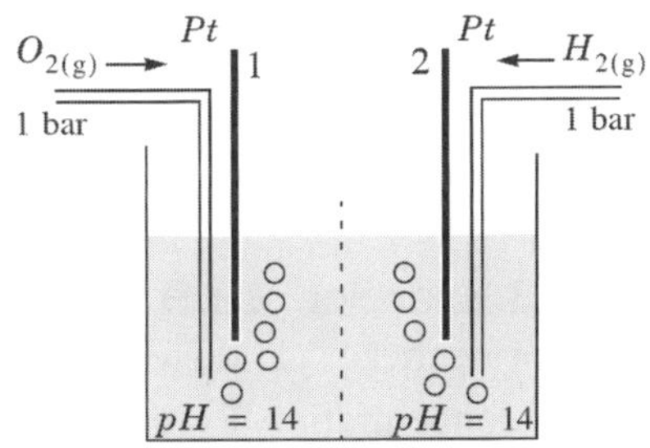

1. On réalise une pile à dihydrogène et dioxygène, dont on donne la représentation ci-contre.

a) Quelles sont les réactions susceptibles de se produire à chaque électrode ?
Quelle électrode constitue l'anode, la cathode ?

b) Écrire la réaction chimique qui modélise la transformation qui se déroule lorsque la pile fonctionne. En déduire un avantage majeur des piles à combustible.

c) Calculer la force électromotrice de la pile dans les conditions de fonctionnement présentées sur le schéma ci-contre.

Données : $E^\circ_{O_2/H_2O} = 1{,}23\ V$ et $E^\circ_{H^+/H_2} = 0{,}00\ V$ à pH = 0.

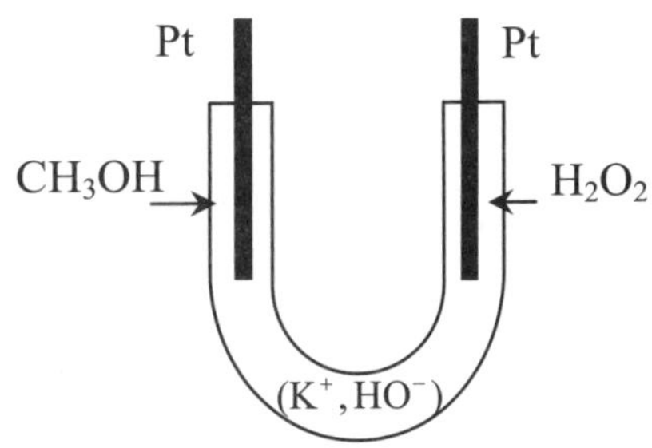

2. On envisage un second dispositif plus pratique à mettre en œuvre : la pile eau oxygénée-méthanol.

a) Le méthanol s'oxyde en ion carbonate CO_3^{2-}. Écrire les réactions se produisant à chaque électrode.

b) On observe à la cathode un dégagement de O_2. À quoi est-il dû ? Écrire l'équation de la réaction.

c) Que devient le dioxygène ainsi formé à l'électrode ?

Données : $E^\circ_{O_2/H_2O} = 1{,}23\ V$ et $E^\circ_{H^+/H_2} = 0{,}00\ V$ à pH = 0 ; couples H_2O_2 / H_2O et O_2 / H_2O_2.

❑ Exercice 29.8. Pile de concentration*

1. On réalise la pile ci-contre en associant deux demi-piles chacune composée d'une électrode de fer et d'une solution de sulfate ferreux (Fe^{2+}, SO_4^{2-}) à une concentration donnée. Le potentiel standard du couple Fe^{2+}/Fe est $E° = -0{,}44$ V.

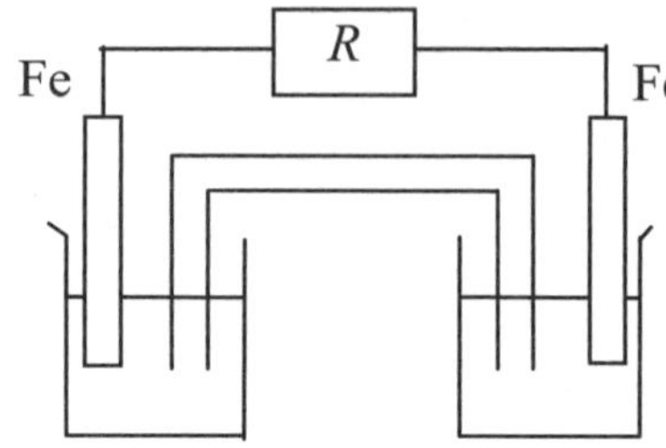

$[Fe^{2+}]_1 = 0{,}1\ mol \cdot L^{-1}$ $[Fe^{2+}]_2 = 0{,}01\ mol \cdot L^{-1}$

a) Calculer les potentiels de chaque électrode.
b) En déduire l'attribution anode, cathode.
c) Quel est l'état final ? Déterminer la composition de chaque solution dans l'état final.

2. On réalise maintenant un autre type de pile de concentration qui est la pile d'aération différentielle (ou pile d'Evans). Dans chacun des compartiments, un gaz (O_2 ou N_2) barbote dans de l'eau acidifiée.
Quel est le réactif dont la concentration varie ? Par analogie avec la question 1, en déduire le principe de fonctionnement de la pile.

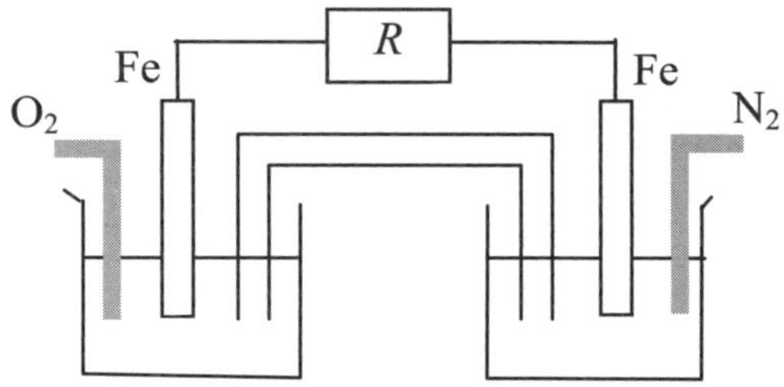

3. Lorsqu'une pièce métallique est partiellement immergée dans une solution dont la surface est au contact de l'air, c'est la partie immergée qui se corrode (oxydation du fer en fer(II)). Expliquer pourquoi.

❑ Exercice 29.9. Détermination d'un produit de solubilité*

Dans un bécher n° 1, on verse environ 40 mL d'une solution de chlorure de potassium $(K^+ + Cl^-)$ de concentration $c_A = 1{,}00 \cdot 10^{-2}\ mol \cdot L^{-1}$. Après addition d'une goutte de nitrate d'argent $(Ag^+ + NO_3^-)$ de concentration $c_B = 1{,}00 \cdot 10^{-2}\ mol \cdot L^{-1}$, on observe la formation d'un précipité de chlorure d'argent $AgCl_{(s)}$. Dans un bécher n° 2, on verse environ 50 mL de nitrate d'argent de concentration $c_B = 1{,}00 \cdot 10^{-2}\ mol \cdot L^{-1}$.

On plonge une lame d'argent dans chacun des béchers que l'on relie par un pont salin au nitrate d'ammonium $(NH_4^+ + NO_3^-)$. On mesure alors à 25 °C la force électromotrice de la pile ainsi constituée : $e = E_2 - E_1 = 0{,}36$ V où E_1 et E_2 représentent les potentiels des lames d'argent plongeant respectivement dans les béchers 1 et 2.

1. Réaliser un schéma légendé de la pile, en spécifiant les branchements du voltmètre (bornes COM et mV).

2. Préciser le rôle du pont salin ; expliquer pourquoi on ne peut pas utiliser un pont au bromure de potassium $(K^+ + Br^-)$.

3. Prévoir quel serait le sens de circulation des électrons à l'extérieur de la pile si on la faisait débiter. Identifier, en justifiant, l'anode et la cathode.

4. Proposer une expression de chacun des potentiels E_1 et E_2 en fonction du potentiel standard $E_1°$ du couple Ag^+/Ag, des concentrations c_A et c_B et du produit de solubilité K_s de AgCl.

5. En déduire l'expression et la valeur du produit de solubilité du chlorure d'argent à 25 °C.

6. Exprimer puis calculer le potentiel standard $E_2°$ du couple AgCl/Ag.
Expliquer qualitativement pourquoi sa valeur est inférieure à celle du couple Ag^+/Ag.

Données : $E°_{Ag^+/Ag} = 0,80$ V ; $K_s(AgBr) = 7,7 \cdot 10^{-13}$.

D'après Mines d'Albi, Douai, Nantes

❑ Exercice 29.10. Mesure du produit ionique de l'eau*

1. Rappeler à quel équilibre est associée la constante d'équilibre K_e, ainsi que son expression.

2. On construit une première pile $Pt\,|H_{2(g)}\,|\,H_3O^+_{(aq)}, Cl^-_{(aq)}\;|\,AgCl_{(s)}\,|\,Ag_{(s)}$, avec $P_{H_2} = 1$ bar et $[H_3O^+] = 10^{-3}$ mol·L^{-1}.

a) Quelles sont les réactions aux électrodes ? Quel est le pôle positif ?

b) Quelle est la force électromotrice de cette pile ?

3. On réalise une deuxième pile : $Ag_{(s)}\,|\,AgCl_{(s)}\,|\,(K^+_{(aq)} + HO^-_{(aq)}) + (K^+_{(aq)} + Cl^-_{(aq)})\,|\,H_{2(g)}\,|\,Pt$ avec $P_{H_2} = 1$ bar et $[Cl^-] = [HO^-] = C = 10^{-3}$ mol·L^{-1}.

a) Quelles sont les réactions aux électrodes? Quel est le pôle positif ?

b) Donner l'expression littérale des potentiels d'oxydo-réduction des deux électrodes.

c) Exprimer la force électromotrice de cette pile en fonction des potentiels standard et de pK_e.

4. Les piles sont reliées par leurs électrodes d'argent, la mesure de la force électromotrice de la pile double conduit à 0,472 V à 25 °C. Quelle est la valeur de pK_e à cette température ?

Données : $E°_{AgCl/Ag} = 0,222$ V ; $E°_{H^+/H_2} = 0,00$ V.

D'après Centrale-Supélec

■ Influence du milieu

❑ Exercice 29.11. Influence du pH

1. Calculer le potentiel standard du couple MnO_4^-/Mn^{2+}, sachant que $E_1^\circ(MnO_4^-/MnO_2) = 1,70$ V et $E_2^\circ(MnO_2/Mn^{2+}) = 1,23$ V.

2. Le potentiel standard apparent est le terme dans l'expression de Nernst qui regroupe le potentiel standard et un terme dépendant du pH.

a) Donner l'expression du potentiel standard apparent E'° pour le couple MnO_4^-/Mn^{2+}.

b) Comment varie le pouvoir oxydant des ions permanganate en fonction du pH ?

❑ Exercice 29.12. Stabilisation du NO (I) du cuivre par précipitation

On donne $E°(Cu^+/Cu) = E_1^\circ = 0,52$ V et $E°(Cu^{2+}/Cu^+) = E_2^\circ = 0,16$ V.

1. Montrer à l'aide de diagrammes de stabilité que l'ion Cu^+ est instable (on prendra comme concentration à la frontière $c = 1$ mol·L^{-1}). Qu'observe-t-on ?

2. Les ions cuivre(I) forment avec les ions iodure le précipité $CuI_{(s)}$, de produit de solubilité $K_s = 10^{-11}$.

a) Calculer les potentiels standard des couples CuI/Cu et Cu^{2+}/CuI, que l'on notera respectivement $E_1'^\circ$ et $E_2'^\circ$.

b) Conclure sur la stabilité du cuivre(I) en présence d'ions iodure.

❑ Exercice 29.13. Déplacement d'une réaction d'oxydo-réduction par précipitation

On donne le potentiel standard du couple $Fe(CN)_6^{3-} / Fe(CN)_6^{4-}$: $E_1^\circ = 0{,}35$ V et celui du couple I_2/I^- : $E_2^\circ = 0{,}62$ V.

1. Les ions hexacyanoferrate(III) $Fe(CN)_6^{3-}$ peuvent-ils oxyder les ions iodure I^- ?

2. Lorsqu'on introduit du chlorure de zinc $ZnCl_2$ dans la solution, il se forme le précipité $Zn_2Fe(CN)_6$ selon l'équation : $Fe(CN)_6^{4-} + 2\,Zn^{2+} = Zn_2Fe(CN)_6$. Le produit de solubilité du précipité vérifie $pK_s = 15{,}4$.

a) Calculer le potentiel standard du nouveau couple $Fe(CN)_6^{3-} / Zn_2Fe(CN)_6$ noté E_3°.

b) L'oxydation est elle maintenant possible ? Écrire l'équation de la réaction observée.

c) Comment la visualiser expérimentalement ?

■ Utilisation de la potentiométrie en travaux pratiques

❑ Exercice 29.14. Titrage des ions fer(II) par les ions cérium(IV)

On place $V_0 = 10$ mL d'une solution de sulfate de fer(II) (Fe^{2+}, SO_4^{2-}) de concentration C_0 à déterminer dans un bécher. On y plonge une électrode de platine et une électrode au calomel saturé, reliées à un voltmètre. Dans la burette on introduit une solution de sulfate cérique $(Ce^{4+}, 2\,SO_4^{2-})$ de concentration $C = 1{,}0 \cdot 10^{-2}\ mol \cdot L^{-1}$.

1. Comment mesure-t-on le potentiel E de la solution ? Décrire brièvement le fonctionnement de l'électrode au calomel saturé.

2. Comment justifier l'utilisation de cette réaction pour un titrage ?

3. On détermine $V_{éq} = 7{,}3$ mL. Déterminer la concentration C_0.

4. Donner les expressions du potentiel avant et après l'équivalence en fonction des potentiels standard, de C, V et de C_0, où V est le volume de solution titrante versé.

5. Quelle est la valeur du potentiel de l'électrode de platine à la demi-équivalence ? Commenter.

Données : $E^\circ_{Fe^{3+}/Fe^{2+}} = 0{,}77\,V$; $E^\circ_{Ce^{4+}/Ce^{3+}} = 1{,}74\,V$.

■ Pour vous aider à démarrer

Exercice 29.7. Écrire les demi-équations en milieu basique. Question 2.b : penser à la dismutation de H_2O_2.
Exercice 29.8. Question 2 : à l'anode, c'est le réducteur le plus fort qui s'oxyde.

■■ Corrigé des vrai/faux

1.	2.	3.	4.	5.	6.	7.	8.
vrai	vrai	faux	vrai	faux	vrai	faux	vrai

1. Le NO correspond au nombre d'électrons perdus par rapport à l'atome isolé, il ne peut donc être semi-entier. En revanche on peut obtenir un NO moyen semi-entier si le même élément présente différents NO au sein d'un même édifice.

3. Dans les ions permanganate, le nombre d'oxydation du manganèse vaut : NO(Mn) = +VII, ce qui correspond à la valeur maximale du NO de cet élément. Les ions permanganate peuvent agir uniquement en tant qu'oxydant.

5. La valeur tabulée du potentiel standard l'est à pH = 0.

7. Pour connaître le sens d'évolution du système, il faut déterminer le potentiel d'oxydo-réduction des couples à l'aide de la relation de Nernst, et non se baser uniquement sur les valeurs des potentiels standard (même si souvent, l'ordre des potentiels est le même que celui des potentiels standard).

❑ Les erreurs classiques

– Ne pas ajuster directement une demi-équation en milieu basique. Il faut toujours utiliser rigoureusement la méthode 29.5.
– Ne pas faire intervenir simultanément des protons et des ions hydroxyde dans une demi-équation ou une équation-bilan.
– Ne pas confondre le potentiel et le potentiel standard d'un couple Ox/Red.

Corrigé

Corrigé des exercices

Exercice 29.1

1. a) L'élément phosphore a pour configuration électronique $1s^2 2s^2 2p^6 3s^2 3p^3$. Il peut donc gagner 3 électrons de sorte à acquérir la structure électronique du gaz noble argon ($Z = 18$) ou perdre ses 5 électrons de valence de sorte à acquérir la structure électronique du gaz noble néon ($Z = 10$). Les NO extrêmes de l'élément phosphore sont donc +V et –III.

⇨ *Méthode 29.1*

b) On établit les formules de Lewis de H_3PO_4 et PCl_5 puis on fait le décompte du nombre d'électrons, sachant que l'oxygène et le chlore sont plus électronégatifs que le phosphore.

P_4 est un corps simple, donc NO(P) = 0.

On peut déterminer le NO du phosphore dans P_2O_5 par résolution de l'équation :

2 NO(P) + 5 NO(O) = 0. Avec NO(O) = –II, on trouve NO(P) = +V.

Édifice	H_3PO_4	PCl_5
Formule de Lewis	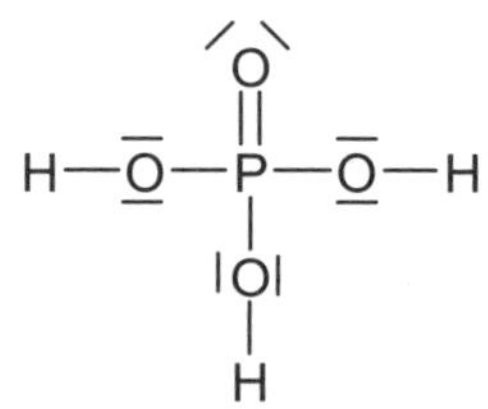	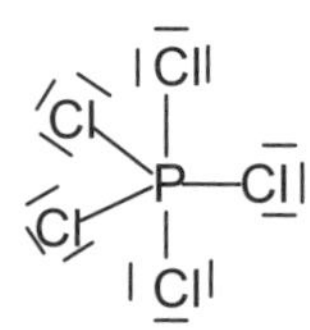
NO(P)	+V	+V

Pour PH_3 NO(P) = –III. On retrouve les deux valeurs extrêmes du NO.

2. a) Le chrome est un métal de transition de configuration électronique de valence $4s^1 3d^5$. Les NO extrêmes de l'élément chrome sont donc +VI et –IV. Pour un édifice monoatomique, le nombre d'oxydation est égal à la charge de l'édifice, on déduit ainsi NO(Cr) = 0 dans Cr, +II dans Cr^{2+} et +III dans Cr^{3+}.

b) On a représenté ci-contre la formule de Lewis de l'ion chromate CrO_4^{2-}. L'oxygène étant plus électronégatif que le chrome, on lui attribue par convention tous les électrons des liaisons. Ainsi par rapport à l'état atomique (Cr possède 6 électrons de valence), le chrome a perdu 6 électrons, d'où : NO(Cr) = +VI.

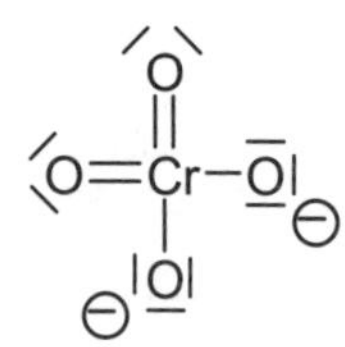

De même pour $Cr_2O_7^{2-}$, on a déterminé la formule de Lewis ci-contre. Il n'y a que des liaisons chrome-oxygène et l'oxygène est plus électronégatif que le chrome. On calcule donc : NO (Cr) = +VI.

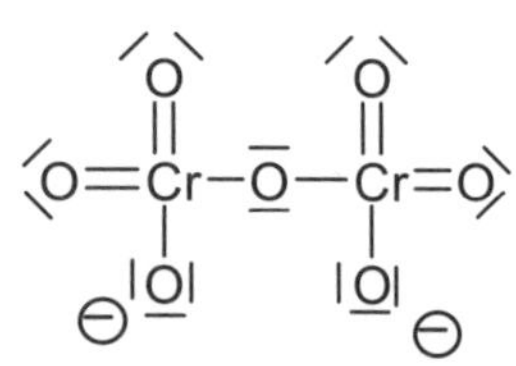

3. a)

Molécule	$\langle O=O \rangle$	$H-\overline{O}-\overline{O}-H$	$H-\overline{O}-H$
NO (O)	0	–I	–II

On retrouve un cas particulier où NO(O) = –I : le peroxyde d'hydrogène.

b) Dans un couple d'oxydo-réduction, l'oxydant est l'espèce dans laquelle l'élément dont le NO varie (ici l'oxygène) est le plus élevé. On peut donc définir les couples suivants : O_2 / H_2O_2 ; H_2O_2 / H_2O ; O_2 / H_2O.

4. Il s'agit de composés ioniques : on détermine donc les ions constitutifs des différents composés afin de déterminer le NO de chaque élément de l'édifice.

Composé	$AgCl_{(s)}$	$CuCl_{4(aq)}^{2-}$	$Fe(OH)_{3(s)}$	$Fe_2O_{3(s)}$	$Hg_2Cl_{2(s)}$
Ions constitutifs	Ag^+et Cl^-	Cu^{2+}et Cl^-	Fe^{3+}et HO^-	Fe^{3+}et O^{2-}	Hg_2^{2+}et Cl^-
NO	NO(Ag) = +I NO(Cl) = –I	NO(Cu) = +II NO(Cl) = –I	NO(Fe) = +III NO(O) = –II NO(H) = +I	NO(Fe) = +III NO(O) = –II	NO(Hg) = +I NO(Cl) = –I

⇨ *Méthode 29.2*

Exercice 29.2

1. On peut calculer le NO du soufre par conservation de la charge avec NO(O) = –II, en supposant qu'il n'y a que des liaisons S–O dans ces composés.

Composé	SO_2	SO_4^{2-}	SO_3
Équation à résoudre	$n.o(S) + 2 \cdot n.o(O) = 0$	$n.o(S) + 4 \cdot n.o(O) = -II$	$n.o(S) + 3 \cdot n.o(O) = 0$
NO(S)	+IV	+VI	+VI

2. a) Pour $S_2O_3^{2-}$, en attribuant à l'oxygène le NO –II, la résolution de l'équation $2 \cdot NO(S) + 3 \cdot NO(O) = -II$ conduit à NO(S) = +II.

Pour $S_4O_6^{2-}$, la résolution de l'équation $4 \cdot NO(S) + 6 \cdot NO(O) = -II$ conduit à $NO(S) = \frac{V}{II}$!

b) L'écriture des formules de Lewis des deux espèces (voir ci-dessous) montrent qu'il existe des liaisons S=S dans ces deux édifices, pour lesquelles on attribue par convention la moitié des électrons à chaque atome de soufre pour le décompte des électrons et le calcul du NO.

On voit que dans ces édifices, le soufre est présent à deux nombres d'oxydation différents.

Composé	$S_2O_3^{2-}$	$S_4O_6^{2-}$
Formule de Lewis	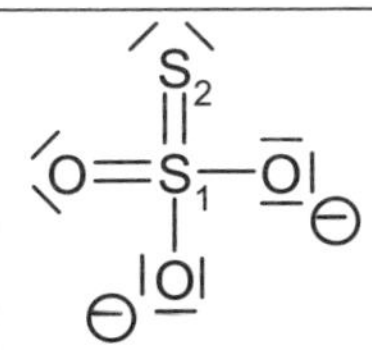	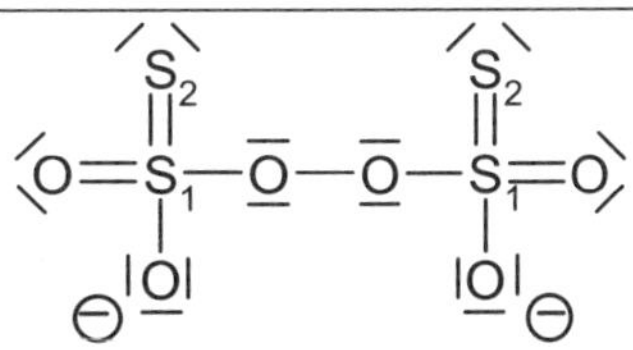
NO	$NO(S_1) = +IV$ $NO(S_2) = 0$	$NO(S_1) = +IV$ $NO(S_2) = 0$

Les valeurs calculées précédemment correspondent à une moyenne des NO du soufre.

⇨ *Méthode 29.2*

Exercice 29.3

1. Fe^{3+}/Fe^{2+} : $Fe^{3+} + e^- = Fe^{2+}$

IO_3^-/I^- : $IO_3^- + 6\,H^+ + 6e^- = I^- + 3\,H_2O$.

MnO_4^-/Mn^{2+} : $MnO_4^- + 8\,H^+ + 5\,e^- = Mn^{2+} + 4\,H_2O$

$Fe(CN)_6^{3-}/Fe^{2+}$: $Fe(CN)_6^{3-} + e^- = Fe^{2+} + 6\,CN^-$

✎ *Le nombre d'électrons échangés est le même que pour le couple* Fe^{3+}/Fe^{2+} *puisque dans les deux cas il s'agit d'un couple d'oxydo-réduction mettant en jeu comme oxydant le fer au* NO *(III) et comme réducteur le fer au* NO *(II).*

Hg_2Cl_2/Hg : $Hg_2Cl_2 + 2\,e^- = 2\,Hg + 2\,Cl^-$

C'est la demi-équation associée au fonctionnement de l'électrode au calomel saturée. L'oxydant est le calomel, $Hg_2Cl_{2(s)}$, avec NO(Hg) = +I, le réducteur étant le métal $Hg_{(l)}$ avec NO(Hg) = +I.

⇨ *Méthode 29.4*

2. MnO_4^-/Mn^{2+} : on repart de l'expression établie à la question précédente en milieu acide. On ajuste alors la demi-équation en milieu basique pour faire apparaître les ions hydroxyde :

$$MnO_4^- + 8\,H^+ + 8\,HO^- + 5\,e^- = Mn^{2+} + 4\,H_2O + 8\,HO^-$$

d'où : $MnO_4^- + 4\,H_2O + 5\,e^- = Mn^{2+} + 8\,HO^-$

$Al(OH)_4^-/Al$: la demi-équation en milieu acide s'écrit :

$$Al(OH)_4^- + 4\,H^+ + 3\,e^- = Al + 4\,H_2O$$

d'où en milieu basique : $Al(OH)_4^- + 3\,e^- = Al + 4\,HO^-$

On rappelle que l'écriture systématique des demi-équations en milieu acide permet d'éviter de nombreuses erreurs.

⇨ *Méthode 29.5*

Exercice 29.4

1) Une réaction peut tenir lieu de réaction support de titrage si elle est totale, rapide et unique.

2) Les valeurs des $E°$ nous permettent d'identifier la transformation la plus favorisée thermodynamiquement entre le diiode et l'un des réducteurs présents.

On voit d'après l'échelle des potentiels ci-contre que la transformation chimique mettant en jeu les ions Mn^{2+} et le diiode est défavorisée. Par contre, les transformations mettant en jeu les ions Sn^{2+} ou les ions $S_2O^{2-}_{3(aq)}$ conviennent.

$S_2O^{2-}_{3(aq)}$ est un réducteur plus fort que Sn^{2+}, la constante d'équilibre associée à l'équation de réaction entre les ions thiosulfate et le diiode sera donc la plus élevée. On choisit donc la solution d'ions thiosulfate.

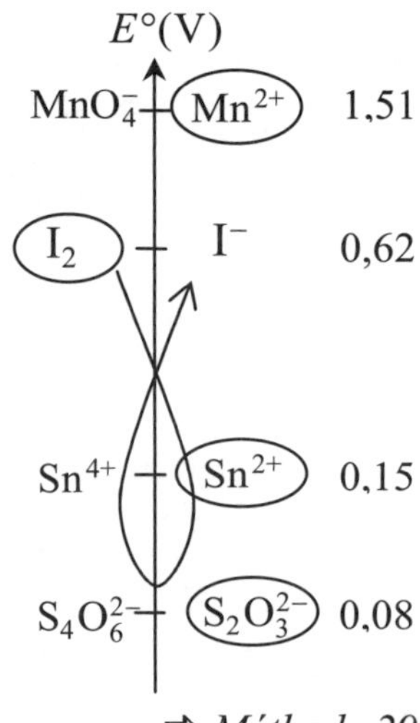

⇨ *Méthode 29.11*

3) L'équation de la réaction d'oxydo-réduction mise en jeu s'écrit :

$$2\,S_2O^{2-}_{3(aq)} = S_4O^{2-}_{6(aq)} + 2\,e^-$$
$$2\,e^- + I_{2(aq)} = 2\,I^-_{(aq)}$$
$$\overline{2\,S_2O^{2-}_{3(aq)} + I_{2(aq)} = S_4O^{2-}_{6(aq)} + 2\,I^-_{(aq)}}$$

Exercice 29.5

1. $NO^-_{3(aq)} / NO_{2(g)}$: $NO^-_{3(aq)} + 2\,H^+_{(aq)} + e^- = NO_{2(g)} + H_2O$

D'après la relation de Nernst, $\boxed{E_1 = E_1^\circ + 0{,}06 \cdot \log \frac{[NO_3^-]\cdot[H^+]^2}{P_{NO_2}}}$.

$NO_{2(g)} / NO^-_{2(aq)}$: $NO_{2(g)} + e^- = NO^-_{2(aq)}$ et $\boxed{E_2 = E_2^\circ + 0{,}06 \cdot \log \frac{P_{NO_2}}{[NO_2^-]}}$.

2. a) Superposons les diagrammes de prédominance associés aux couples $NO^-_{3(aq)} / NO_{2(g)}$ et $NO_{2(g)} / NO^-_{2(aq)}$.

D'après la question précédente, on a pour le couple $NO^-_{3(aq)} / NO_{2(g)}$: $E_1 = E_1^\circ + 0{,}06 \cdot \log \frac{[NO_3^-]\cdot[H^+]^2}{P_{NO_2}}$. Avec $P_{NO_2} = 1$ bar et pour une $[NO_3^-] = c$ à la frontière, $E_1 = E_1^\circ - 0{,}12 \cdot pH$, soit $E_1 = E_1^\circ = 0{,}83$ V à pH = 0.

Pour le couple $NO_{2(g)} / NO^-_{2(aq)}$: $E_2 = E_2^\circ + 0{,}06 \cdot \log \frac{P_{NO_2}}{[NO_2^-]}$. Avec $P_{NO_2} = 1$ bar et pour une $[NO_2^-] = c$ à la frontière, $E_2 = E_2^\circ = 0{,}85$ V.

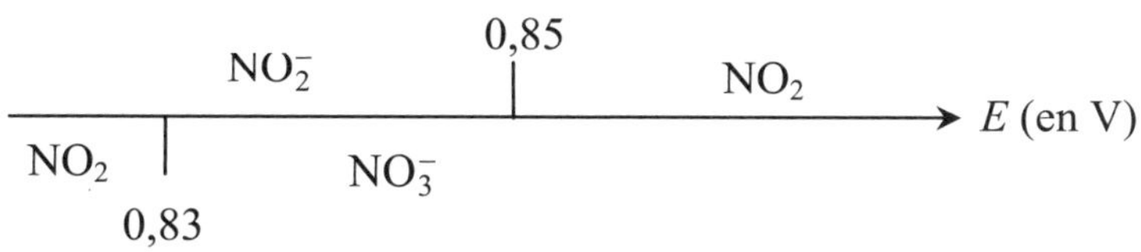

On constate que l'espèce $NO_{2(g)}$ possède <u>deux domaines de stabilité disjoints</u>. Elle est donc instable et se dismute.

⇨ *Méthode 29.10*

b) Il s'agit de la réaction entre les couples $NO^-_{3(aq)} / NO_{2(g)}$ et $NO_{2(g)} / NO^-_{2(aq)}$. À partir des demi-équations électroniques établies au 1, on obtient l'équation d'oxydo-réduction suivante :

$$2\,NO_{2(g)} + H_2O = NO^-_{3(aq)} + NO^-_{2(aq)} + 2\,H^+_{(aq)}$$

c) $\boxed{K = \frac{[NO_3^-]_{éq} \cdot [NO_2^-]_{éq} \cdot {[H^+]_{éq}}^2}{P^2_{NO_2,éq}}}$.

d) À l'équilibre, les potentiels des couples $NO^-_{3(aq)} / NO_{2(g)}$ et $NO_{2(g)} / NO^-_{2(aq)}$ sont égaux. On peut donc égaliser les expressions des potentiels d'oxydo-réduction données par la relation de Nernst : $E_1^\circ + 0{,}06 \cdot \log \dfrac{[NO_3^-] \cdot [H^+]^2}{P_{NO_2}} = E_2^\circ + 0{,}06 \cdot \log \dfrac{P_{NO_2}}{[NO_2^-]}$ soit finalement

$E_2^\circ - E_1^\circ = 0{,}06 \cdot \log \dfrac{[NO_3^-] \cdot [NO_2^-] \cdot [H^+]^2}{P^2_{NO_2}} = 0{,}06 \cdot \log K$, d'où $K = 10^{\frac{E_1^\circ - E_2^\circ}{0{,}06}}$. AN $\boxed{K = 2{,}15}$.

La transformation est <u>légèrement favorisée</u> (l'écart entre les potentiels standard est faible).

⇨ *Méthode 29.12*

Exercice 29.6

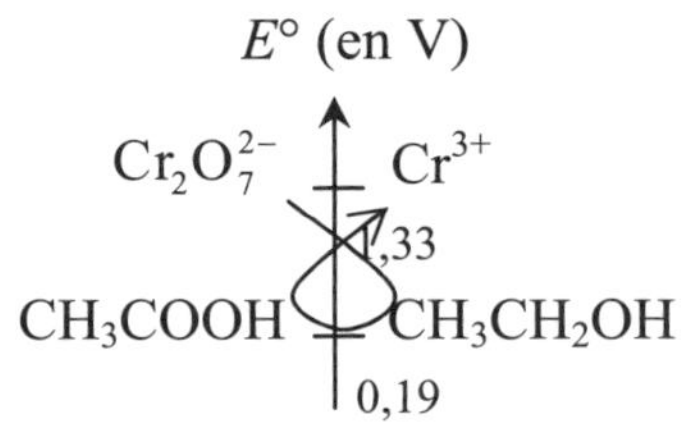

1. La transformation mettant en jeu $Cr_2O_7^{2-}$ et CH_3CH_2OH est thermodynamiquement favorisée.
On écrit dans un premier temps les demi-équations électroniques: $Cr_2O_7^{2-} + 14\ H^+ + 6\ e^- = 2\ Cr^{3+} + 7\ H_2O$ et

$CH_3COOH + 4\ H^+ + 4\ e^- = CH_3CH_2OH + H_2O$. L'équation de la réaction est donc :

$$2\ Cr_2O_7^{2-} + 16\ H^+ + 3\ CH_3CH_2OH = 4\ Cr^{3+} + 11\ H_2O + 3\ CH_3COOH$$

⇨ *Méthodes 29.6 et 29.11*

2. L'alcool est le réducteur, c'est l'espèce oxydée dans cette réaction. Les ions dichromate constituent l'oxydant et sont réduits.

3. Les potentiels d'oxydo-réduction des couples sont égaux à l'équilibre, on peut donc écrire :

$E_1^\circ + \dfrac{0{,}06}{6} \log \dfrac{[Cr_2O_7^{2-}] \cdot [H^+]^{14}}{[Cr^{3+}]^2} = E_2^\circ + \dfrac{0{,}06}{4} \log \dfrac{[CH_3COOH] \cdot [H^+]^4}{[CH_3CH_2OH]}$, d'où :

$E_1^\circ - E_2^\circ = \dfrac{0{,}06}{12} \log \dfrac{[CH_3COOH]^3 \cdot [Cr^{3+}]^4}{[CH_3CH_2OH]^3 \cdot [H^+]^{16} \cdot [Cr_2O_7^{2-}]^2}$ soit finalement $K = 10^{\frac{E_1^\circ - E_2^\circ}{0{,}005}}$.

AN $\boxed{K = 10^{228}}$. La réaction est <u>totale</u>.

⇨ *Méthode 29.12*

4. a) Une concentration sanguine massique de $0{,}50\ g \cdot L^{-1}$ correspond à une concentration massique dans l'air de $c_m = \dfrac{0{,}50}{2100} = 2{,}4 \cdot 10^{-4} g \cdot L^{-1}$. La concentration molaire correspondante vaut : $c = \dfrac{c_m}{M_{\text{éthanol}}}$, avec $M_{\text{éthanol}} = 46\ g \cdot mol^{-1}$. AN $c = \dfrac{2{,}4 \cdot 10^{-4}}{46}$, soit $\boxed{c = 5{,}2 \cdot 10^{-6} mol \cdot L^{-1}}$.

b) Afin que tous les cristaux se colorent en vert (apparition de Cr^{3+}), il faut introduire la quantité de dichromate de potassium nécessaire pour oxyder $5{,}2 \cdot 10^{-6}$mol d'éthanol. Si la concentration en éthanol dans le sang est inférieure à $0{,}50\ g \cdot L^{-1}$, tous les cristaux ne prendront pas une coloration verte. On doit donc avoir un mélange initial stœchiométrique, avec : $\frac{n_{Cr_2O_7^{2-}}}{2}=\frac{n_{CH_3CH_2OH}}{3}$. AN $n_{Cr_2O_7^{2-}}=3{,}5\cdot10^{-6}\text{mol}$. On en déduit : $m_{K_2Cr_2O_7}=n_{Cr_2O_7^{2-}}\cdot M_{K_2Cr_2O_7}$ avec $M_{K_2Cr_2O_7}=294{,}2\text{ g}\cdot\text{mol}^{-1}$. AN $\boxed{m_{Cr_2O_7^{2-}}=1{,}0\text{ mg}}$.

Exercice 29.7

1. a) On remarque tout d'abord que dans les deux compartiments le pH est basique.
À l'électrode notée (1) le dioxygène peut se réduire en eau selon la demi-équation électronique $O_2 + 2\,H_2O + 4\,e^- = 4\,HO^-$. Il s'agit donc de la cathode.
À la seconde électrode le dihydrogène peut s'oxyder selon la demi-équation électronique $H_2 + 2\,HO^- = 2\,H_2O + 2\,e^-$. Il s'agit de l'anode.

⇨ *Méthode 29.9*

b) Ainsi lorsque la pile fonctionne la réaction chimique globale est traduite par l'équation suivante : $O_2 + 2\,H_2 = 2\,H_2O$. Ainsi la pile à combustible est une pile « propre » qui conduit à la synthèse de l'eau à partir de gaz.

✎ *Cependant un des grands obstacles à surmonter pour ces piles reste le stockage du dihydrogène.*

c) Les valeurs des potentiels standard des couples sont tabulées à pH = 0, il faut donc pour utiliser la relation de Nernst utiliser les demi-équations en milieu acide des couples.
Pour le couple O_2/H_2O de demi-équation : $O_2 + 4\,H^+ + 4\,e^- = 2\,H_2O$, le potentiel d'oxydo-réduction vaut :

$$E_{O_2/H_2O} = E°_{O_2/H_2O} + \frac{0{,}06}{4}\log(P_{O_2}.[H^+]^4) = E°_{O_2/H_2O} - 0{,}06\cdot\text{pH},\ \text{avec}\ P_{O_2}=1\,\text{bar}\ \text{et}\ \text{pH}=14.$$

AN $\boxed{E_{O_2/H_2O}=0{,}39\text{ V}}$.

Pour le couple H_2O/H_2 de demi-équation : $2\,H^+ + 2\,e^- = H_2$, le potentiel d'oxydo-réduction vaut : $E_{H^+/H_2} = E°_{H^+/H_2} + \frac{0{,}06}{2}\log\frac{[H^+]^2}{P_{H_2}} = E°_{H^+/H_2} - 0{,}06\cdot\text{pH}$, avec $P_{H_2}=1\,\text{bar}$ et $\text{pH}=14$.

AN $E_{H^+/H_2}=-0{,}84\text{ V}$. On en déduit $e=E_{O_2/H_2O}-E_{H^+/H_2}$. AN $\boxed{e=1{,}23\text{ V}}$.

2. a) À l'anode on observe l'oxydation du méthanol en milieu basique, qui est traduit par la demi-équation : $CH_3OH + 8\,HO^- = CO_3^{2-} + 6\,H_2O + 6\,e^-$

À la cathode l'eau oxygénée se réduit : $H_2O_2 + 2\,e^- = 2\,HO^-$

⇨ *Méthode 29.9*

b) L'eau oxygénée intervient en tant qu'oxydant dans le couple H_2O_2/H_2O et en tant que réducteur dans le couple O_2/H_2O_2. En milieu basique l'eau oxygénée peut donc se dismuter en eau et dioxygène selon : $2\,H_2O_2 = O_2 + 2\,H_2O$, ce qui explique la formation de dioxygène à la cathode.

c) Le dioxygène ainsi formé est alors réduit à la cathode : $O_2 + 2\,H_2O + 4\,e^- = 4\,HO^-$

Exercice 29.8

1. a) À l'électrode notée (1) le potentiel de Nernst vaut $E_1 = E° + \frac{0,06}{2}\log([Fe^{2+}]_1)$.

AN $\boxed{E_1 = -0,47\ V}$. Pour le deuxième compartiment l'application numérique donne $\boxed{E_2 = -0,50\ V}$.

b) L'électrode dont le potentiel le plus élevé correspond au pôle + de la pile, donc à la cathode, il s'agit donc de l'électrode du premier compartiment. On observe donc :

– dans le compartiment 1 (cathode) : $Fe^{2+}_{(1)} + 2e^- = Fe_{(1)}$;

– dans le compartiment 2 (anode) : $Fe_{(2)} = Fe^{2+}_{(2)} + 2e^-$.

Bilan : $Fe^{2+}_{(1)} + Fe_{(2)} = Fe_{(1)} + Fe^{2+}_{(2)}$

c) La pile débite jusqu'à ce que les potentiels de la cathode et de l'anode soit égaux, ce qui se traduit par l'égalité des concentrations en Fe^{2+} dans chaque compartiment. À l'équilibre $[Fe^{2+}]_{1,éq} = [Fe^{2+}]_{2,éq} \Leftrightarrow [Fe^{2+}]_1 - x = [Fe^{2+}]_2 + x$ en notant x l'avancement de la transformation à l'équilibre, d'où $x = \frac{[Fe^{2+}]_1 - [Fe^{2+}]_2}{2}$ et $\boxed{[Fe^{2+}]_{1,éq} = [Fe^{2+}]_{2,éq} = \frac{[Fe^{2+}]_1 + [Fe^{2+}]_2}{2}}$.

AN $\boxed{[Fe^{2+}]_{1,éq} = [Fe^{2+}]_{2,éq} = 5,5 \cdot 10^{-2}\ mol \cdot L^{-1}}$.

2. Le dioxygène est présent uniquement dans un compartiment. Le dioxygène est donc réduit à la cathode : $O_2 + 2\,H_2O + 4\,e^- = 4\,HO^-$

À l'anode, on peut observer l'oxydation de l'eau en dioxygène ou bien du fer en fer(II). D'après les valeurs respectives des potentiels standard le fer est un meilleur réducteur et on observe donc l'oxydation du fer à l'anode selon : $Fe = Fe^{2+} + 2e^-$

3. On a vu précédemment que l'oxydation du fer se produisait dans la zone peu oxygénée. Lorsque la pièce métallique est partiellement immergée, la partie en contact avec l'air est le siège de la réduction du dioxygène et la partie immergée, où la concentration en dioxygène dissous est la plus faible, est le siège de l'oxydation du fer, donc de la corrosion.

Exercice 29.9

1. La différence de potentiel $E_2 - E_1$ est positive, la borne mV du voltmètre est donc reliée au pôle positif de la pile (lame d'argent (2)) et la borne COM au pôle négatif de la pile (lame d'argent (1)).

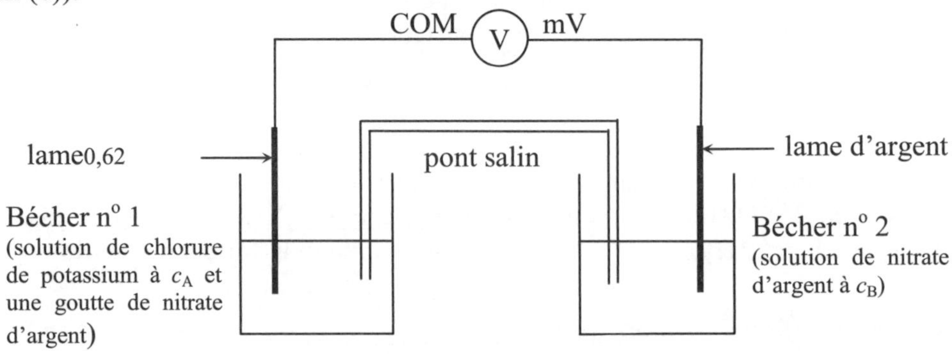

2. Le pont salin permet de fermer le circuit électrique. Dans le pont salin, les porteurs de charge sont les ions et assurent la circulation du courant électrique. On ne peut pas utiliser un pont au bromure de potassium car les ions bromure du pont salin réagiraient avec les ions argent des solutions pour former le précipité $AgBr_{(s)}$.

3. Le courant électrique circule du pôle + vers le pôle – dans le circuit extérieur, en sens inverse des électrons. Les électrons sont donc libérés au pôle –, qui constitue l'anode, où se déroule une oxydation. Ils sont consommés au pôle +, qui constitue la cathode, où se déroule une réduction.

⇨ *Méthode 29.9*

4. On exprime les potentiels d'oxydo-réduction de la cathode et de l'anode à l'aide de la relation de Nernst : $E_1 = E_1^\circ + 0,06\log[Ag^+]_{(1)}$, en notant $[Ag^+]_{(1)}$ la concentration en ions argent dans le premier compartiment. Dans le bécher (1), le précipité $AgCl_{(s)}$ est en équilibre hétérogène avec ses ions constitutifs, donc $[Ag^+]_{(1)} = \dfrac{K_s}{[Cl^-]_{(1)}} = \dfrac{K_s}{c_A}$ d'où

$\boxed{E_1 = E_1^\circ + 0,06\log\dfrac{K_s}{c_A}}$. D'autre part, $E_2 = E_1^\circ + 0,06\log[Ag^+]_{(2)}$, soit $\boxed{E_2 = E_1^\circ + 0,06\log c_B}$.

5. La FÉM de la pile de concentration vaut : $e = 0,06\log c_B - 0,06\log\dfrac{K_s}{c_A} = 0,06\log\dfrac{c_B \cdot c_A}{K_s} \Leftrightarrow$

$\boxed{K_s = c_B \cdot c_A \cdot 10^{-\frac{e}{0,06}}}$. AN $\boxed{K_s = 10^{-10}}$; $\boxed{pK_s = 10}$.

6. Considérons les deux couples Ag^+/Ag et $AgCl_{(s)}/Ag_{(s)}$. A l'équilibre, les potentiels d'oxydo-réduction des couples sont égaux : $E_{Ag^+/Ag} = E_{AgCl_{(s)}/Ag}$, soit

$E^\circ_{Ag^+/Ag_{(s)}} + 0,06 \cdot \log[Ag^+] = E^\circ_{AgCl_{(s)}/Ag} + 0,06 \cdot \log\dfrac{1}{[Cl^-]}$. Sachant que $K_s = [Ag^+]\cdot[Cl^-]$, on écrit $E^\circ_{AgCl_{(s)}/Ag} = E^\circ_{Ag^+/Ag_{(s)}} - 0,06 \cdot pK_s$. AN $\boxed{E^\circ_{AgCl_{(s)}/Ag} = 0,20\ V}$. Il est inférieur au potentiel standard du couple Ag^+/Ag car le pouvoir oxydant de Ag^+ diminue par précipitation.

⇨ *Méthode 29.8*

Exercice 29.10

1. K_e est la constante d'équilibre associée à l'autoprotolyse de l'eau : $2H_2O = H_3O^+ + HO^-$

2. a) La réaction thermodynamiquement favorisée est celle entre l'oxydant le plus fort et le réducteur le plus fort. Ici AgCl est l'oxydant le plus fort et H_2 le réducteur le plus fort. À l'électrode de platine on observe donc l'oxydation du dihydrogène $H_2 = 2\,H^+ + 2\,e^-$. À l'électrode d'argent le précipité AgCl est réduit en argent selon : $AgCl + e^- = Ag + Cl^-$

Le pôle positif est l'électrode d'argent.

b) La FÉM de cette pile est $e_1 = E^\circ_{AgCl/Ag} + 0,06 \cdot \log\dfrac{1}{[Cl^-]} - E^\circ_{H^+/H_2} - \dfrac{0,06}{2}\log\dfrac{[H^+]^2}{P_{H_2}}$ avec $[Cl^-] = [H^+] = 10^{-3}\ mol \cdot L^{-1}$ et $P_{H_2} = 1\ bar$. AN $\boxed{e_1 = 0,576\ V}$.

3. a) On observe les mêmes polarités mais l'électrolyte est basique : à l'électrode de platine se produit l'oxydation du dihydrogène selon : $H_{2(g)} + 2\,HO^- = 2\,H_2O + 2\,e^-$, et à l'électrode d'argent, qui est le pôle positif, se produit la même réduction que dans la première pile :

$$AgCl + e^- = Ag + Cl^-$$

b) À l'électrode de platine : $E_{Pt} = E°_{H^+/H_2} - \dfrac{0,06}{2}\log\dfrac{[H^+]^2}{P_{H_2}} = E°_{H^+/H_2} - 0,06 \cdot pK_e - 0,06 \cdot \log C$.

À l'électrode d'argent : $E_{Ag} = E°_{AgCl/Ag} + 0,06 \cdot \log\dfrac{1}{[Cl^-]} = E°_{AgCl/Ag} - 0,06 \cdot \log C$.

c) $e_2 = E°_{AgCl/Ag} - 0,06 \cdot \log C - E°_{H^+/H_2} + 0,06 \cdot pK_e + 0,06 \cdot \log C$ d'où :

$\boxed{e_2 = E°_{AgCl/Ag} - E°_{H^+/H_2} + 0,06 \cdot pK_e}$.

4. Les potentiels des deux électrodes d'argent sont identiques puisque la concentration en ions chlorure est la même dans les deux piles. La FÉM de la pile double est égale à : $e = E_{Pt,1} - E_{Pt,2} = E_{Ag,2} - E_{Pt,2} - (E_{Ag,1} - E_{Pt,1}) = e_2 - e_1$

soit $e = E°_{AgCl/Ag} - E°_{H^+/H_2} + 0,06 \cdot pK_e - 0,576 \Leftrightarrow pK_e = \dfrac{1}{0,06}(e - E°_{AgCl/Ag} + E°_{H^+/H_2} + 0,576)$.

AN $\boxed{pK_e = 14,0}$.

Exercice 29.11

1. La demi-équation électronique associée à ce couple est $MnO_4^- + 8\,H^+ + 5e^- = Mn^{2+} + 4\,H_2O$.

D'après la relation de Nernst : $E = E° + \dfrac{0,06}{5}\log\dfrac{[MnO_4^-]\cdot[H^+]^8}{[Mn^{2+}]}$. On cherche à déterminer le potentiel standard du couple MnO_4^-/Mn^{2+} à partir des potentiels standard des couples MnO_4^-/MnO_2 et MnO_2/Mn^{2+}.

Couple d'oxydo-réduction	Demi-équation électronique	Potentiel d'oxydo-réduction
MnO_4^-/MnO_2	$MnO_4^- + 4H^+ + 3e^- = MnO_{2(s)} + 2H_2O$	$E_1 = E_1° + \dfrac{0,06}{3}\log([MnO_4^-].[H^+]^4)$
MnO_2/Mn^{2+}	$MnO_{2(s)} + 4H^+ + 2e^- = Mn^{2+} + 2H_2O$	$E_2 = E_2° + \dfrac{0,06}{2}\log\dfrac{[H^+]^4}{[Mn^{2+}]}$

Si l'on considère ces trois couples présents en solution, à l'équilibre leurs potentiels sont égaux et on peut donc écrire $E = E_1 = E_2$ que l'on peut réarranger sous la forme $5E = 3E_1 + 2E_2$, soit

$$5E° + 0,06 \cdot \log\frac{[MnO_4^-]\cdot[H^+]^8}{[Mn^{2+}]} = 3E_1° + 0,06 \cdot \log([MnO_4^-]\cdot[H^+]^4) + 2E_2° + 0,06 \cdot \log\frac{[H^+]^4}{[Mn^{2+}]}$$

ce qui conduit à $\boxed{E° = \dfrac{3E_1° + 2E_2°}{5}}$. AN $\boxed{E° = 1,51\,V}$.

⇨ *Méthode 29.7*

2. a) Pour déterminer le potentiel standard apparent, il suffit de faire apparaître le terme dépendant du pH dans la relation de Nernst : $E = E° + \dfrac{8 \cdot 0{,}06}{5}\log([H^+]) + \dfrac{0{,}06}{5}\log\dfrac{[MnO_4^-]}{[Mn^{2+}]}$, soit $E = E° - 0{,}096 \cdot pH + 0{,}012 \cdot \log\dfrac{[MnO_4^-]}{[Mn^{2+}]}$. Le potentiel standard apparent $E'°$ est donc $\boxed{E'° = E° - 0{,}096 \cdot pH}$.

On rappelle que les tables donnent les valeurs des potentiels standard à pH = 0.

b) Quand le pH augmente le potentiel standard apparent du couple MnO_4^-/Mn^{2+} diminue : le pouvoir oxydant des ions permanganate diminue quand le pH augmente.

Exercice 29.12

1. Traçons les diagrammes de stabilité du cuivre aux degrés d'oxydation 0, +I et +II.

Pour le couple Cu^+/Cu, $E = E_1° + 0{,}06 \cdot \log[Cu^+]$ avec à la frontière $[Cu^+] = c$.
Donc Cu^+ est stable pour $E > E_1° = 0{,}52\,V$.

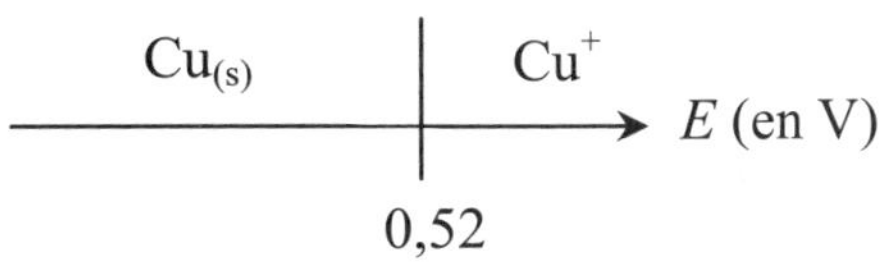

Pour le couple Cu^{2+}/Cu^+,
$E = E_2° + 0{,}06 \cdot \log\dfrac{[Cu^{2+}]}{[Cu^+]}$ avec à la frontière $[Cu^+] = [Cu^{2+}]$.
Donc Cu^+ est stable pour $E < E_1° = 0{,}16\,V$.

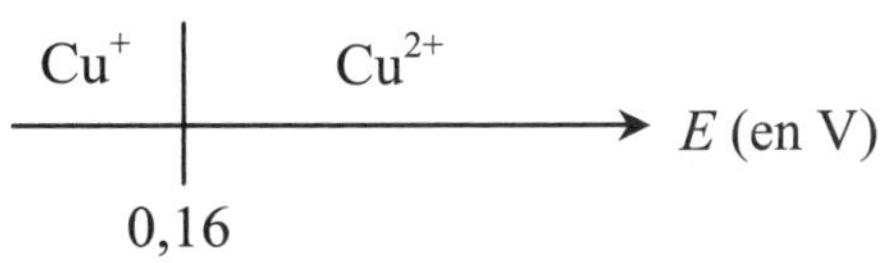

En superposant le deux diagrammes :

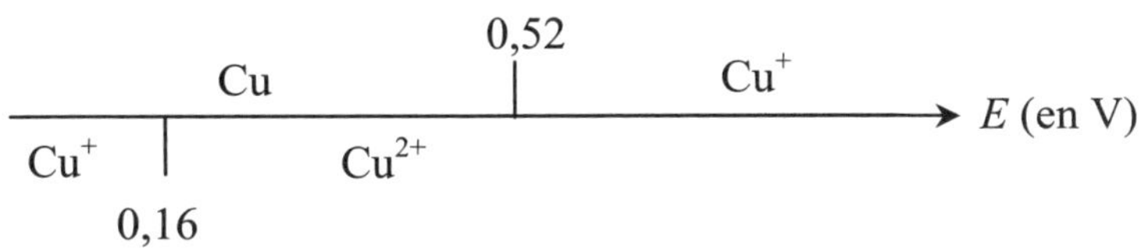

Cu^+ possède deux domaines de stabilité disjoints : il est instable. Il se produit alors une réaction de dismutation d'équation : $2Cu^+ = Cu^{2+} + Cu$

⇨ *Méthode 29.10*

2. a) Pour les couples Cu(I) / Cu :

Couple	Cu^+/Cu	CuI/Cu
Demi-équation	$Cu^+ + e^- = Cu$	$CuI + e^- = Cu + I^-$
Relation de Nernst	$E_1 = E_1° + 0{,}06 \cdot \log[Cu^+]$	$E_1' = E_1'° + 0{,}06 \cdot \log\dfrac{1}{[I^-]}$

À l'équilibre les potentiels d'oxydo-réduction des deux couples sont égaux, d'où : $E_1'° = E_1° - 0{,}06 \cdot pK_s = -0{,}14\,V$. Le pouvoir oxydant du cuivre(I) a diminué par précipitation.

Pour les couples Cu(II) / Cu(I) :

Couple	Cu^{2+} / Cu^+	Cu^{2+} / CuI
Demi-équation	$Cu^{2+} + e^- = Cu^+$	$Cu^{2+} + I^- + e^- = CuI$
Relation de Nernst	$E_2 = E_2^\circ + 0{,}06 \cdot \log \dfrac{[Cu^{2+}]}{[Cu^+]}$	$E_2' = E_2'^\circ + 0{,}06 \cdot \log [Cu^{2+}][I^-]$

De même que précédemment, l'égalité des potentiels à l'équilibre conduit à : $E_2^\circ + 0{,}06 \cdot \log \dfrac{[Cu^{2+}]}{[Cu^+]} = E_2'^\circ + 0{,}06 \cdot \log \dfrac{K_s.[Cu^{2+}]}{[Cu^+]}$, d'où $\boxed{E_2'^\circ = E_2^\circ + 0{,}06 \cdot pK_s}$. AN $\boxed{E_2'^\circ = 0{,}82\,V}$. Le pouvoir réducteur du cuivre(I) a diminué par précipitation.

⇨ *Méthode 29.8*

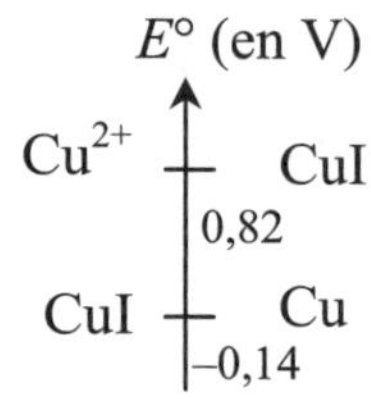

b) Une échelle de potentiels permet de constater que le cuivre(I) est stable en présence d'ions iodure, sous forme du précipité $CuI_{(s)}$. En effet, la dismutation de CuI est thermodynamiquement défavorisée.

⇨ *Méthode 29.11*

Exercice 29.13

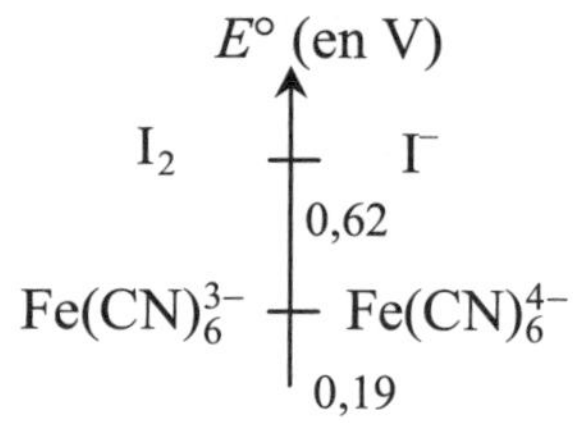

1. Comparons les potentiels standard des couples. Sachant que la réaction thermodynamiquement favorisée a lieu entre l'oxydant le plus fort et le réducteur le plus fort, l'oxydation de I^- par $Fe(CN)_6^{3-}$ est thermodynamiquement défavorisée.

⇨ *Méthode 29.11*

2. a)

Couple	$Fe(CN)_6^{3-} / Fe(CN)_6^{4-}$	$Fe(CN)_6^{3-} / Zn_2Fe(CN)_6$
Demi-équation	$Fe(CN)_6^{3-} + e^- = Fe(CN)_6^{4-}$	$Fe(CN)_6^{3-} + 2\,Zn^{2+} + e^- = Zn_2Fe(CN)_6$
Relation de Nernst	$E_2 = E_2^\circ + 0{,}06 \cdot \log \dfrac{[Fe(CN)_6^{3-}]}{[Fe(CN)_6^{4-}]}$	$E_3 = E_3^\circ + 0{,}06 \cdot \log([Fe(CN)_6^{3-}].[Zn^{2+}]^2)$

À l'équilibre, les potentiels d'oxydo-réduction des couples sont égaux en solution. On peut donc écrire, sachant que $K_s = [Fe(CN)_6^{4-}] \cdot [Zn^{2+}]^2$:

$$E_2^\circ + 0{,}06 \cdot \log \frac{[Fe(CN)_6^{3-}]}{[Fe(CN)_6^{4-}]} = E_3^\circ + 0{,}06 \cdot \log\left(K_s \frac{[Fe(CN)_6^{3-}]}{[Fe(CN)_6^{4-}]} \right).$$

L'expression du potentiel standard du couple $Fe(CN)_6^{3-} / Zn_2Fe(CN)_6$ est donc :

$\boxed{E_3^\circ = E_2^\circ + 0{,}06 \cdot pK_s}$. AN $\boxed{E_3^\circ = 1{,}28\ V}$.

⇨ *Méthode 29.8*

b) On établit une échelle de potentiels standard avec les couples $Fe(CN)_6^{3-} / Zn_2Fe(CN)_6$ et I_2 / I^-. Dans ces conditions, l'oxydation des ions iodure par le fer(III) est thermodynamiquement favorisée. L'équation de la réaction est :

$$2Fe(CN)_6^{3-} + 4Zn^{2+} + 2I^- = 2Zn_2Fe(CN)_6 + I_2$$

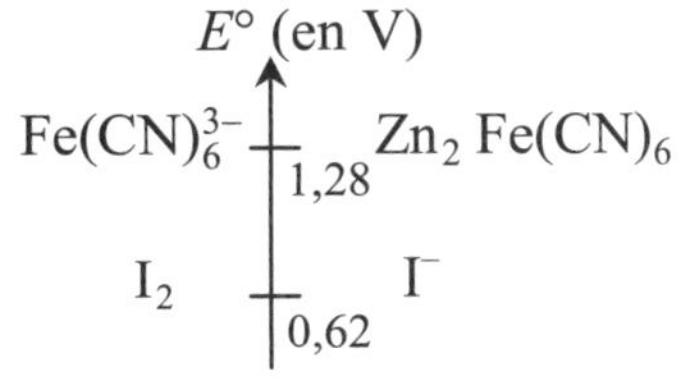

⇨ *Méthode 29.11*

c) Expérimentalement, l'apparition du diiode s'accompagne d'une coloration brune de la solution. On peut également rajouter de l'empois d'amidon qui prend une couleur bleu foncé en présence de diiode.

Exercice 29.14

1. L'électrode de platine est l'électrode indicatrice de potentiel, tandis que l'ECS garde un potentiel fixe : la mesure de la FÉM de la pile ainsi constituée donne directement accès au potentiel pris par l'électrode de platine, qui est le potentiel de la solution.
L'électrode au calomel saturée met en jeu le couple Hg_2Cl_2 / Hg, selon l'équation :

$$Hg_2Cl_{2(s)} + 2e^- = 2\,Hg_{(l)} + 2\,Cl^-_{(aq)}$$

Le calomel est l'oxydant et le métal $Hg_{(l)}$ le réducteur.

2. L'équation de la réaction de dosage est $Fe^{2+} + Ce^{4+} = Fe^{3+} + Ce^{3+}$. La différence de potentiel entre les potentiels standard est supérieur à 1 V, on en déduit que la réaction est totale. De plus expérimentalement la réaction est rapide, elle peut donc être utilisée dans le cadre d'un dosage.

3. À l'équivalence : $C_0\, v_{éq} = CV$, donc $C_0 = \dfrac{CV}{v_{éq}}$. AN $\boxed{C_0 = 1{,}4 \cdot 10^{-2}\ \text{mol} \cdot \text{L}^{-1}}$.

4. On peut exprimer le potentiel de l'électrode de platine en prenant comme couple Fe^{3+}/Fe^{2+} ou Ce^{4+}/Ce^{3+}.

Pour $v < v_{éq}$:

	Fe^{2+} +	Ce^{4+} =	Fe^{3+} +	Ce^{3+}
ÉI	CV	C_0v	0	0
ÉF	$CV - C_0v$	0	C_0v	C_0v

Avant l'équivalence, il est plus commode d'exprimer la relation de Nernst du couple Fe^{3+}/Fe^{2+} :

$$\boxed{E = E^0_{Fe^{3+}/Fe^{2+}} + 0{,}06\log\frac{C_0v}{CV - C_0v}}\ \text{(en volts).}$$

Pour $v > v_{éq}$:

	Fe^{2+} +	Ce^{4+} =	Fe^{3+} +	Ce^{3+}
ÉI	CV	C_0v	0	0
ÉF	0	$C_0v - CV$	CV	CV

Après l'équivalence, il est plus commode d'exprimer la relation de Nernst du couple Ce^{4+}/Ce^{3+} :

$$\boxed{E = E°_{Ce^{4+}/Ce^{3+}} + 0{,}06\log\frac{C_0v - CV}{C_0v}}\ \text{(en volts).}$$

5. À la demi-équivalence, l'expression du potentiel se simplifie et prend la valeur du potentiel standard $E°_{Fe^{3+}/Fe^{2+}}$. On peut donc déterminer graphiquement celui-ci sur la courbe de dosage.

Chapitre 30
Diagrammes potentiel-pH

L'adjectif *potentiel*, formé à partir du latin *potentia* (puissance), apparaît au XVe siècle dans le vocabulaire médical, pour désigner des actes dont l'effet n'est pas immédiat. Il se généralise progressivement à d'autres domaines, dont la physique, puis devient au XIXe siècle un nom utilisé notamment en électricité.

En 1909, le chimiste danois Søren **Sørensen** introduit la notation p_H qui deviendra pH, et signifie *potentiel hydrogène*, ou peut-être initialement *pondus hydrogenii* (poids de l'hydrogène).

On doit au chimiste belge Marcel **Pourbaix** la conception en 1938 d'une représentation graphique innovante permettant de traiter tous types d'équilibres homogènes ou hétérogènes : les diagrammes potentiel-pH. Son travail permet des avancées importantes dans l'étude thermodynamique de la corrosion et plus généralement de l'électrochimie, avec des applications allant de la conception de batteries au raffinage électrolytique.

Marcel Pourbaix
1904-1998

Objectifs

Ce qu'il faut connaître

- ▷ Le principe de construction d'un diagramme potentiel-pH
- ▷ L'allure du diagramme potentiel-pH du solvant eau

Ce qu'il faut savoir faire

- ▷ Attribuer les différents domaines d'un diagramme à des espèces données
- ▷ Retrouver la valeur de la pente d'une frontière d'oxydo-réduction
- ▷ Justifier la position d'une frontière verticale
- ▷ Prévoir si une transformation d'oxydo-réduction est thermodynamiquement favorisée, par superposition de diagrammes
- ▷ Discuter de la stabilité des espèces dans l'eau
- ▷ Prévoir la stabilité d'un état d'oxydation en fonction du pH du milieu
- ▷ Identifier un phénomène de dismutation ou de médiamutation
- ▷ Confronter les prévisions à des données expérimentales et interpréter d'éventuels écarts en termes cinétiques

Résumé de cours

Principe de construction

Un diagramme potentiel-pH représente les domaines de stabilité (domaines de prédominance ou d'existence) d'espèces chimiques correspondant aux différents NO d'un même élément, en fonction du pH et du potentiel d'oxydo-réduction de la solution, à 25 °C.

Diagramme de principe

Les espèces chimiques à prendre en compte peuvent être classées dans un diagramme de principe, qui rend compte de la position relative des domaines de stabilité correspondants sur le diagramme potentiel-pH.

⇨ **Méthode 30.1. Attribuer des domaines de stabilité aux espèces contenant un même élément**

Équations de frontières

Le tracé d'un diagramme potentiel-pH nécessite d'établir les équations des frontières.

– Une frontière verticale sépare deux espèces associées au même NO d'un élément, mais liées par un équilibre acido-basique, de précipitation ou de complexation. La position de cette frontière est obtenue à partir de constantes thermodynamiques telles que K_a, K_s, etc.

– Une frontière oblique (ou horizontale) sépare deux espèces constituant un couple Ox / Red. L'équation d'une telle droite est obtenue à l'aide de la relation de Nernst.

Des **conventions de tracé** (en fonction de l'état physique des deux espèces considérées) sont précisées dans les énoncés pour établir ces équations.

⇨ **Méthode 30.2. Déterminer l'équation ou la pente d'une frontière d'oxydo-réduction**
⇨ **Méthode 30.3. Déterminer la position d'une frontière verticale**

Diagramme potentiel-pH du solvant eau

Le diagramme potentiel-pH de l'eau correspond au tracé des frontières associées aux deux couples d'oxydo-réduction $O_{2(g)} / H_2O$ et $H_2O / H_{2(g)}$.

– Couple $H^+_{(aq)} / H_{2(g)}$ (équivalent au couple $H_2O_{(l)} / H_{2(g)}$ en milieu acide) :

$E = -0{,}06\,\text{pH}$ (en V) pour $P_{H_2} = P° = 1$ bar.

– Couple $O_{2(g)} / H_2O$: $E = 1{,}23 - 0{,}06\,\text{pH}$ (en V) pour $P_{O_2} = P° = 1$ bar.

Ces deux frontières limitent le domaine d'inertie thermodynamique de l'eau.

⇨ **Méthode 30.4. Construire le diagramme potentiel-pH des couples de l'eau**

■ Prévision thermodynamique des réactions d'oxydo-réduction

❑ Coexistence de deux espèces

Lorsqu'un système d'espèces chimiques est à l'équilibre, les couples d'oxydo-réduction correspondants ont le même potentiel. Deux espèces peuvent coexister s'il existe une zone de pH où leur potentiel a la même valeur, donc si leurs domaines de prédominance (ou d'existence) possèdent une partie commune. Dans le cas contraire, les deux espèces ne peuvent coexister et réagissent selon une réaction thermodynamiquement favorisée.
En particulier, on peut prévoir ainsi la stabilité d'une espèce dans l'eau.

⇨ **Méthode 30.5. Déterminer si une transformation chimique est thermodynamiquement favorisée**

⇨ **Méthode 30.6. Prévoir une éventuelle dismutation ou médiamutation**

❑ Confrontation entre prévisions et données expérimentales

Il arrive que deux espèces coexistent expérimentalement, alors que les diagrammes potentiel-pH indiquent que leurs domaines de stabilité sont disjoints. Cela est dû au fait que la réaction entre ces deux espèces est extrêmement lente. Un tel état, théoriquement instable du point de vue thermodynamique, mais expérimentalement observable pour des raisons cinétiques, est dit **métastable**.

Méthodes

Comment construire ou interpréter un diagramme potentiel-pH ?

Méthode 30.1. Attribuer des domaines de stabilité aux espèces contenant un même élément

> – Calculer le NO de l'élément principal dans les espèces chimiques étudiées.
> – Classer les différentes espèces dans un diagramme de principe, par NO croissant de bas en haut et par basicité croissante de gauche à droite.
> – La position des espèces dans le diagramme potentiel-pH se déduit de leur position relative dans le diagramme de principe.

⇨ **Exercices 30.2 à 30.9**

On donne l'allure du diagramme E-pH du fer, établi en tenant compte des espèces Fe^{2+}(aq), Fe(s), $Fe(OH)_3$(s), Fe^{3+}(aq), $Fe(OH)_2$(s), avec la concentration de tracé $c_{tra} = 10^{-2}\ mol \cdot L^{-1}$.
Établissons le diagramme de principe pour les différentes espèces étudiées.
On calcule NO(Fe) = 0 dans Fe(s), NO(Fe) = +II dans Fe^{2+}(aq) et $Fe(OH)_2$(s) et NO(Fe) = +III dans Fe^{3+}(aq) et $Fe(OH)_3$(s).
D'autre part, $Fe(OH)_2$(s) est plus basique que Fe^{2+}(aq), et $Fe(OH)_2$(s) est plus basique que Fe^{3+}(aq).
On peut donc positionner les espèces ainsi (la position relative des frontières verticales Fe^{2+}(aq)/$Fe(OH)_2$(s) et Fe^{3+}(aq)/$Fe(OH)_3$(s) n'est connue qu'une fois que l'on a déterminé leur équation) :

NO croissant ↑

<table>
<tr><td>+III</td><td>Fe^{3+}</td><td colspan="2">$Fe(OH)_{3(s)}$</td></tr>
<tr><td>+II</td><td colspan="2">Fe^{2+}</td><td>$Fe(OH)_{2(s)}$</td></tr>
<tr><td>0</td><td colspan="3">Fe</td></tr>
</table>

→ basicité croissante

Remarque

Pour déterminer l'ordre de basicité croissante des espèces, on peut écrire une équation acido-basique entre deux espèces successives afin d'identifier l'espèce qui joue le rôle de base et celle qui joue le rôle d'acide.

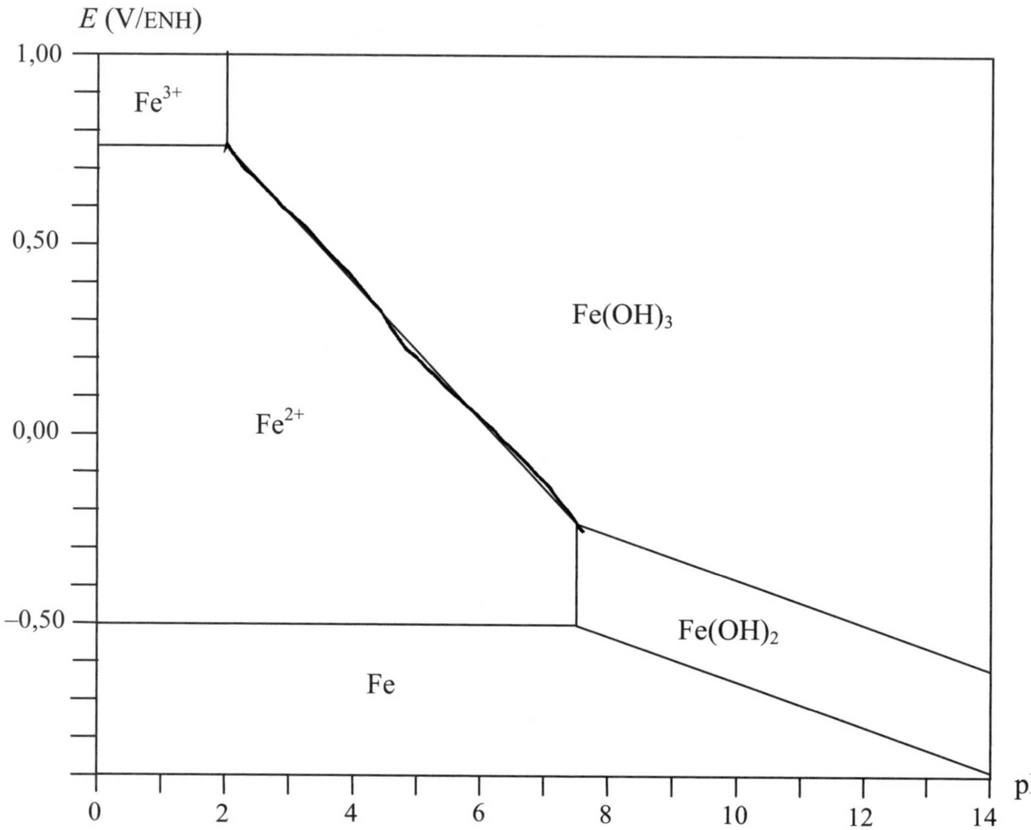

❑ Méthode 30.2. Déterminer l'équation ou la pente d'une frontière d'oxydo-réduction

– Établir la demi-équation associée au couple étudié.
– Exprimer le potentiel d'oxydo-réduction du couple à l'aide de la loi de Nernst.
– Utiliser les conventions de tracé pour exprimer les concentrations des espèces dissoutes à la frontière (cette étape n'est pas nécessaire si seule la pente est recherchée).
– Établir l'expression affine du potentiel $E = f(\text{pH})$ et en déduire la valeur de la pente (en volts par unité de pH, souvent écrite simplement en volts).

⇨ **Exercices 30.3, 30.4, 30.6, 30.7, 30.9, 30.10**

Dans le diagramme potentiel-pH du fer, déterminons la pente de la frontière entre $Fe(OH)_{3(s)}$ et $Fe^{2+}_{(aq)}$. Pour ce couple : $Fe(OH)_{3(s)} + 3\,H^+_{(aq)} + e^- = Fe^{2+}_{(aq)} + 3\,H_2O$

$$E = E^\circ_{Fe(OH)_3/Fe^{2+}} + 0{,}06\log\frac{[H^+]^3}{[Fe^{2+}](c^\circ)^2} = E^\circ_{Fe(OH)_3/Fe^{2+}} - 0{,}06\log[Fe^{2+}] - 0{,}18\,\text{pH} \text{ (en V)}.$$

La pente de la frontière redox correspondante est donc égale à <u>–0,18 V (par unité de pH)</u>.

❑ Méthode 30.3. Déterminer la position d'une frontière verticale

> – Écrire une équation de réaction traduisant la transformation chimique entre les deux espèces séparées par la frontière verticale.
> – Calculer la constante d'équilibre associée à l'équation précédente à partir des données thermodynamiques (telles que K_a, K_s par exemple).
> – Utiliser les conventions de tracé pour calculer le pH à la frontière.

⇨ Exercices 30.4, 30.6, 30.7

Dans le diagramme potentiel-pH du fer, déterminons la position de la frontière verticale entre $Fe^{3+}_{(aq)}$ et $Fe(OH)_{3(s)}$. On a pour l'équation de dissolution du précipité :

$$Fe(OH)_{3(s)} = Fe^{3+}_{(aq)} + 3\ HO^-_{(aq)} \qquad K_s = 10^{-38}$$

soit $K_s = \dfrac{[Fe^{3+}][HO^-]^3}{(c°)^4} = \dfrac{[Fe^{3+}](c°)^2 K_e^3}{[H^+]^3} \Leftrightarrow [H^+] = \left(\dfrac{[Fe^{3+}](c°)^2 K_e^3}{K_s}\right)^{1/3}$

d'où $\text{pH} = \dfrac{1}{3}(-\log[Fe^{3+}] + 3\text{p}K_e - \text{p}K_s)$.

La frontière entre $Fe^{3+}_{(aq)}$ et $Fe(OH)_{3(s)}$ correspond à la limite d'apparition du précipité. Par convention, à la frontière, $[Fe^{3+}] = c_{tra} = 10^{-2}\ \text{mol} \cdot \text{L}^{-1}$.

AN $\text{pH} = \dfrac{1}{3}(-\log(10^{-2}) + 3 \times 14 - 38)$, soit pH = 2 à la frontière.

❑ Méthode 30.4. Construire le diagramme potentiel-pH de l'eau

> Le diagramme potentiel-pH de l'eau correspond au tracé des frontières associées aux deux couples d'oxydo-réduction $O_{2(g)} / H_2O$ et $H_2O / H_{2(g)}$
> Pour chacun des deux couples, on exprime la relation de Nernst. La convention usuelle consiste à considérer que $P_{H_2} = P° = 1$ bar et $P_{O_2} = P° = 1$ bar.

⇨ Exercices 30.6, 30.8

– Pour le couple $H^+_{(aq)} / H_{2(g)}$: $2H^+_{(aq)} + 2e^- = H_{2(g)}$ avec $E°_{H^+/H_2} = 0{,}00$ V.

$$E = E°_{H^+/H_2} + \frac{0{,}06}{2}\log\frac{[H^+]^2 P°}{(c°)^2 P_{H_2}} = -0{,}06\,\text{pH (en V) pour } P_{H_2} = P° = 1 \text{ bar}.$$

– Pour le couple $O_{2(g)} / H_2O$: $O_{2(g)} + 4\ H^+_{(aq)} + 4e^- = 2\ H_2O$ avec $E°_{O_2/H_2O} = 1{,}23$ V à 25 °C.

$$E = E°_{O_2/H_2O} + \frac{0{,}06}{4}\log\frac{[H^+]^4 P_{O_2}}{(c°)^4 P°} = 1{,}23 - 0{,}06\,\text{pH (en V) pour } P_{O_2} = P° = 1 \text{ bar}.$$

On en déduit l'allure du diagramme E-pH de l'eau.

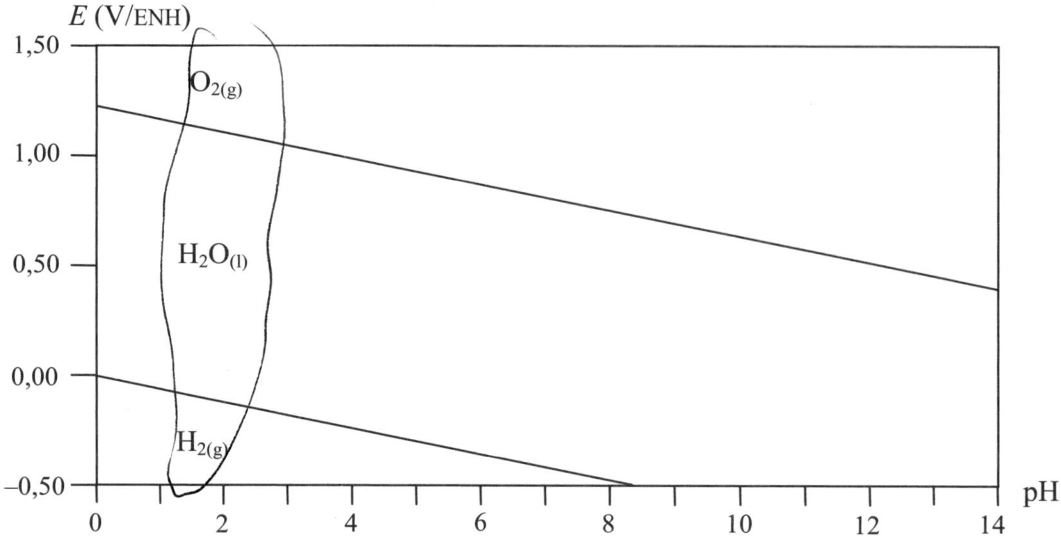

Le domaine de stabilité thermodynamique de l'eau est compris entre ces deux droites parallèles.

■ Comment utiliser les diagrammes potentiel-pH ?

❑ Méthode 30.5. Déterminer si une transformation chimique est thermodynamiquement favorisée

> Par superposition des diagrammes potentiel-pH associés aux espèces étudiées, il est possible de voir si un oxydant et un réducteur ont des domaines de prédominance (ou d'existence) disjoints au pH considéré. Si c'est le cas, la transformation chimique entre eux est thermodynamiquement favorisée.

⇨ **Exercices 30.4, 30.5, 30.7**

Déterminons si les ions Fe^{2+} sont stables en solution aqueuse. Pour cela, superposons les diagrammes *E*-pH du fer et de l'eau (le diagramme *E*-pH de l'eau est représenté en pointillés). On voit que le domaine de prédominance des ions Fe^{2+} et le domaine de stabilité thermodynamique de l'eau possèdent une partie commune quel que soit le pH, les ions Fe^{2+} sont donc stables dans une solution aqueuse désaérée. Par contre, Fe^{2+} et $O_{2(g)}$ ont des domaines de stabilité disjoints (ne possédant aucune partie commune) : dans une solution aqueuse aérée, les ions Fe^{2+} sont oxydés par le dioxygène. D'après le diagramme, si le pH est inférieur à 2, l'oxydation des ions Fe^{2+} conduit à Fe^{3+} selon la réaction d'équation :

$$Fe^{2+} = Fe^{3+} + e^-$$

$$\frac{O_2 + 4H^+ + 4\,e^- = 2\,H_2O}{O_2 + 4Fe^{2+} + 4H^+ = 4Fe^{3+} + 2\,H_2O}$$

Si le pH est compris entre 2 et 7,5 (au-delà de cette valeur $Fe(OH)_{2(s)}$ est l'espèce stable du fer(II)), l'oxydation des ions Fe^{2+} conduit à $Fe(OH)_{3(s)}$ selon la réaction d'équation :

$$Fe^{2+} + 3H_2O = Fe(OH)_3 + 3H^+ + e^-$$
$$O_2 + 4H^+ + 4e^- = 2H_2O$$
$$O_2 + 4Fe^{2+} + 10H_2O = 4Fe(OH)_3 + 8H^+$$

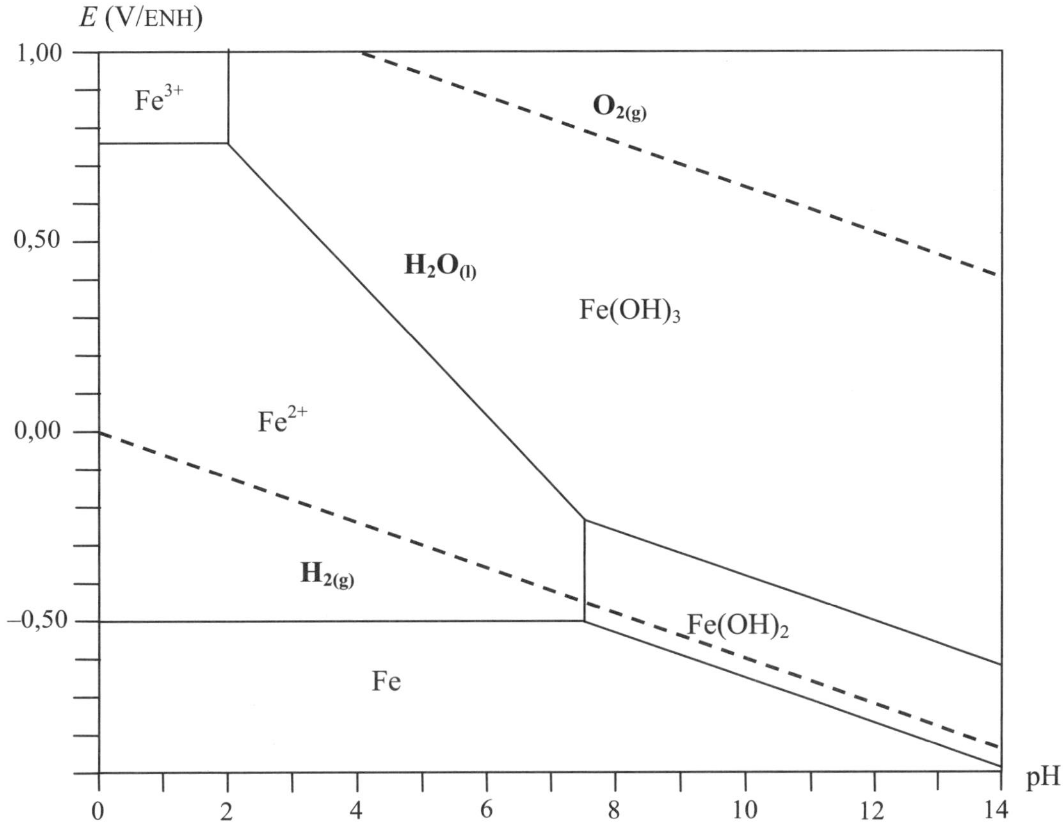

Remarque

La réaction est d'autant plus favorisée que les frontières associées aux couples mis en jeu sont éloignées.

❑ Méthode 30.6. Prévoir une éventuelle dismutation ou médiamutation

Si un diagramme potentiel-pH fait apparaître un point d'intersection entre trois frontières redox séparant trois espèces de nombres d'oxydation différents, tels que $a > b > c$, le pH correspondant est le pH limite à partir duquel on observe une réaction de dismutation de l'espèce au NO b ou une réaction de médiamutation entre les espèces au NO a et c (selon le sens de lecture).

⇨ **Exercices 30.3, 30.4, 30.7**

Considérons le diagramme potentiel-pH du cuivre, établi en tenant compte des espèces Cu(s), Cu_2O(s), Cu^{2+}(aq), $Cu(OH)_2$(s), avec la concentration de tracé $c_{tra} = 10^{-2}$ mol·L^{-1}.

Méthodes

Le diagramme de principe suivant permet de positionner les espèces dans leurs domaines de stabilité respectifs.

NO croissant ↑

+II	Cu^{2+}	$Cu(OH)_{2(s)}$
+II	$Cu_2O_{(s)}$	
0	Cu	

→ basicité croissante

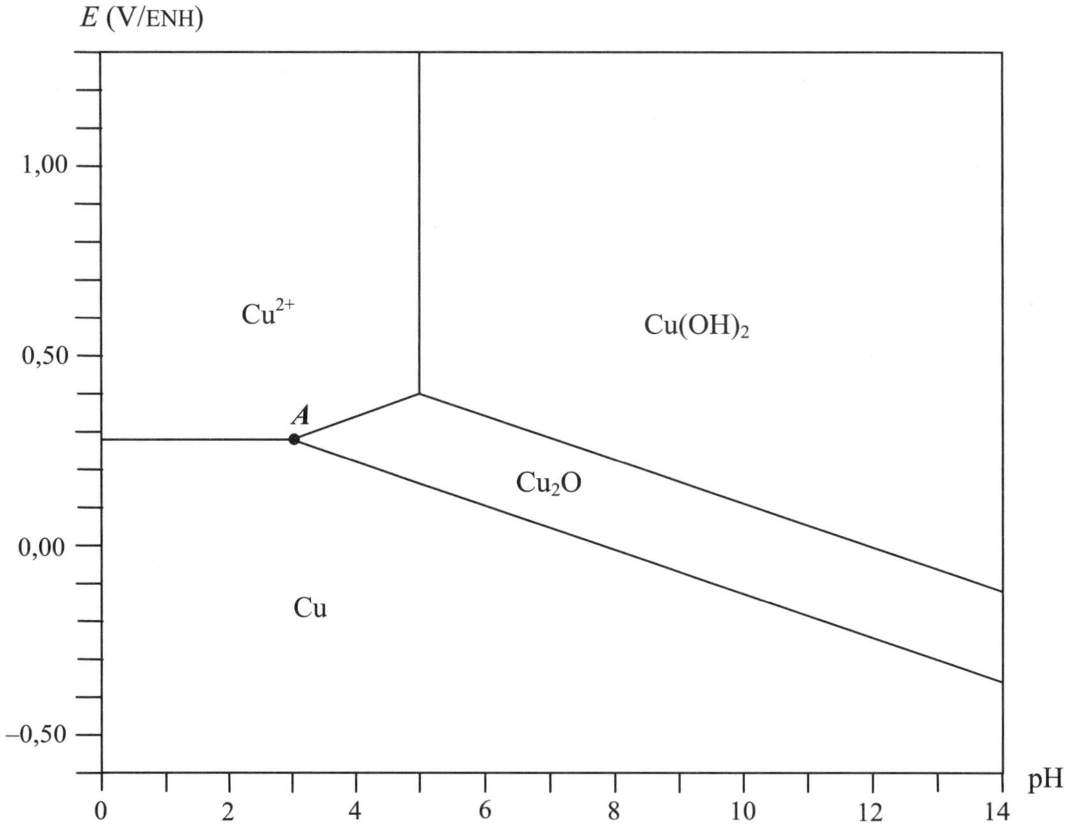

Sur le diagramme, le point *A* (de coordonnées pH = 3 ; E = 0,28 V) est un point d'intersection entre les trois frontières redox Cu^{2+}/Cu, Cu^{2+}/Cu_2O et Cu_2O/Cu avec NO(Cu) = 0 dans Cu, +I dans Cu_2O et +II dans Cu^{2+}. Pour tout pH inférieur à 3, on constate que Cu_2O ne possède pas de domaine de stabilité. Il est instable et se dismute en Cu^{2+} et Cu selon la réaction d'équation :

$$Cu_2O + 2\,H^+ + 2\,e^- = 2\,Cu + H_2O$$

$$Cu_2O + 2\,H^+ = 2\,Cu^{2+} + H_2O + 2\,e^-$$

$$\overline{Cu_2O + 2\,H^+ = Cu^{2+} + Cu + H_2O}$$

Pour tout pH supérieur à 3 (et inférieur à 5, pH au-delà duquel Cu^{2+} n'est plus la forme stable de Cu(+II)), Cu^{2+} et Cu possèdent des domaines de stabilité disjoints et réagissent selon la réaction de médiamutation d'équation : $Cu^{2+} + Cu + H_2O = Cu_2O + 2\,H^+$

Vrai/Faux

		Vrai	Faux
1.	Le potentiel du couple $I_2(aq)/I^-(aq)$ dépend du pH.	☐	☐
2.	$O_2(g)$ est de moins en moins oxydant lorsque le pH augmente.	☐	☐
3.	La valeur du potentiel standard d'un couple Ox / Red est égale à l'ordonnée à l'origine de la frontière relative à ce couple.	☐	☐
4.	Une frontière verticale traduit un équilibre entre deux espèces chimiques au même nombre d'oxydation.	☐	☐
5.	Le domaine de stabilité d'une espèce chimique solide peut être qualifié de domaine d'existence.	☐	☐
6.	Une transformation redox entre deux espèces chimiques est favorisée si les domaines de stabilité des deux espèces se superposent.	☐	☐
7.	Une dismutation traduit une oxydation et une réduction simultanées d'une même espèce chimique.	☐	☐
8.	Une médiamutation est la transformation inverse d'une dismutation.	☐	☐

■■ Énoncé des exercices

Donnée commune à tous les exercices : on travaille à 25 °C, avec $\frac{RT}{F}\ln 10 = 0{,}06$ V.

■ Lecture des diagrammes potentiel-pH

❑ Exercice 30.1. L'argent, un métal noble

On donne le diagramme potentiel-pH de l'argent, établi à 25 °C en tenant compte des espèces : $Ag_{(s)}$, $Ag_2O_{(s)}$ et $Ag^+_{(aq)}$, pour une concentration en ions argent égale à $c_{Ag^+} = 10^{-1}$ mol·L^{-1}.

On a superposé au diagramme la droite relative au couple $H_2O_{(l)} / H_{2(g)}$, pour $P_{H_2} = 1$ bar.

1. Établir l'équation de la frontière relative au couple $Ag^+_{(aq)} / Ag_{(s)}$.

2. Quelle est la pente de la frontière relative au couple $Ag_2O_{(s)} / Ag_{(s)}$?

3. Qu'observe-t-on si on élève le pH d'une solution d'ions argent (sans variation de la concentration initiale en ions $Ag^+_{(aq)}$ dans la solution) ? Écrire l'équation de la réaction correspondante.

4. L'argent est-il oxydé par l'eau ?

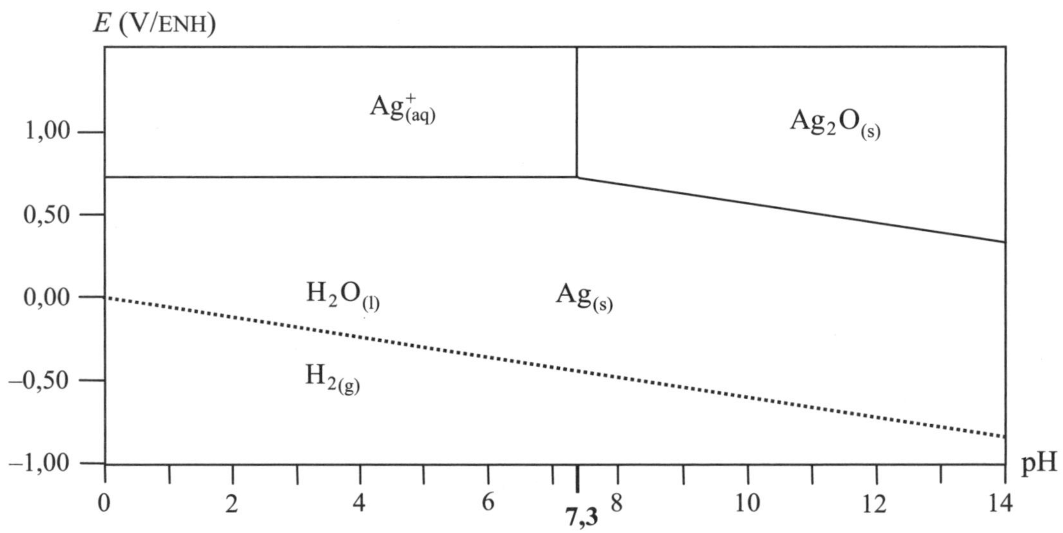

Donnée : $E°(Ag^+_{(aq)} / Ag_{(s)}) = 0{,}80$ V.

❑ Exercice 30.2. Corrosion du zinc

On peut étudier les aspects thermodynamiques de la corrosion du zinc par voie humide à l'aide du diagramme potentiel-pH ci-dessous, tracé à 25 °C pour une concentration de tracé égale à $c_0 = 10^{-6}\ \text{mol} \cdot \text{L}^{-1}$ pour les espèces : $Zn_{(s)}$, $HZnO^-_{2(aq)}$, $Zn(OH)_{2(s)}$, $ZnO^{2-}_{2(aq)}$, $Zn^{2+}_{(aq)}$. Les conventions de frontière sont les suivantes :

– il y a égalité des concentrations à la frontière entre deux espèces dissoutes ;

– à la frontière entre une espèce dissoute et une espèce solide, la concentration de l'espèce dissoute est prise égale à c_0.

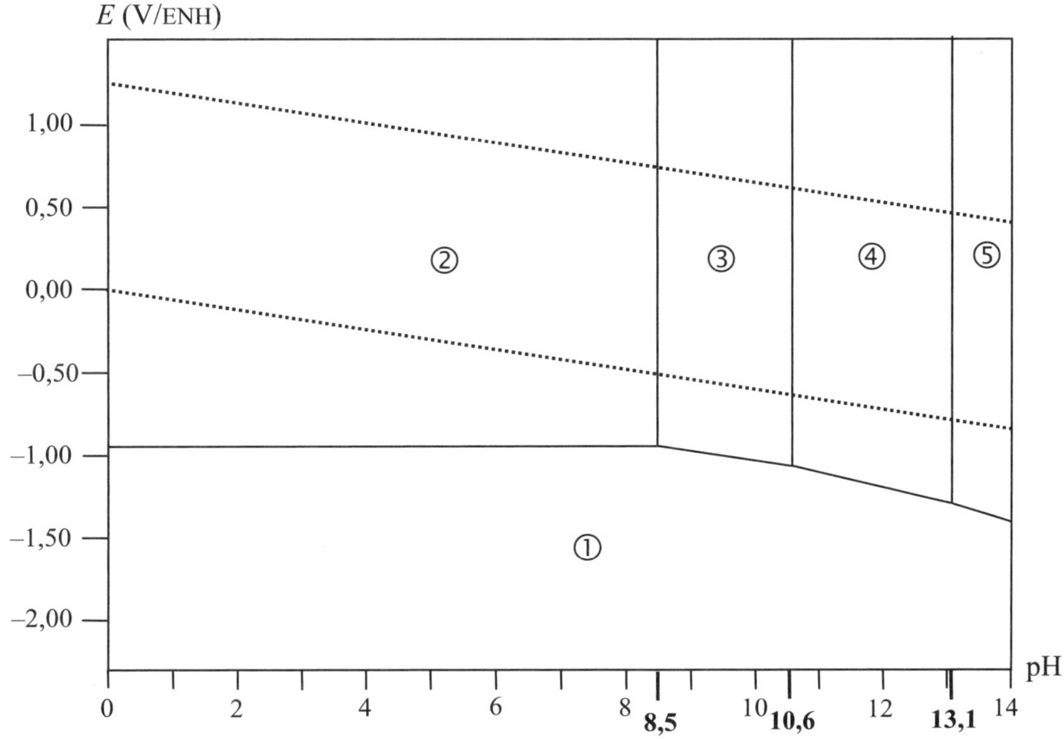

1. Montrer que les espèces $HZnO^-_{2(aq)}$, $Zn(OH)_{2(s)}$, $ZnO^{2-}_{2(aq)}$ et $Zn^{2+}_{(aq)}$ sont liées par des équilibres acido-basiques. Écrire les équations des réactions correspondantes. Classer ces espèces par basicité croissante.

2. Les différents domaines du diagramme étant numérotés de ① à ⑤, attribuer à chaque espèce son domaine de stabilité. Préciser s'il s'agit de domaines de prédominance ou d'existence.

3. On a superposé au diagramme les droites délimitant le domaine de stabilité thermodynamique de l'eau. Indiquer les couples Ox/Red correspondants et établir l'équation des deux droites. On considèrera pour les espèces gazeuses une pression partielle $P_i = 1$ bar.

4. On place une lame de zinc dans une solution aqueuse désaérée. Le zinc est-il corrodé ? Écrire la (ou les) équation(s) de réaction associée(s).

5. Le diagramme permet-il de savoir si la corrosion du zinc a bien lieu, et si elle se déroule rapidement ?

Données : $E°(O_2/H_2O) = 1{,}23$ V ; $E°(H^+/H_2) = 0{,}00$ V.

❑ Exercice 30.3. Diagramme potentiel-pH de l'étain

Le diagramme potentiel-pH de l'étain, représenté ci-dessous de façon simplifiée, a été établi à 25 °C, en prenant en compte uniquement les espèces suivantes : $Sn_{(s)}$, $SnO_{2(s)}$, $HSnO^{-}_{2(aq)}$, $SnO^{2-}_{3(aq)}$, $Sn^{2+}_{(aq)}$, $Sn^{4+}_{(aq)}$. Le tracé a été réalisé en considérant que la somme des concentrations en espèces dissoutes est égale à $c_0 = 10^{-3}\ \text{mol} \cdot \text{L}^{-1}$; il y a égalité des concentrations à la frontière entre deux espèces dissoutes.

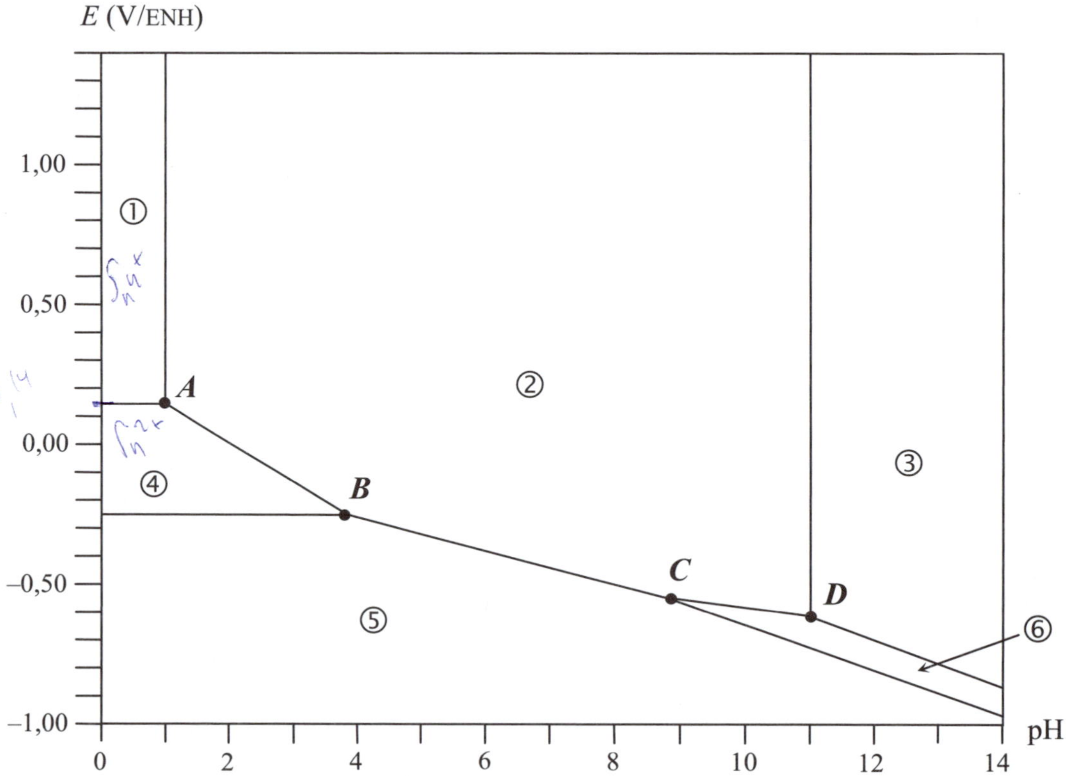

1. Les différents domaines du diagramme étant numérotés de ① à ⑥, attribuer à chaque espèce de l'étain son domaine de stabilité.

2. Déduire du diagramme la valeur du potentiel d'oxydo-réduction standard du couple Sn^{4+}/Sn^{2+} et déterminer la pente de la droite *AB*.

3. Retrouver par le calcul la valeur du pH au point *B*. Qu'observe-t-on en ce point ? Écrire l'équation de la réaction correspondante.

4. Montrer que le couple $SnO_{2(s)} / SnO^{2-}_{3(aq)}$ est un couple acide/base et déduire du diagramme la valeur de sa constante d'acidité K_a, exprimée pour un proton échangé ; donner la valeur de pK_a.

Données : $E°(Sn^{2+}/Sn) = -0,14$ V ; $E°(SnO_2/Sn^{2+}) = +0,14$ V.

D'après E3A

❑ Exercice 30.4. Diagramme potentiel-pH du mercure

On donne le diagramme du mercure, établi en tenant compte des espèces $Hg^{2+}(aq)$, Hg(l), HgO(s), $Hg_2^{2+}(aq)$.

Le diagramme a été tracé à 298 K avec les conventions aux frontières suivantes :

– on fixe la concentration totale en ions mercure dissous (I) et (II) égale à $c_{tra} = 10^{-1}\ mol \cdot L^{-1}$;

– quand deux espèces solubles apparaissent dans un équilibre chimique, le rapport de leurs concentrations est fixé à 1 ;

– s'il s'agit d'un équilibre entre une espèce solide et une espèce soluble, la concentration de l'espèce soluble est choisie égale à $c_{tra} = 10^{-1}\ mol \cdot L^{-1}$.

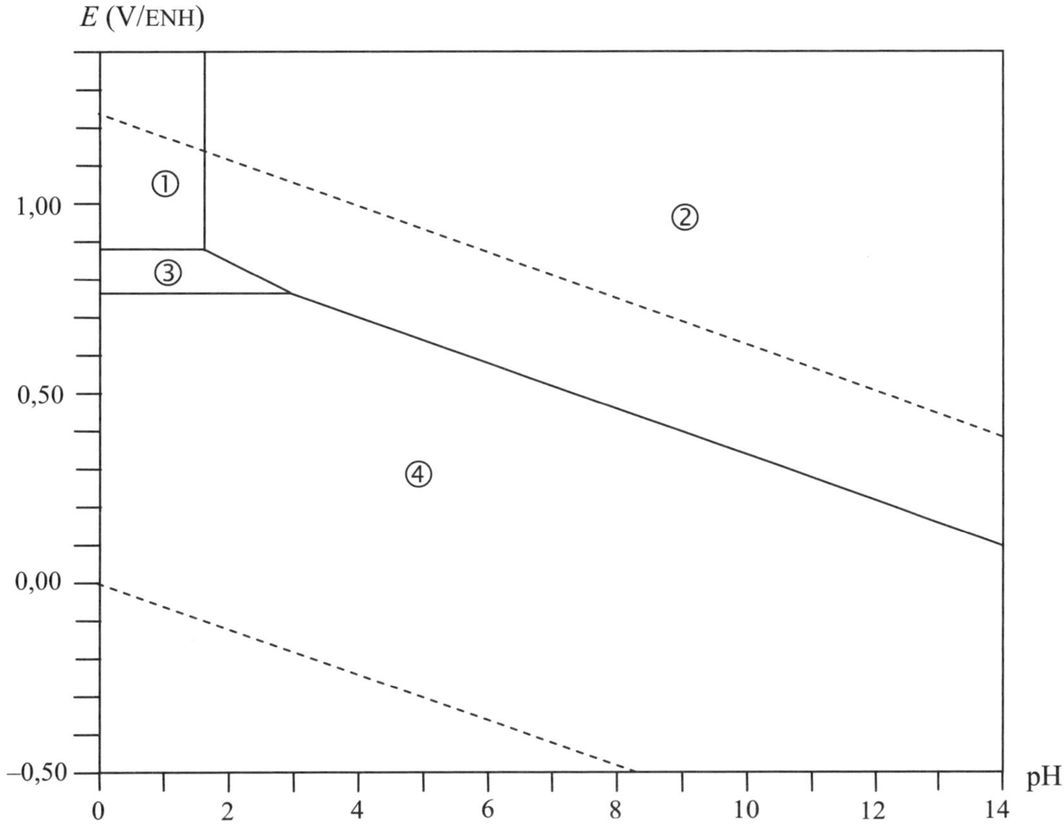

1. Attribuer les domaines de stabilité ① à ④ du diagramme aux différentes espèces du mercure. Préciser s'il s'agit de domaines d'existence ou de prédominance.

2. Le mercure est-il stable dans l'eau désaérée ? dans l'eau aérée ?

3. Établir, à partir des données et des conventions de tracé fournies, l'équation des frontières ①/③ et ①/②. Calculer la pente de la frontière ②/③.

4. Qu'observe-t-on lorsqu'on augmente le pH d'une solution aqueuse contenant l'espèce ③ ? Écrire l'équation de réaction correspondante. Comment se nomme ce type de transformation ?

5. Lorsqu'on recherche des ions du mercure en solution aqueuse, on peut opérer de la manière suivante :

– déposer une goutte de solution aqueuse acidifiée contenant éventuellement des ions du mercure sur une lame de cuivre préalablement polie ;
– attendre quelques instants et laver la lame de cuivre à l'eau ;
– s'il se forme un amalgame blanc brillant sur la lame de cuivre, la solution contient alors des ions du mercure.

a) Pourquoi la solution contenant des ions du mercure doit-elle être acidifiée ? Pourquoi doit-on attendre ?

b) Pour quels ions du mercure ce protocole est-il valable ? Écrire les équations des réactions possibles en milieu acide.

Données : $E°(Hg^{2+} / Hg_2^{2+}) = 0{,}92$ V ; $E°(Hg_2^{2+} / Hg) = 0{,}80$ V ; $E°(Cu^{2+} / Cu) = 0{,}34$ V ;

pour l'équation (1) $Hg^{2+}(aq) + 3\ H_2O(l) = HgO(s) + 2\ H_3O^+(aq)$ $K_1^\circ = 10^{-2{,}3}$.

D'après Concours commun polytechnique

Dosages d'oxydo-réduction

❑ Exercice 30.5. Dosage en retour des ions borohydrure**

On cherche à vérifier la pureté d'un produit commercial de borohydrure de sodium $NaBH_4$.

Pour cela, on réalise un dosage en retour des ions borohydrure BH_4^- par iodométrie.

Le protocole est le suivant : on ajoute lentement 0,189 g de borohydrure de sodium commercial dans 80,0 mL d'une solution de soude $(Na^+ + HO^-)$ de concentration $c_b = 0{,}1\ mol \cdot L^{-1}$, contenant 10,0 mmol d'iodate de potassium KIO_3. Après 10 min de réaction, on transvase la solution dans une fiole jaugée de 100 mL. On complète au trait de jauge avec de la soude à $0{,}1\ mol \cdot L^{-1}$. On prélève 10,0 mL de cette solution, que l'on introduit dans une fiole jaugée de 50 mL, et on complète avec de l'eau distillée. On ajoute 1,0 g d'iodure de potassium KI (en excès), puis on acidifie la solution avec de l'acide chlorhydrique $(H_3O^+ + Cl^-)$ de concentration $2\ mol \cdot L^{-1}$, jusqu'à pH = 1. Le diiode formé est dosé par une solution de thiosulfate de sodium $(2\ Na^+ + S_2O_3^{2-})$ de concentration $c_t = 0{,}100\ mol \cdot L^{-1}$. La décoloration de la solution est observée pour un volume versé $V_{éq} = 21\ mL$.

1. Sur la figure ci-après, on a superposé les diagrammes potentiel-pH pour les espèces de l'iode : I^-, IO_3^- et I_2, et pour les espèces du bore : BH_4^-, $B(OH)_3$ et $B(OH)_4^-$. Indiquer dans chaque domaine la nature de l'espèce prédominante.

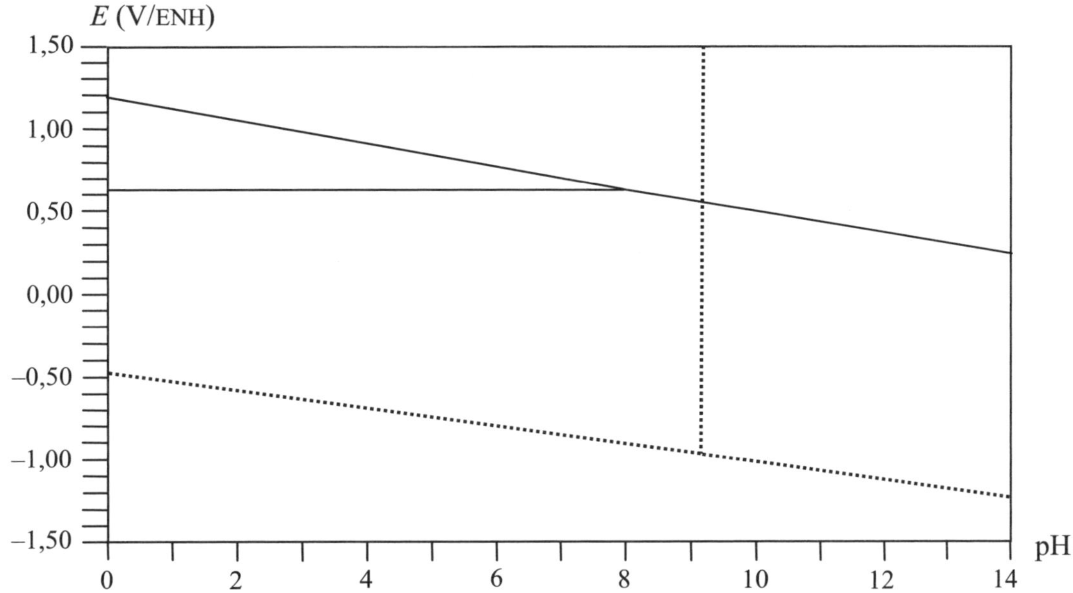

2. Écrire les équations des trois réactions d'oxydo-réduction mises en jeu dans le protocole expérimental.

3. Quel est le rôle de l'ajout d'ions iodure ? Pourquoi acidifie-t-on la solution pour obtenir le diiode ?

4. Calculer la quantité de matière de borohydrure de sodium dans la prise d'essai de 10 mL.

5. Déterminer la pureté du borohydrure de sodium commercial, définie par $p = \dfrac{\text{masse de NaBH}_4}{\text{masse de l'échantillon}}$.

Données : $M(\text{NaBH}_4) = 37{,}8\ \text{g}\cdot\text{mol}^{-1}$; $E°(S_4O_6^{2-} / S_2O_3^{2-}) = 0{,}09\ \text{V}$;

$\text{p}K_a(\text{B(OH)}_3 / \text{B(OH)}_4^-) = 9{,}2$.

D'après Mines-Ponts

❑ Exercice 30.6. Dosage du dioxygène dissous dans l'eau par la méthode de Winkler

L'eau sous forme liquide est un élément essentiel à la vie telle que nous la connaissons. Néanmoins, elle doit aussi contenir une quantité suffisante de dioxygène dissous pour réguler la nature de la faune et de la flore.

On donne le diagramme potentiel-pH du manganèse à 298 K, pour une concentration totale en espèces dissoutes de $10^{-2}\ \text{mol}\cdot\text{L}^{-1}$. On s'intéresse aux espèces suivantes : $Mn_{(s)}$, $Mn(OH)_{3(s)}$, Mn^{2+}, $Mn(OH)_{2(s)}$ et Mn^{3+}. On superpose en pointillés le diagramme E-pH de l'eau.

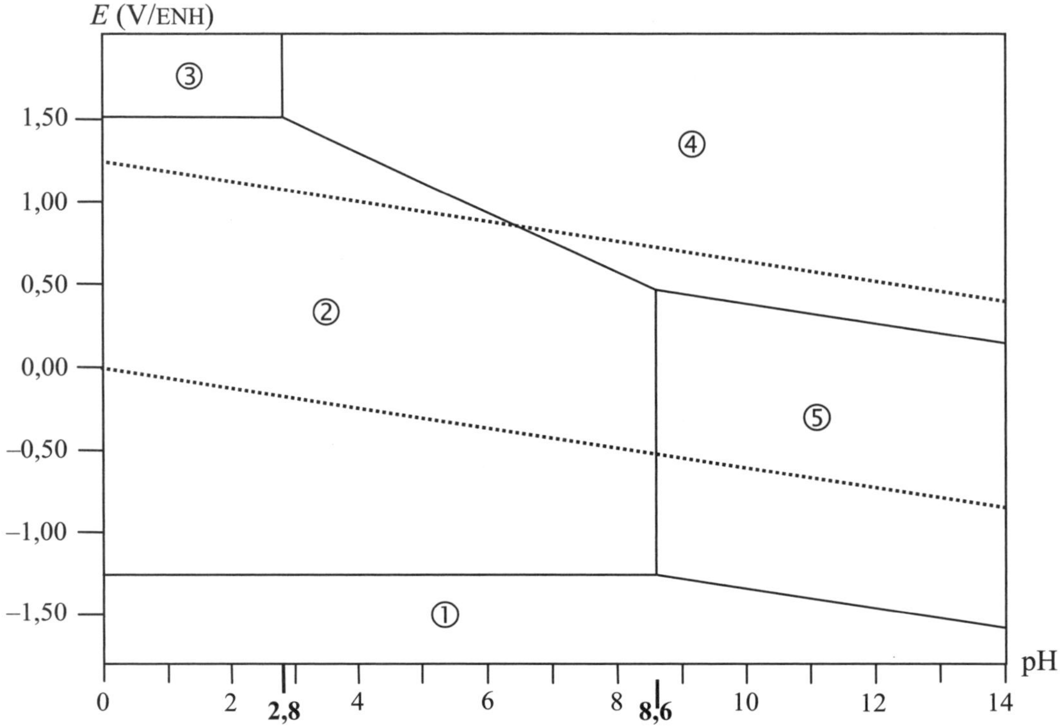

1. Préciser le nombre d'oxydation du manganèse dans chacune des formes envisagées. En déduire quelles espèces correspondent à chacun des domaines numérotés de ① à ⑤.

2. Rappeler les deux demi-équations d'oxydo-réduction associées aux couples de l'eau. En déduire les deux équations des droites qui délimitent le domaine de stabilité de l'eau, avec la convention $P(H_2) = P(O_2) = 1$ bar, à $T = 298$ K.

3. D'après les positions des domaines de prédominance ou d'existence des différentes espèces liées au manganèse, déterminer les valeurs approchées du produit de solubilité de $Mn(OH)_2$ et du potentiel standard d'oxydo-réduction du couple $Mn^{2+}/Mn_{(s)}$.

4.a) Lorsqu'on verse un peu de poudre de manganèse dans de l'eau légèrement acidifiée, on observe un dégagement gazeux. De quel gaz s'agit-il ? Justifier.

b) Avec la même expérience effectuée en milieu basique ($pH \approx 11$), on n'observe aucun dégagement gazeux. Expliquer.

Dosage du dioxygène dissous

5. *Première étape*

On remplit d'eau à doser une fiole de 250 mL jusqu'à son trait de jauge. On y place un barreau aimanté. On ajoute ensuite quelques pastilles de soude et 2,00 g de chlorure de manganèse.
On bouche immédiatement la fiole jaugée avant d'agiter jusqu'à dissolution des réactifs.

a) Justifier cette opération.

b) Écrire l'équation de la réaction entre la soude et le manganèse(II). Le composé obtenu est-il soluble ?

c) Écrire l'équation de la réaction entre le composé précédent et le dioxygène dissous dans l'eau. Justifier, par l'analyse du diagramme potentiel-pH, l'utilisation de la soude.

6. *Deuxième étape*

On ouvre la fiole jaugée au bout de 30 minutes, on verse son contenu dans un erlenmeyer et on ajoute immédiatement un peu d'acide sulfurique concentré et 1,00 g d'iodure de potassium.

a) Justifier pourquoi on doit attendre 30 minutes avant d'effectuer cette seconde étape. Quelles précautions indispensables, liées à la sécurité, doit-on prendre lors de cette deuxième étape ?

b) Après addition de l'acide sulfurique, sous quelle forme se trouve le manganèse(III) ?

c) Écrire l'équation de la réaction entre le manganèse(III) et les ions iodure.

d) En fait, le diiode est peu soluble dans l'eau, mais soluble dans une solution contenant des ions iodure. On obtient alors un ion complexe I_3^-. La solution est alors limpide et de couleur jaune. Quelle équation doit-on écrire en toute rigueur pour cette deuxième étape ?

7. *Troisième étape*

On prélève alors un volume $V_0 = 100$ mL de cette solution et on la dose par une solution de thiosulfate de sodium de concentration $C = 1,50 \cdot 10^{-2}\ \text{mol} \cdot \text{L}^{-1}$. On utilise du thiodène comme indicateur de fin de réaction (il donne une coloration bleue à la solution en présence de diiode).

a) Quel instrument de verrerie peut-on utiliser pour mesurer ce prélèvement ?

Le dosage effectué cet hiver nous a donné un volume à l'équivalence : $V_{éq} = 15,3$ mL avec une incertitude de 0,5 mL.

b) Écrire l'équation de la réaction entre les ions thiosulfate et les ions I_3^-.

c) En déduire la concentration du dioxygène dissous dans l'eau. On précisera l'incertitude relative associée à ce calcul.

d) Les quantités de chlorure de manganèse et d'iodure de potassium introduites initialement étaient-elles suffisantes ?

e) Le même dosage, effectué au printemps, nous avait fourni une concentration $[O_2] = 4,32 \cdot 10^{-4}\ \text{mol} \cdot \text{L}^{-1}$ avec une incertitude de 3 %. Ce résultat est-il en accord avec le dosage réalisé cet hiver ? Sinon commenter.

Données : masse molaire du chlorure de manganèse ($MnCl_2$, 4 H_2O) 198 $\text{g} \cdot \text{mol}^{-1}$; masse molaire de l'iodure de potassium KI 166 $\text{g} \cdot \text{mol}^{-1}$; $E°(I_{2(aq)}/I^-) = 0,62$ V ;
$E°(S_4O_6^{2-}/S_2O_3^{2-}) = 0,08$ V ; $E°(O_2/H_2O) = 1,23$ V ; $E°(H^+/H_2) = 0,00$ V.

D'après Concours commun polytechnique

■ Hydrométallurgie

❑ Exercice 30.7. Traitement d'un minerai d'uranium

Les centrales électriques nucléaires utilisent comme source d'énergie un « combustible » constitué d'oxyde d'uranium enrichi en uranium 235. Le combustible est obtenu par traitement d'un minerai d'uranium. Le principal minerai d'uranium est la pechblende qui contient essentiellement U_3O_8. Les premières étapes consistent, après extraction du minerai dans la mine, à un concassage puis à un broyage afin de le réduire sous forme de fine poudre (450 µm environ) avec addition d'eau. La poudre issue du minerai subit une attaque par l'acide sulfurique en présence d'un oxydant puissant : le chlorate de sodium ($Na^+ + ClO_3^-$).

1. Quel est le degré d'oxydation de l'uranium dans UO_2 et UO_3 ?

2. En supposant que la pechblende U_3O_8 est en fait un mélange des deux oxydes précédents, déduire sa composition.

En présence d'eau, on travaillera avec les espèces $U_{(s)}$, U^{3+}, U^{4+}, UO_2^{2+}, $U(OH)_{4(s)}$ et $UO_2(OH)_{2(s)}$. Le diagramme potentiel-pH (pour $C_{tra} = 1\ mol \cdot L^{-1}$) est fourni ci-après.

3. Attribuer chaque domaine ① à ⑥ à une espèce de l'uranium. On justifiera rapidement. Distinguer les domaines d'existence des domaines de prédominance.

4. Calculer les équations des deux frontières verticales.

5. Déterminer les pentes des segments séparant ② et ⑥ d'une part, ① et ⑥ d'autre part.

6. En quoi le point A est-il particulier? Écrire la réaction que subit ② au-delà de ce point.

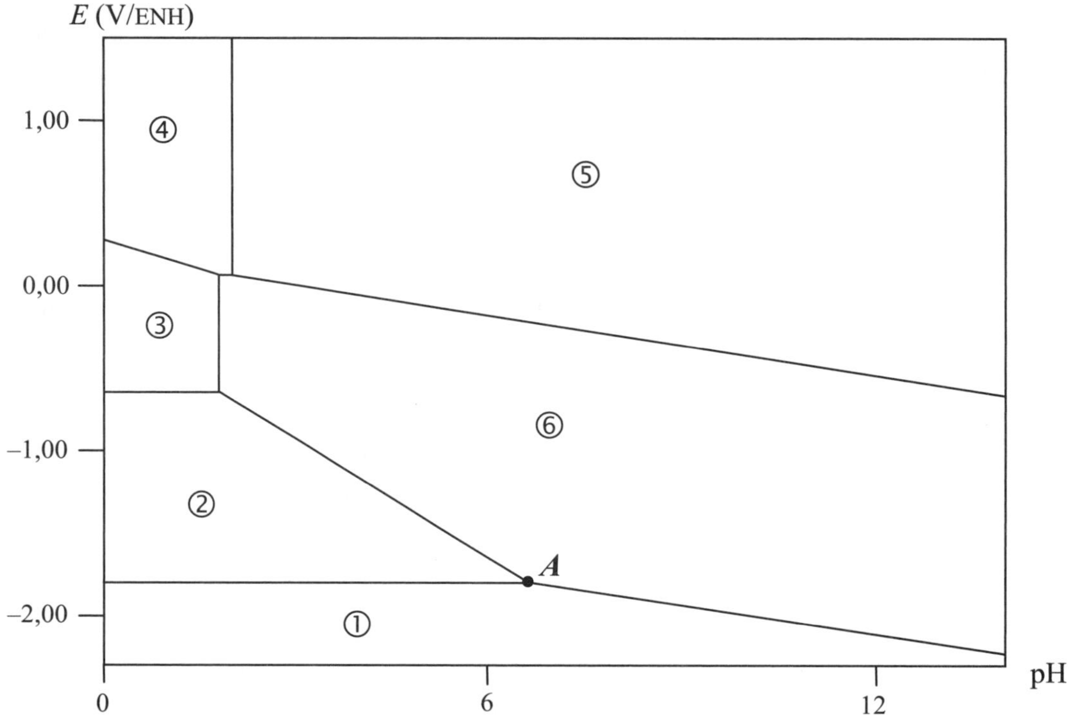

7. Calculer le potentiel du couple ClO_3^- / Cl^- en fonction du pH et superposer le graphe correspondant au diagramme potentiel-pH de l'uranium.

8. Sachant qu'on travaille en excès d'acide sulfurique et de chlorate de sodium, sous quelle forme trouvera-t-on l'uranium à la fin de cette étape?

9. Écrire l'équation-bilan de la réaction de UO_2 avec ClO_3^- en milieu acide.

Après une série de transformations menant au fluorure UF_4, une réduction par voie sèche permet l'obtention d'uranium métallique.

Données : potentiel standard d'oxydo-réduction $E°(ClO_3^- / Cl^-) = 1{,}45\ V$ à pH = 0 ;

produits de solubilité $U(OH)_{4(s)} = U^{4+} + 4\ HO^-$ $\quad K_{s1} = 10^{-49}$;

$UO_2(OH)_{2(s)} = UO_2^{2+} + 2\ HO^-$ $\quad K_{s2} = 10^{-24}$.

D'après Centrale-Supélec

❑ Exercice 30.8. Traitement hydrométallurgique d'un minerai de cuivre

Les minerais de cuivre sont de deux types principaux : les minerais dits sulfurés, dans lesquels l'élément cuivre est associé à l'élément soufre et les minerais dits oxydés, dans lesquels il est associé à l'élément oxygène. On s'intéresse ici au traitement d'un minerai contenant l'élément cuivre uniquement sous la forme de l'oxyde de cuivre $CuO_{(s)}$. Le minerai est tout d'abord finement broyé, puis subit une lixiviation sulfurique par une solution d'acide sulfurique (acide fort) de concentration $0{,}8\ mol \cdot L^{-1}$, en excès.

1. Quel est le rôle de l'opération de lixiviation ? Écrire l'équation de la réaction correspondante.

Une des principales impuretés métalliques contenues dans le minerai de départ correspond à l'élément fer. Ce fer passe en solution lors de la lixiviation, sous forme d'ions Fe^{2+}. Avant de réaliser l'électrolyse de la solution obtenue, il convient de la purifier de ces ions Fe^{2+}.

On a superposé sur un même diagramme potentiel-pH les diagrammes du fer et du cuivre (en trait pointillé celui du fer et en trait plein celui du cuivre). La convention pour le tracé est une concentration totale en espèces solubles de $1\ mol \cdot L^{-1}$ pour le cuivre et de $0{,}010\ mol \cdot L^{-1}$ pour le fer. Les espèces prises en compte pour le fer sont $Fe_{(s)}$, $Fe^{2+}_{(aq)}$, $Fe^{3+}_{(aq)}$, $Fe(OH)_{2(s)}$ et $Fe(OH)_{3(s)}$ et pour le cuivre $Cu_{(s)}$, $Cu^{2+}_{(aq)}$, $Cu_2O_{(s)}$ et $Cu(OH)_{2(s)}$. Ce sont toutes des espèces qui possèdent un domaine de stabilité.

2. Placer les différentes espèces dans les différents domaines de ce diagramme, en justifiant votre choix.

3. Calculer le potentiel standard d'oxydo-réduction du couple $Cu(OH)_2 / Cu_2O$ et le produit de solubilité de $Cu(OH)_2$, en utilisant à chaque fois les coordonnées d'un point commun à différents domaines du diagramme.

4. Placer sur le diagramme les deux droites correspondant aux couples de l'eau, les pressions partielles des gaz étant égales à 1 bar. On donnera au préalable les deux équations des droites.

5. On insuffle de l'air ou du dioxygène pur dans la solution obtenue après lixiviation. Écrire l'équation de la réaction ayant lieu. Calculer sa constante d'équilibre.

6. Proposer alors une opération à réaliser pour pouvoir séparer ensuite l'élément fer de l'élément cuivre par simple filtration.

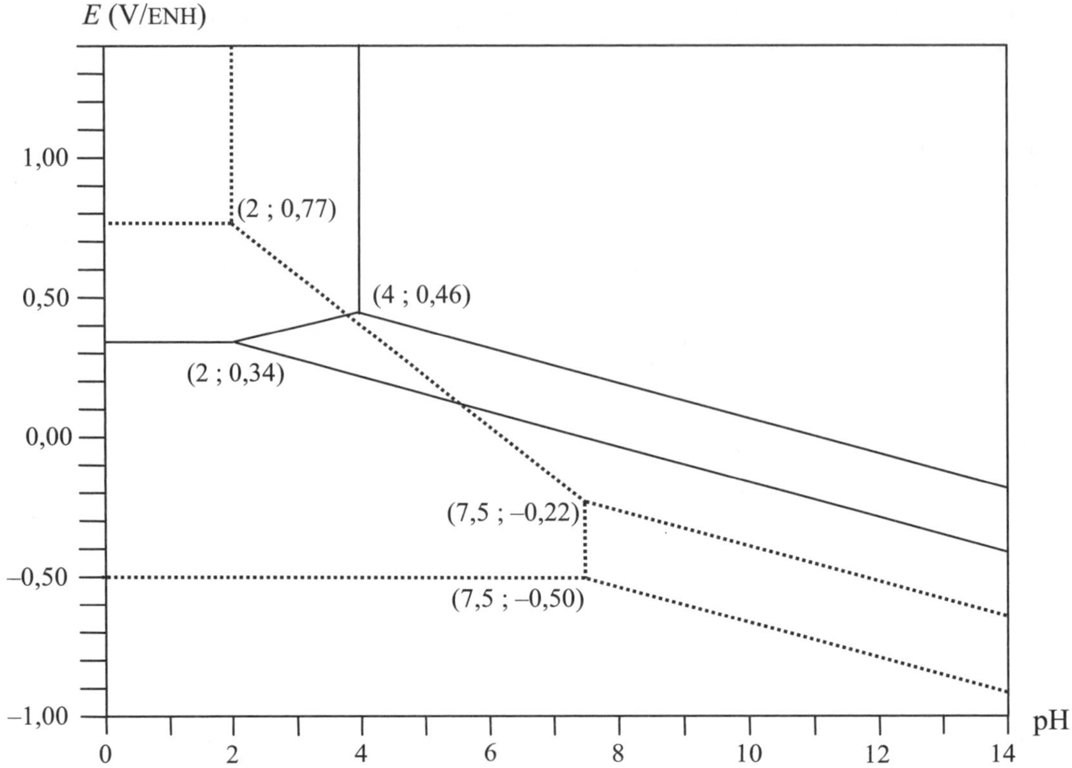

D'après Centrale-Supélec

■ Pour vous aider à démarrer

Exercice 30.3. Question 1 : écrire des équations acido-basiques pour classer les espèces associées à un même NO de l'étain par basicité croissante. Question 4 : la constante d'acidité est la constante d'équilibre associée à l'équation de la réaction entre l'acide du couple et l'eau.

Exercice 30.5. Question 1 : dans les espèces borées, c'est l'élément H dont le NO change. Question 4 : calculer la quantité de matière initiale d'ions iodate dans le prélèvement de 10 mL, puis faire un bilan de matière pour les différentes réactions, totales.

Exercice 30.6. Question 4.b : la formation d'une espèce oxydée solide à la surface du manganèse protège le métal de l'oxydation. Question 7.d : vérifier que le manganèse(II) est en excès par rapport au dioxygène et que les ions iodure sont en excès par rapport aux ions Mn^{3+} dans la première transformation.

Exercice 30.7. Question 9 : combiner l'équation de dissolution de UO_2 et l'équation d'oxydation de U^{4+} par les ions chlorate.

Corrigé des vrai/faux

1.	2.	3.	4.	5.	6.	7.	8.
faux	vrai	faux	vrai	vrai	faux	vrai	vrai

1. La demi-équation relative au couple I_2(aq) / I^-(aq) ne fait pas intervenir de protons, le potentiel d'oxydo-réduction de ce couple ne dépend donc pas du pH.

2. Pour le couple $O_{2(g)}/H_2O$: $E = 1,23 - 0,06\,\text{pH}$ (en V). Le potentiel est une fonction décroissante du pH, le pouvoir oxydant de O_2(g) diminue lorsque le pH augmente.

3. L'ordonnée à l'origine de la frontière relative à un couple Ox / Red dépend du potentiel standard, mais peut aussi faire intervenir la concentration de tracé. Il faut écrire la relation de Nernst pour le couple considéré afin de conclure.

6. Une transformation redox entre deux espèces chimiques est favorisée si les domaines de stabilité des deux espèces sont disjoints (aucune partie commune).

❑ Les erreurs classiques

– Bien respecter les conventions de tracé fournies dans l'énoncé : elles peuvent varier d'un énoncé à l'autre.
– Pour déterminer l'équation d'une frontière redox, il faut écrire la demi-équation en milieu acide si la valeur du potentiel standard du couple est fournie à pH = 0.
– Ne pas parler de domaine de prédominance pour une espèce chimique solide, liquide ou gazeuse. Parler de domaine de stabilité (ou d'existence pour un solide).
– Ne pas confondre dismutation et médiamutation.

Corrigé des exercices

Exercice 30.1

1. Pour le couple $Ag^+_{(aq)} / Ag_{(s)}$, la demi-équation s'écrit : $Ag^+_{(aq)} + e^- = Ag_{(s)}$

D'après la relation de Nernst : $E = E^\circ_{Ag^+/Ag} + 0,06 \log \frac{[Ag^+]}{c^\circ} = 0,80 + 0,06 \log \frac{[Ag^+]}{c^\circ}$.

AN $\boxed{E = 0,74\ \text{V}}$ avec $[Ag^+] = c_{Ag^+} = 10^{-1}\ \text{mol} \cdot \text{L}^{-1}$.

2. Pour le couple $Ag_2O_{(s)} / Ag_{(s)}$, la demi-équation s'écrit :

$$Ag_2O_{(s)} + 2\ H^+ + 2\ e^- = 2\ Ag_{(s)} + H_2O_{(l)}$$

D'après la relation de Nernst : $E = E^\circ_{Ag_2O/Ag} + \frac{0,06}{2} \log \frac{[H^+]^2}{(c^\circ)^2} = E^\circ_{Ag_2O/Ag} - 0,06 \cdot \text{pH (en V)}$. La pente de la frontière est donc égale à $\boxed{-0,06\ \text{V}}$ (par unité de pH).

3. D'après le diagramme, si on élève le pH d'une solution d'ions argent, on observe la formation de l'oxyde d'argent(I) $Ag_2O_{(s)}$. L'oxyde apparaît dès que $\text{pH} \geq 7,3$.

L'équation de réaction associée à la formation de l'oxyde s'écrit :

$$\boxed{2\ Ag^+_{(aq)} + H_2O_{(l)} = Ag_2O_{(s)} + 2\ H^+}$$

En milieu basique l'équation devient : $\boxed{2\ Ag^+_{(aq)} + 2\ HO^- = Ag_2O_{(s)} + H_2O_{(l)}}$

4. Les domaines de stabilité de $Ag_{(s)}$ et de $H_2O_{(l)}$ possèdent une partie commune quelle que soit la valeur du pH. L'argent n'est donc pas oxydé par l'eau.

⇨ *Méthode 30.5*

✎ *De nombreux métaux sont instables dans l'eau car ils sont oxydés par l'eau, à la différence de l'argent. L'argent est qualifié de métal noble.*

Exercice 30.2

1. On calcule NO(Zn) = +II dans $Zn^{2+}_{(aq)}$, $HZnO^-_{2(aq)}$, $Zn(OH)_{2(s)}$ et $ZnO^{2-}_{2(aq)}$. Ces quatre espèces sont associées au même nombre d'oxydation de l'élément zinc. Montrons qu'elles sont liées par des équilibres acido-basiques. On peut écrire les équations suivantes, permettant de classer les espèces par basicité croissantes.

$ZnO^{2-}_{2(aq)}$ est plus basique que $HZnO^-_{2(aq)}$ d'après l'équation suivante : $ZnO_2^{2-} + H^+ = HZnO_2^-$

$HZnO^-_{2(aq)}$ est plus basique que $Zn(OH)_{2(s)}$ d'après l'équation suivante :

$$HZnO_2^- + H^+ = Zn(OH)_{2(s)}$$

$Zn(OH)_{2(s)}$ est plus basique que Zn^{2+} d'après l'équation suivante :

$$Zn(OH)_{2(s)} + 2\ H^+ = Zn^{2+} + 2\ H_2O$$

On peut donc classer les espèces selon :

$$\begin{array}{cccc} Zn^{2+}_{(aq)} & Zn(OH)_{2(s)} & HZnO^{-}_{2(aq)} & ZnO^{2-}_{2(aq)} \end{array} \longrightarrow \text{pH}$$

2. Comme NO(Zn) = 0 dans $Zn_{(s)}$, on peut associer les domaines de stabilité aux espèces du zinc : ① $Zn_{(s)}$; ② $Zn^{2+}_{(aq)}$; ③ $Zn(OH)_{2(s)}$; ④ $HZnO^{-}_{2(aq)}$; ⑤ $ZnO^{2-}_{2(aq)}$. Les domaines ① et ③, relatifs à des espèces chimiques solides, sont des domaines d'existence. Les domaines ② , ④ et ⑤, relatifs à des espèces chimiques dissoutes du zinc, sont des domaines de prédominance.

3. L'eau est un ampholyte redox associé aux couples : $H_2O / H_{2(g)}$ (ou $H^{+}_{(aq)} / H_{2(g)}$ en milieu acide) et $O_{2(g)} / H_2O$.

Pour le couple $H^{+}_{(aq)} / H_{2(g)}$, la demi-équation s'écrit : $2\,H^{+}_{(aq)} + 2\,e^{-} = H_{2(g)}$

$$E = E^{\circ}_{H^+/H_2} + \frac{0{,}06}{2}\log\frac{[H^+]^2 P^{\circ}}{(c^{\circ})^2 P_{H_2}} \quad \text{soit} \quad \boxed{E = -0{,}06\,\text{pH (en V)}} \text{ avec } P_{H_2} = P^{\circ} = 1\ \text{bar}.$$

Pour le couple $O_{2(g)} / H_2O$: $O_{2(g)} + 4\,H^{+}_{(aq)} + 4\,e^{-} = 2\,H_2O$

$$E = E^{\circ}_{O_2/H_2O} + \frac{0{,}06}{4}\log\frac{[H^+]^4 P_{O_2}}{(c^{\circ})^4 P^{\circ}} \quad \text{soit} \quad \boxed{E = 1{,}23 - 0{,}06\,\text{pH (en V)}} \text{ avec } P_{O_2} = P^{\circ} = 1\ \text{bar}.$$

⇨ *Méthode 30.4*

4. Les domaines de stabilité de $Zn_{(s)}$ et de $H_2O_{(l)}$ sont disjoints quelle que soit la valeur du pH. Le zinc est donc corrodé dans l'eau désaérée. La transformation chimique observée dépend de la valeur du pH.

Par lecture graphique, on voit que pour $\text{pH} \le 8{,}5$ le zinc est oxydé en ions Zn^{2+}. L'équation de la réaction d'oxydation de Zn en Zn^{2+} par l'eau s'écrit :

$$\begin{array}{c} Zn = Zn^{2+} + 2\,e^{-} \\ 2\,H^{+} + 2\,e^{-} = H_2 \\ \hline Zn_{(s)} + 2\,H^{+} = Zn^{2+}_{(aq)} + H_{2(g)} \end{array}$$

Pour $8{,}5 \le \text{pH} \le 10{,}6$, le zinc est oxydé en $Zn(OH)_{2(s)}$. L'équation de la réaction s'écrit :

$$\begin{array}{c} Zn + 2\,H_2O = Zn(OH)_2 + 2\,H^{+} + 2\,e^{-} \\ 2\,H^{+} + 2\,e^{-} = H_2 \\ \hline Zn_{(s)} + 2\,H_2O_{(l)} = Zn(OH)_{2(s)} + H_{2(g)} \end{array}$$

Pour $10{,}6 \le \text{pH} \le 13{,}1$, le zinc est oxydé en $HZnO^{-}_{2(aq)}$. L'équation de la réaction s'écrit :

$$\begin{array}{c} Zn + 2\,H_2O = HZnO^{-}_{2(aq)} + 3\,H^{+} + 2\,e^{-} \\ 2\,H^{+} + 2\,e^{-} = H_2 \\ \hline Zn_{(s)} + 2\,H_2O_{(l)} = HZnO^{-}_{2(aq)} + H^{+} + H_{2(g)} \end{array}$$

soit en milieu basique : $Zn_{(s)} + H_2O_{(l)} + HO^{-}_{(aq)} = HZnO^{-}_{2(aq)} + H_{2(g)}$

Pour $\text{pH} \ge 13{,}1$, le zinc est oxydé en $ZnO^{2-}_{2(aq)}$. L'équation de la réaction s'écrit :

$$\begin{array}{rl} Zn + 2\,H_2O & = ZnO_{2(aq)}^{2-} + 4\,H^+ + 2\,e^- \\ 2\,H^+ + 2\,e^- & = H_2 \\ \hline Zn_{(s)} + 2\,H_2O_{(l)} & = ZnO_{2(aq)}^{2-} + 2\,H^+ + H_{2(g)} \end{array}$$

soit en milieu basique : $Zn_{(s)} + 2\,HO^-_{(aq)} = ZnO_{2(aq)}^{2-} + H_{2(g)}$

➪ *Méthode 30.5*

5. Le diagramme potentiel-pH permet de prévoir si une transformation chimique est thermodynamiquement favorisée ou défavorisée (c'est-à-dire si la constante d'équilibre associée à l'équation de réaction est supérieure ou inférieure à 1), mais ne donne aucune information sur l'aspect cinétique de la transformation. Il ne permet pas de prévoir s'il existe un blocage cinétique (auquel cas la transformation chimique n'est pas observée), ou si la transformation est rapide ou lente.

Exercice 30.3

1. On calcule NO(Sn) = 0 dans $Sn_{(s)}$, NO(Sn) = +II dans $Sn^{2+}_{(aq)}$ et $HSnO^-_{2(aq)}$ et NO(Sn) = +IV dans $Sn^{4+}{}_{(aq)}$, $SnO_{2(s)}$ et $SnO^{2-}_{3(aq)}$.

$HSnO_2^-$ est plus basique que Sn^{2+} d'après l'équation suivante : $HSnO_2^- + 3\,H^+ = Sn^{2+} + 2\,H_2O$

SnO_2 est plus basique que Sn^{4+} d'après l'équation suivante : $SnO_2 + 4\,H^+ = Sn^{4+} + 2\,H_2O$

SnO_3^{2-} est plus basique que SnO_2 d'après l'équation suivante : $SnO_3^{2-} + 2\,H^+ = SnO_2 + H_2O$

Établissons le diagramme de principe pour les différentes espèces étudiées.

NO croissant ↑

NO			
+IV	① Sn^{4+}	② $SnO_{2(s)}$	③ $SnO^{2-}_{3(aq)}$
+II	④ Sn^{2+}	⑥ $HSnO^-_{2(aq)}$	
0	⑤ Sn		

→ basicité croissante

On peut alors attribuer les domaines de stabilité des différentes espèces.

➪ *Méthode 30.1*

2. La frontière d'oxydo-réduction associée au couple Sn^{4+}/Sn^{2+} est la frontière ①/④.

Pour ce couple : $Sn^{4+} + 2\,e^- = Sn^{2+}$

donc $E = E°_{Sn^{4+}/Sn^{2+}} + 0{,}03\log\dfrac{[Sn^{4+}]}{[Sn^{2+}]} = E°_{Sn^{4+}/Sn^{2+}}$ car, par convention, $[Sn^{4+}] = [Sn^{2+}]$ à la frontière. On lit donc la valeur de $E°_{Sn^{4+}/Sn^{2+}}$ sur le diagramme sur la frontière ①/④. On trouve : $E°_{Sn^{4+}/Sn^{2+}} = 0{,}14$ V.

La droite AB est la frontière d'oxydo-réduction associée au couple SnO_2/Sn^{2+}.

Pour ce couple : $SnO_2 + 4\,H^+ + 2\,e^- = Sn^{2+} + 2\,H_2O$

donc $E = E°_{SnO_2/Sn^{2+}} + 0,03\log\frac{h^4}{[Sn^{2+}]\cdot(c°)^3} = E°_{SnO_2/Sn^{2+}} - 0,03\log[Sn^{2+}] - 0,12\cdot pH$.

La pente de la droite AB est donc égale à –0,12 V (par unité de pH).

➪ *Méthode 30.2*

3. B est le point d'intersection entre les frontières AB et BC. La frontière AB a pour équation : $E_{AB} = E°_{SnO_2/Sn^{2+}} - 0,03\log c_0 - 0,12\cdot pH = 0,23 - 0,12\cdot pH$ (en V). La frontière BC est associée au couple Sn^{2+}/Sn ($Sn^{2+} + 2\ e^- = Sn$) et a pour équation :

$$E_{BC} = E°_{Sn^{2+}/Sn} + 0,03\log\frac{[Sn^{2+}]}{(c°)} = E°_{Sn^{2+}/Sn} + 0,03\log c_0 = -0,23\ V.$$

À l'intersection de ces deux segments, $E_{AB} = E_{BC} \Leftrightarrow 0,23 - 0,12\cdot pH = -0,23$, soit pH = 3,8. On voit sur le diagramme E-pH qu'au-delà de ce point, Sn^{2+} est instable et se dismute.

➪ *Méthode 30.6*

Pour tout pH $\in [3,8\ ;\ pH_C]$, Sn^{2+} se dismute en $SnO_{2(s)}$ et $Sn_{(s)}$ selon la réaction d'équation :

$$Sn^{2+} + 2\ H_2O = SnO_2 + 4\ H^+ + 2\ e^-$$
$$Sn^{2+} + 2\ e^- = Sn$$
$$\overline{2\ Sn^{2+}{}_{(aq)} + 2\ H_2O = SnO_{2(s)} + Sn_{(s)} + 4\ H^+}$$

✎ *Au-delà de* pH_C, $SnO_{2(s)}$ *et* $Sn_{(s)}$ *ne peuvent coexister et réagissent pour conduire à* $HSnO^-_{2(aq)}$ *selon une réaction de médiamutation.*

4. Écrivons l'équation de la réaction acido-basique entre les espèces $SnO_{2(s)}$ et $SnO^{2-}_{3(aq)}$:

$SnO_{2(s)} + H_2O = SnO^{2-}_{3(aq)} + 2\ H^+$, soit pour un proton échangé :

$$\frac{1}{2}SnO_{2(s)} + \frac{1}{2}H_2O = \frac{1}{2}SnO^{2-}_{3(aq)} + H^+, \text{ avec } K_a = \frac{[SnO_3^{2-}]^{1/2}\cdot[H^+]}{(c°)^{3/2}}.$$

À la frontière verticale entre $SnO_{2(s)}$ et $SnO^{2-}_{3(aq)}$ (frontière ②/③) on lit pH = 11. Or à la frontière, on a par convention : $[SnO_3^{2-}] = c_0$, d'où $K_a = (10^{-3})^{1/2}\cdot 10^{-11} = 3,2\cdot 10^{-13}$ soit $\boxed{pK_a = -\log K_a = 12,5}$.

Exercice 30.4

1. On calcule NO(Hg) = 0 dans $Hg_{(l)}$, NO(Hg) = +I dans $Hg^{2+}_{2(aq)}$ et NO(Hg) = +II dans $Hg^{2+}{}_{(aq)}$ et $HgO_{(s)}$. $HgO_{(s)}$ est plus basique que Hg^{2+} d'après l'équation suivante :

$$HgO + 2\ H^+ = Hg^{2+} + H_2O$$

Établissons le diagramme de principe pour les différentes espèces étudiées.

Corrigé

NO croissant ↑

NO		
+II	① Hg^{2+}	② $HgO_{(s)}$
+I	③ Hg_2^{2+}	
0	④ Hg	

basicité croissante →

On peut alors attribuer les domaines de stabilité des différentes espèces. Il s'agit d'un domaine de prédominance pour les espèces dissoutes ① et ③, d'un domaine d'existence pour les espèces en phase condensée ② et ④.

⇨ *Méthode 30.1*

2. Les domaines de stabilité de $Hg_{(l)}$ et de $H_2O_{(l)}$ possèdent une partie commune quelle que soit la valeur du pH. Le mercure est donc stable dans l'eau désaérée. Dans l'eau aérée, l'oxydant $O_{2(g)}$ est présent. Les domaines de stabilité de $Hg_{(l)}$ et de $O_{2(g)}$ sont disjoints quelle que soit la valeur du pH, le mercure est donc instable en présence de dioxygène.
Par lecture graphique, on voit que pour tout $\text{pH} \leq 1{,}6$, le mercure est oxydé en ions Hg^{2+}. L'équation de la réaction d'oxydation du mercure en Hg^{2+} par $O_{2(g)}$ s'écrit :

$$Hg = Hg^{2+} + 2\,e^-$$

$$O_2 + 4\,H^+ + 4\,e^- = 2\,H_2O$$

$$2\,Hg_{(l)} + O_{2(g)} + 4\,H^+ = 2\,Hg^{2+}_{(aq)} + 2\,H_2O$$

Pour tout $\text{pH} \geq 1{,}6$, le mercure est oxydé en $HgO_{(s)}$. L'équation de la réaction s'écrit :

$$Hg + H_2O = HgO + 2\,H^+ + 2\,e^-$$

$$O_2 + 4\,H^+ + 4\,e^- = 2\,H_2O$$

$$2\,Hg_{(l)} + O_{2(g)} = 2\,HgO_{(s)}$$

⇨ *Méthode 30.5*

3. La frontière ①/③ est la frontière d'oxydo-réduction associée au couple Hg^{2+}/Hg_2^{2+}.

Pour ce couple : $2\,Hg^{2+} + 2\,e^- = Hg_2^{2+}$ donc $E_{1/3} = E°_{Hg^{2+}/Hg_2^{2+}} + 0{,}03 \log \dfrac{[Hg^{2+}]^2}{[Hg_2^{2+}]}$.

Par convention $[Hg^{2+}] = [Hg_2^{2+}]$ et $[Hg^{2+}] + [Hg_2^{2+}] = c_{tra}$, soit $[Hg^{2+}] = [Hg_2^{2+}] = \dfrac{c_{tra}}{2}$ à la frontière. Donc $E_{1/3} = E°_{Hg^{2+}/Hg_2^{2+}} + 0{,}03 \log \dfrac{c_{tra}}{2}$. AN $\boxed{E_{1/3} = 0{,}88\ \text{V}}$.

La frontière ①/② est la frontière associée au couple acido-basique Hg^{2+}/HgO.

Pour ce couple : $Hg^{2+}(aq) + 3\,H_2O(l) = HgO(s) + 2\,H_3O^+(aq)$ $\quad K_1^\circ = 10^{-2{,}3}$

soit $K_1^\circ = \dfrac{[H_3O^+]^2}{[Hg^{2+}]\cdot c^\circ}$. Par convention $[Hg^{2+}] = c_{tra}$ à la frontière, d'où $[H_3O^+] = \sqrt{K_1^\circ \cdot c_{tra}}$

soit finalement $\mathrm{pH} = \frac{1}{2}(-\log K_1^\circ - \log c_{\text{tra}})$. AN $\boxed{\mathrm{pH} = 1{,}65}$.

La frontière ②/③ est la frontière d'oxydo-réduction associée au couple HgO / Hg_2^{2+}.

Pour ce couple : $2\ HgO + 4\ H^+ + 2\ e^- = Hg_2^{2+} + 2\ H_2O$

donc $E_{2/3} = E^\circ_{HgO/Hg_2^{2+}} + 0{,}03 \log \frac{[H^+]^4}{[Hg_2^{2+}]} = E^\circ_{HgO/Hg_2^{2+}} - 0{,}03 \log[Hg_2^{2+}] - 0{,}12 \cdot \mathrm{pH}$ (en V).

La pente de la frontière est donc égale à –0,12 V (par unité de pH).

⇨ *Méthodes 30.2 et 30.3*

4. On observe qu'à partir de $\mathrm{pH} \approx 2{,}8$, l'espèce ③ ne possède plus de domaine de stabilité. Hg_2^{2+} se dismute en $Hg_{(l)}$ et $HgO_{(s)}$ selon la réaction d'équation :

$$Hg_2^{2+} + 2\ e^- = 2\ Hg$$

$$Hg_2^{2+} + 2\ H_2O = 2\ HgO + 4\ H^+ + 2\ e^-$$

$$2\ Hg^{2+}_{2(aq)} + 2\ H_2O_{(l)} = 2\ Hg_{(l)} + 2\ HgO_{(s)} + 4\ H^+_{(aq)}$$

$$\text{ou } Hg^{2+}_{2(aq)} + H_2O_{(l)} = Hg_{(l)} + HgO_{(s)} + 2\ H^+_{(aq)}$$

⇨ *Méthode 30.6*

5. a) La solution est acidifiée afin d'éviter la précipitation de l'oxyde de mercure $HgO_{(s)}$. En effet, on cherche à mettre en évidence les ions du mercure éventuellement présents : ceux-ci vont oxyder la lame métallique de cuivre.

b) Pour le couple $Cu^{2+}_{(aq)}/Cu_{(s)}$, de demi-équation $Cu^{2+} + 2e^- = Cu_{(s)}$, en adoptant la même convention de tracé que pour le mercure, le potentiel d'oxydo-réduction s'écrit :

$E_{Cu^{2+}/Cu} = E^\circ_{Cu^{2+}/Cu} + 0{,}03 \log[Cu^{2+}] = E^\circ_{Cu^{2+}/Cu} + 0{,}03 \log c_{\text{tra}}$, soit $E_{Cu^{2+}/Cu} = 0{,}31$ V.

Superposons la droite d'équation $E_{Cu^{2+}/Cu} = 0{,}31$ V au diagramme E-pH du mercure. On voit que le domaine d'existence du cuivre et les domaines de prédominance des ions Hg^{2+} et Hg_2^{2+} sont disjoints. Les réactions d'oxydation du cuivre par les deux ions du mercure sont donc thermodynamiquement favorisées. Le protocole est donc valable pour mettre en évidence les ions Hg^{2+} et Hg_2^{2+}. L'oxydation de la lame de cuivre par les ions Hg(+I) et Hg(+II) conduit à $Hg_{(l)}$, qui forme un amalgame avec le cuivre. Si on souhaite faire intervenir l'amalgame dans les équations de réaction, on peut écrire les équations suivantes :

$$Hg^{2+}_{2(aq)} + 3\ Cu_{(s)} = 2\ Cu(Hg) + Cu^{2+}_{(aq)} \quad \text{et} \quad Hg^{2+}_{(aq)} + 2\ Cu_{(s)} = Cu(Hg) + Cu^{2+}_{(aq)}$$

Exercice 30.5

1. Pour les espèces de l'iode, on calcule NO(I) = –I dans I^-, NO(I) = 0 dans I_2 et NO(I) = +V dans IO_3^-. Pour toutes les espèces borées, NO(B) = +III. Par contre, l'élément hydrogène est au nombre d'oxydation NO(H) = –I dans BH_4^- et NO(H) = +I dans $B(OH)_3$ et $B(OH)_4^-$. De plus, $B(OH)_4^-$ est plus basique que $B(OH)_3$.

Corrigé

✎ *Dans l'ion borohydrure* BH_4^-, H *est lié à* B *moins électronégatif que lui, tandis que dans* $B(OH)_3$ *et* $B(OH)_4^-$, H *est lié à* O *plus électronégatif que lui.*

On peut alors attribuer les différents domaines de stabilité :

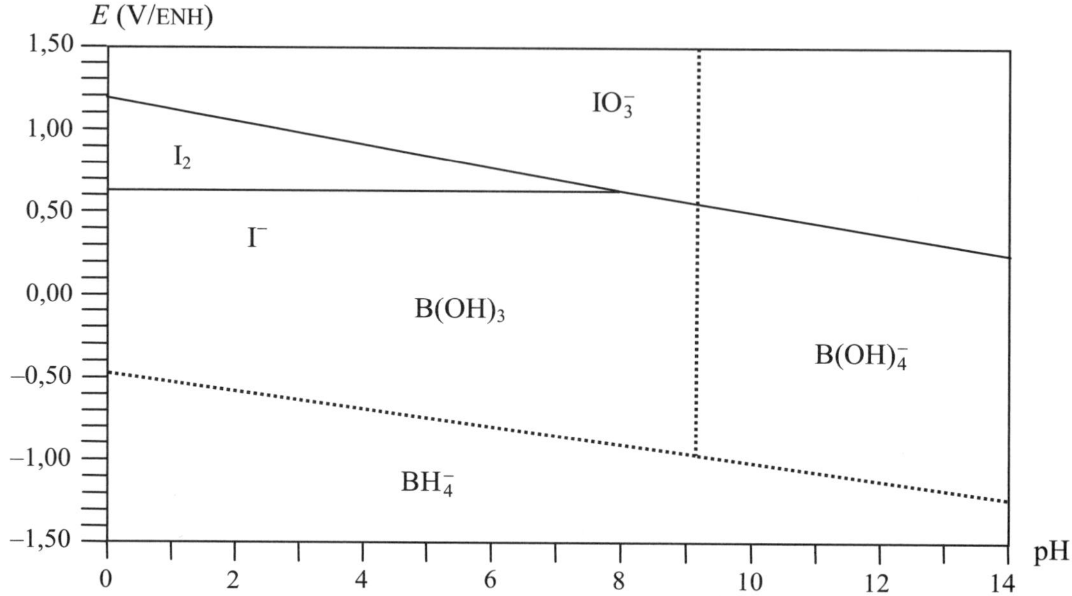

2. Dans un premier temps, les ions borohydrure réagissent avec les ions iodate en milieu basique. La superposition des diagrammes *E*-pH montre que la transformation est thermodynamiquement favorisée puisque les domaines de prédominance de BH_4^- et IO_3^- sont disjoints. En milieu basique, l'oxydation de BH_4^- conduit à $B(OH)_4^-$. L'équation de la réaction s'écrit :

$$BH_4^- + 4\ H_2O = B(OH)_4^- + 8\ H^+ + 8\ e^-$$

$$IO_3^- + 6\ H^+ + 6\ e^- = I^- + 3\ H_2O$$

$$3\ BH_4^- + 4\ IO_3^- = 3\ B(OH)_4^- + 4\ I^- \qquad \textbf{(1)}$$

Il s'agit d'un dosage en retour des ions borohydrure. L'iodate de potassium a été introduit en excès, et les ions borohydrure ont été totalement consommés. Les ions iodate restants réagissent en milieu acide sur les ions iodure introduits : en effet, on voit sur le diagramme *E*-pH que pour tout $pH \le 8$, les domaines de prédominance de IO_3^- et I^- sont disjoints. Il s'agit d'une réaction de médiamutation qui conduit à la formation de diiode selon l'équation :

$$2\ IO_3^- + 12\ H^+ + 10\ e^- = I_2 + 6\ H_2O$$

$$2\ I^- = I_2 + 2\ e^-$$

$$IO_3^- + 5\ I^- + 6\ H^+ = 3\ I_2 + 3\ H_2O \qquad \textbf{(2)}$$

Enfin, le diiode formé est réduit par les ions thiosulfate (la comparaison des potentiels d'oxydo-réduction des couples montre que cette réaction de dosage est thermodynamiquement favorisée) selon la réaction d'équation :

$$\begin{array}{l} I_2 + 2\,e^- = 2\,I^- \\ 2\,S_2O_3^{2-} = S_4O_6^{2-} + 2\,e^- \\ \hline I_2 + 2\,S_2O_3^{2-} = 2\,I^- + S_4O_6^{2-} \end{array} \qquad \textbf{(3)}$$

⇨ *Méthode 30.5*

3. Les ions iodure introduits en excès réagissent avec les ions iodate restant à l'issue de la première transformation chimique (équation **(1)**) pour former du diiode. La quantité de matière de diiode formée (déterminée par titrage) permet de calculer la quantité de matière d'ions iodate restant après réaction, et donc d'en déduire la quantité de matière initiale d'ions borohydrure.
Il est nécessaire d'acidifier la solution pour obtenir le diiode. On voit en effet sur le diagramme E-pH de l'iode que I_2 est instable en milieu basique (à partir de pH = 8) : il se dismute en ions IO_3^- et I^-. Ainsi, pour que la réaction entre les ions iodate et iodure soit thermodynamiquement favorisée, il faut se placer à $\boxed{\text{pH} \le 8}$.

4. À l'équivalence du titrage de I_2 : $n_{I_2,\text{titré}} = \dfrac{n_{S_2O_3^{2-},\text{versé}}}{2} = \dfrac{c_t V_{\text{éq}}}{2}$. Or d'après l'équation **(2)**, puisque les ions iodure ont été introduits en excès : $n_{IO_3^-,\,\text{restant}} = \dfrac{n_{I_2,\text{titré}}}{3}$.

Il s'agit de la quantité de matière d'ions iodate restant en solution après réaction avec les ions borohydrure. Or la quantité de matière d'ions iodate introduite initialement dans la prise d'essai de 10,0 mL vaut : $n_{IO_3^-,\text{initial}} = 1{,}0 \cdot 10^{-3}$ mmol. Effectuons un bilan de matière :

	$3\,BH_4^-$	$+4\,IO_3^-$	$= 3\,B(OH)_4^-$	$+4\,I^-$
$t = 0$	$n_{BH_4^-,\text{initial}}$	$n_{IO_3^-,\text{initial}}$	0	0
t	$n_{BH_4^-,\text{initial}} - 3\xi = 0$	$n_{IO_3^-,\,\text{restant}} = n_{IO_3^-,\text{initial}} - 4\xi$	3ξ	4ξ

On en déduit la quantité de matière d'ions borohydrure présente dans la prise d'essai de 10,0 mL : $\boxed{n_{BH_4^-,\text{initial}} = \dfrac{3}{4}\left(n_{IO_3^-,\text{initial}} - n_{IO_3^-,\,\text{restant}}\right) = \dfrac{3}{4}\left(n_{IO_3^-,\text{initial}} - \dfrac{c_t V_{\text{éq}}}{6}\right)}$.

AN $\boxed{n_{BH_4^-,\text{initial}} = 4{,}88 \cdot 10^{-4}\ \text{mol}}$.

5. La prise d'essai de 10 mL a été prélevée à partir d'un volume $V = 100$ mL. La quantité de borohydrure de sodium présente dans l'échantillon de départ vaut donc : $n_{NaBH_4} = 4{,}88 \cdot 10^{-3}$ mol, soit une masse : $m_{NaBH_4} = n_{NaBH_4} M_{NaBH_4} = 184$ mg.

La pureté du borohydrure de sodium commercial est donc égale à : $p = \dfrac{184}{189} = 0{,}976$, soit $\boxed{97{,}6\ \%}$.

Corrigé

Exercice 30.4

1. On calcule NO(Mn) = 0 dans $Mn_{(s)}$, NO(Mn) = +II dans $Mn^{2+}{}_{(aq)}$ et $Mn(OH)_{2(s)}$ et NO(Mn) = +III dans $Mn^{3+}{}_{(aq)}$ et $Mn(OH)_{3(s)}$.
Établissons le diagramme de principe pour les différentes espèces étudiées.

NO croissant ↑

NO		
+III	③ Mn^{3+}	④ $Mn(OH)_{3(s)}$
+I	② Mn^{2+}	⑤ $Mn(OH)_{2(s)}$
0	① $Mn_{(s}$	

→ basicité croissante

On peut alors attribuer les domaines de stabilité des différentes espèces.

⇨ *Méthode 30.1*

2. Pour le couple $H^+_{(aq)} / H_{2(g)}$: $2H^+_{(aq)} + 2e^- = H_{2(g)}$

$$E = E°_{H^+/H_2} + \frac{0,06}{2}\log\frac{[H^+]^2 P°}{(c°)^2 P_{H_2}} \text{ soit } \boxed{E = -0,06\,\text{pH (en V)}} \text{ avec } P_{H_2} = P° = 1\text{ bar}.$$

Pour le couple $O_{2(g)} / H_2O$: $O_{2(g)} + 4\,H^+_{(aq)} + 4e^- = 2\,H_2O$

$$E = E°_{O_2/H_2O} + \frac{0,06}{4}\log\frac{[H^+]^4 P_{O_2}}{(c°)^4 P°} \text{ soit } \boxed{E = 1,23 - 0,06\,\text{pH (en V)}} \text{ avec } P_{O_2} = P° = 1\text{ bar}.$$

⇨ *Méthode 30.4*

3. Déterminons le produit de solubilité de $Mn(OH)_2$ à partir de l'équation de la frontière verticale séparant le domaine de prédominance de Mn^{2+} et le domaine d'existence de $Mn(OH)_{2(s)}$. L'équation de dissolution du précipité s'écrit : $Mn(OH)_{2(s)} = Mn^{2+}_{(aq)} + 2\,HO^-_{(aq)}$

donc $K_s = \dfrac{[Mn^{2+}][HO^-]^2}{(c°)^3} = \dfrac{[Mn^{2+}](c°)K_e^2}{[H^+]^2}$. À la frontière ②/⑤, on a par convention $[Mn^{2+}] = c_{tra} = 10^{-2}\ \text{mol}\cdot\text{L}^{-1}$ et on lit sur le diagramme E-pH : pH = 8,6.

AN $K_s = \dfrac{10^{-2}(10^{-14})^2}{(10^{-8,6})^2} = 10^{-12,8}$ soit $\boxed{pK_s = 12,8}$.

À la frontière associée au couple Mn^{2+}/Mn, on a : $Mn^{2+} + 2\,e^- = Mn$

$E = E°_{Mn^{2+}/Mn} + 0,03\log\dfrac{[Mn^{2+}]}{c°} = E°_{Mn^{2+}/Mn} + 0,03\log\dfrac{c_{tra}}{c°} \Leftrightarrow E°_{Mn^{2+}/Mn} = E - 0,03\log\dfrac{c_{tra}}{c°}$. On lit sur le diagramme : $E = -1,25\,\text{V}$ à la frontière. AN $\boxed{E°_{Mn^{2+}/Mn} = -1,19\ \text{V}}$.

⇨ *Méthodes 30.2 et 30.3*

4.a) Les domaines de stabilité de $Mn_{(s)}$ et de $H_2O_{(l)}$ sont disjoints quelle que soit la valeur du pH. En milieu acide, l'eau oxyde le manganèse métallique en ions Mn^{2+}, avec formation de $H_{2(g)}$, selon la réaction d'équation : $Mn_{(s)} + 2\,H^+{}_{(aq)} = Mn^{2+}{}_{(aq)} + H_{2(g)}$

b) L'oxydation du manganèse par l'eau est thermodynamiquement favorisée en milieu basique, avec formation de $Mn(OH)_{2(s)}$. Cet hydroxyde peut recouvrir le manganèse et empêcher son oxydation ultérieure : on dit que le manganèse est passivé. C'est pourquoi on n'observe pas de dégagement gazeux à sa surface.

5. a) L'objectif de l'expérience étant de doser le dioxygène dissous dans l'eau, il est nécessaire de boucher la fiole jaugée afin d'éviter toute dissolution ultérieure de dioxygène dans le mélange réactionnel.

b) Les ions Mn^{2+} réagissent avec les ions hydroxyde pour donner un précipité d'hydroxyde de manganèse (+II) insoluble, selon : $Mn^{2+}_{(aq)} + 2\ HO^-_{(aq)} = Mn(OH)_{2(s)}$

c) Les domaines de stabilité de $Mn(OH)_{2(s)}$ et de $O_{2(g)}$ sont disjoints, le dioxygène dissous oxyde donc l'hydroxyde de manganèse (+II) en $Mn(OH)_{3(s)}$ selon la réaction d'équation :

$$Mn(OH)_{2(s)} + H_2O = Mn(OH)_{3(s)} + H^+ + e^-$$

$$O_2 + 4\ H^+ + 4\ e^- = 2\ H_2O$$

$$\overline{4\ Mn(OH)_{2(s)} + O_{2(g)} + 2\ H_2O = 4\ Mn(OH)_{3(s)}}$$

Il était important de travailler en milieu basique (utilisation de la soude pour former $Mn(OH)_{2(s)}$) car en milieu acide, les domaines de stabilité de Mn(+II) et $O_{2(g)}$ possèdent une partie commune, l'oxydation de Mn^{2+} par $O_{2(g)}$ est donc thermodynamiquement défavorisée.

6. a) Il faut attendre 30 minutes afin que tout le dioxygène dissous réagisse avec $Mn(OH)_{2(s)}$: la réaction est lente. L'utilisation d'acide sulfurique concentré nécessite le port de lunettes de sécurité et l'utilisation de gants de protection pour la manipulation.

b) L'acide sulfurique ajouté permet la dissolution de $Mn(OH)_{3(s)}$ en ions $Mn^{3+}_{(aq)}$ selon :

$$Mn(OH)_{3(s)} + 3\ H^+_{(aq)} = Mn^{3+}_{(aq)} + 3\ H_2O$$

c) Les ions $Mn^{3+}_{(aq)}$ sont réduits par les ions iodure selon la réaction d'équation :

$$Mn^{3+}_{(aq)} + e^- = Mn^{2+}_{(aq)}$$

$$2\ I^- = I_2 + 2\ e^-$$

$$\overline{2\ Mn^{3+}_{(aq)} + 2\ I^- = 2\ Mn^{2+}_{(aq)} + I_2}$$

✎ *La comparaison des potentiels standard d'oxydo-réduction des deux couples montre que la transformation est thermodynamiquement favorisée.*

d) Pour rendre compte de la formation du complexe : $2\ Mn^{3+}_{(aq)} + 3\ I^- = 2\ Mn^{2+}_{(aq)} + I^-_{3(aq)}$

7. a) Pour que le prélèvement soit précis, il est conseillé d'utiliser une pipette jaugée de 100 mL.

b) La réaction de titrage a pour équation :

$$I_3^- + 2\ e^- = 3\ I^-$$

$$2\ S_2O_3^{2-} = S_4O_6^{2-} + 2\ e^-$$

$$\overline{I_3^- + 2\ S_2O_3^{2-} = 3\ I^- + S_4O_6^{2-}}$$

c) À l'équivalence du titrage de I_3^- : $n_{I_3^-,\text{titré}} = \dfrac{n_{S_2O_3^{2-},\text{versé}}}{2} = \dfrac{c_t V_{\text{éq}}}{2}$. Or d'après l'équation du 6.d $n_{I_3^-,\text{ titré}} = \dfrac{n_{Mn^{3+}}}{2}$, puisque les ions iodure ont été introduits en excès. La dissolution de $Mn(OH)_{3(s)}$ a été totale, donc : $n_{I_3^-,\text{ titré}} = \dfrac{n_{Mn(OH)_3}}{2}$, et comme l'hydroxyde de manganèse(+II) était en excès par rapport au dioxygène dans la transformation du 5.c, on a: $n_{Mn(OH)_3} = 4n_{O_2,\text{dissous}}$. Finalement : $n_{O_2,\text{dissous}} = \dfrac{n_{Mn(OH)_3}}{4} = \dfrac{n_{I_3^-,\text{ titré}}}{2} = \dfrac{c_t V_{\text{éq}}}{4}$ et $\boxed{[O_2] = \dfrac{c_t V_{\text{éq}}}{4V_0}}$.

AN $\boxed{[O_2] = 5,74 \cdot 10^{-4}\ \text{mol} \cdot L^{-1}}$.

L'incertitude relative vaut : $\dfrac{\Delta[O_2]}{[O_2]} = \dfrac{\Delta c_t}{c_t} + \dfrac{\Delta V_{\text{éq}}}{V_{\text{éq}}} + \dfrac{\Delta V_0}{V_0}$. Si on ne prend en compte que l'incertitude relative liée à la détermination du volume à l'équivalence (ce qui revient à négliger l'incertitude relative liée au prélèvement des 100 mL de solution et l'incertitude relative sur c_t, liée à la préparation de la solution titrante de thiosulfate de sodium) : $\boxed{\dfrac{\Delta[O_2]}{[O_2]} = \dfrac{\Delta V_{\text{éq}}}{V_{\text{éq}}} = 3,3\ \%}$.

d) Pour que le protocole expérimental soit valide, il faut que $Mn(OH)_2(s)$ soit en excès par rapport au dioxygène dans la première transformation, et que les ions iodure soient en excès par rapport aux ions Mn^{3+}. On calcule : $n_{O_2,\text{dissous}} = 1,44 \cdot 10^{-4}$ mol ;

$n_{Mn^{2+},\text{initial}} = n_{MnCl_2,4\,H_2O} = 1,01 \cdot 10^{-2}$ mol et $n_{I^-,\text{introduit}} = n_{KI} = 6,02 \cdot 10^{-3}$ mol.

On a bien : $n_{Mn^{2+},\text{initial}} > 4\ n_{O_2,\text{dissous}}$ et $n_{I^-,\text{introduit}} > n_{Mn^{3+}} = 4\ n_{O_2,\text{dissous}}$.

<u>Les quantités étaient donc suffisantes</u>.

e) En tenant compte de l'incertitude relative, le dosage effectué en hiver conduit à un encadrement de la concentration en dioxygène dissous : $5,55 \cdot 10^{-4}\ \text{mol} \cdot L^{-1} \le [O_2] \le 5,93 \cdot 10^{-4}\ \text{mol} \cdot L^{-1}$. Le dosage effectué au printemps conduit à l'encadrement suivant : $4,19 \cdot 10^{-4}\ \text{mol} \cdot L^{-1} \le [O_2] \le 4,45 \cdot 10^{-4}\ \text{mol} \cdot L^{-1}$. <u>Les deux résultats ne sont donc pas en accord</u>. <u>La solubilité du dioxygène dissous diminue quand la température augmente</u>, ce qui peut expliquer que la concentration déterminée au printemps soit plus faible que celle déterminée en hiver.

Exercice 30.5

1. On calcule NO(U) = +IV dans UO_2 et NO(U) = +VI dans UO_3.

2. On constate que formellement, $U_3O_8 = (UO_2 + 2\ UO_3)$. La pechblende est donc composée de 2/3 d'uranium au degré d'oxydation +VI et d'1/3 d'uranium au degré d'oxydation +IV.

3. On calcule NO(U) = 0 dans $U_{(s)}$, NO(U) = +III dans U^{3+}, NO(U) = +III dans U^{4+} et $U(OH)_{4(s)}$ et NO(U) = +VI dans UO_2^{2+} et $UO_2(OH)_{2(s)}$.

Établissons le diagramme de principe pour les différentes espèces étudiées.

NO croissant ↑

NO		
+VI	④ UO_2^{2+}	⑤ $UO_2(OH)_{2(s)}$
+IV	③ U^{4+}	⑥ $U(OH)_{4(s)}$
+III	② U^{3+}	
0	① $U_{(s)}$	

basicité croissante →

On peut alors attribuer les domaines de stabilité des différentes espèces.

➪ *Méthode 30.1*

Les domaines de stabilité des espèces en phase condensée ①, ⑤ et ⑥ sont des domaines d'existence, ceux des espèces dissoutes ②, ③ et ④ sont des domaines de prédominance.

4. On considère la frontière verticale séparant les domaines de stabilité de U^{4+} et $U(OH)_{4(s)}$. L'équation de dissolution du précipité s'écrit : $U(OH)_{4(s)} = U^{4+}_{(aq)} + 4\ HO^-_{(aq)}$ avec :

$$K_{s1} = \frac{[U^{4+}][HO^-]^4}{(c°)^5} = \frac{[U^{4+}](c°)^3 K_e^4}{[H^+]^4} \Leftrightarrow [H^+] = \left(\frac{[U^{4+}](c°)^3 K_e^4}{K_{s1}}\right)^{1/4}$$

$\Leftrightarrow \mathrm{pH} = \frac{1}{4}(-\log[U^{4+}] + 4\mathrm{p}K_e - \mathrm{p}K_{s1})$. Par convention, à la frontière, $[U^{4+}] = C_{tra} = 1\ \mathrm{mol \cdot L^{-1}}$.

AN $\mathrm{pH} = \frac{1}{4}(4 \times 14 - 49)$, soit $\boxed{\mathrm{pH} = 1{,}75}$ à la frontière.

De la même façon, pour la frontière verticale séparant les domaines de stabilité de $UO^{2+}_{2(aq)}$ et $UO_2(OH)_{2(s)}$, on a : $UO_2(OH)_{2(s)} = UO^{2+}_{2(aq)} + 2\ HO^-_{(aq)}$ avec :

$$K_{s2} = \frac{[UO_2^{2+}][HO^-]^2}{(c°)^3} = \frac{[UO_2^{2+}]c° K_e^2}{[H^+]^2} \Leftrightarrow [H^+] = \left(\frac{[UO_2^{2+}]c° K_e^2}{K_{s2}}\right)^{1/2} \text{ soit}$$

$\boxed{\mathrm{pH} = \frac{1}{2}(-\log C_{tra} + 2\mathrm{p}K_e - \mathrm{p}K_{s2})}$. AN $\mathrm{pH} = \frac{1}{2}(2 \times 14 - 24)$, soit $\boxed{\mathrm{pH} = 2}$ à la frontière.

➪ *Méthode 30.3*

5. La frontière ②/⑥ est la frontière d'oxydo-réduction associée au couple $U(OH)_{4(s)}/U^{3+}$. Pour ce couple : $U(OH)_{4(s)} + 4\ H^+ + e^- = U^{3+} + 4\ H_2O$

donc $E_{2/6} = E°_{U(OH)_{4(s)}/U^{3+}} + 0{,}06 \log\frac{[H^+]^4}{[U^{3+}]} = E°_{U(OH)_{4(s)}/U^{3+}} - 0{,}06\log[U^{3+}] - 0{,}24 \cdot \mathrm{pH}$ (en V).

La pente de la frontière est donc égale à $\boxed{-0{,}24\ \mathrm{V}}$ (par unité de pH).

La frontière ①/⑥ est la frontière d'oxydo-réduction associée au couple $U(OH)_{4(s)}/U$. Pour ce couple : $U(OH)_{4(s)} + 4\ H^+ + 4\ e^- = U + 4\ H_2O$

donc $E_{1/6} = E°_{U(OH)_{4(s)}/U} + \frac{0,06}{4}\log\frac{[H^+]^4}{(c°)^4} = E°_{U(OH)_{4(s)}/U} - 0,06 \cdot pH$ (en V).

La pente de la frontière est donc égale à $\boxed{-0,06\text{ V}}$ (par unité de pH).

⇨ *Méthode 30.2*

6. On observe qu'à partir du point *A*, pour tout $pH \geq 7$ environ, l'espèce ② ne possède plus de domaine de stabilité. U^{3+} se dismute en $U_{(s)}$ et $U(OH)_{4(s)}$ selon la réaction d'équation :

$$U^{3+} + 3\,e^- = U$$

$$U^{3+} + 4\,H_2O = U(OH)_4 + 4\,H^+ + e^-$$

$$\overline{4\,U^{3+}_{(aq)} + 12\,H_2O_{(l)} = U_{(s)} + 3\,U(OH)_{4(s)} + 12\,H^+_{(aq)}}$$

soit en milieu basique : $4\,U^{3+}_{(aq)} + 12\,HO^-_{(aq)} = U_{(s)} + 3\,U(OH)_{4(s)}$

⇨ *Méthode 30.6*

7. Pour le couple ClO_3^- / Cl^-, de demi-équation : $ClO_3^- + 6\,H^+ + 6\,e^- = Cl^- + 3\,H_2O$

$E_{ClO_3^-/Cl^-} = E°_{ClO_3^-/Cl^-} + 0,01 \cdot \log\frac{[ClO_3^-][H^+]^6}{[Cl^-](c°)^6}$. Par convention $[Cl^-] = [ClO_3^-]$ à la frontière.

Donc $E_{ClO_3^-/Cl^-} = E°_{ClO_3^-/Cl^-} - 0,06 \cdot pH = 1,45 - 0,06 \cdot pH$ (en V).

Superposons cette droite au diagramme potentiel-pH de l'uranium.

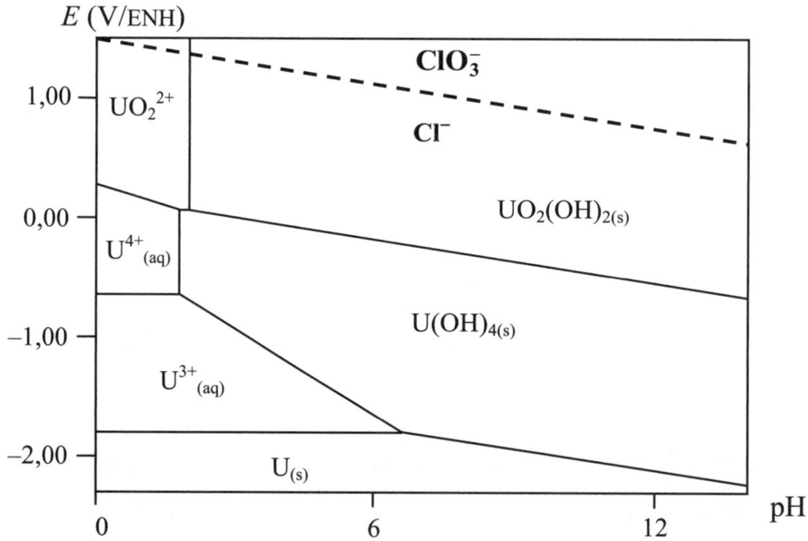

8. La poudre issue du minerai U_3O_8 contient de l'uranium aux degrés d'oxydation +IV et +VI. On voit sur le diagramme *E*-pH que les domaines de stabilité de U(+IV) et des ions chlorate sont disjoints : en milieu acide (excès d'acide sulfurique), l'oxydation de U^{4+} par les ions chlorate est thermodynamiquement favorisée. L'uranium(+IV) est transformé en uranium(+VI) : les ions UO_2^{2+} sont stables en milieu acide en présence d'ions chlorate.

⇨ *Méthode 30.5*

9. En milieu acide, UO_2 se dissout selon la réaction d'équation : $UO_2 + 4\,H^+ = U^{4+} + 2\,H_2O$
Puis les ions U^{4+} sont oxydés en ions UO_2^{2+} par les ions chlorate selon :

$$\begin{array}{c} U^{4+} + 2\,H_2O = UO_2^{2+} + 4\,H^+ + 2\,e^- \\ ClO_3^- + 6\,H^+ + 6\,e^- = Cl^- + 3\,H_2O \\ \hline 3\,U^{4+} + ClO_3^- + 3\,H_2O = 3\,UO_2^{2+} + Cl^- + 6\,H^+ \end{array}$$

Finalement, on peut écrire une équation traduisant la transformation de UO_2 en combinant les deux équations précédentes : $3\,UO_2 + ClO_3^- + 6\,H^+ = 3\,UO_2^{2+} + Cl^- + 3\,H_2O$

Exercice 30.6

1. La lixiviation correspond à l'attaque du minerai de cuivre par la solution d'acide sulfurique, de façon à dissoudre l'oxyde de cuivre contenu dans le minerai : $CuO + 2\,H^+ = Cu^{2+} + H_2O$

✎ *Le nombre d'oxydation du cuivre n'est pas modifié lors de cette opération.*

2. Établissons le diagramme de principe pour les différentes espèces du fer d'une part, pour les différentes espèces du cuivre d'autre part :

NO croissant ↑

+III	Fe^{3+}	$Fe(OH)_{3(s)}$
+II	Fe^{2+}	$Fe(OH)_{2(s)}$
0	Fe	

basicité croissante →

NO croissant ↑

+II	Cu^{2+}	$Cu(OH)_{2(s)}$
+II	$Cu_2O_{(s)}$	
0	Cu	

basicité croissante →

On peut alors positionner les espèces sur le diagramme potentiel-pH (page suivante).

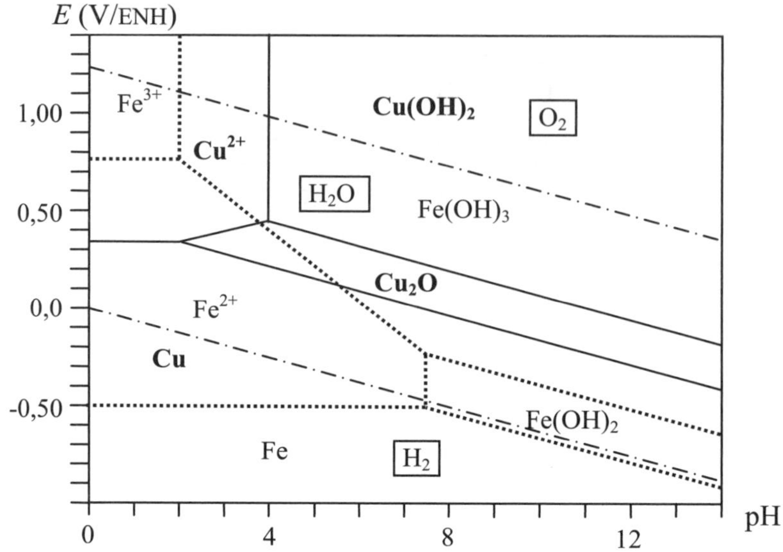

3. Pour le couple $Cu(OH)_2/Cu_2O$: $2\,Cu(OH)_2 + 2\,H^+ + 2\,e^- = Cu_2O + 3\,H_2O$
donc $E_{Cu(OH)_2/Cu_2O} = E°_{Cu(OH)_2/Cu_2O} - 0{,}06 \cdot pH$. Utilisons pour déterminer $E°_{Cu(OH)_2/Cu_2O}$ le point de coordonnées (4 ; 0,46 V) : $E°_{Cu(OH)_2/Cu_2O} = 0{,}46 + 0{,}06 \cdot 4$. AN $\boxed{E°_{Cu(OH)_2/Cu_2O} = 0{,}70\ V}$.
On détermine le produit de solubilité K'_s de $Cu(OH)_{2(s)}$ en se plaçant à la frontière verticale entre Cu^{2+} et $Cu(OH)_2$. La dissolution du précipité s'écrit : $Cu(OH)_{2(s)} = Cu^{2+}_{(aq)} + 2\,HO^-_{(aq)}$

donc $K'_s = \dfrac{[Cu^{2+}][HO^-]^2}{(c°)^3} = \dfrac{[Cu^{2+}]\,c°\,K_e^2}{[H^+]^2}$. À la frontière verticale, on a par convention $[Cu^{2+}] = 1{,}0\ mol \cdot L^{-1}$, et on lit sur le diagramme pH = 4. Donc $\boxed{K'_s = 10^{-20}}$.

4. Pour le couple $H^+_{(aq)} / H_{2(g)}$, la demi-équation s'écrit : $2\,H^+_{(aq)} + 2\,e^- = H_{2(g)}$

$E = E°_{H^+/H_2} + \dfrac{0{,}06}{2}\log\dfrac{[H^+]^2 P°}{(c°)^2 P_{H_2}}$ soit $\boxed{E = -0{,}06\,pH\ (en\ V)}$ avec $P_{H_2} = P° = 1\ bar$.

Pour le couple $O_{2(g)} / H_2O$: $O_{2(g)} + 4\,H^+_{(aq)} + 4\,e^- = 2\,H_2O$

$E = E°_{O_2/H_2O} + \dfrac{0{,}06}{4}\log\dfrac{[H^+]^4 P_{O_2}}{(c°)^4 P°}$ soit $\boxed{E = 1{,}23 - 0{,}06\,pH\ (en\ V)}$ avec $P_{O_2} = P° = 1\ bar$.

On trace les droites correspondantes en pointillés sur le diagramme précédent (voir question 2).

⇨ *Méthode 30.4*

5. La solution obtenue après lixiviation contient ses ions Cu^{2+} et Fe^{2+}. Le dioxygène et Fe^{2+} possèdent des domaines de stabilité disjoints, donc l'oxydation de Fe^{2+} en Fe^{3+} (le milieu réactionnel est acide après la lixiviation sulfurique) par le dioxygène est thermodynamiquement favorisée. L'équation de la réaction s'écrit :

$$Fe^{2+} = Fe^{3+} + e^-$$

$$O_2 + 4\,H^+ + 4\,e^- = 2\,H_2O$$

$$O_2 + 4\,Fe^{2+} + 4\,H^+ = 4\,Fe^{3+} + 2\,H_2O$$

On calcule : $K° = 10^{\frac{4}{0,06}\left(E°_{O_2/H_2O} - E°_{Fe^{3+}/Fe^{2+}}\right)}$. Le potentiel standard d'oxydo-réduction du couple Fe^{3+}/Fe^{2+} est lu sur le diagramme E-pH du fer à la frontière entre ces deux espèces. En effet, celle-ci a pour équation $E = E°_{Fe^{3+}/Fe^{2+}} = 0,77$ V.

AN $\boxed{K° = 10^{30,7} = 4,6 \cdot 10^{30}}$. La réaction est quantitative.

6. On peut augmenter le pH pour que les ions Fe^{3+} précipitent sous forme de $Fe(OH)_{3(s)}$ sans que Cu^{2+} ne précipite sous forme de $Cu(OH)_{2(s)}$: pour cela, il faut faire en sorte que le pH de la solution soit compris entre 2 et 4 d'après le diagramme. Une filtration permet d'éliminer $Fe(OH)_{3(s)}$ solide, tandis que le filtrat contient les ions Cu^{2+}.

Index

A

abondance isotopique, 473
absorbance, 444
accélération angulaire, 291
accommodation, 85
acide de Brønsted, 783
acide de Lewis, 500
acide fort, 783
action mécanique, 319
activité, 415
adiabatique, 616
admittance complexe, 216
agent thermique, 661
aimant, 689
alcalins, alcalino-terreux, 476
alternateur, 721
ampèremètre, 143
ampholyte (ou amphotère), 783
amplitude, 4
analyse de Fourier, 247
angle de réfraction limite, 54, 57
anode, 840
aplanétisme, 56
appareil photographique, 84
approximation de l'optique géométrique, 53
ARQS, 175
association de lentilles, 86
athermane, 616
atome, 473
attracteur, 179
auto-induction, 718
autoprotolyse de l'eau, 783
avance, 25
avancement, 415

B

bande passante, 249, 250
barycentre, 320
base de Brønsted, 783
base de Lewis, 500
base forte, 784
base locale, 288
base polaire, 288
bilan énergétique (induction), 720, 726
bobine, 175, 689
branche, 143
bras de levier, 528

C

calorifugé, 616
capacité, 175
capacité thermique, 614, 616
carte de champ, 689, 693
cas de Lorentz, 720
cas de Neumann, 718
cathode, 840
célérité, 25, 53
centre d'inertie (ou de masse), 320
chaleur, 616
champ de force conservative, 358
champ de pesanteur, 322
champ électrique, 389, 390
champ magnétique, 389, 390, 689
changement d'état, 413, 591, 617, 640
charge formelle, 499, 504
chute libre, 323
cinématique, 287
circuit du premier ordre, 176
circuit du second ordre, 177
circuit *RLC* série, 177, 218
circuits électriques couplés, 719, 724
circuits *RL*, *RC*, 176
classification périodique, 476, 479
coefficient de frottement, 322
coefficient de performance, 661
coefficient gamma, 616
coexistence de deux espèces, 875, 880
compacité, 756, 760
comportement asymptotique, 251

composition d'un système, 414
concentration, 414
condensateur, 175
condition de contact, 756, 761
condition de précipitation, 809, 811
conditions aux limites, 28
conditions de Gauss, 56
conditions initiales d'un circuit, 182
conductance, 145, 444
conductimétrie, 444
conductivité, 444
configuration électronique, 475, 478
confinement spatial, 122, 126
conservation du moment cinétique, 555
constante d'acidité, 784
constante d'équilibre, 415, 787, 842, 851
constante de Faraday, 841
constante de Planck, 121, 474
constante de vitesse, 441
constante des aires, 556, 559
constante radioactive, 443
construction graphique (optique), 84, 88
convention récepteur, générateur, 145
coordinence, 756
coordonnées cartésiennes, 287
coordonnées cylindriques, sphériques, 288, 292
corps pur diphasé, 591, 617, 640
couche électronique, 473
couleur, 53
couple acide / base, 783
couple de forces, 528
couple oxydant / réducteur, 839
courant électrique, 143
courant électromoteur (CÉM), 146
courant induit, 717
courants de Foucault, 721
courbe de saturation, 592
courbes de gain et de phase, 248
cristal, 755
cristallin, 85
cubique à faces centrées (CFC), 757
cycle (thermodynamique), 613, 661
cycle de Carnot, 663

D

dégénérescence des orbitales, 474
demi-équation, 783, 839, 845
demi-pile, 840
demi-vie, 443
déphasage, 26, 215, 248
dérivateur, 248
deuxième principe, 639
diagramme (P, h), 664
diagramme d'équilibre (P, T), 592
diagramme d'équilibre (P, v), 592
diagramme de Bode, 248, 254
diagramme de Clapeyron, 615
diagramme de distribution, 786
diagramme de prédominance, 785, 788, 842
diagramme de Raveau, 662
diagramme potentiel-pH, 875, 877
diamagnétique, 475
diatherme (ou diathermane), 616
différence de potentiel, 144
diffraction, 26
dioptre, 54
dipôle ohmique, 145
dipôles en série, en parallèle, 143
dismutation, 840, 881
dissolution d'un précipité, 809
distance focale, 83
distance minimale de projection, 84, 90
ditherme, 662
diviseur de tension, de courant, 146, 217, 252
domaine d'existence, 810, 814
double périodicité, 26
doublet non liant, 499
dualité onde-corpuscule, 121
dynamique relativiste, 391

E

échelle d'acidité, 785
échelle de Pauling, 477
échelle des potentiels, 842, 850
échelle mésoscopique, 589
échelon de tension, 176
effet Joule, 145
effet nivelant, 783
efficacité, 661, 662
électrodes de référence (ESH, ECS), 841
électrolyse, 840
électron célibataire, 500
électron non apparié, 475, 479
électronégativité, 477
électrons de cœur, de valence, 475
élément chimique, 473
éléments de transition, 476
empilement compact, 755, 756
énergie cinétique d'un point matériel, 5, 357
énergie cinétique d'un solide en rotation, 529
énergie d'activation, 442, 450
énergie de liaison, 499
énergie interne, 614
énergie mécanique, 5, 8, 359
énergie potentielle, 5, 358, 363, 389
énergie potentielle effective, 556, 560
enthalpie, 616
enthalpie de transition de phase, 617
entité chimique, 473
entropie, 639, 641
entropie de transition de phase, 640
équation d'état, 590, 591
équation de frontière, 875, 878
équation de réaction, 414
équation différentielle d'un circuit, 176, 180
équation différentielle du mouvement, 3, 6, 179, 327
équation horaire, 4, 7, 287, 328
équations cartésiennes de la trajectoire, 294
équilibre, 3
équilibre chimique, 416
équilibre diphasé, 591
équilibre stable, instable, 360, 364
équilibre thermodynamique, 590
espèce chimique, 473
espèce dissoute, 414
état final, 415, 419, 789
état fondamental, 475, 478
état lié, état de diffusion, 360, 556
état métastable, 875
état quantique, 474
évolution d'un système chimique, 415, 417

F

facteur de qualité, 177, 218, 250
facteurs cinétiques, 441
familles d'éléments, 476
filtrage, 248
filtres d'ordre 1 ou 2, 249
flux du champ magnétique, 717
flux propre, 718
focale, 83
fonction d'état, 590
fonction d'onde, 121
fonction de transfert, 247
fondamental, 27, 247
force centrale, 555
force conservative, 358
force de contact, 321
force de frottement fluide, 322
force de frottement solide, 321
force de Laplace, 691, 695
force de Lorentz, 389
force de rappel élastique, 321
force électrique (coulombienne), 322, 555
force électromotrice (FÉM), 146, 840
force électromotrice induite, 717
force gravitationnelle, 322, 555
force newtonienne, 556
forces, 319, 324
forces de pression, 322
forces de Van der Waals, 501

formation d'une image, 84
formule de Lewis, 499, 503
formule de Nernst, 841, 847
formules de conjugaison et de grandissement, 84, 90
formules de Descartes, de Newton, 84
foyer principal, secondaire, 56
fraction molaire, 414
fréquence propre, 4
frottement visqueux, 178

G

gain, 248
gaz nobles, 476
gaz parfait, 414, 591, 614, 616, 639
gaz réel, 591, 615
grandeur complexe, 215
grandeur intensive, extensive, 590
gravitation, 322
groupes d'éléments, 476

H

halogènes, 476
harmonique, 27, 247
haut-parleur, 721, 727
hypervalent, 500

I

image réelle, virtuelle, à l'infini, 55
impédance complexe, 216
indice de réfraction, 53
inductance, 175
inductance mutuelle, 719
inductance propre, 718, 723
induction électromagnétique, 717
inégalité de Clausius, 661
instrument d'observation, 86
intégrale première de l'énergie mécanique, 359
intégrale première du moment cinétique, 556
intégrateur, 248
intensité du courant, 143
interactions de Keesom, Debye, London, 501
interférences, 26, 30
ion, 478
irréversibilité, 613
isochronisme, 4
isolé, 319
isotherme d'Andrews, 592
isotherme, isobare, isochore, 613
isotopes, 473

L

lacune électronique, 500
lentille mince, 83
liaison covalente, 499
liaison de Van der Waals, 501
liaison hydrogène, 501
liaison métallique, 758
liaison pivot, 528
liaison polarisée, 500
libre parcours moyen, 589
ligne de champ, 689
limites du mouvement, 360, 363
loi d'Arrhenius, 442, 450
loi d'Ohm, 145, 216
loi de Beer-Lambert, 444
loi de Faraday, 718
loi de Guldberg & Waage (action des masses), 415
loi de Laplace, 617, 640
loi de Le Chatelier, 810
loi de modération de Lenz, 717
loi de retour inverse, 54
loi de vitesse, 442, 445
loi des aires, 556, 559
loi des mailles, 144
loi des nœuds, 144
lois de Coulomb du frottement, 322
lois de Kepler, 557
lois de Kirchhoff, 144, 154, 217
lois de Newton, 319, 320, 321
lois de Snell-Descartes, 54

longueur d'onde, 26, 53, 121, 123
longueur de liaison, 499
loupe, 86
lumière monochromatique, 27, 53
lunette, 86

M

machine à écoulement de fluide, 664
machine à piston, 663
machine frigorifique, 662
machine thermique, 661
maille (de circuit), 143
maille (de réseau cristallin), 755
maille CFC, 757
masse (d'un corps), 319
masse (d'un circuit), 144
masse volumique, 756, 761
mécanique classique, 287
médiamutation, 840, 881
ménisque, 83
métal, 758
métastabilité, 875
métaux de transition, 476
métaux et non-métaux, 477
méthode complexe, 220
méthode de dilution d'Ostwald, 445
miroir plan, 56, 59
mode propre, 28
modèle de Thévenin, de Norton, 147, 217
moment cinétique, 527
moment d'inertie, 527
moment d'une force, 528
moment dipolaire, 500, 504
moment magnétique, 691
monotherme, monobare, 613
moteur ditherme, 662
moteur électrique, 692
moteur thermique, 661
motif, 755
mouvement à force centrale, 555
mouvement accéléré, retardé, 289
mouvement circulaire, 290
mouvement conservatif unidimensionnel, 359
mouvement d'une particule chargée, 389, 390
mouvement parabolique, 290
mouvement uniforme, 289
moyenneur, 248
mutuelle inductance, 719

N

niveaux d'énergie électroniques, 474
nœud (de circuit), 143
nœud (de réseau cristallin), 755
nœud de vibration, 27
nombre d'oxydation (NO), 839, 843
nombre stœchiométrique, 414
nombres quantiques, 473

O

objectif, 86
objet réel, virtuel, à l'infini, 55
oculaire, 86
œil, 85
onde acoustique, 27
onde de matière, 121
onde électromagnétique, 27
onde plane, 25
onde progressive, 25, 29
onde sinusoïdale, 25
onde stationnaire, 27, 31
onde unidimensionnelle, 25
orbitale atomique, 474
ordre de réaction (global, partiel), 441, 446
orthoradial, 288
oscillateur harmonique, 3, 361
oscillateur mécanique amorti, 178
oxydant, 477, 839
oxydation, 839

P

paramagnétique, 475
particule confinée, 122, 126

passe-haut, passe-bas, passe-bande, 249
pendule simple, 323
performance, 661, 665
période propre, 4
période temporelle, 26
permittivité, 502
pH d'une solution, 785
phase (oscillations), 4
phase (thermodynamique), 413, 591
phase condensée, 591, 614, 616, 640
photon, 121
pile électrochimique, 840, 848
plan d'incidence, 54
plan de phase, 179
plan focal, 56
planète, 557
poids, 322
point critique, 592
point matériel, 319
point objet, image, 55
point triple, 592
pôles nord et sud, 694
polymorphisme, 413, 755
pompe à chaleur, 663
pont diviseur, 146, 217, 252
population de maille, 756, 760
portrait de phase, 179, 219, 323
position d'équilibre, 3, 360
potentiel d'électrode, 840
potentiel standard, 840, 847
potentiométrie, 842
poussée d'Archimède, 322
pouvoir ionisant, dissociant, 502
précipité, 809
précipité amphotère, 810, 814
premier principe, 614
premier principe pour un écoulement, 664
pression de vapeur saturante, 592
pression partielle, 414
prévision de réaction, 875, 880
principe de l'inertie, 320
principe de Le Chatelier, 810
principe de Pauli, 475
principe des interactions, 319
principe fondamental de la dynamique (PFD), 3, 321
prisme, 58, 66
probabilité de présence, 121, 124
produit de solubilité, 809
produit ionique de l'eau, 783
protique (ou protogène), 502
pseudo-isolé, 319
puissance d'une force, 357
puissance des forces de Laplace, 695, 720
puissance électrique, 145
puits d'énergie potentielle, 360
pulsation cyclotron, 390
pulsation de coupure, 249, 250
pulsation propre, 3, 177
pulsation spatiale, 25
pulsation temporelle, 25
punctum proximum, remotum, 85

Q

quadripôle, 247
quantification de l'énergie, 122
quantification de la pulsation, 28
quantité de mouvement, 121, 319, 320
quasi-statique, 613
quotient de réaction, 415

R

radial, 288
radical, 500
radionucléide, 443
rail de Laplace, 691, 720, 725
rapport de transformation, 719
rayon lumineux, 53
rayon paraxial, 56
réaction acido-basique, 783
réaction chimique, 414
réaction d'oxydo-réduction, 839

réaction d'un support, 321
réaction de précipitation, de dissolution, 809
récepteur (thermodynamique), 661
réducteur, 477, 839
réduction, 839
référentiel, 287
référentiel galiléen (ou inertiel), 320
réflexion, 54
réflexion totale, 54
réfraction, 54, 57
régime apériodique, pseudo-périodique, 178, 183
régime continu, 143
régime libre, 176
régime sinusoïdal forcé, 215
régime transitoire, permanent, 176
règle de Hund, 475
règle de Klechkowski, 475
règle de l'octet, du duet, 499
règle du tire-bouchon, 689, 694
relation de Louis de Broglie, 121
relation de Mayer, 616
relation de Nernst, 841, 847
relations de Laplace, 617, 640
relativité, 391
rendement, 661, 662
repère, 287
réponse en élongation, en vitesse, 219
réponse en intensité, en tension, 218
représentation de Fresnel, 30, 216, 222
représentation de Lewis, 499, 503
réseau cristallin, 755
résistance, 145
résonance, 218, 219, 223
ressort, 3
retard, 25
réticule, 86
rétine, 85
réversible, 613
rotation, 291
rotor, 692

S

satellite, 557
second principe, 639
série de Fourier, 247
signal, 25
site interstitiel (tétraédrique, octaédrique), 757, 761
solénoïde, 690
solide (mécanique), 290
solide covalent, moléculaire, 758
solide cristallin, amorphe, 413
solide ionique, 759
solubilité, 810, 812
soluté et solvant, 501
solution saturée, 809
solvant polaire, apolaire, 502
solvant protique, aprotique, 502
solvatation, 502
source de chaleur, 639
source de lumière, 53
source de tension, de courant, 146
sous-couche électronique, 473
spectre, 27, 53
spectrophotométrie, 443
spin, 474
spire circulaire, 689
spire rectangulaire en rotation, 695, 720
stigmatisme, 55
suivi expérimental de cinétique, 443, 449
système afocal, 56
système centré, 56
système de points matériels, 320
système optique, 55
système physico-chimique, 413
système thermodynamique, 589

T

tableau d'avancement, 418
tableau périodique, 476
temps de demi-réaction, 442, 448
tension (électrique), 144

tension d'un fil, d'un ressort, 321
tension efficace, 215
théorème de l'énergie cinétique (TÉC), 358, 361, 529
théorème de l'énergie mécanique (TÉM), 359
théorème de la quantité de mouvement (TQM), 321
théorème de Millman, 147, 156, 217, 253
théorème du centre d'inertie, 321
théorème du moment cinétique (TMC), 529
thermoélastique, 590
thermostat, 639, 640
titrage d'oxydo-réduction, 842
titre massique, 593, 617, 640
trajectoire de phase, 179
trajectoire elliptique, 558
transfert thermique, 616, 618
transformateur, 719
transformation acido-basique, 783
transformation d'oxydo-réduction, 839
transformation physique ou chimique, 413
transformation thermodynamique, 613
transformation totale, limitée, 416
transition de phase, 413, 591, 617, 640
transition entre niveaux d'énergie, 474
translation, 291
travail d'une force, 357, 362
travail des forces de pression, 615, 618
travail utile, 664
trigonométrie, 59

U

uniforme, 289

V

valeur efficace, 215
valeur moyenne, 247
variable d'état, 590
variétés allotropiques, 413, 755
vecteur d'onde, 25
vecteur position, 288
vecteur vitesse, accélération, 289
ventre de vibration, 27
vergence, 83, 86, 92
viseur, 87
vitesse angulaire, 291
vitesse de disparition, de formation, 441
vitesse volumique de réaction, 441
vitesses cosmiques, 557, 558
voltmètre, 144

CPI
AUBIN IMPRIMEUR

Achevé d'imprimer en novembre 2013
N° d'impression 1311.0018
Dépôt légal, septembre 2013
Imprimé en France

TABLEAU PÉRIODIQUE DES ÉLÉMENTS

http://www.periodni.com/fr/

NUMÉRO DU GROUPE RECOMMANDATIONS DE L'IUPAC (1985) — 13

NUMÉRO DU GROUPE CHEMICAL ABSTRACT SERVICE (1986) — IIIA

NOMBRE ATOMIQUE — 5

MASSE ATOMIQUE RELATIVE (1) — 10.811

SYMBOLE — B

NOM DE L'ÉLÉMENT — BORE

PÉRIODE / GROUPE	1 IA	2 IIA	3 IIIB	4 IVB	5 VB	6 VIB	7 VIIB	8 VIIIB	9 VIIIB	10 VIIIB	11 IB	12 IIB	13 IIIA	14 IVA	15 VA	16 VIA	17 VIIA	18 VIIIA
1	1 1.0079 **H** HYDROGÈNE																	2 4.0026 **He** HÉLIUM
2	3 6.941 **Li** LITHIUM	4 9.0122 **Be** BÉRYLLIUM											5 10.811 **B** BORE	6 12.011 **C** CARBONE	7 14.007 **N** AZOTE	8 15.999 **O** OXYGÈNE	9 18.998 **F** FLUOR	10 20.180 **Ne** NÉON
3	11 22.990 **Na** SODIUM	12 24.305 **Mg** MAGNÉSIUM											13 26.982 **Al** ALUMINIUM	14 28.086 **Si** SILICIUM	15 30.974 **P** PHOSPHORE	16 32.065 **S** SOUFRE	17 35.453 **Cl** CHLORE	18 39.948 **Ar** ARGON
4	19 39.098 **K** POTASSIUM	20 40.078 **Ca** CALCIUM	21 44.956 **Sc** SCANDIUM	22 47.867 **Ti** TITANE	23 50.942 **V** VANADIUM	24 51.996 **Cr** CHROME	25 54.938 **Mn** MANGANÈSE	26 55.845 **Fe** FER	27 58.933 **Co** COBALT	28 58.693 **Ni** NICKEL	29 63.546 **Cu** CUIVRE	30 65.38 **Zn** ZINC	31 69.723 **Ga** GALLIUM	32 72.64 **Ge** GERMANIUM	33 74.922 **As** ARSENIC	34 78.96 **Se** SÉLÉNIUM	35 79.904 **Br** BROME	36 83.798 **Kr** KRYPTON
5	37 85.468 **Rb** RUBIDIUM	38 87.62 **Sr** STRONTIUM	39 88.906 **Y** YTTRIUM	40 91.224 **Zr** ZIRCONIUM	41 92.906 **Nb** NIOBIUM	42 95.96 **Mo** MOLYBDÈNE	43 (98) **Tc** TECHNÉTIUM	44 101.07 **Ru** RUTHÉNIUM	45 102.91 **Rh** RHODIUM	46 106.42 **Pd** PALLADIUM	47 107.87 **Ag** ARGENT	48 112.41 **Cd** CADMIUM	49 114.82 **In** INDIUM	50 118.71 **Sn** ETAIN	51 121.76 **Sb** ANTIMOINE	52 127.60 **Te** TELLURE	53 126.90 **I** IODE	54 131.29 **Xe** XÉNON
6	55 132.91 **Cs** CÉSIUM	56 137.33 **Ba** BARYUM	57-71 **La-Lu** Lanthanides	72 178.49 **Hf** HAFNIUM	73 180.95 **Ta** TANTALE	74 183.84 **W** TUNGSTÈNE	75 186.21 **Re** RHÉNIUM	76 190.23 **Os** OSMIUM	77 192.22 **Ir** IRIDIUM	78 195.08 **Pt** PLATINE	79 196.97 **Au** OR	80 200.59 **Hg** MERCURE	81 204.38 **Tl** THALLIUM	82 207.2 **Pb** PLOMB	83 208.98 **Bi** BISMUTH	84 (209) **Po** POLONIUM	85 (210) **At** ASTATE	86 (222) **Rn** RADON
7	87 (223) **Fr** FRANCIUM	88 (226) **Ra** RADIUM	89-103 **Ac-Lr** Actinides	104 (267) **Rf** RUTHERFORDIUM	105 (268) **Db** DUBNIUM	106 (271) **Sg** SEABORGIUM	107 (272) **Bh** BOHRIUM	108 (277) **Hs** HASSIUM	109 (276) **Mt** MEITNERIUM	110 (281) **Ds** DARMSTADTIUM	111 (280) **Rg** ROENTGENIUM	112 (285) **Cn** COPERNICIUM	113 (. . .) **Uut** UNUNTRIUM	114 (287) **Fl** FLEROVIUM	115 (. . .) **Uup** UNUNPENTIUM	116 (291) **Lv** LIVERMORIUM	117 (. . .) **Uus** UNUNSEPTIUM	118 (. . .) **Uuo** UNUNOCTIUM

LANTHANIDES

57 138.91 **La** LANTHANE	58 140.12 **Ce** CÉRIUM	59 140.91 **Pr** PRASÉODYME	60 144.24 **Nd** NÉODYME	61 (145) **Pm** PROMÉTHIUM	62 150.36 **Sm** SAMARIUM	63 151.96 **Eu** EUROPIUM	64 157.25 **Gd** GADOLINIUM	65 158.93 **Tb** TERBIUM	66 162.50 **Dy** DYSPROSIUM	67 164.93 **Ho** HOLMIUM	68 167.26 **Er** ERBIUM	69 168.93 **Tm** THULIUM	70 173.05 **Yb** YTTERBIUM	71 174.97 **Lu** LUTÉTIUM

ACTINIDES

89 (227) **Ac** ACTINIUM	90 232.04 **Th** THORIUM	91 231.04 **Pa** PROTACTINIUM	92 238.03 **U** URANIUM	93 (237) **Np** NEPTUNIUM	94 (244) **Pu** PLUTONIUM	95 (243) **Am** AMÉRICIUM	96 (247) **Cm** CURIUM	97 (247) **Bk** BERKÉLIUM	98 (251) **Cf** CALIFORNIUM	99 (252) **Es** EINSTEINIUM	100 (257) **Fm** FERMIUM	101 (258) **Md** MENDELÉVIUM	102 (259) **No** NOBÉLIUM	103 (262) **Lr** LAWRENCIUM

(1) Pure Appl. Chem., **81**, No. 11, 2131-2156 (2009)
La masse atomique relative est donnée avec cinq chiffres significatifs. Pour les éléments qui n'ont pas de nucléides stables, la valeur entre parenthèses indique le nombre de masse de l'isotope de l'élément ayant la durée de vie la plus grande. Toutefois, pour les trois éléments (Th, Pa et U) qui ont une composition isotopique terrestre connue, une masse atomique est indiquée.